中国工程院重大咨询项目

“中国食品安全现状、问题及对策战略研究”项目组

中国食品安全现状、问题及对策战略研究

主编 旭日干 庞国芳

科学出版社

北京

内 容 简 介

《中国食品安全现状、问题及对策战略研究》是中国工程院重大咨询项目研究成果。该项目由中国工程院原副院长旭日干院士任组长，六位院士任副组长，20多家单位300多位专家参与，历时三年持续研究，形成了这部专著。本书内容包括三个部分。第一部分项目综合报告，包括六章：国内外食品安全问题演进历程和规律；我国食品安全现状；我国食品安全问题剖析；发达国家食品安全治理先进经验借鉴；我国食品安全治理的战略构想；推进我国食品安全治理的对策与建议。第二部分各课题研究报告，包括六章：农业生态环境污染对食品安全影响与防治研究；食品原料安全控制技术发展战略研究；食品安全与病原微生物防控研究；食品安全风险评估与风险管理战略研究；国内外食品安全管理先进经验与物联网战略研究；食品安全与经济发展战略研究。第三部分各专题研究报告，包括五章：提升我国粮食作物单产水平的科技创新战略研究；构建海洋蓝色粮仓，发展蓝色食品产业战略研究；支撑种业发展，加快建立国家种质资源保障体系战略研究；提高我国食品营养与民众健康水平战略研究；奶牛生产性能测定(DHI)大数据引领我国奶业创新驱动转型发展战略研究。

本书对中国食品安全管理相关的各级政府部门具有重要参考价值，同时可供食品生产、科研、教育从业人员和大专院校师生以及社会公众等了解中国食品安全现状及发展作参考。

图书在版编目(CIP)数据

中国食品安全现状、问题及对策战略研究 / “中国食品安全现状、问题及对策战略研究”项目组；旭日干，庞国芳主编. —北京：科学出版社，2015.12
中国工程院重大咨询项目
ISBN 978-7-03-045933-6

Ⅰ.①中… Ⅱ.①中… ②旭… ③庞… Ⅲ.①食品安全-安全管理-研究-中国 Ⅳ.①TS201.6

中国版本图书馆CIP数据核字(2015)第240201号

责任编辑：杨 震 刘 冉 / 责任校对：赵桂芬 张小霞
责任印制：徐晓晨 / 封面设计：铭轩堂

科学出版社出版
北京东黄城根北街16号
邮政编码：100717
http://www.sciencep.com

北京虎彩文化传播有限公司印刷
科学出版社发行 各地新华书店经销
*
2015年12月第 一 版 开本：787×1092 1/16
2019年 1 月第五次印刷 印张：43 1/4
字数：1 020 000

定价：238.00元
(如有印装质量问题，我社负责调换)

《中国食品安全现状、问题及对策战略研究》
编写委员会

主　　编： 旭日干　庞国芳

副 主 编： 魏复盛　蔡道基　孙宝国　夏咸柱　陈君石

常务编委： 王守伟　臧明伍

编　　委（按姓氏拼音排序）：

常巧英　陈　辉　陈　卫　陈　艳　杜　政
范春林　郭波莉　蒋　原　刘文森　柳增善
陆泗进　罗　祎　孟兆祥　潘迎捷　彭　涛
钱　和　任发政　石利利　孙金沅　王　静
王守伟　魏益民　吴清平　吴永宁　许人骥
薛　峰　岳国君　臧明伍　赵　勇　赵永坤
朱水芳

主要研究人员名单

1 项目组

顾 问

刘 旭 中国工程院,副院长/中国工程院院士
郝吉明 清华大学,中国工程院院士
陈克复 华南理工大学,中国工程院院士
陈焕春 华中农业大学,中国工程院院士
张改平 河南农业大学,中国工程院院士
侯立安 第二炮兵工程设计研究院,中国工程院院士
沈昌祥 中国海军计算技术研究所,中国工程院院士
徐建国 中国疾病预防控制中心传染病预防控制所,中国工程院院士
刘秀梵 扬州大学,中国工程院院士
郎志正 国务院参事
蒲长城 国家质量监督检验检疫总局,副局长
贾敬敦 中国农村技术开发中心,主任
于 军 国务院食品安全委员会办公室,司长
苏 志 国家卫生和计划生育委员会,司长
王世成 中国轻工业联合会,常务副会长
罗云波 中国农业大学食品科学与营养工程学院,教授

组 长

旭日干 中国工程院,原副院长/中国工程院院士

副组长

庞国芳 中国检验检疫科学研究院,中国工程院院士
魏复盛 中国环境监测总站,中国工程院院士
蔡道基 环境保护部南京环境科学研究所,中国工程院院士
孙宝国 北京工商大学,校长/中国工程院院士
夏咸柱 军事医学科学院军事兽医研究所,中国工程院院士
陈君石 国家食品安全风险评估中心,中国工程院院士

项目办公室

高中琪 中国工程院,局长
阮宝君 中国工程院,副局长
王元晶 中国工程院,副巡视员
李冬梅 中国工程院,处长
罗莎莎 中国工程院,处长

张文韬　中国工程院，副处长
张　健　中国工程院，副处长
梁真真　中国工程院
黄　永　中国工程院
郑召霞　中国工程院
王　庆　中国工程院
赵西路　中国工程院
范春林　中国检验检疫科学研究院，研究员
彭　涛　中国检验检疫科学研究院，副研究员
常巧英　中国检验检疫科学研究院，博士
王守伟　北京食品科学研究院，教授级高工
臧明伍　北京食品科学研究院，高级工程师

2　课题组

课题一：农业生态环境污染对食品安全影响与防治研究(2012-ZD-3-1)

组　长

魏复盛　中国环境监测总站，中国工程院院士

副组长

蔡道基　环境保护部南京环境科学研究所，中国工程院院士

成　员

吴国平　中国环境监测总站，研究员
陆泗进　中国环境监测总站，高级工程师
赵晓军　中国环境监测总站，研究员
何立环　中国环境监测总站，高级工程师
许人骥　中国环境监测总站，高级工程师
石利利　环境保护部南京环境科学研究，研究员
宋宁慧　环境保护部南京环境科学研究，副研究员
焦少俊　环境保护部南京环境科学研究，副研究员
郭　敏　环境保护部南京环境科学研究，助理研究员
吴文铸　环境保护部南京环境科学研究，助理研究员
李伯苓　中国环境监测总站，高级会计师

课题二：食品原料安全控制技术发展战略研究(2012-ZD-3-2)

组　长

孙宝国　北京工商大学，校长/中国工程院院士

副组长

乔晓玲　北京食品科学研究院，教授级高工

成　员

杜　政　　国家粮食局科学研究院，院长/研究员
李福君　　国家粮食局科学研究院，研究员
王松雪　　国家粮食局科学研究院，副研究员
谢　刚　　国家粮食局科学研究院，副研究员
亢　霞　　国家粮食局科学研究院，副研究员
臧明伍　　北京食品科学研究院，高级工程师
张　立　　中国检验检疫科学研究院，副院长/研究员
罗　祎　　中国检验检疫科学研究院，副研究员
孟兆祥　　中国检验检疫科学研究院，助理研究员
潘迎捷　　上海海洋大学，原校长/教授（现为上海建桥学院校长/教授）
谢　晶　　上海海洋大学，处长/教授
赵　勇　　上海海洋大学，教授
王　静　　北京工商大学，教授
张慧娟　　北京工商大学，副教授
孙金沅　　北京工商大学，助理研究员

课题三：食品安全与病原微生物防控研究（2012-ZD-3-6）

组　长

夏咸柱　　军事医学科学院军事兽医研究所，中国工程院院士

副组长

钱　军　　军事医学科学院军事兽医研究所，所长/研究员

成　员

焦新安　　扬州大学，校长/教授
丁　铲　　中国农业科学院上海兽医研究所，副所长/研究员
黄金林　　扬州大学，教授
周恩民　　西北农林科技大学，院长/教授
杨增岐　　西北农林科技大学，系主任/教授
赵　钦　　西北农林科技大学，讲师
刘明远　　吉林大学人兽共患病研究所，所长/教授
方维焕　　浙江大学，教授
刘　全　　军事医学科学院军事兽医研究所，副研究员
王景林　　军事医学科学院微生物流行病研究所，主任/研究员
王兴龙　　军事医学科学院军事兽医研究所，研究员
柳增善　　吉林大学人兽共患病研究所，教授
高　姗　　军事医学科学院微生物流行病研究所，博士
沈建忠　　中国农业大学，院长/教授
王战辉　　中国农业大学，副教授

蒋　原　　江苏出入境检验检疫局，副局长/研究员
薛　峰　　江苏出入境检验检疫局，高级工程师
刘文森　　军事医学科学院军事兽医研究所，研究员
李　昌　　军事医学科学院军事兽医研究所，副研究员
赵永坤　　军事医学科学院军事兽医研究所，助理研究员
王　昶　　吉林省食品安全举报中心，主任
赵　然　　吉林省农产品质量安全监管处，研究员
戴小枫　　中国农业科学院农产品加工研究所，所长/研究员
苏晓鸥　　中国农业科学院农业质量标准与检测技术研究所，副所长/研究员
高志贤　　军事医学科学院卫生学环境医学研究所，主任/研究员

课题四：食品安全风险评估与风险管理战略研究（2012-ZD-3-5）

组　长

陈君石　　国家食品安全风险评估中心，中国工程院院士

副组长

吴永宁　　国家食品安全风险评估中心，首席专家/研究员

成　员

杨胜利　　中国科学院上海生物工程研究中心，中国工程院院士
詹启敏　　中国医学科学院肿瘤研究所，中国工程院院士
李　宁　　国家食品安全风险评估中心，中心主任助理/研究员
樊永祥　　国家食品安全风险评估中心标准一部，主任/研究员
肖　辉　　国家食品安全风险评估中心信息技术部，主任
赵云峰　　国家食品安全风险评估中心理化实验部，主任/研究员
刘兆平　　国家食品安全风险评估中心风险评估二部，主任/研究员
陈　艳　　国家食品安全风险评估中心，首席专家助理/研究员
张　馨　　国家食品安全风险评估中心，主任技师
肖革新　　国家食品安全风险评估中心信息技术部，主任助理/副研究员
张志强　　国家卫生和计划生育委员会，副司长/研究员
胡忆虹　　科技部中国生物技术发展中心资源安全处，处长
邵　兵　　北京市疾病预防控制中心，主任/研究员
李敬光　　国家食品安全风险评估中心，首席专家助理/研究员
徐海滨　　国家食品安全风险评估中心风险评估一部，主任/研究员
杨大进　　国家食品安全风险评估中心风险监测与预警部，主任/研究员
计　融　　国家食品安全风险评估中心应急与监督技术部，副主任/研究员
郭云昌　　国家食品安全风险评估中心食源性疾病监测部，副主任/研究员
贾旭东　　国家食品安全风险评估中心毒理实验部，副主任/研究员
钟　凯　　国家食品安全风险评估中心风险交流部，副主任/副研究员
朱江辉　　国家食品安全风险评估中心风险评估一部，副主任/副研究员

马　宁　　国家食品安全风险评估中心风险评估一部，主任助理/副研究员
毛雪丹　　国家食品安全风险评估中心标准一部，副研究员
田　静　　国家食品安全风险评估中心标准一部，主任助理/副研究员
邵　懿　　国家食品安全风险评估中心，助理研究员

课题五：国内外食品安全管理先进经验与物联网战略研究(2012-ZD-3-3)

组　长

庞国芳　　中国检验检疫科学研究院，中国工程院院士

副组长

陈　卫　　江南大学食品学院，院长/教授
魏益民　　中国农业科学院农产品加工研究所，教授
范春林　　中国检验检疫科学研究院，研究员

成　员

钱　和　　江南大学食品学院，教授
郭波莉　　中国农业科学院农产品加工研究所，研究员
魏　帅　　中国农业科学院农产品加工研究所，助理研究员
李颖超　　江南大学食品学院，博士
彭　涛　　中国检验检疫科学研究院，副研究员
常巧英　　中国检验检疫科学研究院，博士
孙秀兰　　江南大学食品学院，教授
姚卫蓉　　江南大学食品学院，教授
赵林度　　东南大学经济管理学院，教授
王海燕　　东南大学经济管理学院，教授
李四杰　　东南大学经济管理学院，副教授
刘为军　　上海海洋大学经济管理学院，副教授
何　静　　上海海洋大学经济管理学院，副教授
姜　涛　　中国农业科学院农产品加工研究所，博士后
刘宏艳　　中国农业科学院农产品加工研究所，博士
杜　超　　江南大学食品学院，博士
何重亮　　江南大学食品学院，硕士
王子昂　　江南大学食品学院，硕士
应丹瑜　　江南大学食品学院，硕士

课题六：食品安全与经济发展战略研究(2012-ZD-3-4)

组　长

庞国芳　　中国检验检疫科学研究院，中国工程院院士

副组长

王守伟　　北京食品科学研究院，教授级高工

林　伟　　国家质量监督检验检疫总局进出口食品安全局，局长
范春林　　中国检验检疫科学研究院，研究员

成　员

臧明伍　　北京食品科学研究院，高级工程师
周清杰　　北京工商大学，教授
冯中越　　北京工商大学，教授
苗天顺　　北京工商大学，副教授
耿莉萍　　北京工商大学，教授
彭　涛　　中国检验检疫科学研究院，副研究员
常巧英　　中国检验检疫科学研究院，博士
陈淑敏　　北京食品科学研究院，高级工程师
李　丹　　北京食品科学研究院，工程师
张凯华　　北京食品科学研究院，工程师
黄国鑫　　北京食品科学研究院，博士
张睿梅　　中国食品杂志社，工程师
段珊珊　　北京食品科学研究院，工程师
李　佳　　北京食品科学研究院，工程师
张哲奇　　北京食品科学研究院，工程师

3　专题研究组

专题一：提升我国粮食作物单产水平的科技创新战略研究

组　长

岳国君　　中粮集团有限公司，教授级高工

副组长

牛兴和　　中粮营养健康研究院，研究员
聂凤英　　中国农业科学院农业信息研究所，研究员

成　员

曲春红　　中国农业科学院农业信息研究所，副研究员
郭　敏　　中粮营养健康研究院，工程师
黄蔚霞　　中粮营养健康研究院，高级工程师
杨永坛　　中粮营养健康研究院，高级工程师

专题二：构建海洋蓝色粮仓，发展蓝色食品产业战略研究

组　长

潘迎捷　　上海海洋大学，原校长/教授（现为上海建桥学院，校长/教授）

副组长

谢　晶　　上海海洋大学，处长/教授

成　员

赵　勇　　上海海洋大学，副院长/教授

杨正勇　　上海海洋大学，副院长/教授

刘海泉　　上海海洋大学，博士后

冯　博　　上海海洋大学，博士

专题三：支撑种业发展，加快建立国家种质资源保障体系战略研究

组　长

朱水芳　　中国检验检疫科学研究院，研究员

副组长

万建民　　中国农业科学院，研究员

成　员

李新海　　中国农业科学院，研究员

范春林　　中国检验检疫科学研究院，研究员

赵文军　　中国检验检疫科学研究院，博士

专题四：提高我国食品营养与民众健康水平战略研究

组　长

庞国芳　　中国检验检疫科学研究院，中国工程院院士

副组长

岳国君　　中粮集团有限公司，教授级高工

任发政　　中国农业大学食品科学与营养工程学院，教授

成　员

牛兴和　　中粮营养健康研究院，研究员

陈　卫　　江南大学食品学院，院长/教授

钱　和　　江南大学食品学院，教授

孟素荷　　中国食品科学技术学会，理事长

王春玲　　中粮营养健康研究院，高级工程师

张　赓　　中粮营养健康研究院，博士

张　昊　　中国农业大学食品科学与营养工程学院，讲师

郭慧媛　　中国农业大学食品科学与营养工程学院，副教授

专题五：奶牛生产性能测定(DHI)大数据引领我国奶业发展战略研究

组　长

庞国芳　　中国检验检疫科学研究院，中国工程院院士

副组长

罗　祎　　中国检验检疫科学研究院，副研究员

任发政　　中国农业大学食品科学与营养工程学院，教授

范春林　中国检验检疫科学研究院，研究员

成　员

孟兆祥　中国检验检疫科学研究院，副研究员

陈　卫　江南大学食品学院，院长/教授

钱　和　江南大学食品学院，教授

郭慧媛　中国农业大学食品科学与营养工程学院，副教授

常巧英　中国检验检疫科学研究院，博士

陈　辉　中国检验检疫科学研究院，助理研究员

陈历俊　北京三元食品股份有限公司，研究员

前　言

民以食为天，食以安为先。经过改革开放 30 多年的发展，与食品相关的上下游行业逐步形成独立的食品产业体系，成为集农业、加工制造业、现代物流服务业于一体的增长最快、最具活力的国民经济支柱产业，对促进农业发展、农村就业和农民增收，解决“三农”问题起到巨大推动作用。进入 21 世纪以来，我国食品安全事件多发、频发，不仅对产业发展造成影响，而且给人民群众身体健康和生命安全带来极大威胁，成为社会广泛关注的重大民生问题。

我国党和政府历来高度重视食品安全工作。随着《中华人民共和国食品安全法》的颁布、修订及监管体制的持续改革，我国食品安全保障体系基本建成，抽检监测数据总体向好，食品安全质量不断提高。但由于食品安全问题的复杂性，制约我国食品安全的深层次矛盾仍未根本解决，重大食品安全事件仍呈高发态势，消费者对食品安全认可度不高，食品安全形势依然严峻。未来较长一段时间内，我国食品安全仍将面临来自病原微生物、环境污染、非法添加和欺诈、营养安全等带来的诸多挑战，食品安全治理任重道远。如何实现食品安全的持续提升和长效治理，将是我国实现“两个一百年”奋斗目标亟待解决的重大民生问题。

2012 年 9 月，中国工程院在前期调研和反复酝酿的基础上，启动了“中国食品安全现状、问题及对策战略研究”重大咨询研究项目（2012-ZD-3）。项目由时任中国工程院副院长旭日干院士任组长，近 20 位院士和 300 多名食品领域知名专家共同参与研究。项目设六个课题组：①“农业生态环境污染对食品安全影响与防治研究”；②“食品原料安全控制技术发展战略研究”；③“食品安全与病原微生物防控研究”；④“食品安全风险评估与风险管理战略研究”；⑤“国内外食品安全管理先进经验与物联网战略研究”；⑥“食品安全与经济发展战略研究”。

经过近三年的紧张工作，院士、专家们通过文献调研、问卷调查、实地考察、座谈研讨和专题咨询等方式，基本厘清影响我国食品安全的深层次、根源性制约因素，经过反复研讨和多次修改，于 2015 年 3 月形成一份项目综合报告、六个课题研究报告和若干专题研究报告，在食品安全治理领域取得许多新的认识和重要的研究成果。

项目研究以史为鉴、以邻为镜，分别从生态环境、食品原料、病原微生物、风险分析、管理体系、经济环境等角度，全面、系统研究了我国食品安全现状、面临的制约因素。在各课题和专题研究成果基础上，分析得出我国现阶段凸显的四类食品安全风险，即：①病原微生物污染，②农药化学污染物，③非法添加与欺诈，④食品营养失衡；剖析了食品安全问题产生的五个方面的根源，包括：①农产品产地环境污染严重，②食品产业基础薄弱，③尚未健全“从农田到餐桌”的法律法规、标准和监管体系，④科技支撑发展滞后，⑤社会共治格局尚未形成。根据国内外食品安全演进规律，结合我国经济社会战略转型期的基本国情，形成对我国食品安全特征的战略研判，即化学性污染、食源性疾病和非法添加与欺诈仍将成为未来 10～20 年食品安全的主要特征；食源性疾病、营养安全及生物恐怖主义等构成长远威胁。

基于上述基本判断，充分借鉴发达国家和地区食品安全治理先进经验，项目研究提出我国食品安全治理的四项战略目标，即到 2030 年：①由非法添加、掺杂使假等违法生产经营行为引起的食品安全问题得到有效遏制；②食源性病原微生物污染检测、溯源、监控、科技支撑能力满足率达到 60%～70%；③以滥用化学药物造成的种植业和养殖业的源头污染得到稳定防控，工业“三废”对产地环境污染得到初步治理；④食品营养失衡引发的慢性病高发态势得到有效遏制。同时，提出实现该四项战略目标的四项基本原则、四项战略措施和六项保障体系，并提出推进我国食品安全治理的五项重大建议：一是制定“国家食品安全中长期战略规划(2016～2030 年)”，确定发展路线图；二是实施国家食品安全重大科技专项，提高食品安全技术创新能力；三是制定食品安全风险五项基础监测计划，建立国家五大监测预警网络；四是提高我国食品营养与民众健康水平，制定 2016～2025 年行动纲要；五是加强食品工业道德建设，重塑食品工业是道德产业良好形象。

本书包括项目综合报告、各课题研究报告和专题研究报告三部分。项目综合报告主要凝练了各课题达成共识的一些观点和结论；各课题形成的一些独特观点则在各课题研究报告中体现；专题报告，顾名思义，就是对某一专题专门进行了较深入的研究所形成的报告。本书尽量确保支撑数据的权威性和时效性，绝大部分数据采用国内外官方数据，并更新至 2013 年，但仍有部分数据尚无法实现更新，敬请广大读者谅解。

同时，希望本书的出版能够促进社会各界在食品安全治理方面形成战略性共识，为推进我国食品安全长效治理提供借鉴和参考，为我国食品安全的持续提升、确保人民群众“舌尖上的安全”起到积极的推动作用。

在本书中，项目组力求将七位院士任组长的 6 个课题下设 24 个专题、20 多家单位 300 多位专家参与的中国工程院重大咨询研究项目历时三年的丰硕成果，如数家珍地呈现给大家，但因水平所限，难以完全兑现，不妥之处在所难免，敬请广大读者批评指正，多多赐教。

“中国食品安全现状、问题及对策战略研究”项目组
2015 年 8 月 22 日

目　　录

第一部分　项目综合报告

第二部分　各课题研究报告

第三部分　各专题研究报告

第一部分　项目综合报告

名 词 解 释

食品:各种供人食用或者饮用的成品和原料以及按照传统既是食品又是中药材的物品,但是不包括以治疗为目的的物品。

食品安全:食品无毒、无害,符合应当有的营养要求,对人体健康不造成任何急性、亚急性或者慢性危害。

营养安全:所有人在任何时候都能消费在品种、多样性、营养素含量和安全性等方面数量和质量充足的食物,满足其积极和健康生活所需的膳食需要和饮食偏好,并同时具备卫生清洁的环境,适宜的保健、教育和护理。

农产品:来源于农业的初级产品,即在农业活动中获得的植物、动物、微生物及其产品,可分为直接食用农产品和食品原料。

风险:暴露某种特定因子后在特定条件下对组织、系统或人群(或亚人群)产生有害作用的概率。

食品安全风险:对人体健康或环境产生不良效果的可能性和严重性,这种不良效果是由食品中的一种危害所引起的。

食品供应链:食品的初级食品生产经营者到消费者各环节和经济利益主体(包括其前端的生产资料供应者和后端的作为规制者的政府)所组成的整体。

风险分析:是一种为食品安全决策提供参考的系统化、规范化方法,由风险管理、风险评估和风险交流三个相互区别但紧密相关的部分组成。

风险管理:在风险评估结果基础上的政策选择过程,包括选择实施适当的控制理念以及法规管理措施。

风险评估:对特定时期内因危害暴露而对生命与健康产生潜在不良影响的特征性描述,由危害识别、危害特征描述、暴露评估和风险特征描述四个步骤组成。

风险交流:又称风险沟通,指在风险分析全过程中,风险评估人员、风险管理人员、消费者、产业界、学术界和其他感兴趣各方就风险、风险相关因素和风险认知等方面的信息和看法进行互动性交流,内容包括风险评估结果的解释和风险管理决定的依据。

食源性疾病:食品中致病因素进入人体引起的感染性、中毒性等疾病,包括食物中毒。

食物中毒:食用被有害物质污染或含有有毒有害物质的食品后出现的急性或亚急性疾病。

食品安全事故:食源性疾病、食品污染等源于食品,对人体健康有危害或者可能有危害的事故。

食品添加剂:为改善食品品质和色、香、味以及为防腐、保鲜和加工工艺的需要而加入食品中的人工合成或者天然物质,包括营养强化剂。

冷链物流:从生产、贮藏、运输、销售,直到最终消费前的各个环节使易腐、生鲜食品始终处于规定的低温环境,保证食品质量,减少食品损耗的特殊供应链体系。

食品安全风险监测：通过系统和持续地收集食源性疾病、食品污染以及食品中有害因素的监测数据及相关信息，并进行综合分析和及时通报的活动。

微生物预报技术：在确定的条件下，借助微生物数据库和数学模型，快速对食品中重要微生物的生长、存活和死亡进行预测，从而确保食品在生产、运输和储存过程中的安全和稳定。

农业化学投入品：农药、兽药、渔药、化学肥料、农膜、饲料和饲料添加剂、动植物生长调节剂，以及在农产品产后加工过程中使用或添加的有可能影响农产品质量安全的其他物质。

物联网：通过信息传感器设备，按照约定的协议，把任何物品与互联网连接起来，进行信息交换和通信，以实现智能化识别、定位、跟踪、监控和管理的一种网络。

经济利益驱动型掺假：以实现经济利益为目的，故意对终产品或产品成分进行欺诈性更改的行为，也称食品欺诈。

生物恐怖主义：恐怖分子基于某种政治目的，使用致病性微生物或毒素等作为恐怖袭击武器，通过一定的途径散布致病性细菌、病毒，造成烈性传染病的暴发、流行，导致人类和动植物失能并死亡，引发社会动荡。

摘　要

食品安全是全球共同面临的重大挑战。2003年联合国粮食及农业组织/世界卫生组织将食品安全定义为:“食品安全是指控制所有那些危害,无论是慢性的还是急性的,这些危害会使食物有害于消费者健康。”我国《食品安全法》定义:“食品安全,指食品无毒、无害,符合应当有的营养要求,对人体健康不造成任何急性、亚急性或者慢性危害。”食品安全问题具有历史性特征和社会治理特点,不同经济发展阶段所表现的食品安全问题具有不同特征,治理重点和措施也不同。在我国现阶段,食品安全治理:①有利于促进食品产业升级,加快经济发展方式转变;②有利于保障食品供给与安全,提升民生质量;③有利于维护国家形象,提升我国国际地位;④有利于维护社会和谐稳定与可持续发展。

一、我国食品安全现状

(一)食品安全水平不断提高

我国政府历来对食品安全问题高度重视,随着《食品安全法》的颁布、实施和修订,以及国务院食品安全委员会、国家食品安全风险评估中心、国家食品药品监督管理总局等机构的成立,实施了一系列旨在保障食品安全的行动计划,逐步建立了较为完善的食品安全法律法规和标准体系;监管体系由分段、分品种向统一监管转变;风险监测能力显著提升,风险评估和风险交流实现良好开局,食品安全保障体系基本建成。

主要食用农产品、加工食品和食物中毒类突发公共事件等监测数据总体向好。①2009～2013年蔬菜、水果、畜禽产品和水产品等主要食用农产品例行监测合格率分别维持在96%、95%、99%和94%以上;②2009～2012年加工食品监督抽查合格率从91.1%上升至95.6%;③2012～2014年我国32个省会城市和直辖市11484批蔬菜水果农药残留监测结果显示,蔬菜和水果平均合格率分别为96.9%和98.4%;④2009～2013年全国食物中毒类突发公共卫生事件由271起降至152起。2013年我国在全球食品安全综合排名中居第42位。

(二)食品安全风险隐患依然严峻

我国食品安全治理体系仍然存在薄弱环节,我国仍处于食品安全风险隐患凸显和食品安全事件高发期。①2001～2013年中央电视台报道的重大食品安全事件在2011年后呈增多趋势;②2009～2013年我国进境不合格食品批次和数量逐年增加;③2002～2012年欧盟RASFF通报的中国食品安全问题3706件,在通报的144个国家和地区中连续五年排在首位;④2011～2013年国家食品安全综合治理和专项整治行动,三年侦破各类食品安全事件分别为5200余起、12300余起和32000余起;⑤2014年消费者调查显示,消费者高度关注食品安全,但满意度仅为13%;⑥欠发达地区营养不良造成的儿童发育迟缓、缺铁性贫血，以及发达地区营养失衡造成的慢性代谢性疾病高发态势成为影响国计民生的重要因素。

当前，“从农田到餐桌”的食品安全问题日益复杂化，食品安全问题多发频发；以产品为核心的风险监测体系不能真实反映生产过程食品安全水平，造成对食品安全现状认知的偏差；食源性疾病存在漏报瞒报情况，由其引发的潜在风险尚未引起足够重视。食品安全治理仍任重道远。

二、我国食品安全问题剖析

（一）当前我国凸显四类主要食品安全风险

第一，病原微生物污染防控是食品安全的刚性需求。

2009～2013年国家卫生和计划生育委员会网络直报系统共收到食源性疾病暴发事件1244起，累计38958人中毒，749人死亡。其中微生物和生物毒素引起的食源性疾病暴发事件数、患者数和死亡人数分别占72%、76%和66%。

第二，农兽药化学污染物是当前食品安全源头污染主要来源。

2009年南方部分省份粮食农残超标问题突出，个别地区入库粮食农残超标70余倍。2012～2014年全国32个省会城市（直辖市）146种水果蔬菜农药平均检出率为70.3%。养殖环节存在滥用喹诺酮类、磺胺类、呋喃类、其他抗生素类及激素类药物的现象，导致畜禽和水产品出现药物残留，甚至超过限量标准。

第三，重金属、真菌毒素等污染物构成食品安全长远威胁。

目前，粮食重金属污染物主要为镉、砷、铅和汞，部分省份粮食重金属超标率超过20%，南方和西南省区超标率较高。2010年江苏、安徽、湖北三省粮食样品真菌毒素超标率分别为66%、64%和51%，超标样品中真菌毒素超标1倍以上的总体为30%。近10年饲料及饲料原料中真菌毒素检出率高达50%，阳性超标率平均在30%～50%。

第四，非法添加和欺诈是目前食品安全的主要问题。

2001～2013年央视报道的重大食品安全事件中25.35%由非法添加物造成，使用非食用原料、违禁药物、假冒伪劣和掺杂使假分别占11.27%、7.04%、5.63%和4.23%。2011～2013年国家食品安全综合治理和专项整治行动，三年侦破各类食品安全事件49500余起。由此可见，违法生产经营行为是导致重大食品安全事件的主要原因。

（二）食品安全问题溯源

导致食品安全问题的根源有五个主要方面：

第一，农产品产地环境污染严重。

①水源污染：目前，我国1/3以上的河段受到污染，90%以上的城市水域污染严重，90%的地下水遭受不同程度的污染，其中60%污染严重；②耕地污染：全国土壤总超标率为16.1%，其中中度和重度污染占2.9%，且污灌区不断增加；③农业污染：2010年第一次全国污染源普查显示，农业面源污染物已超过工业7.5倍。

第二，食品产业基础薄弱。

量大面广的消费总量，“小、散、乱、低”企业占80％以上的产业基础，尚不规范的产销秩序，落后的冷链物流基础设施，相对缺失的诚信环境，较低的从业人员素质，滞后的企业主体责任意识等仍是制约食品安全提升的重要因素。

第三，尚未健全“从农田到餐桌”的法律法规、标准和监管体系。

食用农产品和加工食品分段立法，《食品安全法》与其他法律法规衔接不畅，协调执法困难；食品安全和食品质量标准体系架构有待协调完善；生产规范、源头控制、检验方法等重点标准缺口较大；环境污染和农业化学投入品等源头监管薄弱；食源性疾病管理体制运行不畅；缺乏“从农田到餐桌”全方位统一监测，部门界限导致重复性监测；分散于卫生、农业、质检等管理部门的风险评估资源未形成合力；评估程序和结果公布缺乏独立性和透明度；风险交流制度尚未实质展开。近年来，三鹿“三聚氰胺”奶粉、双汇“瘦肉精”猪肉和上海福喜“过期肉”等多起大型企业出现的食品安全事件，说明我国食品安全治理体系存在深层次的薄弱环节。

第四，科技支撑发展滞后。

食品科技投入不足、创新乏力；源头、过程控制及检测技术与装备滞后于食品安全形势要求；风险评估、监测和预警等基础性科技、数据与信息服务缺乏；病原微生物防控领域科研不够深入。

第五，社会共治格局尚未形成。

企业是食品安全第一责任人的意识薄弱；第三方监督力量不足，有奖举报和内部举报制度不健全；缺乏必要的食品安全教育制度，公众存在食品安全“意识高”、“知识薄弱”的反差，个别媒体存在误导公众现象；“三聚氰胺”奶粉、“地沟油”、上海福喜“过期肉”等食品安全事件说明，社会道德严重滑坡，食品产业需要进行深刻道德反思。

三、发达国家食品安全治理先进经验借鉴

发达国家和地区的食品安全史具有典型的阶段性特征：①资本主义发展早期，掺杂使假、欺诈现象泛滥；②20世纪工业高速发展期，环境污染、农业化学投入品、非法添加物等成为食品安全主要问题；③21世纪后，突发性致病菌污染、畜禽疫病流行和生物恐怖主义等构成食品安全主要威胁，食品营养面临新的挑战。发达国家和地区积累了丰富的食品安全治理经验。

（一）食品安全法律法规和标准体系架构合理并持续更新

发达国家食品立法历史悠久，更新与时俱进。现代立法以保障“从农田到餐桌”食物链全程食品安全为出发点，建立以预防为主、消费者优先的立法理念；强调风险分析在立法中的核心作用；突出源头治理法律体系建设；标准体系以通用标准为基础、产品标准为辅助。

（二）基于“从农田到餐桌”的食品安全监管体系

顶层设计融合现代管理思想，注重定量分析和信息搜集与处理工作，将数学模型的建立和运用融入决策过程。注重监管的细化，重视源头污染防控，监管以过程控制为重点、终产品为验证，且形成了完善的应急机制。

（三）风险分析的科学决策方法

国际成功经验表明，食品安全监管需建立在以风险评估、风险管理和风险交流为主体的风险分析框架上。发达国家风险监测已进入大数据网络管理时代，代表性监控网络有全球沙门氏菌监测网络（WHO GSS）、食源性疾病国际监测协作网（Enter-net）、食源性疾病主动监测系统（Food Net）、食源性疾病监测国家分子亚型网络（Pulse Net）和欧盟食品和饲料快速预警系统（RASFF）等。

（四）强大的食品安全科技支撑体系

2004～2013 年日本、韩国、美国和德国 R&D/GDP 平均比值分别为 3.36%、3.28%、2.67%和 2.63%。经济合作与发展组织（OECD）中参加统计的 43 个国家和地区的 R&D/GDP 总平均比值在 2.26%以上（我国仅 1.63%），科技的高投入带来高回报，其在产地环境治理、病原微生物防控、农兽药快速检测、追溯体系等方面建立了完善的网络防控体系和信息化支撑平台。

（五）有效的社会共治机制

由政府监管、行业自律、消费者维权、社会监督相结合的“四位一体”的社会共治格局已经形成。并立法强化对问题企业的问责和惩处，如“黑名单”制度和“吹哨人”奖励举报制度。通过信息公开、强化召回等措施鼓励企业诚信自律。

四、我国食品安全治理的战略构想和对策建议

（一）我国食品安全趋势研判

未来 15 年，我国经济社会战略转型对食品安全影响深远。①法律和监管体系将日益完善，全方位的社会共治格局将初步形成，违法生产经营引起的食品安全问题将得到有效遏制；②由于环境治理是一个长期性、综合性和反复性的过程，环境污染对食品安全的影响将长期存在；③区域不平衡、城镇化发展、产业融合加快和社会分工的进一步细化，将加大食品产销分离带来的风险；④城市与农村二元经济结构短期内无法根本改变，农村地区将成为食品安全事件高发区。

未来 10～20 年，来自种植和养殖业滥用药物以及环境污染造成的化学性污染，疫情疫病传播和突发性致病菌污染造成的食源性疾病将成为我国食品安全的主要特征。当我国发展到美国 21 世纪初的经济水平时，食源性疾病、营养安全和生物恐怖主义可能构成食品安全的长远威胁。

（二）推进我国食品安全治理的对策与建议

第一，关于制定“国家食品安全中长期战略规划（2016～2030 年）”的建议。

基于对我国食品安全阶段性特征的认识，以“全面建立食品安全保障体系”作为中长期战略目标，坚持“预防为主和消费者优先、产管结合和全程协同治理、风险分析和信息公

开、专项整治与长效治理相结合”等四项原则；采取“源头治理、产业升级、风险管理信息化和社会共治”等四项战略措施；强化“法律法规标准、风险分析科学决策、政府服务监管、产业科技保障、人才培养和道德诚信”等六项保障体系，制定“国家食品安全中长期战略规划（2016～2030 年）”。力争到 2030 年，实现四项具体治理战略目标：①由违法生产经营产生的非法添加、掺杂使假等食品安全风险隐患得到有效遏制；②食源性病原微生物污染检测、溯源、监控、科技支撑能力满足率达到 60%～70%；③以滥用化学药物造成的种植业和养殖业的源头污染得到稳定防控，工业“三废”对产地环境污染得到初步治理；④食品营养失衡引发的慢性非传染病高发态势得到遏制。

食品安全治理目标实施“两步走”战略：第一步（2016～2020 年），通过完善法律法规、标准和监管体系，强化过程控制和风险分析等技术支撑，优化产销环境，强化企业主体责任，建立诚信体系和契约机制。到 2020 年，初步形成社会共治格局，违法生产经营引起的食品安全风险隐患得到有效遏制。第二步（2020～2030 年），通过产地环境的进一步治理，高效种植、养殖业得到健康发展，到 2030 年，产地环境污染治理见到实效、食源性疾病实现主动预防和控制，食品营养失衡引发的慢性非传染病高发态势得到遏制。食品安全治理路线见“2016～2030 年我国食品安全治理路线图”。

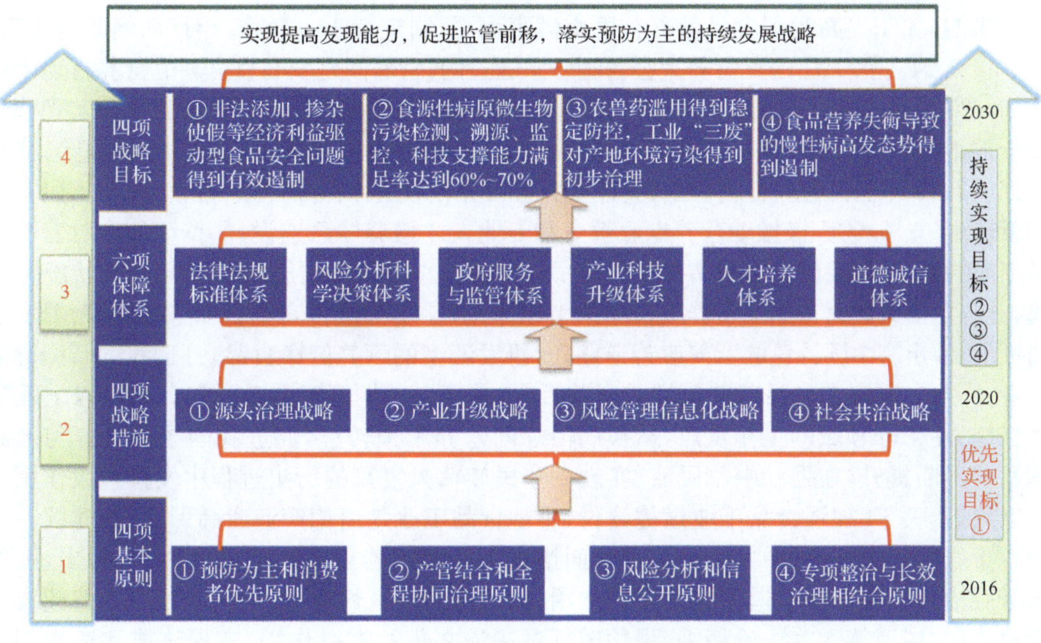

2016～2030 年我国食品安全治理路线图

第二，关于实施国家食品安全重大科技专项，提高食品安全技术创新能力的建议。

发达国家经验表明，食品安全提升依赖于强大的科技支撑能力。我国食品安全全程控制技术与装备落后，基础性科技、大数据与信息化服务缺乏，成为制约食品安全提升的重要因素。建议将“食品安全”纳入国家重大科技专项，在设定时限内进行集成式协同攻关，将源头治理、过程控制、风险监测、风险评估等基础和共性关键技术研究列入重点研发计划。①重点研究土壤、草原和水域生态环境修复技术；②探索种养结合、清洁生产和副产物综合利用的生态循环种养模式；③建立五大粮食作物单产提升和奶牛 DHI 单产提升以及良性循环的种业技术创新体系；④加大生物型农兽药和饲料的开发与应用，减少农业化学药物用量；⑤加强食品加工中有害物生成控制、营养品质保持、冷链物流等技术研究；⑥推进传统食品加工机械化和智能化装备如机器人的研发和应用，提高食品工业集中度；⑦加快在线和高通量快速检测技术研究和应用；⑧开展食品污染物、加工中有害物、转基因原料等风险评估基础研究。通过国家食品安全重大科技研究专项的实施，形成强大且持续的食品安全技术创新能力。

第三，关于“实施食品安全风险五项基础监测计划，构建国家五项监测预警网络大数据平台”的建议。

加强现有食品安全风险监测体系整合，建立以过程控制为主、终产品为辅的风险监测体系，实现食品安全监管前移。实施国家层面的五项基础监测计划：①食品中病原微生物；②食品中环境污染物；③食品中农兽药残留；④食品营养成分和国民健康指标；⑤食品真实性（掺假物和欺诈成分）。建立国家级动态监测数据库，形成风险监测预警信息化大数据支撑平台，为制定最严谨的标准、开展最严格的监管、执行最严厉的处罚和最严肃的问责，提供执法的科学数据，确保人民群众“舌尖上的安全”。同时也为深层次的科学研究与国际交流提供科学数据，提高我国在食品安全领域的国际话语权和影响力。

第四，关于提高我国食品营养与民众健康水平，制定 2016～2025 年行动纲要的建议。

以 2014 年第二届国际营养大会各国一致通过的《营养问题罗马宣言》和“营养行动十年 2016～2025”为契机，建议如下：①建立完善的国家营养安全管理体系，在国家层面实现营养安全的组织保障；②完善国家营养安全政策，并将其纳入国家“十三五”规划，组织编制 2016～2025 年国民营养行动计划；③建立完善营养领域法律保障体系，推动《中华人民共和国营养法》立法；④积极推动营养专业教育和专业人才培养体系建设；⑤持续加强对营养科学研究的支持，使我国成为世界营养科学研究高地；⑥建立我国居民营养与疾病状况数据库，充分发挥大数据在国民营养改善中的引领作用；⑦坚持粮食安全、食品安全和营养安全协同发展，走有中国特色的营养改善道路；⑧研发新型的营养健康食品，打造我国新型健康产业；⑨加大国家在食品营养领域的财政投入，并列入长期国家财政计划。通过以上政策和措施，使营养领域的工作重点，从疾病治疗向营养干预转移，促进我国居民营养与健康水平的不断提升，在强壮中华民族、实现中华民族伟大复兴的历史进程中发挥重大作用。

第五，关于“加强食品工业道德建设，重塑食品工业是道德产业崇高形象”的建议。

十八届四中全会《中共中央关于全面推进依法治国若干重大问题的决定》提出，国家和社会治理需要法律和道德共同发挥作用，以法治体现道德理念、强化法律对道德建设的促进作用，以道德滋养法治精神、强化道德对法治文化的支撑作用，实现法律和道德相辅相成、法治和德治相得益彰。诚信和道德成为保障食品安全的关键要素之一。基于食品工业道德下滑、底线下探的现状，在完善食品安全法律法规体系建设的同时，亟待加强食品工业道德建设。重塑食品工业是道德产业崇高形象，为解决食品安全问题、保障民生福祉筑牢坚厚基石。为此，加强食品道德法规建设：①加强道德教育，树立普遍的食品安全道德观念；②建立健全食品安全诚信体系，建立有效的契约机制；③开展食品安全道德考评，为食品安全道德约束提供价值导向；④依靠政府、消费者和媒体的多方力量，营造良好舆论氛围；⑤加强食品文化建设，构筑食品安全道德约束的文化环境。

绪　论

一、基本概念

食品安全是一个历史的、动态的、发展的概念。1996年第2次世界粮食首脑会议对食物数量安全(food security)做出阐述:"只有当所有人在任何时候都能够在物质和经济上获得足够、安全和富有营养的食物来满足其积极和健康生活的膳食需要及食物喜好时,才实现了食物保障安全。"

2003年,联合国粮食及农业组织/世界卫生组织(FAO/WHO)在《保障食品的安全和质量:强化国家食品控制体系指南》[1]中将食品安全(food safety)定义为:"食品安全是指控制所有那些危害,无论是慢性的还是急性的,这些危害会使食物有害消费者健康。"我国《食品安全法》中定义:"食品安全,指食品无毒、无害,符合应当有的营养要求,对人体健康不造成任何急性、亚急性或者慢性危害。"因此,保障食品在食用时不使消费者健康受到损害是食品安全的基本内涵。食品数量安全和食品质量安全间存在深层的联系,食品数量安全受到威胁,食品质量安全的重要性则相对弱化;而食品质量安全受到影响,就会影响食品数量的有效供给。

2012年初FAO将"营养安全"(nutrition security)定义为"所有人在任何时候都能消费在品种、多样性、营养素含量和安全性等方面数量和质量充足的食物,满足其积极和健康生活所需的膳食需要和饮食偏好,并同时具备卫生清洁的环境,适宜的保健、教育和护理"。这一概念针对全球普遍存在的营养不良,以及超重和肥胖问题等提出,以保障食品营养供给和膳食平衡为目标。随着科技的进步,人们对部分食品营养安全风险因素提出了新的质疑,一些看似安全但存在潜在风险的问题需要重新界定,例如油炸食品对健康的影响,补充维生素对人体作用的争议等。美国《FDA食品安全现代化法案》对新的膳食成分或饮食补充剂的安全性进行了明确规定,要求对"合成代谢类固醇"及其类似物进行严格管控。食品营养风险性因素日益引起关注,逐渐成为食品安全的重要内涵之一。

食品安全具有历史性特征和社会治理的特点。同一时期的不同国家或同一国家的不同历史发展阶段,由于自然条件、经济条件以及农业发展所面临的主要矛盾的差异,造成食品安全的风险因素和风险程度不同,最终导致食品安全突出问题和治理要求的差异。

我国党和政府历来高度重视食品安全工作,在立法和监管体制改革方面做出大量尝试和不懈努力。目前,我国食品安全问题日趋严峻和复杂,重大食品安全事件频发,不仅考验我国食品产业链的发展,而且挑战新国际贸易环境下我国食品安全监管体系和应急体系,甚至考验着政府的执政能力。食品安全治理正是基于我国食品安全现状,梳理食品安全发展史,分析食品安全现状,借鉴国外管理经验,以史为鉴、以邻为镜,通过食品安全存在问题的剖析,提出全局性、前瞻性和战略性对策建议,最终推动我国食品安全水平的提升。

二、主要特征

食品安全的概念和内涵是不断发展的，包括“动态性与层次性、绝对性与相对性、现实性与潜在性、系统性与区域性”等主要特征，具体体现在：

（一）食品安全具有动态性与层次性

动态性是指不同经济发展阶段，所表现的食品安全问题具有不同的特点，即食品安全的历史性特征。从国际上对食品安全的认知历程来看，食品安全是一个动态发展的概念。广义的食品安全概念至少应含有食品可获取安全（food security）和食品质量安全（food safety）两个层次的含义。食品可获取安全（food security）强调的是数量安全，即食品安全保障，包括 20 世纪 70 年代提出的粮食安全概念，以及近些年由于环境和资源承载压力剧增，而被逐渐提起的食品可持续供给保障安全。我国当前对食品安全内涵的理解中，更关注食品质量安全（food safety）。食品安全（food safety）内涵具有综合性，应至少包括食品质量、食品卫生和食品营养的部分要素。

（二）食品安全具有绝对性与相对性

食品安全不存在“零风险”，因此不存在绝对的食品安全，食品安全问题将伴随着人类社会的各个发展阶段。但在某一区域的特定历史发展阶段，食品安全具有明确的科学内涵，安全与不安全之间有明确的界限，因而食品安全具有绝对性。同时，食品安全的内涵是不断发展的，食品安全只是相对于一定文化背景、科技水平和具体经济社会发展阶段而言的。从这个意义上讲，食品安全又具有相对性，在一个国家食品安全有其法律和标准的内在要求。

（三）食品安全具有现实性与潜在性

食品安全危害社会公共安全与人类生命健康的直接性，决定食品安全具有很强的现实性。从另一个角度看，食品安全又具有潜在性。食品的物理性、化学性和生物性污染具有较强的隐蔽性，有毒有害物质具有累积性，而营养不良或失衡对个体的生命健康和智力发育造成的潜在威胁需在较长周期才能体现。食品安全治理既要面对已爆发的食品安全危害，又要预防食品安全潜在威胁。

（四）食品安全具有系统性与区域性

食品安全是一个涉及经济、社会、科技水平与政治等多因素、多环节的复杂系统。从全球范围来看，世界食品安全是一个大系统，各个国家和地区是子系统。从单个区域的食品安全来看，食品安全是供给系统和需求系统相互作用的结果。同时，食品安全具有区域性，可将其划分为不同经济区域、不同行政范围的食物安全。系统与区域之间的食品安全特征表现各异又相互交叉。我国的食品安全问题既需面对全球食品安全面临的挑战，又具有自身发展阶段的特定特征。

三、战略地位

国以民为本，民以食为天。食品安全问题已经成为当今世界食品生产、食品消费和食品管理领域面临的重大挑战，世界各国对食品安全的关注，已经提升到了前所未有的战略高度。食品安全具有“动态性与层次性、绝对性与相对性、现实性与潜在性、系统性与区域性”等主要特征，食品安全需要在掌握其历史特征的前提下开展社会治理。强化食品安全治理，提升食品安全水平，有利于食品产业升级、提高民生品质、维护国家形象，并促进社会和谐稳定与可持续发展。

四、本项咨询研究的目的、内容、方法和重要意义

（一）研究目的

通过项目开展，全面系统调研我国食品安全现状，厘清影响我国食品安全的系统性、根源性因素，解决制约我国食品安全的深层次问题。通过借鉴发达国家食品安全监管体系发展的历史和经验，并结合我国国情，在专题研究和反复研讨的基础上，提出我国未来15年食品安全的战略发展思路、发展目标、保障措施及对策建议；为促进我国食品安全水平的全面提升，提供科学的决策依据；为构建和谐社会做出应有的贡献。

（二）研究内容

本项目以邓小平理论和“三个代表”重要思想为指导，深入贯彻落实科学发展观，从维护人民群众根本利益出发，打破地方利益和部门利益藩篱，以“完善食品安全监管体制机制，健全政策法规体系，强化监管手段，提高执法能力，落实企业主体责任，提升诚信守法水平，动员社会各界积极参与，促进我国食品安全形势持续稳定好转”为目的，站在我国经济与社会发展宏观战略层面，分别从生态环境、食品原料、病原微生物、风险分析、管理体系、经济环境等角度，以史为鉴、以邻为镜，全面、系统调研国内外食品安全源头防控、国内外食品安全技术创新、国内外食品安全病原微生物防控、国内外食品安全风险评估与风险管理、国内外食品安全管理体系、国内外食品安全与工业发展规律等。选择粮食行业、肉禽蛋行业、乳品行业、水产品行业、食品添加剂行业等重点行业，开展食品安全技术水平的评估研究，提出技术发展方向和政策咨询意见。

根据研究内容并结合实际工作需要，项目设六个专项研究课题：

课题一　农业生态环境污染对食品安全影响与防治研究

调研发达国家食品安全源头防控的经验和做法，摸清我国农业生态环境污染状况与污染水平家底，筛选与食品安全相关的关键源头污染指标，提出我国食品安全生态环境建设保护的咨询建议和意见。

课题二　食品原料安全控制技术发展战略研究

选择粮食、肉禽蛋、乳品、水产品、食品添加剂五个重点行业，调研国外行业发展现状，开展食品安全技术水平的评估研究，提出技术发展方向和政策咨询意见。

课题三 食品安全与病原微生物防控研究

通过调研，全面了解国内外关于食品安全与病原微生物相关的技术、政策、发展方向及存在的问题，对潜在的可能进入食物链的病原微生物进行更为可靠的风险评估与对策分析，探索制定适合我国国情的食品安全与病原微生物防控战略。

课题四 食品安全风险评估与风险管理战略研究

在调研基础上，重点对于如何建设国家食品安全风险监测与风险评估体系及其作用提出建设性意见。为《中华人民共和国食品安全法》规定的国家建立食品安全风险监测、风险评估和统一的食品安全国家标准这三个国家制度的完善提出科学咨询。

课题五 国内外食品安全管理先进经验与物联网战略研究

从国内外食品安全管理先进经验研究、农用化学品检测与控制信息化工程建设规划研究、食品安全与物联网技术发展研究等方面，调研目前国际发展动态，借鉴发达国家食品安全管理先进经验，研究并提出以管理科学为主体、多学科协同且符合中国国情的食品安全管理体系咨询意见。

课题六 食品安全与经济发展战略研究

调研国内外不同历史时期社会经济和食品工业发展水平下的食品安全状况和特征，包括食品安全科技发展水平、食品安全产业运行环境、食品安全系统性问题等，认清我国食品安全形势，研判食品安全潜在风险，提出食品安全科技、食品产业等发展规划和政策咨询意见。

（三）研究方法

根据项目总体目标和研究内容等要求，确定调研咨询工作总体实施方案，对调研任务进行进一步细化，组织专家咨询论证，确定各课题具体实施路线，完善顶层设计。根据研究大纲，组织调研，明确调研重点方向与领域，以及重点区域和企业。通过文献调研、问卷调查、实地考察、座谈研讨和专题咨询等方式，开展广泛深入的调研，摸清我国食品安全现状。在此基础上，分析整理与归纳食品安全管理国际经验，对比发现我国食品安全的问题根源，根据我国“两个一百年”的奋斗目标，谋划我国食品安全管理的战略构想，针对性提出提高我国食品安全整体水平的战略建议。

（四）重要意义

1. 有利于促进食品产业升级，加快经济发展方式转变

食品安全与产业发展相辅相成，食品产业升级需要食品安全水平的提升，而食品安全水平的提升也必须依赖于产业自身的发展。当前我国食品产业发展仍然处于初级阶段，企业小、散、乱，劳动密集型产业特点突出，受原材料和劳动力成本影响显著，发展中存在盲目扩张、产能过剩、恶意竞争、违法经营等乱象，导致掺杂使假、假冒伪劣、非法添加非食用物质、使用违禁药物等食品安全隐患。打击违法经营、保障食品安全，有利于净化市场环境，保护市场竞争，推动产业向标准化、规模化和集约化方向转变，加快食品产业转型升级。食品产业作为国民经济第一大支柱产业，其转型升级对加快我国经济发展方式转变具有重要的现实意义。

2. 有利于保障食品供给与安全,提升民生品质

食品作为日常消费必需品,其自身安全与民生品质休戚相关。2008年"三聚氰胺"奶粉事件发生以后,食品安全舆论环境日益恶化,食品安全成为影响食品保障的重要因素。如果食品安全问题得不到有效控制与解决,那么国内食品消费市场会发生深层次的变化。当前,由于消费者对婴幼儿奶粉国产品牌不信任,导致外资品牌逐渐控制国内消费市场,就是一个典型的案例。加强食品安全治理,对于保护国内食品产业发展,提振消费者信心,提升民生品质具有重大意义。

3. 有利于维护国家形象,提升国际地位

近年来国际上接连发生了一系列较为严重的与我国食品相关的事件,引起了国际舆论的强烈关注。这一系列涉华食品事件原因复杂,西方媒体不顾事实真相统统将其归咎为中国食品安全问题,对我国出口贸易造成不良影响,部分国家甚至将"中国制造"妖魔化。中国外文局对外传播研究中心发布的《中国国家形象全球调查报告2013》[2]中,"食品安全问题"在海外民众对中国品牌的担忧因素中排在第五位,食品安全已经成为关乎我国国家形象的重要因素。国内和涉外食品安全事件频发已经严重影响到我国的大国形象和国际地位。食品安全作为社会经济发展的重要考量指标,其治理水平体现着社会的进步和发展。食品安全水平的提升,将维护我国国家形象,对提升国际地位也有推动作用。

4. 有利于维护社会和谐稳定与可持续发展

近些年重大食品安全事件频发,造成社会对食品行业不信任,政府公信力下降,以及由各种谣言和抢购造成的局部经济秩序混乱,已经影响到社会的和谐稳定和健康发展。可以说当前我国食品安全现状是社会经济发展的一个缩影。食品安全属于快速消费品,其在生产加工环节的一些现象集中反映了社会各行业普遍存在的一些问题。加强食品安全治理有利于树立市场秩序治理的典范,重塑政府公信力,化解社会矛盾,维护社会和谐稳定。

第一章　国内外食品安全问题演进历程和规律

发达国家食品安全演进经历了三个历史阶段，从早期的掺杂使假，到20世纪的技术性风险，再到21世纪的突发性事件威胁。我国食品安全也有类似历程，古代和近代中国以掺杂使假和腐败食物为主，新中国成立后从关注粮食安全、食品卫生到关注人为和技术因素造成的食品安全风险。历史经验表明，一国的食品安全形势与其经济发展水平密切相关。发达国家食品安全演进历程和不同阶段的表现特征对我国食品安全治理具有重要参考价值。

一、发达国家食品安全问题演进历程

（一）掺杂使假是资本主义发展早期面临的主要食品安全问题

在资本主义市场经济发展早期，一方面自由放任的经济理念排斥政府干预，没有给食品安全监管留下空间，导致食品市场出现的乱象缺乏必要的约束机制和矫正机制；另一方面，由于经济发展水平低，消费者购买力有限，食品加工业利欲熏心，导致掺杂使假成为英美等国的主要食品安全问题。

1202年英国颁布了世界上第一个食品卫生安全法规——《面包法》[3]，严禁在面包里掺入豌豆或蚕豆粉造假。1848年，分析家约翰·米歇尔经过12年暗访，写出《论假冒伪劣食品及其检测方法》一书[3]，他所检测的面包样品无一不是掺假食品。19世纪中期，英国的食品掺假达到了顶峰。著名的医学杂志《柳叶刀》于1850年组建"卫生分析委员会"，专门调查和报告当时英国食品的质量，在1855年出版《食品及其掺假：1851～1854年〈柳叶刀〉"卫生分析委员会"的食品检测报告》[3]。该报告在英国历史上第一次运用显微镜分析食品，发现了食品中含有许多毫无营养价值甚至是有毒的物质。在严酷的现实面前，英国民间兴起要求政府制定食品安全法令、强化食品安全的食品改革运动，并直接推动英国食品安全的三部里程碑式法律的诞生：《食品与饮料掺假法》（1860年）、《食品与药品掺假法》（1872年）和《食品与药品销售法》（1875年）[4]，这些法律均剑指食品领域中最严重的掺杂使假问题。

19世纪末20世纪初，被称为美国历史上最无耻的时代，是食品、药品造假的"黄金时代"，劣质食品及有害食品添加剂比比皆是，假冒伪劣食品横行全美[5]。1848年6月，针对欧洲盛行的食品掺假问题，美国出台了第一部反对食品和药品掺假的法律《药品进口法》，以抵制劣质食品和药品的进口。法律实施之初，曾取得良好的效果，但很快因为政治影响和贿赂而遭遇失败。美国各州自1870年后就开始陆续出台各类专项治理伪劣食品的法律。1879年，美国农业化学家彼得·科利尔试图为食品掺假问题而呼吁制定一个全国性的食品与药品法案，却未能通过。1899年，国会开始对食品"掺假"问题进行调查。1902年，国会两院联合成立一个附属委员会专门负责对"掺假"食品、饮料和药品以及虚假广告进行听证。在科利尔、韦利和辛克莱一批关注食品安全的专家学者的推动下，《纯净食品及药物管理法》（又称《韦利法案》）和新的《肉类检查法》终于在 1906 年得以通过。其中，《纯净食品及药物管理法》即旨在确保企业提供干净、不掺假的食品和有效、安全的药品，禁止洲际贸易中在食品、饮料和药品上的贴假标签和掺假。与此同时，建立了以化学家威利博士（Dr. Wiley）为首，共 11 名专家学者组成的班子，形成美国食品药品管理局（FDA）的雏形，并按《农业拨款法》将食品、药品和杀虫剂管理局简称为食品药品管理局[6]。这标志着美国食品安全监管开始走上法制化道路，极大遏制了食品生产经营领域的违法行为。

（二）技术性食品安全风险是经济发展到一定阶段不得不面对的难题

20 世纪化学工业得到迅猛发展，化学品被广泛应用到社会生产的各个领域。种植和养殖业滥用化肥和农兽药等投入品，加工中滥用食品添加剂以及环境污染等问题日益严峻；一系列事实和科研成果，使人们认识到食品中化学危害严重威胁到人类的健康和生存；各方力量经过艰苦博弈，使得食品安全法律法规中增加了对种植环境的要求，对杀虫剂、杀真菌剂、灭鼠剂的要求，对食品中农药残留、食品添加剂的要求。

20 世纪前半叶，化肥和农药在农业领域开始广泛使用。1909 年，德国化学家弗里茨·哈伯发明合成氨的方法，化肥工业开始发展。随着化肥生产技术的不断进步，氮肥、磷肥、钾肥等品种成为化肥工业的主力军。几乎同一时期，杀虫剂、杀菌剂、除草剂等第一代农药已经趋于成熟，成为农业增产的重要助手。与此同时，合成化学物质在食品中的使用不断增加。1949 年，美国国会创建一个特殊委员会调查由此引起的危害。经过多年努力，最终形成三个修正案：《农药残留修正案》（1954 年）、《食品添加剂修正案》（1958 年）和《色素添加剂修正案》（1960 年）[7]，美国食品安全进入安全评估时代。

20 世纪后半叶，以有机磷和氨基甲酸酯类化合物为代表的有机合成农药开始主导农药产业。新的食品安全问题随之产生，种植、养殖过程中出现滥用农兽药的现象。1962 年美国生物学家蕾切尔·卡森出版的《寂静的春天》[8]，向世人预测了农药 DDT 对环境的危害，揭示了食物中来自农药的潜在威胁。美国 1970 年颁布《国家环境政策法》并成立环境保护署（EPA）可以看作是对该书的直接反映，是为终结类似于 DDT（曾获诺贝尔化学奖）的广谱杀虫剂而做的一种制度准备。为降低食品中农药残留的努力持续至 20 世纪末，1993 年克林顿政府推行了“标准更严，用量更低，广泛推行可替代性生物制剂”的政策，旨在让低农药残留食品成为经济社会的一种道德规范。1996 年颁布的《食品质量保护法》（FQPA），要求对膳食和非膳食途径摄入的农药残留对人体健康风险进行全面评估。

由微生物污染引起的食源性疾病在这一时期也逐渐增多。其中自 1982 年美国大肠杆菌（*E. coli*）O157：H7 首次被确认能在人类中致病和致死以后，因大肠杆菌（*E. coli*）O157：H7 引起的大规模中毒事件多次发生。1992 年美国爆发 500 例大肠杆菌 O157：H7 中毒事件；1994 年美国沙门氏菌通过封装的冰淇淋爆发传染，致使 41 个州的 22 万多人患病；1996 年美国奥德瓦拉（Odwalla）公司因作为果汁原料的苹果可能接触过含大肠杆菌的动物粪便，导致大肠杆菌 O157：H7 再次爆发。同样著名的事件还有 1986 年因饲料二噁英污染而在英国出现的疯牛病，1996 年在英国再次爆发并迅速蔓延至世界多国，使养牛业遭受重创。

这一时期国际秩序相对稳定，资本主义发展进程进一步加快，由此带来的环境污染也给食品安全造成极大威胁，其中典型的食品安全事件如表 1-1-1 所示。

表 1-1-1　20 世纪中后期西方国家因环境污染造成的重大食品安全事件

时间	地点	内容
20 世纪 50 年代	日本	工业污水导致鱼汞中毒，居民罹患水俣病
1955 年	日本	奶粉被砷污染，即“森永奶粉中毒案”。截至 2002 年，估计引发 13400 例中毒和 100 例死亡
1955～1972 年	日本	镉中毒引起的水和食物污染。至 1972 年，骨痛病患者达到 230 人，死亡 34 人
1957 年	美国	因饲料被二噁英污染，导致 30 万只鸡不能食用
1973 年	美国	伴随着牛饲料被阻燃剂污染，导致大批群众因食用被污染的牛肉发生中毒
1989 年	比利时	牛奶被二噁英污染
1994 年	匈牙利	Ground 辣椒中含有铅氧化物，导致数十人生病，数人死亡
1998 年	德国 荷兰	在肉类和牛奶中发现高浓度二噁英，后发现二噁英源自巴西的柑橘果肉，结果导致 9.2 万吨柑橘果肉被丢弃
1999 年	比利时	动物饲料被二噁英和多氯联苯污染，影响了超过 2500 家养殖场，经济损失惨重

（三）突发性事件是当今世界食品安全面临的主要挑战

进入 21 世纪后，突发性致病菌污染、畜禽疫病流行和生物恐怖主义的威胁等构成当前发达国家食品安全领域面临的最大挑战。

食品中的病原微生物一直是人类食品安全所面临的一个难题。沙门氏菌、单增李斯特菌、肠出血性大肠杆菌、金黄色葡萄球菌和副溶血性弧菌等致病菌对食品的突发污染，给食品安全带来巨大的冲击。2009 年的美国花生酱沙门氏菌感染事件直接促成了《食品安全现代化法案》出台。2011 年 5 月，德国发生肠出血性大肠杆菌 O104：H4 感染爆发疫情，席卷整个德国和欧盟其他国家，并蔓延至美国和加拿大，是迄今为止德国首次报道的最大规模的 HUS/EHEC 爆发，也是世界范围内同类爆发事件中规模最大的。该病菌被认为来源于西班牙产黄瓜，后经严密调查最终锁定传染源为下萨克森一家工厂生产的豆芽。近些年来，大规模的畜禽疫病流行对发达国家的肉类食品消费安全带来了极大的挑战。2000 年 11 月由饲料污染导致的德国疯牛病、2001 年爆发的英国口蹄疫和 2004 年 2 月加拿大爆发的禽流感疫情，均造成不同程度的人员感染。

美国遭受“9 · 11”恐怖袭击以后，提出“生物恐怖主义防备与应对法案”。美国政府认同食品加工专家的一种共识，即恐怖分子可能将利用食物产品向民众施放有害制剂。恐怖分子可从中选择的制剂种类很多，世界动物健康组织列出了可能被利用的 15 种，其中包括禽流感、猪霍乱、口蹄疫、羊痘和非洲猪瘟。因生物恐怖主义而产生的有毒有害食品，并不是传统食品安全领域关注的议题，针对此类情形的预防、应对已经不是食品安全监管部门力所能及的事情，国家安全部门、卫生部门才是真正的主力。

二、我国食品安全形势演进历程

（一）古代和近代中国食品安全主题

古代中国所面对的食物问题主要是主粮的生产能否满足百姓的消费需求，即当代所谓的“粮食安全”问题。除了少数处于犯罪动机的投毒事件外，在小范围和小规模的食品交易中较少出现食品安全问题。古代的食品安全问题以掺杂使假、假冒伪劣和腐败食物为主。我国古代对危及食品安全的行为都施以重典[9]，其做法可以成为当今食品安全监管借鉴的一个样板（表 1-1-2）。

表 1-1-2　我国历代食品安全管理范例

朝代/时期	历代法典/典故与食品安全监管措施
周	《礼记》记载：“五谷不时，果实未孰（古同‘熟’），不粥（古同‘鬻’）于市……禽兽鱼鳖不中沙，不粥于市。”防止未成熟果实和动物进入市场是周代确保食品安全的主要切入点。
汉	《二年律令》规定，凡肉类腐败应尽快销毁，均不得销售，否则将雷同盗窃罪追究其刑罚。
唐	《唐律疏议》对未销毁变质食物者，杖九十；故意售出致人病者，徒一年，致人死者，判处绞刑；他人不知情误食变质有毒食物而致死的，对食品所有者要追究过失杀人罪；即使他人盗食变质食品致死的，食品所有者也要杖九十。
南宋	除继承《唐律疏议》的严厉规定外，严格管理食品市场上“米麦之增湿润，肉食之灌以水”以及“鸡塞沙，鹅羊吹气，卖盐杂以灰”的以次充好、掺杂使假行为，并要求食品从业者须加入行会，由行会对从业人员进行约束。
清	光绪三十二年（1900 年），清政府在民政部设置卫生司，掌管全国卫生事务。
北洋政府	现代食品卫生监管思想开始萌芽，设置卫生行政机关，负责管理饮料食品取缔、屠宰取缔、饮食检查和着色品检查等事项，甚至出台了《京师警察厅饮食物营业规则》等法规。1917 年，山西、绥远爆发鼠疫，北洋政府在成立中央防疫处后还建立了卫生实验所。
中华民国	民国十六年（1927 年）四月，国民政府在内政部设置卫生司。 民国十七年（1928 年）公布实施《屠宰场规则》。 1929 年，国民政府定都南京后正式成立卫生部，并设立专司食品卫生研究、检验以及高级人才培养的中央卫生所。 民国三十四年（1945 年）抗战胜利后，国民政府开始筹建类似美国 FDA 的药品食物管理局，因诸多因素搁浅。

进入 20 世纪后，随着人口的增加和相关技术的发展，我国的食物生产和消费的规模越来越大，跨区域食物交易也逐渐开始兴起。然而，受科学知识和生产、消费条件的限制，不洁饮食是当时造成食物中毒乃至人员死亡的主要原因。为治理因食品卫生引起的食物中毒和疾病传播，近代政府都建立专门的监管机构。北洋政府和国民政府为减少食物中毒，保障食品卫生，专门设置负责食品卫生的监管机构，标志着我国以食品卫生为重点的食品安全监管体制的正式形成。

（二）新中国食品安全问题的演进

1. 改革开放前：对粮食短缺的关注远远高于食品卫生

改革开放前，我国食品领域所面临的主要问题是粮食短缺，食品卫生次之，食品领域鲜有恶意的违法犯罪事件。新中国成立后相当长的一段时期内，我国农业生产条件非常落后，化肥、农药、良种、农业生产机械和农田灌溉设施极度落后，农业生产严重依赖土地的自然生产力和农民的劳动。落后的农业生产还受到频频发生的旱灾、水灾等自然灾害的威胁，加之农业产业政策屡屡出现重大偏差，主粮的供给无法满足日益增长的主粮消费需求，"吃不饱"是我国面临的第一大问题。这一时期并非不存在食品安全问题。从生产销售环节看，由于我国食品工业和包装技术、冷藏技术还很落后，食品生产销售环境差，大多数是散装、常温出售，无防腐措施，导致微生物污染时常危及食品安全，是当时我国食品安全问题的主要表现。在消费环节，由于没有冰箱，经常有因食用变质食物而引起食物中毒的现象，甚至在机关、学校、工厂的食堂也曾因销售剩菜剩饭造成群体食物中毒事件。此外，因人们缺乏食品安全常识，误食有毒植物，企业误将工业盐当食盐使用等造成集体中毒事件也偶有发生。

2. 改革开放初期（1978～1992 年）：食品卫生问题逐渐成为重点

改革开放后，随着改革的推进，粮食短缺得到根本缓解，快速发展的食品产业出现泥沙俱下、良莠不分的混乱局面，食物中毒、食品污染事件逐渐增多，食品卫生问题构成食品安全的主题。1982 年，我国食品卫生合格率仅有 61.5%。一些地方的食物中毒事件在改革开放初期呈现上升趋势。以广州市为例，1979～1982 年，食物中毒事故由 46 起上升到 52 起，中毒人数由 302 人暴涨至 1097 人，三年增加了两倍多[10]。1982 年《中华人民共和国食品卫生法（试行）》颁布实施后，食品卫生合格率逐年提高。由于社会主义市场经济尚未建立，这一时期的食品质量问题和食物中毒事故主要是受到生产、经营和技术条件等客观条件限制，以及家庭或个人缺乏必要的饮食卫生知识等原因所引发的，以公有制为主体的食品企业较少为了降低成本而进行偷工减料、违规掺假，单纯因为企业谋取商业利益而人为造假，或给竞争对手企业食品投毒致使消费者食物中毒。此外，这一阶段我国化学工业水平较低，农作物化肥、农药施用量有限，所以由环境污染导致的食物重金属超标、过量的农药残留等情况也远没有今天严重。

3. 1993～2001 年：食品安全问题初见端倪

1992 年建立社会主义市场经济目标和国有资产分类改革思路的提出，促使国有企业、国有商业和餐饮业步入改革轨道。大批私有企业进入食品生产领域，极大地推动了食品产业的发展。1995 年 10 月，全国人大正式通过《中华人民共和国食品卫生法》，有力推动了食品卫生水平的提升，食源性疾病（食物中毒）问题得到有效遏制。但由于市场经济逐利的特点和政府转型过程中监管的缺失，致使掺杂使假、使用违禁药物、农兽药残留超标、重金属污染等现象日益严重，成为食品领域新的风险源，直接威胁到消费者的健康和生命安全。例如 1999 年，农业部发布 1 号文件明确禁止生产和使用"瘦肉精"饲料，但当年"瘦肉精"的检出率仍高达 19.8%。传统的"食品卫生"概念无法涵盖影响我国食品风险的主要特点，取而代之的是含义更广的"食品安全"概念。

4. 加入 WTO 以后(2002 年至今)：食品安全问题密集爆发

2001 年加入 WTO 后，对我国食品安全整体水平提升起到了显著的促进作用，我国食品安全形势整体向好，但其中的问题也仍然严峻。以假冒伪劣、掺杂使假、非法添加非食用物质、非法使用违禁药物等为特点的食品安全事件密集爆发[11,12]。例如 2003 年的安徽阜阳“大头娃娃”事件，2008 年的河北三鹿“三聚氰胺”奶粉事件，2011 年河南双汇“瘦肉精”事件，均对所在行业造成了重创。2008 年的“三聚氰胺”奶粉事件更是加速了 2009 年《中华人民共和国食品安全法》的出台。我国食品安全形势的演进伴随着法律法规和监管体制的不断改革，历次改革都会推动食品安全水平的提升，但由于食品安全的复杂性和变化性，新的食品安全问题随着社会经济的发展和进步呈现出新的特征。我国食品安全亟须战略性和前瞻性的治理规划。

新中国食品立法和监管体系改革历程及食品安全状况见表 1-1-3。

表 1-1-3　新中国食品立法和监管体系改革历程及食品安全状况

时间	食品立法和监管体系重大改革	监管部门发布的食品合格率
1950 年	建立卫生部药品食品检验所	
1953 年	卫生部颁布单项法规《清凉饮料食物管理暂行办法》，在全国各地建立卫生防疫站	
1959 年	农林部、卫生部、对外贸易部、商业部联合颁发《肉品卫生检验试行规程》	
1964 年	卫生部、商业部、第一轻工业部、中央工商行政管理局、全国供销合作总社联合制定《食品卫生管理试行条例》，是新中国成立后第一部中央层面的综合食品卫生管理法规	
1974 年	中国医学科学院食品卫生检验所成立，并在卫生防疫站内设置食品卫生监督检验机构	
1979 年	卫生部颁发《中华人民共和国食品卫生管理条例》	
1982 年 11 月	**全国人大常委会颁布《中华人民共和国食品卫生法(试行)》**	(卫生部)食品卫生合格率 61.5%
1985 年 12 月	卫生部颁发《食品安全性毒理学评价程序(试行)》	
1993 年 2 月	**全国人大常委会颁布《中华人民共和国产品质量法》**	
1995 年 10 月	**全国人大正式通过《中华人民共和国食品卫生法》**	(卫生部)食品卫生平均合格率 83.1%
1996 年 3 月	卫生部发布《进一步改革完善公共卫生监督执法体制的通知》	
2001 年		(卫生部)食品卫生平均合格率 90.8% (农业部)“瘦肉精”污染监测平均合格率为 65.2%
2002 年 3 月	国家质检总局出台《出口食品生产卫生注册登记管理规定》	(卫生部)食品卫生平均合格率 90.5% (质检总局)食品平均抽样合格率为 78.6%

续表

时间	食品立法和监管体系重大改革	监管部门发布的食品合格率
2003 年 7 月	国务院办公厅发布《关于实施食品药品放心工程的通知》 国家质检总局先后发布《食品安全市场准入审查细则》和《食品生产加工企业质量安全监督管理办法》	(卫生部)食品卫生平均合格率 97.1% (质检总局)食品平均抽样合格率为 82.1%
2004 年 9 月	国务院出台《国务院关于进一步加强食品安全工作的决定》,确立了“分段监管为主、品种监管为辅”的食品安全监管体制	(卫生部)食品卫生监测合格率 90.13% (质检总局)食品平均抽样合格率为 78.9%
2005 年 6 月	**国务院颁布《中华人民共和国工业产品生产许可证管理条例》**	(卫生部)食品卫生平均抽检合格率为 87.49%; (质检总局)食品质量平均抽样合格率为 80%; (农业部)“瘦肉精”污染监测平均合格率为 97.2%
2006 年 4 月	**全国人大常委会颁布《中华人民共和国农产品质量安全法》**	(质检总局)食品质量抽样合格率达到 77.9%
2007 年 7 月和 8 月	国务院发布《中国的食品安全状况的白皮书》并出台《国务院关于加强食品等产品安全监督管理的特别规定》和《全国产品质量和食品安全专项整治行动方案》 卫生部发布《卫生部关于开展全国餐饮消费安全专项整治工作的紧急通知》 **全国人大常委会颁布《中华人民共和国动物防疫法》**	(质检总局)食品质量抽样合格率 92.2%
2008 年		(质检总局)食品质量抽样合格率 87.4%
2009 年 2 月	**全国人大常委会颁布《中华人民共和国食品安全法》**	
2010 年	国家食品安全委员会成立,开创了我国分段监管格局下的综合协调时代	
2011 年 10 月	国家食品安全风险评估中心在北京成立,标志着以风险评估、监测为基础,更加科学的食品安全监管体制的逐步形成	
2013 年初	国家食品药品监督管理总局诞生,统一监管时代来临	
2015 年 4 月	《食品安全法》(2015 修订版)经全国人大常委会审议通过并颁布	

数据来源:食品合格率来自卫计委[13]、农业部[14]和质检总局[15]网站历年公告

三、食品安全与经济发展水平内在规律

对比发达国家和新中国成立后食品安全的演进历程,可以发现一国的食品安全形势与其经济发展水平密切相关。人类对食物需求的数量、偏好随着经济发展水平的变化而变化,这种变化影响食物的生产方式和生产经营者的行为模式。以中国和美国的发展历程进行对比,改革开放至今我国的经济发展水平大致与美国 1820～1950 年的水平相当。我国在这 30 多年间所经历的食品安全史,相当于浓缩了美国食品安全 100 多年的历史,

确有相似之处，却又因食品添加剂、转基因等相关技术的变化而出现一些新特点。

从中美两国食品安全形势的相似性看，当人均 GDP 在 1000～4000 美元（以 1990 年盖-凯美元计）之间时，由于经济发展水平低，食品行业技术、管理水平无法达到现代的良好规范水平，一线从业人员的受教育程度和道德素质也参差不齐，普遍存在食品卫生问题，掺杂使假是危及食品安全的主要问题；当人均 GDP 由 4000 美元升至 10000 美元时，食品生产的产业化程度日益提高，科学技术对食品产业的影响迅速增大，农药、兽药残留超标等技术性因素所带来的安全风险是食品安全领域面临的主要问题。从我国食品安全形势的特殊性看，由于食品产业在一个较短的时期内快速发展，其安全隐患实际上不仅包含美国不同发展阶段的某些因素，而且包含滥用食品添加剂等新问题以及近二十年才出现的转基因技术风险。所以，我国近些年所出现的大量食品安全问题，既有特定的历史阶段性特征，也有当今时代与食品相关的技术变革所带来的新特征。根据食品安全的历史性特征，国外食品安全问题的演进历程对于我国食品安全问题未来的发展形势具有重要的参考意义。

中美不同发展阶段食品安全问题对比分析如表 1-1-4 所示。

表 1-1-4　中美不同发展阶段食品安全问题对比分析

美国	中国
19 世纪后半叶，食品界的**掺杂使假行为猖獗**。这一时期，用 1990 年盖-凯美元计算，美国这一时期的人均 GDP 大致在 1800～4000 美元（图 1-1-1）。	从 1978 年改革开放到 20 世纪末，我国经历了从关注不洁食物的食品卫生阶段，到关注**掺杂使假**的食品安全阶段的转变。 用 1990 年盖-凯美元计算，这一时期我国的人均 GDP 从 1978 年的 1000 多美元上升到 2001 年的 4000 多美元（图 1-1-2），与美国 19 世纪后半叶的情况较为类似。
20 世纪前半叶，随着化学工业的快速发展，美国食品产业的风险来源迅速演变为**滥用食品添加剂，农兽药等有害物质残留超标**（1948～1960 年先后颁布《农药残留修正案》、《食品添加剂修正案》和《色素添加剂修正案》）。这一时期美国的人均 GDP 大致在 4000～10000 美元（1990 年盖-凯美元）。	加入 WTO 后，我国经济发展水平快速提升，人均 GDP 从 2002 年的 4000 多美元上升到 2010 年的 8000 多美元。根据近两年国家统计局的经济数据，用 1990 年盖-凯美元计算，2012 年我国的人均 GDP 应在 9500 美元至 10000 美元之间，与美国 1950 年人均 9561 美元的水平基本相当。 这一时期，来自**种植、养殖环节农兽药残留超标以及加工环节超量超范围使用食品添加剂**成为我国食品安全领域的主要问题。这一特征与美国 20 世纪前半叶的情形有着惊人的相似之处。
20 世纪后半叶，农兽药残留的持续影响、食源性疾病以及环境污染引起的食品安全问题构成食品安全领域新的主题。	未来阶段，农兽药残留、环境污染引起的食品安全问题，突发性致病菌污染、畜禽疫病流行导致的食源性疾病以及食品营养失衡导致的慢性病将持续存在，并将成为我国食品安全的主要特征。
21 世纪初，突发性致病菌污染、畜禽疫病流行导致的食源性疾病，以及生物恐怖主义成为食品安全领域新的挑战。另外对因食品营养失衡导致的慢性疾病更加关注。	

注：如未特别说明，本部分中美人均 GDP 数据均来自 Maddison Project（即麦迪森数据库）[16]。麦迪森数据库由著名的世界经济史专家安格斯·麦迪森（Angus Maddison，1926～2010）所开创，是当今世界最权威的国际经济数据库之一。该数据库采用购买力平价（PPP）标准来比较各国的经济发展水平，本书所用数据的计价标准为 1990 年盖-凯美元。

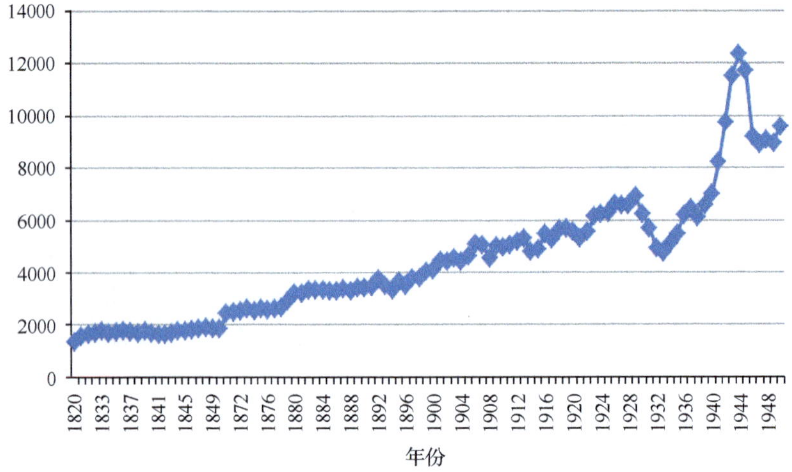

图 1-1-1　美国 1820～1950 年人均 GDP 变化图

1943～1945 年美国人均 GDP 曾短暂出现超过 1 万美元的现象，这主要是因为美国参加第二次世界大战后，战争因素对经济增长的短期刺激

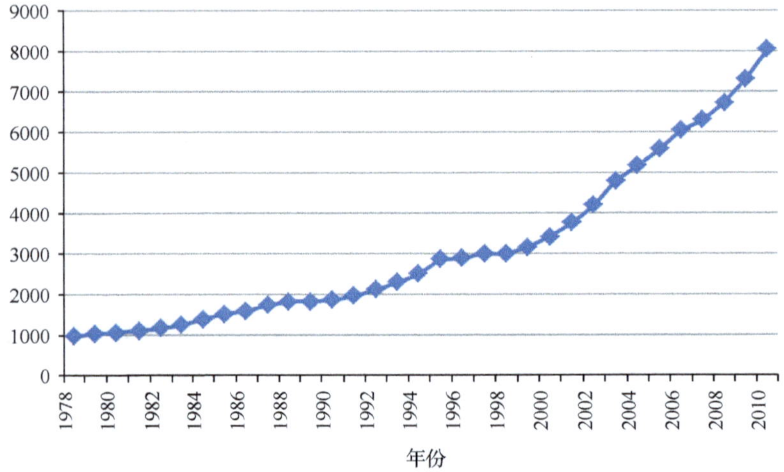

图 1-1-2　1978～2010 年人均 GDP 变化图

第二章　我国食品安全现状

改革开放以来,我国食用农产品连年增收,食品工业迅速发展,逐渐成为集农业、加工制造业、现代物流业于一体的增长最快、最具活力的国民经济支柱产业。如今食品产业与传统的食品工业概念的内涵和外延已大不相同,正是对食品产业概念界定不清晰,导致对食品安全监管界限的模糊。《食品安全法》颁布以来,我国食品安全保障体系基本建成,监测数据总体向好,食品安全表现出趋稳向好的态势。由于我国食品安全问题的复杂性,重大食品安全事件仍呈高发态势,消费者对食品安全认可度不高,进出口食品安全不容乐观,食品营养安全风险因素逐渐显现等,说明我国食品安全形势依然严峻,食品安全治理任重道远。

一、食品数量安全:供应能力持续增强

食品产业承担着为我国 13 亿人提供安全放心、营养健康食品的重任。经过改革开放 30 多年的发展,与食品相关的上下游行业正逐步形成独立的食品产业体系,成为集农业、加工制造业、现代物流服务业于一体的增长最快、最具活力的国民经济支柱产业,对促进农业发展、农村就业和农民增收,解决“三农”问题起到巨大推动作用。

(一) 食用农产品连年增收,保障了市场的有效供给

30 多年来,在科技进步和“三农”政策的推动下,我国主要食用农产品产量连创新高。2013 年,我国粮食、蔬菜、水果、肉类、水产品和原奶产量分别达到 60193.84 万吨、73512 万吨、25093 万吨、8535 万吨、6172 万吨、3531 万吨,其中粮食产量实现“十连增”(表 1-2-1)。根据联合国粮食及农业组织(FAO)[17]数据,2013 年我国主要食用农产品,粮食产量占世界总产量的 19.9%,蔬菜占 51.1%,水果占 22.4%,肉类占 26.9%,水产品占 39.5%,均连续多年居于世界首位。原奶产量则占世界总产量的 5.4%,排名世界第三(表 1-2-2)。主要农产品人均占有量也逐年升高,2013 年粮食、蔬菜、水果、肉类、水产品和原奶人均产量分别为 442.4 千克、540.2 千克、184.4 千克、62.7 千克、45.4 千克和 25.9 千克(表 1-2-3),除原奶外,其他农产品人均产量均达到或超过世界平均水平。主要农产品数量的极大丰富,不仅解决了我国人民的“米袋子”和“菜篮子”问题,也满足了人民对食物多层次、多元化的消费需求,为保障我国乃至世界食物安全和社会的稳定与发展做出重要贡献。

表 1-2-1　我国主要食用农产品产量变化　　单位:万吨

年份	主要食用农产品			主要食品原料农产品		
	蔬菜	水果	肉类	水产品	粮食	原奶
1978	—	—	—	465.35	30476.50	97
1992	—	—	3430.7	1557.12	44265.80	503

续表

年份	主要食用农产品			主要食品原料农产品		
	蔬菜	水果	肉类	水产品	粮食	原奶
1993	—	—	3841.5	1823.00	45648.80	499
2001	48422	13502	6105.8	3795.92	45263.67	1026
2002	52861	14375	6234.3	3954.86	45705.75	1300
2003	54032	14517	6443.3	4077.02	43069.53	1746
2004	55065	15341	6608.7	4246.57	46946.95	2261
2005	56451	16120	6938.9	4419.86	48402.19	2753
2006	53953	17102	7089	4583.60	49804.23	3193
2007	56452	18136	6865.7	4747.52	50160.28	3525
2008	59240	19220	7278.7	4895.60	52870.92	3556
2009	61824	20396	7649.7	5116.40	53082.08	3519
2010	65099	21401	7925.8	5373.00	54647.71	3576
2011	67930	22768	7965.1	5603.21	57120.85	3658
2012	70883	24057	8387.2	5907.68	58957.97	3744
2013	73512	25093	8535.0	6172.00	60193.84	3531

数据来源：历年中国统计年鉴[18]

表 1-2-2　2013 年我国主要食用农产品产量在世界的比重

种类		产量占全球比重/%	世界排名
主要食用农产品	蔬菜	51.1	1
	水果	22.4	1
	肉类	26.9	1
主要食品原料	水产品	39.5	1
	粮食	19.9	1
	原奶	5.4	3

数据来源：FAO 数据库[17]

表 1-2-3　各主要农产品人均占有量的变化　　单位：千克

年份	主要食用农产品			主要食品原料农产品		
	蔬菜	水果	肉类	水产品	粮食	原奶
1978		6.9		4.8	316.6	1.0
1992		21.0	29.3	13.3	377.8	4.3
1993		25.6	32.4	15.4	385.2	4.2
2001	379.4	52.4	47.8	29.7	354.7	8.0
2002	411.5	54.3	49.9	30.8	355.8	10.1
2003	418.1	112.7	50.61	31.5	333.3	13.5

续表

年份	主要食用农产品			主要食品原料农产品		
	蔬菜	水果	肉类	水产品	粮食	原奶
2004	423.6	118.4	50.8	32.7	361.2	17.4
2005	431.7	123.7	53.1	33.8	370.2	21.1
2006	410.5	130.5	53.9	34.9	378.9	24.3
2007	427.2	137.6	52	35.9	379.6	26.7
2008	446.1	145.1	54.8	36.9	398.1	26.4
2009	463.3	153.2	57.3	38.3	397.8	26.7
2010	485.5	160.0	59	40.1	407.5	26.7
2011	504.2	169.4	59.1	41.6	423.9	27.2
2012	523.5	178.1	61.9	43.6	435.4	27.7
2013	540.2	184.4	62.7	45.4	442.4	25.9

数据来源:历年中国统计年鉴[18]

(二)食品工业发展迅速,进入提质增效的转型阶段

近10年来,我国食品工业产值以年均递增20%以上的速度持续快速发展(图1-2-1),其中2002~2008年的6年间,食品工业产值增加3.98倍,年均增速达到30%,增长速度远高于包括美日欧在内的经合组织30个成员国的平均水平(2.3%)。2010年我国食品工业总产值超过美国,成为全球第一大食品工业国。2012年,我国食品工业总产值达到89551.8亿元,2014年食品工业主营业务收入更是达到10.89万亿。食品工业总产值在国内生产总值中的比重也逐年攀升,由2000年的8.5%升至2014年的17.1%,成为保障

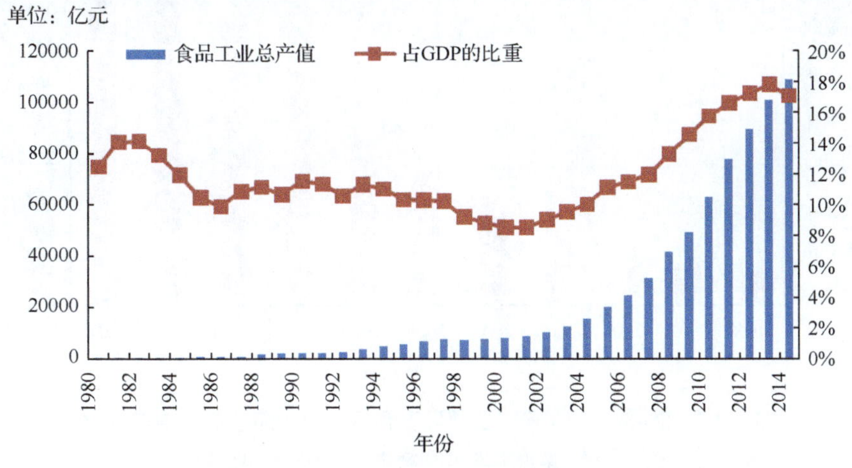

图1-2-1　1980~2014年我国规模以上食品企业工业总产值变化

数据来源:中国统计年鉴[18],2012年食品工业总产值来源于中国食品工业协会网站;统计口径包括农副产品加工业、食品制造业、饮料制造业和烟草制品业。2013年和2014年为规模以上食品企业主营业务收入

国计民生的重要支柱产业。其中作为食品工业重要支撑的食品添加剂行业发展迅猛，总产量及产值呈逐年增长的趋势(图 1-2-4)。可以说，没有食品添加剂，不仅没有现代食品工业，也不可能有现代食品安全[19,20]。但是自 2010 起年规模以上食品企业产值增长速度逐年降低，2014 年更是降至个位数(7.7%)(图 1-2-2)，利润总额自 2003 年逐年增加，增速在 2010 年后不断放缓，2013 年也降至个位数(3.2%)(图 1-2-3)，可见我国食品工业正进入提质增效、阵痛转型新阶段。食品安全和科技创新成为产业竞争的根基。

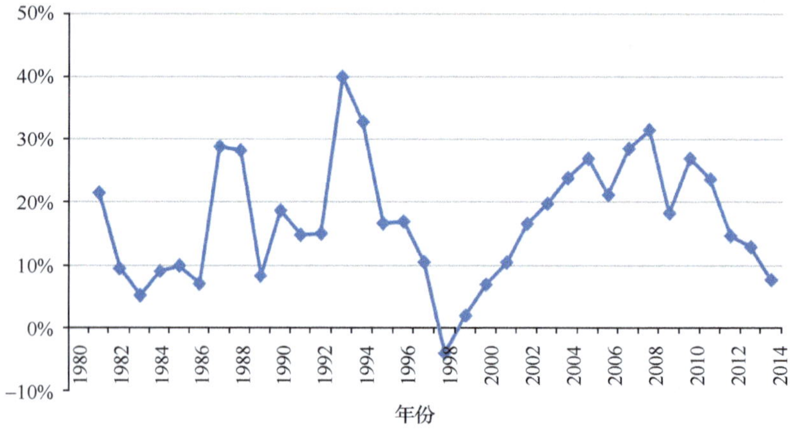

图 1-2-2　1980～2014 年我国规模以上食品企业工业产值增速变化

数据来源：中国统计年鉴[18]，2012 年食品工业总产值来源于中国食品工业协会网站；统计口径包括农副产品加工业、食品制造业、饮料制造业和烟草制品业。2013 年和 2014 年为规模以上食品企业主营业务收入

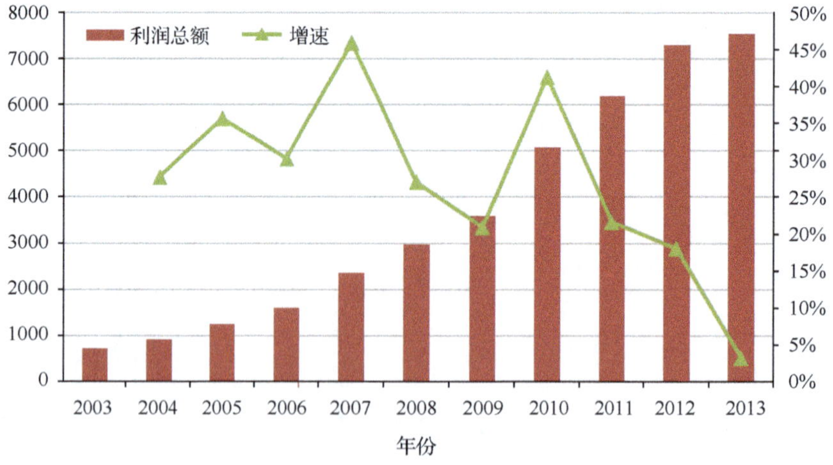

图 1-2-3　2003～2013 我国规模以上食品企业利润总额及增速变化

数据来源：中国统计年鉴[18]

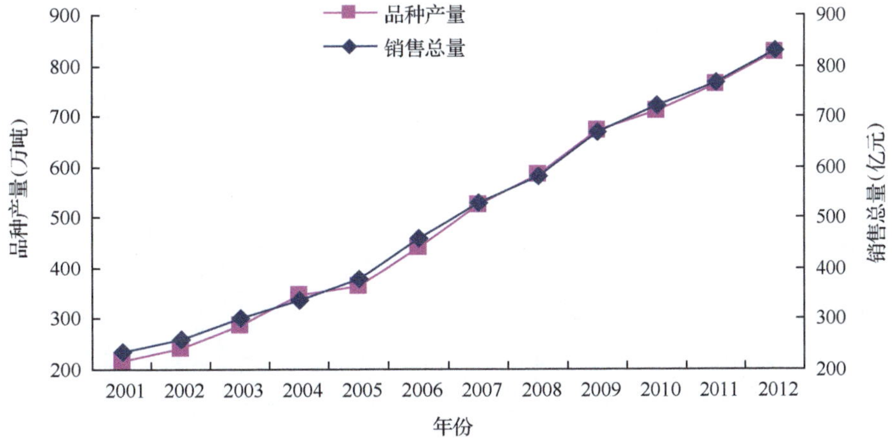

图 1-2-4　2001～2012 年食品添加剂主要品种产量

数据来源：中国食品工业年鉴[21]及原卫生部[13]

（三）进出口稳步发展，在世界食品贸易中的地位不断提升

我国食品产业蓬勃发展的同时，在世界食品进出口贸易中的地位也不断提升。1984 年我国食品出口额为 37.98 亿美元，2013 年上升到 599.83 亿美元，增长 14.79 倍；在国际食品贸易中的比重从 1984 年的 1.79%上升到 2013 年的 4.12%，成为重要的食品供给国（图 1-2-5 和图 1-2-6），其中蔬菜、水产品是出口的主要商品，加工制品比重较小。水产品出口量自 2000 年起位居世界第一，居于大宗农产品之首，并于 2010 年成为世界最大的水产品贸易国（图 1-2-7 和图 1-2-8）。虽然经过 30 多年的发展，我国从依靠农产品和原料产品的出口创汇转变为非农产品占绝对优势的国家，但食品出口对我国经济的发展、和谐社会的建设仍起着不可替代的作用[22,23]。

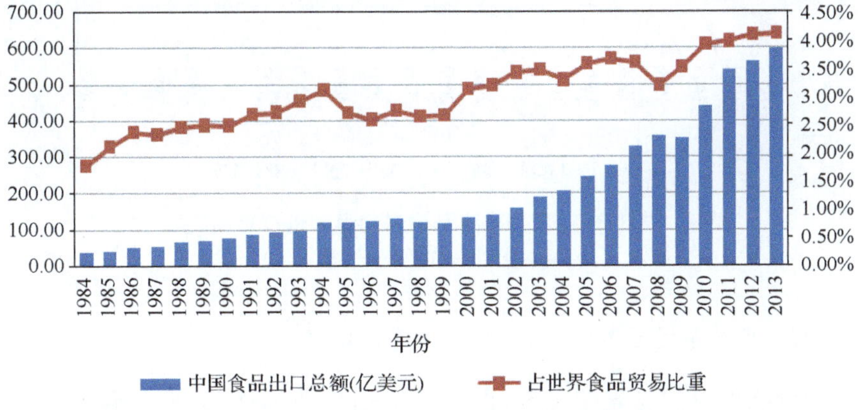

图 1-2-5　1984～2013 年我国食品出口额及占世界食品贸易的比重

数据来源：世界贸易组织（WTO）统计数据库[24]。按照 SITC（Rev. 3）的标准，WTO 数据库统计的食品包括：SITC 0 类食品级活动物，SITC 1 类饮料及烟类（不包括香烟），SITC 2 类第 22 章油籽及含油果实，以及 SITC 4 类动植物油、脂及蜡

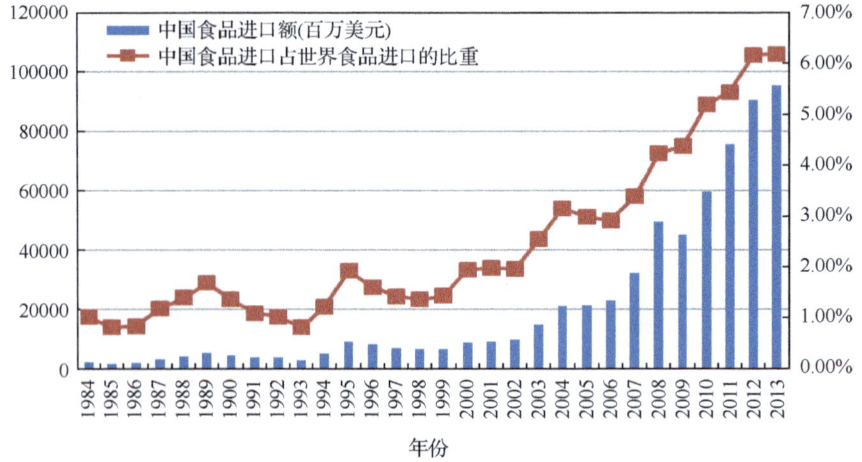

图 1-2-6 1984～2013 年我国食品进口额及占世界食品贸易的比重

数据来源：世界贸易组织（WTO）统计数据库[24]。按照 SITC（Rev. 3）的标准，WTO 数据库统计的食品包括：SITC 0 类食品级活动物，SITC 1 类饮料及烟类（不包括香烟），SITC 2 类第 22 章油籽及含油果实，以及 SITC 4 类动植物油、脂及蜡

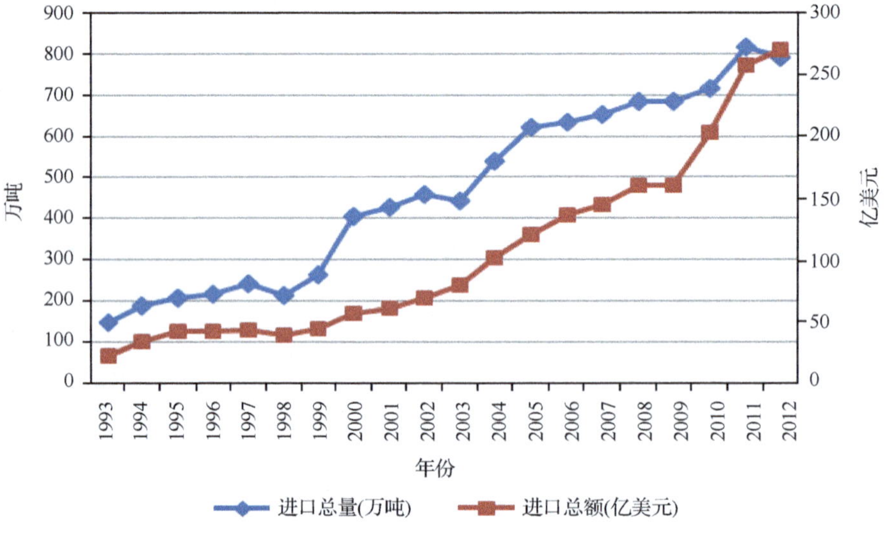

图 1-2-7 我国水产品进口总量和进口总额

资料来源：中国渔业统计年鉴[25]

（四）重点食品贸易逆差不断扩大，对外依存度提高

尽管我国食品出口贸易繁荣发展，但食品进出口贸易逆差仍不断扩大（图 1-2-5 和图 1-2-6）。据海关总署统计，2012 年我国食品出口 542.5 亿美元，同比增长 2.2%；进口 874.3 亿美元，同比增长 20.5%，贸易逆差达到 331.8 亿美元，粮油产品为主要的进口商品。WTO 数据显示，2013 年我国食品出口 599.83 亿美元，同比增长 6.5%，进口 956.46 亿美元，同比增长 5.5%，贸易逆差达到 356.63 亿美元，同比增加 3.9%。随着人们生活

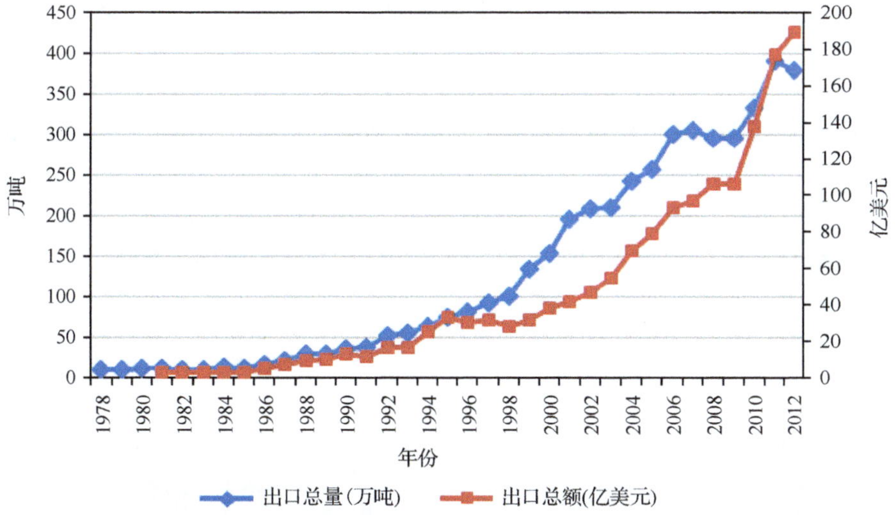

图 1-2-8　我国水产品出口总量和出口总额

资料来源：中国渔业统计年鉴[25]

水平的提高和消费结构的升级，粮食消费总量呈现刚性增长，国内粮食供求处于紧平衡态势。在国内基本自给的基础上，我国粮食进口数量逐年增加，粮食对外依存度提高。20 世纪 90 年代中期，我国由粮食净出口国转为粮食净进口国，粮食进口数量由 1990 年的 1363.8 万吨，占当年粮食产量的比例是 3.1%，增加到 2013 年的 7678.2 万吨，占粮食产量的比例是 12.8%，粮食对外依存度进一步提高。从 1990～2013 年间，我国粮食进口数量增加了 5.6 倍，年均递增 7.8%，而粮食出口数量由 1993 年的最高 1355 万吨减少至 2013 年的不足 50 万吨，减少了 97%（图 1-2-9）。世界粮食资源分布不均衡和粮食资源的高度集中，为粮食全球稳定、持续供应创造了有利条件，但也使得粮食国际贸易容易造成垄断经营，将我国粮食安全拴在别人的裤腰带上，存在巨大隐患[26]。

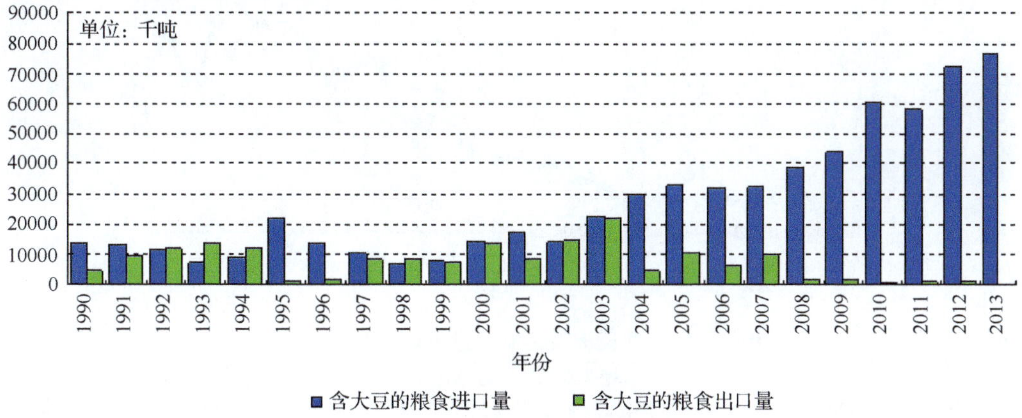

图 1-2-9　1990～2013 年间我国粮食进出口变化情况

资料来源：中国统计年鉴[18]

肉类产品消费需求缺口显现，贸易逆差已成常态。肉类产品在我国食品消费中占有相当大的比重，自 1990 年起我国肉类总产量已经连续 23 年占据世界首位。数量的充足也带动我国肉类产品进出口贸易不断发展，2007 年之前我国肉类产品进出口贸易呈现顺差。2007 年之后我国肉类产量的增幅赶不上国内激增的肉类消费需求，肉类产品国际贸易逆差逐渐拉大。据海关统计，2013 年我国肉类进口总量为 89.8 万吨，进口 256.3 万吨，进口总量超过出口 166.5 万吨，贸易逆差将近 30 亿美元(图 1-2-10 和图 1-2-11)。

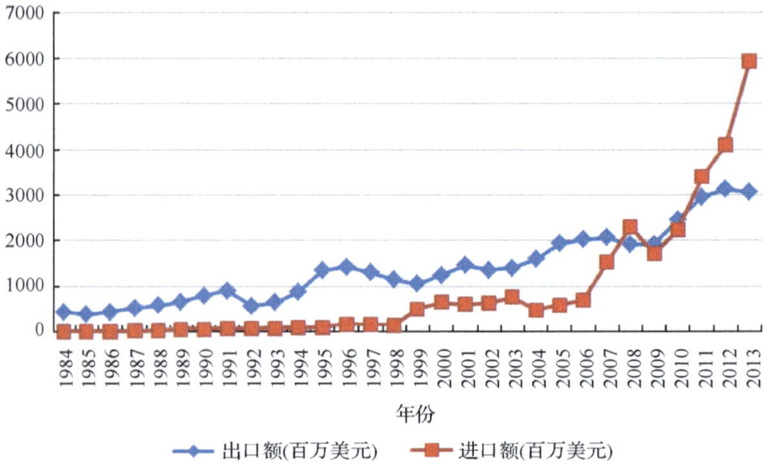

图 1-2-10　我国肉及肉制品进出口额变化情况

数据来源：UN Comtrade 数据库[27]。统计数据包括 SITC(Rev. 2)中 01 类肉及肉制品

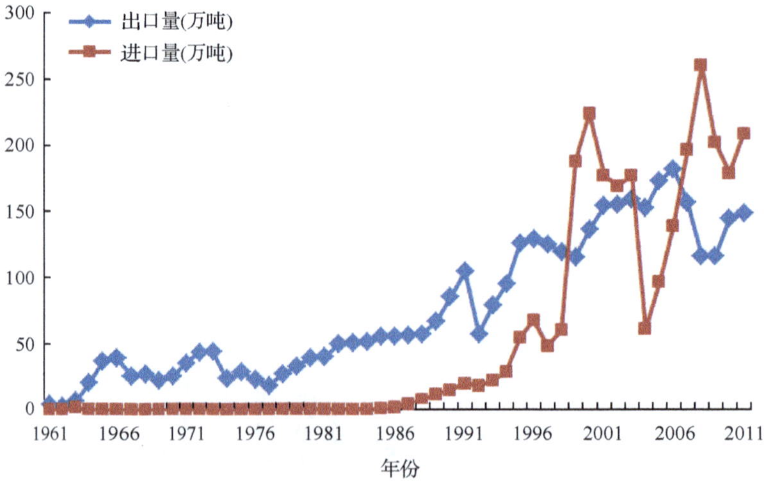

图 1-2-11　我国肉及肉制品进出口量变化趋势

数据来源：FAO 数据库[17]

乳业受食品安全事件影响，进口量急速攀升。自 2008 年以来，鲜奶进口量屡创新高，2014 年达到 29.6 万吨，较 2007 年鲜奶进口量增加近 55 倍。受国外进口奶粉原料价格持续下滑影响，奶粉进口量也不断增加，截至 2014 年 11 月，我国进口奶粉 88.4 万吨，较

2013 年增加 44.09%。2008 年“三聚氰胺”奶粉事件的发生更使得出口贸易呈现下滑趋势，包括乳粉、乳清制品、干酪、奶油、液态奶和炼乳在内的乳制品进口大幅增加，出口缓增（图 1-2-12 和图 1-2-13）。我国乳制品行业的整顿清理工作淘汰了一大批中小型乳制品加工企业，国内乳制品企业的整体经营状况有了较大的改善。但通过乳与乳制品进出口贸易情况可以看出，要逐步恢复国内消费者对国产乳品的信任，提振消费者信心还有很长的路要走。

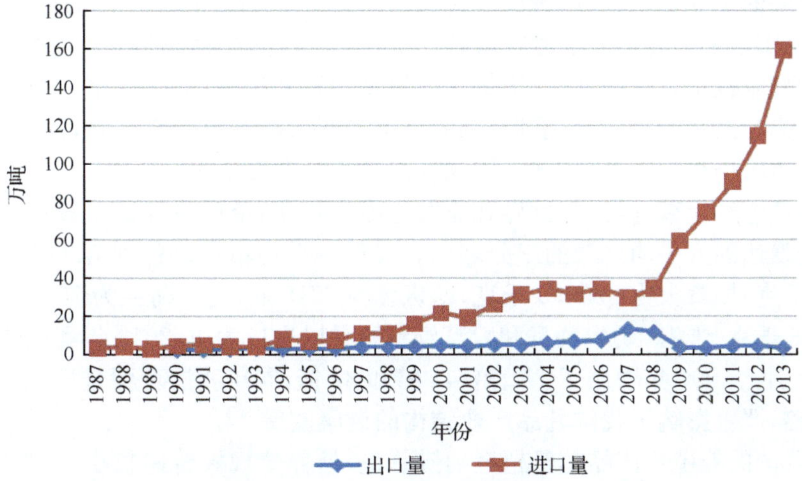

图 1-2-12　1987～2013 年我国乳与乳制品进出口数量变化

数据来源：UN Comtrade 数据库[27]

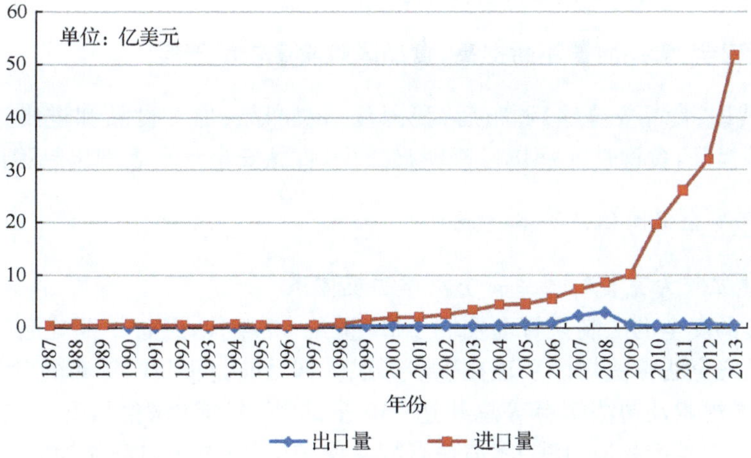

图 1-2-13　1987～2013 年我国乳与乳制品进出口贸易额变化

数据来源：UN Comtrade 数据库[27]

（五）食品数量安全面临的问题和挑战

从食品数量安全的角度来看，目前我国食物供应充足。但是，食品数量安全是国家安全、民族安全的基本保障，不可掉以轻心，必须看到存在的问题和隐患。

粮食方面。目前我国有8000万人口没有摆脱贫困，预测显示粮食消费需求增长速度将超过产量增长速度，粮食仍处于刚性需求阶段。尽管我国粮食单产水平已达60多年来的历史高点，但是，单产年实际增长率呈现边际递减态势，且增产的难度增大；种质资源保障体系薄弱，新品种原创研发滞后，依赖进口增加；粮食种植规模偏小，主体分散，粮食种植环节仍表现为“小、弱、散”；国内粮食供求目前已经处于紧平衡态势，在国内基本自给的基础上，粮食进口数量仍在逐年增加。化肥农药使用超限的挑战：化肥单位面积施用量是国际公认上限的1.8倍，农药用量比发达国家高2.5～5倍。由于使用的盲目性和监管的疏漏，对食品安全和贸易构成了潜在威胁。基于食品链的过程控制技术支撑不足，如粮食产后损耗的控制技术。据统计，我国每年的粮食浪费和损失达1200亿斤以上，全球范围内的粮食损失与浪费的比例已达到总可食用食物的1/3，即约13亿吨，而且由于各国对粮食供应的需求仍在不断提高，这一问题日益受到更多关注。

乳制品产量逐年攀升，但与世界乳业发达国家相比，单产量却处于较低水平，成母牛平均单产是发达国家平均单产的三分之一。成母牛平均单产以色列为11667千克，美国为9677.7千克，加拿大为8699.3千克，西班牙为7715.6千克，荷兰为7536.5千克，而我国仅为3003千克[28,29]。奶牛种畜和牧草饲料贸易以进口为主，2011年我国进口种牛、胚胎和冻精分别比2000年增加了171倍、41倍和87倍，同年我国苜蓿进口量比2007年增加了1382倍，严重影响了我国乳品产业结构的健康发展[30]。

另外，我国的养殖水产品总量超过捕捞总量，但养殖规模普遍较小，质量安全监管成本高，养殖种质退化严重，病害泛滥[31,32]。同时，我国水产品生产加工总量逐年提升，但是加工能力有待进一步增强。食品添加剂方面，我国的消费量在逐步增加，但是许多技术含量高、用量少的食品添加剂仍然依赖进口[33]。

二、食品质量安全：食品质量不断提高，食品风险隐患依然严峻

2009年我国《食品安全法》颁布后，我国食用农产品、加工食品和进出口食品安全水平均得到显著提升，食源性疾病爆发率明显减少，食品安全水平表现出趋稳向好的态势。

（一）食品安全保障体系基本建成

1. 基本建立较为完善的食品安全法律法规体系

我国对食品安全的法制化管理发端于20世纪50年代，经过不断完善，层次分明、体系完整的食品安全法律法规体系正在逐步形成。到目前为止我国颁布的食品安全方面的法律法规、地方规章及司法解释等总共达840多部[34]，形成以《食品安全法》为主，以《农产品质量安全法》、《产品质量法》、《消费者权益保护法》、《进出口商品检验法》、《进出境动植物检疫法》和《动物防疫法》等为辅的食品安全法律法规总体框架。

2. 初步形成新的食品安全标准体系

2009年我国《食品安全法》颁布实施之前，存在各个归口管理部门的食品标准近5000项，缺乏系统性、科学性和可操作性，标准的矛盾、交叉、重复与缺失并存[35-37]。国家卫生行政部门制定了《食品标准清理工作实施方案》，并于2013年1月正式启动食品标准清理工作。《食品标准清理工作实施方案》中列入清理范围的标准为4934项，除转交农业部清

理的农药残留和兽药残留标准、建议由主管部门自行清理的认证认可类标准外，共清理了各类食品标准 3310 项。经过清理，新的国家食品产品安全标准体系初步形成，包括谷物及其制品、乳与乳制品、蛋与蛋制品、肉与肉制品、水产品及其制品、蔬菜及其制品、食用油、油脂及其制品、饮料、酒类、豆与豆制品、食用淀粉及其制品、调味品和香辛料、坚果和籽类、罐头食品、焙烤食品、糖果和巧克力、蜂产品、茶叶、辐照食品、保健食品和其他食品等 21 类约 80 项标准，包括限量标准、各类卫生操作规范、检验方法以及产品质量标准等，基本涵盖从食品原料到产品生产销售过程中涉及健康危害的各类质量安全指标。

3. 监管体系改变了“九龙治水”格局，向统一监管转变

随着 2013 年 3 月 10 日《国务院机构改革和职能转变方案》的发布，我国食品安全监管职责及部门已向集中化转变。相较于原“九龙治水”式的分段监管，改革后食品安全监管体制更好地整合食品药品监管的行政资源、技术资源、信息资源，更好地统一调配监管资源，更有效地查处食品药品中的违法行为。目前我国食品安全监管体系形成分段、分项目或者分职责监管的局面（表 1-2-4）。

表 1-2-4　我国现行食品安全监管体系

部门	监管领域
农业部门	农田（饲养）环节的监督管理（含畜禽屠宰加工的监督管理）
国家食品药品监督管理部门	食品生产、流通、消费环节的监督管理
卫生部门	食源性疾病、食品安全风险评估和交流、食品安全标准
质检部门	食品相关产品和进出口食品的监督管理
粮食局	粮食收购、存储环节的监督管理

4. 食品安全监测能力显著提升

监测体系方面。我国食品安全监管分段、分项目或者分职责管理的现状，决定了食品安全风险监测工作分段管理的特点（表 1-2-5）。监测范围涵盖种植、养殖、生产、流通、销售环节的初级农产品、加工品、餐饮食品和保健品。相较于发达国家，监测范围基本涵盖了除饲料以外的所有食品相关类别。监测项目包括农兽药残留、重金属、真菌毒素、食品添加剂及其他质量指标等。监测工作在 31 个省（区、市）和新疆生产建设兵团全面展开，仅国家卫生行政部门在全国就设置了 2142 个监测点，占全国县区数的 74.9%，实现了较高的监测覆盖率。

表 1-2-5　我国现行食品安全风险监测体系

部门	监测范围
农业部门	初级农产品（含畜禽屠宰加工环节）
国家食品药品监督管理部门	加工食品、餐饮食品以及部分农产品原料的监测
卫生部门	服务于食品安全风险评估、标准和发现食品安全隐患的监测；以流通环节的产品为主，以种植、养殖和生产环节为辅
质检部门	食品相关产品和进出口食品的监测
粮食局	主粮收购环节监测

检验检测能力方面。截至2010年，我国有食品检验检测实验室近6000家，隶属于农业、商务、卫生、质检等部门或行业，其中县级实验室约占71%。目前，形成了“国家级检验机构为龙头，省级和部门食品检验机构为主体，市、县级食品检验机构为补充”的食品安全检验检测体系。目前我国可检测10类64种农产品中1000多种农药残留的国家标准有20项，每一项都可检测农药500种以上，其中茶叶多残留检测方法为国际AOAC官方方法，同时检测农药残留达到653种，居国际领先地位。涉及重金属检测方法标准共42种，其中电感耦合等离子体质谱法可以实现多种重金属元素的同时快速高灵敏度检测，快速检测试纸和酶联免疫吸附检测(ELISA)等方法也不断成熟。涉及兽药残留检测的国家标准、行业标准和商检标准200余项，通过气相色谱-质谱、高效液相色谱-串联质谱、酶联免疫吸附法、微生物抑制法等方法实现对多种兽药同时检测。

监测网络建设方面。我国初步构建起食品安全网络监控和预警系统。国家卫生行政部门参照全球环境监测规划/食品污染监测与评估计划(GEMS/Food)，开展了食品污染物和食源性疾病监测工作，重点建设了全国食品污染物监测数据汇总系统、全国食品微生物风险监测数据汇总系统、食源性疾病(食物中毒)监测报告系统、食源性异常病例/异常健康事件报告系统等。国家质检总局建立的全国食品安全风险快速预警与快速反应体系(RARSFS)于2007年正式推广应用，初步实现国家和省级监督数据信息的资源共享，构建质监部门的动态监测和趋势预测网络。另外，商务部建设了酒类流通管理信息系统、酒类流通统计监测系统，农业部等其他部委也建设了自己的食品相关监测系统网络。这些系统提高了我国应对食品安全系统性风险的能力，通过监测数据信息的上报，及时发现食品安全隐患，进行风险预警，为食品安全风险评估、标准的制定提供科学依据。

5. 风险评估和交流已有良好开局

风险评估方面。风险评估是国际食品法典委员会和发达国家制定食品安全法律法规、标准等的主要工作基础，是将大量风险监测数据转化成科学结论，并为风险预警、风险交流、标准制定、事故处置和危机处理提供技术依据的关键环节，具有基础、导向和承上启下的重要作用。我国食品安全风险评估工作最早起步于20世纪70年代，卫生部门先后组织开展了食品中污染物、部分塑料食品包装材料树脂及成型品浸出物等风险评估[38]。加入WTO后，我国加强了食品中微生物、化学污染物、食品添加剂、食品强化剂等专题评估工作，开展了一系列应急和常规食品安全风险评估项目。2006年颁布实施的《农产品质量安全法》，首次引入了风险分析与风险评估的概念，确立了风险评估的法律地位，主要针对与农产品种植/养殖有关的危害因素(包括农药、兽药、化肥、饲料添加剂等农业化学投入品)开展风险评估。2009年《食品安全法》明确提出建立食品安全风险评估制度，详细规定风险评估的内容、实施主体、原则和作用。2012年，国家食品安全风险评估中心成立，初步形成风险评估制度体系和以国家食品安全风险评估中心和国家食品安全风险评估委员会为基础的食品安全风险评估工作体系。农业部也构建了以农产品质量安全风险评估专家委员会为核心，以各地农产品质量安全风险评估实验室为支撑的农产品风险评估工作网络。

风险交流方面。目前我国风险交流主要有以下方式和渠道：传统的信息发布、投诉举报和公开征求意见、提供信息咨询、健康教育活动、新媒体等。部分行业组织和网络媒体也通过科普活动参与到食品安全风险交流活动中。但整体而言，我国食品安全风险交流仍处于食品安全保障体系中最薄弱的环节，风险交流的系统性、科学性和深度有待加强。

（二）食品安全监测数据总体向好

1. 主要食用农产品安全现状——基于农业部例行监测结果的分析

食用农产品质量安全现状反映的是食品源头污染状况，是农业部农产品质量安全风险监测的重点。农业部例行监测结果显示，2009～2013 年我国蔬菜质量安全例行监测合格率一直维持在 96%以上，水果维持在 95%以上，畜禽产品维持在 99%以上，水产品维持在 94%以上，主要食用农产品质量安全总体保持较高水平（图 1-2-14 至图 1-2-17）。

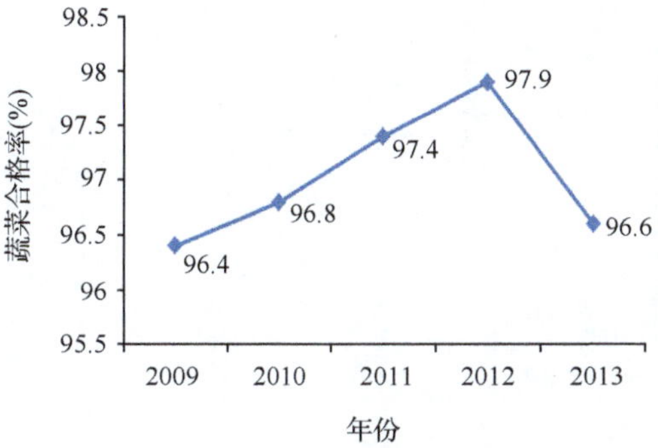

图 1-2-14　2009～2013 年我国蔬菜例行监测合格率变化

数据来源：农业部[14]

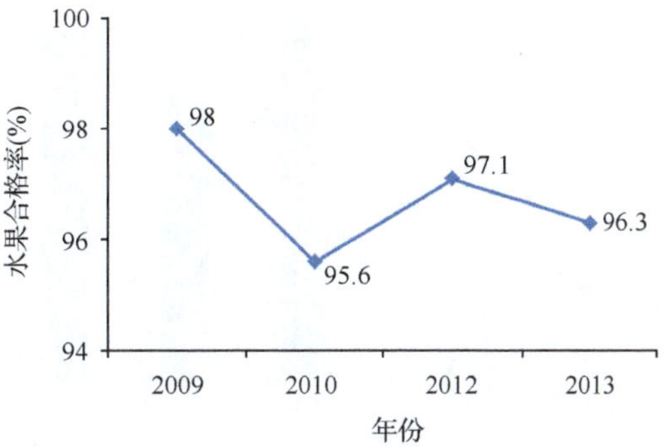

图 1-2-15　2009～2013 年我国水果例行监测合格率变化

数据来源：农业部[14]，2011 年水果相关数据未公布

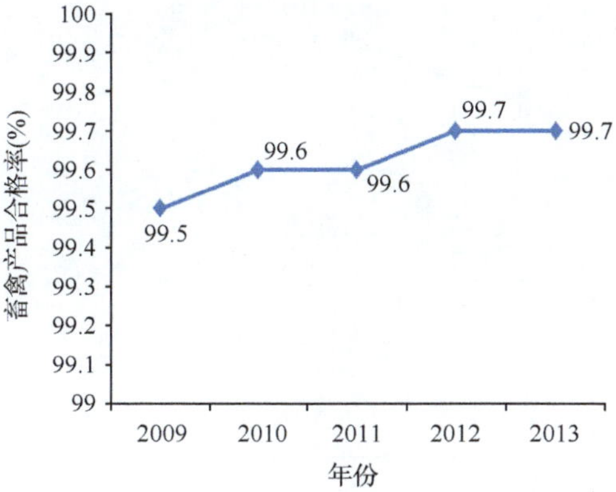

图 1-2-16　2009～2013 年我国畜禽产品例行监测合格率变化

数据来源：农业部[14]

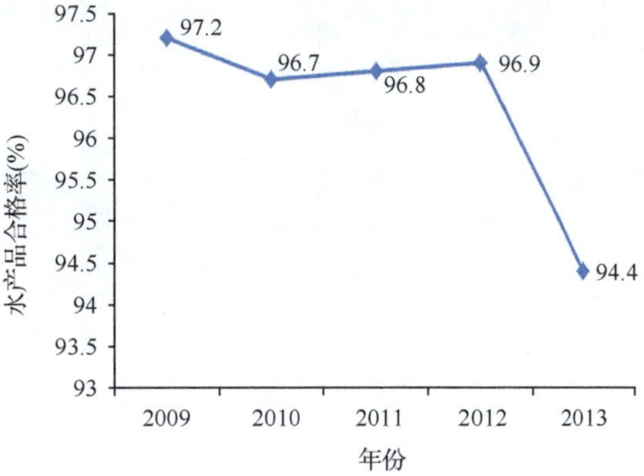

图 1-2-17　2009～2013 年我国水产品例行监测合格率变化

数据来源：农业部[14]

2. 加工食品安全现状——基于国家食品质量监督抽查结果的分析

2003 年我国实行食品生产许可制度（即 QS 认证制度，原食品市场准入制度），食品

生产许可制度将我国加工食品分为 28 大类，由国家质量监督检验检疫总局（简称国家质检总局）负责食品质量监督检查制度的实施。2013 年机构改革后，该职能划转至国家食品药品监督管理总局（简称国家食药总局）。2003～2012 年十年间国家质检总局先后抽查的样品涉及不同类别的上千种食品，对加工食品质量安全水平的提高起到积极的推动作用。国家食品质量监督抽查结果显示，2009～2012 年我国加工食品监督抽查合格率从 2009 年的 91.1%上升至 2012 年的 95.6%（图 1-2-18），加工食品质量安全水平逐年提高，其中国家重点监督的肉制品（图 1-2-19）、乳制品、碳酸饮料、瓶（桶）装饮用水、小麦粉、食糖等均表现出较高的合格率。

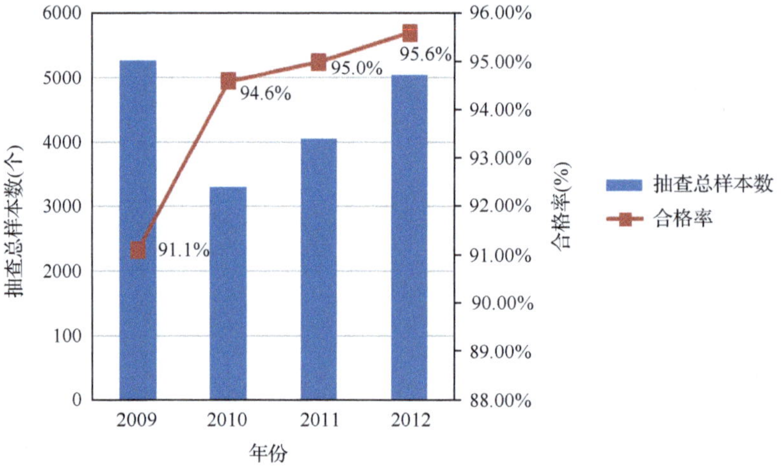

图 1-2-18　2009～2012 年国家食品监督抽查合格率

数据来源：国家质量监督检验检疫总局[15]，未统计食盐和食品添加剂相关数据。根据 2009～2012 年抽查公告，2009 年和 2010 年食盐监督抽查合格率为 100%，2010 年和 2011 年食品添加剂抽查合格率分别为 100%和 97.73%

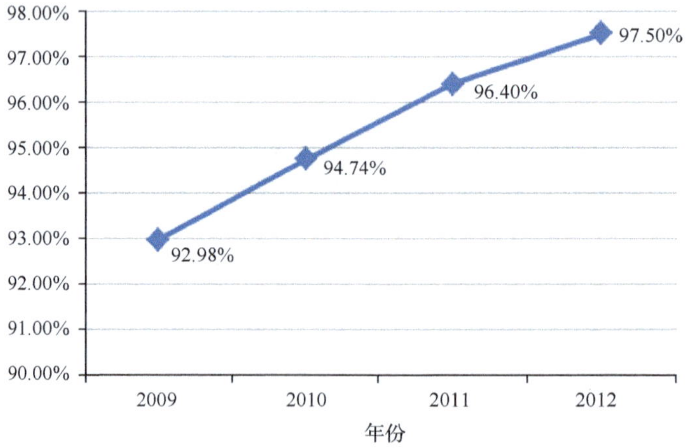

图 1-2-19　2009～2012 年肉制品的国家监督抽查合格率

数据来源：国家质量监督检验检疫总局[15]，未统计食盐和食品添加剂相关数据。根据 2009～2012 年抽查公告，2009 年和 2010 年食盐监督抽查合格率为 100%，2010 年和 2011 年食品添加剂抽查合格率分别为 100%和 97.73%

3. 食源性疾病现状——基于卫生部门直报系统的分析

食源性疾病反映了食品消费环节的食品安全状况，是国家卫生部门风险监测的重点。病原微生物污染引起的食源性疾病是食品安全防控永恒的刚性需求[29]。病原微生物引发的食品安全问题与化学性引发的食品安全问题具有完全不同的特点，化学性污染通过改善环境就可以解决相关的食品安全问题；而食品生物安全不因社会变更、历史阶段、人为和环境因素等改变而消失，只要有生物存在就会永远存在食品安全问题。食品生物安全不是我国独有的问题，不论国家发展程度如何，都要面临来自食品生物安全的威胁。2009～2013 年通过网络直报系统统计的全国食物中毒类突发公共卫生事件（以下简称食物中毒事件）共报告 1006 起，造成 38958 人中毒，757 人死亡。其中，2013 年共报告 152 起，5559 人中毒，109 人死亡，较 2009 年分别减少 43.9%、49.5%和 39.8%（图 1-2-20）。2009～2013 年食源性疾病引发的公共卫生事件由 271 起降至 152 起，总体呈下降趋势，说明我国食品消费环节的食品安全水平不断提升。

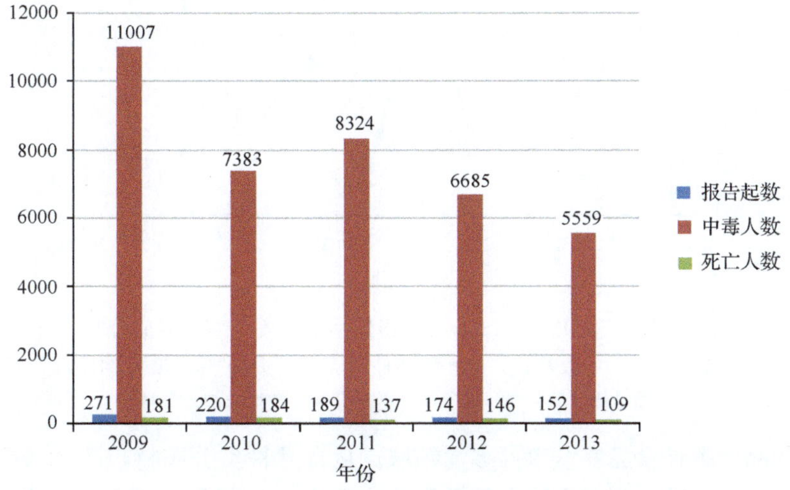

图 1-2-20　2009～2013 年我国食物中毒事件发生情况

数据来源：国家卫计委网站[13]

（三）食品安全形势依然严峻

1. 重大食品安全事件呈高发态势

自 2011 年起全国公安机关开展了食品安全综合治理和专项整治行动，全国各地共侦破各类食品安全犯罪案件：2011 年 5200 余起；2012 年 12300 余起；2013 年 32000 余起。这一数据一方面表明食品安全整治力度很大，成效显著；另一方面也说明食品安全问题多发频发，形势依然严峻。

从农业部、国家质检总局、国家卫生部门等发布的相关数据来看，我国食品安全水平整体趋稳向好。但总体来看，食品安全事件高发仍是必须面对的现实问题。来自源头污染、违法添加非食用物质、超量超范围使用食品添加剂等食品安全事件频频发生，导致公众对食品安全的信任危机。中国经济网舆情监测中心发布的《2013 年度重大食品安全舆情报告》[40]显示，传统媒体是重大食品安全事件曝光的主要途径。为此，我们统计了2001～2013年中央电视台报道的71件重大食品安全事件[41]，从这些事件中可以窥见我国食品安全存在的局部问题。

从时间分布特点来看，2001～2013年中央电视台报道的重大食品安全事件数量随年份呈现相对集中的趋势(图1-2-21)。总体而言，2011年以后食品安全事件曝光数量基本维持在两位数左右，说明2011年后食品安全事件呈现增多的趋势，媒体对食品安全事件的关注度提升到新高度。

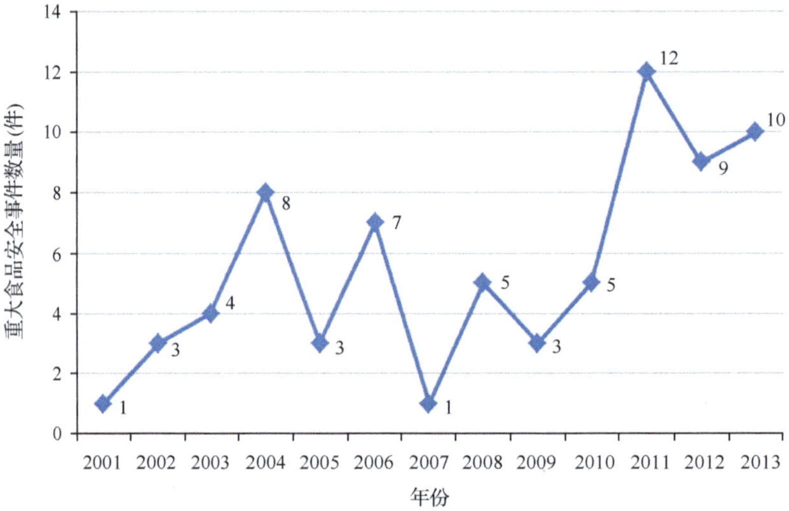

图 1-2-21　2001～2013年央视报道的食品安全事件时间分布

部分食品相关新闻事件，如2010年9月的"一滴香"事件、2011年7月的"味千拉面"事件和2012年9月的"面粉硼砂事件"等，因不属于食品安全事件均未纳入统计

高风险食品种类是食品安全事件多发领域。从食品种类分布特点看，2001～2013年食品安全事件曝光数量排在前五位的食品种类依次是肉与肉制品、乳制品、糕点、水果与水果制品、油脂，占全部食品安全事件的比例依次是22.54%、12.68%、8.45%、7.04%和5.63%(图1-2-22)。而肉制品和乳制品恰恰是国家抽检监测重点监管的高风险食品种类。

2. 进出口食品安全不容乐观

我国进口食品的质量安全形势不容乐观。自2009年以来，我国进境的不合格食品批次和数量逐年增加，2012年增至最高，为2499批次，较2009年增加61.96%，2013年降至2164批次(图1-2-23)，但不合格批次和数量仍然偏高。

出口食品方面。作为欧盟食品的重要供给国，近十年我国出口欧盟的食品类总额以每年11.12%的幅度增加。2013年，我国出口欧盟的食品类产品总额达62.07亿美元，是欧盟第四大食品类进口来源地。欧盟食品和饲料快速预警系统(RASFF)成立于1979年，旨在及时通报任何与有损健康的食品安全问题信息[42]。2002年1月，欧洲"一般食品法"(即《食品法的基本原则和要求、欧洲食品安全局及有关食品安全程序》)颁布，RASFF法律地位得到确认，数据库在成员国、通报内容等方面得以进一步完善。目前，该系统是全球食品安全最重要的信息交流平台之一，为分析欧洲市场食品安全形势提供了完整的

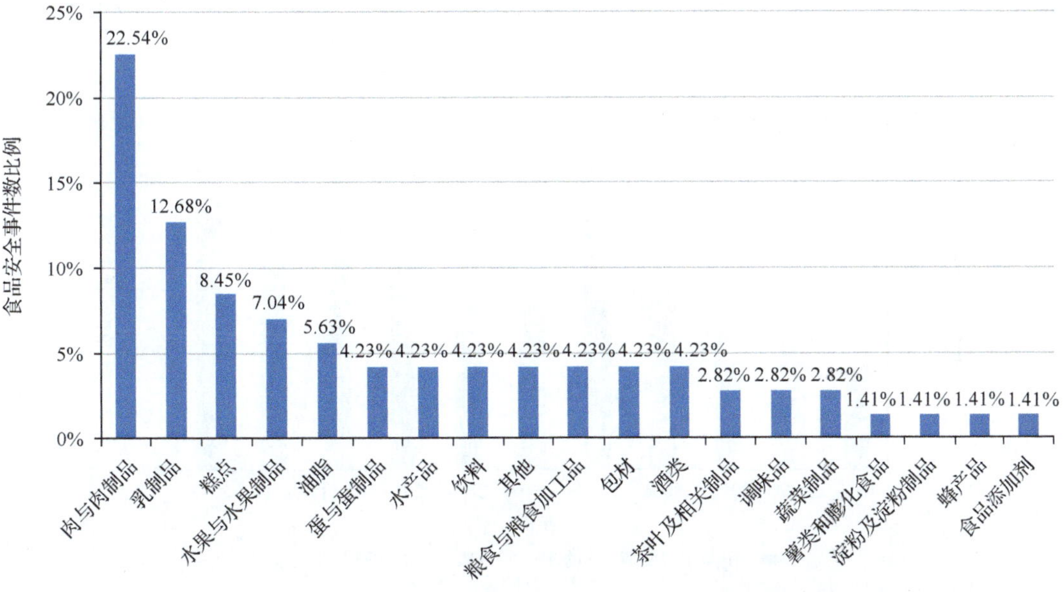

图 1-2-22　2001～2013 年央视报道的食品安全事件食品及相关产品分布

部分食品相关新闻事件，如 2010 年 9 月的“一滴香”事件、2011 年 7 月的“味千拉面”事件和 2012 年 9 月的“面粉硼砂事件”等，因不属于食品安全事件均未纳入统计

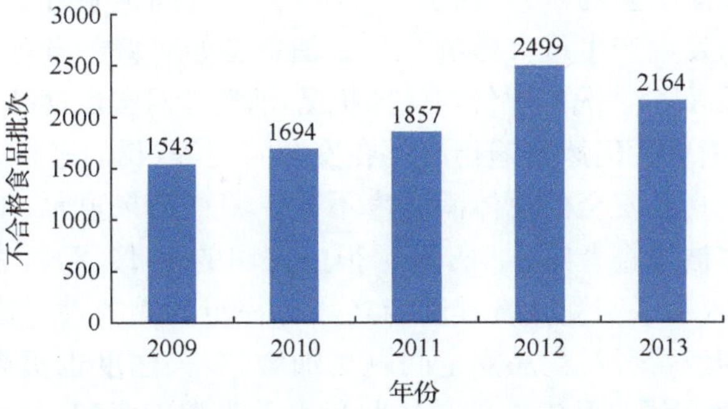

图 1-2-23　2009～2013 年我国进口食品不合格批次变化

资料来源：国家质检总局进出口食品安全局[15]

数据支撑。其信息通报分为预警通报、拒绝入境通报、关注信息通报、后续信息通报和新闻通报等五类。在这五类中，预警通报涉及已经投入市场的食品安全信息，需要监管部门立即采取下架、召回、销毁等措施；拒绝入境通报主要针对即将进入市场的风险食品，需要采取退回处理；其他三类的作用在于食品风险信息的通知与共享，无需监管部门采取行动。

2003～2013 年的 11 年间，欧盟 RASFF 通报的我国食品数量呈不断增加的趋势，通报比例也相对偏高。其中，2003～2007 年我国食品被通报的数量在总量中的平均比例为 8.28%，而 2008～2013 年，我国食品被通报数量的占比迅速攀升至 14.29%，每年在 500 起左右（图 1-2-24）。我国食品被欧盟 RASFF 通报数量的增加与中欧食品贸易的不断扩大有关，而比例的攀升则与我国出口食品的质量安全水平以及欧盟食品标准的变化密切相关。从通报我国食品的进口国看，意大利、德国和英国三个国家排名居前。从被通报的食品类别看，食物接触材料、坚果及种子类和谷类、烘焙食品类位居前列。

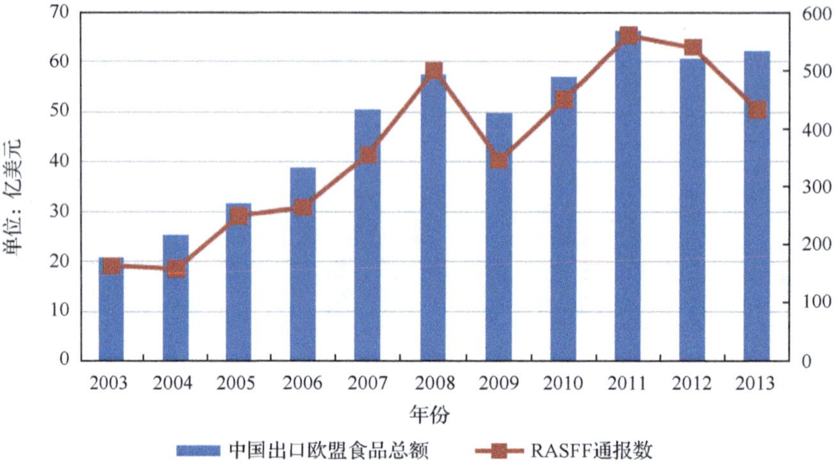

图 1-2-24　我国出口欧盟食品类贸易额与 RASFF 通报中国产品数量统计

数据来源：欧盟 RASFF 系统网站[43]

3. 国内消费者对食品安全认可度不高

国内消费者对食品安全的认知、评价与态度，会对食品消费环境、食品企业竞争力乃至食品产业的生存与发展产生重大影响[44,45]。消费者如何感觉当前国内食品安全状况变化，即对目前国内食品安全状况的评价与认知状况，消费者对国内食品安全的信心是否有所恢复，哪些食品领域消费者仍然普遍担心存在安全问题等，我们进行了深入的调查研究。

消费者高度关注食品安全但总体满意度不高。调查结果显示，对食品安全问题非常关注与比较关注的占被调查者的 84%，表示很少关注的占 14.2%，表示从不关注的只占 1.5%。消费者的收入水平与受教育程度与之具有一定的相关性。高收入和中高收入人群以及文化水平高的消费者对食品安全问题更加敏感，关注度也更高。被调查人群中只有约 13%的消费者对我国食品安全的总体状况表示非常满意和比较满意，不太满意和非常不满意的消费者占被调查者的约 50%，而另有 37.40%的消费者选择了一般(表 1-2-5)。

表 1-2-6　消费者对当前我国食品安全总体状况的满意程度

	非常满意	比较满意	一般	不太满意	非常不满意
人数	7	88	276	229	138
所占百分比(%)	0.95	11.92	37.40	31.03	18.70

注：调查有效问卷 758 份，其中消费者属地涉及除西藏以外的全国各省(直辖市、自治区)，但北京地区样本数所占比例较高，为 61.2%。样本中的消费者具有以下主要特征：消费者以女性为主，男女性比例为 1∶1.2；婚姻状况已婚略少于未婚，已婚与未婚比例为 1∶1.23；年龄主要集中在 19～49 岁之间；家庭月收入主要集中在 3000～20000 元之间；文化程度以高中、大专和本科为主

消费者对各类主要食品安全状况的评价不乐观。消费者认为安全状况最差的 4 类食品依次是乳制品、肉类、保健品和熟食；评价中等的依次为禽蛋、饮料和酒类、水产品、冷冻

食品（含冷饮）、粮油制品；消费者认为相对比较安全的两类食品是蔬菜水果、糕点糖果。可以看出，消费者对食品安全状况的评价与行业食品安全的真实状况并不完全一致。例如，由于存在信息不对称，消费者对那些未被媒体曝光的有着潜在不安全因素的食品因不知情也会给予较高的评价。相反，由于媒体对有些食品安全事件的过分渲染，会造成消费者对整个行业的产品信心全无，从而给食品安全做出过低评价。

消费者对日常消费的食品安全隐患表示担心。消费者基于自己了解的信息与判断，对日常消费食品中存在的各种安全隐患担忧的程度各不相同。消费者对各类食品安全隐患担忧程度的排序见表 1-2-7。

表 1-2-7　消费者对各种食品安全隐患的担心程度

	农药、兽药等化学残留	食品中含有非法添加物	食品微生物超标	非食用用油（地沟油）	虚假或错误的标签标注	食品过期变质	肉、禽水产抗生素超标	食品中重金属超标	转基因食品
放心（%）	3.45	1.08	3.66	0.43	1.51	1.94	2.37	1.51	10.13
较放心（%）	19.83	17.67	28.23	8.84	21.34	13.58	19.83	15.52	30.60
较担心（%）	39.01	37.28	37.93	34.05	39.44	36.64	34.70	30.39	26.29
很担心（%）	37.72	43.97	30.17	56.68	37.72	47.84	43.10	52.59	32.97
担心程度排序	7	4	8	1	6	3	5	2	9

注：很担心赋值 4；比较担心赋值 3；较放心赋值 2；放心赋值 1

除去转基因食品外，其他 8 项食品安全风险消费者表示较担心和很担心的人数比例均超过 75%，担心程度最高的非食用油比例超过 90%。其实相比较而言，地沟油这种非食用油在全国范围内生产销售并不普遍，从正规渠道购买有品牌的食用油买到地沟油的概率很小，并且打击与整治也相对容易。消费者对其过度敏感，或许与中央电视台曝光的地沟油制作中令人作呕的原料与肮脏不堪的加工环境等视觉刺激有关。事实上，食物中的重金属超标、农药残留超标、抗生素超标、非法添加非食用物质等问题，才是真正存在较为普遍、消费者难以察觉、监管难度大、比较难控制的风险。这些风险才更加令人担心，也是监管部门更应该关注的。

消费者认为存在于食品加工环节的食品安全隐患最大。绝大多数的消费者认为问题食品都是被生产加工部门生产出来的。这表明消费者对食品生产者的信任感最差，与监管部门近年曝光出来的食品安全事件多出在食品加工环节有关。当前食品安全问题频发的主要原因中，选择食品生产加工企业和个人利欲熏心的消费者比例最高达 81.03%。消费者对国内食品生产企业缺乏信心，对食品产业的发展与竞争力的提升十分不利。应该看到，当国内市场进一步开放，国内消费者对生活质量的要求不断提升，进口食品将越来越多地进入中国并占据国内高端和中高端食品市场。为此，国内食品企业特别是大型品牌企业，在加强自律和努力提高产品质量确保食品安全的同时，也应重视通过各种方式进行企业宣传，以增强消费者对国内食品企业的信任感。

消费者将食品安全状况改善的主要希望寄托于加强监管。调查中将政府监管者作为食品安全第一责任人的占到被调查人数的 32.54%，仅低于选择食品生产企业为第一责任人35.13%约3个百分点。消费者认为政府是食品安全的第一责任人具有一定道理。因为,尽管安全的食品是生产出来的,食品生产者无疑是食品安全的第一责任人,但是,经济学常识告诉我们,在市场经济中企业都是逐利的,如果没有政府监管(或者仅仅是放松监管),企业为了在竞争中获取更大的利益,任何损害消费者利益的事情都有可能发生[46]。离开监管,企业自律就是一句空话。所以,从此意义上说食品安全是监管出来的也不为过。而消费者对食品安全监管工作评价不高,40%~50%的被调查者对政府在食品安全工作方面的努力给予了较差和差评。55.4%的被调查者选择政府部门应加强监管,加大对违法企业的惩罚力度,可见一半以上的消费者将改善食品安全的希望主要放在政府加强监管方面,同时也有近1/3的消费者希望自己学习与掌握食品安全常识,增强食品安全意识。

三、食品营养安全:营养保障和风险因素的挑战

(一)食品营养缺乏和过剩并存

营养安全(nutrition security)的概念最早出现于20世纪90年代中期,联合国儿童基金会和世界银行都有定义,但在范围和含义上有所不同。2012年年初FAO将"营养安全"定义为:所有人在任何时候都能消费在品种、多样性、营养素含量和安全性等方面数量和质量充足的食物,满足其积极和健康生活所需的膳食需要和饮食偏好,并同时具备卫生清洁的环境,适宜的保健、教育和护理。这一概念针对全球普遍存在的营养不良,以及超重和肥胖问题等提出,保障食品营养供给和膳食平衡。

2014年11月19日召开的第二届国际营养会议聚焦全球饥饿与肥胖两极分化。英国《柳叶刀》杂志[47]披露:全球肥胖或超重人数由1980年的8.75亿上升至2014年21亿,35年增加了2倍多。188个国家研究表明:美国、中国和俄罗斯人数上升最快。超过半数的肥胖者生活在10个国家,排名前四的依次是美国、中国、印度、俄罗斯。美国作家艾瑞克·世洛舍的《快餐王国》(2001年)指出,快餐食品带来的肥胖和各种心血管疾病给公共健康带来了很大危害,使美国公共医疗和保险体系不堪重负(表1-2-8)。

表1-2-8　世界饥饿人口、肥胖和超重人口现状

	世界总人口	72亿	占世界总人口比例	备注
1	饥饿人口	8亿	11%	
2	隐性饥饿*	20亿	28%	*由不平衡数量或质量的饮食所导致的营养状态偏离正常数值的身体状况(国际食物政策研究所,IFPRI)
3	肥胖和超重	21亿	29%	

食物营养调控人体健康是世界各国共同选择。世界卫生组织(WHO)近来对影响人类健康的众多因素进行了评估,结果表明:遗传因素居首位占15%,自然环境占10%,社会状况占7%,医疗条件占8%,生活方式占60%[48]。世界卫生组织提出在营养保健上多投入1元钱,就可以在治疗上少支出8.5元,并节约100元抢救费用。依靠医疗解决不了

公众健康问题，通过食物与营养方式调控人体健康是世界各国的共同选择。在2014年第二届国际营养大会上粮农组织总干事若泽·格拉济阿诺·达席尔瓦指出："营养是一个需要各国政府承担责任的公共问题。无论从哪方面看，营养不良的代价都太大。"

在我国，一方面欠发达地区儿童成长发育迟缓、缺铁性贫血等营养不良状况依然没有得到彻底解决(图1-2-25)；另一方面，营养失衡所造成的慢性代谢性疾病已成为制约国计民生和社会可持续发展的重要因素(图1-2-26)[49]。

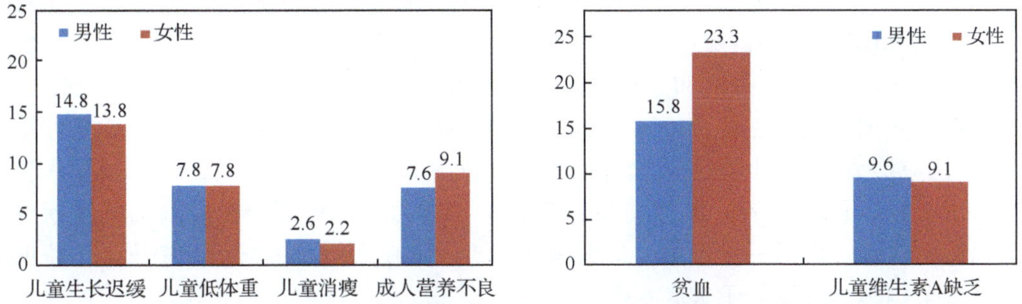

图1-2-25　我国营养不良、贫血、维生素缺乏人群现状

数据来源：2002年中国居民营养与健康状况调查[50]

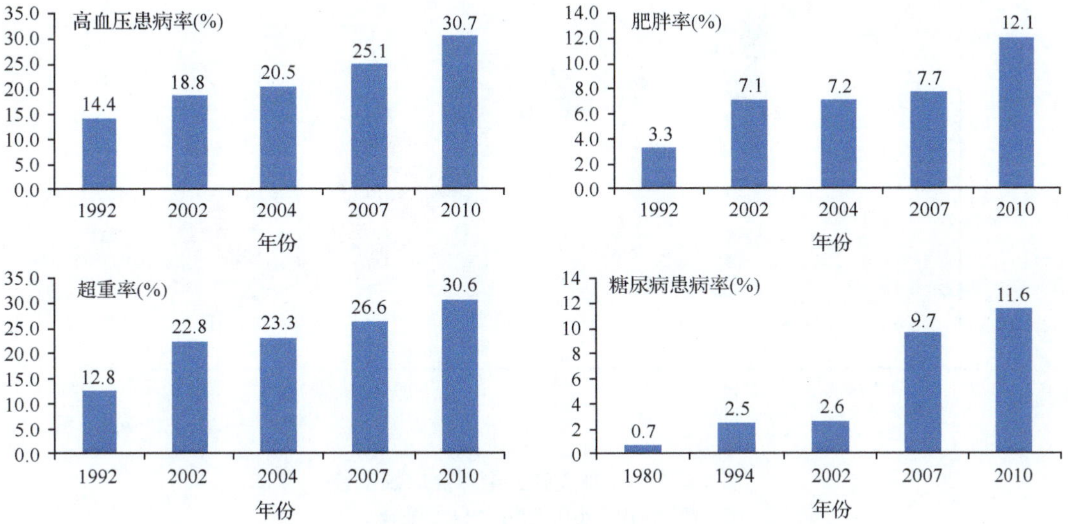

图1-2-26　1992～2010年我国居民高血压患病率、超重率、肥胖率和糖尿病患病率(%)

数据来源：2002年中国居民营养与健康状况调查[50]

(二) 食品营养风险性因素逐渐显现

美国《FDA食品安全现代化法案》对新的膳食成分或营养补充剂的安全性进行了明确规定，要求对"合成代谢类固醇"及其类似物进行严格管控。《快餐王国》也关注到食品营养中的风险因素。例如，对转基因食品营养成分的关注。随着科技的发展与进步，人们对部分食品营养安全性提出了新的质疑，一些看似安全但存在潜在风险的问题需要重新

界定，例如油炸食品对健康的影响，补充维生素对人体作用的争议等。食品营养风险性因素日益引起关注，逐渐成为食品安全的重要内涵之一。

四、食品安全综合评价

2013 年英国经济学人智库（Economist Intelligence Unit，EIU）发布《全球食物安全指数报告》（Global Food Security Index）[51]，该指数包括食品价格承受力、食品供应能力、质量安全保障能力等三方面 27 个定性和定量指标。报告依据世界卫生组织、联合国粮食及农业组织、世界银行等权威机构的官方数据，通过动态基准模型综合评估 107 个国家的食品安全现状，并给出总排名和分类排名。结果显示，发达国家继续占据排名的前 25%，美国、挪威、法国分列前三位。中国在 107 个国家中位居 42，其中，食品价格承受力排名 47，食品供应能力排名 41，质量安全保障能力排名 43（图 1-2-27）。报告将中国列入良好表现（good performance）一档，并将质量安全保障能力归为中国得分较高的 7 个指标之一予以特别提示。而另一发展中人口大国印度排名则在 70 位，远落后于中国。这说明我国食品安全国际认可度处于较高水平。

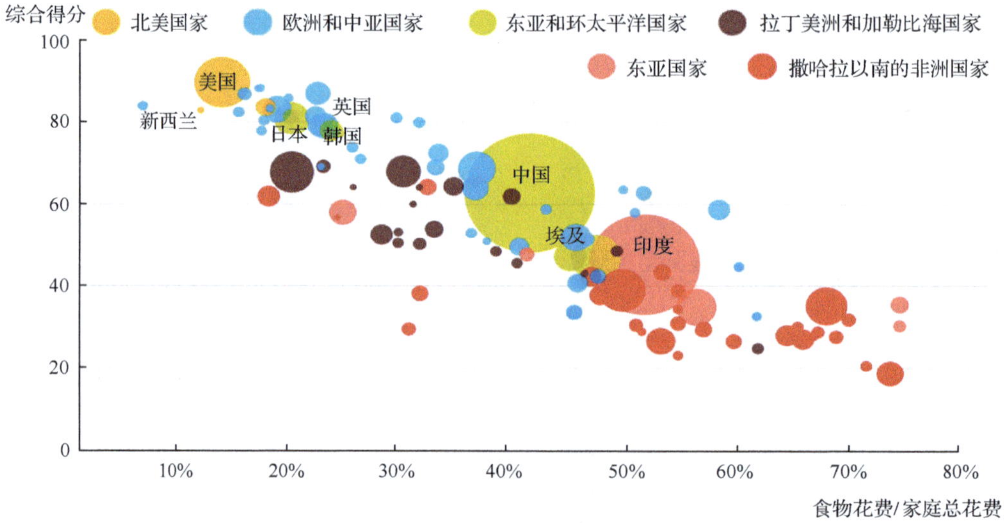

图 1-2-27　全球食物安全综合指数排名

图中圆圈大小代表该国家人口数量

可以说，近年来，党中央、国务院高度重视食品安全工作，把食品安全工作纳入社会管理的范畴予以重点关注和重点推进。全国各地、各部门按照国务院部署，深入开展了食品安全治理整顿，强化日常监管，严厉打击了一批食品安全违法犯罪分子，消除了一大批食品安全隐患，保持了食品安全形势总体稳定向好。但制约我国食品安全的突出矛盾尚未根本解决，食品安全事故多发频发的势头仍未得到有效遏制，且有愈演愈烈之势。目前我国食品安全总体趋稳向好，但形势依然严峻。

第三章　我国食品安全问题剖析

食品安全是综合性和跨领域问题，造成食品安全风险的因素包括环境、经济、社会管理、科技和社会环境等多方面。现阶段，病原微生物、真菌毒素和重金属污染（粮食和饲料）、农兽药滥用、非法添加和掺杂使假成为凸显的食品安全风险。源头污染严重、产业基础薄弱、法律法规和标准体系不健全、监管体系不完善、风险分析框架不明确、科技支撑滞后、社会参与不够等，是导致我国食品安全现状的深层原因。

一、现阶段凸显的四类食品安全风险

（一）病原微生物污染防控是食品安全的刚性需求

1．微生物污染是食品不合格的主要原因

从加工食品来看，造成加工食品不合格的因素从高到低排列分别是：理化指标、微生物指标、超量超范围使用食品添加剂、化学污染物、标签标识、包装材料、非法添加物，其中理化指标不合格、微生物超标和超量超范围使用食品添加剂，三大主要不合格原因共占不合格原因的 89.22%（图 1-3-1）。理化指标以质量指标为主，由此可见，目前加工食品存在的主要食品安全问题是微生物超标、超量超范围使用食品添加剂以及化学污染物。

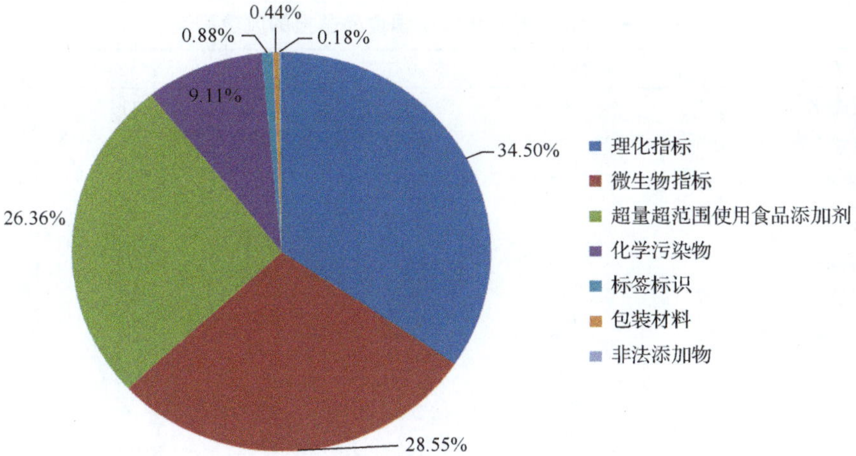

图 1-3-1　2009～2012 年加工食品不合格原因统计情况

数据来源：国家质量监督检验检疫总局[15]

从进口食品来看，我国进口食品不合格的原因主要有微生物污染、食品添加剂不合格、品质不合格、标签不合格、证书不合格、重金属超标、货证不符、包装不合格、检出有毒有害物质、农兽药残留超标等。其中，微生物污染、食品添加剂不合格、品质不合格、证书不合格、重金属超标引起的食品不合格的批次占比较高，微生物污染引起的食品不合格批

次所占比重更是连续五年超过20%，成为进口食品入境的最大阻碍(图1-3-2)。

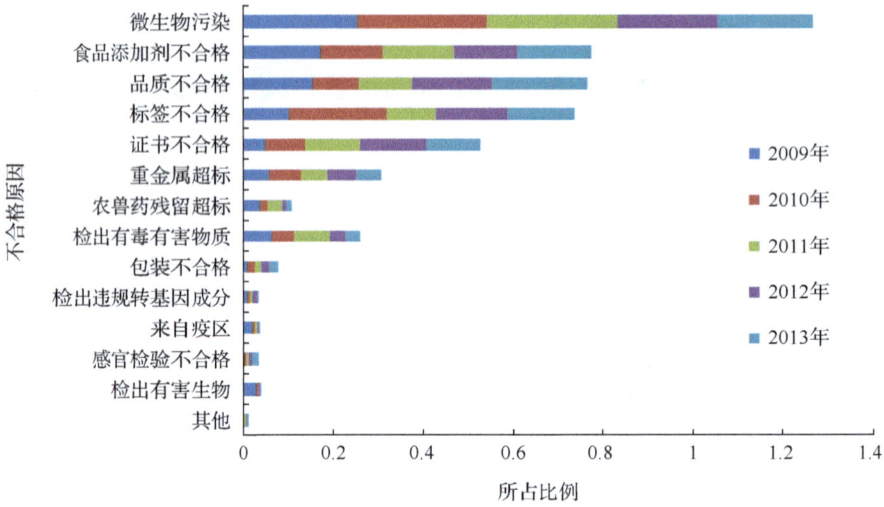

图1-3-2　2009～2013年我国进口食品不合格主要原因占比变化

资料来源：国家质检总局进出口食品安全局[15]

从出口食品来看，有害物质迁移、霉菌毒素、重金属污染等是我国出口欧盟食品安全的主要风险源，分别占比18.56%，18.26%和16.31%，三者占所通报的风险因素的53.13%(表1-3-1)。微生物和生物毒素共142项，占比5.90%，排在风险因素的第六位，是被通报的主要原因之一。

表1-3-1　RASFF系统涉中国食品通报的风险因素

风险因素	2008年	2009年	2010年	2011年	2012年	合计
有害物质迁移	70	65	73	125	114	447
霉菌毒素	170	59	81	68	62	440
重金属	58	59	81	98	97	393
食品成分	11	11	35	74	51	182
转基因食品	20	15	47	31	48	161
掺假/欺诈	17	14	26	33	25	115
工业污染物	54	16	4	13	6	93
农药残留	5	1	5	14	58	83
食品添加剂	15	11	14	20	6	66
感官	9	9	11	11	18	58
兽药残留	24	5	6	12	10	57
非致病微生物	17	12	7	13	7	56
质控失效	11	10	16	6	11	54
致病微生物	7	15	10	9	7	48
异物	8	15	7	9	9	48
生物毒素	1	0	1	31	5	38

2. 病原性微生物污染是造成食物中毒的主要原因

从食物中毒事件原因来看，2009～2013 年我国发生的 1006 起食物中毒事件，微生物和有毒动植物及毒蘑菇引发食物中毒事件起数较多，共计 726 起，占中毒事件总起数的 72.2%，化学性和不明原因引发中毒事件比重较小(图 1-3-3)。自 2012 年起，有毒动植物及毒蘑菇引发中毒事件的比例超过微生物，成为引发食物中毒事件起数的首要原因，2013 年有毒动植物及毒蘑菇引发中毒事件 61 起，占当年总起数的 40.1%。

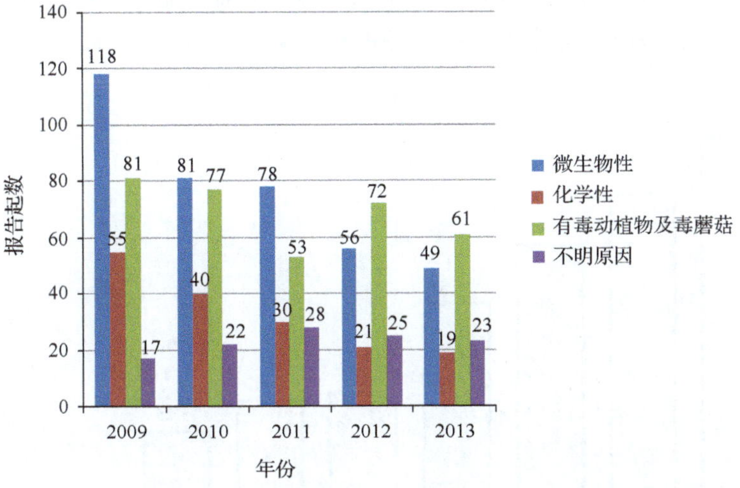

图 1-3-3　2009～2013 年我国食品中毒事件发生起数的原因分类

数据来源：国家卫计委网站[13]

从食物中毒人数原因来看，2009～2013 年我国食物中毒事件中，微生物造成食物中毒总人数为 24708 人，占总中毒人数(38958 人)的 63.4%(图 1-3-4)，化学性原因造成食物中毒人数逐年减少，由 2009 年的 1103 人降至 2013 年的 202 人，有毒动植物及毒蘑菇

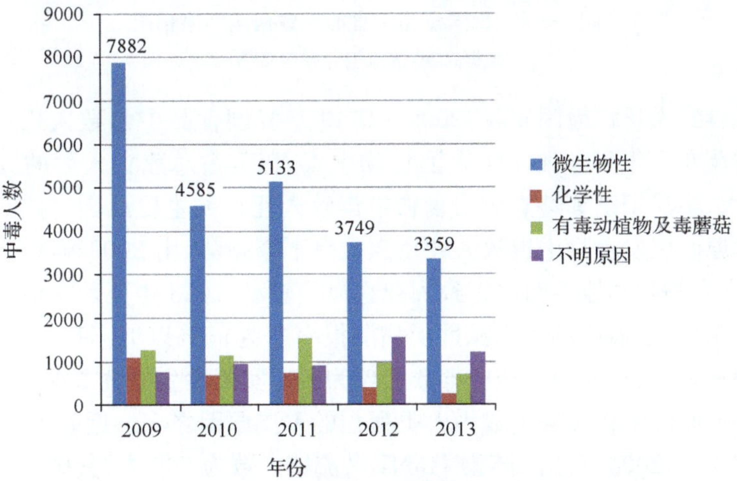

图 1-3-4　2009～2013 年我国食物中毒事件中毒人数原因分类

数据来源：国家卫计委网站[13]

和其他原因引发中毒人数5年来基本保持在1000人左右，微生物引发的食源性疾病具有范围广、传播快等特点，从而成为造成食物中毒人数多的头号诱因。食物中毒以细菌性食物中毒为主，食品中大肠杆菌污染率最高(41.1%)，其次为蜡样芽孢杆菌和副溶血性弧菌，污染率低于10%的有小肠结肠炎耶尔森氏菌(4.5%)，大肠杆菌O157(3.7%)、空肠弯曲杆菌(2.99%)(图1-3-5)。从食品类别来看，动物性水产品中副溶血性弧菌检出率一直维持在较高水平[52]，并呈上升趋势，已连续多年成为我国最主要的食源性水产品致病菌，引起副溶血性弧菌食物中毒的食物载体也由传统的海产品而转向诸如咸菜、咸鸭蛋等多类别食品；婴幼儿谷物食品中阪崎肠杆菌的检出率也高达7.00%。

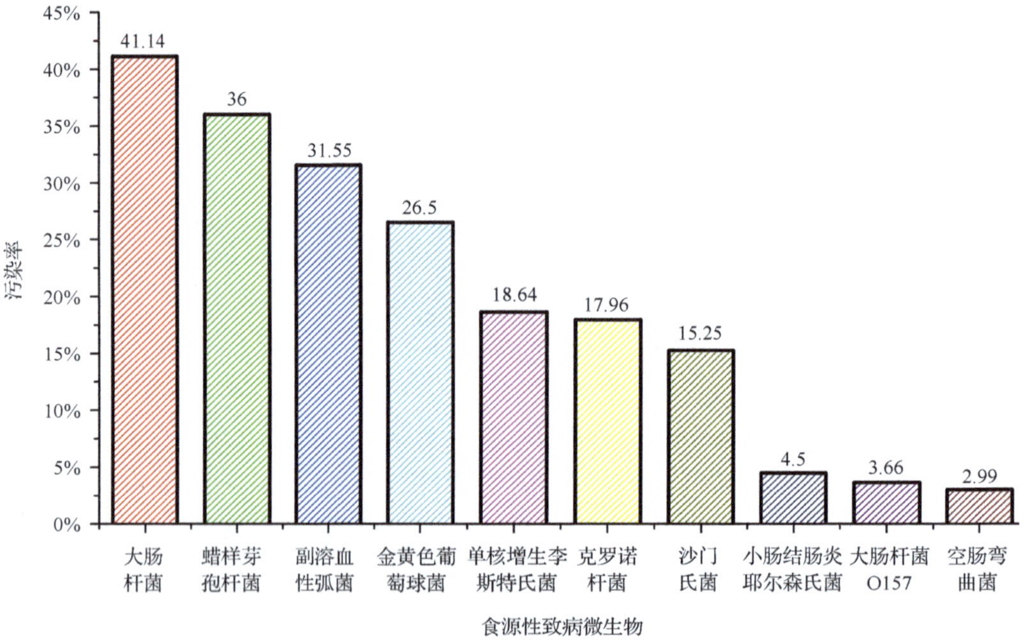

图1-3-5 我国食品中食源性致病菌污染情况

数据来源：国家卫计委网站[13]

从食物中毒致人死亡原因来看，2009～2013年我国食品中毒致人死亡事件中，有毒动植物及毒蘑菇在5年间导致434人因食物中毒而死，占总死亡人数的57.3%(图1-3-6)，因其毒性大、不易识别等特点成为食物中毒致人死亡的主要原因，且死亡人数逐年居高不下。化学原因引发食物中毒致人死亡人数呈下降态势，由2009年的66人减至2013年的26人。微生物和其他不明原因致人死亡风险较小，2013年更是降到1人和3人。

据WHO估计，发展中国家食源性疾病漏报率高达95%以上。我国作为一个人口众多的发展中国家，目前掌握的食物中毒数据仅为我国实际发生的食源性疾病的冰山一角。食品生产链中病原微生物污染也成为人类死亡的重要原因之一。近些年禽流感在我国中东南部大面积流行，2003年以来感染H5N1禽流感人数为566人，其中332人死亡，死亡率为58%。截至2013年5月，前5个月我国感染H7N9禽流感人数达131，其中死亡36人，2014年1月底全国已经超过110例，死亡20例，主要分布在浙江、上海和广东等东南

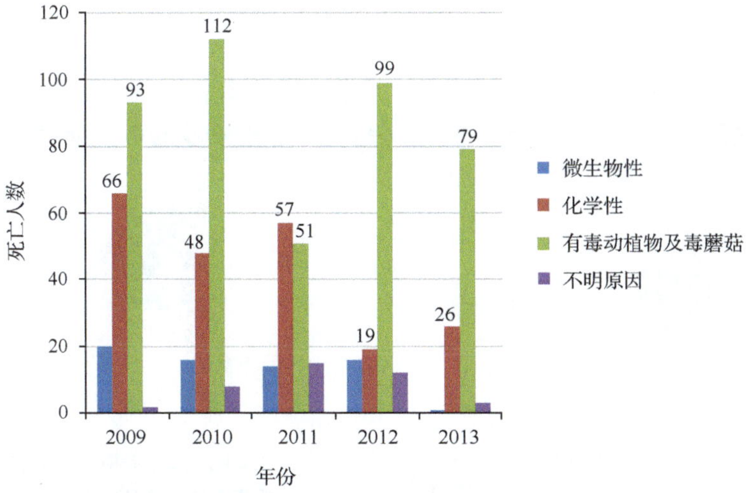

图 1-3-6　2009～2013 年我国食物中毒致人死亡原因分类

数据来源：国家卫计委网站[13]

部地区。H7N9 禽流感在 2013 年超过 140 人感染，40 多例死亡；2014 年我国部分地区出现的 H7N9 禽流感死亡率为 24%。综合来看，由病原微生物污染引起的食源性疾病仍然是食品安全的头号杀手。

（二）农兽药滥用是当前食品安全源头污染主要来源

1. 粮食、果蔬生产过程中农药使用不规范

粮食方面。根据国家粮食局标准质量中心对 2009 年全国库存粮食抽样调查，农药残留超标率为 0.6%，超标样品涉及 8 种农药，包括：磷化物 21 份、敌敌畏 8 份、毒死蜱 5 份、三唑磷 4 份、甲拌磷 3 份、氯氰菊酯、辛硫磷和马拉硫磷各 1 份。近年来，南方部分省份新收获粮食中农药残留超标问题比较突出，个别地区收购入库的粮食农残超标 70 余倍，安全隐患严重。造成粮食中农药残留超标的主要原因：一是粮食生产环节使用的农药残留超标。样品农残超标涉及的农药中，毒死蜱、三唑磷、甲拌磷、氯氰菊酯、敌敌畏和辛硫磷等均属于生产环节使用农药，有的样品已经储存 4 年左右检测结果仍然超标，表明初始浓度非常之高。二是个别地区的农户在储存环节使用农药不当。江苏和四川部分地区农民使用辛硫磷等农药拌粮，用于防止粮食生虫和霉变，造成残留超标。

果蔬方面。农业部食用农产品监测体系指标构成主要是农兽药残留、违禁药物和重金属污染等。不合格率的波动表明我国食用农产品质量安全的主要威胁仍然来自非法使用违禁药物、农兽药残留超标和重金属污染[53]。根据中国检科院 2012～2014 年全国 32 个省会城市（直辖市）果蔬农药残留监测结果（图 1-3-7 和图 1-3-8），全国 32 个省会城市（直辖市）146 种果蔬检出农药 281 种，检出频次 20216，检出率范围 39.3%～88.0%，平均检出为 70.3%。虽然产品合格率很高，蔬菜合格率为 96.9%，蔬菜合格率为 98.4%，但高检出率说明果蔬种植过程中农药的使用并不规范，存在使用种类过多和过量的问题。

安全的食品是生产出来的，而不是检测出来的。国际食品安全通行的理念中，普遍注重全产业链各环节的控制，在初级农产品生产领域鼓励减少农用化学品和药品的使用[54]。我国果蔬种植过程农药污染普遍的现象，显然并不符合这些先进理念的要求。更为重要的是，生产过程滥用农药对产地环境会造成不良影响，影响农业的可持续发展。

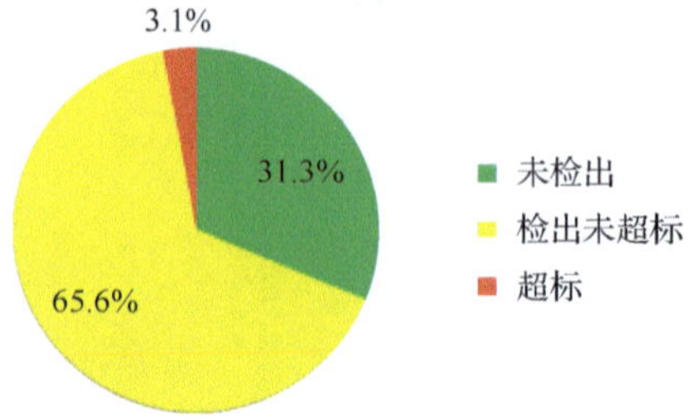

图 1-3-7　2012～2014 年蔬菜农药残留监测情况

数据来源：中国检科院农药监测平台

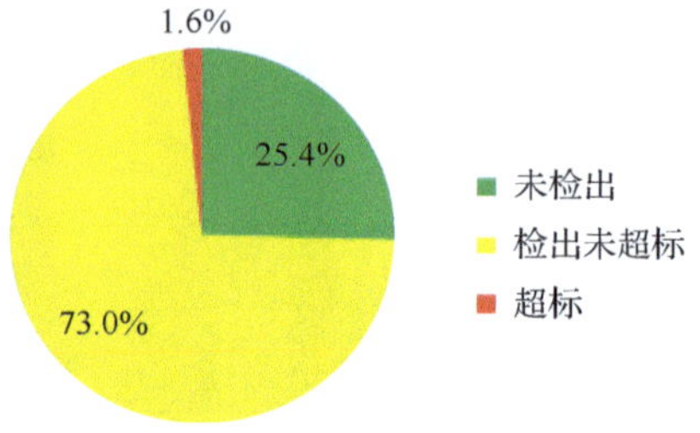

图 1-3-8　2012～2014 年水果农药残留监测情况

数据来源：中国检科院农药监测平台

2. 畜牧和水产养殖药物滥用现象普遍

畜牧和水产养殖环节，存在滥用兽药、激素和生产调节剂等现象，导致畜禽产品和水产品出现化学药品残留超标或出现违禁药物等食品安全问题。企业或养殖户由于缺乏科学饲养知识，饲养过程随意选择、更换饲料，随意加大用药剂量和频率，或降低剂量导致重复用药，疗程过短效果不到位，疗程过长又引发药物中毒；不注意药物的合理配伍和配伍禁忌，不合理的药物配伍易造成拮抗作用，减低疗效或产生毒副作用；抗生素不能严格执行休药期规定，免疫前后用药易造成畜禽免疫失败；部分企业或养殖户受经济利益驱使使用违禁药物。据不完全统计，仅 1997～2013 年，我国就先后爆发了 15 起"瘦肉精"中毒事件，仅 2001 年就爆发了 5 起，波及 3000 余人，目前畜产品中出现药物残留问题的主要有瘦肉精类、呋喃类和部分抗生素类。中国水产流通与加工协会 2009～2011 年每周对外公布的水产品信息周报显示，3 年间水产品质量安全事件共发生 398 次，其中渔药残留相关安全事件 182 次，约占 46%(图 1-3-9)，目前水产品中出现药物残留问题的主要有喹诺酮类、磺胺类、呋喃类、其他部分抗生素类及某些激素等。

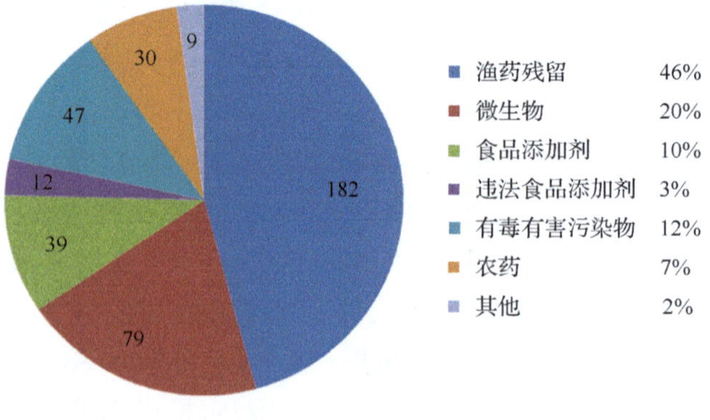

图 1-3-9　2009～2011 年我国水产品质量安全事故

资料来源：中国水产流通与加工协会[55]

由于饲料药物添加剂特别是亚治疗剂量的各类抗生素在畜牧生产和水产养殖中的广泛应用，畜产品和水产品中残留的药物对环境及公众健康构成的潜在危害已成为严重的问题。为保障人类健康、保护环境，保障我国食品正常出口贸易，控制动物源食品中的药物残留问题已成为当务之急。

（三）重金属、真菌毒素等污染物构成食品安全长远隐患

1. 重金属污染堪忧

重金属污染是食品安全的长期隐患。粮食重金属超标污染物主要为镉、砷、铅和汞，从粮食部门的调查监测情况看，部分省份粮食重金属污染超标率已经超过20%，其中砷超标率达3.72%、汞0.13%、铅1.4%、镉4.41%。从不同品种看，稻谷重金属超标15.4%，小麦重金属超标2.08%，玉米未检测出超标样品。同时，从地区看，重金属超标率较高的粮食主要分布在南方和西南的省区，主要包括：福建、江西、湖南、广东、广西、四川和云南等，与土壤重金属含量较高的省份相一致。蔬菜重金属的污染多以Pb、Cd和Hg这3种重金属为主。

2014年12月2日《中国经济周刊》报道，环保公益组织长沙曙光环保公益中心历时500多天，深入湘江流域10地市，调查重金属污染。11月15日，该中心对外披露湘江流域重金属污染调查结果：郴州三十六湾矿区甘溪河底泥中，砷含量超标715.73倍；郴州三十六湾矿区甘溪村稻田中，镉含量超标206.67倍；岳阳桃林铅锌矿区稻田铅含量最高值达1527.8 mg/kg（即每千克含有1.5克），超标5.093倍。每一项数据都值得警惕。土壤、水体重金属污染是粮食超标的主要根源。从“镉大米”事件来源地之一的攸县来看，其位于湖南省株洲市，是全国闻名的重工业城市，是亚洲最大的有色金属冶炼基地。在整个“镉大米”事件中，农民了解水体污染情况，但并不了解由此会带来水稻种植后的镉污染问题。

2. 粮食和饲料真菌毒素污染普遍

我国粮食和饲料真菌毒素污染时有发生。粮食种植和收获期间，受病虫害或者天气等因素的影响，可能发生病变、霉变，产生真菌毒素[56]。例如2010年，受异常气候和病虫害的影响，江苏、安徽、湖北三省样品毒素超标率分别为66%、64%和51%，超标样品中，毒素超标一倍以上的总体为30%。收获的高水分粮食也是导致霉变和毒素超标的主要因素。2013年春季吉林延边地区收获的高水分玉米由于没有得到及时处理，随着气候转暖，一些农户家中玉米（大揽堆）霉变粒超过20%，有的玉米已经完全丧失使用价值。饲料方面，我国近10年饲料及饲料原料中霉菌毒素污染的检出率高达50%，阳性超标率平均在30%～50%，直接经济损失在100亿元以上，对我国畜禽以及水产品养殖造成巨大危害。

（四）非法添加、掺杂使假等违法行为是当前食品安全的主要问题

违法、犯罪行为造成的食品安全事件占比高。2001～2013年央视曝光的重大食品安全事件中25.35%由非法添加物造成，其次依次由使用非食用原料（11.27%）、化学污染物（9.86%）、理化指标（8.45%）、非法使用违禁药物（7.04%）等引起。另外，假冒伪劣和掺杂使假也分别占5.63%和4.23%（图1-3-10）。由此看出，非法添加、使用非食用原料、

假冒伪劣和掺杂使假等违法生产经营行为，是导致食品安全事件的主要原因。按照因犯罪行为引发的食品安全事件、因一般违法行为引发的食品安全事件和非人为食品安全事件将食品安全事件①重新分类分析，可以看出因犯罪行为引发的食品安全事件占66.67%，因一般违法行为引起的食品安全事件占6.94%，非人为食品安全事件占26.39%（图1-3-11）。这些违法行为都是以企业为降低成本、谋求不当经济利益为目的。由此可见，经济利益驱动型食品掺假事件占所有食品安全事件的比例接近3/4。

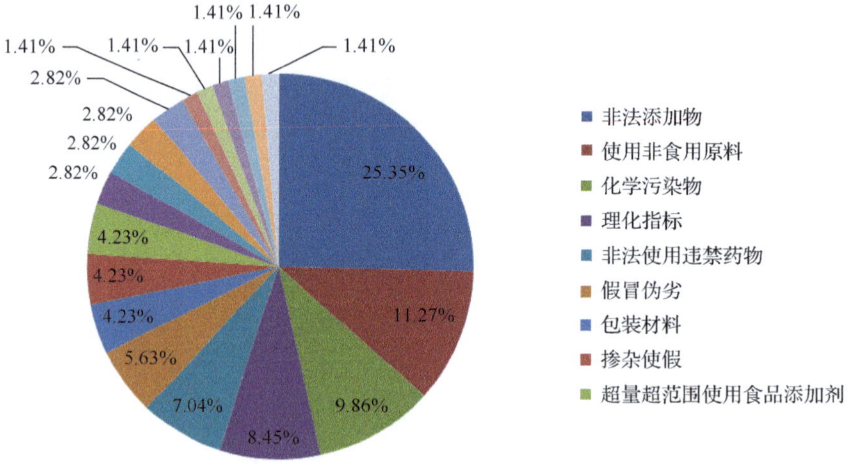

图1-3-10　2001～2013年央视报道的食品安全事件原因占比

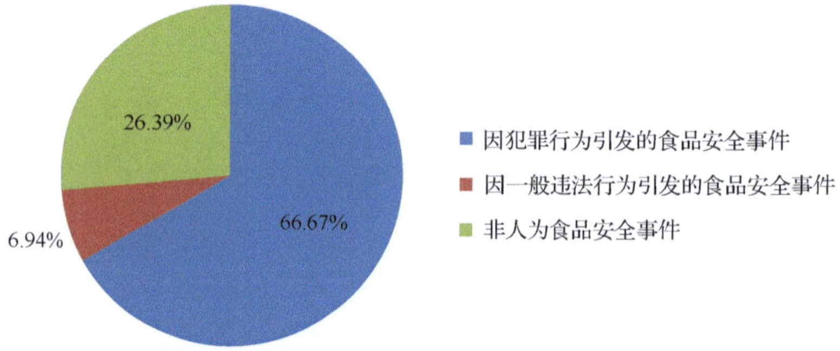

图1-3-11　2001～2013年央视报道的食品安全事件原因剖析

二、现阶段我国食品安全问题的主要特征分析

现阶段我国食品安全总体趋稳向好，但形势依然严峻，重大食品安全事件频发，导致

① 根据《刑法》、《食品安全法》和《农产品质量安全法》等法律规定，一般违法行为包括食品的生产经营者为追求商业利益，为降低成本，提高价格，促进销售，故意减低原材料质量标准，以次充好；简化操作流程；忽视人员、环境、包装材料卫生；增加食物重量；超范围超量使用食品添加剂以改善食物外观、味道，延长保质期等，从而造成风险提升，影响食品安全。按照最高法院、最高检察院对执行《刑法》确定罪名的补充规定（五）的定义，生产、销售不符合安全标准的食品罪所导致的事件都是食品安全犯罪事件。这类事件足以造成严重食物中毒事故或者其他严重食源性疾患，危害人体健康。还包括在生产、销售的食品中掺入有毒、有害的非食品原料的，或者销售明知掺有有毒、有害的非食品原料的食品，以及食物投毒案。

公众对食品安全认可度并不高。从根本来讲，现阶段我国食品安全主要存在以下几方面的主要特征。

（一）我国正处于食品安全风险隐患凸显和食品安全事件高发期

现阶段我国正处于工业化和城镇化快速发展的阶段，经济社会发展不断呈现出的新的特征，这些特征使我国处于食品安全风险隐患凸显和食品安全事故高发阶段。环境和资源矛盾日益突出，社会主义市场经济秩序仍待完善，环境污染造成的食品安全风险，监管和市场失灵导致的违法经营活动，将持续困扰食品行业。食品行业自身多、散、小的产业现状难以短期内改观，受食品加工技术限制、标准规范等质量控制方法不健全等原因影响，食品生产和消费环节仍存在安全隐患。食品安全事件的多发促使公众食品安全意识不断提高，加上媒体监督力度的加大，公众对食品安全关注度持续上升。另外，食品贸易和食品科技的发展，也给食品安全带来新的问题。

（二）“从农田到餐桌”的食品安全问题日益复杂化

我国改革开放30多年间所经历的食品安全史，相当于浓缩了发达国家食品安全100多年的历史。当前，所面临的食品安全问题极为复杂，一方面呈现出资本主义20世纪五六十年代的阶段性特征，另一方面不得不面对当今全球食品安全面临的主要挑战。从目前我国的食品安全形势来看，需面对以下几大类食品安全问题：①水、土壤和空气等农业环境资源的污染，如因环境污染造成的“镉大米”事件。②种植业和养殖业生产过程中使用化肥、农药、生长激素，致使有害物质在农产品中残留，如“多宝鱼”事件、“瘦肉精”事件等。③经济利益驱动型食品掺假，主要由市场和政府监管失灵引起，如加工和储藏过程中违规或超量超范围使用食品添加剂、假冒伪劣、食品标识滥用、违法生产经营等，较为典型的事件有“三聚氰胺”奶粉事件、红心鸭蛋事件、“地沟油”事件等。④病原微生物引起的食源性疾病，如禽流感、口蹄疫、高致病性猪蓝耳病等致病性微生物引起的食源性疾病。⑤新原料、新工艺带来的食品安全性问题，如转基因食品的安全性。⑥技术发展对食品安全控制带来的新挑战。

（三）以产品为核心的风险监测体系造成对食品安全现状认知的偏差

目前我国监管部门和公众对食品安全现状认知偏差，各执一词，严重影响对食品安全形势的判断和治理。而造成这种认知偏差的核心原因在于我国风险监测体系存在的弊端（图1-3-12）。当前我国食品安全风险监测体系以终产品为核心，忽略“从农田到餐桌”的全过程管理。而当前我国食品安全事件以非法添加非食用物质、使用非食用原料、非法使用违禁药物等违法生产经营行为为主，而非食用物质、违禁药物等均未纳入我国食品安全监测体系内，基于风险监测数据而进行的食品安全状况评价，在一定程度上缺少全面性和科学性，因此造成风险监测数据整体向好与公众对食品安全的实际体会不符。安全的食品是生产出来的，不是检验出来的。因此完善食品安全监测体系，强化生产过程管理，有助于把握食品安全主要特征，明确食品安全治理节奏和重点。同时，科学的食品安全评价指标体系也亟待形成。

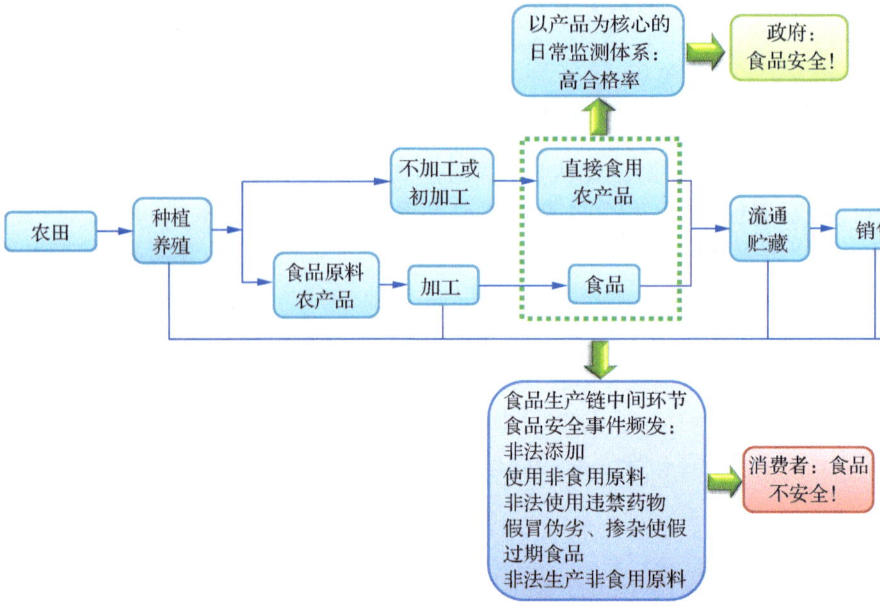

图 1-3-12　我国食品安全水平与公众认知偏差关系示意图

（四）经济利益驱动型食品掺假是现阶段食品安全治理的重点

当前我国食品各行业的食品安全表现特征各不相同。食用农产品安全的主要威胁来源于农兽药残留超标和非法使用违禁药物、重金属污染等，微生物超标、超量超范围使用食品添加剂以及化学污染物构成加工食品安全的主要威胁，而农兽药残留超标、非法使用违禁药物和超量超范围使用添加剂的根本原因在于生产者的违规操作。对比重大食品安全事件爆发的主要原因，非法添加非食用物质、使用非食用原料、假冒伪劣和掺杂使假等，都是企业为降低成本、谋求不当经济利益而出现的违法行为，因此可以得出如下结论，当前我国食品安全的主要特征是经济利益驱动型食品掺假，造成这些食品安全问题的根源是市场和政府监管失灵。因此当前食品安全治理的主要矛盾是打击各种违法生产行为，强化市场约束力，净化食品生产经营环境。

（五）病原微生物污染造成的食品安全风险尚未引起足够重视

病原微生物引起的食源性疾病防控是全球食品安全治理永恒的刚性需求。食源性病原微生物和生物毒素种类繁多、来源广泛、危害巨大，由其引发的食品安全问题不会因社会和历史变更、人为和环境因素改变而消失。当前我国食源性人兽共患病如禽流感、布鲁氏菌病、结核等问题突出，但由于当前社会广泛聚焦食品违法经营行为导致的食品安全风险，加上消费者风险认知水平有限，且食源性疾病暴发事件可能存在严重的瞒报、漏报现象，因此导致社会对食源性疾病引发的食品安全问题重视不够。

三、我国食品安全问题溯源

(一)农产品源头污染严重

1. 工业“三废”排放导致产地环境污染严重

产地水体污染严重。地表水方面,2001～2012 年我国废水排放总量从 2001 年的 433 亿吨增长到 2012 年的 685 亿吨,平均每年多排放 21 亿吨,导致地表水体污染严重。目前,我国 1/3 以上的河段受到污染,90%以上的城市水域污染严重。据 2014 中国环境状况公报,全国 423 条主要河流、62 座重点湖泊(水库)的 968 个国控地表水监测断面(点位)水质监测结果显示,Ⅲ、Ⅳ、Ⅴ、劣Ⅴ类水质断面分别占 29.3%、20.9%、6.8%、9.2%,主要污染指标为化学需氧量、总磷和五日生化需氧量。新华网《叩问水危机——中国水安全问题调查》报道称,全国十大水系水质一半污染;国控重点湖泊水质四成污染;31 个大型淡水湖泊水质 17 个污染;9 个重要海湾中,辽东湾、渤海湾和胶州湾水质差,长江口、杭州湾、闽江口和珠江口水质极差。中国环境监测总站开展的全国地表水水质监测结果显示,2012 年十大流域总体为轻度污染,主要污染指标为化学需氧量、五日生化需氧量和高锰酸盐指数,监测的 704 个国控断面中劣Ⅴ类占 10.2%(图 1-3-13)。其中,西北诸河、西南诸河和珠江水质为优;长江和浙闽片河流水质良好;黄河、松花江、淮河和辽河为轻度污染;海河为中度污染,但劣Ⅴ类水比例达到 32.8%(图 1-3-13 和图 1-3-14)。地表水污染严重区主要分布在大城市的中心地带、城镇周围区、排污河道两侧、地表污染水体分布区及引污水灌溉农田地区。

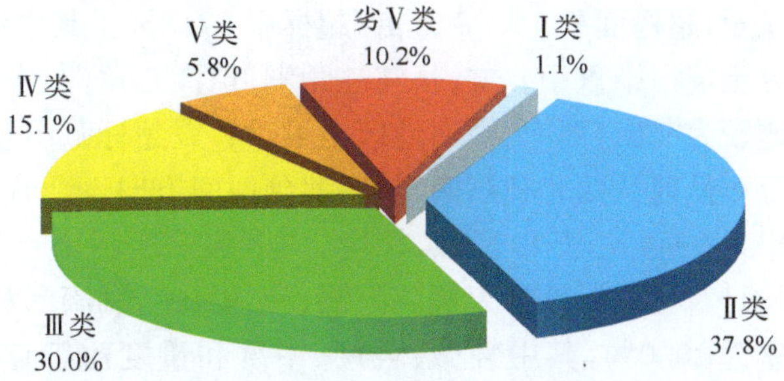

图 1-3-13　2012 年十大流域总体水质类别比例

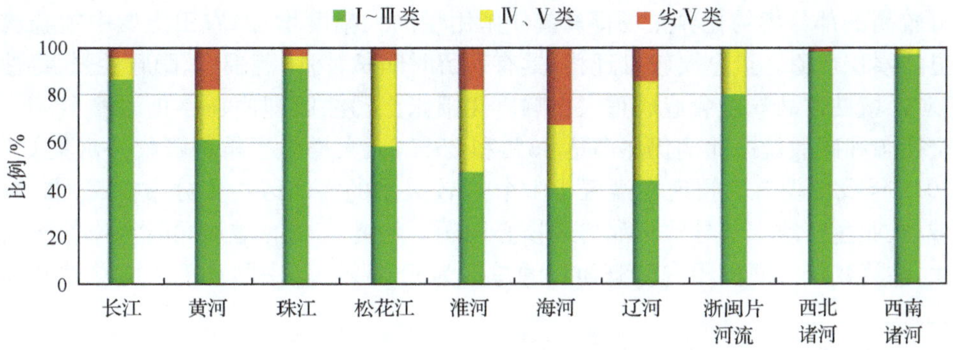

图 1-3-14　2012 年十大流域水质类别比较

地下水方面,据全国地下水污染防治规划(2011～2020 年)[57],2009 年,对 641 眼井的水质分析发现,水质Ⅰ～Ⅱ类的占总数 2.3%,水质Ⅲ类的占 23.9%,水质Ⅳ～Ⅴ类的占 73.8%,主要污染指标是总硬度、氨氮、亚硝酸盐氮、硝酸盐氮、重金属和有机污染物等。全国90%的地下水都遭受了不同程度的污染，其中60%污染严重。我国地下水污染的趋势为：由点状、条带状向面上扩散，由浅层向深层渗透，由城市向周边蔓延。具体来说，南方地区地下水环境质量变化趋势以保持相对稳定为主，地下水污染主要发生在城市及其周边地区。北方地区地下水环境质量变化趋势以下降为主，其中华北地区地下水环境质量进一步恶化；西北地区地下水环境质量总体保持稳定，局部有所恶化，特别是大中城市及其周边地区、农业开发区地下水污染不断加重；东北地区地下水环境质量以下降为主，大中城市及其周边和农业开发区污染有所加重，地下水污染从城市向周围蔓延。

产地土壤环境状况总体不容乐观。据环境保护部和国土资源部2014年全国土壤污染状况调查公报[58]，全国土壤环境状况总体不容乐观，部分地区土壤污染较重，耕地土壤环境质量堪忧。全国土壤总超标率为16.1%，中度和重度污染的土壤面积为2.6%。农产品产地适宜耕种面积占总面积的87.9%，存在生态风险的面积占12.1%。其中，19.4%的耕地土壤被污染，2.9%的耕地土壤受到中度和重度污染。这也就意味着，在18亿亩①现有耕地中，有3.5亿亩耕地被污染，有5000多万亩耕地已经无法使用。污染类型以无机型为主，占全部超标点位的82.8%。我国重金属污染土壤面积约2000万公顷，农药污染土壤1300～1600万公顷，污染比较严重的耕地约2000万公顷，占耕地面积的1/5。农业部2011年对湖北、湖南、江西、四川重点污染区88个县237.2万亩水稻田调查显示，超标面积160.8万亩，超标率67.8%。其中镉污染最突出。从污染分布情况看，南方土壤污染重于北方；长江三角洲、珠江三角洲、东北老工业基地等部分区域土壤污染问题较为突出，西南、中南地区土壤重金属超标范围较大；镉、汞、砷、铅4种无机污染物含量分布呈现从西北到东南、从东北到西南方向逐渐升高的态势。就耕地而言，土壤点位超标率为19.4%，其中轻微、轻度、中度和重度污染点位比例分别为13.7%、2.8%、1.8%和1.1%，主要污染物为镉、镍、铜、砷、汞、铅、滴滴涕和多环芳烃；就林地而言，土壤点位超标率为10.0%，其中轻微、轻度、中度和重度污染点位比例分别为5.9%、1.6%、1.2%和1.3%，主要污染物为砷、镉、六六六和滴滴涕。

污水灌溉区增加，Cd含量较高的部分进口磷肥、复合肥投入量的增加，以及含As、Zn、Cu较高的部分集约化养殖场畜禽粪便施用量的大幅度增加，农田土壤中重金属出现较明显的累积现象。重金属较难迁移，具有残留时间长、污染范围广、隐蔽性强、毒性大等特点，对区域性食品安全会造成重大影响。沈阳张士污灌区即使在停止污灌15年后，Cd的可交换态和碳酸盐态比例仍然高达43%和35%，大大增强了植物吸收并富集Cd的风险。2012年我国现有已报道污灌区131个②，较大型的污灌区主要分布在黄、淮、海及辽河流域，农业生产缺水是导致污灌的最核心问题。污灌区域的增加同时意味着污灌面积的扩大，估算我国污灌面积占灌溉面积的总数为6.65%③。中国环境监测总站开展的土

① 1亩≈666.7 m^2。

② 在第二次污水灌溉区环境质量状况普查统计基础上，通过查阅1989～2011年公开发表的300余篇有关我国污灌的论文计算得出。

③ 在新增的71个污灌区中，有28个污灌区有确切的统计数据，其面积之和为28.16万公顷，其余43个污灌面积无确切统计结果，如果按每个污灌区0.05万公顷计算，则全部新增污灌面积为30.3万公顷，与第二次污灌调查的数据相加。

壤监测结果表明,2012 年农田区(粮棉油)土壤无污染比例为 82.6%,中度和重度污染比例为 2.4%(图 1-3-15);蔬菜种植区清洁土壤比例为 75.7%,中度和重度污染比例为 3.1%(图 1-3-16)。蔬菜种植区土壤复种指数高,故清洁土壤所占的比例较农田区土壤有所降低。

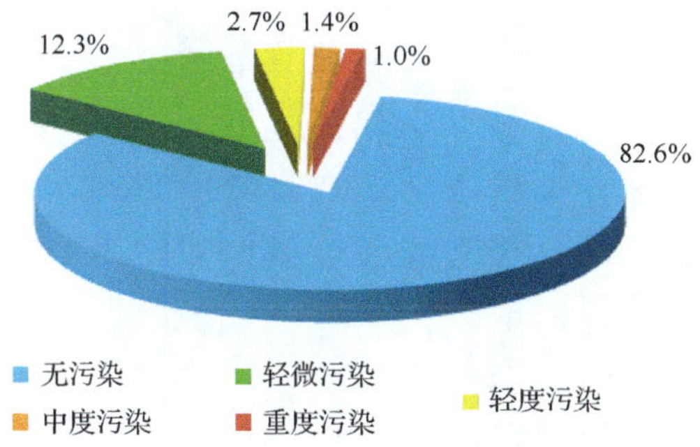

图 1-3-15 2012 年农田区土壤环境质量状况

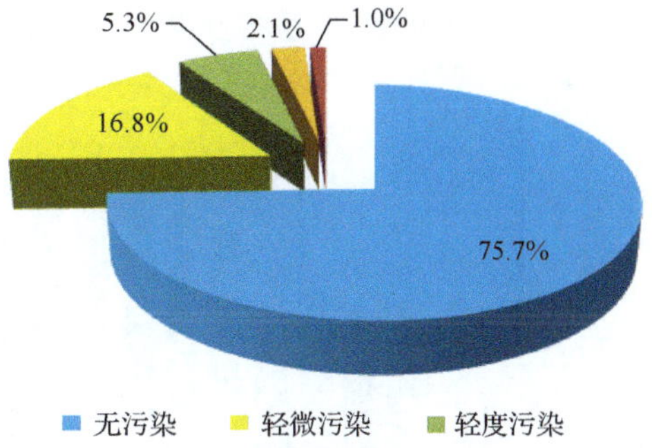

图 1-3-16 2013 年蔬菜种植区土壤环境质量状况

大气污染严重。根据 2012 年中国环境监测总站开展的全国农村区域空气质量监测工作结果,2012 年全国农村区域站 SO_2 的年均质量浓度范围为 1.9~74.7 μg/m³,平均质量浓度为 22.3 μg/m³。农村区域站 NO_2 的年均质量浓度范围为 5.3~49.4 μg/m³,平均质量浓度为 19.9 μg/m³。全国农村区域站站 PM_{10} 的年均质量浓度范围为 26.9~158.8 μg/m³,平均质量浓度为 77.1 μg/m³。需要关注的是,SO_2、烟尘、NO_x 等污染物质能经农作物叶面的气孔进入农作物,对农作物造成慢性或急性伤害,引起作物叶片枯黄、生长率降低、干物质积累减少等;烟尘等颗粒状污染物则能擦伤叶面、阻碍阳光,影响光合作用,妨碍农作物的正常生长。此外,Pb、Cr、Co 等重金属以及二噁英等有机物通过大气沉降可以进入土壤和水体中,再通过食物链的富集作用进入人体,威胁甚至损害人体健康(如徽县有色金属冶炼公司因未对铅尘、二氧化硫进行有效治理引发血铅超标事件)。

农村面源污染没有得到缓解。大部分农村环境基础设施建设滞后,没有垃圾处理场所和机构,生活垃圾随意堆放、生活污水随意排放的问题还没有得到解决。大量畜禽养殖的有机排泄物是一个非常大的污染源。同时,集约化水产养殖业(网箱、围栏和精养池塘),也会产生大量的面源污染。这些面源污染,最终都会直接影响农产品的质量安全。目前,在农村的环保基础设施缺乏、环境监管缺位、农民环保意识淡薄的情况下,城市污染企业下乡,加上乡镇企业快速扩张,带来的后果是农村工业污染迅速消耗农村的环境容量,给农村环境造成严重污染。

2. 农业化学投入品使用过度造成产地环境污染

农兽药、化肥、农膜等农业化学投入品是重要的农用生产资料,但在我国,农业化学投入品使用过程中普遍存在使用过度、管理不到位、化学品有效利用率低、环境和作物中残留浓度高等问题[59],对农业生态环境与农产品安全质量产生了极大的负面影响。

农兽药方面。1991 年全国农药使用量约为 76.53 万吨,2012 年达到 180.6 万吨,各类农药用量呈上升态势,农药用量比发达国家高 2.5~5 倍,其原因主要源自我国农药使用的巨大需求以及管理不到位造成的过量使用(图 1-3-17)。由于不同地区因农业布局、作物品种、种植方式等不同,农药使用情况也存有一定差异。兽药方面,以抗生素为例,据估计我国每年生产抗生素原料大约 21 万吨，其中 46.1%被用在了畜牧养殖业。滥用兽药已经成为养殖业的普遍现象。

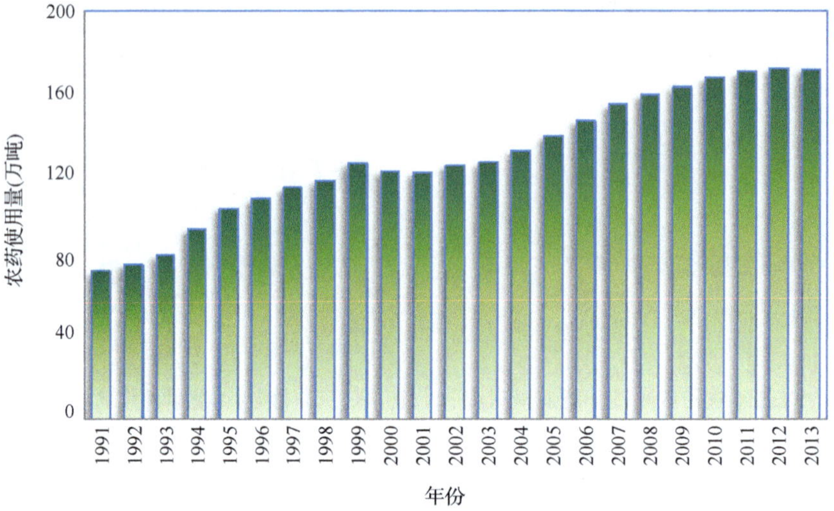

图 1-3-17　1991～2013 年全国农药使用量

数据来源：国家统计局[18]

化肥方面。1985 年至今，我国粮食单产提高了 59%，但化肥用量增加了 233%。我国肥料当季利用率在 30%左右，而且还有下降的趋势，国际公认的化肥施用安全上限是 225 kg/hm^2，但目前我国化肥单位面积平均施用量达到 400 kg/hm^{2}左右，是安全上限的 1.8 倍左右。尽管如此，我国化肥使用量依然呈现增长态势。发达国家化肥利用率一般在 60%～70%，据推算我国还有 50%的化肥节约潜力。同时，化肥使用上还存在结构不合理的现象，其中氮磷施用过量，而中、微量营养元素比较缺乏。目前我国以占世界 8%的耕地施用了世界 30%以上的化肥，生产了占世界 20%的粮食，化肥过量使用的问题十分突出(图 1-3-18)。

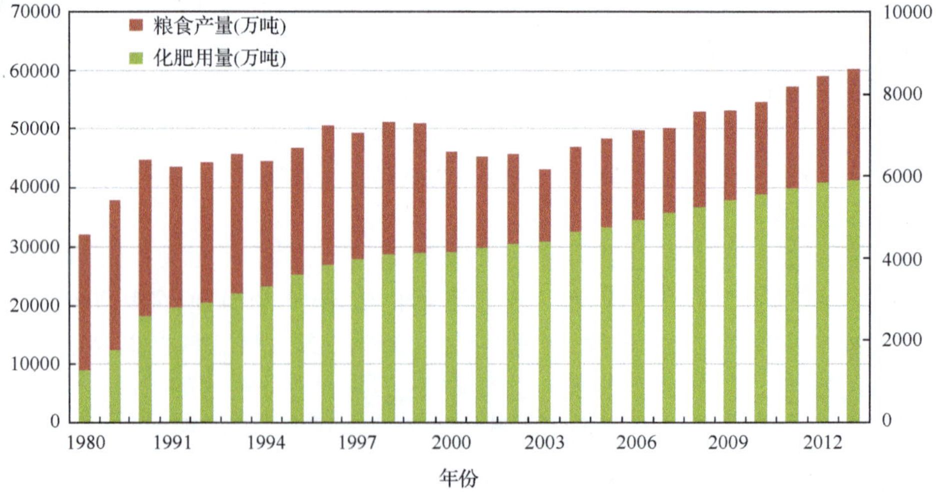

图 1-3-18　近 30 年来我国粮食产量与化肥用量的变化趋势

数据来源：国家统计年鉴[18]

农膜方面。我国是世界上最大的农膜生产国和使用国。2013 年农膜使用量达 249.3 万吨，其中地膜 136.2 万吨，覆盖面积达 1765.7 万公顷。一方面，由于大量农用残膜的存在，破坏了土壤的原有结构，使土壤失去了保水保肥特性，严重时会引起地下水难以下渗和土壤次生盐碱化等严重后果，造成农作物减产。另一方面，农用残膜严重阻碍农作物的生长发育，由于土壤结构的变化及土壤肥力水平的降低，造成农作物根系生长发育困难，影响正常的养分和水分的吸收，主要表现在种子发芽困难、生长势弱、抗逆性弱、产量低、品质差等方面（图 1-3-19）。

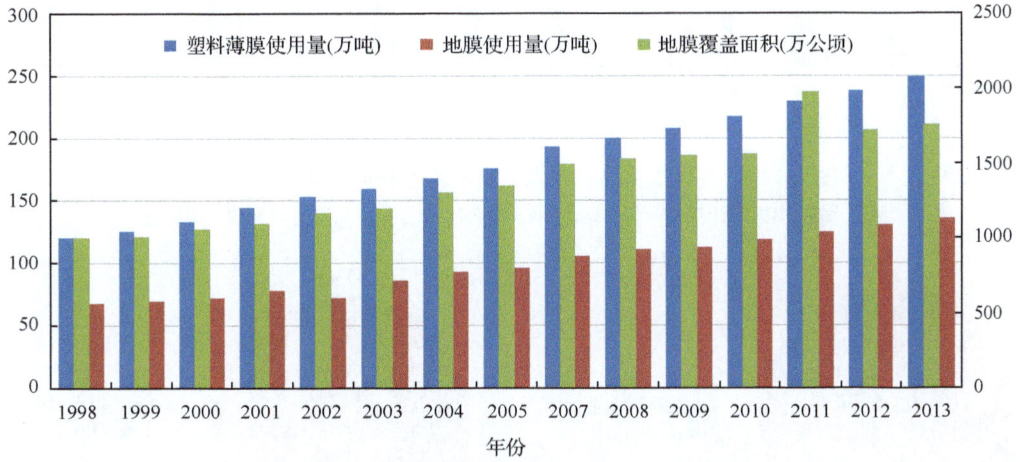

图 1-3-19　全国农膜地膜及地膜使用量发展情况

数据来源：中国农村统计年鉴[60]

（二）食品产业基础较为薄弱

1.“小、散、乱、低”的产业基础

虽然改革开放后我国食品产业得到快速发展，在国民经济中的地位得以凸显，但是不能忽视食品产业基础仍然薄弱这一事实。目前，食品工业“小、散、乱、低”突出，规模化、集约化水平低的现状未完全改变。2007 年我国食品加工企业总数为 44.8 万家，2014 年 7 月降至 18.3 万家。从图 1-3-20 可以看出，我国规模以上食品工业企业单位数从 2003 年到 2010 年一直持续上升，从 19022 个增长到 41135 个，2011 年经过并购和重组规模以上企业数量有所下降，2013 年规模以上食品工业企业数 36140 个；大中型食品工业企业单位数 2003 年为 1810 个，到 2013 年增加至 5269 个（图 1-3-20）。当前我国规模以上食品工业企业数占食品加工企业总数的比例约为 20%（图 1-3-21），大中型食品工业企业数所占比例更少，约为 3%（图 1-3-22），因此，小、微型企业和小作坊仍然占全行业的 80% 以上。这些小微企业企业安全管理意识和能力较弱，食品质量安全难以保证。

2. 产销秩序不规范，违法经营的“潜规则”横行

我国食品产业产销秩序尚不规范，在食品加工、流通、销售环节都存在食品安全隐患。在加工环节，以中小企业和小作坊为主的食品企业，难以保证生产环境的清洁卫生和配料的安全性，小作坊更是设备陈旧简陋，卫生状况堪忧。此外，为追求利润最大化，超量超范

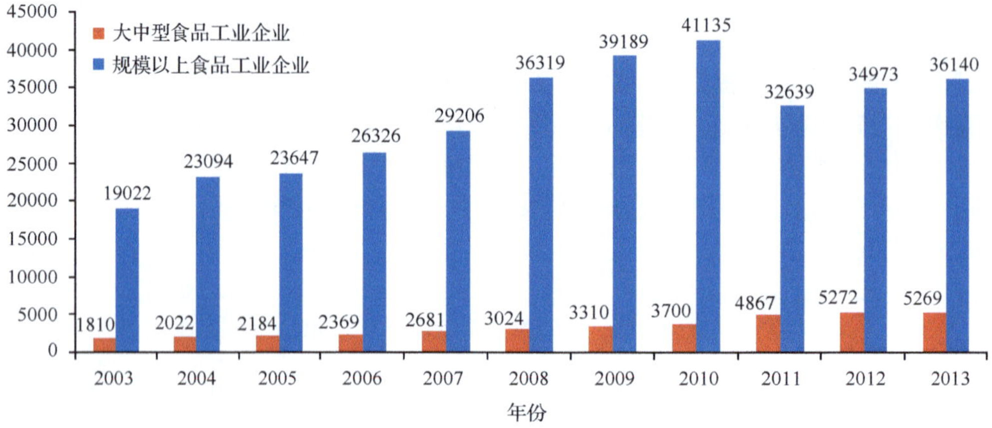

图 1-3-20　我国规模以上和大中型食品工业企业单位数①(个)

数据来源:中国统计年鉴[18],数据包括农副产品加工业、食品制造业和饮料制造业

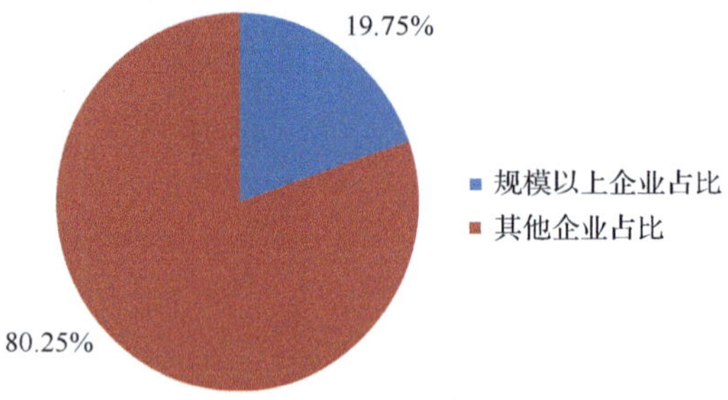

图 1-3-21　规模以上食品工业企业占比

该占比为 2013 年规模以上企业数/2014 年 7 月企业总数

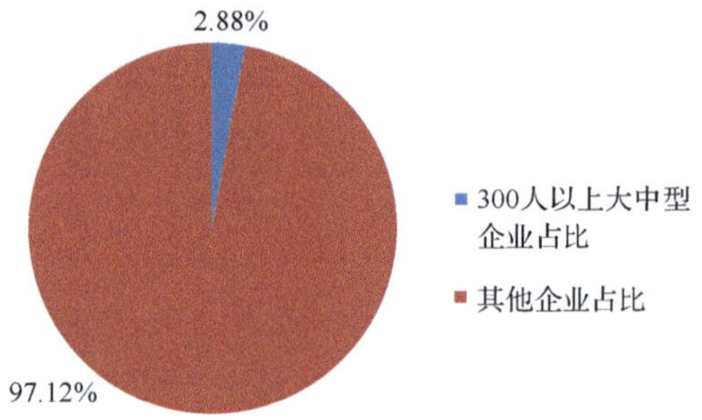

图 1-3-22　300 人以上大中型食品工业企业占比

该占比为 2013 年大中型企业数/2014 年 7 月企业总数

围使用食品添加剂,甚至添加非食用物质的事件时有发生[61]。大量存在的"黑作坊"不仅扰乱市场秩序,形成"劣币驱逐良币"态势,而且会成为掺杂使假、违法添加非食用物质等非法技术的来源地。在食品流通环节,由于产销分离和生产链的延长,食品安全隐患不断增加。食品在运输、储存和销售的过程中,由于冷链物流落后、运输条件差、销售终端贮藏条件不能满足产品要求、卫生条件差等原因,"二次污染"、"交叉污染"以及非法使用违禁化学品提高保质期的现象较为普遍。目前我国 80%以上的生鲜食品采用常温保存流通,整个流通环节的安全与卫生难以完全控制,《农产品冷链物流发展规划》计划 2015 年果蔬、肉类和水产品冷链流通率提高到 20%、30%和 36%以上,即便如此仍低于发达国家 90%以上的生鲜冷链流通率。在消费环节,城镇中流动性摊点食品安全隐患大,很大比例

① 规模以上工业企业标准:年销售收入在 500 万元以上的工业企业。大中型工业企业标准(现在较多的参照国家统计局的标准):以从业人员数、销售收入和资产总额三项指标作为划分依据的。从业人员数超过 300 人、销售收入超过 3000 万元和资产总计超过 4000 万元为中型企业,其中从业人员数超过 2000 人、销售收入超过 30000 万元和资产总计超过 40000 万元为大型企业。

的农村市场仍然经营散装食品，并在销售中缺乏相应卫生防护措施，农村市场也成为“三无”食品、过期食品的流入地。

3. 从业人员整体素质不高

由于食品产业“小、散、乱、低”的产业基础长期存在，导致食品企业从业人员素质不高的问题。据统计，我国食品工业和餐饮行业 1600 万从业人员中，85%以上是受教育水平相对较低的进城务工人员。从业人员缺乏法律意识和专业技能。从业人员素质不高给生产经营过程中的食品安全控制带来困难，食品安全风险增加。

（三）食品安全保障体系尚不健全

1.“从农田到餐桌”的法律法规体系有待完善

食品安全法的法律效力等级有待明确。《食品安全法》颁布实施以来，与其他法律、行政法规衔接不畅的问题一直存在。而且，消费者维权成本高、举证难，使得商家失信行为增加。《食品安全法》牵涉市场、行政管理、执法、刑事犯罪等部门，作为调整跨部门、跨行业多种社会关系的法律，应当以全国人大全体会议通过的基本法形式来推动。食品安全问题复杂多变，《食品安全法》以基本法形式存在，有利于相关行政法规的及时修订和与时俱进。

食品安全法律法规框架有待进一步科学化、合理化。目前，我国颁布的《农产品质量安全法》和《食品安全法》及相关法规分段立法、部门立法，条款相对分散，调整范围较窄，协调执法困难。农业和环境保护领域的现有法律体系远不能满足农业现代化建设的基本需求[62]，尚未制定土壤污染防治的专门法律，作为世界最大的肥料生产国和消费国，肥料基本法却是一片空白，造成多年来肥料生产、销售、使用等环节问题不断出现。以生肉屠宰为例，国务院制定了《生猪屠宰条例》，仅仅对生猪定点屠宰、检验检疫作了规定，而对牛、羊肉的屠宰至今尚未有规定可循，可见在具体的立法内容上存在很多空白之处。另外，特殊的立法模式和立法环境导致食品安全法律法规在内容上存在冲突。

法律效力不够，处罚力度过轻。目前对食品犯罪的处罚过轻，不足以威慑犯罪。对于企业食品违法行为的责任追究，在我国目前的法律法规已经有了明确规定，但这些处罚对不法企业所起的警示效果仍然有限[63]。例如我国某些年产值上亿元的企业集团如果某批次货品存在安全质量问题，而以这些问题货品的金额为标准进行处罚，其付出的代价相对较小，根本无法震慑这些大型企业的违法行为。

2. 食品安全标准体系仍待梳理

食品标准体系架构仍需完善。首先，取消质量标准存在隐患。食品安全标准是食品最低标准，未来食品标准体系是否涵盖质量要求需要进一步明确。按照《食品安全法》的要求，未来我国只有食品安全标准是强制执行的标准。但与发达国家相比，我国食品行业自律水平较低，各类目前强制执行的质量要求一旦变为推荐性标准，是否会导致食品掺杂使假泛滥，业内十分担忧。同时，食品安全指标与质量指标界限并不明确，给食品标准制定与清理带来很大难度[64]。《食品安全法》第二十六条规定食品安全标准应当包括下列内容，其中“与食品安全有关的质量要求”条款，在法律之外并没有明确的法规或者其他规章进行解释。也就是说，除致病微生物、污染物、真菌毒素、食品添加剂、食品接触材料等明确属于“食品安全”范畴的领域之外，与食品质量相关的部分内容是否属于食品安全的范畴并没有明确的规定。2009年启动的乳品标准清理中，乳品系列标准将蛋白质、脂肪含量等质量指标认为是与食品安全相关的，被纳入食品安全标准的体系中。在食品安全国家标准《蜂蜜》的制修订过程中，针对“水分”含量是否属于与食品安全相关的质量指标曾经引起业界很大分歧。我国现行有效的食品卫生标准和安全要求，也有强制性的食品质量要求，产品安全标准与质量标准要求内容交叉、重复、矛盾依然存在，在食品安全标准的清理工作中如何解决与产品质量标准的区别和衔接将是产品安全标准急迫需要解决的问题。其次，检验方法标准不宜作为强制标准。食品检验方法与规程总体数量庞大，即便对同一检测对象，也因用途各异、精度各异而确有必要同时存在。检测方法的进步、更新、淘汰较快，新的方法层出不穷。将“食品检验方法与规程”列为强制性国家标准，影响标准创新，且不利于降低检测成本，严重阻碍科技进步和产业发展。

部分重要标准缺口较大。首先，缺少农产品产地环境污染物分类和限量标准。现有标准某些限值也不合理，如土壤环境质量标准均采用总量为指标，这种定值方式对大多数有效态含量较高的土壤重金属具有一定的代表性，但对一些有效态含量较低的土壤重金属，采用总量则会产生较大差异，不能反映土壤受到污染的实际影响[65]。农药残留限量标准数量同样大量缺失，我国已登记农药原药600多种，22000多个农药制剂产品，但仅制定了387种农药在12大类食品中2650项最大残留限量标准（MRLs），少于CAC的3338项、美国的11000多项、日本的51600多项和欧盟的145000项MRLs标准[66]。即使是现有的MRLs标准也严重滞后，部分残留限值偏高或偏低，部分农药品种在我国已禁止生产，另外农作物种类划分笼统导致农药残留限量指标过于单一。其次，食品生产规范类标准基础较弱，与国际差距较大。我国现有涉及农作物种植、水产养殖、畜禽屠宰、食品生产加工、食品流通经营、餐饮消费等环节的各类国家和行业生产规范类标准约400项，分别由卫生、农业、质检、商务等多个行政部门和行业机构发布和管理，其中强制性标准约70项。食品生产规范类标准虽然数量众多，但是涉及多个主管部门，规范标准的内容明显存在缺失、交叉、重复和矛盾的问题，离发达国家将食品安全建立在“从农田到餐桌”全过程管理体系的距离相差甚远。第三，检验方法标准欠缺。检验方法类标准是标准体系的重要组成部分，是验证基础标准和产品标准是否得到执行的重要手段，涉及多个食品行业领域，涵盖产品类别、检测原理、检测指标等不同内容。目前我国已经基本形成以《食品卫生检验方法理化部分》（GB 5009）、《食品卫生微生物学检验》（GB 4789）和《食品安全毒理学评价程序》（GB 15193）为主体的食品安全检测方法体系，三大系列标准对提高食品安全检测能力起到重要作用。但是目前我国在检验方法类标准方面仍然存在很大缺口，如抽样方法、部分食品添加剂缺乏有效统一的检验方法、食品中多种农兽药残留的检验方法（GB 2763—2014中制定的387种农药3650项限量标准，有配套检测方法的只有228种）仍存在很大缺失等等，急需加快制修订检验方法标准的进度。食源性病原微生物及生物毒素方面，相关检测标准尚未覆盖所有食品及原料，有的尚无安全限量标准。例如我国建立的真菌毒素限量标准中涉及的有玉米、小麦等，但针对稻谷等其他粮食品种不多，伏马毒素尚未制定配套限量标准。食源性病原微生物及生物毒素检测方法标准还存在多部门制订、标准不统一的问题。

制修订标准相关的科学评估基础严重不足。我国食品标准工作基础较薄弱，加上相关经费支持不足，目前可以胜任食品安全标准整合工作的起草单位数量有限，可以开展服务于食品安全标准科学制定的风险评估的单位更是少之又少。国家食品安全风险评估中心刚刚成立，距离全面开展食品安全标准相关的风险评估工作仍有很大距离。面对上千项食品标准的清理整合，依然面临风险评估数据不足的局面，其中食品添加剂、转基因食品毒理学及暴露量基础研究和数据大量缺乏[67]，导致风险管理缺乏科学性和公信力，全面服务于食品标准制定的风险评估工作还未形成统一的模式，与当前国际和发达国家的差距较大。

3. 监管体系仍需完善

各监管部门职能需进一步细化，强化监管责任制度。食用农产品、初级加工农产品和加工食品之间的界定并不清晰，所以食品安全是一个并不能清楚划分阶段的过程，可以预见在农业部门和食药部门分段的衔接点上仍会出现很多交叉问题，食药部门和农业部门的具体职责范围仍需进一步细化。另外，食品安全标准制定（卫生部门）和执行（食药部门）仍分属于两个不同的政府部门，可能还会有矛盾产生。监管主体不明、监管内容不具体、监管责任落实不明等问题将依然存在。未雨绸缪，尽快对各项职能进行细分，从而避免推诿扯皮，对于食品安全监管的推进具有现实意义。对于新组建的国家食药总局，食品安全主要集中由一个部门来做监管，其内部权利的设置很重要。合理的权责设置可使权力的运行相互制约，不能既是决策者又是执行者，同时还是监督者。同时现有体制主要的监管机构，按一般化对等分权原则配置，各级监管机构受地方政府的直接领导，上级监管机构只是业务上的领导。在地方政府过多地直接参与经济活动，唯 GDP 至上的前提下，食品安全监管受到地方政府的强力干预，难以避免地方保护的影响。监管部门执行力度不够，监管部门问责机制不明，是目前食品安全无法有效保障的原因之一[68]。

现行监管体系"重终端"、"轻过程"，源头监管薄弱。监管中普遍把市场产品的终端检验作为重点，生产过程监管缺乏有效的措施，而安全的食品是生产出来的，不是检验出来的。缺少产地污染的基础数据，产地土壤保护机制和措施欠缺。农业化学投入品监管主体重叠和缺位，基层监管能力弱，造成政出多门、管理混乱。目前我国农药使用偏重登记管理，对农药使用过程中涉及的使用者资质及注册、违规使用罚则、残留监控规范等方面都缺乏严格具体的规定，致使超范围、超推荐剂量使用农药、违禁农药生产和流通、高毒农药使用等违规制假行为时有发生。同时农兽药残留监控计划存在盲点，部分限用、禁用农兽药品种未列入监控计划。对肥料的管理尚不完善，现行标准忽视使用的安全性、有效性，肥料实行生产许可或登记制度在基本法中界定不清楚，尚未形成登记管理与生产许可互为补充、协调一致的管理体系。对农用地膜的管理基本属于空白。

食品生产许可制度配套规定不及时，存在监管空白。我国是世界第二个强制实行食品质量安全认证的国家，除美国实行立法强制食品 GMP 认证外，日本、加拿大、新加坡、德国等国家均采取部分产品强制实施、部分产品劝导的方式。我国食品生产许可制度自 2003 年实施至今，已逐步形成了一整套的技术法规，包括审查通则及细则。但自 2006 年到现在由于机构改革等因素，一些相关细则存在修订更新缓慢的现象，不适应食品安全形势的变化，一些检验指标没有及时更新，仍有部分初级加工农产品如鲜切蔬菜、香辛料等未纳入食品生产许可监管，存在监管空白。同时还存在由于政府管理部门缺乏有效的监督管理，从而导致企业自身的质量管理体系得不到有效运行等问题。

食源性疾病管理体制运行不畅。目前我国食源性病原微生物防控管理体制仍存在检防脱节、职责不清、本位主义等问题。如食源性病原微生物全国性监测计划分属于卫计委、农业部、食药总局等多个部门，各部门之间信息交流不畅，导致全国性的食源性病原微生物本底不清，导致国家相关政策和标准制订缺乏实际依据，防控措施缺乏针对性。我国虽然建立了食源性疾病监测网络和食源性疾病报告制度，但由于各种原因，执行起来尚有一定困难，尤其是在兽医相关领域，与食源性相关的重大疫病报告制度很难得到切实执行。此外，我国尚未建立食源性疾病的常规监测体系，在常规监测基础上的主动监测及前瞻性流行病学调查更是一项空白[69]。因此，我国食源性疾病实际发病人数统计数据不准确，引起食源性疾病的病原体谱系及其消长趋势不清楚，因而不能准确地为国家食品安全风险评估、预防策略制定以及干预措施的实施等提供足够的数据支持，也不能对已采取的防控措施效果进行准确评价。

4. 食品安全监测体系仍需强化

缺乏“从农田到餐桌”的全方位统一监测，部门界限导致重复性监测[70,71]。目前我国食品安全监管仍处于分段、分项目或者分职责管理的阶段，因此食品安全风险监测工作也体现出分段管理的特点。农业部单独执行其监测计划，卫生部门、食药部门、质检部门和国家粮食局则执行统一的监测计划。各部门开展的监测工作中存在或多或少的交叉重复现象，例如，针对蜂蜜，农业部门和食药部门都在开展监测；在粮食上，农业部门、卫生部门、食药部门、粮食部门都开展监测；针对部分加工食品和餐饮食品，卫生部门和食药部门也都涉及。且监测部门各自开展监测，信息不能及时共享，国家有限的监测经费未能充分发挥作用。尽管国务院机构改革方案规定国家卫生计生委会同国家食药总局制定国家食品安全风险监测规划，涉及部门会减少（如质检部门仅在进出口）并提出实行“四统一”。但这没有解决食用农产品与加工食品分工合作和全程监测问题，即使在加工食品中也存在合格评定与发现系统性风险的分工问题。

以产品为核心的风险监测体系存在缺陷。以非法添加、掺杂使假为主的食品安全风险具有不可预期性，因此探寻终产品中潜在风险属于大海捞针，事倍功半，同时也会造成极大的资源浪费；一旦发现终产品存在问题还需要回溯到生产源头。随着检测技术的不断进步，检测结果朝着更加精密方向发展，检测结果更具变动性和不确定性，其数值不能作为评估食品安全水平的真实依据。而以产品为核心的风险监测体系本身也不能规范生产过程的相关操作，无法反映食品安全真实情况。

食源性疾病监测和报告体系不健全、溯源预警能力有待进一步提高。《食品安全法》虽规定食源性疾病是食品安全风险监测的重要内容，也列入了国家监测计划，但由于缺乏统一的食源性疾病监测报告制度，未明确各级卫生行政部门、医疗机构、疾病预防控制机构等相关部门的职责，尚未构建起完善的监测报告体系。同时，由于缺乏相应的保障和惩罚措施，食源性疾病不报、瞒报、漏报现象严重。我国医疗机构报告意识不强，临检实验室的检测能力有限；疾病预防控制机构缺乏专门的流行病学调查队伍；对来自病例、可疑食品、环境的病原确证和溯源平台还没有搭建[72]。还无法实现食源性疾病与食品污染监测数据共享和信息综合应用，不能及时对食源性疾病病原因子与病因性食品进行溯源分析，无法做到对食品安全隐患的早发现、早预警。

检验检测和应急处置能力建设尚存在不足。我国食品检验检测机构重复建设和同质化严重，设备利用率较低；以合格评定和食源性疾病病因鉴定为实施主体的基层检验检测机构基础薄弱、分布不均（图 1-3-23），队伍整体素质不高，隐患排查识别的能力低下，出现检不了、检不准的现象和问题，检验结果的公信力差；不同归属部门检验检测机构职能交叉重叠，部门间壁垒严重，硬件和数据资源难以共享，尤其在应急处置时，职责界限明显，互相推诿。尽管国务院机构改革已经开始划转整合食药、质检（不包括出入境检验检疫）等部门的检验机构与装备，但由于本位主义使得人员、编制和设备划转困难，有可能会形成资源浪费和新的重复建设，机构整合工作有待进一步加强。

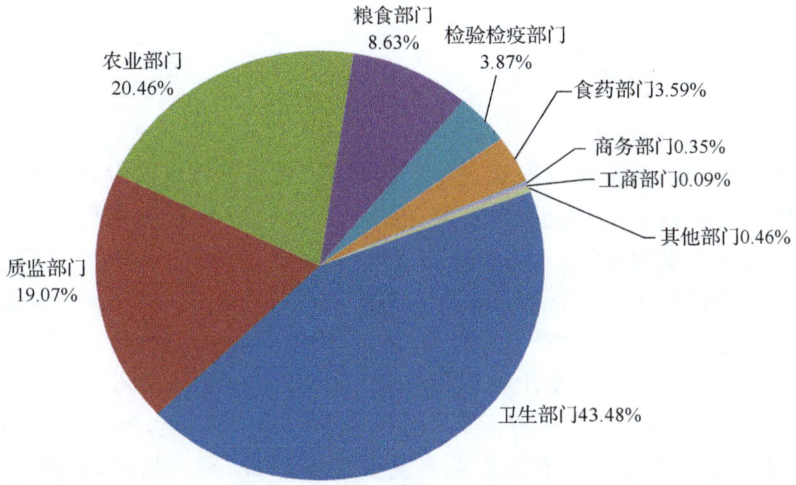

图 1-3-23　我国食品检验检测技术机构总体概况

5. 食品安全风险评估和交流仍需深入

风险评估职责界定不清。受原来分段监管模式的影响，我国《食品安全法》和《农产品质量安全法》规定的风险评估制度，在具体实施时依然困难重重，甚至无法按照法律规定有效贯彻执行[73]，面临着合作机制未建立以及基础保障缺乏等具体问题。卫生部门和农业部门按照《食品安全法》与《农产品质量安全法》，分别建立了国家食品安全风险评估专家委员会和国家农产品质量安全风险评估专家委员会，但由于某些食品或者初级农产品的界定模糊，导致两个委员会的评估内容在涉及食品原料（或初级农产品）时存在交叉。另一方面，从危害因素角度分析，农药和兽药评估属于农业部工作范畴，但农药残留和兽药残留的风险评估工作没有明确规定，也存在职责不清问题。这种划分不清或者存在模糊和交叉区域，极易在应急事件处置过程中需要开展应急风险评估时造成相互推诿，不利于事件的快速处置。

现有风险评估资源未形成合力。食品安全领域风险评估起步较晚，各项基础研究积累较少，食品安全风险评估人员严重缺乏，人力资源分散在不同部门，国家和地方技术机构未构建风险评估体系，不利于团队建设；风险评估数据分散在不同部门，数据共享存在明显的部门屏障，无法形成统一的共享资源和平台[74]。同时相应的财政投入严重不足，无法形成系统的技术研究方向和“集成”优势，重点解决风险评估中的关键技术问题。

风险评估程序和结果公布缺乏独立性和透明度。总体来说，我国食品安全风险评估尚未形成高效的工作机制和模式，评估与标准工作在程序上还缺乏有效衔接；评估机构缺乏独立性，在结果应用和信息发布上存在受控现象，结果发布的申请程序复杂，评估工作及其结果公布无法做到及时、透明。

风险交流尚未实质展开。风险交流是我国食品安全保障体系中最薄弱的环节，与食品安全风险交流相关的法规及制度建设等工作尚未实质展开。风险交流方式和渠道较为单一，包括传统的信息发布、投诉举报或公开征求意见的方式、信息咨询、健康教育活动以及以新媒体为主的交流渠道[75]。生产者、管理者及社会中立机构等之间的交流范围和层面也都不广、不深。

（四）科技支撑发展滞后

1. 食品科技投入不足、创新乏力

科技是食品安全的重要支撑要素之一。近年来，我国食品科技发展迅速，但与发达国家相比仍有较大差距，相对于我国严峻、复杂的食品安全形势，仍显滞后。一方面，科技投入强度偏低。研究与试验发展（R&D）经费支出占 GDP 的比重（R&D/GDP）数值的高低体现一个国家对科技投入的重视程度。据《中国统计年鉴 2014》，2013 年我国全年 R&D 经费支出 11847 亿元，占国内生产总值的 2.01%，而发达国家大多在 2.5%以上。我国食品工业规模以上企业研发经费支出占全行业总计的比重仅为 4.5%，与其占国内生产总值近 7%的比重很不相称。另一方面，食品行业科技创新不足，2013 年专利申请数仅 14342 件，占总专利数的 3.4%，有效发明专利更是仅占 2.7%。另外，食品行业科技人才也较为匮乏，2013 年全国食品行业规模以上企业 R&D 人员全时当量仅为 90910 人年，占全国总数的 3.6%，远低于食品行业的国内生产总值占比。该比值高于专利数占比说明，食品行业科研效率要低于其他行业。国家整体投入不足、科技人才匮乏，科研效率偏低等问题都严重影响食品加工、制造和食品安全控制技术水平的提升。

2. 源头和过程控制技术与装备落后

在源头污染治理环节，环境保护与修复技术落后。我国土壤修复工作落后 20 多年，修复技术种类单一、缺乏有效的体系，尤其是原位、快速、适用于场地土壤和面源土壤的物化技术更基本处于空白[76]，已有技术由于缺少法规和标准，难以大规模应用。相关装备多停留在科研开发或实验样机中试阶段，缺少产业化。国内虽然建立了多个示范基地、示范区和试验区，但是工程化修复案例极少，缺市场化运作；国家对相关的科技投入也较少，仅限于科学研究，缺乏实用技术。养殖环境控制与净化技术有待提高；绿色养殖技术、微生态制剂为代表的绿色饲料添加剂在养殖业已得到推广应用，但仍处于发展初级。

加工环节，过程控制技术和装备有待提升。食品加工及加工过程中亚硝胺、苯并芘等加工有毒有害物生成的控制技术尚未成熟。国际普遍采用的食品安全质量管理体系 HACCP 和 ISO22000 等体系认证不够广泛，认证机构缺乏监督导致认证市场混乱。食品加工装备相对落后。目前我国食品产业工业化程度较高、机械化程度较好的，大多为国外

引进技术装备,传统食品加工技术装备相对落后。国产装备在自动化、智能化和品质上与发达国家相比尚存在较大差距。作为食品流通安全保障基础的冷链物流尚未普及,与之配套的信息化技术也远远达不到食品流通安全的要求。

以物联网为代表的食品全程控制技术发展滞后。我国食品行业的供应链具有高度复杂性,具体表现在供应链参与者众多、供应链空间跨度大、缺乏完善的行业规则等,这大大增加了食品安全风险。物联网可以将各种监测传感器、移动终端、视频监控系统、附有RFID的各种物件和包装、携带无线终端的个人车辆等“智能化物件和动物”或“智能节点”,通过无线或有线的、长距离或短距离通信网络实现互联互通,实现对“万物”的“高效、节能、安全、环保”的“管、控、营”一体化,应用较多的是食品可追溯系统。目前我国追溯技术研究与体系建设方面存在的主要问题:缺少国家层面的数据库监管平台;缺乏农产品基本分类和编码规范;缺乏统一的追溯标准和规范指南,各部门建立的追溯体系架构不同,追溯信息不能互联互通和共享;追溯体系与GAP、HACCP关联不很紧密,关键溯源指标信息未进行筛选确定,追溯体系对企业的质量安全管理指导性不强,体系不衔接、企业不愿承担成本[77,78]。国家食用农产品可追溯制度法律法规有待继续完善。

3. 基础性科技、数据与信息服务缺乏

风险评估、管理、食品科技研发等领域都需要有大量、新鲜数据和基础研究作为支撑,而我国该类公益性数据资源服务还处于非常落后的阶段。一是由于国家对基础性研究的投入不足,基础研究水平不高,缺乏统一、系统的国家计划。国家统计局数据显示,2013年我国基础研究经费占4.7%,应用研究经费占10.7%,试验发展经费则占到84.6%,而发达国家基础研究经费比重一般在20%左右。从科研质量上,食品科技也较为落后,2012年国外主要检索工具收录我国科技论文,食品学科SCI、EI、CPCI-S合计数为1779篇,仅占总数的0.5%,可见我国食品行业基础研究水平之低,远低于材料、化学、医学、物理等行业。二是由于利益关系,一些公益性科研机构科研成果没有转化成公益性技术服务,数据公开程度远远不够。而美国等发达国家食品安全相关数据、科研计划、报告原文都能在美国农业部、食药局网站上查到,他们为用户提供了翔实、便利的数据、信息和分析服务。

作为风险评估、管理和交流重要支撑的信息化体系建设严重滞后,已经影响我国食品安全保障体系的整体进步[79,80]。由于缺少顶层设计,各部门间各自为政,软件、接口、标准都不一样,信息系统之间缺少关联桥接,缺少信息共享和业务协作机制,信息孤岛问题突出,互联互通难以实现。而与之相比,在我国公安、海关等部门,其垂直部门的信息系统由于一开始注意了顶层设计,统一了信息标准,使用了较短的建设周期就发挥出了效益。

4. 食品安全检测技术与装备制造落后

食品安全检测技术和装备是食品监管必备的软硬件条件,随着国家对食品安全问题的逐步重视,国内食品安全检测装备与试剂耗材市场迅速增长。虽然国产低端仪器市场已占有一席之地,但高端精密仪器仍被国外进口仪器、设备及试剂耗材所垄断[81]。例如,当前食品安全各项指标中,残留农药、兽药、渔药等参数的检测最受关注,所使用的检测仪器如质谱仪、色谱仪、分光光度计等精密仪器主要依赖进口,市场基本上被国外精密仪器巨头所垄断(表1-3-2)。据海关数据,2011年色谱仪及电泳仪(902720)进口数量和金额已达 2.4 万台、6.9 亿美元，2013 年该数据已增长到 2.7 万台和 8.4 亿美元。使用光学射线的分光仪、分光光度计及摄谱仪(90273000)2011 年的进口数据为 2.3 万台和 4.4 亿美元，2013 年增长到 3.4 万台和 5.4 亿美元。

表 1-3-2 2011～2013 年我国进口国外检测仪器情况

时间	商品编号	商品名称	计量单位	数量	金额(美元)
2013 年	902720	色谱仪及电泳仪	台	27144	844890982
2012 年	902720	色谱仪及电泳仪	台	24837	750284312
2011 年	902720	色谱仪及电泳仪	台	24052	691032765
2013 年	90273000	使用光学射线的分光仪、分光光度计及摄谱仪	台	33669	539124943
2012 年	90273000	使用光学射线的分光仪、分光光度计及摄谱仪	台	43154	496856636
2011 年	90273000	使用光学射线的分光仪、分光光度计及摄谱仪	台	23242	444803396

数据来源：中国海关[82]

目前我国拥有各级农产品检验检疫站、疾病控制中心站、产品质量监督检验所(站)、进出口商品检验检疫局、各类环境监测站等监测机构达 23000 多个，食品加工企业达到 20 多万家。我国仅食品安全监测领域分析仪器的潜在市场即在 7450 亿元以上，检测耗材年市场容量超过 500 亿元。

高端精密仪器及试剂耗材核心制造技术的缺失，不仅大大增加了我国食品安全检测软硬件建设成本，而且造成了安全隐患，一旦国外对我国实行设备和技术封锁，将对我国的食品安全监管工作造成极大障碍。因此加大食品安全检测精密仪器和试剂耗材制造技术研发力度势在必行。

高端仪器的研发和产业化投入很大，核心技术的成熟需要在市场的作用下循序渐进。以质谱仪为例，质谱仪的研发综合了精密机械、技术和物理化学等基础学科，是多学科高度交叉的产物。作为一种高端精密仪器，质谱仪的研发仅仅能够实现在实验室完成还远远不够，其灵敏度、分辨率等指标参数在各种环境下都能够保持稳定的精度，才是其能否市场化、产业化的关键因素。

快速检测技术缺乏。由于食品种类多、数量大、流通快以及时效性强，因此在食品病原微生物、毒素和激素等检测及评价中是离不开快速检测技术的，包括高通量快检技术。虽然常规检测技术科学准确，但需时较长，难以满足食品安全评价的现场需求。食品安全检测技术手段仍需提升，在食品微生物检验中，还有许多安全监测手段存在空白，高新技术的产业化程度低，快速筛选的食品检测技术仍不成熟，检测技术手段比较单一，缺乏超痕量分析等高技术检测手段。国内现在使用的快速检测技术多为国外技术，成本高，企业负担过重，全面普及仍有难度。国内快速检测技术种类少，自主知识产权的产品极少，覆盖面窄，样品前处理方法落后，病原微生物富集技术、兽药残留和毒素检测样品前处理技术和设备开发投入不足。现有的一些快速检测方法存在着灵敏度不高或者特异性不强等问题，降低了准确性和实效性，仅极少部分能够满足市场需求[83,84]。

5. 病原微生物防控领域科研不足

目前国内各类食品中病原微生物污染水平不明确，重要食品病原菌致病剂量研究缺乏，导致致病菌暴露评估不足，食品中微生物的限量设置缺乏科学性和公信力，影响食品标准和防控措施的针对性。食源性疾病的发病率、病死率、死亡率等流行病学数据交流及共享不充分。

预防医学、检疫检验、兽医公共卫生、食品安全与环境卫生领域的协调研究不够，特别是病原微生物在动物-初级畜产品-食品“界面”的迁移特征、规律及其对食品安全性影响的联合研究亟待加强；动物养殖过程中病原微生物源头控制、病原在养殖环境中的生态特征及防控等方面系统研究不足，对其外延部分如动物健康和动物福利关注度不够；动物源性病原菌种类较多，在动物和食品快速流动情况下病原变异快，还没有以最新技术来追踪其流行情况并形成相应食品安全风险评估体系；针对从动物养殖到食品加工环境中微生物污染检测和食品中微生物污染源溯源等确保安全食品生产的“主动”监控体系重视不够。

6. 食品物流及仓储智能化、自动化和信息化程度低

近年来我国食品物流仓储系统建设正在向智能化、自动化、信息化方向发展，部分乳品、白酒、饮料、速冻食品等领域的大型知名企业已经开始规划和实施先进的自动化物流仓储系统，以实现仓储空间的充分利用，降低对人力的依赖，提高生产效率，保障食品安全，有效支撑企业信息化管理水平。相比发达国家，我国食品企业仓储和物流的信息化落后，许多中小型企业在监测手段上还停留在人工测量和纸面记录的方式，缺乏统一数据系统支持，实时性差、监管脱节，难以将数据分析结果对食品生产进行预警，出现问题后又难以进行追溯，影响食品安全“确责”和“召回”的开展[85]。以冷链物流为例，冷链物流是食品物流重要的组成部分，目前我国冷链物流不仅流通率较低、硬件建设较落后，而且后端的数值传导输送、信息处置、智能化业务管理与运营等软件建设也处于起步阶段，如冷链物流的生产商、批发商、零售商之间缺乏统一平台，不能实现网络互连和数值共享。同时RFID(无线射频识别)、GPS(全球定位系统)、传感器、移动物流信息等高新技术，也未得到普遍应用。食品物流及仓储环节的落后影响食品在流通过程中的安全。

（五）社会因素不容忽视

1. 多方参与的社会共治格局尚未形成

发达国家在20世纪90年代以后，采用以政府监管为主并借助社会力量对食品安全加强监管的新模式，形成由政府监管、消费者维权、行业自律、社会监督相结合的“四位一体”的“社会共治”格局。目前，我国第三方监管力量也在成长，主要有以消费者协会为主的NGO组织、新闻媒体、专业打假人员等，这些组织与民间人士正在逐渐成为食品安全监管中的重要力量，发挥着越来越重要的作用。但总体而言，我国第三方监管力量专业化程度和实力仍然薄弱，尚未形成多方参与的社会共治格局。

公众存在食品安全“意识高”、“知识薄弱”的反差。近几年，食品安全事件的频发提高了公众的食品安全意识，根据我们调查统计结果显示：对食品安全问题非常关注与比较关注的占被调查者的84%，表示很少关注的占14.2%，表示从不关注的只占1.5%。无论从食品生产者还是普通消费者，大众的食品安全意识有了显著的提升。与之相反，公众对食品安全的认识还存在误区，食品安全基本知识存在盲点，导致对一些食品安全事件产生

不必要的恐慌。可见树立正确、科学、不盲从的食品安全意识，提高消费者食品安全专业知识和对风险的认知仍任重道远。

作为食品安全信息传播主渠道，媒体存在误导公众现象。媒体是食品安全信息传播的主渠道。根据我们的调查，消费者了解国内食品安全状况主要依靠各种媒体的报道，从广播和电视中了解的占47.84%，从网络上了解的占30.17%。但是消费者对媒体所报食品安全事件的信赖程度却仅有33.9%，相信政府公告的比例更低只有24.8%。媒体在食品安全的舆论监督中发挥着十分重要的作用，一些重大食品安全事件甚至是记者通过暗访调查出来的。但是媒体有时为引起轰动效应，或因自身食品专业知识的不足，或正在发生的食品安全问题尚未查清，利用信息不对称，影响或误导消费者，导致消费者谈“食”色变，给管理部门带来新的挑战。近年来食品安全舆情事件呈现出以下特点：第一，传统媒体是食品安全事件曝光的主要渠道，网络成为食品问题曝光的主要源头，食品安全监督呈现全民参与态势。第二，因食品领域专业知识普及不足，在食品安全事件发生后为谣言、流言等异化信息传播提供滋生土壤的可能性增加。第三，个别媒体夸大性报道加剧食品安全恐慌的倾向值得注意。第四，食品安全频现“多米诺效应”，个别事件行业化、全国化演化特征明显。第五，相关部门处置思维仍待改进，“第一声音”出现时效与民众期望还有差距。

行业协会对食品安全的推动力不足。行业协会是连接政府和食品生产经营企业的桥梁和纽带，在社会多元利益协调、规范行业企业行为、实现商业自律、保障公平竞争方面、开展风险交流等方面发挥着重要作用[86]。但近年来诸多食品安全事件的发生凸显我国行业协会对食品安全保障的推动作用仍待提高。一方面，我国缺乏专门针对行业协会的法律法规，使得其在食品行业的认可度不高，影响力和号召力不足，有些协会甚至成为政府部门的附属部门，行政色彩浓厚。另一方面，行业协会自身建设能力欠缺，组织机构单薄，专业知识的技术人员不足，服务形式单一，服务能力不强；行业协会相对我国数量众多的食品企业而言覆盖面窄，入会多为大型食品企业，行业代表性不足。

有奖举报和内部举报制度不健全。2011年7月，国务院食品安全办公室颁布了《关于建立食品安全有奖举报制度的指导意见》，要求在全国范围内建立实施食品安全有奖举报制度。近年来，全国绝大多数地方出台了专门针对食品领域的有奖举报制度，对食品安全法律的实施起到了较为积极的作用，但也要看到，这些制度在奖金设定、保密等方面不同程度地存在一些问题，影响制度应有功能的发挥。

2. 相对缺失的诚信环境，滞后的企业主体责任意识

我国食品企业诚信体系不够完善，食品企业受经济利益驱动加工制造假冒伪劣甚至有毒有害食品，损害人民身体健康，对整个行业声誉造成损害。近些年，因掺杂使假、使用劣质原料、超量超范围使用食品添加剂、非法添加非食用物质等诚信缺失行为引起的食品安全事件频发，除小企业和小作坊外，一些大型知名企业诚信缺失事件也时有发生，我国食品产业面临严重的诚信危机。产业环境、政府监管对食品企业的诚信决策有着重要影响，但是目前我国食品行业信用机制尚不健全，作为市场经济背景下的我国食品行业尚未建立起与当前市场经济相吻合的信用制度和管理体制[87]。

缺少诚信的制度规范。诚信是一个企业维持生存和发展的核心竞争力，也是商业社

会最基本的文化形式。发达国家诚信文化已经上升为制度来约束各种行为，而我国的传统诚信文化尚未转化为制度规范。我国历代以来崇尚圣人治国，强调贤君明主的道德榜样示范力量，轻视制度建设，时至今日诚信也主要是靠个人内心道德自省和行业习惯之类的自我遵守，而不是靠具有普遍约束效力的法律和契约。社会诚信意识和信用水平偏低，履约践诺、诚实守信的社会氛围远未形成，守信激励和失信惩戒机制尚不健全，守信激励不足，失信成本偏低。

监管漏洞导致诚信缺失。食品安全标准体系的混乱也是食品企业诚信缺失的重要原因[88]，当前我国食品标准由国家标准、行业标准、地方标准和企业标准构成，同时还有多项进出口食品检验标准，如此之多的标准条款之间存在重复交叉甚至自相矛盾，令执法部门和企业无所适从。检测技术、设备的落后和有限的监测能力也为食品企业诚信缺失提供了滋生的土壤，检验检测机构能力的不足使得企业敢于同政府监管部门挑战，屡屡通过非法手段生产危害人体健康的食品。

产业链发育水平低影响诚信建设。首先，诚信识别机制的缺失造成对诚信食品企业市场激励的不足，已有的诚信信号如绿色食品认证等由于认证执行的不力并没有获得消费者的较高信任度。再次，产业供应链上诚信水平较差。食品安全是从农田到餐桌整个产业链各个环节安全生产的集合，各环节生产主体诚信缺乏会给个别食品企业诚信建设带来高成本和高风险。由于产业链下游存在失信行为带来的产品问题会使企业的诚信溢价受到影响，使得选择诚信生产的企业承担高成本和高风险，部分企业因假冒伪劣等违法行为获取经济利益会助长其他企业诚信缺失的不良之风。另外，我国食品产业链组织化程度低、规模小，分散的特点使得供应链诚信建设很难实现。因此，失信在很多情况成为我国食品企业的理性选择，进而影响食品安全。

食品安全追溯和追责机制尚未完善。目前我国食品安全追溯体系建设仍停留在生产链信息追溯层面，缺少政府规范和标准指导，作为风险管理重要支撑的国家数据库建设尚处于空白，追溯信息的采集、录入和管理不到位，企业的参与热情不高，破坏了诚信精神的严肃性和权威性；我国开展的诚信体系建设也远未达到应有的效果，食品安全信用档案建设和管理仍较为落后[89]，诚信建设涉及部门多、任务重、难度大，食品企业诚信体系的建立和契约精神的维系必须以完善的食品安全溯源和问责机制为基础。

部分企业缺乏食品安全主体责任意识。由于诚信制度和体系的缺失，使得企业守信激励不足，失信成本偏低，企业的逐利性会淡化其主体责任意识。多数食品企业没有建立可追溯体系或严格实施相关制度，缺乏符合法律规定的、有效的自我检查制度和自我监控措施。

3. 社会道德滑坡严重

食品安全治理是一项复杂的系统工程，既需要完善法律、加强监管和提升技术，也需要对食品安全问题进行深刻的道德反思，加强食品安全问题的道德约束。2011 年 4 月 14 日温家宝在同国务院参事和中央文史研究馆馆员座谈时讲到，我国改革开放 30 多年来，伴随经济社会的发展和民主法制的推进，文化建设有了很大的进步。同时也必须清醒地看到，当前文化建设特别是道德文化建设，同经济发展相比仍然是一条短腿。举例来说，近年来相继发生“毒奶粉”、“瘦肉精”、“地沟油”、“染色馒头”等事件，这些恶性的食品安全事件足以表明，诚信的缺失、道德的滑坡已经到了何等严重的地步。一个国家，如果没有国民素质的提高和道德的力量，绝不可能成为一个真正强大的国家、一个受人尊敬的国家。

经济伦理是社会经济活动中产生并用以调节约束人们经济行为及其相互关系的价值观念、伦理规范和道德精神的总和。市场经济的主体不仅要有明确的效益意识，而且需要具有平等、互利、诚信等基本的市场道德，是“经济人”与“道德人”的统一。食品工业是道德工业，正是经济伦理的体现。食品安全是食品生产经营者对利益相关方的道德承诺。社会主义市场经济下，食品生产经营者原有的道德价值观被打破，逐渐丧失了在经济生活中的约束力和规范引导作用，与市场经济体制相适应的道德价值观尚未建立，市场主体出现一定程度的道德滑坡和价值取向的迷失。在竞争中求生存、求利润是很多企业生产经营的动机。由于市场竞争机制的不完善，导致市场经济的公平原则、诚信原则等没有得到遵守。在利益的驱动下，部分企业采用了不道德的手段来参与竞争，例如生产销售假冒伪劣的产品、盗用商标等，这不仅严重扰乱市场秩序，而且极大地损害了公众的利益。不为自身获利而去害人，这是最底线的道德标准，然而在市场经济的建设中，我们显然更多强调市场的逐利性，而忽略了其道德性，很多时候，道德性的呼吁甚至被认为与市场的经济性格格不入。上海福喜食品有限公司通过将过期食品回锅重做，更改保质期等手段，将过期劣质肉类加工成麦乐鸡、牛排和汉堡肉等，在肯德基、麦当劳和必胜客等快餐连锁店销售。《人民日报》(2014 年 11 月 7 日 17 版)报道，为了把食客变成回头客，湖南等地一些火锅餐厅常年暗中往锅底里放罂粟壳、罂粟粉，其中一些罂粟粉，竟然是通过认证的正规食品加工厂生产的。此类新闻，让不少人感叹：食品行业的底线还在向下探！

部分企业领导、员工道德修养不高，加上缺乏相关的道德教育，使得他们道德认知水平不高，在面对金钱和利益的诱惑时，丢失了个人的道德信念，而做出一些违反社会道德的行为。同时企业对员工有着严格的业绩要求，并与员工个人的发展息息相关，这种业绩要求虽然对他们有着物质上的约束和激励作用，但极易形成唯利是图、急功近利、见利忘义的思想意识，而置社会公德于不顾。

第四章　发达国家食品安全治理先进经验借鉴

发达国家经过多年的发展和积累，形成了完善的食品安全法律框架、标准体系和监管体系，监管以源头和过程控制为重点，以终产品为验证，形成了包括风险评估、风险管理和风险交流的风险分析管理基础，通过强大的科技支撑、行之有效的信用体系和广泛的社会参与，确保“从农田到餐桌”整个食物供应链的安全。

一、法律法规和标准体系架构合理并持续更新

（一）法律法规以预防为主、持续更新

发达国家食品安全立法历史悠久，并根据经济社会的发展态势进行持续更新。1860 年，食品掺假问题催生英国《食品与饮料掺假法》的出台，随后《食品与药品掺假法》（1872 年）和《食品和药品销售法案》（1875 年）也相继颁布。美国紧随其后，于 1906 年发布第一部食品法——《纯正食品与药品法》，同年又出台《肉类检验法》。之后的 100 多年里，美国食品相关的法律法规进行了持续的更新，修订或颁布新法近 80 次，其中总统亲自签署的就有 10 部法律（图 1-4-1）。发达国家在多年的管理经验基础上，探索出众多先进的管理理念和科学原则，形成了“从农田到餐桌”法律体系框架，确保了整个食物链的安全[90-93]。

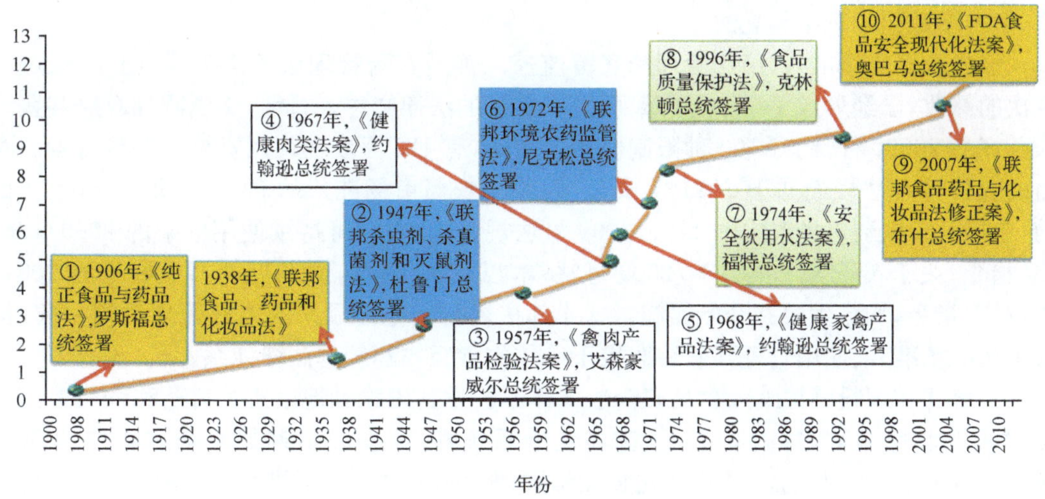

图 1-4-1　美国食品相关法律百年演变趋势

□ 法律修改、完善、升级与时俱进；■ 农药化学污染物是监管重点；■ 检测技术先行，用科学数据作执法依据；□ 风险监测、风险评估与风险交流是立法依据

进入 21 世纪以来，发达国家和地区食品安全法律法规体系吸纳了现代质量管理领域诸多创新性思想，特别是有效的食品安全监管需采取以预防为主的管理方式、防患于未然的理念，促进了制度创新，使食品安全法律法规更具备针对性和可操作性。美国 2011 年

颁布实施的《FDA 食品安全现代化法案》的核心宗旨就是强调食品安全应以预防为主，将食品监管部门的工作重心从食品污染的事后应对转向事前预防[94]。在立法中建立与贯彻以预防为主的立法理念，有利于食品安全隐患消除在生产链的最前端。

（二）强化源头治理法律体系建设

1. 注重产地环境立法

美国 1980 年即颁布了《综合环境对策、赔偿及责任法》(也称《超级基金法》)，规定“谁污染谁治理”的原则，并先后颁布《土壤筛选导则》(1996 年)和《土壤生态筛选导则》(2003 年)。2005 年以来，美国法律政策转向现代农业支持模式，内容涵盖水土保持、环境保护、区域协调发展、科技研发推广等方面。经过多年的治理，2006 年农业污染面积比 1990 年减少了 65%。欧洲于 1972 年颁布了“欧洲土壤宪章”，第一次将土壤作为重要环境要素加以保护。日本 1970 年颁布“农用土壤污染防治法”，2002 年制定“土壤污染对策法”，形成完善的土壤防治法律体系。

2. 农兽药、化肥等农业化学投入品是立法重点

严格限制化肥使用量。在农业环境保护和立法上实行政策支持、立法配套的做法，执行世界上最为严格的环境标准，使用硝化抑制剂和化肥缓释剂减少化肥使用量，并确定了环境标准和环境容量。欧盟养分管理政策——共同农业政策诞生于 20 世纪 60 年代，它是欧盟农业发展的基本纲要。经过了几十年的发展，欧盟共颁布了 300 多项有关环境的法令，确保了环境政策的法律地位。欧盟颁布的与养分管理相关的环境立法主要包括 3 类：综合水质管理，欧盟空气质量政策，欧盟海洋管理策略[95]。美国虽无联邦统一的肥料法，但大多数州均有肥料立法。

强化农药市场准入、使用管理和残留监控。美国农药管理法于 1910 年创立，经过十余次的修改，已经形成了科学、严谨、可操作性强的法律文件。目前，美国联邦政府共登记农药产品 20000 种，约有 100 种限制使用的农药，有 125 万农药使用资格证书持有者。欧盟的农药管理法规最初于 1991 年颁布，即关于农药市场准入的 91/414/EEC 指令。目前，包括关于农药市场准入的 1107/2009 号法规、建立农药可持续使用框架的 2009/128/EC 指令、关于农药统计的 1185/2009 号法规，以及关于修订农药施药器械要求的 2009/127/EC 指令，均已生效并开始实施。这 4 部法规与其他已颁布的农药管理法规一起，构成了从市场准入、使用管理到残留监控于一体的欧盟农药管理法律体系。

将兽药和饲料管控纳入食品安全法律体系。发达国家和地区有关兽药和饲料方面的法律法规数量非常多，内容全面，有很强的系统性，建立起良好的兽药和饲料法制环境[96]。美国的《联邦食品、药物及化妆品法案》和《病毒、血清、毒素法案》是管理兽用化学药品、饲料和兽用生物制品的基本法规。美国对兽药开发、生产的各阶段都有行业规范性标准加以控制，如良好实验室操作规范(GLP)、良好药品临床试验规范(GCP)、良好药品生产规范(GMP)。美国倡导“从农田到餐桌”全程管理理念，兽药相关法律涉及兽药的生产、销售、使用，动物的屠宰、加工、运输、标签、包装、检测等各环节，真正做到从饲养环节就开始安全管理。欧盟议会和理事会指令第 2001/82/EC 号指令，是欧盟现行的涉及兽药授权、生产、供应、销售、使用等各方面的一部较为系统、完善的兽药管理法规。2002 年

1月,欧洲议会和欧盟理事会制定了"一般食品法"(178/2002/EC),为有关食品、饲料的具体法规、管理条例及指南的制定奠定了基础。该法规制定了饲料安全的基本要求:禁止非安全饲料投放市场或用于饲喂食品生产动物,强调饲料企业经营者的责任,尤其是投放市场不合格饲料的召回以及确保饲料可追溯性。第178/2002/EC号法规为有关食品、饲料的具体法规、管理条例及指南的制定奠定了基础。

欧盟农兽药残留监控相关法规见表1-4-1。

表1-4-1　欧盟农兽药残留监控相关法规

农兽药残留监控相关法规	示例
农兽药残留限量标准	76/895/EEC(水果和蔬菜)、86/362/EEC(谷物)、86/363/EEC(动物源性食品)、90/642/EEC(植物源性产品)、396/2005/EC(动植物源性食品和饲料)、149/2008/EC(农药MRLs新法规)、2377/90/EEC(兽药MRLs)
残留监控技术法规	86/362/EEC、86/363/EEC、90/642/EEC(农药残留监控) 71/118/EEC、96/23/EC(兽药残留监控)
发布预警法律	92/59/ECC(常规食品安全快速警报) 178/2002/EC(快速预警及应急)
残留检测采样法规	2002/63/EC(农药残留采样) 96/23/EC(兽药残留采样)
质量检测与质量控制法规	89/397/EEC、93/99/EEC、SANCO/10232/2006、SANCO/ 2007/3131(农药残留分析和质量控制) 96/23/EC、2002/657/EC(兽药残留分析和质量控制)
风险监控报告法规	86/362/EEC、90/642/EEC(农药残留监控结果) SANCO/10216/2006(农药残留监控报告) 96/23/EC(兽药残留监控报告)

(三)强化风险分析在立法中的作用

食品风险分析是包含风险评估、风险管理和风险信息交流三个组成部分的科学框架。风险分析是进行以科学为基础的分析、合理有效地解决食品安全问题的强有力手段。发达国家20世纪90年代就将风险分析应用于食品安全监管,在制定法律法规时始终贯穿风险分析的原则[97]。风险性分析不但能为食品安全监管者提供做出有效决策所需的消息和依据,为其立法工作提供强有力的科学依据;还可根据风险评估的结果确定并实施合适的方法来控制风险,并与利益相关方就风险及所采取的措施进行交流,大大提高食品安全监管水平。

(四)标准体系以通用标准为基础、产品标准为辅助

从发达国家和地区的食品安全法律法规整体框架来看,多数国家并没有将食品安全标准作为一个独立体系单独管理,大部分国家均将食品安全标准的内容融合在食品安全法规中[98,99]。美国的联邦法规的不同章节均融合了食品安全标准的内容,欧盟虽然有专

门规定食品安全标准的内容，但均以独立的食品法规形式出现，加拿大将与食品安全标准相关的大部分内容均纳入了食品药品法规。

发达国家的食品法规标准体系大多比较合理。欧盟对食品的管理按总体原则、食品生产规范和微生物限量标准法规、污染物法规、食品添加剂法规、营养素法规等领域分别以食品法规的形式规定。而食品产品标准并未重复规定通用法规的内容，条理清晰(图 1-4-2)。澳大利亚、新西兰在澳新食品标准法典中分两个章节[100]，分别规定了通用标准和产品标准，与欧盟的管理类似，澳新食品法典第一章以不同的章节编号分别规定了各领域的通用标准，包括了微生物限量、污染物和真菌毒素限量、食品添加剂、可添加的营养素等，在第二章的产品标准部分内容仅规定了产品定义和范畴、产品可添加配料等特定条款。

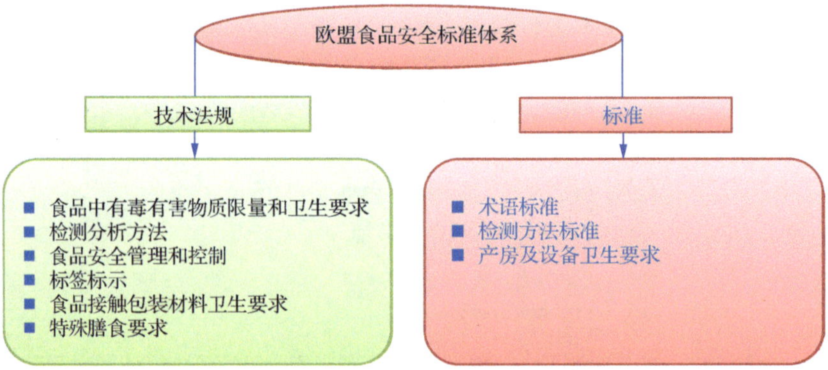

图 1-4-2 欧盟食品安全标准体系框架

通用标准构成法规标准体系的基础。在 2000 年“食品安全白皮书”发布之后，欧盟逐步将之前的各项指令进行整合，形成一整套通用法规标准为基础的强制性食品标准法规体系，如欧盟法规 1881/2006/EC 规定了食品中污染物的最高限量，食品添加剂以一项框架性法规 1331/2008/EC(规定了食品添加剂、酶制剂和香料的一般审批程序)和三个独立法规：1332/2008/EC(规定了食品用酶制剂的管理)、法规 1333/2008/EC(规定了除食品用酶制剂和香料以外的食品添加剂的管理)以及法规 1334/2008/EC(规定了关于食品用香料以及食品中具有香料特性的食品配料的管理)构成食品添加剂标准法规体系。美国对食品安全标准的相关内容除了特殊产品如饮用水和乳品之外的产品，也是主要依靠通用法规和标准来管理食品安全，虽然 FDA 和 USDA 在联邦法规的相应章节有专门的产品标准章节，但涉及污染物、微生物、食品添加剂等通用法规已经规定的内容基本未纳入，仅规定了如产品组成成分、可添加配料、标签等产品特有的规定[101-103]。

二、基于“从农田到餐桌”的食品安全监管体系

(一) 顶层设计融合现代管理思想、重视细节

当前发达国家和地区食品安全监管模式主要为集中模式和分散模式。集中监管模式就是将所有与食品安全有关的活动都合并到一个部门，直接由这个部门对全国的食品安全工作进行统一管理，典型国家和地区是德国[104]和欧盟。分散监管模式有两种：集中型

分散模式和下放型分散模式。集中型分散模式是指与食品安全相关的监管职能主要由三四个部门负责，但还有数十个辅助部门提供支持服务，典型国家是美国、加拿大[105]；下放型分散模式则是指将对食品安全的监管工作直接下放到各州及地方政府，由地方政府负责监管与食品安全相关的所有活动，典型国家是澳大利亚。由于食品安全的复杂性和多变性，目前发达国家在现有监管体系下仍在不断尝试局部调整和持续改进，国与国之间的经验借鉴与相互学习正成为常态[106]，美国 USDA 和 FDA 的监管职能也在不断发生变化。

发达国家和地区食品安全保障体系的顶层设计通常既考虑到技术性问题，又通过管理学、社会学等学科的手段将人性化管理与弹性组织机构相结合，以人为本，实行管理权限下放，以提升下属组织机构自主性和灵活性，建设良性互动体系[107,108]。其核心思想在于寻求决策的科学化，这表现为注重定量分析和信息搜集和处理工作，将数学模型的建立和运用融入决策的过程中，并在实践中广泛地运用风险分析、过程管理等先进的管理理论与方法。这样的体系能紧跟国内外食品安全形势变化，及时进行自身的调整和完善。

有部分专家认为，任何监管模式都行得通，关键在于实施细节。因此，吸纳“预防为主，消费者优先”等先进立法和监管理念，以风险分析等为基本科学原则，立足本国国情，不断细化监管领域，强化执行力，是提升监管效力、提高食品安全水平的根本途径。

（二）重视源头污染防控

1. 产地环境保护和修复有序

产地污染防治运用“生态补偿”政策。英国在施肥总量控制、有机农业补偿等方面根据本国实际制定出一些独特的生态补偿政策，如通过评分方式决定生态补偿，增加农民选择，提高农民的积极性，收到明显的效果[109]。德国颁布转型补贴政策、土地规划制度、肥料法令和植物保护法令、畜禽养殖所需土地面积规定等一系列生态农业配套法规和政策条例[110]。

采用“双指标”和“分级”等土壤环境质量体系。美国规定了生态土壤筛选值、人体健康土壤筛选值；荷兰国家土壤环境标准分为目标值、调解值；瑞士制定了土壤元素的指导值、临界值、农用地污染修复值，并且并用元素总量和有效态“双指标”[111]；澳大利亚对于土壤镉设立了 A 级为土壤背景值和 B 级为土壤调查值等[112]，以上土壤标准的梯度标准值，分别用以保护土壤环境背景、土壤生态功能、保护人体健康等不同土地利用目标。另外，日本土壤标准以保护土壤和地下水为目标，在制定土壤标准中采用了浸出液(将土壤和 10 倍量的水混合，将污染物浸出)标准，实现了土壤镉有效态分析检测，规定了土壤试样溶出量的标准限值[113,114]。

2. 严格的农业化学投入品管控制度

严格的登记与管理制度。美国和欧盟均需对农药全面评审、登记、重新登记、特别评审、农作物及动物饲料中允许残留量制定等工作，农药经营人员和专业施药人员的都需经过培训与资格认证。其中欧盟还建立了农药再登记制度，以逐步淘汰高毒、高风险农药品种。测土配方是美国化肥使用管理的主要内容，各州肥料相关法律要求肥料生产销售时需进行登记、标识，肥料管理机构具有开展强制性检查的责任，由美国作物营养协会(AAPFCO)提出肥料使用管理(即作物养分管理)指导性意见，建立土壤养分分级标准，开展肥效田间试验，并建有施肥方案推荐系统。

系统的农药残留限量及监控计划。为确保食品安全,维护消费者利益,美国制定了详细、复杂的 MRLs,共涉及 380 种农药约 11000 项,大部分是全美登记的农药并根据联邦法规法典制定的 MRLs,其余为农药在各地区登记中制定的 MRLs、有时限或临时的 MRLs、进口 MRLs 和间接残留的 MRLs 等,还列出了豁免物质或无需要 MRLs 的清单,提出"零残留"的概念。美国是世界上农药管理制度最完善、程序最复杂的国家,建立了一整套较为完善的农药残留标准,以及管理、检验、监测和信息发布机制[115,116]。PMP 由 FDA 下属的食品安全和应用营养中心(CFSAN)、兽药中心(CVM)和法规管理监管事务办公室(ORA)共同组织实施。MRLs 也是欧盟食品安全的重要内容之一,由于在国际贸易中的技术壁垒作用而备受关注。

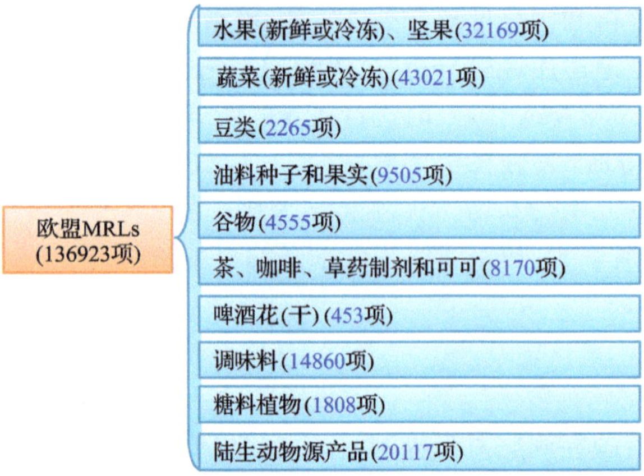

图 1-4-3　欧盟食品中农药 MRLs 结构图

欧盟统一的农药 MRLs 由欧盟食品安全局(EFSA)负责制定。对植物源性食品,欧盟设置了一系列农药残留最大残留限量标准(MRLs)(图 1-4-3)。对已被禁止使用农药,欧盟一律以最低检出限量(LOD)为其 MRLs,即现行的 0.01 mg/kg。需要强调的是,MRLs 确立的基础是良好行为规范,表示在农药使用过程中,如果遵循"良好农业行为规范",那么食品上农药的最大残留指标即为确立的 MRLs。为了加强农产品农药残留控制,欧盟许多成员国都实施了国家农药残留监测项目[117],对遵守农药残留限量标准规定从事生产的农户,给予补贴或奖励,对违规的农场处以大额罚金、停产,直到禁止其从事农业生产。一旦发现某个农药产品存在对人体健康和环境的潜在危害,则会启动应急预案,暂停该农药产品的使用,并销毁相应农产品。

到目前为止,日本的"肯定列表制度"被认为是最为严苛的限量标准。"肯定列表制度"主要内容是"两个限量"即暂定标准(Provisional Maximum Residue Limits)和一律标准(Uniform Limits)[118]。暂定标准即是对当前通用农药、兽药和饲料添加剂都设定了新的残留限量标准;一律标准即是对尚不能确定"暂定标准"的农药、兽药及饲料添加剂都设定为 0.01 mg/kg 的统一标准。"肯定列表制度"共涉及 256 种食品、810 种化学品(农药 500 种),包括 56562 项限量标准,其中暂定标准 45734 项、正式标准 10828 项、农药残留限量标准 47459 项。

严格的饲料和饲料添加剂管控。饲料添加剂是配合饲料中不可缺少的组成部分。世界各国都对饲料添加剂进行了严格管控,美国、日本、欧盟等国家和地区均公布了各国的饲料添加剂目录[119]。在对待抗生素饲料添加剂方面,欧美等国因抗生素的负面作用逐渐将其禁用。早在 1986 年,瑞典就宣布全面禁止饲用抗生素用作饲料添加剂,成为首个禁用饲用抗生素的国家。随后欧美各国纷纷仿效。与此同时,抗生素替代品逐渐问世,酸化剂、酶制剂、微生态制剂、化学益生素、中草药添加剂和卵黄抗体等绿色饲料添加剂成为研究热点和发展趋势。

3. 完善的疫病防控体系

目前，官方兽医制度是世界公认的最有效的、也是大多数国家普遍采用的兽医管理制度。大致分为三种类型：第一种类型是以欧洲和非洲的多数国家特别是欧盟成员国为代表，其官方兽医制度和世界动物卫生组织（OIE）规定的完全一致，属于典型的垂直管理的官方兽医制度；第二种类型是以美国和加拿大为代表，采取的是联邦垂直管理和各州共管的兽医官制度；第三种类型是以澳大利亚和新西兰等国家为代表，采用的是州垂直管理的兽医管理制度[120]。据 2005 年 OIE 对 143 个成员国的调查，65％的国家采取国家垂直管理的做法，7％是省或州内垂直管理，实现了对疫情疫病的有效防控和快速反应[121]。完善的应对机制使发达国家在面对病原微生物污染时能够做到快速应对，及时对烈性病原感染或带染动物实施扑杀，达到部分病种消灭或很好控制的效果，如英国以 30 亿英镑代价（国家补偿）对可疑牛群全部扑杀，现在已经基本控制大部分疫病的发生与传播。

（三）以过程控制为重点，终产品为验证

消费者食用产品，也就是“餐桌食品”的安全是各国管理食品安全的最终目标，经过几十年的管理经验，世界各国逐步树立了“从农田到餐桌”的食品安全管理理念，改变了终产品安全为目标的管理方式。一方面积极开展终产品风险监测，另一方面加强良好生产规范和各种生产过程关键控制点研究，同时监测逐步向生产过程、运输过程等源头倾斜，力争在源头将问题解决。发达国家针对“从农田到餐桌”的各个环节，建立了有效防控措施和管理体系，如良好农业规范（GAP）、良好生产（食品/药品）规范（GMP）、危害分析与关键控制点（HACCP）等[122,123]。

美国 FDA、USDA 以及 EPA 均在联邦法规的不同章节分别规定了其各自管辖产品的不同食品安全危害控制与管理的相关措施[124]。例如 FDA 和 USDA 下属 FSIS 均规定了不同产品良好生产规范和 HACCP 体系的要求。不仅如此，2011 年实施《FDA 食品安全现代化法案》之后，2013 年 1 月通报了为执行法案而制定的多项法规，在这些法规的要求之下，其他没有明确必须实施 HACCP 的食品企业必须执行食品安全计划，除非符合豁免条件的小型企业可暂不执行该计划。如此一来，在美国销售的大部分食品的生产企业均必须执行严格的过程控制，美国基本实现了食品过程控制全覆盖。

欧盟主要通过三项法规来管理欧盟生产食品的过程控制，分别为 852/2004/EC《食品卫生》、853/2004/EC《动物源性食品专门卫生要求》和 854/2004/EC《官方机构管理动物源性食品专门要求》[125]。852/2004/EC 法规对食品卫生的定义为“控制食品危害、保证食品在其特定用途下适合人类消费所必须采用的措施和条件”。其对食品卫生控制的要求与国际食品法典委员会的原则是一致的，即重点放在对生产过程、生产环境及人员卫生的控制上，覆盖了供人类消费的食品的生产、加工、销售和市场投放。通过对“从农田到餐桌”的全过程管理，达到控制生物污染的目的。欧盟法规 853/2004/EC《动物源性食品专门卫生要求》、854/2004/EC《官方机构管理动物源性食品专门要求》则对动物源性食品如畜肉、禽肉、野味、鱼类、蛋类等食品加工企业的建厂要求、加工过程（屠宰、切割、运输等）、溯源体系，如何建立 HACCP 体系，以及官方机构应当承担的职责和检查方式及内容作了要求。除此之外，欧盟还发布了法规 2160/2003/EC“沙门氏菌和其他动物性食源性致病菌的控制”，制定了在食品生产、加工和销售，尤其是初级生产阶段控制食品中沙门氏菌和其他动物性病原的有效措施。在严格的过程控制的基础上，欧盟同时还发布并实施食品中微生物限量指标，作为评估和验证食品安全和质量的工具。

加拿大对食品过程控制同样通过制定 HACCP 通用原则、GMP 相关导则等进行规范[126]，加拿大卫生部（HC）和食品检验局（CFIA）分别制定了多项食品过程控制导则，2012 年加拿大食品安全法获得加拿大皇家审批通过，在新的法律的规范下，加拿大 CFIA 正在研究制定新的改善的食品检验模式，将形成更为完善的监管模式。该模式将对企业提出的要求，要求在加拿大境内销售食品的企业采取预防性控制计划，以实现食品安全的全面管理。该模式将包括许可、CFIA 监管、监督、遵守和执行、系统执行五个部分。

由此可见，从目前国际食品法典委员会的建议要求，到美国、欧盟、加拿大等发达国家和地区的食品安全管理趋势，食品安全的全程控制已经成为新的发展要求，推动食品企业实施良好生产规范、执行 HACCP 体系将是切实有效的食品管理措施。

（四）成熟的食品安全应急机制

发达国家和地区基本形成了完善的食品安全应急处置流程，包括开展事件调查、分级召回问题产品、向公众发布信息（信息交流）、实施问责，必要时改革管理体制、实施政府救助，并完善食品标准。做到了有效响应、及时应对、信息公开与持续改进，避免了不必要的恐慌，维护了社会秩序[127-129]。同时，通过风险评估、应急响应网络和风险预警网络等，积极参与食品安全应急响应。例如 EFSA 采纳了一套快速程序来评估紧急情况下的食品和饲料的安全性以辅助风险管理者及时采取措施降低风险。美国农业研究局（ARS）开展的食品安全国家项目中配套建设了食品应急响应网络，与监测工作相互辉映，确保美国的食品安全。

三、风险分析的科学决策方法

国际成功经验表明，国家食品安全监管需要建立在风险分析框架上，食品安全标准和风险预警等风险管理措施依赖于食品安全风险评估结果；风险监测不仅是风险评估的基础数据来源，也是评估风险管理措施（特别是预警、溯源、标准制定）的重要依据。

（一）风险评估作为科学决策的核心

1. 风险评估体系建设完备

食品安全风险评估是发达国家食品安全管理的核心环节。1995 年 WTO 成立，在形成的 WTO/SPS 协定中明确，各成员的 SPS 措施应以风险评估为核心[130]。近 20 年以来，各 WTO 成员纷纷成立了食品安全风险评估的技术机构，提高各自的食品安全管理水平。2002 年欧盟成立 EFSA，作为独立于欧盟其他部门的机构，在食品安全方面向欧盟委员会提供科学建议。EFSA 的主要任务是开展风险评估和进行风险信息交流，独立地对直接或间接与食品安全有关的问题（包括与动物健康、动物福利、植物健康、基本生产和动物饲料）提出科学建议[131]。美国在 FDA、FSIS 分管食品安全不同领域的部门内均设立了负责食品安全风险评估的分支部门，与 USDA 等实施监督部门形成互不隶属、合作监督的关系。加拿大卫生部下属食品局负责设立与标准制定部门平行的风险评估部门。日本 2003 年颁布的第 48 号法令——食品安全基本法[132]确定了食品安全委员会的成立及其职能，包括风险评估和法规、标准的制定等。韩国食品药品安全评估院（NIFDS）在 2013 年韩国政府重组之后成为韩国食品药品安全部下属研究机构，主要职责在于评估食品和药品的可行性和安全性[133]。

不同国家和地区的风险评估体系不同，导致其建设思路和评估程序略有不同。欧洲食品安全局主要依赖成员国专家，其内部不设实验室，在风险评估董事会支持下，EFSA 的科学小组在各自专业领域进行风险评估工作[134]（图 1-4-4）；而德国 BfR 则具有强大的实验室系统，内设 9 个部门（图 1-4-5），共有 16 个国家参比实验室[135]，这些参比实验室是连接欧盟参比实验室和参与执法活动的各州立监测实验室的纽带。

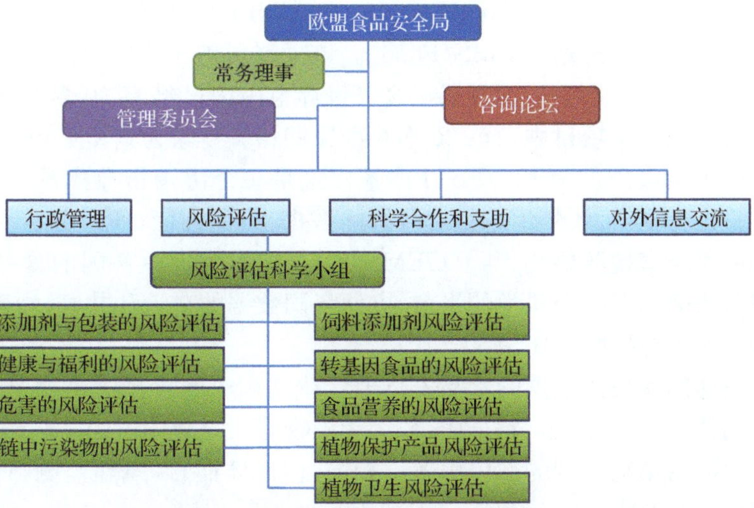

图 1-4-4　欧盟食品安全局风险评估架构

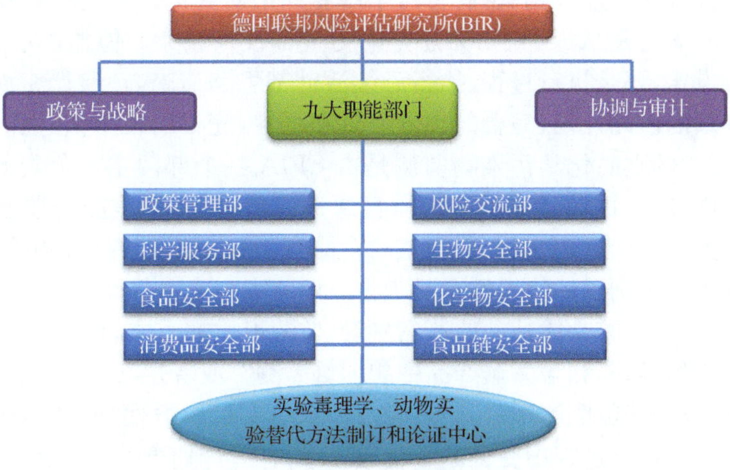

图 1-4-5　德国联邦风险评估所 BfR 架构

2. 风险评估相对独立，与风险管理保持分离

食品安全风险评估机构必须绝缘于食品安全风险管理机构，确保风险评估过程的科学完整性，减少风险评估和风险管理之间的利益冲突。EFSA 建立了一套关于利益宣称的程序和政策以保证其科学工作的公正性，EFSA 的科学工作和相关文献在其网站上均可获得，这保证了其工作的透明性。EFSA 不参与风险管理过程，但其独立的建议为风险管理和政策决策过程提供坚实的科学依据。但是应当认识到，风险分析是一个循环反复的过程，风险管理人员和风险评估人员之间的相互交流在实际应用中是至关重要的。

（二）风险监测和预警进入信息化时代

1. 风险监测体系科学、高效

1976 年，WHO、FAO 与联合国环境规划署（UNEP）共同设立了全球环境监测系统/食品污染物监测与评估规划（GEMS/Food）。该项目虽然于 1994 年中断，但 WHO 与其合作组织和参与机构仍然坚持并发展至今。世界范围内已经有 30 多个 WHO 合作组织及国家机构参与到这个项目中，有 100 多个国家的相关专家为其搜集和分析数据，用以支持相关的风险评估项目。GEMS/Food 体系模式是一个协调指导体系，一方面为各国污染物监测工作进行指导，收集汇总整理各国的数据；另一方面，通过分析质量保证研究来提高了各国的实验室检测能力[136]。GEMS/Food 体系为世界各国的食品污染物数据汇总和实验室分析架起了一个科学的平台，方便各国数据的交流和共享，为确保全世界的食品安全发挥了至关重要的作用。

欧美等发达国家根据本国的食品安全现状建立相应的食品污染物监测体系，监测的污染物为农药残留、兽药残留、重金属、环境污染物等。每个国家的监测形式、采用的监测手段和负责食品污染物监测的部门都各不相同，但总体而言，风险监测目的明确、形式简单、设计科学、执行有力。

目的明确。美国污染物监测体系健全，虽然参与监测机构众多但职责分明，以农药残留监测为例，既有针对于监管的、也有针对于暴露评估研究的[137]。全方位的监测系统和频繁的监测活动，无论是从人力、物力还是财力上都投入较大。但监测项目无论从目的性、监测计划的设定，还是执行过程、执行后续活动都思路清晰，环节严密而紧扣，有明确的监测目的、详细的监测计划、完善的技术支持和督导，完备的结果信息和强有力的后续执行行动。加拿大的食品化学污染物监测是由 CFIA 一个部门主要负责的，多种监测形式相辅相成，层层铺垫，由监测—调查—监督递进开展[138]。将监测与监管紧密结合，目的明确、思路清晰，步骤流程完整。新西兰的食品监测是根据其特点，侧重于奶制品的化学污染，监测的食品类别以动物源性食品为主。监测方案丰富且灵活。

形式简单。从当前较为成功的监测案例看，监测形式都力求简单，多数监测针对某一项目，如澳大利亚的“海藻和含海藻产品中碘含量监测”，或者是某一类型污染物，如“欧盟的植物源食品中农药残留监测”等，其作用是：使执行者可以方便地掌握计划设计的目的和期望达到的效果；执行过程中受到的干扰比较小；针对计划可选择最优秀的实验室参与监测工作；便于形成简明扼要、针对性强的总结报告。

设计科学。当前成功的监测活动主要都得益于其设计科学，需根据监测目的和监测

对象的特点考虑是否采用代表性监测、针对性监测或是标准执行效力监测，其考虑原则主要是：达到的目的，以往的基础，现有的经费和检测能力。根据主要成功监测类型分析可以看出，监测设计也都是需要在不断摸索的基础上根据其实施要求和效果进行不断地修正，例如美国 FDA 和 USDA 均开展农药残留的监测，但是根据其目的不同就分别采用针对性监测和代表性监测的形式。澳新食品监测的特点是考虑地理环境和污染特点相差不大而采取双边共同执行监测任务的方式，数据共享完全可以达到满足双方监管的要求。

执行有力。美国的食品污染物监测形式多样，农业部、食品药品监督管理局等食品监管机构均参与其中，参与机构众多，不仅充分体现出监测体系健全，职责分明的特点，还对参与的机构职责和执行要求非常明确。欧盟的食品污染物监测集中在农药和兽药残留监测工作[139,140]，其特点是在一系列指令法规下进行的，欧盟作为一个区域性联盟地区，虽然也允许各国依据本国情况进行数据的收集，但总体上有共同的指导纲领。

2. 风险监测与预警信息化体系发达

监测网络涵盖农兽药残留和食源性疾病。食品安全信息化已成为食品安全监管的重要技术支撑。信息化手段的应用实现了食品安全相关资源的整合，消除信息孤岛，实现信息共享和业务协同，有效提高食品安全监管的科学性、有效性和及时性[141]。全球化经济背景下的食品供应链和食品安全问题国际化日趋明显，食品安全信息化监管是必然趋势，欧美发达国家已逐步进入食品安全网络监控管理时代（表 1-4-2）。2004 年 WHO 和 FAO 共同创建国际食品安全当局网络（INFOSAN），有 177 个会员国，分享重要的全球食品安全信息和增进国家间的国际合作。WHO 于 2000 年已经建立了全球沙门氏菌监测网（WHO GSS），欧盟建立了以肠道病原菌为主的食源性疾病国际监测协作网（Enter-net），美国针对食源性疾病建立的系列监控网络系统包括食源性疾病主动监测系统（FoodNet）、食源性疾病监测国家分子亚型网络（PulseNet）等。目前，美国 PulseNet 已扩展到加拿大、欧洲、亚太地区、拉丁美洲和中亚等广泛区域，在多种病原防控上进行合作，信息共享。

表 1-4-2　发达国家食品安全监测信息化平台

主管部门	信息平台	启动年份	监控对象
美国 CDC[142]	食源性疾病主动监测系统（FoodNet）	1995	食源性疾病致病菌（11 个监测基地 450 个检测实验室，7 种致病菌 2 种寄生虫）
	食源性疾病监测国家分子亚型网络（PulseNet ）	1996	食源性疾病致病菌
	全国性暴发食源性疾病流行报告系统（NORS）	2009	监测因食物、环境、患传染病的人或动物及其他因素引发的水源性和肠道疾病情况
	全国通报性疾病监测系统（NNDSS）	1961	监测全国各种传染病的发病及传播情况，每周公布各传染病的发病率和死亡率报告
	环境卫生专业网络（EHS-Net）	2000	监测、识别导致食源性和水源性疾病的环境卫生因素，包括水环境、食品加工环节和餐饮及食物销售等环节的环境状况，并加以预防
	公共卫生实验室信息系统（PHLIS）	1963	监测沙门氏菌，逐渐被基于实验室的肠道疾病监测网络（LEDS）替代

续表

主管部门	信息平台	启动年份	监控对象
美国 FSIS/FDA/EPA	国家残留监控计划(NRP)	1967	肉、禽与蛋制品中的农药、兽药、环境污染物残留
美国 FDA	农药残留监控计划(PPRM)	1987	农产品和饲料中的农药残留
美国 USDA	农药数据计划(PDP)	1991	婴幼儿和儿童食品、生鲜/冷冻/罐藏水果和蔬菜、果汁、乳制品、谷类、玉米糖浆、禽类、肉类和饮用水中 400 多种农药
欧盟理事会	食品与饲料快速预警系统(RASFF)	1979	风险源通报(产品扣留、召回、问题溯源、风险预警)
	兽药残留监控体系	1996	水产品类、牛奶、蛋类、蜂蜜、各种牲畜类和野生动物,荷尔蒙、类固醇、违禁的化学物、抗生素、兽药残留和其他环境污染物
欧盟成员国/国家	农药残留监控体系	1996	初级农产品中 706 种农药残留

信息化预警体系运行高效。在信息化风险监测基础上,美国和欧盟建立了科学高效的食品安全预警体系。美国食品安全预警体系以科学、高效的食品安全预警监测和研究机构为支撑,以食品安全预警信息管理和发布机构为强大后盾,将食品安全预警信息快速及时的通报给消费者和各相关机构,大大降低了美国食品安全事件可能给经济社会造成的损失(图 1-4-6)。欧洲食品与饲料快速预警机制(RASFF),是根据欧盟 178/2002/EC 法规而设置的,由欧盟委员会、欧盟食品安全局和各成员国组成。RASFF 整个系统的运行包括信息的收集、提供、传递、评估、发布、跟踪和反馈,是基于一个有着广泛的信息来源

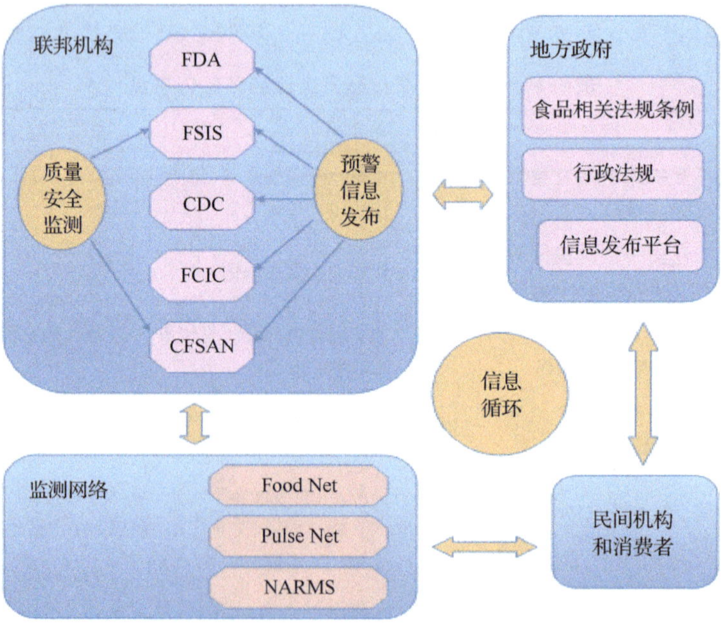

图 1-4-6 美国食品安全预警体系框架

和信息的准确性、时效性的“信息”系统来进行信息的有效传递和共享，对潜在风险和突发事件进行预警和快速反应（图 1-4-7）。

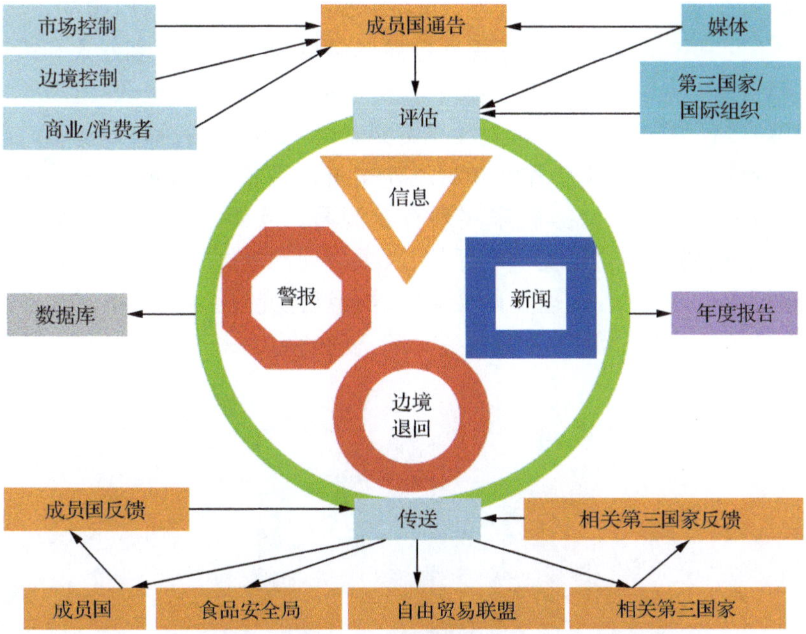

图 1-4-7　欧盟食品安全预警体系框架（RASFF）

（三）风险交流广泛开展

1. 完善的风险交流流程

风险交流是风险分析的重要组成部分。发达国家和地区对食品风险交流的重视是一致的，通过设立专门风险交流机构，开展公众消费认知调查，及时公布相关食品安全风险信息，不断加强同消费者之间的沟通与反馈，加强交流的互动性，逐步改变消费者对食品安全的不科学认知，消除食品安全恐慌意识。在长期的风险交流实践中，形成了较为完善的风险交流流程。加拿大卫生部开展风险交流以利益相关方为中心，重视战略性风险交流，强调风险交流的透明化，其风险交流工作有明确的工作流程：确定风险→描述风险状况→评估利益相关者关于风险和利益的感知→评估利益相关者对风险管理的感知→制定并预测交流策略、风险交流计划和信息→实施风险交流计划→评估风险交流的有效性，环环相扣，确保风险交流的及时、准确。

2. 多样化的交流策略

在美国，风险交流工作以共享风险和收益信息为目标，交流方式公开透明。比如制定食品法律法规和相关标准时，要将相关信息向全社会公布，并指定行业专家通过媒体向公众详细说明；发生紧急或重大食品安全事件时，政府要及时发声，让消费者感知了解风险。FDA 会定期将食品行业的监管数据，包括采取的监管行动、实施的法规政策等通过网站向公众公开。美国也十分重视消费者对食品风险的认知程度，通过开展调查深入分析不同人群在接收和认知风险方面的差异，从而实现对不同交流对象差异化的交流策略。

风险交流受众的多元化使得 EFSA 风险交流模式较为独特[143]：EFSA 首先与不同利益相关团体进行风险信息交流，再由他们和消费者进行交流；同时 EFSA 也保持与消费者的直接联系，他们通过报纸、调查问卷、访谈等形式了解消费者对风险的认知程度，并根据风险性质的不同和不同受众的接受程度进而选择最为恰当的交流方式和策略公开食品安全风险信息，并通过网站、发行出版物等形式为受众提供多元化服务。比如，EFSA 通过开展"FoodRisC 计划"促进食品风险及收益交流，从交流策略、消费者认知、新媒体等多角度研究了解受众对风险的认知程度和对风险交流的评价，进而根据不同受众的认知和需求制定更有效率的风险交流方案来实现有效沟通。欧盟为增强食品安全工作的透明度，将食品安全管理局实施的环境风险评估、人类与动物健康安全风险评估结果以及其他的一些科学建议向公众公布，管理委员会举行的会议也允许公众参加，并邀请消费者代表或其他感兴趣的组织来观察管理局的一些活动，使公众可以广泛获取该局掌握的文件和信息(图 1-4-8)。

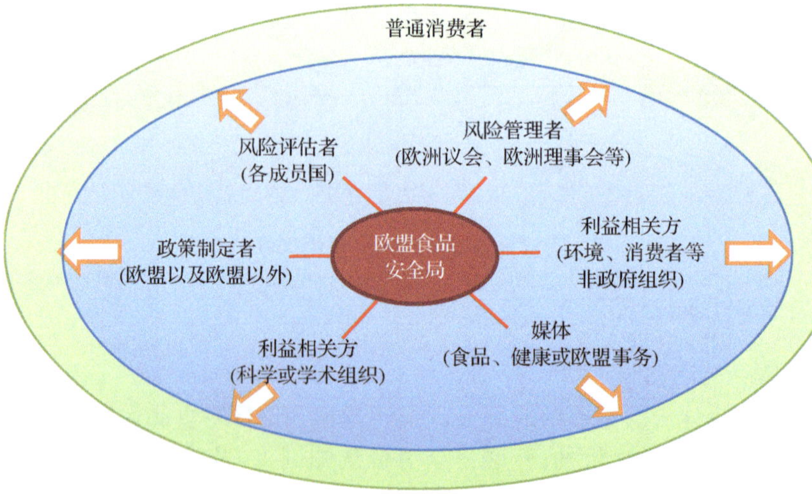

图 1-4-8　欧盟食品风险交流模式

3. 丰富的交流方法和途径

美国 FDA 通过多种渠道及时向社会公布食品安全的有关信息，以多种形式普及食品安全知识，提高公众的食品安全意识，降低食品安全发生的风险[144]，如 2012 年 FDA 和 FSIS 发布了《食源性疾病易感人群食品安全指南》。USDA 的消费者热线每年要答复大量消费者关于食品安全知识、风险防护、营养搭配等方面的咨询。丹麦政府通过零售商、网络和学校等途径向消费者提供食品安全信息，由包含众多食品领域相关人士的食品政策委员会对争议问题进行辩论、组织听证会和讲座等。日本食品安全委员会通过网站、热线电话等与国内民众进行交流，同时各县推举的食品安全监督员，通过发放调查问卷了解消费者对食品安全的关注、风险认知程度，为制定有效的交流运作机制提供数据支撑。日本农林水产省从 2000 年开始尝试一种称为"认同会议"的形式，通过宣传和讨论以提高公众的认识水平。"认同会议"方法起源于 20 世纪 80 年代的丹麦，最初是用于评定一项新技术的方法。该方法是选择一些来自社会各阶层、各领域的，持中立立场的公众组成代表，向他们提供相关的信息，然后由他们经过公开讨论来达成对某项议题的评价、意见和建议。

总体而言，发达国家的风险交流方式主要有：会议性方法，包括听证会、公众会议、公众会议、简报、答辩性的会议、员工大会、专题讨论会、研讨会等；非会议性方法，包括访谈、热线和免费电话、网络、广告和传单、电视和广播、报告类、展览和条幅、辩论会等[145]。

四、强大的食品安全科技支撑体系

（一）科技投入产出比高

发达国家和地区重视科技在食品安全保障中的支撑作用，科技投入强度持续加大。2013 年美国 FDA 食品安全和营养应用中心（CFSAN）公布了科学研究战略计划。欧盟制定了第 7 框架计划《2012—2016 科学战略》和《2014—2016 科学合作路线图》，从营养健康和食品制造两方面同时关注食品安全问题，旨在对新型危害控制与预防、开发快速有效的检测方法、消费者健康饮食选择行为研究、开发新技术用于数据分析、加强 CFSAN 的适应及响应能力。澳新食品标准局在成功实施《2006—2009 年科技战略》的基础上，制定了《2010—2015 年科技战略》，旨在进一步加强其科研能力和资源，以继续满足未来食品安全监管的需求和挑战。

据经济合作与发展组织（OECD）数据库[146]数据显示，2012 年 R&D/GDP 比值排在前四的分别是以色列（4.24%）、韩国（4.03%）、芬兰（3.43%）和日本（3.35%），瑞典、丹麦等紧随其后，分别为 3.28%、3.02%，瑞士、德国、奥地利和美国均保持在 2.8%以上，而我国仅为 1.95%，较 OECD 成员国的平均水平（2.37%）也低 0.42 个百分点（图 1-4-9）。

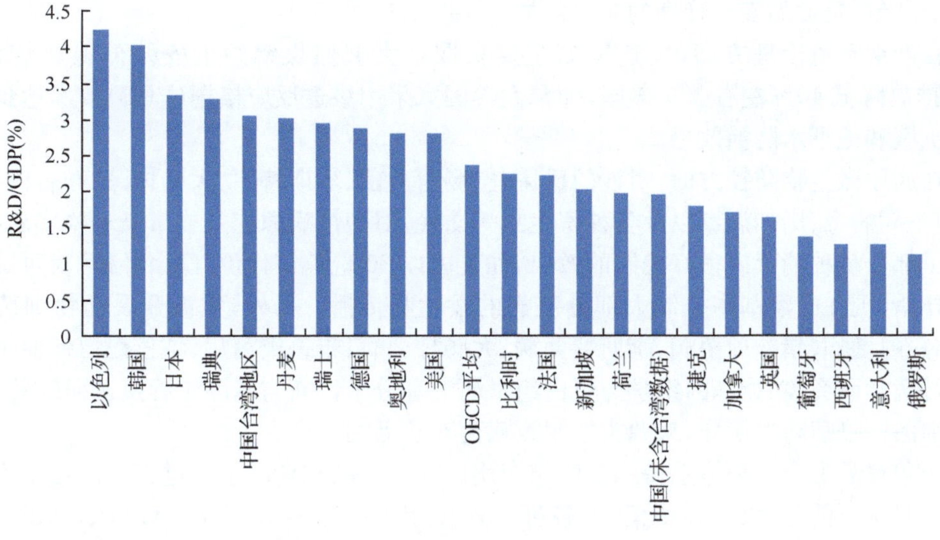

图 1-4-9　2012 年世界各国家或地区科技投入比重（R&D/GDP）情况

数据来源：经济合作与发展组织（OECD）数据库[146]

发达国家科技的高投入带来了产业的高产出回报。以奶牛为例，奶牛生产性能测定（DHI）综合技术是世界上奶业发达国家普遍用来管理和提高奶牛生产水平的一项综合技术，它可以了解牛群个体信息和群体水平，为奶牛良种繁育提供可靠依据，为奶牛饲养、兽医防治、改善日粮结构、科学制定管理计划提供指导，为原料乳第三方监督检验的实施奠定基础，是经过实践证明的最有效的量化奶牛生产管理工具[147]。DHI 体系在国外发展了一百多年，获得政府长期的资金投入，应用效果十分明显。世界上奶业发达国家，如美国、加拿大等均早已实施了这个方案。这些国家的实践证明实施 DHI 体系测定是发展高效奶牛业的关键。通过 DHI 技术的应用，以色列成为世界上奶牛单产水平最高的国家。2000～2010 年其奶牛平均年单产一直呈现上升趋势，从 9480 kg 增加至 10340 kg。在美国，随着 DHI 的发展及成熟，DHI 更加侧重于对奶牛场生产的服务和奶业的可持续发展，奶牛场通过参加测定获得了巨大的经济效益。

与此同时，欧美等发达国家食品生产加工的社会化服务体系相对比较完善，促进了科技成果的高效转化。从种植业和养殖业的品种选育到疾病防治、检疫监测、产品保鲜、物流供应等方面都有相关的科研单位、协会、组织机构等进行指导。这些国家的科研服务机构以国际市场为导向，多单位、多部门协同合作，形成了科学研究、农业生产、食品工业、市场营销为一体的社会化服务体系[148-150]。先进的科研服务体系和健全的推广体系使新的科研成果快速应用于生产领域，为食品安全提供了科技保障。

（二）食品安全全程控制技术体系健全

欧美等发达国家和地区以“消费者至上”、“科学的风险评估”和“从农田到餐桌”全程监控的理念为出发点[151]，已经形成了完善的食品安全控制技术体系。这些体系涵盖了所有食品类别以及从农场到餐桌的种植和养殖、生产加工、存储运输与销售服务等食物链的各个环节，是食品安全管理的主要依据。

在产地环境治理方面，发达国家主要采取在大型燃煤锅炉上安装低氮燃烧器，使 NO_x 排放降低 40%左右[152]，美国、加拿大等国家采用渗透反应格栅(PRB)技术达到了良好的土壤和地下水防治效果。

在病原微生物防控方面，对沙门氏菌、空肠弯曲菌、李斯特菌、大肠杆菌、布鲁氏菌、结核、疯牛病病毒、诺如病毒以及各种寄生虫等防控，对烈性病原感染或带染动物实施扑杀，达到了部分病种消灭或很好控制的效果，如英国以 30 亿英镑代价(国家补偿)对可疑牛群全部扑杀，现在已经基本控制大部分疫病的发生与传播。另外，积极开展动物细菌性疫病，如沙门菌病、猪链球菌病、李斯特菌病、大肠杆菌病、布鲁氏菌病、结核病等病原生态学与流行病学研究、功能基因组学与蛋白组学研究和分子诊断与基因工程疫苗研究等，做好动物细菌性疫病防控工作，从源头控制致病菌对食品的污染。

全程食品安全管理体系得到推广与应用。在农产品和食品生产过程中广泛采用受到国际普遍认可的“从农田到餐桌”的各种有效控制方法和体系[153]，如 GAP、GMP、GDP、HACCP、ISO9001 等。美国在肉禽加工厂全面推广应用 HACCP 体系，使发病率很高的食源性沙门菌感染明显减少。

农兽药残留等化学污染物快速检测技术发展迅速，成为食品安全控制中定性检测的重要手段。如采用色谱技术、免疫学技术，建立农药、兽药抗体高效制备技术平台和标准化的抗体库，研发农药、兽药与饲料添加剂残留检测试剂(盒)；采用分子生物学技术和免疫学技术，建立致病菌和腐败菌的快速检测技术[154]；采用分子生物学技术、超声波技术、生物传感器技术、免疫学技术、高效毛细管电泳分析技术、近红外光谱、核磁共振、计算机视觉等技术及相关设备对食品质量进行快速度定级和掺假鉴别。

近年来美国、英国、澳大利亚、丹麦等国更是致力于微生物预报技术和预测软件开发，针对食品中的病原菌（如单核增生李斯特菌、沙门菌、金黄色葡萄球菌等）开展预测模型研究，旨在对食品货架期进行有效的预测，并对致病菌进行风险评估。

（三）完善的网络防控技术体系和信息化支撑平台

欧美等西方发达国家已逐步进入食品安全网络监控管理时代。防控网络涵盖食源性疾病报告、监测、溯源、信息共享平台、预测及预警网络等[155,156]，为政府实施有效管理提供必要手段，同时也为专业人员和普通民众提供动态情况和信息资源。包含食品追溯在内的物联网技术和体系得到快速发展。利用 RFID 数据采集技术，结合标识体系，对食品供应链生产、加工、运输、销售等环节的管理对象进行有效标识，借助互联网实现食品物流各个环节信息的传递和交换[157-159]。食品出现问题时，监管部门能够迅速对问题食品进行追溯，准确地缩小问题食品的范围，减少食品安全问题带来的损失。澳大利亚的新鲜食品生产公司 Moraitis Fresh 一直是行业中率先采用新技术作为推动力来提高产品质量的典范。公司使用计算机网络控制新鲜食品的生产、处理、包装和零售过程，这套网络延伸到了澳大利亚所有的主要生产地和零售市场。

五、有效运行的社会共治机制

由于食品是一种典型的后经验商品，更倾向于信息不对称状态；同时，政府监管公职人员的“权力寻租”及政府决策的效率问题等又会导致“市场失灵”和“政府失灵”[160]。这些监督力量的失灵促使社会力量日渐壮大，在传统“官民二重结构”之外出现了第三大领域，即公共事务的多元治理主体，这些主体包括媒体、消费者等社会力量。发达国家在采用分散式（政府多部门共管，各管一段）和统一式（由一个政府部门对整个食品产业链统管）等食品安全监管体制都不能很好地解决食品安全监管效率低、各监管部门之间协调性差等问题之后，一些国家在 20 世纪 90 年代开始尝试采用以政府监管为主并且借助社会力量对食品安全加以监管的新模式，形成由政府监管、行业自律、消费者维权、社会监督相结合的“四位一体”的“社会共治”格局[161]。政府主要依法履行监管职能，在维护公平竞争环境的同时，注重发挥消费者和社会监督的作用，注重强化企业自我管理和自我约束，发挥行业协会在促进行业发展的规范、维护市场经营秩序中作用。四者之间相互补充、相互制约、各负其责，共同保障和提升全社会的食品安全水平。

（一）强调企业第一责任人理念，强化诚信体系建设

1. 加大对问题企业的问责和惩处

美国《FDA 食品安全现代化法案》首次授权监管部门就食品污染问题向企业问责。FDA 除了可以直接下令召回存在安全隐患的食品外，还有权检查食品加工厂，同时对进口食品实行自动扣留制度。自动扣留制度实际是将国家对进口的产品进行质量控制的责

任设在一个界定的范围内，超过这个界定，就将该项责任转移到生产厂家、进出口商或出口国家(地区)政府的肩上。此外，各国对食品安全事故都加大了惩罚力度。2004 年 6 月韩国曝出“垃圾饺子”风波后，《食品卫生法》随之修改，规定故意制造、销售劣质食品的人员将被处以一年以上有期徒刑；对国民健康产生严重影响的，有关责任人将被处以三年以上有期徒刑；而一旦因制造或销售有害食品被判刑者，10 年内将被禁止在《食品卫生法》所管辖的领域从事经营活动，另外附以高额罚款。在法国一旦被发现出售过期食品，经销商就得关门。

2. 强化诚信体系建设

信息公开科学、公正、规范和有效。食品安全信息化建设是食品安全信用管理的重要方面。随着社会的发展和专业化程度的提高，信息分布不对称也愈加明显。改善和消除信息不对称，最主要的是保障公众的信息权利，以信息透明原则为指导，建立起完善的信息公开制度，通过立法、司法、行政、产业、教育等多种途径保障公民信息权利的具体实现，进而建立起一套完善的社会信用体系，培育一个健全的信用社会。美国政府强调食品安全信用体系建设和食品安全管理的公开性、透明度，其发达的信息技术和体系惠及食品行业，建立起有效的食品安全信息发布系统[162,163]，通过定时发布食品市场检测信息、及时通报不合格食品召回信息、在互联网上发布管理机构的议案等，使消费者了解食品安全的真实情况，推动企业的信用建设。

日本全国农协通过全国农协上市的肉类和蔬菜等所有农产品编排识别号码，实施身份管理制度，将下属农协生产的所有的农产品都编上号码，在零售商店销售时必须标明该农产品的名称、产地、生产者、使用过的农药名称、浓度、使用次数、使用日期以及农产品的收获、上市日期等具体数据[164]。这些信息还要通过互联网予以公布，消费者上网就可以了解农产品的生产情况和流通过程。

强化食品召回，鼓励企业诚信自律。食品召回制度是发现食品质量存在缺陷之后采取的补救措施，力图将问题扼杀在萌芽状态[165]。食品召回制度在对企业起到警示作用同时也可以鼓励厂商诚信自律。美国《FDA 食品安全现代化法案》赋予了 FDA 召回不安全食品的权力，同时为它履行这方面的职责提供了更多资源。欧盟很重视食品召回制度的建设，在 178/2002/EC 号法规中对食品经营者的召回责任作了明确细致的规定，其召回制度不仅涵盖食品，还包含饲料[166]。由于对食品召回的明确规定，使企业增强了诚信自律。

3. 行业协会自治性高、自主性强

发达国家的行业协会是由从事生产和经营活动的农民和农产品加工企业在自愿基础上共同组织起来的非营利性民间机构，代表生产经营者的利益，为生产经营者服务[167]。由于其自身的自治性，在市场经济中发挥着制衡政府权力的功效。正是由于这一特点，西方国家的行业协会获得了来自成员内部以及社会公众的广泛认可，如“农协”是日本国内影响最大、组织基础最广泛的农民互助合作组织，符合一定条件的农民可以自愿加入，而各地农协在稻谷种植期间，会对农户用药、施肥等进行全过程指导，从而保证了粮食的品质[168]。行业协会的中介性质，使其成为沟通食品安全监管部门和食品产业的桥梁和纽带，在食品安全监管中发挥着重要作用。

（二）鼓励公众监督，消费者维权意识强

美国为了使公众最大限度地参与食品安全监管，有关食品安全的各种法律和行政法规的制定程序都是要按照透明的原则，以适当的方式向公众公开[169]。在德国，消费者、企业、联邦风险评价研究所都是食品安全管理链上的参与者。在丹麦，食品安全监管机构还建立了非政府联系组，负责联系消费者委员会、零售者协会、丹麦工业董事会、丹麦农业董事会等组织，并经常组织会议进行交流[170]。在日本，为加强食品安全管理，2009 年 9 月 1 日，政府设立了消费者厅，该机构专门分管有关维护消费者权益的各种事务。与此同时在内阁府内还设立了由民间人士组成的消费者委员会，对消费者厅进行监督，并负责独立调查审议与消费者权益保护有关的各种事务，该机构有权对首相和相关大臣提出有关食品安全监管方面的建议。消费者委员会实际就是具有监管权力的第三方监管机构，日本正是借用该机构强化民间社会力量对食品安全的监管。消费者维权意识强，政府提供法律保护等司法手段，以及信息公开制度和公众听证制度拓宽消费者维权途径，同时通过各种途径引导消费者科学消费。

（三）多元化的社会监督机制

1. 第三方认证认可严格有序、接受度高

欧盟的认证机构分为两类：官方认证机构和民间认证机构。官方认证机构是权威机构部分或全部授权的某些公共管理组织，而民间认证机构是完全独立的第三方机构。以意大利为例，其有机认证可以由被确认资格的民间组织认证机构执行，也可以由农林部或区域发展委员会来提供的官方检查[171]。认证机构实施认证的依据为欧盟理事会标准 834/2007/EC、欧盟委员会标准 889/2008/EC 和补充标准 710/2009/EC、271/2010/EC，或由成员国制定的高于上述标准要求的法规或标准，或由认证机构制定的高于成员国相关要求的法规或标准。

第三方认证认可机构由于其技术实力和工作程序，得到包括官方在内的认可和接受[172,173]。美国保险商实验室（UL）制订的标准有 70％被美国国家标准协会（ANSI）直接采用为美国国家标准。这些跨国第三方检测认证机构既帮助我国企业了解和适应世界标准，掌握第一手的国际标准动态，推动我国产品走向世界，也在外国企业适应我国标准、生产合乎我国标准的产品中起到关键作用。

2. 正确引导媒体在食品安全中的作用

媒体具有独立性，发达国家一方面通过法律法规保护其正当权益，最大限度地发挥其监督作用。另一方面，也十分注重对媒体的规范化管理。美国鼓励媒体将超市和名牌厂家出售劣质产品和经营失误予以曝光，这也在客观上加强了食品企业的忧患意识，使得它们更加清楚地认识到，声誉不好会严重影响销售额，影响顾客的信心，且最重要的是影响“股票的价格”，即影响投资者的信心。同时，政府也注重加强对媒体的管理，要求媒体以客观、准确、科学的食品信息服务于社会，不得炒作新闻，制造轰动效应牟取利益，造成消费者对食品安全的恐慌。

3.“吹哨人”有奖举报制度

发达国家社会参与监督的较为典型的经验是“吹哨人制度”，即内部举报人制度。身处食品行业内的职工，是最容易发现食品安全问题和了解内情的。这项制度不仅可以在一定程度上弥补政府监管力量的不足，调动社会各界的力量以加强食品安全监管力度，也可以在实际上减少政府监管费用，降低监管成本。正因此，欧美等很多发达国家都立法建有“吹哨人制度”[174,175]，即靠内部员工在第一时间、第一地点察觉问题，吹响哨声，制止问题。在国外，一方面重奖“吹哨人”，奖励直接来自于罚金；另一方面很多国家和地区都单独制定了“证人保护法”，如美国的《吹哨人法案》、澳大利亚的《举报者保护法》等。英美等国还设立了专门的保护机构，对举报人予以特殊的保护，包括整容、更改住址甚至移民。

第五章 我国食品安全治理的战略构想

未来15年，我国将实现经济社会发展的战略转型。届时人为食品安全事件将得到有效遏制，以化学性污染和食源性疾病为主的食品安全风险将成为我国食品安全主要特征。面对我国经济社会发展战略转型的重大契机，我国食品安全亟待从全局和战略高度进行全面协调治理，通过完善食品安全法律法规和标准体系、监管体制、优化产销环境、强化科技支撑、推动多方参与，从而推动我国食品安全水平提升，全面保障我国"从农田到餐桌"的食品安全。

一、未来阶段食品安全特征研判

（一）我国经济社会战略转型对食品安全影响深远

1. 法律法规和监管体系的完善将推动食品安全水平的提升

未来阶段，我国现阶段食品安全主要特征——经济利益驱动型食品掺假将会得到有效遏制。随着我国食品安全法律和监管体系的不断完善，《食品安全法》与《农产品质量安全法》衔接将更加严密，食品安全监管部门与食用农产品监管部门、食源性疾病监管部门、进出口食品安全监管部门的合作更加高效。食品安全标准更科学，管理制度更加规范；风险评估、监测和预警及风险交流体系不断完善，分散在各个系统的检测资源成功整合，检测能力实现跨越式提升；科学技术对监管的支撑力度加大，新技术对食品产业可能产生的风险得到有效监管；从业人员科学素质和职业操守大幅提升。随着对食品安全违法和犯罪行为打击力度的加强，现阶段我国食品行业屡屡发生的非法添加非食用物质、非法使用违禁药物、超量超范围使用添加剂、掺杂使假、假冒伪劣等现象将得到有效遏制。但另一方面，政策的不确定性给食品安全带来的影响也值得关注。法律修订是各方博弈的过程，修订后的《食品安全法》能否扭转食品安全现状，及时应对食品安全领域出现的新问题，需要时间验证。食品标准体系顶层设计上存在的欠缺，能否通过法律修订得到完善都需进一步观察。

2. 环境污染对食品安全的影响将长期存在

环境治理是一个长期性、综合性和反复性的过程。发达国家在地表水和地下水、土壤修复以及大气环境治理方面均经历了漫长的过程，投入了大量的人力和物力。我国仍然处于工业化中后期，工业化和城市化仍将处于快速发展阶段，资源能源与环境矛盾将更加集中，而相对于我国环境污染程度和财政投入力度，环境污染治理将是一个漫长而复杂的过程。

地表水治理方面，英国泰晤士河的治理反反复复共历时百余年，日本水俣湾污染的基本治理也长达40余年。目前国家层面已出台《水污染防治行动计划》，并将投入两万亿用于地表水污染治理，但面对当下我国水污染的严重程度，两万亿或许只能起一个"撬动"作用。

土壤修复方面，1982～2005 年美国共有 1536 个场地列入《国家优先治理污染场地顺序名单》，仅 2007 年美国超级基金项目耗费 3.8 亿美元用于土壤修复项目。我国土壤修复形势复杂，技术、经验和装备缺乏，各项工作尚处于起步阶段，修复工作落后发达国家 20 多年。至今国家尚无相关政策出台，土壤修复工作任重道远，土壤污染带给食品安全的潜在风险将长期存在。

在地下水治理方面，与发达国家相比，我国地下水污染源点多面广，污染防治难度大、成本高、周期长，地下水污染防治基础薄弱，防治能力有限，对地下水污染防治的长期性、复杂性、隐蔽性和难恢复性认识有待于进一步提高。据全国地下水污染防治规划（2011～2020 年），我国在 2020 年之前将主要完成地下水污染调查、重要污染场地修复等方面工作，而对现有的地下水面源污染修复与治理上投入的经费与精力有限。可见地下水污染防治工作难以在短时间内见效。

在大气环境治理方面，国外的大气污染治理经验告诉我们，大气环境质量的达标需要数十年的努力，不可能在短短几年实现。2013 年国务院发布《大气污染防治行动计划》提出到 2017 年，全国地级及以上城市可吸入颗粒物浓度比 2012 年下降 10%以上；京津冀、长三角、珠三角等区域细颗粒物浓度分别下降 25%、20%、15%左右，其中北京市细颗粒物年均浓度控制在 60 $\mu g/m^3$ 左右。根据《环境空气质量标准》（GB 3095—2012），细颗粒物二级标准的年均值为 35 $\mu g/m^3$，即使到 2017 年达到了《大气污染防治行动计划》提出的目标，届时大气环境质量仍然与《环境空气质量标准》（GB 3095—2012）的要求存在较大差距。

可以预见，未来 10～20 年我国环境污染问题仍将十分严峻，难以彻底解决地表水、土壤、地下水和大气污染问题，农药、重金属、氮、磷等污染物仍将在环境中大量累积，甚至可能转化为毒性更大的形态，环境污染对食品安全的影响将长期存在。

3. 经济社会发展不均衡加剧食品安全问题的复杂性

我国正处于经济社会战略转型期，但长期以来经济社会发展不均衡，部分问题在转型升级的过程中矛盾会更加凸显，从而加剧食品安全问题的复杂化。

改革开放 30 多年来，以 80%以上的小企业为主体的食品产业长期依赖廉价的劳动力和原材料，经济增长方式粗放。党和政府提出加快经济发展方式的转变，将加速食品产业升级和结构优化。但我国食品产业总体发展水平较低，且大部分传统特色、地域性食品不具备做大做强的基础。预计未来阶段，我国食品产业规模化企业和中小型特色食品加工企业将长期并存，主导食品种类将继续向规模化、集约化方向发展；特色食品种类将向卫生、标准化方向发展。资源与环境问题日益突出，食品原料供应矛盾突显，规模化种植和养殖业的发展，加上社会主义市场经济秩序的欠缺和食品贸易的发展，违法经营活动仍有可能局部存在，滥用农兽药、病原微生物引起的食源性疾病将持续困扰我国食品产业。另外，食品供应链延长与网络销售也会加剧食品安全问题的复杂化。

区域不平衡、城镇化发展和社会分工的进一步细化，将加大食品的产销分离带来的食品安全风险，农产品供应主体为经济相对落后地区，加上物流条件和技术的落后，给食品安全带来威胁。目前城乡发展不协调问题十分突出，城市与农村二元经济的结构短期内无法根本改变，农村地区将成为食品安全事件高发区。农村食品安全暴露问题较少并非表明农村食品相对安全，与其经济发展水平、人均收入和教育水平有关，正是由于关注度差，才容易产生公众意识的盲点和监管麻痹，产生的食品安全事件造成的后果都极为严重，如阜阳“大头娃娃”事件。国际经验表明，恩格尔系数的大小会影响到消费者食品消费的关注点。当恩格尔系数在 0.5 以上时，消费者主要关注食品数量的多少；当恩格尔系数在 0.4～0.5 之间，消费者会逐步关注食品质量的高低；而当恩格尔系数在 0.4 以下时，消费者对食品营养、安全卫生水平的要求更迫切。消费者的需求决定了消费者的关注点。2013 年，我国城镇居民的恩格尔系数为 0.35，表明我国城镇居民已经走出关注食品数量多少时期，进入对食品营养、安全卫生的时期。我国城镇居民的食品消费和恩格尔系数见图 1-5-1 和图 1-5-2。由于我国城乡差距较大，因此，我国农村居民的食品消费水平明显低于城镇居民。1978 年和 2013 年我国农村居民的恩格尔系数分别为 0.677 和 0.377，较同期城镇居民分别高出 0.102 和 0.027，我国农村居民的食品消费正处于从关注食品质量安全到关注食品营养、安全卫生的过渡时期。从消费者的购买力和关注点出发可以为我国的食品安全形势找到一点注解。根据国际著名咨询公司麦肯锡的研究，当消费者整体支付能力较低，不能为食品支出较高价格，消费者对食品价格较为敏感，为品牌支付溢价的意愿并不强烈。由于我国居民的支付能力相对较低，使高价格、高质量的食品难以畅销。在广大的农村地区和一些相对落后的小城镇，食品经营者只能选择低价格、低质量的营销策略，从而使食品市场携带过多的质量风险。这种消费需求的差异短期内难以改观，给食品安全监管带来困难。

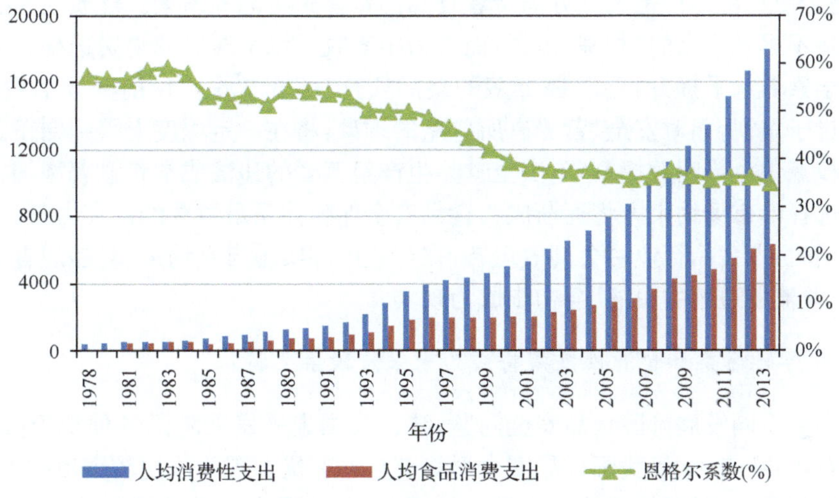

图 1-5-1　我国城镇居民的食品消费支出及恩格尔系数

数据来源：历年中国统计年鉴[18]

4. 食品安全社会共治格局将初步形成

随着食品安全法律和监管体系的完善，来自媒体监督、消费者参与、行业协会约束的全方位食品安全共治格局将初步形成。媒体报道和网民爆料将是引发食品舆情事件的主要渠道，以暗访爆料的形式揭露食品企业内幕或者行业潜规则将成为舆情传播中的一大

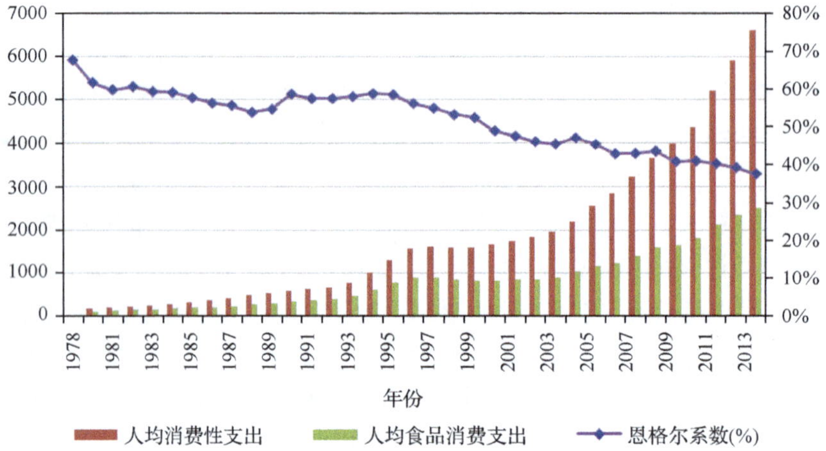

图 1-5-2　我国农村居民的食品消费支出及恩格尔系数

数据来源：历年中国统计年鉴[18]

特点，借由自媒体传播引发舆论围观会将新媒体在食品行业信息传播中的作用得以更大程度地发挥。新闻媒体更趋成熟，能理智回应食品安全的社会关注，科学对待有关食品安全的误解和谣言，在揭露食品安全事件、助推风险交流、普及食品安全知识等方面扮演更为积极的角色。

消费者在食品安全保障体系中将扮演更重要的角色。随着消费者的购买力的不断提高，价格是否便宜将不再是大部分消费者食品消费首先考虑的因素。优质、安全但价格偏高的食品将不再是小众的"利基"市场，而成为中等收入水平居民的消费选择。与此同时，消费者科学素养水平提升，会掌握更多的食品安全、营养知识。目前部分消费者对食品色、香、味过于重视，而对安全、营养有所忽略的现象，将在一定程度上得到纠正。另外，消费者的维权意识也将明显提升，不安全食品生产经营者的违法成本将显著增加。总之，来自消费者选择的市场约束力将逐渐成为食品安全保障体系最恒久的内在力量。

与此同时，以食品行业协会高效运转，在行业内部实施自我约束，对违规者施加压力，"让食品企业流着道德的血液"会初步成为现实。

（二）化学性污染和食源性疾病将成为未来阶段主要特征

对比中美不同发展阶段食品安全问题，结合我国未来发展阶段各种积极因素和消极因素可以看出，未来 15 年我国食品安全形势有喜亦有忧。现阶段比较突出的人为食品安全问题未来将明显缓解，将可能逐步呈现美国 20 世纪后半叶食品安全的主要特征，来自种植和养殖业滥用药物以及环境污染造成的化学性污染，疫情疫病传播和突发性致病菌污染造成的食源性疾病将成为未来我国食品安全的主要特征。

在未来 15 年的时间里，食品安全治理除需继续遏制人为食品安全事件外，应将食品安全监管的重心放在源头监管和食源性疾病的防控上，具体包括农产品产地环境的防治、农兽药和化肥等农业化学投入品的管控、动物疫情以及突发性食源性疾病的报告、检查与应急处理。

（三）食源性疾病、营养安全及生物恐怖等构成长远威胁

当我国经济社会发展到美国21世纪初的水平时，环境污染得到有效治理，农业化学投入品受到严格管控，技术和市场因素造成的违法经营活动得到有效控制，此时食源性疾病、营养安全和生物恐怖主义可能构成食品安全的长远威胁。

病原微生物污染是食品安全防控永恒的刚性需求，在影响食品安全的其他因素得到有效控制的前提下，食源性疾病将再次成为食品安全的主题。

消费者对食品营养不足或失衡所造成的慢性危害可能会有所关注。食品营养安全，即食品中营养素安全、均衡，对人体不造成任何慢性危害。随着科技进步，人们会对食品的安全性提出新的质疑，我们需要重新界定那些看似安全但是却存在值得研究的问题。例如油炸食品对健康的影响，补充维生素对人体作用的争议，反式脂肪酸对人体的危害等，这就涉及食品营养安全。从长远看，食品中过量营养素摄入导致的高血压、高血脂等“富裕性”，将是未来食品营养安全关注的焦点问题。在今天的美国，食品安全问题逐步演化为突出的公共健康问题。转基因食品、荷尔蒙和其他各种添加剂开始出现。诱人、漂亮的外形下面，食品安全仍然存在很大风险。2001年美国作家艾瑞克·世洛舍的《快餐王国》出版，引发了美国公众对食品安全和快餐文化的深刻反思。

近些年来，在国外势力的支持下，恐怖活动出现数量增加、性质恶化的趋势。因此，食品领域的生物恐怖主义不可低估。另外，我国处于各种社会矛盾积聚下的转型社会后期，食物投毒等违法犯罪行为可能会时有发生，食品防护工作任重而道远。

二、总目标

我国食品安全监管体系建设起步较晚、问题较多，当前造成食品安全问题屡禁不绝的重要原因仍在于缺乏完整的食品安全保障体系。建议在今后较长一段时间里，我国应当把“全面建立食品安全保障体系”作为食品安全工作重点和战略目标来实现。

力争到2030年，我国食品安全水平有显著提升：①由违法经营产生的非法添加、掺杂使假等食品安全风险得到有效遏制。②食源性病原微生物污染检测、溯源、监控、科技支撑能力满足率达到60%～70%。③以滥用化学药物造成的种植业和养殖业的源头污染得到稳定防控；工业“三废”对产地环境污染得到初步治理。④食品营养失衡引发的慢性病“井喷”态势得到有效遏制。

三、总思路与基本原则

（一）总思路

实施食品安全治理“两步走”战略。第一步（2016～2020年），通过完善食品安全法律法规、标准和监管体系，强化过程控制和风险分析等技术支撑，优化产销环境，强化企业主体责任和诚信意识，到2020年，初步形成社会共治格局，违法生产经营引起的食品安全问题得到有效遏制。第二步（2021～2030年），通过产地环境的进一步治理，高效种植、养殖业得到健康发展，到2030年，环境污染治理见到实效、食源性疾病实现主动预防控制，食

品营养失衡引发的慢性非传染病"井喷"态势得到有效遏制。

（二）基本原则

1. 坚持产管结合和全程协同治理原则

安全食品既是生产出来的，也是监管出来的。一方面，树立以产业升级促进食品安全水平提升的理念，提高准入门槛与简化审批流程并举，优化产销环境。同时，强化企业第一责任人意识和社会责任感，在法律法规层面规定企业的主体责任，在管理措施层面尽快建立良好的诚信评价体系。另一方面，完善"从农田到餐桌"的全产业链法律法规、标准和监管体系，形成从环保、农业、食药、卫生、质检、粮食管理等多个政府部门联动的协作治理机制，并建立目标责任制和考核制，定期对相关部门进行考核。

2. 坚持预防为主和消费者优先原则

推进食品安全监管"四个关口前移"，即从市场监管向产地监管前移，从销区监管向产区监管前移，从消费终端监管向生产源头监管前移，从流通监管向规范生产监管前移，强化生产过程源头污染的治理以及加工过程二次污染的防治，由"事后监管"向"事前预警"转变。将消费者利益放在首位，将保障消费者生命健康权利作为首要目标，确保消费者能够自由选择安全的食品。

3. 坚持风险分析和信息公开原则

以科学为基础是进行食品安全管理所遵循的基本原则，其基本要求是强调风险分析。完善风险分析，以风险评估、风险管理和风险交流为基本框架，开展食品安全立法、标准制定和食品监管工作，重点强化风险监测、预警和风险交流。坚持食品安全总体情况、标准、监测、风险评估、风险警示、事故及其处理信息和其他食品安全相关信息的公开，在信息公开的基础上，构建各利益相关方共同参与的社会共治格局。

4. 坚持专项整治与长效治理相结合原则

立足现阶段食品安全重点问题，着眼未来阶段食品安全风险，制定中长期治理工作规划。以违法经营行为、高风险食品种类和食品安全事件爆发领域为重点，开展专项整治与打击。与此同时，按照工作规划，瞄准源头污染、违法经营和食源性疾病等食品安全风险开展长期有效的治理。抓住主要矛盾，标本兼治，力求实现全面提升。

四、战略重点

食品安全是一项长期的系统性工程。虽然我国食品安全进入统一监管时代，但由于食品安全的复杂性，食品安全分段、分项目和分职责监管的特点仍将长期存在，因此需要在完善法律法规和标准体系的同时，通过健全监管和社会共治体系、提升科技创新能力和服务、推动人才队伍建设等方面的努力，建立健全食品安全保障体系，促进食品安全水平的全面提升。

（一）建立和完善"从农田到餐桌"与时俱进的法律法规和标准保障体系

1. 协调食品安全与农产品质量安全的法律和监管关系

通过强化产地环境和农业化学投入品立法，协调《食品安全法》和《农产品质量安全法》的法律定位,从而完善"从农田到餐桌"的食物链法律法规体系,界定和明晰监管部门/单位的职责和关系,实现食用农产品和食品的协调监管,逐步实现风险监测、评估、风险管理和交流职能的协调统一。与此同时,梳理与食品安全相关的法律法规,及时跟进《食品安全法》下位法,废止、修改、补充下位法,将分散、交叉、重复的内容整合,形成统一全面、与时俱进的食品安全法律法规体系,避免法律法规令出多门、职能交叉重叠而相互推诿。以全局眼光构建国家卫生部门、食药部门(国务院食安办)和农业部门的理事会制度,建立食品安全和农产品质量安全的分工协调机制。

2. 完善当前我国食品标准体系架构

以科学合理的食品标准体系约束食品生产,以安全标准保障安全,以质量标准繁荣市场。建立并完善我国与社会经济发展相适应的、完善的食品安全标准体系,避免不同标准间的矛盾、重复、交叉和指标设置不合理等问题,提高标准的科学性。把研究、采用、转化国际食品法典标准建立在科学验证和风险分析的基础之上,要技术先进、指标科学、内容可行,即不随意等同采用国际食品法典标准,又不任意提高或降低采用国际食品法典标准的要求,增强采标的科学性和适用性。以完善、公开、透明的食品标准制修订程序和机制使各利益相关方充分表达意见建议,提高标准的科学水平和透明度。鼓励食品生产加工企业和学术团体积极参加国际标准化建设工作,力争参与国际标准制定,表达我国主张和意见,以维护国家利益。加强食品安全标准宣传和培训力度,渗透到县级食品安全监管部门,覆盖到大中小型食品企业,确保食品安全标准的正确理解和应用。

(二)建立和完善基于风险分析的科学决策保障体系

1. 加大基础性和能力建设的扶持力度

将风险监测和预警、风险评估、追溯系统建设、信息化平台建设等纳入公共财政预算,重点扶持高风险食品种类可追溯体系和国家食品安全信息化平台建设。建立健全以国家级检验机构为龙头,省级检验机构为骨干,市、县级检验机构为基础的食品安全检验检测体系;以在中国科学院、军队、国家部门实验室建立合作中心和地方建立合作中心的方式,构建国家层面和从国家到地方的立体风险评估技术网络;引入第三方检测力量,将第三方检测机构,尤其是经过市场检验的具有较强检验能力和行业影响力的检测机构明确纳入食品安全保障体系,优先将其纳入政府采购管理。

2. 加强信息化平台建设和资源共享

推进食品安全风险监测、评估、溯源和预警体系的信息化平台建设与资源共享,重点构建国家农兽药残留监测平台、重金属污染物监测平台、营养健康监测平台、食源性疾病监测平台、社会诚信体系平台、食品安全风险预警平台、高风险食品可追溯中央数据库平台等。健全食品安全监管信息共享机制,以此为基础形成国家级、省级数据中心,整合食品安全相关的数据信息,形成相关数据的采集、交换、统计、查询、分析、预警等多项功能为一体的强大应用系统,为食品安全监管提供良好的信息支持,实现包括预测分析、监测预警、综合评价在内的多层次的宏观决策支持。

3. 发挥风险分析的决策作用

逐步增加产地源头、过程监测和食源性疾病监测报告制度,推动风险监测和预警工作的常态化和制度化，增强发现和预防食品安全区域性和系统性风险的技术能力。制定风险评估结果发布程序，明确规定各类风险评估结果的发布权限和审批流程，保证风险评估机构在结果发布上具有独立性，树立风险评估机构的技术权威性。国家食药总局、农业部、国家风险评估中心等监管部门应强化风险交流工作，促进风险监测结果、风险评估结果和突发性食品安全事件的信息公开，推动各利益相关方的交流。

（三）建立和完善"从农田到餐桌"政府有效监管保障体系

1. 完善"从农田到餐桌"的食品安全监管体系

以源头和过程监测为主、终产品监测为辅，健全从农场到餐桌的食物链全程监管模式，逐步将监管口径前移，由注重终产品监管转为注重源头安全控制和过程监管。以实时沟通、资源与信息共享等管理方法支撑食品监管体系，完善食品安全追溯与召回体系，严格食品安全检查、巡查和抽查。推进食品安全网格化监管，建立完善"属地管理、分级负责、全面覆盖、责任到人"的县、乡、村三级网格化监管体系。

2. 遵循"风险分析"和"打击违法"两条治理路线

在食品安全治理过程中，科学问题依靠"风险分析"的决策方法推进和解决，经济利益驱动型食品掺假依靠打击违法行为推进和解决。现阶段应加大对非法添加、掺杂使假、假冒伪劣等违法经营行为的打击与治理力度，严格小作坊管理，坚决依法关停黑作坊，加大食品安全违法行为的惩戒力度，规范食品产销秩序。

（四）建立和完善创新驱动的产业现代化科技保障体系

1. 继续推动以市场为导向、以企业为主体产学研结合的科技创新体系建设

鼓励企业通过自建研发队伍，委托、资助科研院校等形式进行科技攻关及研发活动。加大科研院校在基础研究、前沿技术研究、社会公益研究等领域的支持力度。加快科研院校创新平台建设，丰富科技交流形式，充分发挥各自资源优势，提高食品科技的整体科研效率。

2. 将食品安全列入国家科技重大专项

加大食品安全基础研究、前沿技术研究、社会公益研究等领域的支持力度，开展跨行业、跨专业协作，重点解决种植/养殖、加工储运、食品检测与监测和风险评估等领域重大关键技术问题，优先发展风险分析、快速检测、过程控制、主要污染物残留控制、最少加工等共性技术。以技术创新来推进种植业与养殖业规模化发展，引导和推动优势企业跨地区兼并重组，提高食品加工行业集中度。

3. 加强食品安全科技领域的国际交流与合作

鼓励科技人员加强国际交流合作，积极引进污染防治、疫病防控、过程控制、风险监测与预警、风险分析等领域的先进技术，引进、消化、吸收、再创新，推动我国食品安全水平全面提升。积极吸收国际食品安全领域知名专家，参与我国食品安全专家顾问活动，吸纳全球才智，推动我国在全球食品安全共性特征方面的治理。积极参与国际标准制订，一方面加强我国食品安全标准制修订能力，实现主要标准与国际的接轨，提升食品贸易的国际竞争力；另一方面通过交流合作，积极争取成为国际规则、标准制订者，提高我国在食品安全

国际标准制修订中的话语权，保护我国食品贸易的合法权益。

（五）建立和完善多学科复合型人才保障体系

食品安全具有较强的交叉学科特点，应加强食品安全复合型人才队伍建设。一方面应改善专业院校课程设置，加大食品科学与管理学、经济学、信息技术、医学等领域复合型人才的培养。另一方面从国家层面大力加强食品安全与营养专业人才的培养，制定相关机构人才培养梯队和建设规划，包括加快建立适应新形势下的食品监测、风险评估、食品安全标准管理、兽医、环境治理、食品研发等专业人才队伍，加强执法队伍和企业从业人员食品安全专业知识的培训，促进全行业人才队伍食品安全专业素养和业务能力的全面提升。

（六）加强道德诚信教育，建立道德诚信管理体系

深化诚信和道德教育，推行“红、黑名单”管理等诚信管理制度，奖励诚信行为，惩戒失信行为，形成道德约束的文化环境。完善诚信制度体系，推动规模以上食品企业逐步建立诚信管理体系，建立健全食用农产品、食品生产经营者信用档案，建立部、省级诚信工作联动机制，加快地方、行业诚信信息平台建设，研究制定失信惩戒和诚信激励机制。严格生产许可证管理，加强食品出厂检验管理。提高企业声誉机制的市场认可度，发挥其对企业的激励作用。

五、战略措施

食品安全保障水平的提升依赖于食品产业自身的发展。立足当前经济利益驱动型食品掺假的主要特征，着眼于未来 15 年化学性污染和食源性疾病为主的食品安全特征，坚持“产业升级、源头治理、风险管理信息化、社会共治”的食品安全提升战略，全面推动我国食品安全保障水平的提高。

（一）产业升级战略

2014 年习近平主席在河南考察时提出三个转变：中国制造向中国创造转变、中国速度向中国质量转变、中国产品向中国品牌转变。产品有品质、品牌有信誉，人们的信心才会逐渐提振。坚持“创新驱动、规模发展、适度集中、优化环境”的产业升级战略。

一是强化产业科技创新。加快实施创新驱动发展战略，加大财政对科研的投入力度，解决国家阶段性投入与连续性科研之间的矛盾；加快重点实验室、工程技术研究中心、产业技术体系或联盟等平台建设；坚持产学研结合的科技创新体系建设；鼓励企业加强研发和创新投入，实现产品差异化，避免同质、低价、恶性竞争。

二是推进种植业和养殖业规模化发展。规模化种植和养殖有利于食品安全的监管和可追溯，有利于食品安全的源头监管。在当前惠农强农政策的基础上，继续加大对农业和食品产业的投入水平，改善农业和食品生产的基础设施和科技条件。对于转变生产方式所需增加的投入，应进行科学的测算，并在此基础上有计划、有步骤地实施。

三是进一步提高食品加工行业集中度。加大龙头企业的培育，引导和推动食品工业优势企业实施强强联合、跨地区兼并重组，提高产业集中度；推动食品工业成为资源优势

明显的中西部地区的重点支柱产业；提高部分高风险食品产业准入门槛，继续淘汰落后和过剩产能以及落后技术装备等。在行业集中度提高的同时，加强龙头企业、大型企业的监管力度，采取更加严格的抽检和惩罚政策，提高发生食品安全事故企业的赔偿金额，防止部分地方政府对企业的不正当保护，并推动龙头企业信息披露制度的完善，建立可追溯的食品安全体系。

四是优化产销环境。处理好“发展”与“监管”之间的矛盾，不因监管之困而堵塞发展之路。在食品领域，放松规制与加强规制并存，国家应赋予企业更多的经营自由，促使企业形成现代管理组织模式和运营机制，运用税收优惠等方式引导企业按照良好管理规范运营。充分发挥市场杠杆作用，通过增加大宗原料的种植、养殖与进口，缓解资源和原材料压力；加强宏观调控，通过国家食品原料储备的投放，有效调节食品原料价格，改变调控终端食品价格的“堵”的做法。

五是落实企业主体责任，加强诚信体系建设。建立企业的信用记录制度、信用信息通报与共享制度，为企业的信用评级提供科学依据，增强信用评级工作的公平性、公正性。同时建立诚信甄别机制、诚信激励机制、信用预警机制及失信惩戒机制，探索与金融信贷信用制度相结合的食品安全诚信体系。

（二）源头治理战略

坚持“点面结合、生态修复、加强监控”的源头治理战略。针对农业污染典型区域的特征污染物和负荷，采取相应的大气、地表水、土壤和地下水污染的治理（或修复）措施，并有计划积极地开展相关的治理（或修复）试点工作。大力推广测土配方施肥、按需施肥、平衡施肥、有机无机配合或者新型缓控释肥等技术，积极引导农民科学施肥，使用生物农药或高效、低毒、低残留农药，推广病虫草害综合防治、生物防治和精准施药等技术。通过工程技术、生态补偿、完善土壤环境质量标准、健全法律法规、加强化肥和农药监管等综合措施，在农业区科学合理规范使用化肥、农药、地膜等投入品，积极发展生态及有机农业。推广绿色养殖、全价饲料、微生态制剂等养殖技术，减少养殖过程饲料和兽药使用量。提高规模化养殖场动物防疫管理水平和生物安全隔离能力；推行无规定疫病区、生物安全隔离区建设，推行无疫苗无抗生素健康养殖示范生产。

（三）风险管理信息化战略

坚持“统一、权威、高效、共享”的食品安全信息化平台建设战略。构建我国食品安全风险监测、评估和预警信息化平台，为风险管理和风险交流提供重要的数据和技术支撑。围绕国家食品安全监管工作，完善我国食品安全信息共享的国家级软硬件平台，健全食品安全监管综合协调和信息共享机制。由食药部门牵头联动卫生、农业、工业和信息化、环境保护、商务、工商、质检等各级食品安全监管部门，实现信息共享、统筹协调、资源整合，加强政府监管能力，促进各部门、各环节监管措施有效衔接，为实现食品安全全程监管提供有力的信息支撑。

国家级平台依托国家食品安全委员会建设；省、市、县三级平台按照国家统一的技术要求设计，由同级食品安全办组织建设。各级科技、工业和信息化、环境保护、农业、卫生、质检、粮食、食品药品监管等部门根据职能分工和主系统功能要求建设子系统。国家食品安全信息平台主系统与各子系统对接，并延伸到信息使用终端。主系统要实现对各子系统数据的实时、全权调用，可实时向各类终端发布预警等信息。各子系统通过主系统实现信息共享。各地区、各有关部门可根据工作需要在该平台基础上扩展功能。逐步实现"从农田到餐桌"覆盖所有环节的数据共享和开放查询服务，并为监管部门的科学决策与管理提供信息支撑。

（四）社会共治战略

2014年中央农村工作会议重点强调了食品安全问题，要用最严谨的标准、最严格的监管、最严厉的处罚、最严肃的问责，确保广大人民群众"舌尖上的安全"。要捍卫"舌尖上的安全"，需要方方面面持续不懈努力，要坚持"多方参与、统筹协调、理性制衡、有力监督"的社会共治战略，不断加大监管力度，充分发挥群众监督、舆论监督作用，让犯罪分子如过街老鼠无处藏身，才能形成维护食品安全的"铜墙铁壁"。

一是提高食品从业人员素质。政府和有关部门应对监管者、生产者和销售者培训提供相关的政策、资金和技术支持，提高其参与产品质量安全管理的积极性和专业性。

二是强化消费者参与。鼓励社会团体和科研院校等开展食品安全知识的普及工作，发挥风险交流信息化平台作用，在风险交流中提升各方食品安全素养。在决策、执行机构中吸收公众代表的参与，并公开举行食品安全重大问题听证会、讨论会，建立与消费者维权组织即利益相关者组织的对话机制等等。

三是鼓励媒体监督，规范媒体报道。发挥媒体在食品安全法规和知识普及方面的正面作用，以增强消费者在心理上的安全感。要强化媒体自律和媒体监督，媒体对食品安全事件的报道要做到真实、客观、科学，媒体主管部门应规范媒体报道，避免误导消费者，为食品安全水平的提升注入正能量。

四是完善有奖举报和内部举报人制度。完善奖励食品安全投诉人的立法工作，建立畅通的投诉举报渠道，加大举报人奖励力度（奖励从对违法企业的罚款中支付）。尽快建立举报人保护制度，对举报问题食品企业者（包括消费者、生产企业内部人、媒体人等）及其家人，给予必要的人身安全的保护。

五是充分发挥行业协会的作用。行业协会应发挥与政府及消费者或消费者组织之间的协调功能，积极参与风险交流。对政府，协会应积极参与各项政策标准的制定；对消费者，协会应该努力制定一套得以受理并裁决会员与消费者之间、会员之间甚至会员与非会员之间的争端和纠纷的解决机制。

第六章　推进我国食品安全治理的对策与建议

未来15年，我国将实现经济社会发展的战略转型。食品安全关乎民生福祉和社会主义现代化建设战略目标的实现，保障食品安全是未来阶段我国政府的重要战略任务之一。国际经验表明，食品安全治理是一个长期复杂的过程，“不可能一蹴而就，也不可能一劳永逸”，需要社会各界的长期共同努力。

一、关于制定“国家食品安全中长期战略规划(2016～2030年)”的建议

随着经济社会的发展，我国食物的数量和质量安全矛盾日益突出，而食物数量和质量安全之间具有深层的内在联系，建议我国将“食品安全”、“粮食安全”、“营养安全”提升为“食物安全”战略，对食物保障既提出数量要求，又提出质量要求，纳入国家安全保障体系，使食物安全构成国家农业、食品相关行业顶层设计及政策实施运行的基础，从而保障全社会的食品供应、安全和营养。通过制定“国家食品安全中长期战略规划”(2016～2030年)，确立食品安全的战略地位，明确食品安全法律法规和监管体系的改革方向、战略目标和工作重点，推动我国食品安全治理的常态化和科学化，提升我国食品安全水平。

(一) 持续更新“从农田到餐桌”的食品安全法律和监管体系

1. 构建“从农田到餐桌”的食品安全法律法规体系

一是逐步推动《农产品质量安全法》和《食品安全法》两法合一，并升格为基本法，实现食用农产品和食品的协同监管。二是增加食品源头(种植、养殖业)的管理规范相关内容，如国家层面的《土壤环境保护法》、《农药管理法》和《化肥管理法》，加强农兽药、化肥、农用地膜等农业化学投入品法规建设和使用管理。三是贯彻以预防为主、消费者优先的立法理念，强化风险分析的科学决策方法。四是立法加强对经济利益驱动型食品掺假的防控和惩治。

2. 构建“从农田到餐桌”的食品标准体系

一是继续完善我国食品标准体系架构(表1-6-1)，协调食品安全标准与技术操作规程、检测方法和产品标准的关系。二是完善食品标准制修订程序和制修订工作的公开透明机制，落实到食品安全国家标准的程序性文件中。三是理顺风险管理，将食品安全企业标准划至地方食药部门进行管理，主导食品安全标准清理和制修订工作的国家食品安全风险评估机构并不存在地方直属管理机构，而企业标准的备案归属地方卫生部门，企业标准在生产中的执行又归食药部门管理，势必造成新的职能交叉与混乱。

表 1-6-1　食品标准体系架构改革构想

第一层次：食品安全强制标准	第二层次：食品推荐标准
农兽药残留限量标准	产品质量标准
污染物限量标准	检验方法标准
食品添加剂使用标准	技术操作规程
通用卫生规范	

3. 构建“从农田到餐桌”的食品安全监管体系

如表 1-6-2 所示，推动食品安全风险评估机构的独立和中立运行，使其专门负责食品安全风险评估工作，该机构直属国家食品安全委员会，所得出的风险评估结果应当由食品安全风险评估专家委员会审核。国家食品药品监督管理部门增强食品安全风险管理和交流职能，审核过的风险评估结果交由国家食品药品监督管理部门作为风险管理决策的依据。完善部制设置及职责划分，细化各部门工作内容，农业部和食药总局应定期制定《工作协调手册》，明确监管职责。

表 1-6-2　我国现行食品安全监管机制改革构想

部门	监管领域现状	增加或减少领域
农业部门	农田（饲养）环节的监督管理（含畜禽屠宰加工的监督管理）	减少“农产品质量安全风险评估”
国家食品药品监督管理部门	食品生产、流通、消费环节的监督管理，食品安全标准	
卫生部门	食源性疾病	减少“食品安全风险评估、食品安全标准”
（国家食品安全风险评估中心）	食品安全风险评估和交流、食品安全标准	
质检部门	食品相关产品和进出口食品的监督管理	减少“进出口食品风险评估”，增加“食品风险交流”
粮食管理部门	粮食收购、存储环节的监督管理	增加“食品风险交流”

注：食品安全风险评估中心作为相对独立和中立的机构直属国家食品安全委员会

（二）完善食品安全风险分析框架

1. 完善风险评估体系

建立一批食品安全风险评估国家重点实验室，开发具有自主知识产权的评估技术和信息资源，在国际上发挥关键领域的引领作用（如稀土元素的风险评估），逐步树立我国风险评估的国际权威地位。制定风险评估结果发布程序，明确规定各类风险评估结果的发布权限和审批流程，保证风险评估机构在结果发布上具有独立性和中立性，树立风险评估机构的技术权威性。开展食品添加剂暴露量数据统计调查；广泛开展食品原料生产和加工过程中化学性危害物和生物性危害因素的风险评估；补充水产品中污染物暴露水平数据，进一步完善用于风险评估的膳食消费数据库和主要食源性危害的数据库；建立与完善适合我国国情的评估模型和方法；开展转基因原料安全性和营养性评估。

2. 构建源头和过程控制风险管理体系

一是强化产地环境监测与治理，加强产地污染信息的采集和分析，建立环保生态养殖模式，修复和优化种植、养殖场地生态环境。二是强化农兽药、饲料、化肥、地膜等农业化学投入品管控，加强对种子、农兽药、肥料等农业化学投入品的生产经营主体及产品的备案和审核管理，实行产品销售和使用档案的记录和查询制度；加强高毒、高风险农药的生产管理和实名制购买登记制度，逐步淘汰高毒、高风险农药品种；优化饲料品种结构，开发高效、安全、环保型饲料。三是加强对食源性疾病监测与防控，逐步推动对居民营养状况的监测。四是完善过程控制技术和质量管理体系，包括建立食品安全追溯信息数据库，推行以ISO9000、ISO22000、ISO14000、ISO18000等体系的认证与融合。五是对食用不合格、污染或过期原料，建立分级处理制度，推动不合格原料的科学合理使用，减少资源浪费和生产经营者的违法行为，并加强对其流向的监督。

3. 构建风险交流体系

构建以食药部门为主体的风险交流体系，强化食药部门在风险预警和交流方面的职能和作用，开展基于风险监测、风险评估和风险预警为基础的食品安全风险交流。政府在制定政策法规之后，通过风险信息交流将相关情况通过简单通俗的语言，以及采取类比说明和变换说明方式，传递给各利益相关方。利益相关方也应通过时效性较强的信息沟通交流，减少市场中因信息不对称而造成的食品安全危机。根据食品安全事件危害等级，开展相应的风险交流工作。加强食品安全风险交流机制与平台建设，培养一批食品安全风险交流专家队伍，实现食品安全信息互联互通，逐步建立覆盖生产经营、行政监管、社会评价全过程的信息化风险交流体系。

（三）制定“国家食品安全风险监测与预警计划”

1. 构建“三位一体”的风险监测体系

推进落实风险监测实行国家卫生计生委、国家食药总局、农业部“三位一体”制度，以及“统一计划实施，统一经费渠道、统一数据库、统一数据分析”制度。食品污染应采取以源头和过程监测为主，终产品监测为辅的原则，以减少检测资源和经费投入，提高产出效果。健全食源性疾病监测报告体系，提高溯源调查能力，将医疗机构纳入食品安全风险监测网络，逐步建立健全覆盖国家、省、市、县，并逐渐延伸到农村地区的食源性疾病监测与报告体系。加强检验检测能力建设，发挥现有检验检测机构作用，大力发展第三方检测，筛选食品产业用于过程监管的快速检测技术和用于终端检验的仲裁检测技术，重点支持低成本在线检测技术的研发，发展检验检测技术及样品前处理新技术（表1-6-3）。

表1-6-3 我国现行食品安全风险监测体系调整构想

部门	监测范围现状	增加或减少范围
农业部门	初级农产品（含畜禽屠宰加工环节）	增加“部分农产品原料的监测”
国家食品药品监督管理部门	加工食品、餐饮食品以及部分农产品原料的监测	减少“部分农产品原料的监测”

续表

部门	监测范围现状	增加或减少范围
卫生部门	食源性疾病风险监测	减少“服务于食品安全风险评估、标准和发现食品安全隐患的监测”，增加“食源性疾病风险监测”
（国家食品安全风险评估中心）	服务于食品安全风险评估、标准和发现食品安全隐患的监测	
质检部门	食品相关产品和进出口食品的监测	
粮食局	主粮收购环节监测	

2. 构建集农兽药、食源性疾病和环境污染物（食品）监测的国家信息化平台

以“统一计划实施、统一经费渠道、统一数据库、统一数据分析”的风险监测制度为基础，整合风险监测平台和数据，制定“国家食品安全风险监测与预警计划”，主要包括农兽药残留监测计划、食物营养监测计划、食源性疾病监测计划、环境污染物监测计划（食品），形成食源性病原微生物、食品中环境污染物、农兽药残留、食物营养、食品掺假和欺诈五大监测体系，并建设五大风险监测信息化平台。

借鉴欧盟 RASFF 的成功做法，以食品药品安全监管体系为核心，整合原来分散在卫生、农业、质检、工商等监管部门的食品风险监测信息，形成我国统一、灵敏、有效的食品安全风险监测、预警和交流体系。实施重大食品安全事件分级响应机制，根据危害程度，将食品安全危害等级划分为四级：Ⅰ级（特别严重）、Ⅱ级（严重）、Ⅲ级（较重）和Ⅳ级（一般），根据危害等级，及时响应，将危害降至最低程度。

（四）制定“食品违法生产经营治理行动计划”

对经济利益驱动型食品掺假，制定“食品违法生产经营治理行动计划”。一是加强对产销秩序的监督与管理，加大对黑作坊、非法添加非食用物质、掺杂使假、使用违禁药物和病死畜禽原料等违法经营行为的打击力度，加强对农村消费市场的监督管理。二是提高准入门槛与简化审批并行，提高食品生产许可准入门槛，扩大食品生产许可监管范围，将初级加工农产品，如鲜切蔬菜、香辛料等统一纳入监管，并及时更新相关实施通则和细则。三是推动企业生产影像设施的建设与档案建立制度，加强对影像档案的管理，强化对相关生产过程影像档案的调取与抽查，实现对违法经营行为的影像记录可查和可追溯。

（五）研究制定并实施“国家食品安全中长期战略规划（2016～2030 年）”

基于对食品安全阶段性特征的判断，根据我国“到 21 世纪中叶基本实现现代化、达到中等发达国家水平”的战略目标，研究我国食品安全中长期（2016～2030 年）治理目标、分解目标、实施路径、重点治理环节等，建议国家制定并实施“国家食品安全中长期战略规划（2016～2030 年）”（图 1-6-1）。通过战略规划的实施，实现以下总体目标：“从农田到餐桌”的法律法规和监管体系得到完善；以风险分析为核心的监管体系得以明确；由违法经营产生的食品安全风险得到有效遏制；以滥用药物造成的种植业和养殖业的源头污染得到稳定防控；以环境污染造成的源头污染得到局部治理；病原微生物引起的食源性疾病明

显减少；重大动物疫病与人畜共患病基本消灭或区域净化；突发性公共事件反应及时、危害可控；全社会形成良好的食品安全道德环境和舆论环境，食品安全水平得到“质”的提升。

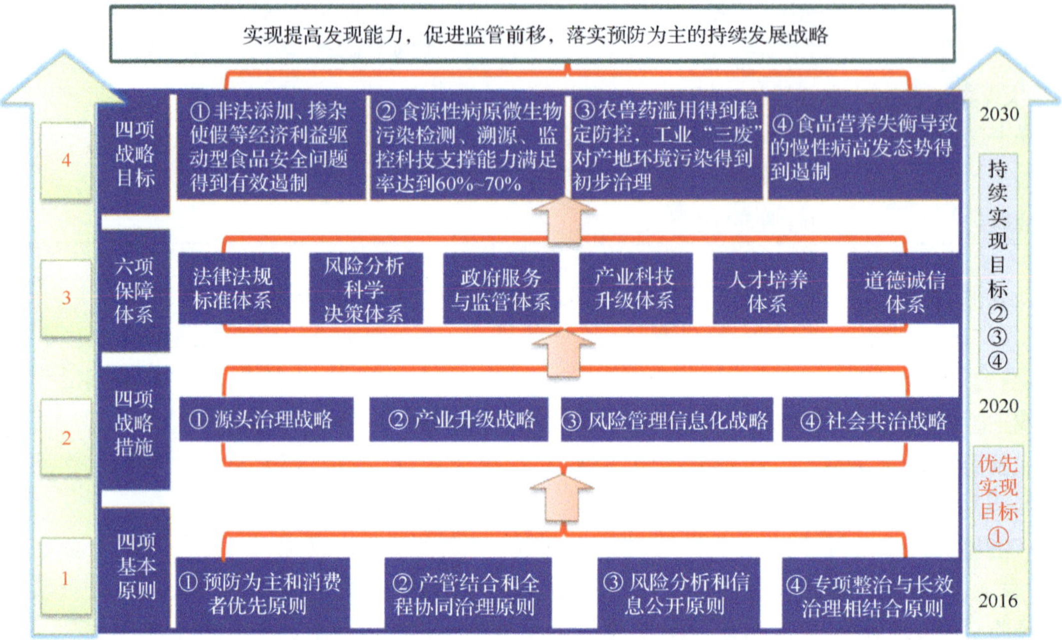

图 1-6-1　2016～2030 年我国食品安全治理路线图

二、关于实施食品安全重大研究专项的建议

发达国家成功经验表明，食品安全水平的提高依赖于强大的科技支撑能力。目前，发达国家食品安全保障技术正向源头控制、过程控制及全程控制方向发展，与信息、生物、新材料等技术融合速度加快。而我国食品安全科技支撑能力仍相对不足，源头控制、过程控制、病原微生物控制、物流与仓储等技术与装备落后，残留检测和居民营养监测落后，基础性科技、数据与信息化服务缺乏，成为制约食品安全水平提高的重要因素。因此，建议将食品安全相关研究纳入重大科技发展规划，进行跨行业、跨专业的大协作，重点解决大宗食品安全生产与快速安全评价等关键技术问题，形成强大且持续的技术创新能力。

（一）加强源头治理技术研究与示范

1. 研究建立生态环保种植和养殖模式

开展种植和养殖业种养结合协调发展、清洁生产、废弃物综合利用等生态循环经济模式研究，以不破坏生态环境、不危害产地环境为前提，推进生物环保型种植和养殖技术开发与推广，并逐步开展试点和更大范围推广。加快农作物产地生态修复技术研究，通过单一植物修复、间套植物修复、钝化修复、筛选重金属地累积作物品种和耐性作物品种、施用生物有机肥、秸秆还田等手段降低土壤中重金属的迁移性，研究物理和化学技术方法来调节土壤 pH 和 Eh 以降低土壤中重金属的活性和生物有效性。加强草原和水域生态修复技术研究，通过人工草场种植、草原监测等手段促进草场生态修复，借助生物和化学技术方法对重要淡水和近海水域修复。重点加大养殖业废弃物的资源化利用技术和生物质能源产业化利用技术研究，借助生物发酵技术将养殖过程中产生的排泄物优先降解、消化，转化成生物有机肥，加大对养殖废弃物的合理化、资源化利用，实现变废为宝。

2. 研究建立农用化学品减量、单产提升技术体系

开展农产品投入与产出基础数据调查分析与研究。当前农业化学投入品的投入与粮食、果蔬、畜禽等的产出并不呈现正向相关，农业化学投入品的滥用不仅增加了种植和养殖成本，也对生态环境造成破坏，影响食品安全和农业可持续发展。应加大对农业化学投入品（农兽药、化肥和地膜等）投入与农产品产出关系的基础研究：开展农业化学投入品使用情况调查研究，掌握我国当前各种农药、化肥和地膜等的使用情况，掌握农产品投入品使用基础数据；充分利用计算机模拟技术和空间分析技术掌握农业化学投入品对农产品增产增收的影响，掌握其剂量的使用对农产品质量安全和生态环境的影响，建立科学的投入产出评价模型。

实施粮食单产提升计划。尽管我国粮食总产量居世界前列，但单产水平远远落后于世界先进国家，提升主要粮食作物（稻谷、小麦、玉米、大豆和土豆）单产是我国由农业大国转变为农业强国的必由之路。基于"良种、良法和良态"的粮食单产提升思想，持续开展粮食作物种质资源遗传选育工作，培育更多高产、优质、抗病虫害的作物新品种。推广先进的种植技术、机械化技术和植物保护技术：在农产品投入和产出基础数据统计的基础上，大力推广"测土施肥"技术，对耕地土壤养分含量开展定期检测和动态监测，借助现代信息化技术（GPS、GIS 和 RS）指导农作物养分精准化管理，改造中低产田土质，提高产出能力；提高作物播种、深施肥、收获等机械标准化作业水平；发展喷灌、滴灌等措施提高作物对水分的利用率；推广精细播种、地膜覆盖栽培和病虫害综合防治等使用技术，提高科学种植水平。

实施奶牛生产性能测试（DHI）单产提升计划。建立全国范围内标准统一的 DHI 体系，先行试点与规模推广相结合，建设一批奶牛人工授精站、奶牛生产性能测定中心等基础设施，提高良种繁育能力，大幅度提高奶牛单产和良种化水平，推进标准化规模养殖建设。开展基础数据调查，继续加强品种等级、性能测定和后裔测定等，掌握待测奶牛的系谱、胎次、产犊日期、干奶日期、淘汰日期等基础数据；严格采样方法和指标测试方法，并对出具的报告进行深入调查研究，给牛场养殖人员提供合理化的意见建议；组织 DHI 专家对牧场养殖户开展培训工作，以 DHI 数据为切入点，让牧场技术人员掌握测定数据的分析方法和应采取的针对性措施，引导牧场科学管理奶牛生产，使奶业走向健康、可持续发展道路。

建立持续良性循环的畜禽育种技术体系。重点开展动物育种相关的基础研究和前沿技术研究，提高动物育种科技原始创新能力；加强动物遗传资源调查、收集和保护，重点收集和保护本土品种资源，掌握我国动物遗传育种名录，鼓励驯养新物种，同时加强国外高性能品种的引进和利用；通过遗传育种、营养干预和环境条件控制提高畜禽产肉性能，借助人工授精、胚胎移植和计算机技术等为良种繁育体系和自主品种推广体系建设注入持续动力。通过建设完善畜禽育种技术体系，加强动物遗传资源保护和利用，提升畜禽良种培育创新能力，降低成本的同时提高产业竞争力。

3. 研发高效、安全、环保型农兽药和饲料

研发低残留或无残留、低毒的生物或植物性农药，逐步淘汰高毒、高残留农药，开发并推广生物肥料。加强饲料对动物营养转化基础研究，重点关注饲料在动物体内的转化率，提高饲喂饲料对动物的产出价值；持续推进优质饲料牧草种质创新和推广，重点培育和推广抗逆性强、营养丰富、适合机械化操作的饲料牧草新种质，满足牛羊等食草动物需求；加强现有饲料资源的高效综合利用，重点开发棉籽粕、花生饼、菜籽粕、林业副产物、动物下脚料、农作物秸秆等非常规饲料资源，借助微生物发酵技术等推进新型饲料资源开发，包括新型蛋白质资源；加大对高效安全的新型饲料添加剂开发力度，开发诸如酸化剂、酶制剂、微生态制剂、化学益生素、中草药添加剂和卵黄抗体等绿色饲料添加剂；加大现有饲料品种安全性研究，逐步淘汰对生态环境和动物机体健康不利的饲料及饲料添加剂的使用，优化现有饲料结构，提升饲料利用率；不断改进饲料配方，减少动物粪便中氨气的蒸发量，促进钙磷等营养元素的消化吸收。鼓励大蒜素、微藻等新型生物渔药的开发，研发孔雀石绿、硝基磺胺类、氯霉素等禁用渔药替代制剂；开展渔药代谢动力学基础研究，填补水产动物病害防治空白。

（二）健全食品安全过程控制技术体系

1. 加强食品加工中有害物质产生机理及其控制技术研究

针对食品加工过程的安全控制，开展食品安全过程技术控制与示范应用研究。研究食品原料中生物、化学性危害物残留减控技术，研究农兽药、生物毒素、重金属等食品污染物在食品供应链和加工过程中的降解转化与交互作用，研究食品组分、添加剂和配料在干燥、杀菌、冷冻、发酵等典型加工过程中的转化、降解和定向调控，研究食品加工环境（水源、空气和接触表面）中风险因素与变化规律。大力开展微生物预报技术和货架期预测技术研究，通过产品微生物预测模型的建立对食品货架期进行有效预测，减少非人为造成的食品安全风险。

2. 建立食品营养品质保持技术体系

重点开展食品加工、贮藏和流通过程中各组分结构变化规律、分子营养与重要生物活性因子靶向作用机制、生物工程代谢组学、致病微生物、化学危害物的产生、残留及干预控制机理等基础性研究，开展原料加工特性研究，推动加工原料的标准化，开展膳食结构与人类健康的关系研究，为营养安全食品的分子设计与绿色制造技术发展和新型产品创新升级提供理论基础。开发既能保证食品营养品质、质量安全和货架期，又能缩短加工时间、提高生产连续性的加工技术，如超声波技术、微波技术、高频电场技术、冻干技术、真空干燥技术、超高温/超短时杀菌技术、臭氧杀菌技术、辐照技术、紫外线处理技术、脉冲强光处理技术、蓝绿激光处理技术、加工酶技术（如蛋白酶、硝酸还原酶、谷氨酰胺转氨酶、溶菌酶等）和生物保藏技术等，建立食品营养品质保持技术体系。

3. 加强食品加工副产物综合利用技术研究与示范

推动发酵工程、酶工程技术和生物分离技术等在食品加工副产物综合利用中的应用，提高资源利用率并减少环境污染。研究污染粮食的无害化处置技术，利用生物、化学（熏蒸、加碱清洗、电解水浸泡等）、物理（辐照、搓洗等）等技术手段研究污染粮食合理利用技

术，根据粮食污染的程度和等级合理划分使用途径，使污染程度较轻的粮食用于工业酒精制造或用于生产动物饲料，使粮食资源得到最大程度的利用。加快以畜禽骨、血、皮为原料的功能性食品配料和饲料添加剂研发进度，开发一批规模化、自动化生产装备，研制包括血液收集槽、冷却罐、制冷机和清洗罐在内的畜禽血液深加工冷却系统，提高副产物综合利用设备自动化水平，提高畜禽加工转化能力，促进畜禽产品资源高效转化增值。

4. 研发传统食品机械化和智能化系列装备

在引进先进技术装备基础上，加强自主创新与集成，研究形成传统食品连续化生产工艺，突破标准化工业加工、连续化工程制造、智能化过程控制、新材料与新包装等核心关键技术，集成具有节能减排特征的传统食品先进制造技术，突破传统食品连续化、智能化加工成套装备，减少加工过程中的二次污染，形成传统食品现代化加工技术体系和产品标准，从而提升传统食品现代化和食品安全控制水平。

5. 加强信息化冷链系统建设与应用

逐步推广低温物流过程中的相关技术，如食品快速预冷技术、现代包装技术、快速检测技术和节能冷链物流技术。建立基于栅栏技术、冷链技术、新型冷杀菌技术的低温食品的安全保鲜技术体系，以及基于食品安全干预技术、在线检测技术、GPS与RFID技术等流通过程中食品腐败变质的实时跟踪监控技术与溯源技术体系，保障生鲜、低温食品的流通安全。开展轻型生鲜食品冷链运输配送装备研制，解决冷链运输“最后一公里”难题，完善全过程冷链配送体系。开展冷藏设施和技术研究，借助电子数据交换和全球定位系统等先进信息技术建立先进的冷链物流监控和信息管理系统，利用互联网的优势在食品生产厂家、各销售商、大型批发市场之间建立网络连接，开展信息交换，提升冷链系统信息化程度。

（三）完善食品风险监测技术体系

1. 研发低成本、便携式快速检测技术与装备

针对食品原料生产、加工、储运、消费等全产业链中存在的食品安全问题，研发食品化学危害物高精度、高通量、快速检测，有害微生物分型与检测，食品真实属性判别，以及食品安全无损检测等新型检测技术与装备。开发基于化学比色、酶联免疫、免疫胶体金试纸、生物芯片（如蛋白芯片、基因芯片和芯片实验室等）、传感器检测技术、便携式色谱质谱联用仪和生物学发光检测的快速检测技术来实现对食品中化学物质、重金属、微生物等危害因素的快速检出，确保进入市场食品的质量安全。

2. 形成样品前处理新技术体系

持续跟进样品前处理新技术的研究，以更少的处理步骤、更简便的处理流程获得与真实值最为接近的目标检测物，最大程度消除杂质对目标检测物质的干扰。加大分子印迹聚合物和体外筛选技术研究，基于食品中农兽药、添加剂等化学结构特性制备分子印迹微球来提高样品前处理技术，建立食品中有毒有害污染物残留检测的高通量样品前处理系统，利用生物学技术对有毒有害污染物特征筛选制备可以结合特定小分子半抗原的具有完整功能的抗体，缩短免疫分析法制备特异性抗体的时间。

3. 构建风险监测、预警大数据与信息化系统工程技术体系

借助信息技术，通过基础数据库的建设、共性监测预警技术的开发、监测数据质量的保障、质量安全状况的风险评估等步骤，构建国家层面食品全产业链安全监测和预警体系，建立对国内消费市场、进出口食品的风险监测和预警信息化平台，实现对农兽药、食源性疾病、食品中环境污染物等风险因素的监测与预警。结合基于信息技术的生产链可追溯体系和后台监管数据库，实现食品安全风险监测与生产过程信息的有效结合，提高风险管理的实效性和应急能力。

（四）推进食品安全风险评估基础研究

1. 建立服务于风险评估的膳食消费数据库

风险评估模型和评估方法因饮食习惯而异，结合食品安全风险评估中的点评估模型、概率评估模型等，建立食品中化学污染物、食品添加剂、微生物、包装材料等适用于我国居民的风险评估方法和模型。通过膳食调查、双份饭研究和文献调研等方法获取不同地域、不同人群膳食消费数据，掌握居民膳食结构。借鉴欧盟“随机化模拟危险性评价”和美国“随机化人类暴露和剂量模拟模型”建设经验，将膳食消费数据与食品污染物监测、食源性疾病或公共卫生疾病爆发情况等数据结合，形成服务于风险评估的膳食消费数据库。借助数据挖掘技术和大数据处理技术实现对各类数据的共享和访问、数据交换、数据同步、数据侦听、数据处理、信息搜索等目的，为开展风险评估提供基础数据支撑。

2. 开展食品中环境污染物暴露数据统计研究

加大食品中环境污染物暴露数据的调查与评估，通过消费者食用情况、种植和养殖环境污染情况调查掌握污染数据和水平，分析不同区域、不同污染物在不同食品和人体内的消化代谢途径和累积效应，掌握污染物的环境暴露剂量以及污染物在食品中和进入到人体内的吸收、分布、代谢和消除之后的暴露内剂量和生物有效剂量，通过危害鉴定、剂量反应分析、暴露评价和风险表征等明确消费者对环境和食品中污染物的暴露水平，并以此为数据支撑制定科学合理的膳食和污染物监测监管。

3. 开展食品添加剂暴露数据统计研究

目前我国食品添加剂的使用剂量、毒理学指标等基础数据大都来源于发达国家，因饮食文化的差别，这些数据未必适合我国。我国食品添加剂在生产、加工和使用环节中，一方面存在原料安全性问题，另一方面可能产生有毒有害物质，如热反应肉味香精制备中可能产生的氯丙醇、丙烯酰胺、杂环胺等。另外，复配使用后是否具有协同效应或拮抗作用，都是潜在的食品安全风险。建议基于我国居民饮食习惯，开展食品添加剂暴露数据调查和研究，掌握我国居民对不同食品添加剂的实际暴露水平，进而根据毒理学指标等及时修订食品添加剂使用限量标准。针对复配食品添加剂使用可能带来的风险开展风险评估，明确复配食品添加剂剂量与效应之间的关系，为食品添加剂使用安全提供风险评估基础数据支撑。

4. 开展食品加工中化学性和生物性危害的风险评估

针对食品加工中有意加入的、无意进入的和天然存在的化学性和生物性危害因素开

展风险评估，开展流行病学研究、动物毒理学研究、体外试验以及定量结构-响应关系等明确污染物对人体的不良作用，基于动物试验数据外推描述风险特征，借助生理学基础的药代动力学模型、生理学基础的剂量反应关系模型和概率暴露评估模型对食品消费量和食品中污染物浓度等数据开展污染物膳食摄入量研究，明确非食用原料、重金属、环境污染物、生物毒素、农兽药残留等的风险危害程度和人群最大暴露量，为制定相应标准和加大执法力度提供数据参考。

5. 开展转基因原料安全性和营养性评估

转基因食品的安全性一直是全球学者争论的焦点。建议加大对转基因饲料和加工原料开展风险评估，研究转基因植物作为动物饲料时对动物营养成分和营养价值的评价，研究转基因植物中外源 DNA 和蛋白质在畜禽动物体内的消化、转移和沉积规律，研究转基因植物外源 DNA 对动物肠道内微生态环境和动物免疫系统的影响；研究转基因加工原料自身及加工过程中的安全性和营养性，以及其标记基因、表达物质和关键成分对人体尤其是特殊人群（婴幼儿、儿童、孕妇、老年人等）消化、转移和免疫系统的影响。

三、关于“制定食品安全风险五项基础监测计划，建立五大监测网络”的建议

1976 年，世界卫生组织、世界粮食及农业组织和联合国环境规划署（WHO-FAO-UNEP）共同设立全球环境检测系统/食品污染物监测与评估规划（GEMS/Food），通过对各会员国食品污染状况的持续监测来保护消费者免受其食品中农药化学污染物不安全暴露。2001 年，WHO 和 FAO 发布《食品安全战略草案》提出，化学有害物质的监测是危险性评估的重要手段，构建食品污染物的监控体系是食品安全管理的核心环节。

发达国家建立了完整的残留监控计划来保障食品安全。美国国家残留计划项目（NPR）、农药残留监控计划（PPRM）和农药残留数据库项目（PDP）三大残留监控计划开展顺利、成效显著，在促进美国食品安全监管立法、风险评估、风险交流和风险管理上发挥了重要作用，保护了消费者利益。欧盟建立涵盖欧盟层面和各成员国两个层面的残留监控体系，监控的农药品种世界之最，平均在五六百种（如图 1-6-2 所示）。

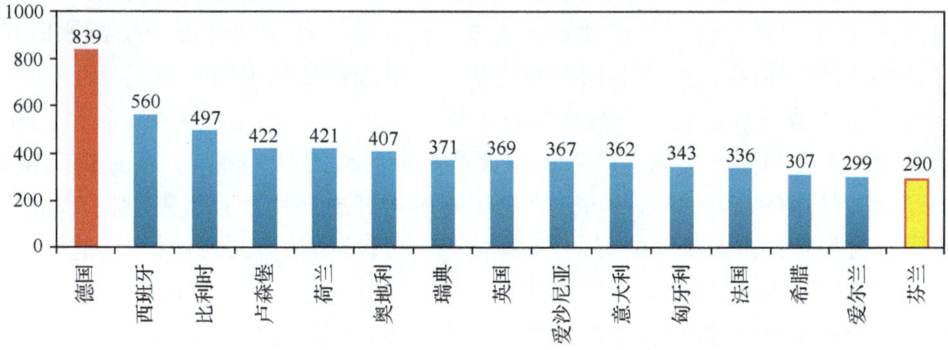

图 1-6-2　2010 年欧盟 15 个国家残留监控计划监测农药数量

在食品安全风险基础监测方面，我国与世界先进国家的差距还相当大。因此，建议“制定食品安全风险五项基础监测计划，建立国家食品安全风险五大监测网络”，完善现有

食品安全风险监测体系，建立以过程为主、终产品为辅的风险监测体系，使食品安全监管前移。

（一）制定食品安全风险基础监测计划

1. 食品中病原微生物监测计划

病原性微生物污染是当今食品安全的头号杀手，其引发的食源性疾病和食物中毒数据漏报严重，亟待开展食源性病原微生物监测计划来完善我国食品安全风险数据。推动食源性疾病监测纳入食品安全风险监测系统，依托国家食品安全风险评估机构、医疗机构和疾病预防控制机构，逐步建立覆盖国家、省、市、县，并逐渐延伸到农村地区的食源性疾病监测与报告体系。对全国代表性地区食源性致病微生物（如大肠杆菌、蜡样芽孢杆菌和副溶血性弧菌、金黄色葡萄球菌、单核增生李斯特菌、克罗诺杆菌、沙门氏菌等）开展监测，建立具有特殊的食源性致病微生物菌种资源库和风险识别数据库。卫生行政部门做好顶层设计，规范监测数据的报送、分析和报告程序，提高监测技术机构的食源性疾病诊断、实验室检验、流行病学研究、溯源分析能力，搭建食源性疾病监测与溯源网络。

2. 食品中环境污染物监测计划

环境污染物的长期存在构成食品安全的长远威胁。针对食品中较为常见的环境污染物，如铅、汞、镉、铬、砷等重金属、二噁英、多氯联苯等有机物，在全国范围内开展动态监测，掌握食品中环境污染物的背景值。借鉴国外环境污染物监测经验，基于我国食品中环境污染物实际污染现状，合理制定食品中污染物监测计划，明确主要监测项目、监测区域，充分掌握我国各区域环境污染物分布，为环境治理和食品相关污染物标准制修订提供基础数据。

3. 食品中农兽药残留监测计划

种植养殖环节农兽药滥用是当前食品安全源头污染的重要来源。充分调研粮食、果蔬、畜禽、水产品种植养殖过程中常用的农兽药种类，结合当前备受关注的热点事件等，制定全国范围的农兽药年度监控计划，同时下发监控手册以指导监控的实施，地方相关部门结合自身实际，制订针对性的监控计划。通过农兽药监测计划的开展为暴露评估和健康风险评估和制修订标准提供依据，同时作为新一年监控计划制定的参考。

4. 食品营养成分和国民健康指标监测计划

当前营养不良与营养过剩正成为我国营养安全面临的双重挑战。通过询问调查、医学体检、实验室检测和膳食调查等方式在全国范围内开展食物营养监测，基于掌握我国各地区不同人群的膳食营养状况的目的，选择恰当、合理的监测方式，针对不同监测区域、不同人群开展持续监测，详细记录不同监测对象的健康指标、社会经济指标（如食物消费调查）、人群营养状况指标、饮食行为与生活方式指标等，针对儿童、学生以及老年人、孕产妇等特殊人群开展特定营养监测，为开展我国营养健康相关研究和制定政策措施提供数据支撑。

5. 食品真实性（掺假物和欺诈成分）监测计划

食品掺杂使假和欺诈是当前我国食品安全要解决的主要问题，亟待开展掺假和欺诈监测计划来掌握食品产业掺假现状。整合国家食药、卫生、农业、质检等多方资源，结合媒体报道、行业企业反馈的当前不同食品行业潜规则信息，制订不同食品类别掺假和欺诈监测计划，持续开展全国范围内的监测计划，为严厉打击掺杂使假行为提供执法依据。

（二）建立国家食品安全风险监测预警网络

围绕五项基础监测计划，在“十三五”期间创建国家食源性病原微生物、食品中环境污染物、农兽药、食品营养、掺假和欺诈等五大监测网络，创建国家级统一动态监测数据库，形成风险监测信息化支撑平台，为我国制定最严谨的标准，开展最严格的监管，执行最严厉的处罚和最严肃的问责，提供执法的科学数据，确保人民群众“舌尖上的安全”。

1. 国家食品中病原微生物监测预警网络

构建国家层面和地方层面的食源性病原微生物监测预警网络，加强监测数据的综合利用能力，形成食源性疾病监测数据共享和信息综合应用，实现早期识别、早期预警，降低食源性疾病爆发风险。建立基层单一疫情与疫病信息的采集中心和国家综合防控信息的上报中心，为国家层面的防控提供技术支撑与政策建议；建立疑难与常见病原微生物准确实时的鉴定和报告中心；建立单一病种相关病原在全国范围内流行的情况年度报告中心；建立相关国际标准（参比）微生物（包括细菌、病毒和寄生虫）及分离菌株的保藏中心；基于地域分布和防控需求，建立单一或单一类别食源性病原微生物为主的国家级参考实验室，为食源性病原微生物防控提供技术支撑。

2. 国家食品中环境污染物监测预警网络

构建食品中环境污染物监测预警网络，一方面，对食品中重金属、有机污染物等环境污染物监测数据进行分析，掌握各种环境污染物的区域分布，为环境治理提供数据支持；同时，同国家食品安全风险评估中心协作，持续开展食品中各种环境污染物对比研究，为污染物标准制修订和加强企业监督管理提供指导。

3. 国家食品中农兽药监测预警网络

建立基于全国范围内的农兽药监测预警网络平台，基于行政区域划分，建立东北、华北、华东、中南、西南和西北 6 个分中心实验室来支撑农兽药残留监控计划的开展。汇总整合农兽药监测结果，建立国家级的农兽药残留动态数据库，推动数据资源。共享开展农兽药残留监测数据分析，定期向国家政府监管部门提供食品农兽药残留检测报告。

4. 国家食品营养成分与国民健康指标监测预警网络

构建食品营养监测预警网络，整合营养健康监测系统、慢性病监测系统、食物营养成分数据库、健康产业数据、健康经济学指标等监测数据，建立国家营养信息共享平台，促进营养健康产业发展。推进区域营养监控工程中心建设，加大经费支持力度，提高对营养健康相关基础研究，提升地区营养健康水平。开展面向消费者的营养信息交流工作，提升消费者健康消费意识，更好促进我国居民营养健康水平的提升，更好应对 21 世纪世界慢性疾病重大挑战，为遏制我国慢性疾病过快增长做出应有贡献。

5. 国家食品真实性（掺假物和欺诈成分）监测预警网络

构建食品掺假和欺诈监测预警网络，整合不同地区食品掺杂使假和欺诈监测数据，形成全国范围的动态监测数据库。不断强化检测技术和监测能力建设，与其他检验检测技术机构一同开发不同掺杂使假食品的鉴别技术。同时，联合国家食品安全风险评估中心开展不同掺假行为的风险评估，明确风险危害等级，为政府相关部门提供政策建议。

四、关于"加强食品安全道德建设，重塑食品工业是道德工业"的建议

发达国家以信息透明原则为指导，建立起完善的信息公开制度，通过立法、司法、行政、产业和教育等多种途径建立起一套完善的社会信用体系，并建立严苛的问责机制强化企业主体责任意识。但是目前我国食品行业信用机制尚不健全，作为市场经济背景下的我国食品行业尚未建立起与当前市场经济相吻合的信用制度和管理体制。近年来相继发生"毒奶粉"、"瘦肉精"、"地沟油"、"染色馒头"等事件，这些恶性的食品安全事件足以表明，诚信的缺失、道德的滑坡已经到了何等严重的地步。十八届四中全会《中共中央关于全面推进依法治国若干重大问题的决定》提出，国家和社会治理需要法律和道德共同发挥作用，以法治体现道德理念、强化法律对道德建设的促进作用，以道德滋养法治精神、强化道德对法治文化的支撑作用，实现法律和道德相辅相成、法治和德治相得益彰。诚信和道德成为保障食品安全的关键要素之一。

基于食品工业道德下滑、底线下探的现状，在完善食品安全法律法规体系的同时，亟待加强食品工业道德建设，重塑食品工业是道德工业的良好形象，为解决食品安全问题、保障群众幸福生活筑牢坚厚基石。

（一）加强道德教育，树立普遍的食品安全道德观念

针对"从农田到餐桌"全产业链各环节，开展全方位、多层次、立体化的道德教育，让道德观念深入到食用农产品种植养殖、食品生产、食品流通、食品消费和食品监管的各个环节。采取集中教育与分散教育相结合的思路，通过强劲有力的"灌输式"教育和润物无声的"渗透式"教育提升食品生产经营者和监管者道德观念。建议国务院食品安全委员会将接受道德教育情况纳入考核评价体系，不断提升生产经营者和监管者的道德认知能力和认知水平。

（二）建立健全食品安全诚信体系，建立有效的契约机制

诚信已经成为经济社会发展的核心竞争力。食品工业道德建设既要依赖道德教育，更要依靠诚信建设的制度化，形成有效的契约机制。建立食品产业专门的声誉机制，完善企业声誉评审、管理与退出制度，提高声誉机制的市场认可度，加大食品企业及品牌声誉的宣传力度，提高企业声誉的附加价值。建立集政府监管、企业自律、行业协会评价、社会监督、机构认证、消费者反馈的综合评价体系，通过科学的指标权重设置、综合打分来划定食品生产经营者的信用等级。鼓励食品生产经营者建立完善内部诚信管理制度，提高从业人员诚信意识。建立失信惩戒机制，增加失信成本，以严格的法律制裁力度约束企业生产经营。

(三)开展食品安全道德考评,为食品安全道德约束提供价值导向

食品安全道德考评是加强食品安全道德建设的有机组成部分。开展以食品生产经营者和监管者为核心的食品安全道德考评,一方面,要整合政府监管部门和社会消费者群体对各食品生产经营者开展全方位的评价,形成全面公正的道德评价结果,另一方面,开展对政府监管部门的道德考评,通过社会各方力量来监督约束监管者,使其在阳光下正确行使公共权力和监管责任,树立起食品安全守护者的形象。审查两者道德状况,搭建信息互通平台,用道德考评工作来强化生产经营者和监管者的道德认知,使其恪守食品安全道德底线,成为道德的生产经营者和监管者。

(四)依靠政府、消费者和媒体的多方力量,营造良好舆论氛围

食品安全道德建设离不开舆论的支持。提升政府监管部门、消费者和媒体的道德责任意识,理性、客观看待食品安全事件或问题,做到正确引导。适度公开食品企业相关数据信息,便于消费者就不同食品企业及食品安全水平进行对比,更理性、安全地购买食品。规范新闻媒体对食品安全事件的报导,引导新闻记者以客观、准确、科学的语言报导,不凭空捏造、过分夸大或过分渲染。以政府为主导,融合监管者、食品生产经营者、消费者和媒体各方力量,建立完善的道德监督机制,形成政府"自上而下"和社会力量"自下而上"的双向监督以及食品生产经营者"内部监督"与政府、消费者和媒体"外部监督"于一体的道德监管体系,最大限度保障守信守德企业利益、约束失信悖德企业行为。

(五)加强食品文化建设,构筑食品安全道德约束的文化环境

食品文化建设与道德约束相辅相成,加强道德建设能促进食品文化繁荣发展,开展食品文化建设能强化食品安全道德约束效果。一方面,加强基于食品行业的社会主义核心价值体系建设,形成正确的荣辱观,树立诚实守信、遵纪守法道德观念。另一方面,鼓励引导企业开展以诚信为主的企业文化建设,将诚信作为企业文化的精髓,企业领导要以身作则,以实际行动影响和带动职工,让诚信渗透到企业的各个层面、各项业务中,渗透到每一个员工的思维方式和工作方式中去。

五、关于提高我国食品营养与民众健康水平(2016～2025年行动框架)的建议

营养问题不是孤立的,而是一项系统性的重大民生工程,任何一个单一部门的职能都无法完全满足国家层面的营养政策的制定和执行的基本要求。建立一套由最高行政机关发起,多部门共同参与的营养工作组织协调机制是十分必要的。为此,特提出以下建议:

(一)建立完善的国家营养安全管理体系,在国家层面实现营养安全的组织保障

建议在国务院设立国家营养安全工作委员会,将营养问题上升到国家战略的高度,委员会协调各部门,统一领导我国营养安全工作。同时,在省、市、县建立各级工作委员会。实现自上而下的组织保障。

委员会的主要职责为制定并监督国家营养领域各项政策、战略、计划和投资等措施。

委员会还应当加强横向联络，特别是与相关国际组织及专家顾问委员会的沟通协作。抓住全球“营养行动十年”的契机，形成国家营养工作委员会的十年行动计划。

（二）完善我国国家营养安全政策，并将其纳入国家“十三五”规划，组织编制2016～2025年国民营养行动计划

由营养安全工作委员会协调各部门，针对我国目前严峻的国民营养现状，开展大规模科学调研，获取我国国民基础营养数据，同时梳理评估国家原有政策。在我国国民基础营养数据基础上，结合国内外经验，将国民营养健康纳入国家“十三五”规划，责成农业、卫生等相关部门牵头组织编制2016～2025年国民营养行动计划。

（三）建立完善营养领域法律保障体系，推动《中华人民共和国营养法》立法

以完善的营养法律法规体系逐步替代短期行政干预，使理念和行动得以付诸实施，并通过问责机制确保工作顺畅开展。通过多种渠道，推动《中华人民共和国营养法》进入立法程序，并逐步建立营养师法、学生营养法、营养教育法等配套法律法规完善营养法律体系。

（四）积极推动营养专业教育和专业人才培养体系建设

目前我国营养专业教育严重缺失，全国招收营养相关专业普通高校仅有37家，不同院校人才培养目标及培养模式差异较大。造成营养专业人才极度缺乏，营养专业学生就业困难。建议教育部根据当前国民营养健康面临的挑战，研究制定营养健康学科发展和人才培养规划，完善营养专业人才培养体系。同时，应加强营养科普教育、食育教育、重视科普人才培养，壮大营养师队伍。狠抓广播电视宣传，带动全民营养意识的普及，提升全民健康水平。

（五）持续加强对营养科学研究的支持，使我国成为世界营养科学研究高地

营养科学基础研究、技术创新关系到我国营养安全进步与发展，关系到国家营养安全战略目标的实现。建议科技部根据世界卫生组织“营养敏感性农业”、“营养增强性食品”提出基础研究、产业化发展、技术创新研究的发展规划，使我国成为营养学科研究高地。

（六）建立我国居民营养与疾病状况数据库，充分发挥大数据在国民营养改善中的引领作用

规范全国营养检测和体检市场，制定全国统一的营养检测和体检标准规程，规范数据收集流程，利用云计算和大数据技术，把营养数据和体检数据盘活，使之形成一种资源，为构建营养与疾病监测网络、评价体系，建立国家营养信息技术服务平台，为政策法规的制定及完善，商业投资行为，舆情监管与引导，个性化精准营养解决方案等多方面提供科学决策的数据支持，发挥大数据在食品营养提升全民健康水平的引领作用。

（七）坚持粮食安全、食品安全和营养安全协同发展，走有中国特色的营养改善道路

“粮食安全、食品安全、营养安全”三大安全是保证国家安全、社会稳定、国民健康的基

础和支柱。其中，粮食安全是基础，食品安全是保证，营养安全是目标。三者呈链条式衔接，互为因果，应予以同样关注。目前，我国营养安全关注少，投入更少，是战略缺失。

（八）研发新型的营养健康食品，打造我国新型健康产业

目前我国的食品产业还停留在维持生命、提供能量、提供感官享受的初级概念上，面临着向健康饮食和营养干预的过渡阶段。因此，建议工信部、发改委出台改革相关政策，整合全国研究、开发与产业化资源，研发具有核心竞争力的健康食品，打造我国的健康产业。

（九）加大在营养领域的财政投入，并列入国家财政计划

世界卫生组织的资料表明，达到同样健康标准所需的保健投入与治疗费、抢救费比例为1∶8.5∶100，很多欧美国家已经将工作重心从疾病治疗转移到了营养干预。然而营养领域的各项工作均以公益性项目为主，社会自发性的资源投入较少，需要政府在人、财、物上的大力支持。建议财政部门预算时，每年对公民营养工作采取固定财政投入，切实推进以上各项营养政策的执行。

综上所述，我国营养相关疾病的发病率呈井喷式增长，已经成为影响国民经济健康发展与社会进步的重大问题，也事关能否实现构建和谐社会的长远战略问题。要破解这一难题，必须在国家层面上予以高度重视。建议建立国家营养安全工作委员会，将营养政策纳入到国家中长期发展战略和“十三五”发展规划，并编制“2016～2025年国民营养行动计划”，形成一个凝心聚力的全民积极参与的国家营养健康重大民生工程。可以预见，它的实施必将在强壮中华民族，实现中华民族伟大复兴的历史进程中发挥重大作用。

参考文献

[1] FAO & WHO. Assuring Food Safety and Quality: Guidelines for Strengthening National Food Control Systems [M]. Rome: Food and Agriculture Organization of the United Nations World Health Organization, 2003.

[2] 中国外文局对外传播研究中心. 中国国家形象全球调查报告 2013[EB/OL]. [2015-03-21]. http://download.china.cn/ch/pdf/2014022601.pdf.

[3] 魏秀春. 英国食品安全立法与监管史研究:1860—2000[M]. 北京:中国社会科学出版社,2013.

[4] 秦富,王秀清,辛贤,等. 欧美食品安全体系研究[M]. 北京:中国农业出版社,2003.

[5] 厄普顿·辛克莱. 屠场[M]. 成都:四川出版集团,四川文艺出版社,2010.

[6] 菲利普·希尔茨. 保护公众健康:美国食品药品百年监管历程[M]. 北京:中国水利水电出版社,2006.

[7] 徐兴利. 国外食品安全立法现状[J]. 中国食品,2010,(16):70-71.

[8] 蕾切尔·卡森. 寂静的春天[M]. 上海:上海译文出版社,2008.

[9] 张炜达. 探秘古代食品安全监管[J]. 醒狮国学,2011,(8):47-48.

[10] 陈锡文. 我国食品安全战略研究[M]. 北京:化学工业出版社,2004.

[11] 吴海林,王建华,朱淀,等. 中国食品安全发展报告 2013[M]. 北京:北京大学出版社,2013.

[12] 吴林海,钱和. 中国食品安全发展报告 2012[M]. 北京:北京大学出版社,2012.

[13] 中华人民共和国国家卫生和计划生育委员会网站:http://www.moh.gov.cn/.

[14] 中华人民共和国农业部网站: http://www.moa.gov.cn/.

[15] 中华人民共和国质量监督检验检疫总局网站:http://www.aqsiq.gov.cn/.

[16] 麦迪森数据库网站: http://www.ggdc.net/maddison/maddison-project/data.htm.

[17] 联合国粮食及农业组织(FAO)统计数据库: http://faostat3.fao.org/browse/Q/QL/E.

[18] 中华人民共和国国家统计局网站: http://www.stats.gov.cn/tjsj/ndsj/.

[19] 邹志飞,林海丹,易蓉,等. 我国食品添加剂法规标准现状与应用体会[J]. 中国食品卫生杂志,2012,24(4):375-382.

[20] 王静,孙宝国. 食品添加剂与食品安全[J]. 科学通报,2013,58(26): 2619-2655.

[21]《中国食品工业年鉴》编辑委员会. 中国食品工业年鉴 2013[M]. 北京:中国统计出版社,2013.

[22] 付洪良. 中国食品工业出口贸易结构及竞争力分析[J]. 技术经济与管理研究,2012,(11):121-123.

[23] 关兵. 中国对欧盟农产品出口贸易发展影响因素分析及对策[J]. 北京工商大学学报(社会科学版),2008,(2):27-35.

[24] 世界贸易组织(WTO)网站:https://www.wto.org/.

[25] 中华人民共和国农业部渔业局. 中国渔业统计年鉴 2013 [M]. 北京:中国农业出版社,2013.

[26] 樊瑛. 国际食品贸易与国际食品安全[J]. 国际贸易,2010(3):216-244.

[27] 联合国商品贸易统计数据库(UN comtrade): http://comtrade.un.org/data/.

[28] 郝晓燕,乔光华. 中国乳业产业安全研究[M]. 北京:经济科学出版社,2011.

[29] 贾敬敦,王喆. 中国奶业质量安全控制体系[M]. 北京:中国农业科学技术出版社,2008.

[30] 王加启,赵圣国. 我国牛奶质量安全的现状、问题和对策[J]. 中国奶牛,2009,(11):3-7.

[31] 郭文华. 我国水产品加工业的现状与展望[J]. 农产品加工,2011,(6):10-11.

[32] 万建业,陈小桥,汪银焰,等. 我国水产品质量安全存在的问题与对策[J]. 现代农业科技,2011,(10):357-359.

[33] 国家发改委产业司课题组. 我国食品工业"十二五"发展战略研究(总报告) [R]. 经济研究参考,2013,(4):3-23.

[34] 张理化,徐雅飒. 我国食品安全法律体系之构建[J]. 法制与社会:旬刊,2013 (4):157-158.

[35] 徐鹏飞. 完善我国食品安全标准的几点法律建议[J]. 山西农业大学学报: 社会科学版,2012,11(4):391-394.

[36] 徐晓新. 中国食品安全:问题、成因、对策[J]. 农业经济问题,2002(10):45-48.

[37] 张星联,唐晓纯.我国食品安全问题产生的原因及对策[J].食品科技,2005,(5):2-5.
[38] 陈君石,石阶平.食品安全风险评估[M].北京:中国农业大学出版社,2010.
[39] 徐君飞,张居作.2001—2010年中国食源性疾病暴发情况分析[J].中国农学通报,2012,28(27):313-316.
[40] 中国经济网舆情监测中心.2013年度重大食品安全舆情报告[R].2014.
[41] 中国中央电视台网站:http://www.cctv.cntv.cn/.
[42] Europen Commission. Rapid alert system for food and feed (RASFF):30 years of keeping consumers safe[R]. Luxembourg:Office for Official Publications of the European Communities,2009.
[43] 欧盟RASFF系统网站:http://ec.europa.eu/food/safety/rasff/index_en.htm.
[44] 何坪华,何信生,周德翼.从消费者角度检视我国食品安全信息的缺失[J].河南农业科学,2005(12):93-97.
[45] 罗丙能,刘茂盛,周德翼.食品安全中生产者、消费者和政府行为的博弈分析及对我国食品安全管理的启示[J].天水师范学院学报,2007,27(2):122-125.
[46] 冯中越.社会性规制评论(第1辑)[M].北京:中国财政经济出版社,2012.
[47]《柳叶刀》官方网站:http://www.thelancet.com.
[48] 吴晓波,冯晞.中国企业健康力量的钥匙[J].市场研究,2012,(4): 4-7.
[49] 黄佳琦,聂凤英,毕洁颖,等.我国西部农村食物营养安全分析[J].2014,20(1):5-9.
[50] 王陇德.中国居民营养与健康状况调查报告之一:2002综合报告[R].北京:人民卫生出版社,2005.
[51] 全球食品安全指数报告网站:http://foodsecurityindex.eiu.com/.
[52] 李晶晶.动物性水产品中副溶血性弧菌污染状况调查[J].首都公共卫生,2012,6(1):40-41.
[53] 王启现.农产品和加工食品内涵特征与质量安全特性分析[J].中国食物与营养,2007,(11):11-14.
[54] 时松凯,陈倩,穆建华,等.美国农产品质量安全管理分析与启示[J].中国食物与营养,2012,18(6):8-10.
[55] 中国水产流通与加工协会网站:http://www.cappma.org/.
[56] 覃世民.粮食质量安全监管的现状、形势及对策[J].粮食科技与经济,2012,37(2):23-25.
[57] 中华人民共和国环境保护部.全国地下水污染防治规划(2010—2020年),2010.
[58] 中华人民共和国环境保护部,中华人民共和国国土资源部.全国土壤污染状况调查公报,2015.
[59] 魏益民,刘为军,潘家荣.中国食品安全控制研究[M].北京:科学出版社,2008.
[60] 国家统计局农村社会经济调查司.中国农村统计年鉴2014[M].北京:中国统计出版社.
[61] 苏越,胡梦坤.食品安全及其影响因素探讨[J].农业科技与装备,2010(3):25-27.
[62] 李援.《中华人民共和国食品安全法》解读与适用[M].北京:人民出版社,2009.
[63] 汪洋.食品药品安全重在监管[J].求是,2013(16):3-6.
[64] 史永丽,姚金菊,任瑞平,等.食品安全标准法律体系研究[J].食品科学.2007,28(6):372-376.
[65] 张艳丽,刘东生,徐哲,等.中日农产品产地环境污染控制与管理体系比较研究[J].世界农业,2010 (11):36-40.
[66] 朱伟平,乔日红,阎会平.国内外农药残留最大限量标准比较研究[J].农业技术与装备,2011,1:29-31.
[67] MORRIS J. The relationship between risk analysis and the precautionary principle [J]. Toxicology,2002:26-39,127-130,191-182.
[68] 张亚军.风险社会下我国食品安全监管及刑法规制[M].北京:中国人民公安大学出版社,2012.
[69] 胡菊梅,董旭,沈志昊,等.信息化管理在食源性疾病主动监测中的应用[J].浙江预防医学,2014,26(10):1074-1075.
[70] 许展仪,汤秀娟.食品安全管理中的政府行为[J].中山大学学报论丛,2007(5):23-25.
[71] 孙宝国,周应恒.中国食品安全监管策略研究[M].北京:科学出版社,2013.
[72] 李聪.食品安全监测与预警系统[M].北京:化学工业出版社,2006.
[73] 陈君石.食品安全风险评估概述[J].中国食品卫生杂志,2011,23(1):4-7.
[74] 吴永宁.国内外食品安全风险监测数据需求概述[J].中国食品卫生杂志,2011,23(1):8-12.
[75] 李强,刘文,初侨,等.食品安全风险交流工作进展[J].食品与发酵工业,2012,38(2):147-150.
[76] 王静,王鑫,吴宇峰,等.农田土壤重金属污染及污染修复技术研究进展[J].绿色科技,2011(3):85-88.
[77] 刘东红,周建伟,莫凌飞.物联网技术在食品及农产品中应用的研究进展[J].农业机械学报,2012,43(1):

146-152.

[78] 马懿,林靖,李晨,等.国内外农产品溯源系统研究现状综述[J].科技资讯,2011(27):158.

[79] 李瑾,杨利琼,秦向阳,等.信息不对称与食品安全监管策略分析[J].湖北农业科学,2010(9):2296-2300.

[80] 许世卫.中国食物安全信息共享与公共管理体系研究[M].北京:中国农业出版社,2006.

[81] 张旭霞,林博,李小宁.食品安全检测技术存在的问题与对策[J].现代农业科技,2012(15):289-290.

[82] 中华人民共和国海关总署网站:http://www.customs.gov.cn/publish/portal0/.

[83] 周焕英,高志贤,孙思明,等.食品安全现场快速检测技术研究进展及应用[J].分析测试化学,2008,27(7):788-794.

[84] 刘园,邹洁.食品安全快速检测技术研究进展和应用建议[J].食品安全导刊,2013 (7):68-69.

[85] 赵月皎.中国食品质量安全追溯制度发展现状[J].吉林农业,2012 (2):2.

[86] 刘文萃.食品行业协会自律监管的功能分析与推进策略研究[J].湖北社会科学,2012 (1):44-49.

[87] 王永,尹红娜,吕薇,等.食品企业诚信管理体系建设现状及分析[J].食品安全质量检测学报,2012 3(2):151-154.

[88] 李红.我国食品企业诚信缺失原因及对策[J].长江大学学报(社会科学版),2010,33(06):56-58.

[89] 戴天岩,陈新,陈健.中国食品安全信用体系信息化建议规划和目前实践问题研究//中国信息化推进报告:2009—2010[C].北京:中国经济文化出版社,2010.

[90] 毕金锋.欧盟食品安全法规体系及其借鉴[J].中国食物与营养,2009(3):11-14.

[91] 廉恩臣.欧盟食品安全法律体系评析[J].政法论丛,2010 (2):94-100.

[92] 李卫东,刘志英.美国食品安全管理体系及其对我国的启示[J].江西食品工业,2009 (02):45-49.

[93] 边红彪.日本食品法律法规体系框架研究[J].食品安全质量检测学报,2011,2(3):170-173.

[94] 韩永红.美国食品安全法律治理新发展及其对我国的启示——以美国《食品安全现代化法》为视角[J].法学评论,2014(3):92-101.

[95] 曾韵婷,向玥皎,马林.欧盟养分管理政策法规对中国的启示[J].2011(4):39-43.

[96] 董义春,孙立新,黄玲利,等.发达国家的兽药管理现状及对策[J].2008(10):27-30.

[97] 王芳,陈松,钱永忠.国外食品安全风险分析制度建立及特点分析[J].世界农业,2008,9:44-47.

[98] 陈卫,钱和,李颖超,等.发达国家食品安全标准体系解读与启示[J].食品科学,2011,33(1):156-161.

[99] 席兴军,刘俊华,刘文.欧盟食品安全技术法规及标准:现状与启示[J].世界标准化与质量管理,2005,12(12):39-42.

[100] 澳新食品标准网站:http://www.foodstandards.gov.au.

[101] 21 CFR Part 109 Unavoidable contaminants in food for human consumptation and food-packaging material[EB/OL].[2015-06-29]. http://ecfr.gpoaccess.gov/cgi/t/text/text-idx? c = ecfr&sid = 17f6212600aeca089aafdecf4b6cf520&rgn=div8&view=text&node=21:2.0.1.1.9.1.1.2&idno=21.

[102] Additives in meat and poultry products[EB/OL].[2015-06-29]. http://www.fsis.usda.gov/wps/portal/fsis/topics/food-safety-education/get-answers/food-safety-fact-sheets/food-labeling/additives-in-meat-and-poultry-products/additives-in-meat-and-poultry-products.

[103] How U.S. FDA's GRAS notification program works[EB/OL].[2015-06-29]. http://www.fda.gov/Food/IngredientsPackagingLabeling/GRAS/ucm083022.htm.

[104] 梁珊珊.德国食品安全保障体系研究[J].世界农业,2012 (11): 91-93.

[105] 杨鹭花.美国食品安全监管体系对我国的启示[J].中国食物与营养,2007,9:13-15.

[106] 秦利.美国食用农产品协会产品质量安全治理的做法和经验[J].世界农业,2012(7):45-56.

[107] 王中亮.食品安全监管体制的国际比较及其启示[J].上海经济研究,2007,24(12):19-25.

[108] 李昌玉.对我国食品安全监管体制的思考[J].长江大学学报(社会科学版),2010(4):55-59.

[109] Defra and Environment Agency. The contaminated land exposure assessment (CLEA) model: Technical Basis and Algorithms[R]. London: Environment Agency, 2002.

[110] Aprile L D, Tatano F, Musmeci L. Development of quality objectives for contaminated sites-state of the art and

new perspectives[J]. International Journal of Environment and Health，2007，1(1)：120-141.

[111] 廖菁.丹麦生猪养殖环境治理的经验及启示[J].猪业科学，2012，8：24-26.

[112] National Environmental Protection Council. Schedule B(1) guideline on the investigation levels for soil and groundwater. National Environmental Protection(Assessment of Site Contamination)[R]. Canberra：NEPC，1999.

[113] 蔡彦明，刘凤枝，王跃华，等.我国土壤环境质量标准之探讨[J]. 2006，25(增刊 1)：403-406.

[114] 张红振，骆永明，夏家淇，等.基于风险的土壤环境质量标准国际比较与启示[J].环境科学，2011，23 (3)：795-802.

[115] Residue Sampling Plans —"Blue Book"[EB/OL]. [2014-4-18]. /wps/portal/fsis/topics/data-collection-and-reports/chemistry/blue-books/CT_Index.

[116] United States. National Residue Program for Meat，Poultry，and Egg Products. 2010 Residue Sample Results [EB/OL]. [2014-07-14]. http：//www. fsis. usda. gov/PDF/2010_Red_Book. pdf.

[117] Council Directive 96/23/EC. On measures to monitor certain substances and residues thereof in live animals and animal products and repealing Directives 85/358/EEC and 86/469/EEC and Decisions 89/187/EEC and 91/664/EEC[J]. Official J Euro Commun，1996，L 125：10-32.

[118] 食品中农业化学品残留限量编委会.食品中农业化学品残留限量.食品卷：日本肯定列表制度[M].北京：中国标准出版社，2006.

[119] 聂芳红，徐晓彬，陈进军.食品动物兽药残留的研究进展[J].中国农学通报，2006，22(9)：71-75.

[120] 中国养殖业可持续发展战略研究综合报告课题组.中国养殖业可持续发展战略研究综合卷[M].北京：中国农业出版社，2013.

[121] 刁新育，宋琰.国外兽医管理体系的发展趋向[J].农业经济问题，2007 (2)：105-109.

[122] 王可山，王芳.发达国家农产品质量安全保障体系及其借鉴[J].食品工业科技，2012，33(1)：413-418.

[123] 陈宗道，刘金福，陈绍军.食品质量与安全管理[M]. 2 版.北京：中国农业大学出版社，2011.

[124] 美国联邦法规网站：http：//www. ecfr. gov/cgi-bin/ECFR? page=browse.

[125] 山东出入境检验检疫局.欧盟食品卫生与官方控制新要求[M].北京：中国剂量出版社，2006.

[126] 徐辉.值得借鉴的加拿大食品安全与 HACCP 体系[J].中国检验检疫，2008(04)：16-17.

[127] 肖平辉.澳大利亚食品安全管理历史演进[J].太平洋学报，2007(4)：57-70.

[128] Australian Government Department of Health and Aging. The Australia and New Zealand Food Regulation Ministerial Council[EB/OL]. [2014-8-4]. http：//www. health. gov. au/intemet/main/publishing/nsf/Content/foodsecretariat-anz. htm.

[129] 程言清，黄祖辉.美国食品召回制度及对我国食品安全的启示[J].经济纵横，2003，(1)：39-42.

[130] FAO & WHO. Assuring food safety and quality：Guideline for strengthening national food control system[R]. FAO WHO Rome，2003：1-5：10-16.

[131] (法)弗朗索瓦 · 高莱尔 · 杜迪耶乐. The EU Food Law Compilation[M].孙娟娟，等译.北京：法律出版社，2014.

[132] 日本厚生劳动省网站：http：//www. mhlw. go. jp/.

[133] 韩国食品医药品安全部网站：http：//www. mfds. go. kr/index. do.

[134] RASFF. Annual Report[R] 2013[R/OL]. [2015-6-29]Publications Office of the European Union，Luxembourg. 2014. http：//ec. europa. eu/ food/food /rapid- alert/ docs/RASFF_annual_report_2010_en. pdf.

[135] 魏益民，郭波莉，赵林度，等.联邦德国食品安全风险评估机构与运行机制[J].中国食物与营养，2009，(7)：7-9.

[136] Introduction to GEMS/Food[EB/OL]. [2014-3-29]. http：//www. euro. who. int/foodsafety/ chem. /gems/en/.

[137] Food and drug administration pesticide program residue monitoring 2006[EB/OL]. http：//www. cfsan. fda. gov/~dms/pes06rep. html.

[138] Canadian Food Inspection Agency. National chemical residue monitoring program 2012-2013 report [EB/OL]. [2015-06-29]. http：//www. inspection. gc. ca/food/chemical-residues-microbiology/chemical-residues/ncrmp-

report/eng/1415838181260/1415838265896.

[139] COMMISSION E. On strategy for setting microbiological criteria for foodstuffs in Community legislation [EB/OL]. http://ec. europa. eu/food/food/biosafety/salmonella/discussion_paper_en. pdf.

[140] EC. Setting maximum levels for certain contaminants in foodstuffs [EB/OL]. http://eur-lex. europa. eu/LexUriServ/LexUriServ. do? uri=OJ:L:2006:364:0005:0024:EN:PDF.

[141] Bechini A,Cimino M,Marcelloni F,et al. Pattern and technologies for enabling supply chain traceability through collaborative E-business[J]. Information and Software Technology,2008,50(4):342-359.

[142] 美国疾病控制与预防中心网站:http://www. cdc. gov/.

[143] National Research Council. Improving Risk Communication[M]. Whahington,D. C. :National Academy Press,1989:38.

[144] Scope I J,Frewer J,Houghton G,et al. Consumer perceptions of best practice in food risk communication and management:Implications for risk analysis policy[J]. Food Policy,2010,35:349-357.

[145] 马仁磊. 食品安全风险交流国际经验及对我国的启示[J]. 中国食物与营养,2013,19(3):5-7.

[146] 经济合作与发展组织(OECD)统计数据库: http://stats. oecd. org/.

[147] 科学技术部农村与社会发展司,中国农村技术开发中心. 中国奶业科技发展战略[M]. 北京,中国农业出版社,2006.

[148] Carlsen S. Conceptual modeling and composition of flexible workflow models[D]. Norwegian University of Science and Technology,1997.

[149] Hooker N H. Food safety regulation and trade in food products[J]. Food Policy,1999,24,(6):653-658.

[150] Jean C,Buzby,Paul D. Frenzen. Food safety and product liability[J]. Food Policy,1999(24):637-651.

[151] 杨天和,褚保金. "从农田到餐桌"食品安全全程控制技术体系研究[J]. 食品科学,2005,26(3):264-268.

[152] 王禹,李松江,朱江. 燃煤工程中降低 NO_x 排放的应用技术[J]. 环境科学与管理,2009,34(06):93-96.

[153] 曾庆孝,许喜林. 食品生产的危害分析与关键控制点(HACCP)原理与应用[M]. 2 版. 广州:华南理工大学出版社,2001.

[154] 卢杰,陈韬. 冷却肉生产中胴体减菌技术的研究进展[J]. 食品研究与开发,2009,30(2):145-149.

[155] 周洁红,姜励卿. 食品质量安全信息管理:理论与实证[M]. 杭州:浙江大学出版社,2009.

[156] Edwards C,Ward J,A. The essence of information systems[M]. New York:Prentice Hall Inc,1993:29.

[157] Bosona T,Gebresenber G. Food traceability as an integral part of logistics management in food and agricultural supply chain[J]. Food Control,2013,33(1):32-48.

[158] Donnelly K,Olsen P. Catch to landing traceability and the effects of implementation:A case study from the Norwegian white fish sector[J]. Food Control,2012. 27(1):228-233.

[159] Thakur M,Hurburgh C. Framework for implementing traceaility system in the bulk grain supply chain[J]. Journal of Food Engineering,2009,95(4):617-626.

[160] 李名梁. 我国食品安全问题研究综述及展望[J]. 西北农林科技大学学报. 2013,13(3):46-51.

[161] Garcia M A,Fearne A,Caswell J A,et al. Co-regulation as a possible model for food safety for public-private[J]. Food Policy,2007,32(3):299-314.

[162] Beier S,Grandison T,Kailing K,et al. Discovery services—Enabling RFID rraceability in EPC global networks [C]. //International Conference on Management of Data. Delhi,2006,India.

[163] Qian J P,Yang X T,Wu X M,et al. A traceability system incorporating 2D barcode and RFID technology for wheat flour mills [J]. Computers and Electronics in Agriculture,2012,89:76-85.

[164] 周应恒,李强,耿献辉. 日本农协发展新动向[J]. 世界农业,2013,(9):27-35.

[165] Kramer M N,Coto D,Weidner J D. The science of recalls[J]. Meat Science,2005,71(1):158-163.

[166] 袁健群,叶桦,丁宪,等. 部分发达国家和地区食品召回制度的现状及其思考[J]. 中国食品卫生杂志,2007,19(6):529-533.

[167] Richard F D,BEN R S. Business association and economic development:Why some associations contribute more

than others[J]. Business and Politics, 2000, (3): 148-154.

[168] Caswell J A, Mojduszka E M. Using informational labeling to influence the market for quality in food products [J]. American Journal of Agricultural Economics, 1996, 78: 1248-1253.

[169] Mitchell V W. Handling consumer complaint information: Why and how? [J]. Management Decision, 1993, 31(3): 21-28.

[170] Adamson C. Complait handling: Benefits and best practice[J]. Consumer Policy Review, 1991, 1(4): 196-203.

[171] Albersmeier F, Schulze H, Jahn G, et al. The reliability of third-party certifycation in the food chain: From check-lists to risk-oriented auditing[J]. Food Control, 2009, 20(10): 927-935.

[172] Hatanaka M, Bain C, Busch L. Third-party certification in the global agrifood system[J]. Food Poficy, 2005, 30(3): 354-369.

[173] 边红彪,钟湘志. 日本食品监控体系中的认证认可制度[J]. 经济导刊, 2010, 5: 90-92.

[174] Thomas M D. The Whistleblower Protection Act of 1989: Foundation foe the Modern Law of Employment Dissent[J]. Administrative Law Review, 1999, 51(02): 432.

[175] Mary K R. Blowing the Whistle on Whistleblower Protection: A Tale of Reform versus Power[J]. University of Cincinnati Law Review, 2007, 76(01): 51.

缩 略 语

AAPFCO(Association of American Plant Food Control Officials):美国作物营养协会

ANSI(American National Standards Institute):美国国家标准学会

AOAC(Association of Official Analytical Chemists):美国分析化学家协会

ARS (Agricultural Marketing Research Service):美国农业研究局(美国农业部下属单位)

BfR(Federal Institute for Risk Assessment):德国联邦风险评估研究所

CAC (Codex Alimentarius Commission):国际食品法典委员会

CDC (Centers for Disease Control and Prevention):美国疾病预防控制中心

CFIA (Canadian Food Inspection Agency):加拿大食品检验局

CFSAN (Center for Food Safety & Applied Nutrition):食物安全和应用营养中心

CPCI-S(Conference Proceedings Citation Index-Science):科技会议录引文索引

CTS (Cattle Tracing System):家畜跟踪系统

CVM(Centre for Veterinary Medicine):美国兽药中心

DDT(Dichloro Diphenyl Trichloroethane):二氯二苯三氯乙烷

DHI(Dairy Herd Improvement):奶牛生产性能测定

DNA (Deoxyribonucleic acid):脱氧核糖核酸

EC (European Commission):欧盟委员会

EEC(European Economic Community):欧洲经济共同体

EFSA (European Food Safety Authority):欧盟食品安全局

EHS-Net(Environmental Health Specialists Network):环境卫生专业网络

EI(Engineering Index):工程索引

EIU(Economist Intelligence Unit):经济学人智库

ELISA(Enzyme Linked Immunosorbent Assay):酶联免疫吸附检测

EMA(Economically Motivated Adulteration):经济利益驱动型食品掺假

EPA (Environmental Protection Agency):美国环境保护署

FAO (Food and Agriculture Organization of the United Nations):联合国粮食及农业组织

FCIC(Federal Crop Insurance Corporation):联邦农作物保险公司

FDA(Food and Drug Administration):美国食品药品管理局

Food Net(Foodborne Diseases Active Surveillance Network):食源性疾病主动监测系统

FQPA(Food Quality Protection Act):《美国食品质量保护法》

FSIS (Food Safety and Inspection Service)：食品安全检验局(美国农业部下属单位)

FVO(Food and Veterinary Office)：欧盟食品兽药办公室

GAP(Good Agricultural Practice)：良好农业规范

GCP(Good Clinical Practice)：良好药品临床试验规范

GDP (Gross Domestic Product)：国内生产总值

GEMS/Food(Global Environment Monitoring System/Food Contamination Monitoring and Assessment Programme)：全球环境监测系统/食品污染物监测与评估规划

GIS(Geographic Information System)：地理信息系统

GLP (Good Laboratory Practice)：良好实验室操作规范

GMP (Good Manufacturing Practice)：良好(食品/药品)生产规范

GPS(Global Position System)：全球定位系统

HACCP(Hazard Analysis and Critical Control Point)：危害分析与关键控制点

HC(Health Canada)：加拿大卫生部

HUS/EHEC(Hemolytic-Uremic Syndrome/Enterohemorrhagic *Escherichia coli*)：溶血性尿毒综合征/肠出血性大肠杆菌

INFOSAN (International Food Safety Authorities Network)：国际食品安全当局网

ISO(International Organization for Standardization)：国际标准化组织

KFDA (Korea Food and Drug Administration)：韩国食品和药物管理局

LEDS(Laboratory-based Enteric Disease Surveillance)：基于实验室的肠道疾病监测网络

LOD(Limit Of Detection)：最低检出限量

MRLs (Maximum Residue Limits)：最大残留限量标准

NARMS (National Antimicrobial Resistance Monitoring System)：国家抗生素耐药性监测系统

NGO(Non Government Organization)：非政府组织

NIFDS (National Institute of Food and Drug Safety Evaluation)：韩国食品药品安全评估院

NNDSS(National Notifiable Disease Surveillance System)：全国通报性疾病监测系统

NORS(National Outbreak Reporting System)：全国性暴发食源性疾病报告系统

NRP(National Residue Program)：国家残留监控计划

OECD(Organization for Economic Cooperation and Development)：经济合作与发展组织，简称经合组织

OIE(Office International Des Epizooties)：国际兽疫局(世界动物卫生组织)

OPP (Office of Pesticide Program)：农药项目管理办公室

ORA(the Office of Regulation Affairs)：法规管理监管事务办公室

PDP (Pesticide Data Program)：农药残留数据库项目

PHLIS(the Public Health Laboratory Information System)：公共卫生实验室信息系统

PMP(Pesticide monitoring plan):农药监控计划

PPRM(Pesticide Program Residue Monitoring):农药残留监控计划

PRB(Permeable Reactive Barrier):渗透反应格栅

PulseNet(National Molecular Subtyping Network for Foodbome Surveillance):食源性疾病监测国家分子亚型网络

RARSFS(Rapid Alert and Response System of Food Safety):中国食品安全风险快速预警与快速反应体系

RASFF (Rapid Alarm System for Food and Feed):欧盟食品和饲料快速预警系统

RFID(Radio Frequency Identification Divice):射频识别

RS(Remote Sensing):遥感技术

R&D(Research & Development):研究与试验发展

SCI(Science Citation Index):科学引文索引

SITC(Standard International Trade Classification):国际贸易标准分类

SPS(Agreement on The Application of Sanitary and Phyto-Sanitary Measures):《世界贸易组织卫生与植物检疫措施协议》

TBT(Agreement on Technical Barriers to Trade of The World Trade Organization):《世界贸易组织贸易技术壁垒协议》

UL(Underwriters' Laboratories):美国保险商实验室

UN(United Nations):联合国

UNEP(United Nations Environment Programme):联合国环境规划署

USDA (US Department of Agriculture):美国农业部

WHO (World Health Organization):世界卫生组织

WHO GSS(WHO Global Salmonella Surveillance):世界卫生组织全球沙门氏菌监测网络

WTO (World Trade Organization):世界贸易组织

第二部分　各课题研究报告

第一章　农业生态环境污染对食品安全影响与防治研究

摘　要

（一）引言

本课题由中国工程院环境与轻纺工程学部魏复盛、蔡道基两位院士主持，中国环境监测总站、环境保护部南京环境科学研究所等单位的二十多位技术专家共同参加完成。课题组开展了大量的现场调查研究，得到了北京、云南、广西、浙江、湖南、江苏、河南等省市和地区当地人事、科技、农业、水利、环保等各个部门的大力支持；同时查阅了大量的文献，在多次修改与提炼的基础上，形成了本报告。

（二）我国食用农产品质量和产地环境基本状况

1. 农产品产地土壤环境整体较好，局地污染严重

全国土壤污染调查公报显示，土壤中各类污染物总的超标率为16.1%，其中中度、重度污染点位比例为2.6%。国土资源部调查结果表明，我国存在潜在生态风险土壤的占12.1%，其中属中度、重度污染土壤约占3.0%。

农产品产地土壤环境整体较好，但有色黑色金属矿采选冶污染、工矿企业周边土壤、城市近郊、污水灌溉、交通干线两侧土壤受到重金属、有机物不同程度污染，致使农产品质量安全受到威胁。

2. 农产品质量呈现“稳中向好”的趋势

根据农业部及各地对粮菜等农产品的抽测结果显示，2003年以前的农产品抽检合格率在60%～80%之间，现已提升至90%～95%以上，农产品质量呈现“稳中向好”的趋势。

（三）几点建议

1. 建议加强土壤环境保护相关的立法工作

建议加快立法步伐，明确各部门的法律责任、义务、规范其生产和生活活动，做到各相关部门协同配合，各司其职、齐抓共管，气、水、固废、土壤污染同防同治。

2. 借鉴国外“双指标”和“分级标准”的经验，尽快发布新的土壤环境质量标准

研究制订土壤污染因子的“全量”和“可溶态”双指标标准体系，在“双指标”的基础上，根据国情和地方实情研究制订土壤环境质量标准体系。

3. 深化农业体制、机制改革，推进农业产业化、规范化和现代化建设

按照十八届三中全会三农全面深化改革的部署，探讨通过农村土地流转、农业企业带动、农业合作社、大户型和农业项目带动以及公司加农户等多种形式的改革，发展农业产

业化、规模化、规范化和现代化，推进生态农业建设和农业的可持续发展。

4. 加速土壤污染程度的甄别和风险等级划分研究

据此划分不同区域或地块风险等级，做区别对待。甄别土壤是认为污染还是高背景，是一般轻微轻度污染还是已造成食用农产品污染及对人体健康危害。

5. 建立土壤保护和污染防治的合作协调机制

建议国务院协调，全国建立土壤保护和污染防治的合作协调长效机制，由一个部门（环保部或农业部）牵头，各相关部门参加，按照各部门的职责分工，统一规划、制订全国土壤保护（保育）行动，避免相互保密，克服许多工作重复又存在缺位与遗漏的弊端。

一、我国农产品产地生态环境现状

（一）我国农产品产地生态环境质量状况

1. 大气环境质量状况

（1）农村区域大气环境质量整体尚未对农产品生产构成威胁

随着人类经济活动和生产的迅速发展，在大量消耗能源的同时也将大量的废气、烟尘物质排入大气，严重影响了大气环境的质量。造成大气污染的原因，既有自然因素又有人为因素，尤其是人为因素，如工业废气、燃烧、汽车尾气等。大气污染对农作物生态环境的影响和危害是人们极为关注的问题。各种形式的大气污染达到一定程度时，直接影响农作物的正常生长；畜禽因摄入含污染物过多的饲料后，致病或死亡，导致农业生产的经济损失。大气污染物进入农业环境后，不仅直接影响农业生产，进入农用水域、土壤污染物还会间接危害农作物的生长[1-5]。

从2012年中国环境监测总站开展的全国农村区域空气质量监测工作结果来看[6]，2012年全国农村区域站SO_2的年均浓度范围为1.9～74.7 g/m^3，平均浓度为22.3 g/m^3。农村区域站NO_2的年均浓度范围为5.3～49.4 g/m^3，平均浓度为19.9 g/m^3。全国农村区域站站PM_{10}的年均浓度范围为26.9～158.8 g/m^3，平均浓度为77.1 g/m^3。总体来看，全国农产品产地区域污染物浓度水平较低，空气质量状况较好。

但需要关注的是，SO_2、烟尘、NO_x等污染物质，也会对农作物造成慢性或急性伤害。SO_2、NO_x等气体污染物能经农作物叶面的气孔进入农作物，然后逐渐扩散到海绵组织、栅状组织，破坏叶绿素，使组织脱水坏死；干扰酶的作用，阻碍各种代谢机能，抑制农作物的生长。而烟尘等颗粒状污染物则能擦伤叶面、阻碍阳光，影响光合作用，妨碍农作物的正常生长。烟尘对大白菜伤害的症状与程度试验表明，烟尘对大白菜的生物学性状、生理功能、产量与品质均有不同程度的影响。差异显著与差异极显著的临界降尘量分别为45.7 t/(km·月)和65.7 t/(km^2·月)，对应的减产幅度分别为16.5%和23.9%；对品质影响明显，可溶糖含量分别降低16.7%和25.5%～31.0%、粗蛋白质降低15.0%和15.9%。此外，颗粒物上的重金属等有害元素还可进入农作物细胞内，产生进一步的危害，使农作物枯萎甚至死亡。

（2）大气沉降对农产品质量安全会产生一定的影响

国道省道等两侧、钢厂、矿区附近，因大气沉降通过污染土壤影响土壤上生长植物的重金属积累和通过植物地上部分吸收进入植物体，导则这些区域的土壤和农产品中常常含有较高含量的重金属[7,8]。许多工业发达国家过去大气沉降对土壤系统中重金属累积贡献率在各种外源输入因子中排在首位。

有研究指出，公路两侧土壤中铅含量主要分布在距离公路0～50 m内[7]。同时，蔬菜食用部位中的铅含量与菜地距公路的距离成负相关，相同距离点土生长的不同蔬菜中重金属含量有明显差别，表明不同种类的蔬菜吸收和积累大气中重金属的能力有强弱之分，一般是普通叶菜的重金属含量大于结球叶菜、根菜及果菜，且普通叶菜的重金属含量超过国家食品卫生标准[9]。江苏省相关单位对其省内的宁通公路、204国道、沪宁高速等主要公路两侧农田土壤中的重金属进行了研究，对Pb、Cr、Ni、Zn、Cd等重金属元素的含量分布特征、影响范围及其差异进行了分析，结果表明同一公路不同路段土壤重金属积累程度不同；Cd在公路两侧农田土壤中大量累积，是最主要的重金属污染物；不同等级的公路两侧土壤重金属累积范围存在差异，沪宁高速累积范围为0～150 m，宁通公路为0～50 m，204国道为0～30 m。相关研究也发现，在公路两侧50 m的距离容易受到污染，每年积累的污染物范围为4～40 g/m^2，累积程度的顺序依次为Cu、Pb、Co、Fe和Zn。宁杭公路南京段两侧的土壤已经形成了Pb、Cr和Co的重金属污染带，且沿公路延长方向分布，自公路两侧污染强度减弱[10-12]。

大多数城郊及工矿区菜地土壤中重金属含量上升的重要原因也与工业生产排放的废气沉降有关。研究表明，太原作为全国大气污染最严重的城市，其降尘对该地区土壤中重金属累积的贡献非常明显，太原市大气沉降对土壤Hg、Cd和Pb的贡献平均分别为4.48 g/(hm^2·a)、6.34 g/(hm^2·a)和349.4 g/(hm^2·a)，大气沉降量工业区＞城区＞风景区＞远郊区。鞍钢厂区大气降尘的沉降通量31. 6 g/(m^2·月)，高于其他地区。鞍钢厂区及附近地区降尘中重金属Pb和Cd的浓度高于对照地区。鞍钢厂区烧结车间的重金属Pb、Cd和As沉降通量均为最大。福建省泉州湾大气降尘中重金属的研究表明，Cd、Cr 、Cu、Ni、Pb和Zn的沉降强度分别为0.08 mg/(hm^2·a)、5.62 mg/(hm^2·a)、2.79 mg/(hm^2·a)、6.28 mg/(hm^2·a)、3.5 mg/(hm^2·a)和11.47 mg/(hm^2·a)。河南省焦作市城市的重金属大气沉降量研究表明，Hg、Cd和Pb的沉降强度分别为4.43 g/(hm^2·a)、5.70 g/(hm^2·a)和394.6 g/(hm^2·a)。这些区域的农作物，特别是叶菜类作物都不可避免地会受到不同程度的重金属污染，从而对农产品质量安全构成威胁。应引起更多的关注。

2. 地表水环境质量状况

（1）我国主要江河水质状况总体较好，但部分劣Ⅴ类水体对农业生产也会有不利影响

从2012年中国环境监测总站开展的全国地表水水质监测工作结果来看[13]，2012年，十大流域总体为轻度污染，主要污染指标为化学需氧量、五日生化需氧量和高锰酸盐指数。监测的704个国控断面中（图2-1-1），Ⅰ～Ⅲ类水质断面占68.9%，Ⅳ、Ⅴ类占20.9%，劣Ⅴ类占10.2%。其中，西北诸河、西南诸河和珠江水质为优；长江和浙闽片河流水质良好；黄河、松花江、淮河和辽河为轻度污染；海河为中度污染，但劣Ⅴ类水比例达到32.8%（图2-1-2）。这些劣Ⅴ类水体如不加以控制与治理，必然会对农产品质量安全

构成威胁。

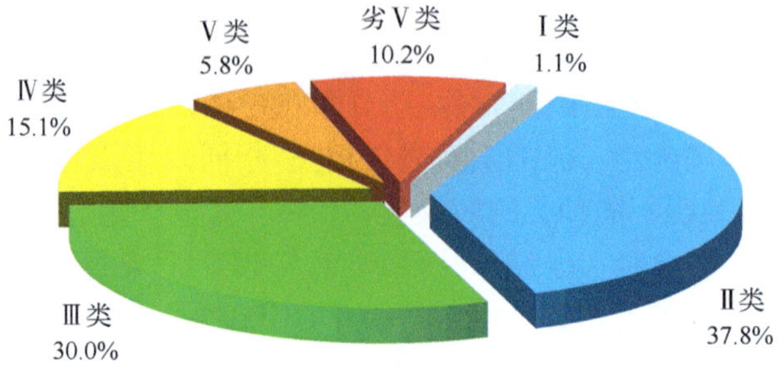

图 2-1-1　2012 年十大流域总体水质类别比例

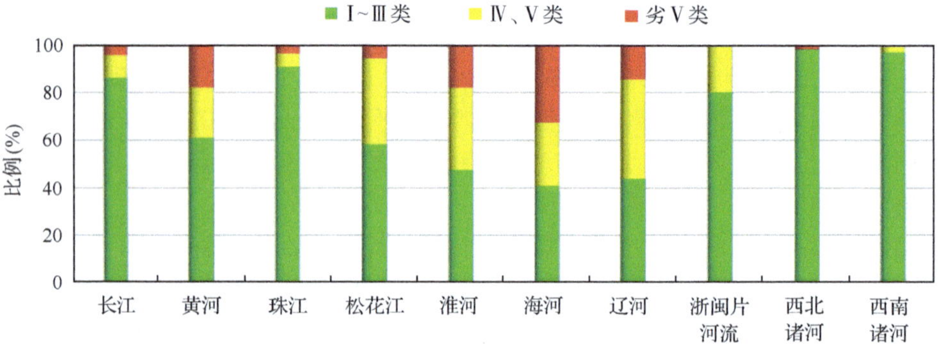

图 2-1-2　2012 年十大流域水质类别比较

(2) 污水灌溉会引起土壤和农作物的污染

由于我国是一个水资源十分短缺的国家，农业生产严重依靠灌溉，据统计，约占全国耕地面积 50%的灌溉面积上生产着全国粮食总产量的 75%～80%[14,15]。我国有效灌溉面积自 1990 年的 4740.31 万 hm^2 增长到 2009 年的 5926.14 万 hm^2，平均每年新增 1.3%，而农业用水比例则自 2001 年的 64%下降到 2008 年的 62%，农业用水被挤占严重[16]。另一方面，我国各地河流、湖泊等地表水体污染的不断增加更加重了水资源短缺的矛盾。在水资源日益短缺与水体污染不断加剧的双重压力下，清洁无害的农灌水源就显得极为珍贵。为弥补水源的严重不足，农区利用污水进行农业灌溉的现象在我国已较为普遍，尤其在我国北方地区，污水已成为农业灌溉用水的一个主要水源，有些地区历史上甚至不加考虑地将工业污水也作为水源进行直接灌溉[17]。污水灌溉是曾经的历史过程，虽然现在基本停止，但污染仍然存在于污灌区[18-20]。

中国的污灌区大致可以划分成三大类：北方水肥并重污灌类型区、南方重肥源污灌类型区以及西北重水源污灌类型区。污水灌溉会引起土壤和农作物的污染，影响农业生产，危害居民的健康[20]。据《第二次污水灌溉区环境质量状况普查统计》，1979 年我国污灌面积仅有 30 余万 hm^2，而到了 20 世纪 80 年代则超过了 130 万 hm^2，20 世纪 90 年代则达到了 360 万 hm^2，其结果见图 2-1-3。

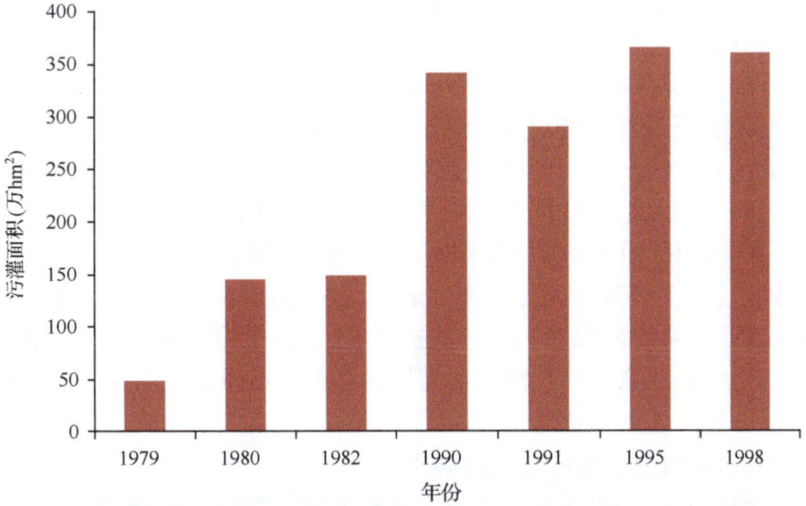

图 2-1-3　我国不同年份污水灌溉面积统计结果

第二次污水灌溉区环境质量状况普查统计基础上，通过查阅了 1989～2011 年公开发表的 300 余篇有关我国污灌的论文。结果表明[20]，我国现有已报道污灌区 131 个，较第二次污灌调查结果增加了 1 倍多，我国较大型的污灌区主要分布在黄、淮、海及辽河流域，这与第二次污灌调查结果一致，可见农业生产缺水是导致污灌的最核心问题。污灌区域的增加同时意味着污灌面积的扩大，在新增的 71 个污灌区中，有 28 个污灌区有确切的统计数据，其面积之和为 28.16 万 hm^2，其余 43 个污灌面积无确切统计结果，如果按每个污灌区 0.05 万 hm^2 计算，则全部新增污灌面积为 30.3 万 hm^2，与第二次污灌调查的数据相加，则我国污灌面积占灌溉面积的总数为 6.65%（估算结果）。

污灌引起土壤重金属污染是我国污灌区最严重问题。根据全国土壤污染状况调查公报，在调查的 55 个污水灌溉区中，有 39 个存在土壤污染。在 1378 个土壤点位中，超标点位占 26.4%，主要污染物为镉、砷和多环芳烃。在沈阳张士灌区，迄今已有 30 多年的污水灌溉历史，由于灌溉水质不达标、污灌时间长，造成菜地土壤 Cd、Hg 的含量超标；河北邢台污灌区中心区域的菜地土壤 Cd 平均含量已超过国家标准数倍；因污水灌溉，广东茂名的 3333 hm^2 耕地重金属含量超标，1982～1997 年的 15 年间，灌区土壤 Cd 和 Pb 的含量分别比本底值增加了 324%和 141%。北京市通州区位于城市东南郊，历史上，在北京市区周边曾形成以重金属为主要污染物的东南郊污水灌区，高峰时污灌面积达到 500 多万亩，污灌历史在 20～50 年以上，其中达到中度、重度污染的面积约 5 万亩以上。随着北京农业向观光农业、精品农业的转变，农业灌溉已基本改为地下水源；同时，随着工业废水达标排放和城市污水处理厂的建设运行使河道水体中重金属浓度显著降低，农业土壤中重金属等污染物的来源被切断，土壤环境质量逐渐得到改善。由于重金属难以降解，在个别地块重金属仍存在超标现象。2013 年总站开展的蔬菜种植区土壤环境质量例行试点监测结果表明：北京市通州区马驹桥镇大松垡村镉、铜和锌的存在超标现象，也与该区历史上为污灌区有一定关联。

同时，污灌还可能改变了土壤重金属的赋存形态，表现为重金属残渣态所占比例的降低，生物有效性和迁移能力的提高，尤其是增加了 Cd 和 Pb 的生态风险。沈阳张士污灌区即使在停止污灌 15 年后，Cd 的可交换态和碳酸盐态比例仍然高达 43%和 35%，大大增强了植物吸收并富集 Cd 的风险，表明该区域在未经过合理的污染修复之前，不能再次用于农业生产，避免通过食物链对人体健康造成危害。

此外，污灌土壤的有机污染问题也是不容忽视的，其中多环芳烃(PAHs)就是一种最常见的有机污染物，也是造成我国农田土壤 PAHs 污染的最主要方式之一。太原小店区污灌土壤受多种较高浓度的有机污染物污染，其中受 PAHs 的污染最严重，导致附近的浅层地下水中相应的多环芳烃类化合物含量的增加，而水位较深的地下水或远离污灌源的地下水则无有机污染物的存在。辽宁沈抚污灌区的石油类和挥发酚分别超过国家标准 70 倍和 200 倍之多。北京、天津、河南污灌区也都存在不同程度的多环芳烃的污染。

3. 农田区土壤环境质量状况

(1) 我国大部分农田土壤环境适宜耕作

国土资源部历时十年，投入 130 多万人开展了"中国耕地质量等级调查与评定"调查，将中国耕地质量分为四个等级：优等地、高等地、中等地、低等地。调查结果显示，四个等级耕地面积占全国耕地评定总面积的比例分别为 2.67%、29.98%、50.64%、16.71%[21]。从国土资源部进行的全国多目标区域地球化学调查进展与成果来看，"国土资源部中国地质调查局从 1999 年开始实施全国多目标区域地球化学调查，进行全国区域生态地球化学评价与土地质量地球化学评估。截至 2010 年年底，共计完成调查面积 165 万 km^2，涉及全国 31 个省(区、市)，覆盖全国东、中部平原盆地、湖泊湿地、近海滩涂、丘陵草原及黄土高原等主要农业产区"。"调查表明，全国土地质量总体良好。根据国家有关标准，调查区符合种植绿色农作物土地面积占 87.9%，存在潜在生态风险的占 12.1%，其中属中度、重度污染土壤约占 3.0%。符合种植无公害农作物土地面积占 92%，表明土地是清洁安全的。""特别是华北、东北地区质量最好，优质土地面积分别达 99%和 96%"[22]。

2012 年中国环境监测总站开展的全国农田区(粮棉油)土壤监测结果也表明清洁土壤所占比例较高[13]。2012 年，4606 个农田区土壤环境质量试点监测点位中，3804 个点位无污染，占监测点位总数的 82.6%。中度和重度污染比例为 2.4%(图 2-1-4)。

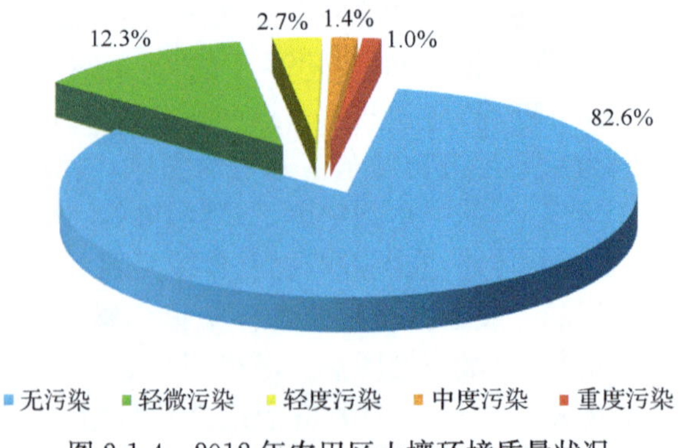

图 2-1-4　2012 年农田区土壤环境质量状况

2013 年，中国环境监测总站开展的全国蔬菜种植区土壤监测结果也表明清洁土壤所占比例较高，单项污染指数法评价结果表明：在蔬菜种植区监测的4910个点位中共有1188个点位为超标，超标率为24.2%，轻微、轻度、中度和重度污染点位比例分别为15.8%、5.3%、2.1%和1.0%（图2-1-5）。

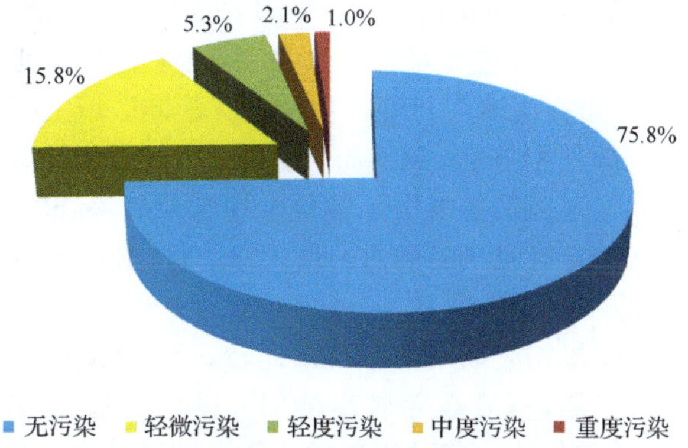

图2-1-5　2013年蔬菜种植区土壤环境质量状况

不同部门、不同学者由于对土壤污染调查工作的侧重点不同，采取的调查范围和研究角度各异，得出的土壤污染情况有所差异。为更好地摸清全国土壤质量状况，应在全面深入调研的基础上科学、客观地评判全国土壤质量状况，不应低估，也不宜过分夸大当前的土壤污染形势[23]。

（2）部分中度和重度污染区域土壤潜在生态风险较高，对农产品质量安全影响较大

2011年10月25日，环境保护部周生贤部长在提到土壤污染时指出："从土壤污染看，受污染的耕地约有1.5亿亩，长三角、珠三角、京津冀、辽中南和西南、中南等地区土壤污染面积较大。固体废物堆存占地和毁田约200万亩。一些城市污染场地再开发的环境风险不容忽视。""损害群众健康的环境问题仍然比较突出。近年来，重金属污染事件呈高发态势。""全国约有1.2万座尾矿库，其中危、险、病库占12.4%，对周围水和土壤环境污染严重。"[21]

根据全国土壤污染状况调查公报，全国土壤环境状况总体不容乐观，部分地区土壤污染较重，耕地土壤环境质量堪忧，工矿业废弃地土壤环境问题突出。工矿业、农业等人为活动以及土壤环境背景值高是造成土壤污染或超标的主要原因。全国土壤总的超标率为16.1%，其中轻微、轻度、中度和重度污染点位比例分别为11.2%、2.3%、1.5%和1.1%。污染类型以无机型为主，有机型次之，复合型污染比重较小，无机污染物超标点位数占全部超标点位的82.8%。其中，耕地土壤点位超标率为19.4%，其中轻微、轻度、中度和重度污染点位比例分别为13.7%、2.8%、1.8%和1.1%，主要污染物为镉、镍、铜、砷、汞、铅、滴滴涕和多环芳烃。

从污染分布情况看，南方土壤污染重于北方；长江三角洲、珠江三角洲、东北老工业基地等部分区域土壤污染问题较为突出，西南、中南地区土壤重金属超标范围较大；镉、汞、砷、铅4种无机污染物含量分布呈现从西北到东南、从东北到西南方向逐渐升高的态势。

农业部环保监测系统对全国24省（市）、320个严重污染区土壤调查发现，大田类农产品超标面积占污染区农田面积的20%，其中重金属超标占污染土壤和农作物的80%。农业部调查表明，全国污灌区面积约140万hm^2，遭受重金属污染的土地面积占污染总面

积的 64.8%，其中：轻度污染占 46.7%，中度污染占 9.7%，严重污染面积占 8.4%，其中以重金属 Hg 和 Cd 的污染面积最大[24,25]。

特别是采矿区和冶炼区周边及部分城郊地区，这些区域农田土壤重金属的含量较高，部分已超过《土壤环境质量标准(GB 15618—1995)》Ⅲ级，并对农产品安全生产构成了严重威胁。国内研究者甚至媒体对这类问题最为关注，相应的报道也较多[26-30]。例如广西污染高风险地区主要是分布在河池市丹池矿化带及其延伸区域上，如河池市南丹南部、环江西部和金城江区；湖南株洲冶炼区、湖南石门采矿区、云南会泽采矿区、甘肃白银采矿区、广东汕头采矿区周边等区域采集农田土壤重金属含量较高，也属于高风险地区[31-33]。这些高风险区内，一般存在着对农产品的重金属含量超标的问题。应引起高度关注。

(3) 农田土壤重金属累积趋势明显

根据相关调查结果，并与相应地区多年结果比较，近年来，随着单位面积耕地中农业投入品用量的不断增加，特别是 Cd 含量较高的部分进口磷肥、复合肥投入量的增加，以及含 As、Zn、Cu 较高的部分集约化养殖场畜禽粪便施用量的大幅度增加，农田土壤中重金属出现了较明显的累积现象。

对国内外文献中所报道的中国菜地土壤的重金属含量数据进行了统计分析，结果表明：70%的样本 Cu 含量在 38.9 mg/kg 以下，Zn 在 115 mg/kg 以下，Pb 在 43.0 mg/kg 以下，Cd 在 0.37 mg/kg 以下，Cr 在 80.9 mg/kg 以下，As 在 13.0 mg/kg 以下，Hg 在 0.2 mg/kg 以下。各重金属含量(mg/kg)的平均值分别为：Zn(99.9±1.75)>Cr(49.8±3.05)>Cu(30.0±1.80)>Pb(29.5±2.67)>As (8.03±3.77) >Cd(0.280±2.93)>Hg(0.120±3.11)。与 1990 年的土壤背景值比较，除 As 和 Cr 外，Cd、Hg、Cu、Pb、Zn 的含量分别高出全国背景值的 278%、198%、50%、25%、48%，表明中国菜地土壤出现了不同程度的重金属累积现象。其中，Cd 是富集程度最高的元素，超过当地土壤背景值的统计样本达到 84.9%，其次是 Hg；As 的富集程度相对较低。

尽管目前国内研究者对耕地重金属含量的长期定位监测不多，且已有的监测点大多分布在高风险区域。但根据已有的相关研究结果，近年来耕地中重金属的累积也是客观存在的事实，这种现象在集约化程度较高、农业投入品用量大的耕地上尤为明显。对这些地区的调查结果表明，农田土壤的重金属含量大多高于背景值，即存在所谓的“累积”问题。如果这样趋势继续下去，若干年后耕地中部分重金属出现累积和超标将不可避免。

而且，在我国其他农业主产区，由于使用重金属含量较高的磷肥、复合肥、污泥及畜禽粪便等，耕地表层中重金属的累积速度更快，部分农田含量已经超标，必须引起足够重视。因此，在当前严格控制工业排放对农田污染的同时，应限制肥料的过量施用，加强农业投入品的质量检验，杜绝重金属含量超标的投入品进入农田，遏制耕地重金属的累积趋势，从而保障农业环境和农产品质量安全。

(4) 土壤呈现有机质含量下降和酸化趋势，导致重金属活性增强

近年来，由于农业的过度开发，尤其是长期偏施单质化肥，没有适当给土壤补给有机质，造成土壤有机质下降和土壤微生物菌群多样性及其功能减弱，导致土壤质量下降，土壤退化严重，最终影响农业生产。以东北黑土区为例，土壤有机质已由开垦时的 8%～10%，下降到 2%～3%。

此外，部分南方地区、酸雨区、集约化种植区的耕地土壤酸碱度面积变化明显，土壤酸化现象已普遍存在，部分地区酸化现象已很严重。如我国南方酸性土壤地区、太湖地区、红壤丘陵区等水稻产区都有土壤酸化的趋势，同时土壤中 Cd 的污染已较为普遍。而据分析土壤酸化的主要原因主要是长期施用化肥和酸雨导致的结果。

2006～2010 年，据湖南省土肥系统 34 个土壤肥力监测点统计[33]，湖南省土壤平均 pH 由 6.4 下降到 5.9，下降了 0.5 个单位，其中最大下降了 2.1 个单位。湖南省耕地土壤酸化面积为 275.40 万 hm^2，呈现进一步酸化的趋势，如果不加以控制将继续向极强酸性耕地转化（表 2-1-1）。

表 2-1-1　不同时期湖南省耕地土壤酸碱度面积变化情况（万 hm^2）

调查时期	pH 分级						
	极强酸性 <4.5	强酸性 4.5～5.5	中等酸性 5.5～6.5	中性 6.5～7.5	中等碱性 7.5～8.5	强碱性 8.5～9.5	极强碱性 >9
2006～2010 年调查	0.36	145.67	126.13	46.33	56.60	0.73	0.04
第二次土壤普查	1.73	49.13	155.73	68.93	74.07	1.73	—

江苏省 2004 年开展的环太湖 3 市 12 个县（市、区）耕地质量调查项目研究结果表明，研究区两个时期（2004 年耕地质量调查与 1982 年全国第二次土壤普查）相距二十多年，土壤 pH 总体呈现下降趋势，平均降幅为 0.33 个 pH 单位。南部的吴江、武进、吴县、宜兴等县市 95%以上区域面积的土壤 pH 都小于 6.5，其中吴江市有 64.5%区域面积的土壤 pH 小于 5.5。环太湖地区土壤 pH 面积统计结果表明，土壤 pH 主要集中在 5.5～7.5 之间，其中 pH 小于 6.5 的土壤面积占总面积的 67.3%，可见环太湖地区土壤偏酸性，尤其是在部分工业比较发达的地区。2006 年无锡市基本农田土壤质量监测结果也表明土壤酸化较为严重，无锡市水稻田土壤 pH 平均值为 5.9，蔬菜地 5.3，茶果园地 5.0，而第二次土壤普查时的土壤平均 pH 为 6.5。

土壤有机质含量降低和 pH 下降，会造成重金属有效态含量升高，导致其被农作物吸收的可能性增大，从而对农产品安全构成威胁。

4. 在措施有效的情况下，我国农产品产地环境将进一步得到改善

党的十八大以来，习近平总书记对生态文明建设和环境保护提出了一系列新思想新论断新要求，特别是在中央政治局第六次集体学习以及中央政治局常委会听取《大气污染防治行动计划》（以下简称《大气十条》）汇报、参加河北省委常委班子党的群众路线教育实践活动专题民主生活会时的重要讲话，为进一步加强环境保护，建设美丽中国，走向生态文明新时代，指明了前进方向。李克强总理、张高丽副总理都对生态环境保护提出了很多明确要求。党的十八届三中全会作出《中共中央关于全面深化改革若干重大问题的决定》（以下简称《决定》），要求紧紧围绕建设美丽中国深化生态文明体制改革，加快建立生态文明制度，健全国土空间开发、资源节约利用、生态环境保护的体制机制，推动形成人与自然和谐发展现代化建设新格局。中央在经济工作会议和城镇化工作会议上，再次对生态文明建设和环境保护作出部署。国务院也已经确定的本届政府环境保护三项重点工作为大气、水体、土壤污染治理。因此，随着我国这三项重点工作的不断推进和深化，可以判断，

我国的生态环境，也包括农产品产地生态环境质量状况将得到很大的改善和提高。

但农产品产地生态环境质量状况改善和提高也必须深入探讨和采取以下措施：如有效的土壤污染分类防治措施；制定并推广种养业规范化生产规程，规范生产行为；建立农产品质量安全追溯制；深入再生水回用研究；大力推广测土配方施肥，补贴推广有机肥；稳步推进绿肥种植以奖代补；推广绿色防治，减少农药施用；研究农业规模化、专业化和生态化发展的途径。

（二）农产品基本现状及趋势

1. 全国农产品质量总体平稳

自 2003 年以来，国家在农产品的安全质量控制中取得了显著的成绩[34]：2003～2007 年国家在 37 个城市的蔬菜抽样检测结果表明蔬菜中的农药残留达标率逐年递增（图 2-1-6）。至 2007 年 1 月，蔬菜农药残留的平均合格率为 93.6%，其中生产基地抽检合格率为 96.7%，批发市场抽检合格率为 93.7%，超市和农田抽检合格率分别为 91.7% 和 92.5%。全国各省区市食品质量呈共同提高的格局。2007 年上半年全国 31 个省区市食品质量平均合格率为 89.2%，其中有 14 个省达到 90%以上。

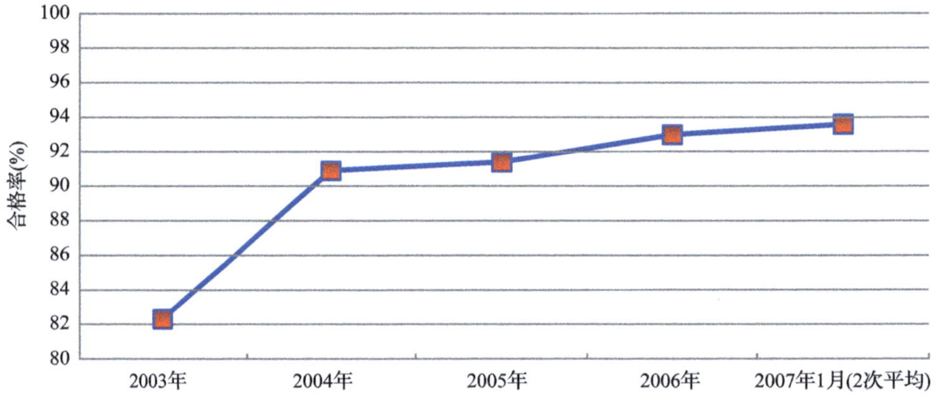

图 2-1-6　2003～2007 年 37 个城市蔬菜农药残留监测合格率

我国粮谷类农药残留的抽检情况，总体也令人放心，具体结果如下：2010 年湖南省农业大学对湖南省的湘东、湘西、湘中、湘南及湘北随机抽取水稻主产县市区抽取稻米样品检测，结果表明：2011 年，湖南省全省稻米农药超标率仅为 12.7%。大大低于 2010 年的 30.2%的超标率。浙江省疾病预防控制中心于 2007 年 9 月至 2008 年 1 月对平阳县农户大米采样检测，进行 11 种有机磷农药与 1 种含氮农药三环唑的残留调查，检测结果显示，本次大米农药残留超标率为 2.3%。市售大米的农药残留超标率为 3.1%，本地农户大米农药残留超标率为 1.7%。

根据农业部发布的数据：2011 年全国全年没有发生重大农产品质量安全事件，蔬菜、畜禽产品和水产品监测合格率分别为 97.4%、99.6%和 96.8%；2012 年全国蔬菜、畜禽产品和水产品例行监测合格率分别为 97.9%、99.7%和 96.9%。

总体而言，全国农产品质量安全水平稳中有升，保持“总体平稳、逐步向好”的发展态势。

此外，北京等地的实地调研结果也表明我国农产品抽检合格率也呈现上升趋势：

从 2001 年 7 月份到 2012 年 4 月份，北京蔬菜产品总计抽检 47 次，4736 个样品，总体合格率 93.6%。以 2010 年为例，从检测结果看，北京市蔬菜质量安全状况依次为生产基地最好，抽检合格率达 99%以上，其次超市、批发市场，农贸市场最差，抽检合格率为 89.1%（图 2-1-7）。

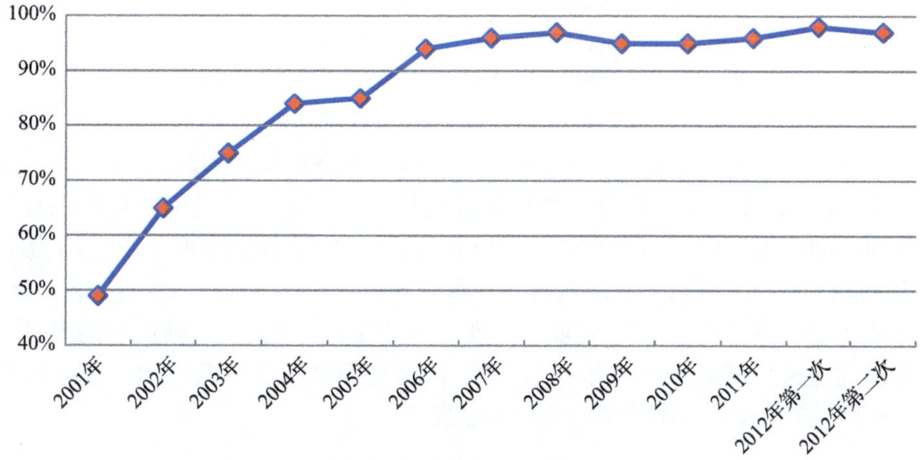

图 2-1-7 北京蔬菜抽检合格率

北京市其他农产品抽检合格率也较高（图 2-1-8）。杂粮样品在三年的监测中质量安全较为稳定；油料、豆类在 2009 年抽检合格率较低，2010 年和 2011 年有所提高，其中油料均为 100%，豆类分别为 98.7%和 100%。

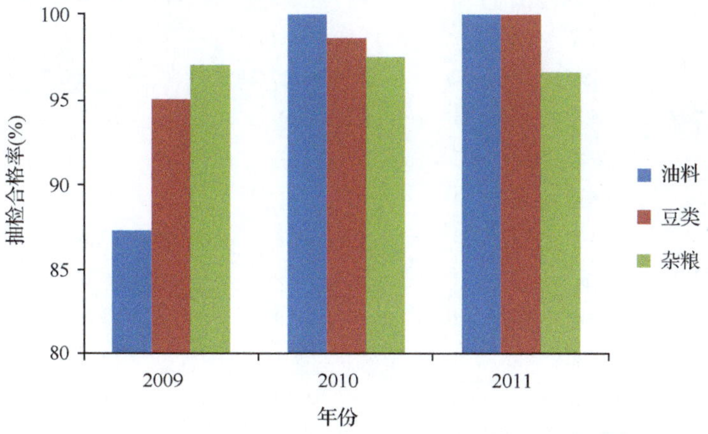

图 2-1-8 2009～2011 年北京其他农产品抽检合格率

河南省滑县近 3 年定性检测蔬菜样品 2380 个，样品合格率 97.1%；定量检测蔬菜样品 360 个，样品合格率 98.9%；定量检测粮食样品 120 个，样品合格率 99.4%。

但也需要指出的是,2003 年以前的农产品抽检合格率在 60%～80%,原来的基础较差,因此近年来农产品抽检合格率提升很快,三品一标等农产品生产基地的合格率很高,但分散经营的个体种植的农户种植的农产品合格率依然不高。而且,目前不合格所占的比例与发达国家相比,仍然较高。同时,如果想进一步提高农产品抽检合格率也相当困难。

2. 重金属高风险区存在农产品安全隐患

有色、黑色金属冶炼是造成采矿区土壤重金属污染的主要原因。由于矿石中无机元素的伴生性,冶炼区周边土壤均具有多种重金属复合污染的特点。金属矿冶活动对周边地区的土壤中镉、铅、砷等重金属的超标率贡献较大。从我国 12 个省的黑色金属矿和 27 个省的有色金属矿调查结果表明,西南地区的铅锌矿开采过程造成的污染最为严重,导致了矿区及周边土壤中镉、砷、铅等超标,黑色金属矿区及其周边土壤中重金属污染严重。

以重金属砷为例(表 2-1-2)。目前由于砷的价格较低,企业对砷的回收缺乏动力,大量砷都直接或间接地进入土壤,导致土壤砷污染问题十分突出。因此,在含砷矿产资源开采活动密集的区域,土壤及农作物中的砷含量较高[35]。湖南常宁县因采矿和冶炼而导致大面积稻田受砷污染,其砷含量为 92～840 mg/kg。石门雄黄矿附近 3 个村,土壤砷含量为 84～296 mg/kg。广西南丹大厂超大型锡多金属矿田下游的刁江流域沿岸土壤 As 超过土壤环境质量(GB 15618—1995)Ⅲ级标准 36～276 倍。同时,受砷污染的地区其农作物中砷含量远远超过国家标准(GB 4810—94)中粮食砷的限量标准(≤0.7 mg/kg),表现出明显的砷污染效应,对人体健康构成严重威胁。

表 2-1-2　全国部分砷污染区域作物砷含量汇总表

类型	作物	样本数	砷浓度(mg/kg 干重)		富集系数
			土壤	可食部分	
湖南柿竹园矿区周围	葱	3	9.0～1166	0.6～17.7(8.4)	
	豆角	5	9.0～1166	0.6～5.8(2.7)	
	空心菜	3	9.0～1166	2.1～54.8(32.0)	
	茄子	2	9.0～1166	2.0～4.7(3.3)	
	水稻	29	82.9～1217(380)	0.5～7.5(1.7)	
湖南郴州铅锌矿污染区	辣椒	1	709	14.8	0.02
	四季豆	1	709	7.9	0.01
	玉米	1	709	1.5	0.002
	芋头	1	709	16.6	0.02
湖南郴州砷冶炼区下游	红萝卜	1	33.9	2.1	0.15
	芹菜	1	23.9	8.1	0.16
	小白菜	1	33.1	13.8	0.42
	叶用莴苣	1	31.0	22.8	0.73
	菠菜(鲜重)	3	23.1～61.7	0.58～2.12	0.039～0.047
	芹菜(鲜重)	2	23.9～42.3	0.59～0.79	0.021～0.025
	茼蒿(鲜重)	2	37.4～55.4	1.14～2.39	0.02～0.064
	芫荽(鲜重)	2	40.3～64.9	0.34～0.56	0.009～0.009

续表

类型	作物	样本数	砷浓度(mg/kg 干重)		富集系数
			土壤	可食部分	
湖南常宁砷毒田	水稻	9	146～615	0.34～3.9(1.29)	
	红薯	8	299～2334	0.04～3.5	
	萝卜	1		1.91	
	白菜	21	155～1194	0.11～1.92(0.87)	
湖北冶炼厂废水污灌区	小麦	8	72.3	0.86	0.012
	大米	8	72.3	0.88	0.12
广东老虎冲砷渣污染农田	黄豆	1	1400	6.8	0.00
云南个旧矿区	油麦菜	1	82.05	15.36	0.19
	韭菜	1	82.05	89.02	1.08
	苋菜	1	82.05	89.02	1.08
	豆角	1	113.1	21.19	0.19
广西环江污染农田	水稻	3	14.5～24.6	0.74～2.29	0.051～0.093

含砷矿产资源的开发所导致的地区性、流域性甚至更大范围的砷污染事故，在国内外都时有发生，特别是土法炼砷的污染问题更加严重。从我国矿业活动导致的砷中毒事件（表 2-1-3）来看[35]，砷污染土壤（食物）、饮用水源和大气是最主要的途径。这类事件主要发生在我国砷储量相对丰富及含砷矿产资源采、选、冶活动比较密集的广西、湖南、云南、贵州等西南及其周边地区。对此区域的砷污染威胁应该予以重点关注。

表 2-1-3　全国砷污染事件及原因分析表

年份	地点	污染事件	危害产生原因
1961	湖南新化锡矿山	308 人食物中毒，6 人死亡	饮水井周围露天堆存含砷碱渣，污染饮用水源
1974	云南锡业公司第一冶炼厂	多人中毒	锡精炼的铝砷浮渣受潮，产生砷化氢
1981	浙江富春江冶炼厂	200 多人中毒	铜鼓风炉渣中混进含砷的废触媒，砷污染水源
1987	湖南新田县莲花乡	14 人慢性砷中毒，2 头耕牛死亡，3 口鱼塘的鱼全部死亡，砷污染稻田 0.16 hm^2	炼砷渣随意堆放在公路两边导致砷污染
1994	湖南桃江县竹金坝乡	8 人急性砷中毒	锑废渣污染井水导致急性砷中毒
1994	贵州三都县某镇	125 人急性砷中毒，1 匹运输马死亡	直接接触土法炼砷处遗留的铁桶、炉砖，饮用现场砷污染水源
1995	湖南常宁白沙镇	300 余人中毒，农田大面积绝收、减产，全年直接经济损失 5500 万元以上	炼砷、炼砒废水污染水源和土壤

续表

年份	地点	污染事件	危害产生原因
1995～1998	广西柳州市工矿企业	5起11例急性职业性砷化氢中毒,其中2人死亡	砷矿渣与水或酸混合产生砷化氢
1996	贵州平坝县	280人中毒	含砷废水污染水源
1996	湖南新化锡矿山	617人中毒	含砷锑废渣污染井水
1998	湖南安仁县华五乡	884名师生出现砷中毒	食用土法炼砒处废弃的编织袋盛装的大米
1998	云南某乡镇冶炼厂	32名工人中毒	车间空气中三氧化二砷含量过高($8.99\ mg/m^3$)
2000	湖南郴州市苏仙区邓家塘乡	300多人砷中毒,2人死亡,50 hm^2 水田抛荒	炼砒厂含砷废水污染水源和土壤
2000	广西柳江县	6人中毒,其中2人死亡	自来水冲洗废旧砷矿渣产生砷化氢
2001	广西河池五圩	193人中毒	选矿厂排出的废水砷超标2189倍,污染水源
2002	贵州独山县城近郊	334人中毒	选冶厂随意堆放和倾倒含砷废渣,污染水源
2002	湖南衡阳界牌镇	76人中毒	砷矿石、废渣等污染水源
2003	云南楚雄滇中铜冶炼厂	83人陆续砷中毒	排烟系统超负荷运转,砷化合物烟气外溢
2004	辽宁阜新	160人砷中毒	炼铜厂污水泄漏,污染水源
2005	河北保定老河头镇	30多人中毒	含砷矿渣遇水生成砷化氢

3. 粮食重金属超标污染物主要为镉、砷、铅和汞

目前对于农产品中重金属的检测还不普遍。而重金属污染具有隐蔽性,难以降解,且易于富集,因此,重金属对农产品安全的危害可能较农药残留更大。2011年我国粮食部门在全国除西藏外的30个省份315个市的1200个县采集农户样品6123份,监测结果表明:稻谷、小麦、和玉米重金属超标率总计为9.23%。其中,砷3.72%、汞0.13%、铅1.4%,镉4.41%。从不同品种看,稻谷重金属最高;小麦重金属超标率次之;玉米未检测出超标样品。

同时,从地区看,重金属超标率较高的粮食主要分布在南方省份,主要包括:福建、江西、湖南、广东、广西、四川和云南等。这也与上述省份土壤重金属含量较高相一致。

4. 蔬菜中的重金属污染应引起重视

在各种农产品中,蔬菜比较容易受到重金属污染,蔬菜基地一般都建立在城市郊区,这里地处城乡结合部,工厂分布较多,城市化的快速发展以及生活垃圾和工业“三废”的排放,都能导致蔬菜产区土壤和灌溉水受到严重污染,加上农业生产过程中,不合理的使用农药、化肥等投入品等因素,导致了蔬菜产量、品质和安全性下降。据调查,中国24个省(市)城郊、污水灌溉区、工矿等经济发展较快地区的320个污染区中,蔬菜的重金属含量

超标问题较为严重。

局部区域的调查或研究结果也表明，菜地土壤重金属超标问题已逐渐成为威胁中国蔬菜发展且亟须解决的突出环境问题。北京市郊种植的部分蔬菜受到 Pb、Cd 和 Cr 的污染，其中污染最严重的是 Pb，超标率达到了 11.39%，其次为 Cd 和 Cr。通过对天津市郊部分蔬菜的抽样检测，在全部 36 种蔬菜样品，Cd 污染最为严重。上海市市郊蔬菜也受到重金属污染，以 Cd 和 Pb 污染为主，超标率分别为 13.3%和 12.0%。沈阳市市郊的蔬菜同样受到程度不同的重金属污染，超标率较大的元素是 Pb 和 Hg，其次是 Zn 和 Cd。西安市郊区蔬菜的可食部分中重金属元素监测的结果表明，Pb 是西安市郊区蔬菜的主要污染元素，超标率为 48.0%；Cr 和 Cd 的污染仅表现在个别蔬菜中，超标率分别为 4.0%和 2.0%。由此可见，我国蔬菜重金属的污染多以 Pb、Cd 和 Hg 这 3 种重金属为主[36-41]。这些局部区域的调查或研究结果都表明，菜地土壤重金属超标问题已逐渐成为威胁中国蔬菜发展且亟须解决的突出环境问题。但需要指出的是这仅是一些典型调查结果，其代表性尚显不足。

二、国内外保护农产品产地生态环境的成熟法规政策和技术措施

（一）国外农产品产地生态环境保护政策法规与经验研究

美国、欧盟、日本等经济发达国家在其工业化进程快速推进的同时，农产品产地生态环境受到了负面影响并不断恶化，直接威胁到农产品安全，为此，各国相继出台了一系列保护农业生态环境的政策技术措施，制定了农业生态环境保护法律法规。

1. 美国农产品产地生态环境保护管理措施

美国的农业生态环境保护管理体系主要由环境法规、技术政策和环境标准三部分组成，其中环境技术政策是美国环境技术管理的核心。1980 年美国制定了《综合环境对策、赔偿及责任法》，也称作《超级基金法》。该法对土壤污染采取“谁污染谁治理”的原则，主要目标在于修复全国范围内的污染地块，并明确清洁费用的承担者。该法最大的制度创新在于通过设立名为“超级基金”的信托基金向石油、化工产业征税来维持基金的运作，旨在对实施该法律提供资金支持，该法案被日本、欧盟等世界很多国家效仿[42]。

美国人均耕地 0.7 hm^2，为我国的 7 倍。据美国 1990 年调查评估报告显示，非点源污染约占美国环境污染总量的 2/3，其中农业面源污染占非点源污染总量的 68%～83%，导致 50%～70%的地面水体受污染。美国环境保护署在 2003 年宣布农业源已经成为水污染的第一大污染源[43]。美国针对非点源污染采取的主要防控措施一是政策措施，二是技术措施，三是绿色农业等综合环保措施，经过多年的治理控制，农业污染已大幅减少，据 2006 年统计，美国农业污染面积已比 1990 年减少了 65%。首先在政策法规方面，美国控制农产品产地污染的法律有《清洁水法》、《资源保护和可再生法》、《环境风险、赔偿和责任综合法》、《农药使用联邦法》等。同时，美国各州还颁布了很多相关的地方法规。例如新泽西州 1993 年就制定了《危险地块修复法案》，之后又相继制定了《棕色地块和污染地块修复法案》、《土壤修复标准》等；加利福尼亚州的土壤污染物控制标准由总量阈值限制浓度和可溶性阈值限制浓度两部分构成。第二在技术措施方面，主要使用基于自愿和奖励

的最佳管理措施(BMPs)控制农业源污染[44]。美国在农业污染控制上对农民没有或只有很少补贴,极力推广成本低廉、操作简单的替代技术,关键是鼓励农民自愿采用环境友好的环境保护控制技术[45],其主要控制技术有农田最佳养分管理、有机农业或综合农业管理模式、等高线条带种植、农业水土保持技术措施等。操作简单、价格便宜的替代技术是农业污染控制的关键。第三在环境标准方面,美国是国家制定导则,由各州自行确定土壤标准限值,由环境保护署颁布用于推导保护生态环境和用于推导保护人体健康的土壤筛选值导则,规定了生态土壤筛选值(植物);人体健康土壤筛选值;美国环境保护署颁布了生态土壤筛选指南,该指南分别以植物、土壤无脊椎动物、鸟类及哺乳动物为受体,对相应生态土壤筛选等级的制定程序和计算方法进行了详细说明,并且制定了 24 种污染物的标准限值,美国禁止杀虫剂中含有害重金属镉,针对土壤质量的评价标准涵盖 90 多种有机物以及铅、镉、钒和氰化物等多种无机物的限量标准。

2. 欧盟的综合污染防治指令和农业生态补偿政策

欧盟农业集约化程度很高,各国农业污染也成为地表水氮磷富集的最主要来源。荷兰农业污染氮磷分别占环境污染负荷 60%和 45%,瑞典来自农业面源的氮磷占流域输入总量的 60%~80%,西欧国家自 20 世纪 80 年代末以来逐步实施农业投入氮、磷总量控制,氮、磷化肥用量分别下降了大约 30%和 50%,连续 20 年氮、磷化肥用量的大幅度下降使得农业源污染得到了有效的控制,农药、化肥及畜禽废水等排污量大大减少,农田环境及生态环境得到了较大的改善。由于欧盟成员国在大幅度减少氮、磷化肥用量的同时,通过农业政策的落实,提升农业科技水平,提高有机氮、磷资源的利用率,促进高产水平下物质投入在生产系统内部的良性循环,虽然耕地面积和化肥投入量不断下降,但其耕地产出率和作物产量逐年上升,粮食总产和单产分别比 90 年代初期增加了 57%和 80%。

欧盟的农业污染控制主要是根据欧盟综合污染防治(IPPC)指令 96/61/DE 的规定,采用最佳可用技术(BAT)作为能够达到对整个环境进行高水平保护的重要工具[46]。欧盟环境技术管理体系包括环境技术政策的制定、环境技术的评估筛选、政府的有效引导和市场选择、创新手段的运用等。1972 年《欧洲土壤宪章》颁布,第一次将土壤视为需要保护的重要环境要素。2000 年颁布了《水框架法规》(EU Framework Water Directives)启动了流域管理计划,用以控制面源污染对水体的影响[47]。欧盟建立了欧洲环境信息观测网(EIONET)重点研究与解决农业污染问题,对生物性污染、化学污染、饲料污染等固体与液体污染物进行了重点关注。例如,英国为了保证农业生态补偿政策的落实,政府定向拨款开展农业环境保护相关的项目,项目主要保护的是土壤的质量和农产品安全;为了有效防控地下水的硝基盐污染,在全国实行了分区管理,在硝酸盐脆弱区域制定严格的禁止施肥的封闭期。2012 年还投入了 1000 万英镑用以控制面源污染以保护水质。又如在 1983 年德国的北莱茵-威斯特法伦州首次公布的肥料法令中规定:“最高经济肥料(粪尿)量为每公顷含氮 240 千克”。同时对饲养动物所需的面积定下法规:“每公顷最多许可饲养 21 头猪或 3 头牛”。为了鼓励农民从传统型向生态型的经营转型,德国政府还制定和实施了转型补贴政策,德国中央和地方都颁布了一系列生态农业配套法规和政策条例[48]。

3. 日本坚持立法配套和严格的环境标准

日本1961年6月正式颁布实施了《农业法》，1999年又颁布了《食品、农业、农村基本法》该法首次把食品加工流通业与农业和农村经济的协调发展作为一个整体，从法律上加以全面规范并提出相应的对策措施，取代了沿用38年的《农业法》。日本在农业用地与农民土地权益方面制定了多项与"母法"相配套的法律法规[49]，主要有《土地改良法》、《农地法》、《关于农业振兴区域建设法》、《农地调整法》等。其中，《土地改良法》以农用地的改良、开发及促进农业基础设施建设、提高农业的生产率、调整农业生产结构等为目的，对农用土地排水设施、农用道路的保护或必要的设施建设、农用土地的改良设施、农业区划整理、农用地的造地、农用地或土地改良设施的灾后修复等做出了具体规定。

20世纪60年代，日本农业污染开始加重，出现了"镉"、"汞"等多起重大污染事件，引起了政府高度重视，对此，政府大力推广环保农业，为了在环境容量内重新构筑能够降低环境破坏的农业生产技术体系，推出了环保型农业发展模式，1970年颁布了《农用土壤污染防治法》，2002年制定了《土壤污染对策法》。在农业环境保护和立法上实行政策支持、立法配套的做法，实行了世界上最为严格的环境标准[50]；减少农药和化肥使用量，使用硝化抑制剂和化肥缓释剂；确定环境标准和环境容量；通过不同土地利用方式的交叉组合控制面源污染等，日本的环保法规对污染型产业的发展形成了强大的约束力。日本土壤标准以保护土壤和地下水为目标[51]，在制定土壤标准中采用了浸出液（将土壤和10倍量的水混合，将污染物浸出）标准，实现了土壤镉有效态分析检测，规定了土壤试样溶出量的标准限值。日本对现行土壤标准坚持及时修订补充，如1970年颁布了《土壤质量环境标准》，1991年制定《土壤污染环境标准》规定了镉等10项监测指标标准值，1994年修订追加三氯乙烯等15监测指标，2001年再修订追加了氟、硼2项监测指标，目前共计27项监测指标，其标准值均采用了以试样溶液中含量标准，即土壤有效态标准值。

4. 其他国家

澳大利亚在保护农业环境方面，联邦环境法规因数量较少而处于"配角"，各州环境法规为主角地位。澳大利亚环境法分为联邦和州两级，各州都有自己的环境法规[52]。联邦政府只负责有限范围内的环境保护活动，各种环境保护工作大都由各州负责，各州环境法规因数量多而成为联邦环境法的主角。国家对土壤标准设立了A级为土壤背景值和B级为土壤调查值等标准值。

国外在土壤环境质量标准方面：荷兰国家土壤环境标准分为目标值、调解值；瑞士制定了土壤元素总量的指导值、临界值、农用地污染修复值；各国土壤标准的梯度标准值名称不同，但实质内涵都是用以分别保护土壤环境背景、土壤生态功能、保护人体健康等不同层次的土地利用目标。瑞士与日本相同也制定了土壤元素有效态标准值，瑞士现行标准是土壤元素总量和有效态"双指标"并用。

（二）我国农产品产地生态环境保护进展

我国的农产品产地生态环境保护工作起步较晚，20世纪80年代主要是在应用国外模型的基础上，结合我国农业污染的特点进行污染宏观特征与污染负荷估算模型的研究。进入21世纪，我国农业面源污染对环境的影响进一步加剧[53]，污染防控逐步成为现代农业生产和经济可持续发展的重大课题。在国家“九五”、“十五”的一系列科研课题基金的资助下，科研工作者开展了大量的研究工作。逐步形成了以农业生产投入品源头减量和种植业废弃物资源化综合利用为重点，通过实施新能源利用、秸秆加工、环境友好肥料、畜禽粪便处理、生物农药和生物技术综合防治、环境监测等农业污染治理技术集成组装，形成了源头控制、过程调节、末端治理的防控技术体系，建立了控制农业污染的基本模式。“十一五”以来，随着人们对农业污染认识的提高和基础研究的深入[54]，农业污染末端治理方式在应用中有所改变，已由过去单一的末端治理改变为源头控制、过程阻断相结合的生态工程治理技术，该技术通过建立湿地、水塘和植被缓冲带，可以有效滞缓径流、沉降泥沙、减缓农田地表径流和地下渗透带来的农业污染，成为解决农业污染的主要途径之一。近年来农业部在全国推行的“无公害食品、绿色食品、有机食品和农产品地理标志登记”，简称“三品一标”安全行动，是我国农业发展由传统农业向现代农业转变的重要标志。“三品一标”以标准化生产为载体，在推进农产品生产规模化、基地化和保障农产品质量安全方面发挥了非常重要的引领、示范作用。

我国农业生态环境监管基础薄弱，法律法规及标准体系不完善[55]。虽然实施了《环境保护法》、《农业法》、《畜牧法》、《土地管理法》、《农产品质量安全法》、《大气污染防治法》、《水污染防治法》、《固体废物污染环境防治法》等相关法律，但远不能满足现代农业发展形势的需求。我国现行《土壤环境质量标准》(GB 15618—1995)近 20 年未修订，除过于强调全国标准值统一性和有机污染物过少等问题外，还存在土壤元素标准限值层次单一、缺少有效态标准值、个别元素标准值不合理等突出问题。特别应该指出的是，目前全国农产品产地污染的基础数据十分缺乏，严重制约着国家在农业污染防控方面相应政策法规的制修订。

（三）国外值得借鉴的经验

国外发达国家总结了三十多年来实行农业生态环境污染防治的经验和教训，提出了农药化肥减量的污染预防战略[56]，在政策上总体分为三类：一是以遵守环保规定为条件的政府补贴政策；二是以奖励为基础的从业者自愿参与政策；三是以税收和条款为基础的强制规定政策。在污染防治手段上是以规划为基础，经济和法律手段并重，同时运用税收政策、农业补贴政策等进行调整，具有综合性特点，国外发达国家经验值得借鉴。

1. 国外农产品产地污染防治法律政策和监管措施较完善

美国 1980 年颁布了《综合环境对策、赔偿及责任法》，也称作《超级基金法》，规定了“谁污染谁治理”的原则，1996 年颁布了《土壤筛选导则》，2003 年颁布了《土壤生态筛选导则》，2005 年以来，美国法律政策转向了现代农业支持模式，内容涵盖水土保持、环境保护、区域协调发展、科技研发推广、财政支持、信贷支持等方面。1972 年《欧洲土壤宪章》颁布，第一次将土壤作为重要环境要素加以保护，此后按照欧盟综合污染防治(IPPC)指令 96/61/DE 的规定，环境技术管理体系包括环境技术政策的制定、环境技术的评估筛选、政府的有效引导和市场选择、创新手段的运用等来控制农业污染。日本在农业用地与农民土地权益方面制定了多项与农业基本法相配套的法律法规，其中《农用土壤污染防治法》、《土壤污染对策法》还规定了污染物及允许的浓度值等等。

2. 采用“双指标”和“分级”土壤环境质量标准

国外在土壤环境质量标准方面：美国规定了生态土壤筛选值、人体健康土壤筛选值；荷兰国家土壤环境标准分为目标值、调解值；瑞士制定了土壤元素的指导值、临界值、农用地污染修复值；澳大利亚国家对于土壤镉设立了A级为土壤背景值和B级为土壤调查值等，以上土壤标准的梯度标准值，分别用以保护土壤环境背景、土壤生态功能、保护人体健康等不同土地利用目标。另外，日本在制定土壤标准中采用了浸出液（将土壤和10倍量的水混合将污染物浸出）标准，实现了土壤重金属有效态分析检测，规定了土壤试样元素溶出量的标准值；瑞士现行标准是元素总量和有效态“双指标”并用。

3. 国外农产品产地污染防治运用“生态补偿”政策

国外农产品产地污染防治多实施“生态补偿”政策[57]。比如英国在施肥总量控制、有机农业补偿等方面根据本国实际制定出了一些独特的生态补偿政策，如通过评分方式决定生态补偿，这一方法使得农民可以有很多选择，虽然每个农民可能选择不同，获得的生态环境效益也不尽相同，但由于有多种选择使得农民感觉自己不再是被动的接收，而是主动的参与生态补偿，明显提高了农民的积极性，收到了明显的效果。又如德国为了鼓励农民从传统型向生态型的经营转型，中央和地方相应颁布了转型补贴政策、土地规划制度、肥料法令和植物保护法令、畜禽养殖所需土地面积规定等一系列生态农业配套法规和政策条例。鼓励发展生态农业。

对照国外，我国的差距不仅反映在法律法规不完善、最佳可行技术实用性不强、监测和管理机构不健全，更重要的是广大农民环境保护意识亟待提高[58-60]。政府应制定政策和技术措施加强宣传教育，倡导和激励农民自觉保护农业生态环境，使农民都能清楚地认识到自身既是污染的受害者，又是污染的贡献者、治理的责任者，增强其农业环保意识，减少产地源头污染，这是农产品产地环境保持可持续发展的基础。

三、我国农产品质量安全存在的问题

我国农产品生态环境的土壤、水体、大气环境虽然整体较好，但局部污染问题较严重，解决起来非常困难；农兽药、化肥的投入施用不规范；涉及食品安全的“三小”问题（小农分散经营，小商贩经营农药、化肥或食品，食品加工小作坊）仍会长期存在；农业现代化、规模化程度还不高；因此，农产品安全的隐患问题依然很多，问题还很突出。

虽然我国的农产品质量安全水平稳中有升，但受限于以下原因，今后想进一步提高也非常困难。同时，随着公众对重金属的关注，如果各地陆续增加重金属检测项目，那么农产品的抽检合格率也可能会出现下降。

（一）我国农业生态环境监管基础薄弱，法律法规及标准体系不完善

我国环境保护立法，虽然已初步形成了一个以《中华人民共和国环境保护法》为主体，

包括《农业法》、《畜牧法》、《土地管理法》、《农产品质量安全法》、《大气污染防治法》、《水污染防治法》、《固体废物污染环境防治法》、《土壤环境质量标准》、《地下水质量标准》、《地表水环境质量标准》、《环境空气质量标准》、《农田灌溉水质标准》、《食用农产品产地环境质量评价标准》、《温室蔬菜产地环境质量评价标准》等的法律法规标准体系，2000年以来，环境保护部先后颁布了《农药使用环境安全技术导则》(HJ 556—2010)、《化肥使用环境安全技术导则》(HJ 555—2010)、《畜禽养殖业污染物排放标准》(GB 18596—2001)等，但远不能满足农业现代化建设的基本需求。如我国尚未有土壤污染防治的专门法律，"农药管理条例"颁布20余年未进行重大修订，因此造成监管缺乏依据。

相应的技术标准规范也存在着严重不足，如现在仍没有农产品产地环境污染物分类标准，现有的标准规范某些限值也不完全合理，如我国土壤环境质量标准，由于土壤系统的复杂性和标准制订当时科研工作的不足，国家土壤环境质量标准仅包括As、Cd、Cr、Hg、Cu、Pb、Ni、Zn等8种重金属元素以及六六六和滴滴涕两种难降解的有机污染物指标，许多重要的土壤污染物未涉及。随着经济社会发展和土壤污染不断加剧，污染物种类、数量不断增多，土壤环境质量标准这个近20年前制订的标准已明显不适应新形势下我国土壤环境状况的需求。

中国幅员辽阔，土壤类型十分复杂，各种土壤类型性质存在较大差异，现有的土壤环境质量标准缺乏普遍适用性。标准所规定的10类污染物质的指标值多是根据这些物质在土壤中的平均本底含量来确定的，中国土壤类型众多，土壤性质复杂，同一元素在不同区域、不同类型土壤中的本底含量存在较大差异，有的甚至相差4个数量级。因此，依据不同地区、不同类型土壤背景值的统计量定出一个全国通行的土壤环境质量标准，在实际应用中必然会出现偏差。土壤环境质量标准对一些重金属标准的定值还可能存在过保护或保护不足的问题。在近年来国内开展的土壤监测研究的基础上，通过对比国外土壤环境标准，发现土壤环境质量标准中Cd的阈值过低，而Pb的阈值过高。

现行土壤环境质量标准中的重金属元素均以总量为指标，并未考虑其在不同类型土壤中的毒性差异，也未考虑重金属元素在土壤中的赋存形态。实际上，真正造成土壤污染的是可提取态重金属。所以，现行标准无法准确判定土壤痕量元素的真实污染情况。土壤环境质量标准是从总体上对土壤环境进行评价和管理，并没有针对具体农作物，也就是说不能满足中国不同种类农作物安全生产的需要，由此产生的农业环境和食品安全问题不容忽视。

（二）局部高风险区域土壤重金属的含量较高，并对农产品安全生产构成了严重威胁

有色、黑色金属冶炼是造成采矿区土壤重金属污染的主要原因。由于矿石中无机元素的伴生性，冶炼区周边土壤均具有多种重金属复合污染的特点。金属矿冶活动对周边地区的土壤中镉、铅、砷等重金属的超标率贡献较大。我国西南地区的铅锌矿开采过程造成的污染最为严重，导致了矿区及周边土壤中镉、砷、铅等超标，黑色金属矿区及其周边土壤中重金属污染严重。

我国部分采矿区、冶炼区等重金属扩散的重点区域，农田土壤中重金属含量超标的现

象确实较严重，必须引起高度重视。

（三）农药和化肥对农业增产起了很大作用，但存在过量使用问题

据国家统计数据显示，1995 年全国农药使用量约为 108.7 万吨，2009 年约为 170.9 万吨，2010 年达到 175.8 万吨，各类农药用量呈上升态势，剧毒、高残留农药正逐步淘汰和禁用，农药新品种不断涌现并投入使用，但仍存在着管理不科学，过量使用等问题。目前我国有 2 亿多农户、76 万家农产品和投入品生产经营企业，对于小规模、分散经营方式的农产品（尤其是蔬菜水果），其生产过程中的农药使用管理基本处于放任状态。主要表现包括下列方面：一是使用前农药产品购买，使用什么品种基本由农药经销商的意见与农户的经验决定，包括农药企业的广告，因此超登记范围的情况比较普遍；二是使用过程管理，由于大多缺少专门的基层植保技术人员，除超登记作物外，不按农药使用规定与安全间隔期要求，超使用次数、超使用量、超使用时限等问题较为普遍；三是农药伴侣的监管空白，违禁农药作为伴侣的隐性成分再次出现在农产品生产过程中，这是值得高度关注的严重问题。

1984～2010 年，我国粮食单产提高了 56%，但化肥用量增加了 225%。我国肥料当季利用率在 30%左右，而且还有下降的趋势，国际公认的化肥施用安全上限是 225 kg/hm^2，但目前我国化肥单位面积平均施用量达到 400 kg/hm^2 左右，是安全上限的 1.8 倍左右。发达国家化肥利用率一般在 60%～70%，据推算我国还有 50%的化肥节约潜力。同时，化肥使用上还存在结构不合理的现象，其中氮磷施用过量，且污染水体环境，而中微量营养元素比较缺乏。目前许多地区农业生产中易出现氮肥使用量大的情况，这一问题在蔬菜种植中尤为突出，氮肥的大量使用造成蔬菜中硝酸盐的残留超标的问题也比较突出，人体摄入的硝酸盐大部分来自蔬菜，约占到 80%。硝酸盐在细菌作用下可还原成亚硝酸盐，可使血液中毒，致使人体出现头昏缺氧症状。另外，有机肥激素、兽药、重金属的污染问题突出。有机肥使用过程中，未进行有效的安全性评估，有机肥中激素、兽药、重金属的污染情况较为严重，据浙江省土肥所近年所做的调查，所检测的有机肥中有 30%的样品重金属超标，重金属主要为 As、Cu 和 Zn。

（四）农村环境污染问题还没有得到完全解决

除关注农业面源污染外，乡镇企业污染和城市污染的转嫁应引起高度关注。自 20 世纪 70 年代以来，日益严重的城市和工业源污染问题使得我国政府越来越意识到加强城市环境保护的紧迫性和重要性。我国政府逐步加强了环境管理职能和体制的建设，城市和工业源污染得到了一定程度的控制。在此背景下，一些在城市无法生存的污染工业逐渐开始向农村转移，如小型的造纸厂、化工厂、冶炼厂等。它们以乡镇企业的名义在农村逐渐发展起来。当前已经开始显现从城市污染向农村的蔓延态势。目前，在农村的环保基础设施缺乏、环境监管缺位、农民环保意识淡薄的情况下，城市污染企业下乡，加上乡镇企业快速扩张的后果就是农村工业污染迅速消耗农村的环境容量，最终给农村环境造成严重污染。如果不加以控制，任其发展，将会对我国农产品安全构成严重威胁。

（五）“三小”问题还将长期存在

我国粮食，特别是蔬菜生产还是以个体为主，一户就负责两三亩地的生产。同时，农户安全意识较为薄弱。通过对农户调查分析可以发现，很多农户对农产品质量安全问题尚未形成共识，在农产品质量安全保护的实践中，尽管农户参与的积极性比较高，农户参与面很广，但是农户的参与层次普遍不高，多数农户的参与为被动的接受性参与，即信息提供性质或咨询性质的参与，参与式方法运用尚不充分，农户的参与深度还存在不足。安全生产的知识普及范围较小，大部分生产者、经营者和消费者质量安全意识较弱。有关部门曾对 1099 个农户进行过调查，其中 90％的农户选购农药时优先考虑施药效果，而不考虑农药毒性；90％农户施药时不采取安全防护措施；80％农户随意丢弃废农药包装物和剩余农药；70％农户不知道农药超标对人体的危害；大多数农户不按规定的安全隔离期采收。

四、改善农产品产地生态环境的对策和建议

在对食用农产品产地生态环境状况调查研究的基础上，经多次研讨分析与评估，认为食用农产品产地生态环境是影响食品安全的第一个源头，是保障“食品安全从田间到餐桌”的第一道关口，必须提高对其重要性的认识。为保障我国粮菜油果的数量和质量的双重安全及农业的可持续发展，提出了如下对策建议。

（一）借鉴国外“双指标”和“分级标准”的经验，研究修制订全国土壤环境质量标准

我国现行的土壤质量标准中的重金属标准值是 1995 年根据“七五”土壤背景值研究结果制订的全量标准，而未考虑其可溶态对农作物的实际影响。例如土壤中有效态镉的含量与粮食中镉含量呈显著成正相关，而与镉全量相关性不大。另外，南方土壤酸化突出，土壤酸度下降 0.5～0.7 个 pH 单位，有的下降甚至超过 1 个 pH 单位，这部分重金属对土壤 pH 变化敏感，土壤 pH 降低，这部分重金属就会释放出来，会进一步加重了重金属进入食用农产品的危害。因此研究制订重金属的“全量”和“有效态”双指标标准，对于土壤的风险评价与风险管理十分必要。因为全量高，可能是背景值高，可能对农产品有害，也不一定有害，而“有效态”含量高则一定会有不利影响。在“双指标”的基础上，再根据国情和地方实情研究制订分级标准，如分三级的标准：

一级为未受污染的土壤的指导值、基准值、背景值、筛选值；二级为污染因子的临界值、预警值，对土壤和农产品要跟踪观测，若对食用农产品不存在风险应继续耕种，若存在不可接受的风险，则区域土壤的利用方式将受到限制，或者须采取必要的防范措施；三级为食用农产品禁种区或土壤修复的目标值。对那些受到中度、重度污染的土壤区域，如工矿污染区周边、危废堆积场地、废弃工矿场地、污灌区等已证明土壤生产的食用农产品明显超标，危害食品安全，应严加监管控制，禁止再种植食用农产品（包括饲料），对受害的农民给予生态补偿。对已生产出的农产品应研究妥善的处理处置方式，防止其混入市场。

（二）尽快启动土壤污染程度的甄别和风险等级划分研究

我们要充分认识到我国局地区域中度、重度污染土壤对食品的严重危害，又要防止对

土壤超标，或污染的扩大化估计。这都不利于有针对性地制订科学、合理、可行的正确政策措施去解决问题。如前所述，我国现行重金属标准是基于全国背景值的平均值来制订的，例如镉土壤背景值 0.33 mg/kg，有的省市土壤镉背景值的 95%置信区间就已超过。如贵州为 2.977，广西 1.262，云南 0.956，湖北 0.714（单位 mg/kg）。不同土壤类型 95%置信区间背景镉也有超标的，如石灰岩土为 3.70，磷质石灰土 2.022，燥红土 0.355，水稻土 0.368（单位 mg/kg）。土壤重金属超标是属于高背景还是人为污染造成的？在其上种植的食用农作物品质是合格的还是超标的？该区域生产的农作物食用是否已造成危害？这都需要对土壤-食用农产品-人群健康进行风险评估和甄别，真正把中度、重度污染的土壤区域或地块划定出来，对不同风险级别的土壤采取不同措施来应对。

对于清洁和尚清洁（即宜耕和尚宜耕）土壤宜列入优先保护，防止其受到污染。对于轻微、轻度污染的土壤区域或地块，对造成土壤污染的源头，应由污染主体切断污染源，防止其继续污染，并由环保、农业部门监督实施。并要继续跟踪观测并研究因地制宜的适用的、低成本生态修复方法，如土壤改良、提高土壤 pH、增加土壤有机质、水旱轮作、种植耐污作物等。对于那些中度、重度污染的土壤区域或地块，经风险评价和甄别，确已威胁食用农产品安全和人群健康，应采取果断措施，禁止耕种食用农作物，将该地改作生态用地，建设用地或进行无害化处理。以降低其生态和健康风险。

（三）建立土壤保护和污染防治的合作协调机制

建议国务院协调各部门建立数据交换、合作共享的机制，由一个部门（环保部或农业部）牵头，联合国土、质检、工信、卫计委等参加。建立全国土壤保护和污染防治的合作协调长效机制，对各部门已取得的我国土壤质量和污染现状资料进行深入分析研究，规划、制订全国土壤保护（保育）行动计划，按照各部门的职责分工，各司其职，避免相互保密，克服许多工作重复又存在缺位与遗漏的弊端。

同时，组建全国土壤和农产品监测网络，分工负责开展土壤，农产品的定点，定时监测。由牵头部门与多部门联合，编报全国土壤和农产品质量评估年度报告书，为政府的监督管理提供技术支撑；逐年积累科学数据资料，也为制修订相关法律标准提供科学依据，也为公众的知情权、监督权提供一个范本，并与公众建立正常的沟通渠道。

（四）加强农药、化肥管理法规标准建设

强化法律法规建设，制定国家层面的《农药管理法》和《化肥管理法》。借鉴欧美的先进经验，加强农药登记和再登记管理，并实施农药经营和使用的全过程管理。加快我国农产品农药残留限量标准制修订步伐。加强化肥使用管理，遵循科学、安全、高效原则，合理使用肥料，严禁有毒有害物质进入农田；在各地应因地制宜开展测土配方施肥的推广应用，有效控制化肥用量。

同时，在有机肥登记管理中，其质量标准需做更新修订，将抗生素激素等新型污染物的影响考虑进来，从源头降低有机肥对农产品的污染风险。高度关注残膜及其化学污染物对农产品安全的影响。

另外，建议由政府组织，企业参与，建立农膜回收的制度，并对农膜回收再利用的企业

给予支持，使农膜回收走向可持续发展的道路，减少农膜在田间的残留。

（五）深化农业体制机制改革，推进农业产业化和现代化建设

我国农业生产几千年来都是以“自给自足”分散式的小农经济为主，加之人多地少，难以形成以生产商品为主的农业产业化。例如英国一个农业人口平均有 70 hm^2 耕地，美国人均耕地 0.7 hm^2，是中国人均耕地的 7 倍，他们生产处的商品（粮、油、奶、蛋等）提供给社会。如果某区域土地污染产生危害，或质量下降了，它可以撂荒弃耕或轮作，而这在中国很难做到。

按照十八届三中全会三农全面深化改革的部署，探讨通过农村土地流转、农业企业带动、农业合作社、大户型和农业项目带动以及公司加农户等多种形式的改革，发展农业产业化、规模化、规范化和现代化，推进生态农业建设和农业的可持续发展。而且随着生态环境治理问题的日益突出，确保耕地、水、空气、种子、肥料、饲料、除虫手段无毒化等复杂劳动已经成为农业生产活动的首道工序，而耕田、播种和收割等简单劳动成为农业生产活动的第二道工序。今天面临环境保护的严峻形势，需要树立新的农村价值观：站在“生态文明”的高度，开展农业现代化生产。通过土地集中，建设粮食、蔬菜、果品、油料生产基地，加强农技站的建设和运行机制建设，推广现代农业的科学技术，发展生态农业，减少化肥、农药用量，提高农业生产收益。

（六）加快推进农产品安全行动计划

农业部从 2007 年开始推行“无公害食品、绿色食品、有机食品和农产品地理标志登记”，简称“三品一标”安全行动。至 2012 年底，“三品一标”种植面积 6300 多万公顷，占全国耕地 47%，其产品合格率一直保持在 98%以上，效果很明显，应深入总结经验，加快在全国推广应用。建议强化农业技术站的建设和运行机制，结合农业生产体制、机制改革，建立农产品生产的规范化和标准化，做到产前、产中、产后全过程的技术指导和监管；做到测土配方施肥，减少氮肥、磷肥的使用总量，多用有机肥。因为我国化肥每公顷土地的用量已是世界警戒值的 2.5 倍，其利用率仅占 30%，大部分化肥不仅浪费，而且是水环境富营养化的重要污染负荷。加强农技推广站对农业病虫害的测报、预报，禁止使用剧毒高残农药，指导科学精准用药，并与生物的、物理的方法相结合防治病虫害，以减少农药的使用量。

建议国家探讨逐步变对化肥、农药生产企业的补贴为直接对农业生产者的生态补贴，像北京市、江苏省的做法那样对农民多用有机肥、播种绿肥、规范施用农药进行补贴，这样可以调动农民规范农业生产的积极性、主动性、促进农产品质量提高和农民收入的增加。

五、农用化学品使用及农产品农药残留现状

（一）国内外农药使用状况

1. 全球范围内化学农药用量持续上升

农药是农用化学品中的重要种类，是农业生产中必不可少的生产资料。它在防治、

杀灭、趋避或减少农作物的病虫草害和保证稳产高产等方面发挥了巨大作用。据统计，2011 年全球农药市场为 503.05 亿美元(图 2-1-9)，其中作物保护市场为 440.15 亿美元，化学农药占 85%以上[61]。

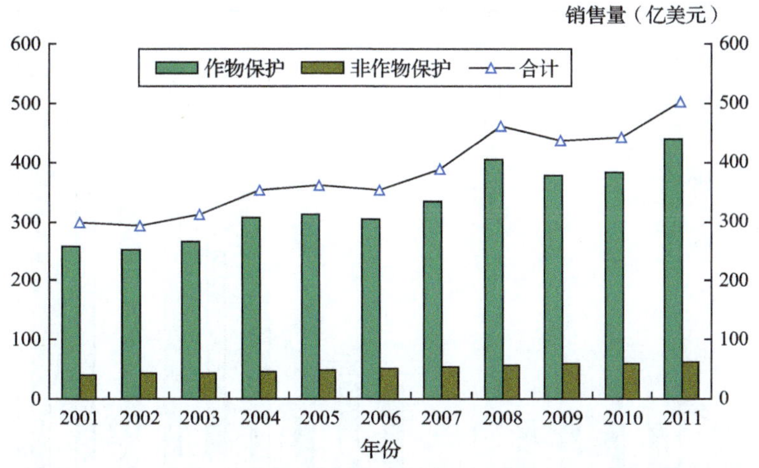

图 2-1-9　2001～2011 年全球作物保护与非作物保护用农药市场(亿美元)

农药消费水平与经济发达程度密切相关，如欧洲农药市场约占全球的 29%，北美和亚洲市场各占 25%，南美占 17%，中东和非洲占近 4%。全球农作物中用药最多的是水果和蔬菜，每年用于水果和蔬菜的农药销售额占 26%～28%，其次为谷物、玉米、大豆和棉花，约占 50%；不同的作物所施用的农药种类不同，如大豆用药主要是除草剂(约 90%)，谷物用药中除草剂和杀菌剂占 90%以上。

据欧洲植保协会(ECPA)统计：2005 年欧盟 25 个成员国以及欧洲自由贸易协会(EFTA)国家的农药销售额达 66.89 亿欧元(约 83.60 亿美元)。其中，法国、德国、英国和爱尔兰约占 82%。2010 年销售额达 121.96 亿美元，较 2005 年约增长 1 倍。但欧洲市场最大，并不是指使用量最大，而是销售额最大[62,63]。

日本为全球第三大农药国，是亚洲最大的农药市场。根据日本植保协会(JCPA)有关数据，2011 年 10 月～2012 年 5 月，日本的农药销量为 146878 吨、销售额为 2602.31 亿日元(32.95 亿美元)。其中，除草剂占销售总额的 36.6%，杀虫剂占 25%以上；除草剂主要用于水稻田，而杀虫剂和杀菌剂主要用于蔬菜[63,64]。总的来说，欧洲是由于高价格导致的销售市场庞大，而亚洲却是由于农业的繁荣，巨大的农药用量而创造了第二位的农药市场。

2. 我国化学农药的生产使用量大，但品种结构逐渐趋向合理

(1) 我国农药生产情况

我国是农药生产和使用大国，多年来农药产量和使用量居世界第一。1983 年有机氯农药禁止生产使用后，至 1995 年起农药生产开始进入稳步发展阶段。1995～2012 年农药产量持续上涨(图 2-1-10)。据中国石化工业联合会统计数据，2012 年全国化学农药原药产量达 264.87 万吨，同比增长 21.53%。其中，除草剂达 117.5 万吨，占总产量的

44.35%;杀虫剂为70.9万吨,占26.77%;杀菌剂为15万吨,占5.67%。从地区分布来看,江苏省原药产量达75.8万吨,占全国总产量的28.63%;而山东、浙江和湖北分别占20.12%、9.15%和8.02%[65]。

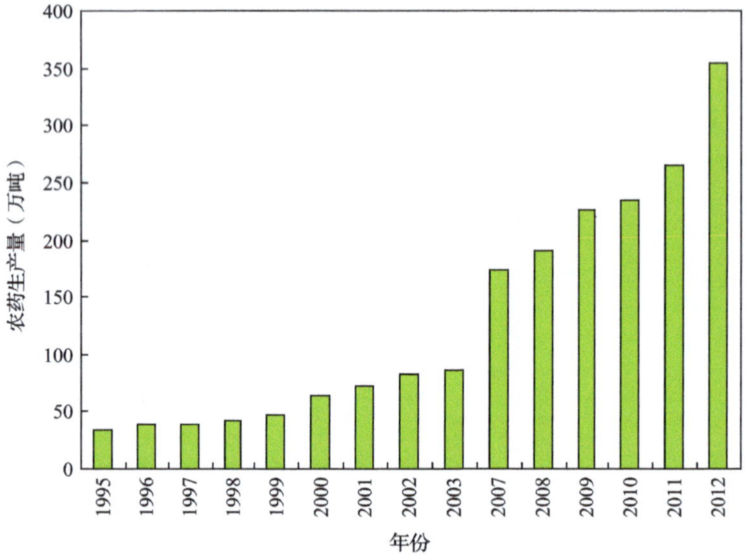

图 2-1-10　1995～2012年化学农药原药生产量

数据来源:国家统计局

生产的农药品种达350多种、各种制剂3000多种,包括杀虫剂、杀菌剂、除草剂和植物生长调节剂等主要类型。我国同时也是世界农药出口大国,2012年农药出口数量达160.72万吨、同比增长14.25%,出口国达到181个。相比之下,我国农药进口量较少,2012年农药进口量为5.38万吨、约为出口量的3%。

我国农药产品结构中,曾经存在"三个70%"的现象:即杀虫剂占全部农药产量的70%;杀虫剂中高毒杀虫剂占70%;高毒杀虫剂中有机磷杀虫剂占70%。近年来,为加强农药环境与农产品安全管理,以及PIC公约、POPs公约履约要求,同时应对国际社会不断提高的对进口农产品中农残限制的情势,我国加大了农药品种结构调整的力度,产品结构不合理的情况正在得到改善。杀虫剂、杀菌剂和除草剂产量的比例已从2003年的55.0%∶9.2%∶24.4%调整为2011年的26.77%∶5.67%∶44.35%[65](图 2-1-11)。杀虫剂以有机磷、有机氯、氨基甲酸酯、拟除虫菊酯、杀螨剂类为主。有机磷杀虫剂在我国仍占有一定的位置,但一些高毒品种已经禁用,氨基甲酸酯和拟除虫菊酯类杀虫剂也开始受到限制,杂环类杀虫剂和昆虫生长调节剂已取代高毒有机磷农药而成为杀虫剂的重要品种,生物杀虫剂及生物工程技术得到了较为广泛的应用。

(2) 我国农药使用情况

据国家统计数据显示[65],1995年全国农药使用量约108.7万吨,2010年达到175.8万吨(图 2-1-12),各类农药用量呈上升态势,其原因主要源自我国农药使用的巨大需求以及管理不到位造成的过量使用。

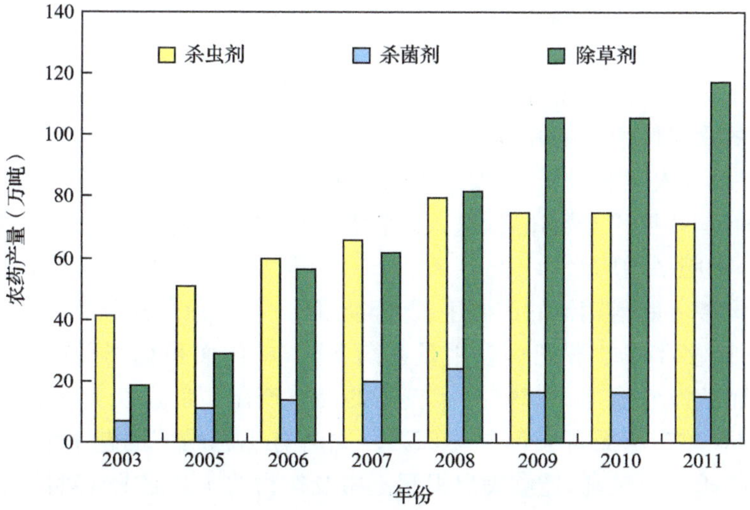

图 2-1-11　我国农药年产量(2003～2011 年)

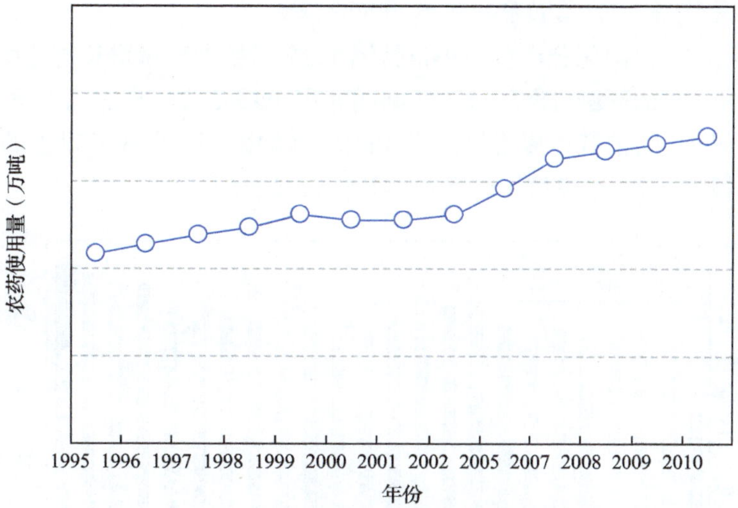

图 2-1-12　1995～2010 年全国农药使用量

数据来源:国家统计局

由于不同地区因农业布局、作物品种、种植方式等不同,农药使用情况也存有一定差异,全国各省份农药使用量也明显不同。调研结果表明:2005～2010 年间大多数省份农药使用量集中在 1 万～5 万吨;农药使用量最大的省份是山东省,使用量在 15 万～17 万吨之间,其次为湖北和河南省。山东省是我国的主要农业种植区,尤其是蔬菜种植面积较大,如 2005 年全省蔬菜种植面积 1847.7 千公顷,总产 8607 万吨;2010 年全省蔬菜种植面积 1771 千公顷,总产 9030.7 万吨,均居全国第一。使用量较少的省份基本集中在西部地区,如西藏、青海和宁夏等地。

（二）国内外化肥与农膜使用情况

1. 欧美发达国家化肥有效利用率高，使用量得到有效控制

由于化肥的大量使用对能源、环境与人类生活质量方面产生了越来越严重的不利影响，因此在发展现代农业的进程中，发达国家均采取了积极措施控制并减少化肥用量，欧美国家从 20 世纪 80 年代开始，陆续进入了农业良性发展的新阶段。近 10 年来美国肥料用量较为稳定，化肥平均用量为 108.4 kg/hm^2，四类大宗农作物的施肥量占总施肥量的 90％以上。美国控制肥料用量的重要手段为测土配方与机械化施肥[66]。

在过去的 20 多年来欧洲肥料总用量逐渐下降，单位面积化肥平均用量维持在 100 kg/hm^2左右，而欧洲农业生产却保持了较高的经济产出，如德、法等国化肥用量减少了 31％～47％，粮食单产却提高了 51％～52％。同时有机肥的使用越来越受到重视，农业生产从业人员技术水平较高，能够确保根据土壤及作物的实际需求针对性的施用肥料，使得欧洲国家的肥料利用率一直保持全球最高水平，目前当季肥料利用率在 60％～70％左右[67]。

2. 我国化肥使用量大，有效利用率水平相对偏低

自 1984 年以来，我国化肥产量与用量持续增加，但粮食产量增长的速度明显变慢，这是一个十分值得注意的问题(图 2-1-13)。同期我国虽然粮食单产提高了 56％，但化肥用量增加了 225％[65]。目前我国以占世界 8％的耕地施用了世界 30％以上的化肥，生产了占世界 20％的粮食，化肥过量使用的问题仍然比较突出。

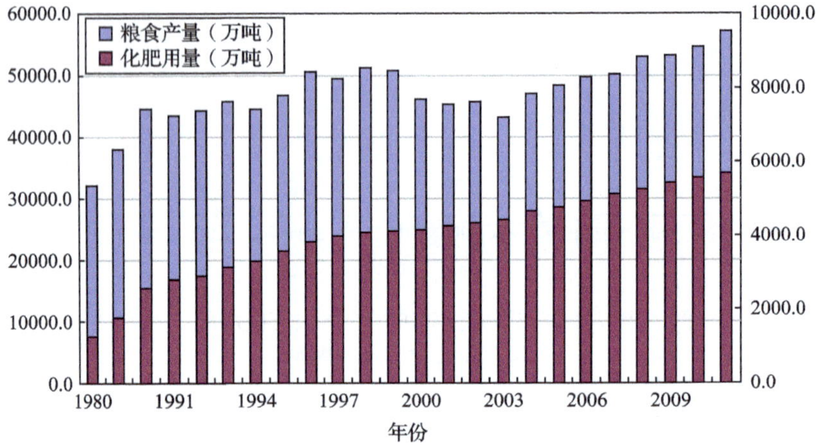

图 2-1-13　近 30 年来我国粮食产量与化肥用量的变化趋势

数据来源：中国国家统计年鉴

我国肥料当季利用率在 30％左右，而且还有下降的趋势，国际公认的化肥施用安全上限是 225 kg/hm^2，但目前我国化肥单位面积平均施用量达到 400 kg/hm^2左右，是安全上限的 1.8 倍左右[65]。表 2-1-4 是我国 2007～2011 年的化肥总用量和各种类型肥料的具体用量与组成。

表 2-1-4　中国化肥使用情况表(万吨)

年份	总用量	不同化肥使用量			
		氮肥	磷肥	钾肥	复合肥
2007	5107.8	2297.2	773.0	533.6	1503.0
2008	5239.0	2302.9	780.1	545.2	1608.6
2009	5404.4	2329.9	797.7	564.3	1698.7
2010	5561.7	2353.7	805.6	586.4	1798.5
2011	5704.2	2381.4	819.2	605.1	1895.1

数据来源：中国国家统计年鉴

3. 我国农膜使用量呈现快速增加的态势

1978 年我国引入农膜覆盖栽培技术，它是我国传统农业技术向现代化、集约化发展的重大技术改革。目前，已在全国 32 个省、市、自治区的四十多种农作物上大面积推广使用。1998 年以来，已成为世界上最大的农膜生产国和使用国；2011 年农膜使用量达 229.4 万吨，其中地膜 124.5 万吨，覆盖面积达 2.97 亿亩(图 2-1-14)。预计 2015 年，我国的塑料薄膜使用量将会突破 250 万吨，地膜覆盖面积将超过 2000 万公顷[65]。

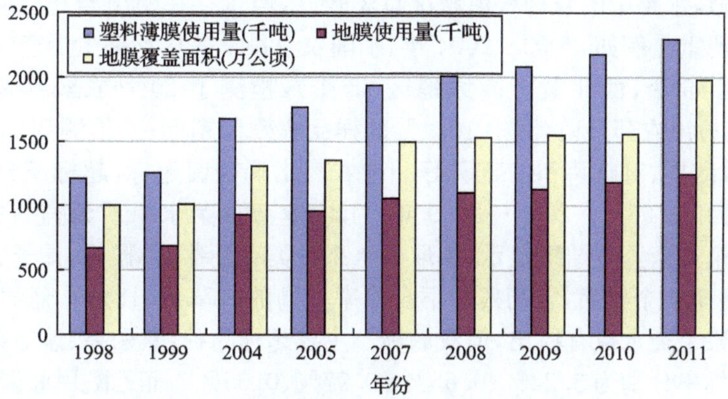

图 2-1-14　全国农膜地膜及地膜使用量发展情况
数据来源：中国国家统计年鉴

（三）农药残留是影响我国农产品安全的重要因素

1. 蔬菜水果农药残留合格率较高，但禁限用品种时有检出

(1) 蔬菜中农药残留总体状况

目前，相比 20 世纪八九十年代，我国农产品中的农药残留问题已明显改善，但农产品中农药残留检出与超标现象仍较为普遍。

2009～2012 年，江苏省蔬菜农残检测合格率 93.6%～98.4%，不同种类蔬菜的合格率均呈现逐渐上升的趋势。其中，2009 年白菜类 94.1%、甘蓝类 96.8%、绿叶类 95.0%、茄果类 98.2%；2010 年白菜类 95.8%、甘蓝类 93.6%，绿叶类 95.0%、茄果类 98.4%；

2011年白菜类96.3%、甘蓝类96.0%，绿叶类94.5%、茄果类97.7%；2012年白菜类97.6%、甘蓝类96.3%，绿叶类95.3%、茄果类97.7%。蔬菜中超标农药品种包括：甲胺磷、对硫磷、甲基对硫磷、磷胺、久效磷、毒死蜱、氰戊菊酯、氯氟氰菊酯、乐果、三唑酮、三唑磷、乙酰甲胺磷、氯氰菊酯、甲拌磷、氧乐果、三唑酮、乙酰甲胺磷、三唑磷、多菌灵、氟虫腈、甲基异柳磷、涕灭威、地虫硫磷，以杀虫剂为主。

2005年起，杭州市生产基地的蔬菜、粮油、茶叶、水果、畜产品、水产品等6大类食用农产品的合格率一直稳定在99%以上。例如，2010年，杭州市农产品质量检测中心检测的44.6577万批次蔬菜样品(涉及14大类86个品种)，农药残留合格率达99.3%。检出率较高的农药主要有啶虫脒、多菌灵、毒死蜱、吡虫啉、烯酰吗、三唑磷、霜霉威、哒螨灵等；残留超标的农药品种主要有毒死蜱、百菌清、腐霉利、氟虫腈等，最大值分别为1.99 mg/kg、1.24mg/kg、17.4 mg/kg、0.16 mg/kg。

总体上，2011～2012年我国不同地区蔬菜中农药残留检出率差异较大，但超标率基本控制在5%以内。农业部农产品质量安全例行监测结果显示，2011年全国蔬菜合格率达97.4%，2012年农残合格率为97.9%。叶菜类和豆菜类蔬菜易出现农药残留超标；有机磷类农药仍然是主要的农药残留检出和超标农药品种。

(2) 水果中农药残留总体状况

与蔬菜相似，水果中的农药残留状况总体较好，但也存在检出与超标问题，某些水果品种甚至较为严重。例如，2003～2004年，中国农业科学院从苹果主要产区采集样品153个(渤海湾地区65个、西北黄土高原地区88个)，检测了29种农药残留。结果显示：96.1%的样品检出农药残留，其中13.1%的样品农残留超标；共检测到14种农药残留，其中多菌灵、敌敌畏、对硫磷和倍硫磷等9种农药出现残留超标，超标率分别为6.54%、4.58%、2.61%和0.65%。2007～2009年[68]，农业部蔬菜水果质量监督检验测试中心(广州)水果质量安全监测结果显示，抽取的水果种类有葡萄、猕猴桃、柿子、番石榴、黑莓、草莓、香蕉等共309个样品，农药残留不合格率较高的有草莓(12%)、葡萄(5.9%)、香蕉(4%)等，其他浆果类水果有检出，但没超标。主要超标品种：氧乐果、溴氰菊酯、氯氟氰菊酯、三唑磷，超标率分别为3.24%、0.65%、0.97%、0.65%。而乙酰甲胺磷、甲胺磷、对硫磷、克百威、多菌灵、马拉硫磷、氯氰菊酯等品种都有不同程度检出[69]。

2. 粮谷类农药残留问题值得关注

目前，我国粮谷类农药残留问题仍需值得关注。根据湖南省农业大学对湖南省不同地区的随机抽样调查检测结果：2010年全省稻米的农药残留检出率为44.1%，2011年检出率为54.7%。但2011年稻米中农残超标率为12.7%，大大低于2010年的30.2%。稻米中检出率较高的农药品种主要为吡虫啉。超标农药主要是吡虫啉、三唑磷、毒死蜱。但高毒农药甲胺磷、氧乐果等仍有检出[70]。说明水稻生产源头依然存在少量农户使用高毒农药的现象。

2010～2012年，江苏省水稻农残检测合格率：2010年为95.8%、2011年为99.7%、2012年为95%；超标农药品种：2010年为三唑磷、毒死蜱，占4.2%；2011年为三唑磷，占0.3%，2012年为三唑磷，占1.3%、吡虫啉占1.3%、吡蚜酮占1.7%、毒死蜱占0.7%。2011年、2012年小麦农残检测合格率均为100%。

3. 我国出口农产品质量好，但农药残留问题不容忽视

近年来，我国出口果蔬食品逐年增长，出口品种日趋多样化，出口市场不断扩大。然而我国出口果蔬食品因农药残留量超标，遭国外拒收、扣留、退货、索赔、撤销合同甚至销毁等事件时有发生。例如，2010 年输日因农残超标食用（植物类）农产品有 40 批次，涉及农药 17 种，杀虫剂占 52.5%（其中有机磷杀虫剂占 38.1%），除草剂占 32.5%，杀菌剂占 15%。2012 年输日食用农产品被扣共计 188 批次，其中因农药残留超标 44 批次（包括植物产品 29 批次、动物产品 15 批次），占 23.4%（杀虫剂超标占其中的 31.0%）[71]。美国加州环保局的数据显示 2007～2009 年中国输美农产品中检出最多的农药品种为有机磷和菊酯类杀虫剂，被检出农药最多的农产品是生姜，而生姜中问题最大的农药是涕灭威，其检出浓度范围为 0.03～0.57mg/kg，其次荔枝中有机磷和菊酯类农药超标现象也较为严重，如 2009 年输美荔枝中共检出 6 种农药，均是有机磷农药和氯菊酯。

六、国内外农用化学品管理制度与实践经验

（一）发达国家农药使用管理制度与实践经验

1. 完善的法律法规是有效控制农药残留危害的制度保障

（1）美国农药使用管理制度[72,73]

美国农药管理法于 1910 年创立，迄今经过十余次的修改，已经形成了科学、严谨、可操作性强的法律文件，为美国有效控制农药残留危害、保护健康及环境提供了法规保障。

1）农药管理法规架构

联邦农药管理法律：美国联邦法律规定，《联邦杀虫剂、杀菌剂、灭鼠剂法案》（FIFRA）和《联邦食品、药品、化妆品法案》（FFDCA），规定美国环境保护署负责美国的农药使用管理。其中，FIFRA 授予 EPA 负责农药登记管理，并规定农药使用不能对人类健康和环境造成不合理或过多的风险，否则 EPA 可以取消或终止该农药的登记。EPA 同时强化农药标签的管理。FIFRA 授予各州负责各自的农药管理，但各州必须符合联邦法律的最低要求。

各州法律：FIFRA 授权 EPA 和各州制定各州具体的农药管理法律制度，但必须保证联邦法律的最低要求。美国联邦政府核定的农药登记号与标签等信息，州环境保护局不能改变。每年，EPA 颁布联邦农药管理合作指南，它是各州农药法执行总纲，EPA 同时颁布农药监控计划以确保各州执行活动的一致性。

2）农药管理机构和职责

在立法的基础上，美国有关职能部门对农药的安全使用明确分工，各司其职。EPA 负责全国农药管理及执法工作，包括农药的注册登记、对化学农药公司的监督管理以及农药残留限量标准制定。美国农业部（USDA）和食品医药管理局（FDA）负责检测农产品的农药残留是否超标。农业部合作推广局、州县农业推广中心和农业大学推广中心负责全国农药技术培训和考试；州政府农药管理部或农业和消费者服务部农药办公室等是州农药管理执法单位，负责全州农药使用监督管理、农药使用许可证发放、食品质量安全监督等。EPA 在全美的十个派出机构负责保证公众健康和保护环境使其免受杀虫剂的影响，

负责提供更安全的方法对害虫进行管理。

3）农药登记管理基本要求

农药登记管理的目的是确保农药对人类、环境与非靶生物无不可接受的不利影响。

登记前评估：由化学家、毒理学家、生物学家等科学家负责，但由联邦 EPA 负责组织农药登记资料的评审工作。登记资料要求包括：毒理学（急性毒性，6 项）、产品化学、药效、植物危害毒性、鱼/野生动物的安全性、作业安全性。对于新农药（有效成分），还需增加慢性毒性、地下水污染影响，还可能需提供蜜蜂、经皮吸入、天敌效应、农药飘移等资料（视情况而定）；对于助剂加州 DPR 作为新农药管理。卫生用药、消杀用品登记要求同田间用药。

登记后管理：登记后，在美国加州每年除上交 750 美元管理费外，还需交农药销售税（1 美元销售额交 2.1 美分的税），用于资料更新/风险评估、执法、田间监测等。

4）农药使用全程监控管理制度

事前控制——农药使用资格证书：根据《联邦杀虫剂、杀菌剂、灭鼠剂法案》，所有农药使用者必须通过培训、考试取得农药使用资格证书，否则视为违法行为。农药资格证书分为个人农药资格证书、公共和商业农药使用资格证书，由各州自行负责。

事前控制——农药生产和销售管理规定：任何组织和个人不得生产和销售未经注册登记的农药，包括实际成分和登记成分不同或不一致的农药、实际用途和登记用途不一致的农药，以及掺入次级品的农药或失效以及污染的农药、贴假冒商标的农药。任何个人不得拆卸、改变、污损农药及其商标。任何个人不得拒绝相关农业部管理人员检查、搜集、复印农药使用和销售记录，并确保农药使用记录真实反映农药使用的实际情况。任何经注册登记的农药批发商、销售中间商、零售商不得将限制使用的农药卖给无农药使用资格证人员，不得拒绝提交农药销售记录。否则，均为违法行为，将受到严厉处罚，处罚程度将根据对环境和健康的危害程度而定。

事中控制——农药使用记录：美国农业部和美国环境保护署协商决定，要求持证农户与持证公司记录所有使用过的限制使用农药。如果所在州没有要求，则农药施用者必须保留近 2 年的农药使用记录，包括农药名称、施用量、施用日期、施用地点等。农药使用记录复印件应随时提供给联邦或州政府相关机构，以供政府相关机构分析和健康或生态环境有关农药使用情况。政府相关机构应对农药使用者提供的农药使用数据，进行调查和记录以有利于环境分析和农业生产分析。如果农药使用者拒绝提供农药施用记录，将被处以不超过 1000 美元的罚款。农业部门和环境保护部门负责搜集和整理完整的数据，编制农药使用年度报告，并于每年的 4 月 1 日前递交议会。

事后控制——残余农药与废弃包装处理：农药生产商在申请时要求递交关于安全运输和剩余农药及包装物的处理方法，并须在农药标签上注明，否则生产申请将得不到批准。州政府颁布关于农药包装物的回收和再使用处置办法，如果农药被取消登记，生产商应在 60 天内递交详细的召回计划，并负责处理包装物内的残余农药与废弃包装物。州政府相关机构负责监督执行，包括监控对空气、水、土壤、人群、动物等的污染及危害影响，以减少农药污染和风险。

（2）欧盟农药管理法律框架[74-76]

欧盟的农药管理法规最初于 1991 年 7 月 15 日颁布，即关于农药市场准入的 91/414/EEC 法令。目前，包括关于农药市场准入的 1107/2009 号法令、建立农药可持续使用框架的 2009/128/EC 指令、关于农药统计的 1185/2009 号法令，以及关于修订农药施药器械要求的 2009/127/EC 指令，均已生效并开始实施。这 4 部法规与其他已颁布的农药管理法规一起，构成了从市场准入、使用管理到残留监控于一体的欧盟农药管理法律体系。

1）欧盟农药登记和再登记制度

在欧盟，农药登记分为两个层次，即有效成分登记和产品登记，前者由欧盟委员会授予许可，后者由各成员国授予许可。有效成分在欧盟统一登记后，各成员国同时生效，只有在取得有效成分登记后，方可进行包含此有效成分的农药产品的登记。欧洲议会和理事会第 1107/2009 号法令中引入了比较评估和产品替代机制，即当存在更安全的替代品时，包含特定有效成分的农药产品的登记申请就可能被驳回。除此之外，包括安全剂、增效剂和辅料等其他农药添加成分也有严格的审批和限制。根据 1107/2009 号法令，欧盟将在 2014 年 12 月 14 日前制定关于开展市销安全剂和增效剂逐步重审的法规。从 2011 年 6 月起，农药登记规范包括：有效成分登记数据规范、农药产品登记数据规范、农药产品风险评估统一原则规范、农药产品标签规范，以及有效成分清单。

除农药登记制度之外，欧盟还建立了农药再登记制度，以逐步淘汰高毒、高风险农药品种。根据 91/414 号指令规定，欧盟对 1993 年 7 月以前已经登记使用的农药产品分 4 批进行重新评估，至 2009 年 3 月评估结束，仅有 250 个有效成分重新获得了登记，占评估量的 26%。

2）欧盟农药经营和使用管理制度

制定国家行动计划：2009/128/EC 指令要求各成员国制定国家行动计划，以降低农药使用对人类健康和环境风险为目标，鼓励开发、推广生物综合防治和农药替代技术，确定量化指标、目标、措施和时间表。2012 年 12 月 14 日前，各成员国应就其国家行动计划与欧盟委员会和其他成员国进行沟通，欧盟委员会应向欧洲议会和欧洲理事会提交各成员国关于国家行动计划沟通情况的报告。2018 年 12 月 14 日前，欧盟委员会应向欧洲议会和欧洲理事会提交各成员国制定和实施国家行动计划工作报告，如有必要，同时附上相应立法建议。

农药经营人员和专业施药人员的培训与资格认证：2009/128/EC 指令要求各成员国确保所有的专业施药人员、零售商和技术顾问接受具有相应资质单位的培训，并获得资格证书。2013 年 12 月 14 日前，各成员国应建立认证体系，并指定相应机构开展培训和认证工作。只有通过培训考核取得资金质证书的专业施药人员，才可以使用包括高风险农药在内的所有农药。而对非专业施药人员，则要求经销商提供足够的专业技术指导，而且只能使用低毒、速用型和对容器及包装型号有限制的农药。经销商必须具有足够的有资质的员工，确保销售期间为用户提供足够的使用信息和用药指导。

农药销售、使用记录：为了对农药销售和使用情况实行全程可追溯管理，1107/2009 号法令规定，农药的生产商、供应商、经销商和进出口商应保留农药产品进销货记录 5 年，而专业施药人员须保存农药使用记录3年。使用记录包括产品名称、使用时间、使用量、施用区域和作物种类。

农药药械认证和监督：2009/128/EC指令规定，为保护人类健康和环境，各成员国应建立农药药械认证体系，并开展农药药械质量的监督检查。2016年12月14日以前，各成员国应保证对农药器械进行过至少1次检查，只有通过检测的农药药械才能用作专业用途。同时，各成员国应保证专业使用的农药药械在固定的时间间隔内接受检测，2020年前检测的时间间隔不能超过5年，2020年后则不能超过3年，新购买的药械5年内应至少进行1次检测。

农药施用场所限制规定：2009/128/EC指令规定，在公园和花园、运动和娱乐场所、学校和儿童活动场地、医疗设施邻近地区和水源附近应减少或者禁止农药的使用，如必须使用农药，则应优先选用低毒农药品种。欧盟要求成员国一般应禁止航空喷雾，以防止喷雾飘移对人类、动物健康及环境造成不良影响，只有在相比其他地面喷雾方法更优，且方案经过评估审批的情况下航空喷雾方可实施。

(3) 日本农药使用管理制度[77-79]

1) 日本农药管理法规及管理机构

日本农药行政管理法为《农药取缔》法，颁布于1948年，前后经21次大小修订，现行《农药取缔法》共21条，内容涵盖了农药登记、生产及进口；销售及使用；监督、检查、取消登记等涉及农药管理的各个环节，为配合《农药取缔法》的具体实施还出台了《农药取缔法施行令》和《农药取缔法施行规则》。此外，考虑到保护人畜生存安全、食品安全、环境保护等方面，与《农药取缔法》相关联，涉及农药管理的法规，还有《植物防疫法》、《(剧)毒物取缔法》、《食品安全基本法》、《食品卫生法》、《环境基本法》、《水质污染防止法》、《水道法》、《消防法》等。

农林水产消费安全技术中心(food and agricultural materials inspection center, FAMIC)具体承担农药农药登记检查，包括：登记申请书、各种试验数据资料审查；农药样品检测；批准登记农药产品的使用范围(适用作物名、适用病虫害名等)、使用方法(收获前多少日使用、总使用次数等)以及使用注意事项的设定；发放登记证。围绕着农药登记检查工作，农药检查部还开展GLP实验室认证检查、检测技术研究、农药国际协调对策研究、培训与指导、国际间技术合作、农药生产、销售和使用的现场检查等业务。

农药登记后的安全管理工作由日本各都道府县农药管理机构负责，如农药销售的申报备案、农药生产、销售和使用的现场检查、培训与指导工作等。日本厚生劳动省、环境省等及其各都道府县下属部门也参与农药管理工作，配合确保农药登记、生产、销售、使用等各环节的安全性。

2) 日本农药登记管理

农药登记安全及风险评价：《农药取缔法》第二条规定，未经农林水产大臣批准登记的农药(特定农药除外)不得进行生产、加工和进口。农药登记申请者须先向农林水产消费安全技术中心(FAMIC)提出登记申请，报农林水产消费安全局审批同意后，农林水产消费安全技术中心组织进行一系列登记试验，试验资料经农林水产消费安全技术中心审查后报农林水产省消费安全局审核，并分别听取厚生劳动省和环境省的意见，审核同意后由农林水产省颁发登记证,经农林水产省消费安全技术中心发放农药登记申请者。

GLP 认证检查:为确保农药登记试验结果的可靠性,日本自 1984 年引进了 GLP 系统,对各试验机构实行 GLP 认证检查,检查内容包括试验机构的仪器设备、试验操作、记录及保管等是否符合 GLP 规定,GLP 试验则包括毒性试验 32 项、代谢与降解试验 4 项、理化性质测试 15 项、水生生物影响试验 10 项、作物残留性试验等共 62 项。

3) 日本农药登记后安全管理

农药销售申报制:根据《农药取缔法》第八条规定,农药销售者在销售农药前必须向所在都道府县的农药管理机构申报备案,方可销售农药。其中,销售人员应通过培训考核合格取得“农药管理指导士”资格。日本的农药销售实行分类理,依据毒性级别,对普通农药、中毒农药和高毒农药分类目销售。

“农药管理技术员”认定制:为推进农药的正确科学使用,更切实地保证对农药使用者及环境的安全,各都道府县都组织对农药销售者和使用者等实施“农药管理技术员”认定制度。

现场检查制度:为确保登记后农药质量的稳定和安全,防止无登记农药、伪劣农药的出现,日本农林水产省或都道府县的农药管理人员,要对农药生产、销售、使用者实施必要的入户现场检查,除检查相关记录账簿外,还要抽取农药样品进行品质和标签检查。农产品进入流通领域后,由卫生部门负责实施食品添加剂、农药残留和有毒菌等项目的抽样检查,禁止销售超标食品,以确保食品安全。

2. 系统的农药残留限量及监控计划是确保农产品安全的重要技术保障

(1) 美国的农药残留限量与农药残留监控计划[80,81]

美国农药最大残留限量标准(MRLs)制定由其环境保护署(EPA)负责。为了确保食品安全,维护消费者利益,美国制定了详细、复杂的 MRLs,共涉及 380 种农药约 11000 项,大部分在全美登记的农药并根据联邦法规法典制定的 MRLs,其余为农药在各地区登记中制定的 MRLs,有时限或临时的 MRLs,进口 MRLs 和间接残留的 MRLs 等,还列出了豁免物质或无需要 MRLs 的清单,提出“零残留”的概念。美国是世界上农药管理制度最完善、程序最复杂的国家,建立了一整套较为完善的农药残留标准,管理、检验、监测和信息发布机制。

PMP 由 FDA 下属的食品安全和应用营养中心(Center for Food Safety and Applied Nutrition,CFSAN)、兽药中心(Center for Veterinary Medicine,CVM)和法规管理监管事务办公室(Office of Regulatory Affairs,ORA)共同组织实施。PMP 抽样产品种类和农药品种由 CFSAN 和 FDA 农药专家和经理共同决定。根据不同的监控目的,PMP 可细分为管理监控、重点抽样和总膳食研究 3 种。这 3 种监控方式互为补充,监管范围覆盖全面、重点突出,国内和进口兼顾,同时监管成本得到了有效的控制。

(2) 欧盟农药残留管理制度[80,81]

欧盟统一的农药 MRLs 由欧盟食品安全局(EFSA)负责制定。2002 年欧盟发布“欧盟新食品法”,即欧盟议会与理事会 178/2002 法规,并于同年 1 月 28 日正式生效。2005 年 2 月 23 日,欧盟颁布了 396/2005 法规,该法规规定了欧盟统一的食品和农产品中农药的 MRLs,包括欧盟的 245 个农药 MRLs 以及约 850 个各成员国各自的农药 MRLs,涉及

471种农药在315种食品和农产品中共145000个MRLs。

1）欧盟委员会于2003年3月14日公布了2003/0052(COD)法律文件，对食品农药最大残留限的定义、适用范围作了界定，对MRLs的申请审批程序和要求、对农药使用的授权、临时MRLs的设置、MRLs数据库的构建、官方鉴定和处罚等都作出了原则性的规定。根据2003/0052文件精神，对已被禁止使用农药，欧盟一律以最低检出限量(LOD)为其MRLs，即现行的0.01 mg/kg。

2）对植物源性食品，欧盟设置了一系列农药最大残留限量标准(MRLs)。另外，欧盟还制定了农药残留污染协调程序，以解决欧盟内部各成员国之间存在不同的MRLs而导致的贸易纠纷。自1976年以来，欧盟对水果、蔬菜、谷物中的MRLs发布了一系列的指令。1997年之前欧盟的农残限量标准，主要是针对初级农产品，1997年由欧盟委员会制定的限量标准，除了初级农产品的MRLs，增加了加工品和合成食品的MRLs。

3）MRLs是欧盟食品安全的重要内容之一，由于在国际贸易中的技术壁垒作用而备受关注。欧盟允许在科学基础上建立农药最大残留限量标准(MRLs)，以确保包括婴幼儿在内的消费群体的安全，同时还要求各成员国共同承担相关责任。

4）奖惩措施，为了加强农产品农药残留控制，欧盟许多成员国都实施了国家农药残留监测项目，对遵守农药残留限量标准规定从事生产的农户，给予补贴或奖励，对违规的农场处以大额罚金、停产，直到禁止其从事农业生产。一旦发现某个农药产品存在对人体健康和环境的潜在危害，则会启动应急预案，暂停该农药产品的使用，并销毁相应农产品。

(3) 日本肯定列表制度[82,83]

2006年5月起，日本正式施行《食品中残留农业化学品肯定列表制度最终草案》。该草案明确设定了进口食品、农产品中可能出现的734种农药、兽药和饲料添加剂近5万个暂定标准。肯定列表制度规定每种食品、农产品涉及的残留限量标准平均为200项，有的甚至超过400项。因此到目前为止，日本的肯定列表制度被认为是最为严苛的检测标准。

日本“肯定列表制度”的主要内容是“两个限量”即暂定标准(Provisional Maximum Residue Limits)和一律标准(Uniform Limits)。暂定标准即是对当前通用农药、兽药和饲料添加剂都设定了新的残留限量标准；一律标准即是对尚不能确定“暂定标准”的农药、兽药及饲料添加剂都设定为0.01 mg/kg的统一标准。

肯定列表制度共涉及256种食品、810种化学品(农药500种)，包括56562项限量标准，其中暂定标准45734项、正式标准10828项、农药残留限量标准47459项。

(二) 发达国家有效控制化肥用量的实践经验

1. 测土配方是美国化肥使用管理的主要内容[84,85]

由于美国实行联邦制，各州肥料的立法都是根据当地的特点自主开展，目前尚无联邦统一的肥料法。不过，美国作物营养协会(Association of American Plant Food Control Officials，AAPFCO，隶属于美国农业部全国协会 NASDA)，在其每年出版的年度手册中，曾有提出肥料法的基本框架，各州在制订肥料法时均参照了这一框架。

(1) 肥料生产销售管理

肥料登记：肥料登记是美国肥料生产管理的主要手段，通过肥料登记采集肥料产品信息，作为事后监督的依据。特拉华等17个州的肥料法均规定，每一品牌、每一等级的肥料和土壤调节剂在分销前都应登记。

肥料标识：肥料标识是肥料监督检查和处罚的重要依据。17个州的肥料法均规定，分销已包装的肥料产品，包装上应明示产品净重、品牌、等级、养分含量、登记者名称与地址等；分销散装肥料，也要按标识规定的内容，在发货的同时向购买方提供书面资料；按订单配方配制的肥料，则仅明示净重、养分含量、登记者名称和地址即可。

肥料监督检查：肥料管理机构具有开展强制性检查的责任，监督检查人员可以进入公共或私人领地或运输工具并依法开展工作。肥料管理机构可以对违法行为做出停止销售、注销登记证、查封和扣押等处理，如果被处罚人对管理机构的处罚有反对意见可以向法庭提出上诉。

（2）肥料使用管理

肥料使用管理在美国被称作作物养分管理，由美国作物营养协会（AAPFCO）提出指导性意见，各州根据指导性意见和本州实际情况形成非强制性标准，给农民制定施肥方案提供参考。美国一些州针对销售的化肥，每吨征收不等比例的费用，并形成化肥施用基金，用于施肥方法研究和技术推广，非常具有借鉴意义。

1）土壤养分分析

为评价土壤中磷、钾等各种养分含量的高低，以指导科学施肥，各州都建立了土壤养分分级标准，一般分为五级：极低、低、中、高、极高。

在推荐施肥时，针对某种养分在土壤中的含量等级确定不同的施肥量。由于土壤中氮的含量会因灌溉水、温度等自然条件和人为因素而发生很大的变化，一些州在测土配方分析时，只测定磷和钾，一般每2～3年测定1次，如果主要使用有机肥，则每年测定1次，氮肥的推荐施肥量主要根据经济效益和作物产量确定。

2）施肥指标体系

针对不同的作物、轮作模式和耕作模式，各州均开展了大量、长期的肥效田间试验。通过田间试验观测土壤养分变化情况和利用情况，为建立合理的施肥指标体系提供依据。值得一提的是，美国各州的大学、农业部门之间，有关土壤分析和田间试验的数据和资料是互相交流、共享的，这大大降低了工作成本，提高了工作效率。

3）施肥方案推荐

美国各州都建有推荐施肥计算机专家系统，但这些系统在制订施肥方案时考虑的因素有所不同。如新墨西哥州的系统将土壤养分测定结果、田间试验结果和经济效益分析、环境保护因素等多方面因素做出综合考虑后，制订特定的推荐施肥方案。农民在当地农技推广部门的指导下，从自己的农场采集土样，并填写有关生产情况调查表，一同寄到州立大学的土壤试验室分析。根据分析结果，大学的农技推广部门或当地农技推广部门将为这位农民提供推荐的施肥方案。

2．欧盟养分管理政策[86,87]

（1）欧盟养分管理政策的产生——共同农业政策

诞生于20世纪60年代的欧盟共同农业政策（Common Agricultural Policy）是欧盟农业发展的基本纲要。1973年开始关注农业环境问题（The First Environmental Action

Programme,EAP)。1986 年,欧盟颁布《单一欧洲法令》(Single European Act),提出了维持、保护和改善环境质量,合理利用自然资源。1992 年,第五次欧盟条约(5th European Community Environment Programme:Towards Sustainability),把环境问题与可持续发展列为欧盟的共同政策之一。2000 年,欧盟颁布《2000 年议程》,进一步加大了对环境保护问题的重视,为了减少化肥和农药的使用,对生态脆弱地区,及使用无污染与无公害的农业投入品的农场提供补贴。2003 年,欧盟农业部长理事会通过了新的农业政策改革决议,欧盟向农场支付的补贴不再与产量挂钩,而是更注重环境保护。经过了几十年的发展,欧盟共颁布了 300 多项有关环境的法令,确保了环境政策的法律地位。

(2) 与欧盟养分管理政策相关的环境立法

欧盟颁布的与养分管理相关的环境立法主要包括三类:一是综合水质管理,二是欧盟空气质量政策,三是欧盟海洋管理策略。2000 年,欧盟通过水框架指令 (Water Framework Directive),构建了欧盟水环境保护及管理的总体框架。欧盟硝酸盐排放限值指令(Nitrates Directive 91/676/EEC)、控制危险物质排放指令 (Directive 76/464/EEC—Water Pollution by Discharges of Certain Dangerous Substances)和新地下水指令 (The New Groundwater Directive 2006/118/EC),规定了水环境保护的具体要求。欧盟对于空气环境质量的保护法规包括:空气质量指令(Air Quality Ist Daughter Directive 99/30/EC),二是国家空气污染物排放限值指令(National Emissions Ceilings Directive 2001/81/EC)。在海洋水域保护方面,欧盟颁布了专门的海洋管理策略框架(Marine Strategy Framework Directive2008/56/EC)。

(三) 我国农药使用管理制度体系已经形成,仍需不断完善[88-95]

1997 年 5 月 8 日,国务院颁布《中华人民共和国农药管理条例》,这标志着我国农药管理开始步入法制化轨道。此后,各部门、各地方相继制定并实施了一系列配套的部门规章和地方法规,初步形成了相对系统的农药管理法制体系,但仍需不断完善。

1.《农药管理条例》

根据《农药管理条例》的规定,农药管理主要包括农药登记制度、生产企业定点核准和生产许可制度、农药市场监管制度(包括农药经营单位条件设定和危险化学品经营许可制度、产品质量检验制度、广告审查和监督管理制度)。

(1) 农药登记管理

农药登记管理是一种市场准入制度,即农药在生产(包括原药生产、制剂加工和分装)和进出口前,必须首先向国务院农业行政主管部门提出农药登记申请,由其按照法定的程序和标准,对农药产品的产品化学、毒理学、药效、残留和环境影响等方面资料进行审查,对符合要求的批准登记,然后才能生产、流通和使用。

为加强高毒农药的管理,促进农药品种结构的调整,保证农产品质量安全,农业部于 2002 年至 2006 年颁布了 5 个农业部令(194 号、199 号、274 号、322 号、747 号),先后停止受理甲胺磷等 16 种剧毒、高毒农药的新增登记;撤销了甲胺磷等 5 种高毒农药的全部登记,撤销了 8 种高毒农药在蔬菜、水果上的登记,丁酰肼在花生上、特丁硫磷在甘蔗上的登记,以及所有含有八氯二丙醚成分的登记,总计撤销登记的农药产品有 1000 多个;停止批准剧毒、高毒农药分装登记，从源头上减少了农产品中剧毒、高毒农药残留的安全隐患。自 2005 年起，农业部将农药登记审批纳入行政审批综合办公，实行了农药登记申请、技术审查和登记审批三分开，并在中国农业信息网和中国农药信息网上对农药审批过程进行全公开。

（2）农药生产管理

根据《农药管理条例》的规定，农药生产管理实行生产许可制度和质量标准制度。

生产许可制度：包括企业定点审核和产品生产审核，即在我国境内开办农药生产企业，必须经国务院工业产品管理部门审核批准；生产执行国家标准和行业标准的产品，须由国家质量监督检验检疫总局审核批准，并发放农药生产许可证；生产执行企业标准的产品，须由国家发改委审核批准，并发放农药生产批准文件。2004 年国家发展与改革委员会发布第 23 号令，修订并颁布了《农药生产管理办法》。

质量标准制度：指企业生产农药产品必须执行相应的产品质量标准，包括国家标准、行业标准和企业标准。

（3）农药市场监管

农药市场监管是农药登记后管理的主要内容，包括对进入流通环节的农药产品质量、标签、广告和经营秩序等方面的监督管理。《农药管理条例》对农药市场监督管理设定了专门的监督、处罚条款，明确了农业部门在市场监督管理方面的职责。

2. 农药使用管理基本情况

（1）农药合理使用准则

农药合理使用准则（一）～（九）规定了 275 种农药、65 种作物的 518 项推荐残留限量标准，以指导农药的安全、科学、合理使用；制订了 168 种农药的 580 多项农药残留限量国家标准。每项标注均经过了两年两点残留试验，根据取得的大量残留数据而制定的。在每项标准中，对每一种农药（剂型）防治每一种作物的病虫草害规定施药量（浓度）、施药次数、安全间隔期和最高残留限量参照值以及施药注意事项等。

（2）禁限用农药名单

目前，我国禁止生产和使用的农药有 33 种，限制使用的农药的 23 种。

禁止生产、销售和使用的农药名单：六六六、滴滴涕、毒杀芬、二溴氯丙烷、杀虫脒、二溴乙烷、除草醚、艾氏剂、狄氏剂、汞制剂、砷类、铅类、敌枯双、氟乙酰胺、甘氟、毒鼠强、氟乙酸钠、毒鼠硅（20 世纪 80 年代以来禁用）、甲胺磷、甲基对硫磷、对硫磷、久效磷、磷胺（2003 年 12 月 30 日，第 322 号公告）、苯线磷、地虫硫磷、甲基硫环磷、磷化钙、磷化镁、磷化锌、硫线磷、蝇毒磷、治螟磷、特丁硫磷（2011 年 6 月 15 日，第 1586 号公告）。

限制使用农药名单：禁止甲拌磷、甲基异柳磷、特丁硫磷、甲基硫环磷、治螟磷、内吸磷、克百威、涕灭威、灭线磷、硫环磷、蝇毒磷、地虫硫磷、氯唑磷和苯线磷在蔬菜、果树、茶叶、中草药材上使用；禁止氧乐果在甘蓝上使用；禁止三氯杀螨醇和氰戊菊酯在茶树上使用；禁止丁酰肼（比久）在花生上使用；禁止特丁硫磷在甘蔗上使用；除作卫生用和玉米等部分旱田种子包衣剂外，除卫生用、玉米等部分旱田种子包衣剂外，在我国境内停止销售和使用用于其他方面的含氟虫腈成分的农药制剂；禁止氧乐果、水胺硫磷在柑橘树上使用；禁止灭多威在柑橘树、苹果树、茶树、十字花科蔬菜上使用；禁止硫线磷在柑橘树、黄瓜上使用；禁止硫丹在苹果树、茶树上使用；禁止溴甲烷在草莓、黄瓜上使用。

(3) 农药残留限量标准

农业部及相关部门制订了《农药合理使用准则》(一)～(九)规定了275种农药、65种作物的518项推荐残留限量标准，以指导农药的安全、科学、合理使用；制订了168种农药的580多项农药残留限量国家标准。2012年我国颁布了食品安全国家标准《食品中农药最大残留限量》(GB 2763——2012)，涉及阿维菌素等322种农药、10大类食品、2293项残留限量标准，该标准首次制定了2,4-滴丁酯等59种农药的残留限量标准，整合了残留物相同的农药，规定了部分农药的限量和加工制品限量，制定了已禁用的持久性农药的残留限量。

(四) 我国肥料管理以肥料质量与肥效为主[96-98]

1. 肥料生产管理制度

肥料登记管理制度：为加强肥料管理，保护生态环境，保障人畜安全，促进农业生产，2000年农业部制订了《肥料登记管理办法》，并于2004年进行了修订，未经登记的肥料产品不得进口、生产、销售和使用。其中农业部主要负责新型肥料、叶面肥、微生物肥料的登记和发证工作，省级农业管理部门负责复混(合)肥、有机肥、有机无机复混肥和床土调酸剂的登记和发证工作。2009年，农业部下发《农业部关于切实做好肥料登记管理工作的通知》(农发[2009] 2号)及《农业部办公厅关于印发规范统一省级肥料登记管理工作指导意见的通知》(农办农[2010] 20号)文件，重点明确和规范了肥料登记范围、种类、通用名称、简化备案手续等。

肥料标准管理制度：1989～1990年《中华人民共和国标准化法》及《中华人民共和国标准化法实施条例》相继颁布实施，按照该法规定，我国肥料实行标准管理，由国务院标准化主管部门(国家标准化管理委员会)负责肥料标准，包括产品标准、检测检测方法标准等的制定及监管工作。据不完全统计，截至目前我国共制定了包括产品、基础通用、试验方法、环境安全卫生等肥料标准130个左右，成为肥料产品生产及质量检测的基本依据。

2. 肥料使用管理制度

我国肥料使用管理主要是指导农户科学合理使用肥料，避免造成环境污染，在《农业法》、《环境保护法》、《水污染防治法》、《农产品质量安全法》、《基本农田保护条例》等国家基本法律法规中有所体现，规定了肥料使用者应尽的义务，《农业技术推广法》明确了由农业行政主管部门为管理主体，农业技术推广部门为实施单位，对农民进行教育培训和技术示范指导。但对于肥料的管理仍以质量与肥效为主。

七、我国农用化学品管理与农产品农残监管存在的问题[99-102]

(一) 农药管理法规及农药残留标准体系欠完善

1.《农药管理条例》与实际需求不相适应

我国农药管理的纲领性法规文件是国务院颁发的《农药管理条例》，颁布于20世纪

90年代，目前尚未进行重大修订，一些制度和规定已与目前形势和要求不相适应。例如，临时登记准入门槛低；农药登记与残留限量标准制定不同步；农药监管链条长，涉及工信、质检、工商、农业等多个部门，没有形成统一的协同有效的监管和信息共享机制；农药经营许可条件要求低；缺乏建立农药产品销售检验记录、农药经营者购销台账制度的规定；缺乏农药登记后重新评估及再登记的规定；缺少农药使用后跟踪监测制度；对规法行为的法律责任界定不明确。同时，与《农药管理条例》配套实施的《农药登记资料规定》对农药残留等安全性资料要求与国际组织和发达国家存在较大差距。管理法规中对国内无农药最大残留限量的农药品种，在市场监测和农产品及食品进出口检出时没有明确的政策规定。

2. 农药残留限量标准与检测方法体系不完善

（1）农药残留限量标准数量少，部分标准时效性差

目前，我国已登记农药原药600多种，22000多个农药制剂产品，涉及不同地域成百上千种农产品的农药使用，但仅制定了322种农药在10大类食品中2293项最大残留限量标准（MRLs），少于CAC的3338项、美国的11000多项、日本的51600多项和欧盟的145000项MRLs标准。即使是现有的MRLs标准，也严重滞后，主要表现在MRLs的制修订跟不上发展的要求。

（2）有些农药残留限量值规定不合理

与国际标准与美国等发达国家的标准相比，我国农药残留限量标准的研究和制定水平相对落后。制定MRLs的方法不仅缺乏科学性，而且某些情形下提高了我国判定农产品中农药残留超标的门槛，不但不能真实可靠的反映我国农产品质量安全状况，而且给我国农产品出口制造了障碍。

（3）农作物种类划分笼统导致了农药残留限量指标过于单一

我国的粮食、蔬菜和水果的农药残留标准不如欧盟及其他发达国家和组织那样具体分类。例如，我国的粮食是指原粮产品，而欧盟进一步细分为大麦、小麦、黑麦、燕麦、大米；我国的蔬菜包括叶菜、果菜和块根类等，而日本等国将蔬菜细分为黄瓜、菜花、甘蓝等；我国水果只是一大类，而欧盟分为干果、鲜果、硬果和软果等，其中鲜果又分苹果、葡萄、柑橘等。我国的指标单一化现象不利于分类指导出口农产品生产。

（4）农残限量标准与方法不配套

限量标准没有配套检测方法，直接影响到强制性国家标准的实效性和执行力。GB 2763—2012中制定的322种农药2293项限量标准，有配套检测方法的只有214种农药，还有108种农药的限量标准没有配套检测方法，使得620多项限量标准在农产品质量安全监管中无法检测。《食品安全法》颁布前制定的380个检测方法标准，其检测参数重复，技术要求不统一，急需清理、验证、整合后重新制定。

（二）农药使用监管制度尚未有效建立

目前，我国尚未建立有效的农药使用过程中的监管制度，偏重登记管理，对农药使用过程中涉及的使用者资质及注册、违规使用罚则、残留监控规范等方面都未有严格具体的规定，致使超使用范围、超推荐剂量使用农药的现象普遍存在，导致了突出的农产品农药

残留问题。

1. 农药用量持续上升，农产品安全压力大

由于农药的大量使用，农产品中农药残留问题仍很突出。“十一五”以来，随着国家对农产品安全管理的加强，蔬菜中农药残留问题已逐步好转，但是农产品的农药残留及危害问题仍然是影响食品安全的重要因素。例如，2010 年 1 月份，海南豇豆在武汉白沙洲农副产品市场连续三次被检测出含有禁用农药水胺硫磷；随后在武汉、上海、郑州、合肥、杭州、广州等 11 个城市检测出海南豇豆农药残留超标；2 月广东省江门市农产品批发市场检出含高毒农药水胺硫磷残留的毛节瓜；3 月广西南宁市检出 5000 多公斤大白菜、500 多公斤上海青农药残留超标等事件严重危害食品安全。

2. 农药使用存在滥用乱用问题

（1）分散经营、小规模农产品生产农药使用基本处于无序状态

目前我国有 2 亿多农户、76 万家农产品和投入品生产经营企业，对于小规模、分散经营方式的农产品(尤其是蔬菜水果)，其生产过程中的农药使用管理基本处于放任状态。主要表现包括下列方面：一是使用前农药产品购买，使用什么品种基本由农药经销商的意见与农户的经验决定，包括农药企业的广告，因此超登记范围的情况比较普遍；二是使用过程管理，由于大多缺少专门的基层植保技术人员，除超登记作物外，不按农药使用规定与安全间隔期要求，超使用次数、超使用量、超使用时限等问题较为普遍；三是农药伴侣的监管空白，违禁农药作为伴侣的隐性成分再次出现在农产品生产过程中，这是值得高度关注的严重问题。

（2）小种作物无登记农药，农药滥用现象严重

中国地貌多样，各地有多种小气候，作物极其多样化。很少企业登记小种作物的病虫害所用的农药，如马蹄、枇杷、杨梅、板栗、芦笋、芒果、龙眼、树仔菜、发菜、蘑菇、各种林木、各种花卉、各种中草药等。

由于没有登记于小种作物病虫上的农药，于是，零售店介绍其他农药用于小种作物上，造成农药滥用。这说明我们的登记制度存在重大漏洞，这些小种作物上滥用农药是制度造成的。例如最近发生的“毒生姜”事件也是制度的缺陷造成的。

（三）农药经营市场混乱，违禁农药及高毒农药使用管理难

由于农药是特殊商品，技术含量高，《农药管理条例》规定经营农药必须具备技术人员、营业场所、规章制度和质量管理制度及手段等，但法律法规未规定经营资质认可部门、工商部门审查有一定难度，造成农药经营单位无主管部门管理。一些规模小的经营者未建立完整的经营台账，给查处伪劣农药来源、去向带来一定困难。制假售假行为时有发生。近年来，农药质量抽检和残留监测出甲胺磷等禁用高毒农药和其他隐性农药成分时有发生。一些假劣农药由于具有见效快、成本低等特点，一些生产经营企业贪图市场短期利益，制假售假，且产、供、销更加隐蔽。在云南、浙江和江苏等地发现，目前还存在违禁农药的使用，其不以药物的方式销售，而以农药伴侣等方式销售，回避销售许可，管理难度增加。

（四）农产品质量安全监管难度大

1. 农产品质量和责任追溯源难

目前我国的农药产品流通范围广，违禁农药生产和流通、高毒农药使用等违规制假难以发现，使得食品质量和责任的可追溯性差和处罚依据不足。二是监管协调难。我国农产品质量安全监管涉及农业、工商、卫生、质监、环保等多部门，政出多门，多头管理，难以达成分工明确、齐抓共管局面，有时甚至会出现推诿扯皮现象。三是信息不对称。我国广大社会公众虽然关注农产品安全及农药残留，但由于受自身知识面、宣传教育范围和内容等多方限制，缺乏对农药残留的客观认识，容易受不实新闻媒体的影响或误导，导致“谈药色变”、“因药废食”，给管理部门带来新的挑战。

2. 农药残留监控能力不足

（1）农产品农药残留监控计划存在盲点

农产品实际生产过程中，目前的总体情况为规模化出口农产品生产地，主要针对出口国对农产品的农残要求，进行选择性检测监控，但出口国监控农药品种未列入检测范围。例如，表 2-1-5 分别列举了 PMP 2008 年从中国进口产品中检出的 64 种违规农药，其中列入美国监控计划的农药品种仅有 32 项（占 50%），未列入监控计划的有 32 项。

表 2-1-5　2008 年中国未实施出口监控而被 PMP 检出违规的农药清单

序号	农药名称	序号	农药名称	序号	农药名称
1	2,3,5,6-四氯苯胺	12	七氯	23	亚胺硫磷
2	联苯	13	六氯苯	24	增效醚
3	甲萘威	14	异菌脲	25	丙溴磷
4	克百威	15	氟氯氰菊酯	26	扑草净
5	氯苯胺灵	16	久效磷	27	快螨特
6	嘧菌环胺	17	腈菌唑	28	丙环唑
7	乙霉威	18	恶草灵	29	残杀威
8	烯酰吗啉	19	五氯苯	30	四氯硝基苯
9	灭阿菊酯	20	氯菊酯	31	磷酸三苯酯
10	乙氧喹啉	21	苯基苯酚	32	三(β-氯乙基)磷酸酯
11	咯菌腈	22	甲拌磷代谢物		

数据来源：FDA 官方网站

规模化内销农产品生产地，主要依据无公害农产品质量标准抽样检测，不在标准范围内的农药品种基本无监控，也就是说限用、禁用农药品种未列入监控计划，这也是高毒有机磷农药与克百威等禁用农药品种时有检出的重要原因。另外，小规模或分散经营的农产品，基本无农药残留检测监控要求。

（2）监管机构不健全，基层监管能力弱

农产品质量安全管理的重点在基层，但目前市县专门监管机构大多尚未建立，乡镇基层监管能力更弱，致使质量安全准入的第一道关口把关不严。二是检测体系不健全。地方检验检测机构少，且存在检测人员少、技术力量弱、检测能力差等问题，无法实施有效的检测，尤其是市场检测，目前主要采用速测法，只能检测残留浓度相对较高的有机磷或氨基甲酸酯类农药。三是国家与省市级农产品质量检测机构或质检机构，关于农产品或食品中农药残留检测，仍然无法包含所有使用农药品种，只能按“标准”要求，检测品种相对较少；另外，检测监控尚未制度化，抽样次数年、涉及产品类别及样本量等均远远小于国外相关要求。四是绝大多数地方政府未将农产品质量安全监测经费纳入财政预算，造成免费抽检变成“免检”，没有达到监管目的和把好农产品市场准入关。

3. 企业承担社会责任不够

(1) 农药生产企业缺乏社会责任义务

由于中国当前相关法规缺乏对企业社会责任义务的相关规定，加之企业承担社会责任主动性不强，未形成利润追求与消费者至上并重的社会责任理念和政府对企业社会责任的推动力较弱等原因，农药企业假冒伪劣和添加违禁成分的产品时有发生。2011 年农业部通报了农药产品质量专项监督抽查结果，农药产品合格率为 84.2%。其中，杀虫剂合格率仅为 74.3%。不合格产品中未检出标明的有效成分的占到 38.2%，有效成分不足的占到 53.20%，检出未登记农药成分的占到 22.30%，给农产品安全生产带来了严重的隐患。

同时绝大部分农药企业仅注重产品质量控制和高效低毒农药产品研发等方面，对于“产后”的经营和使用，缺乏系统培训和指导，也不参与农药残留食品安全标准制定等工作。

(2) 农产品生产企业也存在缺乏社会责任义务的现象

农产品生产企业也存在缺乏社会责任义务的现象，一是不认真学习国家相关法规标准，不及时了解掌握国内外关于农药残留限量标准的最新要求；二是随意扩大使用范围、乱用和滥用现象时有发生，这些都对农产品和食品安全造成隐患。

(五) 我国肥料管理制度及执行中存在诸多问题[96]

1. 肥料法缺失

在农业生产资料中，肥料的市场价值要远高于种子、农药。新中国成立以来即开始使用化肥，肥料占农户粮食生产现金投入的 37%，对农业生产的影响巨大，而且关乎资源、环境、粮食安全和农民利益，《农药管理条例》和《种子法》于 1997 年和 2000 年相继颁布实施，但肥料基本法却仍旧空白，肥料管理制度的法律依据分散在十几种其他法律法规中，这与我国作为世界最大的肥料生产国和消费国的地位极不相称。

2. 相关基本法律、法规及政策中涉及肥料管理存在问题

(1) 现行标准存在弊端

现行的肥料标准制定主要由非农行业甚至是企业主导，因此标准更注重于满足工业生产需求，往往忽视使用层面的安全性、有效性，极易引发使用中的一系列问题。

(2) 肥料实行生产许可或登记制度在基本法中界定不清楚

按照《行政许可法》中对需要设定行政许可及可以不设置许可的产品的规定，大部分化肥产品不需要设定生产许可，依据此法制定的《工业产品生产许可证管理条例》中第 2 条列举的 5 类产品也没有涉及肥料，但在随后出台的《实行许可证管理的工业产品目录》

中却将化肥列入;《农业法》中提出依据相关法律和行政法规的规定实行登记管理，但目前没有相关的法律和行政法规对肥料登记做出明确规定。

(3) 肥料登记与生产许可之间的关系不协调

目前，我国肥料行业的市场准入制度包括磷复肥的生产许可制度和肥料登记制度。实行生产许可制度的根本是规范可能危害国家和人体安全的行为，这对于一些具有危险性的肥料产品生产具有约束性，例如液氨等。而通过肥料产品检测、田间试验等环节对肥料实行登记制度，是证明肥料对农作物适用性、安全性和有效性以及对土壤、水环境是否具有污染影响的重要手段。两者的目标、许可事项、范围、对象各不相同。磷复肥生产许可由质检总局负责，而肥料登记由农业部门负责，执行过程中各自为政，目前尚未形成登记管理与生产许可互为补充、协调一致的管理体系。

(4) 肥料管理主体的多元化，造成政出多门、管理混乱

《产品质量法》、《标准化法》及《标准化法实施条例》等赋予工商部门和质检部门具有产品质量市场抽查、检验的权利，《农产品质量安全法》等赋予农业部门肥料市场抽查权利，基本法律法规决定了肥料市场监管和检测检验机构政出多门，市场交叉重复管理和漏管现象严重，各部门认定的检验机构身份不一、设置无序、检验水平参差不齐、相互之间信息互锁，难以形成有效配合，不仅大幅增加行政成本，而且导致管理效果大打折扣，造成市场秩序混乱。

3. 肥料过量使用对农产品安全的不利影响

(1) 氮肥使用量较大，导致蔬菜中硝酸盐含量较高。

目前许多地区农业生产中易出现氮肥使用量大的情况，这一问题在蔬菜种植中尤为突出，氮肥的大量使用造成蔬菜中硝酸盐的残留超标的问题也比较突出，人体摄入的硝酸盐大部分来自蔬菜，约占到80%。硝酸盐在细菌作用下可还原成亚硝酸盐，可使血液中毒，致使人体出现头昏缺氧症状。

(2) 有机肥激素、兽药、重金属的污染问题突出

有机肥使用过程中，未进行有效的安全性评估，有机肥中激素、兽药、重金属的污染情况较为严重，据浙江省土肥所近年所做的调查，所检测的有机肥中有30%的样品重金属超标，重金属主要为As、Cu和Zn。

（六）农膜技术的推广可能带来新的农产品安全问题

农膜技术的推广在实现了大幅度高产稳产的同时，也产生了大量不溶解、不腐烂的废旧、残留农膜。大量产生的残膜不仅影响土壤的质地结构，而且也造成了土壤中邻苯二甲酸酯类(PAEs)物质的污染问题。大量农膜使用产生的PAEs土壤污染问题，及其对农产品安全质量的影响尚有待进一步研究。

八、规范农用化学品使用及降低农产品农药残留的对策和建议

（一）加强农药管理法规标准建设

1. 强化法律法规建设，制定国家层面的《农药管理法》

借鉴美国的管理经验，在《农药管理条例》的基础上，制定国家层面的《农药管理法》，

以全面提升我国的农药监管力度。

2. 加强农药登记和再登记管理，从源头上有效预防农药的污染风险

借鉴欧美的先进经验，加强农药的登记和再登记管理，并实施农药经营和使用的有效管理，具体包括：

在强化农药登记管理的基础上，建立农药再登记制度，根据风险评估结果，逐步淘汰高毒、高风险农药品种，尤其是禁用致癌、损害生殖系统或干扰内分泌系统的化学农药，包括农药助剂。

制定国家行动计划，以降低农药使用对人类健康和环境的风险和影响为目标，鼓励开发、推广有害生物综合防治和农药替代技术，设定量化指标、目标、措施和时间表。

加强小作物分类研究，制定小作物农药登记及小作物农药生产国家补助政策，保护中国特有优势农产品的进出口贸易。

建立农药经营人员和专业施药人员的培训与资格认证制度。规定只有通过认证的专业施药人员，才可以使用包括高风险农药在内的所有农药。而对非专业施药人员，则要求经销商对其提供足够的专业技术指导，且非专业施药人员只能使用低毒、速用型和对容器及包装型号有限制的农药。

建立农药销售、使用记录。为了对农药销售和使用情况实行全程可追溯管理，规定对农药的生产商、供应商、经销商保留农药产品进销货记录。使用记录应包括产品名称、使用时间、使用量、施用区域和作物种类。

3. 加快我国农产品农药残留限量标准制修订步伐

通过分析比较我国与国外农药残留限量标准的差异及其对我国农产品安全和出口的影响，加快农药残留限量标准的制修订，应重点做好以下几项工作：

(1) 全面清理整合相关标准，做好行业标准的转化

当前涉及农药残留及其检测标准的有国家标准(GB)、农业行业标准(NY)、出入境检验检疫标准(SN)、水产行业标准(SC)、烟草行业标准(YC)等。因此，应按照《食品安全法》的要求，会同有关部门整合转化现行有效的农药残留标准，特别是对现行的300多项农药残留行业标准进行梳理整合，统一为食品及农产品安全国家标准。

(2) 有效转化CAC标准为国家标准

CAC标准是WTO/SPS(卫生与植物检疫措施协议)和WTO/TBT(技术性贸易措施协议)认定的标准，且CAC标准也较其他国家的标准科学、客观，加之我国尚有一批食品及农产品安全标准处于空白，缺少试验数据，可以根据我国农药登记情况，结合我国膳食结构特点，对CAC已制定的2300多项农药残留限量标准进行研究，经过风险评估，在可接受风险的前提下转化为国家标准。

(3) 拓展标准制定范围，加快标准制定步伐

要充分利用我国已开展并积累的农药残留试验所取得的数据，进行风险评估，加快我国农药残留限量国家标准的制定。对没有残留数据资料的农药-作物组合，要加大残留试验力度，补充残留试验数据。此外，目前国际上通用的农药残留限量标准制定方法是类推

原则，即以农产品分类的基础，对已制定的限量国家标准进行类推。因此，应结合我国农业生产实际，尽快制定农产品作物分类标准，按农产品作物分类已制定的限量标准进行类推，拓展标准制定范围。

（4）制定豁免限量标准和一律限量标准农药名单

“豁免限量标准”是指在常规条件下其在食品或农产品中的残留对人体健康无不良影响的农业化学品，无需制定残留限量标准；对在豁免清单之外且无最大残留限量标准的农业化学品，则需制定“一律限量标准”，这是目前制定农药残留限量标准的国际惯例。根据这一国际惯例，参照美国、日本等相关国家的做法，结合我国农药管理相关规定，按照相关程序，加快建立适合我国国情的豁免残留限量和一律残留限量农药名单。

（5）尽快启动小作物中农药残留限量标准制定工作

积极跟踪OECD、欧盟、美国等国际组织和国家小作物分类、作物外推的研究进展，借鉴小作物用农药登记及MRLs制定的经验和方法，明确小作物的定义，制定适合我国的作物和小作物分类、基于相似农业气候条件的作物分区，对小作物进行分类登记以加快制定小作物农药残留限量标准。根据我国农产品生产和农药使用特点，提出我国急需的农药/小作物组合及小作物分类、代表性作物、定义及试验点数的意见和建议，制定小作物GAP，规范小作物用农药药效研究、残留研究的残留定义等数据构成、试验点数和体系，建立小作物用农药药效试验方法、残留试验方法。加强与美国EPA以及IR-4项目的合作与交流，掌握小作物用农药登记及MRL制定的经验和方法。学习MRL外推法的原理和具体方法，促进小作物用农药登记及MRL制定。

（二）强化农产品生产过程中农药残留监控

1. 加强农药使用过程中的管理，有效控制农产品农药残留超标问题

加强土地流转、农业合作社等不同形式的规模农业建设，鼓励实施“分散经营＋专业化的技术服务”模式，将分散经营的小农生产方式转化为一定规模的规范化生产方式，建立联防联控制度，严格按国家规定用好药、用对药，有效控制农药的使用量。

加强农药使用管理技术人员队伍建设，及时提供农业生产过程中的农药使用技术指导，有效杜绝违规用药问题，以切实强化农药使用过程中的管理力度，有效控制农产品农药残留超标问题。

2. 加强农产品中农药残留监控制度，切实保障农产品质量安全

一是，在科学分析与充分验证的基础上建立农药最大残留限量，依据良好农业规范制定基于农产品品种与农药有效成分的最高残留量标准，并实施有效的监测监管制度。

二是，正确认识目前我国农产品中农药残留污染状况总体好转，但农残风险问题仍未根据消除的态势，强化对农产品中的农药残留实施多残留监测监控，尤其是禁限用农药品种，以有效控制违规使用农药的现象，保障农产品的质量安全。

三是，加强农产品中农药多残留高通量检测技术研究，有效提升农药残留监测监控能力，以全面支撑农产品的质量安全监控。

四是，加强基层农产品质量检测中心的能力建设，如县(区)、街道、社区、市场农药残留检测网络建设，及时发现问题，切实保障农产品质量安全。

(三) 有效控制化肥农膜用量，保障农产品安全

1. 加强化肥使用管理及法规建设

强化法律法规建设，制定国家层面的《化肥管理法》。加强化肥使用管理，遵循科学、安全、高效原则，合理使用肥料，严禁有毒有害物质进入农田；在各地应因地制宜开展测土配方施肥的推广应用，有效控制化肥用量。

2. 肥料质量监控——有机肥质量标准修订

随着肥料工业的发展，目前应用于肥料生产特别是有机肥的原料越来越多样化，其中含有的污染物种类也越来越多，抗生素激素等以往关注较少的物质的影响也越来越突显。在有机肥登记管理中，其质量标准需做更新修订，将抗生素激素等新型污染物的影响考虑进来，从源头降低有机肥对农产品的污染风险。

3. 高度关注残膜及其化学污染物对农产品安全的影响

为促进农膜的回收、处置与再利用，应对于农膜的厚度做明确的质量规定要求，研究制定可溶性酞酸酯类污染物的含量要求，同时鼓励新材料的开发，促进淀粉源农膜的生产与使用。

根据责任者延伸的原则，建议由政府组织，企业参与，鼓励农户实施，建立农膜回收的制度，并对农膜回收再利用的企业给予支持，使农膜回收走向可持续发展的道路，减少农膜在田间的残留。

参考文献

[1] 邓国取. 我国农产品质量安全管理现状研究[J]. 河南科技大学学报(农学版)[J]. 2003,23(3):75-78.

[2] 范小建. 中国农产品质量安全的总体状况[J]. 农业质量标准,2003,1(1):4-6.

[3] 胡定金,王伟. 我国农产品质量安全存在的问题与对策[J]. 湖北农业科学,2006,5(45):525-526.

[4] 田世英. 我国农产品质量安全状况及对策措施[J]. 中国农业信息,2006(2):6-7.

[5]农业部市场与经济信息司. 提高我国农产品质量安全水平对策研究[R]. “三农”重大问题研究专题报告之十一,2003.

[6] 中国环境监测总站. 2012 年全国农村区域环境空气质量报告. 2013.

[7] 张乃明. 大气沉降对土壤重金属累积的影响[J]. 土壤与环境,2001,10(2):91-93.

[8] 戴燕宁. 大气污染对农作物的影响[J]. 辽宁科技学院学报,2011,13(1):15-17.

[9] 章明奎,刘兆云,周翠. 铅锌矿区附近大气沉降对蔬菜中重金属积累的影响[J]. 浙江大学学报(农业与生命科学版),2010,36(2):221-229.

[10] 邢小茹,薛生国,张乃英,魏复盛. 鞍山市大气尘和金属元素沉降通量及污染特征[J]. 中国环境监测,2010,26(2):11-15.

[11] 傅嘉媛,郑泽群. 大气污染物 SO_2 对农作物环境的影响研究[J]. 中国生态农业学报,2003,11(2):135-138.

[12] 傅嘉媛,郑泽群. 大气污染物烟尘对农作物环境的影响研究[J]. 中国生态农业学报,2004,12(1):165-167.

[13] 中国环境监测总站. 2012 中国环境质量报告,2013.

[14] 刘润堂,许建中. 我国污水灌溉现状、问题及其对策[J]. 中国水利,2002(10):126-129.

[15] Jin L, Young W. Water use in agriculture in China: Importance, challenges, and Implications for policy[J]. Water Policy, 2001, 3(3): 215-228.

[16] 中华人民共和国国家统计局. 中国统计年鉴 2010,2010.

[17] 杜益平，张胜田，江希流，等. 农产品产地灌溉水环境质量现状及其评价程序研究[J]. 农业环境与发展，2006，23(5)：38-40.

[18] 方玉东. 我国农田污水灌溉现状、危害及防治对策研究[J]. 农业环境与发展，2011，28(5)：1-4.

[19] 杜益平，张胜田，江希流，林玉锁，陈敏东. 农产品产地灌溉水环境质量现状及其评价程序研究[J]. 农业环境与发展，2006，5：38-40.

[20] 方玉东. 我国农田污水灌溉现状危害及防治对策研究[J]. 农业环境与发展 2011，5：1-6.

[21] 杨军，郑袁明，陈同斌. 北京市凉风灌区土壤重金属的积累及其变化趋势[J]. 环境科学学报，2005(09).

[22] http://env.people.com.cn/GB/178688/206804/207287/13158246.html.

[23] 郑玉歆. 土壤污染问题边缘化状态亟待改变[J]. 学习与实践，2013，1：47-57.

[24] 郑喜坤，鲁安怀，高翔，等. 土壤中重金属污染现状与防治方法[J]. 土壤与环境，2002，11(1)：79-84.

[25] 陈怀满. 土壤-植物系统中的重金属污染[M]. 北京：科学出版社，1996：27-28.

[26] 崔斌，王凌，张国印，等. 土壤重金属污染现状与危害及修复技术研究进展[J]. 安徽农业科学，2012，40(1)：373-375.

[27] 董亚辉，戴全厚，邓伊晗，张会芹. 不同类型铅锌矿废弃地重金属的分布特征及污染评价[J]. 贵州农业科学，2013，41(5)：109-112.

[28] 李渝，罗龙皂，蒋太明. 贵州省农产品产地环境质量现状及其评价研究进展[J]. 农业环境与发展，2012，4：11-14.

[29] 雷鸣，秦普丰，铁柏清. 湖南湘江流域重金属污染的现状与分析[J]. 农业环境与发展，2010，2：62-65.

[30] 刘晓双，亦如瀚，吴锦标，等. 云浮硫铁矿矿区土壤重金属含量的空间分布[J]. 环境工程学报，2010，4(12)：2843-2847.

[31] 肖细元，陈同斌，廖晓勇，等. 中国主要含砷矿产资源的区域分布与砷污染问题[J]. 地理研究，2008，27(1)：201-212.

[32] 曾希柏，李莲芳，梅旭荣. 中国蔬菜土壤重金属含量及来源分析[J]. 中国农业科学 2007，40(11)：2507-2517.

[33] 文星，李明德，涂先德，等. 湖南省耕地土壤的酸化问题及其改良对策[J]. 湖南农业科学 2013，(01)：56-59.

[34] 中华人民共和国国务院新闻办公室.《中国的食品质量安全状况》白皮书. 2007.

[35] 肖细元，陈同斌，廖晓勇，等. 中国主要含砷矿产资源的区域分布与砷污染问题[J]. 地理研究，2008，27(1)：201-212.

[36] 谢正苗，李静，王碧玲，陈建军，基于地统计学和 GIS 的土壤和蔬菜重金属的环境质量评价[J]. 环境科学，2006，27(10)：2110-2116.

[37] 罗菁，魏勇，解忠义，梁雄，湖南省蔬菜等农产品污染状况及其治理对策[J]. 湖南农业科学，2011，10：28-29.

[38] 王江，梁晓聪，王辛. 陕西省 2004-2005 年蔬菜、水果中农药残留污染状况调查[J]. 中国食品卫生杂志. 2007，2.

[39] 马往校，周乐，段敏等. 西安市蔬菜中重金属污染状况分析[J]. 西北农林科技大学学报：自然科学版，2003，31(6)：178-180.

[40] 周艺敏，张金盛，任顺荣，等. 天津市园田土壤和几种蔬菜中重金属含量状况的调查研究[J]. 农业环境保护，1990，9(6)：30-34.

[41] 罗晓梅，张义蓉，杨定清. 成都地区蔬菜中重金属污染分析与评价[J]. 四川环境，2003，22(2)：49-51.

[42] 田丽梅，藏山水，张建顺，等. 天津市污灌区蔬菜重金属污染调查及防治途径[J]. 天津农林科技，1999(6)：21-22.

[43] 冯青松，孙杭生. 美国、欧盟、日本农业政策的比较研究及其启示[J]. 世界农业，2004，302 (6)：7-10.

[44] 刘宝存，赵同科. 农业面源污染综合防控技术研究进展[M]. 北京：中国农业科学技术出版社，2010：3-10.

[45] 陈洪波，王业耀. 国外最佳管理措施在农业非点源污染防治中的应用[J]. 环境污染与防治，2006，28(4)279-282.

[46] 冯继康. 美国农业补贴政策历史演变与发展走势[J]. 中国农村经济，2007，(3)73-78.

[47] 杜鹰，王德文. 欧盟共同农业政策的形成与调整[J]. 世界农业，2001，(7)4-6.

[48] 周婷婷. 综合农业污染的国内外研究概况[J]. 科技资讯，2010，7：145-146.

[49] 杨晓萌. 欧盟的农业生态补偿政策及其启示[J]. 农业环境与发展,2008(6):17-20.
[50] 刘国材. 日本污染防治经验及启示[J]. 东北水利水电,1999 ,179(6):45-46.
[51] 松本光朗等. 低碳素社会をめざす農林業のあり方[J]. 農業と经济. 2007,11:24-26.
[52] 许建华. 日本〈土壤污染对策法〉与土壤环境监测[J]. 环境监测管理与技术,2006,18(4):49-51.
[53] 汪志国. 澳大利亚土壤污染状况及防治对策[J]. 北方环境,2004,29(5):9-11.
[54] 刘凤枝等. 我国农业面源污染的现状、原因及防治对策[J]. 中国农业通报,2008,24(增刊):27-32.
[55] 孙江,黄生斌,刘晓霞. 北京市水源保护区农业非点源污染基本特征与控制对策[J],农业环境与发展,2006,23(5):61-63.
[56] 黄文芳,沈哲. 农村面源污染治理的政策与管理服务体系优化——以上海郊区农村为例[J]. 生态与农村环境学报,2012,28(5)599-604.
[57] 宋秀杰. 农村面源污染控制及环境保护[M]. 北京:化学出版社,2011:18-46.
[58] 王虹,马娜,叶露,等. 国外土壤污染防治进展及对我国土壤保护的启示[J]. 环境监测管理与技术,2008,18(5):51-53.
[59] 谢敏,于永达. 对中国食品安全问题的分析[J]. 上海经济研究,2002(1):41-45.
[60] 张丽丽,张文超. 我国食品安全问题与对策探析[J]. 现代管理科学. 2011(3):105-107.
[61] 高怀友,刘凤枝,赵玉杰. 我国农产品产地环境标准中存在的问题与对策研究[J]. 生态环境,2004,13(4)691-693.
[62] 中国农药信息网,http://www. chinapesticide. gov. cn/doc13/13010705. html.
[63] 兰剑平,柏亚罗. 世界主要国家的农药市场[J]. 世界农药,2009,31(5):8 -16.
[64] 柏亚罗. 世界农药市场概况及发展趋势——数字荟萃,再现市场风云[J]. 中国农药:19-31.
[65] 柏亚罗,顾群. 世界主要农药大国的农药销售和使用及全球转基因作物的种植[J]. 现代农药,2008,7(3):35-37.
[66] 中华人民共和国统计总局. 中国统计年鉴. http://www. stats. gov. cn/tjsj/ndsj/.
[67] 朱东方,何建芳,陈明良. 从世界化肥结构动态看我国化肥行业发展现状[J]. 化肥工业,2011,35(6):1-5.
[68] 张智峰,张卫峰. 我国化肥施用现状及趋势[J]. 磷肥与复肥,2008,23(6):9-12.
[69] 聂继云,丛佩华,杨振峰,李静,张红军. 中国苹果农药残留研究初报[J]. 有机农业食品科学,2005,21(10):88-90.
[70] 李丽,张峰,王富华,孙芳芳. 常见浆果类水果中农药残留调查研究[J]. 热带农业科学,2011,32(1):54-57.
[71] 左雄建,湖南稻米农药残留及重金属超标现状及控制对策研究[M]. 硕士论文,湖南农业大学,2012.
[72] 李宁,董国堃,姚晗珺. 输日农产品农药残留状况透视及分析[J]. 农药,2008,47(5):321-323.
[73] 李光英,姜辉,顾宝根. 美国的农药管理情况[J]. 农药科学与管理,2002,23(1):15-16.
[74] 傅桂平,张子明. 美国农药管理及其机构简介[J]. 农药科学与管理,2000,21(5):42-43.
[75] 李李富根,宋俊华,王以燕. 欧盟农药登记管理最新进展[J]. 农药,2008,47(9):629-630.
[76] 杨永珍,宋俊华,吴厚斌等. 欧盟农药管理措施对我国的影响及对策[J]. 农药科学与管理,2004,25(4):32-37.
[77] 杨永珍,宋俊华,吴厚斌等. 欧盟农药管理措施对我国的影响及对策(续). 农药科学与管理,2004,25(5):30-32.
[78] 殷琛. 日本农药安全管理研究农药研究与应用,2011,15(1):6-8.
[79] 王克功,任瑞兰,郑宏鹏. 日本植物保护的现状与发展对策[J]. 植物医生,1998,11(4):39.
[80] 王明勇. 日本植物保护与农药市场管理情况[J]. 安徽农学通报,2005,11(3):32-33.
[81] 宋稳成,单炜力,叶纪明,等. 国内外农药最大残留限量标准现状与发展趋势[J]. 农药学学报,2009(11):414-420.
[82] 路凯,吴厚斌, 江树人,等. 中国与美国欧盟农药监控体系[J]. 实用预防医学,2005,12(5):1227-1228.
[83] 庄无忌. 国际食品饲料中农药残留限量法规[M]. 北京:化学工业出版社,2010.
[84] 乔雄梧. 国际农药残留管理情况与发展趋势[R]. 第九届农药发展年会文集汇编,2007:21-38.
[85] 杨帆. 美国肥料管理模式与启示[J]. 中国土壤与肥料,2007,3(3):1-14.
[86] New Mexico Fertilizer Act,New Mexico,1978,76-11-3. Definition; Iowa Fertilizer law,IOWA CODE ANN,1987&Suppl 1993,200131 Definit ions of Words and Terms; Virginia Fertilizer Act,1994,cl 7401 k 311-1061 21Definitions; Alabama Fertilizer Law,1969,Chapter 22 Fertilizer,k 12-22-2 Definitions; Kentucky Fertilizer Law,1984,As Amended In 2003,2501 266 Definitions for KRS 2501 361.

[87] 卓懋白，胡云才，U rs Schm idhalter. 欧盟农业和环境政策对化肥消费和生产的影响[J]. 2004，19 (2)：11-12.
[88] 王旭，封朝晖. 国外肥料管理制度的特点分析[J]. 2002，17 (1)：11-12.
[89] 中华人民共和国国务院. 1997-05-08. 中华人民共和国农药管理条例. http：//www. chinapesticide. gov. cn/doc/04080204. html.
[90] 中华人民共和国农业部. 2007-12-08. 农药管理条例实施办法. http：//fgk. chinalaw. gov. cn/article/bmgz/200712/20071200270072. shtml.
[91] 中华人民共和国国务院. 1993-01-01. 农业化学物质产品行政保护条例. http：//www. chinapesticide. gov. cn/doc08/08072104. html.
[92] 中华人民共和国化学工业部. 1993-01-01. 农业化学物质产品行政保护条例实施细则. http：//www. chinapesticide. gov. cn/doc08/08072105. html.
[93] 孔蒙河. 浅谈我国农药管理现状及对策[J]. 山西农业科学 2008，36(2)：17-18.
[94] 宋天俊，刘琦，倪寿山. 我国农药管理的现状及对策[J]. 现代农业科技，2009(15)：377-378.
[95] 魏启文，李光英，简秋等. 我国农药管理法制建设初步研究[J]. 农药科学与管理，2009，30(2)：1-8.
[96] 张薇，张文君. 强化禁限用农药管理 保障农产品质量安全[J]. 农药，2010，49(2)：152-154.
[97] 王雁峰，张卫峰，张福锁. 中国肥料管理制度的现状及展望[J]. 现代化工，2011，31(3)：6-13.
[98] Ju XT，Xing GX，Chen XP，et al. Reducing environmental risk by improing N management in intensive Chinese agricultural systems[J]. Proceedings of the National Academy of Sciences，2009，106(9)：3041.
[99] 中国国家标准化管理委员会[EB /OL]. http：//gb. sac. gov. cn /std linfo / serv let / com. sac. sacQuery. G jbzcxServlet.
[100] 任晓燕，曹钟安. 健全农药管理法律法规 保障农药行业健康发展[J]. 农药，2010，49(7)：543-544.
[101] 姚文麒. 农药管理执法中存在的问题及对策[J]. 现代农业科技，2010(5)：173-174.
[102] 中华人民共和国主席令第九号. 2009-06-01. 中华人民共和国食品安全法. http：//www. chinapesticide. gov. cn/doc09/09040215. html.
[103] 刘燕群，李玉萍，梁伟红，等. 发达国家农产品农药残留现状及启示[J]. 农业经济问题，2008(4)：106-109.

第二章　食品原料安全控制技术发展战略研究

摘　要

民以食为天，食以安为先。食品产业承担着为我国13亿人提供安全放心、营养健康食品的重任，在国民经济中具有举足轻重的战略地位和作用。改革开放30多年来，我国食品产业总产值以年均递增10%以上的速度持续快速发展，已经成为国民经济中十分重要的产业体系，成为集农业、制造业、现代物流服务业于一体的增长最快、最具活力的国民经济支柱产业，成为我国国民经济发展极具潜力的新的经济增长点。

然而近几年来，在世界范围内不断出现食品安全事件，我国以2008年“三鹿奶粉”重大食品安全事件爆发为起点，诸如瘦肉精、苏丹红等众多食品安全事件频频发生，使得我国乃至全球的食品安全问题形势十分严峻。日益加剧的环境污染和频繁发生的食品安全事件对人们的健康和生命造成了巨大的威胁，食品安全问题已成为人们关注的热点问题，成为当今世界食品生产、食品消费和食品管理领域面临的重大挑战。世界各国对食品安全的关注，已经提升到了前所未有的战略高度。食品安全影响着人类健康，影响着社会和谐稳定，影响着国家的国际形象和兴旺发达。

食品原料安全控制技术是提升食品安全水平的核心力量。安全的食品是生产出来的不是检验出来的，生产过程安全控制技术对提高食品安全水平显得尤为重要，而在我国生产过程安全控制技术一直是容易被忽略的薄弱环节。与发达国家相比，我国食品安全控制技术在种植养殖环节、生产加工环节、流通消费环节、质量安全控制、法规和标准等方面存在较大差距，严重影响了我国食品产业的健康、可持续发展。本报告以粮食、肉禽蛋、乳品、水产品、食品添加剂五大重点食品行业为研究对象，详细阐述了食品安全控制技术水平现状与发展趋势，分析了五大食品行业在安全控制过程中存在的问题，并剖析了这些问题的特征与深层次原因，借鉴发达国家食品原料安全控制技术体系和安全管理经验，并结合我国国情，提出了我国食品安全控制技术中长期发展方向和政策咨询意见，以推动我国食品安全控制技术水平的全面提升。

一、我国食品原料安全控制的战略意义

（一）基本概念

国际上尚未对食品安全控制有明确定义。FAO/WHO将食品控制定义为强化国家或地方当局对消费者利益的保护，确保所有食品在生产、加工、储藏、运输及销售过程中是安全的、健康的、宜于人类消费的一种强制性的规则行为，同时保证食品符合安全及质量的要求，并依照法规所述诚实、准确地对食品的质量与信息予以标注。这一概念被视为国

际组织对食品安全控制的定义。FAO/WHO认为食品控制的首要任务是强化食品立法，以确保食品消费安全，使消费者远离不安全、不卫生和假冒的食品，通过禁止出售消费者不期望购买的非天然或不合质量要求的食品来实现。

本报告的食品安全控制技术界定为：从“农田”到“餐桌”食品生产链的各相关参与主体为防范和降低食品安全危害而实施的各种技术措施。

（二）主要特征

在“从农田到餐桌”的整个食品产业链过程中涵盖原料生产（种植和养殖）、原料加工、食品储存、食品流通和食品销售等许多环节，每一个环节的安全风险最终都可能传递到餐桌上，这就在客观上造成了食品安全问题的高度复杂性。食品原料安全控制就是以“从农田到餐桌”的食品全产业链为对象，通过提升技术和完善监管实现食品全产业链中各个环节的全程控制，确保食品安全。

（三）战略意义

食品安全是重大的战略性问题，关系到人民身体健康和生命安全，关系社会和谐稳定。食品产业链各环节控制技术的提升是食品安全的重要保障，是保障食品产业可持续发展的重要内涵。

二、我国食品产业发展现状与安全形势分析

民以食为天，食以安为先。食品产业承担着为我国13亿人提供安全放心、营养健康食品的重任，是国民经济的支柱产业和保障民生的基础性产业，具有举足轻重的战略地位和作用。改革开放30多年来，我国食品产业总产值以年均递增10%以上的速度持续快速发展，已经成为国民经济中十分重要的产业体系，成为集农业、制造业、现代物流服务业于一体的增长最快、最具活力的国民经济支柱产业，是我国国民经济发展极具潜力的新的经济增长点。1998～2013年的15年间，中国食品产业的角色发生了重要变迁（表2-2-1），中国食品产业的发展目前已进入关键的转型和突围期。与此同时，市场仍保持旺盛需求，中国食品工业与居民收入同步增长（图2-2-1）[1]。

表 2-2-1　中国食品产业的角色变迁

发展历程	1998年	2008年	2013年
国民人均GDP	791美元	3000美元	6767美元
食品工业总产值	942亿美元	6500亿美元	16046亿美元
发展阶段	资源型扩张期	产业转型初期	产业转型期效益与环保型发展期
需求特征	温饱型	小康型	健康型
承担角色	提升农产品附加值、支持三农	满足国民需求，提高生活质量	提供优质安全食品、满足保健的膳食需求

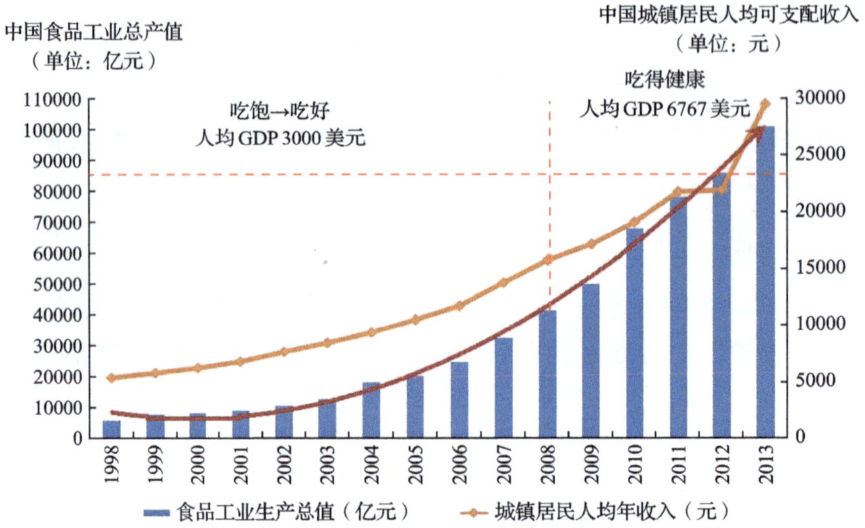

图 2-2-1　食品工业总产值和城镇居民收入增长曲线

2013 年，我国规模以上食品工业企业 36275 家，占同期全部工业企业的 10.3%，食品工业总产值首次突破 10 万亿元大关，达到 10.11 万亿元，同比增长 13.87%，占工业总产值比重的 9.8%。目前我国食品产业既能基本满足国内市场需求，又具有一定出口竞争能力。随着社会经济的发展和人民群中生活水平的提高，食品产业在保持持续上扬势头的同时，仍将有很大的发展潜力。

然而近几年来，在世界范围内不断出现食品安全事件，我国以 2008 年"三鹿奶粉"重大食品安全事件爆发为起点，诸如瘦肉精、苏丹红等众多食品安全事件频频发生，使得我国乃至全球的食品安全问题形势十分严峻。日益加剧的环境污染和频繁发生的食品安全事件对人们的健康和生命造成了巨大的威胁，食品安全问题已成为人们关注的热点问题。

下面分别对我国粮食、肉禽蛋、乳品、水产品、食品添加剂五大重要食品产业的发展现状和安全形势进行阐述和分析。

（一）粮食产业

1. 我国粮食产业发展现状

（1）国内粮食供给保障取得了显著成就，但粮食进口对外依存度明显增加

新中国成立以来，为解决温饱问题，我国千方百计提高粮食产量。粮食产量由 1949 年的 1.1 亿吨增加到 2013 年的 6 亿吨(图 2-2-2)。特别是进入 21 世纪以后，粮食产量连续十年丰收，人均粮食产量达到 435 公斤，在解决粮食供给数量方面取得了明显的成就。

在国内粮食供给增加的同时，随着人们生活水平的提高和消费结构的升级，粮食消费总量呈现刚性增长，国内粮食供求处于紧平衡态势。在国内基本自给的基础上，我国粮食进口数量逐年增加，粮食对外依存度提高。我国粮食进出口情况自 20 世纪 90 年代中期发生明显的变化。20 世纪 90 年代中期，我国由粮食净出口国转为粮食净进口国。粮食进口数量由 1990 年的 1363.8 万吨，占当年粮食产量的比例是 3.1%。粮食进口量增加

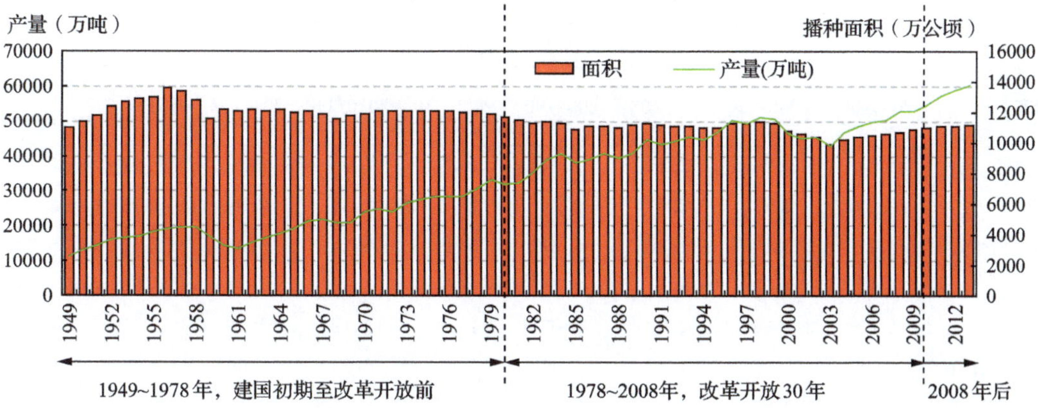

图 2-2-2　新中国成立以来粮食产量、播种面积变化情况

资料来源：历年国家统计年鉴

到 2012 年的 7215.2 万吨，占粮食产量的比例是 12.2%。粮食对外依存度进一步提高。从 1990～2012 年间，我国粮食进口数量增加了 5.3 倍，年均递增 7.9%，而粮食出口数量由 1993 年的最高 1355 万吨减少至 2012 年的 43.7 万吨，减少了 97%。具体情况见图 2-2-3。

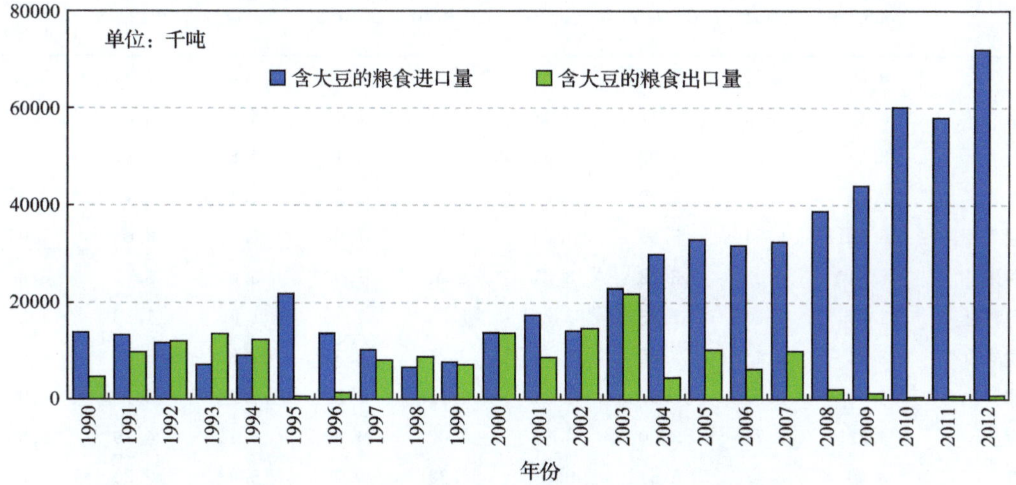

图 2-2-3　1990～2012 年间我国粮食进出口变化情况

资料来源：历年国家统计年鉴

（2）我国粮食生产能力与世界相比仍有一定潜力，但是增产的难度增大

我国粮食单产水平与世界最高水平还有一定差距，我国粮食生产能力仍有一定潜力。分品种看，我国小麦单产为 4.99 t/hm^2，仅次于欧盟（5.32 t/hm^2），高于世界平均水平近 60%以上；我国玉米单产 5.89 t/hm^2，接近世界平均水平（5.44 t/hm^2），低于美国（9.82 t/hm^2）近 70%；稻谷单产 4.71 t/hm^2，仅次于美国 5.76 t/hm^2 的单产水平，位居世界第二位；大豆单产水平 1.82 t/hm^2，低于世界平均水平（2.59 t/hm^2），与巴西最高单产 3.01 t/hm^2 仍有较大差距，具体情况见表 2-2-2。但是从表中也看出，小麦、稻谷的单产水平提高潜力有限，玉米和大豆的单产水平仍有较大提高空间。

表 2-2-2 世界主要国家小麦、玉米、稻谷和大豆单产国际比较(t/hm²)

世界主要国家小麦单产水平

国家	2005/06	2006/07	2007/08	2008/09	2009/10	2010/11	2011/12	2012/13	2013/14(6月预测)
俄罗斯	1.94	1.96	2.10	2.44	2.31	1.91	2.27	1.77	2.19
印度	2.59	2.63	2.71	2.79	2.91	2.84	2.99	3.18	3.13
欧盟27国	5.12	5.10	4.86	5.67	5.38	5.26	5.35	5.17	5.32
中国	4.28	4.59	4.61	4.76	4.74	4.75	4.84	5.00	4.99
美国	2.82	2.60	2.70	3.02	2.99	3.12	2.94	3.11	3.00
哈萨克斯坦	0.95	1.13	1.30	0.97	1.19	0.73	1.66	0.79	1.13
澳大利亚	2.02	0.92	1.08	1.58	1.57	2.03	2.14	1.66	1.80
加拿大	2.74	2.61	2.33	2.86	2.79	2.81	2.96	2.86	2.76
乌克兰	2.85	2.53	2.34	3.67	3.09	2.68	3.35	2.80	3.00
阿根廷	2.52	2.62	2.83	2.10	3.00	3.55	3.00	2.97	3.10
世界平均单产	2.84	2.82	2.82	3.05	3.05	3.01	3.15	3.04	3.12

世界主要国家玉米单产水平

国家	2005/06	2006/07	2007/08	2008/09	2009/10	2010/11	2011/12	2012/13	2013/14(6月预测)
美国	9.29	9.36	9.46	9.66	10.34	9.59	9.24	7.74	9.82
中国	5.29	5.33	5.17	5.56	5.26	5.45	5.75	5.88	5.89
巴西	3.23	3.64	3.99	3.62	4.34	4.16	4.80	4.87	4.65
印度	1.94	2.30	2.30	2.41	2.01	2.53	2.47	2.41	2.42
欧盟27国	6.62	6.34	5.63	7.09	6.87	7.00	7.52	6.04	7.01
墨西哥	2.94	3.03	3.22	3.31	3.24	3.00	3.09	3.15	3.33
尼日利亚	1.75	1.66	1.63	1.70	1.83	1.76	1.80	1.83	1.81
印度尼西亚	2.34	2.49	2.65	2.70	2.25	2.39	2.84	2.88	2.92
南非	3.41	2.52	3.99	4.34	4.11	3.82	4.06	3.75	4.06
乌克兰	4.32	3.74	3.90	4.69	5.02	4.50	6.44	4.79	5.53
加拿大	8.60	8.47	8.51	9.07	8.39	9.75	8.93	9.20	9.20
阿根廷	6.48	8.04	6.45	6.20	8.33	6.72	5.83	7.57	7.71
世界平均单产	4.81	4.79	4.95	5.04	5.19	5.08	5.21	4.90	5.44

世界主要国家稻谷单产水平

国家	2005/06	2006/07	2007/08	2008/09	2009/10	2010/11	2011/12	2012/13	2013/14(6月预测)
印度	2.11	2.12	2.21	2.18	2.13	2.24	2.39	2.42	2.43
中国	4.38	4.40	4.50	4.59	4.61	4.59	4.68	4.72	4.71
印度尼西亚	2.96	2.97	3.11	3.15	3.01	2.94	3.00	3.09	3.10
孟加拉	2.59	2.59	2.59	2.75	2.67	2.71	2.88	2.92	2.92
泰国	1.78	1.78	1.83	1.84	1.85	1.90	1.86	1.86	1.90

续表

世界主要国家稻谷单产水平									
国家	2005/06	2006/07	2007/08	2008/09	2009/10	2010/11	2011/12	2012/13	2013/14（6月预测）
越南	3.11	3.18	3.29	3.33	3.37	3.47	3.51	3.54	3.56
缅甸	1.49	1.51	1.67	1.67	1.66	1.50	1.66	1.68	1.69
菲律宾	2.36	2.33	2.41	2.38	2.22	2.33	2.34	2.42	2.46
巴基斯坦	2.12	2.12	2.24	2.37	2.43	2.38	2.25	2.22	2.30
美国	5.22	5.49	5.65	5.44	5.68	5.19	5.54	5.84	5.76
世界平均单产	2.71	2.72	2.79	2.84	2.83	2.85	2.93	2.97	2.97
世界主要国家大豆单产水平									
国家	2005/06	2006/07	2007/08	2008/09	2009/10	2010/11	2011/12	2012/13	2013/14（6月预测）
美国	2.90	2.88	2.81	2.67	2.96	2.92	2.82	2.66	2.99
巴西	2.56	2.85	2.86	2.66	2.94	3.11	2.66	2.96	3.01
阿根廷	2.66	2.99	2.82	2.00	2.93	2.68	2.28	2.64	2.73
印度	0.90	0.95	1.08	0.95	1.01	1.05	1.07	1.06	1.09
中国	1.70	1.62	1.53	1.70	1.63	1.77	1.84	1.80	1.82
巴拉圭	1.50	2.30	2.26	1.44	2.41	2.48	1.55	2.78	2.71
加拿大	2.71	2.89	2.30	2.79	2.54	2.95	2.77	2.93	2.85
玻利维亚	2.17	1.94	1.44	1.80	1.85	2.24	2.13	2.20	2.20
俄罗斯	1.05	0.99	0.92	1.05	1.19	1.18	1.48	1.39	1.47
印度尼西亚	1.28	1.31	1.30	1.29	1.32	1.38	1.38	1.38	1.38
世界平均单产	2.38	2.50	2.42	2.20	2.55	2.56	2.33	2.46	2.59

资料来源：国家粮油信息报告 2013

与此同时，为增加国内粮食供给数量，我国粮食单产水平已达六十多年来的历史高点，单产年际增长率呈现边际递减态势，具体情况见图 2-2-4。

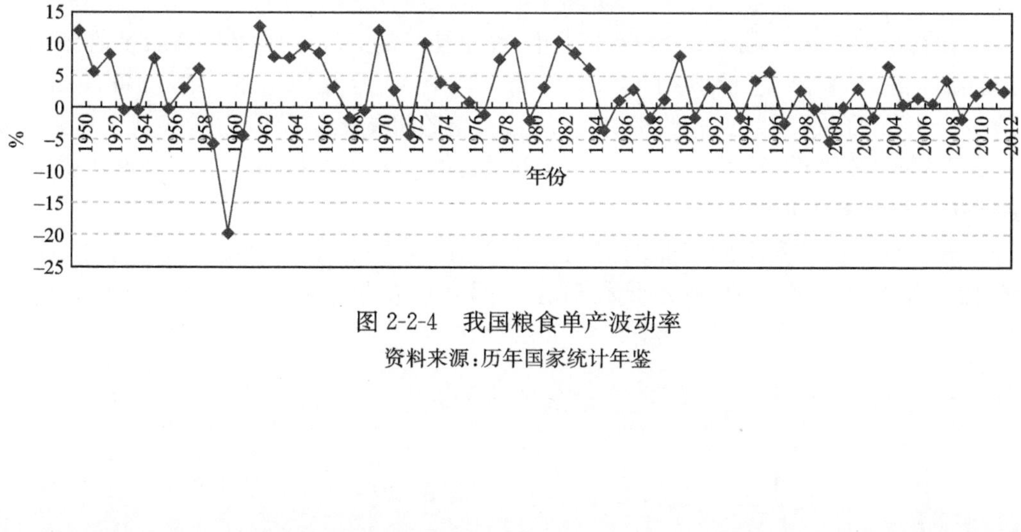

图 2-2-4　我国粮食单产波动率

资料来源：历年国家统计年鉴

近年来，随着农村土地流转的加快，我国粮食生产呈现规模化、机械化发展势头。据在安徽桐城调研，2012年机械化率达到54%，规模化经营达到40%以上。但是就全国总体来看，耕地规模化经营仍处于初级阶段，粮食生产的一家一户生产经营模式仍未改变，粮食生产依然依赖“靠天吃饭”。

（3）粮食质量安全监管体系初步形成，但监管模式及体制机制有待进一步完善

1）粮食质量安全监管的体制与机制。2013年新一届政府对食品安全监管机构和职责进行了重新调整。涉及粮食质量安全监管的部门主要有：农业部、粮食局、食药总局和卫计委等。

2）粮食质量安全法规体系。在粮食生产环节，2006年国家发布《农产品质量安全法》。同年，农业部出台了《农产品产地安全管理办法》，2004年国家发布《粮食流通管理条例》，同年，国家发改委、国家粮食局等7部门联合印发了《粮食质量监管实施办法》。随着《国务院关于加强食品等产品安全监督管理的特别规定》、《食品安全法》、《食品安全法实施条例》等法律法规的相继出台，粮食加工销售环节安全监管制度逐步完善。

3）粮食标准体系。粮食标准体系不断完善，截至十二五末，现行主要粮食国家标准和行业标准共有485项，其中国家标准320项，行业标准165项，基本覆盖了粮食生产、收购、储存、运输、加工全过程，特别是粮食质量安全标准得到进一步提升，具体情况见图2-2-5。

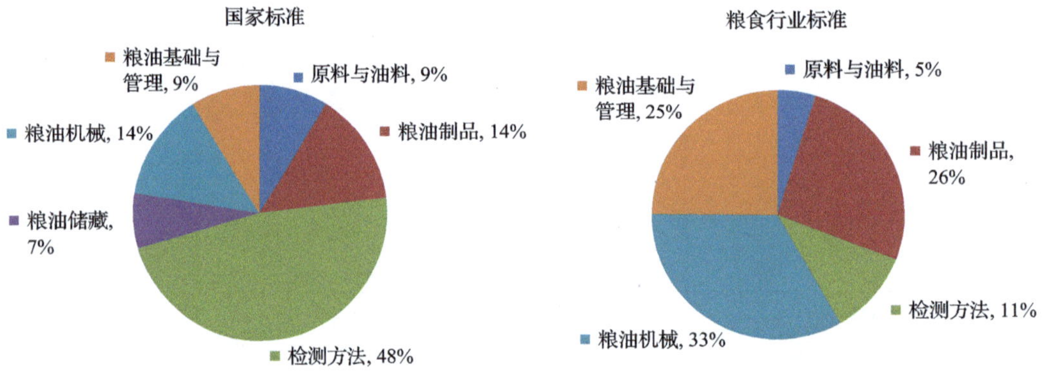

图2-2-5　粮食（油）国家标准情况

资料来源：国家粮食局标准质量中心（截止日期：2015年6月）

4）粮食检验机构。截至2011年上半年，授权挂牌的220个国家粮食质量监测机构，拥有仪器设备4974台，总价值约14693万元。其中40万元以上的大型设备占2.4%；10万～40万元的占7.9%。总的来讲，省级粮食检验机构的检验能力能够基本达到承担粮食质量安全监管和监测任务的要求，地市和县级粮食检验机构检验能力非常薄弱，难以达到承担监管任务的要求。

5）开展粮食质量安全调查监测情况。从2002年开始，国家粮食局针对稻谷、小麦、玉米、大豆等主要粮食品种，按产量权重在全国开展新收获粮食质量与安全调查监测工作。

2. 粮食质量安全形势不容乐观

(1) 农药残留情况

为提高粮食产量,我国粮食种植密度大,病虫害发生的频率很高,农药使用量大幅增加。1998 年我国农药产量为 40 万吨,2011 年我国农药原药产量为 264.87 万吨(折百量),比上年同期增长 13.1%,增速远远高于 2010 年。其中杀虫剂原药产量为 70.9 万吨,占我国农药总产量的 31.8%,较上年同期减少 4.8%;除草剂产量为 117.5 万吨,占 45%,比上年同期增长 11.5%;杀菌剂产量为 15.0 万吨,占 7.1%,比上年同期减少 10.2%;其他农药产量 61.47 万吨,占 16.1%。历年我国农药施用量、进出口量见图 2-2-6。

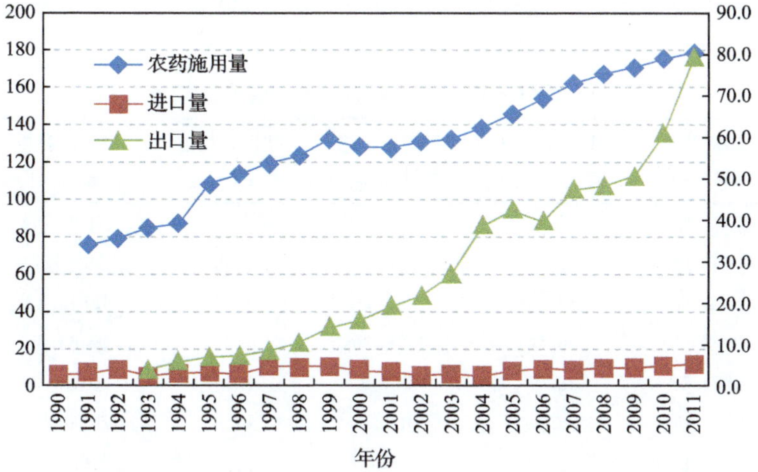

图 2-2-6 我国农药施用量及进出口量(单位:万吨)

(2) 霉变与真菌毒素污染情况

粮食种植和收获期间,受病虫害或者连续阴雨等因素的影响,可能发生病变、霉变,产生真菌毒素。主要包括黄曲霉毒素 B1、呕吐毒素、玉米赤霉烯酮等。真菌毒素污染受天气影响较大,每年粮食受真菌毒素污染程度也不一样,局部地区超标严重。收获的高水分粮食也是导致霉变和毒素超标的主要因素。2013 年春季,课题组在吉林延边地区调研时发现,由于高水分玉米没有得到及时处理,随着气候转暖,一些农户家中玉米(大揽堆)霉变粒超过 20%,有的玉米已经完全丧失使用价值。在冬春季节,东北高水分粮运往南方,在运输过程中也容易出现发热结块、霉变现象。

(3) 重金属污染情况

随着我国工业化进程的加快,环境污染日益加剧,土壤受污染的程度日趋严重。同时,也不能排除自然环境的高本底,即由于自然地质条件特殊,地层有害重金属的含量高。据媒体公开报道,我国受污染的耕地约有 1.5 亿亩,污水灌溉污染耕地 3250 万亩,固体废弃物堆存占地和毁田 200 万亩,合计约占耕地总面积的 1/10 以上,其中多数集中在经济较发达的地区,全国每年因重金属污染的粮食达 1200 万吨,造成的直接经济损失超过 200 亿元。

（二）肉禽蛋产业

1. 我国肉禽蛋食品产业发展现状

（1）总产量快速增长，人均占有量稳定提高

自 1990 年起我国肉类总产量已经连续 20 年占据世界首位[2]（表 2-2-3 至表 2-2-5）。肉类产量的增长为肉类加工业的发展奠定了物质基础，肉制品产量逐年提高，但肉类深加工比例仍然处于较低的水平，大约维持在 10%左右，与发达国家的 50%～60%相差甚远。我国肉类消费以生鲜肉为主，肉制品消费量较低。1985 年起我国一跃成为世界最大产蛋国。近些年禽蛋产量维持在 2700 万吨左右，占世界总产量的 40%左右，禽蛋构成中 85%是鸡蛋[3-8]。

表 2-2-3 1991～2012 年我国肉类总产量和人均占有量

年份	我国肉类总产量（万吨）	我国人均占有量（千克）	我国禽蛋总产量（万吨）	我国人均占有量（千克）	世界肉类总产量（万吨）	世界人均占有量（千克）
1991	3007.77	27.68	863.76	7.27	17976.192	33.40
1992	3286.87	30.19	955.19	7.95	18349.7	33.50
1993	3629.21	33.15	1099.79	9.05	18812.47	33.82
1994	4030.83	36.20	1376.29	11.20	19486.68	34.52
1995	4584.0	38.65	1558.1	12.55	20114.02	35.13
1996	4799.55	38.16	1825.5	14.56	20234.27	34.84
1997	5268.8	43.24	1759.08	13.89	21064.46	35.78
1998	5723.8	46.41	1871.36	14.65	21934.81	36.76
1999	5949.0	47.42	1976.06	15.34	22491.26	37.21
2000	6013.9	48.65	2017.6	15.54	22936.43	37.46
2001	6105.8	48.66	2044.22	15.64	23174.71	37.38
2002	6234.3	49.28	2093.93	15.92	23853.81	38.00
2003	6443.3	50.61	2333	18.1	24342.31	38.32
2004	6608.7	51.18	2371	18.3	24769.04	38.52
2005	6938.9	53.42	2438	18.7	25380.25	39.01
2006	7089.0	53.9	2424.0	18.5	26077.43	39.61
2007	6865.7	52.0	2529.0	19.2	26676.55	40.05
2008	7278.7	54.8	2702.2	20.4	27452.46	40.73
2009	7649.7	56.2	2742.5	20.6	27886.3	40.90
2010	7925.8	59	2762.7	20.6	29348.50	42.43
2011	7957.8	59.1	2811.4	20.87	29747.92	42.51
2012	8387.2	61.9	2861.2	21.13	30238.98	42.71

注：世界肉类总产量包括禽蛋产量

资料来源：中国肉类工业年鉴；国家统计局网站；世界粮农组织 FAOSTAT 网站

表 2-2-4　世界十大肉类生产国 2000～2012 年肉类总产量(万吨)

国家＼年份	2000	2001	2002	2003	2004	2005	2006	2007	2008	2009	2010	2011	2012
中国	6210.97	6299.05	6422.89	6625.76	6791.25	7118.80	7268.81	7053.70	7457.68	7831.18	7735.72	7719.00	7942.90
美国	3767.70	3784.63	3880.28	3873.37	3877.47	3954.00	4064.42	4167.20	4300.26	4164.35	4216.82	4245.28	4254.84
巴西	1542.49	1596.48	1729.84	1837.70	1990.80	1966.88	2044.14	2181.46	2285.88	2307.07	2363.01	2445.47	2496.13
德国	625.20	646.52	648.45	656.47	676.17	684.01	701.87	743.65	770.67	788.49	822.05	835.92	819.41
俄罗斯	444.03	445.13	470.36	495.04	499.40	491.41	523.65	575.56	631.11	676.65	721.38	756.65	813.73
印度	444.39	451.59	469.48	483.17	496.65	511.25	527.64	556.46	574.99	601.56	617.97	623.13	629.16
法国	650.23	651.92	647.82	634.38	612.80	576.26	529.68	541.64	583.47	577.61	582.84	600.10	607.92
墨西哥	446.37	463.73	482.84	487.29	510.97	532.27	540.20	554.68	563.22	572.84	580.93	583.16	569.04
意大利	408.13	415.88	420.65	400.59	408.59	398.25	395.05	410.63	413.45	418.26	428.50	417.79	425.01
日本	299.10	291.60	302.18	302.01	302.96	303.09	312.19	313.08	314.92	325.04	323.34	315.38	326.81

表 2-2-5　世界十大肉类生产国 2000～2012 年肉类人均占有量(kg/人)

国家＼年份	2000	2001	2002	2003	2004	2005	2006	2007	2008	2009	2010	2011	2012
美国	132.39	131.62	133.68	132.25	131.22	132.61	135.06	137.18	140.23	134.55	135.05	134.81	134.01
巴西	88.39	90.21	96.43	101.11	108.19	105.67	108.65	114.82	119.20	119.23	121.05	124.18	125.65
德国	74.86	77.35	77.49	78.35	80.64	81.59	83.82	88.98	92.43	94.79	99.02	100.84	98.96
法国	109.81	109.38	107.88	104.81	100.45	93.78	85.65	87.06	93.28	91.85	91.87	91.72	89.00
意大利	71.62	72.71	73.16	69.22	70.12	67.88	66.87	69.03	69.05	69.46	70.82	68.80	69.81
中国	43.77	43.81	44.71	46.71	47.28	48.97	50.40	51.49	53.23	55.20	56.89	56.41	57.68
俄罗斯	30.25	30.45	32.32	34.17	34.60	34.14	36.44	40.07	43.93	47.09	50.23	52.75	56.84
墨西哥	42.97	44.02	45.24	45.10	46.71	48.07	48.18	48.86	48.99	49.20	49.44	50.28	50.30
日本	23.79	23.15	23.94	23.87	23.90	23.87	24.56	24.60	24.73	25.52	25.39	24.77	25.68
印度	4.26	4.26	4.36	4.42	4.47	4.54	4.62	4.80	4.89	5.05	5.13	5.10	5.09

注:以 2012 年各国总产量和人均占有量进行排序

数据来源:世界粮农组织 FAOSTAT 网站

(2) 产业集中度提升,区域分布渐趋合理

改革开放以来,中国畜牧业迅猛发展,先后经历三个阶段。一是 20 世纪 80 年代商品化、专业化、企业化发展阶段:以农户家庭养殖为主,专业户不断涌现,涉足畜牧业的企业出现;二是 20 世纪 90 年代规模化、企业化、产业化发展阶段:大型企业不断涌现,产业化经营迅猛发展以"公司+农户"为主要经营形式的畜牧产业化组织得到了快速的发展,畜牧业龙头企业大量涌现;三是 2000 年后区域化、规模化、标准化发展阶段:区域化布局初步形成,规模化养殖持续增加,标准化生产力度加大。目前,中国畜牧业生产区域化布局已初步形成,主要有:以长江中下游为中心产区并向南北两侧逐步扩散的生猪生产带,以中原肉牛带和东北肉牛带为主的肉牛生产带,以西北牧区及中原和西南地区为主的羊肉生产带,以东部省份为主的肉禽生产带和以中原省份为主的蛋禽生产带[9]。

肉禽蛋产业集中度逐渐提升,大型龙头企业的带动作用日益显现,呈现出梯度态势(表 2-2-6)。在禽蛋总产量中,前十位的区域是:河南、山东、河北、辽宁、江苏、四川、湖北、安徽、黑龙江、吉林,其产量合计 2206.0 万吨,占全国禽蛋总产量的 78.5%。

表 2-2-6 肉类加工产业分布状况

项目	以资产投入总量计		
	一梯度	二梯度	三梯度
区域	鲁、豫、川、辽、吉、苏、蒙、皖、冀、黑	京、闽、浙、鄂、粤、沪、湘、晋、津、渝	赣、陕、桂、新、云、甘、贵、青、宁、藏
	以产品销售收入额计		
区域	鲁、豫、川、辽、蒙、吉、苏、冀、京、黑	鄂、湘、粤、皖、浙、闽、渝、沪、津、陕	赣、晋、桂、云、贵、新、青、甘、宁、藏
	以规模效益企业利润额计		
区域	鲁、豫、川、苏、辽、蒙、冀、皖、浙、闽	吉、湘、鄂、黑、桂、渝、赣、粤、沪、晋	津、陕、贵、云、甘、新、藏、青、宁

(3) 产业链日趋强化,产业向纵深方向发展

据农业部统计,我国畜牧业总产值约占农林牧渔业总产值比重的三分之一,农村居民家庭经营纯收入中有 14.2%来自畜牧业[10]。规模化屠宰增长加快,机械化水平进一步提高,半机械化屠宰厂(场)数量增加明显,行业集中度进一步提高。肉制品加工行业产业规模逐年攀升,逐渐向现代化、规模化、集约化转变。但是副产品综合利用技术水平较低,表现出加工简单、利用率差、附加值低等一系列问题,其中畜血利用率不到总产量的三分之一,而发达国家对畜血和畜骨利用已达到非常先进的水平,畜禽血液用来批量生产各种血红素、血蛋白粉、免疫球蛋白、氨基酸、SOD 酶类、凝血酶,并广泛用于食品、饲料、肥料、制药和葡萄酒工业[11-13]。肉制品冷链储运普及率较低(表 2-2-7),且很难保证冷链的完整性,导致很大食品安全隐患。贮藏保鲜技术也亟待实现大的突破。

表 2-2-7　我国冷链与发达国家冷链现状对比

内容	发达国家	中国
食品物流成本占食品总成本的比例	50%	70%
运输能力	美国冷藏车 16 万辆,保温车 6 万辆,日本冷藏保温车 12 万辆	冷藏汽车 3 万多辆,冷藏列车 6970 辆,60%以上为加冰车
冷藏运输率	美、日等国为 80%～90%	不到 50%,其中铁路 25%,公路 15%,水路 1%,空运 0.1%
流通环节	美国通常流通环节只有三个	大于或等于五个环节

(4) 产品种类日渐丰富,科技作用显现

我国肉类消费以生肉为主,生鲜肉中热鲜肉、冷鲜肉、冷冻肉并存于市场。肉制品存在"五多五少"的现象,即中低档产品多而高档产品少、同质化产品多而差异化产品少、猪肉制品多而牛羊禽肉制品少、西式制品多而中式制品少、国内品牌多而国际品牌少,其中火腿肠占肉制品产量的 30%以上。近年来,运用新型技术开发的低盐、低脂、无淀粉肉制品逐渐成为热销产品,有力地扭转了市场产品同质化严重的局面。

2. 我国肉禽蛋食品安全现状

(1) 近年来全国肉禽蛋食品质量监督抽查结果调研

2006～2012 年国家质检总局和各地方质监局监督抽查结果显示(表 2-2-8 至表 2-2-10),肉禽蛋制品的抽检合格率一直保持在较高水平,不合格项主要集中在微生物超标和食品添加剂的超量使用上。

表 2-2-8　2006～2012 年生鲜肉风险监测数据

抽样时间	抽样内容	抽样数量、地区	不合格原因	抽样合格率
2010 年	猪肉	北京,共抽查猪肉样品 300 件	沙丁胺醇超标	97.7%
	禽类	北京,共抽查各类禽产品 209 件	硝基呋喃类代谢物和喹诺酮类超标	94.7%
2011 年	猪肉	北京,共抽查猪肉样品 301 件	沙丁胺醇超标	99.0%
	禽类	北京,共抽查各类禽产品 202 件	硝基呋喃类代谢物和喹诺酮类超标	96.5%
2012 年	猪肉	北京,共抽查猪肉样品 300 件	——	100%
	禽类	北京,共抽查各类禽产品 200 件	硝基呋喃类代谢物超标	99.0%

数据来源:国家肉类食品质量监督检验中心

表 2-2-9　2006～2012 年肉制品风险监测数据

抽样时间	抽样内容	抽样数量、地区	不合格原因	抽样合格率	合格率平均值
2006 年	熟肉制品	17 个省、直辖市 103 家企业生产的 125 种产品	微生物、防腐剂、标签	80%	81.5%
	酱卤肉制品	17 个省、自治区、直辖市 63 家企业生产的 80 种产品	磷酸盐、亚硝、微生物、标签	87.5%	
	熏煮香肠	12 个省、自治区、直辖市	蛋白含量低、标签不规范、防腐剂过量	80.6%	
	肉松、火腿肠	13 个省、自治区、直辖市 65 家企业生产的 82 种产品	色素、防腐剂、水分、蛋白、淀粉、微生物、总糖	78%	
2007 年	肉干、肉脯产品	9 个省、直辖市 50 家企业生产的 50 种产品	大肠菌群、防腐剂、色素	86%	89.0%
	熟肉制品	21 个省、直辖市、自治区 140 家企业生产的 160 种产品(不涉及出口产品)	细菌总数、防腐剂、亚硝、色素、铅、标签	91.9%	
2008 年	冷冻猪肉、熟肉制品和肉类罐头	18 个省(区、市)生产的 419 种产品	磺胺、铅、水分、感官	97.6%	98.3%
	熏煮香肠、火腿产品	10 个省、直辖市、自治区 60 家企业生产的 100 种产品	菌落总数、蛋白、淀粉、防腐剂	99.0%	
2009 年	腌腊肉制品	11 个省、自治区、直辖市 130 家企业生产的 171 种产品	酸价、过氧化值、苯甲酸、色素、总汞	83.0%	88.0%
	熏煮香肠、火腿制品、酱卤肉制品、肉干制品	22 个省、直辖市、自治区 247 家企业生产的 299 种产品	蛋白、防腐剂、微生物、色素、淀粉	93.0%	
2010 年	熟肉制品	27 个省、自治区、直辖市 210 家企业生产的 247 种产品	微生物、亚硝、酸价	94.7%	94.7%
2011 年	熏煮香肠火腿制品、酱卤肉制品、腌腊肉制品	28 个省、自治区、直辖市 227 家企业生产的 250 种肉制品	菌落总数、大肠菌群、沙丁胺醇、亚硝酸盐、日落黄、胭脂红、柠檬黄、苯甲酸、酸价项目	96.4%	96.4%
2012 年	熏煮香肠火腿制品、酱卤肉制品	25 个省、自治区、直辖市 196 家企业生产的 200 种肉制品	菌落总数、大肠菌群、苯甲酸、诱惑红、亚硝酸盐	97.5%	97.5%

数据来源：国家质检总局产品质量监督抽查公告

表 2-2-10　2007～2012 年蛋品行业风险监测数据

抽样时间	抽样数量、地区	抽样合格率	平均合格率
2007 年	北京、天津、河北、辽宁、上海、浙江、安徽、福建、湖北等省市 44 家企业生产的 58 种产品	86.2%	92.0%
	2 季度辽宁省蛋制品质量监督抽查	90.9%	
	3 季度北京市质量技术监督抽查	100%	
	4 季度上海市蛋制品质量专项监督抽查	91.1%	
2008 年	安徽质监局抽查的 23 组产品	100%	100%
	河南质监局抽检的 893 家企业生产的 28 种 918 批次产品	100%	
2009 年	福建质监局抽检的 24 家企业生产的 24 批次蛋制品	100%	95.6%
	安徽质监局抽检的 74 家企业生产的 123 组产品	91.1%	
2010 年	3 月份安徽质监局抽检的 39 组产品	97.45%	97.7%
	1 季度上海质监局抽检的 35 种蛋制品产品（皮蛋和咸蛋）	100%	
	4 季度上海质监局抽检的 36 批次蛋制品	100%	
	陕西质监局 3、4 季度抽检的 22 家企业的 30 个批次样品	93.3%	
2011 年	安徽质监局抽检的 23 家企业的 34 组产品	100%	100%
	广州市质监局抽检的 13 个企业的 16 个产品	100%	
2012 年	上海市质监局抽检的 37 批次产品	97.3%	98.7%
	福建省质监局抽查全省 34 家企业生产的松花皮蛋、咸蛋、五香蛋等蛋制品 60 批次，合格 60 批次	100%	

数据来源：各省市质监局产品监督抽查公告

（2）近年来肉禽蛋食品安全突发事件统计

与全国质量监督抽查结果相对应的是，肉禽蛋食品安全突发事件依然高发。表 2-2-11 是 2001～2013 年中央电视台统计报道的食品安全事件调研结果。

表 2-2-11　2001～2013 年中央电视台报道的与肉禽蛋食品相关的食品安全事件

序号	问题食品	爆发时间	问题物质
1	死猪肉	2002 年 1 月	病死及死因不明
2	死狗肉	2002 年 4 月	不明死因
3	熏鸭	2002 年 8 月	金黄粉（磺酸苯基-7 偶氮萘酚）、亚硝酸盐
4	猪头肉	2003 年 9 月	变形杆菌
5	金华火腿	2003 年 11 月	敌敌畏
6	猪肉	2006 年 9 月	瘦肉精
7	红心鸭蛋	2006 年 11 月	苏丹红

续表

序号	问题食品	爆发时间	问题物质
8	卤鸭	2008 年	酸性橙Ⅱ
9	鸡蛋	2008 年 12 月	三聚氰胺
10	猪肉(广州)	2009 年 3 月	瘦肉精
11	禽肉、猪肉	2009 年年末	禽流感、口蹄疫
12	烤鸭油	2010 年 7 月	废弃油脂
13	一滴香	2010 年 9 月	丙二醇、2-乙酰基噻唑、2,5-二甲基吡嗪、肉类提取精油和进口香料等
14	猪肉(双汇)	2011 年 3 月	瘦肉精
15	黑心北京烤鸭	2011 年 5 月	劣质鸭
16	毒腊肉	2011 年 10 月	病死猪肉
17	速成鸡事件	2012 年 12 月	肯德基使用未经检验、被喂食了多种抗生素甚至是激素的白羽鸡做原料
18	注水牛肉	2013 年 1 月 27 日	河北石家庄注水牛肉事件
19	马肉事件	2013 年 1 月	瑞典、英国、法国和德国在部分牛肉制品中发现了马肉
20	假羊肉事件	2013 年 2 月 17 号	辽阳县以鸭肉、劣质原料、食品添加剂和非食用物质制作羊肉

2001～2013 年中央电视台报道的 69 件突发性食品安全事件中，与肉禽蛋食品相关的事件共 20 起，占到了近 29%。可见与肉禽蛋食品整体安全水平相比，肉禽蛋食品安全的局部问题仍很突出，病死肉、注水肉、以次充好、掺杂使假、违法使用违禁药物等现象，仍然是食品安全治理中需要关注的重点问题。通过突发食品安全事件可以看出，养殖和生鲜环节是肉禽蛋食品安全事件高发区。

（三）乳品产业

1. 我国乳品产业发展现状

(1) 乳品产业在国民经济中占据重要地位

据统计，2011 年我国奶牛养殖业产值为 1219.0 亿元，占畜牧业总产值(25770.69 亿元)的 4.73%；乳品工业产值为 2361.3 亿元，占食品制造业总产值(14046.96 亿元)的 16.81%。2000～2011 年中国奶牛养殖业产值、乳品工业产值在国民经济中的地位见表 2-2-12。

据统计，2011 年中国奶业产量为 3827 万吨，同比增长 2.11%，产量位列世界第三位，年度总产量由 2001 年美国产量的 1 / 7 增长为 2011 年美国产量的 2 / 5，增长速度明显，但年度总产量与美国相比相差甚远。2000～2011 年中国奶业在世界奶业的地位变化趋势见图 2-2-7，世界主要国家奶量变化见表 2-2-13。

表 2-2-12　2000～2011 年中国奶业在国民经济中的地位

年份	奶牛养殖业总产值(亿元)	畜牧业总产值(亿元)	比例(%)	乳品工业总产值(亿元)	食品制造业总产值(亿元)	比例(%)
2000		7393.1				
2001		7963.1				
2002		8454.6				
2003		9538.8				
2004		12173.8				
2005		13310.8			3288.25	
2006	660.49	12083.9	5.47	1098.5	4714.25	23.30
2007	847.36	16124.9	5.25	1329.0	6070.96	21.89
2008	1015.00	20583.6	4.93	1490.7	7716.54	19.32
2009	1065.00	19468.4	5.47	1668.1	9219.24	18.09
2010	1120.0	20825.7	5.38	1949.5	11350.64	17.18
2011	1219.0	25770.7	4.73	2361.3	14046.96	16.81

数据来源：《中国统计年鉴》、《中国奶业年鉴》

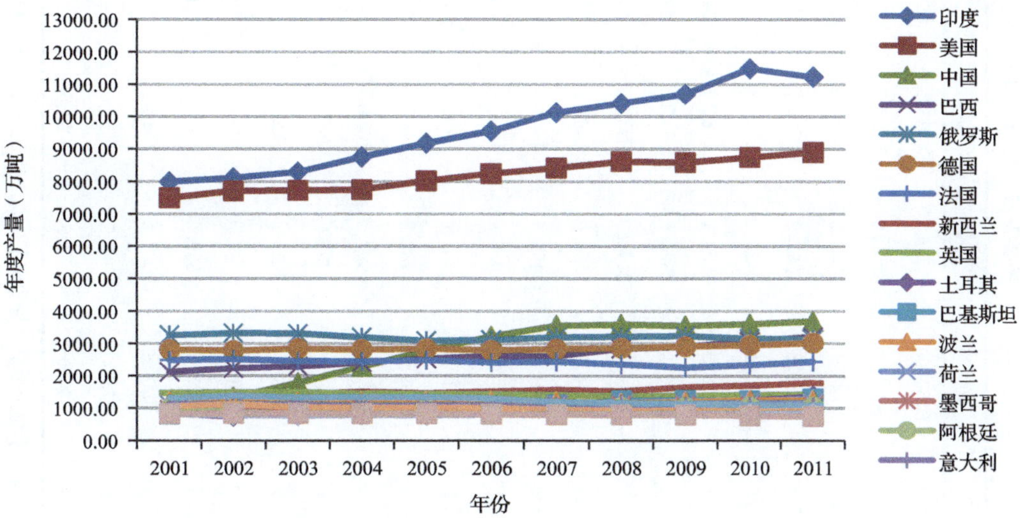

图 2-2-7　2000～2011 年我国奶业在世界奶业中的地位变化趋势

(2) 我国奶类和乳制品产量逐年攀升

2011 年，我国奶类总产量为 3825.0 万吨，其中牛奶产量 3656.0 万吨，比 2001 年增长 2702 万吨，年平均递增率 13.04%；奶牛存栏数 1440.0 万头，比 2001 年增长 874 万头，年平均增长率 9.79%；奶牛平均单产为 5400 千克，比 2001 年增长 2614 千克，年平均增长率为 6.84%。历年我国奶类总产量、奶牛存栏和奶牛平均单产的变化趋势见图 2-2-8、图 2-2-9 和表 2-2-14。

表 2-2-13　2001～2011 年世界主要国家奶量(万吨)

国家或地区	2001	2002	2003	2004	2005	2006	2007	2008	2009	2010	2011
全球	58984.0	60285.0	61604.0	62796.0	644360.0	65379.0	67131.0	69371.0	69655.0	72087.0	—
印度	7991.8	8112.4	8295.2	8752.2	9182.9	9553.0	10123.1	10413.8	10702.5	11485.0	11231.0
美国	7499.4	7714.0	7728.9	7753.5	8025.5	8246.3	8418.9	8617.7	8588.1	8747.4	8901.5
中国	1123.0	1335.6	1781.8	2292.9	2783.7	3225.7	3557.4	3587.4	3551.0	3603.6	3692.9
巴西	2114.6	2231.5	2294.4	2420.2	2538.4	2618.6	2613.7	2844.1	2908.6	3071.6	3209.1
俄罗斯	3259.6	3320.9	3308.5	3190.4	3089.3	3118.6	3191.5	3211.1	3232.6	3158.5	3138.6
德国	2819.1	2787.4	2853.3	2824.5	2845.3	2799.5	2840.3	2865.6	2916.4	2959.4	3030.1
法国	2490.3	2519.7	2461.4	2444.9	2488.5	2419.5	2437.4	2356.5	2265.9	2337.4	2442.7
新西兰	1311.9	1386.6	1434.9	1503.0	1463.8	1517.3	1561.8	1521.7	1648.3	1701.1	1789.4
英国	1470.7	1486.9	1501.0	1455.5	1447.3	1431.6	1402.3	1371.9	1385.2	1408.1	1424.6
土耳其	848.9	749.1	951.4	960.9	1002.6	1086.7	1127.9	1125.5	1158.3	1241.9	1380.2
巴基斯坦	819.2	835.0	851.1	867.8	884.8	1072.6	1113.0	1242.5	1244.7	1227.9	1290.6
波兰	1188.4	1187.3	1189.2	1182.2	1192.3	1198.2	1209.6	1155.0	1198.5	1243.7	1241.4
荷兰	1097.0	1067.7	1107.5	1090.5	1084.7	1098.9	1106.2	1128.6	1146.9	1162.6	1162.7
墨西哥	947.2	965.8	978.4	986.4	986.8	1008.9	1034.6	1076.6	1054.9	1067.7	1072.4
阿根廷	976.9	879.3	819.7	810.0	990.9	1049.4	982.2	1032.0	1036.6	1050.2	1050.2
意大利	1127.5	1130.0	1130.7	1072.8	1101.3	1098.9	1061.8	1128.6	1056.0	1050.0	1047.9
乌克兰	1315.4	1384.7	1335.1	1339.0	1342.4	1301.7	1200.3	1152.4	1136.4	1097.7	1080.4
澳大利亚	1054.7	1127.1	1032.8	1007.6	1012.7	1008.9	958.3	922.3	938.8	902.3	910.1
加拿大	810.6	796.4	773.4	790.5	780.6	804.1	814.5	814.0	821.3	824.3	840.0
日本	830.1	838.5	840.0	832.9	828.5	813.8	800.7	798.2	791.0	772.0	747.4

注:数据来源于 FAO,印度数据中统计了奶牛牛奶产量和水牛牛奶产量之和,其他国家仅统计奶牛牛奶产量

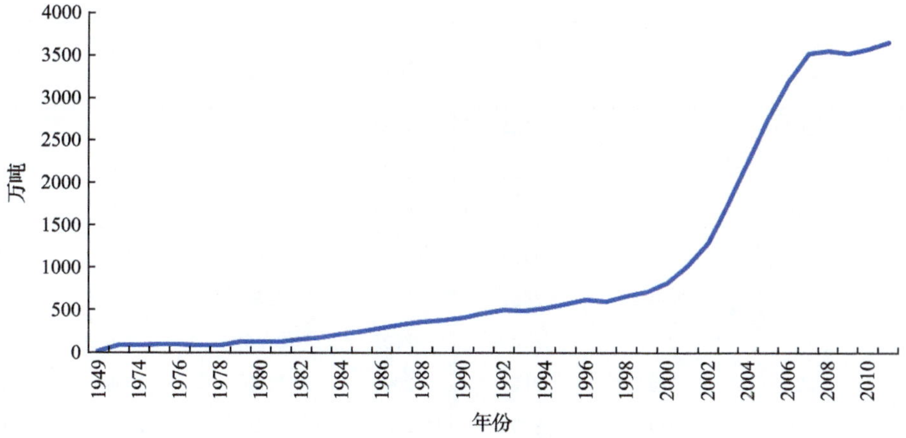

图 2-2-8　1949～2011 年我国奶类总产量变化趋势

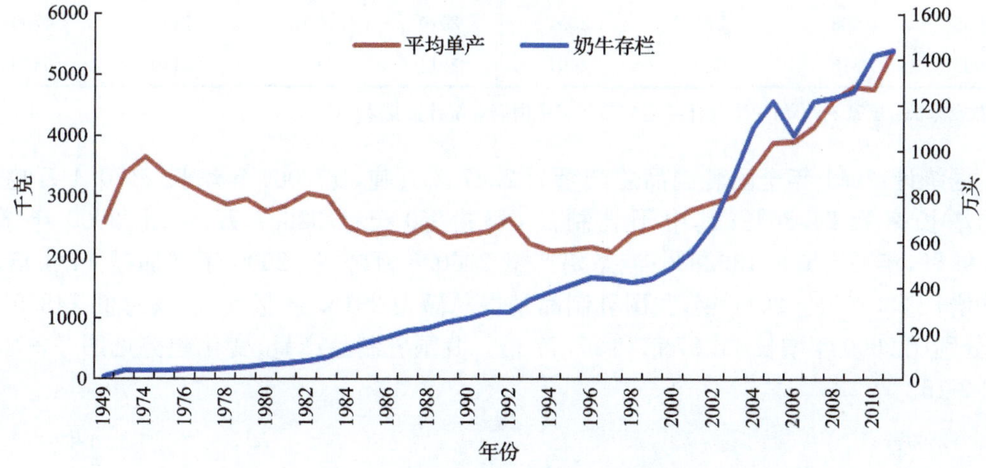

图 2-2-9　1949～2011 年我国奶牛存栏和平均单产

表 2-2-14　历年我国奶类总产量、奶牛存栏和奶牛平均单产

年份	牛奶产量（万吨）	奶牛存栏（万头）	平均单产（千克）	年份	牛奶产量（万吨）	奶牛存栏（万头）	平均单产（千克）
1949	20	12	2564	1980	114	64	2739
1973	81	37	3374	1981	129	70	2845
1974	87	37	3640	1982	162	82	3047
1975	89	41	3369	1983	185	95	2985
1976	89	43	3204	1984	219	134	2517
1977	88	45	3018	1985	250	163	2363
1978	88	48	2860	1986	290	185	2416
1979	107	56	2942	1987	330	216	2347

续表

年份	牛奶产量（万吨）	奶牛存栏（万头）	平均单产（千克）	年份	牛奶产量（万吨）	奶牛存栏（万头）	平均单产（千克）
1988	366	222	2534	2000	827	489	2605
1989	381	253	2322	2001	1026	566	2786
1990	416	269	2377	2002	1300	688	2909
1991	465	295	2426	2003	1746	893	3008
1992	503	294	2631	2004	2261	1108	3437
1993	499	345	2223	2005	2753	1216	3891
1994	529	384	2117	2006	3193	1069	3903
1995	576	417	2126	2007	3525	1219	4140
1996	629	447	2166	2008	3556	1233	4575
1997	601	443	2090	2009	3521	1260	4800
1998	663	427	2391	2010	3576	1420	4760
1999	718	443	2491	2011	3656	1440	5400

数据来源：国家统计局《中国统计年鉴 2012》、《中国奶业统计资料 2012》

据统计，2011 年全国乳制品总产量为 2387.5 万吨，比 2000 年增长 2170.4 万吨，年平均增长率为 24.36%；其中干乳制品（奶粉等）产量 326.7 万吨，比 2000 年增长 293.99%，年平均增长 13.28%；液态奶产量 2060.8 万吨，比 2000 年增加越 14.4 倍，年平均增长 28.20%。2011 年，我国乳制品销售总额为 2315.56 亿元、利润总额 148.93 亿元，分别比 2000 年增长 11.97 倍和 17.77 倍。我国乳制品产量、变化趋势见图 2-2-10 和表 2-2-15。

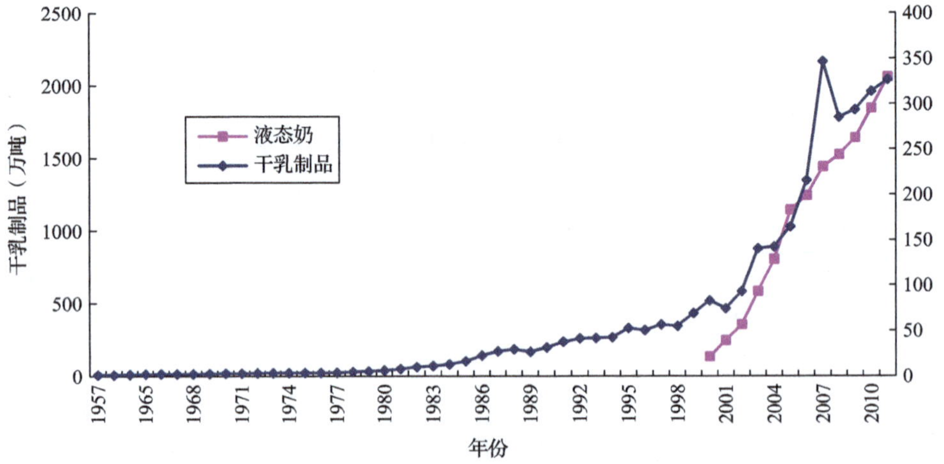

图 2-2-10　1957～2011 年我国乳制品产量的变化趋势

表 2-2-15　1957～2011 年我国乳制品产量情况(万吨)

年份	干乳制品	液态奶	年份	干乳制品	液态奶	年份	干乳制品	液态奶
1957	1.3		1979	5.4		1996	50.4	
1963	1.3		1980	6.3		1997	56.5	
1964	1.8		1981	7.9		1998	54.9	
1965	2.1		1982	10.0		1999	69.1	
1966	2.4		1983	11.2		2000	82.9	134.1
1967	2.3		1984	13.0		2001	74.3	246.1
1968	2.3		1985	16.4		2002	93.2	355.1
1969	2.6		1986	22.6		2003	140.5	582.9
1970	3.0		1987	27.2		2004	142.4	806.7
1971	3.0		1988	29.5		2005	164.6	1145.8
1972	3.4		1989	26.7		2006	215.5	1244.0
1973	3.5		1990	31.4		2007	346.5	1441.0
1974	3.5		1991	37.7		2008	285.3	1525.2
1975	3.7		1992	41.3		2009	293.5	1641.6
1976	3.7		1993	41.7		2010	313.8	1845.6
1977	3.9		1994	42.5		2011	326.7	2060.8
1978	4.7		1995	52.6				

数据来源：国家统计局、《中国奶业年鉴 2011》、《中国奶业统计资料 2012》

(3) 人均乳制品消费呈现较快增长趋势

在国内乳品市场的快速发展背景下，城镇居民和农村居民的人均乳制品消费量出现较快增长。据统计，2011 年全国城镇居民和农村居民人均乳制品消费量分别为 21.08 kg 和 5.16 kg，比 2000 年分别增长 78.19%和 386.8%。由于农村居民的人均乳制品消费量基数较低，所以相对而言涨幅更大，但是农村居民人均消费量同城镇居民人均消费量比依然差距巨大，不到四分之一。我国城镇居民和农村居民乳制品消费量的变化趋势见图 2-2-11。

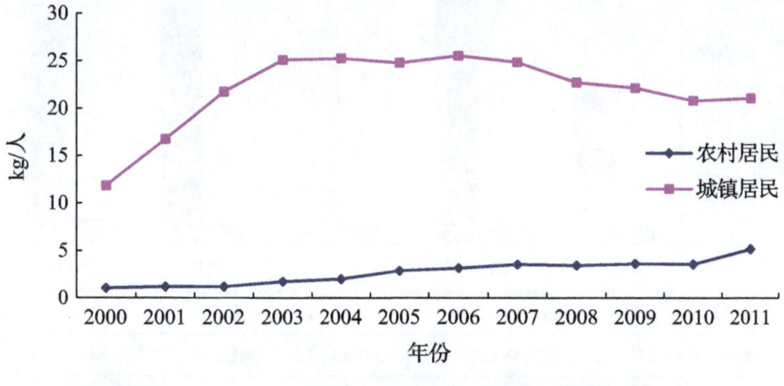

图 2-2-11　2000～2011 年我国城乡乳制品消费量比较

数据来源于《2001～2012 年中国统计年鉴》，城镇居民的消费量包含鲜乳、奶粉和酸奶，奶粉按 1∶7 折算成鲜奶量；农村居民统计的为奶类消耗总量，奶粉未按 1∶7 进行折算

（4）乳品进出口贸易不断提升

1）牧草饲料及种畜贸易

据统计，2011 年我国苜蓿进口量为 288468.6 吨，进口额为 10361.25 万美元，进口量比 2007 年增加 1382 倍，进口额增加 274.1 倍，出口量为 4405.8 吨，约为 2007 年的十分之一；紫苜蓿进口量为 1005.75 吨，比 2007 年增加 13 倍，出口量为 10725.7 吨，比 2007 年降低 58.2%；饲料添加剂进口量为 36517.7 吨，比 2007 年增加 24.6%，出口量为 546508.6 吨，比 2007 年增加 1.3 倍。2007～2011 年我国苜蓿、饲料添加剂的进出口变化情况见图 2-2-12 和图 2-2-13，其他饲料物品进出口情况见表 2-2-16。

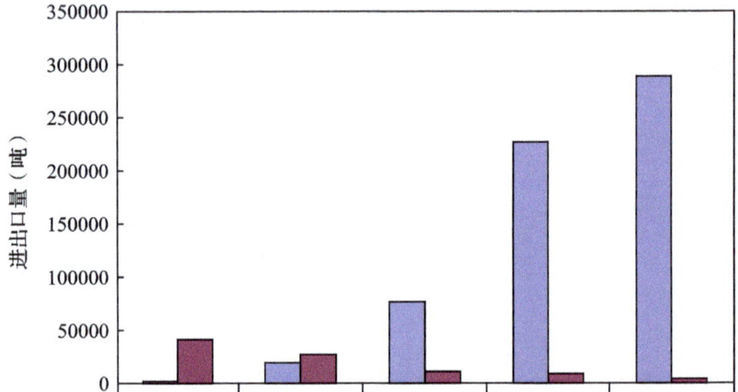

	2007年	2008年	2009年	2010年	2011年
苜蓿进口	2088.08	19600.11	76616.08	227175.29	288468.56
苜蓿出口	41420.38	26903.82	11106.49	8817.17	4405.79

图 2-2-12　2007～2011 年我国苜蓿进出口量

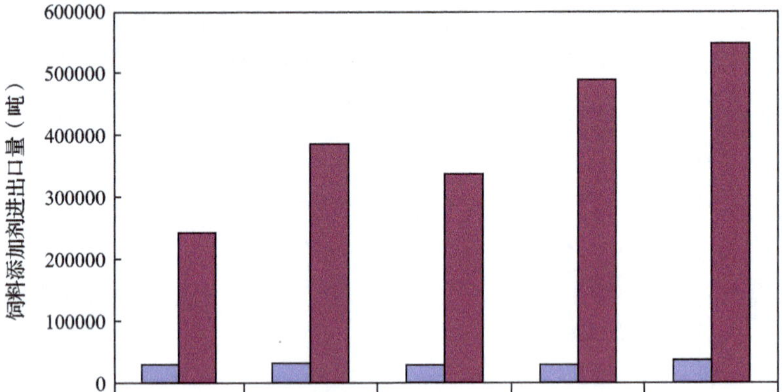

	2007年	2008年	2009年	2010年	2011年
东部	29300.04	31304.41	27890.1	28696.84	36517.7
西部	241852.46	384289.31	335994.41	488271.22	546508.55

图 2-2-13　2007～2011 年我国饲料添加剂进出口量

表 2-2-16　2007～2011 年我国饲料及添加剂进出口量值(吨)

品种	2007		2008		2009		2010		2011	
	进口量	出口量	进口量	出口量	进口量	出口量	进口量	出口量	进口量	出口量
紫苜蓿	72.08	25664.68	197.62	17943.23	133.59	12199.86	3426.11	9360.82	1005.75	10725.67
植物原料等	1466.27	180098.7	1294.41	316214.54	1359.38	5384.53	622.70	236793.56	22455.34	282958.62
其他配制饲料	70530.42	114708.57	92376.64	192327.80	97595.67	6792.28	66195.04	148104.81	74672.66	183702.84
谷类植物	97.11	131525.79	51.01	133597.56	1042.37	1697.66	7818.52	131070.32	5724.14	138650.59
其他草饲料	2088.08	41420.38	19600.11	26903.82	76616.08	155.87	227175.29	8817.17	576937.12	8811.57
稻草的颈茎、杆	0.14	3659.44	0.09	1998.87	0.20	22.56	20.92	213.79	4026.57	215.55

数据来源：《2012 中国奶业统计摘要》

表 2-2-17　2000～2011 年我国乳制品进出口情况(吨)

年份	奶粉		乳清制品		干酪		奶油		液态奶		炼乳	
	进口	出口	进口	出口	进口	出口	进口	出口	进口	出口	进口	出口
2000	72769	10161.14	122902.9	334.27	1967.9	407.47	3088.3	222.56	17464.1	29579.12	646.5	7253.47
2001	58506.2	5042.79	119780.5	337.59	2029.5	513.65	1452.5	0.08	12455.8	26506.59	1346.9	10303.46
2002	110798.5	10299.38	137954.1	343.51	2532.5	605.92	5154.8	505.08	6499	27937.35	887.7	11339.48
2003	133689.1	7677.93	161205.3	227.89	4613.8	546.84	11228.2	3.63	3345.9	27451.42	961.5	12955.24
2004	144930.7	9259.19	178011.2	1440.68	7244.1	635.24	12379.4	23.85	3498.1	31422.3	1120	17433.48
2005	106874.9	17764.3	187642.9	635.24	7177.7	658.25	12834.9	645.6	4279.1	11034.7	1225.3	16100
2006	134917.4	20576.5	184557	521.59	9892	540.26	12831.6	138.99	4550.3	39702.36	1077.9	13380.45
2007	98171	62038.32	167584	4066.35	13190	471.65	14002.2	5928.88	4829.8	47223.93	925.1	14836.65
2008	100930.1	63771.29	213506.4	4309.97	13904.4		13553.4	4966.56	8320	39531.7	853.1	8054.15
2009	246787.4	9737.53	288753.8	316.09	16976.8	114.73	28443.7	2045.65	14305.3	20873.73	1732.3	3691.95
2010	414039.8	2969.7	264499	445.54	22920.7	196.4	23448.9	3038.76	17119.1	23666.9	3266	3443.52
2011	449541.9	9327.2	344244	1149.59	28602.7	338.87	35675.6	3358.96	43085.9	26020.12	4913.5	3130.18

数据来源：《中国奶业年鉴》

种畜贸易可分为进口良种奶牛、胚胎和冻精三部分。我国的种畜贸易以进口为主，几乎没有出口。据统计，2011 年我国种牛进口 99361 头，胚胎 10197 千克，冻精 5620 千克，分别为 2000 年增加 171 倍、41 倍和 87 倍。2000～2011 年，我国种畜资源进口情况见图 2-2-14。

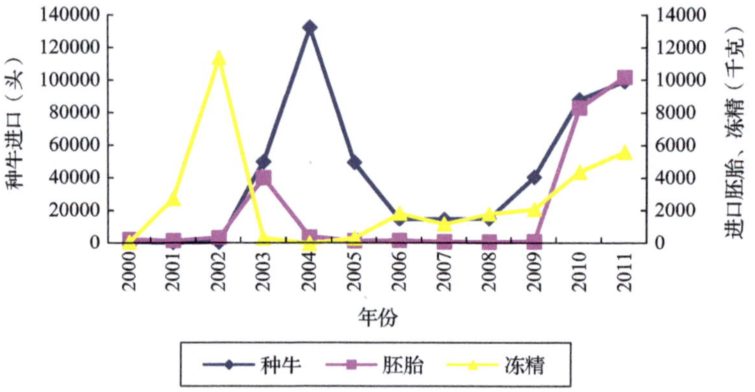

图 2-2-14　2000～2011 年我国种畜资源进口变化趋势

2）乳制品贸易

据统计，2011 年进口乳粉 449541.9 吨，乳清制品 344244.0 吨，干酪 28602.7 吨，奶油 35675.5 吨，液态奶 43085.9 吨，炼乳 4913.5 吨；与 2000 年相比，年均增长率分别为 18.0%、9.8%、27.6%、24.91%、8.56%、20.25%。2011 年我国乳制品出口乳粉 9327.2 吨，乳清制品 1149.6 吨，干酪 338.9 吨，奶油 3359.0 吨，液态奶 26020.0 吨，炼乳 3130.2 吨，与 2000 年相比，年均增长率为－0.78%、11.88%、－1.66%、27.99%、－1.16%、－7.36%。2000～2011 年我国乳制品进出口情况见表 2-2-17。

2011 年我国各类乳制品进口量全部增加，其中鲜奶进口增幅尤为显著，同比增长 155.0%，达到 40500.0 吨，相当于 2007 年全年进口量的 7.7 倍。由于国内原料乳供求状况好转和进口价格的上行，2011 年奶粉进口增速放缓，全年进口 449541.9 吨，同比增长 8.6%，增速较 2010 年同期大幅回落 59.2 个百分点。鲜奶和奶粉进口量变化趋势见图 2-2-15。

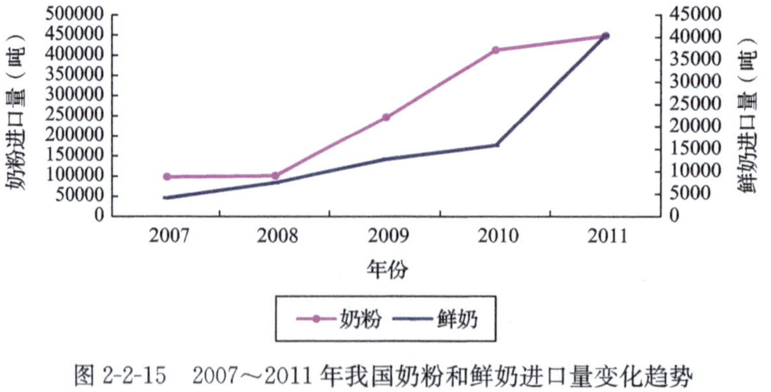

图 2-2-15　2007～2011 年我国奶粉和鲜奶进口量变化趋势

2011 年，我国乳制品出口也呈现增长态势，较 2010 年出口实现了恢复性增长。全年液态奶产品出口比例大幅度下降，干乳制品出口比例上升并超过液态奶，奶粉增幅较大。

2000～2011 年，我国乳制品出口量变化趋势见图 2-2-16。

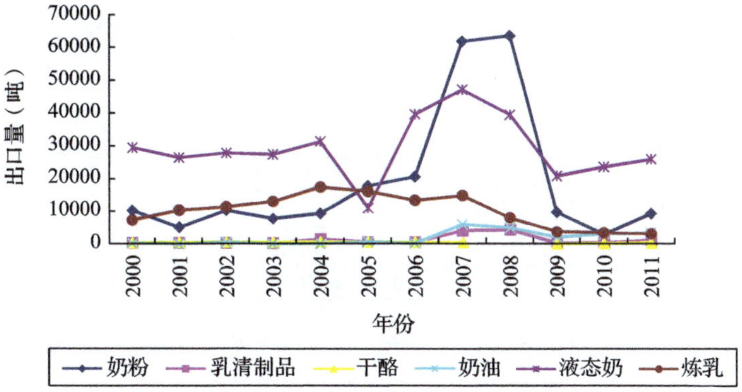

图 2-2-16　2000～2011 年我国乳制品出口量变化趋势

2. 我国乳品安全现状

(1) 我国乳品产业与世界乳业的差距

1) 单产水平低

与国外乳业发达国家相比，我国奶牛的单产水平还处于较低水平。2011 年，全球成母牛平均单产为 2393.5 kg，但以色列为 11667 kg，美国为 9677.7 kg，加拿大为 8699.3 kg，西班牙为 7715.6 kg，荷兰为 7536.5 kg，而我国仅为 3003 kg，较乳业发达国家单产水平相差甚远。2011 年中国与发达国家的成母牛平均单产比较见表 2-2-18，2000～2011 年中国与美国奶量及奶牛存栏变化趋势如图 2-2-17 和图 2-2-18 所示。

表 2-2-18　2011 年中国与发达国家的成母牛平均单产比较

国家/地区	牛奶产量(万吨)	奶牛存栏(万头)	平均单产(千克)
以色列	140.0	12	11667.0
美国	8901.5	919.4	9677.7
加拿大	854.6	98.3	8699.3
西班牙	640.0	83.7	7715.6
荷兰	1185.1	147.0	7536.5
中国	3657.8	1440.2	3003.0

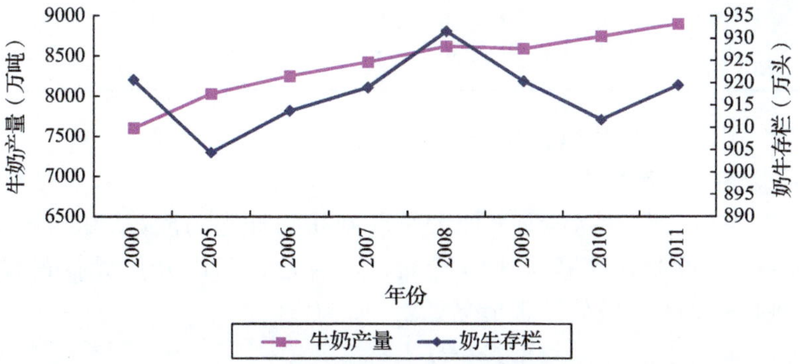

图 2-2-17　2000～2011 年美国牛奶产量和奶牛存栏数变化趋势

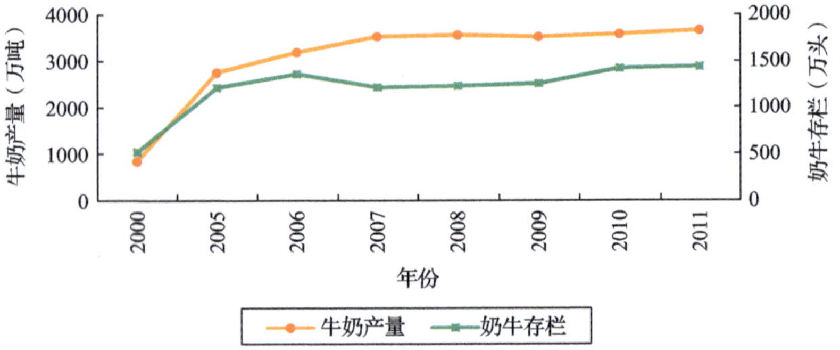

图 2-2-18　2000～2011 年中国牛奶产量和奶牛存栏变化趋势

2）原料乳质量差

原料乳的质量安全问题是困扰我国乳业健康发展的关键问题。我国现有的原料乳质量与国外发达国家相比有较大差距。我国原料乳质量参差不齐，制约着乳品质量和安全的提升[14,15]。目前，我国原料乳标准采用的是食品安全国家标准 GB 19301，标准规定生乳中的细菌总数≤200 万 CFU/mL，未规定体细胞的标准要求，这些明显低于国外发达国家的标准。主要国家生乳中细菌和体细胞的标准要求见表 2-2-19。

表 2-2-19　主要国家生乳中细菌和体细胞的标准要求

国家/地区	指标		细菌总数(CFU/mL)	体细胞(个/mL)
中国	生乳		2000000	—
欧盟	生牛乳	用于热处理饮用奶、发酵乳、乳酪、调味乳、奶油	100000	400000
		用于以牛奶为基础的产品	100000	400000
		直接用于人类消费的产品	100000	400000
	生水牛乳	用于以牛奶为基础的产品	1000000	500000
		直接用于人类消费的产品	500000	400000
	生山羊和绵羊乳	用于热处理饮用奶及热处理奶制品	1500000	
		直接用于人类消费的产品	500000	
美国	生牛乳		100000	750000
	生山羊乳		100000	1000000

(2）近年来全国乳品质量监督抽查结果调研

1）乳品质量安全监测数据

2008 年，“三聚氰胺”事件后，国家加大对乳制品的抽查力度，从 2009～2011 年国家质检总局共抽查 565 个批次产品，其中 7 个批次不合格。2012 年度无抽查数据报告。国家质检总局 2009～2011 年乳品抽查情况见表 2-2-20。

表 2-2-20　国家质检总局 2009～2011 年乳品抽查情况

年度	产品	抽查数量	不合格情况
2009	婴幼儿配方奶粉	58 批次	无
2010	灭菌乳	120 批次	无
	液态乳	200 批次	不合格 2 个批次，问题是黄曲霉毒素超标
	乳粉	60 批次	不合格 1 个批次，问题是大肠菌群超标
2011	婴幼儿配方奶粉	54 批次	3 个批次不合格，问题是生物素超标、菌落总数超标、α-亚麻酸低于标准值
	灭菌乳	73 批次	1 个批次，蛋白质低于标准值

2）近年来乳品安全事件回顾

近年来，我国乳品安全事件频发，但最典型的乳品安全事件为“阜阳奶粉”事件、“三聚氰胺”事件、“黄曲霉毒素 M1”事件、“光明乳业安全”事件、“南山奶粉”事件、“伊利奶粉汞超标”事件。这些事件，从不同角度折射出我国乳品安全存在着人为掺假、原料乳安全、生产过程控制、进口原料等问题。

（四）水产品产业

1. 我国水产品产业发展现状

（1）我国水产养殖快速增长，但是水产品安全问题日显突出

从图 2-2-19 和图 2-2-20 可以看出我国自改革开放以来，水产养殖业得到快速发展，水产养殖面积、产量稳步增长（1997～2006 年水产品数据根据农业普查结果进行了修订）。水产品总产量呈现逐年递增的态势，至 2012 年，水产品总量达到 5907.68 万吨，连续 23 年居世界第一，占世界水产品总量的 38%，为城乡居民膳食营养提供了三分之一的优质动物蛋白。我国养殖水产品总量世界第一，是唯一一个养殖水产品总量超过捕捞总量的渔业国（表 2-2-21）。2012 年，养殖水产品总量达 4288.36 万吨，占世界养殖总量的 61.4%。

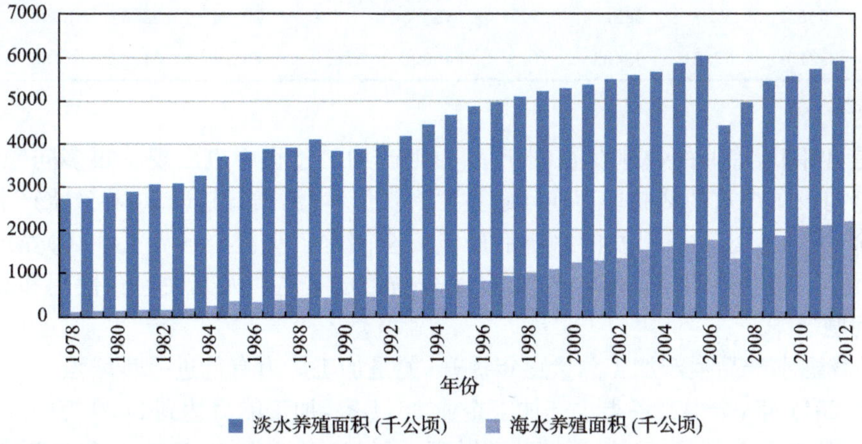

图 2-2-19　我国淡水养殖和海水养殖面积

资料来源：中国统计年鉴

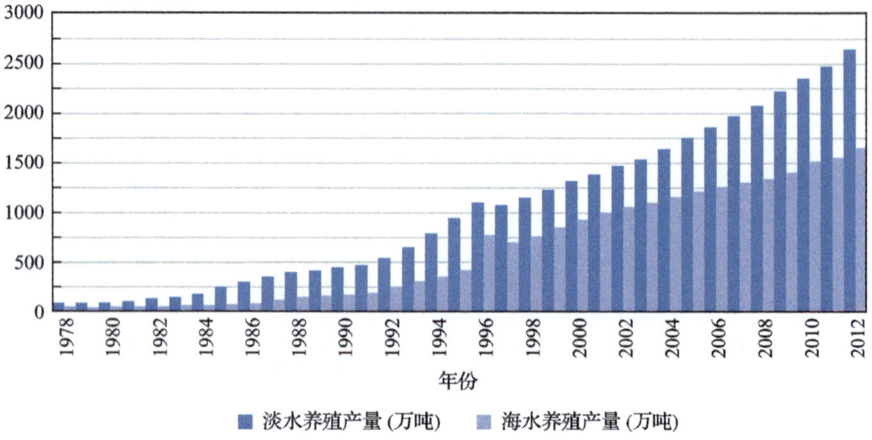

图 2-2-20　我国淡水养殖和海水养殖产量

资料来源：中国统计年鉴

表 2-2-21　2002～2011 年世界主要渔业大国水产总量和人均占有量

年份	中国		印度		美国		印度尼西亚		秘鲁	
	总产量（万吨）	人均占有量（千克）	总产量（万吨）	人均占有量（千克）	总产量（万吨）	人均占有量（千克）	总产量（万吨）	人均占有量（千克）	总产量（万吨）	人均占有量（千克）
2002	3831	30.9	592.5	6.3	543.6	19.3	523.7	26.7	877	365.4
2003	4091	31.7	651.1	6.5	554.7	19.4	562.9	25.5	607.6	243
2004	4103	31.6	619	6.5	556.7	19	565	25.1	980.5	377.1
2005	4271	32.7	645.4	6.6	540.7	18.5	589.3	24.8	968.9	358.8
2006	4449	34	702.6	6.7	537.2	18	609.4	26.2	486	178.6
2007	4607	35	697.2	6.2	529.3	17.5	643.3	27.4	791	282.5
2008	4752	35.8	795	7.7	485	16	669	28.1	799.5	295
2009	4970	37.1	784.5	6.7	470.2	15.4	683.3	27.9	695.9	248.5
2010	5465	37.7	962.4	7.7	488.5	15.1	791.4	32.3	833.7	286.2
2011	5215	37.3	934.3	8.3	486.5	15.8	768.5	34.5	435	154.1

资料来源：FAO

但是，伴随着渔业的快速发展，水产品的生产加工过程中也出现了很多问题，对水产品的安全构成了严重的威胁。存在问题主要有：①环境污染日趋严重，导致水产养殖品食用不安全；②由渔药残留引发的水产品质量安全问题备受社会各界关注；③养殖种质退化，病害泛滥；④养殖规模普遍较小，质量安全监管成本高。尤其在渔药使用和管理中存在很大问题[16-19]。

（2）我国水产品生产加工总量逐年提升，但是加工能力有待进一步增强

截至 2011 年，全国有各类水产加工企业 9611 家，加工能力达到 2429 万吨/年。与此同时，我国水产加工业的整体实力明显提高。2011 年，我国水产加工企业新产品价值 2688.05 亿元（图 2-2-21 和图 2-2-22）。

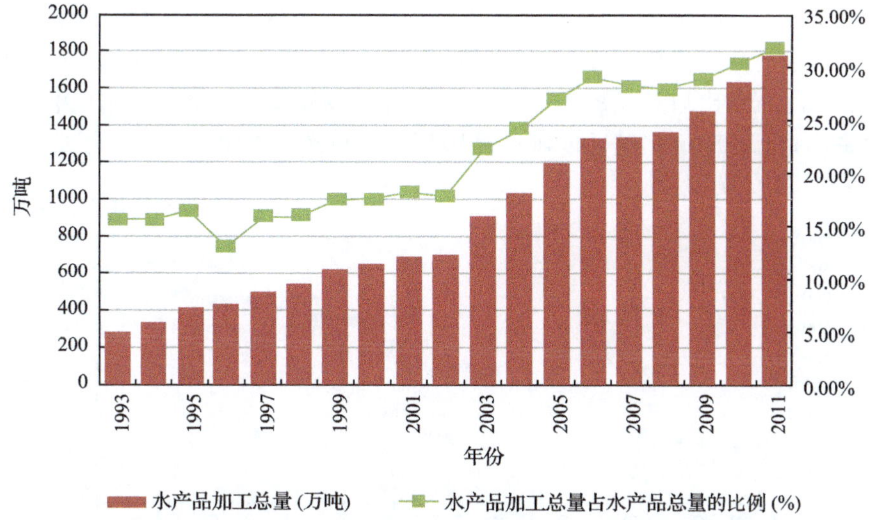

图 2-2-21　我国水产品加工总量和所占水产品总量的比例

资料来源：中国渔业统计年鉴

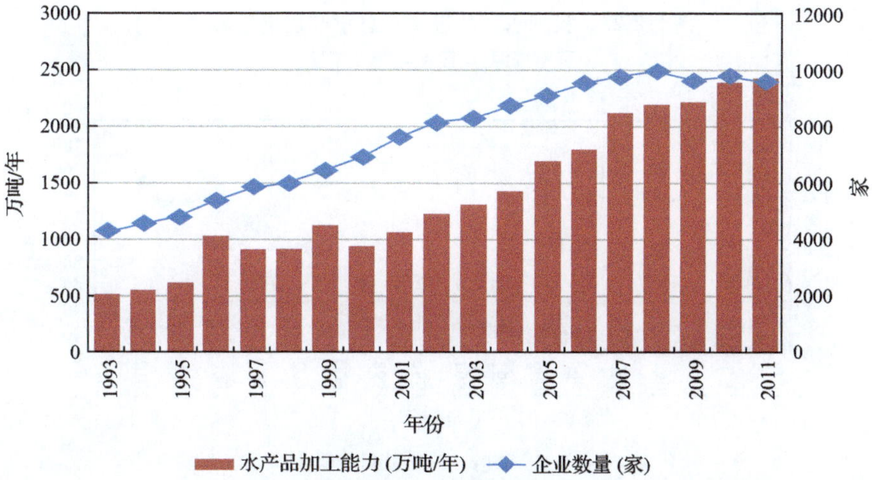

图 2-2-22　我国水产品加工企业数量和水产品加工能力

资料来源：中国渔业统计年鉴

存在主要问题：①有加工能力薄弱，在国际市场上，我国水产品几乎只能作为原料和半成品出口，不仅售价低，而且由于缺乏市场竞争力，与渔业大国的地位不相称；②国内水产品加工设备应用总体比较落后，有 50%还处于 20 世纪 80 年代的世界平均水平，40%左右处于 20 世纪 90 年代水平，只有不到 10%装备达到目前世界先进水平；③水产品质量标准体系不完善，现行标准中有许多可操作性和指导性不强，产品中的安全卫生指标较少，各种产品的标准指标雷同，感官指标中描述性的语言过多，缺乏量化指标[19]。

(3) 我国水产品出口持续位居大宗农产品之首，但长期受国际技术性贸易壁垒制约

据海关数据统计，2012 年我国水产品进出口总量 792.5 万吨，进出口总额 269.81 亿美元，成为世界最大的水产品贸易国（图 2-2-23）。其中，出口量 380.12 万吨，同比下降

2.84%；出口额 189.83 亿美元，同比增长 6.69%(图 2-2-24)。水产品继续位居大宗农产品出口首位。水产品出口连续 11 年居世界第一。2012 年出口额达到 189.83 亿美元，占世界水产品国际贸易出口总额的 12.2%。水产品贸易顺差世界第一，2012 年首次突破百亿美元大关，达到 109.87 亿美元。水产品国际贸易总额世界第一，2012 年水产品进出口总额达到 269.81 亿美元[20]。

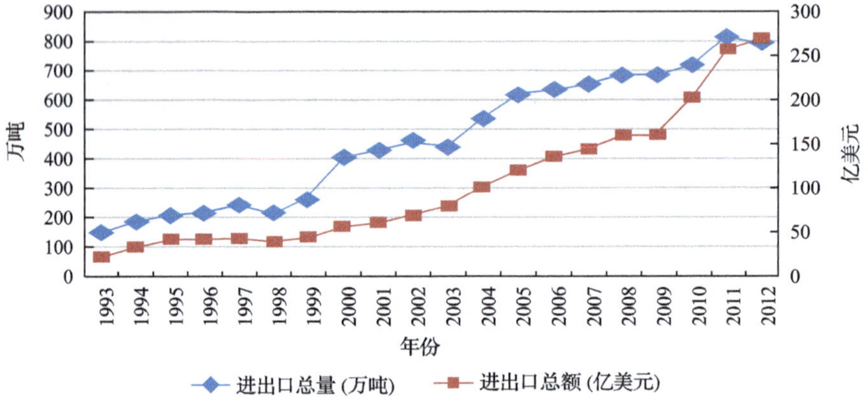

图 2-2-23　我国水产品进出口总量和进出口总额

资料来源：中国渔业统计年鉴

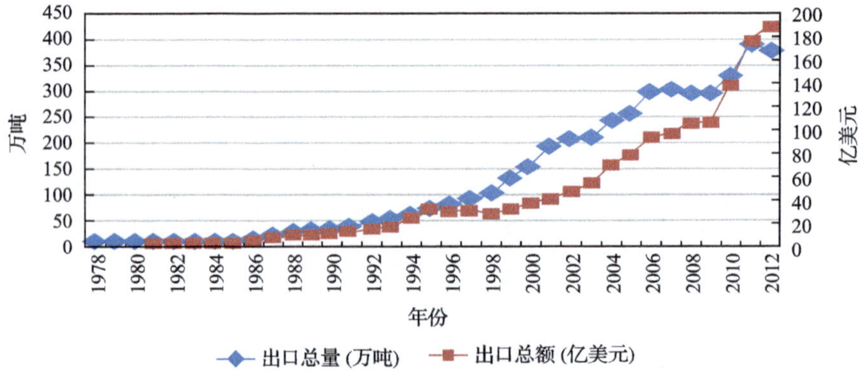

图 2-2-24　我国水产品出口总量和出口总额

资料来源：中国渔业统计年鉴

但面临的主要问题有：

国际贸易壁垒制约水产品出口。利用技术标准设置壁垒是目前发达国家限制发展中国家产品进口的最基本形式，以水产品质量不符合人类健康为由而行使技术贸易壁垒是近几年的主流。技术性贸易壁垒主要从食品添加剂限量、农药残留、兽药残留、微生物限量和其他污染物限量等几个方面对水产品的质量安全加以限制。

反倾销措施影响水产品贸易增长。我国水产品出口目标市场过于集中，价格较低，出口贸易增长迅速，这非常容易引起目标市场国的反倾销制裁。虾类产品在美国遭遇反倾销制裁，对我国的水产出口敲响了警钟。这成为影响我国水产品出口贸易持续快速增长的重要隐患[18,21]。

(4) 我国水产品人均消费量不断增加，但是安全隐患凸显

我国水产品产量和人均产量如图 2-2-25 所示。对中国水产流通与加工协会 2009～2011 年每周对外公布的水产品信息周报进行跟踪，统计其公布的水产品质量安全事件（图 2-2-26），数据结果显示，这 3 年间，水产品质量安全事件共发生 398 次，其中，渔药残留相关安全事件 182 次，约占 46%；微生物相关安全事件共 79 次，约占 20%；食品添加剂与违法添加相关水产品安全事件共 51 次，分别约占 10%和 3%；有毒有害污染物、农药及其他水产品安全事件分别为 47 次、30 次、9 次，分别约占 12%、7%、2%[21,22]。

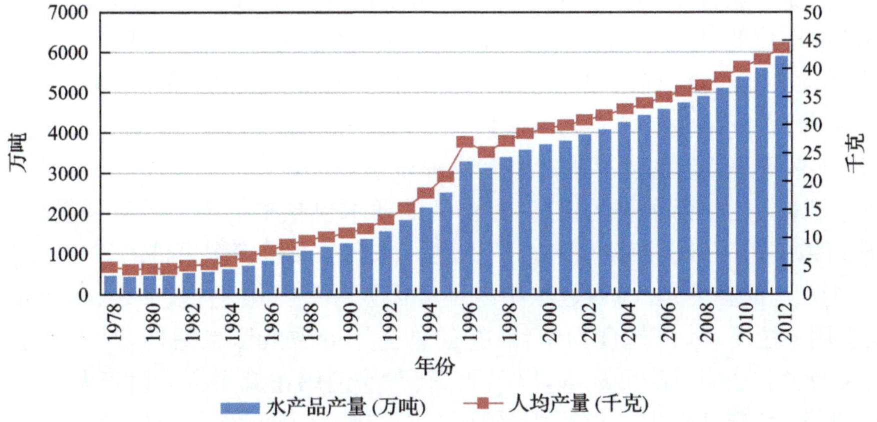

图 2-2-25　我国水产品产量和人均产量

资料来源：中国统计年鉴

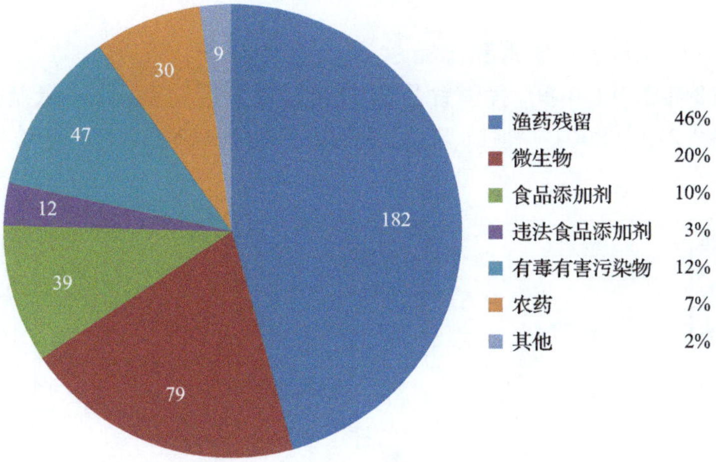

图 2-2-26　2009～2011 年我国水产品质量安全事故

资料来源：中国水产流通与加工协会

2. 我国水产品安全现状

(1) 我国水产品产业与世界的差距

我国是水产品生产和消费大国，水产品生产和加工在国民经济中占有重要地位。按当年价格计算，2012 年，全社会渔业经济总产值 17321.88 亿元；其中渔业产值 9048.75

亿元，占农业总产值的9.73%。同时也是世界上最大的水产养殖国，年养殖产量超过世界养殖总产量的60%[23]。但与其他渔业强国相比，在以下方面存在差距。

在水产养殖方面，主要体现在：①养殖种质退化严重，病害泛滥，亟须加强水产养殖中的基础研究，加大渔业优质养殖品种的培育及筛选，开展重大病害及其综合防治技术研究；②水产养殖中因选址、养殖不规范不合理对生态环境造成很大影响，对养殖水体自身生态环境及周边地区生态环境污染严重；③由于养殖环境及水产品质量安全研究和检测滞后，养殖的水产品存在质量安全问题。

在水产品加工业方面，主要体现在水产品的加工资源严重衰退、基础研究薄弱、加工与综合利用率比较低、加工产品品种少、附加值低、装备落后、质量管理和标准体系不健全、淡水水产加工业严重落后于养殖业的发展、水产精深加工比例较低，海洋药物开展研究薄弱、质量保证、标准控制体系与风险评估技术亟待完善等方面。

(2) 近年来我国发生的主要水产品食品安全事件

随着近年来人们生活水平的提高，对食品的要求也越来越高。近年来发生的一些水产品安全事件，引起了社会各阶层的广泛关注。水产品质量安全事件的发生，主要有以下几个原因：①水产品在养殖、流通过程中因环境因素导致其微生物、毒素、药物残留超标；②加工或食用方法不当，引起食物中毒；③药物滥用导致残留量超标，对人体造成危害；④不法商人通过非法渠道降低成本，以牟取暴利；⑤使用违规手段处理产品，造成人为污染；⑥环境恶化，水产品在生长过程中受到严重污染；⑦行业竞争激烈，假冒产品以次充优；⑧监管不力，质量不合格的水产品流入市场。

(五) 食品添加剂产业

1. 我国食品添加剂生产和消费概况

2001～2012年的11年间，我国食品添加剂行业发展迅猛，总产量及产值呈逐年增长的趋势(图2-2-27)。2001～2011年我国食品添加剂和配料工业主要产品产量见表2-2-22。

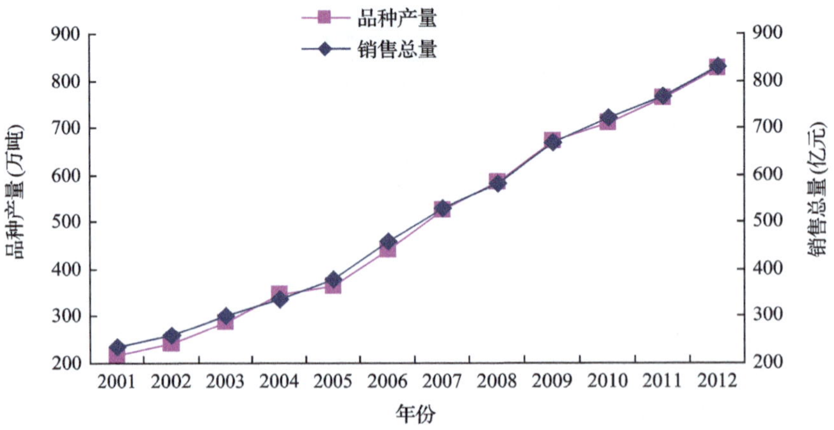

图2-2-27 2001～2012年 食品添加剂主要品种产量

资料来源：中国食品工业年鉴2001～2012及中华人民共和国卫生部

表 2-2-22 1991～2011 年我国食品添加剂和配料工业主要产品产量（万吨）

年份	食用香精香料	食用着色剂（含焦糖色素）	高倍甜味剂	糖醇类甜味剂	防腐、抗氧、保鲜剂	增稠、乳化剂	品质改良剂	营养强化剂	酶制剂	柠檬酸
1991	1.39	0.32		2.27						6.50
1995	3.00	1.10		5.60						15.40
2000	3.50	2.80	4.40	11.20	8.0	6.00		5.80		32.00
2001	4.00	3.20	5.52	19.00	7.00	4.00	3.50	8.40	32.00	37.00
2002	4.50	5.00	7.51	23.00	8.50	5.00	4.00	9.50	35.00	37.00
2003	5.00	6.65	9.00	31.00	11.00	4.00	5.00	11.00	38.00	45.78
2004	5.50	26.50	9.90	36.00	10.50	6.50	9.00	12.50	42.00	54.00
2005	6.00	30.00	12.00	55.00	12.00	8.00	10.00	14.00	48.00	63.00
2006	7.00	32.00	14.00	75.00	12.90	12.00	12.00	15.70	53.00	66.00
2007	9.10	32.46	16.00	100.00	16.80	13.00	12.00	18.40	59.00	89.00
2008	10.20	32.40	17.40	108.00	20.00	14.00	13.00	20.00	61.50	90.00
2009	11.00	32.50	18.00	117.00	21.60	14.70	14.10	21.80	69.00	87.00
2010	12.10	35.00	20.10	106.40	24.50	47.80	14.20	22.97	77.50	98.00
2011	13.10	37.11	11.00	158.00	26.00	52.90	14.50	22.51	89.13	103.00

资料来源：中国食品工业年鉴 1991～2011，中国轻工业年鉴

同时随着行业技术水平和管理水平的迅速提高，产品成本大幅下降，我国食品添加剂的产品在国际市场的竞争力明显增强，出口量也逐年增加。2008～2012 年我国食品添加剂的进出口量如图 2-2-28 所示。

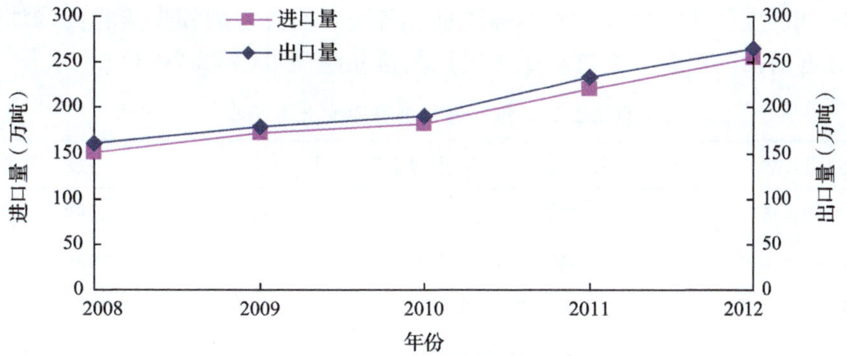

图 2-2-28 2008～2012 年 我国食品添加剂进出口量

资料来源：中国轻工业年鉴，中国食品添加剂和配料协会

尽管在近 20 年内我国的食品添加剂产业得到了长足的发展，但目前我国食品添加剂行业因为企业普遍规模不大、整体水平不高、技术开发能力不强等原因，还存在着产品种

类相对单一、仿制产品居多、跟进世界食品添加剂研发趋势能力不足等问题，许多技术含量高、用量少的食品添加剂仍然依赖进口。

随着我国食品工业的迅猛发展，我国食品添加剂的消费量也逐步增加，见表 2-2-23。2007 年，我国食品添加剂总消费量约为 68.849 万吨，2012 年为 91.217 万吨。2007～2012 年间，平均年增长率 5.3%～7.0%左右。

表 2-2-23　我国食品添加剂消费量

	2007 消费量(万吨)	2012 消费量(万吨)	2007～2012 平均年增长率(%)
变性淀粉 (不包含非变性淀粉)	5.350	7.504	7.0
其他增稠剂和稳定剂	6.029	8.207	6.4
高强度甜味剂	3.342	4.180	4.6
多元醇甜味剂	4.660	6.120	5.6
色素	24.525	3.1672	5.3
酶制剂	14.697	19.669	6.0
抗氧化剂	1.045	1.451	6.8
防腐剂	5.761	7.591	5.7
乳化剂	3.440	4.823	7.0
总计	68.849	91.217	5.8

2. 我国食品添加剂产业结构概述

我国目前各类食品添加剂生产企业有 1500 余家。随着市场的发展，国内企业规模都有所扩大，并已经形成了一批代表企业。截至 2011 年，食品添加剂行业的上市企业主要有：安琪酵母、星湖科技、晨光生物、莱茵生物、保龄宝、量子高科、永安药业和新和成，分别涉及增味剂、增色剂、功能糖以及营养强化剂。各企业所具备的领先核心技术如表 2-2-24 所示。同时近期我国还有一批食品添加剂产品拟在建项目(表 2-2-25)。

表 2-2-24　食品添加剂行业的上市企业

公司名称	主营业务	技术先进性
安琪酵母(600298)	酵母生产和深加工	国际领先
星湖科技(600866)	氨基酸和核酸生产	国际领先
晨光生物(300138)	高效辣椒红提取	国际领先
莱茵生物(002166)	多品类植物提取	国际领先
保龄宝(002286)	高纯度低聚异麦芽糖和果葡糖生产	国际领先
永安药业	高效牛磺酸生产	国际领先

表 2-2-25　近期我国部分食品添加剂产品拟在建项目

项目名称	周期	投资额(万元)	业主单位
年产 50 吨植物提取及加工生产线建设项目	2012～2013	2900	湖南鑫利生物科技有限公司
年产 16 万吨生物发酵制品项目	2012～2013	250000	新疆阜丰生物科技有限公司
曾田香料(昆山)有限公司搬迁及增资扩建项目	2012～2013	15000	曾田香料(昆山)有限公司
新疆兴悦化工年产 100 万吨/VC 及配套项目	2012～2017	1930000	宜昌兴发集团有限责任公司
年产 10000 吨阿斯巴甜及 500 吨三氯蔗糖项目	2012～2014	23000	常州科隆化工有限公司
武汉市年产 20 万吨果葡糖浆加工项目	2012～2013	98385	武汉润华生物科技有限公司
潜江市绿海宝生物技术有限公司天然色素和植物提取物项目	2012～2013	8100	潜江市绿海宝生物技术有限公司
盐城捷康三氯蔗糖制造有限公司年产 4000 吨三氯蔗糖技改项目	2013～2014	5000	盐城捷康三氯蔗糖制造有限公司
年产 4.5 万吨食品添加剂项目	2013～2014	10100	山东众友生物科技有限公司
维生素 E 建设项目	2014 投产	26670	新发药业有限公司
联邦制药(通辽)有限公司抗生素及维生素工程	2013.10.1～2014.12.23	270000	通辽市联邦制药有限公司
甜菊糖生产项目	2011.5～2014	93000	通辽市佐源糖业有限公司
吉林巨能生物技术有限公司食品添加剂项目	2013.11～2014.11	20000	天津巨能生物技术有限公司
上海艾蒂缇生物科技有限公司食品添加剂项目	2013～2014	—	上海艾蒂缇生物科技有限公司
年产 6000 吨食品添加剂项目	2013～2014	—	江西省上高县鑫洋食品添加剂有限公司
湖北神舟化工有限公司食品饲料添加剂及化工中间体生产项目	2013～2014	—	湖北神舟化工有限公司

资料来源：千讯化合整理分析

3. 食品添加剂的研究与开发

与发达国家相比，中国在食品添加剂的研发方面投入不足。企业参与新型产品开发的积极性不高，不愿在研究与开发等环节上投入太多资金，多数以观望国外业内领先企业产品研发状况为主，没有自主研发的优势，仿制跟随，因而生产技术、产品质量、产品成本等方面是国内企业的软肋。研发机构在食品添加剂研发方面起引导作用，大型国有企业也作出了很大贡献。西方公司在食品添加剂研发方面的成就为中国食品工业提供了经验。近来食品添加剂研发的成果如表 2-2-26。

表 2-2-26　中国近年来食品添加剂研发成果

成果	研究机构	成果取得年份
重要香原料 2-甲基-3-巯基呋喃和 2-甲基-3-呋喃基二硫醚的研制与应用	北京工商大学	1999
天然级肉味香精生产技术	北京工商大学	2000
含硫食用级香料的合成及开发	北京工商大学	2005
海参自溶酶技术及其应用	大连理工大学	2005
以高产品浓度、高产率、高生产强度为目标的发酵过程优化技术	江南大学	2006
用玉米芯酶解制备低聚木糖的研究	中国农业大学、山东龙力生物科技有限公司	2006
通过生物降解农作物废弃物来制备低聚木糖	南京林业大学	2006
提取茄尼醇的新技术	东北林业大学	2006
糖醇的工业色谱分离纯化技术及工程化研究	江南大学、浙江华康药业有限公司、无锡绿色分离应用技术研究所有限公司	2007
蔗糖异构化糖生产技术研究	大连工业大学	2007
酶法高效生产 L- 半胱氨酸的技术与应用	南开大学、天津科技大学、河南省科学院化学研究所有限公司	2007
采用膜分离技术新工艺生产淀粉糖的研究生产性试验	吉林省轻工业设计研究院，内蒙古圣华新药业有限责任公司，长春大成实业集团有限公司	2007
酶法果葡糖浆系列产品的开发生产	广州双桥股份有限公司	2007
高产碱性蛋白酶菌株选育及酶制剂制备	天津科技大学、天津市诺奥科技发展有限公司、天津中科百奥工业生物技术有限公司	2007
不饱和脂肪类香料的合成研究	上海香料研究所	2007
以玉米浸泡水和玉米皮水解液为原料生产生物蛋白粉的研究	山东省鲁洲食品集团有限公司　北京尤新新兴生物技术中心	2007
特征香味料脂肪酸类香料的研究	上海香料研究所	2008
制糖工业新型糖浆上浮清净系统的开发与应用	广州甘蔗糖业研究所	2008
新型酶制剂产品——内切木聚糖酶的研究与应用	济南高新开发区京鲁生物技术研究开发中心、山东省中协食品添加剂研究开发中心	2008
酵母菌表达风味强化肽的研究与开发	天津春发食品配料有限公司、天津科技大学	2008
利用优良菌株和组合膜技术生产高纯度柠檬酸	山东柠檬生化有限公司	2008
高品质乳化稳定剂产业化关键技术	广州合诚实业有限公司、华南理工大学	2008
木糖生物制造及清洁生产新技术的研究	山东省食品发酵工业研究设计院、山东省中协食品添加剂研究开发中心	2009
高纯度万寿菊叶黄素和玉米黄质提纯、转化和微胶囊化研究及产业化	浙江医药股份有限公司新昌制药厂	2009
基于生物活性的红藻膳食纤维和红藻糖的创新开发及其应用	宁波大学、上海海洋大学、宁波海陆空生物食品科技有限公司	2009

续表

成果	研究机构	成果取得年份
产高附加值产品的过氧化氢酶清洁生产工艺	江苏省江大绿康生物工程技术研究有限公司、江南大学、赛普（无锡）膜科技发展有限公司	2009
戊糖醇裂解制备低分子多元醇技术研究	山东福田药业有限公司	2009
原味肉味香精生产关键技术	北京工商大学、清华大学、北京理工大学、北京味食源食品科技有限责任公司、河南京华食品科技开发有限公司	2010
荧光增白剂与粉丝清洁生产关键技术与产品研发及应用推广	山东大学、鲁东大学、山东精细化工集团公司、招远市水处理工程有限公司	2010
功能性食品配料β-葡聚糖的制备研究及产业化	广东省食品工业研究所、广东广业清怡食品科技有限公司	2010
新型食品添加剂可得然胶生产技术研究及产品开发	山东中科生物科技股份有限公司、山东省食品发酵工业研究设计院	2010
果蔬产品生物保鲜剂的研制与防腐关键技术开发	天津科技大学	2010
辣椒红、辣椒素连续生产技术和装备研发及产业化	晨光生物科技集团股份有限公司	2011
固定化酶法连续生产麦芽糖工艺研究	山东省鲁洲食品集团有限公司、山东省科学院中日友好生物技术研究中心	2011
功能酵母及其衍生产品生产关键技术	安琪酵母股份有限公司、湖北工业大学	2011
高活性酸性蛋白酶的产业化试验	山东隆科特酶制剂有限公司	2011
食品功能性添加物的纳米载体技术	江南大学、浙江新和成股份有限公司、华宝食用香精香料(上海)有限公司	2011
植物源呈味基料	广东汇香源生物科技股份有限公司、华南理工大学	2011
工业酶发酵过程监控技术与系统	江南大学	2011
黄原胶生产新工艺关键技术研究与开发	山东阜丰发酵有限公司	2011
微生物合成聚氨基酸的关键技术及应用	南京工业大学	2012
竹红菌素的全细胞催化合成及纯化的关键技术开发及产业化	江南大学、江苏汉邦科技有限公司	2012
重大淀粉酶品的创制、绿色制造及其应用技术	天津科技大学、江南大学、山东隆大生物工程有限公司、福建福大百特科技发展有限公司	2012
赤藓糖醇发酵生产技术的研制与开发	中国食品发酵工业研究院	2012
黄原胶降解酶生产关键技术及应用研究	大连工业大学	2012
无味栀子黄色素生产技术开发与应用	河南中大生物工程有限公司	2012

4. 我国对食品添加剂的管理模式

(1) 我国对食品添加剂的品种管理

我国与世界上大多数国家一样,对食品中允许使用的食品添加剂品种实行许可审批制度并且对食品中如何使用有明确的法规和标准。对于食品添加剂新品种和扩大使用范围、使用量的审批,我国依照国际惯例,对所申请品种的安全性和工艺必要性进行严格的审查,必要时对所申报品种进行食品安全风险评估,符合要求的品种才能列入《食品安全国家标准 食品添加剂使用标准》(GB 2760)中,成为允许在食品中使用的食品添加剂。近年来,我国对食品添加剂品种的管理进一步与国际接轨,对已经批准使用的品种采取动态管理的方式,即定期公布已批准和撤销的食品添加剂品种。

(2) 我国对食品添加剂的生产管理

我国对食品添加剂生产企业实行许可审批管理,但《食品安全法》颁布实施后,取消了食品添加剂企业的卫生许可证,改为申领食品添加剂产品的生产许可证,不仅每个品种都要申领许可证,而且规定必须有国家标准或行业标准才能申领生产许可。改变食品添加剂生产许可方式后,对食品添加剂生产企业的管理制度和方法都发生很大变化,对行业的生产造成重大影响。

5. 我国食品添加剂现行法律法规和标准

我国食品添加剂法规管理体系相对完善,主要包括了《中华人民共和国食品安全法》、《食品添加剂生产监督管理规定》以及相关规定(见表 2-2-27)。

表 2-2-27 我国食品添加剂的有关管理法律法规

	法律法规名称	颁布部门	实施日期
法律	《中华人民共和国食品安全法》	全国人民代表大会常务委员会	2009-6-1
法规	《中华人民共和国食品安全法实施条例》	国务院	2009-7-20
规范性文件	《食品添加剂新品种管理办法》	卫生部	2010-3-30
	《食品添加剂生产监督管理规定》	质检总局	2010-6-1
	《食品添加剂生产许可审查通则》	质检总局	2010-9-1
	《食品添加剂生产企业卫生规范》	卫生部	2002-7-3
	《食品添加剂生产监督管理规定》	卫生部	2002-7-3

我国有关食品添加剂标准包括使用标准、产品标准、生产规范、标签和检测方法五类。《食品安全国家标准食品添加剂使用标准》(GB 2760—2011)是我国食品添加剂的基础性标准,规定了 23 大类、2300 多种食品添加剂的使用原则、允许使用的食品添加剂品种、使用范围及最大使用量或残留量。食品添加剂产品标准由技术指标和相应的鉴定和检测方法构成,内容包括品种特性、规格、技术指标、试验方法、检验规则,标志、标签,包装、贮藏和运输等[24,25]。

6. 我国食品添加剂安全现状

近几年来,从"瘦肉精猪肉"、"红心鸭蛋"、"三聚氰胺奶粉"事件,到"染色馒头"事件,大多数人误认为这些食品安全问题都是食品添加剂造成的,甚至在一部分人心目中食品添加剂已经成了食品不安全的代名词。消费者调查显示,超过 80%的消费者认为食品安全问题就是由于食品添加剂造成的。事实上，迄今为止，我国出现的有重大危害的食品安全事件，没有一件是因为合法合理使用食品添加剂造成的，但是，食品添加剂成了许多食品安全事件的“替罪羊”。目前我国公众、社会对食品添加剂普遍的态度已经严重影响到了我国食品添加剂产业的发展，同时也危及整个食品产业的发展。

三、发达国家食品安全控制技术体系和安全管理经验

随着经济全球化的发展，食品质量安全已经成为一个全球化的重大战略问题，各国政府都致力于建立和完善食品安全控制技术体系和食品安全监督管理体系。目前世界各发达国家和地区如美国、加拿大、欧盟、日本等经过多年的发展和经验积累，形成了较为成熟的食品安全控制技术体系和食品安全监管体制，从而在政府有效的监督管理下，保障国民能够享受到安全、放心的食品。研究和分析发达国家食品安全控制技术体系和管理体制，将为我国食品安全控制技术体系和监督管理体制的建设提供值得借鉴的经验和教训。

（一）粮食产业

1. 健全的粮食质量安全监管的体制与机制

美国作为粮食出口国，粮食质量安全监管部门主要为农业部所属的联邦粮食检验服务局（FGIS），并与卫生检疫部门和食品与药物管理部门分工合作。美国的粮食检验系统由联邦、州和私营化验室三个部门构成，接受联邦谷物检验局的监督管理。州和私营化验室为国内的市场提供常规服务，联邦和州立化验室为各个谷物出口港进行强制性的计量检验工作[26-28]。美国粮食行业协会等民间组织作为连接政府与粮食生产者、经营者的桥梁，为生产者和经营者提供包括质量信息在内的各项服务，联邦政府为其资助部分活动经费[29,30]。

德国于 2001 年将原粮食、农业和林业部改组成消费者权益保护、食品和农业部，接管卫生部的消费者保护和经济技术部的消费者政策制定职能，对全国食品质量安全实行统一监管，并于 2002 年设立联邦风险评估研究所以及联邦消费者保护和食品安全局两个专业机构，各州、大区和市政府也都设立了负责食品质量安全的监管部门，从而形成全国统一的监管体系。法国国家谷物管理局设有 8 个处，在各地设 17 个分局和一个实验室，负责粮食生产、流通、加工、储藏等监管工作[31,32]。

日本农林水产省下属的消费安全局，主要负责国产和进口粮食的质量安全检查。日本农林水产省和厚生劳动省有完善的农产品质量安全检测监督体系，全国有 48 个道府（县）、市，共设有 58 个食品质量检测机构。所有的进口的动植物农产品及其加工食品首先要通过农林水产省管辖的动物检疫所或植物检疫所的检疫，然后还要接受厚生劳动省管辖的食品检疫所的检查。就粮食而言，政府统一管理大米和麦类的国内生产贸易和进出口。民间自由经营玉米、高粱等。政府对米、麦实行行政管理，设有三级管理机构：中央农林水产省食粮厅、都道府县食粮事务所和市町村食粮事务所，这些行政管理机构的职责包括制定粮食政策、编制和下达粮食收购计划和分配计划、制定和管理粮食价格和粮食质量标准、管理粮食进口[33]。

俄罗斯谷物质量安全管理体系。俄罗斯的谷物质量体系主要由俄联邦谷物及产品质

量安全保证中心(简称“联邦中心”)及其所属的分布于全国七个联邦地区的 22 个分中心组成(简称“分中心”)。“联邦中心”负责整个俄罗斯的谷物质量安全监管和检验体系管理,“分中心”分设在 7 个联邦地区的谷物主产区和主要进出口港口,形成了覆盖俄罗斯全境的谷物质量安全监督检验网络。“联邦中心”共有 18 位管理人员,下设中心直属实验室,实验室有检验人员 35 人,其中在本部工作 10 人,其他人员大多驻莫斯科各大企业对谷物进行监管、抽样等。“联邦中心”主要工作目标是:发布有关质量检验法规和制度,执行统一的谷物质量安全保证政策和标准,保证谷物及加工产品、配合饲料的质量安全;在谷物及加工产品、配合饲料领域开展质量安全监管工作,并监督各分中心执行和落实;开展专业、系统、科学的检验检测工作,以提高谷物及加工产品、配合饲料的质量安全,并进行相关科学研究;对其他质检机构和私人检验公司等进行授权认可。

2. 完善的粮食质量安全管理法规

美国 1933 年实施《农业法》,此外还有《联邦食品、药品和化妆品法》、《食品质量保护法》、《美国产品责任法》、《FDA 食品安全现代法法案》、《公共卫生服务法》等保障食品(粮食)质量安全的法律,并以《谷物标准法》和《农业市场法》为基础,建立了粮食质量安全标准体系[29,30]。

欧盟与粮食有关的法律法规包括《通用食品法》、《食品卫生条例》、《欧盟食品安全与动植物健康监管条例》、《欧盟食品及饲料安全管理法规》、《关于粮食共同市场组织》等。

3. 科学的粮食质量安全检测技术与限量标准

在真菌毒素限量标准方面,欧盟标准委员会(CEN)发布了 6 个黄曲霉毒素标准、7 个赭曲霉毒素 A 标准、2 个玉米赤霉烯酮标准、2 个脱氧雪腐镰刀菌烯醇标准、4 个伏马毒素检测标准。尚未制定 T-2 毒素的检测标准[34]。真菌毒素的第一个限量标准是黄曲霉毒素限量标准,出现于 20 世纪 60 年代末,到 2003 年末,已有约 100 个国家为食品和饲料中的真菌毒素制定了各种特定限量标准[35]。

在有害元素检测技术和限量标准方面,AOAC 自 1930 年至今共颁布了 42 个食品和饲料元素含量检测方法相关标准,其中食品中元素含量检测方法标准 32 个。在前处理和检测方法的选择上,既采用了传统检测方法,也积极采用了现代先进的检测技术,在实现快速、准确、多元素同时检出的同时,推进了新技术的应用[36]。欧盟食品和饲料元素检测相关方法标准为 20 个,其中 11 个是食品中元素含量检测的方法标准。20 个方法标准中包括了 20 种元素的检测,涉及了 4 种前处理方法,6 种检测方法。

在农药残留限量标准方面,CAC、欧盟、美国、加拿大等国际组织和国家的农药残留限量标准几乎涉及所有的农产品及食品,且各项指标分类较细,一种农药在不同的作物和食品中均有详细规定,甚至很多低毒、低残留的农药也制定了严格的限量,大部分是以最先进的仪器检测限作为限量标准值。CAC 制定了 234 种农药在农产品及食品中的农药残留最大限量值,其中涉及谷物的标准有 83 项;欧盟制定了 471 种农药 MRL 标准;美国制定了 380 余种农药最大残留限量标准[37-39]。

4. 有效的粮食质量安全风险分析和全过程追溯及控制

欧盟于 1979 年建立了食品和饲料的快速预警系统。2002 年 1 月 28 日,成立了欧盟食品安全局,独立承担食品(包括粮食)风险评估、预警、处置和风险交流工作,并进一步健全了食品和饲料的快速预警系统(RASFF)和通报制度,用于欧盟国家食品和饲料监管机构交换信息,通报对人类健康可能的影响及已经采取的措施。这些措施包括召回、扣留、拒绝、退出市场等。

日本对稻米实施严格的质量管理。农户和加工企业都完全主动按照市场需求,以质量和品质为核心,对稻米实施严格质量控制。日本在收割、储存环节管理水平较高,基本可以保证收获后的粮食品质不发生明显变化,因此对于稻米的质量保障重点在于种植期间的管理,而不是依赖于收获之后的质量检测。各地农协在稻谷种植期间,会对农户用药、施肥等进行全过程指导,确保按规程操作,从而减轻了收获后对稻米中农药、重金属残留等卫生指标进行检测的工作量。

(二) 肉禽蛋产业

发达国家在畜牧养殖安全、加工与制造、质量安全控制、副产物综合利用、加工装备、标准体系与质量控制等领域,都形成了较为成熟的肉禽蛋安全控制技术和管理体制,能够实现肉禽蛋生产和加工过程中的安全控制。

1. 养殖安全控制技术

(1) 饲料应用与管理技术

HACCP 管理是在饲料领域较为成功的安全管理控制模式。多数发达国家或地区都已把 HACCP 管理作为强制性管理模式加以推行,作为建立质量保证体系的依据[40]。在饲料生产中该模式强调的是对最终危害人的药物、毒害物质、化学物质的残留和微生物污染控制,涵盖了整个生产步骤。

(2) 饲料添加剂应用与管理

饲料添加剂是配合饲料中不可缺少的组成部分。世界各国都对饲料添加剂进行了严格管控,美国、日本、欧盟等国家和地区均公布了各国的饲料添加剂目录。在对待抗生素饲料添加剂方面,欧美等国因抗生素的负面作用逐渐禁用。早在 1986 年,瑞典就宣布全面禁止抗生素用作饲料添加剂,成为首个禁用饲用抗生素的国家[41]。随后欧美各国纷纷仿效。与此同时,抗生素替代品逐渐问世,酸化剂、酶制剂、微生态制剂、化学益生素、中草药添加剂和卵黄抗体等绿色饲料添加剂成为研究热点和发展趋势。

(3) 养殖环境管理技术

全球范围内的环境污染造成的种植业、养殖业污染已经成为影响食品安全不可忽视的因素。国外规模化养殖场普遍采用的环境控制技术有辐射灭菌、使用防霉包装袋、添加防霉剂、化学消毒和辐射结合防霉、控制真菌遗传密码等。可以有效控制因饲料霉变引起的养殖环境污染[42,43]。

(4) 疫情防控体系与技术

目前,官方兽医制度是世界公认的最有效的、也是大多数国家普遍采用的兽医管理制度。大致分为三种类型:第一种类型是以欧洲和非洲的多数国家特别是欧盟成员国为代表,其官方兽医制度和世界动物卫生组(OIE)规定的完全一致,属于典型的垂直管理的官方兽医制度;第二种类型是以美国和加拿大为代表,采取的是联邦垂直管理和各州共管的兽医官制度;第三种类型是以澳大利亚和新西兰等国家为代表,采用的是州垂直管理的兽医管理制度。据 2005 年 OIE 对 143 个成员国的调查，65％的国家采取国家垂直管理的做法，7％是省或州内垂直管理，实现了对疫情疫病的有效防控和快速反应[44]。

（5）有机（绿色）畜禽产品生产技术

发展有机农牧业生产，包括有机畜禽产品生产加工，是当前国外发达国家农业增长最快的部分。有机畜禽产品的原料来自于有机农业生产体系或野生动物；在生产和加工过程中必须严格遵循有机食品生产、采集、加工、包装、贮藏、运输标准。有机食品生产和加工过程中必须建立严格的质量管理体系、生产过程控制体系和追踪体系。在世界范围内，美国和欧盟是采用有机农业生产水平最高的国家和地区[45-48]。

2. 加工环节安全控制技术

（1）动物福利

自 1980 年以来，欧盟及美国、加拿大、澳大利亚等国都进行了动物福利的立法，并在畜禽饲养、运输和屠宰过程中实施。目前世界上已有 100 多个国家建立了完善的动物福利法规。不少欧美国家要求供货方必须提供畜禽或水产品在饲养、运输、宰杀过程中没有受到虐待的证明才准许进口[49,50]。

（2）胴体减菌技术

胴体减菌技术是冷却肉生产中的关键技术之一，它能降低胴体的初始菌数延长产品的货架期。国外展开研究和应用的减菌技术有热水喷淋减菌、蒸汽清洗减菌、化学物质喷淋减菌、辐照除菌、肉类表面超高温巴氏杀菌、超高温巴氏杀菌结合电子束辐射杀菌技术灭菌以及多措施结合应用的复合除菌等[51]。

（3）加工过程品质改良技术

通过加工过程改良畜禽品质，大幅提高畜禽加工性能，可以有效改善猪肉品质和安全水平。目前，国外普遍采用嫩化技术提高肉类产品的嫩度，如采用低温吊挂自动排酸成熟法、机械嫩化法、电刺激嫩化法、超高压嫩化法、超声波嫩化法、外源酶嫩化法、内源蛋白酶嫩化法和基因工程嫩化方法提高牛羊肉的嫩度。蛋白质组学技术在畜禽品质改良中也得到一些应用。

（4）有害物控制技术

食品加工过程中有毒有害物质主要包括：晚期糖基化终末产物（ACEs）、杂环胺（HAAs）、丙烯酰胺（AM）和反式脂肪酸（TFA）[52]。国外正加大食品加工过程中有毒有害物质的控制的研究。相关技术的成熟与应用将有效提高加工环节食品安全控制水平。

（5）高压处理技术为代表的非热加工技术

通过高压处理能够有效的延长肉类的货架期，能够改变钙激活酶活性，抑制微生物，改善凝胶特性，提高嫩度等，与热力杀菌相比，对食品的色、香、味、功能性及营养成分等具有很好的保护作用。目前，超高压、高压二氧化碳等非热加工技术在美国、日本、法国等发达国家已经得到了产业应用。非热加工技术还可应用于食品功能成分的提取、食品大分子的改性等方面。

（6）产品综合利用技术

畜禽副产品的合理利用，一方面关系到资源的有效利用，另一方面直接关系到饲料和食品的原料安全。自 20 世纪 80 年代以来，畜禽骨的开发利用就受到世界各国的重视。

3. 流通安全控制技术

(1) 冷链技术

国外冷冻设备发展迅速，各种制冷机和速冻设备齐全。冷藏运输以冷藏集装箱多式联运为主要发展方向。要保证冷链的高效运作，除了先进的冷藏设施和技术外，还需要有先进的冷链信息系统来进行有效的管理。信息系统中应用较多的技术有电子数据交换(EDI)和全球定位系统(GPS)等。美国是运用信息技术最发达的国家之一。

(2) 包装技术

发达国家针对不同的肉禽蛋产品发展了多种包装形式，如真空包装、气调包装、活性包装等。近年来，国外的研究集中在不同包装形式下，肉类产品的食用品质变化、保质期变化等[53]。同时，包装材料在储藏、运输过程中内在成分的迁移及对食品产生的影响成为社会广泛关注的热点。新型高阻隔环保型的畜禽包装材料的研发，以及包材在各种加工贮藏条件下内在成分的迁移及安全性研究，成为食品包装领域亟待解决的问题。

4. 全程安全控制技术

(1) 微生物预报技术和货架期预测技术

20世纪八九十年代，由于食品安全问题的严峻形势，预测微生物学的研究对象主要是食品中的病原菌(如单核增生李斯特菌、沙门菌、金黄色葡萄球菌等)。畜禽贮藏过程的腐败微生物的消长是产品货架期的重要指标，随着食品企业对自身产品品质问题的关注，腐败菌的研究也逐渐发展起来，并且对这些细菌进行建模。近年来美国、英国、澳大利亚、丹麦等国更是致力于微生物预测软件开发，旨在对食品货架期进行有效的预测，并对致病菌进行风险评估。

(2) 快速检测技术

近些年，农、兽药残留、化学污染物快速检测技术，病原微生物与腐败微生物快速检测技术，畜禽品质快速检测技术发展迅速，成为畜禽安全控制中定性检测的重要手段。

(3) 质量安全管理体系

HACCP体系、SSOP、GMP等能够较好地实现对肉类食品生产、流通的安全控制，在国际上普遍推行。近年来发展起的肉类PACCP技术，通过研究肉类食品生产、加工和烹制方法，在加工业建立一系列指导文件，最终提高和保障肉类食品的风味、多汁性和嫩度等食用品质。

(4) 风险评估和预警

食品法典委员会(CAC)于1998年和1999年拟定了“微生物风险评估的原则和指导方针草案”与“微生物危险性评估的原则和指导方针”，欧盟也建立了食品快速预警系统(RASFF)。风险分析已经成为世界各国建立食品安全控制体系、协调食品国际贸易、解决食品安全事件的基本模式。针对致病性微生物及其毒素预防控制、农药兽药、重金属残留检测与控制及转基因肉类产品的风险评估等成为风险分析与预警的重点。

(5) 食品可追溯系统

食品可追溯系统作为食品安全控制体系的重要组成部分，在多数发达国家已经应用和推广，取得显著的成效。

5. 日臻完善的肉禽蛋质量安全标准和控制体系

目前，按照标准的属性和类型分类，国际组织和西方发达国家畜产品标准分为两大类：一类是具有强制执行属性的技术法规，类似我国的强制性标准；一类是技术标准，国外的技术法规是技术标准的指导性文件，技术标准是对技术法规的细化，两者相互配合。按照国家进行分类，一是欧盟与美国，以技术法规为主，标准为辅，技术法规占据大多数，标准很少，如欧盟标准化委员会发布的以 EN 命名的全部食品标准仅有 100 项，且绝大多数是产品检测方法标准；二是我国、俄罗斯、澳大利亚、新西兰以及国际组织，主要以卫生标准和推荐性的产品标准为主；三是日本、韩国和东南亚等国，将技术法规和标准混合执行，两者各占相当的比例。目前，西方发达国家畜产品标准制修订进入常态化、法制化、规范化建设阶段。标准体系日臻完善，从系统上建立了畜产品饲料防控、检验检疫、质量规格标准、可追溯、标识与召回制度，强化风险评估，提高进口产品安全限量标准，进而保障食品安全。

（三）乳品产业

世界奶业发达国家在奶牛养殖环节、乳品加工环节及乳品标准法规体系都实现了全过程安全控制和管理，保证了乳品安全。

1. 奶牛养殖环节安全控制技术

（1）奶牛育种技术

自从孟德尔遗传学创立以来，发达国家的动物育种工作在 20 世纪前后开始从经验走向科学，加拿大从 1905 年就开始实施系统的奶牛育种计划。人工授精技术、胚胎移植技术、计算机技术的成功应用为奶牛繁育工作注入了强大的动力，推动了奶牛育种科学不断发展。近年来，遗传标记辅助育种、转基因技术、克隆技术等高新生物技术的研究取得突破性进展，给奶牛育种工作带来了新的希望。

（2）奶牛饲养技术

科学的营养调控、良好的饲养管理是确保奶牛健康和高效生产最关键的因素，直接影响饲料利用率、牛奶生产成本、奶牛使用寿命和原料乳的质量，决定奶牛能否发挥其最佳生产性能。因此奶业发达国家十分重视奶牛饲养技术的研究，依靠科学的饲养、先进的营养调控和饲养管理手段实现对饲料的高效利用，不断提高奶牛生产水平。

（3）奶牛的疫病防控技术

国外奶业发达国家，奶牛养殖历史悠久，集约化程度高，饲养管理人员专业素质好，饲养管理水平高，疾病发生率低，社会化服务体系完备，技术成熟度好，对疾病研究起步早且持续不断。经济发达国家，以其强大的经济作后盾，对待患病牛只采取高淘汰、高扑杀的办法，有益于彻底消除传染源；在传染病的诊断技术和疫苗研究方面投入大量资金，利用先进的技术手段开展研究；在奶牛常见病防治方面研究形成了大量专用药剂和成熟的综合防控技术，成功地控制了许多传染病。

（4）奶牛生产性能测定技术

奶牛生产性能测定（Dairy Herd Improvement，DHI）是世界上奶业发达国家普遍用来管理和提高奶牛生产水平的一项综合技术，它可以了解牛群个体信息和群体水平，是经过实践证明的最有效的量化奶牛生产管理工具。它可以为奶牛良种繁育提供可靠依据、为奶牛饲养、兽医防治、改善日粮结构、科学制定管理计划提供指导，为原料乳第三方监督检验的实施奠定基础。DHI 体系在国外发展了一百多年，其应用效果很明显。世界上奶业发达国家，如美国、加拿大等早已实施了这个方案。这些国家的实践证明实施 DHI 体系测定是发展高效奶牛业的关键[54]。

1）以色列 DHI 技术应用现状

以色列是世界上奶牛单产水平最高的国家，2000～2010 年其奶牛平均年单产一直呈现上升趋势，从 9480 kg 增加至 10340 kg。以色列纯种荷斯坦品系的培育和较高的单产水平与其 DHI 工作是密切相关的。以色列 DHI 测定工作开始于 1934 年，参加牛群数为 12 个，1984 年，为满足育种工作的强烈需要，以色列 ICBA 建立 DHI 测试中心，配置了最先进的红外检测设备，可以检测乳脂，乳蛋白，乳糖，体细胞。加入测试的牛场数逐年增加，以色列的 DHI 测试进入高峰是在 1988 年，全国有 373 个牧场参加，截止到 2011 年以色列有 90％的牛，670 个牛场 107117 头牛加入 DHI 测试。1934～2011 年，以色列奶牛 DHI 测定情况见表 2-2-28。

表 2-2-28　以色列奶牛 DHI 测定 1934～2011 年概况

年份	牛场数(个)	牛只数(头)	奶牛单产(kg)	乳脂肪率(％)	乳蛋白率(％)
1934	12	1029	3690	3.69	
1939	31	2878	3847	3.61	
1944	69	5303	4227	3.55	
1949	88	8733	4044	3.51	
1954	198	14337	4197	3.55	
1959	181	16917	5347	3.48	
1964	202	24013	5694	3.27	
1969	212	34132	6271	3.25	
1974	214	47161	6833	3.22	
1979	212	61947	7855	3.26	
1984	205	66000	8734	3.29	
1989	479	72645	9092	3.17	3.00
1994	802	92175	9748	3.10	2.96
1999	916	98485	10469	3.26	3.07
2004	775	99537	10668	3.57	3.10
2008	688	103895	11461	3.52	3.16
2009	680	83556	11945	3.51	3.13
2010	671	101393	11991	3.53	3.15
2011	670	107117	12175	3.54	3.18

数据来源：《以色列奶业年鉴 2011》

以色列地处非洲、亚洲及欧洲的交接处，人口 745 万，国土面积 21500 km^2，但仅有 20％国土面积可用作土地。很多因素限制着农业及畜牧业的发展，但以色列通过建立奶牛社会化服务体系，包括 DHI 测定中心、奶牛乳房保健中心、饲料配送中心等服务机构，为奶业的发展提供可靠保障，使其奶业取得牛奶总产量为 127 万吨/年，人均消费量

172 kg/年，牛奶总产值 21.29 亿美元/年，牛奶总产值占农业总产值的 16.5%的优异成绩。通过其“奶牛心脏”——DHI 中心的高效服务，2011 年奶牛年单产达 12175kg，乳脂肪率达 3.54%，乳蛋白率 3.18%，体细胞数从 1995 年 428000/mL 降至 2011 年的 219000/mL。提供的原料乳中，细菌数＜10000/mL 的占 54.61%，10001＜细菌数＜50000/mL 的占 44.63%，超过 5 万/mL 的仅占 0.76%。

2）美国 DHI 技术应用现状

美国是世界上最早开展奶牛生产性能测定的国家，从 1883 年就开始对奶牛个体产奶量进行记录。在最初相当长的一段时间，DHI 主要为育种及科研服务，因此得到政府的资金支持。随着 DHI 的发展及成熟，DHI 更加侧重于对奶牛场生产的服务和奶业的可持续发展，奶牛场通过参加测定获得了巨大的经济效益。直到 1993 年，随着市场化程度提高，各测定中心为了争夺市场份额，在为奶牛场服务上展开了激烈的竞争，促进了 DHI 在奶牛场管理应用方面的迅猛发展。

20 世纪 60 年代中期，农场主组建了全国性的 DHIA，并把教育、培训也融入到该项目中。经过了几十年的演变、改进、扩展，最后才有了现在的 DHI 项目。在美国，从 1989 年到 2004 年年底，每年参加 DHI 的母牛都占总头数的 45%以上，数量在 400 万以上，到 2012 年，参测牛场数 19687，参测牛只为 4414231 头，平均单产 10459 kg，1996～2012 年参测概况见表 2-2-29。

表 2-2-29　美国奶牛 DHI 测定 1996～2012 年概况

年份	牛场数(个)	牛只数(头)	奶牛单产(kg)	乳脂肪率(%)	乳蛋白率(%)
1996	39734	4238891	8577.84	3.72	3.23
1997	36821	4165865	8860.881	3.70	3.22
1998	36038	4255727	8842.283	3.69	3.22
1999	34968	4370759	9281.359	3.70	3.24
2000	33457	4457121	9446.919	3.70	3.14
2001	31001	4391799	9455.537	3.68	3.08
2002	29167	4412866	9621.097	3.69	3.07
2003	27739	4331143	9632.437	3.69	3.07
2004	26180	4245910	9638.788	3.69	3.09
2005	25096	4214003	9912.756	3.68	3.07
2006	24536	4292565	10006.65	3.70	3.08
2007	23557	4338693	10048.83	3.69	3.09
2008	23013	4478447	10066.52	3.70	3.10
2009	22063	4469906	10103.26	3.69	3.09
2010	20873	4349798	10217.57	3.67	3.09
2011	20364	4414429	10289.24	3.72	3.10
2012	19687	4414231	10459.33	3.73	3.11

美国目前已有 45 家认证的 DHI 实验室，每月测定牛只大约 470 万头（约占总存栏的

50%),由5家数据处理中心负责数据分析,并为奶牛场提供报告。其中,威斯康星州DHI数据处理中心(AgSource)是全美最大的为13个DHI中心提供数据分析服务。

2. 乳品加工技术

(1) 乳品基础科学技术

当前在乳品加工技术科学领域的新兴科学包括食品物性学、胶体和界面科学、分子生物学、流学、营养学和胃肠内科学等,在奶产品加工中的应用和发展,突破了传统认识问题的方法,从新度来研究乳和乳制品,为乳品科技研究开拓了广阔的领域,使乳品科技产生了几何级数般的进步。

(2) 乳品高新技术开发

随着乳品科技的发展,多项高新技术得到开发并实施应用。在世界范围内,在乳品行业得到广泛应用的高新技术有:生物技术、膜分离技术、高压杀菌技术、微胶囊技术、挤压蒸煮技术、超巴氏杀菌技术、超高温杀菌技术、冷杀菌技术、超临界流体萃取技术、数字模拟和计算机化技术、激光散射分析技术、同位素示踪生物有效性分析技术等。

(3) 新产品开发技术

随世界市场的需求,研究开发新产品,特别是高附加值、高科技含量的绿色食品,集营养、保健、医疗于一体的新型乳制品已势在必行。目前,发达国家乳制品趋向于多品种、多系列、多口味;液体乳、干酪和断奶食品种类繁多,低脂、低胆固醇、高蛋白、发酵制品及功能性乳制品猛增。主要新产品开发为:免疫乳开发、牛初乳开发、干酪的开发、发酵乳的开发、乳清的开发、干酪素和酪蛋白的开发、生物活性物质酪蛋白磷酸肽的开发、功能性乳粉的开发等。

3. 乳品生产全过程安全控制技术

(1) 乳品微生物检测技术

乳品微生物检测技术对乳品的质量安全、营养健康及疾病预防具有重要作用,其方法由传统的培养方法向分子水平迈进。

(2) 质量安全管理体系

以HACCP、GMP和SSOP为基础的乳品质量管理体系在国外发达国家普遍应用,甚至通过法律手段强制实施。

(3) 乳品风险评估

目前所研究和开展应用的是对乳品中化学性危害、物理性危害、乳品加工技术及食品添加剂的风险进行评估。

(4) 乳品追溯系统

目前,在乳制品方面建立完整的安全可追溯系统的国家较少,其中瑞士较早在干酪方面实行地理位置信息追溯,主要记录各国干酪名称,追溯干酪的产地。

(四) 水产品产业

目前,日本、美国、欧盟等发达国家在水产品质量安全控制技术和监管体制方面都较完善,保证了本国水产品的品质和安全。

1. 合理的法律法规和标准体系与严格的监管监督体制

日本于2007年4月1日起实施了经8次修改的《饲料安全法》。该法不仅规定了受法律约束的饲料种类，其中包括鱼、真鲷、银鲑、鲤鱼、鳗鱼、虹鳟、香鱼、牙鲆、河鲀、竹筴鱼、鲈鱼等养殖鱼类的饲料，还对一些具体的内容进行了详细的规定。“肯定列表制度”(Positive List System)是日本为加强食品(包括可食用农产品)中农业化学品(包括农药、兽药和饲料添加剂,)残留管理而制定的一项新制度。

欧盟委员会专门制定水产品投放市场的卫生条件的规定，即91/493/EC指令，要求向欧盟市场输出的水产品加工企业必须获得欧盟注册。欧盟对进口水产品的质量要求日益严格，而且必须从原料生产开始，保证生产过程的各个环节均达到质量要求，从而保证终端产品的质量，即建立一个完整的质量保证体系，全面推行HACCP制度。

2. 健全的水产品质量安全规范体系

泰国渔业局是为出口企业提供水产品检验和质量保证服务的主要机构。世界上很多进口国家都已认可泰国渔业局的水产品检验服务，尤其是欧盟、加拿大、澳大利亚、新西兰、美国和日本等国家和地区。1991年，泰国渔业局在泰国实施了自愿性的HACCP水产品检验项目。1996年，该项目通过农业部立法程序对已审批的水产品加工企业进行强制性执行。从1998年起，泰国开始致力于HACCP审核、政策和程序的制定、程序手册、指南和评估标准等方面的工作。为了对企业进行有关HACCP计划的设计、文件和必备项目的准备，以及项目的实施和维持方面的指导。

美国规定，对其出口的水产品企业必须建立HACCP体系，否则其产品不得进入美国市场。中国进入美国市场的水产品首先通过国家检验检疫机构评审，取得输美产品的HACCP的验证证书，并经美国FDA(美国食品与药物管理局)备案后才能进入美国市场。

3. 有效的水产品质量安全可追溯制度和风险评估制度

20世纪80年代末食品安全领域引入了风险分析方法，通过联合国粮食及农业组织(FAO)、世界卫生组织(WHO)、国际食品法典委员会(CAC)的推动，逐渐建立食品风险分析的原则和标准体系。国际食品卫生法典委员会(CCFH)先后委托FAO/WHO微生物风险评估联合专家委员会(JEMRA)对特定食品/致病菌组合进行风险评估，目前，JEMRA已经完成的水产品中有海产品中的副溶血性弧菌、生牡蛎中的创伤弧菌等一系列的评估报告。目前，日本已分别就贝类(牡蛎和扇贝)、养殖鱼类和紫菜制定了不同的质量安全可追溯操作规程。其中最先试行可追溯体系的是水产养殖业。同时与GAP(良好农业规范)、HACCP和ISO 22000食品安全管理国际标准等规定的实施有机结合，并不断加以完善。日本还将在养殖鱼类经验积累的基础上，将可追溯体系普及到天然鱼类。

4. 科学的食品安全预警体系

美国食品安全管理体系一直以科学、全面和系统的特点而著称。其中预警体系作为美国食品安全管理体系的基石。美国食品安全预警体系的组成机构主要分为食品安全预警信息管理和发布机构及食品安全预警监测和研究机构。全球最具有代表性的预警系统是欧盟食品安全预警系统(RASFF)。该预警系统首次区分“预警”和“信息”，设定了两种通报类型:信息通报和预警通报。

5. 强大的科研技术力量和先进的食品安全检测平台

美国食品管理机构非常重视科学技术力量，不仅拥有顶尖水平的科学家对前沿问题进行研究，而且组织外部一些优秀的专家，通过合作研究等各种形式，使之为食品安全管理工作服务，例如建立一系列咨询委员会、专家顾问团，召开研讨会。同时也与国际组织保持密切联系从中分享最新的科学进展。

(五) 食品添加剂产业

世界上各国对食品添加剂大多数都按照法律法规进行品种审批，同时，对食品添加剂生产企业也有一定的管理，且管理方式各不相同。

1. 整合资源统一监管

在不断改进和完善食品安全监管工作的过程中，不少国家和地区纷纷将食品安全的监管集中到一个主要部门，并加大各相关机构间的协调力度，以提高工作效率，避免因职能交错造成的管理体系混乱。

在美国 FDA 是管理食品添加剂的负责机构，直接参与食品添加剂法规的制定和管理。因肉类由美国农业部(USDA)管理，用于肉和家禽制品的添加剂需得到 FDA 和 USDA 双方的认证；而酒和烟由酒烟草税和贸易局(TTB)管理，用于酒、烟的食品添加剂也实行双重管理。

欧盟有专门机构和专项法规对食品添加剂进行管理。欧委会健康和消费者保护总理事会(DGSANGO)负责欧盟食品添加剂的管理，主要负责受理食品添加剂申请列入准许使用名单的申请、审批。欧盟食品科学委员会(SCF)主要负责食品添加剂的安全性评估，如果某类食品添加剂通过评估，则该委员会就会启动法规修正程序将其加入到适当的指令中，允许其上市销售。

2. 健全的法律法规体系

健全的法律法规体系是食品安全监管工作顺利推行的基础，世界发达国家和地区大多建立了涵盖所有食品类别和食物链各环节的法律法规体系，为制定监管政策、检测标准以及质量认证等工作提供了依据。

美国关于食品添加剂管理的行政法规收纳在联邦法规(Code of Federal Regulation, CFR)第 21 卷下的 FDA 食品和药物行政法规。美国每年都要对 CFR 中的每卷进行修订。法规中规定了各种食品添加剂的生产规格和质量指标，以及食品添加剂根据良好生产操作规程可以被安全使用的条件。食品添加剂立法的基础工作往往由相应的协会承担，如食品香精立法的基础工作由美国食品香料和萃取物制造者协会(FEMA)担任，其安全评价结果得到 FDA 认可后，以肯定的形式公布，并冠以 GRAS。

欧盟对食品添加剂的立法采取“混合体系”，即通过科学评价和协商，制定出能为全体成员国接受的食品添加剂法规，最终以肯定的形式公布允许使用的食品添加剂名单、使用的特定条件及使用限量等。通过法律强化食品添加剂安全并提高透明度，法律明确规定仅列入肯定清单中的添加剂才可以在食品工业中使用，所有没有列入肯定清单的食品添加剂完全禁止使用[11]。

在日本，食品添加剂执行食品卫生法，此法由 MHLW 管理。此法不仅管理能作为食品添加剂使用的物质种类，而且还管理其质量、应用条件和食品添加剂的标签。1989 年 12 月，厚生省以 207 号指令对“非合成食品添加剂”规定了其来源和制造方法。1995 年 5 月 24 日发布的关于修订《食品卫生法》和《营养促进法》的 101 号临时措施法案，将强制标记评估制度从原有的化学合成食品添加剂推广到天然食品添加剂[56]。

3. 完善的食品添加剂安全标准体系

发达国家制定了较为完善的食品添加剂安全标准，标准中既包括对掺杂、掺假食品的一般禁令，也包括对食品中不同化学残留允许量的具体限制，既包括对产品本身的标准规定，也包括对加工操作规程标准的规定，具有很强的可操作性。

在美国联邦法规中就规定了各种食品添加剂的生产规格和质量指标，以及食品添加剂根据良好生产操作规程可以被安全使用的条件。随着食品工业的发展和研究的深入，欧盟不断对食品添加剂的安全标准或管理法规进行修订和更新。2002 年 1 月 28 日，欧盟新食品法即欧洲议会与理事会 178/2002 法规正式生效，并于 2003 年进行了修订。新的食品添加剂规程 EC 1333/2008 颁布于 2009 年 1 月 20 日，整合了欧盟所有食品添加剂的相关要求。日本对食品添加剂的种类和使用标准经常进行修订和更新，对各种食品添加剂在不同种类食品中的具体添加剂限量都进行详细规定。日本食品添加剂法规中规定了各种食品添加剂的成分规格和制备方法。

四、我国食品安全控制技术存在的问题

与发达国家相比，我国在种植养殖安全、食品加工制造、质量安全控制、副产物综合利用、加工装备、标准体系与质量控制等全程控制体系，尚存在一定差距，不利于生产和加工过程食品安全的控制，导致食品安全事件时有发生，影响了我国食品产业的健康、可持续发展。本部分阐述了粮食、肉禽蛋、乳品、水产品、食品添加剂五大重点食品产业在食品安全控制技术方面存在的问题。

（一）粮食产业

随着我国生产力布局调整和工业化进程的加快，原有粮食主产区耕地和水资源遭到污染的情况越来越严重，加之全球气候异常等因素，导致粮食中重金属、农药残留和真菌毒素污染问题日益突出，粮食质量安全事故仍时有发生。

1. 小麦真菌毒素污染

（1）基本情况

2010 年安徽、湖北、河南、江苏小麦在田间大面积发生赤霉病的情况，国家粮食局组织有关单位及时进行了真菌毒素污染排查，排查结果显示样品真菌毒素污染超标率为 31.9%，国家有关部门及时封存了 175 万吨。由于目前尚未研发出技术可行、经济实用的无害化处理技术，这批粮食至今仍封存在粮库。

（2）问题分析

1）粮食生产期间防治措施不到位；

2）小麦产后干燥和收购检测技术缺乏；

3）污染小麦处置技术标准及相关的法律法规不完善。

（3）应对思路

1）加大粮食真菌毒素污染研究的科技投入；

2）研究制定粮食污染真菌毒素的预警技术规范、合理利用的技术规范及相关的法律法规和指导办法；

3）加强部门间、部门内的协调沟通，健全完善的粮食真菌毒素污染监督管理和应对机制；

4）政府引导，市场调节，推进粮食生产的社会服务。

2. 镉大米事件

（1）基本情况

2013 年 2 月 27 日《南方日报》报道了 2009 年深圳市粮食集团有限公司从湖南采购上万吨大米，经检验该批大米质量不合格，重金属镉含量超标，但这批大米近日被发现流入广东市场；4 月 16 日央视财经频道“经济半小时”播出了“镉米之痛”。5 月 20 日央视《新闻 1＋1》就广州大米镉抽检信息公开、土地污染重金属等进行了报道。5 月 22 日《广州日报》报道了广东省工商局、质监局大米抽检报告，并公布了镉超标大米情况。5 月 23 日《人民日报》指出广东省镉大米主要来自湖南、江西及广东部分地区。同日，广东省食品安全委员会公布了 2013 年抽检 2208 批次大米，120 批次镉大米超标，镉含量为 0.21～1.12 mg/kg，其中湖南厂家大米达 68 批次。

（2）问题分析

1）土壤、水体重金属污染严重；

2）经济高效的现场检测技术方法缺乏；

3）重金属超标粮食污染应急处置的法律法规缺乏；

4）粮食种植的警示衔接机制不完善。

（3）应对思路

1）在监督管理方面，一是建立有效的土壤、水体重金属污染和粮食污染重金属的风险评估、管理和交流机制，指导农业生产、粮食收购与污染粮食的合理利用，让消费者了解情况，避免事态扩大；二是建立健全粮食链质量安全全过程检验监测体系，消除监测和监管盲区，重点摸清重金属污染粮食的生产区域；三是建立和完善重金属污染粮食处置制度，在污染严重区域实行政府干预收购，限定污染粮食用途，加强流通环节监管，防止污染粮食扩散，消除污染粮食危害；研究建立污染粮食干预性收购和定向销售价差及费用补偿机制。

2）在技术支撑方面，加强粮食重金属污染风险分析、预警技术研究；加大粮食重金属污染检测、监测技术研究，开发经济高效的检测技术和产品；加大对粮食质量检验机构仪器设备投入，大幅提升粮食质量安全检验监测能力；研究对重金属吸附力低的粮食作物品种。

3）建立健全重金属污染粮食风险交流、合理利用的技术标准和法律法规。

4）加强培训与宣传，提高粮食链各环节从业者的素质，充分发挥媒体、民间组织的监督作用。

5）加强农业投入品管理。完善农业生产综合服务体系，建立从田间到餐桌粮食质量安全监管的高效机制。从源头解决问题,建立完善农业技术服务体系,建立以县为单位病虫害统治统防体系。

3. 粮食农药残留污染

(1) 基本情况

根据国家粮食局标准质量中心对2009年全国库存粮食抽样调查,农药残留超标率为0.6%,超标样品涉及8种农药,包括:磷化物21份,敌敌畏8份,毒死蜱5份,三唑磷4份,甲拌磷3份,氯氰菊酯、辛硫磷和马拉硫磷各1份。

(2) 问题分析

1) 主要是粮食生产环节使用的农药残留超标;

2) 个别地区的农户在储存环节使用农药不当。

(3) 应对思路

1) 加强收购环节粮食质量安全把关;

2) 加强对农残超标粮食的监管;

3) 增加科技投入;

4) 加强粮食生产从业人员的培训和宣传,指导合理用药,减少农药使用量。

(二) 肉禽蛋产业

1. 我国肉禽蛋安全控制技术存在的差距

(1) 畜牧养殖水平差距分析

良种资源方面,国外商用杂交种大量“侵入”,致使国内名优品种资源濒临灭绝,目前中国大多数育种公司的繁育体系中顶端核心种畜禽资源长期依赖进口。畜禽疫病防治方面,中国畜牧饲养60%以上采取分散户养方式,生产及防疫不规范,防疫难度大,疫病防控形势严峻。畜禽产品安全方面,抗生素、化学合成药物和饲料添加剂等在畜牧业中的广泛应用,因操作和使用不规范以及监督措施不到位,造成畜产品中时有兽药、重金属和激素的残留。生态环境方面,畜牧业环境污染问题变得日益突出,大多数养殖户普遍缺乏环保意识,忽视排污设施建设,污染治理设施简陋,治理手段落后。

(2) 肉禽蛋产业化水平差距分析

我国肉类行业的发展基础还相当薄弱,肉类产业的整体水平仍然不高,大规模的现代生产方式与传统的小生产方式并存,先进的流通方式与落后流通方式并存,发达的城市市场与分散的农村市场并存。肉类加工企业数量庞大,技术装备落后,创新能力和经济实力不强,在物流配送、保鲜包装、营销手段等方面,传统落后的方式仍占主导地位,没有形成现代化的经营体系,很大部分产品是通过集贸市场销售的。尤其是技术落后的小企业众多,影响了行业整体素质的提高。

我国肉类加工企业规模偏小,工业化程度和生产集中度有待于提高。

(3) 肉禽蛋加工水平差距分析

目前我国肉类工业仍以初加工产品居多,精深加工产品比重较低,我国肉类制品产量占肉类总产量的15.1%,而欧盟、美国、日本等发达国家和地区则达到60%~70%。

加工产品方面,我国低温肉制品起步较晚,虽然已经具有一定的规模,但整体上在原辅料初始菌数控制、加工环境工艺操作等卫生条件的有效控制技术、食品加工高新技术的应用、冷链流通保障等方面还有很大的差距。在我国,传统风味肉制品品种约有500多种,主要是为数不多的腌腊、酱卤、烧烤、干制品和一些低档的肠类制品,生产工艺大多为非连续性生产,问题主要表现为产品结构不合理,产品科技含量低,产品开发能力不足。

(4) 加工装备水平差距分析

我国在肉类加工相关机械设备和肉类烹饪相关设备方面还是短板,与欧美等发达国家差距较大。近年来,我国食品机械的研制、生产水平虽有进步,但其内在性能、外观等方面仍有诸多缺点,整体水平较发达国家落后近20年。

在畜禽屠宰、肉类加工机械方面,我国许多产品主要还是仿制国外产品,引进后稍加国产化改进,难以做到开发创新。并且在产品研制上以西式肉制品设备为主,传统中式肉制品连续生产设备缺乏。

(5) 技术创新体系差距分析

我国肉类加工产业研究比较薄弱,急需加强应用基础研究和技术创新。

(6) 质量标准体系差距分析

肉类食品标准覆盖面不完全,某些重要标准缺失。当前市场上不断涌现出利用现代生物技术(转基因技术等)、非热加工技术生产的食品,利用添加益生菌和酶制剂等技术生产的食品,目前对于这类新技术食品,我国还没有制定相关的标准。标准制定程序需要进一步完善,制定的科学依据需要强化。现行标准与国际标准不接轨。近年来,我国逐步加大了对国际标准的采用力度。

(7) 社会化服务体系差距分析

我国相关社会化服务体系还不健全,相关行业协会在连接政府和生产企业,连接科研机构和成果应用企业方面还没有发挥出应用的桥梁作用;国内的科技成果推广体系不完善,造成新的科研成果难以快速应用于生产领域;产学研联合体系不完善,许多科研成果难以应用到实际生产,而企业急需技术却难以获得。

2. 我国肉禽蛋产业潜在的食品安全隐患

(1) 源头污染

农作物滥用农药、化肥等造成农药残留过高,最终导致饲料污染;转基因农作物作为饲料是否存在潜在安全风险,需进行严格的风险评估;饲养环节非法使用违禁或淘汰药物(如瘦肉精),滥用兽药(如抗生素、激素、兴奋剂等),最终导致兽药残留过高;违法喂食非食用物质。

(2) 屠宰加工环节

新的“注水肉”潜在风险:局部地区出现在生猪饲料中添加特殊药物,药物经体内代谢后,使猪感到口渴,进而大量饮水,且不排泄,待时机成熟对过度饮水的猪进行宰杀,从中牟取暴利;检验检疫技术及装备水平落后,检验检疫成本高,导致屠宰环节漏检率极大,实现头头检疫根本不现实;交叉污染现象较为严重,加工装备设施、加工媒介、加工过程、健康病畜交叉接触等造成致病菌污染;质量安全控制体系不健全,屠宰、冷冻、冷却、分割温度控制不合理,导致腐败变质。

(3) 肉制品加工环节

超量超范围使用添加剂(如亚硝酸盐、苯甲酸钠等),使用成分不明的复配型添加剂,躲避监管;违法添加非食用物质,如在肉制品加工中使用含有致癌物的皮革蛋白粉;使用掺假作伪或差、劣、病等原辅料;使用皮毛动物如貉子、狐狸等生产肉制品(多集中在河北、东北地区)。

(4) 流通销售环节

冷鲜肉和低温肉制品冷链体系不完善,存在冷链中断等问题;存在流通环节制假贩假、以次充好、将腐败变质食品重新流通等现象;运输、储存过程中卫生条件差、从业者素质较低操作不当造成二次污染。

(三) 乳品产业

1. 我国乳品安全技术存在的差距分析

(1) 奶牛养殖环节

AI育种起步晚,加上缺乏有效的组织体系,导致中国至今未能全面地实施。胚胎移植相关药物与设备的开发方面,还存在依赖国外的问题;胚胎移植术的大规模应用,还存在技术人才缺乏的问题。奶牛常用饲料的营养价值评定方面,尚未涉及氨基酸、微量元素、维生素等关键养分,也没有建立比较完整的奶牛专用饲料数据库,这为先进奶牛饲养标准的执行造成了比较严重的障碍。奶牛专用安全营养调控添加剂的研究开发刚刚起步,缺乏具有与国外同类产品竞争实力的奶牛营养调控产品。饲草种质资源丰富,但开发利用不足。

我国奶牛生产性能测定(DHI)工作最早开始于1992年的中日技术合作天津奶业发展项目。1994年,"中国-加拿大奶牛育种综合项目"正式启动,次年分别在西安、上海、杭州三地建立了牛奶监测中心,开始实施DHI测试,后来北京也加入其中。1999年中国奶业协会成立了"全国生产性能测定工作委员会"专门负责组织开展全国范围内的奶牛生产性能测定工作。

2005年支持中国奶业协会建立了中国奶牛数据中心,专门帮助各地分析处理奶牛生产性能测定数据。2006年国家奶牛良种补贴工程中,更是对全国8个省、直辖市的9万头奶牛参加生产性能测定给予国家财政专项补贴,建立了试点项目。2008年,农业部为贯彻落实《国务院关于促进奶业持续健康发展的意见》(国发[2007]31号文件)中关于"切实做好良种登记和奶牛生产性能测定等基础性工作"的要求,结合我国奶业生产现状的实际需要,与财政部联合下发《农业部办公厅 财政部办公厅关于下达2008年奶牛生产性能测定项目实施方案的通知》(农办财[2008]150号)文件,在北京、天津、河北、山西、内蒙古、辽宁、黑龙江、上海、江苏、山东、河南、广东、云南、陕西、宁夏和新疆16个省(区、市)以及黑龙江农垦总局和新疆生产建设兵团等18个项目区率先启动了奶牛生产性能测定项目,在项目区组织为养殖场(户)提供奶牛生产性能免费测定,指导养殖者科学管理牛群,加快奶牛生产性能测定技术在全国的推广应用,提高我国奶牛饲养管理水平,建立我国高产母牛核心群,自主培育种公牛,增加奶牛单产和养殖效益,促进奶业持续健康发展。项目补贴范围从2008年底的18个地区扩大到了北京、天津、河北、山西、内蒙古、辽宁、黑龙江、上海、江苏、山东、河南、广东、云南、陕西、宁夏、新疆、湖南、湖北等18个省(区、市)以及黑龙江农垦总局和新疆生产建设兵团20个项目区,2012年扩展到23个项目区。截至2012年,全国参加DHI测定牛只数为525714头,占全国存栏数量的3.5%,与国外发达国家相比相差甚远。1995～2012年我国奶牛生产性能测定变化如图2-2-29所示。2007～2012年全国奶牛生产性能测定情况见表2-2-30。

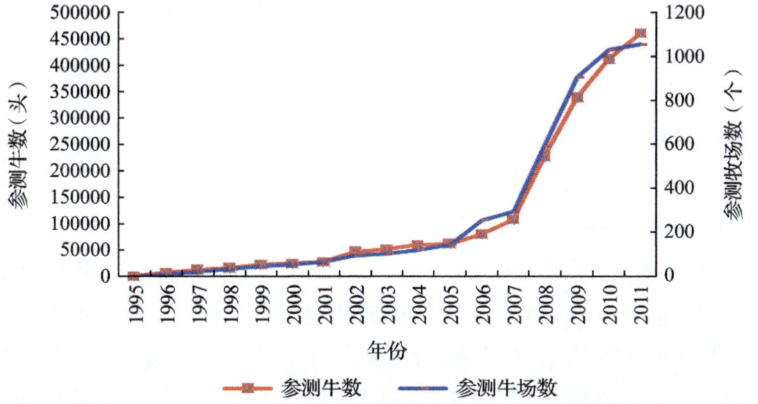

图2-2-29　1995～2012年我国奶牛生产性能测定变化

表2-2-30　2007～2012年全国奶牛生产性能测定情况

年份	牛场数(个)	牛只数(头)	平均乳脂肪率(%)	平均乳蛋白率(%)	平均体细胞(10^3/mL)
2007	334	123883	3.74	3.17	537.9
2008	592	244855	3.64	3.28	610.1
2009	905	351787	3.70	3.25	604.4
2010	1034	414056	3.68	3.25	467.23
2011	1059	461668	3.66	3.28	435.33
2012	1043	525714	3.71	3.26	397

(2) 乳品加工与高新技术

高新技术在乳制品加工中应用,对提高乳业加工水平、提高产品质量、进行产品精深加工,增加生产保健乳品、功能性乳品、鲜乳制品、风味乳制品等,开创新的消费市场,具有重要的推进作用。在乳品安全卫生检验方面,中国鲜乳检测质量标准、乳制品的质量标准与国际乳品标准存在较大的差距。乳业的化学方法检测、物理方法检测和微生物快速检测设备研制也远远落后于乳业发达国家。

(3) 质量安全控制技术

乳品安全追溯技术、乳成分的鉴别技术、乳成分及微生物快速检测技术、乳品安全风险评估技术、乳品质量安全风险预警技术的开发与应用,较大程度上提高了乳品的质量安全水平。在生鲜乳运输、巴氏杀菌乳及发酵乳的运输环节使用了GPS追踪定位系统及冷藏车运输,保证在流通环节的安全,但由于我国冷链运输应用较晚,还有待于改善。

(4) 乳品标准及法规

频发的乳品安全事件,催使各项防控措施的出台,其中较突出的是乳品安全标准和法规体系的修订。为了规范乳品的生产经营，保障乳品质量安全和消费者健康，根据《食品安全法》、《乳品质量安全监督管理条例》和《奶业整顿和振兴规划纲要》的规定，由卫生部牵头会同各相关部门对乳品标准进行整合、完善和修订，统一公布为乳品食品安全国家标准，包含乳品产品标准（生乳、婴幼儿食品、乳制品等，共 15 项）、生产规范标准（2 项）和检验方法标准（共 49 项）。至此，我国初步形成了一个较为完善的乳品标准体系，来规范和指导奶牛养殖、乳品生产加工和流通。

2. 我国乳品安全技术存在的问题

（1）奶牛生产性能测定技术

在技术层面上存在的主要问题有：

1）组织形式及流程不利于 DHI 开展

我国 DHI 实施的组织形式是中国奶业协会在农业部畜牧业司和全国畜牧总站的指导下，与各地生产性能测定中心合作，对数据进行汇总、整理、分析，为行政管理部门和养殖者提供系统、准确和有效的信息服务。而各地的生产性能测定中心基本上隶属于当地畜牧局管理，或挂靠在大型牧业公司。人员配备和工作流程视具体的情况而定，DHI 报告的解读和后期技术支撑工作资源不足。

美国 DHI 测定机构由全国 DHI 委员会（DHIA）统一管理，下设理事会，理事会成员由奶牛场经营者、乳品加工企业、育种机构、科研单位等的代表构成（如图 2-2-30 所示）。由于理事会拥有来自奶牛生产各个环节的代表，所以有利于协调多方利益，特别是奶牛场

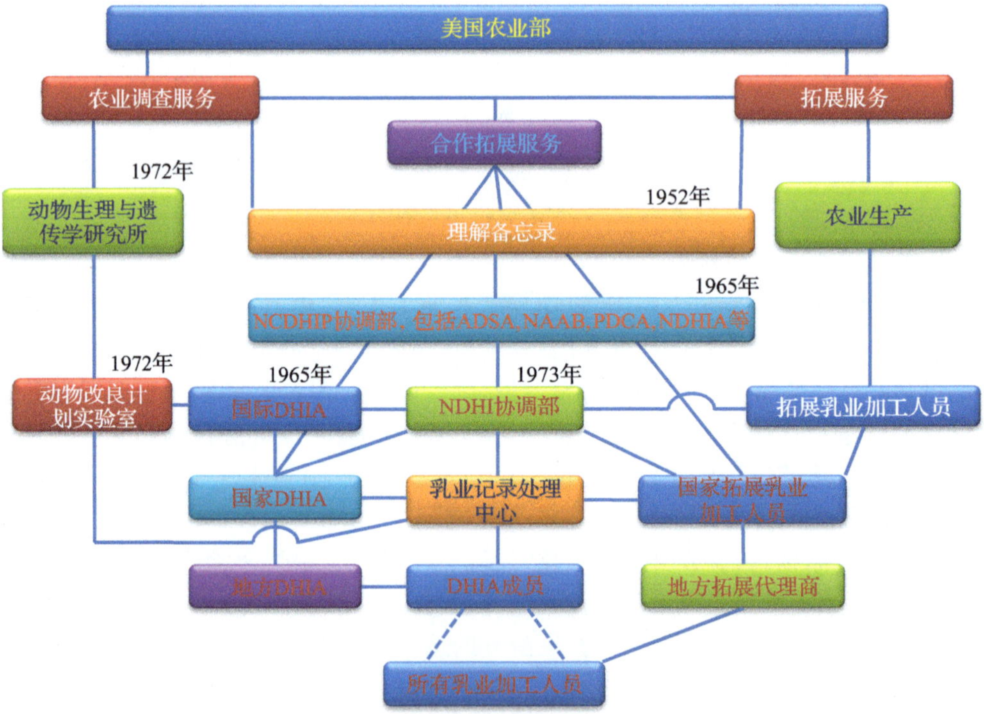

图 2-2-30　美国 DHI 组织关系图

与乳品加工厂的利益。牛奶收购普遍按质论价,乳成分好、体细胞数低的优质牛奶能获得较高的价格。当牛奶生产方和收购方有争议时,DHI 报告还可以作为第三方检测报告。

以色列 DHI 机构由奶牛育种协会下设的社会化服务体系管理(如图 2-2-31 所示),可以为奶牛提供高效的 DHI 测定服务。

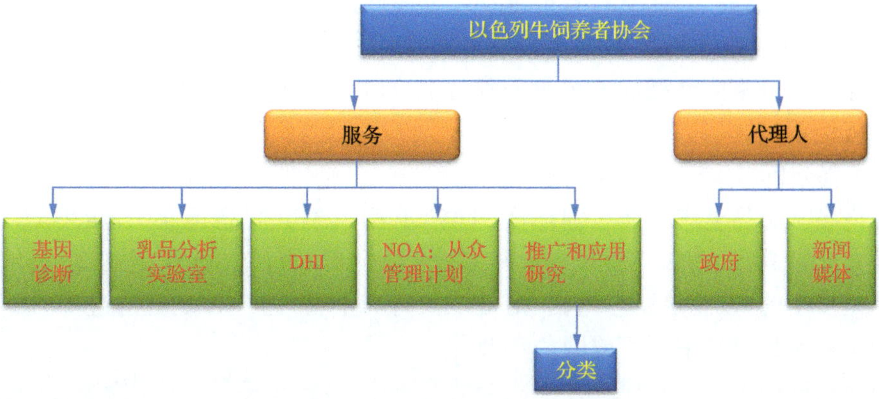

图 2-2-31　以色列 DHI 组织关系图

2) DHI 实验室建设支持不够

我国共有 DHI 实验室 23 家,目前实验室设备的维护费用比较高,项目资金支持不能满足日常需要。

3) DHI 数据准确性缺乏保障

我国 DHI 实验室采用每月用标样进行仪器的比对、校准,为 DHI 数据准确性做保障,但由于采样的不统一,造成样品不能真实反映实际情况。

4) 数据库建设及数据积累少

我国 DHI 工作开展较晚,且数据收集处理系统使用较晚,对于牛只基本资料收集不全,系谱不全,不能很好进行数据使用工作。

5) DHI 技术科研投入不足

我国在此方面的研究投入较少或相对较晚。

6) DHI 报告解读及后期技术服务不足

我国 DHI 中心多数只提供 DHI 分析报告,发送给牧场,牧场只关心体细胞数据,而在其他方面应用较少,而技术人员的后期服务基本不提供。

在管理层面上存在的主要问题有:

1) DHI 制度支持

我国针对 DHI 工作的实施,制定了农业部发布为行业标准(NY/T1450-2007),2007 年 12 月 1 日实施。标准的制定为在全国范围内科学、公平、公正地开展奶牛生产性能测定奠定了基础。同年中国奶业协会和全国畜牧总站联合出版《中国荷斯坦奶牛生产性能测定科普手册》,用于宣传和推广奶牛生产性能测定科普知识。但各中心对于测定实施过程中的工作规范和指南相对较少。

2) DHI资金支持

目前,我国农业部每年用于DHI支持的专项经费为2000万,按每头牛一年需要费用为70元,则可开展测定的牛只数为285714头。DHI在我国刚刚起步,在目前开展中存在一些问题,如牛场认识不足、整体参测规模小、服务体系尚未完善,硬件设施还有待提高,网络平台尚未形成,软件管理有待进一步开发和提高。

3) DHI实施的相关政策影响

我国原料奶价格由乳品加工企业采购时定价,牧场没有话语权,利益分配不均衡造成奶农的积极性不高。

(2) 危害分析与关键控制点技术

现在许多乳制品生产消费大国都将HACCP引入到乳制品行业中,运用HACCP原理和指导方针来进行危害确认和分析,并完成HACCP程序,从而保证制造、运输和储存的乳制品是安全的,以满足所有内销、出口以及特殊市场的要求,是否通过HACCP体系认证成为了乳制品贸易中不可或缺的环节。

目前所引进的HACCP模式并不完全适合于中国,经过多年的应用实践表明,直接引用国外现成的HACCP模式,存在着一定的缺陷,主要表现在以下几个方面:第一,现有引进的HACCP模式不适应于中国食品生产加工企业大量劳动密集型的加工特点;第二,现有引进的HACCP模式不适应于中国食品原料的生产方式;第三,现有引进的HACCP模式不适应于中国消费者的消费方式;第四,由于上述原因,导致了现有引进的HACCP模式不适应于中国现存的食品安全危害的发生特点。

(四) 水产品产业

1. 我国水产品安全技术存在的差距分析

(1) 水产养殖环节

1) 渔药监管不力、基础研究薄弱

渔药在水产动物病害防治方面取得了积极的效果,较为有效地控制了水产病害的流行,减少了由病害引起的经济损失,提高了养殖效率。但长期以来,我国渔药的管理和研究隶属于兽药范畴。渔业部门无权参与管理,而兽药、技术监督部门因专业技术不熟悉等原因而显得力不从心,导致渔药生产与经营的质量监督管理工作远远跟不上渔药生产的发展。

渔药滥用而引起的水产品安全事件已成为影响水产养殖业可持续发展的瓶颈,我国水产品出口屡遭“绿色壁垒”打击。

某些水产动物病害防治的防控存在技术空白是造成药物滥用的重要原因之一。

2) 渔业饲料投入品的监管失控

一方面粗放式水产养殖方式导致资源环境恶化。另一方面,有的渔用饲料厂家不按国家和行业标准生产,使用含有霉菌、二噁英等有害物质的饲料原料,使用腐败变质饲料原料等。

3）微生态制剂存在潜在安全性

我国水产用微生态制剂产品用量大、产值高，涉及范围广，涉及养殖品种众多。但目前，我国水产用微生态制剂既无技术标准，也无监管，且产业技术门槛较低。由此引发的水产品质量安全事件已有报道，由微生态制剂引起的水产品潜在安全性问题应引起我们的充分关注。

（2）水产品生产加工环节

水产品加工环节基础研究薄弱，科技成果转化率低。加工企业装备和技术落后，缺乏规模效益和竞争优势。淡水水产加工业严重落后于养殖业的发展。淡水鱼加工企业都呈现加工规模小、产品种类少、技术含量低、管理落后和产品研发滞后等现象。这严重制约了淡水鱼业的发展。水产精深加工比例较低。

（3）水产品标准及法规不完善，与国际标准存在差距

我国对水产品安全卫生质量及检验检疫标准，与发达国家差距较大，水产品安全卫生标准的国际标准采标率仍有差距。农业部发布了140多种兽药的最高残留限量规定，但只有50多种兽药的检测方法，并且绝大多数尚未进行全面的风险性评估；鱼药标准参考兽药标准。对国际上关注的新污染物如致泻性贝类毒素、麻痹性贝类毒素展青霉素等限量指标缺乏深入研究。

2. 我国水产品质量安全原因分析

（1）自然环境因素引起的水产品质量安全问题

自然环境方面对水产品食品安全的影响主要表现在水污染方面，农田施肥、城市生活污水及工业污水排放，严重影响水产养殖环境，进而影响水产品质量和安全。此外，药物残留超标是影响我国水产品安全质量的主要原因，涉及水产品的多个环节。

（2）生产流通过程中引起的水产品质量安全问题

在生产环节，存在着超量使用、滥用食品添加剂和非法添加物、加工不当导致食品残留病原微生物或在生产、储藏过程中发生微生物腐败而造成的食品安全问题。在流通环节，仓储、储运、货柜达不到标准，致使许多原本合格的产品，在流通环节变成不合格，甚至成为腐败变质的食品。传统的批发市场和农贸市场由于缺乏有效的管理手段和机制，也是造成水产品质量安全问题的重要原因。

（3）监管因素引起的水产品质量安全问题

目前制约我国水产品质量安全监管的主要矛盾在于有限的管理资源与复杂且巨量的监管对象之间的矛盾。目前200余种养殖品种和相应的养殖模式、千家万户的养殖者、数百种渔用化学品，排列组合构成了错综复杂的监管需求，而政府的监管资源有限，无法予以覆盖，但任何一个品种、任何一个投入品出问题都有可能引发水产品质量安全事件。

监管引起的水产品质量安全问题主要体现在：①法律法规、标准缺乏完整性；②食品质量的检测体系、认证体系不完善；③多头管理，职能交叉，权责不统一，④地方政府监管不作为和缺少知识全面的监督管理队伍。

（五）食品添加剂产业

1. 我国食品添加剂监管制度中存在的问题

以食品安全法为核心的监管体系，以食品的风险监测和风险评估为主，确立统一领导、各部门分段，从农田到餐桌的全过程监管体系。但无法避免部门之间不能有效协调配合，常常出现真空区和互相推诿不作为的情况，这是我国现在食品安全改善所面临的重要问题。食品添加剂的生产过程中，对于不符合卫生管理标准的生产行为无处罚依据。

我国对食品添加剂生产企业实行许可审批管理，但《食品安全法》颁布实施后，取消了食品添加剂企业的卫生许可证，改为申领食品添加剂产品的生产许可证，不仅每个品种都要申领许可证，而且规定必须有国家标准或行业标准才能申领生产许可。我国的食品添加剂使用标准(GB 2760—2011)和食品营养强化剂使用标准(GB 14880)中允许使用的食品添加剂有 2500 多种，我国食品添加剂产品标准仅有 465 项，导致我国批准使用的大部分食品添加剂都没有质量规格标准(国外也不是所有允许使用的食品添加剂品种都制定国家标准)，而且还有大量的复配食品添加剂和制剂类产品都不可能全部制定国家标准。这样就造成许多食品添加剂品种因为没有国家或行业标准无法取得生产许可证而不能生产。

2. 我国食品添加剂企业生产经营中存在的问题

一方面企业经营者法律意识薄弱、道德诚信淡漠。我国中小型食品加工企业、食品添加剂生产企业、销售商数量众多，从业人员素质较低。另一方面，一些企业管理混乱、技术水平低下，对食品添加剂的性质不了解，不能正确使用食品添加剂。另外，监管体系还存在一定的漏洞。这些因素造成有关食品添加剂滥用及非法添加非食用物质的食品安全事件屡禁不止。

3. 消费者对我国食品添加剂现状的认识存在误区

随着食品安全事件的纷纷曝光，很大部分消费者谈“剂”色变。认为食品添加剂是毒药，一定是具有危害性的消费者很普遍。这反映出我国消费者的食品安全知识缺乏，科学素养有待提高。国家已于 2006 年发布《全民科学素质行动计划纲要(2006—2010—2020年)》强调具有科学素养是公民素质的重要部分。公民需要具备的基本科学素养，主要包括了解必要的科学技术知识，掌握基本的科学方法，树立科学思想，崇尚科学精神，并具有一定的应用科学处理实际问题、参与公共事务的能力。

4. 我国在食品添加剂领域基础研究薄弱

我国应用食品添加剂历史悠久，早在东汉时期，民间就采用凝固剂盐卤点制豆腐，并流传至今，但真正全面、系统地研究食品添加剂却是 20 世纪 90 年代以后。我国食品添加剂在品种数量、生产技术、原始创新等方面都远远落后于世界先进水平，目前全球开发的食品添加剂已有 14000 多种，其中经常使用的约有 5000 种。目前我国已批准使用的食品添加剂只有 2500 多种，其中属于我国原始创新的食品添加剂，除历史悠久的豆腐凝固剂外，只有甘草素、罗汉果甜苷、甘草抗氧化物和竹叶抗氧化物等极少数几种。目前我国食品添加剂的使用剂量、毒理学指标等基础数据大都来源于发达国家，因饮食文化的差别，这些数据未必适合我国。几种食品添加剂复配使用后是否具有协同效应或拮抗作用，又带来了新的安全风险。食品添加剂在生产、加工和使用环节中存在的原料安全性问题及可能产生有毒有害物质等问题。如热反应肉味香精制备中可能产生的氯丙醇、丙烯酰胺、杂环胺等问题，其形成机理需要进一步深入研究。

五、我国食品原料安全控制技术发展的战略构想

（一）粮食产业可持续发展的战略构想

1. 战略目标

通过10～20年时间的努力，借鉴发达国家经验，结合我国实际，建立和完善粮食质量安全保障体系，大幅提高粮食质量安全保障能力与保障水平，实现家底清晰，风险可控，标准严谨，过程规范，监管高效，沟通顺畅的粮食质量安全战略目标。

2. 战略重点

我国粮食质量安全的重点是通过健全粮食质量安全监测体系、标准体系，优化整合粮食质量安全力量，建立监管和污染粮食处置的财政补偿机制，最终构建应对粮食污染的长效机制，实现我国粮食质量安全风险可控。

3. 保障措施

粮食质量安全是我国食品安全的源头和基本保障，政府在促进我国粮食质量安全的发展上有着举足轻重的作用。因此，必须建立相关的法律法规，为粮食质量安全保驾护航；理顺粮食质量安全监管体系，提高监管效率；建立粮食质量安全财政专项资金，解除监管和处置的后顾之忧；加强粮食质量安全科技投入，提供科技保障。

（二）水产业可持续发展的战略构想——大力发展蓝色食品产业，构建蓝色粮仓

1. 趋势判断

（1）水产品养殖正处于战略转型期；

（2）水产品捕捞正处于战略转型期；

（3）水产品质量安全监管处于战略转型期。

2. 基本内涵

我国水产品养殖、捕捞和水产品安全可持续发展的基本内涵在遵循渔业科技进步支撑产业的“高效、安全、健康、绿色”的可持续发展的基本内涵基础上，开展健康养殖、源头控制；实施“走出去”方针，拓宽渔业发展空间，构建蓝色粮仓。

3. 总体思路与基本原则

（1）总体思路

水产品养殖不仅具有重要的食物供给功能，还有重要的生态服务功能。因此，未来中国渔业的发展需要新理念、新模式，应当大力发展碳汇渔业，建设环境友好型水产品养殖（捕捞），发展多营养层次的新生产模式，实施生态系统水平的管理，要大力推进传统养殖方式的标准化、规模化发展，扩大工厂化养殖发展规模；大力发展远洋渔业捕捞新技术，打造具备远洋作业能力的渔船船队，重视远洋渔业人才培养，开发现代化海洋产品加工和储藏新技术和海洋食品深加工技术，以及远洋渔业配套设施的建设，构建具有完整产业链的

远洋渔业开发技术体系。走出一条具有中国特色的、“绿色养殖(捕捞)、稳定发展、安全健康”的渔业可持续发展道路，开展健康养殖、实施“走出去”方针，打造蓝色食品产业，构建蓝色粮仓。

(2) 基本原则

1) 坚持生态友好原则；

2) 坚持源头管理原则；

3) 水产品安全坚持社会共治原则。

4. 战略目标

(1) 总体目标

在现有基础上，发展健康养殖，保证水产品安全，形成可持续发展良好局面。以生态养殖、绿色发展、循环经济的理念来经营并管理水产品养殖。大力发展碳汇渔业，建设环境友好型水产养殖体系。基本完善养殖科技创新体系和推广体系，科技进步贡献率达到中等发达国家水平，基本建成质量效益型、资源节约型和环境友好型的可持续发展现代渔业，以此大力发展蓝色食品产业，构建蓝色粮仓。

(2) 具体目标

1) 产量发展目标

在保证主要养殖产品基本自给的前提下，水产品在 2020 年有望实现 6525 万吨，2030 年达到 7500 万吨。

2) 结构发展目标

继续为居民膳食营养提供三分之一的优质动物蛋白，并保持国内大宗农产品出口首位地位。

3) 质量发展目标

开展健康养殖和远洋捕捞，建立水产品质量安全溯源监控体系和渔业信息化建设；加大宣传和培训力度，切实提高渔业管理人员和水产养殖、经营从业人员的水产品质量安全意识。到 2020 年，50%的水产品相关企业实行 HACCP 质量管理体系、GMP 体系；到 2030 年，水产品安全总体达到发达国家水平。

4) 环境保护目标

加强水域污染治理，注重生态养护，加强渔业水域生态环境监测体系建设，强化监测能力，加强渔业水域生态环境损害评估，完善和落实好渔业生态补偿制度。到 2020 年，规模化养殖场污染治理率达 75%以上；到 2030 年，基本实现养殖环境的可持续发展，规模化养殖场污染治理率达 90%以上。

5) 科技发展目标

到 2020 年，实现科技进步贡献率达 60%以上，科技成果转化率达 50%以上；到 2030 年，实现科技进步贡献率达 65%以上，科技成果转化率达 60%以上。

5. 战略重点

(1) 规模化推进战略

在养殖方式上，在大力推进传统养殖方式的标准化、规模化发展，提升现代机械化、自动化水平和防灾减灾能力；大力推进工厂化养殖发展规模，提高设施养殖现代化工程装备水平，缩小产出差距。

(2) 科技进步促进战略

由于水产养殖业的特殊性及其相关基础相对薄弱，是造成目前水产品质量安全问题的根本性原因之一，针对制约渔业发展的科技瓶颈，科研机构要围绕重点领域、关键环节，加强联合协作，开展科技攻关，力争掌握一批重大关键技术。在未来水产品安全的研究和管理还应重点加强渔药基础理论的研究、加强渔药残留检测监控体系的完善，鼓励生物渔药等新型渔药的发展。加大发展远洋渔业捕捞新技术、开发现代化海洋产品加工和储藏新技术以及海洋食品深加工技术；构建具有完整产业链的远洋渔业开发技术体系。

(3) 饲料资源保障战略

我国水产饲料整体发展水平低，目前虽已开发了二十几个品种，但开口饲料和其他幼鱼饲料尚未过关，需要从台湾或国外进口。水产饲料是关系到我国水产养殖实现渔业现代化的重要环节，在某种程度上决定着水产养殖产业发展的素质和产品的质量。因此，需加快科技创新步伐，开发高效、安全、环保型水产饲料；加强海洋捕捞资源管理，鼓励推广使用人工配合饲料；进一步优化饲料品种结构，促进绿色饲料、环保饲料的发展；建立健全法规体系，依法促进水产饲料质量的安全水平。

(4) 水产品安全保障战略

坚持"源头治理、完善标准、加强培训"的食品安全保障战略和社会共治局面。根据水产养殖产业的发展变化趋势，整理现有的资源，重点针对渔药残留检测技术、渔药安全使用技术规范等空白领域制定和修订水产行业标准或国家标准。建设水产品质量安全溯源监控体系。建立和完善水产品安全风险评估体系。形成社会各方良性互动、理性制衡、有序参与、有力监督的社会共治格局。

(5) 环境生态保育战略

坚持"政策引导、载量控制、综合利用"的环境生态保育战略。完善相关法律法规，奖惩相结合，以财政补贴等形式建立污染防治设施和开展污染防治，开展健康养殖。

(6) 绿色渔药推广战略

加强渔药基础理论，建立专业化的渔药药理学实验室，培养专业性领军人才；加强渔药残留检测监控体系的完善，推进标准化；鼓励生物渔药等新型渔药的发展；开展禁用渔药替代制剂的研发，填补水产动物病害防治空白；推行和完善执业兽医制度，建立和实行渔药处方制度，逐步健全可追溯制度。

6. 保障措施

政府在促进现代渔业发展上起到至关重要的作用，通过管理和监督、立法和执法、财政支持和引导、科技创新投入、科技服务与人力培训等六个层面的更大努力，以有效的监管和多样的服务有力推进水产品养殖业和捕捞业发展方式转变。进一步创立名优海洋食品品牌，扶持龙头企业，强化海洋立法，完善海洋法律体系。

六、提升我国食品安全控制技术水平的对策和建议

（一）科技支撑方面——强化科技在食品安全中的地位和作用

目前，我国食品产业规模化、集约化、标准化程度仍然较低，从种植和养殖源头，到加

工、制造和流通领域，食品质量安全控制整体水平较为薄弱。食品产业种植和养殖科技水平不高、加工技术与装备落后，质量控制体系不完善等都成为制约我国食品安全水平提高的关键技术因素。科技创新是解决食品安全的强大动力，因此需进一步加大食品产业科技投入，提升产业科技水平。

1. 种植和养殖环节

(1) 构建粮食质量安全监测预警技术体系，包括基础数据库的建设，共性监测预警技术的开发，监测数据质量的保障，质量安全状况的风险评估等，以全面提升粮食质量安全的保障水平，切实从源头保障粮食质量安全。

(2) 开发污染粮食合理利用技术，充分利用生物、化学、物理等技术，研究污染粮食的无害化处置技术，保障粮食资源充分合理的得到最大程度的利用。

(3) 开展转基因原料(包括粮食、水产和饲料等)的安全性和营养性的评估，重点关注其安全性。

(4) 推广奶牛生产性能测定(DHI)技术，系统建设生态型乳业安全技术服务工程。

(5) 加快科技创新步伐，开发高效、安全、环保型饲料；进一步优化饲料品种结构，促进绿色饲料、环保饲料的发展。

(6) 利用生物互补互利特点，建立完善的生态养殖模式，利用生物修复技术，达到控制和优化水域生态环境的目的。

(7) 加强渔药残留检测监控体系的完善，推进标准化；鼓励生物渔药等新型渔药的发展；整合技术资源，组织开展禁用渔药替代制剂的研发，填补水产动物病害防治空白。

2. 加工生产环节

(1) 大力应用危害分析与关键控制点(HACCP)技术，全程保障食品的质量安全。

(2) 加强对食品加工过程中有毒有害物控制技术的研发。

(3) 研制开发具有我国自主知识产权的食品加工先进设备，重点开发自动化智能分级生产设备、自动化加工生产设备、自动化在线或定位检测设备，特别是中式食品工业化生产设备。

(4) 加强水产品先进加工工艺和设备的研发，提升渔船的船上加工装备水平，加大冷链流通系统在水产品中的开发和应用。

3. 检测技术方面

(1) 筛选食品产业用于过程监管的快速检测技术和用于终端检验的仲裁检测技术以及危害评估技术等，提出适用于“过程监管”的快速检测技术和“终端检验”的检测技术，开展相关技术的研发；重点支持低成本在线检测技术的研发，加大技术成果的推广与应用。

(2) 发展可靠、快速、便携、灵敏的食品安全检验检测技术，包括重要致病菌的快速检测和分型技术、农药和兽药残留检测技术、持久性有机污染物和重金属的痕量检测技术、真菌毒素和产毒真菌的快速检测和高通量筛查确证技术、高效、快速、简便、无二次污染的样品前处理新技术等。

4. 风险评估方面

(1) 加强适合于中国人饮食习惯的食品添加剂基础数据的研究。针对食品添加剂复配使用可能带来的安全风险，开展复配食品添加剂的安全风险评价。

（2）广泛开展食品原料生产和加工过程中化学性危害物和生物性危害因素的风险评估，主要针对有意加入的化学物、无意的污染物和天然存在的毒素等。

（3）水产品中诸多污染物暴露水平数据缺乏，需进一步完善用于风险评估的膳食消费数据库和主要食源性危害的数据库。

（4）进一步提升我国食品安全风险评估的技术水平，建立与完善适合我国国情的评估模型和方法。

（二）政府管理方面——全面提升食品安全战略高度，把食品安全作为“国家安全”的组成部分

1. 完善食品安全法律法规和标准体系的建设

在保障安全的前提下，修改完善粮食质量安全法规和标准，促进粮食资源合理利用。一是根据粮食用途、产品形态和加工方式规定不同层面和等级的毒素限量。从原料和产品的不同形态逐级进行安全控制。对于原料可建立指导值，对于食用加工产品建立法规值。如未加工的小麦可建议指导值，不具有强制性，主要用于实施原料质量安全控制。供人直接食用的小麦粉、全麦粉等规定限量值，强制执行；增加细化小麦制品如谷朊粉等的限量指标。二是制定原料的指导值，可以控制污染程度严重、毒素含量过高的粮食进入口粮市场，切实起到该管的不仅管起来更要管好，不该管的放开的效果。

针对我国水产品产业法律法规和标准难以与国际接轨的现状，积极研究国外相关标准，借鉴先进的水产管理经验，补充标准空白，制定完备的法律法规，完善我国的水产品质量安全控制体系，推行 ISO 和 HACCP 质量管理体系及水产品质量认证体系等手段。同时，加强水产品标准内容、目标、制定速度和管理方面的创新，增加我国标准的科技含量。同时在进行标准研究时，要考虑两个重点方面：一是检测方法的先进性，特别是确证方法的先进性要与国际先进水平靠拢；二是要根据我国国情，积极研究开发快速、准确的筛选方法，以便于及早发现问题，采取措施，及时处理。

2. 加强污染粮食的源头控制

（1）针对粮食重金属和真菌毒素污染易发多发状况，建立统一高效网格化的粮食质量安全监测排查体系，注重从源头防止污染粮食扩散。

（2）建立粮食污染警示信息发布制度，规范粮食质量安全信息发布内容、权限和方式。

（3）建立污染粮食干预性收购制度，明确污染粮食应急收购与定向销售模式，完善定价及补偿机制，健全监管措施。

3. 建立切实有效的食品安全可追溯体系，监督“农田到餐桌”的食品产业链全过程

食品可追溯体系包括两个层面：一是基于生产链信息的可追溯，属企业行为，需要建立企业可追溯系统；二是基于生产链信息的监管，属政府行为，需要建立国家统一的数据库。食品追溯体系的建设需要通过立法对企业生产档案建立及保存做出相应的规定。要求饲料和商品经销商对产品的来源及保存状况做详细记录，要求农民或养殖企业对牲畜的养殖过程，如饲料信息、健康信息等做详细记录，食品加工企业也要对加工过程中的用料等过程详细记录。另外，国家还要通过建立统一的数据库，记载生产链中被监控对象移

动的轨迹，监测食品的生产和销售状况，监管机关如发现食品存在问题，可以通过电脑记录很快查到食品的来源等信息，以便快速实行召回并调查事故原因。

4. 建议取消现有的食品添加剂生产行政许可方式

现行的食品添加剂双重行政审批制度不仅造成资源浪费，也严重阻碍了食品添加剂的生产和使用。在双重审批制度下，每个食品添加剂品种都需要进行2次许可审批才能生产，企业和监管部门都需投入大量人力、物力，造成资源的浪费，国际上也没有其他国家对食品添加剂的生产经营采取这种管理模式。建议取消现有的食品添加剂生产行政许可方式，改为生产企业登记备案制度，并由行业协会组织推广良好操作规范(GMP)和危害分析及关键点控制(HACCP)加强食品添加剂生产经营企业的过程控制，保证产品的安全和质量水平。

（三）社会公众方面——加强科普与培训工作、强化食品安全社会参与力度

1. 广泛开展面向公众的食品安全知识教育宣传，提高公众食品安全知识和意识

国家食品安全主管部门应发挥当前科研院校的力量，制定一个有良好顶层设计的全国食品安全培训计划，对从中央到地方的政府官员，监督员，检测机构、媒体、消费者，按照不同人群分别进行可持续的培训和宣教，使社会各界在食品安全的认识上达成一致，同心协力解决问题。

2. 针对食品产业链从业人员，建立多层次培训和从业资格认证机制，提高从业人员素质

民以食为天，食以安为先。要在全社会营造一种消费者关注、企业重视、政府监管的良好社会氛围。各级食品安全主管部门要举办各种类型的培训班，培训重点是法律法规和质量管理知识，对食品产业链从业人员进行系统教育。实施食品产业链从业资格认证机制，完善从业人员资格培训和考核机制，提高食品产业从业人员的素质，提高生产、流通、销售等环节食品安全控制水平。

参考文献

[1] 工业和信息化部消费品工业司. 食品工业发展报告(2013年度)[M]. 北京：中国轻工业出版社，2014.
[2] 中华人民共和国国家统计. 中国统计年鉴2012. http://www.stats.gov.cn/tjsj/ndsj/2012/indexch.htm. 2012.
[3] 中国肉类年鉴1949—2005. 中国肉类协会编. 北京：经济日报出版社，2006.
[4] 中国肉类年鉴2006. 中国肉类协会编. 北京：经济日报出版社，2007.
[5] 中国肉类年鉴2007. 中国肉类协会编. 北京：经济日报出版社，2008.
[6] 中国肉类年鉴2008. 中国肉类协会编. 北京：经济日报出版社，2009.
[7] 中国肉类年鉴2009—2010. 中国肉类协会编. 北京：经济日报出版社，2010.
[8] 中国肉类年鉴2011. 中国肉类协会编. 北京：中国商业出版社，2012.
[9] 我国畜牧业生产区域化布局形成，优势正逐步显现. http://finance.sina.com.cn/chanjing/b/20060204/15122316244.shtml.
[10] 我国畜牧业发展进入关键转型期. http://finance.sina.com.cn/roll/20100915/14438661811.shtml.
[11] 农产品加工副产物损失惊人综合利用效益可期. http://finance.china.com.cn/roll/20140809/2599710.shtml.
[12] 邵孟秋，李珂. 肉类加工副产物骨的开发利用研究进展. 岳阳职业技术学院学报，2008，23(6)：85-89.
[13] 左秀丽，左秀峰，余群力. 牛血产品的开发利用. 中国畜牧业，2013，15：60-62.
[14] 郝晓燕，乔光华. 中国乳业产业安全研究. 北京：经济科学出版社，2011.
[15] 王海，沈秋光，邹明晖，韩奕奕. 各国乳品的生乳标准分析比对. 乳业科学与技术，2011，(6)：293-295.

[16] 孙月娥，李超，王卫东. 我国水产品质量安全问题及对策研究. 食品科学，2009，(21)：493-498.
[17] 万建业，陈小桥，汪银焰，等. 我国水产品质量安全存在的问题与对策. 现代农业科技，2011，(10)：357-359.
[18] 邹国华. 2011. 入世十年与中国的水产品贸易. 中国渔业报，2011-12-26.
[19] 郭文华. 我国水产品加工业的现状与展望. 农产品加工，2011，(6)：10-11.
[20] 农业部渔业局. 中国渔业统计年鉴. 北京：中国农业出版社，2013.
[21] 中国水产流通与加工协会. 水产品信息通报. http://www.cappma.org/huiyuanzhichuang_article_list.php?small_class_id=129.
[22] 小远. 中国水产品消费动向统计分析. 渔业致富指南，2010，(12)：17-19.
[23] Hall S J，Delaporte A，Phillips M J，et al. Blue frontiers managing the environmental costs of aquaculture. http://www.worldfishcenter.org/wfcms/HQ/article.aspx? ID=1242.
[24] 邹志飞，林海丹，易蓉，等. 我国食品添加剂法规标准现状与应用体会. 中国食品卫生杂志，2012，24(4)：375-382.
[25] 姚斯洁，代汉慧，李杏，等. 欧盟与中国食品添加剂法规标准的对比分析. 职业与健康，2011，27(12)：1332-1338.
[26] 秦利. 美国食用农产品协会产品质量安全治理的做法和经验. 世界农业，2012，(7)：45-56.
[27] 罗斌. 国外粮食安全管理的经验与借鉴. 经济学家，2012，(9)：97-100.
[28] 张雪梅. 美国粮食流通及质量管理对我们的启示. 粮油仓储科技通讯，2004，(6)：4-6.
[29] 国家粮食局赴美意粮食政策考察团. 对美国欧盟的粮食政策考察. 中国粮食经济，2001，(3)：24-26.
[30] 时松凯，陈倩，穆建华，等. 美国农产品质量安全管理分析与启示. 中国食物与营养，2012，18(6)：8-10.
[31] 王可山，王芳. 发达国家农产品质量安全保障体系及其借鉴. 食品工业科技，2012，33(1)：413-418.
[32] 李墩贤. 欧盟食品安全法律体系的演进. 法制与社会，2010，4：53.
[33] 尚珂. 日本粮食流通法制化管理及对我国的启示. 中国流通经济，2004，7：29-32.
[34] http://www.cen.eu/esearch/.
[35] http://www.fao.org/docrep/008/y5499c/y5499c02.htm#w20.
[36] http://www.eoma.aoac.org/methods/search.asp? string=b(AOAC 官方方法检索).
[37] Codex Alimentarius Commission Procedural Manual Twenty-first edition. World Health Organization，Food and Agriculture Organization of the United Nations，Rome，2013.
[38] 朱伟平，乔日红，阎会平. 国内外农药残留最大限量标准比较研究. 农业技术与装备，2011，1：29-31.
[39] http://www.codexalimentarius.net/pestres/data/pesticides/search.html，Last update 30 March 2009（食品法典委员会食品中农药残留在线数据库）.
[40] 何世宝. 饲料安全问题和生产技术控制措施. 牧草饲料，2007，4：91-92.
[41] 蒋宗勇，王丽，杨雪芬，等. 北欧禁用抗生素的实践对我国养殖业的启示. 养猪，2012，3：9-14.
[42] http://www.danishpigproduction.dk.
[43] 廖菁. 丹麦生猪养殖环境治理的经验及启示. 猪业科学，2012，8：24-26.
[44] 刁新育，宋琰. 国外兽医管理体系的发展趋向. 农业经济问题，2007，2：105-109.
[45] 侯艳梅，戴智勇，沈国辉，等. 有机食品国内外发展现状和前景展望. 农产品加工，2011，10：123-125.
[46] 焦翔，穆建华，刘强. 美国有机农业发展现状及启示. 农业质量标准，2009，(3)：48-50.
[47] 有机生产. 美国农业部网站 http://www.usda.gov，2010-07.
[48] 2012 年荷兰有机食品销售额首超十亿欧元. http://finance.ifeng.com/a/20131008/10807535_0.shtml.
[49] 孙晓燕，纪海旺，王亚超，等. 动物福利的现状及在我国实施的必要性. 河南畜牧兽医，2007，(28)7：3-5.
[50] 胡中应. 中外动物福利政策的比较与对策研究. 赤峰学院学报，2013，34(2)：92-94.
[51] 卢杰，陈韬. 冷却肉生产中胴体减菌技术的研究进展. 食品研究与开发，2009，30(2)：145-149.
[52] 李琳，李冰，胡松青，等. 食品加工过程中的有害化学物质形成及安全控制技术研究进展. 食品科学，2012，33：41-45.
[53] 李爱珍，邵秀芝，陈阳楼. 生鲜肉保鲜技术的发展与应用现状. 肉类研究，2009，(1)：29-32.
[54] 全国畜牧总站. 中国奶业协会. 奶牛生产性能测定科普读物. 北京：中国农业出版社，2007.
[55] 邹志飞，席静，奚星林，等. 国外食品添加剂法规标准介绍. 中国食品卫生杂志，2012，24(3)：283-288.
[56] 张俭波. 日本食品添加剂申请审批程序介绍. 中国食品添加剂，2009，(4)：41-45.

第三章　食品安全与病原微生物防控研究

摘　　要

食源性病原微生物引起的食源性疾病是全球食品安全的核心问题。近五年我国微生物和生物毒素引起的食源性疾病报告起数和发病人数占全部报告数的60%以上。食源性病原微生物和生物毒素种类繁多、来源广泛、危害巨大，是引发食品安全问题的主要因素，具有群发、暴发、宿主范围广、传播速度快、社会影响和控制难度大等特点，严重时会引起社会恐慌，危及国家安定。国际食品安全防控历史证明，随着社会发展，法律法规不断完善，在解决或基本解决食品添加剂的非法添加之后，食源性病原微生物引发的食品安全问题就更加突出。

病原微生物食品安全问题与化学性食品安全具有完全不同的特点，化学性污染去掉源头或改善环境就可以解决相关的食品安全问题；而食品微生物安全不因社会变更、历史阶段、人为和环境因素等改变而消失，只要有生物存在就会永远存在食品安全问题。食品生物安全不是我国独有的问题，而是不论国家发达程度如何都要面临的实际问题。

近5年我国食品安全形势总体上是好的，主要表现在：政府高度重视，安全监管体系、法律法规不断完善，国民意识不断提高，重大食品安全事件明显减少。但食品安全存在问题也不少，特别是食源性病原微生物引发的食品安全问题更加突出。主要面临的问题包括：①食源性病原微生物是食品安全第一杀手。②病原微生物性食物中毒为食品安全防控重点。③生物毒素污染所致食品安全短期内难以清除。④饲料和饲料原料中真菌毒素污染严重，检出率高达80%，阳性超标率平均在20%；粮食中真菌毒素污染问题也很严重；水产品中海洋毒素污染普遍。⑤抗菌药物滥用，动物源耐药菌形势严峻。⑥进出境食品病原微生物污染不容乐观。⑦食品安全面临生物恐怖与生物袭击风险加大。

我国食源性病原微生物防控存在的问题与挑战包括：①管理体制运行不畅；②标准体系繁杂滞后；③食品监测溯源体系不完善；④科技支撑能力不强。

借鉴发达国家的先进经验，按照两个一百年的战略目标要求，提出适合我国国情的食源性病原微生物防控目标，全面提升我国食源性病原微生物防控监测能力，保障食品安全供给；基本建成本底清晰、全程控制、无缝监管、内外联控的食源性病原微生物防控体系，保证食品产业核心竞争力和安全保证水平；与发达国家防控水平接轨。具体目标至2025年，完成食源性病原微生物污染情况摸底调查，将食源性病原所致疾病发生率控制在少于1.5亿人次/年；到2050年，将食源性病原所致疾病发生率控制在8000万～1亿人次/年。

食品安全涉及千家万户，关系到每个人的生命健康。广义的食品安全包括数量安全和质量安全两个方面：即数量上足够吃，质量上保证健康。研究表明，影响吃的健康因素复杂多样，既有本身带有的，又有外来添加的；既有化学性的，又有生物性的。本课题作为“中国食品安全现状、问题及对策战略研究”项目的一个子课题，负责“食品安全与病原微生物防控咨询研究”，为便于工作开展，我们依据病原微生物性质，分为食源性细菌、病毒、寄生虫、食源性生物毒素和抗菌药物残留防控战略和食源性病原微生物综合防控战略 6 个专题组。各专题组分别对自己所负责病原防控在食品安全中的战略地位、已有成绩、存在问题、发展趋势、发达国家的经验启示等方面进行深入的资料查阅，现场调研，汇报交流和全面系统分析，并在此基础上，以全局性、前瞻性的高度提出战略咨询建议。历时两年，在 6 位院士和 50 位相关领域大专院校科研院所专家的共同努力下，形成 1 个综合报告和 6 个专题报告。

一、食源性病原微生物防控的重要意义

（一）食源性病原微生物危害严重

食源性疾病引发的食品安全问题备受国际社会高度关注。病原微生物引发的食品安全问题在防控上具有群发、暴发、来源广泛、种类繁多变异快、宿主范围广、毒性复杂、不易清除、传播速度快、控制难度大、危害性强和社会影响大等特点，严重时会危及社会政治和经济的稳定。食源性病原微生物引起的食品安全问题的比重随着社会的发达程度会越来越高，目前我国微生物性食品安全占总的食品安全比重 60%～70%（表 2-3-1），而发达国家占 70%～80%甚至以上[1-3]。

表 2-3-1　1992～2013 年全国食物中毒的致病因素分析

中毒原因	报告起数	构成比(%)	中毒人数	构成比(%)
微生物性	3531	37.69	155461	54.00
化学性	3026	32.30	64098	22.27
有毒动植物及毒蘑菇	1772	18.92	31941	11.10
不明原因	1039	11.09	36360	12.63
合计	9368	100.00	287860	100.00

（二）食源性病原微生物防控责任重大

“国以民为本，民以食为天，食以安为先”，食品安全是关系国计民生的大事，关系到全体国民健康安危，关系到国家稳定，食品安全是人民生活质量的重要标志之一。食源性病原微生物防控是保障我国食品安全的重要措施，关系到社会安定和国家安全，是实现全民健康的战略抉择途径。食源性病原微生物导致的食源性疾病和食品安全已经成为我国重大的公共卫生问题之一，是食品安全长期存在的重大风险，仍然是食品安全防控的重中之重。

影响食品安全的因素包括生物性、化学性、物理性和放射性四大类。从法律角度可将食品安全问题分为两大类：一是人为操作不当或蓄意的食品安全行为，因违法直接造成食

品安全问题；二是自然污染或技术原因引起的食品安全问题。食品生物安全多属于自然污染和技术问题，始终伴随着食品从农场到餐桌的全过程，随时出现；直接违法引起的食品安全事件实际上不属于真正意义上食品安全范畴，应属法律范畴。

（三）食源性病原微生物防控任重道远

病原微生物引发的食品安全问题与化学性引发的具有完全不同的特点，化学性污染去掉源头或改善环境就可以解决相关的食品安全问题；而食品生物安全不因社会变更、历史阶段、人为和环境因素等改变而消失，只要有生物存在就会永远存在食品安全问题。食品生物安全不是我国独有的问题，而是不论国家发达程度如何都要面临的实际问题；在防控上具有严峻性、复杂性及长期性等特点。

食品安全是相对的，绝对安全是不存在的，食品安全的生物因素更是如此。水作为特殊食品，由病原微生物引发的安全问题常见，往往容易暴发水源性疾病，在食品安全上需要高度重视。食源性病原微生物是食品安全长期存在的重大风险，不仅严重威胁人类健康和生命，而且微生物及毒素的污染也给农牧业和食品产业带来巨大损失，如食源性禽流感所引发的公共卫生安全严重时对社会稳定造成极大危害，每年因食源性病原微生物污染和食源性疾病给农业、养殖业、食品产业和进出口贸易等造成巨大损失，我国因发生H7N9流感恐慌致养禽业几乎造成了行业性的灭顶之灾，仅2013年，经济损失就达八百亿元，并成为“两会”代表的主要议题，社会影响巨大，仅2015年第一季度香港因禽流感和流感死亡436人（香港卫生署卫生防护中心）；每年因食品和饲料污染真菌毒素引起至少100亿以上的经济损失；每年仅屠宰猪旋毛虫检测费用就达18亿；每年因食品中微生物污染引起的损失更是巨大。

随着全国食品安全形势的好转，法律法规和监控措施的不断完善，生物性食品安全问题必将越来越显现其重要地位。食源性病原微生物所引发的食品安全是长期的、复杂的、艰巨的综合性社会问题，需要系统性的解决办法。政府职责是将食品安全监管规范化和科学化，尽最大努力将食源性疾病风险减少到最低。

二、我国食源性病原微生物污染引发的食品安全现状

食品行业是我国最大的行业，食品供需总量巨大。除国内巨大需求市场外，近十年来，进出口食品贸易额连续保持在10%以上的增长速度。近几年我国食品安全形势是好的，总体上是逐步提高，国家领导、主管部门高度重视，从监管体制到法律法规建设都在积极的发展过程中。向好形势主要体现：一是我国食品安全问题多发势头得到初步遏制，从总体上控制了系统性食品安全风险的发生；二是监测抽验结果显示，各类食品、食用农产品质量安全指标稳步提高；三是大宗重点食品通过整治，质量安全水平有了较大幅度提升；各种食品安全法律法规逐步完善。全国2010～2012年蔬菜、畜产品、水产品卫生合格率在90%以上，如2012年上海总体合格率94%，天津97.87%，北京98.2%[3-10]。

由于我国面积广阔，地域不同，经济发展水平存在较大差异，食品安全也存在不少问题，为我国食品安全问题提出新的课题和挑战。

（一）食源性病原微生物是食品安全第一杀手

食源性病原微生物是引起食源性疾病的主要原因之一，是全球食品安全的核心问题，已成为威胁人类健康和社会经济发展的重要公共卫生问题。食源性病原微生物可通过接触物表面、水、土壤、排泄物或者食物污染“从农场到餐桌”的食物链任何环节，严重危害人类健康，造成巨大经济损失，影响国家对外贸易声誉和社会稳定。2008～2012 年原卫生部（网络）直报共收到食源性疾病暴发事件 1244 起，累计发病 44856 人，死亡 749 人[1-8]。其中微生物和生物毒素引起的食源性疾病暴发事件数、患者数和死亡人数分别占 71%、79.6%和 62%（图 2-3-1）。

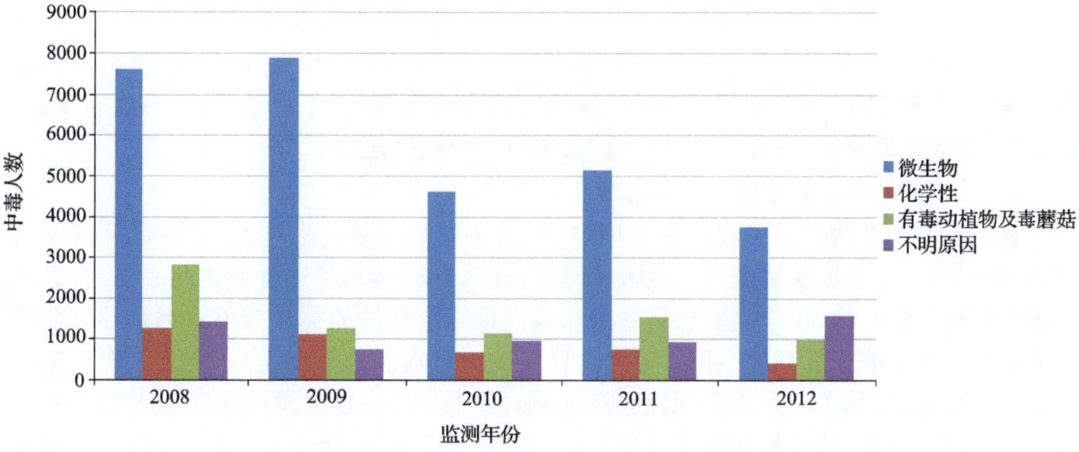

图 2-3-1　2008～2012 年突发性公共卫生网络报告食源性疾病统计

（二）病原微生物性食物中毒为食品安全防控重点

病原微生物在我国食源性疾病的比重最大，仍然是食品安全防控的重中之重（美国病原引起的食品安全事件占 83%）。最近的 2012 年食物中毒情况见表 2-3-2，与 2011 年原卫生部（网络）直报数据相比，报告起数和中毒人数分别减少 7.9%和 19.7%，死亡人数增加 6.6%。微生物性食物中毒事件中毒人数最多，占总数的 56.1%；但与 2011 年相比，微生物食物中毒事件的报告起数和中毒人数分别减少 28.2%和 27.0%。各年份因微生物和生物毒素引起的食源性疾病报告起数和发病人数均占全部报告数的 60%以上。食品药品监管总局 2015 年第三期食品安全监督抽检情况显示，抽检样品共计 12826 批次，不合格食品中肉类的 52%、水产品的 47%、乳品的 50%因为微生物卫生指标不合格[5]。按美国疾病控制中心计算方式（漏报数量占实际统计数量的 90%），卫计委统计数据可能只占食源性疾病实际发生数量的 1/10，由于不报、瞒报等情况，实际发生量应该更大。

表 2-3-2　我国 2012 年食物中毒原因分类

中毒原因	报告起数	中毒人数	死亡人数
微生物性	56	3749	16
化学性	21	395	19
有毒动植物及毒蘑菇	72	990	99
不明原因	25	1551	12
合计	174	6685	146

引起我国食物中毒的病原微生物主要包括沙门菌、副溶血性弧菌等细菌以及毒蘑菇、真菌毒素、细菌毒素等[3-5]；另外，食品和水源性病毒感染也是重要的食品安全问题，包括禽流感病毒、诺如病毒、柯萨奇病毒、甲型肝炎病毒、戊型肝炎病毒等，2014 年 2 月份浙江省嘉兴市因桶装饮用水污染诺如病毒感染 511 人，2015 年第一周北京发生多起诺如病毒感染事件，涉及 11 所学校；同时，食源性寄生虫病时有发生，且不易诊断；旋毛虫病、绦虫病、包虫病等病原对我国食品安全仍有较大威胁。分别简述如下。

1. 食源性细菌引发的食品安全问题

食源性细菌在防控上存在宿主范围广、传播速度快和社会影响大、控制难度高等特点，严重时会对社会稳定造成极大危害。同时，食品生产模式及饮食方式的改变、食品流通的广泛性、对肉、禽、水产品需求量的增加以及致病菌菌株的突变等因素都是导致食源性病原菌疾病发病率升高的原因。根据世界卫生组织提供的数据显示，全球食源性疾病患者达数亿人，每年约有几亿食源性腹泻病例，其中约 70％是食源性病原菌污染食品所致。在发展中国家，估计每年腹泻及相关疾病有 2.7 亿病例，导致 240 万 5 岁以下儿童死亡。我国食源性病原菌引发的食品安全问题也是最为常见的一类。

我国对主要食品中的重要致病菌监测结果显示，无论是食品原材料还是即食食品，均不同程度地受到致病菌污染。在食品原料、生产加工、产品储藏及运输、销售，甚至使用前加工等各环节中，稍有不慎极易为微生物的生长繁殖创造条件。根据 2008～2012 年原卫生部(网络)[1]直报情况分析导致我国致病微生物性食物中毒主要包括：沙门菌、蜡样芽孢杆菌、副溶血性弧菌、致病性大肠杆菌、变形杆菌、金黄色葡萄球菌(肠毒素)以及气单胞菌等；有毒动植物及毒蘑菇中毒死亡人数占有重要比例，包括毒蘑菇(大型真菌)、河豚毒素、未煮熟四季豆(毒素)等。典型的是 1999～2000 年间苏皖等地大肠杆菌 O157：H7 的大规模流行，造成急性肾衰竭患者 195 人，死亡 177 人，病死率达 90.8％；2005 年四川省发生的人感染Ⅱ型猪链球菌病，累计 204 例病例中，死亡 38 例；2012 年大型真菌毒蘑菇中毒死亡 99 人，占当年食物中毒死亡人数的 68％。

原卫生部(网络)[6-8]直报 2000～2006 年我国对 9 类食品中致病菌(沙门菌、单核细胞增生性李斯特菌、弯曲菌、大肠杆菌 O157、副溶血性弧菌、金黄色葡萄球菌和阪崎肠杆菌等)的监测结果显示，总检出率以生肉(23.02％)最高，其次为水产品(20.42％)，熟肉制品(7.19％)，面米制品及豆制品(6.67％)，婴儿配方粉及奶粉(3.27％)，蔬菜(3.02％)，冰激凌(1.48％)，生奶(0.45％)。家禽弯曲菌带菌率达 91％，鲜禽肉沙门菌检出率在 50％左右。2011 年全国共监测动物性水产品 10366 份，致病菌检出阳性样品 1606 份，阳性率

15.49%。其中，副溶血性弧菌的检出率最高为 12.86%(1303/10131)，淡水产品中沙门菌的检出率为 2.84%(83/2926)，明显高于海产品 1.15%(83/7209)。2012 年的连续监测发现，动物性水产品中副溶血性弧菌检出率一直维持在较高水平，并呈上升趋势，其中生食动物性水产品中副溶血性弧菌检出率为 17.05%，且淡水产品副溶血性弧菌检出率高于海产品，副溶血性弧菌已连续多年成为我国最主要的食源性水产品致病菌，引起副溶血性弧菌食物中毒的食物载体也由传统的海产品而转向诸如咸菜、咸鸭蛋等多类别食品。2007～2010 年共监测婴幼儿配方奶粉 3158 份，谷物食品 1622 份。其中，婴幼儿谷物食品中阪崎肠杆菌的检出率均高于 7.00%，明显高于婴幼儿配方奶粉。2007～2010 年对 13 个省份生鲜奶中金黄色葡萄球菌的检测结果显示，最高的是上海，检出率为 80.5%，重庆检出率为 80.0%，其次是河南(60.0%)、广东(35.0%)、北京(30.0%)、河北(20.0%)、安徽(19.0%)、甘肃(15%)、福建(10.1%)、广西(10.0%)、内蒙古(10.0%)，其他省份检出率在 10.0%以下。在 2003～2009 年我国监测的 8840 份蔬菜样本中，沙门菌、单核细胞增生李斯特氏菌、大肠杆菌 O157 均有检出，但检出率均在 2%以下，明显低于动物源性食品。

通过 2008～2012 年全国突发性公共卫生网络报告（见图 2-3-1）[1-8]可知，每起中毒在 30 人以上、发生在集体场所或有死亡的食物中毒事件共计 1218 起，中毒人数 35672 例，死亡 518 例，死亡率为 1.45%。其中微生物引起的为 320 起，占 26.3%，中毒人数占 59.2%。2011～2012 年两年全国各地上报每起超过 2 人以上的食物中毒事件 1726 起，中毒人数 27736 人，死亡 250 人。其中微生物引起的占 27%，中毒人数占 43.8%。

2. 食源性病毒引发的食品安全问题

与细菌和真菌相比，人们对食品中病毒的情况了解较少，这有多方面原因。第一，病毒必须依赖于活的细胞方能生存与繁殖，否则，生命将停止。食品这种媒介对于病毒来说既适合生长繁殖，又不适合生长繁殖，在食品处于活鲜阶段时，非常适合病毒存活，也就是动物在宰杀前带染病毒是非常正常的。第二，并不是所有食源性病毒都能用现有的技术进行培养，例如诺如病毒（诺瓦克病毒）现在还难以人工培养，即现有技术还难以满足对一些食品中病毒的检测需要。第三，作为完全寄生性的微生物，病毒并不像细菌和真菌那样能在培养基上生长，培养病毒需要组织培养和鸡胚培养等。第四，因为病毒不能在食品中繁殖，它们的可检出数量要比细菌少得多，所以提取病毒必须采用一些分离和浓缩方法，因此目前还难以有效地从食品（如绞碎牛肉）中提取 50%以上的病毒颗粒。第五，科研实验室中的病毒检测技术还难以应用到食品微生物检测实验室中。然而随着分子生物学技术的快速发展，有些技术还是可以尝试的，如反向转录多聚酶链反应检测方法（RT-PCR）能直接检测一些食品（如牡蛎和蛤类组织）中存在的病毒。

我国地域辽阔，食品种类繁多，涉及的食源性病毒种类多，变异率高，传播快，有些还具有食源性人兽共患病性质。按来源不同，可将食源性病毒分为通过粪口途径传播给人类的肠道食源性病毒，如甲肝病毒、戊肝病毒、轮状病毒和诺如病毒等肠道食源性病毒；以畜产品为载体传播给人类的人畜共患食源性病毒如禽流感病毒、SARS 病毒、口蹄疫病毒和朊病毒等[11]；此外，食品载体中的病毒还可通过呼吸途径进入人体，在肠道中繁殖，从粪便中排出，如不同型别禽流感病毒以禽作为传播载体，造成严重的食源性病毒传播。非肠道病毒也可能出现在食品中，但由于病毒具有组织亲和性，所以食品只能作为肠道病毒或肠道病毒传播的载体，任何食品都可能成为病毒传播的工具。某些肠道食源性病毒还可以在贝壳类海产品中积累达到900倍的水平，会造成群体暴发的可能；食源性病毒通常在环境中抵抗力很强，如诺如病毒可在面板上存活7天，脊髓灰质炎病毒可在污泥和污水中存留10天以上。食源性病毒可通过接触物表面、水、土壤、排泄物或者“从农场到餐桌”的食物链任何环节污染，而引起人们的食源性病毒感染事件，严重危害人类健康，造成巨大经济损失，影响国家对外贸易声誉和社会稳定。近几年，病毒在食物感染中的比例逐渐增加，美国、日本的食源性病毒占8%～20%。国内还没有相关的统计，初步判断与其他国家相似。

我国涉及的食源性病毒种类多，目前已知经粪口途径传播给人类的主要食源性病毒包括甲肝病毒、戊肝病毒、轮状病毒、诺如病毒、腺病毒41型、柯萨奇病毒A16型和肠道病毒71型(EV 71)(手足口病的主要病原)等肠道性食源性病毒，以及以畜产品为载体传播给人类的人畜共患食源性病毒，如H5N1/H7N9禽流感病毒、SARS病毒等。

肠道性食源病毒往往通过污染水源、土壤及食物等传播造成非常大的群体性感染事件，但其死亡病例较少。例如20世纪80年代末，新疆约12万人因水源污染感染了戊型肝炎病毒，而上海市因食用毛蚶致30万人感染甲型肝炎病毒，导致13人死亡；到90年代，血清学调查发现我国人群甲型肝炎病毒感染率为80.9%，即有80.9%的人曾感染过甲型肝炎。2009年对北京、上海、广州、武汉调查结果显示甲肝抗体阳性率为45.57%～64.58%；另外，中国疾病预防控制中心统计数据表明甲肝在我国人群中一直流行(图2-3-2)。

图2-3-2　我国1991～2009年甲型肝炎病毒流行统计

2007年原卫生部报告[6-8]，全国共有83344例手足口病患者，死亡17例；2008年共有488955例手足口病患者，死亡126例；2009年共报告1155525例患者，死亡353例；2010年共报告1795336例手足口病患者，死亡888例；2011年全国共计报告手足口病1619706例，报告发病率为120.79/10万，死亡509例，死亡率为0.038/10万；流行呈逐年增加的趋势，其中一些病例可能具有食物传播特点，该病具有幼儿园集体感染和家庭聚集发病的特点。2010年12月广州从化市由于水污染诺如病毒而致429人感染发病，2013年4月广东揭阳职业技术学院约400名学生感染诺如病毒新变异株“悉尼2012”，2013年1月广州、佛山和深圳三市480人感染，3月广州大学城200多人感染，多数与饮食有关。随着交通的发达，国际贸易的频繁，也使我国时刻面临食源性病毒境外传播的威胁，如仅2014年2月美国游轮700多人、日本高中265名学生、香港游韩国105人感染食源性诺如病毒。紧接着国内就有同样事件发生，2014年2月浙江省嘉兴市发布消息，嘉兴市海宁、海盐的多所学校陆续发生学生诺如病毒感染性腹泻疫情。疫情涉及海宁市、海盐县的10所学校、3家幼儿园，累计报告发病人数共511人，患者临床表现以呕吐、恶心为主，无重症和死亡病例。疾控部门根据流行病学调查，结合临床表现、实验室检测结果，判断这是一起由饮用不洁桶装水引起的以诺如病毒为主的感染性腹泻疫情。诺如病毒已经成为普遍的食物（包括水源）感染性病毒，且发病率逐年提高。我国属戊肝地方性流行区，1986～1989年新疆南部地区曾暴发世界上规模最大的戊肝流行，发病119280例，死亡707例；2012年戊肝发病人数为1868人（占甲乙类传染病发病数0.06%），但是近几年戊肝的发病每年人数有增高态势，2012年全年病例数已超过甲肝。我国戊肝主要传播途径为粪口传播，戊肝患者主要为成人，其病死率较高。据2010年原卫生部数据显示，戊肝病死率在各型病毒性肝炎中居首位，戊肝在妊娠女性中的病死率高达10%～25%，尤其是处于妊娠期后3个月的女性患者中病死率可达10%～39%。我国每年大约有1000万婴幼儿患轮状病毒感染性胃肠炎，占婴幼儿人数的1/4，是引起婴幼儿严重腹泻的最主要病原。2003～2010年19个省、4个自治区、4个直辖市轮状病毒监测结果显示，5岁以下腹泻患儿中，腹泻住院平均阳性检出率47.4%，门诊腹泻平均检出率34.1%。2010年有46288例轮状病毒发生，约占0～2岁以内婴幼儿患轮状病毒感染性胃肠炎的1/4，该病毒已成为我国婴幼儿腹泻的主要病原（2012年疾病监测）。

食源性人畜共患病毒往往通过直接或间接接触病毒感染的畜禽或其产品传播，造成一定数量的人群感染，死亡率较高。如从1997年至今，引发人类感染死亡的高致病性禽流感H5N1和并不引起鸡群发病的禽流感H7N9，该类食源性病毒不仅严重危害着人类健康，引起社会恐慌，而且对我国的畜禽养殖也造成非常严重的经济损失（如H7N9造成我国养禽业的直接经济损失约500个亿）。近些年禽流感在我国中东南部大面积流行，2003年以来感染H5N1禽流感人数为566人，其中332人死亡，死亡率为58%。截至2013年5月，前5个月我国感染H7N9禽流感人数达131，其中死亡36人，2014年1月底全国已经超过110例，死亡20例，主要分布在浙江、上海和广东等东南部地区。香港、广东等地屠宰患鸡和饲养鸡，给养禽业和食品行业造成了巨大损失，同时也引起公共卫生的特殊状况。H7N9禽流感在2013年超过140人感染，40多例死亡；2014年中国部分地区出现的H7N9禽流感死亡率为24%；2014年1月新增23例。2015年第一季度香港因禽流感和流感引起436人死亡。上述所列的食源性病毒感染事件不但危害了人类的健康，同时造成了社会恐慌以及严重的经济损失。

由于我国食品安全相关标准缺乏对食品中病毒的监控机制，也没有系统信息统计资料，但食源性病毒引起的感染不能被忽视。

3. 食源性寄生虫引发的食品安全问题

食源性寄生虫（病）是引发原因不明与恐慌性公共卫生事件的典型病种，是所有能够经口随食物（水源）感染的寄生虫病的总称，是全球范围内对食品安全构成威胁的重要和主要因素之一，分为食物寄生性(内源性)寄生虫病与食物污染性(外源性)寄生虫病。全球已经明确的食源性寄生虫病为 82 种，根据食物种类可分为六大类，包括肉源性寄生虫病、植物源性寄生虫病、淡水甲壳动物源性寄生虫病、鱼源性寄生虫病、螺源性寄生虫病以及水源性寄生虫病(柳增善主编《食品病原微生物学》)。

造成食源性寄生虫病流行的主要原因包括不良饮食习惯、食物种类增加、气候环境变化和独特的膳食习惯等。①不良的饮食习惯：一些人以生食、半生食海鲜及肉类为时尚，却忽略了对疾病的防范，烹饪时生熟食品未分开加工，从而使生活水平相对较高的人群感染食源性寄生虫的概率增加。②食物种类增加：随着生活条件不断改善，动物性食品的数量及种类也发生了改变，扩大了感染的来源。如野生动物逐步成为人类的“盘中餐”，野生动物作为食源性寄生虫病的最终宿主或中间宿主，在食源性寄生虫病的传播过程中发挥着重要的作用，增加了人们感染食源性寄生虫病的风险。③气候环境变化：全球气候环境的变化，有利于部分食源性寄生虫病的传播。④特殊膳食习惯：部分少数民族地区仍有生食或半生食肉类的习俗或习惯，通过对云南记载比较完备的 348 起旋毛虫暴发流行统计显示，喜食生或半生肉类食品如“生皮”、“剁生”等人群的旋毛虫病易患风险为无此食性人群的 5.64 倍。

2012 年 WHO/FAO 食源性寄生虫病专家委员会根据各病种对人体的危害以及其所造成的经济损失，对 30 余种常见的病种进行了综合风险评估，列前 5 位的分别为：旋毛虫、猪囊虫/猪带绦虫、牛肉绦虫、异尖线虫和环孢子虫。我国常见与危害严重的食源性寄生虫病有旋毛虫病、带绦虫/囊尾蚴病、华支睾吸虫病、包虫病、广州管圆线虫病、异尖线虫病、姜片吸虫病、弓形虫病、肉孢子虫病、隐孢子虫病以及贾第虫病。

鉴于国家对寄生虫病的重视程度以及投入的不足和匮乏(相对烈性传染病)，寄生虫病的防控与研究严重滞后，在诸多领域或病种存在短板，致使寄生虫病作为一种被忽略的小病种在我国有死灰复燃和蔓延的趋势，有些送走的瘟神又回来了，更多以原因不明的怪病暴发与流行，已成为除新发及烈性人兽共患病(如 SARS、禽流感等)之外可长期和经常制造突发性不明原因重大公共卫生事件(怪病)的典型病种。

原卫生部于 2001～2004 年在全国 31 个省、自治区、直辖市组织开展了人体重要寄生虫病现状调查，以血清学检查方法分别调查了包虫病、囊虫病、肺吸虫病、旋毛虫病和弓形虫病等重要寄生虫病。包虫病共调查 39826 人，阳性率为 12%；囊虫病调查了 96008 人，阳性率为 0.58%；肺吸虫病调查了 68209 人，阳性率为 1.71%；旋毛虫病调查了 93239 人，阳性率为 3.4%；弓形虫病调查了 47444 人，阳性率为 7.88%。以上数据说明，上述重要寄生虫病的流行仍较严重。带绦虫感染率为 0.3%，比 1990 年第一次全国调查的结果上升了 52.5%，推算全国感染带绦虫人数为 55 万人；流行区华支睾吸虫感染率为 2.4%，比 1990 年第一次全国调查的结果上升了 75%，推算流行区感染华支睾吸虫人数为 1249 万人。根据 2004 年全国调查结果推算，全国土源性线虫感染人数约为 1.3 亿、带绦虫感染人数约为 55 万人、包虫病患者约为 38 万人。另外，一些地区囊虫病(猪囊尾蚴病)、肺吸虫病(并殖吸虫病)、旋毛虫病和弓形虫病的血清学阳性率也比较高。受重点食源性寄生虫病威胁的人群主要是妇女和儿童，病人大多分布在西部地区、少数民族地区和经济欠发达地区，西部地区的带绦虫、旋毛虫、弓形虫等寄生虫感染率比东部地区的感染率分别高38.6%、69.44%、45.2%，说明食源性寄生虫的感染率在部分省（区、市）明显上升。2005年对我国15个省市售的水产品抽查显示，在1165份样品中发现携带异尖线虫、华支睾吸虫等寄生虫的样品59份，占5.1%。

2006年5～8月北京蜀国演义酒楼的凉拌螺肉中含有广州管圆线虫的幼虫，引发的“福寿螺”事件，造成136人感染广州管圆线虫病（全身性游走，主要侵害中枢神经）。云南省疾病预防控制中心通报：2009年2月兰坪县建筑工地发生群体性不明原因疾病，21人中有9人出现发热、腹痛、呕吐、腹泻、四肢肌肉触痛和下肢浮肿等症状，其中一人经抢救无效死亡，最终被确诊为旋毛线虫感染。2011～2012年初云南省宾川县出现一种群发性“怪病”，有26例感染，患者主要表现为高热、肝区疼痛等，最终确定为一种罕见寄生虫病——大片形吸虫病。

食源性寄生虫病多以烧烤或未煮熟的肉、鱼类食品发生较多。福建省人均感染率也由原来的0.2%上升到0.6%。同时有调查结果显示，华支睾吸虫病患者大多是“生食鱼”追捧者；肺吸虫病患者主要是由于生食或半生食溪蟹和俗称“小龙虾”的蝲蛄而感染；旋毛虫病患者大多喜食烤肉、涮肉及凉拌生肉等。另外，因生食含囊蚴的红菱、荸荠及茭白等水生植物，也使姜片吸虫病患者剧增。我国还新出现一些极少见或罕见的食源性寄生虫病，如患者因生食淡水鱼、吞食活泥鳅而患上的棘颚口线虫病、阔节裂头绦虫病；食生的海鱼、海产软体动物患上的异尖线虫病；食福寿螺患广州管圆线虫病；生饮蛇血、生吞蛇胆患上的舌形虫病和生吃龟肉、龟血患上的比翼线虫病等。因此，了解该类疾病对人类的危害及防治也是大家普遍关心的问题。

我国食源性寄生虫病防治形势依然十分严峻。食源性寄生虫病不仅给畜牧业的生产与发展带来巨大的危害，同时造成严重的经济损失。动物感染包虫病每年使我国畜产品经济损失达8亿元以上。我国自1956年起即将旋毛虫病的检验列为生猪屠宰的强制性必检项目，目前每年仅用于猪的旋毛虫病检验费用多达18亿元人民币。旋毛虫也是进出口猪肉的必检项目。

食源性寄生虫病不仅是技术问题，更重要的是卫生控制问题。集约化养殖是切断寄生虫循环生活史的重要措施，生食、半生食或不熟透情况下食用是食源性寄生虫病的主要发生形式。

（三）生物毒素污染所致食品安全短期内难以清除

生物毒素是生物有机体在其生长繁殖过程中或在一定条件下产生的对其他生物物种有毒害作用的化学物质，目前，已知化学结构的生物毒素有数千种之多。生物毒素依据来源可分为动物毒素、植物毒素、昆虫毒素、细菌毒素、真菌毒素和海洋毒素等。食源性生物毒素是食源性疾病的一类致病因素，易于污染食物链，并且能够通过饮食途径进入人体并造成健康危害的生物毒素。一般而言，食源性生物毒素主要包括细菌毒素、真菌毒素、植物毒素和海洋毒素等四大类。

食源性生物毒素来源广泛、种类繁多、毒性复杂、不易清除且危害巨大，是食品安全领域长期存在的重要威胁之一，不仅严重威胁人类健康和生命，而且霉菌毒素、海洋毒素的污染也给农业、养殖业和食品产业带来巨大损失。在食品安全上生物毒素表现如下特征：

①食源性生物毒素分布广泛，几乎人类所有的食物中都可能天然存在或受到其污染。特别是霉菌毒素污染已成为世界性公共卫生问题和难题，其污染的普遍性、严重性和防控的困难性远远超出人们的实际认识。霉菌毒素通过直接或间接作用影响畜产品安全，进而影响人类健康。虽然食物中的食源性生物毒素一般含量都很低，通常情况并不会导致食物中毒，但在存储、加工、处理不当，污染严重和长期接触的情况下，会对人的健康造成危害，发生中毒症状，甚至导致死亡。②食源性生物毒素性质稳定，不易消除，其防控难度远比化学毒物困难。如霉菌毒素和葡萄球菌肠毒素都很耐热，一般烹调加工都难以破坏。③食源性生物毒素毒性复杂，呈现多种急慢性毒性以及致癌、致畸、突变毒性。细菌毒素、真菌毒素、海洋生物毒素和植物毒素等食源性生物毒素通常具有神经毒、肠毒、肝脏毒、肾脏毒、遗传毒或促癌毒等多种毒性作用，既可以引起急性中毒，又可产生潜在的致癌作用，极大增加人们的健康风险。④食源性生物毒素毒性强，中毒致死率高，中毒救治与公害防治仍然是世界性难题。每年通过全国突发性公共卫生网络报告的食物中毒事件中，由微生物引起的食物中毒人数最多，其中，食源性生物毒素引起的食物中毒事件报告起数和死亡人数最多，特别是有毒动植物及毒蘑菇中毒是食物中毒事件中的最主要致死原因。⑤有毒动植物和微生物毒素种类繁多，人们对此缺乏认识，容易误食从而引起中毒。实际上这只是我们人类所认识的一部分，还有许多有毒动植物和微生物毒素没有被发现。至今，人类对大多数食源性生物毒素产生原因的认识仍然非常有限，特别是生物毒素产生、迁移以及富集规律性不明显。有关如何减少和调控生物毒素产生的研究非常有限，对于绝大多数生物毒素的产生仍没有有效的控制办法。如海洋毒素因产毒藻类分布广泛，海洋面积广阔，有效控制难度高。

全球每年约 25%的谷物被霉菌毒素污染，2%的农产品因污染严重而失去营养和经济价值，经济损失达数百亿美元。我国近 10 年饲料及饲料原料中霉菌毒素污染的检出率高达 50%，阳性超标率平均在 20%，直接经济损失也在 100 亿元以上，见图 2-3-3，对我国畜禽以及水产养殖造成巨大危害；黄曲霉毒素已被 WHO 列为 I 类致癌物，是导致地区性肝癌的主要致癌物，黄曲霉毒素污染是我国肝癌发生率高居世界第一的主要因素之一。自 1999 年以来，我国每年输入欧洲的花生均检出一定比例的黄曲霉毒素超标，严重影响了我国出口花生在国际市场上的声誉[12,13]。2011 年，欧盟食品饲料快速预警系统共通报我国食品 292 批次，原因最多的是黄曲霉毒素超标，共 62 批次，占 21.2%。

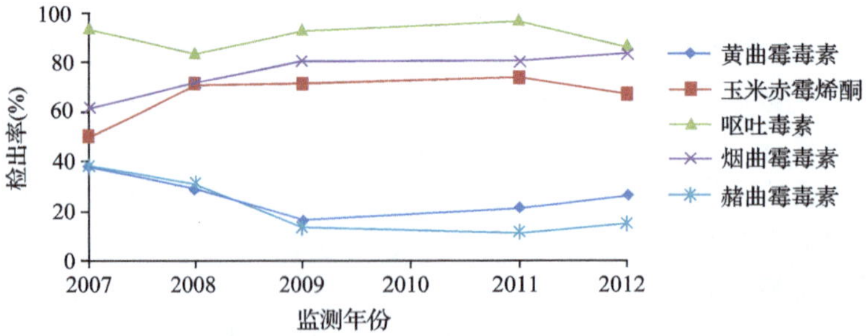

图 2-3-3 我国饲料和主要饲料原料中霉菌毒素检出率

近年来，毒蘑菇中毒、河豚中毒、贝类中毒、四季豆中毒等食物中毒事件在我国频频发生，每年的中毒死亡人数已占食源性疾病死亡人数的50%以上。因此，有毒动植物及毒蘑菇中毒已成为我国常见、多发的食物中毒事件，严重威胁人们的健康和生命安全。目前国内对这类毒素的普及检测还受到技术方面的制约。2010年，南京首先报道了食用小龙虾导致肌溶解症的数十起病例，随后武汉等城市也发现类似中毒病例，虽然最终的致病原因不明，但某种未知的生物毒素也许就是元凶。根据近年卫生部公布的突发食物中毒事件统计数据，毒蕈中毒死亡人数几乎均占死亡总数的一半以上[9]。特别是2001年9月在江西永修县发生5000人毒蘑菇中毒的重大安全事件，造成6人死亡。豆角作为人们餐桌上的普通食品，由于含有皂素和植物凝集素造成的食物中毒也不容小觑。2006年10月，吉林省一天内发生4起学生食堂集体性生豆角中毒事件，造成85名中小学生住院治疗。调查统计显示，2006年广东省共发生较大食物中毒事件24起，中毒人数1184人，死亡人数14人。1982～2012年间，我国因肉毒毒素污染豆制品、香肠等食品共导致550余人发生肉毒中毒、61人死亡，因误食毒蘑菇导致5834人中毒、198人死亡，因食用河豚毒鱼导致516中毒、110人死亡（1982～2012年统计源期刊统计数据）。其中，误食野蘑菇、河豚等有害野生动植物中毒人数在全国范围内有所增加，海产品含有的天然毒素威胁越来越大。

织纹螺广泛分布在我国东南沿海地区，其营养丰富，味道鲜美，是人们经常食用的贝类产品之一。但织纹螺能够富集河豚毒素、麻痹性贝毒、腹泻性贝毒、神经性贝毒与记忆缺失性贝毒等海洋毒素。自20世纪60年代以来，在全国范围内因食用织纹螺而导致的中毒事件屡有发生，已有数十人死亡原因是织纹螺受到河豚毒素的污染。1967～1979年间我国浙江沿海曾连续发生40起织纹螺（*Nassarius* sp.）引起的中毒，中毒人数423人，23人死亡，其症状与PSP类似。2014年7月福建一58岁女士因吃下六两织纹螺十分钟后中毒成植物人，另一51岁温州女士在2012年7月因吃织纹螺中毒死亡，都是因为该类产品中含有河豚毒素引起。2002年4～7月福建发生7起织纹螺中毒事件。织纹螺在我国主要分布于浙江、福建和广东一带沿海，每年因春夏季毒素富集使其毒性增强。鉴于织纹螺中毒事件频频发生，近年来国内大部分沿海地区都采取了禁止织纹螺采捕上市销售的措施。随着全球变暖，赤潮、蓝藻、水华等频发，海洋毒素的污染受到人们重视，所引起的慢性致癌性风险也应该受到更多重视。海洋毒素的存在成为人类开发海洋必须面对的问题，但海洋毒素对我国人们健康威胁研究不够，对其毒性认识不足，这类毒素也是长期毒性、致癌性的重要种类。据统计，海洋三大生物公害赤潮、西加毒素和麻痹神经性毒素的发生率日趋增加。赤潮，尤其是富营养化所引发的赤潮，已成为全球性海洋公害。目前，我国赤潮灾害危害程度已居世界前列，据国家海洋环境监测资料显示：80年代我国近海记录到赤潮75次；90年代则高达234次，一次赤潮的面积从几平方公里扩大到几千甚至上万平方公里，发生区域从近岸局部海域发展至整个近海海域；2000～2007年共发生赤潮656次，年均82次，给海水养殖业造成的直接经济损失累计达14.13亿元人民币。国内外大量研究表明，海洋浮游藻是引发赤潮的主要生物，在全世界4000多种海洋浮游藻中有260多种能形成赤潮，其中有70多种能产生毒素。海洋毒素有些可直接导致海洋生物大量死亡，有些甚至可以通过食物链传递，造成人类食物中毒。例如，近年对我国沿海部分海域贝类毒素分布调查显示，在渤海湾、胶州湾、莱州湾、秦皇岛、广东沿海和福建等海域均发现了腹泻性贝毒，迄今为止我国已有多种贝类污染腹泻性贝毒。

（四）抗菌药物滥用，动物源耐药菌形势严峻

我国是世界上最大的动物源性产品生产国，2011 年肉、蛋、奶和水产品产量分别达到 7925.8 万吨、2762.7 万吨、3748.0 万吨和 5373.0 万吨。动物源性产品的生产离不开兽药的使用。仅以抗生素为例，我国每年生产抗生素原料大约 21 万吨，其中有 9.7 万吨抗生素用于畜牧养殖业，占年总产量的 46.1%（中国畜牧兽医信息网）。

兽药是指用于预防、治疗、诊断动物疾病或者有目的调节动物生理机能的物质，在饲料工业中主要用作饲料添加剂，目前已成为影响我国动物源食品（肉、蛋、奶）安全的主要化学性污染物（图 2-3-4）。我国已经将饲料纳入食品安全体系中，由于兽药加入饲料中可增加 10%～15%的养殖利润，因此，在饲料中添加抗生素是世界性和普遍性的。据世界卫生组织 2001 年统计，全球近 90%抗生素用于食用动物养殖过程中。兽药的大量广泛使用与滥用甚至违禁使用，不仅造成其在动物性食品中的残留，直接影响人类的身体健康，更重要的是还导致了畜禽病原菌耐药率的快速上升、耐药水平越来越高、耐药谱越来越广（图 2-3-5）。目前全球范围已经出现多种超级耐药菌，这给生态环境带来了不利影响。并且这些耐药菌还可以通过环境和食物链间接对人体健康造成潜在危害，从而限制

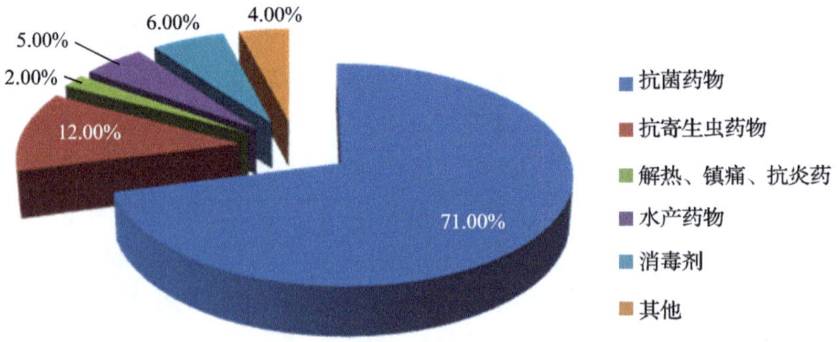

图 2-3-4　2013 年我国各类兽药使用比例（中国动物保健品协会）

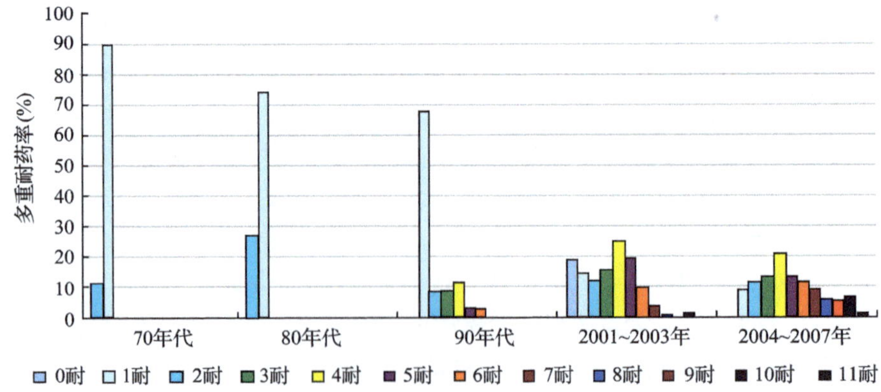

图 2-3-5　1970～2007 年我国鸡源大肠杆菌多重耐药变化情况

整个畜牧养殖业的发展，影响农民增收，而且这已成为我国动物源性食品出口的主要制约因素之一。加强对兽药残留的防控，不仅是保护人民生命健康，提高生活质量的基本要求，也是提高农业和食品工业国际竞争力，促进食品对外贸易的重要基础。兽药残留监控工作在我国只是近几年才开展，其经常性和普遍进行的还很有限。我国政府已经重视饲料在食品安全中的重要性，已经纳入食品安全监管范围，这是我国食品安全的重要进步，也是食品安全监管范围的延伸，对食品安全源头控制十分有利。

兽药的广泛、大量使用、滥用甚至违禁使用；兽药研发和管理水平较低；养殖、兽医从业人员认知水平不足与兽药残留法律法规、检测监督体系不完善等多种原因造成了我国当前兽药残留的复杂性局面。尽管我国在“十五”和“十一五”期间在兽药残留防控领域取得了很大的成就，如 2011 年第二季度和第三季度农业部抽查的畜产品“瘦肉精”抽检合格率分别为 99.3%和 99.4%，处于历史最好水平，但我国当前的食品中兽药残留的形势不容乐观，相关事件的集中暴发体现了兽药残留的严重性、复杂性和长期性。如在北京、上海和广东等地的多宝鱼中检出兽药残留物、孔雀石绿等违禁药物；2009 年，广州发生市民食用含瘦肉精的问题猪肉中毒事件，发病 46 人；2011 年 3 月，河南济源双汇查出收购加工瘦肉精生猪；2013 年 “速成鸡”事件，养殖过程中滥用了抗生素及激素等违禁药物，引起了广泛关注。对 1979～2009 年公开报道的发生在我国的 21 起具有重要影响的食品安全事件中，兽药残留引起的有 4 起，占 19%。2015 年复旦大学经过一年的监测发布报告，江苏、浙江及上海区域的 8～11 岁儿童 1000 多份尿液样品抗生素监测结果，58%尿样中检出一种抗生素，20%尿样中检出 2 种以上抗生素，有的尿样中甚至检出 6 种抗生素。检出的抗生素如金霉素、恩诺沙星、泰乐菌素都是畜禽专用抗生素。这些区域儿童普遍暴露多种抗生素，其他还未进行监测地区是否存在同样情况还需调查监测[14-16]。儿童体内抗生素或其分解产物、代谢产物会直接对人体造成损害。现在人们只是关注抗生素本身毒性或副作用，而有些抗生素残留在动物体内，在食品加工过程中会促使其分解或聚合，形成新的毒性物质，直接损害人体健康。

除了人体残留抗生素情况比较严重外，环境水源、甚至自来水都有较为广泛的抗生素污染。2014 年 10 月底到 11 月初，央视记者和研究人员分赴我国东北、华北和华东等地，在一些饮用水源地、排水明渠、制药企业、畜禽养殖场等区域周边采集水样，通过实验室检测，这些水样都有抗生素被检出。其中在沈阳抗生素厂附近的排水沟，6-氨基青霉烷酸的数值高达 178 ng/L。另外两种抗生素，氨苄西林和阿莫西林的数值也在 100 ng/L 以上。目前，地表水体受到抗生素的影响还是比较大的。全国的主要河流如海河、长江入海口、黄浦江、珠江、辽河等河流的部分点位中都检出了抗生素。其中，珠江广州段受到抗生素药物的污染非常严重，脱水红霉素、磺胺嘧啶、磺胺二甲基嘧啶的含量分别为 460 ng/L、209 ng/L 和 184 ng/L，远远高出了欧美发达国家河流中 100 ng/L 以下的含量。

（五）进出境食品病原微生物污染不容乐观

近十年来，中国进出口食品贸易发展迅速，特别是我国加入世界贸易组织以来，年进出口食品贸易额连续保持在 10%以上的增长速度。“十一五”期间是中国进出口食品贸易快速增长时期，据统计，2012 年我国进出口食品达到 277.3 万批、947.6 亿美元，与

2009年相比分别增长23.3%和61.9%；同年，我国从180个国家或地区进口食品83.4万批、2846.3万吨、420.1亿美元，同比分别增长10.9%、15.0%和12.2%，与2009年相比分别增长61.6%和73.3%；主要品种为油脂及油料类、水产及制品类、乳制品类、肉类和酒类等，主要来源地为欧盟、马来西亚、印尼、美国与新西兰等；2012年出口食品193.9万批、527.4亿美元，与2009年相比分别增长11.9%和53.8%；主要品种为水产及制品类、蔬菜及制品类、罐头类、肉类、粮谷及制品类等，主要目的地为日本、美国、欧盟、中国香港及韩国等。

从国际上来看，近几年食品安全事件不断发生。如2009年美国花生酱被鼠伤寒沙门菌污染事件（美国明尼苏达州卫生部门和农业部门1月发表通告说，美国俄亥俄州一家食品公司生产的花生酱被检测出含有沙门菌；共累及42个州发现鼠伤寒沙门菌感染病例，患者人数已接近400人，其中大约70人因病情严重住院接受治疗）；2010年美国鸡蛋污染沙门菌事件（2010年8月中旬，美国宣布召回从5月中旬起销售的3.8亿枚鸡蛋，装鸡蛋的纸盒和搬运工具也在召回之列，有数百名消费者因吃了被污染的鸡蛋而感染沙门菌）、美国毒芹菜事件（2010年美国得克萨斯州桑加食品生产加工公司芹菜污染单核细胞增生性李斯特菌，共致10人感染病毒，其中4人因病情严重已经死亡）；德国二噁英污染事件；2011年德国黄瓜出血性大肠杆菌感染（感染病例和疑似病例总数已超过2700例，造成22人死亡，499例溶血尿毒综合征，来自西班牙进口的黄瓜可能是德国食物中毒疫情的源头，元凶为新型肠出血性大肠杆菌O104：H4）、美国香瓜单核细胞增生性李斯特菌疫情（美国疾病控制与预防中心2011年10月25日宣布，美国近几个月前暴发的香瓜遭单核细胞增生性李斯特菌污染疫情有26个州的133人感染，死亡人数为28人）；2012年日本腌制大白菜O157污染事件（日本札幌一家公司于2012年7月下旬用中国大白菜腌制，共有103人在食用后生病，7人死亡，确定为大肠杆菌O157污染所致）、德国草莓诺如病毒污染中毒事件（2012年9～10月德国大规模的食物感染事件，导致至少1.1万人感染，感染原因为草莓被诺如病毒污染）。

出口食品中水产品出口受阻比重2010～2012年分别为25.6%、26.6%、19.4%，微生物污染分别占21.0%、15.9%、19.6%，药残分别占17.4%、28.9%、35.4%。

从境外和境内比较分析来看，国内发生的食品安全事件，多为弄虚作假、违规违法所引起，而国外发生的食品安全突发事件，大多是由于食源性病原微生物污染所引起，而且致死率很高，所以加强对境外食品食源性病原微生物的防控尤为重要。

传统的贸易措施如关税、许可证和配额等逐步被削弱甚至取消，一些新型的贸易措施不断出现。由于技术性贸易措施具有技术性高、隐蔽性强、透明度低及不易监督等特点，已逐渐成为发达国家采取的最主要的贸易措施之一。一些发达国家以维护国家基本安全、保障人类健康和安全、保护生态环境、防止欺诈行为和保证产品质量为由，依托其在科技、经济和环保等方面的领先优势，通过制定食品技术法规、指令、标准和合格评定程序等方式，接连出台了一系列系统性强、覆盖面广、要求苛刻、影响巨大的新食品法规、新食品标准、新检测技术和自动扣留、禁入或加严检验等技术性贸易措施，并采取官方或第三、第二方审核、认证、实施专利保护等手段，对进口食品提出苛刻的市场准入要求。近年来，欧盟、美国、日本与俄罗斯等国和地区越来越多地派员来华对我出口食品、农产品及工业产品进行产品安全方面的官方验证，一些国际行业组织、重要的国外采购商也以不同的形式对我出口食品进行实地的第三方或第二方审核。特别是一些我国还未开展或不熟悉的食品安全领域的延伸部分，更是加大了技术难度，如动物福利方面、水产品海洋毒素污染等。这些措施动辄就影响到我国每年上百亿美元的食品出口，涉及很长的产业链条，客观上形成了非关税技术壁垒，对中国食品出口产生了重大影响。

尽管发达国家食品安全法规健全，实施措施严格，但进境食品质量安全问题也不容乐观。2009 年以来，共检出不合格境外食品 5 万多批，不合格检出率为 1.91%，其中由于检出微生物不合格分别为 11.3%，5.3%，4.0%，5.03%。另外随着我国对外开放程度不断提高，进出境人员持续增加，以及跨境贸易电子商务的兴起，口岸疫情疫病越来越多，传入的风险不断增加。几年来，我们多次截获进口危险性有害生物。2012 年，全国出入境检验检疫机构共检出不合格进口食品 12418 批，不合格进口食品检出率达 1.49%，是同期出口食品境外通报不合格率（0.08%）的近 19 倍。不合格进口食品来自 65 个国家和地区，涉及 21 大类食品的 16 大类不合格项目。这些事件都说明不可盲目高估发达国家食品安全，更不可崇洋媚外。

国内一些传统的养殖模式、污染的种植养殖环境、落后的生产方式、较低的食品标准、不高的人员素质、混乱的企业管理和不成熟的诚信体系等多种原因造成了我国食品微生物污染的复杂性和长期性的局面。前面也简要介绍了国内食品安全形势，给食品出口增加了不少安全方面的压力。国际食品贸易的日益频繁和人口的流动加速，滋生了食源性疾病暴发的多元性和复杂性。

美国和欧洲等国家或地区针对食源性疾病，制定并实施了食源性病原微生物的防控措施。美国对进口不合格食品采取扣留制度，所有进口到美国的食品须通过美国海关的抽检，其中微生物项目是必检内容。检出微生物不符合美国标准的食品将被扣留，直至不合格产品被退运或销毁。此外，美国对国内食品微生物的监测力度很大，对检出不合格的要求生产企业自行召回。

我国入世 10 年来，我国进出境食品贸易正面临着“内忧外患”的严峻形势。出口方面，愈来愈多的国家尤其是发达国家利用 WTO 允许的符合 SPS 协议的非关税壁垒措施制定日趋复杂的食品安全法律、法规和标准体系，越来越多地以安全、卫生、健康和防止疫病疫情传入为由，设置技术性贸易壁垒，制定的检验检疫要求数量越来越多，指标越来越严，更新越来越频繁，并向着制度化、体系化与全面化方向发展。进口方面，由于我国食品安全标准、检测技术、仪器设备与国际不能完全对接的原因，而国外食品病原性微生物现状也不容乐观，进口食品检验检疫面临艰难的挑战。由于我国出口食品生产加工能力还相对比较薄弱，出口产品主要还是初加工食品，微生物防控难度不大。随着我国产业结构调整战略的启动，深加工食品将逐渐成为出口主打产品，这就对微生物防控提出了新的挑战，病原性微生物将可能成为国外设置技术壁垒的主要措施。此外，随着进口食品贸易量的井喷式增长，一方面对我国食品产业构成了威胁，另一方面更多国外产品中携带的病原微生物的风险随着增加，很有可能随之进入我国食品消费链中，必须给予高度的关注，加强严格的防控。因此，鉴于我国进出境食源性病原微生物防控工作基础相对于其他发达国家比较滞后，为了保护我国人民身体健康，促进我国进出口食品贸易健康发展，我国应认识现有的差距，在发展中着眼未来，尽快启动进出境食源性病原微生物防控战略的制定与研究工作，为早日全面实现十八大提出的保障人民群众饮食安全的总体目标做出应有的贡献。

（六）食品安全面临生物恐怖与生物袭击风险加大

对恐怖主义各国政府的看法不一，我国在一定程度上已经受到恐怖主义的威胁[17,18]。在各种恐怖活动中，因生物恐怖的材料容易获得、易于隐蔽施行，因而危害较大，有时可能上升为一种战略性恐怖活动。小规模生物恐怖活动时有发生，如食物和水源投毒事件就是一个典型例子，2002 年 9 月南京汤山投毒事件，在早餐中投入"毒鼠强"，致 300 多人中毒，42 人死亡。食品和水源常常作为生物恐怖袭击的优先攻击目标，因为食品流通渠道广泛，受污染方式多，防范难度相对较大，又因为食品和水源常以集中食用或饮用形式为主，一次攻击可达到多个杀伤目标的目的，达到造成民众恐慌、社会动荡和破坏经济的战略目的。恐怖主义袭击形式不断改变，一旦时机成熟，生物恐怖就可能出现。可能使用的物质包括病原、毒素和化学物质，如高传染性病原—禽流感病毒等，发生和传播快，攻击性强，恐怖效应大。我们应该依靠国家公共卫生应急系统，利用这些系统及时检测和快速反应，虽然不会完全有效，但它却是防御的第一道防线；对食品生物恐怖中最关键的预防措施是建立和强化已存在的食品安全处理程序和补充合理的安全措施。通过对生物恐怖袭击目的、动机与途径等相关特点的研究，找到相应的应对措施，建立相应的控制机制，保护我国社会安全稳定。

三、我国食源性病原微生物防控存在的问题与挑战

生物源性食品安全事件发生与卫生条件、卫生监督、生活习惯、人口流动和集中程度等因素有关，也与地区经济相对落后等因素有关。食源性病原防控涉及"从农场到餐桌"的食品生产全过程，环节多技术原因复杂，涉及领域宽泛，在监管和实施过程中又涉及众多行政和不同领域技术部门的协调工作。我国的食品安全主要存在如下问题。

（一）管理体制运行不畅

1. 监管政出多门，职责不清，执法不力

我国食品安全管理有国家食品药品监督管理局、卫生部、农业部、质检总局、工商总局、环保总局与商务部等十多个部门参与，理论上各部门存在分工，但在实际执行中仍然出现监管的"越位"。同时，由于资源分布在不同部门，缺乏共同机制，监管工作高成本与低效率的情况依然存在。此外各部门获得的食品安全的相关信息，并没有一个公共的平台将其总结分析，仍然是各自呈现，缺乏联系和相互比较，部门合作和协调存在较为严重问题，利益争着抢，问题忙躲藏，使食品安全监管出现不利局面。

2013 年 3 月 15 日《国务院机构改革和职能转变方案》通过，将国务院食品安全委员会办公室的职责、国家食品药品监督管理局的职责、国家质量监督检验检疫总局的生产环节食品安全监督管理职责与国家工商行政管理总局的流通环节食品安全监督管理职责整合，组建国家食品药品监督管理总局。主要职责是对生产、流通、消费环节的食品安全和

药品的安全性、有效性实施统一监督管理。将工商行政管理、质量技术监督部门相应的食品安全监督管理队伍和检验检测机构划转到食品监督管理部门。新组建的国家卫生和计划生育委员会负责食品安全风险评估和食品安全标准制定。农业部负责农产品质量与安全的监督和管理。

方案的落实减少了参与监管部门,整合了部分监管资源,加强了流通环节的监管,明确和强化了部门职责,向统一的控制体系迈进了一大步。具体来看,目前的体系是在国务院食品安全委员会统一领导和协调下,主要由农业、食品药品监督管理和卫生部门参与食品安全监督管理,但其监督模式并没有发生实质性改变。关键是责任落实,建立让生产经营者真正成为食品安全第一责任人的有效机制。从国际经验来看,加强食品安全管理各部门之间的协调是食品安全管理体制改革的核心。这种协调表现有两种类型:一类是以加拿大、丹麦、爱尔兰及澳大利亚为代表,为了控制风险,将原有的食品安全管理部门重新统一到一个独立的食品安全机构,由这一机构对食品的生产、流通、贸易和消费全过程进行统一监管,彻底解决部门间分割与不协调问题;另一类是以美国和日本为代表,虽然食品安全的管理机构依然分布在不同的部门,但可通过明确的管理主体分工来解决机构间的协调问题。

国内缺乏独立负责的权威监管机构,多头执法且缺乏协调,各部门组成的监管体系交叉和空白并存,最终导致监管不到位。目前食品安全监管是由国务院食品安全委员会和卫生部(现为国家卫生和计生委)牵头,农业部、国家质检总局、国家工商总局、国家药监局等部门分段监管的格局,分段管理的"缝"很大,且安全职能是额外加上去的,基本上只管产业不管安全。虽然按照十二届全国人大一次会议审议通过的《国务院机构改革和职能转变方案》组建国家食品药品监督管理总局,但部门调整只是形式,关键还是要将监管责任做实。应成立专门的食品安全监管部门,部门内部明确决策、执行和监督权利,使权力的运行相互制约,切实做好食品安全的监管工作。

总结发达国家在食品安全管理方面的经验,对政府的食品安全管理机构进行合理明确分工,组建由相关政府职能部门组成的国家食品安全委员会,专门负责组织协调政府各主管部门对食品安全的监管,为政府制定食品安全政策提供建议,利用现代化媒介手段进行食品安全政策法规知识的宣传和普及,调查评估食品安全状况并提出改进措施等。由于动物源性食品安全、特别是生物性安全问题是防控的重中之重,国家应赋予各级动物CDC、动物卫生监督机构以及工商管理部门更多职责与任务,强调源头控制责任和效果,从动物源性食品生产流通各个环节进行监管。加强部门间的沟通机制,减少部门重叠,强化执法力度,引入问责机制,建立由上至下的垂直监管系统。

2. 食品准入制度不完善

我国食品准入制度核心内容包括生产许可制度、强制检验制度、市场准入标志制度三个方面,已经将28大类525种所有的加工食品,全部纳入到质量安全市场准入监管的范围。所有的加工食品都要张贴QS标志,已经发放了十万张质量安全的生产许可证,这些获证企业市场占有率占到90%以上。我国目前有近45万家食品加工企业,其中10人以下的小企业占到了35.3万家,占整个企业数的78.7%。

实行食品质量安全市场准入制度是保证食品生产加工企业的基本条件,强化食品生产法制管理的需要。我国食品工业的生产技术水平总体上同国际先进水平还有较大差距。许多食品生产加工企业规模极小，加工设备简陋，环境条件很差，技术力量薄弱，质量意识淡薄，难以保证食品的质量安全。我们与发达国家相比，虽然准入制度相似，但在风险分析和预测机制等方面存在较大差距，表现在如下方面：①完善的食品标准是准入的前提，我国食品安全标准不一（包括国家、省市及行业等），标准体系不完善，给执行标准带来很大困难。②认证体系残缺，结果不具权威性：只有认证机构，没有认证咨询机构和培训机构，也没有足够的咨询师，认证专业技术和人才短缺，认证结果缺乏权威性。③检测设备和技术落后，各检测部门检测结果可能不一致。④食品信息标识不清，内容缺项含糊。⑤市场巡检制度不完善，形式主义，管理越位错位。我国市场巡检有行政、工商等多部门管理，管理的实际效果差。⑥风险分析和预测机制更是缺乏，消费者没有明确的信息参考和防范意识。⑦缺乏退市标准，监管力量和能力不足。⑧信用体系薄弱，信息技术落后。

（二）标准体系繁杂滞后

1. 及时理顺标准层次多和解决可操作性差等问题

（1）标准层次多。我国食品安全法规数量已经很多，覆盖面基本到位。《食品安全法》公布实施前已有食品、食品添加剂、食品相关产品、兽药残留及其检测等国家标准2000余项，行业标准2900余项，地方标准1200余项。有些法规、标准是多头制定，有些出现重叠现象，需要尽快梳理及统一标准；有些标准陈旧，需要修改，如生物毒素、病毒的检测和限量标准不很完整，需要各部门协调进行及进一步完善；有些进出口食品安全标准与国外标准等效性差，要与国际标准合理接轨。以往是在食品标准制定方面：卫生部门制定卫生标准，质检部门负责制定产品质量标准和所有标准审批，各行业主管部门也有权制定本行业标准，省级也有自己的标准，企业也要受多部门监督。我国标准总体水平偏低，标准的前期研究薄弱（即基础性研究和风险评估等科学研究缺乏科学性和实用性），标准验证性不足，权威性欠缺，标龄过长，规定的内容简单，技术指标不尽协调。国家已经意识到该问题所在，在新的食品安全法指导下2013年卫计委牵头已经梳理食品安全标准等，并已接近尾声，为全国统一标准和与国际标准接轨奠定了科学基础。

（2）标准（部分）可操作性差。有些标准虽然科学，但操作性和实用价值差，如鲜乳的细菌总数计数法为常规细菌培养法，需要24小时以上才能获得结果，与乳品企业的实际需求脱节，24小时出结果已经没有实际意义和实用价值，但目前还没有更好的办法，对于这类标准需要重点研究突破。标准覆盖面小，使用范围窄。真菌毒素、海洋毒素限量标准尚不完善，无法覆盖所有毒素及样品基质，如伏马毒素在我国尚未制定配套限量标准，黄曲霉毒素和呕吐毒素等限量标准尚未覆盖所有食品、饲料品种，尚未制定出贝类产品中麻痹性贝类毒素的国家限量标准。

2. 与国外标准的合理接轨

一些国际性食品安全标准中大多数是基础性标准和方法标准，产品标准仅占7.5%左右，而我国25%是产品标准。而产品标准中又缺乏卫生指标或卫生指标限量过大或项目不全。采用国外先进方法的比例为23%，距离其他国家平均采用水平44%还有距离。毒素限量标准水平参差不齐，与发达国家标准或国际合理接轨不够，虽然我国建立了针对部分食品、粮食、饲料中黄曲霉毒素、呕吐毒素等真菌毒素的限量标准，但仍与国际限量标准存在一定差异。这些标准差异极易形成贸易壁垒。

（三）食品监测溯源体系不完善

产品质量是生产出来的，不是检出来的。同样，我们不能仅依靠检验来确保食品的安全卫生。食品生产企业是确保食品安全卫生的主要责任者，食品生产企业采用先进的食品安全卫生控制和管理方法，运行有效的食品安全卫生控制体系，建立有效的生产加工病原微生物防控体系是确保食品安全卫生的关键所在。目前我国从农场到餐桌全程监控体系还不够完善，特别是源头和外延部分。

1. 从农场到餐桌全过程监管不力

我国对主要食品种类的主要病原、毒素的本底情况不是很清楚；风险评估又几乎没有开展，对主要病原和流行情况信息不清、控制不力，如动物源性布鲁氏菌病、结核、禽流感、水产品中副溶血性弧菌、粮食中真菌毒素的控制等存在明显不足，使食品源头风险始终存在。鉴于此，一些食品标准的针对性不强，对食品安全内容的外延部分如动物健康、动物福利、饲料的真菌毒素、兽药添加等的关注和控制不够，主要是一些外向型企业加强了这方面管理，与发达国家相比差距较大。前些年农业部比较注重化学污染的监控，而对生物污染相对轻视，导致生物源性食品安全问题突出一些。初级产品和鲜活农产品安全可控性差，而加工食品可通过技术加以控制，因此，还要分类管理和控制，没有对鲜活产品和加工食品的分类监控机制。食物冷链系统主要是针对鲜活食品和食品中微生物而采用的现代方式，由于监管不严，监督难度大，也是食源性病原微生物经常发生问题的环节，也是我国监管的薄弱环节。

全球经济一体化和交通工具现代化进程加快，致使国家之间和地域之间人员往来、物资流通更加广泛，增加了动物源性食品病原菌通过交通工具远距离传播的危险，对公共卫生安全构成了严重威胁。国际重大传染病随时可能伴随着频繁的国际间人口流动、畜产品贸易与候鸟迁徙进入我国，国内的食源性病原也可快速远距离传播。同时，我国每年从国外大量引进优良品种，不可避免地带进了一些新的动物疫病（如 PRRS 病毒）。加之边境线很长，严格检疫消毒措施也难免百密一疏，可能会使疫病随畜禽及产品传播。当今社会贸易流通日益发达，几乎已经将地域和时间分布的差异缩小到最低，一旦食品源头出现问题，被食源性病原菌污染的食品经过流通，可引起食源性疾病跨国跨地域的传播，极可能造成多地散发式暴发。

农产品种植养殖水平不高，产地污染引起食品安全问题相对严重；部分不具备经营资格，违法经营，违法手段不断涌现；科学化养殖、种植及高技术食品生产还不普及，食品安全意识淡薄，生产安全控制水平不高。对企业守信激励和失信惩戒措施研究不够，地方诚信工作进展不均衡、机构不健全。存在明显的食品企业责任缺失、诚信缺乏。应该在国务院食品安全委员会的统一部署下，综合运用法律、经济和行政手段，研究实施守信激励和失信惩戒措施，建立违法违规企业“黑名单”制度，完善市场退出机制。

（1）主动预防和预警能力不足。对出口食品企业实施注册备案管理制度，以良好操作规范（GMP）、卫生标准操作程序（SSOP）和 HACCP 等安全控制体系确保食品卫生质量；对出口原料基地实施备案管理。主动预防进出境食源性病原微生物威胁的能力不足（如对进口国动物疫病的预测及预警能力不足），对危害动物源性食品安全来源的动物及产品主动预防能力不足，不能只靠检测控制食品安全，应该主动控制好来源动物健康及动物福利；对国内源头污染摸底和检测严重不足，导致本底不清。对快速发展进出口食品贸易检疫检验能力已显不足。部分进出口食品企业产品质量首责意识不强，源头问题依然突出；出口食品受微生物及毒素（包括农兽药残留）等影响，安全问题屡屡发生。我国已有4.5％食品企业获得了HACCP认证，出口食品企业有34％获得认证。但《食品安全法》对HACCP和GMP并非强制性实施，认证企业的比例太低。国内贸易的食品企业存在规模小、硬件差、人员素质低，安全风险意识不高，管理水平有限，微生物安全隐患高；对食源性病原变异监控能力不足；基层种养殖业饲料、兽药投入品监督不严，动物源性食品生产源头安全存在隐患；工商部门对流通领域食品安全抽样覆盖面不足，动物屠宰检疫和加工检疫监督未完全落实，存在较多微生物安全隐患；漏报问题也十分突出；信息资源缺乏，交流机制不畅，定期食品安全预警和信息通报制度没有落实。

（2）流通监管存在问题。监管体系建设虽然取得很大进展，但监管能力不适应实际需要的问题仍十分突出。制度缺失、监管空白和职能交叉等问题不同程度存在，监管力量特别是基层监管执法队伍和技术装备十分薄弱。个别地方、个别单位监管不到位、责任不落实、工作不主动、被动应付、作风飘浮等问题也未完全杜绝。食品安全监管体制不完善，工作机制不科学；食品安全监管分工的部门职能不清晰、权责不一致、相互衔接不严密，监管方式简单，监管资源分散，运转效率不高；跨部门、跨地区食品安全信息通报、联合执法、隐患排查、事故处置等协调联动机制不健全；食品安全信息报告和信息公布程序不规范；食品安全全程追溯、检验检测互认和监管执法等方面的区域合作不充分，食品安全工作的长效机制缺乏。食品安全监管中主要存在以下问题：①部分基层一线监管人员工作热情不高、责任意识不强、业务能力不足，导致了食品监管工作浮于表面、流于形式。另一方面，部分基层一线监管人员对于食品监管相关法律法规不熟悉，造成了在日常监管中有问题发现不了，发现问题不知如何处理等现象。②食品安全监管工作专业性较强，追踪技术更新的步伐较慢，相关配套设施配备情况、制度落实情况还跟不上现实的需要。即使配备了快检设备，也缺少专业人员来操作，即使有快速检测方法，覆盖面也很窄，这样就使得快检工作达不到预期效果。③食品安全监管工作是一项系统性工作，需要多方面共同配合来完成。食品安全监管部门之间的相互配合协作还不密切。④还没有建立完善的全国、跨省市监控网络，对生产和流通风险无法评估和交流，严重限制了对流通食品的安全监控效率和实际效果。

（3）召回管理制度和严厉惩罚措施不完善。目前我国的食品召回管理制度还不完善，落实不到位。首先法律体系不完善，缺乏技术支撑体系，我国目前相关法规主要有《食品安全法》、《产品质量法》、《消费者权益保护法》和《食品召回管理规定》等，但这些规范性文件有些对问题食品的防范和处理过于笼统，缺少细则，可操作性差。其次，管理机构多元化，实施过程受到限制。由于没有系统而完整的关于缺陷食品的法律法规，目前还没有对缺陷食品召回国家层面管理的统一机构。最后，宣传教育不够深入，应急措施不健全。食品召回后续处理不到位且监管不力、处罚过轻，威慑力不足，退出机制不健全。

2. 病原微生物溯源体系衔接不够

目前我国还没有针对食源性病原微生物和生物毒素进行较为系统调查，全国食品卫生本底情况实际上是不清楚的，多数数据是局部科研结果收集来的，并不能代表真实流行数据，这就使国家法规、标准制定、方法研制与实施、卫生监督、政府规划等针对性不强。在本材料调查、撰写过程中要获得全国性食品污染系统性调查资料几乎没有，目前现状是多头调研，数据不贡献，调研的连续性、系统性、准确性需要改变。点状调查居多，面上调查少，能够形成全国统一的资料信息还没有，还没有全国共享的数据网，风险评估往往成为“马后炮”。

食品可追溯体系是食品安全重要组成部分，主要存在问题：

（1）追溯技术支撑体系不衔接。不同部门采用的追溯技术各异，兼容性差，标签及功能还没有统一，没有建立国家标准。

（2）企业不愿承担成本。食品安全可追溯环节复杂，溯源管理难，是一个复杂的系统工程，企业不愿承担溯源成本及安全风险。启动愿望不高，因为企业并未因此获得利益。

（3）我国溯源体系缺失。国家还没有强制性措施推广溯源体系建设，我国溯源体系几乎没有落实。监管困难，食品安全“多头”管理，需要企业承担成本和安全风险，进而增加了全程追溯体系推行的难度。总体上溯源体系存在经济原因、技术原因、国家管理体系原因等，普及落实还有难度。与发达国家相比差距非常明显。

（四）科技支撑能力不强

1. 技术与人员素质不能满足病原微生物检测的需求

目前我国食品安全监管与技术队伍中，省市以下的大部分队伍的人员监管和技术支撑等方面的素质有待于提高。食品病原微生物检测是一项科学性、技术性都很强的工作种类，长期以来对从事食品检验检测人员没有一定的资质要求，人员素质参差不齐。很多实验室仪器很先进，但闲置率非常高，技术跟不上，检测能力低，可检测项目覆盖面不宽，检测手段还相对落后。食源性病原微生物种类多，涉及技术广泛，技术发展快，定期培训和专门的培训还比较少，新的监测技术和掌握不够，方法考核制度落实的也不是十分到位。相关人员的食品安全意识不强，有些企业实验室条件还很欠缺，缺乏高精尖设备，难以有效检测病原微生物，检测人员的素质更是差距不小。兽医公共卫生是控制动物源性病原的主要技术力量，但目前国家对其重视不够，没有很好的定位和发挥应有的职能，兽医公共卫生的专业优势发挥不出来。因此，我国的食源性病原微生物监测和检测队伍总体素质不高，还不能完全适应新形势下食品安全的发展需要，有待于快速提高。

2. 病原微生物防控科技进步贡献率低

（1）以往重大项目没有涵盖食源性病毒、寄生虫和生物毒素。国家在“十五”、“十一五”期间整个食源性病原微生物防控无专项投入，在食源性病毒、寄生虫和生物毒素等方面没有大的专项投入，缺乏食源性寄生虫病、病毒病和毒素中毒等发生和流行情况基础数据，难以建立针对这些疾病的预警体系；防控研究方面投入力度相对较少，食源性寄生虫病“诊防控”缺乏有效技术支持，造成了防控基础薄弱。

（2）重要病原微生物食品安全风险评估体系不完善。食品微生物风险评估基础数据不全，数据交流及共享不充分。各类食品中病原微生物污染水平不明确，重要食品病原菌致病剂量研究缺乏，导致致病菌暴露评估不足，食品中微生物的限量设置缺乏科学性和公信力。食源性疾病的发病率、病死率、死亡率等流行病学数据交流及共享不充分。国家风险评估体系不完善，人员队伍不健全和素质不高，省级以下开展常规食品安全风险评估难度很大，食源性病原菌的监测网络功能还不完善。我国虽然建立了食源性疾病监测网络和食源性疾病报告制度，但由于各种原因，执行起来尚有一定困难，尤其是在兽医相关领域，与食源性相关的重大疫病报告制度很难得到切实执行。包括肉、蛋、奶等及相关制品等动物性食品，要从源头上保证这些食品的安全性，杜绝食源性病原菌的污染，必须有畜牧兽医部门的参与。因此应进一步强化兽医在食源性疾病防控中的地位，使兽医相关的疾病监测网络成为食源性病原菌监测网络的重要组成部分。此外，我国尚未建立食源性疾病的常规监测体系，在常规监测基础上的主动监测及前瞻性流行病学调查更是一项空白。因此，我国食源性疾病实际发病人数统计数据不准确，引起食源性疾病的病原体谱系及其消长趋势不清楚，因而不能准确地为国家食品安全风险评估、预防策略制定以及干预措施的实施等提供足够的数据支持，也不能对已采取的防控措施效果进行准确评价。

(3) 真菌毒素、海洋毒素本底不清，致癌、长期毒性评价体系不完善。我国真菌毒素对粮食的污染、海洋毒素对水产品的污染，从已有的非常不全面的材料看已经很严重了，是非常普遍现象，有多少种类、污染程度不清楚，这些毒素对人体又主要呈现长期毒性和致癌性，国家相关部门又没有进行系统的污染本底调查和系统风险评估。这些对制定食品标准、检测方法、国家相关的防控政策等的针对性都大打折扣。其他病原如食品中病毒、寄生虫和细菌等也存在同样问题，本底不清，严重影响了食品标准的针对性，相关的基础研究非常薄弱，科技投入是个薄弱环节。对一些新型毒素还缺乏检测方法或标准品，也给这些毒素鉴定带来困难。

(4) 快速检测技术缺乏。由于食品种类多、数量大、流通快以及时效性强，因此在食品病原和毒素检测及评价中是离不开快速检测技术的，包括高通量快检技术。虽然常规技术科学准确，但需时较长，难以满足食品安全评价的现场需求。食品安全检测技术手段仍需提升，在食品微生物检验中，还有许多安全监测手段存在空白，高新技术的产业化程度低，快速筛选的食品检测技术仍不成熟，检测技术手段比较单一，缺乏超痕量分析等高技术检测手段。国内现在使用的快速检测技术多为国外技术，成本高，企业负担过重，全面普及仍有难度。国内快速检测技术种类少，自主知识产权的产品极少，覆盖面窄，样品前处理方法落后，病原微生物富集技术、兽药残留和毒素检测样品前处理技术和设备开发投入不足。现有的一些快速检测方法存在着灵敏度不高或者特异性不强等问题，严重降低了我国食品检测技术的准确性和实效性，仅极少部分能够满足市场需求。

(5) 动物—初级畜产品—食品“界面”微生物迁移特征与规律研究不够。动物养殖过程病原微生物源头防控研究不足：动物源性食品的来源安全是这类食品安全的基础，我们国家已经把饲料安全纳入食品安全体系中，但相对于发达国家，对其外延部分如动物健康和动物福利关注度不够，没有将其纳入食品安全总体防控体系中。动物源性食品是病原的良好基质，通过初级畜产品—食品污染传播病原是最常见途径；动物源性病原菌种类较多，在动物和食品快速流动情况下病原变异快，还没有以最新技术来追踪其流行情况和对食品安全的风险评估体系,科技投入少。预防医学、检疫检验、兽医公共卫生、食品安全与环境卫生领域的协调研究不够,特别是病原微生物在动物—初级畜产品—食品"界面"的迁移特征、规律及其对食品安全性影响的联合研究亟待加强;动物养殖过程中病原微生物源头控制、病原在养殖环境中的生态特征及防控等方面系统研究不足;针对从动物养殖到食品加工环境中微生物污染检测和食品中微生物污染源溯源等确保安全食品生产的"主动"监控体系重视不够。我国对种养殖业作为食品原料基地的备案管理没有落实到位。

3. 进出口食品贸易难以突破国际技术壁垒制约

国际贸易中技术性贸易壁垒是指由于各国技术措施水平或体系不同、信息不足、或歧视性制订和实施,给国际贸易造成障碍。贸易技术壁垒主要包括技术法规、标注与评定程序;包装和标签要求;产品检验、检疫制度与措施;绿色壁垒;信息技术壁垒。美国、欧盟和日本等国凭借自身技术和经济优势制定比国际标准更为苛刻的技术标准、技术法规和技术认证制度,其他国家很难达到,往往成为技术性贸易壁垒的牺牲品。

我国入世 10 年来,进出境食品贸易正面临着"内忧外患"的严峻形势。出口方面,愈来愈多的国家尤其是发达国家利用 WTO 允许的符合 SPS 协议的非关税壁垒措施制定日趋复杂的食品安全法律、法规和标准体系,越来越多地以安全、卫生、健康和防止疫病疫情传入为由,设置技术性贸易壁垒,制定的检疫检验要求数量越来越多,指标越来越严,更新越来越频繁,并向着制度化、体系化与全面化方向发展。进口方面,由于我国食品安全标准、检测技术、仪器设备与国际不能完全对接的原因,而国外食品病源性微生物现状也不容乐观,进口食品检验检疫面临艰难的挑战。我国目前具有食品相关检验能力的技术机构近 7000 家,大部分隶属于卫生、农业、质检、粮食、食品药品监管和环保等部门,从业总人数达 15.04 万。虽然我国已初步形成了"国家级检验机构为龙头,省级和部门食品检验机构为主体,市、县级食品检验机构为补充"的食品安全检验检测体系,还有以 35 家"国家级重点实验室"为龙头的进出口食品安全技术支持体系,进出口食品检验检疫实验室 163 个,各类大型精密仪器 10000 多台(套)。但相比较美国和欧盟,在检测技术方面还非常落后,体系也不是很完善,在实验室认证方面也还没有完全与国际接轨,检测方法的开发也大大落后于食品安全监控的需要,如日本肯定列表中所列的 5000 多种项目,中国也只是能开展部分项目的检测,对于很多非食用添加物的还无法实施检测;美国多残留检测方法可以一次性检测 200 多种药物且普及使用,而我国应用甚少。我国有些食品即使达到国标,但与欧盟标准相比,兽药最高残留限量还平均相差 2～5 倍,有的甚至相差 25～100 倍。2001 年欧盟对上海和山东考察后,认为中国无法充分保证输欧盟的动物源性食品不含兽药残留,2002 年 1 月 25 日欧盟委员会相关机构通过了全面禁止进口中国动物源性食品的决议。

随着我国产业结构调整战略的启动,深加工食品将逐渐成为出口主打产品,这就对微生物防控提出了新的挑战,病原微生物将可能成为国外设置技术壁垒的主要措施。

四、国外食源性病原微生物防控的经验与启示

(一) 完善的法律法规与技术标准体系

欧美等发达国家食品安全以"消费者至上"、"科学的风险评估"和"从农场到餐桌全程

监控”的理念为出发点，已经形成了完善的控制食品病原的安全法律法规和技术标准体系。这些体系涵盖了所有食品类别以及从农场到餐桌的种植和养殖、生产加工、存储运输与销售服务等食物链的各个环节，是食品安全管理的主要依据。食品安全内容上也有了科学延伸，包括动物福利、动物健康和饲料安全、药物残留监控等都纳入食品安全体系当中，更加注重源头监控和全程控制。我国在“从农场到餐桌”安全控制的法规上不健全、源头控制法规不完善及执行乏力（如中小屠宰场的检疫监管）、食物链全程监控法规标准等与发达国家都有差距，特别是食品安全科学延伸方面更是缺少健全的法律法规约束。

1. 欧盟

欧盟具有完善的食品安全法规体系，《欧盟食品安全白皮书》中，便提出以控制“从农场到餐桌” 的全过程为基础对食品卫生安全进行监管，要求从食品生产的初始阶段就必须符合食品卫生安全标准。欧盟现有食品安全方面的法律主要有：《食品安全白皮书》、《通用食品法（The General Food law，Regulation EC 178/2002）》、《食品卫生法》、动物饲料法规以及添加剂、调料包装和放射性食物的保存方法等规范。2004 年欧盟修订了食品卫生条例（EC）852/2004、动物源性食品特殊卫生条例（EC）853/2004、动物源性产品官方监管组织条例（EC）854/2004、882/2004/EC 食品与饲料的官方控制法规、2002/99/EC 关于供人类消费的动物源性产品的生产、加工、销售及引进的动物卫生法规、EC/183/2005（饲料卫生要求）等。2006 年 1 月，欧盟又颁布实施了新的《欧盟食品及饲料安全管理法规》，新法规涵盖了“从农场到餐桌”的整个食物链，实现了从初级原料、生产加工环节、终端上市产品到售后质量反馈的无缝隙衔接，对食品添加剂、动物饲料、植物卫生、食品链污染和动物卫生等易发生食品安全问题的薄弱环节进行了重点监督，强化了召回制度和市场准入资格。欧盟新法规的主要特点：一是法规数量被大大简化，新法规将不再把食品安全和贸易混为一谈，只关注食品安全、动物健康与动物福利问题；二是突出强调了食品从农场到餐桌的全过程的控制管理，强调了食品生产者在保证食品安全中的重要职责，对食品从原料到成品储存、运输以及销售等环节提出了具体明确的要求，要杜绝食品生产过程中的可能产生的任何污染，更强调食品安全的零风险；三是突出了食品生产过程中的可追溯管理与食品的可追溯性，强调食品尤其是动物源性食品的身份鉴定标识与健康标识；四是强调了官方监管部门在保证食品安全中的重要职责，官方监管控制工作涉及对保护公众健康的所有方面。

欧洲的食品安全技术标准分为两级，一级是欧洲标准，一级是各国标准，包括各成员国的国家标准以及各国行业协会、专业团体制定的标准等。欧洲标准化委员会（CEN）与国际标准化组织（ISO）紧密合作，现有食品和动物饲料微生物检测标准 56 个，另外，北欧食品分析委员会（NMKL），专门制定了海产品等微生物检测标准，供各地参照执行，涉及微生物标准 34 项。欧盟对食品专门建立了 2073/2005 规章：食品微生物标准，同时对婴幼儿食品、畜禽肉产品、乳及乳制品、水产品、蔬菜水果及其制品建立了微生物监控计划，对适用范围、取样计划和限量指标等都作了明确的规定。

2. 美国

美国食品安全标准体系比较分散，联邦政府制定一些强制性标准，大部分是由民间标准机构、专业学会和行业协会组织制定并发布，企业自愿采纳应用。美国国家标准协会

(ANSI)经联邦政府授权负责对自愿标准进行协调，审批标准，代表美国参加标准化活动，协会不制定标准。

美国在食源性病原微生物防控方面还建立了专门的法规和防控计划，专门编制了《美国农业部(USDA)实验室指南》和《微生物实验室检测指南》。美国还根据畜禽产品、水产品、乳制品等不同情况，对测定低限、高限、测试样品数量以及低限和高限间允许的最大样本数量等进行了具体的规定。食品微生物检测方法一般参照：*FSIS*：*Microbiology Laboratory Guidebook* 和 AOAC 方法以及 FDA 的 *Bacteriological Analytical Manual*，涉及食品微生物方法 23 项。

美国新法规强调预防为主，实行全过程的监控。1997 年 1 月，美国总统宣布了食品安全行动计划，农业部、卫生与公众服务部及环境保护局于 1997 年 5 月共同起草了一份题为“从农场到餐桌的食品安全”的倡议报告。美国农业部将动物及动物产品方面的法律法规独立成卷为《联邦法典》第 9 卷“动物及动物产品”，共收集了近 100 个动物卫生法规，条款达 5000 多条，上百万字。“9 · 11”恐怖事件后，美国为保护公众免受恐怖主义对美国食品供应的威胁和攻击，颁布了《2002 年公共健康安全和生物恐怖预备应对法》。2011 年 1 月 4 日，美国总统奥巴马总统签署颁布了《食品和药品管理局食品安全现代化法》，该法对 1938 年通过的《联邦食品、药品及化妆品法》进行了大规模修订，可以说是过去七十多年来美国在食品安全监管体系领域改革力度最大的一次，进一步加强对美国本土生产的食品及进口食品的安全监管。目前，食品卫生安全方面的联邦法律法规已经有 35 部，形成一套科学完善、可操作性强的法规体系。

3. 日本

日本食品安全管理有一套完整的法律体系，涉及法律众多，最主要的是《食品安全基本法》和《食品卫生法》，还有《健康增进法》、《景品表示法》、《JAS 法》、《植物防疫法》、《农药取缔法》、《肥料取缔法》、《饲料安全法》、《家畜传染病预防法》、《健康增进法》、《家庭用品品质表示法》、《消费者契约法》、《农畜产业振兴机构法案》、《渔业法》、《水产资源保护法》、《食品循环资源再生利用促进法》等。《食品卫生法》将立法宗旨从“确保公众卫生”向“保护国民健康”转变，即将以往“社会防护”的概念向以个人为关注重点的“国民健康保护”的方向转变。《食品安全基本法》强调食品企业有义务采取措施确保“从农场到餐桌”各阶段的食品安全。废止了以往依靠最终产品确认食品安全的方法，确立了风险分析先行的监管理念。

4. 韩国

韩国食品安全涉及法规众多，主要包括《食品卫生法》、《农产物质量管理法》、《畜产品加工处理法》、《水产品质量控制法》、《保健食品法》、《人参产业法》、《饮用水管理法》、《粮谷管理法》、《畜产法》、《农用化学品法》、《传染病预防法》、《儿童食品安全控制特殊法》、《国家健康促进法》、《食品产业促进法》、《家畜传染病预防法》、《饲料管理法》、《药事法》、《肥料管理法》、《环境友好农业育成法》、《植物防疫法》、《酒税法》等。其中最重要的是《食品卫生法》，此法涉及食品、食品添加剂、设备、容器、包装材料、标签、食品法典以及食品检验、食品的生产经营活动和厨师营养专家、食品卫生审议会、食品卫生组织行政处罚等方面的规定，是一部有关食品方面综合性的法规。

此外，韩国在2008年3月还颁布了食品安全框架法令(The Framework Act on Food Safety)。该法要求韩国成立国家食品安全政策委员会(已成立)，以整合食品安全管理体制和协调食品安全政策，建立针对危险食品的快速反应系统，制定保证食品安全的其他制度和法律措施以确保公众安全，鼓励消费者参与食品安全管理过程。

5. 澳大利亚-新西兰

澳大利亚-新西兰食品法规部长级委员会(ANZFRMC)，由澳大利亚联邦政府、新西兰的卫生部长、澳大利亚各州及直辖区的卫生部长以及其他部门部长(如初级产品部、农业部和消费者事务部)等联合组长，澳大利亚联邦卫生部长担任主席。委员会负责研究、讨论和制定食品安全的相关标准和管理政策并监督执行。有关法律法规包括《进口食品控制法》、《出口食品控制法》及《模范食品法》等相关法律法规，其法规系统较为完整。

在澳大利亚出台的四个食品安全标准中三个为强制标准，涉及食品安全、可接受的食品安全操作以及食品加工场所与设备的规定；另一个为自愿标准，建议食品企业制定明确的食品安全计划，并确定食品加工操作中的有害物。在制定食品安全标准前，澳大利亚有关部门进行的预测研究发现，实施标准后，食源性疾病发生率将下降20%，实施成本将比实施原有法规的费用降低35%，这促成了澳大利亚政府对食品安全标准的实施。

澳大利亚非常重视标准制定及评估过程的公开透明。其过程是：在得到修改建议或申请后，管理局要进行可行性研究，并反复三次制定草案或评估，每次的结果都要公开征求意见。最后的草案在递交澳新食品管理部长委员会批准前，要向公众通告。标准获准后，业界可以不断提出新的修改意见，管理局也根据情况变化不断对标准进行修改。值得参考的是，官方网站提供了大量和及时的食品安全信息，其中包括最新的食品安全标准以及整个修改过程。制定标准后，还要对标准效果定期进行评估。

该管理局认为，制定食品安全标准不仅要保证公共卫生安全，还必须要考虑到成本。如果实施负担过大，业界将把成本转嫁给消费者，对市场和贸易产生影响。制定的标准还要易于操作，以确保效果。在保证食品安全标准实施不打折扣的同时，要给业界灵活运作的空间。

澳大利亚食品标准的制定体系越来越注重把风险评估与风险管理的过程分开。同时，管理局大力加强国际合作，使制定的标准与国际标准同步。

发达国家具有健全的食品安全法规体系，具体表现在以下几个方面：一是国家标准与法律法规紧密结合，相关管理部门执行有力；二是技术标准科学先进、统一规范，以及限量标准种类齐全；三是检测技术先进灵敏、配套实用；四是科普和预警功能强大，如香港食物安全中心网站中及时发布食物警报以及生物危害栏有生物毒素的科普知识。

(二) 管理制度完善，处罚措施严格

欧美等发达国家严格实施食品安全管理，依法采取食品召回管理制度，并实施严厉的惩罚措施。对流入市场的问题食品一律召回，将危害减小到最低程度，对生产销售存在食品安全问题的企业和个人罚款或判刑处理，起到了有效监管和威慑作用。发达国家对食品卫生安全管理非常严格，对生产销售有卫生安全问题者决不姑息迁就。一旦发现问题食品流入市场，无论造成多大的经济损失，一律召回。美国法律规定，发现产品存在缺陷

企业如不及时召回，可能会面临巨额罚款、查封产品、企业倒闭。英国一旦发现违法行为，罚款动辄几万英镑，情节严重的甚至会遭到起诉。韩国规定将制售有害食品行为定为“保健犯罪”，并且在《食品安全法》中规定，故意制造或销售劣质食品的人员将被处以1年以上有期徒刑；对国民健康产生严重影响的有关责任人将被处以3年以上有期徒刑。而一旦因制造或销售有害食品被判刑者，5年内将被禁止在《食品卫生法》所管辖领域从事经营活动，并处以高额罚款。日本《食品卫生法》规定，违法者最高可判处3年有期徒刑和300万日元罚款，对企业法人最高可处以1亿日元的罚款。

（三）防控理念科学，技术先进

欧盟减少了食品安全标准的数量，关注食品安全与动物健康、动物福利的关系，强调农场到餐桌的全程监控管理，完善的可追溯体系，官方监管职责明确。

1. 源头控制，减低风险

（1）食物链全程监控模式。欧美等发达国家已经较长时间采用“从农场到餐桌”的监管模式，实施食物链全程监控。采取预防为主原则，在生产加工过程中实施生产企业准入制度、良好卫生规范（GHP）、SSOP和危害分析与关键控制点（HACCP）等项预防措施，对兽药残留和动物福利进行严格监控。《FDA食品安全现代化法》将预防放在第一位，强调各部门合作协调和官方职责。

（2）注重源头安全控制。食品安全的源头控制是食品安全最重要一环。饲料安全、动物健康与福利、兽药残留等实施严格监控措施，实施长效风险规避机制，如沙门菌、空肠弯曲菌、单核细胞增生性李斯特菌、大肠杆菌、布鲁氏菌、结核、疯牛病病毒、诺如病毒以及各种寄生虫等防控，对烈性病原感染或带染动物实施扑杀，达到了部分病种消灭或很好控制的效果，如英国以30亿英镑代价（国家补偿）对可疑牛群全部扑杀，现在已经基本控制了该病发生与传播。食品安全溯源系统已进入常规普及程度。美国在肉禽加工厂全面推广应用HACCP技术，使发病率很高的食源性沙门菌感染明显减少。另外，积极开展动物细菌性疫病，如沙门菌病、猪链球菌病、单核细胞增生性李斯特菌病、大肠杆菌病、布鲁氏菌病、结核病等病原生态学与流行病学研究、功能基因组学与蛋白组学研究和分子诊断与基因工程疫苗研究等，做好动物细菌性疫病防控工作，从源头控制动物源致病菌对食品的污染[19]。

（3）可靠的防控队伍。在强调食品安全队伍建设、素质全面提升和配备合理的基础上，发达国家十分重视兽医队伍在食品安全控制中的重要作用，加强从业兽医、兽医官培养制度和执法能力建设，具有完善的高素质兽医执法队伍。兽医在食品源头安全、过程安全和人兽共患病防控中的作用具有不可替代性，具有直接执法职责。由于兽医公共卫生作用发挥得好，使食品安全防控队伍配置合理，分工明确，食品安全也控制得好。欧盟特别重视兽医在食品安全和人兽共患病防控中的作用，美国、澳大利亚和新西兰等也非常重视。对于食品安全相关人员素质的提高十分重视，定期培训，对新知识、新技术加快培训，注重食品安全资格监督和考核，加强协调能力培养。

强化兽医在动物源性食品病原菌防控中的地位：2004年，国际野生生物保护学会（Wildlife Conservation Society）提出了“同一个世界，同一个健康”（One world, One health)的概念，呼吁人医和兽医合作共同保护地球生命的健康。国际兽疫局(OIE)也呼吁兽医和兽医公共卫生人员加强与人医的合作，在“同一个世界，同一个健康”的理念下，通过提高动物的健康水平，来保护人类的健康。

2. 信息公开，知识普及

欧美等发达国家通过多种渠道及时向社会公布食品安全的有关信息，以多种形式普及食品安全知识，提高了公众的食品安全意识，降低了食品安全发生的风险。如 2012 年美国 FSIS 和 FDA 发布了《食源性疾病易感人群食品安全指南》。在这些方面我们国家需要加强信息公开化力度，普及食品安全教育，提高人们食品安全素质和警觉性，使食品安全基础水平普遍提升。

3. 监测溯源，全程控制

全球化经济背景下的食品供应链和食品安全问题国际化日趋明显，食品安全网络化监管是必然趋势，欧美等西方国家已逐步实施食品安全网络监控管理时代。防控网络应涵盖食源性疾病报告、监测、溯源、信息共享平台、预测及预警网络等，为食源性疾病防控提供基础数据，为专业人员和普通民众提供动态情况和信息资源，同时也为政府实施有效管理提供了必要手段。

美国针对食源性疾病建立的系列监控网络系统包括：①食源性疾病主动监测系统(FoodNet)；②食源性疾病监测国家分子亚型网络(PulseNet)；③全国性暴发食源性疾病流行报告系统(NORS)；④全国通报性疾病监测系统(NNDSS)；⑤环境卫生专业网络(EHS-Net)；⑥公共卫生实验室信息系统(PHLIS)等。2004 年 WHO 和 FAO 共同创建国际食品安全当局网络(INFOSAN)，有 177 个会员国，分享重要的全球食品安全信息和增进国家间的国际合作。WHO 于 2000 年已经建立了全球沙门菌监测网(WHO GSS)，欧盟建立了以肠道病原菌为主的食源性疾病国际监测协作网(Enter-net)，美国的 PulseNet 已扩展到加拿大、欧洲、亚太地区、拉丁美洲和中亚等广泛区域，在多种病原防控上进行合作，信息共享。

建立食源性病原菌的报告与监测系统是有效预防和控制食源性细菌病的重要基础。通过完善的疾病报告、监测与溯源体系，借助于病原菌的监测数据，建立起一个能对食源性细菌病暴发提前预警系统，并采取针对性措施，提前消除由于食品中的致病菌所造成的危害，从而更有效地预防和控制食源性疾病。

美国在食源性病原菌的溯源体系方面比较完善，1996 年美国疾病预防控制中心首先发起建立了食源性疾病监测国家分子亚型网络——PulseNet。美国 PulseNet 网络依托各地州监测实验室，通过分离的病原细菌 DNA“指纹图谱”分析以及网络化信息交流平台，发现传染病的跨地区和国际间传播，开展传染病暴发流行的调查、追踪和溯源，已经成功发现处置和预警了多起食源性传染病暴发疫情。通过主动网络监测体系，如食源性疾病主动监测系统(FoodNet)、国家诺如病毒暴发流行电子监测网络(CaliciNet)、食源性疾病监测国家分子亚型网络(PulseNet)、全国应报告疾病监测系统(NNDSS)、全国性暴发流行报告系统(NORS)、作用因子监测系统(环境卫生专业网络，EHS-Net)、公共卫生实验室信息系统(PHLIS)、CDC 食源性疾病监控系统(Sentinel Surveillance System)和国家实验室网络(National Laboratory Network)等，可实现多部门联合对食品安全进行全程监测分析、危险性分析、可追溯分析和食品召回分析。

4. 风险评估，预防为主

风险评估是食源性疾病预警预报系统的重要组成部分，是食品安全管理的重要手段。风险分析是当前国际社会普遍应用的食品安全宏观管理模式，也是进行食品安全宏观管理的有效工具。欧美等发达国家对于微生物风险评估的研究比较深入，并且已经以此为指导和依据，制定了多项食品中病原微生物限量标准和有效预防控制食源性疾病的措施，成效显著，收益巨大。国际上已经完成的有影响力的微生物风险评估的案例主要有：FDA对生食牡蛎致病性副溶血性弧菌公共卫生影响的定量风险评估；FDA对几种即食食品食源性单核细胞增生性李斯特菌公共卫生相对风险的定量评估；FDA协同美国农业部食品安全监督服务局（FSIS）对水产品中单核细胞增生性李斯特菌进行的风险评估；FSIS对带壳鸡蛋和蛋制品肠炎沙门菌的风险评估；FAO/WHO对鸡蛋和肉鸡沙门菌进行的风险评估；FAO/WHO对生食牡蛎创伤弧菌进行的风险评估；FAO/WHO对国际贸易暖水虾中O1和O139群霍乱弧菌的风险评估；FAO/WHO对即食食品中单核细胞增生性李斯特菌的风险评估；澳大利亚新西兰食品标准局（FSANZ）完成了的甲壳动物熟食中单核细胞增生性李斯特菌对澳大利亚和新西兰消费者造成的公共卫生影响的定量风险评估。另外，国际上还有阪崎肠杆菌、弯曲菌属、蜡样芽孢杆菌等致病菌的定量风险评估模型的相关研究报道。

欧盟食品快速预警系统（RASSF）的建立为欧盟成员国提供了交流的有效途径。任何一个成员国发现任何与食品及饲料安全有关的信息都可上报欧委会，欧委会在进行相关调查后，有权采取紧急措施，包括暂停该类食品进口。该系统定期（每周一期）发布预警及信息通报，将不符合欧盟标准的相关食品公布于世，预警范围包括来自欧盟成员国及非欧盟国家的各类食品。

（四）机构设置合理，运行高效

1. 欧盟

欧盟食品安全管理机构具有职责明确的特点，欧洲议会、欧盟理事会和欧盟委员会在保障食品安全重大决策和制定食品安全法规、指令、决议等方面都起到非常重要的作用，是欧盟食品安全管理的主体，并对下属和各成员国食品安全执行机构进行监督。欧盟层面上具体对食品安全肩负着重要职责的管理机构是欧盟委员会健康和消费者保护总司（Directorate-General for Health and Consumers，DG SANCO）、食品安全局（European Food Safety Authority，EFSA）和食品与兽医办公室（Food and Veterinary Office，FVO）。欧盟委员会健康和消费者保护总司对食品安全管理法规的决策推荐提议，经成员国专家讨论，形成欧盟委员会最终提议，然后将提议提交给欧盟食品链和动物卫生常设委员会，或将提议直接提交给理事会，再由理事会和议会共同决策。

（1）欧盟食品安全局作为一个技术咨询机构，由执行局长领导，管理部门有局长及管理委员会办公室，特别顾问、战略规划、质量管理/审计部门，还设有学术委员会，主要领导和保障风险评估、科研合作和支撑两个业务部门的工作。其主要职能是：①按照欧洲委员会、欧洲议会（EP）和成员国的要求，对食品安全问题和其他相关事宜，如动物健康/福利、植物健康、GMO(转基因)和营养等方面进行风险评估，提供独立的科学建议，并将此建议作为风险管理决策的基础；②对食品问题提出技术建议，以促进与食品链相关的政策和法规的制定；③为监测欧盟内整个食品链的安全性，对有关食品的数据及其与任何潜在危害相关的必要信息进行收集和分析；④对紧急食品问题进行识别和早期报警；⑤在关键时刻支持欧洲委员会的工作；⑥对其权限范围内的所有事宜向公众征求意见。

(2) 欧盟食品兽医办公室(FVO)成立的目的是监督并保证有关食品卫生、兽医和植物卫生法规在欧盟各成员国得到遵守，从而为欧盟的消费者提供安全的食品。FVO下设三个专业部，分别为哺乳动物性食品部，鸟类动物性食品和植物卫生部，鱼和非动物性食品部。其主要职责是负责检查成员国和第三国是否遵守欧盟的兽医、植物和食品卫生法，以此来保证消费者对食品安全的信心；通过审核、控制和现场检查，来确定成员国或者产品出口到欧盟的国家在整个生产链中是否遵守欧盟食品安全和卫生法规；将发现的信息和建议传递给当事国、共同体主管当局和公众。FVO考察行动步骤：每年制订计划，选择优先国家；核查后形成报告，草案给被核查国主管当局评议；向被核查国提出整改建议，要求提出整改措施；与委员会其他部门一起，评估整改行动计划并通过随后的一系列活动监督整改行动计划的执行；当合适的时候，告诉委员会哪些法规需要进一步明晰或修正或者需要新的立法；形成某国的总结报告以及欧盟年度报告；形成年度报告，评估核查计划的进步，提交全球核查结果。

在欧盟制定条例、指令、决议等法律文件之前，欧盟往往会出版《绿皮书》和《白皮书》。《绿皮书》是欧盟就某个问题提出的初步看法，其目的启动欧盟水平的咨询程序，以征求各界的意见。《白皮书》一般在《绿皮书》基础上产生，它包含了共同体在某个特定领域的一系列行动建议。如果《白皮书》得到欧盟理事会的批准，欧盟则可能采取共同行动计划(如制定法规)。

2. 美国

美国食品安全工作机制包括以下七类机制：①食品安全监管制度。美国对水产、肉类、乳制品、果蔬汁等多种食品加工企业实施强制性的"危害分析和关键控制点(HACCP)"认证。此外，在食品物流过程的质量控制中，生产环节采用农药残留监测计划(PDP)、贝类卫生计划(NSSP)、质量保证(QA)和质量控制(QC)等计划保证；流通环节采用食品安全全程监测、连锁责任追究和市场食品质量安全自检等措施；加工环节采用HACCP认证、长期定向监测、监督抽样与强制检验等措施。②进口食品实行查验制度。对于进口食品，FDA一般实施比率为3%～5%抽样检查，对于A. 至少有一个样品经检验发现对人体健康有明显危害，如存在毒素、致病微生物等；B. 如果有资料或历史记载，或接到其他国家有关部门的通告，表明某一国家或地区的产品有可能对人体健康产生危害，并经FDA对上述消息来源进行评估，确认该类产品在美国也可能造成同样的危害；C. 多个样品经检验不合格，但对人体健康未存在有明显危害，采取"自动扣留"措施；建立进口食品自动预警系统：协助FDA对有问题的货物以及被列入DWPE名单的货物进行评估和识别。通过FDA的进口产品操作和管理系统(OASIS)同海关的自动贸易系统(ACS)的联网，使得FDA可以对每一批所管的进口货物进行及时的处理，进口货物信息通过ACS系统输入至FDA，该系统同时会向FDA提供关于该货物的相关信息，包括：潜在的问题和历史记录等，同时系统会自动保存新的记录，FDA 将在几分钟后作出放行、抽检或扣留等决定。③公共卫生安全与生物恐怖防范应对法案。2001 年美国“9·11”事件发生后，出于对来自生物恐怖主义威胁的担心，美国国会在 2002 年通过了《公共卫生安全与生物恐怖防范应对法案》（以下简称《反恐法》），布什总统于 2002 年 6 月 12 日签署了该法案。该法案授权 FDA 针对国际或意外事件造成的污染和其他与食品相关的公共卫生突发事件造成的威胁采取行动以维护美国食品供应安全。美国《反恐法》对食品出口企业的影响主要表现在第三章（Title III—Protecting Safety and Security of Food and Drug Supply）中的第 303 节、第 305 节、第 306 节、第 307 节。其中，第 303 节行政扣留（Administrative detention）授权 FDA 执行人员可以扣留可疑的食品；第 305 节注册（Registration）规定所有生产、加工、包装及贮藏食品及动物饲料的美国国内及国外企业均须于 2003 年 12 月 12 日前向 FDA 完成注册登记；第 306 节记录保存（Record keeping）规定注册的食品企业要建立管理维护记录，以便追溯食品来源；第 307 节预先通报（Prior notice）规定要求进口商必须在食品、饲料运抵美国口岸前提前向美国 FDA 发出通报。④召回制度。美国是世界上最早引入召回制度的国家。美国食品召回制度在两种情况下启动：一是企业得知产品存在缺陷，主动从市场上撤下食品；另一种是药管局等在紧急情况下强制要求企业召回食品。⑤惩罚性赔偿。严惩不法商家。惩罚性赔偿主要针对那些加害人主观上有严重过错、恶意或根本无视受害人合法权益的行为，严厉的惩罚性赔偿会使公众感受到法律对某种侵权行为的强烈否定，可以在某种程度上鼓励一些受害人勇敢提起诉讼揭露不法行为，并使食品企业感受到这种强大威慑而心有所忌，不敢恣意妄为，从而消除或最大限度地遏制侵权行为的发生。⑥国外供应商确认。2013 年 7 月 26 日，FDA 发布《国外供应商确认项目》（FSVP）规定，（美国）进口商要根据所进口食品风险特征对相关食品风险进行确认，以确保进口食品达到美国国内食品的安全水平。FSVP 规定是美国《食品安全现代化法》（FSMA）中第 301 部分的贯彻实施。该规定根据同食品类型（如加工食品、农产品、膳食补充成分）、不同进口商类型、食品危害特征以及危害控制人情况不同，提出不同要求。⑦认可第三方审核。2013 年 7 月 26 日，FDA 发布《认可第三方审核证明项目》（ATPAC）规定，建立对国外政府机构或（公司）作为（国外）食品企业第三方审核员的确认体系。国外审核人员要对食品企业及食品进行审核，并颁发证明材料，FDA 可以使用这些文件确认某些进口食品是否可以进入美国。FDA 根据某些标准指标，如能力指标、公正性指标和对认证机构进行确认。认证机构可以是国外政府机构或私营公司，然后由这些认证机构对符合条件的第三方审核员进行认可。经认可的第三方审核员将对国外食品厂及食品审核，并出具证明材料。国外食品厂可以选择由认可审核员或证明组织实施审核。

3. 日本

日本政府食品安全主管机构为消费者厅、食品安全委员会、厚生劳动省和农林水产省。（1）消费者厅。2009 年 9 月 1 日，日本为了加强食品安全管理，实现消费者行政管理的一元化，成立了新的食品安全管理机构——消费者厅，负责统一承担原先由各相关省厅分别管辖的有关消费者权益保护的各种行政事务，包括产品事故的原因调查以及防止同样问题再次发生等，构建中央政府和地方政府食品行政的一元化，实现日本食品行政监管的国民化和消费者化。(2)食品安全委员会。为了进一步加大食品安全管理力度,日本根据《食品安全基本法》于2003年7月1日在内阁中设立了食品安全委员会。食品安全委员会的职能主要包括:①进行食品安全风险评估;②为食品安全法规、标准的制定和政策的实施提供咨询、调查和审议;③监督食品安全政策的执行情况;④协调厚生劳动省和农林水产省在食品安全管理方面的关系。各级政府部门应积极配合和协助食品安全委员会的工作。食品安全委员会可以根据实际需要,委托政府下属的研究所和检验机构、第三方独立研究和检验机构、各种民间团体和企业、甚至个人开展调查研究。(3)厚生劳动省。厚生劳动省医药食品局中的食品安全部负责食品卫生安全管理。食品安全部下设基准审查课、企划情报课和监视安全课三个部门。其中,基准审查课负责制定有关食品等的各种标准,食品中化学性污染物残留标准均由该机构制定;其他两个部门则通过地方政府和地方检验机构,对食品生产和贸易过程中与食品安全有关的事务进行管理、监督和指导。食品安全部主要职责是:①加工和流通环节食品质量安全的监督管理;②组织制定食品中农业化学品残留标准和加工食品卫生安全标准;③对进口食品的安全检查和管理;④国内食品加工企业的经营许可;⑤食物中毒事件的调查处理;⑥流通环节的养殖业食品经营许可;⑦依据《食品卫生法》进行监督执法以及向有关机构、社会提供和发布食品安全管理信息等。(4)农林水产省。农林水产省也是进行食品安全风险管理的政府部门。农林水产省中与食品安全有关的部门主要是消费安全局,成立于2003年,通过加强食品生产过程的风险管理达到强化农产品和食品质量和安全的目的。消费安全局的主要职能是:①国内生鲜农产品生产环节的质量安全管理;②农药、兽药、化肥和饲料等农业投入品生产、销售与使用环节的监督管理;③进口农产品动植物检疫;④国产和进口粮食的安全性检查;⑤国内农产品品质、认证和标识的监督管理;⑥食品生产、加工过程中HACCP体系的应用推广;⑦流通环节中批发市场及屠宰场的设施建设;⑧包括消费者反映在内的农产品质量安全信息的搜集和沟通等。

4. 韩国

韩国食品安全主要管理部门涉及韩国农业、食品、农村事务部和韩国食品与药品安全部,具体分工如下:①韩国农业、食品、农村事务部(Ministry of Agriculture,Food and Rural Affairs,MAFRA)。韩国农业、食品、农村事务部成立于2013年3月23日,由原韩国农林水产食品部改革而成,将原韩国农林水产食品部的渔业部门划归海洋和渔业部,食品安全部门划归食品和药品安全部。原农林水产食品部下属的动植物水产检疫检验局(Animal,Plant and Fisheries Quaratine and Inspection Agency,QIA)也更名为动植物检疫检验局。MAFRA配部长一名,副部长两名,MFAFF内设计划协调办公室、农业政策局、农村政策局、国际合作局、食品工业政策局、谷物食品局、畜牧政策局、消费者事务与科技局,辖43个职能处室和5个研究所,人员3209名。②韩国食品与药品安全部(Ministry of Food and Drug Safety,MFDS)根据2013年3月22日韩国政府组织法修订案,韩国食品与药品安全部的关于食品安全的职责大大强化,将农产品、畜产品和水产品也纳入其中。包括七个局(分别是客户风险预警局、食品安全政策与标准规划局、食品营养与饮食安全局、农业畜牧和渔业产品安全局、医药安全局、生物制药和中药局、医疗器械安全局),一个规划和协调办公室,43个处。附属机构包括一个研究院(韩国食品和药品安全性评价研究所，下设 6 个部门包括食品安全评估部，39 个处），6 个地区食品药品管理机构（13 个进口食品检验中心）。

5. 澳大利亚与新西兰

澳大利亚与新西兰有统一协调的食品安全管理体系，也建立了统一的食品安全标准，同时制订了婴幼儿食品、软饮料、饮用水、肉制品、水产品、乳及乳制品和调味品等食品微生物标准。

澳大利亚作为一个联邦制国家，联邦政府负责对进出口食品进行管理，保证进口食品的安全和检疫状况，确保出口食品符合进口国的要求。国内食品由各州和地区政府负责管理，各州和地区制定自己的食品法，而由地方政府负责执行。由于各州拥有相对独立的立法权限，因此食品安全管理体制呈现多元化的特色，而且食品安全监管牵头的部门各不相同。如昆士兰和新南威尔士州是食品安全生产局，南澳洲、维多利亚和塔斯马尼亚州是乳品食品局。但总体情况是澳大利亚联邦政府和州政府负责食品安全法律制定，州政府和地方市政府负责法律的执行；州政府负责乳制品与肉制品等高风险食品的监管，地方市政府负责其他食品和零售业食品监管，遇有交叉管理的食品由州政府和地方政府双方明确责任并签订备忘录，由双方共同负责，但二者有明确的分工。

联邦政府涉及食品安全的组织主要有三个方面：一是部长级澳大利亚新西兰食品监管部长理事会。该理事会是政府食品安全方面最高级别协调议事机构，主要负责食品安全和消费者保护方针政策和立法，其下有政策委员会和执行委员会；二是卫生部下属的澳大利亚新西兰食品管理局（ANZFA）。ANZFA 于 1996 年正式成立，负责澳新两国制定统一的食品标准法典（FSC）和其他管理规定。另外，在澳大利亚，它还负责协调澳大利亚的食品监控、与州和地区政府合作协调食品回收、进行与食品标准内容有关问题的研究、与州和地区政府合作进行食品安全教育、制定可能包括在食品标准中的工业操作规范，以及制定进口食品风险评估政策；三是农渔林业部下属的澳大利亚检疫检验局（AQIS）。AQIS 成立于 1987 年，由原澳大利亚农业卫生和检疫局与澳大利亚出口检验局合并而成，其主要职责是进行口岸检疫和监督、进口检验、出口检验和出证，以及国际联络。

州政府涉及食品安全的部门主要有三个：一是食品监管局，其下有三个部门即政策和立法部门、监管部门与宣传部门。食品监管局是食品安全牵头部门，主要负责州内食品安全政策制定，完善食品安全监管体系，任命现场检查员和各食品生产经营企业监管员，负责食品安全知识的培训和对消费者的教育及引导等；二是基础产业部门，主要负责农业和生产环节食品安全的基础管理工作；三是卫生部，负责食品卫生、微生物污染和食品溯源的监管等。其他涉及食品的医学、农业与消费者事宜等机构也予以支持。

澳大利亚农渔林业部于 1999 年 9 月设立了由政府与企业共同参加的食品质量安全工作小组。工作小组由农渔林业部牵头，目的是寻求如何改善澳大利亚农业和食品业质量安全的途径。小组成员分别来自农业生产、食品加工、零售或服务业，代表了食品链的各个部分。2002 年 9 月，该小组发布了全行业的行动纲领，这一纲领由澳大利亚主要的食品零售、服务公司，负责制定食品质量安全标准、监督及发放合格证书等相关机构共同签署。行动纲领确定了以下两个重要领域：①增强澳大利亚食品安全和质量监督体系的整体性、有效性和信心，并使之便于推广。②改善每一企业的质量安全措施，使之更加合理、有效，包括：取消容易混淆或相互矛盾的规则，减少不必要的重复。纲领将责任分摊给不同的成员，强调合作方式、行业承诺、企业参与及所有权的重要性。

发达国家食品安全的工作机制是分工明确，合理协调，官企协作，严格执行，有效落实，同时也强调企业参与的重要性。

五、对策与建议

食源性病原微生物防控是一项公益性、基础性、长期性的战略任务，是一个国家迈向现代化进程中的重大民生工程，是建设美丽中国，实现中国梦的重要保证。为提升我国食源性病原微生物防控能力与水平，特提出以下五条对策与建议。

（一）建议制定我国食源性病原微生物防控战略规划，加强领导，指导防控

科学的战略规划是食源性病原微生物防控的前提。“凡事预则立，不预则废”，食源性病原微生物防控工作涉及面广、部门多。我国目前还没有建立起国家层面的防控战略目标及规划。资源分散、各自为政；数据不统一、不共享，特别是在从农田到餐桌整个链条上相关监管机构尚未协同配合好，源头控制存在明显不足。因此，必须制定符合我国实际的食源性病原微生物防控中长期发展战略规划，明确战略目标、战略重点，提出主要举措，有效指导防控。

战略目标：按照两个一百年的战略目标要求，提出适合我国国情的食源性病原微生物防控目标，全面提升我国食源性病原微生物防控监测能力，保障食品安全供给；基本建成本底清晰、全程控制、无缝监管、内外联控的食源性病原微生物防控体系，保证食品产业核心竞争力和安全保证水平；与发达国家防控水平接轨。具体目标至2025年，完成食源性病原微生物污染情况摸底调查，将食源性病原所致疾病发生率控制在少于1.5亿人次/年；到2050年，将食源性病原所致疾病发生率控制在8000万～1亿人次/年。

战略重点：以食源性病原微生物防控科技进步为推动力，落实食品安全的食源性病原微生物重中之重防控重点，保护公众健康；加强食品生产、加工、销售等各个环节监管；完善监测网络、风险评估和追溯体系，重点控制源头污染；开展食源性病原微生物及其毒素本底调查、检测技术以及致病机制等研究，为防控提供理论和技术支撑，依法科学防控。

主要举措：以农场到餐桌产业链全程监控为抓手，源头控制为重点，采取依法行政，监管部门职责明确，依靠科技提升防范能力，加强人才、平台、基地和体系建设，加大食品安全宣传与教育力度等举措，保障规划目标的顺利实施。

（二）建议设立食源性病原微生物防控重大研发专项，开展研究，科学防控

持续的资金支持是食源性病原微生物防控的保证。客观地讲，食品安全问题除了作为重大公共卫生问题外，更是一个社会问题，涉及法律法规建设、管理监督水平、食品生产经营者的素质、全社会消费观念等。然而，长期存在的科技“瓶颈”是影响我国食品安全的重要因素。近年来，随着国际上由食源性病原微生物引发的食品安全事件频繁发生，推动了许多国家采取技术措施，重组科研力量，并加大了对食品安全研究的投入。虽然从“十五”到“十二五”期间国家对食品安全科技投入逐渐加大，但主要用于食品安全仪器设备的

专项采购与配备，对于食品安全相关基础和技术进步的科技投入相对较少。因此，建议国家设立食源性病原微生物防控研究重大研发专项，系统深入开展相关研究，为食源性病原微生物防控提供有力科技支撑。

1. 系统开展食源性病原微生物病原学与流行病学本底调查，为从源头防控建立大数据

在全国开展系统性、代表性食源性病原微生物污染情况本底大调查，力争在十三五期间准确摸清涵盖食源性细菌、病毒、寄生虫及其生物毒素引起的污染情况，建立我国食源性病原微生物污染国家数据库。建立数据库可为食源性疾病防控提供更可靠的信息资料，一是了解在人类、动物、食品和环境中特定病原体的存在及其危险性；二是对食源性疾病暴发和散发病例的调查；三是核对和解释所获得的资料，取得有效的证据；四是进行快速而有效的信息传递；五是为建立完善的食品安全预警机制提供基础数据库。

2. 建立和完善食源性病原微生物监测平台和溯源体系

以实验室为依托，建立食品安全风险监测体系，对食源性疾病、食品污染以及食品中的有害因素进行统一、有计划的监测。病原微生物的监测活动可以有多种形式，但最主要的是要对监测活动进行科学的计划、组织和实施。整合目前分布在农业、食药、卫计委和质检总局等相关部委的食源性病原微生物抽样监控计划与方案，形成我国食源性病原微生物监控计划的大数据，统一监测管理体系和工作程序，统一规范监测数据的报送、归集、分析和发布，建立以实验室为依托的统一的国家食品安全风险监测体系。加强对监测数据的评价分析，重点强化食源性病原所致疾病发展趋势分析，提高发现食品安全系统性风险的能力。并在已有的基础上，再设立一些与国际接轨的国家级食品安全检测中心（或食品安全检验所），并垂直建立各区域检测分中心，组成新的国家食品安全检测体系。

尽快支持完善食源性病原微生物的分子分型与溯源体系，在我国现有 Plus-Net 和 Food-Net 等两个溯源系统基础上，继续协调不同部门的溯源方法，集中来自不同部门的数据，实现来源于政府间不同部门的国内动物源、食物源、传染病及进出境食源性病原微生物监控数据的共享，实现真正意义上的食源性病原微生物大数据库与溯源平台。应建立食源性疾病监测数据库，对食源性疾病的报告数据、主动监测数据、溯源监测数据和流行病学调查数据进行标准化管理，及时汇总并定期发布分析报告，达到疾病预警和资源共享的目的。

3. 建立和完善食源性病原微生物风险评估与预警体系

开展食品中病原微生物风险评估和风险预警，对有效管理食品安全问题，保护消费者健康，具有重要意义。食品安全风险分析防范体系，是以风险评估为基础的“预防胜于治疗”的管理理念的具体体现。应用信息学技术，建立共享数据信息库和评估预警体系，使我国的食品安全从被动控制阶段转化为主动预防阶段。

在取得本底大数据的基础上，通过构建数据模型，进行风险评估。同时各级部门及时发布预警信息，通过网络平台和各种健康教育形式使食品生产经营者、消费者及时获知相关信息和防护措施，提高预防食源性疾病的意识；医院要有效利用食源性疾病致病菌的数据分析结果，提高确诊率，针对性用药，防止抗生素滥用所导致的健康危害；农业、质检、食药部门能快速溯源，快速定位问题食品的来源，流通的去处，并采取措施将造成损失降到最低，可在同一区域不同环节开展无缝对接的监测试点后，对数据进行比对分析并共享。

4. 与时俱进研发简快准的食源性病原微生物诊断方法

传统的微生物检测方法主要包括细菌的分离培养和生化鉴定等，在实际检测中周期较长、工作量大，对致病菌的检测特异性不高、灵敏度低、操作烦琐耗时，不能实现及时有效的监测。随着细菌特性的变化和新的亚型的出现，以及监测范围的扩大，需进一步加强致病菌的检测技术研究，为全方面了解致病菌在畜禽产品中污染调查提供技术手段。

食品安全快速检测技术的进步也是国家安全战略的重要组成部分。目前在食源性致病菌快速检测中应用前景广阔的有多重 PCR 技术、生物芯片技术、酶联免疫法、免疫胶体金技术、蛋白芯片技术及生物传感器技术，为食源性致病菌快速检测体系的建立提供依据。与时俱进的支持开展分子生物学技术在食源性病原微生物检测中的研究与应用，鼓励开展食源性病原微生物检验国际标准的制定，争取国际话语权；鼓励研发拥有自主知识产权的国际认可的检测试剂盒和病原微生物全信息自动分析系统等开发与应用。

5. 开展食源性病原微生物致病机制等基础性研究

支持开展食源性病原微生物引发我国重要食源性疾病的致病性（机理）等基础研究，特别是有关相同病原微生物在不同宿主间（人源、动物源及食品源）通过食物链及其他途径传播引发重要食源性疾病相关机理研究。

（三）建议健全和完善食品安全法律法规与标准体系，强化管理，依法防控

健全的法律法规与标准体系是食源性病原微生物防控的重要依据。按照《食品安全法》的要求，加速健全和完善食品安全法律法规体系，尤其是食品安全标准体系的建设，为食品安全的综合监督管理、确保食品安全和预防食源性疾病提供法律依据，真正做到有法可依。我国制修订了国家食品安全法及其实施条例，但在法律法规层面并没有系统性提出国家食源性疾病致病因子防控的具体要求。食品药品、卫计、农业、质检等部门在此方面的职责不清晰、做法不统一，数据不交换、不融合，国家层面无法获得全面、准确的数据，不能开展科学的风险分析，每次涉及该方面论题犹如盲人摸象、管中窥豹，有失大国形象。因此急需在法律法规上明确承担及牵头此项工作的主体。

另外，要进一步完善监督管理体系，建立责任追究制度、食品市场准入制度、食品安全监测和监督抽检制度、食品安全评价体系、食品安全预警和应急体系，为食品安全监管提供保障。凡是涉及危害人们生命和健康的食品，不管是产、供、销哪个环节，直接参与者和相关责任人都要依法追究责任，对因未严格履行职责而发生食品安全事件者，也必须追究监管者的责任。针对目前分段式管理格局的现状，建议进一步发挥国家食品安全委员会和食品药品管理局的食品安全核心作用，为政府制定食品安全政策提供建议；协调相关部门，制订国家级食源性病原所致疾病的监控计划；加强部门间的沟通机制，减少部门重叠，强化执法力度，引入问责机制。

（四）建议广泛开展食品安全知识宣传与科普教育，强化主体责任，全民防控

广泛的宣传教育是食源性病原微生物防控的基石。加强对政府部门、食品生产经营单位、食品从业人员和消费者的广泛深入、持久的宣传教育，是保障食品安全和预防食源性疾病的关键措施之一。成立专门的宣传教育部门或机构，进行食品安全政策法规知识

的宣传和普及，调查评估食品安全状况并提出改进措施；鼓励社会媒体积极参与，做好舆论正确引导，有关部门、学校及科研单位应积极开展各种形式的科普教育，普及食品卫生知识，政府要充分利用现代传媒手段（包括电视、录像、广播、网络、微信和编制各种食源性疾病科普教材与宣传图片或画册）进行知识普及，特别要构建相关知识普及的网络信息平台，形成全民关注食品安全的良好氛围。

（五）建议加强食源性病原微生物人才、平台与基地建设，夯基固元，保障防控

完善的人才、平台和基地建设是食源性病原微生物防控关键实施的基础。可借鉴农业部所设涉农学科岗位科学家制度，汇集全社会的力量（涉及农口、出入境检验检疫、食药、卫生、军队及科研院所），在食品安全病原微生物研究领域，设立岗位科学家制度，为食源性病原微生物防控奠定良好的人才基础。加快培养兽医、卫生等行业中专门从事食源性病原微生物防控的科技领军人才、管理人才、高技能人才，以及动物养殖、食品加工和食品销售企业的实用技术推广骨干人才，完善人才队伍的职业化（院校后）教育培训体系。建立国家派驻食品屠宰和加工企业的官方兽医和检查官制度，使重大敏感的食品安全问题能从源头受控。

参照发达国家的经验，重视兽医公共卫生人才培养和在食品安全监控中的地位与责任发挥，兽医公共卫生人才是动物源性食品安全源头控制的关键，在源头控制如动物健康、动物福利、饲料安全、药物残留监控等方面，兽医公共卫生人员都是可靠防控队伍的基础。建议在大学的兽医学科设置兽医公共卫生专业，明确学科和专业培养体系，完善人才队伍的职业化教育培训体系。

加强食品安全科研平台与基地建设，特别是与国际接轨的重要食源性疾病病种的单一病种或同一类别病种国家参考实验室及其下辖的日常监测检测工作室建设。加快完善食品病原检验检测平台体系，除北京外，依据地域和技术优势，依靠省市 CDC 应在东南西北区域设立参考实验室和检测中心（或检测平台），满足食品安全快速评价的需求。

参考文献

[1] 中国疾病预防控制中心突发公共卫生事件网络：www. chinacdc. cn.

[2] http://www. who. int/foodsafety/fs_management/infosan/en/.

[3] 中国的食品质量安全状况国务院新闻办公室：http://www. gov. cn/gongbao/.

[4] 中华人民共和国卫生部官方网站：http://www. moh. gov. cn/publicfiles/business/htmlfiles/wsb.

[5] 卫生部卫生应急办公室. 卫生部办公厅关于 2010、2011 年全国食物中毒事件情况的通报[EB/OL]. [2012-12-04] http://www. moh. gov. cn/ publicfiles/business/ htmlfiles/mohwsyjbgs/ pwstj/index. htm.

[6] http://www. foodstandards. gov. au.

[7] http://www. fda. gov/Food/Guidance.

[8] http://www. codexalimentarius. org/.

[9] 中国的食品质量安全状况国务院新闻办公室：http://www. gov. cn/gongbao/.

[10] 国家卫生计生委应急办公室. 国家卫生计生委办公厅 2013 年全国食物中毒事件情况的通报[EB/OL]. [2014-2-20] http://www. moh. gov. cn/yjb/s3585/201402/f54f16a4156a460790caa3e991c0abd5. shtml.

[11] Bresee J S, Widdowson M A, Monroe S S, et al. Foodborne viral gastroenteritis: Challenges and opportunities. Clin Infect Dis, 2002, 35(6): 748-753.

[12] Ding X, Li P, Bai Y, et al. Aflatoxin B1 in post harvest peanutsand dietary risk in China. Food Control, 2012, 23 (1): 143-148.

[13] 陈心仪. 2009—2010年中国部分省市饲料原料及配合饲料的霉菌毒素污染概括. 浙江畜牧兽医. 2011, 2: 7-10.

[14] http://www.chinanews.com/gn/2010/12-14/2719379.shtml.（调查发现我国抗生素年产量近五成用于养殖业）.

[15] 元文礼，王新. 养殖业滥用抗生素危及食品安全. 生产力研究，2012，9：47-48.

[16] 冯学慧，黄素珍，杨国胜. 浅析动物产品兽药残留的危害与对策. 动物医学进展，2010，31(S)：250-254.

[17] WHO. Terrorist threat to food: Guidance for establishing and strengthening prevention and response systems. [2003-07-21]. http://www.who.int/ food safety/publications/ fs-management/terrorism/en/.

[18] 梁旭霞，吴永宁. 按照风险分析框架构建中国食品安全管理体系. 中华预防医学杂志，2013，47：487-490.

[19] Li W, Lu S, Cui Z, et al. PulseNet China, a model for future laboratory-based bacterial infectious disease surveillance in China. Frontiers of Medicine, 2012, 6: 366-75.

第四章　食品安全风险评估与风险管理战略研究

摘　　要

国家食品安全监管需要建立在风险分析框架上。如何建设国家食品安全风险监测评估体系、提高检验检测和应急处置能力、加快食品安全信息化建设、完善食品安全标准体系，需要在深入调研的基础上才能提出建设性意见，从而为国家有关部门构建具有公信力、高效运行的食品安全风险评估与风险管理体系提供决策依据。

食品安全风险评估是将风险监测数据转化成监管措施的关键环节，为食品安全标准制定修订和风险交流提供科学依据。我国已在国家层面建立了风险评估制度，形成了以国家食品安全风险评估中心和国家食品安全风险评估委员会为基础的工作体系，但评估资源尚未形成合力。建议构建以国家食品安全风险评估中心为龙头，同时根据需求建立分中心、合作中心和评估实验室的技术体系，加大科技投入和资源配置，加强关键领域的技术研发和国际合作。

食品安全风险监测是食品安全风险评估和标准制定修订的基础，也是食品安全相关政策法规制定的依据。我国缺乏从农田到餐桌的全方位统一规划，部门界限导致重复性监测，以终产品为主、依据标准的合格评定与发现系统性风险问题的风险监测二者在概念上模糊不清。建议逐步增加源头监测和过程监测并重点发现系统性风险。风险监测工作对于食源性疾病的认识不足，建议完善食源性疾病监测报告制度，构建食源性疾病溯源、分析和预警网络。

我国食品检验检测技术机构分散在众多部门且同质化严重，以开展合格评定为主要职能。建议突出体系建设，推进检验检测资源整合，明确国家食品药品监督管理总局、农业部、国家质量监督检验检疫总局和国家粮食局以合格评定为主要职能的合理分工。国家卫生和计划生育委员会需要推进以风险监测评估为重点的实验室建设与资源整合。

食品安全信息化已成为食品安全监管的重要技术支撑。信息化手段的应用实现了食品安全相关资源的整合，消除信息孤岛，实现信息共享和业务协同，提高食品安全监管的科学性、有效性和及时性。建议积极推进国家食品安全信息平台建设，加快食品安全溯源信息化建设，推进食品安全风险监测、评估、预测预警、交流系统的建设。

食品标准是食品法规的重要内容。我国现行食品标准数量众多，安全标准和质量标准界限不清，标准制定的风险评估基础薄弱，食品生产规范类过程控制标准与国外差距较大。建议建立科学的食品标准体系，完善食品标准制定修订程序，建立食品安全风险评估机构主导食品安全标准制定的机制，逐步提高我国食品安全标准的管理水平。

国家食品安全监管需要建立在风险分析框架上，国际成功经验表明，食品安全标准和风险预警等风险管理措施依赖于食品安全风险评估结果；风险监测不仅是风险评估的基础数据来源，也是评估风险管理措施（特别是预警、溯源、标准制定）的重要依据。“使我国食品安全监管体制机制、食品安全法律法规和标准体系、检验检测和风险监测等技术支撑体系更加科学完善”是《国务院关于加强食品安全工作的决定（国发〔2012〕20 号）》提出的5 年具体目标；国务院食品安全委员会第 4 次会议要求“加快建立健全食品安全监管长效机制的建设，国务院食品安全委员会办公室和卫生部要协调有关方面，推进国家食品安全风险评估中心的软硬件建设，充分发挥评估中心的作用”。如何建设国家食品安全风险监测评估体系、提高检验检测和应急处置能力、加快食品安全信息化建设、完善食品安全标准体系，需在深入调研的基础上才能提出建设性意见，从而为国家有关部门构建具有公信力、高效运行的食品安全风险评估与风险管理体系提供决策依据。

一、形势分析

（一）食品安全风险评估体系

1. 风险评估的社会需求

食品安全风险评估是国际食品法典委员会（CAC）和各国政府制定食品安全法律法规、标准等的主要工作基础[1]，是《食品安全法》确定的食品安全风险监测、风险预警、风险交流、标准制定公布和事故处置等多项制度的核心，是将风险监测数据转化成科学结论，为风险预警、风险交流、标准制定修订、事故处置和危机处理提供技术依据的关键环节，具有基础、导向和承上启下的重要作用。

食品安全风险评估是切实保障消费者健康的必要技术手段。改革开放以来，我国食品产业迅猛发展，已成为国民经济和人民生活的重要支柱产业之一。但由于我国尚处于社会主义初级阶段，农产品和食品行业的多、散、小的客观情况还将长期存在；受食品加工技术限制、标准规范等质量控制方法不健全以及环境污染等原因影响，食品生产和消费环节存在安全隐患；新工艺、新原料、新方法等的不断应用带来新的食品安全问题；近年来，“三聚氰胺”、“瘦肉精”和“苏丹红”等重大违法案件时有发生，影响恶劣；婴幼儿配方食品中汞含量异常、白酒中检出塑化剂等热点问题接连不断，容易在社会上发酵。我国正处于食品安全风险隐患凸显和食品安全事故高发阶段，尽早、尽快解决食品安全问题离不开风险评估这个科学手段。

《食品安全法》施行以来，国务院有关领导就“牛奶中汞污染”、“猪肉中高铜”、“食盐中致癌物”、“粮食镉污染”、“婴幼儿配方乳粉阪崎肠杆菌”、“进口奶粉中肉毒杆菌（梭状芽孢杆菌）”等问题做重要批示，要求国家卫生和计划生育委员会（卫生计生委）开展风险评估。农业部、国家工商行政管理总局（工商总局）、国家质量监督检验检疫总局（质检总局）、国家食品药品监督管理总局（食药总局）等部门以及部分省市单位陆续就工作中发现的食品安全问题商请卫生计生委开展风险评估，其中包括影响较大的生鲜乳中硫氰酸根限量标准问题（农业部）、珍珠奶茶中反式脂肪酸问题（工商总局）、淀粉类食品中顺丁烯二酸（食药总局）和紫砂煲产品问题（质检总局）等。媒体针对三聚氰胺、“阿斯巴甜致癌”、碘盐和局部地区食品铅污染等问题也要求提出基于风险评估结果的监管意见。这些问题只有通过食品安全风险评估，才能科学判断风险隐患，并有针对性地制定和完善监督管理措施。

2. 风险评估法规依据

我国的食品安全风险评估工作最早起步于20世纪70年代，原卫生部先后组织开展了食品中污染物和部分塑料食品包装材料树脂及成型品浸出物等的风险评估。加入世界贸易组织（WTO）后，我国进一步加强了食品中微生物、化学污染物、食品添加剂、食品强化剂等专题评估工作，开展了一系列应急和常规食品安全风险评估项目。

2006年颁布实施的《农产品质量安全法》，首次引入了风险分析与风险评估的概念，确立了风险评估的法律地位。该法第六条规定，“国务院农业行政主管部门对可能影响农产品质量安全的潜在危害进行风险分析和评估。”具体实施主体是“由有关方面专家组成的农产品质量安全风险评估专家委员会”。评估内容主要针对与农产品种植/养殖有关的危害因素，包括农药、兽药、化肥、饲料添加剂等农业投入品。该法也对风险评估的作用进行了明确规定，即“国务院农业行政主管部门应当根据农产品质量安全风险评估结果采取相应的管理措施”[2]。

2009年颁布实施的《食品安全法》，明确我国建立食品安全风险评估制度，详细规定了风险评估的内容、实施主体、原则和作用。该法第十三条规定，“国家建立食品安全风险评估制度”，风险评估的内容包括“食品、食品添加剂中生物性、化学性和物理性危害”。我国食品安全风险评估工作由国务院卫生行政部门负责组织，具体实施则由该部门成立的“由医学、农业、食品、营养等方面的专家组成的食品安全风险评估专家委员会进行”。该法第十三条还规定，“食品安全风险评估应当运用科学方法，根据食品安全风险监测信息、科学数据以及其他有关信息进行”，反映了风险评估的科学实质。在风险管理框架中，风险评估是科学基础，是风险管理（如标准制定修订）的科学依据，因此，“食品安全风险评估结果是制定、修订食品安全标准和对食品安全实施监督管理的科学依据”（食品安全法第十六条）。另外，食品安全风险评估结果得出食品不安全结论的，“国务院质量监督、工商行政管理和国家食品药品监督管理部门应当依据各自职责立即采取相应措施”（食品安全法第十五条），如提出食品安全风险警示，并予以公布等[2]。

《食品安全法》对于启动风险评估的情形进行了相关描述。第十四条规定，国务院卫生行政部门通过食品安全风险监测或者接到举报发现食品可能存在安全隐患的，应当立即组织进行检验和食品安全风险评估。《食品安全法实施条例》第十二条具体规定了需要进行风险评估的五种情形：①为制定或者修订食品安全国家标准提供科学依据需要进行风险评估的；②为确定监督管理的重点领域、重点品种需要进行风险评估的；③发现新的可能危害食品安全的因素的；④需要判断某一因素是否构成食品安全隐患的；⑤国务院卫生行政部门认为需要进行风险评估的其他情形。为了保证风险评估的实施，《食品安全法》也规定了各相关部门在风险评估中的职责，具体规定为“国务院农业行政、质量监督、工商行政管理和国家食品药品监督管理等有关部门应当向国务院卫生行政部门提出食品安全风险评估的建议，并提供有关信息和资料。”

3. 风险评估体系

2007年，农业部根据《农产品质量安全法》的规定，组建了农业部农产品质量安全风险评估专家委员会，受农业部委托组织实施农产品的风险评估工作。农业部已构建了以农产品质量安全风险评估专家委员会为核心，以各地农产品质量安全风险评估实验室为支撑的农产品风险评估工作网络。2009年，原卫生部根据《食品安全法》的规定，组建国家食品安全风险评估专家委员会，受原卫生部委托组织实施食品安全风险评估工作。2011年，在中央机构编制委员会办公室（中央编办）、国家发展和改革委员会及有关部门的大力支持下，我国又成立了国家食品安全风险评估中心，进一步加强了我国食品安全风险评估工作。我国已初步形成风险评估制度体系和以国家食品安全风险评估中心和国家食品安全风险评估委员会为基础的食品安全风险评估工作体系。

（二）食品安全风险监测体系

食品安全风险监测是开展食品安全风险评估、制定标准和国家相关方针政策的重要基础。按照《食品安全法》的要求，“国家食品安全风险监测计划”（以下简称“计划”）是由卫生行政部门会同其他食品安全监管部门共同制定的统一计划，但在实际实施过程中则是由卫生计生、质检、食药和粮食等部门独立开展。农业部门的初级农产品监测不包括在此范围内。

1. 卫生计生委

依据《食品安全法》和卫生计生委的三定方案，监测工作以流通环节的产品为主，种养殖和生产环节为辅，针对原料类、加工食品和食品相关产品等27类的重金属、农药残留、兽药残留、生物毒素、有机污染物、食品添加剂和微生物及其致病因子项目开展监测[3,4]。

2. 农业部

依据《农产品质量安全法》，主要针对生产基地生产的初级农产品开展监测，包括：①针对粮食、蔬菜、水果、油料作物、蜂蜜等食品中重金属、农药残留和真菌毒素等有害物质的农产品质量安全风险评估项目；②针对家畜和家禽中允许使用兽药和违禁药物残留的动物性食品兽药残留监控项目；③主要蔬菜品种中农药残留指标的标准种植园蔬菜农药残留监测项目等。自2014年起，原由商务部承担的生猪屠宰监测工作转由农业部负责。

3. 食药总局

依据《食品安全法》和食药总局的三定方案，主要对粮食和蔬菜等主要食品加工原料、各类加工食品、餐饮食品和保健食品进行掌握标准执行情况的监督，抽检和部分无标准项目的风险监测。

4. 质检总局

依据《食品安全法》和质检总局的三定方案，主要对存在食品安全风险的食品相关产品成品及生产过程产品开展风险监测。

5. 国家粮食局

依据《食品安全法》和国家粮食局的三定方案，针对大米、小麦和玉米等主要原粮进行重金属、真菌毒素和农药残留的监测。

（三）检验检测和应急处置能力建设

受国务院食安办委托，原中国疾病预防控制中心营养与食品安全所的食品安全研究团队对全国食品检验检测机构资源进行了问卷调查，结果显示，2010 年我国有食品检验检测实验室近 6000 家，隶属于农业、商务、卫生、工商、质检（包括出入境检验检疫）、食药、粮食等部门或行业（见表 2-4-1），其中县级实验室约占 71%（见表 2-4-2）。

表 2-4-1　我国食品检验检测技术机构总体概况

隶属部门	机构数量（家）	构成比（%）
卫生	2749	43.48
质监	1206	19.07
农业	1294	20.46
粮食	546	8.63
检验检疫	245	3.87
食药	227	3.59
商务	22	0.35
工商	6	0.09
其他	29	0.46
合计	6324	100.00

表 2-4-2　各地各级食品检验检测技术机构

地区	国家级	省级	地市级	县级	其他	小计
北京	5	11	42	5	5	68
天津	0	11	30	6	2	49
河北	0	8	54	213	0	275
山西	0	6	38	147	0	191
内蒙古	0	10	49	151	0	210
辽宁	0	6	84	244	0	334
吉林	0	11	49	186	2	248
黑龙江	0	6	52	236	1	295
上海	0	10	27	3	1	41
江苏	0	7	62	190	3	262
浙江	0	9	50	167	1	227
安徽	0	5	51	155		211
福建	0	9	54	126	1	190
江西	0	7	53	211	0	271
山东	0	6	77	246	1	330
河南	0	9	103	446	1	559

续表

地区	国家级	省级	地市级	县级	其他	小计
湖北	0	10	64	197	3	274
湖南	0	9	71	299	0	379
广东	1	7	93	200	6	307
广西	0	5	45	109	0	159
海南	0	5	8	6	0	19
重庆	0	12	28	31	1	72
四川	0	9	99	224	33	365
贵州	0	5	27	97	0	129
云南	0	4	49	135	1	189
西藏	0	3	9	1	0	13
陕西	0	10	30	165	0	205
甘肃	0	9	60	160	0	229
青海	0	5	6	18	1	30
宁夏	0	8	11	19	0	38
新疆	0	6	49	100	0	155
合计	6	238	1524	4493	63	6324

我国食品检验检测机构数量庞大，机构同质化严重，设备利用率较低，存在明显的重复建设；以合格评定和食源性疾病病因鉴定为实施主体的基层检验检测机构基础薄弱、分布不均，合格检验人员缺乏、队伍整体素质不高；不同部门检验检测机构的职能交叉重叠，数据资源难以共享，尤其在应急处置时，职责界限明显，互相推诿。尽管国务院机构改革已经开始划转整合食药、质检（不包括出入境检验检疫）等部门的检验机构与装备，但由于本位主义使得人员、编制和设备划转困难，有可能会形成新的重复建设。

为贯彻落实《国务院关于加强食品安全工作的决定（国发〔2012〕20 号）》，各部门相继提出检验检测机构建设规划。原卫生部在国家发改委的支持下，围绕《国家食品安全监管体系"十二五"规划》提出的到"十二五"期末显著提升食品安全水平的要求，以有效提升食品安全风险监测能力为出发点，以省、市两级疾病预防控制机构为建设重点，提出了"食品安全风险监测能力建设方案（设备配置）"，通过中央和地方的共同努力，改善省、市（地）级疾病预防控制机构食品安全风险监测仪器设备装备条件，重点加强未知添加物鉴定确证、食源性疾病致病因子鉴定和溯源分析等能力建设，提升风险监测质量控制水平，逐步建立布局合理、全面覆盖、协调统一、运转高效的食品安全风险监测体系。按照填平补齐原则，重点为省级、地（市）级疾病预防控制机构实验室配备相关设备，提高食品安全风险监测能力，满足风险监测工作基本需要。同时，原卫生部为提高食品安全风险监测质量控制以及食源性疾病病因学鉴定能力，选择部分省级疾病预防控制机构，建立 20 个食品安全风险监测参比实验室和 7 个食源性疾病病因学鉴定实验室，增配相关仪器设备。

2014 年 5 月，农业部发布"关于加强农产品质量安全检验检测体系建设与管理的意见”，提到国家批复实施的“十一五”和“十二五”建设规划，使农产品质检体系不断完善。截至 2014 年，已投资建设各级农产品质检项目 2548 个。意见要求科学推进农产品质检体系建设，强化项目管理、机构管理、队伍建设和运行保障，有力提升技术能力，确保检测结果可靠，有效服务现代农业发展、农业产业安全和农产品放心消费。加快在建项目建设，全面推行合法资质认定，强化体系运行管理，力争到 2016 年，规划建设的所有项目均按期建成并发挥作用，到 2020 年，省、地（市）两级农产品质检机构 100%通过计量认证和机构考核，70%的县级农产品质检机构通过计量认证和机构考核，全面建成布局合理、职能明确、功能齐全、运行高效的农产品质量安全检验检测体系，满足农产品全过程质量安全监管和现代农业发展的需要。

（四）食品安全信息化体系

食品安全信息作为国家制定食品安全政策、法规的依据，能够为国家提升食品安全管理水平提供重要支撑。同时，食品安全信息化手段适应了现代食品安全管理的需求，受到世界各国政府的重视。当前，随着经济全球化的发展和食品供应链的不断延伸，食品安全控制无论在广度、深度还是在复杂程度上都面临着前所未有的挑战。如果没有先进的信息管理手段和方便的信息交流途径，要想实现“从农田到餐桌”整个食品供应链的安全控制目标是不可能的，加快食品安全信息化建设势在必行。

食品安全信息作为连接食品供应链各个环节的纽带，对于保证食品安全起着重要作用，利用信息资源来提升食品安全管理水平逐步成为各国政府的一种共识。食品安全信息化体系作为食品安全信息方面的顶层设计决定着食品安全信息的质量。在当今大数据时代，大数据按照信息处理环节通常分为数据采集、数据清洗、数据挖掘、数据呈现等环节，而食品安全信息化体系建设作为数据采集的源头设计，对于数据的质量起着关键性的作用。政府可以凭借其资源优势、组织能力等通过食品安全信息化建设来及时采集全面、优质的信息。

（五）食品安全标准体系

1. 食品安全标准体系的背景

《食品安全法》明确指出：食品安全标准是强制执行的标准，除食品安全标准外，不得制定其他的食品强制性标准。根据《食品安全法》，国务院卫生行政部门应对现行的食用农产品质量安全标准、食品卫生标准、食品质量标准等有关食品的标准内容予以整合，统一公布为食品安全国家标准。

2. 食品安全标准体系现状

根据《食品安全法》及其实施条例和《食品安全国家标准“十二五”规划》的要求，国家卫生计生委制定了《食品标准清理工作方案》，于 2013 年 1 月 21 日正式启动了食品标准清理工作，成立了食品标准清理工作领导小组，组建了由 148 名专家参加的 8 个专家技术组，由国家食品安全风险评估中心负责清理工作的日常组织管理。工作小组对方案列入的现行食品标准 4934 项（其中 1624 项标准交由农业部或其他部门自行清理）进行清理。

按照《食品标准清理工作方案》，食品安全国家标准审评委员会秘书处提出食品标准清理的工作目标和实施方案，建立了食品标准清理工作网络平台。清理专家技术组共召开清理工作会议45次，采用专家重点评审与集中讨论确定的方式，对各个标准逐一进行清理评价。在清理工作的基础上，各组同时开展了食品安全国家标准框架的制定工作，初步确定了未来各类食品安全国家标准目录。国家卫生计生委对初步形成的特殊膳食类食品、毒理学评价程序、食品产品等八类标准的清理建议公开征求社会意见并发文向相关部门征求意见，根据食品安全标准应该涵盖的范围，提出了各类食品安全国家标准的目录，共计1061项，除已公布的标准和已列入2010～2015年食品安全国家标准制定、修订项目计划，正在制定、审议或报批过程中的标准外，共有415项标准需要在2014～2015年完成整合工作。

食品安全国家标准整合工作设领导小组和技术小组，于2014年4月28日正式启动，启动以来已经开展多次现场督导活动，指导项目承担单位工作，并听取项目承担单位的反馈。至2014年底，基本完成了50%的整合任务。工作小组将在标准清理成果的基础上，进一步整理和完善食品安全标准体系。

二、国际先进经验借鉴

（一）食品安全风险评估体系

为了应对不断暴露的食品安全问题，国际社会普遍采用了食品安全风险评估的方法，通过分析消费者的膳食结构，科学评估食品中有害因素可能对人体健康造成的风险，并根据评估结果提出食品安全事件处置意见，为制定食品安全标准和政策、发布预警提供科学依据。

1. 国际风险评估机构模式

国际层面，联合国粮农组织（FAO）和世界卫生组织（WHO）建立联合的风险评估专家组织，如食品添加剂联合专家委员会（JECFA）、微生物风险评估专家联席会议（JEMRA）、农药残留联席会议（JMPR）；欧盟、美国、德国、加拿大、法国、荷兰、澳大利亚和新西兰、爱尔兰、日本等国家和地区均有自己的风险评估机构。

(1) 欧盟食品安全局[5]

欧盟食品安全局（EFSA）成立于2002年，是欧盟关于食品和饲料风险评估的中枢，与欧盟各国政府密切协作，为各利益相关者提供咨询，并提供独立的科学建议，对已经存在或突发性风险进行全方位交流。

EFSA的职能是对与食物链相关的所有风险进行评估和交流，由于EFSA的建议服务于风险管理的政策和决议，因此EFSA大约90%的工作是对一些特殊需求提出科学建议，这些科学评价的需求来自欧盟委员会、欧洲议会和欧盟成员国，且随着时间的推移需求日益增长。在其成立的第一个5年里，EFSA共签发了680条建议。当然，如果这些建议不符合风险管理部门的使用需求或质量要求，仅有数量是不够的。因此，2007/2008年，EFSA引入了质量保证项目以持续观察和加强科学工作的质量，其中包括一个内部的评价系统以保证在建议形成过程中涵盖了风险评估的主要步骤。EFSA也从事一些自主的科学工作，截至2008年，已完成87项自主任务。应急反应能力也是EFSA的一项重要工作，EFSA 采纳了一套快速程序来评估紧急情况下食品和饲料的安全性，辅助风险管理者及时采取措施降低风险。

EFSA 的建议常常为风险管理和政策决策过程提供支持。EFSA 不参与管理过程，但其独立的建议为管理者提供坚实的科学依据。EFSA 建立了一套关于利益宣称的程序和政策以保证其科学工作的公正性。EFSA 的科学工作和相关文献在其网站上均可获得，这保证了其工作的透明性。

风险交流也是 EFSA 的主要工作之一，通过风险交流活动，EFSA 寻求提高公众对风险分析的认识，进一步解释其科学工作的意义。EFSA 在食品安全问题上寻求为各利益相关者和大众提供适当、一致、准确、及时的交流，这些交流以权威的风险评估和科学技术报告为基础。主要内容为分析公众对与食品安全相关风险的认识、阐明和解析风险、与包括国家主管部门，利益相关者和媒体等部门合作，提供针对不同人群需求的信息、与其他风险评估机构和风险管理机构（如欧洲委员会和欧盟成员国等）协调沟通，确保一致性。

EFSA 与欧洲成员国、欧盟、国际组织和其他国家广泛合作，分享信息、数据和良好的实践经验、识别潜在的风险、发展连续的关于食物链的风险交流。为实现此目的，更好地完成 EFSA 的工作任务，EFSA 创建了包括 1000 多名专家、30 个国家机构和 200 个科学组织的联系网络，识别潜在风险是风险评估优先考虑的问题，EFSA 与其成员国、成员国以外的其他国家以及国际组织紧密合作，系统地收集情报和最新信息以识别潜在风险。

（2）德国联邦风险评估研究所[6]

为加强对消费者的健康保护，德国在 2002 年 11 月成立了德国联邦风险评估研究所（BfR）。该所是德国联邦食品、农业与消费者保护部下属的科学研究机构，负责提出食品、饲料、相关产品（如化妆品、烟草、食品包装材料等）和物质（如化学物、杀虫剂等）安全方面的专家报告和意见，在促进食品安全和消费者健康保护方面发挥着重要的作用。

BfR 的任务包括对已有及新发健康风险的评估，降低风险建议的起草及该过程中的风险交流。这些工作的成果是向农业部和有关机构，如消费者保护和食品安全局（BVL）、联邦职业安全与健康研究所提出科学建议的依据。在其评估和建议过程中，BfR 不受任何经济、政策或社会利益的左右。它的评估和建议将以公众易于理解的方式发布。一个科学顾问委员会和数个专家委员会对 BfR 的工作提供技术支持。这些委员会汇集了德国最高水平的专家团队。

BfR 主要工作内容包括以下四个方面：①风险评估。BfR 从事的风险评估是按国际公认的科学评估标准进行。在风险分析结果的基础上，BfR 在合适的时候提出降低风险的优化管理规划。②风险交流。BfR 负有法定的责任向公众提供那些可能的、已知的和经过评估的与食品及相关原料和产品有关风险信息。评估信息以透明、易于理解的方式公布。通过专家听证会、科学家大会和消费者论坛，BfR 与来自政界、科学界、团体、工商业界和非政府组织的各利益相关者进行对话交流。③科学研究。针对与消费者健康保护和食品安全方面的评估任务密切相关的课题，BfR 也进行一些相关的科研工作。BfR 有法定的权利去完成同其主要工作领域密切相关的研究，从事完成其法定任务所必需的活动。为了达到获得国际上认可、不受任何经济利益影响的风险评估的目的，BfR 在保护和促进科学的专业知识方面独树一帜。BfR 的研究项目来自欧盟委员会和德国的公关基金会。目前该机构除了德国研究基金会和其他公共机构的 14 个项目外，还包括 20 多个欧盟的项目。④合作交流。BfR 广泛开展与国际组织及机构、各国食品安全与消费者健康保护相关机构的科技合作，与 WHO、FAO、国际化学品安全规划署等国际组织有 25 年以上的合作历史。许多国际知名专家作为德国代表团的顾问，成为沟通 CAC 与 BfR 的桥梁。BfR 还是 EFSA 在德国国家层面上的合作伙伴。

（3）美国风险评估机构

美国联邦政府没有设立专门的食品安全风险评估机构。但美国可以参与化学物风险评估的机构非常多，其中最主要的包括：美国健康与人类服务部（DHHS）所属的食品药品管理局（FDA）和毒物与疾病注册局；美国国立卫生研究院下属的全国环境卫生科学研究所；美国疾病预防控制中心（CDC）下属的全国职业安全与健康研究所；美国农业部（USDA）下属的食品安全检验局（FSIS）和动植物卫生检验局（APHIS）以及美国环境保护署（EPA）。

美国食品安全管理体系采取的是分类式管理的方式。FDA 在食品安全方面主要负责除肉类和家禽产品外美国国产和进口食品的安全以及制订畜产品中兽药残留最高限量标准和法规，制定对可用作食品添加剂和着色剂的化学物进行毒理学安全评价的指导原则；毒物与疾病注册局主要负责公众健康评价、有害物质对健康影响的咨询、健康调查和登记，并且对紧急泄漏危害作出反应，同时进行应用性研究，为公众健康评估、信息收集和传播以及针对危险物质的公众教育和培训等提供支持；全国环境卫生研究所、全国职业安全与健康研究所以及 FDA 下属的国家毒理学研究中心三个部门共同承担国家毒理学计划，该计划主要是为了使毒理学试验程序在联邦政府中能够协调一致、加强毒理学的科学研究、发展新的实验方法、验证并完善现有的实验方法、提供对健康有潜在毒性的化学物的信息等[7]；USDA 的 FSIS 和 APHIS 负责肉类和家禽食品安全，并被授权监督联邦食用动物产品安全法规的执行情况[8]；EPA 负责饮用水、新的杀虫剂及毒物、垃圾等方面的安全，制订农药、环境化学物的残留限量和有关法规。1976 年美国国会制定了毒物控制法案，该法案明确了 EPA 承担收集并掌握那些已有和新发现化学物的信息，并且控制那些对公众健康和环境可能产生风险的化学物，然而药品、化妆品、食品、食品添加剂和农药等物质不在毒物控制法案之内[9]。

以上这些机构云集了大批从事风险评估工作的专家，如化学家、毒理学家、药理学家、食品工艺学家、微生物学家、分子生物学家、营养学家、病理学家、流行病学家、数学家和卫生学专家等。因此这些机构都可以在自己负责的工作领域内独立开展风险评估工作。但对于涉及多个领域的较大范围的风险评估工作，各机构可以相互协作，通过交流和合作，共同开展食品领域的风险评估工作。各机构单独或联合完成一项风险评估工作后，都需进行同行评议，保证评估结果的准确性。

另外，EPA 建立了集成风险信息系统，这是一个电子数据库，它含有通过环境暴露的各种化学物对人类健康可能造成影响的信息，在对某一物质进行风险评估时，可以参考这一数据库中的信息。为了使风险评估过程及结果协调一致，EPA 还建立了风险评估论坛，它代表 EPA 内由资深科学家组成的科学委员会。这一论坛主要是为了促进对复杂和有争议的评估问题达成共识，并且确保这一共识适合 EPA 所规定的风险评估指导原则。

为了保证评估的规范性，这一论坛把EPA内所有的评估专家集中起来进行了培训。这一风险评估论坛还出版了“风险评估指导原则”、“关于特殊风险评估问题的技术报告”等技术文件，并负责对有争议的风险评估主题进行同行咨询和评议。EPA推荐的风险评估指导原则和程序成为EPA内科学家对环境中的化学物质或其他物质进行评估的依据，同时也使决策者和大众了解这一程序。

美国风险评估联盟（ARA）是一个协作组织，为化学物风险评估提供相应的技术支持和服务[10]。ARA通过专家团队和机构的共同努力不断完善风险评估程序、提高风险评估效率和风险信息收集能力以保护公共健康；尽可能地协调联邦和各州的相关机构，以确保最有效地利用现有资源，避免重复工作；鼓励各组织之间信息的自由交流。

由于各部门的时间、资源和专业知识都是相对有限的，因此为了更好地保护公众健康需要进一步加强部门合作和组织优化，以提高风险评估水平，ARA提供了一个工作框架，包括：①每个项目都要征求各利益相关者的建议，通过科学、公开、透明的过程以提供最佳的项目方案；②利用有限的资源获取毒理学和风险评估专业知识；③促进统一的风险评估程序和组织路线；④通过整合技术和经费等资源，来提高风险信息收集的能力，从而达到资源的有效利用，减少重复工作；⑤通过促进信息交流和传播来推广风险评估结果的使用。

2. 国际风险评估机构特点

不同国家和地区的风险评估体系不同，导致其建设思路和评估程序略有不同。欧盟食品安全局主要依赖成员国专家，其内部不设实验室，而德国BfR则具有强大的实验室系统；加拿大在其卫生部下属食品与健康相关产品局设立政府风险评估团队，负责风险评估与标准制定；美国的风险评估与标准制定工作分散在FDA、CDC、EPA等部门，与USDA等实施监督部门形成互不隶属、合作监督的关系；德国、法国的风险评估与标准制定工作则集中在专门的评估机构中。总体来说，国外风险评估具有如下特点：

受政府重视程度以及国家总体经济的影响，国外先进国家在风险评估领域的投入巨大。以BfR为例，为了确保其经济、政治和社会的中立性，BfR研究经费来自欧盟委员会和公共基金，不寻求第三方私人资金的支持。BfR 2008年的经费约5.6亿欧元，其中600多万欧元用于研究，包括约100万欧元用于完成第三方的合约。此外，BfR从欧盟、德国研究基金会、农业和食品联邦办公室、联邦教育研究部等部门获得大约260万欧元用于研究活动。在BfR项目框架的范围内，还接受了弗劳恩霍夫应用研究促进协会提供的35.8万欧元资助[6]。

具备有效开展风险评估工作的基础保障，工作网络与体系建设完备，机构内部设置合理，人员配备充足。例如EFSA由管理委员会、常务理事以及下设的管理、风险评估、科学合作和支持、交流四大部门构成，人员编制超过400人，还有1200多名外聘专家（科学委员会以及小组成员）。在风险评估董事会支持下，EFSA的科学小组在各自的专业领域进行风险评估工作，具体领域包括动物健康和福利、食品添加剂和食品中添加的营养素、生物性危害、食品接触材料酶制剂调味品和加工助剂、食物链中的污染物、动物饲料中使用的添加剂（产品或物质）、转基因生物、营养和过敏、植物保护产品及其残留物、植物健康[5]。

BfR 约有 600 人，内设 9 个部门，分别为行政管理部、风险交流部、科技服务部、生物安全部、食品安全部、化学物安全部、消费品安全部、食物链安全部、实验毒理学、动物实验替代方法制订和论证中心。这些部门共有 16 个国家参比实验室，这些参比实验室是连接欧盟参比实验室和参与执法活动的各州立监测实验室的纽带。科技服务部下属的良好实验室操作规范(GLP)联邦办公室负责在国内和国际水平上协调和统一 GLP 问题，同时对国内外的 GLP 检验机构进行督导。

（二）食品安全风险监测体系

1. 国际组织和发达国家的监测体系

(1) GEMS/Food

1976 年，WHO、FAO 与联合国环境规划署共同设立了全球环境监测系统的食品污染物监测与评估规划(GEMS/Food)，目前已有 30 多个 WHO 合作组织及国家机构参与，100 多个国家的相关专家为其搜集和分析数据，用以支持相关的风险评估项目[11-13]。

GEMS/Food 开展工作的主要目的包括：收集特定食品中优先监测化学物质的污染水平数据，并对其进行评价及预测趋势发展，以加强食品监控和资源的管理；结合膳食消费数据，评估其中优先监测化学物质的摄入量；为某些国家开展和加强食品污染物监测工作提供技术合作和支持；评估区域性食品消费模式；为 CAC 专家委员会机构(如 JECFA、JMPR 等)提供食品中污染物的污染水平数据，为制定相应的国际食品安全标准服务。

GEMS/Food 的工作内容包括：①收集食品污染物监测数据、食品成分和食品消费信息，并将信息共享，用于开展国际食品安全风险评估。②基于总膳食调查，对国家和地区级的膳食暴露评估进行培训和能力建设。③提供暴露评估方法的指导方针和建设性意见。

(2) 美国

FDA 和 USDA 为食品污染物监测主要开展机构，监测的内容包括农药残留、兽药残留、其他化学污染物和食源性致病菌、寄生虫和病毒等，还包括总膳食研究。CDC 收集食源性疾病监测数据，提供与食源性疾病密切相关的致病微生物及相应的食品种类。监管部门负责对高风险食品开展针对性监测，评估其食品安全风险[14]。

1) FDA

FDA 负责保护消费者免受掺假、不安全和虚假食品标签的侵害，管辖除 USDA 下属 FSIS 管辖的肉、禽、蛋类之外的所有食品。FDA 内部分管食品的机构为食物安全和应用营养中心，其工作职责在于保证美国食品的安全、卫生、有益健康和标识正确，以促进和保护公众健康。

FDA 自 1963 年开始从事食品中农药残留的监测[15]。监测形式为联合各州的合作机构共同完成该项目。监测类型包括：监管监测、针对性采样、污染基本状况监测及总膳食调查。监管监测是 FDA 农药残留监测的主要类型，目的是监测食品中农药残留是否超出 EPA 规定的限量值，采取抽样监测方式，即在事先不掌握哪些食品可能有超标的前提下进行采样、检测，以发现超标问题。针对性采样是对监管监测中发现的可疑问题进行跟踪监测，需要在较短的时间内集中对某类怀疑的食品/污染物进行采样、检测，以获得执法证据。污染基本状况监测是对监管监测的补充，不同于监管监测，通常采取基于统计学原理的随机采样方式，以获得食品中污染物的污染水平和状况。总膳食研究在本质上不属于监管监测，属于污染频率和水平监测。

监管监测所采集的食品包括国内生产的食品和进口食品，国内生产的食品尽可能在生产企业进行采集，进口食品则为美国商务进口的食品；一旦发现有不符合标准的国内食品，除会被清除出市场外，FDA 也会给相关的种植者发出警告并采取相应的制裁措施，如扣押产品及要求生产商对产生原因进行解释；若发现有不符合标准的进口食品，FDA 将立即禁止该食品入境。监管监测的重点食品为初级农产品，即没有经过清洗、削皮等任何加工工艺的原料产品，同时也涉及一些加工的食品。以 2007 年报告为例，食品类别涉及谷类及谷类产品、乳及乳制品、蛋类、鱼、甲壳动物类、水果、蔬菜及其他食品。其中，采集国内食品 1317 份、进口食品 5613 份。采集的国内食品来自全国 41 个州，进口食品来源于 98 个国家。监测的农药残留项目多达 461 种。

总膳食研究是 FDA 针对农药残留采用的另一种监测方法。与监管监测不同的是，其采集的样本不是初级农产品，而是可直接消费的餐桌（即食）食品。采集的食品经过清洗、削皮和烹调等加工过程，模拟居民实际消费该食物的加工过程。该研究主要是将美国分为 4 大区域，每个区域选择 3 个城市作为采集点，以 2007 年报告为例：采集能够代表消费者膳食水平的 300 多种不同食物，检测的项目除农药残留外，还包括有毒有害和营养元素及其他化学物。区别于监管监测的是其检测方法也有所不同，农药残留检测的方法灵敏度高于监管监测 10～100 倍。如发现有超标的现象，将会对超标的污染物进行原因调查。该监测所得到的结果会和 USDA 的食品消费数据库相结合，从而可以真实准确地评价出污染物摄入的水平。

FDA 农药残留的监测数据是公开的，自 1987 年起，每年 FDA 都发布农药残留监测工作的总结[16]。1987～1993 年年度报告发表在 *Journal of the Association of Official Analytical Chemists* 杂志上。1993 年和 1994 年的报告既发表在期刊上，同时也可以网站查询，1994 年以后的报告均可从 FDA 网站获得，内容涉及监测的介绍、结果和汇总。

FDA 除开展农药残留监测外，还对其他化学污染物进行数据收集和调查。例如热点污染物丙烯酰胺（2002～2004 年共采集 2600 多份样本）、呋喃（2004～2008 年共采集 600 多份样本）、二噁英（1995 年开始收集相关数据）、高氯酸盐（2004～2006 年收集了相关数据）和总汞及甲基汞（2000～2004 年开展了监测），对放射性核素、氨基甲酸乙酯和真菌毒素等项目也开展了监测，收集的数据中有些为探索性调查，并不能代表实际食品中该污染物的真实分布和含量水平，有些数据则可以为暴露评估和风险评价提供一定的依据。

FDA 对所监管的食品还进行致病菌、毒素和寄生虫等的监测，并评估可能导致的食品安全风险。对高风险食品开展相应的食品安全行动计划，进行针对性监测并实施一系列监管措施，以达到减少食源性疾病发生的目的。正在开展中的食品安全行动计划包括以下三个：新鲜果蔬类农产品安全行动计划；鸡蛋安全行动计划；减少单核细胞增生李斯特氏菌风险行动计划。

2）USDA

USDA 主要是由其下属的多个机构来负责食品的安全，包括本地及进口禽、肉、蛋类产品。开展的监测工作包括农药残留、兽药残留及其他化学污染物、卫生指示菌和食源性致病菌等。USDA 的下属的农业市场服务局自 1991 年 5 月开始设计并实施农药残留数据库项目(PDP),对美国食品的农药残留情况进行监测。PDP 是联邦和州共同合作的项目,在 12 个州的配合下开展工作。

PDP 监测重点关注婴儿和儿童大量消费的日常食品,覆盖 85 种日常食品。自项目开展实施以来,监测的农药超过 440 种,包括:杀虫剂、杀菌剂、除草剂和生长调节剂[17,18]。PDP 数据主要是为了进行暴露评估,与 FDA 的农药残留监测有明显的区别,其采样程序是按照非常严格的统计学设计而执行的,以确保数据的代表性。采样时采用随机采样方式,尽可能反映消费者实际摄入和食品供应中农药残留情况,并对其暴露量进行真实评估。样本采集数量是根据各州人口及农产品状况而决定。PDP 起草并更新关于采样方面的标准操作程序,程序规定了采样点的选择和样本的运输和处理等相关细节,其采样环节的技术支持和监督工作由美国农业部统计中心负责。

1967 年,USDA 下属的 FSIS 就开始制定并执行国家残留监测计划,收集国内生产和进口的肉、禽、蛋类食品中化学残留物的数据,包括兽药残留和可能出现的农药残留及其他可能对人体健康产生的化学物质(如重金属等)。其中兽药残留监测范围较为宽泛,包括合法和违规使用的兽药。

每年的监测结果都公布在 FSIS 发行的红皮书上,收集的数据用于确保美国的肉、禽、蛋类食品的安全,帮助 FSIS、FDA 和 EPA 执行联邦法规和条款,并通过进一步完善该计划以加强国家的残留物控制。

国家残留监测计划分别规定国产和进口食品的采样计划:国产食品包括计划采样和监督采样;进口食品包括三个层级的采样方式:常规采样、增加采样和强化采样。采样计划都要事先列出可能会在肉、禽、蛋类食品中出现的残留物名单,FSIS 通过举办由 EPA、FDA 和 CDC 等参加的多部门监测咨询会,以确定与人类健康相关的残留物的优先关注顺序,并向 FSIS 提供这些化合物的具体信息。FSIS 综合会议信息以及这些残留物的历史监测数据,最终制定出初步采样计划。在制定样品采样计划时必须考虑:①对每一种或每一类残留物影响人类健康的情况进行综合定性的风险评估;②每一种或每一类残留物在不同食品中的出现几率;③每一种或每一类残留物是否有适合的分析方法;④FSIS 实验室的样品分析容量,确定对于每一种或每一类残留物能够检测的数量。

对于进口肉、禽、蛋类食品的采样,其采样地点是美国出入境口岸,常规采样为从众多食品中随机抽样;增加采样为基于常规采样检测的结果所做的补充采样计划;强化采样针对先前曾经检查出的问题食品进行再次核实。

FSIS 针对国家残留监测方案的检测结果可采取以下措施:①可以针对超标样品进行及时处理,如果已经进入了流通市场,需采取召回措施,并将数据发送给 EPA 和 FDA;②利用其数据结果对肉、禽、蛋类食品中的污染物进行暴露评估和探索性评估研究。该项目有助于所有相关监管部门及时修订联邦法律法规,并协助相关机构开展并加强国家残留监控项目。

FSIS 除以上常规监测项目外,还开展了一系列其他工作,以便提高对食品安全的监测能力,例如:①聘请 22 位进口食品监测联络官员,负责对进口港、入境处以及国内销售的进口食品进行监督及安全预防工作。②开发了一个使用预测模型对公共健康和检测数据进行评估的系统，以发现问题并采取应急措施。③随机检测加工食品中受关注的有害物质。④开发了用于快速鉴别、响应和追踪异常事件的系统，如：消费者投诉监测系统；进口食品预警跟踪系统，即跟踪可能进入美国的不合格或违法食品；事故管理系统。

在化学污染物监测方面除上述工作外，还注重农药登记、食品应急响应网络、食品登记和食品安全保障项目的建设等，与监测工作相互呼应。

此外，还监测禽、肉类产品的微生物污染状况，用以评估全国因该类食品引起的食源性疾病和公共卫生影响。将每年不同食品的监测数据汇总分析形成基线数据调查报告。FSIS根据基线数据调查结果发布减少病原体危害分析和关键控制点的要求，目的是减少禽、肉类产品的致病性微生物污染。同时，FSIS对监管范围内的食品进行周期性基线数据调查以验证其有效性。自2006年开始，由FSIS制定基线研究计划草案，对公众关注的食品安全问题评估风险，必要时开展监测。目前正在进行和拟开展的研究如下：全国牛胴体微生物基线调查；全国液态蛋产品基线调查；USDA下属FSIS的食源性致病菌验证计划[19-21]。

（3）加拿大

加拿大食品检验局（CFIA）是加拿大负责食品污染物监测工作的主要部门。加拿大食品化学污染物监测工作的采样主要包括三种类型：监测采样、管理采样和符合性采样。另外还包括专门或探索性调查以及法规采样。监测计划主要包括三部分。第一部分为监测，目的是监测食品中的污染物水平，这一部分主要包含在食品化学残留监测方案中；第二部分是调查，主要是针对特定地区的目标样品确认可能的污染问题；第三部分是监督，目的是为了将超标食品下架。监测计划还包括食品污染物残留监测、食品中危害性化学物监测、农药及兽药残留监测和总膳食研究。

全国食品化学残留监测方案（NCRMP）于1978年正式启动。该方案重点以风险评估为目的，选择加拿大居民日常消费量大和污染较为严重的食品作为采样和监测的重点。该方案由评估部门根据CAC发布的兽药和农药残留两个重要标准来确定监测计划和时间进度。NCRMP的目的主要有四个方面：一是监督农业和畜牧业生产是否符合良好农业生产规范和良好兽药使用规范；二是防止含不合法添加物掺假食品的流通和消费；三是为国内及进口食品的风险评估提供数据资料；四是为验证控制措施的有效性提供信息资料。目前重点监测的食品包括：乳制品、蛋和蛋制品、鱼类和海产品、新鲜水果和蔬菜、蜂蜜、食品标签、槭树产品、肉类和禽类产品、有机食品、包装材料和非食用化学制品、加工水果和蔬菜以及零售食品。

NCRMP对监测的污染物项目也有规定：第一，必须是可能残留在食品中的物质（例如兽药、农药或环境污染物）；第二，任何污染物项目至少要连续监测3年，监测至少300份样本，通过累积数据的评估结果来决定该污染物是否继续监测，如果经统计推断该污染物无问题，则该项目终止，一旦该污染物的使用方式、限量或者分析方法的灵敏度发生改变，则会重新纳入到监测方案中。

另外，为合理利用资源，NCRMP会将监测项目进行优先排列。将资源充分利用到高优先级的项目，较低优先级的项目进行定期的监测或者组合到多残留的监测方法中，这种分类贯穿在整个监测过程中。监测的项目包括兽药和农药残留、有毒重金属/元素、二噁英及其类似物以及其他环境污染物。当 CFIA 监测发现超标现象时会将结果反馈至加拿大卫生部，由加拿大卫生部对结果进行风险评估，根据评估结果确定超标样品的处理方法。包括通知生产商或者进口商、进一步的调查、根据调查进行管理采样，如果加拿大卫生部确定这一产品对消费者或某一特定人群可能造成健康危害时则进行召回。CFIA 会根据产品健康风险采取不同的管理措施，以避免污染事件重复发生或者污染产品的继续流通和消费。

NCRMP 监测的样品从采集到公布结果的平均周期为 21 天，监测数据的报告以年度总结形式通过 CFIA 官方网站进行公布[22-24]。

食品微生物监测包括常规监测和监管监测。常规监测系对有潜在人体健康风险的食品进行监测，并根据加拿大卫生部或其他国际组织（如 CAC）制定的食品安全标准对结果进行分析，对于超标食品将采取复检、再次抽样、公众预警和召回等措施。监测结果有助于 CFIA 掌握加拿大市场中的高风险食品、确定污染来源、制定政策规范以降低其对消费者带来的潜在健康危害。监管监测作为加拿大食品安全行动计划中的一部分，针对没有包含在常规监测中，但被认为可能具有高风险的食品进行监测，并形成监测报告。通过监测，进一步加强食品安全法规的执行，提供监管信息，将发现的问题及时向公众发布，更好地保障食品安全。2009～2010 年完成的监管监测包括加拿大市场番茄中的食源性致病菌和大肠埃希氏菌的监测。

总之，加拿大的食品监测是具有一定程序性的，将监测、调查、监督合为一体，研究、监控和执法有机结合，提高了监测数据结果的可用性，并有效地确保了食品的安全。

（4）欧盟

1）各成员国的监管体系

除了遵循欧盟统一的食品安全检验监测与监管原则和措施之外，各主要成员国还结合本国实际，形成了各具特色的检验监测与监管体系。欧盟每一个成员国需提出本国详细的食品质量安全控制计划，实施自查，同时制定应急预案。当欧盟的任何一处出现问题时，信息可通过快速预警系统在几分钟内通报到欧盟的各成员国。成员国得到信息后，就会迅速销毁或强制召回问题产品。在实施可追溯原则的情况下，一旦发生问题，可迅速找出问题所在，确定原因，制定解决办法。

2）欧盟食品安全风险监测工作

早在 1991 年，为促进欧洲各国加入 GEMS/Food 体系，欧盟建立了 GEMS/Food-Euro体系，以便更好地开展食品污染物监测工作。在 GEMS/Food-Euro 的指导下，既有每个国家独立开展的监测，也有欧盟统一的监测方案。欧盟统一的污染物监测包括植物源的农药残留、动物源的兽药残留及其他污染物的监测。其特点是在欧盟一系列的相关法规指令下进行的[25]。自 EFSA 成立后，已有部分监测工作移交由 EFSA 专门负责。

Enter-Net 是一个国际监测网络，用于监测沙门氏菌、产志贺毒素大肠埃希氏菌和弯曲菌及由其引起的感染性疾病。它建立于 1993 年，由英国健康保护署管理。2007 年，Enter-Net 移交至欧洲疾病预防控制中心。Enter-Net 在欧洲集中协调沙门氏菌血清分型和噬菌体分型，建立即时的沙门氏菌国际数据库。通过对暴发事件的识别和调查，在不同国家的专家之间及时交换信息，使得欧洲及其他地方的公共卫生行动更为有效。在过去的几年里，Enter-Net 发现数起跨国发生的疾病暴发事件，并对暴发事件进行调查和干预。目前加拿大、澳大利亚、新西兰、日本和南非也加入了这个网络。Enter-Net 每季度及每年会发布相应的报告，及时对监测情况、流行病学特点及变化趋势等进行分析，公众可在网站上查阅下载[26]。

（5）德国

自 1995 年起，德国开展由联邦和联邦州政府共同执行的针对有害物质的系统化监控项目，以获得膳食中有害物质摄入量的代表性数据并确定对健康的潜在风险、明确季节性和（或）区域性的影响因素并推断出趋势，并且将相关信息反馈给消费者、行业协会及政策决策者，为制定出风险最小化的针对性管理措施提供科学依据和建议。

作为欧盟重要成员国，德国既参与欧盟的食品污染物监测，提交相关数据，同时也建立本国的食品安全监控体系。监控项目覆盖了德国绝大多数的食品，自 2010 年起，从健康角度出发，范围逐步进行扩大，化妆品和日常用品也被纳入其中，目的是进一步确认对消费者健康有害的潜在风险，有的放矢地采取针对性预防措施，有助于尽早发现危害人身体健康的物质和食品，保护消费者身体健康。

德国国家食品安全监控项目的参与者包括联邦食品、农业和消费者保护部、BVL、BfR 和各联邦州。作为德国的国家级食品安全和消费者保护主管机构，农业和消费者保护部主要负责与欧盟沟通和项目的总体协调；BVL 作为具体组织部门，主要负责联邦层面的协调工作，其中包括编制方案、监测数据的管理与分析、组织相应的能力测试、向公众发布监测结果信息等，除此之外，还负责向 BfR、EFSA 和 WHO 报送数据，同时还作为欧盟食品和饲料快速预警系统（RASFF）的德国国家联络点，承担相应任务；BfR 则对监测数据进行风险评估、参与年度报告工作，为计划提供科学建议以及报告特别监控项目；各联邦州的主要工作包括为计划的制订提供建议、采集和检测样本、向 BVL 报送数据和报告特别监控项目[27]。德国食品控制系统包括 16 个联邦州主管部门、22 个地区政府、412 个地方主管机关和 36 个官方实验室。联邦州主管部门负责组织，地区政府负责本地区食品控制协调，官方实验室承担样品分析，地方主管机关则负责取样、检查和具体执法。

德国食品监控方案是在官方食品控制框架中的一个独立的法律任务，严格按照《德国食品和饲料法》第 50～52 章要求执行，同时参照其他关于实施国家监测工作的一般管理规定。在联邦建立食品追踪机制、统一的数据库和转基因食品的追踪系统。

德国食品监控每年由联邦政府制定相应的监测计划，计划中详细列出每个联邦州采集的食品种类和需检测的污染物项目，同时也包括具体的采样要求。各联邦州在此基础上将方案进行细化，内容包括监测的产品、残留物、样本采集及制备、数据传输报送、联邦州间的任务分配、实验室检测建议等。为了更好地执行监测计划，联邦消费者保护和食品安全局每年会下发监控手册到各个联邦州，用于指导具体的样本采集和分析工作。

从样本采集角度分析，德国的监测主要采取两种类型，一种为“菜篮子”监测，即采集的样品是可以代表绝大多数消费者消费的食品种类，每年大概选取 35～40 种食品。另一种为项目监测，即基于联邦各州或联邦相关机构的提议，对当前关注食品存在的特殊问题和热点污染物等开展针对性的调查。每一种产品都要对方案中设定的残留物或污染物分析，从而弥补风险分析等工作的数据需求。“菜篮子”监测的项目包括：植物保护产品的残留（农药残留）、有机污染物（如多氯联苯、二噁英、多环芳烃化合物）、元素（重金属）、硝酸盐/亚硝酸盐、真菌毒素（黄曲霉毒素、玉米赤霉烯酮、呕吐毒素、伏马菌素、棒曲霉素等）、食源性致病菌、寄生虫和病毒；而监测项目在“菜篮子”监测残留物和污染物的基础上还包括与加工过程有关的污染物和毒性反应物（丙烯酰胺、呋喃、3-氯-1，2-丙二醇等）、药理活性物质残留和其他有机污染物（苯系物、多环芳烃）等。

国家食品控制方案只规定年度最低样本采集数量，其中包括重点监控的食品。各联邦州在完成国家方案的基础上要建立自己的监控计划方案。从 1995 年开始，平均每年采集 4700 份样本，即 17000 名消费者对应一份样本，每种食物抽取 240 份左右。从 2010 年起，因监测范围外延，食品的样本数增加至 9000 份，另外采集化妆品和日常用品样本数量为 1000 份。因此，需重新确定每年要监测的食品种类，选取大约 120 种食品作为代表市场的样品。同时每年还将 15～20 种食物作为重点监测对象，包括动物源和植物源食品（乳与乳制品、肉与肉制品、蛋类、鱼与鱼制品、谷类及制品、水果、蔬菜、干果、茶、葡萄酒、啤酒、果汁、咖啡、香料、调味品）、婴儿食品及其欧盟协调合作监测清单中的食品。

依据欧委会第 882/2004 号条例和德国的相关规定，德国还制定跨年度国家控制计划，周期一般为 3～5 年，范围包括食品安全、饲料安全、动物健康、动物福利和植物卫生。跨年度国家控制计划主要由整体战略目标，主管部门、国家参比实验室和指定控制机构，主管部门官方控制的组织和管理，突发事件的应急安排，部门、成员国之间的互助，质量管理系统和确保满足标准条件的执行等内容构成。

BVL 每年在对数据进行有效性检查和评估后，统一将数据进行统计分析，形成年度监控报告草案，通过报告编辑工作组修改后，提交至监控委员会，通过审批后形成年度报告终稿，同步公开发布在其官方网站上，公众和企业均可免费下载监测结果。依照计划，报告由菜篮子监测和项目监测两部分结果组成，针对发现的可疑结果将进行深入研究。BVL 还将收集的数据传送到 BfR，同时也传送到欧盟和 WHO 进行风险评估。年度监测结果不仅用于暴露评估和健康风险评估，还作为制修订标准的依据，同时用于新一年监控计划制定的参考。

（6）澳大利亚和新西兰

澳新地区的食品安全监测由澳新食品标准局（FSANZ）及澳大利亚和新西兰相关政府机构共同实施[28]。其特点是形成了两国共同监测和执法的策略，可以共享和分析数据，以确保食品的安全，并符合相关标准。FSANZ 负责澳新食品标准的制定和管理，承担监测数据的收集整理。FSANZ 对食品监测进行监督管理，为制定食品安全标准搜集数据。此外，还收集监督检验结果和针对性的调查结果数据。食品监测的数据、食品召回的背景信息、进口产品和总膳食研究等情况均通过新闻通讯的形式公布在 FSANZ 的官方网站上，使之成为食品安全的信息源。

依据微生物污染、农药残留限量和化学污染物标准，FSANZ 和澳新的相关政府机构共同监测食品以确保食品安全。FSANZ 负责汇总最终的食品监测数据，除监测结果外还包括在不同的区域进行的针对性的调查结果。FSANZ 实施的监测项目有：总膳食研究和食品调查。总膳食研究包括澳大利亚总膳食研究和新西兰总膳食研究；食品调查包括微生物和化学监测。

2. 国际组织和发达国家风险监测的特点

(1) 目标明确

各国根据本国的食品安全现状建立相应的食品污染物监测体系，监测农药残留、兽药残留、重金属、环境污染物等。每个国家监测形式、采用的监测手段和负责食品污染物监测的部门都各不相同，但总体而言其目标都极为明确。

(2) 形式简单

从当前较为成功的监测案例看，监测形式都力求简单，多数监测针对某一项目，如澳大利亚的“海藻和含海藻产品中碘含量监测”；或者是某一类型污染物，如“欧盟的植物源食品中农药残留监测”等，其特点是：①使执行者可以方便地掌握计划设计的目的和期望达到的效果；②执行过程中受到的干扰比较小；③针对计划可选择最优秀的实验室参与监测工作；④便于形成简明扼要、针对性强的总结报告。

(3) 设计科学

当前成功的监测活动主要都得益于其设计科学，需根据监测目的和监测对象的特点考虑是否采用代表性监测、针对性监测或是标准执行效力监测，其考虑原则主要是：①达到的目的；②以往的基础；③现有的经费和检测能力。

(4) 执行有力

监测工作如想达到理想的效果，除设计科学的方案外，严格按照计划中的要求执行是非常必要的。

(三) 检验检测和应急处置能力建设

根据国家认监委组织制定的《食品检验机构资质认定评审准则》，食品检验机构是指依法设立或者经批准，从事食品检验活动并向社会出具具有证明作用的检验数据和结果的检验机构。

由于食品安全监管模式不同，各国食品检验检测技术机构的设置也不尽相同。以从事进出口食品检验的技术机构来看，包括由国家或地方政府投资，按国家有关法律、法令对出入境商品实施强制性检验、检疫和监督管理的官方检验机构，如美国 FDA；有一定权威、由国家政府授权、代表政府行使某项商品检验或某一方面检验管理工作的民间机构的半官方检验机构，如美国担保人实验室；由私人创办、具有专业检验、坚定技术能力的公正行或检验公司的非官方检验机构，如英国埃劳氏公正行。各类检验机构的功能不同。

1. 美国的官方检验机构

美国很少说“商品检验”，而称“产品检验”。除产品检验外，还有“服务项目”检验。联邦政府设立的产品检验机构基本上都是进口、出口、内销产品检验三位一体的主管机关。

(1) 检验机构设置

官方检验机构检验进出口商品的权限实行专业化分工。

DHHS 下属的 FDA 主管食品、药品(包括兽药)、陶瓷餐具以及电子产品的监督检验；产品在使用或消费过程中产生的离子、非离子辐射影响人类健康和安全基础上的测试、检验和出证。根据规定，上述产品必须经过 FDA 检验证明安全后，才可以在市场销售。FDA有权对生产厂家进行视察，有权对违法者提出起诉。

农业部下属的动植物检疫局主管动物、植物的检疫。FSIS主管猪、牛、羊、兔和禽类屠宰产品加工、卫生检验和出证。农业市场服务局主管肉、禽、蛋、奶、棉花、烟叶、新鲜蔬菜水果、加工过的蔬菜水果、松香、松脂等产品的质量分级检验和出证。联合谷物检验局主管小麦、大麦、燕麦、黑麦、玉米、高粱、亚麻籽、大豆、混合谷物等产品的质量、重量检验和出证。

商务部下属的国家海洋大气管理局主管加工的鱼类、贝类产品的检验和出证。国家标准局主管衡器、计量器具的校正检验和出证。

消费品安全委员会主管家庭、学校、娱乐场所、个人使用的消费性产品(如儿童玩具)中含有毒性、腐蚀性、易燃性、刺激性、易产生压力的有害物质的测定。

环境保护署主管空气、水处理设备、饮用水、农药等的检验和出证。

核管理委员会主管放射性材料的包装设计审核、测试、鉴定和出证。

(2) 严格立法，各项检验有章可循

美国政府将产品和服务基础上检验、出证的法律、条例和规定均载入《联邦法规》(CFR)，每年修订补充，重新出版供政府主管部门依照执行。《联邦法规汇编》由政府书店统一经销。每一主管机关实施的法律、条例和规定都有一个特定的卷号，查阅极为方便。

(3) 分类管理，强制性检验与监督检验相结合

美国联邦法规规定，政府主管检验、出证的产品有200多种，实施检验出证的项目，概括起来分为三大类：

第一类，完全实施强制性检验(即法定检验)。如对食品、药品，陶瓷餐具和茶具的铅、镉限量，危险品包装检验等，都实施强制性检验。

第二类，部分实施强制性检验。为避免每次采购都进行重复的检验或试验，政府允许经销商或生产厂可以不持有政府签发的检验证书在市场上公开销售其产品，但是，如果这类产品系政府部门采购或与政府提供资金担保采购的，仍须实施强制性检验。如美国国防部主管的《合格产品目录》列明的产品即属此类。

第三类，基本为非强制性检验。这类产品由政府主管机关制订统一分级标准，在政府实验室或其认可实验室内，由政府检验人员或经其培训发给执照的检验人员进行产品测试、检验及办理生产厂(场)的设计审核、批准及/或注册。允许生产厂或经销商参与部分检验、出证工作，但必须接受政府主管机关检验人员的监督。

2. 日本的官方检验机构

根据日本国家行政体制，政府各部门在自己分工权限范围内，对有关进出口商品检验工作实行分工管理。通商产业省(分管全国所有工业生产和商业、外贸等事务)，负责进出口工业品的检验管理；农林水产省(分管全国农林牧渔和食品等的生产)，负责全国进出口农林水产品和食品的检验和检疫管理；厚生省(分管全国医疗卫生事务)，负责进出口食品、医药品等卫生方面的检验和管理；运输省(分管海、陆、空客货运输事务)，负责进出口商品运载计量和安全方面的检验管理。

日本政府对进出口商品检验管理主要有三个方面：

（1）通过国家立法进行管理

日本政府十分重视发挥法律对社会经济发展的促进作用，陆续颁布一系列法律法规，如《出口检查法》、《食品卫生法》、《工业标准化法》、《出口设计法》、《产品责任法》等等，通过立法形式建立加强进出口商品检验管理的依据。这些法律明确规定进出口生产、加工、经营、销售单位以及商品检验、海关等执法部门的法律义务和责任，对违法者进行法律制裁。

（2）对重点进出口商品实行强制性检验

根据《出口检查法》等有关法律的规定，日本政府有关部门根据需要，规定了若干必须由政府或政府指定的民间检验机构检验的商品种类，亦称法定检验商品种类。凡被列为法定检验范围的商品，有关生产经营企业必须向政府或政府指定的检验机构申报检验，经这些检验机构检验合格后，发给检验合格证书，并对商品加附 BESST 标志，经海关审核验证后予以通关放行。如发现违反检验法律的行为，海关即将情况通知政府有关部门，由政府的检验机构负责复验、调查核实，提交地方法院，由法院视情对违反法律的当事人进行处罚。

（3）对民间检验机构实行监督管理

为了使有关进出口商品检验法律顺利实施，日本政府十分重视组织和利用社会检验力量。日本国内的一些民间检验机构由政府主管当局根据《出口检验法》的规定批准营业，代表政府对出口商品进行检验，承担着“法定检验”的任务。为了保证检验工作的公正准确，这些民间机构在政府的严格控制下进行工作，日本政府对有关民间检验机构的检验技术水平、检验设备手段、检验范围和能力以及组织结构进行考核认证。对具备条件的授权代表政府执行有关进出口商品的法定检验。政府部门对所指定的民间检验机构的检验业务和检验结果进行监督管理，不定期进行抽查，如发现问题可撤销授权。政府有关部门还对指定检验机构的领导人实行任命，如委派刚退出现职的农林省次长或粮食厅长担任日本谷物检定协会的会长和理事长；由运输省大臣确认日本海事检定协会的理事以上干部，并发给确认书等；对其一般官员和雇员的聘用、解雇和处罚，都有严格的规定，所有工作人员都必须注册。

日本政府委托官方和民间检验机构对指定的出口商品进行检验。所谓“指定商品”，是指由日本“出口商品检验和设计促进委员会”提出指定出口商品目录建议，由内阁发布命令加以指定。日本《出口检验法》规定，每一种指定的出口商品都由行政法规规定其检验标准，一旦出口商品质量达不到这些标准规定，不管出口商或进口商担保与否，都不准出口。指定的商品未经法定检验而出口的，将对出口人签发制止令，并处以罚款。伪造或涂改检验机构证书的，将被视为特别严重的“伪造公文罪”，其受到的处罚远远重于一般的伪造公文罪。

3. 欧盟的官方检验机构

欧洲联盟国家的官方检验机构，其组织形式与美国类似，也是按商品类别，由政府各部门分管，按有关法律授权或政府认可实施检验和监督管理。如德国技术检验代理机构网获得官方承认并主管市场的商品质量；英国标准协会负责制订标准和实施检验、认证等工作；荷兰卫生部主管药品和食品，经济部主管电器和计量器具、农渔部主管水产品和农产品，环保部主管建材、化工品和危险品，运输部主管车辆和飞机，社会安全部主管核能的检验和监督管理。各部下设相应的检验机构，如卫生部下设食品检验局，肉品检验局；农渔部下设农产品检验局等。

欧盟为监控所有的技术法规而建立了一个官方/私人机构联合体系。官方机构负责制定法规，并按产品类别定义其标准及样品审查制度。私人或半官方机构负责制订强制性及非强制性标准，并执行大部分测试、检验、管理任务。

法定范围的活动主要有测试、检验及认证、认可。

(1) 制订标准

欧盟层次的技术协调及标准制订有两种方法：第一是制订某类产品所有的有关规定，即"完全强制协调"，该方法主要涉及与安全、健康有关的产品，食品位列其中；第二是只制订某类产品的关于安全、健康项目的基本要求，然后由欧洲三个标准制订机构(欧洲标准化协会、欧洲电工标准化委员会、欧洲通讯标准化委员会)制订自愿性技术规范，再将此技术规范定为欧洲标准或协调文件。

欧盟各成员国都有自己的制订标准机构，如法国的 AFNOR，德国的 DIN，意大利的 UNI，西班牙的 AENOR，英国的 BSI 等。这些机构同时也参与上述欧洲三个标准化机构的工作。

欧盟各成员国约定，新制订的国家标准在生效前应通知欧盟主管标准管理的单位。

(2) 认可检验认证机构

欧盟在测试及认证领域的权威组织是 CEOC。这个组织的成员大部分属于非盈利性质，服务项目涵盖许多设备的检测和认证。

ISO 9000 系列标准制订以后，欧盟成员国将其纳为欧洲标准 EN29000，并以此为依据，指定各国上述认证机构对厂家进行质量体系认证，以保证产品质量。

目前国际上比较著名的商检机构有美国粮谷检验署、FDA、法国国家实验室检测中心、日本通商产业检查所等官方所设立的检验机构，以及美国保险人实验室、瑞士日内瓦通用鉴定公司、英国劳合氏公证行、日本海事鉴定协会、香港天祥公证化验行等民间或社团检验机构。

与我国现行的依照分段监管模式设置检验检测技术机构完全不同，欧盟和美国按照品种分类管理、强制性检验与监督检验相结合的方式设置检验检测技术机构。欧盟和美国等有关国家和地区也非常注重发展第三方检验机构，以提高检验服务的范围及检验结果的公正性。

(四) 食品安全信息化体系

1. 国外食品安全信息化体系的技术基础和管理基础

美国、欧盟、日本等国家和地区是世界上信息化程度最高的区域板块，有着重视信息的公开和透明，强调公众知情权的优良传统，其信息技术的研发能力和应用水平在世界上居于领先地位[29]。

参考这些国家和地区的食品安全信息化体系，食品安全信息化体系应包含：一是在食品供应链档案化管理基础上建立食品安全信息可追溯系统；二是遵循信息公开透明原则，建立包含食品安全信息公开和食品标签管理体系为基础的食品安全信用体系;三是通过建立食品安全专家咨询机构和完善的数据库系统,实现对决策支持信息资源的整合;最后,运用云计算、物联网、移动互联网等现代信息技术,建立食品安全监测、预警和应急反应系统。

2. 建立食品安全信息可追溯系统

食品安全信息可追溯系统作为食品安全管理的重要手段,是欧盟为应对疯牛病问题于1997年开始逐步建立起来的[30],旨在作为食品安全监管的措施,利用条码或二维码技术给每件商品标上号码、保存相关的管理记录,有助于识别食品的身份、流通环节及来源,根据原料生产、加工、流通及消费过程中各个环节相关信息的记载,实现对食品生产链中相关产品的来源和去向的确认和跟踪。当出现食品安全问题时,能快速锁定问题所处的环节,切断问题源头,实现问题食品召回,有效消除危害和减少损失[31]。

由于近年来疯牛病和禽流感等所带来的严重的食品安全危机,美、欧等国家和地区对牛肉、其他肉禽类产品和转基因食品等分别建立了可追溯系统[32],在可追溯系统的标准化上,由国际物品编码协会(EAN)和美国统一代码委员会(UCC)推出的EAN·UCC系统是目前使用最多的食品可追溯系统,已广泛应用于食品、饮料、肉制品和鱼制品等的追溯。EAN·UCC系统主要包括编码系统、数据载体(如条形码)和数据交换(如电子数据交换)三部分的内容[33]。通过EAN·UCC系统就可以对食品供应链的每一个环节进行有效的标识,建立起对各环节信息的管理、传递和交换,实现对食品有效的跟踪和追溯。

以联合国欧洲经济委员会正式推荐使用的牛肉制品可追溯系统为例,可追溯系统信息的采集和记录主要分为三个阶段:①活畜阶段:牛出生后,就打上包括性别、出生日期、出生地、转入、转出和死亡等信息的耳标;②屠宰阶段:记录屠宰相关信息,包括屠宰国家(地区)、屠宰场标准号码、牛肉重量等;③屠宰后阶段:记录的信息包括加工国家(地区)、加工厂标准编号、流向情况等[34]。

屠宰阶段开始,标签和条形码成为牛肉相关信息的载体,用于牛肉产品的数据编码和记录,通过扫描条形码可以获取相关数据编码信息,主要包括:①全球贸易项目代码,每一牛胴体/每一牛块肉都有全球唯一的EAN·UCC代码;②连接牛/牛肉和下一级牛肉的参考代码:标识符(AI)。通过这个代码实现牛肉供应链前后环节的信息关联,进而实现整个供应链的信息关联。例如AI251:耳标号码;AI10:分割批号/组号;③对产品属性进行标识的代码:例如AI422:出生国(地区),AI423:饲养国(地区)等。

(1) 美国

美国于2002年通过《公众健康安全和反生物恐怖预防法》,其中包含了“跟踪与追溯条款”。USDA于2003年开始计划建立家畜可追溯体系。《鱼贝类产品的原产国标签暂行法规》于2005年4月正式实施。除此之外,政府还敦促企业采用信息管理系统来保障食品供应链安全。

(2) 欧盟

欧盟是食品可追溯制度最早的倡导者和实施者。2005年,欧盟法规《食品法的基本原则和要求、欧盟食品安全及有关食品安全程序》(EC178/2002)中的主要条款正式生效,其中第18条对食品追溯性做了严格的规定:要求在食品生产、加工和流通的各环节建立可追溯系统，同时加工者也要建立信息系统。当监管部门需要时，能够及时提供，要求市场上销售的产品的标签上应准确标注有关信息。

EAN · UCC 系统被看做欧盟在实施食品可追溯制度上最具代表性的案例。2000 年 7 月 17 日，欧洲议会和欧盟理事会共同制定了 2000/1760/EC 法令《牛肉制品追溯指南》[35]。另外还提出《良好生产实践指南》用来监控在农产品生产环节的潜在危害。随着技术的进步，欧盟已经开始运用 DNA 标记技术来提供动物的可追溯信息，确认肉制品的起源。

(3) 日本

自 2001 年起，日本政府开始在牛肉生产供应中试行推广农产品与动物性食品的可追溯系统。2002 年 6 月进一步将食品信息可追溯系统推广到肉食业、水产养殖业以及蔬菜产业，这一举措使得消费者在购买食品时，通过商品包装就可以读取食品品种、种养殖、生产加工、流通等过程信息。

目前，日本已建立了完善的食品安全可追溯机制，保证了食品从生产、加工到销售的各个环节实现相互追查，当食品安全问题出现时，能够及时追踪溯源，成为提升消费者食品安全信心的重要手段。

(4) 英国

尽管英国的畜牧业具有高度发达、集约化程度高的特点，但依旧是疯牛病、口蹄疫等食品安全事件的主要受害国[36]。因此，英国政府除了采用 EAN · UCC 系统之外，还实施了本国的家畜辨识与注册综合系统。

家畜辨识与注册综合系统包括四个要素：标牌、农场记录、身份证、家畜跟踪系统。实现家畜相关信息记录在案，不仅为管理者追溯定位产品提供了及时有效的信息，同时也为家畜产品的购买者提供了质量担保，提高了消费者对肉类食品的信心。

3. 建立食品安全信用体系

建立食品安全信用体系是食品安全信息化的重要方面和必然要求。安全信用体系的建设应以信息公开透明为原则，以食品安全信息公开制度和食品标签管理体系为基础开展。

食品安全信用体系主要包括：一是建立有效的食品安全信息公开系统，二是确立一套完善的食品包装标识体系。

(1) 美国

美国政府十分重视强调食品安全信用体系建设和食品安全管理的公开性和透明度，借助发达的信息技术，美国已经建立了有效的食品安全信息发布系统。同时，美国还有世界上最为完备、严谨的食品标签法规，主要包括《联邦食品药物和化妆品法》和《公平包装及标签法》，按照法律的规定，食品生产商必须实施强制性食品标签。对于消费者，FDA 会提供食品安全知识（如食物掺假、错贴标签）指导、教育和培训；USDA 的消费者热线会及时答复消费者关于食品安全知识、风险防护、营养搭配等方面的咨询。此外，FDA 有两个销售后监测系统，即食品安全与应用营养中心的灾害事件监控系统和食品投诉系统。

(2) 欧盟

欧盟希望公众广泛获取食品安全管理委员会掌握的文件和信息，同时也为了增强食品安全工作的透明度，管理委员会允许公众参加相关的食品安全会议，也会邀请代表或组织来参加管理局的一些活动，将 EFSA 实施的环境风险评估、人类与动物健康安全风险评估结果以及其他的一些科学建议向公众公布，保障公民的知情权[37]。

在食品标签管理方面，欧盟也在不断地探索完善。欧共体（欧盟前身）于 1979 年颁布了一部作为食品标识规范的总则——《食品标识说明及广告法指令》。1990 年又发布了《关于食品营养标签指令》，提出了普适管理总则的专项指令。

（3）日本

日本对食品安全标准有着极为严格的规定，对食品标签的要求也做了非常详细的规定[38]。1970 年农林水产省重新修订并实施《农林产品品质规格和正确标识法》（JAS 法），规定食品的各种成分、生产日期、使用期限必须标识。2001 年正式实施某些转基因食品的强制性标识制度。日本全国农协于 2006 年对农产品实施身份管理制度，对通过农协上市和下属于农协的肉类、蔬菜等所有农产品都编排了识别号码。落实全国农协实施的农产品身份管理制度，通过互联网公布身份管理制度的相关数据。另外，农林水产省全力开展食品安全宣传活动，通过宣传和讨论提高公众的认识水平。

4. 建立食品安全专家咨询体系和完善的数据库系统

在现代社会，信息纷繁复杂，决策的领域和范围日益扩大。在这种复杂多样的情况下，想要提供高度专业化和综合性的信息资源，首先要建立食品安全专家咨询机构，将专家咨询制度引入行政决策系统，提供高度专业化和综合性的信息资源[32]。在此基础上，尝试开发各种专家系统来辅助和替代管理决策和生产指导等工作也是大势所趋。其次要建立食品生产相关信息的数据库系统，涵盖了生产规范、技术指标、质量控制和政策法规等方面，为政府部门的管理工作提供信息服务，同时也惠及食品从业者，为其提供信息指导。

（1）美国

美国制定了管理机构必须遵守的《联邦咨询委员会法》，以帮助和规范政府部门的政策制定和决策管理。FDA 网站上建立了各种食品相关的法规、政策、管理条例、操作规范、疾病数据库，获得商品化生产许可的转基因产品数据库就是其一。USDA 也资助建立了“避免食品动物中残留数据库”，该数据库主要供兽医和养殖者查询使用，目前该数据库已发展成为一个国际性的数据库。

（2）欧盟

EFSA 由管理委员会、行政主任、咨询论坛、科学委员会和八个专门科学小组组成[39]。在发生食品安全事件时，欧盟理事要成立应急处置小组，由 EFSA 的科学家负责为其提供必要的科学和技术建议。当提出影响公众健康的食品安全立法建议时，相关部门还需征求委员会意见和建议。

在数据库建设方面，除政策和法规数据库，欧盟还投巨资建立统一食品成分数据库，以便欧盟成员国共享。食品兽医办公室等管理机构也会提供详细的历年食品监管报告等。

（3）日本

2003 年 7 月，日本在内阁成立了食品安全风险评估机构，独立履行食品安全风险评估职能，为农林水产省和厚生劳动省提供咨询和指导意见，并对其管理机构的食品安全执法、监督进行监督和评价[40]。

在食品相关数据库建设方面，农林水产省的网站上既提供政策法规数据库和统计资料数据库，也提供热点事件的详细资料信息。

5. 建立食品安全监测、预警和应急反应系统

美、日、欧等国家和地区都采用现代信息技术、监测技术和通讯技术，建立以预防为核心的食品安全信息预警和应急反应网络，加强跨政府部门（包括农业、卫生和环境保护等部门）之间的分工与合作，及时发现食品安全问题并迅速应对，制定相应的防治对策，同时开展食源性疾病负担研究[41]。

（1）美国

美国主要的食品安全监管机构包括 DHHS 下属的 FDA、USDA 下属的 FSIS 和 APHIS，以及 EPA。这 4 个主要机构均建立了自己的食品安全监测、预警和快速反应网络系统，随时跟踪和监控食源性疾病的发生。而 DHHS 下属的 CDC，通过与这些部门的合作，主要承担食源性疾病监测预警工作，在美国的食品安全监管体系中发挥着重要作用。

1）CDC 负责的网络系统

CDC 与 USDA、FDA 合作于 1995 年建立了美国食源性疾病主动监测网络，目标是监测食源性疾病的发生情况及其严重程度，并分析导致食源性疾病的相关食物及其病原微生物，如细菌、寄生虫和病毒等[42]。

此外，为了提高监测的准确性和时效性以及提升发现大规模疾病暴发的监控能力，CDC 还与其他部门及实验室合作建立了细菌分子分型国家电子网络（PulseNet），主要是为食源性疾病相关分析提供致病微生物分子分型数据库及同源鉴定[43]。

2）FAD 所属网络

FDA 下属紧急救助中心（EOC）负责追踪国内食品相关疾病的疫情。如果发现某种监控的食品与疾病相关，EOC 还将负责协调各部门应对，包括收集和分析样品、解释与疫情相关的分析数据，以及追踪问题产品。追踪可能提供疫情迹象的网络和媒体信息，而后 EOC 会对这些情况做出迅速、有效的应对。FDA 的各州咨询传真/电子邮件系统能保证 FDA 可以随时向各州发送多种形式的信息。此外，FDA 赞助的用于食品检测的数据交换系统——“电子实验室交换网络”（The Electronic Laboratory Exchange Network，eL-EXNET），是一种用于食品检测信息的无缝隙、一体化、基于网络的数据交换系统，为政府食品安全管理部门间的合作提供了信息交流平台，它有助于参与食品安全工作的多方沟通，共同分析实验室的研究结果。

3）FSIS 所属网络

FSIS 下设一个由公共卫生和传染病联络官员组成的机构，该机构与各个地方的公共卫生部门保持着密切的联系，该机构设有 24 小时免费电话，与各地方的公共卫生部门保持着密切的联系。当出现肉类、家禽或蛋类产品有关的疾病报告时，FSIS 会第一时间联络这些机构了解情况。同时 FSIS 也建立了消费者投诉系统，受理与其控制产品相关的投诉。

4) 农药项目管理办公室所属网络

美国EPA下属的农药项目办公室(OPP)专门负责农药方面的监督管理,OPP下属信息资源及服务部负责农药项目数据库、农药信息中心及计算机系统与网站、农药信息公开准则、公共服务日程表以及网上咨询服务组织的管理。同时,OPP还要评估其管理的各种常规农药及生物农药对环境的影响。在OPP的网站上有大量关于各类农作物农药许可量标准、农药分类评估方法标准、对人体健康影响标准、对进口农药的数据要求,以及标准变更公告等重要技术与商用信息,用于及时服务社会公众。

(2) 欧盟

以丹麦哥本哈根国家血清研究所为首的欧洲科学家正在筹建PulseNet欧洲地区的扩容网络。目前PulseNet Europe已经完成部分食源性致病菌的可行性研究。此外欧洲早在1979年就建立了涵盖各成员国、委员会及EFSA的RASFF网络。一旦发现来自成员国或者第三方国家的食品与饲料可能会对人体健康构成危害,欧盟委员会将启动快速预警系统,采取紧急控制措施来禁止或限制有问题食品的生产、销售、食用。

(3) 日本

日本国家传染病控制中心建立了PulseNet网络,对导致食源性疾病的细菌进行基因组分析。在农药和化学品残留的检测方面,1999年开始投入使用的"多种农药快速检验法"能对大米、水果和蔬菜等食品中的上百项化学品残留进行快速检测,有力增强了日本食品安全监管技术手段。

(4) 国际食品安全当局网络

国际食品安全当局网络(INFOSAN)是一个连接世界各国食品安全当局的跨地区、跨部门的全球网络。该网络的宗旨:一是促进食品安全相关事件信息及时交流;二是加强全球关注的重大食品安全问题信息共享与沟通;三是增进各国之间的伙伴关系和协作关系;四是提高各国处理突发食品安全事件的应急处置能力。

INFOSAN可以根据《国际卫生条例(2005)》查明、评估和管理食品安全事件。INFOSAN通过在各成员国设立指定的紧急联络点,以确保各成员国之间有快速稳定的联络渠道。INFOSAN应急网实现全天候不间断运行,与WHO的其他监测系统有着密切的联系。INFOSAN紧急联络点确保本国对INFOSAN应急网预警信号能够及时采取应对措施,包括食品召回、对消费者警示以及食品进口限制等。在必要时INFOSAN紧急联络点通过其秘书处联络WHO,协助应对本国食品安全事件。

INFOSAN正在建立的包括人畜共患病在内的主要动物疾病全球预警系统,共享预警信息。全球预警系统向INFOSAN、食品安全紧急事件网络通报可能经由食物引起传播的食品安全事件。例如,通报可能感染H5N1型禽流感的家禽和禽蛋进入食物链,WHO可及时获知这类事件的信息并进行评估[44,45]。

(五) 食品安全标准体系

1. 主要发达成员食品安全标准体系特点

(1) 美国

在美国并没有食品安全标准的概念,美国对食品的管理主要通过法律和法规来实现,美国联邦法规(CFR)基本涵盖了所有食品,为食品安全制定了非常具体的标准以及监管程序[46]。美国的食品安全法规标准具有如下特点:

1) 过程控制是食品安全管理的基础

美国的食品安全首先建立在健全的食品良好生产规范(GMP)和危害分析与关键控制点(HACCP)体系的基础之上。2011 年美国 FDA《食品安全现代化法》发布实施之后,在原有 HACCP 和 GMP 要求的基础上,过程控制进一步加强,要求食品企业执行食品安全计划,原有食品企业的 GMP 将进行更新[47]。也就是说,美国在法律层面就已经保证了食品安全的全过程控制。

2) 食品添加剂范围较广,与色素添加剂分开管理

在美国,食品添加剂的使用应经过 FDA 的评审和许可,并且食品添加剂和色素添加剂是分别进行管理的。食品添加剂可分为直接食品添加剂、次直接食品添加剂和间接食品添加剂。在美国食品添加剂的涵义较广,不仅包括营养强化剂、加工助剂、酶制剂等,还包括食品包装材料、食品辐照等。

美国对色素添加剂与普通添加剂分开管理,FDA 负责对食品中使用的色素添加剂进行监督管理,美国的色素添加剂必须按照上市前批准程序进行审批后才能使用。

3) 产品标准相对独立于基础法规

美国各部门对食品的管理按照食品类别划分,USDA 负责肉、禽、蛋制品的食品安全,FDA 负责其他产品的管理。两个部门分别针对各自管辖产品做了相应规定,内容分布在 21CFR 以及 9CFR 中。

不管是 FDA 还是 USDA,在 CFR 的产品标准章节部分仅规定了产品定义、产品规格要求、配料要求、分析方法、标签等内容。可以发现,美国的食品产品标准与基础法规,即通用要求是相对独立的,产品标准仅规定了产品特征性指标,而各类产品中食品添加剂的使用、污染物及微生物指标的控制和管理则需要分别遵守其他相应法规的要求。

(2) 欧盟

在欧盟,同样也没有明确的食品安全标准的概念。欧盟法规(EC) No 178/2002 作为食品立法的一般原则,确立了从农田到餐桌全面管理的总体目标和风险评估的原则[48]。欧盟食品安全管理特点如下:

1) 生产过程管理与终产品限量指标双重控制

欧盟对食品卫生的控制通过完善的食品卫生规范结合终产品中微生物检验来完成。欧盟法规 EC 852/2004《食品卫生》、EC 853/2004《动物源性食品专门卫生要求》以及 EC 854/2004《官方机构管理动物源性食品专门要求》是欧盟食品卫生管理的基础,规定了食品加工、生产各阶段不同环节的卫生要求[49]。同时,欧盟还通过法规(EC) No 1441/2007 规定了食品终产品及特殊生产阶段产品中微生物限量标准[50]。欧盟对污染物的管理同样也在理事会法规 315/93/EEC 规定三项基本原则的前提下,通过法规(EC) No 1881/2006 规定了污染物各项限量指标[51]。欧盟这种过程管理和终产品限量要求双重控制的模式更好地保证了欧盟领域的食品安全。

2) 食品添加剂与营养强化剂、包装材料分别管理,实行肯定列表制度

欧盟对食品添加剂的管理通过肯定列表的形式来实现[52]。欧盟目前的食品添加剂

法规体系包括一个框架性法规(EC)No 1331/2008 以及三个独立法规(EC 1332/2008、EC 1333/2008 和 EC 1334/2008),分别规定了食品添加剂、酶制剂和香料的一般审批程序以及针对食品用酶制剂、除酶制剂和香料以外的食品添加剂,以及食品用香料的管理。

欧盟对食品中营养物质以及食品接触材料与食品添加剂分别管理,这与美国、澳新不同。欧盟对食品中营养强化剂使用通过法规 No 1925/2006"关于食品中维生素和矿物质及其他物质的添加"来规范[53]。欧盟食品接触材料的管理包括框架法规、特殊法规和单独法规三种。

3) 产品标准较少,通用法规标准为主导

欧盟对各类产品的管理通过颁布委员会指令的形式来规范,如食糖(2001/111/EC)、蜂蜜(2001/110/EC)、婴儿及较大婴儿食品(2006/141/EC)等。在绝大部分的产品指令中规定了产品的名称及特定标签要求、可使用的原料及要求等,而并未规定通用法规中已经规定的微生物、污染物、食品添加剂使用等限量要求。

按照欧盟委员会最新的管理思路,对食品安全的管理将倾向于依靠通用法规标准,最近几年欧盟也没有再新发布关于产品标准的指令。也从侧面印证了欧盟对食品安全的管理主要依靠通用法规的管理方式。

(3) 加拿大

加拿大食品安全标准的科学内容由卫生部负责制定,而食品质量以及食品标签的追踪管理由 CFIA 负责。加拿大的食品安全标准除了食品中农药最大残留限量标准是由卫生部虫害管理局制定之外,其他标准主要由健康产品与食品监管司负责制定。加拿大卫生部制定的食品安全标准大部分内容均纳入到食品药品法规的 B 部分[54]。

加拿大卫生部将食品安全标准体系按照专业领域基本划分为:微生物危害管理、化学物质安全性管理以及营养科学,分别负责微生物危害、化学性危害和食品中营养物质和营养标签及声称的管理。新资源食品的管理由微生物危害管理处与化学性安全处和营养科学处共同评估;食品辐照的具体类别和允许水平由卫生部制定,而辐照食品的标识则由 CFIA 管理。

加拿大卫生部对 27 类食品规定了产品标准,包括:酒精性饮料、焙烤用粉、可可和巧克力制品、咖啡、香辛料、调味酱和调味品、乳制品、脂肪和油、调味料预制品、水果、蔬菜及其制品和代用品、预包装水和冰、谷类和焙烤制品、肉及其预制品、盐、醋、茶、海产品和新鲜水产品、禽肉及其预制品、特殊膳食用食品、婴儿食品、低酸性食品罐头。

由此可见,加拿大卫生部负责的食品安全标准体系由基础标准和产品标准组成,食品安全标准内容正式被政府采纳后均纳入《食品药品法规》。

(4) 澳大利亚和新西兰

在澳大利亚和新西兰,食品法规体系是一个两国间的合作体系,1991 年成立的 FSANZ 是独立的法定机构,负责制定适用于澳大利亚和新西兰的澳新食品标准法典[55]。澳大利亚新西兰的食品法规体系最重要的特征是政策决议和食品标准的制定相分离。

澳大利亚新西兰食品标准法典是单个食品标准的汇总,并按顺序整理成为 4 章。第 1 章为一般食品标准,也即通用标准,适用于所有食品。内容包括食品标签要求、食品中微生物限量、食品中污染物和天然毒素限量、食品添加剂(包括营养强化剂)使用规定、食品接触材料规定、农兽药残留限量等。第 2 章为食品产品标准，具体阐述了特定食品类别的标准，涉及谷物，肉、蛋和鱼，水果和蔬菜，油，奶制品，非酒精和酒精饮料，糖和蜂蜜，特殊膳食食品及其他食品共十类具体食品。第 3 章为食品安全标准，包括了适用于澳大利亚的食品安全计划，食品安全操作和一般要求，食品企业的生产设施及设备要求。第 4 章为初级产品标准，内容包括澳大利亚海产品的基本生产程序标准和要求、特殊乳酪的基本生产程序标准和要求以及葡萄酒的生产要求。由于新西兰有部分自行制定的内容，因此澳新食品法典的部分内容仅适用于澳大利亚。

由此可见，澳大利亚新西兰由 FSANZ 独立制定食品标准，所有标准均纳入澳新食品标准法典，澳新食品标准法典将食品标准基本划分为基础标准和产品标准，而具体执行机构包括澳大利亚政府、州和地区以及新西兰政府三个层面。澳大利亚新西兰对食品标准的管理体系与我国现行管理模式基本类似，对我国食品标准体系的构建具有较好的参考意义。

2. 先进经验借鉴

(1) 法律法规框架合理

不论是美国的《食品、药品和化妆品法》，欧盟的“食品安全白皮书”、还是加拿大的《食品药品法》，各发达成员均在多年的食品安全管理经验基础上，形成了较为合理完善的食品安全法律框架。

从发达成员的食品安全整体框架来看，大多数成员没有将食品安全标准作为独立体系单独管理，而是将食品安全标准的内容融合在食品安全法规中，如美国联邦法规的不同章节均融合了食品安全标准的内容；欧盟的食品安全标准内容，均以独立的食品法规形式出现；加拿大将与食品安全标准相关的大部分内容纳入了食品药品法规。

从食品法规标准的体系来看，各发达成员的体系大多比较合理。以欧盟为例，食品安全管理分为总体原则、食品生产规范和微生物限量标准法规、污染物法规、食品添加剂法规等领域，产品标准及指令不再重复通用法规的内容，条理清晰，不论是食品监管执法者还是食品企业，都非常容易理解食品安全管理各部分内容，有利于食品安全的有序管理。

从各发达成员的食品法规标准体系的结构来看，不论是哪个国家，不论以何种形式管理，食品安全标准在食品法律法规中的定位都非常明确。监管部门和食品企业均可以清晰地了解应该遵守哪些法律法规条款，如何执行合法合理的食品管理体系。

(2) 过程控制为重点，通用标准为基础

消费者食用产品，也就是“餐桌食品”的安全是各国管理食品安全的最终目标，经过几十年的管理经验，世界各国都逐步树立了“从农田到餐桌”的食品链安全管理理念，逐步改变了终产品安全为目标的管理方式。从近几年发达成员的食品安全措施来看，很少有发达国家单独发布终产品标准。HACCP 管理理念已经被 CAC 公认为有效的食品安全管理体系(CAC/RCP 1-1969 食品卫生通用原则，第 4 修订版，2003)。近年来发达成员不断更新法律，从美国的《食品安全现代化法》到加拿大的《食品安全法》，均强调了食品安全全过程管理的理念，也即以通用法规标准为基础。

美国 FDA、USDA 以及 EPA 均在联邦法规的不同章节分别规定了其各自管辖产品的食品安全危害控制与管理的相关措施。如 FDA 和 USDA 均规定了不同产品 GMP 和

HACCP 体系的要求。美国《食品安全现代化法》则进一步强化了 FDA 对食品安全过程控制的管理理念。欧盟则主要通过 EC 852/2004、EC 853/2004 和 EC 854/2004 三项法规来管理欧盟生产食品的过程控制，欧盟同时还发布并实施食品中微生物限量指标，作为评估和验证食品安全和质量的工具。

由此可见，从目前 CAC 的建议要求，到美国、欧盟、加拿大等发达成员的食品安全管理趋势，食品安全的全过程控制已经成为新的发展要求，各发达国家的食品安全标准已经发展成以通用标准为导向。

(3) 食品安全风险评估为核心

WTO/SPS 协定中明确，各成员的 SPS 措施应以风险评估为核心。为促进 CAC 更好的制定国际食品法典标准，FAO 和 WHO 联合成立了专家委员会和磋商委员会，对食品添加剂、污染物等物质进行风险评估。如 JECFA 负责评估添加剂、污染物及兽药残留的安全性；JMPR 负责对食品产品中的农药进行评估。

近 20 年以来，各 WTO 成员纷纷成立了食品安全风险评估的技术机构，提高各自的食品安全管理水平。2002 年欧盟成立了 EFSA，作为独立于欧盟其他部门的机构，在食品安全方面向欧盟委员会提供科学建议[5]。美国、加拿大在食品安全不同领域的部门内均设立了负责食品安全风险评估的分支部门。在与我国同属亚洲的日本和韩国，也分别设立了专门负责食品安全风险评估的机构。

由此可见，食品安全风险评估是食品安全标准以及其他食品安全管理措施的核心环节，以风险评估为核心制定食品安全标准已经成为国际发展趋势。

三、问题剖析

（一）食品安全风险评估体系

1. 风险评估制度和工作机制不健全

《食品安全法》未明确规定风险评估的实施主体，国务院食品安全相关部门在风险评估中的职责定位不清，也缺乏有效的制度保障各部门履行《食品安全法》职责。《食品安全法》在风险评估结果公布和应用上表述模糊，导致目前大部分食品安全风险评估工作始终处于未公开状态，社会利用度和知晓度低。另外，《食品安全风险评估管理规定》未明确规定各类评估机构的职责、任务和分工；未明确国家与地方，部门与部门、风险评估专家委员会与技术机构等之间的相互关系；对评估过程的规定和管理不明晰。

受旧有分段监管模式的影响，《食品安全法》和《农产品质量安全法》规定的风险评估制度，在具体实施时面临着合作机制尚未有效建立的问题。在国家层面有两个风险评估专家委员会，但由于某些食品或者初级农产品的界定模糊，导致两个委员会的评估内容在涉及食品原料（或初级农产品）时存在交叉。另一方面，从危害因素角度分析，农药和兽药评估属于农业部工作范畴，但农药残留和兽药残留的风险评估工作，目前没有明确规定，也存在职责不清问题。这种划分不清或者存在模糊和交叉区域，极易在应急事件处置过程中需要开展应急风险评估时造成相互推诿，不利于事件的快速处置。

分别以两个专家委员会为核心的两个风险评估体系（网络）存在明显的部门痕迹，工作规划和年度计划依然从本部门需求和本部门利益出发。除了少量的意见征询、信息沟通和结果通报之外，在风险评估领域几乎没开展实质性合作。虽然《食品安全法》中明确规定，“对农药、肥料、生长调节剂、兽药、饲料和饲料添加剂等的安全性评估，应当有食品安全风险评估专家委员会的专家参加”，但在实际工作中并未得到有效实施。现阶段，我国尚未真正建立类似于FAO和WHO的联合评估机制。尽管国务院和中央编办批准建立国家食品安全风险评估中心作为唯一国家评估机构，实行以卫生计生委(原卫生部)、农业部、食药总局(原国务院食品安全委员会办公室，国务院食安办)为理事长的理事会制度，并且要求整合资源，在部门建立分中心并指导地方开展工作，但这一机制尚未建立。在地方层面上，已有部分省市正在积极筹建相关的评估技术支撑机构，但各省尚无专门的风险评估机构和评估专业技术人员。

2. 风险评估数据不足，现有风险评估资源未形成合力

我国的风险评估工作起步较晚，基础积累少，能力薄弱，相关资源保障无法满足工作需要。风险评估数据分散在不同部门，由于存在部门屏障，短期内无法形成风险评估资源信息平台，影响风险评估效率。现有食物消费量数据、危害因素本底含量数据、毒理学数据、人群疾病资料、食品生产加工中风险控制技术基础数据等不能满足我国食品安全风险评估的需要。

在食品安全领域，由于风险评估起步较晚，各项基础研究积累较少。另一方面，风险评估的目标和作用主要是为食品安全标准等风险管理和公众交流等科普宣传提供技术支撑，属于应用型技术，在申请科技资助方面不具优势。截至目前，我国尚无食品安全风险评估领域的国家自然科学基金重点项目，也无863、973项目或其他重大项目支持。现有的主要科技经费投入为卫生行业专项和国家科技支撑计划。其他课题主要为小额、零散的国家自然科学基金。总体来说，我国在食品安全风险评估领域的财政投入严重不足，科技资助分散，无法形成系统的技术研究方向，也无法培育“集成”优势，重点解决风险评估中的关键技术问题。

基础资源包括人员与基础数据两方面。我国食品安全风险评估人员严重缺乏，甚至在污染物、食品添加剂、包装材料、微生物等风险评估工作量很大的领域，专业技术人员平均不足3人。我国风险评估专业技术人员严重缺乏，现有人员主要集中在国家食品安全风险评估中心，其他部分人员分散在各部门的技术机构，未形成合力。国家和地方技术机构未构建风险评估体系，不利于团队建设。目前，在地方上，随着地方政府食品安全责任的加大，对风险评估需求越来越大，但目前各地尚没有建立专门的风险评估队伍。这些问题影响我国食品安全风险评估工作的有效开展，使工作与国务院食品安全监管体系“十二五”规划和《关于加强食品安全工作的决定》中提出的“充分发挥风险评估对食品安全监督的支撑作用”等要求还存在较大差距。

在我国食品安全风险评估体系建设中，国家食品安全风险评估中心是重要一环，处于我国食品安全风险评估领域的晶核和龙头地位。该中心是我国首家采用理事会决策监督管理模式的中央级事业单位，将突破我国原有的“一个单位对应一个部门”的传统模式，成为一个跨部门的技术支撑机构，同时承担国务院食安办、卫生部、农业部、工商总局、质检总局、食药总局等多部门交办的食品安全技术支撑任务。经过近3年的运行，这种理事会

管理模式至少显现如下两点优势：一是节约资源，一个技术机构服务于多个政府部门，可以避免多个部门的重复建设。二是资源共享，无论是在体系建设还是在应对食品安全突发事件，各理事单位可以提供更多信息资源，并集思广益，贡献智慧，最终形成多方认可的意见建议，利于事业发展和事件处置。

3. 风险评估程序和结果公布缺乏独立性和透明度

我国食品安全风险评估尚未形成高效的工作机制和模式，评估与标准工作在程序上还缺乏有效衔接；评估机构缺乏独立性，在结果应用和信息发布上存在受控现象，结果发布的申请程序复杂，评估工作及其结果公布无法做到及时、透明。

（二）食品安全风险监测体系

1. 以终产品为主的风险监测存在缺陷，需从源头加以控制

以终产品为主的风险监测存在的主要缺陷是：①探寻终产品中潜在风险可以比喻为“大海捞针”，因此监测投入大，不仅是经费还有各种人力、检验资源；②一旦发现终产品存在问题还需要回溯到生产源头。美国、欧盟、澳新等当前采取的方式是：一方面开展终产品监测，另一方面加强 GMP 和各种生产过程关键控制点研究，使得监测逐步向生产过程、运输过程等源头倾斜，力争在源头将问题解决，确保终产品安全[41]。

2. 食源性疾病监测和报告体系不健全、溯源预警能力有待进一步提高

《食品安全法》虽然规定了食源性疾病是食品安全风险监测的重要内容，也列入了国家监测计划，但由于缺乏统一的食源性疾病监测报告制度，未明确各级卫生行政部门、医疗机构、疾病预防控制机构等相关部门的职责，尚未构建起完善的监测报告体系。同时，由于缺乏相应的保障和惩罚措施，食源性疾病不报、瞒报、漏报现象严重。

同时，我国尚未将医疗机构纳入食品安全风险监测网络，临床医生的报告意识不强，临检实验室的检测能力有限；疾病预防控制机构缺乏专门的流行病学调查队伍，溯源调查能力不强；尚未建立起能够从生产源头向消费终端追踪和从消费终端向生产源头回溯的双向溯源体系，无法证明污染食品在疾病流行中的作用和贡献率，这已成为我国“早发现、早预警、早控制”食源性疾病和食品安全隐患的瓶颈。

3. 工作任务分散，导致部门间重复监测

虽然目前有统一的国家监测计划，但是各部门的监测工作实际上并没有在国家层面形成有机的整体，依旧是分段管理的现状，农业部根据《农产品质量安全法》开展以初级农产品为主的监测；依据《食品安全法》，国家粮食局开展主粮收购环节监测，食药总局开展加工食品、餐饮食品以及部分农产品原料的监测，质检总局开展食品相关产品的监测，农业部开展生猪屠宰环节的监测，卫生计生委开展以服务于食品安全风险评估、标准和发现食品安全隐患的监测。原因在于各部门都要考虑本部门利益和自身发展，因而即使是统一的国家监测计划也还是存在着浓厚的部门色彩，难以按照科学的要求整体规划各个监测项目及其样品量，且由各部门独立开展工作，缺乏收集、分析处理数据的统一部门，导致无法形成统一的国家食品安全风险监测报告。理论上，监测应覆盖从农田到餐桌的整个过程，农业部门开展的初级农产品风险监测工作完全应纳入国家食品安全风险监测计划。当前，国家层面的监测计划做到了统一，但是某些省目前在统一制定省级监测方案上尚存

在一定的困难,协调整合存在相当的难度。

虽然在监测方面考虑问题的出发点和工作特点各有不同,但由于面对的对象都是基本一致的,因而不可避免在监测样品和项目上存在一定程度的交叉和重复。尽管国务院提出实行监测工作"四统一"原则,但不仅没有解决初级农产品与加工食品之间无缝衔接的全程监测问题,更没有实质性地解决同一个计划框架下的监测一体化,各部门都认为被监测的食品是其职责范围内的任务。

4. 监测结果利用率低,经费投入产出效益差

作为国家食品安全风险监测工作主持部门的卫生计生委会将监测中发现的重大食品安全风险隐患及时通报其他相关部门,包括会定期召开食品安全风险隐患通报会,但其余各部门之间信息沟通较少或者仅仅了解彼此的大致情况。计划统一但数据不共享,而且由于监测数据属于保密数据,监测数据无论在管理部门、技术机构甚至对公众开放方面的利用率均很低,这也使得各部门为了掌握相关信息不得不自行开展重复的监测,造成了新的资源浪费[56-60]。

国家每年在监测工作上的投入并不少,卫生计生、农业、食药总局、质检总局、粮食局都有专门的监测工作经费。但是每年监测工作完成之后,除向国务院食安办提交一份工作报告,形成一份年度技术报告,并针对发现的问题对其他部门进行少量的提示之外就不再有相关后续的工作,这也造成了大量数据束之高阁。

5. 不能充分利用外界资源,尽快实现技术共享

目前,除食药部门外各部门开展监测工作时都基本依靠本部门所属的检验技术机构,食药部门之所以适当向外倾斜主要是因为各省地市食药检院(所)以往主要侧重于药物检验,在食品检验方面缺少基础和经验,此外由于监测工作量较大,单靠本部门力量难以完成,因此适当依靠原质检部门的质检院(所)和出入境检验检疫机构。问题产生原因在于各部门都首先要发展好自己的直属技术队伍,把增强本系统检验机构实力作为主要任务,其次是部门经费不能外拨。

(三)检验检测和应急处置能力建设

检测行业是随着社会的进步和发展,基于全社会对使用产品的质量、对生活健康水平、对生产生活的安全性、对社会环境保护等方面要求的不断提高,并随着检测技术的不断进步而逐渐发展起来的行业。

新中国成立以来,我国食品检验检测技术机构经过不断发展,队伍发展壮大,以卫生领域为主体,建立了以国家、省、地、县四级技术机构,但是,检验技术机构的问题依然突出,主要表现在以下几个方面。

1. 检测技术体系不健全,由于机构调整难以实施规划目标

随着食品安全监管职能的调整,各相关部门均将检验检测作为抓手强化建设,但发展不均衡,有些检验机构规模小、形同虚设,在机构重复建设的同时,设备装备重复配置,设备利用率低,开展的工作有限,多为合格评定中的常规检测,隐患排查识别的能力低下,出现检不了、检不准的现象和问题,检测结果的可比性和可靠性不强。在体系建设中,缺乏完整的参比实验室体系。食品安全将实行国家食药总局、国家卫生计生委、农业部三位一

体的体系，其他部门检验机构将整合划转，但以往投入的人员、编制和设备将会由于部门利益难以实施规划要求的划转，形成投入浪费和新的重复建设。

2. 检验检测工作缺乏保障

检验人员编制不足，一人多岗，专业性差，卫生系统各级疾病预防控制机构这一矛盾尤为突显。检验检测投入不足，有的实验室需要通过对外技术服务解决生存问题，有些项目还处于起步阶段，如随着我国食源性疾病监测工作开展，需要建立覆盖医疗卫生、疾病预防控制和社区人群的报告体系，而病因确证和溯源平台还没有搭建，没有形成统一的技术体系。设备更新不够，制约相关工作的开展。西部地区及有些地市级单位更是如此，恶性循环造成很多工作的被动。此外，作为国家级技术机构的国家食品安全风险评估中心，尽管在 2011 年挂牌成立，但作为新建机构仅从原来的疾病预防控制机构少量划转设备，设备无论是在数量上、还是类型上均存在巨大缺口，与国际上典型实验室差距显著。

3. 检验结果的公信力差

由于检验检测技术机构服务于各部门，既存在工作量不足，服务范围有限，又存在设备闲置，资源浪费等，且有些机构将官方实验室作为创收的窗口，检验结果的公信力差。

4. 认证与管理水平有待进一步提高

各级食品检验技术机构尽管通过了资质认定，但是能力尚难以达到要求，存在追求资质认定结果的现象。

（四）食品安全信息化体系

1. 缺乏顶层设计与信息标准

目前，我国政府各个部门的信息系统之间管理技术标准、信息编码和规范的不统一，缺乏顶层设计，导致了系统无法集成、各个部门之间的资源无法共享，资源建设极不平衡，综合优势难以发挥，严重影响了信息的流通和发挥作用。

标准化是食品安全信息化规划中最基础、最底层的部分，加强标准化关键是要建立各子系统所必须依据的统一技术规范、指标体系、应用平台、信息代码和运行制度等，以确保从技术层面沟通统一的支撑和应用体系。因此，针对食品安全信息化建设，要求各地采集的异源数据都必须遵循相对统一的标准，并通过统一的标准化处理，形成一个相对易于交流、容易处理的标准化数据，这也是建设国家级食品安全数据中心的基础。

食品安全领域的信息系统建设，由于缺乏顶层设计，各部门各自为政，标准、软件、接口都不一样，信息系统之间缺少关联桥接，缺少业务协作和信息共享机制，信息孤岛问题严重，难以实现互联互通[61]。因此，必须做好顶层设计，制定信息化标准规范体系与编码体系，从技术上保障项目的可持续性，在信息的采集、传输、交换、存储、处理和共享等环节确保统一性，规范子系统的建设，建立系统内和跨平台、跨系统的、与国际接轨的数据共享和交流机制，从而实现食品安全信息化建设的高效率、高标准、开放性、可扩充和可持续发展性。

2. 食品安全风险监测网络及硬件基础设施建设滞后于实际需要

我国目前已初步建立了国家级的食品安全风险监测网络。卫生计生委开展食品污染物和食源性疾病监测工作，重点建设的信息系统包括：①全国食品污染物监测数据汇总系统：依托 1 个国家级、31 个省级、288 个地市级监测技术机构组成的食品污染物和有害因素监测网。②全国食品微生物风险监测数据汇总系统：依托 1 个国家级、31 个省级、226 个地市级和 50 个县级监测技术机构组成的食源性致病菌监测网。③食源性疾病（食物中毒）监测报告系统：依托传染病网络直报系统和 312 个医疗机构组成的信息报告网络。④食源性异常病例/异常健康事件报告系统：依托中国疾病预防控制中心、省级疾病预防控制中心、地（市）级疾病预防控制中心和县（区）级疾病预防控制中心和试点医疗机构组成的信息报告网络。

国家质检总局建立的全国食品安全风险快速预警与快速反应体系于 2007 年正式推广应用，同年 8 月实现对 17 个国家食品质检中心日常检验检测数据和 22 个省（市、区）监督抽查数据的动态采集，初步实现国家和省级监督数据信息的资源共享，构建质监部门的动态监测和趋势预测网络[62]。

商务部建立了酒类流通管理信息系统、酒类流通统计监测系统。农业部等其他部委也建立了自己的食品相关监测系统网络。这些系统提高了我国应对食品安全系统性风险的能力，也为食品安全风险评估、标准的制定提供科学依据。

然而，由于建设投入的体制和机制不健全、投入不足，现有的监测分析系统零散的部署在相关监管部门的机房中，缺乏信息的共享和有效利用，缺乏跨部委的统一规划和顶层设计，难以实现覆盖全链条的信息采集和分析挖掘。此外，监测网点数量、监测覆盖范围、机构数量和能力等与实际需要仍有较大差距。以全国食品微生物风险监测数据汇总系统和全国食品污染物监测数据汇总系统为例，目前仍存在以下主要问题：

1）数据上报速度慢。目前，系统的数据上报都是由下而上，整个上报过程由于用户上报时间集中、上报数据量大，系统在较短的时间内需要处理大量的上报操作，对系统的并发访问量大，从而使系统性能降低，反应变慢，直接影响系统上报功能，更有甚者造成网络上的拥堵。

2）两个系统数据相对独立不能联合分析，每个系统统计分析功能过于简单。目前，两套系统的数据是分开存储的，而分开存储就造成了中心内部的数据孤岛，不利于依赖整体数据与统计分析的食品安全风险监控，也增加了工作量，因此，系统在统计分析以及食品安全监控方面都不够便捷并且过于简单，不能支撑起整个食品安全风险监测预警工作。

3）界面交互性差，展示核心内容不清晰，操作不够便捷。目前，两套系统的界面 UI 设计不够合理，使得人机交互变得不够便捷，同时整个系统从界面上看每个功能点核心内容不够清晰。为了更好地支撑我国食品安全风险监测预警工作，两套系统的整合势在必行，而整合后系统提供更好的人机交互，清晰展现系统核心功能，提供食品安全风险统计、分析、监控以及预警机制成为升级改造的重中之重。

除这些系统本身需要升级改造，以完成国家食品安全的“十二五规划”要求外，还需要进行跨部委的多系统整合、顶层设计、信息共享，形成覆盖种养殖、生产加工、分销流通、消费健康的全链条的具备监测、评估、分析、预警、管理等功能的国家食品安全信息平台。

3. 信息化基础设施建设滞后于食品安全事业发展

当前，我国尚无覆盖食品安全从农田到餐桌全链条信息管理的国家级食品安全数据中心，不同环节的数据分散存储在各个监管部门的机房中[63]。以风险监测基础设施建设为例，支撑我国食品安全的风险监测业务的基础结构见图 2-4-1。

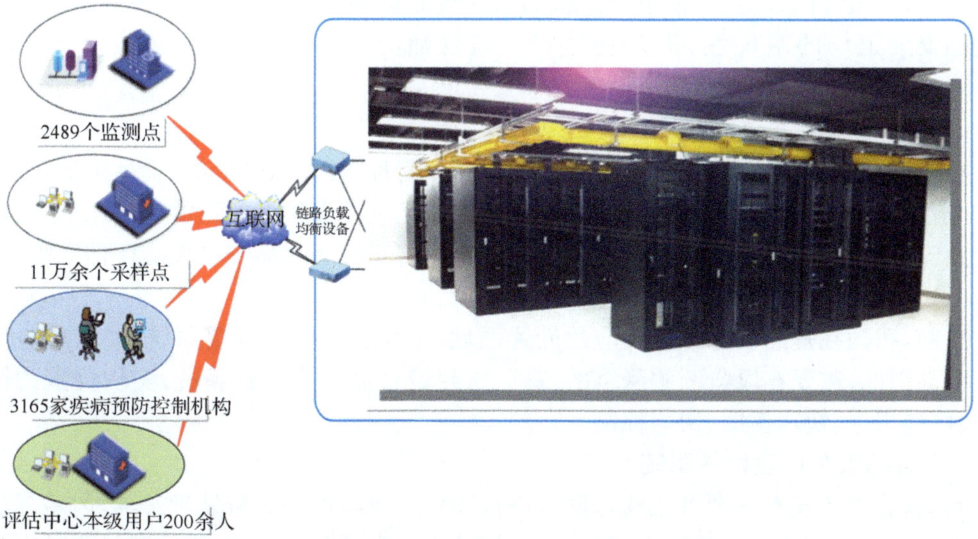

图 2-4-1　食品安全监测与食源性疾病监测示意图

当前信息系统存在上报速度慢、系统功能不完善、统计分析弱等诸多问题，上报通过 VPN 通道采用网络直报的单一模式，缺乏省级数据分中心的建设，当遇上报数据高峰阶段系统会出现瘫痪状态，不能及时完成监测样本的上报与反馈工作。

根据国家要求，十二五期间监测点及样本量监测点将扩大到 2870 个；监测样本量从 12.4 万个/年扩大到 287 万个/年。食源性疾病监测网络哨点医院扩大到 3120 个，流行病学调查、资料汇总单位由 274 个扩大到 3236 个，数据将逐倍的增长，目前的基础架构及硬件处理性能只能满足当前的实时数据采集需求，难以满足对未来食品全链条的风险监测、分析挖掘与综合利用的要求。

因此，需要建设能承载食品安全风险监测平台、国家食品安全信息平台、综合管理系统和应用系统等，并提供国家食品监管数据中心与各省级分中心之间分布式网络数据报送、传输、管理服务的基础架构，要求硬件支撑平台具备高存储、高带宽、高速度，同时具备高可靠性、高安全性、易扩展性、易升级性等特点，要求网络可以高速、可靠、安全地运行。

4. 缺少数据共享与分析机制

在我国的食品安全分段监管模式中，食品监管体系中“缺乏有效的信息共享与分析机制”的弊端越来越明显，往往成为食品安全失守的重要原因。虽然各部门有各自的监测和检测机构，做了大量工作，但没有形成统一的信息收集分析体系，无形中大大降低了食品安全监管的执行力。同时，对数据重采集、轻分析，缺乏有效的方法论和信息模型，也不能满足当前我国食品安全监管的需要。

因此，需要通过构建完善的“信息共享平台”，健全食品安全监管综合协调和信息共享机制，并以此为基础形成国家级、省级数据中心，建设国家食品信息平台，整合食品安全相关的数据信息，形成相关数据的采集、交换、统计、查询、分析、预警等多项功能为一体的强大的应用系统，为食品安全监管提供良好的信息支持，实现包括预测分析、监测预警、综合评价在内的多层次的宏观决策支持，同时联动卫生、农业、食药总局等各级食品安全监管执法部门，突破部门数据的“篱笆”和“孤岛”，实现数据的“流动性”和“可获得性”，从而增强食品安全工作的系统性，提升食品安全监管能力，提高应对突发食品安全事件的能力[64]。

5. 重点领域存在信息化建设空白地带

在我国食品安全信息化建设中，食品供应链条管理、食品风险分析、食品标准管理、食品安全预警与应急处置、食品安全交流培训等领域还存在着很多建设的空白地带，规划中的食品安全信息平台中，需要重点建设食品安全预警系统和食品安全风险评估系统。

(1) 食品安全预警系统

当前，我国在食品安全预警及应急处置领域，缺少食品安全预警系统，缺乏风险预警的模型。因此，需要在风险监测网络的基础上，建设食品安全预警系统，实现疫情的快速发现、快速报告、快速反馈、快速控制[65]。

(2) 食品安全风险评估系统

当前，我国还没有一套可达到自动或半自动化的风险评估分析处理工具，风险评估还停留在人工浏览和统计的基础上，花费了大量的人力和时间。因此，需要建设食品安全风险评估系统，实现风险评估的信息化，并构建风险评估模型，通过模型的数据分析，加强风险评估在标准制修订、风险管理优先顺序研判、生产过程风险控制等领域的技术研发和应用。

6. 缺少信息化复合型人才

目前，在我国食品安全信息化建设过程中，既懂信息技术又懂食品安全业务的复合型人才十分缺乏，导致在建设过程中出现对业务不理解，沟通不到位，协调难度增加等问题，信息化实施的开展受到制约。因此，加紧培养具备食品安全业务知识和信息化技术的复合型人才是保证食品安全信息化建设顺利开展的重中之重。

(五) 食品安全标准体系

1. 标准总体数量庞大，涉及部门多，产品标准交叉重复现象尤为突出

《食品安全法》颁布实施之前，我国经过近 50 多年的发展，已经建立了涵盖食品卫生、食品质量、食品工艺等多方面的食品标准体系，其内容既包括各类强制性和推荐性国家标准，也包括各类行业标准、地方标准和企业标准。食品标准总体数量庞大，纳入清理的标准目录多达 4934 项，归口管理部门涉及农业部、国家标准管理委员会、质检总局、卫生计生委、工信部、粮食局、商务部、国家发展改革委员会等不同部门。

初步分析标准目录发现，在现行食品标准中，对于同一管理对象，有多项相关的同质性很高的标准进行管理。在 1147 项的产品标准中，针对猪肉这一产品，就有原卫生部、农业部、工信部和商务部等不同部门发布的标准 18 项；针对啤酒的相关标准有 16 项；针对白酒的标准有 25 项。理化检验方法的交叉重复矛盾现象也比较严重，如测定水分含量的检测方法有 27 种之多，灰分检测方法 25 项。在 349 项生产经营规范中，针对畜禽相关的规范有 10 项，肉制品相关规范 6 项，针对蛋制品的规范有 4 项。

《食品安全法》颁布实施之前，我国已经建立了涵盖食品卫生、食品质量、食品工艺等多方面的食品标准体系。其内容既包括各类强制性和推荐性国家标准，也包括各类行业标准、地方标准和企业标准。食品标准总体数量庞大，归口管理部门众多。在现行食品标准中，对于同一管理对象，有多项相关的同质性很高的标准进行管理。

2. 产品安全标准与质量标准界限不清

《食品安全法》在食品安全标准应当包含的内容中，不仅明确包括致病性微生物、农兽药残留、污染物等危害人体健康的物质，还包括了特定人群的营养成分、营养标签要求，以及与食品安全有关的质量要求等。

《食品安全法》规定的“与食品安全有关的质量要求”，没有法规或规章对其另行规定，这给食品安全标准的后续工作带来了诸多困惑。2009 年启动的乳品标准清理工作，乳品系列标准将蛋白质、脂肪含量等质量指标认定为与食品安全相关，纳入食品安全标准体系。然而，国家标准《蜂蜜》的制修订过程中，“水分”含量是否属于与食品安全相关的质量指标，曾经造成重大分歧，引起工业界的轩然大波。

我国食品安全标准与质量标准界限不清，现行的近 5000 项食品标准既有食品卫生和安全要求，也有强制性的食品质量要求，给食品安全监管、企业执行带来很大困难。在已经完成的食品标准清理工作中，食品产品标准清理专家技术组根据产品标准的特点，对现行的多部门发布的，包括食品卫生标准、食用农产品质量安全标准、食品质量标准以及行业标准中有关产品的标准进行了分析整理和评估，研究制订了食品产品安全标准框架体系和标准目录，初步形成了新的国家食品产品安全标准体系，包括谷物及其制品、乳与乳制品、蛋与蛋制品、肉与肉制品、水产品及其制品、蔬菜及其制品、食用油、油脂及其制品、饮料、酒类、豆与豆制品、食用淀粉及其制品、调味品和香辛料、坚果和籽类、罐头食品、焙烤食品、糖果和巧克力、蜂产品、茶叶、辐照食品等 21 类约 80 项标准。

虽然通过食品标准清理工作，1100 多项产品标准得到了较好的梳理，但是，按照《食品安全法》的要求，未来我国只有食品安全标准是强制执行的标准。标准清理和整合工作不可一撮而就，标准的制修订工作需要充足的科学数据作支持，拟形成的 80 多项产品安全标准的内容还未确定，如何解决与产品质量标准的区别和衔接将是产品安全标准急迫需要解决的问题。

3. 标准相关的科学评估基础严重不足

我国目前食品安全国家标准的制定修订工作是按照食品安全国家标准审评委员会《程序手册》中规定的标准立项、起草、征求意见、审评、报批、发布、实施等多个步骤开展。标准的制定修订工作主要由起草单位组织，相关的科学数据收集和风险评估主要由起草单位开展。国家食品安全风险评估中心承担食品安全国家标准审评委员会秘书处工作，对标准整合工作中承担的起草单位进行严格把关。但是，我国食品标准工作基础较薄弱，加上由于相关经费支持不足，可以胜任食品安全标准整合工作的起草单位数量有限，而可以完成系统的风险评估工作的机构更是少之又少。因此，我国食品安全标准面临的核心问题在于标准相关的科学评估基础不足。面对上千项食品标准需要清理整合的现状，我国依然面临风险评估数据不足的局面，全面服务于食品标准制定的风险评估工作还未形成统一的模式。

4. 食品生产规范类标准基础较弱

我国现有涉及农作物种植、水产养殖、畜禽屠宰、食品生产加工、食品流通经营、餐饮消费等环节的各类国家和行业标准约350项，分别由卫生、农业、质检、商务等多个行政部门和行业机构发布和管理，其中强制性标准约70项。由于部门监管职责、机构调整、历史遗留问题等原因，标准之间存在适用范围交叉、重复和矛盾等问题，给监督执法和企业实施带来了不必要的麻烦。

从目前的现状来看，近400项的规范类标准涉及的环节包括从种植养殖、屠宰、生产加工、流通、经营、消费的食物链全过程。但是，这些规范类标准的归口管理部门多达16个，其中以农业部、国标委、国家粮食局、商务部、原卫生部和国家质检总局为最多。对各个部门标准的涵盖内容进行分析，农业部发布的176项标准，国家标准只有一项，其余175项行业标准中绝大多数为无公害食品规范。国标委发布的55项规范均为国家标准，但均非强制性。内容主要涉及出口水产和禽类的质量控制规范，餐饮业、罐头、果蔬汁等产品的食品安全管理体系规范，HACCP的通用要求等内容。国家粮食局发布的规范有52项，其中国标16项，行标36项，且均为推荐性标准。商务部发布的规范有24项，均为行业标准，其中强制性标准5项，推荐性标准19项。主要涉及畜禽类的屠宰和加工、酒类经营等。原卫生部发布了21项规范类标准，且均为强制性标准。包括一项通用卫生规范GB 14881《食品企业通用卫生规范》和20项各类食品的专项卫生规范。因为其强制属性和针对性较强，所以在《食品安全法》实施之前，规范体系主要以卫生部门发布的标准为主。国家质检总局颁布的18项规范主要是针对出口食品企业的GMP，突出强调了食品生产加工过程中安全卫生控制，对出口食品生产企业提出了强制性的卫生要求。

由此可见，目前我国食品生产规范类标准虽然数量众多，但是涉及多个主管部门，规范标准的内容明显存在缺失、交叉、重复和矛盾的问题。2010年以来，我国仅发布了5项生产经营规范类食品安全国家标准，分别是《乳制品良好生产规范》(GB 12693—2010)、《粉状婴幼儿配方食品良好生产规范》(GB 23790—2010)、《食品生产通用卫生规范》(GB 14881—2013)、《特殊医学用途配方食品良好生产规范》(GB 29923—2013)，以及《食品经营过程卫生规范》(GB 31621—2014)。其中，《食品生产通用卫生规范》是生产经营规范类食品安全国家标准体系的基础，今后各类食品产品的生产卫生规范均需在该标准的基础上进行制定。目前，规范类标准远远不能满足实际需要，规范标准的科学体系仍有待建立。

5. 检验方法与规程标准缺口较大

检验方法类标准是标准体系的重要组成部分，是验证基础标准和产品标准是否得到执行的重要手段。检验方法标准按照涉及的内容划分，可以分为基础类方法标准和检验类方法标准。基础类方法标准主要是指食品分析术语、检验取样、方法总则要求等一系列规范性方法标准。检验类方法是指某种或多种成分的检测方法和不同类型产品的检验方法，可分为理化方法、微生物方法和毒理方法三大类，其中理化检测方法占检测方法总数的90%以上。

按照《食品安全法》的要求，食品安全检验方法标准已经列入强制性标准范畴。我国已基本形成以《食品卫生检验方法理化部分》(GB 5009)、《食品卫生微生物学检验》

（GB 4789）和《食品安全毒理学评价程序》（GB 15193）为主体的食品安全检测方法体系。目前，GB 5009 系列标准包括 209 项分析检测项目，囊括了食物的一般成分、金属污染物与微量元素、农药残留、兽药残留等不同物质的分析方法。GB 4789 系列标准共 40 项，包含了各类食品中指标菌、致病菌等检验方法。GB 15193 系列标准 21 项，涉及毒理学评价程序、毒理学试验方法等内容。

虽然我国已经形成上述三大食品检验方法体系，但是目前检验方法类标准仍然存在巨大缺口，如部分食品添加剂规定了使用量，却没有有效、统一的检验方法，食品中多种农兽药残留的检验方法仍存在很大缺失等。

四、措施建议

（一）食品安全风险评估体系

结合国际经验和我国现状，我国的食品安全风险评估体系应在其初期阶段，从国家层面出发，用发展眼光，针对风险评估在法规、技术、资源等各个要素上存在的问题，做好顶层设计和基础性工作。

1. 风险评估法规体系和技术体系同步推进

结合我国机构改革与职能调整，尽快将修订《食品安全法》及其实施条例以及《食品安全风险评估管理规定》提上议事日程，加强风险评估法规体系的完善以及与其他相关法规体系的衔接，重点在界定和明晰相关部门/单位的职责和关系上下工夫；制定风险评估结果发布程序，明确规定各类风险评估结果的发布权限和审批流程，保证风险评估机构在结果发布上具有独立性，树立风险评估机构的技术权威性。

做好全国风险评估工作的顶层设计，以全局眼光构建国家卫生计生委、国家食药总局（国务院食安办）和农业部的理事会制度，建立食品安全和农产品质量安全的分工协调机制，构建以国家食品安全风险评估中心为龙头和充分利用社会资源的分中心、协作中心和监测评估实验室的组织体系。同时根据需求，加快包括人才队伍、技术规范、基础数据系统在内的技术体系建设。

2. 重点加强风险评估基础性建设，在国家层面形成技术合力

在全国风险评估技术网络建设方面，通过增加编制、加大资金投入、制定特定政策等方式大力扶持国家食品安全风险评估中心的发展，将该中心打造成全国风险评估技术资源中心和专业培训基地。在部门设立风险评估中心分中心，在省级技术机构设立技术合作机构，构建国家层面以及从国家到地方的立体风险评估技术网络。同时通过出台食品安全信息化建设的相关政策，借助食品安全信息网络建设，建立风险评估资源尤其是数据资源的共享机制和平台，从技术实体和资源共享方面形成全国风险评估的技术合力。

3. 长远设计，逐步树立我国风险评估的国际权威地位

加大科技投入和资源配置，尤其是地方资源的引入，建立一批食品安全风险评估国家重点实验室，开发具有自主知识产权的评估技术和信息资源，在国际上发挥关键领域的引领作用（如稀土元素的风险评估）。在技术研发与应用上开展国际合作，共同参与新兴危害因素的风险评估与管理决策，逐步融入国际风险评估领域，建立国内、国际专家互用的

工作模式和机制，逐步树立我国风险评估的国际权威地位。

（二）食品安全风险监测体系

1. 落实监测工作“四统一”制度

风险监测实现国家卫生计生委、国家质检总局、国家食药总局、国家粮食局和农业部五位一体，建议尽快落实“统一计划实施，统一经费渠道、统一数据库、统一数据分析”的“四统一”制度。国家质检总局、国家食药总局、国家粮食局和农业部以合格评定为主（能力以标准限量为基础）；国家卫生计生委以暴露评估、食源性疾病和非法添加的系统性风险隐患排查为主（能力以国际最新技术、无标准及不制定标准的非法添加为基础），由于技术要求高并涉及国外信息，在安排中应包括质检的出入境检验检疫部门。风险监测合格评定应覆盖国家、省、市、县并延伸到农村的全覆盖，而系统性风险的发现应采用统计学原理对市、县抽样。贯彻“四统一”可以实现我国食品安全风险监测工作科学化、规范化，集中全国在食品安全领域的各方面力量，以最小的投入获得最全面的食品安全风险信息，全面且科学地开展我国进行食品安全监管。

2. 食品污染监测以源头和过程监测为主、终产品监测为辅。

国内外在食品安全领域方面的研究成果和历史经验证实，食品污染监测应采取以源头和过程监测为主，终产品监测为辅的原则。采取这种原则可将问题解决在“萌芽”状态，避免生产出的终产品如果存在风险隐患而造成大面积食品安全问题以及不必要的浪费，源头和过程控制仅需要较少的检测资源和经费投入，其产出效果将会更好。我国当前开展的食品污染物监测基本都是终产品监测，无论从成本还是效益上，源头和过程监测都更科学、更有效的。建议以源头监测、过程监测为主，终产品监测为辅的形式，使得监测工作发挥出更大的作用。

3. 健全食源性疾病监测报告体系，提高溯源调查能力

建议卫生行政部门尽快组织制定食源性疾病监测报告制度，明确各部门职责，将医疗机构纳入食品安全风险监测网络，依托国家食品安全风险评估机构、医疗机构和疾病预防控制机构，逐步建立健全覆盖国家、省、市、县，并逐渐延伸到农村地区的食源性疾病监测与报告体系。卫生行政部门做好顶层设计，规范监测数据的报送、分析和报告程序，提高监测技术机构的食源性疾病诊断、实验室检验、流行病学调查、溯源分析能力，搭建食源性疾病监测与溯源网络。同时，加强监测数据的综合利用能力，建立食源性疾病与食品污染监测数据共享和信息综合应用平台，按照属地化使用原则，将监测关口前移，最大限度地发挥监测数据在早期识别和早期预警食源性疾病暴发和食品安全隐患中的作用[66]。“十二五”期间，按照国家主导、分级负责，总体设计、分步实施，互联互通、资源共享，强化责任、科学管理的指导思想，构建起纵横结合的国家食源性疾病监测、溯源、分析和预警网络。

（三）检验检测和应急处置能力建设

针对我国食品检验机构面临的现状和存在的问题，需要加强能力建设，资源共享，避免重复建设。

1. 加强规划,突出体系建设

随着政府食品安全监管职能的调整,整合现有食品检验检测技术机构资源,避免重复建设。重点加强国家食药总局监督执法的技术支撑力量建设,整合质检部门的检验检测机构实现编制、人员和设备的整体划转,尽快形成加工食品及其原料的合格评定能力;其次,卫生部门尽快落实发改委和原卫生部的食品安全风险监测能力建设方案,重点加强风险隐患排查、食源性疾病监测中病因学鉴定、溯源平台和耐药菌的检测能力建设,支撑风险评估和标准制定修订工作;农业部门加强初级农产品检验和风险监测能力建设。形成国家食药总局、国家卫生计生委、农业部三位一体的保障能力。

2. 加强国家食品安全风险评估中心建设

通过有效措施吸引优秀专业人才,重点加强食品安全风险监测参比实验室、监测质量控制、风险监测数据采集与分析、评估预警技术研究与应用、信息技术应用、国际交流与合作等领域的能力建设。同时,充分利用各部门现有检验资源,通过共同建立风险评估实验室和风险监测参考比实验室体系,在中科院、军队、国家部门实验室建立合作中心和地方建立合作中心的方式,实现不求所有、但求所用的工作机制,将国家食品安全风险评估中心建设成为人才结构合理、技术储备充分、具有较强科学公信力和国际影响力的食品安全权威技术支持机构,能够全面承担食品安全风险监测、评估、预警和交流等方面的技术保障工作。

3. 加强检验检测机构能力建设

统筹考虑地域分布和实际监管工作需要,按照“提高现有能力水平、按责按需、填平补齐、避免重复建设、实现资源共享”的原则,制定并实施各级食品安全检验机构能力和装备配备标准,以提升现有检验机构能力水平为主,通过“强化基础和强化基层”方式统筹、强化各级食品安全检验能力,特别是加快最急需、最薄弱环节以及中西部地区和基层食品安全检验能力建设,重点解决“检不出、检得慢”的问题。“十二五”期间,食品安全检验能力显著提高,满足监管工作需要,建立健全以国家级检验机构为龙头,省级检验机构为骨干,市、县级检验机构为基础,布局合理、全面覆盖、协调统一、运转高效的食品安全检验检测体系。检验仪器设备自主化水平明显提升,基层检验机构和食品生产企业检验仪器设备自主化比重显著提高,部分自主化高端产品进入省级、国家级检验机构。

4. 在县级推进检验检测资源整合

积极稳妥地推进县级检验资源整合,建立食品安全综合检测中心,鼓励省、市级检验资源根据实际情况进行整合。选择若干市、县试点探索食品检验资源优化整合的有效模式,实现统一利用人员设备,统一计划安排检验任务,统一归口管理检验经费,共享检验信息。对于在检验资源整合方面取得成效的地区,国家在建设资金上给予优先支持。加强国家食源性疾病病因学鉴定实验室,负责区域内食源性疾病病因最终鉴定,对各省级疾病预防控制机构难以判定的化学性、生物性致病因子进行鉴定和分型,追踪区域内导致跨省食源性疾病暴发的病因性食品,提出预防控制措施建议。

5. 加强专业人才队伍建设,完善食品检验检测机构投入机制

根据实际要求,按照精简、效能的原则,严格准入,合理配备检验检测专业技术人员,

加大培训，不断提升专业人才业务水平，加快建立适应新形势下食品检验检测工作需要的专业人才队伍。各地要进一步完善食品检验检测、风险监测经费补助的有关政策，将食品安全监管人员经费以及风险监测工作经费纳入财政预算予以保障，建立稳定的食品检验检测和风险监测投入和保障机制。同时，建立和完善绩效考核制度和激励机制，提高工作人员积极性，保障食品安全相关工作的顺利开展。

6. 强化食品检验检测机构资质认定和管理

在现行资质认定中，强化有资质技术机构的持续运行，增强能力，在注重资质的同时，更注重资质水平，确保各级检验检测结果的可比性、可靠性、公正性和公信力，提高我国各级检验检测机构在食品安全应急事故中的响应能力。

（四）食品安全信息化体系

1. 国家食品安全信息平台的总体规划

国家食品安全信息平台的建设目标是：提升食品安全风险评估和快速预警能力，提升多部门信息共享和协同能力，提高食品安全事件的预防预警和应急处置能力[67]。国家食品安全信息平台由一个主系统（设国家、省、市、县四级平台）和各食品安全监管部门的相关子系统共同构成，主系统与各子系统之间建立横向联系网络（见图 2-4-2）。

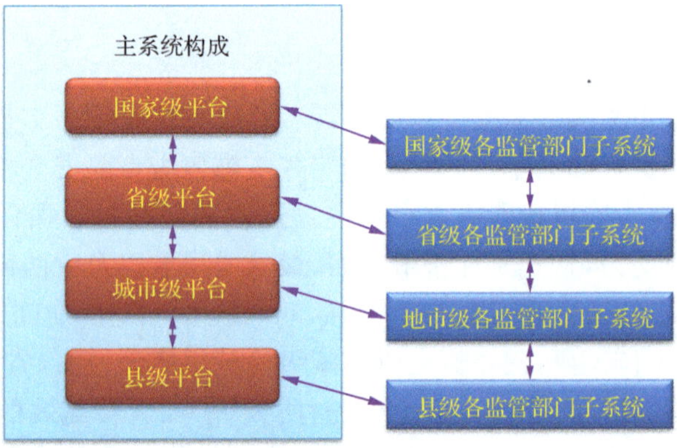

图 2-4-2 国家食品安全信息平台示意图

国家级平台依托国家食品安全风险评估中心建设，省、市、县三级平台按照国家统一的技术要求设计，由同级食品安全办组织建设。各级科技、工业和信息化、环境保护、农业、商务、卫生、工商、质检、粮食、食药等部门根据职能分工和主系统功能要求建设子系统。国家食品安全信息平台主系统与各子系统对接，并延伸到信息使用终端。主系统要实现对各子系统数据的实时、全权调用，可实时向各类终端发布预警等信息。各子系统通过主系统实现信息共享。

（1）基于业务协同和信息共享的全程监管

围绕国家食品安全监管工作，完善我国食品安全信息共享的国家级软硬件平台，健全食品安全监管综合协调和信息共享机制。由食药总局牵头联动卫生计生委、农业、工业和信息化、环境保护、商务、工商、质检等各级食品安全监管部门，实现信息共享、统筹协调、资源整合，加强政府监管能力，促进各部门、各环节监管措施有效衔接，为实现食品安全全程监管提供有力的信息支撑。

逐步实现“从农田到餐桌”覆盖所有环节的数据共享和开放查询服务，并为监管部门的科学决策与管理提供信息支撑[68]。实现社会化信息服务功能，达到为社会、企业和公众提供公共服务和信息咨询服务的目的。见图 2-4-3。

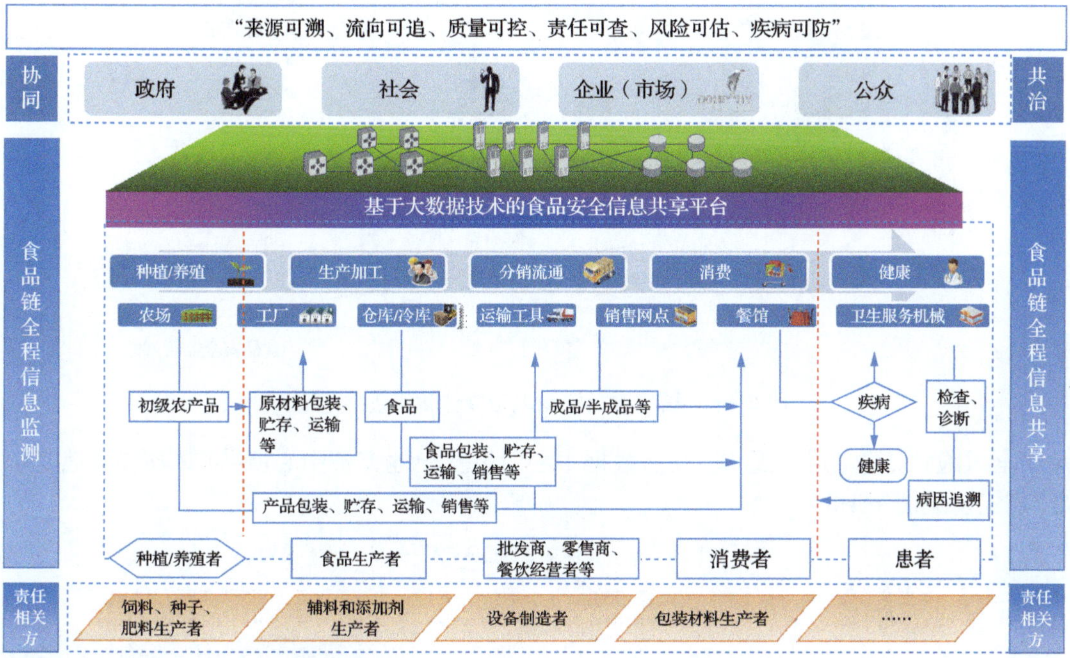

图 2-4-3　基于业务协同和信息共享的全程监管

（2）食品安全生命周期一体化管理

实现从“农田到餐桌”的食品跟踪，规范食品链各个环节的自动化数据采集和行为认证，实现跨部门业务的智能化协同，建立一个强大的食品安全生命周期一体化管理和跟踪与溯源系统，确保食品可以全面进行供应链跟踪，以标准化的格式和工作流程来进行产品召回，降低消费者的安全风险。

（3）国家食品安全风险立体化管控体系

国家食品安全风险立体化管控体系以建立国家食品安全风险监测和评估体系为核心，围绕食品安全风险监测、食品安全标准制（修）订、风险评估和风险交流工作，完善各业务系统，构建食品安全信息平台，逐步建立国家健全的食品安全监测和预警体系。利用云计算、大数据等相关信息技术，为食品安全风险评估、风险预警、食品安全标准制（修）订和采取有针对性的控制措施提供及时的数据。为提高各级食品安全管理部门的分析、决策水平打下良好的基础。见图 2-4-4。

2. 国家食品安全信息平台总体设计思路

（1）平台总体设计概述

国家食品安全信息平台纵向贯穿国家、省、市、县、四级，由食品安全监管数据中心、食

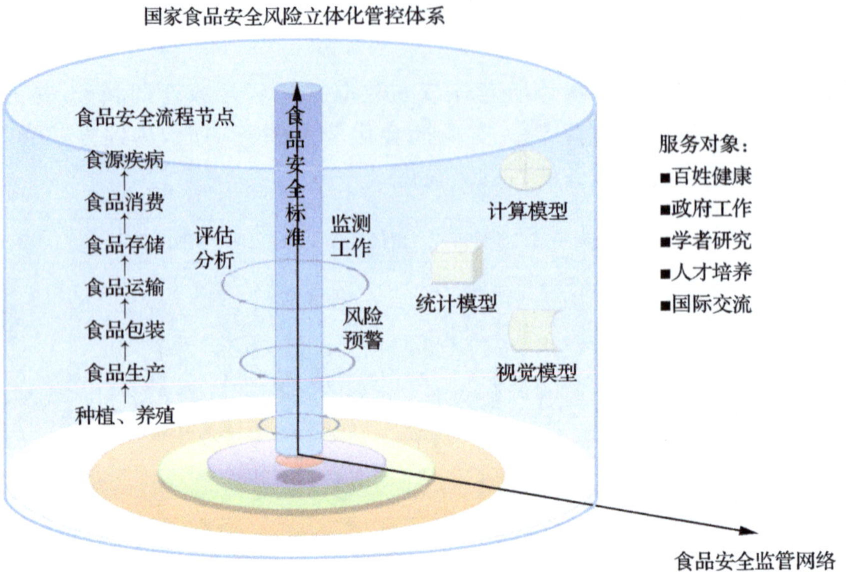

图 2-4-4　国家食品安全风险立体化管理体系图

品安全风险评估数据中心组成“双活数据中心”，以及异地灾备中心所共同构成“两地三中心”模式。见图 2-4-5。

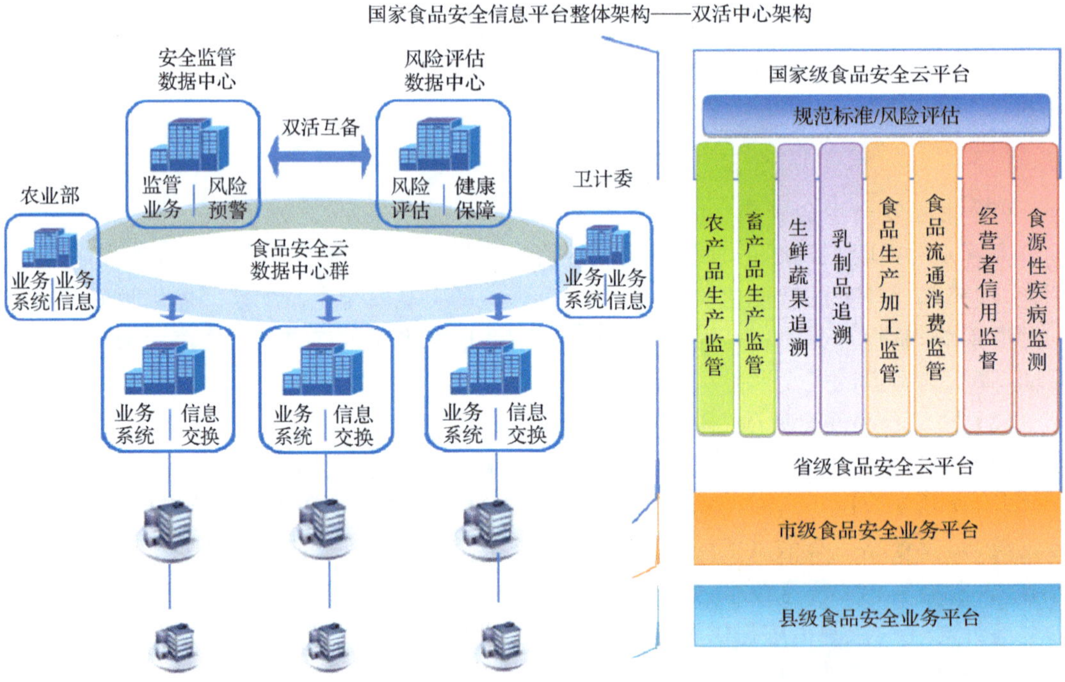

图 2-4-5　国家食品安全信息平台整体架构图

其中，监管数据中心侧重于从食品安全生产加工到消费者健康整个食物链环节监管数据，主要服务于行政审批、监督执法等监管业务；风险评估数据中心侧重于整个食物链大数据的挖掘分析，数据来源不仅包括食品污染物监测点、医疗机构、理事会成员及社会舆情，而且包括 CAC 等国外合作机构和舆情监测数据，主要用于风险评估、关联分析与趋势研判，为食品安全监管提供技术支撑。

同时建立 31 个省级数据分中心，实现各省市县食品安全监管信息采集、处理和分析，提供信息存储、查询、分析与综合利用，信息数据在本省范围内实现各监管部门间的共享交换，并汇总至“双活数据中心”进行资源整合调度，实现信息资源集约使用、融合分析和高效共享，为各级相关政府部门和社会公众提供信息服务。

（2）平台信息系统规划思路

平台信息系统整体设计思路为：一个主系统（食品安全信息共享平台）和八大应用系统（子系统），见图 2-4-6。主系统（数据共享交换和决策支持）由国务院食安办依托国家食品安全风险评估中心，组织建设的食品安全信息共享平台，提供信息共享交换和大数据分析挖掘，为国家层面决策提供支持。子系统（业务应用）由食药总局牵头，会同食品安全监管相关部门（农业部、卫生计生委、质检总局等）负责组织建设的各食品安全监管部门的相关子系统。

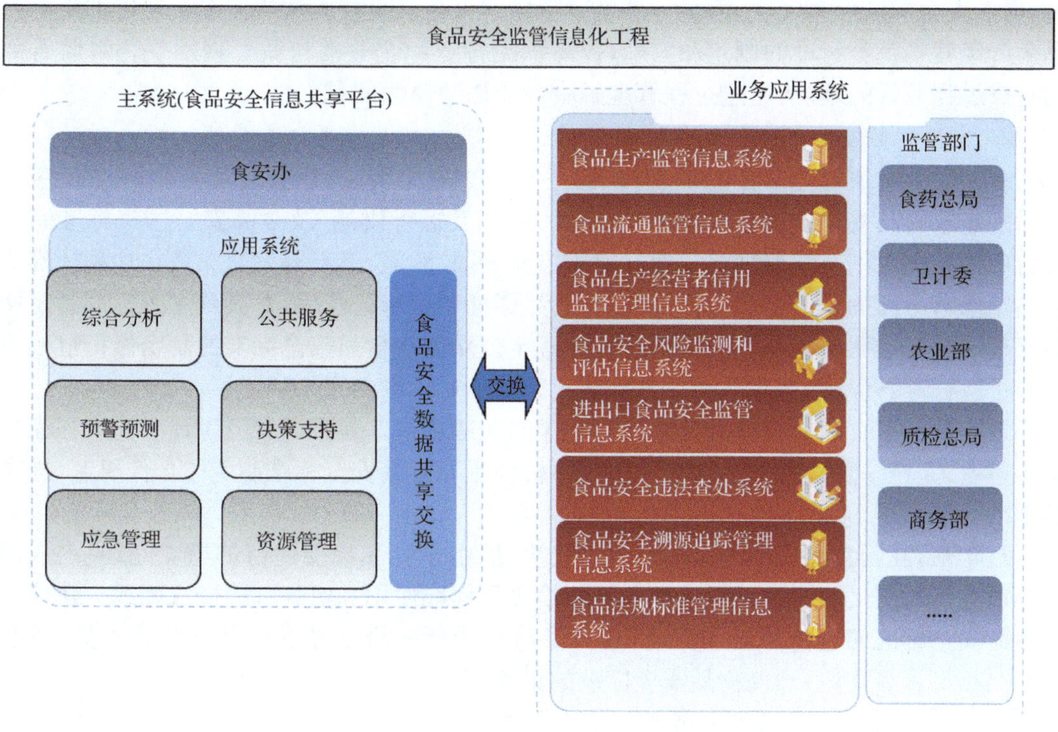

图 2-4-6　国家食品安全信息平台主子系统规划图

（3）主系统设计

主系统是整个平台的神经中枢，是与各级食药、卫生、工业和信息化、环境保护、农业、商务、工商、质检、粮食等部门子系统实现食品安全信息交换的基础平台。主系统通过共享交换，收集各子系统采集的数据，综合分析挖掘，为国家层面决策提供支持，主要包括以下部分:数据共享交换应用系统、公共服务应用系统、分析挖掘应用系统、预警应急应用系统、决策支持应用系统、综合管理应用系统。

(4) 子系统设计

子系统的目标是利用物联网技术、溯源技术、防伪技术、条码技术、云计算等技术,实现在农产品种养殖、食品生产加工、食品流通、餐饮消费、进出口食品检疫环节以及食品安全法规标准制定、食品安全风险监测评估和预警交流、食品安全产品溯源等领域的安全监管与风险监测的信息采集,实现"从农田到餐桌"的全链条风险管理体系。子系统包括:食品安全法规标准管理系统、生产监管信息系统、食品流通监管信息系统、食品经营者信用监管信息系统、食品安全风险监测和评估信息系统、食品安全违法查处系统、进出口食品安全监管信息系统和食品安全溯源追踪系统。

(五) 食品安全标准体系

1. 深入开展标准整合,构建科学合理的食品安全标准体系

建议食品安全标准主管部门对所有食品标准进行深度整合,梳理与食品安全相关的标准,形成食品安全标准强制体系。将应由行业自律的食品质量要求与食品安全要求分开,形成安全标准保障安全、质量标准繁荣市场的食品安全技术法规体系。通过加强对食品生产经营规范类标准的制定和实施,提高食品行业和企业的自我管理水平。对监管部门宣贯过程监管的理念,通过过程管理解决食品掺杂使假问题。

2. 完善食品安全标准制定修订程序,提高标准的科学水平和透明度

食品安全国家标准审评委员会秘书处于 2012 年出版了《国家食品安全标准程序手册》,规定了食品安全国家标准审评委员会的管理及运行机制,及食品安全国家标准制定修订的程序和原则。建议国家卫生计生委借鉴美国、欧盟、澳新等发达成员在食品标准法规制定修订方面的先进经验,进一步完善食品标准制定修订程序,尤其是完善标准制定修订工作的公开透明机制,使食品行业、企业甚至公众能在食品安全标准的制定修订过程中逐步了解标准,标准的各利益相关方都能充分表达对标准的意见和建议。

风险评估是食品安全标准制定修订程序的关键环节。建议国家卫生计生委从国家层面统筹考虑,进一步加强食品安全风险评估机构主导食品安全标准制定的合作机制,提高标准的科学水平。

近年来,我国食品安全国家标准更新较快,但由于食品标准遗留的历史问题较多,因此标准之间的交叉、重复、矛盾等现象可能给食品标准使用和监管部门造成困惑。建议加强食品安全标准的宣传和培训力度,具体渗透到最低一级食品安全具体监管人员,覆盖大、中、小型食品企业,确保食品安全标准的正确使用。

3. 加强我国食品安全标准管理专业人才培养

食品安全标准具有较强的技术性和政策性,既需要考虑科学因素,也需要从成本效益角度确定适度的健康保护水平。标准管理人员需要具备食品加工工艺、操作规范的基本知识;需要具备公共卫生学的背景,了解微生物、化学、毒理检验方法的知识;甚至还需要具有国际贸易、国际食品法典标准等全方位、跨领域的知识。因此,食品安全标准管理人员需要较强的专业基础,宽阔的视野,了解相关行业、国际领域的最新工作进展,同时还需

要较强的交流和管理能力。

与发达国家相比,我国目前承担食品安全国家标准管理的技术机构在人员结构、能力建设投入方面远远不足。建议从国家层面大力加强食品安全标准管理的人才培养,制定人才培养梯队和建设规划,有重点和针对性地培养人才,提高食品安全标准制定修订工作的管理水平。

参考文献

[1] 樊永祥. 食品安全风险分析:国家食品安全管理机构应用指南[M]. 北京:人民卫生出版社,2008.

[2] 李援.《中华人民共和国食品安全法》解读与适用[M]. 北京:人民出版社,2009.

[3] 杨大进,李宁. 2014年国家食品污染物和有害因素监测工作手册[M]. 北京:中国质检出版社,2014.

[4] 王竹天,杨大进. 食品中化学污染物和有害因素监测技术手册[M]. 北京:中国标准出版社,2011.

[5] European Food Safety Authority. 2015-04-15. Committed to ensuring that Europe's food is safe[EB/OL]. http://www.efsa.europa.eu/.

[6] Federal Institute for Risk Assessment. 2015-04-15. BfR[EB/OL]. http://www.bfr.bund.de/en/home.html.

[7] U.S. Food and Drug Administration. 2015-04-15. FDA[EB/OL]. http://www.fda.gov/.

[8] U.S. Department of Agriculture. 2015-04-15. USDA[EB/OL]. http://www.usda.gov/wps/portal/usda/usdahome.

[9] U.S. Environmental Protection Agency. 2015-04-15. USEPA[EB/OL]. http://www.epa.gov/.

[10] Alliance for Risk Assessment. 2015-04-15. ARA[EB/OL]. http://www.allianceforrisk.org/.

[11] WHO. 2014-04-15. GEMS/Food-EURO Second Workshop on Reliable Evaluation of Low-level Contamination of Food-Report of a Workshop in the Frame of GEMS/Food-EURO[EB/OL]. http://www.who.int/foodsafety/publications/chem/en/lowlevel_may1995.pdf.

[12] WHO. 2014-04-15. Reliable Evaluation of Low-level Contamination of Food Addendum-WHO European Programme for Monitoring and Assessment of Dietary Exposure to Potentially Hazardous Substances (GEMS/Food-EURO)[EB/OL]. http://www.who.int/foodsafety/publications/chem/en/lowlevel_january2013.pdf.

[13] 杨杰,樊永祥,杨大进,等. 国际食品污染物监测体系理化指标监测介绍及思考[J]. 中国食品卫生杂志,2009,21(2):161-168.

[14] 杨天和,褚保金."从农田到餐桌"食品安全全程控制技术体系研究[J]. 食品科学,2005,26(3):264-268.

[15] FDA. 2015-04-15. Pesticides[EB/OL]. http://www.fda.gov/Food/FoodborneIllnessContaminants/Pesticides/default.htm.

[16] FDA. 2015-04-15. Pesticide Program Residue Monitoring[EB/OL]. http://www.fda.gov/Food/FoodborneIllnessContaminants/Pesticides/UCM2006797.htm.

[17] USDA. 2015-04-15. Pesticide Data Program (PDP)[EB/OL]. http://www.ams.usda.gov/AMSv1.0/ams.fetchTemplateData.do?template=TemplateC&navID=PesticideDataProgram&rightNav1=PesticideDataProgram&topNav=&leftNav=&page=PesticideDataProgram&resultType=&acct=pestcddataprg.

[18] USDA. 2015-04-15. PDP-Databases and Annual Summaries[EB/OL]. http://www.ams.usda.gov/AMSv1.0/ams.fetchTemplateData.do?template=TemplateG&navID=PDPOviewBox2Link4&rightNav1=PDPOviewBox2Link4&topNav=&leftNav=ScienceandLaboratories&page=PDPDownloadData/Reports&resultType=&acct=pestcddataprg.

[19] FSIS. 2015-04-15. FSIS Nationwide Beef and Veal Carcass Microbiological Baseline Survey-Study Design and Sampling Plan[EB/OL]. http://www.fsis.usda.gov/wps/wcm/connect/5057f4ef-f924-422c-bafe-771b1ead78e4/Beef-Veal-Carcass-Baseline-Study-Design.pdf?MOD=AJPERES.

[20] FSIS. 2015-04-15. FSIS Nationwide Raw Liquid Eggs Microbiological Baseline Data Collection Program-Study Design and Sampling Frame for Technical Consultation[EB/OL]. http://www.fsis.usda.gov/wps/wcm/con-

nect/326fbbba-406a-4bbd-a5a3-d293c305ba8a/Baseline_Data_Liquid_Eggs_Study_Design_508. pdf? MOD=AJPERES.

[21] FSIS. 2015-04-15. Baseline Data Reports[EB/OL]. http://www. fsis. usda. gov/wps/portal/fsis/topics/data-collection-and-reports/microbiology/baseline/baseline.

[22] Canadian Food Inspection Agency. 2015-04-15. 2007-2008 Annual Report-Foods of Plant and Animal Origin[EB/OL]. http://www. inspection. gc. ca/food/chemical-residues-microbiology/chemical-residues/foods-of-plant-and-animal-origin/eng/1389127041198/1389127042104.

[23] Canadian Food Inspection Agency. 2015-04-15. 2010-2011 Dioxins and Dioxin-like Compounds in Vegetable oils and Cheese[EB/OL]. http://www. inspection. gc. ca/food/chemical-residues-microbiology/chemical-residues/dioxins-and-dioxin-like-compounds/eng/1350528794568/1350528896578.

[24] Canadian Food Inspection Agency. 2015-04-15. Food Microbiology[EB/OL] http://www. inspection. gc. ca/food/chemical-residues-microbiology/microbiology/eng/1324284849823/1324285064868.

[25] 潘家荣，吴永宁，魏益民，等. 欧盟食品安全管理体系的特点[J]. 中国食物与营养，2006(3)：7-11.

[26] Fisher IS. The Enter-net international surveillance network-how it works[J]. Eurosurveillance. 1999，4(5)：52-55.

[27] BVL. 2015-04-15. Food[EB/OL]. http://www. bvl. bund. de/EN/01_Food/food_node. html.

[28] Food Standard Australia New Zealand. 2015-04-15. Monitoring the safety of the food supply[EB/OL]. http://www. foodstandards. gov. au/science/surveillance/Pages/default. aspx.

[29] 杨鹭花. 美国食品安全监管体系对我国的启示[J]. 中国食物与营养，2007(9)：13-15.

[30] 钱进，陈勇，盛维宁，等. 食品追溯信息系统建设初探[J]. 中国自动识别技术，2013(2)：69-71.

[31] 谭平. 食品信息可追溯系统的构建[J]. 上海质量，2006 (10)：68-71.

[32] 方海. 国外食品安全信息化管理体系研究及对我国的借鉴意义[D]. 上海：华东师范大学，2006.

[33] 孔洪亮，李建辉. 利用 EAN · UCC 系统开展食品跟踪与追溯[J]. 自动识别技术与应用，2003(3)：12-13.

[34] 师严涛. 农产品可追溯系统研究[D]. 北京：中国农业大学，2006.

[35] 曹海禄，焦炜，黄璟，等. 国内外农产品质量安全追溯体系建设概述[J]. 中国现代中药，2013，15(3)：233-237.

[36] 李凯年. 对英国疯牛病与台湾口蹄疫的思考[J]. 中国动物检疫，1997(4)：36-37.

[37] 蔡春林. 欧盟食品质量安全控制的基本模式[J]. 对外经贸实务，2007(7)：25-27.

[38] 林雪玲，叶科泰. 日本食品安全法规及食品标签标准浅析[J]. 世界标准化与质量管理，2006(2)：58-60.

[39] 毕金峰，魏益民，潘家荣. 欧盟食品安全法规体系及其借鉴[J]. 中国食物与营养，2005(3)：11-14.

[40] 王怡，宋宗宇. 日本食品安全委员会的运行机制及其对我国的启示[J]. 现代日本经济，2011(5)：57-63.

[41] 李聪，黄逸民. 食品安全监测与预警系统[M]. 北京：化学工业出版社，2006.

[42] Centers for Disease Control and Prevention. 2015-04-15. Foodborne Diseases Active Surveillance Network (FoodNet)[EB/OL]. http://www. cdc. gov/foodnet/.

[43] Centers for Disease Control and Prevention. 2015-04-15. PulseNet[EB/OL]. http://www. cdc. gov/pulsenet/.

[44] WHO. 2015-04-15. INFOSAN[EB/OL]. http://www. who. int/foodsafety/areas_work/infosan/en/.

[45] WHO. 2015-04-15. Global Foodborne Infections Network (GFN)[EB/OL]. http://www. who. int/gfn/en/.

[46] US Government Publish Office. 2015-04-15. Electronic Code of Federal Regulations[EB/OL]. http://www. ecfr. gov/cgi-bin/ECFR? SID=757b13ed2fcca0e0aeb4ca70fa627b14&mc=true&page=browse.

[47] US Government Publish Office. 2015-04-15. Public Law 111-353-FDA Food Safety Modernization Act[EB/OL]. http://www. gpo. gov/fdsys/pkg/PLAW-111publ353/pdf/PLAW-111publ353. pdf.

[48] European Commission. 2015-04-15. Regulation (EC) No 178/2002 of the European Parliament and of the Council of 28 January 2002 laying down the general principles and requirements of food law, establishing the European Food Safety Authority and laying down procedures in matters of food safety[EB/OL]. http://eur-lex. europa. eu/legal-content/EN/TXT/PDF/? uri=CELEX:02002R0178-20140630&qid=1431003068042&from=EN.

[49] European Commission. 2015-04-15. Food hygiene-basic legislation[EB/OL]. http://ec.europa.eu/food/food/biosafety/hygienelegislation/comm_rules_en.htm.
[50] European Commission. 2015-04-15. Regulation (EC) No 2073/2005 of 15 November 2005 on microbiological criteria for foodstuffs (Text with EEA relevance)[EB/OL]. http://eur-lex.europa.eu/legal-content/EN/TXT/PDF/? uri=CELEX:32005R2073&from=EN.
[51] European Commission. 2015-04-15. Regulation (EC) No 1881/2006 of 19 December 2006 setting maximum levels for certain contaminants in foodstuffs (Text with EEA relevance)[EB/OL]. http://eur-lex.europa.eu/legal-content/EN/TXT/PDF/? uri=CELEX:02006R1881-20140701&from=EN.
[52] 姚斯洁，代汉慧，李杏，等. 欧盟与中国食品添加剂法规标准的对比分析[J]. 职业与健康，2011，27(12)：1332-1338.
[53] European Commission. 2015-04-15. Regulation (EC) No 1925/2006 of the European Parliament and of the Council of 20 December 2006 on the addition of vitamins and minerals and of certain other substances to foods [EB/OL]. http://eur-lex.europa.eu/legal-content/EN/TXT/PDF/? uri=CELEX:32006R1925&from=EN.
[54] Government of Canada. 2015-04-15. Food and Drug Regulations (C.R.C., c. 870)[EB/OL]. http://laws.justice.gc.ca/eng/regulations/C.R.C.,_c._870/.
[55] Food Standards Australia New Zealand. 2015-04-15. Food Standards Australia New Zealand[EB/OL]. http://www.foodstandards.gov.au/Pages/default.aspx.
[56] 蒋定国，王竹天，杨杰，等. 2000-2009年中国食品化学污染物监测概况与分析[J]. 卫生研究，2012，41(2)：204-208.
[57] 蒋定国，李宁，杨杰，等. 2010年我国食品化学污染物风险监测概况、存在问题及建议[J]. 中国食品卫生杂志，2012，24(3)：259-264.
[58] 李宁，杨大进，郭云昌，等. 我国食品安全风险监测制度与落实现状分析[J]. 中国食品学报，2011，11(3)：5-8.
[59] 唐晓纯. 国家食品安全风险监测评估与预警体系建设及其问题思考[J]. 食品科学，2013，34(15)：342-348.
[60] 邓蓉敬. 我国市场监管中的政府信息公开研究[D]. 湘潭：湘潭大学，2005.
[61] 熊绍东. 食品安全生产监管数据元管理系统设计与实现[D]. 济南：山东大学，2008.
[62] 刘晓毅，石维妮，刘小力，等. 浅谈构建我国食品安全风险监测与预警体系的认识[J]. 食品工程，2009(2)：3-5.
[63] 孟斌. 我国食品安全监管体系研究[D]. 武汉：华中科技大学，2012.
[64] 刘晔明，尹芳芳，傅贤治，等. 食品产业绿色供应链管理运营中的信息共享机制分析[J]. 安徽农业科学，2011，39(14)：8805-8808.
[65] 门玉峰. 北京市食品安全预警体系构建研究[J]. 对外经贸，2012(6)：61-64.
[66] 唐晓纯，许建军，瞿晗屹，等. 欧盟RASFF系统食品风险预警的数据分析研究[J]. 食品科学，2012，33(5)：285-292.
[67] 肖灵敏，刘扬. 论我国食品安全监管体制的完善[J]. 长春理工大学学报(社会科学版)，2014，27(2)：26-28.
[68] 梁越. 论食品安全的监管体制的完善[J]. 华人时刊旬刊，2012(6)：17-25.

缩　略　语

AI(Application Identifier)：应用标识符

APHIS(Animal and Plant Health Inspection Service)：动植物卫生检验局(美国农业部下属机构)

ARA(the Alliance for Risk Assessment)：美国风险评估联盟

BfR(Federal Institute for Risk Assessment)：德国联邦风险评估研究所

BVL(Federal Office of Consumer Protection and Food Safety):德国消费者保护和食品安全局

CAC(Codex Alimentarius Commission):国际食品法典委员会

CDC(Centers for Disease Control and Prevention):疾病预防控制中心

CFIA(Canadian Food Inspection Agency):加拿大食品检验局

CFR(Code of Federal Regulation):联邦法规

DHHS(Department of Health and Human Services):健康与人类服务部

EAN(Internaxbnal Artick Numbenng Association):国际物品编码协会

EFSA(European Food Safety Authority):欧盟食品安全局

EOC(Emergency Operations Center):紧急救助中心(美国食品药品管理局下属机构)

EPA(Environmental Protection Agency):美国环境保护署

FAO(Food and Agriculture Organization of the United Nations):联合国粮农组织

FDA(Food and Drug Administration):美国食品药品管理局

FSANZ(Food Standard Australia New Zealand):澳新食品标准局

FSIS(Food Safety and Inspection Service):食品安全检验局(美国农业部下属机构)

GEMS/Food(Global Environment Monitoring System-Food Contamination Monitoring and Assessment Programme):全球环境监测系统的食品污染监测与评估规划

GLP(Good Laboratory Practice):良好实验室操作规范

GMP(Good Manufacturing Practice):良好生产规范

HACCP(Hazard Analysis Critical Control Point):危害分析与关键控制点

INFOSAN(International Food Safety Authorities Network):国际食品安全当局网络

JECFA(Joint FAO/WHO Expert Committee on Food Additives):FAO/WHO 食品添加剂联合专家委员会

JMPR(Joint FAO/WHO Meeting on Pesticide Residues):FAO/WHO 农药残留联席会议

NCRMP(National Chemical Residue Monitoring Program):全国食品化学残留监测方案

OPP(Office of Pesticide Programs):农药项目办公室

PDP(Pesticide Data Program):农药残留数据库项目

PulseNet(National Molecular Subtyping Network for Foodborne Surveillance):细菌分子分型国家电子网络

RASFF(Rapid Alarm System for Food and Feed):食品和饲料快速预警系统

UCC(Uniform Code Council):美国统一代码委员会

USDA(US Department of Agriculture):美国农业部

WHO(World Health Organization):世界卫生组织

WTO(World Trade Organization):世界贸易组织

第五章　国内外食品安全管理先进经验与物联网战略研究

摘　要

食品安全问题已经成为影响国家稳定、社会和谐、经济繁荣、民族繁衍的重大公共安全问题。发达国家经百余年发展，积累了颇为丰富的经验。因此，本文通过调研美国、欧盟、德国和日本的食品安全法律法规、标准及监管体系的关键内容，并结合我国实际情况，提出了完善我国食品安全管理体系的建议。主要结论如下：

(1) 由各国食品安全监管发展历程可见，每部重要食品安全法律的出台或监管体制的重大变革都伴随着政治、经济及科技的重大革新。食品安全法律法规体系的起源、发展与成熟过程与其经济发展过程密切相关。

(2) 发达国家和地区的食品安全法律法规体系及时吸纳了先进管理理念，建立起了针对整个食品链的全程管理理念，并以风险分析为科学依据，同时注重体系整体的协调和统一性。

(3) 发达国家或地区的食品安全标准体系与其法律法规体系相辅相成，且内部协调统一，国际化程度高，同时因政治文化及地理特点等因素呈现出各自的特色。

(4) 纵观各国食品安全监管体制及机制的演变过程，集中式监管体制模式逐步替代分散式，同时市场准入、追溯与召回及监测与预警、安全责任及风险交流机制与制度的合理建立与严格实施对高效解决日益复杂食品安全问题十分必要。

(5) 我国现已基本建立较为系统的食品安全法律法规及标准和监管体系，但依然存在法律法规条款分散，缺乏协调及统一性；标准体系协调一致性差、国际化程度低，关键安全标准缺失；改革后监管工作落实及农业部质与量的取舍矛盾；市场准入、安全责任量化、追溯及预警和风险交流等机制和制度的缺失和不完善等诸多问题。

(6) 借鉴发达国家经验，建议从三个方面提高我国食品安全监管能力：①尽快梳理和整合现有法律法规条款，形成全面统一的法规体系；②明确食品安全标准的法律位阶，构建目标明确、结构合理、统一权威的标准体系，加大其国际化程度；③尽快做好监管部门机构的重新设置及职责划分，达到无缝衔接，协调有序；重视数量与质量双安全，改变考核指标，防止盲目牺牲质量；建立独立的风险评估和交流部门；严格市场准入管理、合理提升违法成本，积极促进追溯及预警、风险交流机制及制度的建立和完善。

(7) 随着社会的进步、消费观念的转变以及科技发展和国际贸易格局的改变，除政府的监管能力之外，社会协同管理能力、消费者参与程度、企业自律性及科技支撑能力对食品安全水平的影响愈加显著。因此，我国应从政治、科技、经济等层面逐步加强这些方面的建设。

通过资料查阅、召开座谈会和实际调研等方式，深入系统地阐述了物联网技术、农产品现代物流技术、食品追溯技术的原理,比较分析了国内外在物联网、现代物流、食品追溯领域相关的法律法规、管理体系、标准建设方面的进展、趋势,以及我国与国外相比较存在的差距等,在此基础上,提出了建议与应对策略。

我国应从以下几方面加强物联网技术在食品安全管理和产业发展中的应用:

(1) 加强法律法规和标准体系建设

我国关于食品追溯的法律法规还不具体,缺乏追溯系统中记录信息的相关指南、规范和标准,特别是缺少农业投入品和食品的编码规范、产品基本信息数据库建设规范等,成为信息化技术在食品安全监管上应用的最大瓶颈。

(2) 加强顶层宏观设计和系统性规划

物联网、物流和追溯体系建设均需要信息的互联互通,需要从国家层面统一规划和设计,需要统一的信息记录体系、统一的模块设计、统一的数据格式、统一的编码体系等,真正实现农产品和食品全产业链的信息共享和交流。

(3) 促进农产品和食品生产流通链的规范化和集约化

农业生产规模小、分散种植、销售渠道多样化是制约农产品现代物流和食品追溯体系建设的主要因素,也是物联网技术在食品安全管理应用的主要障碍。需要充分发挥协会组织、农业生产合作社、农产品生产流通龙头企业的作用,带动物联网技术在农产品现代物流和食品追溯体系建设中的应用。

(4) 提升农业信息化的基础设施建设水平

农产品现代物流和食品追溯体系建设成本相对较高,但农产品的利润比较低,致使农产品生产加工企业对追溯体系建设动力不足。政府需要提供专项建设资金支援食品现代物流及食品追溯体系示范基地建设,为食品企业或其他产业化组织提供硬件设备和技术培训等支持。

(5) 加大宣传力度,提高消费者的认知度

应通过媒体发布相关科学的、客观的信息,提高消费者对可追溯农产品、食品的认知水平和关注程度,扩大物联网的市场需求,以此来进一步降低企业的成本压力,促进更多的企业积极建立农产品现代物流和食品追溯体系。

(6) 加强物联网技术与农产品现代物流、食品追溯技术的衔接

充分利用物联网的传感器、云计算、电子标签等技术,挖掘其在农产品现代物流、食品追溯体系建设中的结合点和存在问题,解决农产品物流和食品追溯中信息适时采集、传输和交流等技术难题。

一、国内外食品安全法律法规研究与借鉴

(一) 发达国家和地区食品安全法律法规研究

1. 美国

(1) 美国食品安全法律法规发展历程

1) 起源

美国早期有关食品安全的有关法规是从英国继承下来的。这是由于 1783 年 9 月 3

日之前，美国作为英国的殖民地之一，所实施的食品安全相关的法规是英国 1202 年颁布的第一部食品法 ——《面包法》，该法规定严禁在面包里掺入豌豆或蚕豆粉造假[1]。

2）美国独立后至 1906 年间的联邦法规

随后，在美国独立之后的近 70 年中，美国资本主义经济尚未大规模发展，与食品有关的商业贸易多限于各州境内，因此各州根据本地生产者和消费者的需要而制订了各种各样的法律。至 19 世纪中叶，一方面，美国完成了领土扩张，形成东北部传统工业区、西部农业区的专业化经济布局，各州间需要互补和加强商品交流，促使联邦对食品安全问题进行全国范围内的统一监管；另一方面，在第一次工业革命浪潮的推动下，美国的食品工业也得到了迅猛发展，在巨额利润的驱使下，食品市场出现了制伪、掺假、掺毒、欺诈等现象。据说牛奶掺水、咖啡掺炭对当时的纽约老百姓来说是司空见惯的事；更有甚者，做出牛奶加甲醛、肉类浸硫酸、黄油掺硼砂等严重损害消费者健康的恶劣行为。

1880 年，美国农业部首席化学家彼得 · 科利尔对食品掺假进行调查，之后建议出台一部全国性的食品和药品法。随后的 25 年中，国会提出 100 多个关于食品和药品的议案，虽然大多未通过，但陆续也有单项法律获得通过，如 1897 年通过了《茶叶进口法》，1902 年通过了《生物制品控制法》。国会还拨专款给政府化学局，研究防腐剂和色素对健康的影响。这些研究引起人们对食品掺假问题的广泛关注，公众对通过一部联邦食品和药品法的支持率大大增加。

3）1906 年后的联邦法规

《食品和药品法》美国各州自 1880 年以后就开始陆续出台各类专项食品法，但是由于各州食品法形式多样，执行标准不一，它们很难对消费者和现代大型食品生产者提供有效的保护。各州食品法监管不力的问题在 19 世纪末已经暴露无遗，但国会中仍存在一大批反对联邦食品法出台的议员。他们千方百计地阻挠《食品与药品法》的出台，其中最为顽固的是代表生产“掺假”食品企业和批发商利益的议员。当然，同时也存在着部分代表公平和正义的企业家。他们是一部分大型食品企业的领袖及其合作者，这些企业家亲自或者派代表到国会敦促食品法的出台。如，帕布斯特酿酒厂创始人弗里德里克 · 帕布斯特（Frederick Pabst），由于酿造技术上的重大进展，已不再需要使用人工防腐措施，他急切要求国会通过一项法律，禁止其他啤酒厂使用任何化学防腐剂，从而使广大民众相信啤酒是安全纯净的饮料。帕布斯特与其他的企业界领袖于 1899～1900 年参与国会附属委员会多次听证会，并积极支持、游说美国啤酒利益集团，敦促联邦食品法的出台[2]。

科技进步对人们产生的影响往往比政治变革更加深刻。随着科学技术的进步，越来越多的化学家发现了“掺假”食品对人类健康的危害，于是他们开始呼吁对“掺假”食品的限制。美国公共卫生部聘请的化学家巴斯希尔（J. P. Battershall）从各州及各大城市找来健康委员会的资料编写了《食品掺假与监测》一书，详细地分析了食品企业利用“掺假”以降低成本的多种方式。农业部化学局负责人——化学家哈维 . W. 维利从 1902 年开始陆续出版了他的调查报告，并向民众发出警告，指出“食品与药品的虚假商标已经成为整个国家的流行病，对上百万美国人的健康构成严重的威胁”。科学家们的工作引起了社会普遍的关注，得到公众广泛支持，批评国会在食品法案上无作为的声音一浪高过一浪。

同时一大批揭露社会黑暗面的作家，对当时商业中的欺诈和“掺假”食品等等工业社会所带来的社会病展开了猛烈的抨击。其中作家厄普顿·辛克莱的出版的小说《屠场》，详细生动地描述了芝加哥的屠宰场的工人的野蛮操作，以及操作间令人作呕的污秽场面。这本小说的现实的影响远远大于艺术贡献，本想“打动公众的心，不料却击中了民众的胃”，引起美国社会的震惊与愤怒，要求出台联邦食品法的运动席卷全国。

政治力量的角逐、科学技术的进步、社会舆论的压力在推动联邦政府对食品管制方面发挥了重要作用。进步主义的呼声越来越高，迫使国会采取了行动。1899 年，国会开始对食品“掺假”问题进行调查。1902 年，国会两院联合成立一个附属委员会专门负责对“掺假”食品、药品以及虚假广告进行听证。通过一系列的听证会，国会议员中有愈来愈多的人认识到了“掺假”食品对公众健康的危害。终于在 1906 年 6 月 30 日，国会通过了《食品和药品法》，并于 1907 年 1 月 1 日正式实施[3]，同时还通过了《肉类检查法》，建立了以化学家威利博士(Dr. Wiley)为首，共 11 名专家学者组成的班子，形成美国食品药品监督管理局(Federal Drug and Food Administration，FDA)的雏形。同时，按《农业拨款法》将食品、药品和杀虫剂管理局简称为食品和药品管理局。这标志着美国食品安全监管走上了法制化道路，极大地遏制了食品生产经营领域的违法行为。

《联邦食品、药品和化妆品法》《食品和药品法》中有一个所谓的“特殊名称附带条款”(distinctive name proviso)，这一条款对传统食品制造商的监管过于宽松，为其后期的投机行为留有余地。例如，生产果酱的企业，在制造果酱时只用很少量的劣质水果，然后加入大量的人造果胶和草籽，附以漂亮的包装，再以巧妙的广告打动消费者。一方面，因为消费者不能通过食品的标签或者外观来判断其质量，故无法通过“优胜劣汰”的市场机制淘汰这些产品；另一方面，这些食品又是符合《食品和药品法》的，FDA 无法对其采取强制取缔措施。1920 年后，这类美其名曰“BRED-SPREAD”的低劣食品充斥美国市场。为了增强法律的权威性与管理力度，1933 年，刚诞生不久的 FDA 开始考虑鼓动国会通过一部新的法律来取代《食品和药品法》。

为此，FDA 收集了大量的证据，来证明《食品和药品法》无法解决 FDA 所面临的执法问题。这一次，FDA 另辟蹊径，先争得了总统夫人的支持，而后总统夫人又将 FDA 收集的材料展示给议员们的夫人观看，这些议员夫人们成为新的食品法案的坚决拥护者。此时，一些消费者权益保护组织也纷纷行动起来，要求国会制定新的食品法律以保护消费者的生命和健康权益。在各方的不懈努力下，国会制定了于 1938 年通过《联邦食品、药品和化妆品法》。该法案将管理范围扩大到化妆品和医疗器械领域，并对食品安全监管体制作了较大的调整，主要表现在扩大了 FDA 在食品安全监管方面的权力。这奠定了美国现代食品安全监管体制的基础。

《联邦食品、药品和化妆品法》(FFDCA)颁布以后，有关部门加强了对食品安全的监管。此后出台的与食品安全有关的法律都以该法所确立的基本框架为前提，对该法的部分条款进行修改或补充，以应对食品安全领域不断出现的新问题[4]。

1949 年，国会创建一个特别委员会调查由于食品中(合成)化学物质的使用不断增加而引起的危害。1952 年 6 月发行的委员会报告总结说，法律不足以确保对公共健康的保护，并推荐新的立法，最终形成了三个修正案。1954 年《农药残留修正案》农药的使用做了规定，明确对在原始农产品中的杀虫剂残留设定安全性限度的程序。1958 年《食品添加剂修正案》明确禁止批准任何可能导致人或动物癌症的食品添加剂。1960年《色素添加剂修正案》,建立了食品添加剂和着色剂的安全标准,标志美国食品安全进入了安全评估时代。

造假掺伪、化学污染都得到了有效规制后,生物危害又以不同的形式袭扰着大众的饭桌。根据WHO引用美国的统计资料,每年7种食源性病原体(空肠弯曲菌、产气荚膜梭状芽孢杆菌、O157与H7大肠杆菌、单核细胞增多性李斯特菌、沙门菌、金黄色葡萄球菌和弓形体虫)造成美国330万~1230万人患病和3900人死亡,每年的经济损失约65亿~349亿美元。2006年9月美国暴发了著名的"毒菠菜事件",导致美国26个州200余人感染大肠杆菌,其中3人死亡;2009年1月爆发的"花生酱事件"更是震惊全美的,造成9人死亡[5]。

这些重大食品安全使美国公众对国家食品安全监管制度以及FDA保障食品安全的能力提出严重质疑。美国总统奥巴马评论说,美国的食品安全体系不但过时,而且严重危害公共健康,必须彻底进行改革。"花生酱事件"后参众两院议员分别提交了相关加强食品安全的议案,最终形成"美国2009食品安全加强法案(HR2749)",并经多次修改及参众两院审议后于2011年1月4日,美国总统奥巴马签署了《FDA食品安全现代化法案》,使该法案成为第111届国会第353号法律(Public Law No: 111-353)。美国零售制造商协会董事长兼首席执行官潘·贝利说:"这次具有里程碑意义的立法将有助于FDA获得更多的资源和权力,通过预防的战略加强国家食品安全体系,重铸美国民众对所供应食品安全的信心。"该法是70多年来美国对《联邦食品药品化妆品法》的重大修订,授予美国负责大部分食品与药品安全监管的机构美国食品和药物管理局(FDA)以更大的监管权利,可就食品供应领域制定综合性的、以科学为基础的预防性控制措施加强其对美国本土生产的食品及进口食品的安全监管,以预防食品安全事故的发生,防患于未然。

在美国立法机关看来,如果全球食物链中的每个生产者对存在致病风险的环节认真对待并且承担起真正的责任来,食源性疾病在很大程度上是可以预防、避免。根据新法,FDA将拥有更多保证食品安全的预防性举措以及更加清晰的监管架构来改善以往食品安全领域监管之不足。具体说来,在食品安全监管领域,该法在以下五个主要方面进一步加强了监管、对相关监管机构的权力进行了重新整合,并且在一些领域进行了制度创新。这五个方面分别为:①食品安全预防控制:该法首次明确FDA在食品供应方面拥有广泛的、预防性控制措施,并有权进行立法。②对食品生产企业的检查和执法:该法明确规定FDA对所有食品生产企业设施进行检查的频率应当不断提高。③进口食品安全:FDA拥有确保进口食品达到美国标准,并确保对美国消费者来说是安全的权力。④问题食品及时应对:该法首次规定,FDA对所有问题食品都有权进行强制召回。⑤加强国内外食品安全监管机构的合作:该法对目前美国联邦、各州、地方、领地、部落地区食品安全监管机构之间及其与外国食品安全监管之间合作重要性给予了前所未有的充分重视。

4)其他相关法律法规

20世纪五六十年代的美国正处于经济高速发展时期,今天大众普遍接受的环境保护理念在当时还属于"惊人之语"。第二次工业革命推动美国化工业迅速崛起,各种化学农药的大肆使用对人类赖以生存的环境造成了严重破坏。1962年,美国生物学家莱切尔·

卡逊女士出版了《寂静的春天》一书，严肃地指出人类不加选择的滥用农药、杀虫剂和除草剂等化学合成制剂直接威胁人类的健康和生存，这一主张引起了全国轰动及世界舆论的关注。在激烈争议中，该书得到了当时的美国总统约翰·肯尼迪的重视，并授意总统科学顾问委员会(PSAC)对杀虫剂问题展开专门调查，卡逊关于杀虫剂潜在危险的警告被确认，最终于1970年促成美国国会通过了《国家环境政策法》，并成立了美国环境保护署(Environmental Protection Agency，EPA)，使环境保护不仅有法可依，也有了执行这一使命的实体。随后，曾获诺贝尔化学奖的药物DDT于1972年在美国禁用。这标志着美国环境保护工作步入了法制化的阶段。

随着科技的进步以及人们环保、饮食健康意识的增强，美国于1996年颁布了的《食品质量保护法》(FQPA)，要求对膳食和非膳食途径摄入的农药残留对人体健康风险进行全面评估，这标志着美国环保局调节农药的方式从根本上发生了改变。该法对应用于所有食品的全部杀虫剂制定了一个单一的、以健康为基础的标准，为婴儿和儿童提供了特殊的保护，对安全性提高的杀虫剂进行快速批准，要求定期对杀虫剂的注册和容许量进行重新评估，以确保杀虫剂注册的数据不过时。这个法案免除了杀虫剂在德莱尼条款中"零危险"规定的限制，同时规定杀虫剂是"合理并确实无害"。风险评估这一应用于商业范畴的技术模式也被推广应用到农产品安全领域，渗透到FQPA的方方面面，成为该法中要求得以科学体现和贯彻实施最主要的技术支撑。

"9·11"事件发生后，出于对来自生物恐怖主义威胁的担心，美国国会在2002年通过了《公共健康安全与生物恐怖主义预防应对法》。该法案授权美国食品与药品管理局(FDA)针对国际或意外事件造成的污染和其他与食品相关的公共卫生突发事件造成的威胁采取行动以维护美国食品供应安全。将保障食品安全提高到国家安全的战略高度，提出实行从农场到餐桌的风险管理，对食品安全实行强制性管理。

除此之外，《联邦杀虫剂、杀真菌剂和灭鼠剂法》(FIFRA)、《禽类产品检查法》(PPIA)、《蛋类产品检查法》(EQIA)、《营养标签与教育法》(NLAEA)、《食品过敏原标识和消费者保护法》(FALCPA)也在不同阶段，因食品行业发展和规范的需要应运而生。

表2-5-1以时间、事件为背景，总结了美国食品安全法律法规出台的顺序以及食品安全法律法规体系的形成过程；图2-5-1为关键法令颁布的节点示意图。

表2-5-1　美国食品安全法律法规体系的发展历程

时间	背景	出台的法律法规
18世纪后期	1776年发表独立宣言，1783年9月独立	继承英国的食品法《面包法》
19世纪早期	资本主义经济尚未大规模发展	个别州建立了食品立法
19世纪中后期	食品市场出现了严重的掺假掺毒欺诈现象	各州陆续出台专项食品法规
20世纪初期	一大批国会议员极力反对联邦食品立法，科技工作者应用先进技术证实伪劣产品的危害，大型企业领袖极力促成，一大批作家对黑暗面的大力抨击；国会通过一系列听证会，认识到"掺假"食品对公众健康的危害	1906年6月30日，国会通过了《食品和药品法》

续表

时间	背景	出台的法律法规
20 世纪中前期	名曰“BRED-SPREAD”的低劣食品在 20 世纪 20 年代开始充斥美国市场，FDA 收集了大量的事例证明《食品和药品法》无法解决当前问题。总统夫人向各议员夫人展示 FDA 收集的材料，一些消费者权益保护组织纷纷行动起来要求国会制定新的食品法律以保护消费者的生命和健康权益	1938 年，国会制定了《联邦食品、药品和化妆品法》
20 世纪中后期	人们对食品生产过程中化学合成物质使用增加存在的风险高度关注。1962 年，美国生物学家莱切尔·卡逊女士出版《寂静的春天》一书，引起激烈争议，最后得到总统重视，通过听证会证实各种杀虫剂等化学合成农药对环境及食品造成严重污染	1947 年《联邦杀虫剂、杀真菌剂和灭鼠剂法》 1954 年《农药残留修正案》 1958 年《食品添加剂修正案》 1960 年《色素添加剂修正案》 1970 年《国家环境政策法》 1996 年《食品质量保护法》
21 世纪初期	主要是生物性危害，如“9·11”事件后，人们对来自生物恐怖主义威胁的颇为担心。 由于食品过敏反应，每年大约 3 万消费者需要急救治疗，并有 150 名美国人死亡。 2009 年由于花生酱被沙门氏菌污染，导致 9 人死亡，引发震惊全美的“花生酱事件”。民众对政府的监管能力提出质疑，FDA 受到严厉谴责	2002 年《公共健康安全与生物恐怖主义预防应对法》 2004 年颁布了《食品过敏原标识和消费者保护法》 2011 年 1 月 4 日，美国总统奥巴马签署了《FDA 食品安全现代化法案》

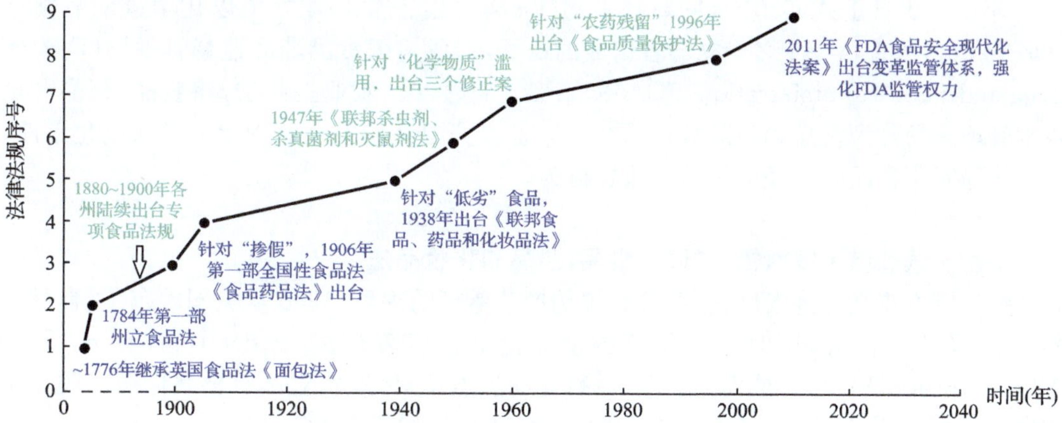

图 2-5-1　美国食品安全法规发展历程关键记事示意图

【案例分析：高层的关注对于改革具有积极的推进作用】

美国从 1906 年第一部《食品和药品法》颁布以来，100 多年演变过程中，修订或新法颁布大约近 80 次，每部重要法律的颁布与顺利执行都离不开高级管理层的关注与支持。

西奥多·罗斯福与《食品和药品法》

19世纪中叶，美国的食品工业迅猛发展，在巨额利润的驱使下，食品市场出现了制伪、掺假、掺毒、欺诈等现象。伴随着科学技术的进步，一部分化学家逐渐发现了"掺假"食品与人类健康的关系，于是，他们开始呼吁对"掺假"食品的限制。同时一大批揭露社会黑暗面的作家，对当时商业中的欺诈和"掺假"食品等等工业社会所带来的社会病展开了猛烈的抨击。其中作家厄普顿·辛克莱的出版的小说《屠场》，详细生动地描述了芝加哥的屠宰场的工人的野蛮操作，以及操作间令人作呕的污秽场面。"食品加工车间里垃圾遍地，污水横流。腐烂了的猪肉、发霉变质的香肠经过硼砂和甘油处理后再加上少量的鲜肉和着被毒死的老鼠被一同铲进香肠搅拌机……"这样的食品制造，让人想想就恶心。这就是《屠场》所描写的20世纪初美国食品工厂的真实场景。传说美国总统西奥多·罗斯福吃早点边读《屠场》。突然他大叫一声："我中毒了。"紧跟着，把吃了一半的香肠统统扔出窗外……

西奥多·罗斯福总统读了《屠场》之后说，书中揭露的内幕让他大为震惊。他不能相信真有其事，过了好长时间他才相信小说中的描写并非空穴来风。于是，总统请辛克莱到华盛顿讲讲他是如何了解到这些情况的。作为总统的座上客，辛克莱详细讲述了他如何进入工厂以及在屠场中的所见所闻。总统最后意识到他正与之谈话的这个人知道自己在说什么，于是他派劳工委员会委员去芝加哥展开调查，调查的结果是，辛克莱并没有夸大他所看到的事实。辛克莱用他的笔改变了议员们认为政府无权进入企业进行检查的传统观念。1902年，国会两院联合成立一个附属委员会专门负责对"掺假"食品、药品以及虚假广告进行听证。通过一系列的听证会，国会议员中有愈来愈多的人认识到了"掺假"食品对公众健康的危害。终于在1906年6月30日，国会通过了《食品和药品法》，并于1907年1月1日正式实施[3]，同时还通过了《肉类检查法》，建立了以化学家威利博士(Dr. Wiley)为首，共11名专家学者组成的班子，形成美国食品药品监督管理局(Federal Drug and Food Administration，FDA)的雏形。同时，按《农业拨款法》将食品、药品和杀虫剂管理局简称为食品和药品管理局。这标志着美国食品安全监管走上了法制化道路，极大地遏制了食品生产经营领域的违法行为。

安娜·埃莉诺·罗斯福与《联邦食品、药品和化妆品法》

针对资本主义经济发展初期，食品掺伪掺杂盛行的现象，1906年美国颁布了《食品和药品法》及相关法规，同时成立了美国食品药品监督管理局(Federal Drug and Food Administration，FDA)。然而，由于食品行业的强烈反对，该次立法对食品标准问题作出规定。《食品和药品法》中还有一个所谓的"特殊名称附带条款"(distinctive name proviso)，根据这一条款，食品商在制造传统食品的时候，可以随意加入别的原料，然后再起一个特别的名称就可以了。例如，生产果酱的企业，在果酱中只用少量的水果，却加入大量的人造果胶、草籽，然后附以漂亮的包装，使用巧妙的广告。这样一种新的食品出炉了，美其名曰"BRED-SPREAD"。这样的低劣食品在20世纪20年代开始充斥美国市场。消费者对这些产品的低劣质量一无所知。人们无法通过食品的标签或者外观来判断其成分或者质量。由于这些食品是符合《食品和药品法》的，FDA(食品药品监督管理局)无法对其采取措施。为了增强法律的权威性与管理力度，刚诞生不久的 FDA（1933 年）开始考虑鼓动国会通过一部新的法律来取代《食品和药品法》。

为此，FDA 收集了大量的事例，包括市面上销售的质量极为低劣的所谓“特殊名称”食品，以此来证明，《食品和药品法》无法解决 FDA 所面临的执法问题。为了引起政治高层的重视，FDA 先争取到了当时在政界也极有影响力的总统夫人，安娜·埃莉诺·罗斯福的认可。此后，总统夫人又将 FDA 收集的材料展示给议员们的夫人观看，这些夫人们成为新的食品法案的坚决拥护者。同时，在消费者权益保护组织等各方的努力下，1938 年，国会制定并颁布了《联邦食品、药品和化妆品法》以保护消费者的生命和健康权益。在该法案对食品安全监管体制作了较大的调整，并将管理范围扩大到化妆品和医疗器械领域。扩大了 FDA 在食品安全监管方面的权力，奠定了美国现代食品安全监管体制的基础。

约翰·肯尼迪与《国家环境政策法》

第二次工业革命推动美国化工业迅速崛起，各种化学农药的大肆使用对人类赖以生存的环境造成了严重破坏。1962 年，美国生物学家莱切尔·卡逊女士出版了《寂静的春天》一书，严肃地指出人类不加选择的滥用农药、杀虫剂和除草剂等化学合成制剂直接威胁人类的健康和生存，这一主张引起了全国轰动及世界舆论的关注。在激烈争议中，该书得到了当时的美国总统约翰·肯尼迪的重视，并授意总统科学顾问委员会（PSAC）对杀虫剂问题展开专门调查，卡逊关于杀虫剂潜在危险的警告被确认，最终于 1970 年促成美国国会通过了《国家环境政策法》，并成立了美国环境保护署（Environmental Protection Agency，简称 EPA），使环境保护不仅有法可依，也有了执行这一使命的实体。

克林顿的副总统、环保主义者艾尔·戈尔在为《寂静的春天》中文版的“前言”中这样评价此书：《寂静的春天》播下了新行动主义的种子，并且已经深深植根于广大人民群众中。1964 年春天，雷切尔·卡逊逝世后，一切都很清楚了，她的声音永远不会寂静。她惊醒的不但是我们国家，甚至是整个世界。《寂静的春天》的出版应该恰当地被看成是现代环保运动的肇始。

随后，曾获诺贝尔化学奖的药物 DDT 于 1972 年在美国禁用。这标志着美国环境保护工作步入了法制化的阶段。同时，联合国于 1972 年 6 月 12 日在斯德哥尔摩召开了“人类环境大会”，并由各国签署了“人类环境宣言”，开始了环境保护事业。

贝拉克·奥巴马与《FDA 食品安全现代化法案》

造假掺伪、化学污染都得到了有效规制后，生物危害又以不同的形式袭扰着大众的饭桌。根据 WHO 引用美国的统计资料，每年 7 种食源性病原体（空肠弯曲菌、产气荚膜梭状芽孢杆菌、O157 与 H7 大肠杆菌、单核细胞增多性李斯特菌、沙门菌、金黄色葡萄球菌和弓形体虫）造成美国 330 万～1230 万人患病和 3900 人死亡，每年的经济损失约65 亿～349 亿美元。2006 年 9 月美国爆发了著名的“毒菠菜事件”，导致美国 26 个州 200 余人感染大肠杆菌，其中 3 人死亡；2009 年 1 月爆发的“花生酱事件”更是震惊全美的，造成 9 人死亡。

这些重大食品安全使美国公众对国家食品安全监管制度以及FDA保障食品安全的能力提出严重质疑。美国总统贝拉克·奥巴马评论说，美国的食品安全体系不但过时，而且严重危害公共健康，必须彻底进行改革。“花生酱事件”后参众两院议员分别提交了相关加强食品安全的议案，最终形成“美国2009食品安全加强法案（HR2749）”，并经多次修改及参众两院审议后于2011年1月4日，美国总统奥巴马签署了《FDA食品安全现代化法案》，使该法案成为第111届国会第353号法律（Public Law No: 111-353）。美国零售制造商协会董事长兼首席执行官潘·贝利说：“这次具有里程碑意义的立法将有助于FDA获得更多的资源和权力，通过预防的战略加强国家食品安全体系，重铸美国民众对所供应食品安全的信心。”该法是70多年来美国对《联邦食品药品化妆品法》的重大修订，授予美国负责大部分食品与药品安全监管机构——美国食品和药物管理局（FDA）以更大的监管权利，可就食品供应领域制定综合性的、以科学为基础的预防性控制措施加强其对美国本土生产的食品及进口食品的安全监管，以预防食品安全事故的发生，防患于未然。

（2）美国食品安全法律法规体系构架

美国政府的三个分支机构——立法、司法和执法，在确保美国食品安全中各司其职。国会发布法令确保食品供应的安全，从而在国家水平上建立起对公众的保护。执法各部门和机构通过颁布法规负责法令的实施。因此，美国关于食品的法律法规包括两方面内容，一是议会通过的法案称为法令，如《美国法典》第21部中有关食品和药品的法律，《行政管理程序法令》、《联邦咨询委员会法令》和《新闻自由法令》等；二是由权力机构根据议会的授权制定规则和命令，如《联邦食品、药物和化妆品法》、《联邦肉类检验法》等，这些法规在“联邦登记”（Federal Register 简称FR）中颁布，公众可查询到这些法规的电子版材料。联邦法庭体系在立法过程中按照规定的权利和义务，在确保立法机构满足法律及程序的要求等方面起重要作用。独立的陪审团对执法机构的活动记录进行细化。当法庭怀疑执法机构未遵循其法律职责或其活动没有合理的基础，可对执法机构的活动进行调查和限制。

美国国会颁布的食品安全法令对执法机构广泛授权，法令的唯一目的就是为达到特定的目标，得到授权的行政机构可依据法令发布特定的法规，进行特定的指导，采取特定的措施。当必须强调新的技术、产品和健康风险时，执法机构有充分的灵活性对法规进行修改和补充，而不需要制定新的法令。这种灵活的工作方式使行政管理部门能够更好地发挥其监管作用。目前，美国主要的食品安全法规包括以下七部[6]：《联邦食品、药品和化妆品管理法》（FFDCA）、《联邦肉类检查法》（FACA）、《禽类产品检查法》（PPIA）、《蛋类产品检查法》（EPIA）、《联邦沙虫剂、杀真菌剂和灭鼠剂法》（FIFRA）、《食品质量保护法》（FQPA）和《公众卫生服务法》（PHSA）。

美国现行主要法律见表2-5-2。

（3）美国食品安全立法程序

美国的宪法规定了由政府的立法、执法和司法三个部门共同负责国家的食品安全工作。为保证供给食品的安全性，国会和各州议会制定和颁布食品安全法令，建立国家级保障体系，并授权和强制行政执法机构执行法令，国会给予立法机构制定食品安全法规的广

表 2-5-2　美国现行主要法律

法律	目的与要求	对象	监管
联邦食品、药品和化妆品法	要求FDA管辖除肉、禽和部分蛋类以外的国产和进口食品的生产、加工、包装、储存。此外还包括对新型动物药品、加药饲料和所有可能成为食品成分的食品添加剂的销售许可和监督。该法禁止销售须经FDA批准而未获得批准的食品、未获得相应报告的食品和拒绝对规定设施进行检查的厂家生产的食品。该法还禁止销售由于不洁贮藏条件而引起的含有令人厌恶的或污物的食品。该法对卫生的要求还规定禁止出售带有病毒的产品，并要求食品必须在卫生设施良好的房间中生产	食品工业	食品药品管理局
联邦肉类检查法	确保销售给消费者的肉类、禽类和蛋类产品是合乎卫生的、不掺杂使假的，并进行了正确的标记、标识和包装。肉类、禽类和蛋类产品只有在盖有美国农业部的检验合格标记后，才允许销售和运输	肉类、家禽养殖以及蛋类食品生产	美国农业部的食品安全检验局
禽类产品检查法			
蛋类产品检查法			
联邦杀虫剂、杀真菌剂和灭鼠剂法	规定特定的作物杀虫剂在食品中最高残留限量（容许量）保证人们在工作中使用或接触杀虫剂、食品清洁剂和消毒杀菌剂时是安全的；避免环境中的其他化学物质以及空气和水中的细菌污染物可能威胁食品供给安全性的物质	家畜，农作物	国家环境保护署
食品质量保障法	该法对应用于所有食品的全部杀虫剂制定了一个单一的、以健康为基础的标准，为婴儿和儿童提供了特殊的保护，对安全性提高的杀虫剂进行快速批准，要求定期对杀虫剂的注册和容许量进行重新评估，以确保杀虫剂注册的数据不过时	人	
公共卫生服务法	是美国关于防范传染病的联邦法律，该法明确了严重传染病的界定程序，制定传染病控制条例，规定检疫官员的职责，同时对来自特定地区的人员、货物、有关检疫站、检疫场所与港口，民航与民航飞机的检疫等均做出了详尽规定，此外还对战争时期的特殊检疫进行了规范。它要求美国食品药品管理局负责制定防止传染病传播方面的法规，并向州和地方政府相应机构提供有关传染病法规的协助	人	食品药品管理局

泛权力，但同时对制定的法规也作了一定的限制；美国农业部（USDA）、美国食品药品管理局（FDA）、美国环保署（EPA）、各州农业部等执法部门有权发布一些食品安全方面的法律法规并负责执行和根据实施情况修订这些法律法规。

1）美国国会制定法律的程序

美国国会是执行美国宪法规定的立法权力的机构。根据美国宪法，美国是一个三权分立的国家，即立法、行政、司法。国会由经直接选举产生的参议院议员与众议院议员组成，每个议员代表其选区内的选民，但是作为一个整体，国会议员代表整个国家的选民，通过立法来规范政府与人民的行为。

食品相关法律的制定同其他法律一样，其立法流程可分为以下 8 个阶段[7]：

① 有诉求采取立法行动(包括修订、废止、立新法)：因食品安全事件、食品安全监管等方面问题的凸显，由议员本人竞选时承诺、民间个人或利益团体的诉求或总统向国会报告的国情咨文演说中提出。

② 立法提案的始发及立法提案的类型：立法提案的始发可分为两种，即通过参议员和众议员始发提交给国会或总统、内阁和行政部门首长先把拟好的草案递交给众议院议长或参议院主席后再发落分流到有关的委员会讨论。

③ 分流转介到委员会论证：提案被国会书记员接受、立项、编码和印刷后，分发到最合适阅读和初议该提案的一个或多个常务委员会。常务委员会包括常任委员会和特别委员会。论证后进行报告的书写以及在国会作业日志中进行议案的登记。

④ 国会议员辩论、议案三读、通过法案的最少赞成票数：一读在全体委员会中进行，开会法定最少人数为 100 人，在此阶段有众议院规章指导及约束议员辩论时的行为，并有时间限定。二读则是一段一段地去仔细阅读法案条文，对每段条文提出修正案和反对修正的机会，此阶段是一个冗长的过程。三读只看法案标题投票，不再修改最后版本的修正案。在众议院通过须获最少 218 赞成票，参议院则为 60 票。

⑤ 递交众议院通过的法案给予参议院：众议院通过的法案，连同在立法行动中产生的所有文件，交给注册书记员登记、整理、印刷，经众议院书记签署后送往参议院。

⑥ 对口议院启动委员会进行论证及后续流程：参议院院长接到众议院通过的法案，发落分流道参议院属下一个或多个恰当的常务委员会处理。按照参议院的规章，再走一遍和众议院大致一样的“参议院行动”流程。若法案没有争议性，多数党领袖可以要求跳过委员会审议的阶段。如果没有与会的参议院成员反对，法案即可进入一读阶段。参议院经常使用一致共识或终止辩论的合规做法，加快立法进程的速度。

⑦ 两院协商会议，登记条文完全一致的两院法案：参议院通过的法案，由于经过修订，和众议院通过的法案没有一字不漏地完全一致，须通过两院联席的协商委员会进行协调，务使两院达成条文完全一致的法令。

⑧ 总统的签署或否决权：法令交给注册书记员登记、整理、印刷后经众议院书记签署后递交给总统。总统若对法令进行否决，提出反对理由，发还国会重新考虑。国会可选择最佳时机在投票表决。被总统否决的法令如能在国会再次通过，不用总统签署也可成为法律，直接交给美国档案保管员发布。

2) 美国联邦机构制定法规的程序

在美国，国会通过的是法律授权，由总统签署后变成法律，联邦政府部门根据法律给予的授权制定实施法律的法规、规章。联邦政府部门制定法规时，要遵守《行政程序法》(APA)规定的要求，还要考虑立法对小企业的、对环境的影响、对法规中包含的任何信息收集的必要条件的影响等。其中，APA 规定了制定法规、规章的要求，包括联邦机构制定、修改或废除某项法规的程序，以及允许任何利益集团申请发布、修改和废除某项法规的程序等。联邦政府机构根据 APA 所颁布的各项独立法规具有法律效力。

此类法规基本的制定程序可分为以下 8 个步骤[7]，即：

① 法规制定部门确定是否需要制定某项法规或规章；

② 法规制定部门起草拟议法规并进行必需的分析；

③ 总统执行办公室下属的管理与预算办公室（OMB）对拟议法规的草案进行审议，确定法规的等级；

④ 法规制定部门公布法规草案，公开征求意见；

⑤ 法规制定部门起草最终法规；

⑥ OMB对“重要”或“经济上重要”的最终法规进行审议；

⑦ 最终法规的批准和在《联邦纪事》上公布；

⑧ 法规制定部门将最终法规提交国会。

对于法规制定所需的时间，不同的法规因其自身复杂性、所收集到的评议意见的数量和性质、政府部门工作认为的先后顺序、OMB确定的该法规所属的等级等因素，而有所差异。一般出台一部“普通”法需要1～2年的时间，出台一部“重要”或“经济上重要”的法规需要2～3年的时间。

现以美国农业部（USDA）为例，对法规制定的详细程序予以简述，其步骤可细分为12步[7]：

① 确认制定某项法规或规章的必要性；

② 进行风险评估、环境评估以及其他必须进行的分析，并起草分析报告；

③ 起草工作计划，并送交总统执行办公室下属的管理与预算办公室（OMB），由其确定拟制定的法规属于不重要的法规、重要的法规或者经济上重要的法规；

④ 起草拟制定法规的草案，并完成所有分析报告；

⑤ 草案进入内部批准程序：如果属于OMB确定的重要法规或经济上重要的法规，则需经USDA内部10/11个部门或级别批准，包括法律事务办公室、副局长、局长、预算与项目分析办公室、农业部首席律师、风险评估与成本效益分析办公室（只适用于经济上重要的法规）、负责民权的部长助理、总经济师办公室、总信息师办公室、副部长、部长；如果属于一般级别的法规，则只需法律事务办公室、副局长、局长、预算与项目分析办公室和副部长5个部门或级别批准；

⑥ 在《联邦纪事》（Federal Register）上公布法规文本的草案，并同时向WTO通报，提供60天的评议期；

⑦ 接收并分析各方面提出的评议意见；

⑧ 起草最终法规；

⑨ 最终法规进入内部批准程序，过程同以上第⑤步骤；

⑩ 在《联邦纪事》上公布最终法规，并就法规制定部门对法规的改动和公众评议意见的采纳与否予以解释，同时以通报补遗的形式向WTO进行通报；

⑪ 法规生效：最终法规一般在公布后30天生效，解禁令或有充足理由要提前生效的法规除外；

⑫ 司法审查：最终法规生效后，任何受到该法规影响的利益团体或个人可到法院对相关法规提出质疑。

（4）美国食品安全法律法规的特点

1）立法过程透明、开放。在制定新法规或修订已有的法规时，立法机构通常发表一个条例提案先期通知。在条例提案中会提出存在的问题,并提出机构建议的解决方案和备选的方案。所有重要的公众评论都要在最后法规中予以强调;在最终法规发表之前,要为公众首先提供开展讨论和发表评论的机会。当遇到特别复杂的问题,需要立法机构外专家的建议时,立法机构根据需要召开公众会议或咨询委员会会议。公众会议是将有关人员通过非正式信息途径召集到一起,这些会议的目的是收集公众对特定问题的看法,或收集公众对立法机构特定计划的观点。而咨询委员会会议结构形式更正式一些。公众会议和咨询委员会会议在联邦登记(FR)中发布,涉及商业机密时除外。如果个人或机构对立法机构的决策提出异议可以向法庭提出申诉。

2)以科学为依据的“风险分析”成为美国食品安全决策和立法的基础。风险性分析不但能为食品安全监管者提供作出有效决策所需的消息和依据,为其立法工作提供强有力的科学依据;还可根据风险评估的结果确定并实施合适的方法来控制风险,并与利益相关方就风险及所采取的措施进行交流,大大提高食品安全监管水平。政府机构内专家的合作或向其他科学家咨询,为法规制定者提供技术和科学方面的推荐方案;通过与国际组织的合作,如与CAC、WHO、FAO等合作解决技术问题、紧急问题、食品安全事件等;强调食品中风险因素的早期预警等。

3)食品法规体系覆盖面全

美国出台了大量关于食品安全的法律法规。《联邦食品、药品和化妆品法》是美国食品和药品的基本法,经过多次修改,目前该法是世界同类法中最全面的一部法律。此外还有《联邦肉类检验法》、《联邦杀虫剂、杀菌剂和杀鼠剂法》、《禽肉制品检验法》、《蛋制品检验法》、《食品质量保护法》等一系列非常具体的法律。这些法律法规覆盖了所有食品,为食品安全制定了非常具体的标准及监管程序,使食品质量的各环节监管、疾病预防和事故应急反应都有法可依。

在进口食品的管理方面,联邦法规定,所有进口食品必须符合与美国国内产品相同的标准,并推出了《食品生产监管项目标准》、《食品保护计划》、《进口安全行动计划》等多个食品安全监管计划,用以加强进口食品安全监控[7]。

2. 欧盟

(1)欧盟食品安全法律法规发展历程[8]

欧共体自从20世纪60年代成立之初,就制定了食品政策,以确保食品在各成员国之间自由流通。随后,共同农业政策对促进欧洲农业发展、稳定农产品市场及保证欧洲食物供给做出了重要贡献。但是,在较长时期内,为了缓解战争造成的食物供给危机,欧共体又制定了“共同农业政策”。“共同农业政策”的重心一直放在以大量价格补贴来促进农产品增长上,对于可能导致的食品安全危机的管理和预防投入严重不足。1996年英国爆发疯牛病,随后欧洲大陆的食品安全危机对当事国政府及欧盟构成了严峻挑战。为了使消费者恢复对食品安全的信心,欧盟对其食品安全法规进行了根本性改革,制定了严格的食品安全政策,建立了完善的食品安全法规体系。欧盟食品安全法规体系的发展主要经历了以下几个阶:

1)酝酿形成阶段

从第二次世界大战结束到1996年疯牛病在欧洲爆发,这一时期是欧盟食品安全法规体系的形成阶段，主要解决了食品供应的数量安全问题。

第二次世界大战以后，由于战争的破坏，欧洲许多地区都濒临饥饿状态，食品供应安全成为各国政府首要考虑的问题，也成了国家安全问题。因此，二战结束后，西欧各国相继开展了振兴农业的计划，食物进口量大大下降。但总体上，欧洲农业仍然不能自给自足。截至1957年，除法国外，欧洲大部分国家的肉、脂肪等食品供应严重不足，因而各国借助一切可能的手段提高农业产量，增加食物供应的同时缓解外汇收支失衡。同时，各国内部市场的发展，要求建立一个包括农产品贸易在内的、更加广泛的共同市场。于是“共同农业政策”应运而生。在“共同农业政策”的指导下，通过对农产品收购实行价格补贴，对进口农产品征收差价税，对农产品出口进行补贴等一系列措施，欧共体的农业得到了长足发展，产量成倍提高。欧共体食品供应短缺的现象得到了很好的解决。

然而，欧共体农业高速增长的背后，存在着很多不安全因素。为了生产更多粮食，得到更多补贴，欧共体农业普遍采取集约化生产方式，化肥、杀虫剂等在欧洲大多数地方广泛使用，许多化学物质进入水域，污染了水供应系统，对环境造成了严重破坏。农民为了增加产量，得到更高补贴，拼命降低成本，使用有病动物的下水、骨粉等作饲料，导致疯牛病、口蹄疫等动物性疾病频繁发生，欧洲食品安全受到严重威胁。

为此，1985年，欧洲委员会发表了“食物通讯”（也叫“微型白皮书”），第一次将保护公众健康列入欧共体立法的重要议事日程，并且规定，共同体食品法规的制定应以四点为基础，即对公众健康的保护、公众对信息的需要、实现公平交易，以及必需的政府管理。1987年《单一欧洲法令》颁布，改变了以往片面强调农业产量的做法，将“环境保护必须成为欧共体其他政策的一个组成部分”写入《罗马条约》，要求欧洲委员会在做出有关健康、安全、环境和消费者保护的提案时应当设立一条高标准的保护基线。1992年，欧共体批准了当时负责农业的欧洲委员会委员麦克萨里提出的改革计划，进一步减少价格保护，增加对休耕或把农业用地改为种植树木等用途的补贴，采用有利于保护生态环境的技术。同年，欧共体正式批准实施农业环境项目，并且第一次对推广有机农业的农场给予财政支持，鼓励各国农民生产高质量的食品。

但是，尽管欧共体此时已经开始重视农业环境保护问题与食品供应质量安全，颁布一系列法令法规减少环境破坏，保障食品安全，推动有机农业的发展，这一时期欧共体的食品安全体系仍然没有清晰定型，处于酝酿形成阶段。

2）改革发展阶段

从1996年疯牛病在英国爆发到2002《通用食品法》生效启用，这一时期是欧盟食品安全法改革并快速发展的阶段。

早在1985年，疯牛病就已经在英国出现，1986年政府才将此种病例公之于众。而1988年英国农业部对疯牛病对牲畜和人类可能造成的影响的评估也并未正确预测该疾病的危害。政府既不投入大量资金对疯牛病进行研究，也不认真听取科学家的意见，相反却不断散布乐观消息。到1996年，经证实的新型克雅氏症病（食用了患病牛肉而引发）人已达到10人，3月20日英国卫生部长杜瑞尔（Stephen Dorrell）于众议院宣布，疯牛病可因食用被感染牛肉而传播给人，引起全球范围的“恐牛症”。对疯牛病的极度恐惧还严重动摇了消费者对欧洲牛肉，特别是英国牛肉的信心。1996年3月27日，欧盟委员会为了维护欧洲牛肉市场的整体利益，保障公众健康，决定禁止英国向欧盟市场及第三国出口活牛及牛肉制品。英国政府层一度采取不合作政策，与欧盟其他成员国之间摩擦不断。各成员国也因为牛肉互不信任，纷争四起，牛肉大战演化为外交危机。疯牛病使欧盟蒙受巨大损失，影响深远。

疯牛病在英国爆发除了农场主为追求产量而违背自然规律，用肉骨粉养牛以及英国政府为了保护本国牛肉声誉而隐瞒疫情外，与欧盟"共同农业政策"也有一定关系。欧盟共同农业政策以价格补贴为基础，生产越多，得到补贴越多，所以必然导致各国为了获取最大经济利益，纷纷采用集约化生产方式。一旦某个环节出现问题，整个欧盟的食品安全就会受到严重威胁。此外，欧盟共同农业政策只是规定了对食品收购及出口实行补贴，没有一项政策涉及食品安全问题，对各国食品生产也没有进行有效的监督。疯牛病以及后来的口蹄疫、二噁英等事件不但给欧盟各国造成了巨大损失，也影响了欧洲一体化进程。因此，欧盟必须尽快形成一套严格的食品安全政策。

1997 年 4 月，欧盟委员会发表了关于欧盟食品法规一般原则的"绿皮书"，为欧盟食品安全法规体系确立了基本框架。其目的主要包括：①了解法规在多大程度上满足消费者、生产者及进出口商的需要和期望；②考虑如何增强政府有关食品安全的管理和控制体系的独立性、客观性和有效性；③鼓励公众对食品法规进行讨论；④使委员会能够在需要的时候为共同体食品法规的发展提出合理建议。"绿皮书"还为共同体的食品法规确立了 6 个基本目标：①确保为公众健康及安全提供高水平的保护；②确保食品在欧盟内部市场自由流通；③确保食品法规以科学证据及相关机构的风险评估为基础；④增强欧洲食品产业的竞争力及出口能力；⑤让生产者、加工者及供应商承担食品安全的主要责任，推行危害分析与关键控制点（Hazard Analysis and Critical Control Point，HACCP）管理体系；⑥确保法规的连续性、一致性、合理性并简明易懂，以及保证与有关利益方充分协商。在发表了"绿皮书"之后，欧洲理事会于 1997 年 12 月就食物安全发表宣言，根据该宣言的承诺，欧盟将不惜一切代价恢复公众对食品安全的信心。

经过四年的准备，欧盟委员会基本完成了"绿皮书"的预期工作内容，并在此基础上，于 1999 年下半年开始食品安全白皮书的起草工作。2000 年 1 月 12 日，欧盟正式发表"食品安全白皮书"。食品安全白皮书长达 52 页，包括执行摘要及 9 章的内容，用 116 项条款对食品安全问题进行了详细阐述，制定了一套连贯和透明的法规，增强了欧盟食品安全咨询系统的能力。"白皮书"提出了一项根本性的改革计划，即食品法应以控制"从农田到餐桌"全过程为基础，包括普通动物饲养、动物健康与保健、污染物和农药残留、新型食品、添加剂、包装、辐射、饲料生产、农场主和食品生产者的责任，以及各种农田控制措施等。在此框架体系中，食品法规成为一系列连续、透明的规则，易于理解，便于所有执行者实施。同时，"白皮书"中还规定，欧盟委员会应通过立法改革和完善"从农场到餐桌"的一系列食品安全保证措施，并建立新的欧盟食品管理机制。此外，"白皮书"提出，对食品生产链的所有环节必须进行官方监控，并且要求各成员国权威机构加强工作，以保障各项措施能够合理、可靠地予以执行，保证公众健康及对消费者的保护。虽然白皮书并不是规范性法律文件，但确立了欧盟食品安全法规体系的基本原则，并首次整合了整个食物链中有关食物安全的所有方面。

在此框架下,欧盟于 2002 年 1 月制定了欧洲议会和理事会 178/2002 号法规,该法规就是著名的《通用食品法》。其目的在于:订立欧盟境内通用的定义,包括食品的定义等;制定食品法指导准则及合理目标,确保人类生命及健康得到高水平的保护,同时考虑对动植物健康及环境的保护;赋予消费者获得安全食品及精确信息的权利;协调各成员国现有的食品安全标准,确保食品和饲料在欧盟境内自由流通。第 178/2002 号法规确定了食品法规的基本原则和要求,明确了欧洲食品安全管理机构的基本职责以及有关食品安全的管理程序,建立了欧洲食品安全局,是欧盟历史上首次采用的通用食品法。该法规所确立的"从农场到餐桌"的管理方法已经成为欧盟食品安全政策的一般原则。

根据第 178/2002 号法规,欧盟成立了 EFSA。根据欧盟所确立的"危机管理"机构与"危机评估"机构相分离的原则,EFSA 不是一个决策机构,而是一个咨询机构。为确保不受政治及其他因素的影响,EFSA 具有独立性,不受欧盟委员会、欧盟其他机构和成员国管理机构的管辖,独立开展工作。

3) 完善阶段

近年来,欧盟不断改进立法并开展相关行动,尤其是自 2000 年以来,欧盟对食品安全法规和条例进行了大量修订和更新,建立了一个较为完善的食品安全法规体系,涵盖了"从农场到餐桌"的整个食物链,形成了以"食品安全白皮书"为核心,各种法律、法规和指令等并存的食品安全法规体系新框架。截至 2006 年 2 月,欧盟以及制定了 13 类 173 个有关食品安全的法规标准,其中包括 31 个法令,128 个指令及 14 个决定,其法律法规的数量和内容还在不断增加和完善中[9]。

在欧盟食品安全法律框架下,各成员国如英国、德国、荷兰、丹麦等也各自形成了一套自己的法规框架,这些法规并不一定与欧盟的法规完全吻合,主要是针对各成员国自己的实际情况制定的。

2004 年 4 月,欧盟公布了四个补充性法规:①欧洲议会和理事会第 852/2004 号法规,即"食品卫生条例",规定了食品生产及加工企业经营者确保食品卫生的通用规则;②欧洲议会和理事会第 853/2004 号法规,即"动物源性食品特殊卫生条例",规定了动物源性食品的卫生准则;③欧洲议会和理事会第 854/2004 号法规,即"供人类消费的动物源性食品的官方控制组织条例",规定了对动物源性食品实施官方控制的原则;④欧洲议会和理事会第 882/2004 号法规,即"欧盟食品安全与动植物健康监管条例",规定对食品、饲料、动物健康与福利等法律实施官方监管,检查成员国或第三国是否正确履行了欧盟食品安全法律或条例所规定的职责。这四个法规涵盖了危害分析及关键控制点、可追溯性、食品及饲料控制及第三国进口食品的官方控制等方面的内容,自 2006 年 1 月 1 日起生效。

2005 年 2 月,欧盟委员会提出新的《欧盟食品及饲料安全管理法规》[10],并递交欧洲议会审议,在 2005 年 3 月举行的欧洲议会全体会议上获得批准,于 2006 年 1 月 1 日起实施。新法规对欧盟各成员国生产的以及从第三国进口到欧盟的水产品、肉类食品、肠衣、奶制品以及部分植物源性食品的官方管理与加工企业基本卫生等提出了新的要求,适用于所有成员国,所有成员国都必须遵守,如果不符合法规要求的产品出现在欧盟市场,无论该产品由哪个成员国生产,一经发现立即取消其市场准入资格。欧盟以外国家的产品要输入欧盟市场，也必须符合该法规所规定的标准，否则不准进入欧盟市场。与现行食品安全法规相比，新出台的法规有以下几个特点[11]：①将食品安全与贸易分开，重点关注食品安全、动物健康与动物福利问题，同时大大简化了食品生产、流通及销售的监督检测程序；②突出强调了食品从农场到餐桌全过程的管理控制，强调了食品生产者在保证食品安全方面的重要职责，对食品从原料到成品储存、运输以及销售等环节提出了具体明确的要求，更加强调食品安全零风险；③大大提高了欧盟食品市场准入标准；④突出了食品生产过程中的可追溯管理，强调食品（尤其是动物源性食品）的身份鉴定标识与健康标识；⑤强调了官方监管部门在保证食品安全中的重要职责，官方监管工作涉及保护公众健康的所有方面，包括保护动物健康和福利等方面。

表 2-5-3 以时间、事件为背景，总结了欧盟食品安全法律法规出台的顺序以及食品安全法律法规体系的形成过程。

表 2-5-3　欧盟食品安全法律法规体系的发展历程

时间	背景	出台的法律法规
20 世纪中后期	二战以后，食品供应安全成为各国政府首要考虑的问题。各国借助一切可能的手段提高农业产量，增加食物供应的同时缓解外汇收支失衡。同时，各国内部市场的发展，要求建立一个包括农产品贸易在内的、更加广泛的共同市场。 60 年代初，欧洲共体成立。 化肥、杀虫剂等在欧洲大多数地方广泛使用，许多化学物质进入水域，污染了水供应系统，对环境造成了严重破坏；农民为了增加产量，得到更高补贴，拼命降低成本，使用有病动物的下水、骨粉等作饲料，欧洲食品安全受到严重威胁。 为改变片面强调农业产量的做法，欧洲委员会立法将“环境保护必须成为欧共体其他政策的一个组成部分”写入《罗马条约》	1962 年出台“共同农业政策” 1987 年颁布《单一欧洲法令》
21 世纪初期	1996 年，疯牛病的爆发引起全球范围的“恐牛症”，使欧盟蒙受巨大损失。各成员国也因为牛肉互不信任，纷争四起，牛肉大战演化为外交危机。 1999 年，比利时发生二噁英污染饲料事件，造成欧盟生鲜肉类和肉类深加工产品严重污染，致使美国等许多国家禁止从欧盟进口肉类产品。 2001 年，英国和爱尔兰等国相继爆发口蹄疫，欧盟国家肉类市场全面萎缩，饲养户和商场损失惨重。一系列食品安全事件不但给欧盟各国造成了巨大损失，也影响了欧洲一体化进程。欧盟认识到必须尽快形成一套严格的食品安全政策	2002 年制定《通用食品法》。 2004 年 4 月公布了四个补充性法规：“食品卫生条例”、“动物源性食品特殊卫生条例”、“供人类消费的动物源性食品的官方控制组织条例”、“欧盟食品安全与动植物健康监管条例”。 2005 年提出新的《欧盟食品及饲料安全管理法规》

（2）欧盟食品安全法律法规体系的构架

欧盟食品法规的主要框架包括“一个路线图，七部法规”。“一个路线图”指食品安全白皮书；“七部法规”是指在食品安全白皮书公布后制定的有关欧盟食品基本法、食品卫生法以及食品卫生的官方控制等一系列相关法规（图 2-5-2）[12]。

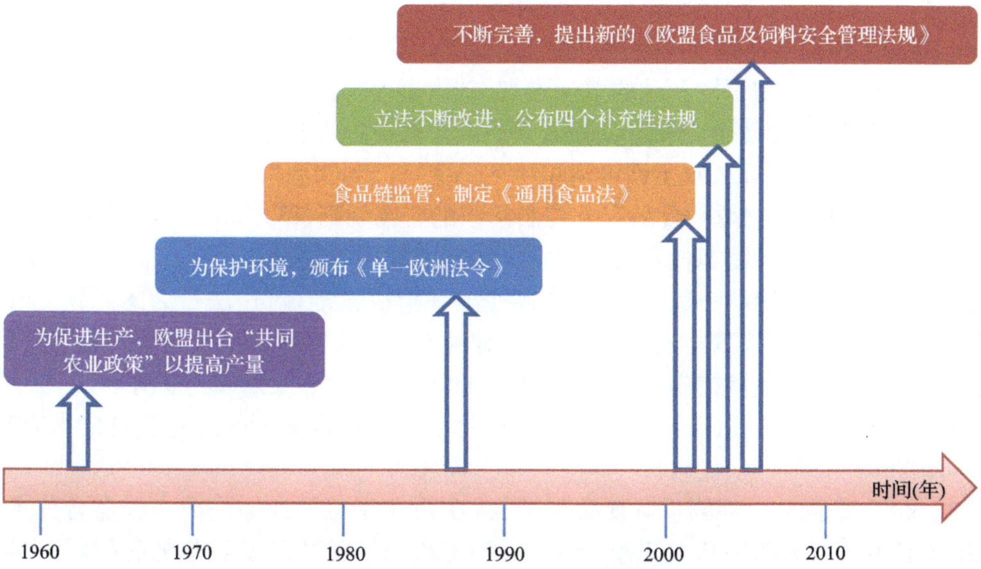

图 2-5-2　欧盟食品安全法规发展历程关键记事示意图

1）食品安全白皮书

欧盟食品安全白皮书长达 52 页，包括执行摘要和 9 章的内容，用 116 项条款对食品安全问题进行了详细阐述，制订了一套连贯和透明的法规，提高了欧盟食品安全科学咨询体系的能力。白皮书提出了一项根本改革，就是食品法以控制从“农田到餐桌”全过程为基础，包括普通动物饲养、动物健康与保健、污染物和农药残留、新型食品、添加剂、香精、包装、辐射、饲料生产、农场主和食品生产者的责任，以及各种农田控制措施等。同时，它要求各成员国机构加强工作，保证措施能可靠、合适地执行。

2）食品安全基本法(EC)178/2002 号条例

178/2002 号法规是 2002 年 1 月 28 日颁布的，主要拟订了食品法规的一般原则和要求、建立 EFSA 和拟订食品安全事务的程序，是欧盟的又一个重要法规。178/2002 号法令包含 5 章 65 项条款。范围和定义部分主要阐述法令的目标和范围，界定食品、食品法律、食品商业、饲料、风险、风险分析等 20 多个概念。一般食品法律部分主要规定食品法律的一般原则、透明原则、食品贸易的一般原则、食品法律的一般要求等。欧洲食品局(EFSA)部分详述 EFSA 的任务和使命、组织机构、操作规程；EFSA 的独立性、透明性、保密性和交流性；EFSA 财政条款；EFSA 其他条款等方面。EFSA 由管理委员会、行政主任、咨询论坛、科学委员会和 8 个专门科学小组组成。快速预警系统、危机管理和紧急事件部分主要阐述了快速预警系统的建立和实施、紧急事件处理方式和危机管理程序。程序和最终条款主要规定委员会的职责、调节程序及一些补充条款。

3）食品卫生条例(EC)852/2004 号条例

该法规规定了食品企业经营者确保食品卫生的通用规则，主要包括：①企业经营者承担食品安全的主要责任；②从食品的初级生产开始确保食品生产、加工和分销的整体安全；③全面推行危害分析和关键控制点(HACCP)；④建立微生物准则和温度控制要求；

⑤确保进口食品符合欧洲标准或与之等效的标准。

4）动物源性食品特殊卫生规则(EC)853/2004 号条例

该法规规定了动物源性食品的卫生准则，其主要内容包括：①只能用饮用水对动物源性食品进行清洗；②食品生产加工设施必须在欧盟获得批准和注册；③动物源性食品必须加贴识别标识；④只允许从欧盟许可清单所列国家进口动物源性食品等。

5）人类消费用动物源性食品官方控制组织的特殊规则(EC)854/2004 号条例

该法规规定了对动物源性食品实施官方控制的规则，其主要内容包括：①欧盟成员国官方机构实施食品控制的一般原则；②食品企业注册的批准；对违法行为的惩罚，如限制或禁止投放市场、限制或禁止进口等；③在附录中分别规定对肉、双壳软体动物、水产品、原乳和乳制品的专用控制措施；④进口程序，如允许进口的第三国或企业清单。

6）确保对食品饲料法以及动物卫生与动物福利法规遵循情况进行验证的官方控制(EC)882/2004 号条例

882/2004 条例是一部侧重对食品与饲料，动物健康与福利等法律实施监管的条例。它提出了官方监控的两项基本任务，即预防，消除或减少通过直接方式或环境渠道等间接方式对人类与动物造成的安全风险；严格食品和饲料标识管理，保证食品与饲料贸易的公正，保护消费者利益。官方监管的核心工作是检查成员国或第三国是否正确履行了欧盟食品与饲料法，动物健康与福利条例所要求的职责，确保对食品饲料法以及动物卫生与动物福利法规遵循情况进行核实。

7）关于供人类消费的动物源性产品的生产、加工、销售及引进的动物卫生法规 2002/99/EC 号指令

该指令要求各成员国 2005 年前转换成本国法律。该指令提出了动物源性食品在生产、加工、销售等环节中的动物健康条件的官方要求。指令中还包括了相关的兽医证书要求、兽药使用的官方控制要求、自第三国进口动物源性食品的卫生要求等。

8）饲料卫生要求(EC)183/2005 号条例

许多食品问题始于被污染的饲料。为了确保饲料和食品的安全，欧盟的第 183/2005 规定对动物饲料的生产、运输、存储和处理作了规定。和食品生产商一样，饲料商应确保投放市场的产品安全、可靠，而且负主要责任，如果违反欧盟法规，饲料生产商应支付损失成本，如产品退货以及饲料的损坏。

(3) 欧盟食品安全立法程序

欧盟的立法主体主要有欧洲议会、理事会和欧盟委员会，其负责立法的范围不同，且均有明确规定。理事会、欧盟委员会可根据条约的授权或联合法规的授权制定理事会或欧盟委员会法规、指令或决定，作为食品立法的重要机构，欧盟委员会还被赋予了简化和加速制定食品技术法规程序的权利。然而，涉及食品安全的法规一般由理事会和议会联合制定，并以联合法规形式发布，涉及除食品安全外的农业政策由理事会独立制定。所以，在食品安全的风险决策方面，欧洲理事会、欧盟委员会是主要机构，它们负责欧盟食品安全管理政策、法令、法规等的制定和决策，而欧盟食品技术标准的制定也是由它们来完成的。欧盟的每一个法规文件都是从欧盟委员会向理事会提交议案开始，然后理事会对提案做出决定。理事会在做出最后决定前，依据审议事项，还必须征询欧洲议会的意见。

因此可以说，欧盟理事会、欧盟委员会、欧洲议会等主要机构，以及具有“顾问资格”的欧洲经济和社会委员会(European Economic and Social Committee，ESC)，构成了一种具有立法、行政与司法功能的体制[13]。

其中，在指令的制定上，欧洲议会和欧盟理事会负责制定框架指令，欧盟委员会承担制定实施框架指令的相关政策，即欧盟理事会批准框架指令后，由欧盟委员会制定相关的具体实施指令。

最后，应当指出的是，在欧盟委员会的决策程序中，部长理事会为欧盟委员会设立了特别委员会来监管其行使委任立法权，也就是说，欧盟委员会必须将其在委任立法权限范围内制定的法律、法规草案报送上述的委员会讨论，对于特别委员会讨论意见中所建议的措施，欧盟委员会将通过正式程序予以采纳实施。特别委员会还可以发表相应的独立结论，指导成员国实施欧盟的相关规范。目前，欧盟根据第 178/2002 号法规所设立的食物链和动物健康常设委员会(Standing Committee on the Food Chain and Animal Health，简称 SCFCAH)，具体负责食品安全领域的事项。食物链和动物健康常设委员会下设 8 个小组，负责食品安全的各个方面。食物链和动物健康常设委员会实际上为成员国提供了一个食品安全政策磋商的平台，同时也为成员国交流相关信息提供了方便。

欧盟委员会(European Commission)是欧盟的常设执行机构，向理事会及欧洲议会提出立法、政策及行动计划的建议，负责制定实施框架指令的相关政策法规，即理事会或欧洲议会批准框架指令后，欧盟委员会制定相关的具体实施指令。作为食品安全立法的重要机构，欧盟委员会被赋予了简化并加速制定食品法规及其程序的权力，因此，欧洲议会、欧盟理事会及欧盟委员会分别承担了不同的立法工作。

总体来说，欧洲议会、欧盟理事会和欧盟委员会等行政组织是欧盟食品安全的立法、监督和决策机构，它们对欧盟食品安全管理政策、法令、条例等的制定和决策起到非常重要的作用，欧盟食品(农产品)进口标准制定及监督执行也由它们来完成。欧盟委员会担负着组织实施的重要职能，具体的管理实施机构是欧洲食品安全局。各成员国政府、农林食品行政部门，以及食品生产加工企业、经营企业都参与食品安全的管理，组成了一个完整、统一的食品安全管理体系。各成员国政府一般都参照欧盟的法令和标准，由各国农林食品行政管理部门发布具体指令，贯彻执行。具体流程见图 2-5-3。

(4) 欧盟食品安全法律法规特点分析

欧盟关于食品安全的法律法规体系种类众多、体系庞杂，涉及食品安全的所有领域，但却具有极强的系统性及严谨的内在结构。欧盟以《食品安全白皮书》及《基本食品法》作为基本法确定关于食品安全的基本原则及重要制度，依据基本法又以法规、指令、决议的方式针对具体产品或环节制定更为详细、具体的实施措施及要求，其中既有针对所有食品的横向立法，又有针对某一种或几种食品的竖向立法，而且各法规间协调统一且相互补充，整个法规体系形成一条主线、多个分支、脉络清晰的框架；与法规相关的技术标准也数量众多且内容详细具体，为食品安全法规的有效实施提供了技术支撑；欧盟还根据变化或发展或根据需要随时对法规、技术标准进行修订，以确保各项法规、技术标准之间的统一和协调。

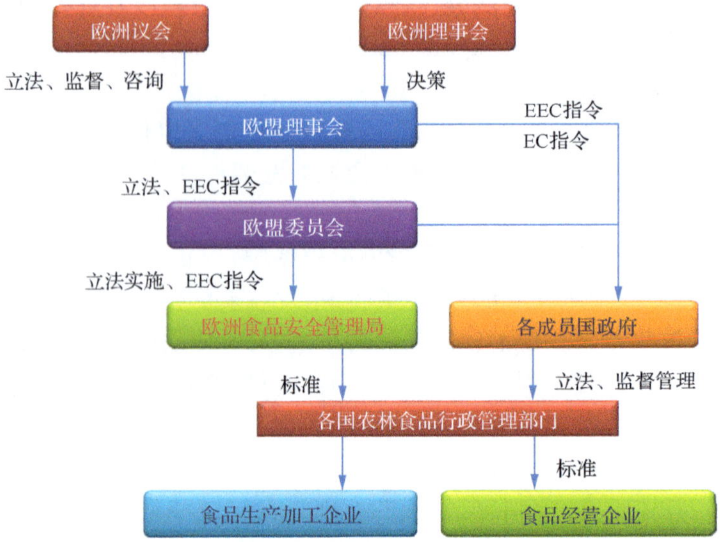

图 2-5-3　欧盟食品安全法律法规立法程序

欧盟的食品安全法律体系至少包含以下原则[14]：①全过程管理原则。经过疯牛病、二噁英等事件，欧盟当局认识到，仅关注最终上市食品的安全并不能彻底解决食品安全。食品从生产到上市是一个环环相扣的链，其中任何一个环节出现问题都会导致发生食品安全事件。只有对食品生产、加工、运输、储藏、销售等环节进行严密的监控，即“从农田到餐桌”的全程监控才是可行之计。“从农田到餐桌”的全过程管理原则是欧盟食品安全法律体系中最重要的基本原则；②科学性原则。食品安全问题的科学性决定了食品安全法律体系的科学性。欧盟委员会表示将继续应用最先进的科学技术来完善有关食品安全的法律和措施。同时，欧盟实行的风险评估机制以获得精确的、科学的数据为依据。另外，科学性原则也是实施预防原则的前提；③信息公开透明原则。消费者对供应食品的安全和质量的信任，取决于他们对食品控制的运转及活动的公正性和有效性的了解程度。因此，公开所有的决策过程，允许所有的利益相关者在整个食品链进行有效的参与，阐明所有决策的依据，均十分重要。欧盟为了增强食品安全工作的透明度，决定将食品安全局的风险评估结果及其他一些科学建议及时向成员国和公众公布。欧盟食品安全局下设的管理委员会举行的会议也允许公众参与；④预防为主的原则。预防原则是欧盟吸取之前多起食品安全事件的教训而采取的。欧洲议会和欧盟理事会第 178/2002 号法规第 7 条规定：在某种情况下基于对现有信息的评估，认为可能会对人类健康造成损害。但这种结论尚存在科学的不确定性，在风险明朗之前，欧盟有权采取临时风险管理措施以保证人类和动植物健康。

3. 德国

(1) 德国食品安全法律法规发展历程

早在 1879 年，德国就制定了《食品法》。该部法律包罗万象，所列条款多达几十万个。为了保证国家制定的《食品法》得到实施，国家设立了覆盖全国的食品检查机构，联邦政府、州和各地方政府都设有负责检查食品质量的卫生部门。之后，联邦政府不断根据科学技术和认知的进步修订食品生产和销售方面的法律法规,使食品法律法规体系不断完善。

20世纪初,德国制定了《民法典》,对涉及消费者权益保护和食品安全方面等都作出了明确的法律规定,其内容详尽具体。1993年以来,《欧洲议会指导性法案93/43/EWG》(Richtlinie)一直是欧盟统一的食品安全法案,对动物源食品生产和加工有着统一的法律要求。它采取FAO/WHO食品卫生专业委员会的建议和《Alimentarius行动纲领》的内容,在欧盟范围内适用,各成员国必须贯彻实施其内容和实质。《主导性政策》便是欧盟统一的食品安全法案——《欧洲议会指导性法案93/43/EWG》(Richtlinie)在德国的具体化,属于辅导性措施,以企业志愿为原则,由柏林的德国标准研究院(Deutschen Institut fuer Normung,DIN)和相关行业协会颁布相应标准。

《食品和日用品管理法》是德国食品安全的核心法律,又称《食品、烟草制品、化妆品和其他日用品管理法》,为食品安全的其他法规的制定提供了基本原则和框架,其主要目的是"全面保护消费者,避免食品、烟草制品、化妆品和其他日用品危害消费者健康或损害消费者利益"。为了配合《食品和日用品管理法》,德国把《欧洲议会指导性法案93/43/EWG》转化为《食品卫生管理条例》等相应的法规来实施,并于1997年8月5日正式公布。其详尽地规范了涉及食品安全的方方面面,具有很强的针对性和可操作性。为了和欧洲标准相匹配,2005年9月,德国新食品和饮食用品法《食品、日用品与饲料法典》(LFGB)取代了《食品和日用品管理法》(LMBG)。

伴随着2000年1月12日《欧洲食品安全白皮书》的颁布及2002年2月21欧盟的《通用食品法》生效启用,德国作为欧盟国成员,开始执行欧盟和本国的两套法律法规。德国将《欧洲食品安全白皮书》和《通用食品法》这两部法律文献作为本国食品安全重要的辅助性文件,但一般来说德国本国食品的法律法规比欧盟的要严格些。

随着经济全球化进程的加快以及交通运输的巨大发展,食品不再局限于生产地,其大范围的流通似乎不可避免,但早期的食品法律法规不能有效应对食品流通过程中的出现的各种问题。在这种情况下,为了对那些非常重视流通的食品的良好监控,德国公布了《德国食品汇编集》,它详尽地记录了这些食品的生产和流通过程以及其他特征。虽然不是法律条文,但它是法律的补充,它可作为专业鉴定的法庭证据。目前,《德国食品汇编集》委员会由32个来自科学、食品安全监督、消费团体和食品产业界的等同数量的人员组成,以联邦消费者保护营养农业部颁发的"委员会工作条例"开展工作,下设15个专业委员会,起草主要条文呈交《德国食品汇编集》委员会各成员,出于权威和公正的考虑,主要条文需经《德国食品汇编集》委员会一致通过,由联邦消费者保护营养农业部和司法部、卫生部、经济技术部汇编并取得一致意见后公布[15]。

除了上述介绍的几大类食品法律外,食品专门法也是构成食品安全重要的法规内容。《畜肉卫生法》(1993年7月8日公布)、《畜肉管理条例》、《禽肉卫生法》(1996年7月17日公布)、《禽肉管理条例》、《混合碎肉管理条例》、《鱼卫生条例》(2000年6月8日)、《奶管理条例》(2000年7月20日)、《蛋管理条例》这些相关的法律条例对肉类和肉制品,鱼和瓣鳃纲动物及其产品,奶和乳制品,蛋和蛋制品分别进行了法律规范。欧盟对此也有相应的指导性法案,德国需要把欧盟的法案转化为适合本国的相应法规标准,在本国实施。《纯净度标准》、《残留物最高限量管理条例》、《欧洲国会和评会(EG)Nr.258/97法案》、

《日用品管理条例》、《植物保护法》分别对食品添加剂、食品中有害物质残留、转基因食品、日用品、农药审批和使用等进行了法律规范。

2010 年，德国相继在鸡蛋、猪肉和鸡肉等食品中发现致癌的二噁英，使德国食品安全一度陷入危机。政府针对此次危机，对食品安全的监控拟定了新计划。计划对饲料生产商提出了新要求，要求他们检验饲料成分，并将检验结果送交有关部门备案，以加强饲料的安全监管。计划还呼吁实施更加严格的注册制度，要求严格分离动物饲料原料与其他工业原料。除此之外，政府经研究把食品和饲料安全的相关规定列入刑法，违反者可能会承担刑事责任而不仅是民事责任。

德国食品安全法规发展历程关键纪事示意图见图 2-5-4。

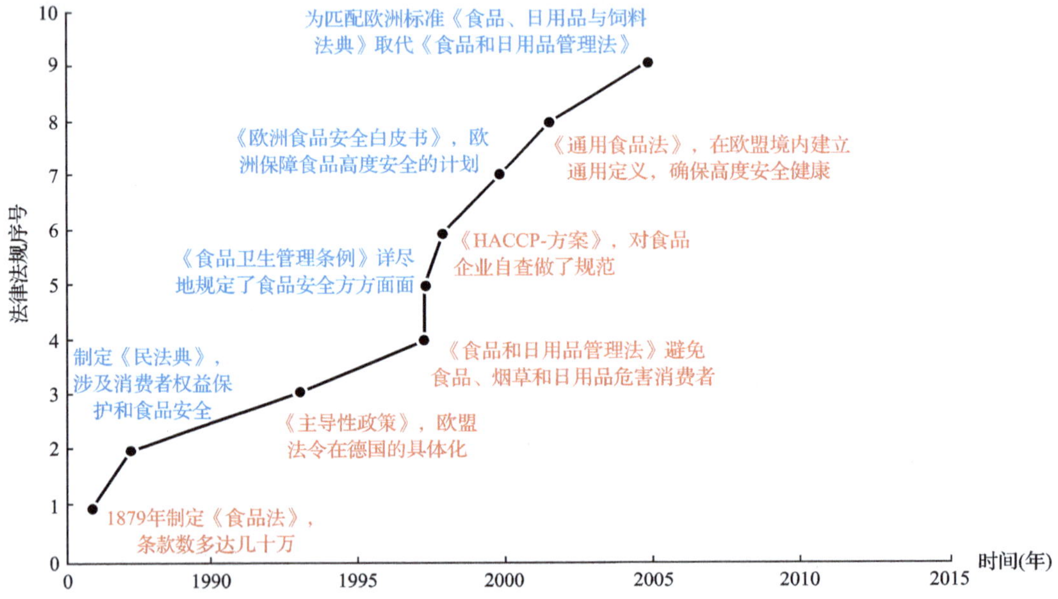

图 2-5-4　德国食品安全法规发展历程关键纪事示意图

(2) 食品安全法律法规体系框架

德国法律系统完整，法理严密，权限清楚，惩罚分明，可操作性强，素来为世界法学界公认。在食品领域，德国更是建立了一套完整的法律体系和机制来确保食品安全。这其中包括，国家规定的保护消费者健康，只允许提供安全的食品；防止欺骗性行为、保护消费者不受欺骗；保持准确消息，向公众提供实事求是的信息三大目标和食品链原则；企业家责任原则；可追溯原则；独立、科学的风险评估；风险评估与风险管理分离；预防原则；风险沟通透明化七项基本原则。

德国在食品安全的法律建设中构架了三大支柱：《欧盟 178/2002 号关于确定食品法原则与要求、建立欧洲食品安全机构和确立食品安全程序条例》(简称欧盟食品核心条例)、《食品、日用品与饲料法典》、《危害分析关键控制点(HACCP)方案》，它们互相补充、构成了范围广泛的食品安全法律体系的基础，其中又以《食品、日用品与饲料法典》(下文简称 LFGB)为核心，它为食品安全的其他法规提供了原则和框架。在食品安全法律体系的三大基础支柱上，并辅之以《欧洲食品安全白皮书》、《德国食品汇编集》，德国颁布了一系列法律法规，最终形成一个完整的食品安全法律法规体系，如图 2-5-5 所示。

图 2-5-5　德国食品安全核心法律及主要食品法律

（3）德国食品安全立法程序

德国食品安全的法律体系，从类型上可分为通用法和专门法。通用法适用于所有的食品生产和销售领域，具有两个层面：一个是欧盟法，适用于欧盟所有的成员国；一个是联邦法，适用于联邦德国所有的州。联邦议会行使立法权通常包括三个程序：法案的提出，法案的审议以及法律的公布[16]。

1）法案的提出

立法程序开始之前，首先需要有关主体提出立法倡议。公民、公民小组、工会、经济协会、教科文卫等各种联合会，在各自领域内可以提出立法要求；执法机构在法律实施过程中若发现法律存在缺陷，也可以提出修改倡议；政党、议会党团或议员个人也可以提出立法倡议。当然，多数的立法意图都是在政府内部产生的，因为政府是管理国家、对外交往的主要机构。

2）联邦议会对法案的审议

法案提交到联邦议会后，将由联邦议院和联邦参议院分别对法案进行审议。法案在联邦议院要经过“三读”的程序：首先，法律草案提交联邦议院以后，议长把法案拿到长老委员会上，由各议会党团协商是否进行一读，达成协议的法案进入一读程序。在一般性辩论后，草案被转给某一个委员会或几个委员会进行研究。其次，联邦议院召集全体会议，对上述委员会的报告进行二读。全会的执行主席只宣布对法案的个别条款进行讨论，然后由议员对法案进行逐条表决。如果获得多数同意，该法案便进入三读程序。最后，对每一条修正案进行逐条辩论和表决后，大会执行主席便可宣布对法案进行最后的整体表决。如果多数赞成，法案就在联邦议院获得了通过。应注意的是，对于修改基本法的法案，则必须获得联邦议院全体议员 2/3 以上的赞成票。

联邦议院通过的法案要经过联邦参议院的第二轮审议。联邦法律分为两种：一种是在联邦议院通过后，必须获得联邦参议院多数赞同的法律，成为“赞同法”。凡是联邦立法涉及州的权利和利益或者对州有重大影响的，都必须取得联邦参议院的同意，但必须是基本法明确规定的。对于赞同法，即使联邦议院已经通过，只要未获得联邦参议院的多数支持，即为无效。另一种法律，是无须联邦参议院赞同的。原则上，这种法案在联邦议院通过后就能成立。但是，如果联邦参议院存有异议，法案须提交调解委员会。调解委员会的任务在于消解和调解两院对法案的意见分歧。

3）法律的公布

获得议会两院一致通过的法案递交联邦政府，由总理和有关部长签署后，在呈请联邦总统审查，总统在形式上审查后签署并发布总统令。至此，法案成为正式的联邦法律，在联邦法律公报上予以公布。

（4）德国食品安全法律法规特点分析

德国食品安全法律制度的显著特点是立法、执法、监督和研究机构权限分立、职能分开。食品安全法律由联邦议会和国会通过并颁布实施，各联邦州是食品安全法律执行情况的监督主体，食品安全问题的评估和监督工作，则主要由联邦消费者保护和食品安全局负责。

德国立法的目标并不是用某一法条规定某类具体的食品，而是利用立法技巧从宏观上立法，通过对基本概念的严密定义达到为司法和行政创造法律依据，并在一定程度上保障其自由裁量权。

德国食品安全法采取的是混合立法模式，即将食品、药品、化妆品甚至日用品的内容用一部法律网罗。这种立法模式将与食品相类似的、处于同一层次的其他产品的内容安排在一部法律之中，既规定了它们的共性，又突出了特性，其最主要的意义可能还在于大大地节约了立法成本。德国立法采取统一立法体例。统一立法体例是在宏观层面建立一部食品基本法，并在此法的纲领性要求下，制定分门别类的具体法律法规。2005 年 9 月 7 日，为执行欧盟 178/2002 号法令，德国《食品和饲料法革新法》（LFGB）生效，同时先前一系列食品安全法都失去效力，比如《畜肉卫生法》、《禽肉卫生法》等具体食品法律规范的内容都浓缩到该法中，德国食品安全法统一立法的趋势进一步加强。这种立法体例的优势在于，通过一个总纲性的食品安全基本法来对食品安全问题作出一个总纲性的规定。在该法的基础上，再来制定具体的、某个方面的特定法律。这样既有统一的食品安全监管原则可以遵循，又有某一特定食品或环节针对性强、内容详尽的单行法律法规可以适用，从而克服了分散立法体例中的法规比较零散，并可能相互重叠、相互冲突的缺陷[17]。

4. 日本

（1）日本食品安全法律法规发展历程

纵观日本食品安全规制的整个历史看，最早可以追溯到明治六年（1873 年）的司法省发布的《关于贩卖明知是伪造饮食物和腐烂食品的相关人员处罚规定》，而在此后 130 多年的发展演变中，根据年代和自身特点的不同，大体可以将其划分为以下三个时期：明治、大正时期，昭和时期，平成时期。

1）明治、大正时期

日本食品安全规制的萌芽阶段指的是从 1868 年开始，到 1889 年为止的明治初期的食品安全规制时期。1868 年，日本爆发了具有深远影响的政治革命——明治维新，推翻了德川幕府的封建统治，将统治大权归还于天皇，开始了日本在政治、经济和社会等方面的大规模改革。明治政府为了迅速提高国力，提出了富国强兵、殖产兴业和文明开化三大政策，积极鼓励发展工商业和自由贸易，这为食品加工业的发展和壮大提供了契机，从而也使食品安全规制问题跃然纸上。为了遏制这一时期食品工业出现的掺伪掺假现象，明治六年（1873 年）八月十二日，司法省颁布了日本历史上第一部关于食品安全监管的规定——《关于贩卖明知是伪造饮食物和腐烂食品的相关人员处罚规定》（1873 年第 130 号法令），标志着日本食品安全监管发生了“从无到有”的转变，这一年也称为“日本食品安全监管元年”。之后，明治政府又相继出台了《禁止销售用进口染粉着色的饮食物》、《用苯胺及矿物质的绘画颜料给饮食物着色的取缔方法》和《食物中毒及误用药物等而致死者的通报方法》等法令。

明治初期的食品安全规制法令并没有真正具有法律层面的意义，其仅是作为行政处罚的一般依据，规定了处罚和取缔的对象等简单情形。明治十三年（1881 年）颁布的《刑法》中对违反食品卫生的行为做出了一些处罚规定，是该时期进行饮食物取缔处罚的法律依据之一。但这对于当时肆意盛行的食品掺假掺伪及非食品化学物质的滥用行为的规制远远不足，亟须制定一部专业性法律。明治三十三年（1900 年）日本政府不仅颁布了具有食品安全监管基本法作用的《关于取缔饮食物和其他物品的法律》，还相继出台了涉及饮食物取缔、添加剂取缔和食物中毒取缔等方面的十余部法律法规，统称为“一法十令”的食品安全监管。另外，内务省和警视厅也分别颁布了《关于取缔饮食物和其他物品的法律的实施规则》和《关于取缔饮食物和其他物品的法律的执行程序》等相关规定。自此，明治、大正时期的食品安全监管法律体系构建初成。

大正时期的食品安全监管从 1912 年持续到 1925 年，这一时期的食品安全监管在不断丰富食品取缔内容的同时，更加突出了对各项配套监管措施的制定和实施，例如设立生产日期表示制度和卫生侦探制度。

日本人从古至今保留着每逢佳节或喜事向亲朋好友馈赠礼物的习俗，而且多是以食物作为礼品。由于生活水平和收入有限，往往将朋友馈赠的礼物再转送他人，几经辗转食物也许早已腐烂变质。但是由于没有标明生产日期，收礼之人和送礼之人都不能辨别饮食物是否可以安心食用，出现了很多由于食用了过期食物而导致的食物中毒事件。饮食物生产日期标示制度成为食品取缔行政中不可或缺的重要一环。另外，日本国民素来有在街头贩卖各种饮食物的传统，尤其是在各种盛大节日庆典时，寺院、神社、街头都会出现临时营业的大大小小食品商贩，现场制作过程中不仅灰尘容易混入食物，同时还可能会有铜等有害物质的残留。但是，一般的食用者不会关心这类问题，因此就需要具有专业知识的卫生侦探来监督商贩在制造、销售饮食物的过程中是否存有违法行为，并根据法律规定对其违法行为予以处罚。由于当时对各种虫类、灰尘、病毒的预防措施并不是十分完善，从而使饮食物的安全问题显得异常严峻。因此，卫生侦探制度的设立可以说是对当时的食品安全规制措施的一种极为有效的补充。

2）昭和时期

昭和时期的食品安全监管开始于1926年，终止于1989年。这一时期，日本的食品卫生行政职能由内阁府转移给了厚生省，而具体的监督指导职能则由警察转移给了专业的技术人员。同时，食品卫生监督指导制度、消费者保护理念、强化添加剂管理制度、食品规格标准制度、指定机关检查制度等相继得以确立。此外，为了配合食品卫生行政的实施和时代的不断发展，1947年，日本公布实施了《食品卫生法》，在此之后，还相继进行了多次重大修改。这一时期食品卫生监管特点是一方面继续保持明治、大正时期的取缔法的功能，维护其消极行政的本质，另一方面加入了积极行政的色彩，不再一味地追求食品取缔监管，将公共卫生上升到了食品安全监管的核心内容。这一时期的监管措施和理念在整个日本食品安全监管的发展史中起到了承上启下的重要作用。

昭和前期的食品安全规制开始于1926年，终止于1945年。这段时期，日本正经历着第二次世界大战，政府的所有政策都以战争为核心，农业和工业化明显萎缩，国民经济和生活水平每况愈下，食品供给也出现了严重不足的局面。因此，这一时期，食品安全规制并没有像预期的一样得到较快的发展，其只是在明治、大正时期的食品取缔规制的基础上，通过对一些措施的修改来解决因食品供给不足而产生的食品安全问题。但是，这些措施并没有起到良好的效果，日本国内出现食品哄抢局面，并由此引发大规模食品安全事件，使日本国民也成为军国主义者的牺牲品。

昭和后期的食品安全规制从1946年持续到1988年。1947年，日本颁布并实施了《日本国宪法》，伴随着该法的实施，在此之前实施的所有法律法规都于1947年12月末被废止。于是，明治、大正、昭和前期制定和修改的一系列食品取缔法律法规都失去了法律效力。与此同时，为了解决战争中遗留的食品安全问题和保障国民饮食生活的正常运转，1947年12月24日，日本颁布了《食品卫生法》，从而拉开了日本食品卫生行政的新篇章。二战后，日本国内物质极度匮乏，粗劣食物和不卫生食物大量流通。为了扭转这一局面，复兴和改善农业及食品产业，日本开始积极制定《食品卫生法》。当时负责制定该法的部门是厚生省的公共保健科，其在经过了二年多的反复修改和广泛征求意见之后，于1947年10月提出了《食品卫生法草案》，同年12月3日上交国会审查，并于12月7日得到审议通过，12月24日正式公布，1948年1月1日开始正式实施。

《食品卫生法》制定之后，日本国内又相继发生了一系列食品安全事件(例如，森永奶粉中毒事件、水俣病事件等)，因此引发了新一轮的食品安全危机。于是，日本政府从1949年开始，到1995年为止，先后对《食品卫生法》进行了八次修改，其每次修改都力求解决当时最主要、最迫切的食品安全问题，并在此基础上，对食品卫生行政机构也做出了相应的变革。

战后的日本由于本国食物匮乏，食品很大程度上依赖于进口，但由于一直以来政府对进口食品的监控缺乏规制措施，导致进口食品中毒事件时有发生。因此，制定进口食品的安全规制措施也就成为了当务之急。1952 年 7 月 31 日，在《食品卫生法》中加入了“进口食品监视指导”措施等内容。

1956 年，森永牛奶砒霜事件后，日本国会对《食品卫生法》进行了有针对性的修改。明确了添加剂的概念，即在食品制造过程中添加、混合、浸泡以及其他方法使用的物质。设立了食品卫生管理员，由其监督食品及添加剂的生产、加工过程。再次强调食物器具和包装容器的标识设定标准，对化学物质和成品也给出了法律上的界定。

1949 年，为提高行政事务的效率，日本出台了内阁管辖下的各行政组织基准——《国家行政组织法》和《行政机关职员定员法》，废除了原本命令统治型的厚生省官制体制，开始实施《厚生省设置法》。该法的实施对部局机关和人员进行了双重整合，厚生省由原来的七局二部变为六局三部，预防局并入公共卫生局，并新设环境卫生局。这就使得日本食品安全行政机构发生了全盘性的改编。

3）平成时期

平成时期的食品安全监管从 1989 年开始，一直持续到现在，是日本食品安全监管发展最迅速和水平最高的一段时期。其中以平成 15 年即 2003 年实施的《食品安全基本法》为分水岭将这一时期分为两个阶段，平成 15 年之前的日本食品安全监管措施仍然保留着“食品卫生”的痕迹，而在平成 15 年之后，日本食品安全监管则正式步入了“食品安全”时期。

进入 21 世纪以来，O-157 大肠杆菌中毒事件、二噁英污染事件、雪印乳品中毒和欺诈消费者事件等食品安全事件的相继爆发，打破了日本食品安全的神话。而 2001 年确认发生的 BSE（牛海绵状脑症，俗称疯牛病）事件，更使得日本国民对政府产生了前所未有的不满，其矛头直接指向现行的食品安全行政存在的诸多缺陷，例如，缺乏危机意识、欠缺危机管理体制，行政轻视消费者、而以生产者优先，行政机构决策过程不透明，农林水产省与厚生劳动省合作不足，行政不能适当地反映专家的意见，信息公开不彻底、消费者难以理解等。

面对如此巨大的舆论压力以及食品安全监管中亟须解决的各种现实问题，日本政府开始进行新一轮的食品安全监管改革。为了应对疯牛病事件，2001 年 11 月 6 日，农林水产大臣和厚生劳动大臣成立了“BSE 问题调查研究委员会”，检讨疯牛病事件中行政机关应对措施中存在的问题和今后食品安全行政的改革和发展方向。2002 年 4 月，BSE 问题调查研究委员会提交的报告指出，食品安全监管改革要制定一部以保护消费者利益为基础的、以确保食品安全为宗旨的食品安全法律，引入分析手法，设立一个全新的，以风险评价机能为中心的，具有调整各行政机关职能的且具有独立性的食品安全行政机关。

这一报告被采用之后，2002 年 6 月，日本政府召开了由厚生劳动大臣和农林水产大臣组成的“食品安全行政阁僚会议”，并发布题为《今后食品安全行政的发展之路》的报告，其中指出“优先保护消费者健康，设置食品安全委员会（名称暂定）独立地进行食品安全风险评估。制定以保护消费者利益为基础的、统括食品安全各个领域的《食品安全基本法》（名称暂定）”。最终，全会一致通过了附带决议，主要内容包括以下六个方面：第一，实行风险交流，公布基础信息资料。第二，推进追溯体系的调查研究。第三，实施具有高效率且实效性的监管制度。第四，定期召开食品安全委员会会议并提交可行性报告。第五，吸纳消费者代表加入风险交流专门调查会。第六，制度年度计划时要充分考虑消费者和事业者的意见。5 月 16 日，参议院表决通过该法案并于 5 月 23 日正式对外公布《食品安全基本法》(2003 年第 48 号法律)，同年 7 月 1 日开始正式实施。

《食品安全基本法》的制定为日本食品安全监管改革提供了基本理念和基本原则，它是一部以保护消费者利益为根本，以确保食品安全为目的的法律。该法在基本理念的基础上制定食品安全实施政策的基本方针，明确了国家、地方公共团体、食品相关从业者的责任以及消费者的参与作用，为确保食品安全提供了最为根本的法律依据。但另一方面，《食品安全基本法》作为一部保障食品安全的基础性法律，其内容不能详细地规定食品安全领域中的方方面面，这就意味着还必须同时建立起以该法为基础的，全面而完善的食品安全监管法律体系。

但是，《食品安全基本法》虽然是日本食品安全法律体系的基础和根本，但并不代表各部门法作用的弱化，相反，根据《食品安全基本法》中规定的基本理念和基本原则，可以使各部门法的具体措施能更好地发挥其监管作用。因为只有在基础法和部门法都能充分发挥其作用的时候，食品安全监管的法律体系才能真正成为保障食品安全的一把利剑。因此，《食品安全基本法》公布之后，《食品卫生法》与《屠宰场法》、《关于家畜处理业的监管和家畜检查法律》、《农药取缔法》、《家畜传染病预防法》、《药事法》、《关于农林物规格化及品质表示适当化法律(JAS 法)》等 10 多部相关法律相继得以修改和制定。这些法律共同构建起了日本新型食品安全监管改革的法律体系，标志着日本完全步入食品安全行政时期。

表 2-5-4 以时间、事件为背景，总结了日本食品安全法律法规出台的顺序以及食品安全法律法规体系的形成过程。日本食品安全法规发展历程关键纪事见图 2-5-6。

表 2-5-4　日本食品安全法律法规体系的发展历程

时间	背景	出台的法律法规
19 世纪中后期(明治时期)	1868 年，明治维新推翻封建统治，政府提出了富国强兵、殖产兴业和文明开化三大政策，食品加工业迅速发展和壮大。在利益驱动下，这一时期食品工业掺伪掺假现象盛行	1873 年，司法省颁布《关于贩卖明知是伪造饮食物和腐烂食品的相关人员处罚规定》 1900 年，日本政府颁布了具有食品安全监管基本法作用的《关于取缔饮食物和其他物品的法律》，还相继出台了十余部法律法规，统称为“一法十令”的食品安全监管
20 世纪初期(大正时期)	出现了很多由于食用过期食物而导致的食物中毒事件；街头的临时营业食品商贩现场制作过程不卫生，易混入灰尘等杂物，同时还可能会有铜等有害物质的残留	出台：生产日期标示制度、卫生侦探制度
20 世纪中前期(昭和前期)	日本正经历着第二次世界大战，政府的所有政策都以战争为核心，农业和工业化明显萎缩，国民经济和生活水平每况愈下，食品供给也出现了严重不足的局面	在明治、大正时期的食品取缔规制的基础上，通过对一些措施的修改来解决因食品供给不足而产生的食品安全问题

续表

时间	背景	出台的法律法规
20 世纪中后期（昭和中后期）	1947 年，日本颁布并实施《日本国宪法》，伴随着该法的实施，在此之前实施的所有法律法规都于 1947 年 12 月末被废止。 二战后，日本国内物质极度匮乏，粗劣食物和不卫生食物大量流通。 《食品卫生法》实施后，又相继发生一系列食品安全事件，如，森永奶粉中毒事件、水俣病事件等，引发新一轮食品安全危机	1948 年颁布《食品卫生法》。 1949～1995 年期间，先后对《食品卫生法》进行了八次修改，力求解决当时最主要、最迫切的食品安全问题
21 世纪初期	O-157 大肠杆菌中毒事件、二噁英污染事件、雪印乳品中毒和欺诈消费者等食品安全事件相继爆发。2001 年确认发生的 BSE 事件，更使得日本国民对政府产生了前所未有的不满，其矛头直接指向现行的食品安全行政存在的诸多缺陷，例如，缺乏危机意识、欠缺危机管理体制，行政轻视消费者、而以生产者优先，行政机构决策过程不透明，农林水产省与厚生劳动省合作不足，行政不能适当地反映专家的意见，信息公开不彻底、消费者难以理解等	2003 年颁布《食品安全基本法》。 之后，《食品卫生法》与《屠宰场法》、《关于家畜处理业的监管和家畜检查法律》、《农药取缔法》、《家畜传染病预防法》、《药事法》、《关于农林物规格化及品质表示适当化法律（JAS 法）》等得以修改和制定

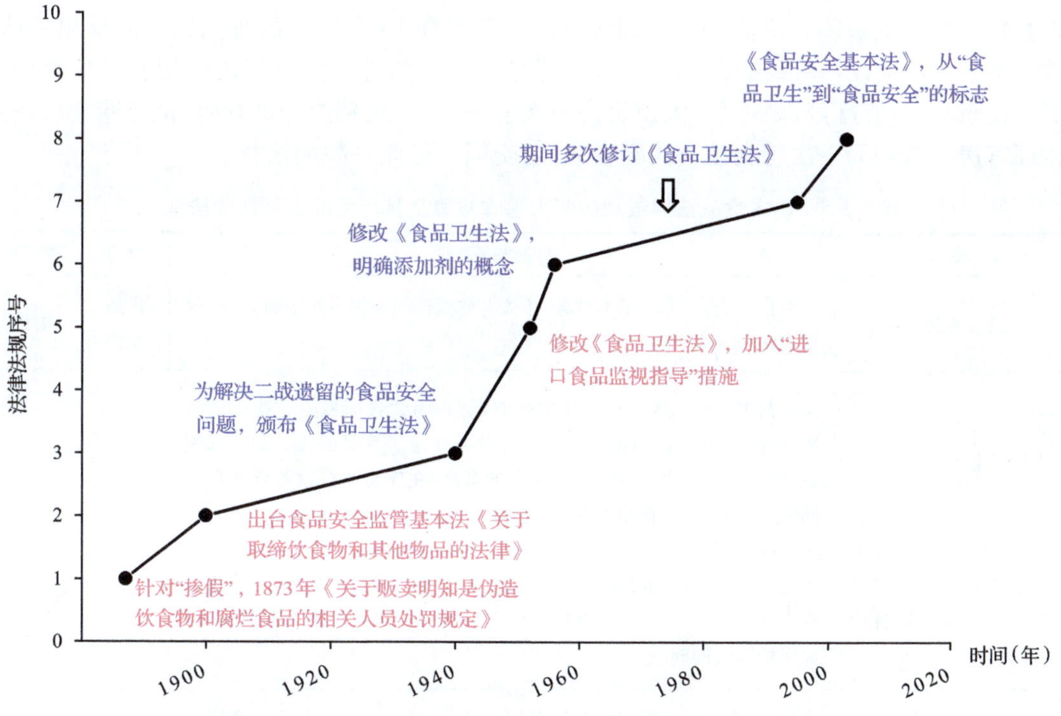

图 2-5-6　日本食品安全法规发展历程关键纪事示意图

（2）日本食品安全法律法规体系的构架

2003年，《食品安全法基本法》诞生，日本确立了确保食品安全与维护国民身体健康的立法宗旨，确立通过风险分析判断食品是否安全的理念，强调对食品安全风险的预测能力，然后根据科学分析和风险预测结果采取必要的管理措施，对食品风险管理机构提出政策建议。同时确立了风险交流机制（风险评估机构、风险管理机构、食品从业者、消费者之间），并评价风险管理机构及其管理政策的效果，提出应对食品安全突发事件和重大事件的应对措施。废止了以往依靠最终产品确认食品安全的方法。

日本保障食品安全的法律法规体系由基本法律和一系列专业、专门法律法规组成。《食品卫生法》和《食品安全基本法》是两大基本法律。《食品安全基本法》确立了食品安全监管理念，《食品卫生法》从法律层面制定了食品相关业者应遵循的规则和国家风险管理部门应采取的具体管理措施。以《农林物质标准化及质量标识管理法》作为食品安全基础性法律规定，在此基础上建立起了包括食品卫生、农产品质量、投入品（农药、兽药、饲料添加剂等）、动物防疫、植物保护5个方面的较为完善的农产品质量法律法规体系。此外，日本还制定了大量的相关配套规章，为制定和实施标准、检验检测等活动奠定法律依据。根据这些法律、法规，日本厚生劳动省颁布了2000多个农产品质量标准和1000多个农药残留标准，农林水产省颁布了351种农产品品质规格[18]。表2-5-5总结了日本食品法律法规的两大基本法律及其衍生的各种法律法规。

（3）日本食品安全立法程序[19]

1）法律案的提出。内阁和议员均可提出法律案。关于议员提出的法律案，在众议院议员提出法律案必须有议员20人以上，参议院必须有10人以上的赞同。内阁提出的法律案都经内阁会议（一般在每周的二、五召开）通过，内阁总理大臣代表内阁向议长提出。具体说来，主管官厅经课→局→大臣官房→次官→大臣，送到内阁，内阁讨论与同意后，经内阁官房→法制局→次官会议→内阁会议，送交国会任何一院的议长。

表2-5-5　日本食品法律法规的两大基本法律及其衍生的各种法律法规

法律	目的与要求	对象	管辖
食品安全基本法	确保食品安全，确定基本理念、相关者的责任和政策基本方针，以综合推进食品安全	食品安全	内阁
食品卫生法	从公共卫生的角度进行必要的规制，防止因饮食而发生卫生上的危害，进而保护国民健康。具体说，该法是规定了食品的成分规格和制造、加工、进口、销售业者应当遵守的基准，在规定了行政监督指导的同时，明确了发生食物中毒时的措施	企业	厚生劳动省
屠宰场法、关于家畜处理业的规制和家畜检查的法律	确保肉品安全，对处理供食用的家畜和禽类进行必要的规制，并通过规定处理设施、卫生管理基准及疾病检查等而防止卫生上的危害，进而保护国民的健康	企业	
水道法	适当、合理均衡水道分布和管理的同时，完善水道计划和确保水道事业，保障清洁低廉的水资源供给，改善和提高公共卫生和生活环境	企业	

续表

法律	目的与要求	对象	管辖
牛海绵状脑症对策特别措施法	预防牛海绵状脑症的发生、防止其蔓延,本法旨在通过规定特别措施等,确定安全牛肉的稳定供给体制,从而保护国民的健康,促进肉用牛生产、奶酪牛、牛肉制造、加工、流通、销售业、饮食业等的健康发展	企业	农林水产省
农药取缔法	通过设置农药登记制度和对生产和销售的规制,保障农药的适当化和安全正确的使用。保护农业生产安全和国民健康的同时,保障国民生活环境	企业	
关于确保饲料安全和品质改善的法律	设定饲料的公定规格和检测标准,确保饲料的安全和提高饲料的品质,以实现公共安全和家畜生产安定	企业	
肥料取缔法	增进农业生产力和保护国民健康	企业	
关于防止农用地土壤污染等的法律	制定措施防止、根除农用地土壤特定有害物污染和更加合理化使用农用地,确保国民健康和生活环境	企业	
家畜传染病预防法	制定措施防止、根除农用地土壤特定有害物污染和更加合理化使用农用地,确保国民健康和生活环境	家畜	
药事法(关于动物用医药品使用规制的法规)	确保食用肉和食用鱼安全,规定了使用动物专用医药品时的使用基准	家畜	

2) 委托委员会审查。议案在未经议院全体会议审议以前,议长将其委托给适当的委员会。委托给委员会审查的议案,首先是从听取议案动议人或提出人就议案宗旨进行说明开始,接之进入审查,主要对议案宗旨说明书进行质疑,然后讨论。

3) 议院全体会议讨论。议案在委员会审查一结束,就提交议院全体会议。议案在成为议院全体会议议题时,首先由委员长报告委员会审查的经过和结果。然后,由少数意见者报告少数意见。在委员会废弃的少数意见,如有出席委员十分之一以上的赞同,在委员长报告之后少数意见可以向议院报告。

在委员长报告或议案宗旨解释之后,进行质疑、讨论或表决。对议案提出修改的动议,在提出结束讨论动议之前,任何时候均可提出。

讨论先由反对者发言,其次是赞成者、反对者交互发言。并且,根据众议院的先例,在委员长报告原案或解释议案宗旨后进入讨论。讨论完了时、议长宣布其结束。

4) 表决通过。讨论一结束就进行表决。表决时,不在场的议员不能参加表决,并且,表决不能附带条件。议院全体会议表决时,通常采用所谓的“无异议通过”、起立通过和记名投票三种方法。

“无异议通过”是对预先认为全体一致同意的议案,进行通过。议长问:“有无异议?”议员回答:“无异议”,表示通过。

起立表决是议长要求赞成议案者起立的方法。起立通过的场合一般只要求赞成者起立,过半数通过。如达不到半数时否决。起立者多少很难判断时,也可以要求反对者起立。

记名投票是在议长认为必要,或出席议员20%以上要求时举行。对重要法律案以及条约的批准案等，举行记名投票。赞成者投白票(写上议员的姓名)，反对者投蓝票(同上)。这个白、蓝票是第一届帝国议会以来的惯例。记名投票为了明确谁是赞成的，还是反对的。会议录又把议员的态度记录下来；起立通过即使在事前议会运营委员会等明确各党赞成与否，会议录也只记载起立者多数或少数的结果，不记载每个议员的态度。

(4) 日本食品安全法律法规特点分析

日本不断总结经验教训，根据《食品安全基本法》确立了食品的全过程管理理念，使其食品安全管理理念得到巨大提升。并根据该法成立了食品安全委员会，确立了食品安全监管三部门的协调合作机制，理顺了三部门的职责和关系。

日本通过不断对原有法律法规进行完善，形成以贯彻新的食品安全监管理念、以维护食品安全和保护民众健康为宗旨，控制食品卫生安全、控制农产品质量为核心内容、包括控制特定用途化学品的使用、标签标识、植物保护、动物防疫、完善检验检疫制度、信息服务、强化流通销售管理，检查和处罚措施为主要内容的以食品安全法和食品卫生法为核心，以及由相关食品安全政令和几百部地方食品安全管理条例的补充构成的食品安全法律法规框架。法律法规覆盖食品从农田到餐桌的全过程监管。体现出了覆盖面广，法律门类齐全，关联性强的特征，不但为监管食品安全夯实了健全的法律基础，也为日本提升食品技术性贸易措施夯实了法律基础。

(二) 我国食品安全法律法规研究

1. 我国食品安全法律法规发展历程

我国的食品安全法律体系是在新中国成立以后发展起来的，初期发展是非常缓慢的，主要侧重于工业卫生和疾病预防。1958 年 1 月中央人民政务院第 167 次会议批准的《卫生部关于全国卫生行政会议与第二届全国卫生会议的报告》一文正式提出了“卫生监管制度”，文中明确提出了“重点推行卫生监督调度”。1958 年我国又实施了放射卫生监督等等，基本形成了各级政府卫生机关领导下的，分别由各级卫生防疫站承担环境卫生、劳动卫生、食品卫生、学校卫生和传染病防治的监督管理体系。此阶段的食品安全法律法规对违法行为所应承担的相关法律责任大都规定明确，但缺乏国家强制力的保障。

1966～1976 年间是新中国历史上比较艰难的岁月，我国的食品卫生工作也没能逃过这一浩劫。因此，这段时间的食品卫生立法、卫生监督体系建设和卫生检疫防疫工作也几乎全面停顿，几乎没有任何进展。

1978 年召开的十一届三中全会是新中国历史的一个转折点，全党工作也由此转到社会主义现代化建设上来，我国的食品安全也由此迎来了快速全面发展的春天。中国食品安全的发展首先是进行各项法规制度的完善并实现与国际接轨。

改革开放以后，尤其是 1982 年以来，卫生监督工作的法律地位得到确认，卫生监督的内容和范围得到充实和扩展，卫生监督的手段和方式在原有的基础上增添了依法监督、行政监督检查、行政处罚等法律手段，总的来说，卫生监督工作进入了一个法制化和系统化的发展时期。

表 2-5-6 为我国有关食品安全法律法规的发展概况[20]。

表 2-5-6 我国有关食品安全法律法规的发展

1982 年 11 月 19 日	全国人大常委会	《食品卫生法》
1985 年 12 月 1 日	卫生部	《食品安全性毒理学评价程序（试行）》
1992 年 10 月 7 日	国务院	《中华人民共和国进出口商品检验法实施条例》
1993 年 2 月 22 日	全国人大常委会	《中华人民共和国产品质量法》
1995 年 10 月 25 日	全国人大常委会	《中华人民共和国食品卫生法》
1996 年 3 月	卫生部	《进一步改革完善公共卫生监督执法体制的通知》
2002 年 3 月 20 日	国家质检总局	《出口食品生产卫生注册登记管理规定》
2002 年 3 月 20 日	国家认监委	《食品生产企业危害分析与关键控制点（HACCP）管理体系认证管理规定》
2003 年 7 月 4 日	国家质检总局	《食品安全市场准入审查通则》
2003 年 7 月 16 日	国务院办公厅	《关于实施食品药品放心工程的通知》
2003 年 7 月 18 日	国家质检总局	《食品生产加工企业质量安全监督管理办法》
2004 年 1 月 8 日	卫生部	《食品卫生监督量化分级标示管理规范》
2005 年 6 月 29 日	国务院	《中华人民共和国工业产品生产许可证管理条例》
2005 年 8 月 31 日	国家质检总局	《中华人民共和国工业产品生产许可证管理条例实施办法》
2006 年 4 月 29 日	全国人大常委会	《中华人民共和国农产品质量安全法》
2007 年 4 月 17 日	国务院	《国家食品药品安全“十一五”规划》
2007 年 7 月 25 日	国务院	《国务院关于加强食品等产品安全监督管理管理的特别规定》
2007 年 8 月 17 日	国务院	《中国的食品安全状况的白皮书》
2007 年 8 月 23 日	国务院	《全国产品质量和食品安全专项整治行动方案》
2007 年 8 月 29 日	卫生部	《卫生部关于开展全国餐饮消费安全专项整治工作的紧急通知》
2007 年 8 月 30 日	全国人大常委会	《中华人民共和国动物防疫法》
2009 年 2 月 28 日	全国人大常委会	《中华人民共和国食品安全法》
2009 年 10 月 22 日	国家质检总局	《国家质量监督检验检疫总局关于修改〈食品标识管理规定〉的决定》
2010 年 2 月 8 日	卫生部	《餐饮服务食品安全监督管理办法》
2012 年 8 月 1 日	国家食药监局	《保健食品功能范围调整方案（征求意见稿）》
2012 年 10 月 1 日	农业部	《农产品质量安全监测管理办法》
2012 年 8 月	卫生部	《食品安全国家标准“十二五”规划》
2013 年 3 月 1 日	国家食药监局	《保健食品生产经营企业索证索票和台账管理规定》

资料来源：每周质量报告，www.china.org.cn/chinese/zhuanti/zlbg/512298.htm

2. 我国食品安全法律法规体系的构架

综观我国食品安全的法律现状，已经建立了一套完整的食品安全法律法规体系，为保障食品安全、提升质量水平、规范进出口食品贸易秩序提供了坚实的基础和良好的环境。到目前为止我国颁布的食品安全方面的法律法规、地方规章及司法解释等总共达 840 多部，其中基本法律法规 107 部，专项法律法规 683 部，相关法律法规 50 部[21]，形成了由《食品卫生法》为主导，《食品卫生行政处罚法》、《食品卫生监督程序》等数部单行的有关食品安全的法律，以及诸如《消费者权益保护法》、《传染病防治法》、《中华人民共和国刑法》等法律中有关食品安全相关规定构成的集合群形态，形成了我国食品安全法律的总体框架。

法律包括《中华人民共和国食品安全法》、《中华人民共和国产品质量法》、《中华人民共和国标准化法》、《中华人民共和国计量法》、《中华人民共和国消费者权益保护法》、《中华人民共和国农产品质量安全法》、《中华人民共和国刑法》、《中华人民共和国食品卫生法》、《中华人民共和国进出口商品检验法》、《中华人民共和国进出境动植物检疫法》、《中华人民共和国国境卫生检疫法》和《中华人民共和国动物防疫法》等。

行政法规包括《国务院关于加强食品等产品安全监督管理的特别规定》、《中华人民共和国工业产品生产许可证管理条例》、《中华人民共和国认证认可条例》、《中华人民共和国进出口商品检验法实施条例》、《中华人民共和国进出境动植物检疫法实施条例》、《中华人民共和国兽药管理条例》、《中华人民共和国农药管理条例》、《中华人民共和国出口货物原产地规则》、《中华人民共和国标准化法实施条例》、《无照经营查处取缔办法》、《饲料和饲料添加剂管理条例》、《农业转基因生物安全管理条例》和《中华人民共和国濒危野生动植物进出口管理条例》等。

部门规章包括《食品生产加工企业质量安全监督管理实施细则(试行)》、《中华人民共和国工业产品生产许可证管理条例实施办法》、《食品卫生许可证管理办法》、《食品添加剂卫生管理办法》、《进出境肉类产品检验检疫管理办法》、《进出境水产品检验检疫管理办法》、《流通领域食品安全管理办法》、《农产品产地安全管理办法》、《农产品包装和标识管理办法》和《出口食品生产企业卫生注册登记管理规定》等。

中国将进一步加强食品安全法制建设，使食品安全法律法规体系较为完备，同时切实严格执法监督，把食品安全法律法规落到实处。

3. 我国食品安全立法程序[22]

(1) 立法的准备。主要包括编制食品立法规划、做出食品立法决策、起草食品法律草案等。

(2) 法律案的提出和审议。主要包括食品法律草案的提出和列入程序、听取食品草案说明、常委会会议审议或全国人大教科文卫委员会、法律委员会审议等。列入常委会会议议程的食品法律草案，全国人大教科文卫委员会、法律委员会和常委会工作机构应当听取各方面的意见。对于重要的食品法律草案，经委员长会议决定，可以将食品安全法律草案公布，向社会征求意见。

(3) 食品法律草案的表决、通过与公布。食品安全法律草案提请全国人大常委会审议后，由常委会全体会议投票表决，以全体组成人员的过半数通过，由国家主席以主席令的形式公布食品安全法律。

4. 我国食品安全法律法规的特点

长期以来，我国食品安全相关法律法规主要是以实现部门管理目标为目的，主要以部门行政管理中存在的问题为规范对象，并不是以食品安全为目的精心构建和筹划的，而是随着社会经济的发展逐步自发形成的。因此，我国现已颁布的涉及食品监管的法律法规虽然数量较多，但因分段立法，条款相对分散，单个法律法规调整范围较窄，一些法律规定比较原则和宽泛，缺乏清晰准确的定义和限制，留下执法空隙和交叉。

如《农产品质量法》中就仅仅对列举的100多种农产品农药残留量的限额作出规定，而国际食品法典涉及的农产品就达300多种，远远超出了立法范围之外，而这超出的200多种农产品具体数据根本没有相关规定，无据可查，为食品安全监管留下缝隙[23]。再以生肉屠宰为例，国务院制定了《生猪屠宰条例》，仅仅对生猪定点屠宰、检验检疫作了规定，而对牛、羊肉的屠宰至今尚未有规定可循。可见在具体的立法内容上存在很多空白之处。另外，特殊的立法模式和立法环境导致了食品安全法律法规在内容上存在冲突。例如，《食品卫生法》（已废止）规定对未经检疫的畜产食品，已出售的立即公告收回，公告已回收和未出售的猪肉，应责令停止销售并销毁；还应没收违法所得并处以违法所得一倍以上五倍以下罚款；没有违法所得的，处以一千元以上五万元以下罚款。而《动物防疫法》规定对未经检疫的猪肉已出售的没收违法所得；未出售的，首先依法补检，合格后可继续销售；不合格的，予以销毁。另外国务院《生猪屠宰管理条例》又规定，未经定点、擅自屠宰生猪的，由市、县人民政府商品流通行政主管部门予以取缔，并由市、县人民政府商品流通主管部门会同其他有关部门没收非法屠宰的生猪产品和违法所得。可以并处违法经营额3倍以下罚款[24]。可见三个法规对同一行为的规定大相径庭，给执法带来了困难。虽然现行的《食品安全法》废止了《食品卫生法》中的内容，但是对于这样冲突并没有彻底解决。

2009年，随着《食品安全法》的出台及一系列整改工作的进行，这一乱象将逐步得到改善。其与《农产品质量安全法》、《农业法》、《动物防疫法》、《农药管理条例》等法律法规互相配合相互补充，进一步完善了我国的食品安全法律体系。

二、国内外食品安全标准研究与借鉴

（一）发达国家和地区食品安全标准研究

1. 美国

（1）美国食品安全标准发展历程

美国的标准化发展的较早，早在十九世纪早期就形成了一些在世界上颇具影响的标准化机构和专业标准化团体。二战后，美国经济实力的加强巩固了其标准化体系，同时标准化体系的强化又促进了产品的竞争力，促使美国产品在国际市场竞争中取得了成功。由于这些在市场竞争中发展起来的分散的标准化体系满足了市场的需要，而且促进生产商发展在技术及安全上被社会接受的产品，所以联邦政府认为没有必要再发展集中的政府运行的标准化体系，从而形成了复杂分散的、结构上多元化的标准化体系和名目繁多的标准。为保证整个标准体系的完整性，联邦政府授权美国国家标准学会（ANSI）负责协调分散的标准体系及众多的标准化团体，并且指定它为唯一批准发布美国国家标准的机构。而政府部门则以普通会员身份在相关的领域参与民间团体的标准化活动，作为相关方参与标准的制订，需要时以购买者的身份采购标准。截至2005年5月，美国的食品安全标准约有660余项，主要是检验检测方法标准和被技术法规引用后的肉类、水果、乳制品等产品的质量分等分级标准两大类，这些标准约占标准总数的90%[25]。

(2) 美国食品安全标准体系的构架

美国的食品安全技术协调体系由技术法规和标准两部分组成，如图 2-5-7。从内容上看，技术法规是强制遵守的、规定与食品安全相关的产品特性或者相关的加工和生产方法的文件。而食品安全标准是为通用或者反复使用的目的，由公认机构批准的、非强制性遵守的、规定产品或者相关的食品加工和生产方法的规则、指南或者特征的文件。通常，政府相关机构在制定技术法规时引用已经制定的标准，作为对技术法规要求的具体规定，这些被参照的标准就被联邦政府、州或地方法律赋予强制性执行的属性。这些标准是在技术法规的框架要求的指导下制定，必须符合相应的技术法规的规定和要求。被称作“科技大国"的美国，它拥有的技术法规和标准就更多了，包括技术法规和政府采购细则等在内的标准就拥有五万多个，其行业协会、私营标准机构、专业学会等制定的标准也有四万多个。

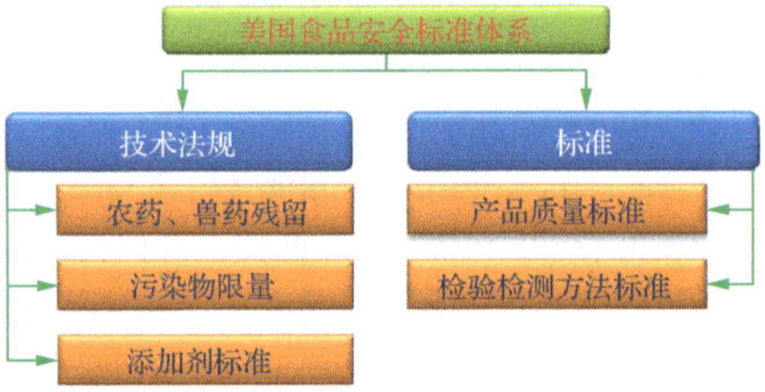

图 2-5-7　美国食品标准总体框架

美国食品安全技术法规的制定以科学为依据，以风险分析为基础，贯彻以预防为主的原则，对“从农田到餐桌”全过程的食品安全进行监控和管理。按照制定部门分，美国农业部(USDA)负责禽肉和肉制品食品安全技术法规的制定和发布，食品药品管理局(FDA)负责其他食品安全技术法规的制定等。同时一些部门也会联合制定技术法规，如 1998 年，美国农业部、食品与药品管理局和疾病控制与防治中心联合颁布的 GAP(良好农业规范)指南文件“减少新鲜水果和蔬菜食品微生物危害指南”，内容包括水果蔬菜的生产、收获、装运和加工过程中的安全控制，以确保进口的及国内生产的水果和蔬菜的安全。这些由部门制定的技术法规要由国会的相关专业委员会和国家管理与预算办公室(OMP)统一协调，然后由相应的政府机构或部门制定并颁布实施。所有现行的联邦技术法规(全国范围适用)全部收录在《美国联邦法规法典》当中。这些技术法规主要涉及微生物限量、农药残留限量、污染物限量及食品添加剂使用等与人体健康有关的食品安全要求和规定，其内容非常详细，涉及食品安全的各个环节、各种危害因素等。除联邦技术法规外，美国每个州都有自己的技术法规，联邦政府、各州以及地方政府在用法律管理食品和食品加工时，承担着互为补充、内部独立的职责。

1) 产品(质量)标准

美国的食品产品(质量)标准主要由美国食品药品监督局(FDA)和农业部农业市场服务局(AMS)制定。

AMS 所制定的标准多为分级标准，这些分级标准以相关法规为基础，对食品产品质量的划分进行了严格定义与区分。如：大理石花纹（散置在瘦肉中的脂肪含量）、色泽、硬度、质地和动物年龄来进行划分等级的。每一种产品的标准描述了此产品的所有质量等级以及不同产品的等级数。如：牛肉可分为 8 个等级，鸡肉、鸡蛋和火鸡均为 3 个等级。另一方面，棉花被划为 38 级，以及 312 种水果、蔬菜和特殊产品标准[26]。AMS 最新资料显示[27-33]，食品产品质量标准可被分为 8 类，即：棉花、乳制品、新鲜水果和蔬菜（包括新鲜的水果和蔬菜加工）、牲畜、坚果和特产作物、蛋和家禽（包括兔子）、经加工过的水果和蔬菜以及烟草。其中新鲜蔬菜的市场等级标准为 62 个、新鲜水果的市场等级标准为 31 个、新鲜蔬菜的加工等级标准为 24 个、新鲜水果的加工等级标准为 14 个、新鲜坚果和特产作物等级标准为 19 个、乳及乳制品的分级标准和规范分别为 17 和 15 个、牲畜和家禽等级标准分别为 7 和 10 个、蛋类产品分级标准为 1 个。这些农产品分级标准是依据美国农业销售法制定的，对农产品的不同质量等级予以标明。新的分级标准根据需要不断制定，大约每年对 7%的分级标准进行修订。此外，这些分级标准均被收集在美国《联邦法规法典》的 CFR7 中。

对 FDA 制定的食品产品质量标准进行分类统计可得[34]，合规性政策指南（CPG）中除前言和简介外，共分为 6 章，其第 5 章包含有对食品产品（质量）标准，此章节有关食品的标准共有 237 中，此标准涉及了与食品有关的许多方面，如食品标签、污染物、色素、存储等，覆盖面广。其具体分类及对应指南数为：食品添加剂（8）、烘焙食品（6）、饮料（10）、糖和糖果（12）、罐头食品（3）、调味品（26）、乳品（10）、膳食补充剂（1）、食用油（1）、蛋（1）、鱼和海产品（25）、食品相关（6）、水果（32）、总括（16）、进口产品（11）、食品标签（11）、畜禽（2）、复合食品（3）、坚果（11）、农药（1）、成品粮（8）、存储（1）、蔬菜（30）和色素（3）。此合规性政策指南包含了同种类食品不同食品及其限量标准，以及与其相关的参考法规编号和检测方法编号等。

2）安全（限量）标准

通常，对食品的安全限量可分为三类，即：农药兽药残留、微生物超标，以及化学残留物和污染物限量。EPA 对于食品安全管理的主要工作则为设定食物中的农药及其他有毒有害物质的残留限量等。

归纳总结 EPA 官网发布的信息可得，EPA 所限定的农药数为 291 种（根据网站内容自行统计），由于不同食品农残的最低限量不同，因此其标准也存在差异，故标准数则多达 400～500 种[35]。对微生物的限量标准则有 23 种检测方法[36]。这些标准对检测方法、仪器及最低检测线均进行了规定。

3）技术（检测方法）标准

美国官方分析化学师协会（AOAC）主要从事检验与各种标准分析方法的制定工作。几乎所有的现行食品标准中涉及的检测方法均以 AOAC 为依据。其所制定的检测方法标准涵盖了：农药、兽药、重金属、新兴污染物，肉制品、乳制品、调味品等常规食品以及特殊食品，如海鲜和蜂蜜。AOAC 所制定分析方法不仅繁多，且覆盖面广泛，就乳制品检测标准而言，其分析方法多达 250 种，涵盖农药、兽药、污染物、真菌毒素、微生物、添加剂、维生素、矿物质、质量成分，以及理化性状等的检测，并乳制品中物理化学微生物指标的检测标准，分析用仪器，实验程序等内容进行规定。

4）认证认可（合格评定）标准

随着食品安全越来越受到重视，HACCP 已在美国得到了广泛的普及，甚至在大多数情况下已成为企业必须进行的强制性认证。HACCP 可通过从原料生产、采购和处理、生产、分配和产品消费来分析和控制其生物、化学和物理危害，从而有效地解决食品安全问题。FDA 已出台了 A 级乳制品的自愿 HACCP 的指导和监测文件，此 HACCP 对乳品厂、工作环境等都进行了规定。此外还有果汁、零售食品以及海产品的 HACCP 的指导文件。

现在，随着食品安全得到广泛重视，其认证认可也日益受到重视，除 HACCP 外，ISO、HACC、GMP、IFS、BRC 等也愈来愈受到推崇。

（3）美国食品安全标准制修订程序

美国食品安全标准制修订程序遵循其所属产品种类相应的安全标准制定过程。不同食品因其所属种类不同，在修制订过程中会存在差异，如制定标准的部门不同等。但其修制订大致步骤是相似的[37]，现以美国乳制品的标准修订程序为例：第一，起草标准。任何有关方都可以要求 USDA 对其提出的美国农业标准草案进行审议。第二，USDA 审议。USDA 将标准草案指定对口的部门对该草案审议，其间征集全社会的意见。若有必要，该部门将要求对口的技术委员会作进一步的审订。USDA 审议完毕且认为标准草案内容适宜、要求合理，则向美国食品药品管理局（FDA）提出审议报告。第三，标准的批准和发布。FDA 确认 USDA 审议的标准草案对有关各方均不会造成歧视后，将予以批准发布。此外，美国在标准制定过程中，充分注意与国际标准的接轨。

（4）美国食品安全标准特点分析

美国食品行业标准的制定，是建立在先进的食品科研水平上和每年数亿美元的科研经费投入基础上的。美国掌握有关键食品检测技术，拥有大量先进的检测设备，比如 FDA 在农药残留检测方面世界领先，可检测 360 多种农药。相应的，其标准制定得更加严格。在美国，食品行业超过 80%的标准是国际通用的标准[38]。此外，美国推行的是民间标准优先的标准化政策，鼓励政府部门参与民间团体的标准化活动。自愿性和分散性是美国标准体系两大特点，也是美国食品安全标准的特点。

值得一提的是，美国承认被其管理的企业是利益共同体，也是负有食品安全责任的主要组成部分。公司负责生产达到安全管理要求的好产品，政府的作用就是设立适当的标准并尽其所能确保企业达到这些标准和其他的食品安全要求。基于这种理念，美国食品安全标准体系具备以下特点：①美国一般行业的标准多是本着服务企业的原则，自愿参与；②由于美国推行的是民间标准优先的标准化政策，其标准具有分散性特点，但与人体健康有关的食品安全要求由政府制定，以技术法规的形式出现；③美国食品行业中 80%以上的标准是国际通用标准，可见其标准的影响力[38]。

虽然，美国的标准体系已十分全面、相对完善，并仍在持续改进之中，但 FDA 并无针对农产品的化学、物理或辐射污染而提出相关标准。

2. 欧盟

（1）欧盟食品安全标准发展历程

欧盟食品安全标准的制定机构包括欧洲标准化委员会（CEN）和欧共体各成员国家

标准两层体制。其中欧洲标准是欧共体各成员国统一使用的区域级标准，对贸易有重要的作用。欧洲标准由三个欧洲标准化组织制定，分别是欧洲标准化委员会（CEN）、欧洲电工标准化委员会（CENELEC）、欧洲电信标准协会（ETSI）。这 3 个组织都是被欧洲委员会（European Commission）按照 83/189/EEC 指令正式认可的标准化组织，他们分别负责不同领域的标准化工作。CENELEC 负责制定电工、电子方面的标准；ETSI 负责制定电信方面的标准；而 CEN 负责制定除 CENELEC 和 ETSI 负责领域外所有领域的标准。自 1998 年以来，CEN 致力于食品领域的分析方法，为工业、消费者和欧洲法规制定者提供了有价值的经验。新的欧洲法规为 CEN 提供了更多的支持，CEN 致力于跟踪和实施这些改革方针。截止到 2002 年 12 月底，CEN 已经制定欧洲标准 7650 个，协调文件 4 个，暂行标准 395 个[39]。

CEN 的技术委员会（CEN/TC）具体负责标准的制、修订工作，各技术委员会的秘书处工作由 CEN 各成员国分别承担。截至到 2002 年底，CEN 共设有 239 个技术委员会。此外，作为一种新推出的形式，CEN 研讨会提供了在一致基础上制定相关规范的新环境，如 CEN 研讨会协议、暂行标准、指南或其他资料。到目前为止，CEN 已经发布了 260 多个欧洲食品标准[40]，主要用于取样和分析方法，这些标准由 7 个技术委员会制定，与果蔬安全有关的技术委员会有：TC174（水果和蔬菜汁——分析方法）、TC194（与食品接触的器具）、TC275（食品分析——协调方法）、TC307（含油种子、蔬菜及动物脂肪和油以及其副产品的取样和分析方法）。

CEN 与 ISO 有密切的合作关系，于 1991 年签订了维也纳协议。维也纳协议是 ISO 和 CEN 间的技术合作协议，主要内容是 CEN 采用 ISO 标准（当某一领域的国际标准存在时，CEN 即将其直接采用为欧洲标准），ISO 参与 CEN 的草案阶段工作（如果某一领域还没有国际标准，则 CEN 先向 ISO 提出制定标准的计划）等。CEN 的目的是尽可能使欧洲标准成为国际标准，以使欧洲标准有更广阔的市场。40％的 CEN 标准也是 ISO 标准[40]。

（2）欧盟食品安全标准体系

1）概况

欧盟通过技术法规和标准的相互配合（图 2-5-8），大大加快了食品安全技术法规的立法，并使食品安全技术法规的内容更为全面和具有可操作性，协调标准的内容也更为详细和具体。欧盟的食品安全指令是协调标准的指导性文件，协调标准是对指令的细化，两者相互配合，分工明确。

欧盟食品安全技术法规是强制遵守的、规定与食品安全相关的产品特性或者相关的加工和生产方法的文件，包括适用的行政性规定，也包括那些适用于产品、加工或生产方法的对术语、符号、包装、标识或者标签的要求。在欧盟 1985 年“新方法指令”实施后，只对与食品安全密切相关的少数关键性的共性技术要求和规定制定技术法规，内容限于“基本要求”，不规定技术细节。截至 2002 年底，欧盟在食品安全方面制定的技术法规（欧盟指令）共有 160 项[41]。按照内容不同，食品安全指令可分为食品中有毒有害物质限量和卫生要求、检测分析方法、食品安全管理和控制、标签标识、与食品接触的包装材料卫生和特殊膳食等几大类。

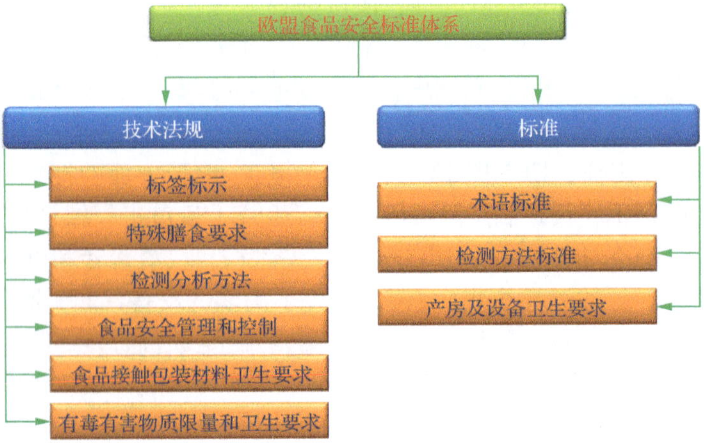

图 2-5-8　欧盟食品安全标准体系框架

欧盟食品安全标准是为反复使用的目的，由公认机构批准的、非强制性的、规定产品或者相关的食品加工和生产方法的规则、指南或者特征的文件，是指在 1985 年实施《新方法指令》后由欧盟标准化委员会（CEN）制定的标准。包括那些适用于产品、加工或者生产方法的对术语、符号、包装、标识或者标签的要求，内容限于满足欧盟食品安全指令基本要求的具体技术细节和规定。欧洲标准化委员会（CEN）下属的技术委员会负责制定食品安全标准（协调标准），截止到 2002 年底，欧盟共制定了 264 项食品安全方面的协调标准。其中，术语标准 1 项，检测方法标准 247 项，厂房及设备卫生要求方面的标准 16 项[41]。

2）农药兽药残留限量标准

欧盟 27 个成员国实行统一的农产品和食品的农药残留标准。新的农药残留标准体系中农药残留限量数量由原来的 39000 多个增加到 118000 多个，对于没有设立残留限量的农药，和日本一样，欧盟一般也是要求小于 0.01 mg/kg[42]。

欧盟新的农药残留标准体系的建立是根据修订和简化欧洲议会和理事会条例（EC）No. 396/2005，关于动植物源饲料与食品内部和表面的杀虫剂的最大残留量水平，新标准为（EC）No. 299/2008。该条例统一协调了欧盟农药残留的设定原则，简化了现有的相关法规体系。新标准（EC）No. 396/2008 共有 7 个附录，简化了农药残留最大限量值（MRLs）以及所适用的食品和饲料。这 7 个附录及其法律依据具体如下：

附录Ⅰ列出了农药残留最大限量值（MRLs）所适用的食品和饲料目录。该附录是根据委员会条例（EC）No. 178/2006，确定所适用的食品和饲料目录。该附录包括 315 中产品，其中有水果、蔬菜、调味料、谷物和动物产品。

附录Ⅱ列出了所制定的农药最大残留限量值（MRLs）的清单。该附录详细列出了 245 种农药的最大残留限量值（MRLs）。

附录Ⅲ列出了欧盟暂定农药最大残留限量值（MRLs）的清单。该暂定标准存在于对 2008 年 9 月 1 日前欧盟各成员国所设定的 MRLs 的协调统一过程中。附录Ⅲ详细列出了 471 种农药的暂定残留标准。

附录Ⅳ列出了 52 种由于其低风险而不需要制定最大残留限量值的农药。

附录Ⅱ、Ⅲ、Ⅳ制定的法律依据是：委员会条例（EC）No. 256/2009，就嘧菌酯和咯菌酯在某些产品中的最大残留量，修订欧洲议会和理事会条例（EC）No. 396/2005 的附录Ⅱ和Ⅲ；委员会条例（EC）No. 839/2008，就附录Ⅱ、Ⅲ和Ⅳ关于某些产品内或表面杀虫剂最大残留限量，修订欧洲议会和理事会条例（EC）No. 396/2005；委员会条例（EC）No. 149/2008，通过建立附录Ⅱ、Ⅲ和Ⅳ设定附录Ⅰ中涉及的产品的最大残留限量，修订欧洲议会和理事会条例（EC）No. 396/2005。

附录Ⅴ将列出残留限量默认标准不包括 0.01 mg/kg 的农药清单。该附录目前还没有发布。

附录Ⅵ将列出加工食品和饲料的农药残留最大限量值的转化因素清单。该附录目前还没有发布。

附录Ⅶ列出了作为熏蒸剂的农药清单，欧盟成员国允许该熏蒸剂的使用是为了适用于产品投放到市场前的特定减损。该附录的建立是依据委员会条例（EC）No. 260/2008，通过建立将被减损的活性物质/产品组合列出清单的附录Ⅶ，就使用熏蒸剂的采后处理措施，修订欧洲议会和理事会条例（EC）No. 396/2005。

对于上述附录中没有提到的农药，欧盟将其默认限量值均设定为 0.01mg/kg[具体参见欧洲议会和理事会条例（EC）No. 396/2005 中的 Art 18（1b）]。

2009 年 5 月 6 日，欧盟发布 EC470/2009 号条例，该条例制定了建立动物源性食品中药理活性物质残留限量的共同体程序，替代 EEC2377/90 号条例成为欧盟管理兽药残留最核心的一部法规，对欧盟所有成员国有约束力。该法规对食用动物的用药进行严格管理，对动物源性食品中药理活性物质残留建立残留限量或行动参考点进行监控。

EEC2377/90 号条例中与残留限量要求直接相关的 4 个附录目前仍然适用，即附录Ⅰ已制定最大残留限量的药理活性物质及其限量，附录Ⅱ免除于残留限量要求的物质，附录Ⅲ已制定临时最大残留限量标准的药理活性物质及其限量（尚未完成全部安全性评估，但无证据表明该限量会对消费者产生危害），附录Ⅳ不制定残留限量标准（禁用）的物质。根据该条例，各成员国不得不能禁止或者阻止符合附录Ⅰ、Ⅱ、Ⅲ要求的食品在本国流通。

这 7 个附录将农药限量值，使用范围，调整因素等分类列出，大大方便了农药限量的管理，一方面十分便于查找，另一方面也考虑到个别情况，制定了相关的处理规则，为农药的限量管理提供了全面的技术性规范文件。

3）认证认可标准

欧盟认证认可管理可分为四个层次：第一层面为欧盟。欧盟理事会负责法律法规的制定，而欧盟委员会作为欧盟的执行机构，则负责标准细则的制定和贯彻执行，其中包括对认证认可机构的批准和第三国权威机构（competent authority）和认证机构（control authority）清单的制定，并向欧盟理事会提交相关报告及建议（EC-834-41）。第二层面是成员国权威机构（competent authority）。欧盟规定各成员国应指派权威机构执行对国内有机认证认可工作的统一管理，通常由各成员国的农业部或农业部的下属部门担任。例如，英国的有机产品标准（No. 1604 The Organic Products Regulations 2004）明确规定由农业部担任权威机构[43]。第三层面是认可机构。权威机构可以自身承担认可机构的角色，也可以委派特定的机构执行认可。在英国，农业部并不直接对认证机构执行实地审查工作，而是委托英国皇家认可委员会(United Kingdom Accreditation service，UKAS)执行，UKAS形成审查报告后递交农业部审阅，由农业部判定认证机构是否符合认可规范。第四层面是认证机构。欧盟的认证机构分为两类：官方认证机构(control authority)和民间认证机构(control body)。官方认证机构是权威机构部分或全部授权的某些公共管理组织，而民间认证机构是完全独立的第三方机构。以意大利为例[44]，其有机认证可以由被确认资格的民间组织认证机构执行，也可以由农林部(Ministry of Agriculture and Forestry)或区域发展委员会(Regional Boards)来提供官方检查。认证机构实施认证的依据为欧盟理事会标准(EC)834/2007、欧盟委员会标准(EC)889/2008和补充标准(EC)710/2009和(EC)271/2010，或由成员国制定的高于上述标准要求的法规或标准，或由认证机构制定的高于成员国相关要求的法规或标准。

四个不同层次的认证管理体系，从食品安全的基本保障到高质量高水准的保障能力，在不同的层次上，满足食品安全管理的不同需求。在保障食品基本的食品安全的基础上，又不阻碍高水平保障能力的持续发展，促进了行业的持续发展。

(3) 欧盟食品安全标准制修订程序[37]

首先是由民众、企业、市场提出食品标准的需求，欧洲标准化委员会专家及行政人员对食品标准进行评估，接着撰写建议草案，寻求公众意见，其中整个过程有民众的监督，最后还有标准的风险分析，包括依靠社会，规章制度的风险管理、维护消费者权益的风险认识、基于科学与事实的风险评估以及信息传递和对话的风险交流。再由欧洲议会和欧盟理事会负责制定框架指令，欧盟委员会承担制定实施框架指令的相关政策，即欧盟理事会批准框架指令后，由欧盟委员会制定相关的具体实施指令。而后欧洲标准化委员会参与制定严格的食品安全标准。

(4) 欧盟食品安全标准特点分析

1) 食品安全标准的双层体系形成了对成员生产商的保护。在欧盟食品安全体系中，既有具有法律强制力的欧盟指令，又包括自愿遵守的具体技术内容和技术标准等，所以非欧盟国家的食品出口到欧盟成员，就必须同时达到两套技术标准要求，而成员对自愿遵守部分的标准具有很大的操控性和灵活性，因此，这两套体系起到了保护欧盟成员食品生产者的作用，构成了食品贸易中的贸易壁垒。

2) 拥有比较完整的标准体系和合格标准认定程序，有效限制别国食品出口。目前，欧盟已经形成了包括欧盟指令、标准认证以及进出口环节的检验检疫措施等制度。别国食品不满足任何一个条件就可能被禁止进口。

3) 欧盟食品标准与其他国际标准协调性较好，推进了国际贸易的发展。欧盟从一开始就比较注重与国际食品法典委员会(CAC)和国际标准化组织(ISO)等国际标准的协调，并且尽可能地采用国际标准，为国际贸易的顺畅进行提供了良好的法规保障基础。

3. 德国

(1) 德国食品安全标准发展历程

DIN是德国的标准化主管机关，作为全国性标准化机构参加国际和区域的非政府性标准化机构。DIN是一个经注册的私立协会,大约有6000个工业公司和组织为其会员。目前设有123个标准委员会和3655个工作委员会[45]。

德国标准化学会(DIN)是德国最大的具有广泛代表性的公益性标准化民间机构。成立于1917年。总部设在首都柏林。1917年5月18日,德国工程师协会(VDI)在柏林皇家制造局召开会议,决定成立通用机械制造标准委员会,其任务是制定VDI规则。同年7月,标准委员会建议将各工业协会制定的标准与德国工程师协会标准合并,通称为德国工业标准(DIN)。1917年12月22日通用机械制造标准委员会改组为德国工业标准委员会(NDI)。该委员会鉴于其标准化活动早已超越了工业领域,遂于1926年11月6日改名为德国标准委员会(DNA)。

第二次世界大战期间(1936～1945年),该委员会停止活动。1946年10月经四国管制委员会同意,德国标准委员会曾作为民主德国与联邦德国双方代表组成的机构在全德境内开展工作。1945年民主德国标准化局成立,德国标准委员会就成了联邦德国的标准化机构,但在民主德国境内仍设有办事机构,直到1961年才撤销。1968年民主德国宣布退出DIN。自此以后,DIN的活动仅限于联邦德国和西柏林。1975年5月21日德国标准委员会改为现称。同年6月5日DIN与联邦政府签订一项协议:联邦政府承认DIN是联邦德国和西柏林的标准化主管机构,并代表德国参加非政府性的国际和区域标准化机构。

(2) 德国食品安全标准体系的构架

在德国,标准化是企业达成的重要共识。统计表明,食品行业的标准多达3000余种[46]。这不但有利于企业之间的公平竞争,而且确保了食品的质量,有效地防止了食品安全问题的发生,让消费者享用更安全的食品。

德国标准学会(DIN)制定了一系列有关食品质量安全的标准,其从食品产业链的角度可分生产标准、食品加工标准、产品标签标准和食品销售标准几类[47]。德国的食品质量安全监测检验体系可以分为三个层次:企业的自我监测、中立外部机构的监测和政府的监督监测。第一个层次是核心,是确保德国食品质量安全的主要环节。而第二、三两个层次是对第一个层次作用效果的监督和补充,是确保德国食品质量安全的重要保障手段。在德国,伴随着食品链的每个环节,都有相应的管理标准(图2-5-9),主要包括:初级生产环节的良好农业规范(GAP)、兽药使用规范等标准;保证生产加工过程工厂设施 、加工原料等级 、雇员、环境卫生、流通环节(如运输、贮藏、销售、仓储、包装方面)安全管理与控制标准(HACCP、LFGB认证);消费环节安全管理与控制标准。

1) 检验(规程)标准

德国在食品安全方面制订了涵盖食品原材料采购、生产加工、运输、贮藏、销售的所有环节,构成了强大、健全的食品安全法律体系,质量标准、技术规范和管理准则。比如,DIN 10523规定了食品区域病害虫防治标准,DIN 10516规定了食品清洗与消毒标准,DIN 10502规定了液体、颗粒状和粉状食品容器标准,DIN 10501规定了商品陈列柜的标准,DIN 10528规定了与食品接触材料的标准,以及DIN 10500规定了易腐食品运输车辆的标准等[48]。

德国完善的标准体系对食品链的各个环节起到了规范指引的作用,因为只有这其中

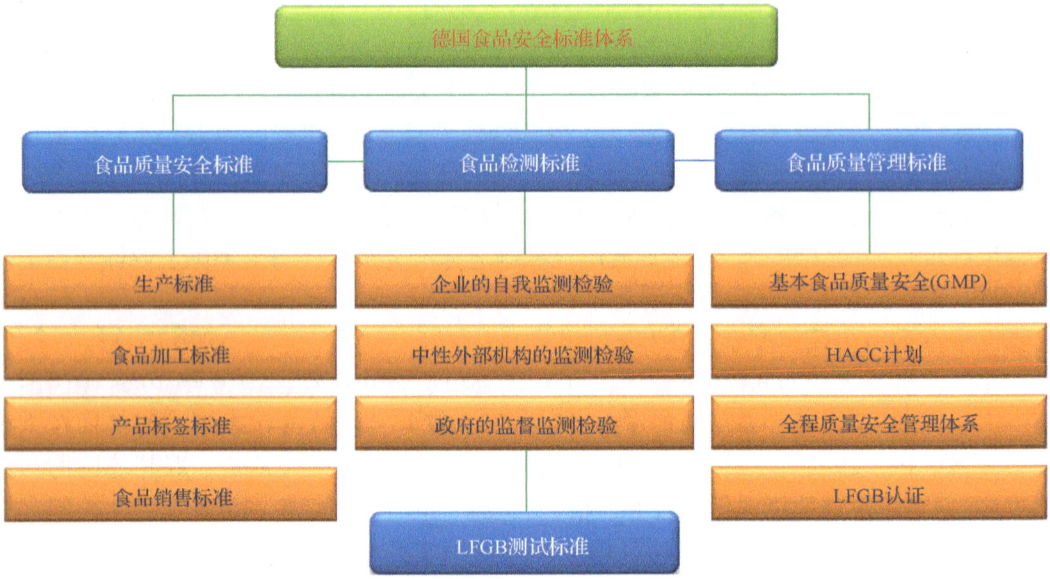

图 2-5-9 德国食品安全标准体系

的每个环节遵循一定的管理标准才能确保整个食品“从农田到餐桌”的标准化和安全性[49]。

2) 认证认可(合格评定)标准

① 德国产品质量保证与标识研究所认证体系(RAL)[50]

德国产品质量保证与标识研究所(RAL)原名为德国产品交货标准委员会,于 1925 年 3 月 23 日成立,于 1980 年更名为德国产品质量保证与标识研究所。它是由 132 个注册的质量协会组成,这些协会涉及各个方面,诸如酒、渔业、饮食等,因此其标签囊括的产品也不局限于食品,还包括其他产品甚至服务。与其他认证体系不同的是,RAL 不是对单个企业公司进行认证,而只是对有关质量协会进行认证,凡是达到其要求的协会,就会被收纳到 RAL“质量标签”认证体系中来,而对具体的单个企业或公司的认证再由相关的协会进行。现在 RAL 体系中最大的一个有关食品质量认证的协会是德国农业中央营销协会(CMA),是自 1972 年开始被 RAL 授权为德国食品和农产品质量进行认证的协会,想要使用此标签的德国食品加工企业必须要向 CMA 申请,然后由 CMA 进行一系列的测试,来确定食品加工企业是否达到 CMA 标准,如检测通过,则可获得相应的质量认证标签。

② 质量与安全体系(QS)

欧盟的疯牛病事件和污染鸡事件发生后,德国商业公司和食品加工企业渐渐地认识到,必须将其质量保证方案建立在透明的基础之上,目的是最大限度地保证从农场到餐桌这一过程的食品安全,防止由于相互独立的生产环节发现错误而对食品安全造成危害。对于商业公司和加工企业来说,能够时时精确地跟踪初级产品到食品的各个环节的质量状况是非常重要的。在这种情况下,质量与安全体系(QS 体系)应运而生。QS 体系是德国 2001 年 10 月由零售业、食品行业和农业自发成立的组织,成员有农业、饲料行业、屠宰和肉类加于、零售业等多个与食品有关的行业。它的任务就是发展一种中性的管理和制裁体系，将食品生产和销售的全部环节联成整体，目的是在德国国内推行一个综合的、基本的食品质量保证规则。德国联邦政府已经规定将 QS 标签作为传统食品（有别于生态食品）的认证标签。

QS 体系主要包括 3 个监测系统：自行检查、外部机构检查、管理部门控制。首先，系统内的每一个成员都有义务对其所处的食品链环节进行内部的质量检查；然后，由独立的机构按照由技术顾问委员会制定的且适时更新的 QS 准则进行检查（一般情况下，这一准则比法律规定的有关从饲养、运输到屠宰加工整个过程的条款更严格、更复杂），上述过程都由管理部门进行宏观控制。在产品链的每一阶段，化学家们都要化验分析样品。

通过 QS 体系，商业公司和加工企业共同努力来保证消费者拥有一个涵盖食品加工全程的质量安全体系。一旦发生违反 QS 质量体系规则的情况，独立的制裁委员会就会采取行动并给予制裁。目前 QS 质量体系已被越来越多的人认可，覆盖范围也逐渐扩大。

③ 生态食品印章与普通食品质量印章

生态食品印章：是 2001 年 9 月初，由商业及各种协会和政府相关部门共同商定、向公众推出的专为生态农业产品所设计的新国家印章。这种印章非常清晰且易于辨认，它可让消费者很快且非常简单地将生态食品与其他食品区分开来。根据欧盟生态食品生产的规定，获得这种印章的食品中必须至少有 95％的成分是来源于生态农业，并且是按照欧盟生态农业的有关规定生产的。根据德国“生态农业协会（AGOEL）”的规定，一个企业欲加入 AGOEL，将其产品作为生态产品销售，必须经过 3 年的完全调整时期才行。在 3 年的调整期内，企业主必须提供以下详细资料：产品是在哪块地上或哪个企业以何种方式进行生产的，必须将整个生产过程及生产所需的设备、原料、附加料记录在案，如购买种子、肥料、植保剂的名称、数量及来源等。由国家授权的检测中心对申请转入生态农业生产的企业进行检查，检查频率至少 1 年 1 次，此外也可不定期地进行抽查，如检查不合格，则要延长调整期。

对已获得生态食品印章的农场和食品加工企业，政府授权的检查机构也要进行定期检查，在德国目前有 22 个协会负责执行这个检查任务。这种检查可以提前通知，也可以不作任何通知。检查内容包括生产、加工的全部过程，甚至还有最后的包装和贴标签过程。

生态食品印章的标识实行自愿原则。欧盟生态农业生产管理制度中规定了对生态食品印章的正确使用以及相应的监督措施。2001 年 12 月 15 日生效的生态食品标识法规从法律上给生态食品印章的正确使用提供了保障。为了防范错误使用生态食品印章，法规明确了相应的罚款和其他处罚规定。

在统一的生态食品印章实施以前，所有符合欧盟“生态规定”的产品，都允许标以生态标识。由于产品类型不同，故市场上出现了许多不同的生态标识，仅德国就有 100 多个生态标识，2001 年 9 月 5 日全德国统一的生态食品印章是一个新的开端，它提高了德国生态食品的信任度和透明度，它给消费者提供了巨大的便利，也为经营者提供了新的机遇。

普通食品质量印章：是由德国联邦政府提议，屠宰企业、肉类加工企业、农业、饲料业、商业和德国农业中央营销协会支持，为普通食品生产制定的一种质量标志印章，它是建立在“质量与安全体系（QS）”基础上的，目的是保证普通食品生产链各环节的质量安全。这种普通食品质量印章主要在肉类和肉类制品中采用，但在其他食品领域也可采用。具有这种质量印章的食品，其生产标准要高于法律规定的最低标准，并且这些标准可以根据新的要求而不断做出调整[51]。

(3) 德国食品安全标准制修订程序

1) 制定主体

德国的国家食品安全标准主要由 DIN 负责制定，这些标准由其专业标准委员会及下属的工作委员会、联合委员会、分委员会和工作组制定和维护。这些技术组织的结构如图 2-5-10 所示。DIN 组织中全面负责标准制修订工作的技术组织是标准委员会（NA），标准委员会相当于国际标准化组织（ISO）的技术委员会（简称 TC），只是工作范围比 ISO、IEC 技术委员会的工作范围大，而且不轻易建立和撤销，数量上相对固定。标准委员会下设工作委员会（AA），工作委员会相当于 ISO 的工作组（WG），这是 DIN 与 ISO 区别最大的方面，即：没有分技术委员会（SC），而是直接设立等同于 ISO 工作组的工作委员会。工作委员会的范围过大时，可设立分委员会（UA），二者性质一样，只是 UA 的范围是 AA 的分领域。工作委员会和分委员会都可以设立工作组（AK），这个工作组不是 ISO 的 WG 概念，而是任务组（Task Force，TF）或者国际电工委员会（IEC）中的项目组（Project Team，PT）的意思，只负责某一项标准的制修订。此外还有直属与 DIN 的独立委员会（A），独立委员会仅由一个工作委员会组成，根据情况还可下设分委员会或工作组[52]。

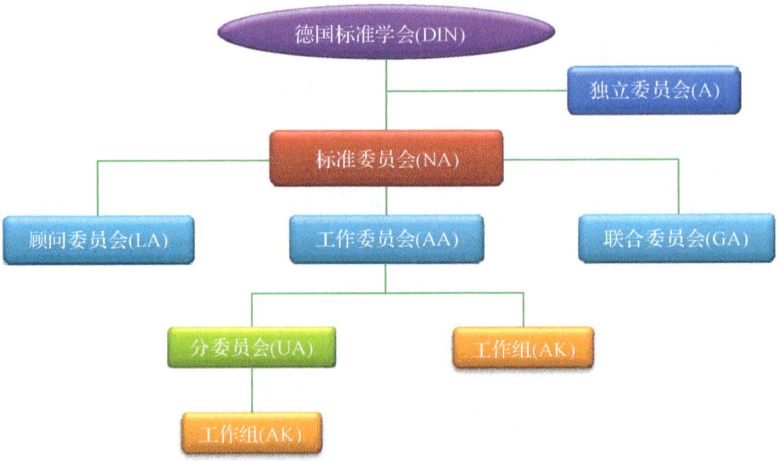

图 2-5-10　DIN 技术组织体系

2) DIN 标准制定程序[53]

DIN 标准制定流程大致为：申请—起草—批准—修改—审查—批准。企业和个人都可以向组织标准的机构建议或者提出申请制定标准。DIN 机构接收申请者书面申请后，帮助按其 DIN 的程序、方法制定标准。

首先以申请人为基础，组织起草小组，一般 4～5 人。起草小组拿出起草提纲交委员会讨论批准，然后公布在四个月内收集修改意见，由委员会秘书处归纳分送各会和起草小组，修改后形成第二稿。交委员会讨论审查。审查内容主要是格式是否符合 DIN 要求，内容是否与其他标准由矛盾的地方。最后由委员会表决、批准为正式标准。

标准制定周期不超过两年，每五年对标准进行全面检查，主要是修订。

（4）德国食品安全标准特点分析

德国不仅制定了一系列"从农田到餐桌"覆盖所有食品的产品质量卫生标准，而且伴随着食品链的每个环节，都有相应的管理标准，只有操作规范标准化才能从根本上保证产品的安全及管理工作的可靠性。因此，标准化、程序化是德国食品安全标准体系的一大特征。当然，绝对按照程序一步步来，固然严谨无比，但过于强调细节和步骤的规范也容易禁锢技术创新，这也是德国在未来需要解决的问题[54]。

4. 日本

（1）日本食品安全标准发展历程

日本在引进"肯定列表制度"之前，实施"否定列表制度"。他们只将限制的物质列表，即使有农药残留，如果不在列表，也不会实施禁止销售的限制，因此，农业化学品基本上处于无管理状态。随着频频发现进口食品、农产品中农业化学品残留超标或者检出一些新的化学物质问题，国内也出现了未登记农药违法使用的情况，加之日本国内雪印牛乳等食品安全问题频发，导致日本民众对食品安全管理机制提出强烈质疑，日本食品安全面临严峻挑战。

为了扭转这种局面，日本先从修订法律入手，建立了科学的管理机制。并以该修订案为依据，开始在农业化学品残留管理中引入"肯定列表制度"，目的是建立科学的农业化学品管理制度[55]。

日本的标准化制度经历了从政府主导向民间和社会团体为主的转型过程，标准的制定，已从过去的主要以 ISO、IEC 为蓝本，甚至完全拷贝，到现在已转变为从国家战略的高度，将标准的制定与产业发展战略相结合，将标准化过程与行业整体发展、全球市场竞争力的培育和企业的竞争策略作为一个整体来布局和推进。

（2）日本食品安全标准体系

目前，日本食品安全相关的标准数量很多，并形成了比较完善的标准体系。一般的要求和标准由日本的厚生劳动省规定，包括食品添加剂的使用、农药的最大残留等，适用于包括进口产品在内的所有食品。日本的农林水产省也参与食品管理，主要涉及食品标签方面和动植物健康保护方面，农林水产省还根据日本农业标准委员会(JAS)的要求对有机食品标准负责。日本食品安全标准分为国家标准、行业标准和企业标准[56]，如表 2-5-7 所示。

表 2-5-7　日本食品安全标准的类型

分类	概念	制定机关	特征
国家标准	国家标准即日本农业标准委员会(JAS)标准，以农产品、林产品、畜产品、水产品及其加工制品和油脂品为主要对象的安全标准。	日本国家标准的制定机关是厚生劳动省。	厚生劳动省制定的食品安全标准的内容包括食品安全标准的一般要求和规格基准(包括食品添加剂的使用、农药的最大残留等)，适用范围则是包括进口食品在内的所有食品。
行业标准	行业标准是指在国家相关食品安全机构的许可和指导下，由行业团体、行业协会或社团组织自主制定的，仅在本行业范围内有效的食品安全技术标准。	由行业团体、行业协会或社团组织自主制定的	该标准的出现往往是作为国家标准或者地方标准的补充，以及技术储备，也就是说其并不具备超越乃至取代现有的国家或者地方标准的效力，只能是在不存在国家和地方标准或者国家和地方标准规定不详细时方可被允许制定并使用。
企业标准	由各株式会社自行制定操作章程和安全技术标准，并报相关国家机构备案，以此作为本企业食品安全生产的依据。	由各株式会社自行制定	为了平衡食品科技的发展和食品安全之间的关系，食品企业的安全标准的设定就显得尤为必要。根据日本法律的规定，当企业生产的食品在没有国家、地方和行业标准参照的情况下，可由各株式会社自行制定操作章程和安全技术标准，并报相关国家机构备案，以此作为本企业食品安全生产的依据。

1）安全(限量)标准

在食品添加剂和农药方面，日本政府同样采取了一些措施。这里需要着重强调的是2006年5月29日实施的肯定列表制度。肯定列表制度全称是食品中残留农业化学品肯定列表制度，是为了加强食品中农业化学品，主要指农药、兽药和饲料添加剂的残留管理而制定的。

① 食品添加剂的肯定列表制度[57]

食品添加剂的肯定列表制度是指厚生劳动大臣制定对人身健康没有损害的食品添加剂，此外的添加剂一律不能使用的制度。其内容包括：列举准许使用的食品添加剂的种类；列举食品添加剂使用的标准。

日本是最早采用此制度的国家，在1947年《食品卫生法》就已经建立，经过经济的持续发展，当日本加入WTO后，在2003年修改《食品卫生法》时，禁止使用存在安全问题的添加剂，在既有的“添加剂列表”中删除这些存在危险的种类，到2009年《指定添加剂列表》有389种指定的添加剂。

食品添加剂的指定程序是：企业提出相关的添加剂入表的申请，启动程序；药事——食品卫生审议会接受厚生劳动大臣的咨询，进行审议是否给予添加；同时食品安全委员会接受厚生劳动大臣的咨询，进行风险评估、设定添加剂的日摄取量，将结果交给审议会；审议会根据食品安全会的结果，再加上企业提供的资料，做出是否添加的决定；最终决定由厚生劳动省进行公告。

② 农业化学品的肯定列表制度

农业化学品的肯定列表制度是指厚生劳动大臣制定的不损害人身体健康的化学品及其标准量，超出这个量一律不得制造、加工、使用、进口等。其内容包括：食品中包含的农药，或者饲料中添加、混合、浸泡以及其他方法使用的物；动物用药的化学成分物质。

农业化学品的肯定列表制度分为三类：首先指的是豁免物质，比如维生素、氨基酸等具有营养性的物质，对这部分物质不设定任何的残留量要求，因为这些物质对人体健康无害；其次指的是已经制定了最大残留量的物质。比如农药，对于这一部分物质而一言，其残留量已经制定了残留物质标准清单，如果农产品化学物质残留量超过许可的标准则禁止其流通；再次指的是统一标准的物质。跟第二个比，如果没有制定最大残留量标准的物质，就采用统一的标准值为 0.01 mg/kg，同样，超过这个统一标准的禁止流通。2005 年，肯定列表制度被引入欧盟，统一标准的也定位为 0.01 mg/kg，从这点上可以证明肯定列表制度该规定是合理的[58]。

农业化学品的残留量标准的制定：进行风险分析；参照国际标准，有国家标准的按照国际标准；没有国际标准的，如果有国内登记许可标准，适用国内标准；如果无国际标准，又无国内登记许可标准的，有外国标准，参照外国标准，无外国标准的，适用统一标准。

2) 认证认可（合格评定）标准

日本没有食品的认证认可制度或者合格评定程序，即便有的食品需要认证认可，但并不意味经过认证认可了食品就合格了。日本有两种检查方式用于检测食品是否合格，即监控检查和命令检查。通过这两种方式确认食品是否安全，日本对食品的上市是有着明确的生产标准和标签标识要求的。经过卫生许可的企业生产的食品，只要食品符合相关生产标准和标识要求都可以上市，并不要求食品必须经过认证认可才可以上市销售。监控检查对食品就的抽检率为 10%。如果监控检查发现违反食品卫生法事例，则监控检查的频率将提高至 30%，检测费用由国家承担。如再次发现违规事例，则产品进入命令检查程序，接受批批检测，检测费用由企业承担。进口食品经过抽检合格后日本就允许入境。上市后如发现违规则有都、道、府、县负责召回或废弃处理。如产品在被提高至 30% 的频率后被发现再次违规，产品即接受命令检查，进行批批检测，检查结果出来前产品不得通关。如果在命令检查期内多次违规，那么就有可能被启动禁止进口程序[59]。

(3) 日本食品安全标准制修订程序[37]

为了确保上述安全标准制定的准确性和可靠性，日本对其安全标准的制定程序也进行了严格的设定，主要有以下 3 个步骤。第一，标准的申请方。任何有关方都可以向日本农业标准委员会（JASC）提出设立标准的申请，然后由该委员会根据需要而委托相关资质方起草标准草案。第二，标准的审议方。日本农业标准委员会（JASC）将指定对口的分理事会审议其委托相关资质方起草的标准草案，同时还要面向全社会征集意见。在必要的情形下，分理事会还会要求有关的技术委员会作技术上的修订。最后由 JASC 将审议合格的标准草案提交给农林水产大臣。第三，标准的批准方。农林水产大臣在审议完 JASC 提交的草案，并判定其合理之后，将对外正式公布该安全标准。

(4) 日本食品安全标准特点分析

1) 标准的制定注重与国际标准接轨。日本食品标准制定的开始，就注重与国际接轨，注重按照国际标准和国外先进标准的标准，如食品法典委员会的食品标准等，一开始就融入到国际标准行列和适应国际市场要求，日本国家标准有90％以上采用国际标准。同时又结合日本的具体情况加以细化，既符合本地实际情况，又具有可操作性。标准具有很强的可操作性和可检验性[60,61]。

2）标准种类繁多、要求较为具体。涉及食品的生产、加工、销售、包装、运输、储存、标签、品质等级、食品添加剂和污染物，最大农兽药残留允许含量要求，还包括食品进出口检验和认证制度、食品取样和分析方法等方面的标准规定，具有很强的可操作性和可检验性[60-62]。

3）标准与法律法规结合紧密，执行有力；日本的标准复审和修订较为及时，时效性强；标准制定配套，不但目的明确而且具有很好的协调性；注重各级标准之间的交流，标准采标率较高[60-62]。

（二）我国食品安全标准研究

1. 我国食品安全标准的发展历程

发展初期，我国对食品安全标准重视不够，之后由于“大跃进”、“文革”对生产的破坏，标准化工作停滞了一段时间。1978年，标准化工作得以恢复和发展，1988年12月29日第七届全国人民代表大会常务委员会第五次会议通过了《中华人民共和国标准化法》（以下简称《标准化法》），明确了标准的法律地位，并先后颁布了计量、产品质监等一系列相关法律、法规，更进一步确立了标准的严肃性、权威性。《标准化法》中规定了“保障人体健康，人身、财产安全的标准以及法律、行政法规定强制执行的标准是强制性标准”。食品标准中的卫生指标就属于该类强制性标准，而《产品质量监督法》和《食品卫生法》又更具体地说明了严格执行食品标准的必要性、必须性。

1994年《食品安全性毒理学评价程序》正式作为国家标准颁布，结束了我国食品安全评价工作长久以来没有标准的局面，使我国的食品安全管理工作又向前迈进了一大步。在同一年内国家还颁布了179个食品营养强化剂使用卫生标准、食品企业通用卫生规范、食品中铅限量卫生标准等国家卫生标准[63]。

截止到2008年，我国颁布了一系列标准对农产品的安全标准进行了规范，如无公害方面的标准有9项：《GB18406.1 2001 农产品质量安全无公害蔬菜安全要求》、《GB18406.2 2001 农产品质量安全无公害水果安全要求》及《GB18407.1 2001 农产品质量安全无公害蔬菜产地环境要求》等[64]。

2008年，卫生部联合相关部门先期对160多项乳品标准进行清理整合，形成了68项包括《婴儿配方食品》、《特殊医学用途婴儿配方食品》等乳品食品安全国家标准，规范了乳品国家标准。2010年3月26日乳业新国标GB 19301-2010《生乳》的发布，我国首批食品安全国家标准——66项新的乳品和婴幼儿食品安全国家标准正式出台，这些标准基本解决了现行乳品和婴幼儿食品标准的矛盾、重复、交叉和指标设置不科学等问题，提高了我国乳品和婴幼儿食品安全国家标准的科学性，形成了统一的乳品和婴幼儿食品安全国家标准体系。

卫生部根据《食品安全法》的有关规定，制定了有关配套规章金额食品卫生标准。

2009年12月22日，有关部门制定的《食品可追溯性通用规范》和《食品追溯信息编码与标识规范》通过审定，从法律层面上对食品追溯进行了规范和要求。2010年，一系列食品质量安全追溯的国家标准陆续发布，主要是用于食品质量追溯的国家标准涉及果蔬、水产品、蜂蜜、茶叶、猪肉及其他肉制品、乳制品等，随着食品可追溯性体系的建立和实施，我国食品质量安全追溯标准体系将不断完善，届时，问题食品的召回将成为常态，老百姓将真正能吃到放心的食品[65]。

2011年4月20日，卫生部以2011年第12号公告发布了《关于食品添加剂使用标准等4项食品安全标准的公告》，共发布了GB 2760—2011《食品安全国家标准 食品添加剂使用标准》、GB 2761—2011《食品安全国家标准 食品中真菌毒素限量》、GB 7718—2011《食品安全国家标准 预包装食品标签通则》、GB 14963—2011《食品安全国家标准 蜂蜜》四项标准。食品添加剂标准是强制性标准，在食品生产、经营和餐饮环节都必须严格遵守。2011年7月5号由卫生部发布的GB 26687—2011《食品安全国家标准 复配食品添加剂通则》，对生产企业来说是一个福音，对复配添加剂的使用进行了明文规定，对企业的发展很有帮助。其后，国家又陆续发布了《速冻面米制品》(GB 19295—2011)等6项食品安全国家标准。

2012年，我国先后出台了《国务院关于加强食品安全工作的决定》、《国家食品安全监管体系"十二五"规划》、《2012食品安全工作重点》、《食品安全国家标准"十二五"规划》等一系列文件，均把食品标准清理整合工作列为重点工作之一，也是落实《食品安全法》的要求。农业部与卫生部联合发布了食品安全国家标准《食品中污染物限量》(GB 2762—2012)、《食品中农药最大残留限量》(GB 763—2012)。卫生部在今年3月份发布了《2013年食品安全国家标准项目计划》征求意见稿。意见稿显示，2013年开展的食品安全国家标准制修订项目共18项，包括食品产品1项、检验方法3项(微生物1项、理化2项)、食品添加剂9项、营养强化剂1项、营养和特殊膳食食品2项、生产经营规范2项[66]。

2013年1月21-22日，食品标准清理工作会议召开，食品标准清理技术组正式成立并履职，我国食品标准清理工作全面启动。

2. 我国食品安全标准体系的构架

到目前为止，我国食品标准已渐成体系，包括限量标准、生产规范、检验方法以及产品标准等。我国近年来更是加快了食品中残留物质和有害物质安全限量标准和检验方法等与安全相关性较大的标准的制定。自2010年以来，我国卫生部颁布了269项新的食品安全国家标准，包括乳品安全国家标准、食品添加剂使用、复配食品添加剂、真菌毒素限量、预包装食品标签和营养标签、农药残留限量以及部分食品添加剂产品标准，修订并完善了食品包装材料标准，初步形成了门类齐全、结构相对合理、具有一定配套性和完整性的食品安全标准体系。

(1) 产品(质量)标准

我国食品分类系统(GB 2760—2011)将我国食品分为十六个大类，三百多个小类，每一类食品都规定了准许使用的食品添加剂，包括乳与乳制品；脂肪油和乳化脂肪制品；冷冻饮品；水果、蔬菜、豆类、食用菌、藻类、坚果以及籽类；可可制品、巧克力和巧克力制品；粮食和粮食制品；焙烤食品；肉及肉制品；水产品及其制品；蛋及蛋制品；甜味料；调味品；

特殊营养食品；饮料类；酒类及其他类[67]。我国安全标准中对不同类别的产品分别制定了产品标准进行规范。产品标准分别包括食品行业标准和食品安全质量国家标准。

食品产品标准包括初级产品标准和加工产品标准，并根据食品的特点，分别规定了不同食品的感官要求、理化指标及其微生物指标等。我国根据社会企业的发展现状修订调整各项指标标准，例如最新修订的 66 项乳品安全标准《生乳》(GB 19301—2010)中，包括产品标准 15 项，包括一般产品标准 11 项，婴幼儿配方产品标准 4 项；理化指标 39 项；微生物指标 10 项[68]。

(2) 安全(限量)标准

1) 化学残留物和污染物限量

我国已于 2013 年 6 月实行新版《食品中污染物限量》(GB 2762—2012)，其对化学性污染物进行了严格限量。标准中限量的 13 种污染物包括铅、镉、汞、砷、锡、镍、铬、亚硝酸盐、硝酸盐、苯并芘、*N*-二甲基亚硝胺、多氯联苯以及 3-氯-1，2-丙二醇，所涉食品包括水果、蔬菜、肉类谷类等 20 余类，共设定了 160 余个限量指标[69]。由于其他标准中已有规定，因此删除了硒、铝、氟等 3 项指标，且农药残留、兽药残留和生物毒素和放射性物质另外制定了标准。新标准基本满足我国食品污染物控制需求。

2) 农药限量

据农业部官方数据，目前我国已经建立了 92 种作物的农药残留限量标准 807 项，农药在农产品、环境中残留量检测方法标准 232 项，已经初步奠定了我国农药残留标准体系框架。根据《食品安全法》规定，卫生部发布了《GB 28260—2011 食品中阿维菌素等 85 种农药最大残留限量》，GB 28260—2011 规定了 85 种农药 181 项最大残留限量，其中 13 项最大残留限量与国际食品法典委员会(CAC)关于农药残留的标准规定一致。

2013 年 3 月，农业部又发布了《食品中农药最大残留限量》[70]，新标准规定了 322 种农药在 10 大类农产品中 2293 个限量，基本涵盖了中国的主要农产品；首次配套了农药残留量的检测方法标准，标准操作性增加；规范农民使用农药，从源头控制了农药残留，保证农产品的质量安全。

3) 微生物指标

细菌总数和大肠菌群限量指标在各类食品及食品原料、农产品中都有严格规定，该项目包含在各类食品安全标准中。我国现行的食品安全标准针对以前的标准进行了修改整理，使得标准的科学性和合理性增强。如 2011 年，卫生部发布的《GB 2761—2011 食品安全国家标准食品中真菌毒素限量》[71]，代替了《GB 2761—2005 食品中真菌毒素限量》以及《GB 2715—2005 粮食卫生标准》中的真菌毒素限量标准。GB 2761—2011 共规定了 6 种真菌毒素，即黄曲霉毒素 B1、黄曲霉毒素 A1、赭曲霉毒素 A、展青霉素、脱氧雪腐镰刀菌烯醇和玉米赤霉烯酮在不同食品中的限量标准，对食品进行了 11 个大项的分类，每类大项中又分成若干 2 级或 3 级小类，根据 2 级或 3 级小类食品制定真菌毒素的限量标准。

4) 食品中其他污染物的限量标准

① 食品中放射性物质的最高残留限量 GB 14882—1994《食品中放射性物质限制浓度标准》[72]规定了主要食品中 12 种放射性物质的导出限制浓度(分天然和人工放射性物质)，适用于各种粮食、薯类(包括：红薯、马铃薯、木薯)、蔬菜及水果、肉鱼虾类和奶类

食品。

② GB 12651—2003《与食品接触的陶瓷制品铅、镉溶出量允许极限》[73]比 1990 年版标准的允许极限值更严格，同时还增加了对杯类、罐、特殊装饰产品和非特殊装饰产品的要求。适用于与食物接触的瓷器、有釉和无釉陶瓷制品，但不包括食品制造工业、包装和烹调用陶瓷器。

5）食品添加剂标准

食品添加剂使用标准是国家强制性标准，为适应社会经济的发展需求，新标准《GB 2760—2011 食品安全国家标准食品添加剂使用标准》[74]代替了《GB 2760—2007 食品添加剂使用卫生标准》，新版标准的名称更加合理，且充实相关内容，调整了部分食品添加剂的使用规定，添加原则有根本性改变且增加了食品用香精、香料的使用原则，重点解决了标准缺失、重复和矛盾问题。

另外，我国又发布了《GB 26687—2011 食品安全国家标准复配食品添加剂通则》[75]，该标准填补了我国关于复配添加剂使用依据及监管方面的空白。随着复配添加剂标准的颁布，我国在这一方面管理将走向法制化和规范化，为产业的健康发展提供法律保障。

（3）技术（检测方法）标准

1）微生物检验方法标准

食品中微生物检验项目主要有四个：菌落总数、大肠杆菌、霉菌和酵母菌、致病菌。其中致病菌又分为沙门氏菌、志贺氏菌、金黄色葡萄球菌。关于微生物检验方法的现行有效的标准 GB 4789 共 38 项[76]，包括食品微生物学检验总则、菌落总数测定、大肠杆菌技术等单项标准。

2）食品理化指标检验方法标准

随着食品工业的发展，食品检测的项目不断增多，食品理化检验方法也不断地增加和修订，《食品卫生检验方法》理化部分经过 1985、1996 和 2003 版 3 次修订，奠定了我国食品卫生检验方法的基础[77]。2003 版 GB/T 5009 系列《食品卫生检验方法》涉及的分析项目多、内容广，包含食物成分、维生素、微量元素、保健食品功效成分、金属污染物、农药残留、兽药残留、食品添加剂、食品包装材料、天然毒素及其他有机污染物等分析方法。其中一般分析 11 种，元素分析 23 种，农残分析 48 种，兽残分析 7 种，毒素 8 种，化学污染物 4 种，食品添加剂 16 种，食物分析 24 种，包装材料 32 种，维生素 9 种，保健食品 9 种，其他 10 种[78]。基本上囊括了现行的食品卫生标准所要求的检验方法，健全了测定方法体系，包含现有食品卫生标准的所有类别，能够满足我国食品卫生监督管理工作的实际需要，提高了食品检验方法的规范化、科学性和准确性程度。

（4）检验（规程）标准

食品规程标准涉及从原料到成品全过程中每个环节的卫生条件及操作规范，同时包括对食品包装材料和容器、食品包装用工具和设备、标签和食品运输与贮运等方面的检验监督。

我国已经颁布了《罐头厂卫生规范》、《乳品厂卫生规范》等 15 类规范，并以国家标准的形式列于法规之中，在全国范围内实施。GB 9685—2008《食品容器、包装材料用添加剂使用卫生标准》为我国目前最重要的食品包装材料国家基础标准。目前，尚无强制性国家食品包装材料规范，仅有行业标准和推荐性国标，比较重要的有 SN/T 1880 系列进出口食品包装卫生规范和 GB/T 23887—2009《食品包装容器及材料生产企业通用良好操作规范》[79]。SN/T 1880 系列规定了进出口食品包装材料中聚对苯二甲酸乙二醇酯包装、软包装和一次性包装的分类和卫生要求。GB/T 23887—2009 规定了食品容器、包装材料生产企业的厂区环境、设备、人员、生产过程和卫生管理、质量管理等方面的基本要求。

2011 年卫生部发布了《GB 7718—2011 预包装食品标签通则》和《GB 28050—2011 预包装食品营养标签通则》，标签中对以往包装材料和营养成分及功能的说明，完善此类标准，有助于提供给消费者健康安全的产品，指导公众科学选择膳食。这两项标准的实施，进一步完善了标签管理制度。

(5) 认证认可(合格评定)标准

20 世纪 90 年代初，我国才开始食品质量认证认可体系的建设。我国食品认证形式较多，属于自愿性认证。由国务院有关部门推动的认证，主要有无公害农产品认证、有机食品认证和绿色食品认证三种形式，在我国形成了“三位一体，整体推进”的农产品认证发展格局。

1) 无公害农产品认证。这是根据国家认监委对产品认证的要求，由国家认监委授权的认证机构根据认证认可规则和程序，按照无公害农产品安全标准，对未加工或初加工的食品农产品产地环境、农产品投入品、生产过程和产品质量等环节进行审查验证，向经审查合格的农产品颁发无公害农产品认证证书，并允许使用全国统一的无公害产品标志。无公害产品认证包括产地认证和产品认证，分别有不同的主管部门负责实施。2003 年，国家批准成立了农业部农产品质量安全中心，并经国家认监委核准，负责全国无公害农产品认证工作。这项工作采用行政性运作模式、实行产地认证与产品认证相结合的公益性认证制度。到 2003 年底，全国统一的无公害农产品认证 2071 个，产地认证 7758 个，地方产品认证 7119 个[80]。

2) 绿色食品认证。1992 年，农业部设立中国绿色食品发展中心，主要负责绿色产品的生产和认证。绿色食品标准分为两个技术等级，即 AA 级绿色食品标准和 A 级绿色食品标准。其中 A 级绿色食品生产中允许限量使用化学合成生产资料，AA 级绿色食品则较为严格的要求在生产过程中不使用化学合成的肥料、农药、兽药、饲料添加剂、食品添加剂和其他有害于环境和健康的物质。绿色食品标准以全程质量控制为核心，由产地环境质量标准、生产技术标准、产品质量标准、包装标签储运标准等 4 个部分组成。7 项通用性标准、若干项产品标准和生产技术规程构成绿色食品标准体系。

3) 有机食品认证。1994 年，国家环保总局设立了有机食品发展中心，开始有机食品的审核和认证工作，有机食品发展中心在全国设立了 21 个分支机构，初步形成了一个以有机食品发展为中心的有机食品认证体系。由社会中介性质的各家认证机构，借鉴国外一些认证机构的标准和规范，进行经营性认证，具有典型的民间行为特征。我国另一个认证组织是隶属于农业部的中国有机食品认证中心，目的在于搭建一个 AA 级绿色食品与有机食品相互转移的平台。

4) 我国除了上述三种认证，还有部分行业、地方和其他认证机构各自开展的“食用食品安全认证”、“葡萄酒认证”、“饮品认证”等多种形式的产品认证，由不同部门负责实施，各自为政、政出多门的现象极为严重。

3. 我国食品安全标准制修订程序

《食品安全法》出台后，明确规定了要制定统一的食品安全标准，不得再制定其他的食品强制性标准，并且规定食品安全国家标准的制定和公布，均以国家卫生行政部门为主导。制定食品安全国家标准，应当依据食品安全风险评估结果并充分考虑食用农产品质量安全风险评估结果，参照相关的国际标准和国际食品安全风险评估结果，广泛听取食品生产经营者和消费者的意见，并经食品安全国家标准审评委员会审查通过。

制定食品安全国家标准有严格程序，一般分为以下几个步骤[81]：制定标准研制计划、确定起草单位、起草标准草案、征求意见、委员会审查、卫生部批准。与其他标准的制定程序相比，食品安全标准的制定增加了食品安全风险评估环节。食品安全风险评估应当在准备阶段完成。食品安全风险评估的结果应当在起草阶段、审查阶段与报批阶段作为重要的制定依据。

（1）制修订标准研制计划

全国专业标准化技术委员会或部门收到任何公民、法人、行业协会或者其他组织提出的制定或者修订食品安全国家标准立项建议，然后将工作项目建议上报国务院标准化行政主管部门，国务院卫生行政部门会同国务院农业行政、质量监督、工商行政管理局和国家食品药品监督管理以及国务院商务、工业和信息化等部门制定食品安全国家标准规划及其实施计划。在这一阶段中，技术委员会应根据我国市场经济和社会发展的需要，对食品安全新项目进行研究及必要的论证，并在此提出新工作项目建议，包括标准草案。国务院标准化行政主管部门对上报的国家标准新工作项目建议进行统一汇总、审查、协调、确认，直至下达《国家标准制修订计划项目》。

（2）起草单位及草案

国务院卫生行政部门应当选择具备相应技术能力的单位起草食品安全国家标准草案。提倡由研究机构、教育机构、学术团体、行业协会等单位共同起草食品安全国家标准草案。标准起草单位的确定应当采用招标或者指定等形式，择优落实。一旦按照标准研制项目确定标准起草单位后，标准研制者应该组成研制小组或者写作组按照标准执行定计划完成标准的起草工作。标准制定过程中，既要充分考虑食品农产品风险评估结果及相关的国际标准，也要充分考虑国情，注重标准的可操作性。

（3）标准征求意见

标准草案制定出来以后，国务院卫生行政部门应当将食品安全国家标准草案向社会公布，公开征求意见。通过收集、整理回函意见，提出征求意见汇总处理表，标准研制者应当根据征求的意见进行修改，形成标准送审稿，提交食品安全国家标准审评委员会审查。该委员会由卫生部负责组织，按照有关规定定期召开食品安全国家标准审评委员会，对送审标准的科学性、实用性、合理性、可行性等多方面进行审查。委员会由来自于不同部门的医学、农业、食品、营养等方面的专家以及国务院有关部门的代表组成。行业协会、食品生产经营企业及社会团体可以参加标准审查会议。

(4) 批准阶段

食品安全国家标准委员会对标准报批稿及报批资料进行审核。对不符合报批要求的,一般应返回起草单位,限时解决问题后再行审核。一般情况下,涉及国际贸易的标准还应履行向世界贸易组织通报的义务,最终由卫生部批准、国务院标准化行政部门提供国家标准编号后,由卫生部编号并公布。

(5) 标准的追踪

标准实施后,国务院卫生行政部门和省、自治区、直辖市人民政府卫生行政部门应当会同同级农业行政、质量监督、工商行政管理、食品药品监督管理、商务、工业和信息化等部门,对食品安全国家标准和食品安全地方标准的执行情况分别进行跟踪评价,并应当根据评价结果适时组织修订食品安全标准。国务院和省、自治区、直辖市人民政府的农业行政、质量监督、工商行政管理、食品药品监督管理、商务、工业和信息化等部门应当收集、汇总食品安全标准在执行过程中存在的问题,并及时向同级卫生行政部门通报。食品生产经营者、食品行业协会发现食品安全标准在执行过程中存在问题的,应当立即向食品安全监督管理部门报告。食品安全国家标准审评委员会也应当根据科学技术和经济发展的需要适时进行复审。标准复审周期一般不超过 5 年。

4. 我国食品安全标准特点分析

(1) 标准体系缺乏协调统一性

根据我国标准化法的规定,国家标准、行业标准、地方标准和企业标准分别由国家标准化管理委员会、国务院有关行政主管部门、各省市标准化行政主管部门和企业进行制定。这种多部门、各地方缺乏协调统一制定标准的方式形成了一个相对松散的食品标准体系。我国这种相对松散的标准体系很容易出现标准与标准之间的矛盾、交叉、重复、空白的现象。比如,农业部发布的农业标准 NY/T 833—2004《草菇》和原检验检疫总局发布的商检标准 SB/T 10038—1992《草菇》,两个标准或用同样的描述对某些指标进行重复规定,或用不同的定义各自进行归类,甚至用相反的指标进行互相矛盾的界定。再比如,农业部发布的公告与国家标准以及不同的国家标准中对农兽药的限量规定都不同。这就会使产品生产厂家和消费者无所适从,从而基本上丧失了标准应有的作用。

(2) 标准更新速度过慢

据统计,在我国现有的近 6000 项食品及相关标准中,标龄在 5 年以上的占了一半以上,标龄在 10 年以上的占了 1/4,个别的标准甚至已经超过 20 年未作修订[82]。随着我国国民经济的发展速度日益加快,标准的修订周期一般以 4 到 5 年才较为合理,10 年乃至 20 年得不到修订的标准,其适用度必然会下降,进而严重影响食品标准的有效性。比如奶牛产奶,以前一头奶牛每天产奶 40 kg,现在可以产 70 kg,吃的基本食料还是草,产奶量提高这么多,包括蛋白在内的营养成分很难再达到以前的标准,于是出现了三聚氰胺。2010 年 3 月 26 日,有关部门对原有标准进行修改后发布了乳业新国标 GB 19301—2010《生乳》,新标准将生乳中乳蛋白含量从原标准中的 2.95%,降到了 2.8%,标准的放宽充分考虑了我国乳品行业现阶段的实际情况,确保了标准的实用性[83]。除了乳业中已经爆发的三聚氰胺事件,其他类食品的标准老化带来的危害也不容忽视,制修订更多的适应现阶段食品行业现状的新标准,已经刻不容缓。

（3）强制性标准的法律位阶不够明确

我国现行标准体系是计划经济向市场经济过渡时期的产物。在国内计划经济时期，所有的食品安全标准都具有强制性，一经批准发布，任何单位不得擅自更改。1987 年随着十三大的顺利召开，计划经济开始逐步向市场经济转向。1993 年，国家质量技术监督局对强制性国家标准进行审查，最后保留一部分国家标准为强制性标准。这样，计划经济时代标准的政府主导性、强制执行力与强制范围在既没有进行彻底的合法性思考，也没有按照市场经济规律进行改造的情况下被沿袭下来。我国现行食品标准根据效力将国家标准、行业标准分为强制性标准与推荐性标准，但现行法律对强制性标准的法律性质、效力来源与法律位阶均未作规定，导致强制性标准无法融入现行法律效力等级体系，且其制定程序并不具有行政法规或者规章的严格程序，一方面致使强制性标准的实施效力打折，另一方面其制定过程的民主性、透明性与公开性不能得以保证。

（4）食品安全检测标准数量和水平有待提高

检测标准是食品安全标准的重要组成部分，是监督部门监测的重点和判断产品质量安全是否达标的重要技术手段。有关数据表明，我国已在全国设立了国家级和部级农产品检验测试中心 280 个，并指导了全国三分之一的地市县建立了农产品质量安全检测站[84]。然而，相比发达国家来说，我国的检验检测水平仍然比较低，很少有检测机构可以达到超痕量分析水平，对伪劣假冒产品特别是恶意掺假产品的辨别能力较差，且难以满足大批量产品检验及产品的快速通关检测需要。另外，由于我国食品工业基础差、管理水平落后致使许多中小型企业没有能力或缺乏建设质检体系的意识，这种检验把关体系的缺失使得我国很多食品安全标准形同虚设，无法有效实施。

三、国内外食品安全监管体系研究与借鉴

（一）发达国家和地区食品安全监管研究

1. 美国

（1）美国食品安全监管机构及职能分配

美国涉及食品监督管理的机构非常复杂，主要的机构达 20 个之多，细分起来，卫生部有 5 个，农业部有 9 个，环保局有 3 个，还有商务部、国防部和海军各 1 个。而其中最主要的有美国联邦卫生与人类服务部(DHHS)所属的食品与药品监督管理局(FDA)、美国农业部(USDA)所属的食品安全检验局(FSIS)、动植物卫生检验局(APHIS)以及联邦环境保护署(EPA)[85]。如图 2-5-11 所示。

1）卫生与人类服务部(DHHS)

DHHS 下属的 FDA 负责美国州际贸易及进口食品，包括带壳的蛋类食品(不包括肉类和家禽)、瓶装水以及酒精含量低于 7%的饮料的监督管理。FDA 下设的主要食品安全监管机构有[86]：食品安全与应用营养中心(CFSAN)：FDA 对食品的监管职责是通过 CFSAN 来实施的，目的是保证美国食品供应能够安全、卫生、有益，标签、标示真实；保证化妆品的安全和正确标识，保护公众健康。

兽药中心(FDA/CVM)：主要管理动物食品的添加剂及药品的生产和销售。这些动

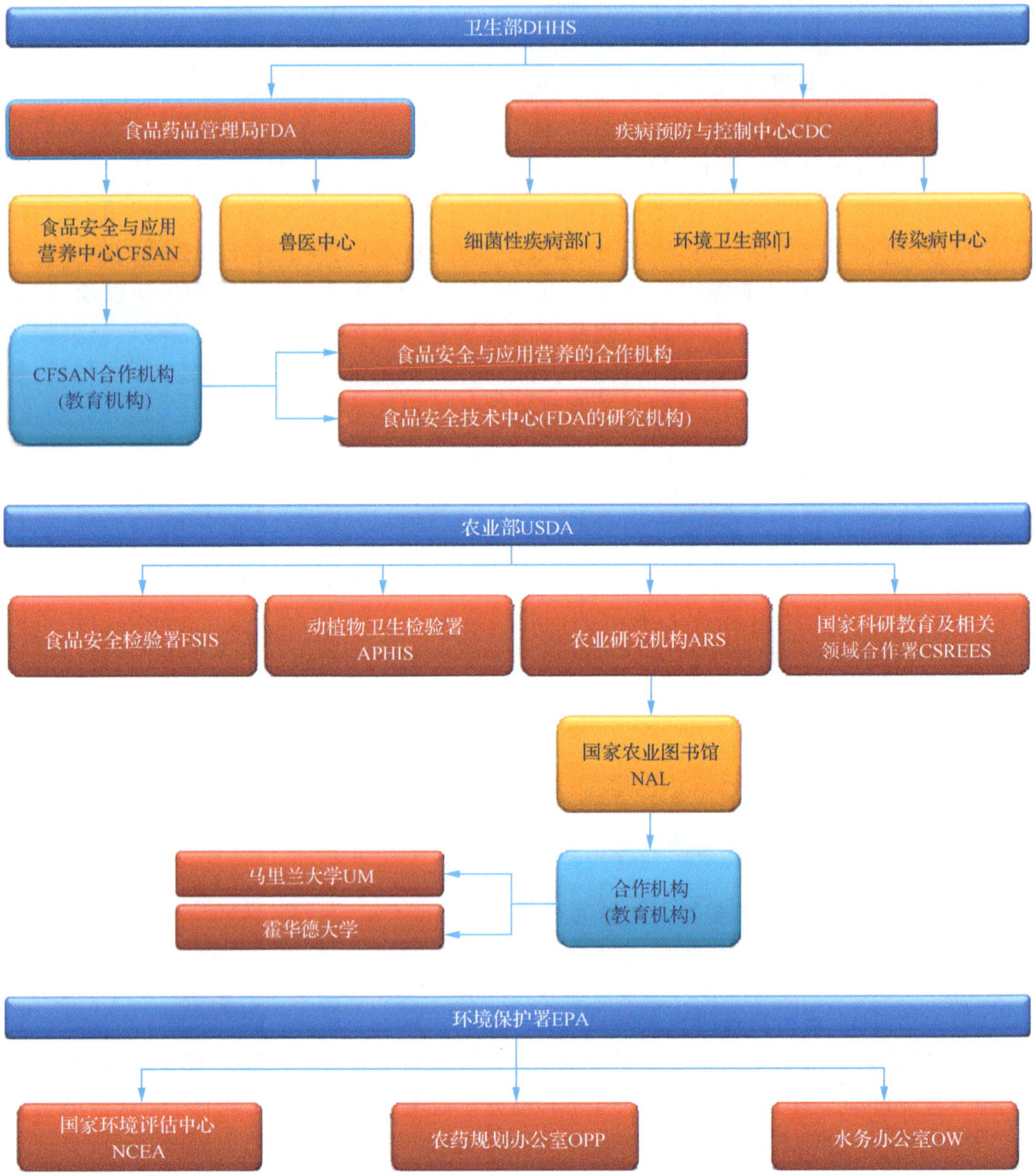

图 2-5-11　美国食品安全主要监管机构组织构架图

物既包括用于人类消费的食用动物，也包括作为人类伴侣的宠物。

毒理学研究中心(FDA/NCTR)：作为研究机构，NCTR 通过开展基础研究，为 FDA 的各中心提供所需的科学支持。NCTR 以动物作为研究对象来开展毒理学试验，并根据研究结果推断相关毒素对人类的影响。

DHHS 下属的疾病控制与预防中心(CDC)旨在通过预防与控制疾病来提高人类健康及生活质量，负责收集相关传染病信息、进行传染病检测，并提供相关技术支持。CDC 拥有全国性的食源性疾病监测网络，食品网；细菌基因图谱国家电子网络，脉动网；同时还建立了食源性疾病暴发的快速反应与监控体系。

过敏与传染病研究所(NIAID)通过 DHHS 支持的相关研究包括:食源性疾病的传播、发生、发展的病理学研究,治疗及预防等相关课题。

2) 美国农业部(USDA)

USDA 下属的动植物卫生检验局(APHIS)负责监督和处理可能发生在农业方面的生物恐怖活动,外来物种入侵、外来动植物疫病传入、野生动物及家畜疾病监控等,从而保护公共健康和美国农业及自然资源的安全[87]。农业科学研究院(ARS)是 USDA 主要的研究机构,负责一系列影响美国人民日常生活的食品安全研究项目,推广相关科学知识,并向 APHIS 及 FSIS 提供技术支持。

州际研究、教育和推广合作局(CSREES)是 USDA 主要的集资研究机构。该机构可以为从事食品安全等相关研究的学校、政府机构、专业组织及业界团体提供竞争性的集资。

经济研究所(ERS)是 USDA 经济信息来源和经济研究的主要机构。其研究可以为农业、食品、自然资源及乡村发展提供相关信息,提高政府科学决策水平。

食品安全检验局(FSIS)是 USDA 负责公众健康的机构,保证国内生产和进口消费的肉类、禽肉及蛋类产品供给安全、有益,标签、标示真实,包装适当。

农业营销局(AMS)旨在维护稳定的市场环境,保障农牧民及消费者的利益。该机构主要通过提供农产品质量定级和认证服务,保证国民能有选择性地享受高品质的食品供给。

谷物检验、批发及畜牧场管理局(GIPSA)负责管理家畜、肉(猪、牛、羊、禽)类、谷物、油子及相关农产品贸易。GIPSA 可以就农产品制定官方定级和检验标准,统一检测方法,从而维护公平竞争的市场营销体系。

海外农业局(FAS)负责帮助美国产品进入国际市场,促进美国产品获得新的海外市场准入或提高其在国际市场的竞争力,也支持农业国际贸易的发展。

首席经济师办公室/风险分析及成本收益分析办公室(OCE/ORACBA)的主要职责是保证美国农业部重要的法规草案能够建立在坚实的科学基础之上,并通过成本收益分析(即必须是收益大于成本)。该部门负责政策指导和技术支持,组织协调农业部起草法规的成本收益分析工作,并保证 USDA 出台的政策符合美国相关的法规要求。

3) 联邦环境保护署(EPA)

预防、农药及有毒物质办公室(OPPTS)职责广泛,旨在保护当前及今后的公共健康和环境免受有毒有害化学药品的污染,设定食物中的农药及其他有毒有害物质的残留限量等。

研究开发办公室(ORD)是环境保护局主要的科研机构。其研究项目围绕风险分析或风险管理来进行,为环保局正确履行保护人类健康、保护自然环境的职能提供科学依据。

水资源办公室(OW)旨在保证水质安全,以供人类安全饮用、鱼类及贝类安全生存和适于游泳,从而保护人类健康。该办公室负责制定相关管理规定,确定相关研究项目,开展风险分析。

4）国防部(DOD)

美国军队兽医局(VSA)负责美国军队食品供应的安全。由于美国军队在世界各地广泛分布，所以美国军队兽医局必须制定相应的管理规定和检验项目，对分布在全球的食品供应商进行认证。

5）商务部(DOC)

美国国家海洋和大气管理局(NOAA，National Oceanic and Atmospheric Administration)成立于1807年，属于美国商业部的科技部门，主要关注地球的大气和海洋变化，除了提供天气预报外，还提供对暴风天气的预警，气候监测，渔业管理和沿海资源的利用和保护等。

国家海洋大气管理局下属国家海洋渔业局(NOAA/NMFS)负责推荐性的海产品检验项目，主要是有关海产品的食品安全事宜，包括对海产品及加工设备的检验、实验室检测、风险分析、风险管理、风险传播及产品质量等级的确定等。

政府与学术界在食品安全领域的相互合作：

① 食品安全与应用营养联合研究院(JIP-SAN)是一个政府与学术界在食品安全领域的合作机构，旨在为相关食品安全政策提供技术支持。参与合作方包括：FDA下属的CFSAN、CVM以及马里兰大学。

② 食品安全及技术中心(NCFST)由来自伊利诺伊州技术研究院的科学家、FDA官员以及食品相关业界人士组成的联盟，重点是保护食品供应的安全。

政府机构间协作关系：

① 风险评估联盟(RAC)负责食品安全风险评估的联邦政府机构间相互协作，通过这种交流和合作，共同开展食品领域的风险分析工作。

② 技术支持工作组(TSWG)为多个机构参与的工作小组，负责开展预防和打击生物恐怖活动的全国性的机构间合作研究机构。其与食品安全相关的工作包括：危害因子(细菌、病毒等)在食品中的生存能力、检测技术、造成危害程度的评估及食品安全培训等。

③ 食源性疾病反应协作组(FORCG)目的在于提高联邦、州及地方机构对发生跨州界食源性疾病做出反应的处理能力。FORCG将联邦、州及地方相关政府机构纳入到了全国性的食源性疾病综合反应体系。

(2) 美国食品安全监管组织构架的特点

1）监管职责相对集中。从美国食品安全监管机构的职责来看，由美国联邦政府制定各种食品法规和标准以保证所有在美国销售食品的质量与安全性。FDA隶属于美国卫生与服务部(DHHS)，负责制定有关食品安全性、化妆品、药品、医疗设备、生物及放射性产品的法规，并在美国法律范围内监督这些企业，以保证上述工业产品的安全性。除了肉、禽、蛋、水、进口食品外，FDA对大多数食品都拥有管理权。但是，FDA与其他法规机构一起分担对某些食品实施管理的职责。美国食品安全监管模式虽然也是分散式，但其大部分监管职责由监管经验丰富的FDA承担，所以其监管职权的分布相对集中。现代化法案的颁布进一步增强了监管职权的集中性，使FDA的监管权力和职责从80%扩大到90%。其具体表现在：FDA首次拥有强制召回权，可以直接下了召回而无需要求生产厂家自愿召回；强化对食品生产者的监管，FDA有权检查食品加工设施，当国外企业或政府拒绝检查时，可禁止批准其食品的进口；对进口食品严加监管，输美食品企业需事先向FDA备案；食品供应链每个环节的所有人都必须承担责任。

2）注重协/合作。美国政府很注重政府间的协作，支持专门的协作机构促进政府机构间相互协作、交流和合作。如风险评估联盟（RAC）、技术支持工作组（TSWG）和食源性疾病及反应协作组（FORCG）等。不仅如此，在食品安全监管中，政府部门同样注重与学术界的合作，从而有利于科技研发能力的强化。如：食品安全与应用营养联合研究院（JIP-SAN），其参与合作方为FDA下属的CFSAN、CVM以及马里兰大学。

（3）美国食品安全监管机制特点

1）重视食品风险分析与控制，食品安全信息公开透明

2011年初美国《食品安全现代化法》正式生效[88]，该法案是对美国1938年颁布实施的《联邦食品药物及化妆品法案》的重大修正，涉及的内容较多，以预防为主理念、突出风险控制，其重视风险评估、风险管理和风险交流，具有很强的操作性。其增加的规定之一为：要求对在美国售卖的食品的本土及国外生产、加工、包装或储存设施必须制订书面计划，以找出潜在的食品安全危害，并实施以风险为本的预防控制措施，减少可能出现的危害。为此，美国政府对食品安全在其生产过程中的风险分析及其控制提的重视程度可见一斑。

在美国的食品安全监管中存在信息公开制度，以FDA为例，其掌握着数百万份关于食品和药品安全的文件，包括对公司的检查结果，以及食品安全操作与管理程序手册。1971年以前，FDA只是将10%的记录公之于众。但是就在那年，该机构实施了一项新规定，使90%的文件得以公开。今天，任何人都可以在其网站上找到FDA的原始检查报告[89]。联邦和地方政府对零售商和饭店进行检查，这些部门也会将原始的数据放到网站上。当时，许多官员反对变更这一规定。他们担心一旦信息披露，会有助于企业规避法律，或者使公众对该机构的监管效力失去信心。但事实上，回首这40年的发展，信息公开在很大程度上改善了FDA的工作。例如，公布检查报告，可以让消费者明智地选择在哪里吃，吃什么。食品生产行业也能从报告中了解到如何适用标准，以便更好地使其行为符合法律的预期。其他学界专家能够分析数据，更好地理解食品供应的问题可能出在哪里，并就解决方案提出建议。信息披露能够帮助社会公众增强，而不是削弱对FDA的信心。

2）问题食品召回和自动扣留制度相对成熟

虽然美国的法规非常完善，但如此庞大的食品产业难免会出现不合格产品，美国为此设立食品召回制度，作为对食品安全监控的补充。食品召回制度是发现食品质量存在缺陷之后采取的补救措施，力图将问题扼杀在萌芽状态。召回制度在两种情况下启动：一是企业得知产品存在缺陷，主动从市场上撤下食品；二是食品和药物管理局等在紧急情况下强制要求企业召回食品。2011年1月4日通过的《食品安全现代法案》赋予了FDA召回不安全食品的权力，同时为它履行这方面的职责提供了更多资源。在美国，食品外包装上都有一个编号，包含着产品的各种信息，比如原料来源地、生产厂家、出厂日期等等，就好比是产品的身份证，一旦出现问题，能很快找到厂家，甚至具体的加工责任人。在召回的具体实施上，食品部门常设专门的“召回委员会”，委员会由科研人员、技术专家、实地检验

人员和执法人员组成，和相关企业一起协调召回事宜。在政府的严格监控下，美国的企业一旦涉及召回，都会自觉主动召回，清退消费者已付款项[90]。此外，美国对进口食品高标准、严监管，一旦发现问题食品，实行自动扣留制度。此制度实际是将国家对进口的产品进行质量控制的责任设在一个界定的范围内，超过这个界定，就将该项责任转移到生产厂家、进出口商或出口国家（地区）政府的肩上，由此既减少了 FDA 的负担和所需花费的费用，也达到了进行质量控制的目的，是一种宏观调控的手段。

3）实行多部分联合监管制度

在美国，地方、州、和全国的每一层次均有相关机构监督食品的原料采集、生产、流通、销售、企业售后行为等各个环节。地方卫生局和联邦政府的许多部门都雇用流行病学专家，微生物学家，食品检查员以及其他食品科研专家，采取专业人员进驻食品加工厂、饲养场等方式，对食品供应的各个环节进行全方位的监管，构成了覆盖全国的联合监管体系。联邦和地方食品安全执法机构则通过签署协议、人员培训交流等方式加强相互之间的协调和联络[91]。

4）重视舆论监督和举报机制

现代社会，政府的力量是有限的，应该提倡社会力量介入食品安全管理，美国民间的消费者保护团体正是起到敦促食品安全标准及政府监管落实的作用。美国公众舆论与政府及立法机构之间形成了良性互动，有助于促进美国食品安全状况不断改善。除了有效的舆论监督，还实行举报人保护和奖励制度，对举报人进行法律保护、经济补偿和奖励。如《举报者保护法》，对举报人权力保护相关问题作出了系统的规定。此外，为鼓励举报，美国制定了检举人成分制度，即：检举人可按一定比例，分享最后被收缴的罚金。这一举措大大鼓舞了公众对食品安全的重视态度。

5）全球一体化环境下进口食品安全监管仍有待加强和完善

美国食品安全体系分为国内食品安全监管和国际食品安全监管两部分。在当今社会，对食品安全进行监管已不再是单一部门的职责，食品安全体系本身也不是一个封闭自我维持的系统，多元化的食品安全监管模式势在必行[92]。在诸多的联邦机构之中，美国农业部（USDA）和美国食品药品管理局（FDA）是美国食品安全监管体系中最为核心的两家机构。他们的管理范围覆盖国产食品和进口食品。目前，FDA 的监管手段越来越依靠于个人或食品公司的合作和承诺来执行其自身的权力。FDA 管辖范围内的食品种类的数量决定了 FDA 在缺乏当地政府和私人供应商的合作的情况，很难履行自身权限。但是 FDA 这一监管模式却很难经受全球化大环境的考验，这种监管模式在确保进口食品安全表现得不够给力，受到越来越多的质疑和批评。如上所述，这一监管模式的实现必须仰仗于生产商的自觉以及地方政府的参与，而这种良好环境在很多其他与美国有食品交易的国家却并不具备。在国际社会找到一个更复杂的方法来更好的保障食品贸易之前，FDA 应该拥有更多的资源来对进口食品进行监管[93]。此外，就国际食品安全监管而言，在全球进入一体化的背景下，随着食品原料生产分工的日益细致以及消费者对于食品多样化的需求，越来越多的国家参与到农产品原料和食品成品进出口贸易的进程中。统计数据表明，美国每年消耗的食品中的近三成都是依靠于进口[94]。与食品消费国际化相对立，食品生产监管却未能实现与其一致的全球化，国际食品安全监管体系则并没有完全建立。例如，在美国食品安全监管体系中，FDA 和 USDA 在全国范围内都是采用统一标准来履行检查责任。但是在全球食品安全监管体系中，这样的一致性却很难实现。不同的食品出口国都是按照本国内部的食品安全标准来进行操作，一致性的缺乏导致全球食品安全体系标准的断裂，同时增加了食品进口国对进口食品进行检查时所耗费的成本。在这种背景下，能够独立对其下成员国的食品安全进行监控的国际组织就显得尤为重要，虽然无法从根本上解决全球食品安全问题，但是至少可以在某一领域内实现监管。

近日，FDA 根据《食品安全现代化法》提出两项规则议案，作为预防食源性疾病和确保进口及本土生产食品安全的措施之一。此议案为进口商制订了新的责任，规定他们必须验证在国外种植或加工的食品与美国本土生产的食品一样安全。此外还会制订认证标准，加强国外第三方食品安全检验的质素。

【案例分析：基于监测和风险交流的强大预警体系】

美国的食品安全预警体系（图 2-5-12）以科学、高效的食品安全预警监测和研究机构为支撑，以食品安全预警信息管理和发布机构为强大后盾，将食品安全预警信息快速及时的通报给消费者和各相关机构，大大降低了美国食品安全事件可能给经济社会造成的损失。

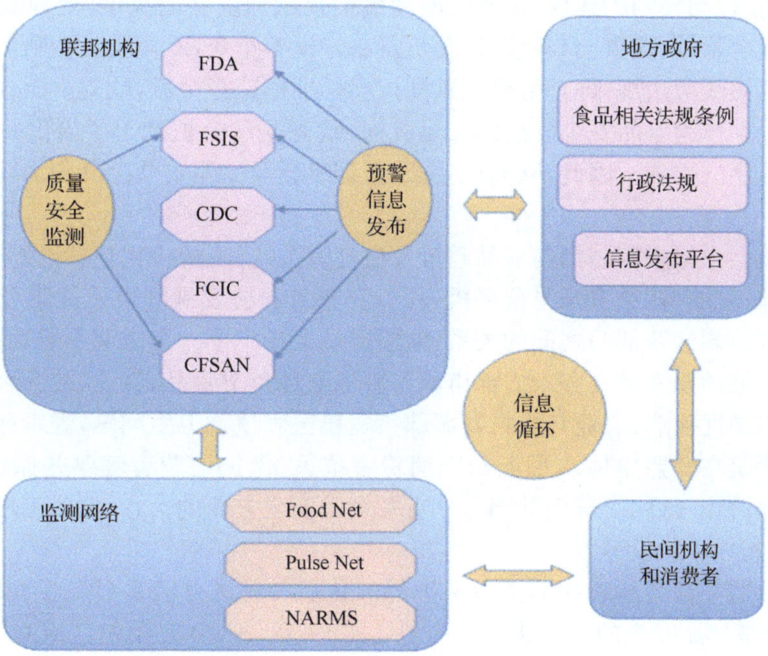

图 2-5-12　美国食品安全预警体系

在预警信息披露方面，美国非常重视信息的反馈及对反馈信息的评价，使用多种方式获取反馈信息，如建立信息共享平台等。预警系统的建设方面，美国主要采用了三套监测网工具系统，即食源性疾病主动监测网系统（FoodNet）、脉冲凝胶电泳 DNA 质问图谱监测网系统（PulseNet）和国家抗生素耐药性监测网系统（NARMS）。同时，美国食品安全信息的交流是高效通畅的，所有有关食品的法规条例的提案都发布在官方出版物的联邦等级 FR 中，任何人都可以通过网络免费获得。美国政府也强调管理的公开性和透明度，建立有效的食品安全信息发布平台，定时向消费者发布市场监测信息和产品召回通告，使消费者及时了解食品的真实情况，同时参与食品安全管理。

2. 欧盟

(1) 欧盟食品安全监管机构及职能分配

1) 决策机构

欧洲理事会(European Council)是欧盟的最高权力机构，也是欧盟的决策机构，拥有欧盟的绝大部分立法权，理事会根据委员会的建议，做出有关欧盟立法和政策的各项重大决策，并根据欧洲联盟条约，负责外交、司法、内政等方面的政府间合作事宜。有关食品安全的立法主要由欧洲理事会制定。

欧洲议会(European Parliament)也是欧盟的立法机构之一，同时也是监督及咨询机构。它与欧洲理事会共同承担立法职责，根据涉及领域的不同，向理事会提供建议或与理事会共同做出决策。在与食品安全有关的政策领域，欧洲议会也享有立法权。

2) 执行机构

欧洲委员会(European Commission)是欧盟的常设执行机构，向理事会及欧洲议会提出立法、政策及行动计划的建议，负责实施理事会及欧洲议会的决策，处理联盟的日常事务。在食品安全领域，理事会与欧洲议会负责制定框架指令，欧盟委员会则负责制定实施框架指令的相关政策法规，即理事会或欧洲议会批准框架指令后，欧盟委员会制定相关的具体实施指令。作为食品安全立法的重要机构，欧盟委员会被赋予了简化并加速制定食品法规及其程序的权利。因此，欧洲议会、欧盟理事会及欧盟委员会分别承担了不同的立法工作。

欧盟委员会中很多部门都与食品政策及法规有关，但主要机构包括以下几个：内部市场与服务业部；就业、社会事务与公平机会部；农业与农村发展部以及健康和消费者保护部。为了有效协调这些部门之间的关系，欧盟委员会推出了一个协调手册，明确界定了各部门在相关领域的职责和义务。内部市场与服务业部负责食品，就业、社会事务与公平机会部负责食物源性疾病，农业与农村发展部负责兽医和植物卫生问题，健康和消费者保护部的主要职责是在欧盟整体水平上制定消费者政策，保护消费者健康并保证食物安全。为了确保充分协作，这四个部门共同分享有关食品安全方面的信息，例如工作、会议日程、备忘录、报告和立法建议等。

隶属于欧盟委员会健康和消费者保护部的食品和兽医办公室(Food and Veterinary Office，FVO)是食品安全的主要执行机构[95]。1997 年，FVO 在爱尔兰成立，负责监督和审查各成员国执行欧盟相关立法情况及第三国出口到欧盟的食品安全情况，确保欧盟关于食品安全、动植物健康和动物福利方面的法规得到执行和实施。FVO 的主要任务是：审查欧盟各成员国及向欧盟出口的国家或地区关于食品健康及质量、兽医、动植物健康等的立法是否与欧盟要求相符合；发展并完善欧盟关于食品健康及质量、兽医、动植物健康等方面的政策。至 2006 年，FVO 共有 163 个成员，其中 81 个是监察员，定期参与 FVO 的审查活动[96]。

FVO 每年都会制定并实施审查计划，确定需要优先审查的领域及国家，并将审查结果以及相关结论和建议写入审查报告，有关国家的主管部门可以在报告的草案阶段对其提出异议。针对审查过程中发现的所有不足之处，FVO 会向有关国家的主管机关提出解决建议，主管机构必须向 FVO 提交关于如何解决这些不足的行动计划，FVO 会对该计划进行评估，并且采取一些后续措施监督计划的执行情况。如果需要，FVO 还会在报告中特别指明委员会需要阐明或修订立法，或者制定新法的领域。此外，FVO 每年都会出版一份年度报告，回顾审查计划的进程，并对其结果进行说明。

3）咨询机构

20 世纪 90 年代，欧洲发生了一系列食品安全危机，如疯牛病、口蹄疫等，极大地破坏了消费者对欧洲食物链安全的信心。为此，欧洲议会于 2002 年成立了欧洲食品安全局（EFSA），对从农田到餐桌的整个过程实行全程监控，为欧盟委员会及各成员国的法律和政策提供科学依据。EFSA 是一个独立的法律实体，资金来源于欧盟预算，但是其运作完全独立于欧盟其他机构。因此，EFSA 执行主任直接向其管理委员会，而不是欧盟委员会或其他欧盟成员国机构汇报。

EFSA 的管理范围包括：所有对食品或饲料安全有直接或间接影响的问题，包括植物保护、动物健康和福利等；与营养和转基因生物有关的科学问题。EFSA 针对其管理范围内的问题提供独立的科学意见或建议，并为与欧盟立法有关的营养问题提供咨询服务。但是，EFSA 并不直接制定立法或政策，也不具有决策权。

EFSA 主要有两个工作：风险评估及风险信息交流。在风险评估方面，EFSA 的科学委员会及其下属的 8 个专门科学小组，以及其他专家组针对所有与食品及饲料安全（包括动物健康和福利、植物保护等）有关的问题进行风险评估。专门科学小组为欧盟委员会、欧洲议会及各成员国关于食品及饲料安全的立法和政策提供完善的科学基础。在风险信息交流方面，EFSA 致力于根据风险评估的结果，以及科学委员会及其下属专门科学小组提供的专家意见，向所有相关利益方及公众最大限度地提供及时、可靠、客观和有用的信息。需要特别指出的是，风险管理措施的制定及食品管理体系的操作不属于 EFSA 的工作范畴，是欧盟委员会及各成员国的责任。

欧盟食品安全监管机构组织构架图见图 2-5-13。

（2）欧盟食品安全监管组织结构特点

1）欧盟具有独立统一的食品安全管理机构

目前的情况来看，欧美各国根据各自的国情都通过立法建立了不同类型但行之有效的食品安全管理机构。基本模式可以归结为三种：①由中央政府各部门按照不同职能共同监管的模式，即多部门分工监管模式，这种模式以美国为首；②由中央政府的某一职能部门负责食品安全监管工作，并负责协调其他部门来对食品安全工作进行监管，即单部门主导监管模式，这种模式的代表国家是加拿大；③由中央政府成立专门的、独立的食品安全监管机构，由其全权负责国家的食品安全监管工作，即专设部门独立监管模式，这种模式的代表国家是英国。

在食品安全监管之初，欧盟各国普遍采取多部门分工监管的模式，为的是减少单个部门的工作压力。随着科技不断的进步，食品工艺不断创新，食品生产已经形成了一个有机

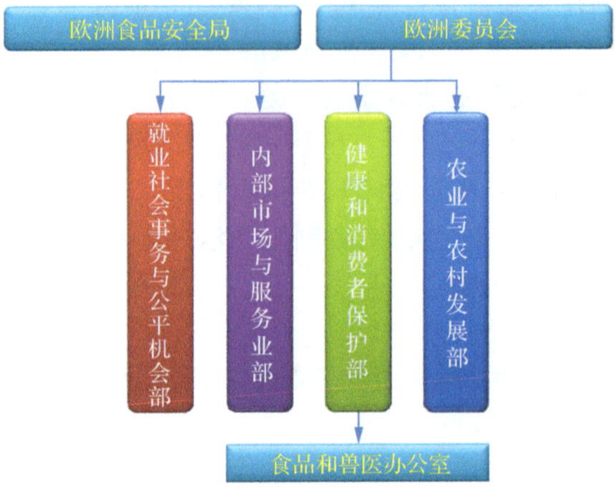

图 2-5-13　欧盟食品安全监管机构组织构架图

的食物链，一种食品“从农田到餐桌”要经历复杂的过程，其中涉及许多环节。人为地分裂这些环环相扣的食物链条会导致食品监管的脱节、重复等问题。从食品安全监管的历史发展过程可以看出，食品安全监管的发展趋势是由分散到统一的[97]。此时，欧盟就要有一个权威的能够在整个欧盟层面内发挥作用的食品安全机构为欧盟当局制定食品安全政策提供科学的理论依据，从而在根本上保证食品安全政策的正确性和可实施性。在这种背景下，欧盟于 2002 年 2 月正式建立了欧盟食品安全局。欧盟食品安全局不是一个政策和法规的制定机构，而只是一个科学咨询机构。它是一个独立的法律实体，独立开展工作，其经费来源于欧盟预算，不受欧盟委员会、欧盟其他机构和各成员国的食品安全机构管辖。简单来说，欧盟食品安全局负责统一管理欧盟内部所有与食品安全有关的事务，就食品安全问题与消费者直接进行对话，建立连接各成员国相关机构的网络，向欧盟委员会提出科学性的意见[98]。

2）食品风险评估和风险管理相分离

风险评估是指对风险进行科学评价，然后得出危害发生的可能性。风险管理是指风险管理机构依据风险评估的结果，而采取的保障消费者健康的措施。风险评估是风险管理的基础。如果风险评估和风险管理由同一个机构负责，势必会出现问题。风险管理机构有可能会为了政治、经济等利益的考虑，而故意向公众隐瞒风险评估的结果或者不采取必要的风险管理措施。英国的疯牛病就是因为风险评估和风险管理未分离才发生。所以，欧盟吸取英国疯牛病的教训成立了欧盟食品安全局，由其及下设的科学小组负责风险评估工作。而风险管理则由欧盟委员会等权力机构负责。

虽然欧盟把风险评估和风险管理相分离，但是在实际操作中，两者的工作存在着一定的交叉，形成了所谓的“灰色地带”。当得出风险评估的结果时，欧盟食品安全局会向风险管理机构公布结果并提出科学的建议。这些建议大多都会含有比如“应该要怎么做”或者“必须马上这么做”等等词语。虽然风险管理者们有一定的自由裁量权，他们有决定采取什么样的措施以及怎么采取这些措施的权力，但是这些建议还是会影响风险管理者们的独立思考，使他们会不自觉的采纳建议的措施。对于这种情况，欧盟的解决办法是加强欧盟食品安全局与欧盟委员会之间的交流和合作。欧洲议会和欧盟理事会第 178/2002 号法规第 28 条规定:“欧盟委员会的委员要出席欧盟食品安全局科学小组的会议,并且要求把出席情况记录在科学小组的会议记录里”。欧盟委员会委员的角色其实只是一个普通的观察员,一般不发表意见和建议,但是当科学小组的工作涉及欧盟食品安全的管理工作或者当科学的建议过于指定性的时候,其就可以发表意见。欧盟委员会委员的责任是确保科学小组的工作报告更加开放、透明,没有太多的指令性要求。

(3) 欧盟食品安全监管机制特点

1) 欧盟严格规定利益主体的责任

食品的生产者和销售者是食品安全中最重要的主体,食品安全与他们密切相关,他们在食品安全中承担最主要的义务和责任。所以,欧盟对食物链中各方的责任,包括农业生产者、家畜饲养者、食品加工者、管理者和消费者等的责任规定的非常明确,也相当严格。

对于农业生产者,欧盟委员会要求他们对农产品的安全直接负责。其中农作物种植者要严格按照欧盟的安全标准选择和使用农药,保证农药残留不超标。家畜饲养者要严格按照规定选择饲料,切实遵守动物检疫防疫制度,保证动物健康。欧盟委员会要求各成员国的食品安全监管机构对食品企业进行定期或随机检查,向企业和公众提供有关的科技信息并负责解释欧盟有关的食品安全新政策,确保其在食品安全监管体系中起着主导性的作用。消费者应该充分发挥主观能动性,积极参与食品安全政策和立法的制定以及参加欧盟食品安全局的活动,了解食品安全方面的最新信息。欧盟通过明确利益各方的责任,加强各方责任感并充分发挥其积极性的方式,为实现食品安全的最终目标提供了有效的保障机制。

2) 欧盟实行严格的食品召回制度

食品召回制度,是指食品的生产商、进口商或者经销商在获悉其生产、进口或经销的食品存在可能危害消费者健康、安全的缺陷时,依法向政府部门报告,及时通知消费者,并从市场和消费者手中收回问题产品,予以更换、赔偿的积极有效的补救措施,以消除缺陷产品危害风险的制度。食品召回制度的优点在于:首先,食品召回制度维护消费者的利益,能避免有问题的食品流入市场;其次,食品召回制度对企业起到警示作用同时也可以鼓励厂商诚信自律[99]。

食品召回制度在维护消费者健康、保证食品安全过程中具有重要的地位和作用。欧盟很重视食品召回制度的建设,所以,在 2002 年公布的欧洲议会和欧盟理事会第 178/2002 号法规第 19 条对食品经营者的召回责任作了明确细致的规定[100]。第 19 条规定:①当食品经营者对其生产、加工制造、经销或者进口的食品感到或有理由认为不符合食品安全要求时,应该立即着手从市场收回有问题的产品,该问题产品不再被原经营者直接控制,并且食品经营者要立即通知其主管机构。如果产品已销售至消费者手中,经营者应告知消费者,经营者应有效准确的通知消费者收回的原因,若有必要,当其他措施已不能达到高标准的健康保护时,应从消费者手中召回有关问题产品;②从事零售、营销活动的经营者,由于对包装、标识、食品成分安全性无影响,应在其相应行为范围内从市场上收回不符合食品安全要求的产品,并应通过提供食品追溯有关的信息,配合生产者、加工者、制造者和主管机构所采取的措施而为食品安全作贡献;③如果认为或有理由相信投入市场的食品对人类健康有害，食品经营者应立即通知主管机构，并不应阻挠或妨碍他人与主管机构根据法律一起采取的防止、减轻或消除食品所引起的危害的合作；④食品经营者应配合主管机构为避免或减轻所提供或已经提供的食品而造成的危害所采取的措施。第 20 条规定的是饲料经营者的召回责任。第 20 条和第 19 条非常相似，所不同的是，对于被召回的认为不符合饲料安全要求的饲料批次应该被销毁，除非主管当局认为符合其他方面的要求。需要指出的是 19 和第 20 条分别针对食品经营者和饲料经营者分别作出了规定。欧盟的食品召回制度不仅涵盖了食品，而且还包括饲料。

【案例分析：强大的食品安全预警体系 RASFF】

20 世纪末，欧洲发生了一系列严重的食品安全事件，如疯牛病、口蹄疫、禽流感、二噁英污染等，给欧盟各国带来了巨大的经济损失。在此背景下，欧盟在 2000 年的《食品安全白皮书》中明确提出建立欧盟快速预警系统，并于 2002 年的 178/2002 号法规《食品基本法》中调整并正式建立了欧盟食品和饲料类快速预警系统（RASFF，图 2-5-14）。其作为欧盟成员国食品和饲料的风险信息交流平台，已成为欧盟乃至世界重要的预警信息窗口，不仅实现了欧盟成员国在 RASFF 体系的协调下快速应对食品安全，而且体现了欧共体现代食品安全的大体系、大范围预警理念和思想。RASFF 整个系统的运行包括信息的收集、提供、传递、评估、发布、跟踪和反馈，是基于一个有着广泛的信息来源和信息的准确性、时效性的“信息”系统来进行信息的有效传递和共享，对潜在风险和突发事件进行预警和快速反应。

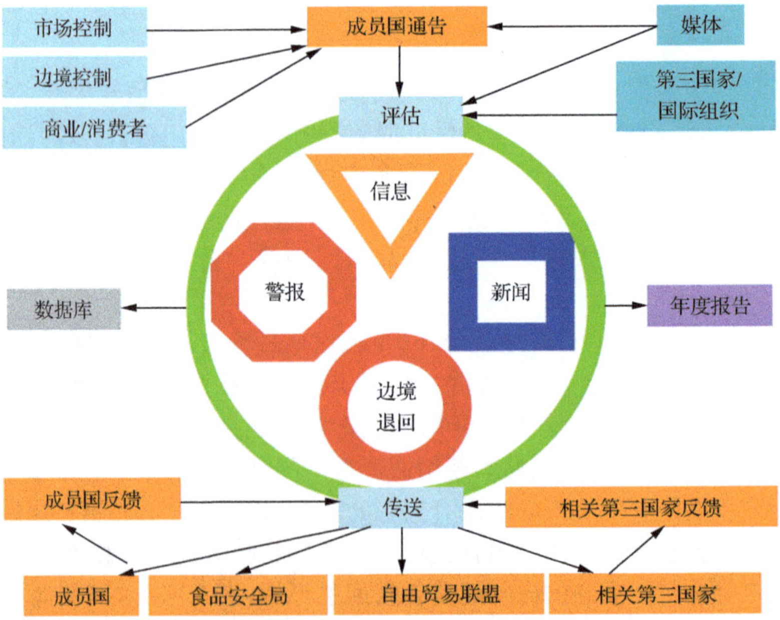

图 2-5-14　欧盟食品安全预警体系

引自：甘盛，等. 欧洲食品和饲料快速预警系统简介及对我国的启示. 食品工业科技，2011

RASFF 系统连接欧盟委员会、欧洲食品安全局（EFSA），以及各成员国食品与饲料安全主管机构的大网络。它要求当某一成员国掌握了有关食品和饲料对人类健康造成直接或间接严重风险的信息时，应立即通报给欧盟委员会，委员会根据有关资料决定风险的等级并转发给各成员国；EFSA 对于风险通报可以补充相关科学或技术信息，以协助成员国采取适当的措施；各成员国则依据发布的通告进行反应，并将采取的措施通过预警系统报告给委员会，委员会将进行判断，必要时将此信息传达至 RASFF 网络其他成员。

3. 德国

(1) 德国食品安全监管机构及职能分配

德国是由 16 个州组成的联邦制国家，各州有独立的、却也是有限的国家主权。分级负责是德国联邦体制的核心思想，这一思想决定了责任和决定权必须落在能够解决问题的最小社会团体，即首先是个人，然后是家庭、社团、地方、联邦州和整个国家，最后直至欧盟和联合国。这种称为“分级负责”的原则也被认为是德国食品安全监管体现的最突出的特点[101]。

食品监督归各州负责，州政府相关部门制定监管方案，由各市县食品监督官员和兽医官员负责执行。联邦消费者保护和食品安全局（BVL）负责协调指导工作。在食品安全管理链条上，联邦消费者保护、食品与农业部（BMELV）是最高主管部门，负责颁布相关法律法规，下设联邦消费者保护与食品安全局（BVL）和联邦风险评估研究局（BfR），同时还管理联邦研究中心（FR）。

联邦各州政府负责执行落实各项监管措施和成立相关的机构。各州分三级管理：州一级的最高机构负责监督、设立机构和颁布规定；中级机构负责服务性和专业的监督；基层的机构负责食品监督的具体事务，如检查和抽样等实施工作。这种构成即是德国针对本国特点所形成的模式。

成立 BMELV 是 2001 年德国重组联邦食品安全系统的重要成果。作为德国唯一的食品安全最高管理部门，其职能是领导食品安全管理、制定食品安全法律、指导联邦州政府执行国家食品安全法律。2002 年，隶属于 BMELV 的 BVL 与 BfR 被批准成立。这些部门对于德国建立责任明确、职能清晰、统一协调的国家食品安全管理体制和科学支撑体系有重大的开创意义。

1) BVL 成为德国与欧盟委员会交流的国家联络点，有个形象的比喻是：它扮演着与欧盟食品和兽医办公室协调食品安全法规实施的“协调员”角色，充当欧盟在德国实施消费者健康保护和食品安全快速预警工作的“沟通员”。在德国国内，BVL 同样举足轻重，其负责各联邦州开展的食品安全监测和针对联邦州实施国家食品安全法规建立统一规范的工作。当食品安全事件发生时，BVL 代表 BMELV 成为事故处理中心[102]。

2006 年 1 月 1 日起，欧盟食品安全一系列法规全面生效，食品安全的监督管理成为一个统一、透明的整体。法规使得欧盟范围内初步形成了统一、有效的食品安全防范机制，即欧盟食品和饲料快速警报系统。如果某个州的食品监管部门确定某种食品或动物饲料对人体健康有害，将报告 BVL，其会立即对汇总来的报告的完整性和正确性加以分析，并报告欧盟委员会。报告涉及产品种类、原产地、销售渠道、危险性以及采取的措施等内容。如果报告来自其他欧盟成员国，BVL 将从欧盟委员会接到报告，并继续传递给各州。如果 BVL 接到的报告中包含有对人体健康危害程度不明的信息，它将首先请求联邦风险评估机构进行毒理学分析，根据鉴定结果再决定是不是在快速警告系统中继续传递这一信息。

通过信息交流，BVL 可以及时发现风险。一旦确认某种食品有害健康，将由生产商、进口商或者州食品监管部门通过新闻公报等形式向公众发出警告，并尽早中止有害食品的流通，实现保护公众健康和国际食品贸易的“双赢”[103]。

2）BfR 是研究与发展毒理学的专门部门，独立负责食品安全风险评估，负责风险信息的传送，把风险评估结果如实提交风险管理部门。风险管理部门依照风险评估结果进行风险管理，这些管理活动包括标准、法律和实施指南的制定、食品安全事故应急处理等。

在德国，食品监督和食品安全法规的实施归各州负责，州政府相关部门制定监管方案，由各市县食品监督官员和兽医官员负责执行。地方，特别是市级部门进行督查巡视，并独立进行食品监测，制定工作场所的卫生与安全、消费者健康保护法规等。

市级的畜牧和食品检查部门按照风险的高低确定各企业抽样样品的数量。每年各州实验室要对大约 40 万个样本进行检验，检验内容包括样本成分、病菌类型及数量等。监测的一致性由 BVL 协调、指导和保证。德国的食品、日用品和美容化妆用品的生产、加工和销售的企业，都要定期接受各地区机构的检查[104]。

地方上的基层管理机构负责现场的食品监督任务，对企业的检查和抽样是由经过特别训练过的食品检查员、食品化验员或兽医来做。对样品的化验要由地方或州的特定化验单位来完成。对食品监督，通常情况下是针对食品链上的每一个环节。在检查和监督时采用抽查和经常性检查相结合的方式。

食品监督由企业自检、抽样和对样品检验三部分组成。针对这三部分，各州要制定相应计划，对有可疑的情况，各州可临时确定检查取样和化验的重点。在检查和样品化验时，如果发现有问题，主管部门要立即采取措施，予以改正。

对责任人，要视违法的方式和程度给予不同的处理，如要求整改、关闭企业、封存货物或进行销毁。对已证实违法行为的处罚一般是罚款，情节严重的通过行使诉讼来处理。与食品安全利益相关者的交流与合作也是德国实施食品安全管理的重要前提。德国通过建立层次分明的食品安全分级监管模式，构建起了相互合作、统一协调的食品安全保障体系。见图 2-5-15。

（2）德国食品安全监管组织构架特点

单部门监管模式是欧美国家选择的主流食品安全监管模式。德国于 2001 年初将原由卫生部负责的食品安全管理职能交由新成立的消费者保护、食品和农业部负责。其他有关部门（主要是卫生部门）依法应在自己的职责范围内配合农业部门的农产品质量安全管理工作。由此，德国确定了其食品安全监管模式为单部门下的集中监管模式。当然，单部门管理模式也有其缺陷。食品监管工作本身就很复杂，繁重，而现代食品工业的迅猛发展更是给监管工作带来巨大挑战。如果单一地把复杂沉重的工作交给一个部门，可能使得其压力和工作量过于繁重。

（3）德国食品安全监管机制特点

2010 年 12 月底，自德国北威州爆发二噁英饲料污染事件。据调查显示，2011 年 1

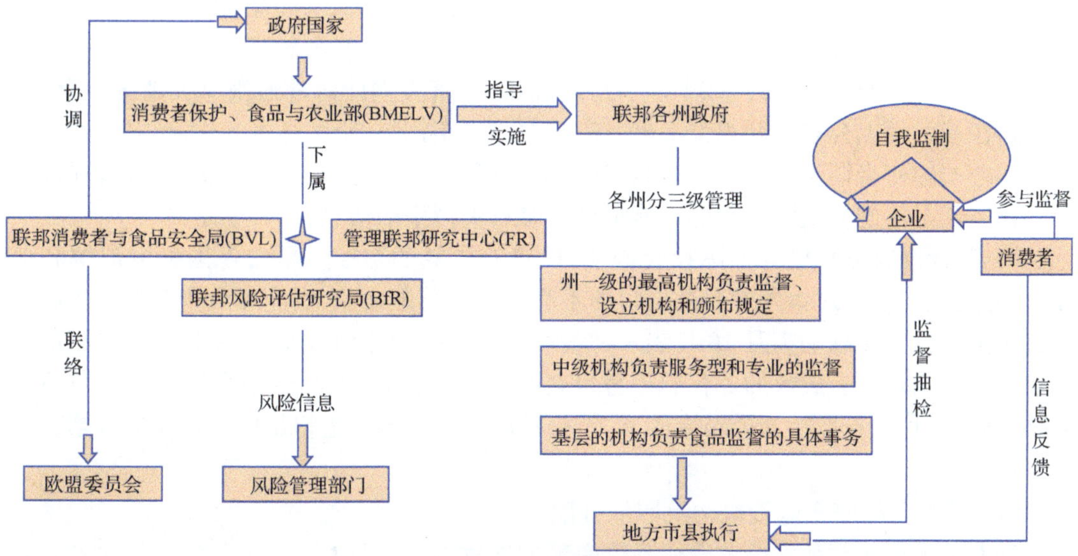

图 2-5-15　德国食品安全监管机构组织构架图

月 10 日，有 558 家农场处于关闭状态，10 万余枚禽蛋被销毁。11 日，德国的猪肉继禽蛋之后首次被检测出含有二噁英，140 余头生猪被紧急宰杀。尽管二恶英饲料污染事件已波及德国多个联邦州且有蔓延之势，4700 多家农场受影响，被污染的农产品已从禽蛋类扩展到猪肉类，但该事件一直处于可控状态，并未造成严重的实质性后果。究其原因，这主要得益于德国相关的监管预警机制和追溯机制以及德国有关部门在事件发生后迅速、果断、有效的危机处理能力[105]。

第一，此次污染事件是在没有消费者致病、致死的情况下检测发现的，官方及时采取措施避免了污染更大规模的扩散，说明风险分析和预警机制发挥了重要作用。德国此次“毒饲料事件”的发生并无先兆。2010 年 12 月，有关部门在对德国北威州的一家养鸡场进行检查时，发现鸡蛋内的二噁英含量超标。各联邦州纷纷在第一时间展开自查，这才使一个个“问题农场”逐渐浮出水面。准确地说，这是德国农业及食品行业“免疫系统”一次强烈的自我反应。

第二，受污染的“问题鸡蛋”能在危机发生后被迅速追回并销毁，防止其对消费者的健康造成伤害，这与德国食品行业成熟、有效的追溯机制息息相关。在德国市场出售的鸡蛋上，都有条形码，也叫追溯码，这种追溯码在网上公布以后，市民可以进行查询。如果有市民已经把鸡蛋购买回家了，则可以根据这个条码把鸡蛋退回去，超市会按照条码的显示，把所有可能受到污染的鸡蛋，全部退给厂家集体销毁。德国警方还根据追溯码的信息顺藤摸瓜将焦点快速锁定了涉案企业。根据得到的相关信息德国政府迅速隔离了受污染的养猪场和家禽饲养场，从而及时遏制了不良事态的进一步恶化。

第三，德国有关部门在事件发生后，以保护公众健康为第一原则，迅速、果断、有效地采取了防止事件危害扩大的一系列措施。德国在这次事件中痛下“杀”手，快速斩断污染的传播途径。德国政府迅速关闭了国内 375 万家农场中的 4700 家，并禁止其出售产品。

此外，有10万枚“问题鸡蛋”被销毁，数千只肉鸡被扑杀，140余头生猪被紧急屠宰。

第四，德国有关部门尊重公众的知情权，处置危机的透明度较高。这对稳定市场情绪，维护社会稳定至关重要。该事件一经发现，德国官方立即对外通报有关情况，不仅第一时间在互联网上公布问题鸡蛋编号，还及时公开“毒饲料”脂肪样本的化验结果，并介绍对涉案公司的初步调查情况。而新闻媒体则竞相向公众披露事件的来龙去脉和调查进展。媒体甚至还挖掘出肇事企业可能早已知晓有关污染的信息。

第五，德国官方积极与国际社会沟通，以卓有成效的防控成果向各国争取谅解和信任，尽力消除该事件对本国农产品出口的不利影响。德国食品、农业和消费者保护部新闻发言人霍尔格·艾歇勒1月10日表示：“我们正在与韩国方面沟通，以使韩国当局相信我们采取的措施是富有成效的。我们正努力表明，德国的出口产品绝不会引发健康危机。”同时，德国还积极争取欧盟委员会的支持，打消欧盟成员国对进口德国农产品的顾虑。

4. 日本

(1) 日本食品安全监管机构及职能分配

日本是世界上食品安全监管体系最完善的国家之一，其食品公共安全规制水平相对较高，其监管机构的设置也比较合理。现在的日本政府内阁设有内阁府和十一个省，其中，负责食品安全的部门主要有十一个省中的厚生劳动省和农林水产省以及内阁府的食品安全委员会(见图2-5-16)。

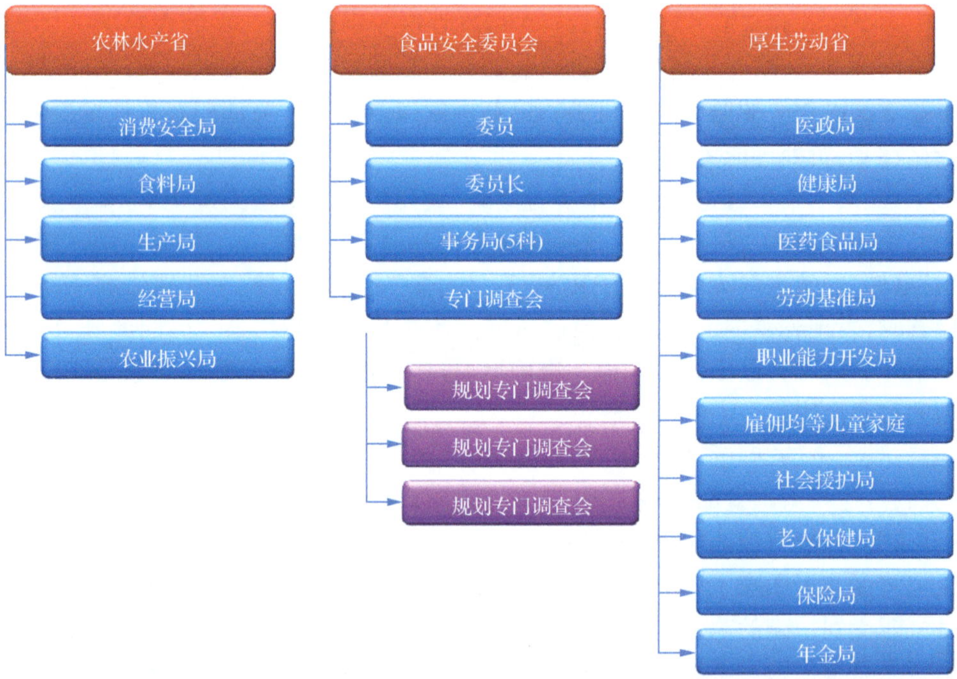

图 2-5-16　日本食品安全监管机构组织构架图

1) 厚生劳动省

日本于2001年1月重组各省的架构，将厚生省与劳动省合并为现在的厚生劳动省。

在该省下，医药食品局(Pharmaceutical and Food Safety Bureau)，尤其该局辖下的食品安全部(Department of Food Safety)，负责执行食物安全事宜。其主要业务内容是：执行食品卫生法保护国民健康，根据食品安全委员会的评估鉴定结果，制定食品添加物以及残留农药等的指数规格，执行对食品加工设施的卫生管理，监视并指导包括进口食品的食品流通过程的安全管理，听取国民对食品安全管理各项制度及其实施的意见，并促进和有关人士(消费者，生产者，专家学者)交换信息和意见。

食品安全部辖下企划情报课(Policy Planning and Communication Division)负责一般统筹及风险传达的事宜，该课辖下的检疫所业务管理室负责处理所有检疫事物及检查进口食物。基准审查课(Standards Evaluation Division)负责制订食物、食物添加剂、残余农药、残余牲畜药物、食物容器及事物标签的规格和标准；该课辖下的新开发食品保健对策室负责制订标签准则，以及处理基因改造食物的安全评估工作。监视安全课(Inspection and Safety Division)负责执行食物检查、健康风险管理、家禽及牲畜肉类的安全措施，以及环境污染的措施；该课辖下的输入安全对策室负责确保进口食物安全。

2) 农林水产省

农林水产省曾于 2001 年 1 月进行重组，以便有效实施《食料、农业、农村基本法》(Basic Law on Food Agriculture and Rural Areas)的措施。鉴于日本越来越依赖进口食物，而食物自给自足的比率也不断下降，为确保该国的食物供应稳定，农林水产省进行架构重组，以应付农业、林业及渔业在 21 世纪的改变。

重组后的农林水产省设有综合食料局(General Food Policy Bureau)，负责食物政策和涉及维持食物供应稳定的事宜；促进本土生产的食物，同时确保进口粮食及储备稳定；提供有关健康饮食的信息、制订有机食物及基因改造食物的标签制度、发展强大食品业，推动国际合作，以期全球食物供应长远稳定。

3) 食品安全委员会

食品安全委员会是独立的组织，负责食物的风险评估。主要职责：进行科学化及独立的食物风险评估，向相关各省提供建议。向有关各方(即消费者及经营与食物有关业务的人士)传达食物风险的信息，就紧急事故做出回应。

(2) 日本食品安全监管体制的特点

日本于 2003 年通过了《食品安全基本法》，在内阁专门成立了食品安全委员会，专门对农林水产省和厚生劳动省的食品安全管理工作进行协调[106]。日本食品安全管理体制的特点即按照食品从生产、加工到销售流通等环节来明确有关政府部门的职责。农林水产省主要负责国内生鲜农产品生产环节的安全管理，农业投入品产、销、用的监督管理等；厚生劳动省主要负责加工、流通环节食品安全的监督管理。因此，日本的食品监管体制模式是分散式，但相对仍然比较集中，与我国改革后的监管体制很相似。这种分散的监管模式依然存在跨部门间的协调问题，以及生养殖与加工阶段监管的无缝衔接问题，需要做好部门间的协调工作。

（二）我国食品安全监管研究

1. 我国食品安全监管机构及职能分配

我国食品安全监管体制是在计划经济体制下形成的原有各部门职能的基础上进行延伸，实行“分段监管为主，品种监管为辅”的分段式监管体制，不同部门负责食品生产链条的不同环节。根据国务院2004年9月发布的《国务院关于进一步加强食品安全工作的决定》的要求[107]，农业部门负责初级农产品生产环节的监管；质检部门负责食品生产加工环节的监管，并将现由卫生部门承担的食品生产加工环节的卫生监管职责划归质检部门；工商部门负责食品流通环节的监管；卫生部门负责餐饮业和食堂等消费环节的监管；食品药品监管部门负责对食品安全的综合监督、组织协调和依法组织查处重大事故。这种监管模式虽然存在着体制上的稳定性和新旧职能间的关联性，但在实际监管中存在各自为政、协调困难、监管权力分散、监管标准混乱、存在明显执法漏洞、监管成本过高等一系列问题，影响了我国食品安全保障能力的提高。

自2013年3月10日发布《国务院机构改革和职能转变方案》[108]后，这种多部门监管的模式将宣告结束，使得我国的食品安全监管体制模式向集中化转变。该方案规定：涉及食品安全监管，今后将有两个部门，一是农业部，仍负责农田（饲养）环节的监管；另一个部门是将国务院食品安全委员会办公室的职责、国家食品药品监督管理局的职责、国家质量监督检验检疫总局的生产环节食品安全监督管理职责、国家工商行政管理总局的流通环节食品安全监督管理职责加以整合，组建国家食品药品监督管理总局。主要职责是对生产、流通、消费环节的食品和药品的安全性、有效性实施统一监督管理等。

2. 我国食品安全监管特点

（1）分段监管，造成监管空白或重复

食品安全是一个并不能清楚划分阶段的过程[109]，在分段的衔接点上会出现很多交叉问题，而我国法律对监管职责采取的又是例举的方式，不可能预测到现实的每一种情况，因此经常会出现监管的盲点。例如无证无照的小食品店、小餐饮店、小食品加工厂就是一个很好的典型。按照分段监管的原则，无证无照的小餐饮店应该由卫生行政部门进行查处，小食品加工厂应由质监部门进行查处，但卫生及质监部门认为，经营户的营业执照是工商行政部门发放的，按照规定应由工商行政部门进行查处取缔，而工商行政部门则认为，卫生、环保部门是前置许可部门，它们也有查处责任。各部门互相推诿、扯皮，使无证无照取缔成了一个监管盲区。

职责不清又必然会导致监管的重叠。与无证无照查处取缔现象不同的是在抽查方面，各个监管部门都表现出很高的积极性。《羊城晚报》曾出现过一篇题为“检查单位前赴后继吃月饼”的报道，该报道称广东10家执法部门对生产月饼的企业进行重复检查，类似的情况在其他很多地方也出现过[110]。各执法部门在利益的驱动下，有时出现各吹各的号，各唱各的调，争权夺利、推诿扯皮、相互掣肘。又如工商行政管理局和商务部各自的职能定位分别是市场运行管制和市场贸易行业规制，但是在实际监管过程中，都不同程度地渗透到各类食品和各个环节的监管之中。再比如，在实施产品质量安全抽查方面，卫生、工商、质检部门和行业主管部门等依据法律规定，各自实施或者委托食品检测机构进行食品质量抽检，违法行为的处罚上，工商、卫生、质检部门依据各自制定的法律法规给予处罚，经常出现重复处罚现象，损害了企业的利益。

（2）各自为政，造成行政资源浪费

现有监管体系为产业、质量、卫生、商业等多个部门所分割，形成了同一种食品、同一环节的监管职能为多个监管机构所分割，但部门间责任又划分不清，造成了同一种食品、同一环节有多个监管机构同时监管。如动植物检疫即按内外贸分别由农业部所属的畜牧兽医总局、出入境检验检疫局负责监管；食品生产环节的卫生监管同样按内外贸分别由卫生部所属的卫生防疫机构与进出口食品安全局负责监管；酒类的监管则由国家工商行政管理局、质量技术监督局等多个监管部门负责。结果，一方面各监管机构相互越界，竞相争夺监管权，而在出现问题时又都不承担责任；另一方面，又各自为政，缺乏沟通和协调，致使监管标准不统一，抽检重复且检测结果缺乏通用性、公正性[111]。

我国的食品检验检测机构大多分布在农业、卫生、质监、食药监等政府部门，都是根据本部门下达的检验任务、本部门颁布的有关规定和标准开展检验业务，检验结果独立，只在本部门系统内确认使用。相同的标本、相同的检验目的，不同部门检验机构的检验结果出入较大，缺乏通用性、公正性和权威性，不但影响了检验体系作用的发挥，而且造成了巨大的资源浪费。

（3）监管部门责任设置不明确

行政机关是代表国家形式管理权的部门，而任何一项权力的施行都需要一定的责任体系相配套，权力本身具有倾向膨胀的特性，如果权力失去责任的制约就会进入到一个无序的状态。食品安全行政机关是行使食品安全监管权的部门，其权力来源于法律规定，为了使人民的权利得到保障，在赋予行政机关权力的同时必须设置与权力相对等的责任，防止其滥用职权。由于我国特殊的国情，长时间走计划经济的路子，再加上封建时代几千年的人治制度的影响，人们有种普遍心理，认为行政法律关系是命令与服从的关系。在我们的法律法规中也有一定的体现，在设定责任义务时，往往对行政相对人设定比较多的义务和责任，而对行政机关注重的是其权力的规定，责任限定上很少，导致了行政主体权力与责任的不一致，权大责小。新的《食品安全法》中规定："食品生产、流通、餐饮服务监督管理部门或者其他有关行政部门不履行本法规定的职责或者滥用职权、造成后果的，由监察机关或者任免机关依法对其主要负责人、直接负责的主管人员和其他直接责任人员给予行政处分，包括记大过、撤职、开除等处分。"新法虽然对对监管主体做了责任限制，但责任设置仍不够严格和明确。

（4）地方保护的影响

现有体制主要的监管机构，按一般化对等分权原则配置，各级监管机构受地方政府的直接领导，上级监管机构只是业务上的领导，如农业部、商务部、卫生部等。在地方政府过多地直接参与经济活动，GDP 至上的前提下，食品安全监管受到地方政府的强力干预。安徽阜阳"假奶粉"事件的调查发现，生产假奶粉的企业各种证照齐全，尽管其生产条件以及产品质量均存在严重问题。在对生产企业的调查中发现，各种证照均是在地方政府的"帮助"下获得的[112]。这种地方政府强烈干预食品安全监管的行为，大大削弱了食品安全监管的效力。

四、完善我国的食品安全管理体系

(一) 食品安全管理体系的构成要素

目前,食品安全的管理是以政府行为为主导,通过制定有效的法律法规及统一协调的标准,组织合理的监管构架,采取正确的监管机制来保障食品的安全,并维持良好的市场秩序(图 2-5-17)。其中,法律法规是监管工作基础,规定了监管人员、经营者及消费者的权利与义务,是一切行为的基础依据。食品标准是以科学、技术和经验的综合成果为基础,经各有关方协商一致并经一个公认机构批准的,对食品规定共同的和重复使用的规则、导则或特性的文件。标准为食品安全的监管工作的提供了技术保障文件和判断依据,是监管人员执法及经营者生产、销售等行为的统一准绳。有了科学、统一和协调的法律法规及标准体系,还需要组织合理的监管构架来有效执行这些法规,使其明示和规范作用落到实处。合理的监管组织构架(机构设置及权责分配)为监管工作的顺利进行提供了人力资源保障。此外,随着世界管理理念及方法的更新,不断涌现出一些新型有效的管理方法来应对日益复杂的食品安全问题,因此积极吸纳先进的管理方法及机制来提高监管效率也是十分必要的。

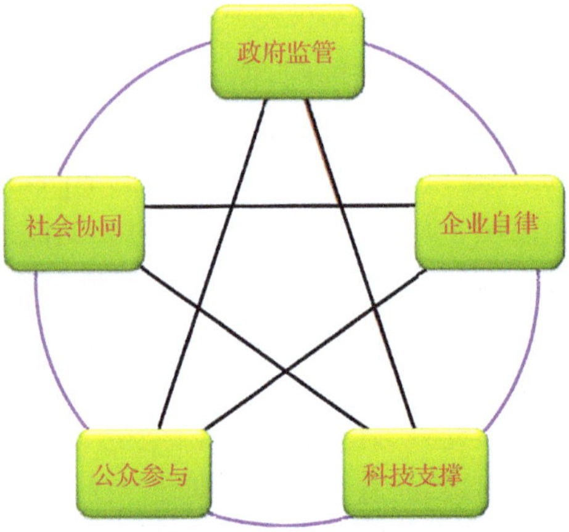

图 2-5-17 食品安全管理体系的构成要素

由于食品是一种典型的后经验商品,更倾向于信息不对称状态;同时,政府监管公职人员的“权利寻租”及政府决策的效率问题等又会导致“市场失灵”和“政府失灵”。这些监督力量的失灵促使社会力量日渐壮大,在传统“官民二重结构”之外出现了第三大领域,即公共事务的多元治理主体。这些主体包括食品行业协会、第三方认证及检测机构、媒体等社会力量。同时,消费者作为食品安全的权益主体,其购买和维权行为在促进企业和政府提高食品安全水平方面起着内在的核心动力作用。科技的发展为现代化食品工业的出现和发展提供了客观的生产力支持,其水平在促进行业发展和安全保障方面具有决定性影响力。然而,管理与科技并不能解决一切问题,有其自身局限性,此时生产者的道德水平和自律意识就成为影响食品质量安全的重要因素。加强企业自律就成为解决食品安全问题的根本途径。

综上所述,政府监管范围内的法律法规及标准体系、监管组织构架及机制,以及社会协同、消费者参与、企业自律及科技支撑成为影响食品安全水平的重要因素。

(二)我国食品安全管理体系现状及存在的问题

1. 法律法规体系现状及存在的问题

我国的食品安全法律体系是在新中国成立以后发展起来的,改革开放以来我国食品卫生立法工作发展迅速,到目前为止我国颁布的食品安全方面的法律法规、地方规章及司法解释等总共达 840 多部,其中基本法律法规 107 部,专项法律法规 683 部,相关法律法规 50 部,基本形成了以《食品安全法》、《产品质量法》、《农产品质量法》等为基本法律,以《食品生产加工企业质量安全监督管理办法》、《食品标签标注规定》、《食品添加剂管理规定》以及涉及食品安全要求的大量技术法规为主体,以各地政府的地方规章为补充的食品安全法律法规体系。2009 年 6 月 1 日,《中华人民共和国食品安全法》(以下简称《食品安全法》)正式实施,全面而细致地规定了"从农场到餐桌"的全程化监管过程中食品安全管理的基本法律制度。从此在食品"安全性"上,各食品安全机关和企业实现了有法可依,国民也拥有了权益保障的第一道屏障。

但长期以来,我国食品安全相关法律法规主要是以实现部门管理目标为目的,主要以部门行政管理中存在的问题为规范对象,并不是以食品安全为目的精心构建和筹划的,而是随着社会经济的发展逐步自发形成的。因此,我国现已颁布的涉及食品监管的法律法规虽然数量较多,但因分段立法,条款相对分散,单个法律法规调整范围较窄,一些法律规定比较原则和宽泛,缺乏清晰准确的定义和限制,留下执法空隙和交叉。

同时,我国随着国务院新一轮机构改革序幕的拉开,体制的变革亟待相关法律法规的建立和完善,食品安全立法修法将成为食药总局这个新机构组建以后最重要的一项工作。由于新的食品安全问题不断出现,《食品安全法》及相关法规、部门规章不可避免地会存在相对滞后的问题,关于食品安全监管中依据的处罚标准尚不明确,对保健食品的监管、食品生产许可等方面的立法仍存在空白。

2. 标准体系现状及存在的问题

我国通过强制性标准与推荐性标准相结合,国家标准、行业标准、企业标准相配套,基本形成了一个较为完整的标准体系。但部门烙印较强的监管模式下,标准也存在交叉、矛盾等问题。在《食品安全法》颁布后,相关部门加强了标准的修制定工作,对添加剂、农药要残留等安全标准进行了清理和补充。自 2010 以来,我国卫生部已颁布 269 项食品安全国家标准,包括乳品安全国家标准、食品添加剂使用、复配食品添加剂、真菌毒素限量、预包装食品标签和营养标签、农药残留限量以及部分食品添加剂产品标准,补充完善食品包装材料标准,提高了我国食品安全标准的统一性、科学性和实用性[113]。

然而,要建立一个协调统一、科学有效的食品安全质量标准体系并不能一蹴而就,我国在加强标准的时效性、国际化等方面还需要不断努力。

3. 监管体系现状及存在的问题

(1) 监管体制现状及存在的问题

我国食品安全监管体制是在计划经济体制下形成的原有各部门职能的基础上进行延

伸，实行“分段监管为主，品种监管为辅”的分段式监管体制，不同部门负责食品生产链条的不同环节。随着2013年3月10日《国务院机构改革和职能转变方案》的发布[108]，我国食品安全监管职责及部门将向集中化转变，大大减少由于多部门造成的协调难及资源浪费等问题。相较于“九龙治水”式的分段监管，改革后食品安全监管体制更好地整合食品药品监管的行政资源、技术资源、信息资源，更好地统一调配监管资源，更有效地查处食品药品中的违法行为。但是这种组织架构依然可能存在隐患，目前设计的食品安全监管总局，把源头治理职责放在农业部门。这样农业部既管生产，又管质量安全，很难兼顾统一。而且，单纯靠农业部门自我清理，很难完成。农业部门的主要任务是保障国家的农产品供给，而数量生产与质量生产是矛盾的。另外，食品安全标准制定和执行仍然分属于两个不同的政府部门，可能还会有矛盾产生。

(2) 监管机制现状及存在的问题

1) 市场准入制度

建立严格的食品质量安全市场准入制度，是确保消费者健康安全和稳定食品市场秩序最关键的环节之一。严格的市场准入制度可将不合格产品阻挡在市场之外，没有市场就没有利润，此时企业就会主动提高产品质量，确保食品安全。食品质量安全市场准入制度的主要内容包括对食品生产企业实施生产许可制度，强制检验制度及市场准入标志制度。我国目前这方面的制度建设较为混乱，监管部门职责也不清楚，并没有得以良好的执行。强制检验的数量及覆盖范围较小，市场准入标志的认知和认可度不高。

2) 责任制度

对于新组建的国家食药总局，食品安全主要集中由一个部门来做监管，其内部权利的设置很重要。合理的权责设置可使权力的运行相互制约，即不能既是决策者又是执行者，同时还监督者。我国在食品安全监管领域，对监管权力的监督主要有法律约束、监察部门监督。然而，食品机构大部制改革前，翻阅中国法律法规，从《食品安全法》到《中华人民共和国刑法》到各个部门的规章制度，关于食品安全的监察部门就有13个，食品安全最高的刑罚高至死刑。面对如此高的生命刑罚仍然有很多商家愿意铤而走险。这明显说明，监管部门执行力度不够、监管部门问责机制不明，是目前食品安全无法有效保障的原因之一。很多时候监管人员，在面对不良商家提供的丰厚金钱等诱惑时，社会责任与公德被他们抛掷脑后。与此同时，目前法律中对监管部门缺乏有效的问责机制。尽管《食品安全法》进一步明确了生产经营当中索证、索票制度，还有不安全食品的召回制度、食品安全信息发布制度等一系列规定，明确了政府和各级监管部门的监管责任，建立了问责制。但对于监察部门来说，犯罪成本是极低的。如该法第95条规定：“违反本法规定，县级以上地方人民政府在食品安全监督管理中未履行职责，本行政区域出现重大食品安全事故、造成严重社会影响的，依法对直接负责的主管人员和其他直接责任人员给予记大过、降级、撤职或者开除的处分。”沈阳的“毒豆芽”事件就是一个典型。媒体早在一年前就已经披露了该事件，但是各监管部门却无人问津。

对于企业食品违法行为的责任追究，在我国目前的法律法规已经有了明确规定。在《食品安全法》第九章的法律责任中规定了违法行为具体的处罚标准，处罚大都以罚款为主，并且最高处罚为货值金额超过1万的按照金额的5倍以上10倍以下进行罚款，情节严重的吊销营业执照，构成犯罪的依法追究刑事责任。而在《刑法》中针对有关食品违法的刑事责任规定了生产、销售有毒、有害食品罪和生产、销售伪劣产品罪，规定违法销售金额在 5 万以上将构成犯罪。但这些处罚对于不法企业所起的警示效果有限。例如我国某些年产值上亿元的企业集团如果某批次货品存在安全质量问题，而以这些问题货品的金额为标准进行处罚，其付出的代价相对较小，根本无法震慑这些大型企业的违法行为。

3）追溯及预警制度

我国在奥运会及世博会的食品安全监管中也成功应用食品溯源及预警管理，高质量确了两会期间的食品安全。然而由于我国农产品生产组织化程度低、企业规模小等不利因素，使我国食品行业很难在短时期内建立食品安全及追溯体系。然而，在大规模种养殖企业的探索也从未停止。目前，我国在法规及标准层面都没有对追溯及预警做出明确规定，有待补充加强，以起到引导作用。

4）风险交流制度

由于传统文化的影响，我国公民对于政府的依赖性很大，很少积极主动地去了解食品及相关安全信息，更无从谈起知情权的维护及管理过程的参与。而生产者、管理者及社会中立机构等之间的交流范围和层面也都不广、不深。而相关的法规及制度建设等工作也都未展开。

（三）完善我国食品安全管理体系的对策

1. 完善法律法规体系的对策

一方面我国法律法规内容分散、不全面，另一方面，随着《食品安全法》的颁布，及国务院大部制的改革，相关的法律法规修订及制定工作必是当务之急。

因此，首先对一些落后了的或者不合理的法律法规进行废止或修改，对空白的内容进行补充，将分散的内容整合，形成一套统一全面的食品安全法律法规体系。另一方面，《食品安全法》有关食品安全标准的规定，也缺乏配套实施的法规，需及时补充；同时对《食品安全法》和机构整改之前已经出台的食品安全规制法律、法规及部门章程进行整合和修改将成为之后的重点工作。

2. 完善标准体系的对策

我国正处于经济高速发展的时期，应加快对当前食品标准的清理整合工作进度，尽快建立起一个与社会和经济发展相适应的、完善的食品安全标准体系。2010 年 3 月 26 日乳业新国标 GB 19301-2010《生乳》的发布，我国首批食品安全国家标准——66 项新的乳品和婴幼儿食品安全国家标准正式出台，这些标准基本解决了现行乳品和婴幼儿食品标准的矛盾、重复、交叉和指标设置不科学等问题，提高了我国乳品和婴幼儿食品安全国家标准的科学性，形成了统一的乳品和婴幼儿食品安全国家标准体系。接下来，国家应加快食品中的农兽药残留、有毒有害污染物、致病微生物、真菌毒素以及食品添加剂标准修订完善工作，尽早整合形成相关的食品安全标准。此外，应对现行的食用农产品质量安全标准、食品卫生标准、食品质量标准进行全面清理，并在此基础上统一公布为食品安全国家标准，真正构建出一个目标明确、结构合理、统一权威的标准体系。

此外，提高我国标准的国际化程度对于提升我国食品行业的竞争力有着重要意义。

首先，需改革我国标准体系结构，借鉴国际社会的普遍做法，把产品质量标准与安全标准、检验标准分开制定，将农药及兽药最大残留限量标准由现行的以产品分类为中心改变为以药物种类为中心，为科学合理采用国际食品法典标准奠定框架结构；其次，要把研究、采用、转化国际食品法典标准建立在科学验证和风险分析的基础上，做到技术先进、要求科学、内容可行，既不随意等同采用国际食品法典标准，又不任意提高或降低采用的国际食品法典标准的要求，以增强我国采用国际标准的科学性和适用性；最后，应积极参与到国际食品标准的制订事务中去，反映出我国的主张和意见，以维护我国的国家利益。

最后，可借鉴美国和德国的做法，使现有强制性标准向技术性法规转化，获得法律支持，明确其效力来源与法律位阶；同时改变现有的由政府主导性食品安全标准体系，逐步向企业自愿食品安全标准体系转化，促进推荐性标准的发展。

3. 完善监管体系的对策

(1) 监管体制

1) 相较于“九龙治水”式的分段监管，大部制改革后的监管职责划分和机构设置更趋于集中，顺应了目前食品安全监管组织构架设置的国际趋势，有利于监管效率的提高。因此，尽快做好部制的重新设置及职责划分，各部门将负责的工作具体细化，形成工作手册，防治出现交叉和监管空白，达到无缝衔接，协调有序。

2) 从顶层设计做起，从过去单纯的重视食品(如粮食)的数量安全，转到重视食品的数量与质量双安全，改变考核指标，防止农业部在决策时盲目地为了产量牺牲质量的现象发生。

3) 基于发达国家之鉴，我国可考虑建立一个独立的部门进行风险评估和交流并对监管部门进行一定的监督。为了提高风险评估的科学性和中立性，必须成立单独的执行部门，由其一元化地实施风险评估。我国各级人大作为地方最具权威的监督机构，宪法赋予其依法实施法律监督和经济工作监督的职权。对政府部门只顾发展经济的“短视”行为和执法部门的不作为，各级人大应该及时启动监督程序，依法加强权力监督，及时发现、纠正和撤销违法政策以及危害食品安全的行政行为。另外，可以在人大成立一个食品安全评估工作小组，专司食品安全的评估和交流。在各地方人大也设置相应部门，实行全国人大食品安全工作小组垂直管理，不受制于任何食品安全监管部门及地方政府，保证其评估结果不受任何外力影响，体现科学和真实性。

(2) 监管机制

1) 市场准入制度

① 对食品生产和加工企业实行生产许可证管理。对食品生产和加工企业的环境条件、生产设备、加工工艺过程、原材料、执行的产品标准、人员资质、储运条件、检测能力、质量管理制度和包装要求等条件进行审查，并对其产品进行抽样检验，对符合条件且产品检验合格的企业，颁发食品质量安全生产许可证，允许其从事食品生产和加工。只有拥有食品质量安全生产许可证的企业生产的食品才能获准进入市场。

② 对食品实行出厂检验制度。取得食品质量安全生产许可证的企业必须对其生产的食品进行出厂检验制度，发现问题的产品不准进入市场。另外食品生产企业还必须定期将样品送到指定的法定检验机构进行检验，对于抽样检验发现问题的产品不准进入市

场，并对企业作相应处理。例如，美国特别注重对奶源的管理，以家庭农场为基本生产单位生产的畜产品，要通过质量认证体系和标准等级制度的严格控制和管理，才能进入市场。

③ 实施食品质量安全市场准入认证标志管理。对于拥有食品质量安全生产许可证的企业，其生产和加工的食品经由某些认证机构检验合格的，在出厂销售之前，在最小销售单元的包装上标注统一的质量认证标签，同时还要标上食品质量安全生产许可证的编号。

2）食品安全责任制度

① 监管人员问责制度。尽管《食品安全法》对监管人员的失职做出了惩罚规定，但事实证明该处罚力度远不能震慑个别人员的违法行为。因此可适量加重处罚力度，并建立长效的惩罚措施，如限制其入行等。

② 企业违法行为的责任制度。对于食品违法行为的责任追究，在我国目前的法律法规已经有了明确规定，但对食品违法行为的处罚力度较轻，而在立法上对刑事责任追究的犯罪门槛定位较高，导致无法对部分小规模的违法生产经营企业和个人进行刑事责任追究，从而降低了其违法成本，与其所造成的社会危害形成了鲜明的对比，不足以对社会中所有的食品生产经营企业和个人构成有效的威慑。因此适度增加处罚力度，有利于违法行为的遏制。

③ 追溯及风险预警制度。食品追溯体系的建设需要通过立法对企业生产档案建立及保存做出相应的规定。要求商品经销商对产品的来源及保存状况做详细记录，要求农民或养殖企业对种植及养殖过程，如用药信息、饲料信息息等做详细记录，食品加工企业也要对加工过程中的用料等过程详细记录。另外，国家还要通过建立统一的数据库，记载生产链中被监控对象移动的轨迹，监测食品的生产和销售状况，监管机关如发现食品存在问题，可以通过电脑记录很快查到食品的来源等信息，以便快速实行召回并调查事故原因。通过对一些食品企业生产情况的备案，时时刻刻对食品安全进行监测，提前发现食品中存在的安全隐患，在安全事件爆发或造成严重损失之前及早发现并解决。

④ 风险交流制度。政府在制定政策法规之后，也通过危险性信息交流将相关情况通过简单通俗的语言，以及采取类比说明和变换说明方式，传递给各利益集团。利益集团应包括政府机构、食品企业、消费者、行业协会、行业专家等，各利益集团之间也应通过时效性较强的信息沟通交流，减少市场中因信息不对称而造成的食品安全危机。危险性信息交流在避免食品安全危机中发挥着不可替代的作用，因此为了完善危险信息交流制度，还应理顺危险信息交流的流程，并建立畅通的信息交流渠道，明确在信息交流中各利益集团之间的责任和义务。同时，还应建立在特殊情况下的危险信息交流应急机制，保证在危机发生时各利益集团之间的信息交流仍能保持畅通。

4. 其他

（1）社会协同

1）行业协会

行业协会之所以能够在市场经济中发挥制衡国家权力的功效，主要是源于其自身的自治性。或言之，行业协会克服政府失灵的功能必须以其自治为前提。因此，解决食品行业协会这种行政化倾向最重要的就是要减弱国家主导力量并增强市场与社会的主导力量，推动政府与市场之间的关系发生潜移默化的变化。具体做法即取消行业协会的业务主管单位，仅保留登记管理机关。

此外，行业协会应对内“协调”，对外“维权”。首先对内努力塑造“维权型”的协会组织，在成员合法权益受到威胁或损害时，协会有权以自己的名义提出诉讼或支持诉讼，或者以其他非诉讼手段维护成员合法利益。其次，应发挥与政府及消费者或消费者组织之间的协调功能。对政府，协会应积极参与各项政策标准的制定。对消费者，协会应该努力制定一套得以受理并裁决会员与消费者之间、会员之间甚至会员与非会员之间的争端和纠纷的解决机制。

2）三方认证

政府通过扶持食品安全宣传类电视节目和报刊专栏，在与消费者最紧密的媒体平台上宣传食品质量认证，相比在一些专业性平台上，效果会更好些；在公共场合可以举办一些大型宣传活动，扩大食品质量认证在消费者心中的认知程度。同时，建立专业商品委员会，提供一个食品质量认证技术和人才支撑体系，再加上各认证机构的技术委员会，这样融合了质量认证技术和人才的分行业的商品委员会完全可以直接参与本行业的各类食品标准的起草和拟定以及担负起对独立于消费者和生产商的第三方认证机构的监督以及体系审核员从业资格的审核，达到规范认证机构的工作提高体系认证含金量的目的。此外，面对绿色食品、有机食品、无公害食品三种体系并存的客观事实，建议由国家食品药品监督管理局行使质量安全认证管理职能，由其建立统一的国家食品质量标准体系，并明确相关标准体系法律地位。

3）媒体力量

只有媒体具有独立性，有法律法规保护其正当权益，媒体才能最大限度地发挥其监督作用。因此，我国应尽快出台相关法律法规，对媒体的监督做到“有法保护、依法保护”。同时，新闻媒体监督最重要的就是实事求是，它要求新闻工作者有一种监督社会的责任感和使命感，而这种责任感和使命感有赖于职业精神的培养和塑造。只有不断地增进新闻工作者的自身修养和社会责任意识，才能更好地发挥新闻媒体监督作用，才能在践行新闻媒体监督职责的过程中，做好自身的监督和自律。全面把握和正确反映社会生活的本质和主流，真正做到诚实公正、清正廉洁、遵纪守法、服务大众。

（2）消费者参与

1）维权

因损失小、怕麻烦或规避诉讼风险等原因而放弃对自身合法权益的维护，无疑是对侵权行为的放纵。因此，应在全国各地举办形式多样的教育活动，地方相关部门或委托各地消费者协会定期定量地进行食品安全维权活动的宣传和教育活动，使消费者维权意识深入人性，极大地调动消费者维权的主观能动性。同时应将这种活动纳入地方规章，为教育宣传活动的执行提供行政依据。

此外，有了足够的维权意识并不能保证维权的成功，更重要的是存在有效的维权途径。可通过以下措施实现：①建立诉讼标的小，审判原则灵活，诉讼程序简捷且费用低廉，纠纷解决迅速小额投诉法庭；②建立集团诉讼制度，以克服因单个消费者索赔额小而放弃诉讼的心里。如果采用集团诉讼，当一个受害的消费者起诉后，法院可通知其他因同一侵权行为而受害的消费者前来登记参加集体诉讼，如胜诉，可得到相应的赔偿；③为检举不法行为的民众提供法律保护，即在相关的法律条款中明确规定对从事食品制造、加工、包装、运输、分销、接收、储存和进口的实体，在雇员主动，或者在其履行职责的正常过程中，协助监管机构揭发食品安全事件，并作证、参与到诉讼程序中，反对或者拒绝参与其认为违反本法规定时，不得开除雇员，不得在就业补偿、地位、条件及优先权方面歧视雇员。

2）信息发布和公众听证

国家机关应依职权或者依申请公布食品安全管理信息，满足消费者的知情权。我国目前已出台了《食品安全法》、《政府信息公开条例》、《食品安全信息公布管理办法》等相关法律、法规、部门规章以实现信息公开制度的构建，建议进一步从日常信息发布、应急信息发布两个层面进一步完善该制度。其次，可以在决策、执行机构中吸收公众代表的参与，积极鼓励公众提出宝贵意见；建立食品安全专门咨询组织，制定科学、民主的评议程序，以及向公众提供专门的活动平台，使这些制度正式化、日常化；公开举行食品安全重大问题听证会、讨论会；建立与消费者维权组织即利益相关者组织的对话机制等等。

3）教育

消费者的知识水平和安全意识对预防食品安全问题有着重要影响。我国《食品安全法》规定国家鼓励社会团体、基层群众性自治组织开展食品安全法律、法规以及食品安全标准和知识的普及工作，倡导健康的饮食方式，增强消费者食品安全意识和自我保护能力。笔者认为，这项工作不能仅依靠社会团体及公益组织，应将该事宜提到各级管理部门的工作议程上，从多个层面和多种形式实现公众食品安全知识的普及。比如卫生部、农业部及药物食品监督监理局可协力打造一个网络平台，及时公布食品安全信息，并组织专业人员设立食品安全知识普及网站，使消费者能够及时准确的得到需求的知识和信息，提高其预防食品安全风险的能力。

（3）企业自律

1）社会责任和诚信

通过对生产者、加工及销售企业统一组织培训，提高他们自觉参与产品质量安全管理的积极性，建立起了无缝隙结合的食品（农产品）供应链条，每个从业者都把产品质量上升到人品和人格的高度来认识和维护，提高参与各项产品质量安全项目的积极性。同时，强化企业作为食品安全第一责任人的理念，建立企业的信用记录制度、信用信息通报与共享制度。为企业的信用评级提供科学依据，增强信用评级工作的公平性、公正性。同时建立诚信激励机制、信用预警机制及失信惩戒机制；对生产、加工、使用单位的食品质量安全卫生情况进行跟踪监测，逐步促成优胜劣汰的机制。让企业及其员工发自内心的认识到其各自的主体地位和社会责任，才能将食品安全的理念深入贯彻到生产的方方面面，才能从根源上减少食品安全事件的发生。

2）员工培训

无论是安全意识还是保障安全的能力及技能，都需要通过足够的教育培训得以实现。企业自身应改进人力资源的管理模式，摒除“对员工培训是在为他人作嫁衣”的偏见，努力提高一线员工的食品安全知识，这就要求企业为一线员工提供最基本的培训，将 GMP、

HACCP 等真正落实到每一个员工身上。其次,政府和有关部门应对企业培训提供相关的政策、资金和技术支持,鼓励并协助食品企业普及食品安全知识,为企业对员工进行培训创造良好的社会环境。再次,学校等专业机构,应联合政府与食品企业建立食品安全培训机构,一方面能够全面提高食品行业相关从业人员的整体素质,另一方面能提升学校、政府和食品企业的正面影响力。最后,应在食品企业、专业机构及政府之间建立食品安全知识网,使得最新、最好、最实用的食品安全能够快速有效地在行业内传播。

3) 企业标准

一个国家所制定的食品安全标准是根据全国总体情况设定的一个平均水平层次、能保障质量安全的基本要求,不能完全反应某个企业所拥有的先进技术或先进设备的食品安全保障能力。因此,作为企业的长期战略目标,制定高于国家标准,具有自身优势和特色的企业标准对于促进产品质量的持续提高十分必要和重要。因此,作为行业领军企业应该率先制定较高企业标准,促使自身提升的同时带动这个行业标准的进步。

4) 管理方法

HACCP(关键点危害分析技术)作为一种有效的食品安全管理技术已在世界范围内得到普遍认可,美国、欧盟等发达国家以法律的形式规定食品企业必须实行 HACCP 管理。然而,我国限于经济、技术及产业结构的限制,至今 HACCP 在食品企业的采用率依然很低,同时没有良好的记录与备案制度,不能很好地保证其食品安全保障能力。因此,有能力的企业应该积极主动采用先进有效的管理方法,提高管理水平;同时政府应加大扶持力度,制定相关的激励制度并提供一定的技术服务,促进和帮助企业建立起有效的管理制度,管理和技术层面提高企业的安全水平。

(4) 科技支撑

1) 检测技术

发达国家的食品安全检测技术日益呈现出快速化、系列化、精确化和标准化的特征,检测方法灵敏度高,特异性高,适用范围较宽,检测的费用低。因此,我国应加大对于快速检测技术研究的投入,提高检测产品的稳定性和灵敏度。同时加强食品检测机构的管理,建立仪器、数据资源共享网络平台。

2) 危险分析技术

我国目前正处于食品安全事故高发期,因此,需要付出较多的时间和精力来解决好食品安全的风险评估,做好这方面的工作是必不可少少的。主要有:危险性评估的技术支撑体系尚不完善,危害识别技术、危害特征描述技术、暴露评估技术层次有待进一步提升;食品中诸多污染物暴露水平数据缺乏,用于风险评估的膳食消费数据库和主要食源性危害的数据库还很不完善。当务之急是要进一步提升我国食品安全风险评估的技术水平,建立与完善适合我国国情的评估模型和方法。

3) 追溯技术

目前我国对于可追溯系统的研究尚处于起步阶段,虽然在可追溯系统的建设过程中我们已经积累了一定的经验,但仍然面临不少难题。首先是生产经营组织化程度低使得追溯系统在实际推广和实行中存在操作困难,因此生产模式的转变十分必要。另外,在个体识别技术、数据信息结构和格式标准化、追溯系统模型等关键技术的攻关也十分重要。

4）预警技术

食品安全预警数据分析体系是一项涉及食品工程、统计分析、数据库信息管理、计算机网络等多领域和新兴技术的研究。目前我国在此领域的研究还比较粗浅，存在食品安全数据仓库的应用尚未涉及多维数据应用领域等，需要进一步研究和完善。同时，由于基于风险的检测是食品安全预警工作的基础，食品检测的手段仪器和水平的高低直接影响食品安全风险预警的准确性和时效性，而我国在食品检测技术与设备的研发水平不高，难以为预警体系的建设提供强有力的科技支撑。

5）动植物防疫

随着经济的进步，商品的流动性增强，动植物防疫与检疫受到世界各国的普遍重视。利用先进的科技手段或相关政策来防止具有危害性的虫、草、病等危害或感染动植物，保障动植物健康成长，这对促进国家进出口经济贸易，保障国民健康及畜牧业的发展都是具有十分重要的意义。首先我国应在全国动物检疫标准化委员会的统一协调下参照 WHO 指定的 OIE 的《诊断试验和疫苗标准手册》，制订符合国际要求，适合国情的动物疫病诊断标准，建立完善的诊断标准体系。其次，加大计算机、网络信息技术及生物技术在动植物检疫和防疫中应用研究，提高防疫能力。

6）产地环境监测

农业生产依赖于产地的自然环境，包括空气，水，土壤等自然条件，而这些农环境因素势必会对农产品的质量和产量产生重大的影响。因此，解决农产品的污染应对产地的环境质量进行监控，从源头降低农产品中的农兽药残留水平，保护环境就是保护我们人类自身的健康。目前，我国各地对化肥农药的使用情况都做了相应的标准，但还缺乏结构活性相关数据信息和我国的水流域污染模型系统。因此，我国农业产地环境风险分析要取得更大发展，还需要在充分利用计算机模拟技术和空间分析技术的基础上进行更深入探讨，并加大农业污染基础研究领域科研强度，克服基础数据缺乏的问题。

【案例分析：检验检测资源的整合和支撑】

1998 年以前，美国一直推行部门分割管理监管体制，因此其食品安全检验检测资源也呈分散分割状态。一方面表现为联邦与地方分割检测，即联邦一级负责对进出口食品及州际间流通食品的检验检测，地方政府独立负责各自辖区内食品的检验检测工作；另一方面表现为不同部门的分割检测，无论是在联邦层面还是在地方各州，都设置了不同的食品安全检验检测职能部门，分工负责对不同食品、不同环节的检验检测工作。在这种管理体制下，联邦与地方、地方与地方之间检测机构的职能设置、经费安排与设备配置都不统一，无法做到系统科学配置，所遵循的检验检测标准也不尽相同，且相互间的检测信息沟通交流与共享也无法实现，使得食品安全检验检测工作常产生冲突，且造成极大的资源浪费。1998 年，美国政府经过大刀阔斧的改革，明确划分了各检测部门职责，成立了相应的协调机构，建立起了综合性的、资源相对集中的食品安全检验检测体系。（见图 2-5-18）。

美国食品安全检验检测硬件资源整合工作主要是对联邦与地方检验检测机构的垂直整合，将原属于地方机构的食品安全检验检测职能纳入联邦各级机构。在处理联邦与各州食品安全检测权限时，遵循“联邦权力列举，剩余权力保留”的原则，由联邦一级负责全

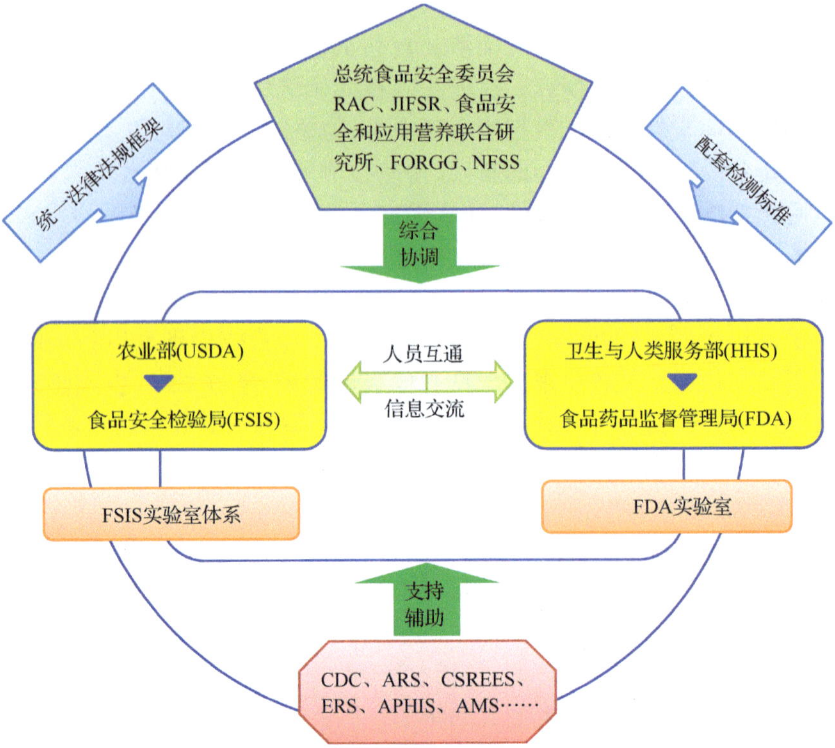

图 2-5-18　美国食品安全监测体系

引自：胡超君. 食品安全检验检测资源整合与支撑系统研究——以三门县为例[D]. 浙江大学，2012

国范围内的所有食品安全检验检测工作，地方政府则负责协助联邦政府机构进行检测。目前，美国已将食品安全检验检测工作主管机构整合为了2个，即农业部(USDA)的食品安全检验局(FSIS)和卫生与人类服务部(HHS)的食品药品监管局(FDA)。

FSIS实验室体系包括三大官方区域性实验室和两大专门性的管理协调机构：东部实验室、西部实验室和中西部实验室以及微生物流行与特殊计划实验室和实验室质量保证处。西部实验室主要是进行微生物鉴定和化学分析检测；东部实验主要负责微生物、病原生物鉴定和化学分析检测工作，同时还要承担其他所有进口食品的法定检验工作；中西部实验室主要任务同样是进行微生物鉴定和化学分析检测。而微生物流行与特殊计划实验室以及实验室质量保证处则相当于三大实验室的协调、管理机构，负责沟通三大实验室间的信息(如图2-5-19)。

与FSIS相比，FDA的食品安全检验检测经费极为有限，检验检测实验室是FDA最为重要的检验检测硬件资源。FDA共有12个实验室，分布在全国5个地区。各实验室负责为本地区的FDA执法人员的执法活动服务。在各地区的食品安全检验检测工作中，州和地方卫生部门则具体负责填补联邦部门权限的空白。这一资源集中型的分散模式在一定程度上提升了美国政府的食品安全检验检测水平。为了确保两大主管部门更好地开展检验检测工作，美国还建立了十几个辅助与支持机构，为FSIS与FDA提供资源

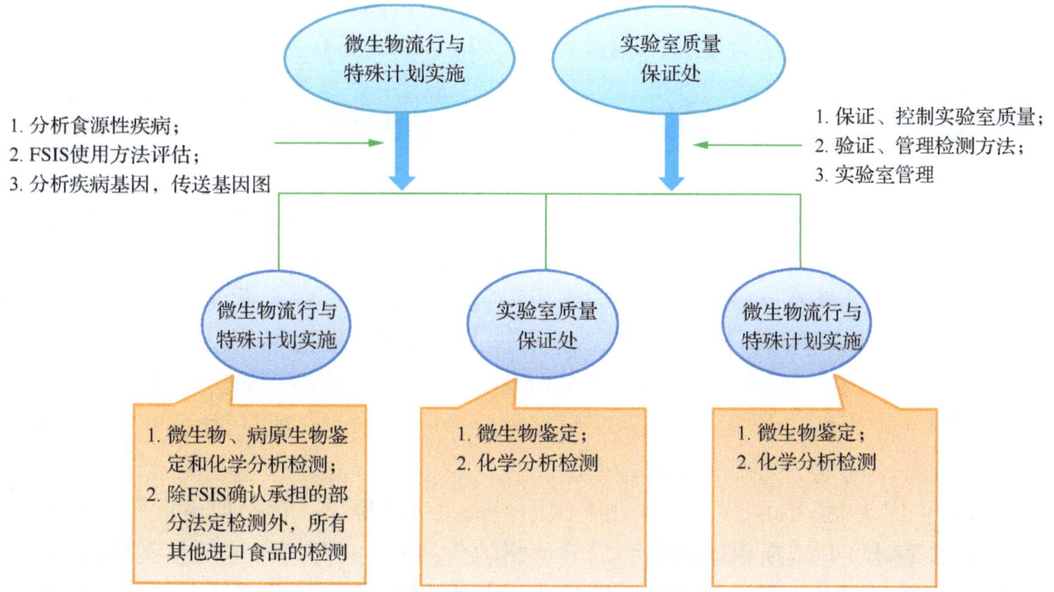

图 2-5-19　美国 FSIS 实验室体系

引自：胡超君．食品安全检验检测资源整合与支撑系统研究——以三门县为例[D]．浙江大学，2012

支持，并推进整合二者检测工作。

在检测信息资源的整合和共享方面主要通过建立信息化的交换网络实现。目前，FSIS 的所有实验室都已广泛应用了实验室信息管理系统和实验室电子申请结果通知单系统，负责搜集、存储 FSIS 从样品接收到检测结果全过程的信息，通知单系统负责向各实验室传输相关信息。FDA 开发建立了电子实验室交换网络，旨在为全美具有相关职能的机构提供一个交换食品安全检验检测数据的平台，实现各部门间的检测信息共享。这一快速共享可靠数据的系统可帮助相关部门避免重复检测。对于针对不同环节和不同专业（如病源学、兽医学、生物学、化学等）的检验检测工作而言，这一系统也有利于扩大检测结果的被承认范围。此外，FSIS、FDA 也与其他辅助机构建立了相互合作关系，在信息方面互通有无。经过一系列改革，美国扭转了分割检测的局面，建立起了以联邦机构为主、地方机构为辅的相对集中的食品质量安全检测格局。FSIS、FDA 与其他辅助机构在明确划分各自职责的基础上，联合起来形成了庞大、多层次、相互制约、并贯穿于“从农场到餐桌”全过程的食品安全检验检测体系。

【案例分析：信息化风险监测手段准确高效地发现食源性疾病】

美国细菌分子分型国家电子网络 PulseNet 是一个由疾病控制与预防中心（CDC）协调的国家级网络，总部位于佐治亚州亚特兰大，由美国七个地区的 80 多个食品管理机构实验室组成。1996 年起，PulseNet 开始建立数据库，该数据库收录从食物、环境和人类食源性疾病中提取的近 250 万菌系。PulseNet 将当日上报到 CDC 的数据和过去上报的数据进行比对并跟踪这些比对结果，从中发现变化。PulseNet 提供测试方法、技术和分型数据，将疾病与某种食物源联系起来解决问题。其中，食品监管实验室对引发食源性疾病的细菌实行标准化的分子分型，即“指纹识别”。PulseNet 不仅能检测 *E. coli* O157 和其他志贺毒素引起的大肠杆菌的分型，还能检测如下细菌：空肠弯曲杆菌、产气荚膜梭菌、肉毒杆菌、单核细胞增多性李斯特氏菌、沙门氏菌、志贺氏杆菌、副溶血性弧菌和鼠疫耶尔森菌等。

从 1996 年到 2011 年，每年上报到 PulseNet 的单独的人类疾病样本的增长超过 200 倍，从食物、环境和其他资源中提取并上报的病原体样本的增长超过了 800 倍。如今，PulseNet 的国家实验室网络由美国各地的 87 个实验室组成，每个州至少拥有 1 个公共卫生实验室，该实验室使用 PulseNet DNA 指纹识别技术和数据库，来匹配分散在各地的患者的致病菌。例如，通过揭示每年暴发的 750 例李斯特氏菌疾病的匹配模式，公共卫生实验室可以快速查找到疫情。由于美国所有的州都是 PulseNet 成员，故公共卫生实验室可以把发生在不同地区的疾病联系起来。

2010 年 12 月底，PulseNet 很快在美国中西部地区检测出一种疑似由大肠杆菌 O157 引起的传染病，同时，威斯康星州和明尼苏达州的公共卫生部门也迅速对接到报告的食源性疾病患者展开调查。调查结果显示吃榛子是这些感染大肠杆菌 O157 患者的共性，榛子于是迅速被认定为这起疫情的罪魁祸首，避免了疫情的进一步扩散。

PulseNet 能够快速认定这种大肠杆菌和同时发生的其他致病大肠杆菌不同，是因为它们有不同的 DNA 式样或“指纹”。明尼苏达农业部从其中 1 位患者家中的剩余榛子中分离出致病菌株。对患者家中的榛子测试认定，其中一种大肠杆菌 O157：H7 与通过 DNA 分析的患者体内分离物相匹配。食品和药品管理局锁定这些坚果的经销公司，使公司在 2011 年 3 月召回了所有产品。

此次案例中，坚果生产商应重新检测生产工艺的安全性。美国疾病预防控制中心的微生物学家 John Besser 指出，PulseNet 追踪疾病就如同美国联邦调查局追踪犯罪分子，Pulsenet 能够通过比对从患者体内分离的细菌“DNA 指纹”来发现某些尚未被识别的疾病群。如无法获悉某种疾病正在蔓延，卫生官员就无法阻止该疾病的暴发，产业和管理机构就不能对食物和水运输系统进行改进，这就是 PulseNet 的用武之地。50 个州的公共卫生实验室和食品管理、农业机构在他们的辖区使用 PulseNet 来追踪食源性疾病，并将追踪结果与实验室进行比对，这些实验室通过 CDC 总部的中心数据库实现全国联网。如果 PulseNet 无法将各地患者的致病菌进行匹配，那么这次疫情将无法避免。

五、物联网在食品安全管理应用的战略意义

（一）食品安全事件频发、产业链透明化管理亟待加强

近年来，食品安全事件频繁发生，食品安全已成为大众共同关心的问题。2008 年的“三聚氰胺毒奶粉”事件，2010 年“毒豇豆”事件，2011 年“爆炸西瓜”和“瘦肉精”事件，2012 年发生的“速成鸡”、“快大鸭”事件以及 2013 年“农夫山泉质量门”、“毒生姜”和“假羊肉”等事件[114]，不断触动着广大消费者的神经，使中国消费者对于国内食品的信心大打折扣。大力改善中国食品安全现状刻不容缓。

目前处理食品安全问题最大的难度是受污染食品的范围难以确定，难以实施受污染食品的有效召回，难以确定污染环节、污染途径和直接责任人。而且食品从农田到餐桌，要经过生产、加工、贮藏、运输、销售等诸多环节，每个环节都存在被污染的风险，这更增加了食品安全监管的难度[115]。

1997 年，欧盟在处理以“疯牛病”危机为代表的食源性恶性事件频繁发生过程中提出建立食品追溯体系。2000 年，欧盟 1760/2000 号和 1825/2000 号法规实施，要求从 2002 年开始，欧盟所有上市销售的牛肉必须记录出生地、喂养饲料、屠宰和加工过程信息，实现全程可追溯[116]。2002 年，178/2002 号法规实施，要求从 2005 年开始欧盟所有上市销售的食品实现全程可追溯[117]。我国 2006 年实施的《农产品质量安全法》要求对使用农业投入品的名称、来源、用法、用量和使用、停用的日期，动物疫病、植物病虫草害的发生和防治情况，收获、屠宰或者捕捞的日期等进行记录；2009 年实施的《食品安全法》要求对食品的生产、加工、包装、采购等供应链各环节的信息进行记录。2012 年中央一号文件提出“加强检验检测体系和追溯体系建设”，2013 年中央一号文件提出“健全农产品质量安全和食品安全追溯体系”；2014 年中央一号文件提出“支持标准化生产、重点产品风险监测预警、食品追溯体系建设”；2015 年中央一号文件提出“建立全程可追溯、互联共享的农产品质量和食品安全信息平台”[118]。2015 年新修订的《食品安全法》在第四十二条中明确提出国家建立食品安全全程追溯制度，规定食品生产者应当依照本法的规定，建立食品安全追溯体系，保证食品可追溯。国家鼓励食品生产经营者采用信息化手段采集、留存生产经营信息，建立食品安全追溯体系。

（二）物联网为食品产业链透明化管理提供强有力的技术支撑

食品种类多、链条长、参与人员多，而且生产、流通和产品标准化程度比较低，其产业链管理中需要记录的指标信息多而复杂，致使信息的记录、采集费时费力，成本高，农户和生产企业的积极性不高，农产品的全程追溯和产业链透明化管理一直未真正落到实处[119]。此外，农产品产业链追溯信息的真实性无严格的监管和保障措施，致使消费者对农产品追溯信息的查询积极性也不高。

物联网是物理和数字世界融合的网络，是信息技术、传感技术、网络技术和各种专业知识的集合，它可以将各种监测传感器、移动终端、视频监控系统、附有 RFID 的各种物件和包装、携带无线终端的个人车辆等“智能化物件和动物”或“智能节点”，通过无线或有线的、长距离或短距离通讯网络实现互联互通，实现对“万物”的“高效、节能、安全、环保”的“管、控、营”一体化[120]。通过自动识别技术、监测传感器、视频监控系统和移动终端，物联网技术可以适时、全程监控食品物流，记录和传输食品供应链中的质量安全信息，真正实现食品的全程追溯与管理。物联网能使食品产业链信息采集方便、快捷，为食品安全追溯、现代物流管理和风险监测等提供了强有力的技术支撑。

（三）物联网在我国食品产业链安全管理应用具有良好的战略机遇

党的“十八大”提出了走中国特色新型工业化、信息化、城镇化、农业现代化道路，促进“四化”同步发展。信息化已不再只是一种手段，而成为发展的目标和路径，信息化已经渗透到各个行业。国家强调大力开发利用信息资源，加强国家信息网络建设和管理，抓紧信息化建设带动信息产业的发展，加快“金”字工程的建设，大力发展信息服务业，促进科技和教育领域的信息化教育水平等。加强建设下一代信息基础设施，发展现代信息技术产业体系，健全信息安全保障体系，推进信息网络技术广泛运用。

物联网的概念于1999年由美国麻省理工学院提出，2005年国际电信联盟(ITU)正式提出物联网技术。2008年后，为了促进科技发展，寻找经济新的增长点，各国政府开始重视下一代的技术规划，将目光放到物联网上。2009年，IBM首席执行官彭明盛首次提出“智慧地球”这一概念，建议新政府投资新一代的智慧型基础设施。当年，美国将新能源和物联网列为振兴经济的两大重点。2009年8月，温家宝总理在视察中科院无锡物联网产业研究所时，提出了“感知中国”的要求。2010年3月政府工作报告中提到加快物联网研究与应用，物联网首次被写进政府工作报告，其发展进入了国家层面。目前，物联网已被正式列为国家五大新兴战略性产业之一，物联网在中国受到了全社会极高的关注。农产品电商和现代物流的快速发展已显现出物联网正以势如破竹的态势进入农产品产业链，积极将物联网的核心技术应用于食品安全管理体系是大势所趋，具有良好的战略机遇。

六、物联网技术的发展现状及趋势

(一) 物联网技术简介

物联网的概念起于1999年，由美国麻省理工学院提出“物联网，The Internet of Things”的概念[121, 122]。2005年，在突尼斯举行的信息社会世界峰会(WSIS)上，国际电信联盟(ITU)发布《ITU互联网报告2005：物联网》，正式提出“物联网”的概念，又称为传感网[123]。

2008年欧委会给出的物联网定义为：物联网是物理和数字世界融合的网络，每个物理实体都有一个数字身份，物体具有上下游感知、沟通和互动的能力，可对物理事件进行及时反映，对物理实体信息进行及时传送，使实时决策成为可能。2010年政府工作报告给出的物联网定义为：通过信息传感器设备，按照约定的协议，把任何物品与互联网联系连接起来，进行信息交换和通讯，以实现智能化识别、定位、跟踪、监控和管理的一种网络。它是互联网基础上延伸和扩展的网络。

(二) 物联网技术的原理及结构

物联网技术的基本原理是通过各种硬件设备，如红外感应器、气体感应器、激光感应器、GPS、射频识别(RFID)等各种感应器及技术，实时实地采集任何所需要的信息，如图像、声波、光能、电能、力度、位置、化学等，并与计算机和通讯信息网络组合，实现物与物、人与物的信息交流[124]。

物联网主要包括四个元素，一个是感知器，二个是执行器，三是互联网络，四是服务决策数据中心。感知器是一个智能化的传感器，与周边的感知器发生协同操作，即感知到周围的物体，并希望了解它的温度、重量、形状等，此时周边的传感器会被激活。感知器是一个群体的智能，它可以处理一些紧急、简单的事情；执行器主要是统观全局作出决策的过程。整个物联网体系可分为三层，即感知层、网络层和应用层。感知层包括传感器、执行器、RFID、二维码、智能装置；网络层，是连接应用层和感知层的，不仅有互联网，还有电信网等其他网络；应用层包括应用基础设施、中间件、信息处理、应用集成、云计算、解析服务、网络管理和 Web 服务[125]。具体结构见图 2-5-20。

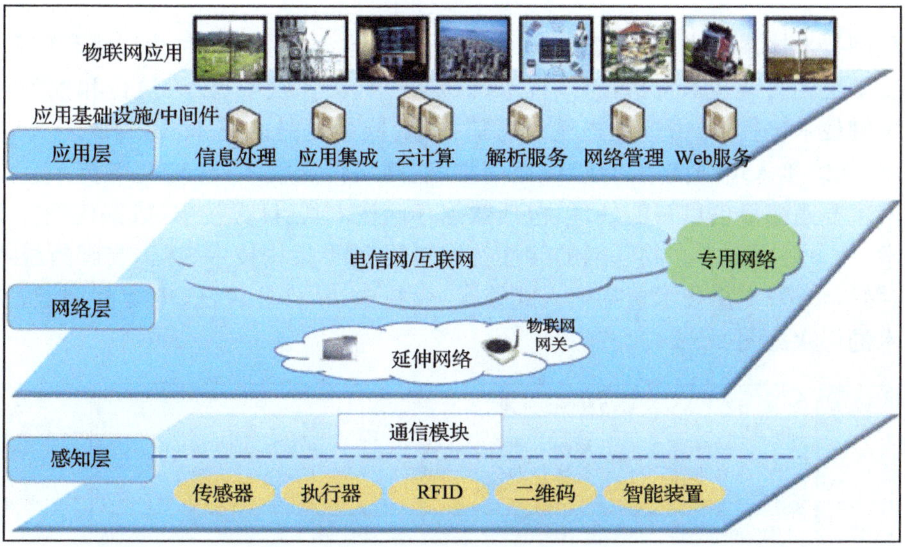

图 2-5-20　物联网系统结构

（三）物联网技术的发展历程

1999 年在美国召开的移动计算和网络国际会议首先提出物联网概念，并提出了结合物品编码、RFID 和互联网技术的解决方案。基于互联网、RFID 技术、EPC 标准，在计算机互联网的基础上，利用射频识别技术、无线数据通信技术等，构造了一个实现全球物品信息实时共享的实物互联网简称“物联网”[126]。2005 年 11 月 17 日，在突尼斯举行的信息社会世界峰会（WSIS）上，国际电信联盟（ITU）发布《ITU 互联网报告 2005：物联网》，引用了“物联网”的概念。正式提出物联网技术。2008 年后，为了促进科技发展，寻找经济新的增长点，各国政府开始重视下一代的技术规划，将目光放到物联网上。我国同年 11 月在北京大学举行的第二届中国移动政务研讨会“知识社会与创新 2.0”提出移动技术、物联网技术的发展代表着新一代信息技术的形成，并带动了经济社会形态、创新形态的变革，推动了面向知识社会的以用户体验为核心的技术。2009 年 1 月 28 日，IBM 首席执行官彭明盛首次提出“智慧地球”这一概念，建议新政府投资新一代的智慧型基础设施。当年，美国将新能源和物联网列为振兴经济的两大重点。2009 年 8 月，温家宝总理在视察中科院无锡物联网产业研究所，了解我国物联网现况时，提出了“感知中国”的要求。2010 年 3 月政府工作报告中提到加快物联网研究与应用。物联网首次写进政府工作报告，其发展进入了国家层面。此后，物联网被正式列为国家五大新兴战略性产业之一，物联网在中国受到了全社会极高的关注。2010 年，发改委、工信部等部委会同有关部门，开展新一代信息技术研究，以形成支持新一代信息技术的一些新政策措施，从而推动我国经济的发展。目前，物联网产业已在公众业务及家居、公共安全、建康检测、智能交通等多个行业应用，产值超过百亿。据相关数据显示到 2015 年，中国物联网整体市场规模将达到 7500 亿元，远远超过计算机、互联网和移动通信等市场。

（四）物联网的关键技术

物联网技术体系架构分为感知层、网络层、应用层 3 个层次。每个层级有各自的关键技术。感知层的关键技术包括：感知技术、识别技术、图像获取技术、执行和控制技术；网络层的关键技术包括：低俗近距离无线通信技术、低功耗路由技术、IP 承载技术、认知无线电技术、无线接入增强技术、自组织通信技术、网络传送技术、异构网络技术；应用层的关键技术主要是海量信息智能处理，包括数据存储技术、云计算技术、数据挖掘技术、平台服务技术、信息呈现技术。物联网的共性技术包括 IOT 架构技术、标识与解析技术、安全和隐私、网络管理；支撑技术包括嵌入式技术、微机电、软件和算法、电源和储能、新材料。关键技术的层次见图 2-5-21。

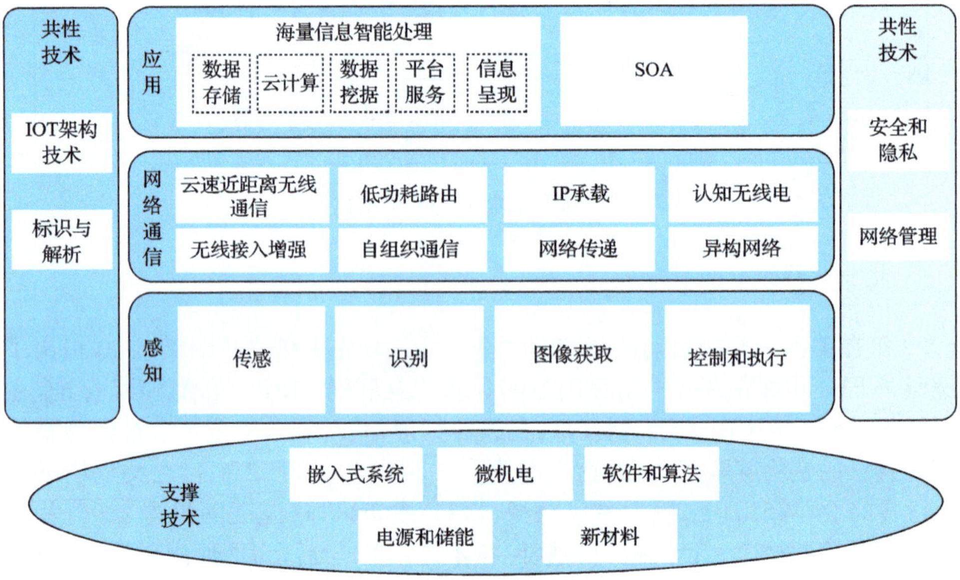

图 2-5-21　物联网关键技术的层次

（五）物联网技术的发展现状及趋势

1. 国外物联网技术的发展战略及新进展

国外对物联网的研发、应用主要集中在美、欧、日、韩等少数国家，其最初的研发方向主要是条形码、RFID 等技术在商业零售、物流领域应用，而随着 RFID、传感器技术、近程通信以及计算技术等的发展，近年来其研发、应用开始拓展到环境监测、生物医疗、智能基础设施等领域[127, 128]。各国出台了一系列促进物联网技术研究和应用发展的战略和措施。

（1）美国

1999 年，在美国召开的移动计算和网络国际会议提出了传感网的概念，认为“传感网是下一个世纪人类面临的又一个发展机遇”。美国国防部在 2000 年时把传感网定为五大国防建设领域之一，仅在美墨边境“虚拟栅栏”（即防入侵传感网）上就投入了 470 亿美元。2008 年 7 月，美国国家情报委员会发表的《2025 年对美国利益潜在影响的 6 种关键技术》报告将“物联网”技术列入其中，认为物联网技术存在裂变性的影响能力，将对人类社会的生产和生活带来巨大的影响。2008 年 12 月，奥巴马向 IBM 咨询了智慧地球的有关细节，并共同就投资智能基础设施对经济的促进效果进行了研究。美国 IBM 公司 2008 年 11 月对外公布了“智慧地球（Smarter Planet）”战略。其中提到，在信息文明的下一个发展阶段，人类将实现智能基础设施与物理基础设施的全面融合，实现 IT 与各行各业的深度融合，从而以科学和智慧的方式对社会系统和自然系统实施管理。IBM 大中华区副总裁、电信与传媒事业部总经理俞伟认为，“智慧地球”可以分成两个部分，一为地球部分，主要包括人、企业、机构、社会团体、生态系统等等；另一为智慧部分，主要包括电力、通信和 IT，这三方面的融合效应产生了“智慧”。当智慧部分和地球部分这两端连接在一起后，就形成了 IBM 对“智慧地球”认知的 3 个“I”：物联化（Instrumented），即更透彻的感知，任何事物或人群都可以被感知到；互联化（Interconnected），即更全面的互联互通，人与人，人与物和物与物之间都可以无障碍地互联互通；智能化（Intelligent），即更深入的智能分析，通过 IT 手段使互联互通更加智能。2009 年 1 月 7 日，IBM 与美国智库机构信息技术与创新基金会（ITIF）共同向奥巴马政府提交了“The Digital Road to Recover：A Stimulus Plan to Create Jobs，Boost Productivity and Revitalize America”，提出通过信息通信技术（ICT）投资可在短期内创造就业机会，美国政府只要新增 300 亿美元的 ICT 投资（包括智能电网、智能医疗、宽带网络三个领域），便可以为民众创造出 94.9 万个就业机会。2009 年 1 月 28 日在与美国工商业领袖举行了一次“圆桌会议”上，奥巴马发表讲话，肯定了这一思路：“经济刺激资金将会投入到宽带网络等新兴技术中去，毫无疑问，这就是美国在 21 世纪保持和夺回竞争优势的方式。”并进一步将物联网上升到美国国家政策层面。2009 年 2 月 17 日，奥巴马签署生效的《恢复和再投资法案》（Recovery and Reinvestment Act，即美国的经济刺激计划），批准推进“智慧地球”中两个领域的发展——智慧的电网和智慧的医疗，前者批准投资为 110 亿美元，后者为 190 亿美元；同时批准宽带网络投资 72 亿美元。“智慧地球”得到美国各界的高度关注，并上升至美国的国家战略，由此引发了世界各国对物联网的青睐。

（2）欧盟

2000 年 3 月在葡萄牙的里斯本举行的欧洲首脑特别会议上，欧洲理事会提出了一个未来十年的战略目标——使欧盟成为世界上最有竞争力、经济最活跃的知识经济体。为了实现这个目标，需要一个全球性的战略，即建设“为所有人的信息社会（Information Society for all）”。在这个过程中，欧盟具体实施了一个行动计划——“e-Europe”行动计划，旨在充分利用欧洲的整个电子潜力、依靠电子业务和互联网技术及其服务，使欧洲在核心技术领域例如移动通讯方面保持领头羊的地位。2005 年 6 月 1 日，欧盟委员会在比利时的布鲁塞尔公布了一个新的战略计划—Initiative“i2010：European Information

Society 2010"，其目的在于促进欧盟经济增长和创造就业。i2010-Initiative 是一个全面的战略计划和目标，是继 2000 年欧洲理事会制定的里斯本战略目标"到 2010 年把欧洲建设成世界上经济最活跃、最有竞争力的知识经济体"后，提出的又一个重要的战略计划，是欧盟为了应对现代信息社会的巨大挑战的一个产物。i2010-Initiative 包括一系列措施和政策，计划在 2005～2010 年间实现。在该战略计划中，欧盟最注重的是 ICT(信息通讯技术)的创新和研发投入及其对国民经济发展的影响，关心 ICT 产业——信息服务业的发展所带来的巨大经济前景。2006 年 3 月，欧盟召开会议"From RFID to the Internet of Things(从 RFID 到物联网)"，对物联网做了进一步的描述。2008 年在法国召开的欧洲物联网大会，其重要议题包括未来互联网和物联网的挑战、物联网中的隐私权、物联网在主要工业部门中的影响等[129, 130]。欧盟委员会和欧洲技术专家们则将目光重点放在 EPC global 网络架构在经济、安全、隐私和管理等方面的问题上，他们希望能够建立一套公平的、分布式管理的唯一标识符。2009 年，欧盟发布了下一代全欧移动宽带长期演进与超越以及 ICT(Information and Communications Technology)研发与创新战略，欧盟计划在未来 10 年将欧洲 ICT 研究与创新投资加倍。为确保欧洲在物联网发展过程中起到主导作用。2009 年 6 月 18 日，欧盟委员会发布了世界第一个物联网发展战略——《欧盟物联网行动计划》(Internet of Things An Action Plan for Europe)，描绘了物联网技术应用的前景，并提出要加强欧盟政府对物联网的管理，消除物联网发展的障碍。2009 年 11 月，欧洲联盟发布了《未来物联网战略》，提出要让欧洲在基于互联网的智能基础设施发展上领先全球。除了通过信息与通信技术研发计划投资 4 亿欧元、90 多个研发项目提高网络智能化水平，欧盟委员会还将于 2011～2013 年间每年新增 2 亿欧元进一步加强研发力度，同时拿出 3 亿欧元专款，支持物联网相关公私合作短期项目建设。2009 年 12 月 15 日，欧洲物联网项目总体协调组发布了《物联网战略研究路线图》，将物联网研究分为感知、宏观架构、通信、组网、软件平台及中间件、硬件、情报提炼、搜索引擎、能源管理、安全等 10 个层面，系统地提出了物联网战略研究的关键技术和路径。2010 年 6 月，欧盟委员会推出了《数字议程》(Digital Agenda)五年行动计划，该议程是《欧盟 2020 战略》七项旗舰举措中的一项。该议程提出了七个优先行动领域：①统一数字市场的建立；②更强的操作性；③增强互联网的信任度和安全性；④更快的互联网接入；⑤更多的研发投资；⑥增强数字化文化技能和包容性；⑦更多地应用信息和通信技术以应对气候变化和人口老龄化。

(3) 日本

2000 年 7 月，日本政府召开了 IT 战略会议，创立了 IT 战略总部，将其作为国家信息化的集中研究组织。2001 年 1 月，IT 战略总部便提出推行"e-Japan"战略计划，2004 年 5 月，日本提出了 u-Japan 战略计划，用"u"(ubiquitous，无所不在的)取代"e"(electronic，电子的)。虽然只有一个字母之差，却蕴含了战略框架的转变。"u-Japan"战略的理念是以人为本，实现所有人与人、物与物、人与物之间的连接(即 4U，Ubiquitous、Universal、User-oriented、Unique)，希望在 2010 年将日本建设成一个"实现随时、随地、任何物体、任何人均可连接的泛在网络社会"[131]。2008 年，日本总务省提出"u-Japan x ICT"政策。"x"代表不同领域乘以 ICT，共涉及三个领域，包括"产业 x ICT"、"地区 x ICT"、"生活(人) x ICT"。将 u-Japan 政策的重心从之前的单纯关注居民生活品质提升拓展到带动产业及地区发展，即通过各行业、地区与ICT的深化融合，进而实现经济增长的目的。“产业x ICT”也就是通过ICT的有效应用，实现产业变革，推动新应用的发展；通过ICT以电子方式联系人与地区社会，促进地方经济发展；有效应用ICT达到生活方式变革，实现无所不在的网络社会环境。2009年2月，日本为应对日渐疲软的经济环境，紧急出台了宏观性的指导政策“ICT新政”。2009年4月，日本总务省公布了“新政”的实施性文件——“数字日本创新计划(ICT Hatoyama Plan，亦称ICT鸠山计划)”纲要，将其作为未来3年中优先实施的政策。“数字日本创新计划”的目的是在数万亿日元的ICT行业创造新的市场，并在未来3年内增加30万至40万个就业机会(以累积方式计算)，通过鼓励基于新增长策略的ICT投资行为，向ICT产业投入资金。2009年7月6日，日本IT战略本部发表了“I-Japan战略2015”，目标是“实现以国民为主角的数字安心、活力社会”。I-Japan战略中提出重点发展的物联网业务包括：通过对汽车远程控制、车与车之间的通信、车与路边的通信，增强交通安全性的下一代ITS应用；老年与儿童监视、环境监测传感器组网、远程医疗、远程教学、远程办公等智能城镇项目；环境的监测和管理，控制碳排放量。

(4) 韩国

1999年，韩国信息通信部出台了《2000年国家社会信息化推进计划》，围绕“十大知识信息强国”的目标，提出了“网络韩国21世纪”的核心课题和近期实施计划。2002年4月提出了e-Korea(电子韩国)战略，其重点是如何加紧建设IT基础设施，使得韩国社会的各方面在尖端科技的带动下跨上一个新的发展台阶。在e-Korea实施不久，韩国信息通信基础设施水平得到了大幅提升。其后，韩国国内方方面面都希望借助已有的先进硬件提高生产效率和生活质量[132]。2003年，韩国政府启动了旨在使韩国科技产业保持竞争力的“IT839”计划。2004年，韩国信息通讯产业部(MIC)主导成立了u-Korea策略规划小组，并于2006年确立了u-Korea的政策方针。u-Korea旨在建立无所不在的社会(ubiquitous society)，即通过布建智能网络(如IPv6、BcN、USN)和推广最新的信息技术应用(如DMB、Telematics、RFID)等信息基础环境建设，让韩国民众可以随时随地享有科技智能服务。其最终目的是除运用IT科技为民众创造食、衣、住、行、体育、娱乐等各方面无所不在的便利生活服务之外，也希望通过扶植韩国IT产业发展新兴应用技术，强化产业优势与国家竞争力。2008年12月，韩国新政府《国家信息化基本计划》出炉，提出2012年年底前，把上网速度提高到目前的10倍，并建立10处产学研汇集的信息科学技术中心区。2009年6月，韩国通信委员会(KCC)决定促进未来物体通信网络建设，实现用户随时随地安全方便地进行人与物、物与物之间的智能通信。2009年10月13日，韩国出台了《物联网基础设施构建基本规划》，将物联网市场确定为新增长动力，提出到2012年实现“通过构建世界最先进的物联网基础实施，打造未来广播通信融合领域超一流信息通信技术强国”目标，并确定了构建物联网基础设施、发展物联网服务、研发物联网技术、营造物联网扩散环境等4大领域12项详细课题。从2010年初开始，韩国政府陆续出台了推动RFID发展的相关政策，为使其成为RFID和传感网行业世界前三强进行努力。韩国政府称，为了加强对行业全面情况的掌握，将在钢铁、电子和医药产品行业内应用高科技识别标签。韩国知识经济部表示，此举旨在推广RFID标签，并建立相关的传感器网系统，以维持对各种产品进行实时的、准确的监测，此项目将获得国家约 450 万美元的支持。韩国政府从近期开始启动为期一年的支持计划，并联合其他 8 家公司开始在实际商业环境中试行。2010 年 1 月，韩国首尔市表示将耗资 27 亿韩元，建设 RFID 公共自行车系统示范项目，而韩国的其他国家部门也相继推出一系列关于 RFID 的项目。韩国海洋研究院出台了构建 RFID 资产管理系统的政策，韩国警察厅宣布试行第四次 RFID 基础档案管理系统扩大项目，韩国国土海洋部推出了关于构建顺天地区 USN 海洋群及融合服务的项目，韩国行政安全部推出 2010 年视频档案 RFID 运用安全扩大项目。

国际对物联网技术的研究重点也进行了规划。具体见(表 2-5-8)。

表 2-5-8　2020 年国际物联网技术研发重点

	2010 年之前	2010～2015 年	2015～2020 年	2020 年后
技术愿景	单个物体间互联；低功耗、低成本	物与物之间联网；无所不在的标签和传感器网络	半智能化； 标签、物件可执行指令	全智能化
标准化	RFID 安全及隐私标准； 确定无线频带； 分布式控制处理协议	针对特定产业的标准； 交互式协议和交互频率； 电源和容错协议	网络交互标准； 智能器件间系统	智能响应行为标准；健康安全
产业化应用	RFID 在物流、零售、医药产业应用；建立不同系统间交互的框架(协议和频率)。	增强互操作性； 分布式控制及分布式数据库； 特定融合网络； 恶劣环境下应用	分布式代码执行； 全球化应用； 自适应系统； 分布式存储、分布式处理	人、物、服务网络的融合； 产业整合； 异质系统间应用
器件	更小、更廉价的标签、传感器、主动系统； 智能多波段射频天线； 高频标签； 小型化、嵌入式读取终端	提高信息容量、感知能力； 拓展标签、读取设备、高频传输速度； 片上集成射频； 与其他材料整合	超高速传输； 具有执行能力标签；智能标签； 自主标签，协同标签； 新材料	更廉价材料； 新物理效应； 可生物降解器件； 纳米功率处理组件
功耗	低功耗芯片组； 降低能源消耗； 超薄电池； 电源优化系统(能源管理)	改善能量管理； 提高电池性能； 能量捕获(储能、光伏)； 印刷电池； 超低功耗芯片组	可再生能源； 多中能量来源； 能量捕获(生物、化学、电磁感应)； 恶劣环境下发电； 能量循环利用	能量捕获； 生物降解电池； 无线电力传输

2. 国内物联网技术的发展战略及新进展

(1) 国家物联网整体的发展战略及趋势

2009 年，温家宝总理在无锡考察时对物联网的发展提出了 3 点要求：①把传感系统和 3G 中的 TD 技术结合起来；②在国家重大科技专项中加快推进传感网发展；③尽快建立中国的传感信息中心，或者叫“感知中国”中心。胡锦涛总书记在 2010 年两院院士大会上讲话中指出：“要抓住新一代信息网络技术发展的机遇，创新信息产业技术，以信息化带动工业化，发展和普及互联网技术，加快发展物联网技术，重视网络计算和信息存储技术开发，加快相关基础设施建设，积极研发和建设新一代互联网，改变我国信息资源行业分隔、核心技术受制于人的局面，促进信息共享，保障信息安全。要积极发展智能宽带无线网络、先进传感和显示、先进可靠软件技术，建设由传感网络、通信设施、网络超算、智能软件构成的智能基础设施，按照可靠、低成本信息化的要求，构建泛在的信息网络体系，使基于数据和知识的产业成为重要新兴支柱产业，推进国民经济和社会信息化。”《国家中长期科学与技术发展规划（2006—2020）》和“新一代宽带移动无线通信网”重大专项中均将“传感网”列入重点研究领域。政府目前为物联网的发展营造了良好的政策环境，《国家中长期科学与技术发展规划（2006—2020）》，2009～2011 年电子信息产业调整和振兴规划，2010 年“新一代宽带移动无线通信网”国家科技重大专项中“短距离无线互联与无线传感器网络研发和产业化”，国家重点基础研究发展计划（973 计划）在信息领域中的“物联网体系、理论建模与软件设计方法”，以及国家自然科学基金委员会、中国工程院“中国工程科技中长期发展战略研究”联合基金项目在“信息与电子工程技术领域”中的面向“物联网”的未来网络技术发展战略研究等都将“物联网”相关技术列入重点研究和支持对象。物联网的发展也受到了国家各大部委和地方政府的大力支持。未来各部委可能将从不同的角度进行分工协作以共同推动我国物联网产业的发展，如国家科技部主要支持物联网方面的共性基础研发和各类应用；工信部主要负责支持物联网产业在工业领域以及工信融合领域中的应用；发改委主要负责我国物联网产业发展规划和重大工程示范；地方政府也在积极行动，如无锡市正在建设物联网技术研究院，积极打造物联网产业基地；北京市已将物联网技术纳入北京市发展规划，大力推进“感知北京”示范工程建设；广东省也启动了南方物联网的框架性设计，正在加快试点工程建设。2010 年，上海相继发布了《上海推进物联网产业发展行动方案（2010—2012 年）》与《上海推进云计算产业发展行动方案（2010—2012 年）》，明确上海物联网产业发展目标。《国务院关于推进物联网有序健康发展的指导意见》（国发〔2013〕7 号）：物联网是新一代信息技术的高度集成和综合运用，具有渗透性强、带动作用大、综合效益好的特点，推进物联网的应用和发展，有利于促进生产生活和社会管理方式向智能化、精细化、网络化方向转变，对于提高国民经济和社会生活信息化水平，提升社会管理和公共服务水平，带动相关学科发展和技术创新能力增强，推动产业结构调整和发展方式转变具有重要意义，我国已将物联网作为战略性新兴产业的一项重要组成内容。

（2）各地方物联网发展的战略及趋势

北京：打造中国物联网产业发展中心。北京市高度重视物联网产业发展，着手打造国内物联网产业发展中心。一是率先成立产学研用相结合的行业组织。2009 年 11 月 1 日，包括企业、科研机构和应用机构在内的 40 余家单位联合成立中关村物联网产业联盟，通过加强企业间的协作、创新与联动，推动产业发展壮大。二是着手制定北京市物联网产业规划，统筹协调产业发展与示范应用，不断完善物联网产业发展体系，确保其在国内的中心地位。三是加强与智囊机构的战略合作。北京市先后与中科院高技术局、北京邮电大学签署战略合作协议，充分发挥“外脑”多学科、跨部门、跨行业的综合优势，为北京物联网发展提供战略咨询服务。

江苏:政府推动、聚焦无锡。江苏省注重发挥政府推手作用,积极采取措施,努力将无锡建设成为“感知中国”中心。一是加强规划引领,编制《江苏省传感网产业发展规划纲要》,确定以无锡为核心区、苏州和南京为支撑区的产业布局,并提出了 2012 年、2015 年的具体发展目标。二是注重以用促产,率先推出传感网产业十大示范工程,创造需求,牵引产业发展。三是营造良好技术环境,支撑产业发展。先后与中科院、中国电子科技集团公司进行战略合作,在无锡联合共建中国物联网研究发展中心、中国传感网创新研发中心,并成功推动中国移动、中国联通和中国电信到江苏无锡设立物联网技术研究机构。

浙江:努力将先发优势转化为领先优势。浙江省是国内物联网技术研发和应用研究先行地区之一。早在 2004 年嘉兴市政府就与中科院上海微系统与信息技术研究所联合成立了中科院嘉兴无线传感网工程中心,先于无锡高新微纳传感网工程研发中心。浙江省上下高度重视物联网产业发展,力争将先发优势转化为领先优势。一是将物联网产业作为战略性新兴产业予以培育。浙江省的领导曾先后多次考察物联网相关研究院所和骨干企业,并多次在物联网有关汇报材料上作出重要批示,明确将物联网产业作为浙江省的战略性新兴产业。二是省经信委已着手开展物联网产业发展规划编制和扶持意见制定工作。三是杭州、嘉兴、宁波、温州、绍兴等市积极主动推动物联网产业发展,个别地市已出台了有关产业发展规划。四是进一步加强与中科院、中国电子科技集团公司的战略合作,增强技术实力、提升全国影响力。

上海:顶层规划、示范先行。上海市注重物联网产业发展与信息化建设相结合,加快实现物联网对产业升级和信息化建设的带动作用。一是加强政府顶层规划。上海市发改委、经信委和科委等相关部门已联合编制了《上海市物联网产业三年行动计划(2010—2012 年)》,以现有产业发展和信息化建设为基础,通过规划引领,加强物联网体系建设,力争使上海在打造“感知中国”的过程中发挥引领作用。二是以筹办世博会为契机,大力推进物联网示范工程建设,推动物联网技术产业化应用,使物联网技术尽早融入上海经济社会发展的各个领域。

广东:构筑物联网产业发展高地。广东注重通过应用引导、市场驱动、政府扶持以及标准体系建设,培育和发展物联网技术研发、设备制造、软件和信息等相关产业,打造物联网产业发展高地。一是成立 RFID 标准化技术委员会,推进标准化体系建设,提升在全国的话语权[133]。二是推进智慧城市试点,与 IBM 合作推进传感器在智能交通、桥梁建筑、水资源利用、电力设施、环境监测、公共安全等领域的应用。三是建设珠三角无线城市群,打造“随时随地随需”的珠江三角洲信息网络。此外,广东省还积极推进南方物流公共信息平台建设以及通过粤港澳合作开展物联网技术应用。

福建:政府驱动,迎头赶上。据 2009 年公开数据显示,福建省已集聚了以新大陆、厦门信达、星创摩尔为代表的一批物联网企业,形成 20 亿元的产值,已初具规模,但优势仍不突出。面对物联网巨大的发展潜力和强大的带动作用,福建省政府积极采取措施,大力推进物联网产业发展。一是着手编制物联网产业发展三年行动方案,发挥后发优势,高站位、高起点地加快物联网发展,争取迎头赶上。二是积极打造一批示范应用工程,结合福州市“数字鼓楼”建设,在交通车辆管理、大型超市、物流企业等领域先行先试一批示范项目,以试点应用为产业培育打基础。

七、物联网在食品安全管理应用的现状

（一）国际物联网在食品安全管理应用的现状

1. 在农产品现代物流管理应用的现状

农产品物流是指食品运输、储存、配送、装卸、保管、物流信息管理等一系列活动[134]。农产品物流的特点是：①要保证食品的营养成分和食品安全性，其对物流过程中的清洁卫生、物流设备和工作人员有较高要求；②由于食品具有特定的保鲜期和保质期，食品物流对产品交货时间即前置期有严格标准；③食品物流对外界环境如温度、湿度有特殊要求；④生鲜食品和冷冻食品在食品消费中占有很大比重，必须有冷链物流[135]。

农产品冷链物流是农产品物流的重要特征。冷链物流是以制冷技术的发展而建立的，是以冷冻工艺学为基础、以制冷技术为手段的低温物流过程[136]。

（1）美国农产品物流发展现状

1）相关法律法规和政策

从20世纪80年代开始，美国政府制定了一系列政策法规，逐步放宽对公路、铁路、航空、航海等运输市场的管制，取消了运输公司在进入市场、经营路线、联合承运、合同运输、运输费率、运输代理等方面的审批与限制，通过激烈的市场竞争使运输费率下降、服务水平提高[137]。1991年颁布的《多式联运法》，大力提倡多式联运的发展；1996年出台的《美国运输部1997—2002年财政年度战略规划》，提出要建立世界上最安全、方便和经济有效的物流运输系统。这些政策法规的实行，为确立美国物流的世界领先地位提供了保障。

2）美国农产品物流体系特点

美国拥有一个庞大、通畅、高效和专业化的农产品物流体系，但美国并未对农产品物流的概念从大物流的概念框架下划分出来，农产品物流系统包含于整个大物流体系之中。据统计，美国90％的农场主平均拥有土地在10000亩以上，农业生产的地域分布明显，不同农产品根据各地的自然环境特点，分别在不同的州进行生产，目前已经形成了固定且高效的流通网络。每个大型的农场都有专门的储存、包装、分拣的设备和工厂。美国约有60％以上的农产品是通过超市到达消费者的；另外40％是通过批发市场或者贸易的方式直接销售到零售商和贸易商。美国10％左右小规模的农场主中（种植面积一般在50亩左右）一部分是种植有机产品（主要以有机蔬菜和水果为主），另一部分是相对比较落后地区的农户借助协会（Associations）和合作组织（Cooperation）进入流通领域。

美国农产品物流体系的特点可以概括为以下几方面：

农产品物流的基础设施和设备发达。美国的交通运输设施十分完备，公路、铁路、水运四通八达，高速公路遍布城乡，公路能够直接通往乡村的每家每户。此外，美国的通讯设施和网络发达，储运设备的机械化水平高。

拥有发达的农业信息流基础。美国有85％的农民上网，农业电子商务占总电子商务的比率在各行业中列第5位。芝加哥期货交易所是农产品各市场主体了解市场行情、获取价格变化信息的直接窗口。

农产品物流服务的社会化程度高。美国连接农产品供需的物流主体主要是农场主参

加的销售合作社、政府的农产品信贷公司、农商联合体、产地市场或中央市场的批发商、零售商、代理商、加工商、储运商和期货投机商等。据统计，全美近 1/3 的农场主通过合作社出售谷物。各种行业协会为农民提供有力支持，代表农民与政府交涉，在农产品产销中发挥着积极作用。

政府发挥积极的调控作用。农业部有 10 万人分布于全国各地，农业统计系统对各农场每一块耕地上所种植的作物品种、面积、长势、产量都了如指掌，所获取的信息经过汇总处理，由政府定期发布，指导农户生产经营。

美国农产品物流最明显的优势在于将其发达的农业信息流作为农产品物流发展的基础。农业生产数据和信息的收集、传播和共享为美国农产品物流的发展提供了及时准确的信息。

（2）日本农产品物流发展现状

1）相关法律法规和政策

日本政府在 1997 年即出台了发展物流的政策措施。具体提出了三项目标：提供亚太地区最方便且有魅力的服务；降低物流成本，使其不妨碍产业的竞争力；减低环境的负荷。为了实现上述三项基本目标，政府还设定了政策实施方面的三个原则：以相互合作为基础的综合性施政方式；满足客户多样化需求（全方位地施政方式）；促进竞争，搞活市场。在这三项原则指导下，在物流的各个领域进一步设立了努力目标，包括政策实施中的一些具体目标值。如：货物的托盘使用率、临时停留场所的滞留时间等关键性控制值。由于目前日本已基本形成良性的物流市场和运作机制，物流基础设施也已初具规模，因此政府认为需要通过宏观政策调控，将投资重点着眼于一些重点基础设施的建设和完善方面。建设和完善物流基础设施包括：满足客户需求的拥有多种选择方式的基础设施（强调基础设施间的合作）；消除物流的瓶颈环节；建设和完善国际中心港湾、中心机场。如：建设高规格的干线公路、地区性高规格公路、港湾和机场的铁路；增强主要干线铁路的货物运输力；国际海上集装箱集散地、多功能国际集散地、国内贸易集散地；大都市圈据点机场的建设，等等。

在宏观规划重点建设基础设施的同时，为了进一步提高物流运作效率，日本政府着手一系列政策方面的改革，其目的是进一步放宽对物流业的限制，使其完全按照市场运作的规律更加富有活力地发展。这些放宽的政策包括：废止物流的供需调整，即对过去各种限制新增项目的法律法规进行了放宽。如：对新建项目只要符合国家规定的安全和技术标准，即可更加容易地获准；对安全规定进行了调整（如：对国际性的调和、技术标准的提高等方面）；灵活实施货物运输事业法。除此之外，日本政府还着手物流系统的技术升级，包括物流系统的信息化：进出口和港口手续的无纸化、一条龙服务，物流 EDI 的推进；物流系统的标准化：集装箱、托盘的 JIS 国际整合；全程托盘化运输的推进；其他技术开发和商业惯例的改善等。为了确保综合物流政策得以实施、落实，日本政府有关部门通力合作建立了一套政策推进体制，以确保中央部门、地方政府、物流企业、货主等各方面能够合作实施有关政策。这一体制包括中央政府各有关部门之间的合作，地方政府之间的合作（区域物流的未来结构），并根据实施状况每年进行跟踪调查。

2）日本农产品物流体系的特点

日本的农产品物流在世界上处于领先地位，各个环节的技术水平都相当完善和发达。物流从业主体主要是以批发市场为核心、单个企业为主导的形式。一方面，农产品行业协会在物流中发挥积极作用。农协将农民生产的产品集中起来，进行统一销售，担当了生产者与批发商之间的中介；另一方面，日本政府对农产品物流管理体系通过自上而下的统一行政体系设置，使每一环节都有专门的机构和部门负责具体的事务。

日本农产品主要以小单位生产为主，虽然资源有限，但是在农产品物流方面却非常先进。日本农产品物流的特点主要为：

完善的物流基础设施。日本在大中城市、港口、主要公路枢纽都对物流设施用地进行了合理规划，高速公路网、新干线铁路运输网、沿海港湾设施、航空枢纽港、流通聚集地等基础设施完善。

完备的农产品市场硬件设施。日本农产品批发市场的开设实行严格的审批制度，中央批发市场、地方批发市场以及其他批发市场须根据《批发市场法》和各种条例进行建设。批发市场配备有完善的保管设施、冷风冷藏设施、配送设施、加工设施等，并灵活运用计算机信息处理技术，已实际演化成农产品物流中心。

农业合作组织发挥着积极作用。日本各大中小城市都有农协直接参加或组织的农产品批发市场，农产品生产总量的80％～90％是经由批发市场后与消费者见面的。农协利用自己的组织系统，将农民生产的农产品集中起来，统一销售，担当着生产者与批发商之间的中介。

（3）欧盟农产品物流发展现状

1）相关法律法规和政策

1993年“欧洲统一法”宣告了关税壁垒的结束，货物、人员、资金可以在欧共体的15个国家内自由流动。德国为适应物流全球化的发展趋势，积极推进物流经济的标准化，针对基础设施、装备制定基础性和通用性标准，例如统一托盘标准、车辆承载标准、物品条形码标准等都统一制定，保证物流活动的顺利进行；针对安全和环境制定的强制性标准，如清洁空气法、综合环境责任法等；支持行业协会对各种物流作业和服务制定相关行业标准，制定物流用语标准、物流从业人员资格标准等。欧盟组织之间采取了一系列直辖市政策与措施，大力促进物流体系的标准化、共享化和通用化。如：由全欧铁路系统及欧盟委员会提出的在未来20年内，努力建立欧洲统一铁路体系，实现欧洲铁路信号等铁路运输关键系统的互用就是这一努力的具体体现。

2）欧盟农产品物流体系的特点

欧盟的农场主倾向于市场化经营，建立了垂直合作一体化的市场运行体系，农产品物流的专业化程度越来越高。超级市场不断发展壮大，越来越多的消费者从超市购买生鲜食品，这一比例在法国为68％、荷兰为72％、英国为80％。批发市场的作用明显下降，只是向小型的零售商和公司及部分餐饮机构提供生鲜农产品。同时，随着消费者对食品安全重要性关注的不断提高，食品供应链的一体化整合进程进一步加快。欧盟的食品行业在向着超市化和品牌连锁经营发展的同时，对农产品附加值的提高越来越重视[138]。在信息化方面，荷兰已经建立电子化农产品交易市场，协调联运物流中心和农产品集成保鲜中心，花卉和园艺中心的新式电子交换式信息和订货系统，向全球许多国家的广大客户提供服务。

欧盟农产品物流的特点主要为：

先进的电子虚拟农产品物流供应链。通过网络连接农业生产资料供应商、生产商、种植主、批发商、零售商，形成农业供应链。荷兰的花卉和园艺中心的电子信息订货系统已经建立，电子化农产品交易市场向全球的广大客户和消费者提供服务。

先进的农产品物流中心，成熟的冷冻行业。荷兰的冷冻行业非常发达，具有现代化的制冷和冷冻技术设备，且工作效率高，充分保证高质量的农产品运输、储存和配送服务。

2. 在食品追溯体系建设中的应用现状

食用追溯是食品安全监督和管理的一项有效措施，是实现“从农田到餐桌”全程监管的重要手段，是保障“问题食品”快速召回的基础性工作[139]。食品追溯技术体系是一种旨在加强食品安全信息传递，控制食源性疾病危害，和保障消费者利益的信息记录或追溯体系。食品追溯体系提供了“从农田到餐桌”的追溯模式，提取了生产、加工、流通、消费等供应链环节消费者关心的公共追溯要素，建立了食品安全信息数据库，一旦发现问题，能够根据溯源进行有效的控制和召回，从源头上保障消费者的合法权益，保障消费者健康，减少召回经济损失。

物联网可以对加入网络的各种物品进行有效的信息采集与管理，可应用于食品溯源。现在食品安全问题频发的一个重要原因就是消费者甚至管理者都无法知道自己消费食物的来源，出现问题时无从追溯，致使制假贩假、制毒贩毒的不法商家和广大消费者处于一个完全不对等的地位。当物联网逐渐在食品溯源中应用后，这种情况将会改变。很多食品都会有自己的信息标签，这种标签可以是二维码，也可以是 RFID，消费者可以用比以前小很多的代价来知道食品来源及其他相关信息[140]。通过物联网的引入，可以使市场更加规范合理，减小消费者对于食品安全的担忧。

(1) 欧盟食品追溯体系建设现状

1) 相关法律法规

《欧盟食品法》第 18 条明确要求，凡是在欧盟销售的食品必须具备可追溯性，否则不允许上市销售[141]。食品、饲料、供食品制造用的动物以及其他所有计划用于或预计用于制造食品或饲料的物质，在生产、加工及销售的所有阶段都应建立可追溯性制度。欧盟 2000 年发布的欧盟律例 EC104/2000 划定了某种特定种类的产品(包括生鱼)的标签请求，标签上应包括以下内容：种类(通用名和拉丁名)、产品捕捞起源(海产、内陆水域或养殖)、捕捞区域(粮农组织定义的海域、内陆水域或水产养殖国)。欧盟律例 EC2065/2001 是对律例 104/2000 的细化，要求一切冷藏、冷冻和烟熏鱼或鱼片和贝在批发时，符合 104/2002 的标签要求。2006 年 1 月 1 日起欧盟实施三部有关食物卫生的新律例，即 (EC)852/2004、853/2004 和 854/2004。其中 853/2004 中指出食物的可追溯性是确保食物安全的首要构成部分。除了恪守通俗食物法例 8/2002 外，食物运营者应当保证放置市场的一切动物源食物都有安全标识或身份标识。欧盟水产品追溯计划(Trace Fish)中的 Trace Fish 标准从整个水产品生产流通链的角度出发，分别制定了建立海捕鱼产品和养殖鱼产品可追溯体系的标准细则。细则对生产流通链各个环节的参与者，详尽规范了信息范畴、信息的建立、记录与传递方法等标准。

2）追溯体系建设制度和模式

欧盟由一个独立的或专门设立的部门对肉品追溯进行统一管理。一部门负责到底的管理模式集中了资源，大大提高了政府产业规划、政策研究以及应急处理的能力。欧盟的畜产品可追溯系统主要应用在牛的生产和流通领域。对一些价值较低、混合包装的产品只需追溯到生产批次。牛肉属于价值较高的产品，个体标记相对较为容易，其生产及包装特点决定了基本部位产品可以做到个体追溯，欧盟在客观条件上实行较严格、完善的追溯制度。事实上，欧盟强制性要求入盟国家对家畜和肉制品开发和流通实施追溯制度，从2002年起所有店内销售的产品必须具有可追溯标签，该标签必须包含如下信息：出生国别、育肥国别及牛肉关联的其他畜体的引用数码标识、屠宰国别以及屠宰厂标识、分割包装国别、分割厂的批准号以及是否欧盟成员国生产等。对产品溯源指标要求也成了贸易壁垒，保护本国产业。欧盟建立追溯系统的另一个重要原因是设立贸易壁垒，欧盟将肉品可追溯作为一项准入门槛，既针对来自欧盟国家以外的国家，也针对新加入欧盟的其他成员国。

法国：

法国牛肉生产消费过程与追溯体系协同管理具有良好的运行模式。不仅在养殖户、屠宰加工厂、超市都能清晰看到耳标、身份证、标签以及用于与各加工设备相联结、传承追溯代码的计算机系统，而且在牛肉餐馆也能看到店主保存的、有追溯代码的牛肉制品标签。餐馆在买到牛肉制品后的2年时间内要保存该标签，以备政府相关部门或消费者的查询。法国牛肉质量的追溯工作落实到了牛肉生产、加工、销售、消费各个环节，已经成为相关从业者共同遵守的行为准则。法国牛肉质量追溯体系的主要环节及各部门职责如下：政府畜牧主管部门，主要负责牛肉质量追溯体系的组织领导及重要信息的管理工作，其中，国家畜牧业和肉类管理总局负责制定规则、指导落实、检查监督、开展风险性评估、提供相应的经费支持等工作。各省畜牧主管部门负责本省相关的管理工作，包括根据农场主申请，核定新生牛的个体编号、发放身份证、管理相关追溯信息等。政府食品主管部门负责肉牛屠宰前的检疫工作，对检疫合格的个体发放屠宰编号；管理国家数据库。国家畜牧研究院承担质量追溯相关技术的研究、标准制定、人员培训、发放肉牛养殖补贴等工作。农场主负责牛的耳标及身份证的落实和管理工作。小牛出生后7d内，农场主须向当地畜牧主管部门详细报告新生小牛的有关情况，包括农场名称、出生日期、父系母系编号、出生时体重、性别、牛的种类等，为小牛打上耳标，领取身份证明。屠宰场负责牛的屠宰，屠宰过程中将个体编号与屠宰编号进行转换，记录屠宰信息，并传递给分割企业。分割场一般是具有品牌的牛肉专业公司，它与符合标准的饲养基地合作建立“公司＋基地”模式。根据市场需要，对牛的胴体进行分割。分割过程中，要组合牛的个体编号和屠宰号，形成新的加工批号，完成追溯信息的传递工作。流通消费环节负责对超市销售的每一块牛肉贴上承载追溯信息的标签，标签上需包括的主要信息有：牛的品种、出生地、饲养地、屠宰地、屠宰批准号、加工批次号、重量、屠宰加工日期和保质期等。

荷兰：

1992年荷兰家禽、肉类、蛋类协会（PvE）组织起草了猪肉质量管理认证体系——IKB

体系，以国家倡导、企业自愿的原则进行推广[142]。其中最主要的就是建立猪肉生产过程的可追溯制度。截止到2006年，荷兰国内已有95%以上的养殖户通过了IKB体系认证。获得IKB认证的荷兰猪肉制品已在欧盟乃至世界其他国家具有较高的认知度，其价格比普通猪肉高出约10%，实现了优质优价。IKB体系是建立在EN45001、HACCP和ISO 9000基础上的猪肉生产质量全程控制体系，由PVE进行标志管理。IKB体系从产业链的角度，对保证猪肉质量提出了规范性要求，以期达到提高猪肉整体质量水平的目的[143]。对于肉猪养殖户，要求建立猪的个体识别体系，从保证养殖安全的角度对动物卫生、动物福利、饲料、兽药等方面内容提出质量保证体系的建设要求；对饲料供应商要求取得QA、GMP和HACCP体系认证，要建立饲料生产质量保证体系，要求饲料企业为养殖户提供饲料配方、饲料使用说明，保存加工运输过程的详细记录；运输企业要通过QA质量保证体系认证，具有合法的运输资格，具备提供动物卫生、动物福利等方面要求的条件；为养殖场定点服务的兽医要通过QA质量保证体系的认证，具有行医资格，能准确指导养殖户使用抗生素等药物；屠宰场要通过QA和HACCP体系认证，屠宰过程要符合动物福利、动物卫生等方面法律法规的要求；猪的分割过程要具有可追溯能力。同时，各生产主体要按照IKB认证体系中关于质量追溯工作的要求完成信息的记录和传递工作，实行信息公开化，促使猪肉生产各环节的协调、有序，实现猪肉生产整体质量水平不断提高的目标。PVE每年也要对养殖户、屠宰场、饲料生产企业、运输企业和兽医的工作情况不定期地进行监督检查。

(2) 美国食品追溯体系建设现状

1) 相关法律法规

2002年，美国国会通过《生物反恐法案》，将食品安全上升到国家安全的战略高度，提出“实行从农场到餐桌的风险管理”，要求企业必须建立食品可追溯制度。2003年5月，美国食品药品监督管理局(FDA)发布了《食品安全跟踪条例》，要求所有涉及食品加工、运输、配送和进口的企业要建立并保全食品流通的全程记录，并规定企业建立食品安全追溯制度的实施期限，即从2004年1月1日起，大型企业在12个月后必须实施，中型企业必须在18个月后实施，小型企业必须在24个月后实施。美国可追溯系统的建立遵循自愿原则，政府起主要的推动作用，同时行业协会在追溯体系建设当中发挥促进作用。如在畜产品追溯领域，70多个协会和100余名畜牧专业人员组成了家畜开发标准小组，共同制定家畜追溯工作计划，目的是当出现问题产品和疫病时，能够在48小时内追溯到出现问题的企业或环节。美国要求所有牛、羊和其他家畜都要从出生之日起戴上耳标，以便帮助消费者了解家畜的出生、养殖和屠宰加工过程。

2) 追溯体系建设制度和模式

美国食品可追溯制度可分为3类。即农业生产环节可追溯制度、包装加工环节可追溯制度和运输销售过程可追溯制度。美国食品可追溯制度是一个完整的链条，在任何一个生产环节出了问题，可追溯到上一个环节。农业生产环节可追溯制度应用比较好的企业如BOSKVICH。该企业拥有4047 hm^2 种植园，每年生产30种蔬菜和草莓，同时拥有一座现代化的农产品加工厂。该企业在种植业生产环节推行GAP管理体系。所有生产过程，从种子处理、土壤消毒、栽培方式、灌溉、施肥、使用农药到收获采摘都要记录。能够追溯到哪个生产基地、品种、生产时间。即使是跨国生产基地，如在墨西哥生产的马铃薯也必须执行GAP管理体系。在包装加工环节可追溯制度中，美国法律要求所有产品供应商（非运输企业）必须建立产品可追溯制度。产品可追溯制度分为前追溯制度（Identify the Immediate Previous Source，IPS）和后追溯制度（Identify the Immediate Subsequent Recipient，ISR）。IPS主要记录内容有：企业的名称及其所拥有的信息（国内或国外的）；产品名称、产品生产日期；产品商标、产品类型、产品品种特性、产品等级等；产品生产者、主要生产过程、产品包装者；生产区域信息；单位包装数量或重量。ISR主要记录内容有：产品接受者企业名称所拥有的信息（国内或国外的）；描述产品交接的类型，包括：产品商标名称、产品品种特性等；产品交接日期；生产者、生产工艺、包装者以及带有产品识别条码信息等；产品单位包装数量（重量）；外包装损坏程度；产品的保存期；产品的保质期；产品运输企业名称以及与运输企业相关的产品后追溯信息。运输销售过程可追溯制度主要指运输、销售过程实行食品供应可追溯制度（Traceability）和HACCP认证制度。

从美国的食品追溯体系建立经验中可以看出，必须以农产品生产龙头企业为主带动食品追溯体系的建立，政府主要职责是制定法律法规、标准和相关管理制度，并做好监督管理工作。

（3）日本食品追溯体系建设现状

1）相关法律法规

日本的农林水产省在2002年4月11日发布的“食品和农业的再生计划”中提出：“自2003年开始在全国推行食品可追溯制度”。2003年4月25日农林水产省发布了《食品可追溯制度指南》（简称《指南》），该《指南》成为指导各企业建立食品可追溯制度的主要参考。2003年5月日本颁布了《食品安全基本法》，该法作为日本确保食品安全的基本法律，树立了从“从农田到餐桌”全程确保食品安全的理念，提出了综合推进确保食品安全的政策、制定食品供应链各阶段的适当措施、预防食品对国民健康造成不良影响等指导食品安全管理的新方针。2003年6月，日本出台了《关于牛的个体识别信息传递的特别措施法》（又称《牛肉可追溯法》），要求对日本国内饲养的牛安装耳标，使牛的个体识别号码能够在生产、流通、零售各个阶段正确传递，以此保证牛肉的安全和信息透明。根据《牛肉可追溯法》的要求，自2003年12月开始在全国实行牛肉在生产阶段的可追溯，自2004年12月开始实施牛肉在流通阶段的可追溯。2009年，日本又颁布了《关于米谷等交易信息的记录及产地信息传递的法律》（又称《大米可追溯法》），对大米及其加工品实施可追溯制度。

2）追溯体系建设制度和模式

日本政府积极鼓励建立可追溯体系，但主要靠生产者与批发零售商的自主积极性，记录信息的内容及传播手段都由各单位自主判断。在日本养殖鱼类可追溯体系的建设中，一部分大型养殖户和水产品批发公司发挥了主体作用。养殖户工作的重点是养殖过程中各种信息的管理。主要内容有制定养殖基本标准，包括养殖环境标准、饲养环境标准、种苗引进标准、投放饵料标准、医药品使用标准。其次还有在具体的养殖过程中，对给饵料、换网和捕捞等各项作业都要有详细的说明介绍。通过这种细致的工作建立养殖鱼类生产履历管理制度，数据都通过电脑管理，并及时通过管理软件提供给水产品批发公司。而水产品批发公司在建立可追溯体系中的作用主要体现在：一是要求有交易关系的养殖户或者渔协建立养殖鱼类的生产履历管理系统，这些数据都会汇总到公司内部的管理系统，由公司进行统一管理。或者公司要求养殖户或渔协建立生产履历系统，并由他们自行管理。如果出现质量问题，由公司向养殖户查询鱼类养殖信息，找出问题根源。公司对养殖户生产履历管理的具体内容也有一定的要求，包括渔场环境信息、鱼苗饲养履历、鱼的养殖履历、投药履历、产品加工履历等基本信息。同时还要求提供更详细的信息记录，如幼苗培育过程、鱼苗的生产地等；在养殖履历中，要包括投饵料的方法和饲料名；在投药过程中，使用药品的名称、最终投药日期等。这些具体信息都要汇总成资料库后对外公开，构成向消费者提供基本产品信息的记录。

日本的食品可追溯制度是在农林水产省主导下展开的，其基本做法如下：

先试验示范然后逐步推广：2002 年选择蔬菜、水果、大米、鸡肉、牡蛎、水产加工品、果汁等 7 个领域进行可追溯系统开发的试验；

建立全国统一的食品可追溯操作指南；

强制性与自主性相结合。

(4) 芬兰食品追溯体系建设现状

1) 相关法律法规

受欧盟新《食品法》的影响，芬兰 2006 年 3 月更新了《食品法》、《卫生法》和《健康保护法》3 种旧法案，同时在食品安全标准和监管程序方面的条款相当详细。比如芬兰的《食品法》明确规定了食品生产的监控和管理程序，以及生产、运输到销售过程的卫生要求。该法还明确了食品添加剂和接触食品的材料如包装和容器等的使用限制。

2) 追溯体系建设制度和模式

芬兰采用从田间到餐桌的全程控制管理方式，建立了畜产品质量追溯制度，要求所有食品及其成分具有可追溯性，同时强调食品生产者对食品安全负责，确保食品在生产、加工、制造、准备和食用等全过程中的安全。发展至今，芬兰已经基本形成了统一管理、协调配合、高效运作的质量安全管理架构，基本建立了以政府主导、分段监管为模式的质量安全追溯体系。

芬兰畜产品质量安全追溯体系的具体做法：①明确管理机构和职责。在组织结构上，芬兰建立了由农林部、食品安全局、省市为主体，以政府主导、分段监管为模式的食品安全监管体系。②制定完备的法律、法规。芬兰在食品安全方面遵守欧盟的有关食品安全法规。并在此基础上建立完善了本国的质量安全法律体系。③建立畜产品质量追溯中央数据库。专门建立了国家农业中央数据处理中心(ADC)作为芬兰农业信息中心，属于芬兰农林部管理，所有业务都只存在于一个中央数据库中，ADC 通过信息网络方式与农场、屠宰加工厂、活畜交易场、销售市场联系。覆盖畜产品生产、加工、销售的各环节。主要业务包括牲畜识别、乳牛场管理、牛业登记和代录、牲畜繁殖信息、动物卫生和福利保障等；主要内容包括动物及畜牧场登记、畜群登记、动物卫生及福利等，同时负责定期给政府出具质量安全情况报告，并每隔 1 个月给农场发送牲畜健康状况和质量安全风险情况报告。目前，ADC 内已包括芬兰所有牛群的信息。猪和羊的信息相对较少，其他产品信息尚未纳入。实施各环节信息的分段监管和储存。芬兰的牛群管理在生产、加工、销售的各环节都有专业的软件系统和存储条件。一方面是为了将追溯信息及时报送 ADC,另一方面则是为了完整保留牛群的全部信息以备监控核查。以牛群追溯为例,在农场养殖环节,农场主负责给牛只佩戴耳标进行身份标识,并在 ADC 上注册和登记相关信息,同时准确记录、报告和保存牛从出生到移出交易过程中的全部信息。但是向 ADC 报送的追溯信息只涉及在转移发生或牛群质量安全情况发生时,如牛群的出生、转栏、移出,牛群的生病用药记录等信息。日常的更为详尽的信息记录则由农场主独立保留,以备核查。在屠宰环节,屠宰场工作人员必须通过信息系统核实牛群是否已在 ADC 登记(强制性),以及牛群的健康信息、屠宰前 3 年是否用过兽药等(非强制性),然后方能进入屠宰环节,屠宰的关键信息必须于 7 日内报告 ADC,其他详尽信息也由屠宰场独立保存。④融合质量管理认证体系于追溯体系中。芬兰以国际通行的危害分析和关键控制点(HACCP)体系作为保障,在畜产品加工环节,对原料、关键生产工序及影响产品安全的各类因素进行分析,确定加工过程中的关键环节,将关键点信息全部纳入追溯系统的控制范围之内,建立、完善监控程序和监控标准,采取规范的纠正措施。⑤注重质量检验检测和风险监控。芬兰十分注重畜产品质量检验检测和对质量安全的风险监控,EVIRA 主要承担了芬兰农产品特别是畜禽产品的检验检测和风险监控工作,特别是对动物的药物治疗和其他食品中的药品残留物的密切监控。⑥开展质量安全教育与培训。只有接受过良好农业教育或通过农业知识考评才有资格成为农场的管理者,一定程度上保障了产品的质量安全管理水平。同时,政府和行业组织、农业企业共同组织一些宣传培训活动,如向农场主发放质量手册、质量安全法律与农业生产标准等,专业的检疫员和 ADC 也会定期给生产者出具质量安全改进意见和报告,帮助生产者提高职业操作水平。⑦执行严格的惩罚制度。

3. 在食品安全风险监测与预警方面的应用

国外食品安全预警一般与食品安全监测以及风险评估相互结合,通过强大的计算机网络与实验室信息化管理技术,采集、上报、汇总分布于全国各地检测系统,食品实验室日常监管工作中产生的海量食品安全检测数据,建立数据库,并利用数理统计、数据挖掘、预测分析等各种现代统计分析手段对海量信息进行分析处理和深度挖掘,从而实时掌握食品安全宏观状态,发现和聚焦存在的安全问题,确定其性质、范围和程度,提出控制方案,为政府部门实施控制措施提供决策依据和技术支持。

(1) 全球

全球环境监测网的食品污染监测与评估规划(通常简称为 GEMS/F0od)由世界粮农组织(FAO)、联合国环境规划署(UNEP)和世界卫生组织(WHO)联合计划实施,是一个很成功的国际间合作监控范例。WHO 承担该计划的实施,GEMS 汇编来自不同国家的食品污染及其与人接触的资料数据。WHO 还筹建了一个食品安全的国际官方网络(INFOSAN),INFOSAN 主要有两部分构成,一个是当出现对人的健康和生命安全严重威胁的食品安全紧急状况时的应急体系;另一个是发布全球食品安全方面重要数据信息的网络体系。

(2) 欧盟

欧盟食品与饲料快速预警系统(RASFF)是借助于欧盟委员会的交流与信息资源管理中心(CIRCA)完成的,国家联系点将发现的问题产品上传到只有欧洲自由贸易联盟食品监督局可读数据库；监督局通过电子邮件接收上传的讯息，根据特定的标准，决定讯息进一步传播的程度；欧盟委员会快速预警系统工作组由监督局进行联系，通知该讯息是否是预警通报。委员会指定了预警代号、非预警通报的字母代号，监督局将通报上传到CIRCA网，这是一个所有28个欧洲经济区国家都可以看到的网，所有CIRCA成员可通过该网络下载通报的电子文本，RASFF并不是一个单向运作的系统，而是一个各方面不断互动的交流网络。

(3) 美国

美国Epi—X(The Epidemic Information Ex～change)是一个由HHS/CDC管理的基于网络的电子预警系统，在Epi—X上有国外以及美国国内的疫情状况，其发布信息的目的是为加快最新疫情以及其他卫生信息在各洲、地区以及政府卫生官员间的传播速度。HHS/FDA和FSIS(Food Safety and Inspection Service)的官员从Epi—X的电子预警系统得到警报，HHS/FDA还有s. A. F. E. S(各州咨询传真/电子邮件系统)通讯系统保证HHS/FDA可以随时向所有50个州发送传真和电子邮件信息。电子实验室交换网络(eLEXNET)是一个用于食品检测资讯的无缝隙、一体化、基于网络的数据交换系统，他使参与食品安全工作的多个代理方易于协调合作和沟通，并且对实验室的研究结果进行协调分析。eLEXNET是由HHS/FDA赞助并得到USDA和国防部(DOD)支持的项目，它使卫生保健官员能够估定危险并分析其趋势，还为发现某食品可能有潜在危险的早期预警系统提供必要基础结构。

4. 在食品安全风险交流方面的应用

网络化、信息化在给传统工作方式带来巨大挑战的同时也带来新的机遇。国际上各国政府、研究结构和社会团体在利用网络快速传播食品安全科学信息方面做了大量的工作，有效地与食品链的参与者进行风险交流，为食品安全管理提供了正能量。网站是用于食品安全风险交流的主要信息平台，各国食品安全网站建设的主要特点如下：

(1) 欧盟食品安全网站建设特点

欧盟食品安全监管者和研究者对于欧盟发布的与食品安全相关的法律法规也比较关注，多数网站都有与法律法规相关的内容。欧盟政府的食品安全网站主要是发布相关法律法规，介绍政府部门职能。最主要的关注点是消费者健康。食品安全的内容主要位于三级标题，少数位于二级标题，相关内容位于多个子目录中。

研究机构则主要作为一个平台，研究食品安全和质量相关内容，发布一些最新研究成果，帮助消费者选择均衡、安全、健康的饮食。网站层次较政府网站少，一般只有一到二级目录，食品安全的内容一般位于一级目录。网站的专业性较强。有专门介绍食品信息的网站，数据库网站可和追溯网站等，内容精而不杂。

学术团体侧重于应用，对欧盟发布的食品安全法律法规以及食品安全最新信息的报道、转载，组织一些食品安全会议等活动。网站层次较政府网站少，较研究机构网站多。一般有二到三级目录。食品安全的内容位于一级或二级目录。包含的内容也是较政府网站少，较研究机构网站多。其内容主要来源于政府以及社会各界发布的信息。

(2) 美国食品安全网站建设特点

政府国家级网站主要有美国食品和药物管理局、美国农业部、美国健康与人类服务部门、美国疾病控制和预防中心、美国环境保护局、美国卫生署、美国司法部、美国国际开发署等；地方级网站主要有加州卫生署、堪萨斯农业部、弗吉尼亚州农业和消费者服务部、华盛顿州卫生部、佛蒙特州健康部、肯塔基联盟等。此类网站中，食品安全大多位于以食品主题为名的一级目录下，二级目录为食品安全，主要包括当前食品安全问题报道、食物防御和应急响应、食品召回及预警、食品安全程序等几个框架，三级目录内容主要包括某种具体食品的风险评估、不同类别产品危害与控制指导、食品安全法律法规、食品安全系统组成、数据库、不同食品召回要求、食品标签要求、检验程序、检验结果、供应链安全影响因素分析及其他相关食品安全链接等。整体上，美国涉及食品安全的政府网站数量大、内容多，由上至下，由大到小逐级深入，层层细化。其重点关注的方面有食品安全存在的问题、食品安全的管理与控制、食品安全政策与法规、预警等。可以看出，美国对食品安全的管理已由应对污染、应对安全问题转向提前预防与食品防御，以此确保美国食品的供应安全。从网站架构与布局来看，多数网站的主页以公众健康为主，包括与健康有关的新闻事件、保健策略、批准使用的产品、问题报道及机构职能等。食品安全信息位于网站的二级、三级及四级目录中。

研究机构网站主要有美国国家标准与技术研究所、宾夕法尼亚州立大学农业科学学院、佐治亚大学、加利福尼亚大学、西方食品安全与安全研究所、佛罗里达大学食品安全与质量学院、圣母大学风险管理和安全学院等。此类网站中，食品安全信息在食品、健康和服务的一级目录下；二级目录为食品安全/质量、溯源等，内容包括食品安全新闻/事件、检测标准及保证程序、食品安全认证、食品防御、溯源政策等；三级目录为出版物、相关网站及培训，内容包括食品安全信息、食品选择指南、突发事件处理、食品安全资源、食品科学扩展推广计划、食品安全热点以及 HACCP 认证课程、食品安全培训等。研究机构关注的是食品安全新闻、检测及安全认证，且增加了食品安全培训的板块。

学术团体网站有国际食品风险交流中心、公众健康和安全组织、国际乳制品产业协会、农业发展风险管理论坛、农业部国家协会等。食品安全信息位于服务和关键问题的一级目录下；二级目录有风险交流、食品安全与防御，包括风险、风险交流、交流工具、交流媒体、食源性疾病、食品安全处理等内容；三级目录内容为食品安全/质量，具体包括危机预防与管理、食品安全现代化法案、认证、安全新闻、HACCP 等。学术团体的食品安全信息主要来源于政府发布的安全新闻、政策、法规、防御措施等。

(3) 德国食品安全网站建设特点

德国是世界上食品安全工作开展较为发达的国家，其食品安全管理体系架构清晰，食品安全研究水平较高。德国食品农业和消费者保护部（BMELV）是负责食品安全的国家级部门，其下设的德国联邦消费者保护和食品安全办公室（BVL）和德国联邦风险评估研究所（BfR）分别承担了食品安全风险管理和食品安全风险评估的任务，BVL，BfR 通过透明的风险评估、风险管理过程与消费者等共同完成风险交流。其中 BVL 是德国联邦政府食品安全的主要负责机构，BVL 承担着发布一般行政规定和监管方案，并协助各联邦州食品安全管理机构进行食品安全监管的责任，此外，BVL 作为欧盟食品和饲料快速预警系统的国家联络点，还承担着收集德国各州的食品安全风险信息，并通过欧盟委员会将风险信息与欧盟其他成员国共享的职责。作为国家级食品安全管理机构，BVL 还承担了两大食品安全网站的建设运行任务，BVL下设的食品预警网负责公布全德国各州检查发现的问题食品信息，消费者可以通过登录该网站迅速了解不合格产品名称，生产商的销售范围，规避食品安全风险。此外，BVL建立的食品透明度网站用于收集消费者投诉信息，若消费者发现所购食品存在安全隐患，可登录该网站举报食品安全事件，网站会寻求专家评估举报内容，并要求厂家做出回应，无论厂家是否回应，涉嫌误导消费者的产品图片、举报理由、专家建议、厂家说法都会在举报起7天内在网上公开。BfR是德国联邦食品、农业和消费者保护部(BMELV)下设的独立研究所，其主要任务是在科学的基础上鉴别和评估包括食品安全在内的消费者所面临的风险，对可能存在的风险提出控制措施。由于欧盟国家之间食品贸易频繁，德国食品安全保障体系并不是单单着眼于本国体系，其通过与欧盟委员会的卫生和消费者保护总局(SANCO)，欧洲食品和兽医办公室(FVO)，欧盟食品安全局(EFSA)等欧盟机构的合作，共同完成本国的食品安全监管工作。

(4) 英国食品安全网站建设特点

政府国家级网站主要有英国政府网、英国食品标准局(FSA)、英国法律法规网、英国药品和健康产品管理局(MHRA)、英国食品卫生管理局、塔哈姆雷特委员会；地方级政府网站主要有苏格兰政府网站、苏格兰委员会、威尔士政府食品中心、北爱尔兰政府农业与乡村发展中心(DARD)。在政府网站中，食品安全处于部门分级(department)的一级目录下，二级目录为环境、食品和农村事务部，三级目录包含食品安全，政策的颁布等；以及处于一级目录商业模块下，二级目录有农业，食品、餐饮和零售部门，三级目录中包含食品安全控制、HACCP体系、安全预警、食品召回、溯源等模块。在FSA中一级目录新闻、政策、工商业模块下均有食品模块，二级目录设有食品预警的新闻、过敏警报，食品包装材料、食物中毒、转基因食品、食品安全问题投诉、食品卫生等级方案、进口食品、辐照食品、真菌毒素等模块。在DARD中，一级目录有食品和动物的健康和福利，下属二级目录包含肉、奶、蛋、兽药使用的模块。从政府网站可以看出，英国政府对食品安全极其关注，对食品的生产养殖、交易、食品加工认证以及市场销售均颁布了相关的政策。食品加工阶段，英国政府制定了包含食品制作过程使用食品添加剂、农药残留、接触材料和加工过程，如高温烹饪和辐照等的食品安全规则和程序。在餐饮和零售等市场交易阶段，英国政府对食品标签和包装，以及安全使用期等做了相关规定，如果有问题食品在市场上出现，则出现安全预警。另外英国的一些地方政府，像威尔士、北爱尔兰等也有专门的食品安全管理中心。另外，英国政府对外来进口食品和国内食品流动链的安全有着比较严密的监控和管理。对外来食品，英国政府对其种类、来源地等进行了规定，不符合规定的将不准带入或必须进行专门检测方可入境。由于2000年疯牛病的爆发，英国成立了食品标准局(FSA)，该局不属于政府，独立管理食品安全问题。FSA(Food Standard Agency)专门负责食品安全，因此在各个环节中均可进行高效的沟通。首先FSA成立了新闻信息平台及时播报食品预警新闻和过敏警报消息以及给公民提供食品安全方面的信息咨询。其次FSA独立颁布相关的政策，给出相关建议，例如对食品添加剂的规定和食品卫生等级划分方案等政策，疯牛病和食物中毒等相关信息。当然FSA也对英国国内食物链和外国进口食物进行监控，但它所颁布的政策要比英国政府全面详细。

英国的研究机构包括国利兹大学食品科学与营养学院、英国萨利大学食品营养及饮食系、英国雷丁大学食品营养系、贝尔法斯特女王大学、全球食品安全研究所、英国牛津布鲁克斯大学、运动健康科学系功能食品中心、NIZO食品研究机构。以上机构主要关注食品安全与营养,食品相关专业人才的培养,食品相关资料的统计等,其中一级目录为食品安全和营养,二级目录设有食品化学和生物化学、食品加工、营养和大众健康,食品安全大多设在食品加工目录下。

学术团体包括英国零售商协会(BRC)、英国标准协会(BSI)、食品安全知识学习网站、食品安全相关的文章搜索等团体。此类网站食品安全问题大多设置在三级目录下,如英国零售商协会(BRC),食品安全问题位于BRC官网的一级目录政策(policy)之下,二级目录为就业、环境、食品、交通等,三级目录为酒精、食品政策、食品安全、食品供应链、营养等。学术团体更加关注日常食品安全,各种食品安全新闻的发布、公共健康等问题。学术团体发布一些国家目前的食品安全问题的报道,并告诉大家一些生活常识等。如英国零售商协会(British Retail Consortium,BRC),是一个代表着英国食品零售商利益的协会,他们制定了自己的全球食品标准,他们是把食品安全管理做到了市场的层面上,每个零售商都对供应商进行监督,这样,如果食品制造商要把产品放在零售商那里卖,就必须符合他们的要求,所以这就是一个驱使食品制造商投入进行食品安全管理的最直接动力。

纵观英国的有关食品安全的网站中,很多都涉及如果发现食品安全问题,如何与相关部门联系,每个公民都可以监督食品安全问题,很多政府网站均有对食品事件的解说与公布,有专门的主题(topic),让大家了解真实的情况。并且很多网站有对食品行业的人员培训及生活指点等。因此从大的政策方针到小的如何洗手等细节都有明文规定,从国家到民众,都对食品工业做着不同层面的监督。

(5) 澳大利亚食品安全网站建设特点

澳大利亚国家政府和州政府涉及食品安全的网站共查到17个。7个国家级的食品安全网站包括了澳大利亚政府网、澳新食品标准法典、卫生部、农渔林业部(含数据库)、农药残留和兽医医学权威(APVMA)等,几乎涵盖了澳大利亚食品政策法规及其执行和监督。这些网站只有APVMA将食品安全列在了一级目录之下,其余均将其放在二级或以下目录。仅澳新食品标准法典这一网站的二级目录,涉及食品安全的有食品法规、食品召回、初级产品和加工标准、食品供应链安全和溯源等,三四级食品安全目录主要细化到了各类食品标准、进出口食品、食品标签要求。澳大利亚6个州2个领地共查到食品安全网站10个,由于澳大利亚国内食品由各州和地区政府负责管理,各自食品安全监管的牵头部门也各不相同,各州或领地可进行本地区食品政策制定,完善监管体系,进行食品卫生和溯源的监管,有的是食品监管局,有的是卫生部,但是从网站上看食品安全主要列在与Health有关的二级目录之下,值得一提的是,地方政府网站是都有专门的food safety标题,主要设在了三四级目录下,内容包含食品法规、食品安全新闻、安全认证等。

澳大利亚研究机构涉及食品安全的网站查到6个,其中2个是研究所,3是大学,其中Monash大学是在其博客是说明有food safety专业,Adelaide大学食品安全相关的主要是食品风险评估,Curtin大学的链接里是该大学设立的与食品安全有关的专业。最后一个是澳大利亚实验室认证组织,目前站内搜索到了51个与食品认证有关的实验室。总体来看,因澳大利亚的大学食品方向主要研究食品科学,故很难在一二级目录找到食品安全，一般作为专业列在学院里。联邦科学与工业研究组织(Commonwealth Scientific and Industrial Research Organization，CSIRO)涉及食品安全的研究较多，划分也相对较细，涉及食品安全的主要在农业食品的二级目录下和研究划分的四级目录之下，前者的食品安全主要围绕食品储藏的影响，而后者的食品安全包括了在食品安全方面所做的一些研究，分别涉及饲料、动物和食品三个方面。

澳大利亚与食品安全有关的学术团体查到3个，两个非营利性组织，另外一个是食品法律的公司，但是会提供关于食品的免费资料。TQA非营利组织是一个针对品质保证、食品安全和环境管理的网站，食品安全主要列在了二级目录里，内容包括食品安全品质、全球化农业生产、HACCP等。而SAI platform主要从可持续农业发展角度来关注食品品质和安全，内容列在一级目录主页里。澳大利亚与食品安全有关的食品安全团体比较少。

(6) 日本食品安全网站建设特点

政府国家级网站主要有日本内阁府食品安全委员会、农林水产省、厚生劳动省、日本食品安全认证机构(日本食品安全局)等；食品安全委员会的职责权限主要包括风险评估、提供咨询、调查审议、风险沟通和应对危机几个方面；农林水产省所管辖的包括了农业畜产业、林业、水产业、食物安全、食物稳定供应、振兴农村；厚生劳动省是日本负责医疗卫生和社会保障的主要部门，厚生劳动省设有11个局，主要负责日本的国民健康、医疗保险、医疗服务提供、药品和食品安全、社会保险和社会保障、劳动就业、弱势群体社会救助等职责；农林水产省主要负责生鲜农产品及其粗加工产品的安全性，侧重在这些农产品的生产和加工阶段，厚生劳动省负责其他食品及进口食品的安全性，侧重在这些食品的进口和流通阶段。

地方级网站主要有东北农政局、关东农政局、北陆农政局、东海农政局、近畿农政局等。此类网站中，一级目录包括基本政策、食品、消费者和安全、生产、管理、农村发展、统计资料，二级目录和三级目录内容主要包括农产品安全、消费者行为、食品安全和动物健康、食品标签、可追溯性；整体上，日本的食品安全重点关注存在的问题、管理与控制、政策与法规、预警等。日本对食品安全的管理从以生产者为对象逐步调整为重视消费者的呼声，以此确保日本食品的供应安全。从网站架构与布局来看，多数地方政府网站的主页以基本政策、食品、消费者和安全、生产、管理、农村发展、统计资料为主，食品安全信息位于网站的二级、三级及四级目录中。

研究机构网站主要有日本农业和食品研究组织、东京食品技术研究所、东京大都会公共卫生研究所、日本国家农业生物资源研究所、北海道地区的国家农业研究中心、东北地区的国家农业研究中心、国家西部地区农业研究中心、九州冲绳地区的国家农业研究中心、国家食品研究所等。一级目录：首页、活动和研讨会、研究信息、品种和专利、产学官合作，测试指南；二级目录日本食品品牌、研究课题、品种、专利、产学官合作系统等；研究机构关注的是食品安全新闻、检测及安全认证、微生物、物理和化学测试、水质检查、食品卫生顾问，食品卫生的窗口。学术团体网站有东京都食品卫生协会、日本食品化学学会、日本食品科学工学会、日本食品添加剂协会、冷冻食品研究协会等。一级目录内容主要为首页、入会要求、学会概要、学会制度；二级目录有协会成立、协会机制、会长的问候、会员类型、年费等。

国际网站建设很注重消费者参与及其评价信息，鼓励全民参与食品安全管理，使食品生产经营者处于全民的监督中，有效地推进了食品安全风险交流和食品生产企业的诚信管理体系建设。

（二）国内物联网在食品安全管理应用的现状

1. 在农产品物流管理中的应用

（1）中国农产品流通的特点

1）农产品的流通量大。我国是世界上人口最多的国家，与人口基数相对应，我国居民消费着世界上最多量的农产品，这与我们国家的人口众多，地域广阔有着非常大的关系。

2）农产品流通品种多。受我国独特的饮食文化影响，与其他国家相比，我国农产品流通品种更为丰富。

3）农产品分散种植和非标准化。自从家庭联产承包制实行以来，农产品生产均由千家万户的农户来完成，其组织形式高度分散，种养殖方式无法统一，安全监管难度很大，这给食品安全和产品追溯造成了非常大的障碍。

4）农产品消费的多元化需求趋势。随着我国经济发展，人民生活水平提高，消费者对农产品的需求也从过去简单的粮食类为主向肉、蛋、奶、粮、油、果、蔬等多元化需求过渡。

5）农产品流通的信息不透明。目前我国农产品流通基本上还处在时间长、消耗大、效率低、效益差的低层次上，很难适应社会经济迅速发展的需要。其根本原因就在于农产品供应链的信息不透明，这既包括从消费者到供应商的需求信息流，也包括从供应商到消费者的供给信息流。一方面，对于农民而言，由于需求信息的不确定性，造成批发市场价格波动大，不利于农产品的均衡供给，加大了农民的市场风险；另一方面，对于消费者而言，由于供给信息的不确定性，使消费者对产品质量失去信任。

中美、中日农产品流通特点比较见表 2-5-9 和表 2-5-10。

表 2-5-9　中美农产品流通特点比较

美国	中国
成熟的农产品流通体系	高速发展的流通模式
30％经批发市场流通	90％经批发市场流通
农超对接，协议交易	多渠道流通，现货交易
产品标准化程度高	产品标准化程度低
产品地域特点不明显	产品地域特点明显
批发由销地转向产地	批发市场多集中在城市
专业化批发市场	农产品综合批发市场

表 2-5-10　中日农产品流通特点比较

日本	中国
批发市场管理规范	批发市场自由发展
80%经批发市场流通	90%经批发市场流通
生产商和零售商交易	批发多手交易
采用拍卖,协议交易	采用现货交易
产品标准化程度高	产品标准化程度低
物流精细化,收入高	物流粗放,成本高
市场只允许批发交易	批发与零售混杂于市场

(2) 中国农产品物流环境的特点

1) 种植养殖集中化程度低;

2) 流通环节多,渠道复杂;

3) 销售渠道规模相对较小;

4) 品种繁杂,标准化程度低;

5) 产品价值相对较低,交易量大。

(3) 中国农产品物流体系的特点

全国各地坚持以市场为导向,大力培育农副产品市场如大型批发市场、专业市场和集贸市场,为促进农产品流通、农村产业结构调整和农民收入增加起到了积极作用。基本上形成了从生产、收购、流通加工、运输、储存、装卸、搬运、包装、配送到销售一整套组织环节,但参与个体和组织规模小、层次低、离散性强、联合性差,组织化程度低[144]。主要特点为:

1) 农产品物流市场体系体现区域发展不平衡性。由于经济发展的不平衡性,城乡、地区在经济、消费、观念等诸多方面存在着很大的差距,物流企业、物流设施、物流活动高度集中在交通极为发达的地区,而在乡村物流业的发展较缓慢。东部沿海省份由于经济发达程度高,农产品物流市场发展迅速,流通体制完善,而西部地区由于经济基础差,农产品物流市场发展滞后。农产品批发市场和农产品流通中心发展较快,但市场交易法规建设薄弱,交易规范化程度有待提高。农产品在流通过程中的中介环节过多,流通成本趋高。

2) 农产品物流形成主体多元化和组织形式多样化的局面。我国的农产品物流主体有:国有商业企业、供销社、民营企业、股份制企业,农村生产经营大户、专业协会、专业场(站)和专业合作经济组织等。农业产业化龙头企业在发展农产品物流方面起到了积极作用。虽然我国农产品物流从业主体绝对数量大,但是众多的参与个体和组织规模小、层次低、离散性强、联合性差,组织化程度低,缺乏竞争力。除了传统的交易方式外,还相继出现了期货、拍卖、订单等新型交易方式。农产品的流通手段也有所更新,连锁经营、配送和网上销售等现代方式也有所发展。有些农产品已进入大型商业销售网络。但总体来说国内的物流企业很多还是粗放式经营。农产品交易主体主要有自产自销农民、农业企业和流通中介体(如流通协会、村级集体组织、专业协会等)。目前,我国农产品交易环节形式多样,有生产直接进入零售的,也有生产、交易、一级、二级批发等多环节的。

3）传统流通渠道为主且新型流通业形态逐步形成的态势。从县城到集镇、乡村，县城商业网——集镇商业网——乡村商业网的流通网络基本形成。集中分布固定网点，并以流动网点作为补充，以中小型网点为主，以县城为中心，集镇网络为骨干，联系乡村分散网点并与农产品采购网络结合起来的新型流通格局已逐步形成。随着农产品零售市场渠道的不断拓宽和规范化，特别是超市农产品销售等新型农产品销售业态的出现及规模的扩大，使农产品企业化经营得到快速发展。

（4）我国农产品物流的发展趋势

我国的农产品物流产业主要呈现出六大发展趋势：

1）物流技术高速发展，物流管理水平不断提高，物流企业的技术装备达到相当高的水平，其发展趋势表现为信息化、自动化、智能化和集成化，高新技术在物流运输业的应用与发展尤为突出。

2）专业物流形成规模，共同配送成为主导。为迎合消费者个性化的产品需求，生产厂商采取多样、少量的生产方式，高频度、小批量的配送需求随之产生。经济发达国家和地区，专业物流服务已形成规模。

3）物流企业向集约化、协同化、全球化方向发展。

4）电子物流需求强劲，快递业发展迅猛。

5）绿色物流将成为新增长点。绿色物流既包括了对物流系统污染进行控制，又包括建立工业和生活废料处理的物流系统。

6）物流专业人才需求增长，教育培训体系日趋完善。

2. 在食品追溯体系建设中的应用

（1）相关法律法规

国家质检总局2004年5月出台了《出境水产品追溯规程（试行）》，出口水产品及其原料需按照该规程的规定进行标识，我国的出口水产品可以通过产品外包装上的标识从成品追溯到原料。2006年起实施的《农产品质量安全法》第24条规定，农产品生产企业和农民专业合作经济组织应当建立农产品生产记录，如实记载下列事项：①使用农业投入品的名称、来源、用法、用量和使用、停用的日期；②动物疫病、植物病虫草害的发生和防治情况；③收获、屠宰或者捕捞的日期。农产品生产记录应当保存二年。禁止伪造农产品生产记录。国家鼓励其他农产品生产者建立农产品生产记录。农业部《NY/T 1431 农产品追溯编码导则》要求，通过可追溯编码从产业链的终端到始端识别产品和产品成分的来源，并规范农产品编码的原则。农业部《NY/T 1430—2007 农产品产地编码规则》规定了农产品产地编码的术语和定义、产地单元划分原则、产地编码规则、产地单元数据要求。《NY/T 1940—2010 热带水果分类和编码》规定了热带水果分类原则和方法、编码方法及分类代码[145, 146]。2009年起实施的《食品安全法》规定，对食品的生产、加工、包装、采购等供应链各环节提出了建立信息记录的法律要求，以便于日后的追溯与召回。与之配套的实施条例则明确食品生产经营者为食品安全第一责任人，规定生产企业应如实记录食品生产过程的安全管理情况，记录的保留期限不得少于两年；食品批发企业应如实记录批发食品的名称、购货者名称及联系方式等，记录、票据的保存期限不得少于两年。《食品安全法》的实施为我国开展食品安全追溯提供了法律保障。2015年新修订的《食品安全法》

在第四十二条中明确提出国家建立食品安全全程追溯制度，规定食品生产者应当依照本法的规定，建立食品安全追溯体系，保证食品可追溯。

中华人民共和国动物防疫法(2007 修订)[20070830]：第十四条　县级以上地方人民政府兽医主管部门组织实施动物疫病强制免疫计划。乡级人民政府、城市街道办事处应当组织本管辖区域内饲养动物的单位和个人做好强制免疫工作。饲养动物的单位和个人应当依法履行动物疫病强制免疫义务，按照兽医主管部门的要求做好强制免疫工作。经强制免疫的动物，应当按照国务院兽医主管部门的规定建立免疫档案，加施畜禽标识，实施可追溯管理。

中华人民共和国国民经济和社会发展第十二个五年规划纲要(2011 年 3 月 14 日第十一届全国人民代表大会第四次会议批准)：制定和完善食品药品安全标准。建立食品药品质量追溯制度，形成来源可追溯、去向可查证、责任可追究的安全责任链。健全食品药品安全应急体系，强化快速通报和快速反应机制。加强食品药品安全风险监测评估预警和监管执法，提高监管的有效性和公信力。继续实施食品药品监管基础设施建设工程。加强检验检测、认证检查和不良反应监测等食品药品安全技术支撑能力建设。加强基层快速检测能力建设，整合社会检测资源，构建社会公共检测服务平台。强化基本药物监管，确保用药安全。

国办发[2012]16 号国务院办公厅关于印发 2012 年食品安全重点工作安排的通知：第二条，深化重点品种综合治理。继续深化乳制品、食用油、肉类、酒类、食品添加剂、加工企业履行自检义务，提高企业食品安全风险控制能力[147, 148]；加快重点食品和食用农产品安全追溯体系建设。加快推进餐厨废弃物资源化利用和无害化处理试点工作。第十七条，加强食品安全科技研发。重点研发食用农产品和食品安全检验检测、风险评估技术，提高检验检测设备的自主化水平。建立健全流通环节食品安全电子监管体系，推进肉菜、酒类电子追溯系统建设[148]。

国办发[2013]18 号国务院办公厅关于印发贯彻实施质量发展纲要 2013 年行动计划的通知：以酒类、化肥为重点，探索建立质量安全违法责任追溯制度和公开违法违规记录的制度。

国办发[2012]20 号国务院关于加强食品安全工作的决定：第五条，健全食品安全工作机制，推动食品安全全程追溯、检验检测互认和监管执法等方面的区域合作；第九条，加强食用农产品监管。完善农产品产地准出、市场准入制度和农产品质量安全追溯体系，强化农产品包装标识管理；第十九条，加快食品安全信息化建设。加快推进食品安全电子追溯系统建设，建立统一的追溯手段和技术平台，提高追溯体系的便捷性和有效性。

国办发[2012]23 号国务院关于大力推进信息化发展和切实保障信息安全的若干意见：加强农业生产环境监控、生产过程监测、行业发展监管，建立和完善农产品质量安全追溯体系。积极培育、示范、推广适用的农业信息化应用模式。国办发[2012]29 号国务院关于印发国家基本公共服务体系“十二五”规划：实行国家基本药物全品种覆盖抽验和全品种电子监管，提升对基本药物从生产到流通全过程追溯的能力。国办发〔2012〕36 号国务院办公厅关于印发国家食品安全监管体系“十二五”规划：食品安全追溯系统建设，应按照循序渐进原则，先行在婴幼儿配方乳粉和原料乳粉、肉类、蔬菜、酒类产品、保健食品等方面实现电子追溯,并逐步拓展到其他重点食品品种[149]。

国办发[2012]39号国务院关于深化流通体制改革,加快流通产业发展的意见:充分利用社会检测资源,建立涉及人身健康与安全的商品检验制度。建立健全肉类、水产品、蔬菜、水果、酒类、中药材、农资等商品流通追溯体系。

国办发[2012]47号国务院办公厅关于印发国内贸易发展“十二五”规划的通知:扶持和规范中药材交易市场,建立中药材流通追溯体系。加强保健食品、化妆品流通监管,探索建设追溯体系。逐步建立肉菜等食用农产品的流通追溯体系。

商建发[2013]51号商务部关于贯彻落实《中共中央、国务院关于加快发展现代农业进一步增强农村发展活力的若干意见》的实施意见:第七条,以完善追溯体系为抓手,加强质量管理保安全。一是积极扩大试点范围。统筹规划肉菜流通追溯体系建设工作,加大督促指导力度,逐步推动所有直辖市、计划单列市和省会城市开展肉菜流通追溯体系建设试点,形成全国性追溯网络。鼓励有条件的城市、企业自行开展肉菜流通追溯体系建设试点,积极推进“放心肉”服务体系建设。二是强化运行管理。推动肉菜流通追溯体系建设试点城市加快完善运行管理机制和考核评估办法,落实运行维护责任和经费,加强宣传培训与监督检查,确保追溯体系长期有效运行。三是创造良好工作条件。加大政策支持力度,为质量追溯体系建设提供必要的资金、人才和技术支持。积极推动农产品批发市场、农贸市场落实索证索票制度,促进购销台账电子化,推动农产品流通标准化,为肉菜流通追溯体系建设创造有利条件。四是加强商务执法队伍建设。尽快使商务执法队伍覆盖所有地级市和具备条件的县,提升监管能力和水平,加强生猪屠宰行业监管与执法[150]。

农医发[2013]5号农业部关于印发《2013年动物及动物产品兽药残留监控计划》的第(七)条:各地要严格执行阳性(超标)样品报告制度和阳性(超标)样品追溯制度。

(2) 追溯体系建设情况

为了保障奥运食品安全,2008年1月北京市已建成奥运食品安全监控与追溯系统,实现“从农田到餐桌”的全程监控体系,对供应北京奥运会的所有食品进行追溯,尤其是对大供应量的畜禽类产品的追溯建设,已经进入实施阶段[151]。畜禽类产品中猪、牛、羊、鸡、鸭等常用品种已经可以从养殖、屠宰、流通环节实现全程监控,追溯信息化建设的终端已经进入北京的超市和零售批发市场,追溯体系业已形成[152]。商务部、财政部按照试点先行、重点突破的方针,从2010年开始,分三批支持35个城市开展试点,建设肉菜流通追溯体系,探索利用信息技术管理市场,强化流通食品安全行业管理,提高流通信息化和现代化水平。到2013年底,三年来,肉菜流通追溯体系建设工作取得显著成效。首批10个城市建成运行追溯体系,共覆盖3007个企业,包括134个屠宰场、77个批发市场、1766个菜市场、631个大型连锁超市、399个团体消费单位,基本实现了主城区内机械化屠宰场、批发市场、标准化菜市场及大中型连锁超市的全覆盖,改善了流通食品安全质量保障能力,提升了流通现代化及行业管理的科学化水平。2014年新增试点,将在秦皇岛、包头、沈阳、吉林、牡丹江、徐州、福州、淄博、烟台、漯河、襄阳、湘潭、中山、遵义、天水等15个城市开展肉菜流通追溯体系建设。试点城市按照统一采集指标、统一编码规则、统一传输格式、统一接口规范、统一追溯规程的“五统一”要求建设追溯体系,从而保障不同追溯技术模式信息的互联互通,跨区域无缝对接,实现全国范围内信息的追溯查询。

农业部从2004年追溯系统开始试点，到2008年国家正式立项，建立了农垦农产品质量追溯系统。截至2013年底，参加全国农垦农产品质量追溯系统建设的可追溯企业达到283家，到2014年底将达到350家。覆盖了除西藏、青海、山西三省以外的其他28个省区市。追溯范围涵盖谷物、蔬菜、水果、茶叶、畜禽肉、禽蛋、水产、牛奶等主要农产品、种子等农业投入品及葡萄酒等农产加工品，推出了一批在国内外市场品牌信誉度高、安全保障能力强的可追溯产品。目前，围绕农垦系统形成了北京首农集团、上海光明食品集团等一批国内外知名企业。此外，农垦系统在初期试点的基础上建立农产品质量追溯系统，充分发挥农垦在农产品生产环境、生产规模、产业化、信息化、技术服务和组织领导等方面综合优势，为探索建立我国农产品质量追溯制度、示范带动现代农业发展提供可借鉴的经验和模式，带动了黑龙江、辽宁、海南等省50多家非农垦的地方企业和周边农户加入到追溯系统建设工作中来，形成了一定的社会影响力。

农业投入品溯源监管是从源头保障农产品质量安全的重要措施。中国农业科学院农产品加工研究所在农业部农业投入品质量监管"农业投入品信息化平台建设及示范"项目资助下开发了"农资溯源管理系统"和"农资溯源管理系统销售端软件"已在湖北、湖南、福建、山东、江苏、江西、安徽、贵州、内蒙古、辽宁等10个省市示范应用。该系统融合了政府监管、企业经营管理、消费者购买产品查询功能；解决了不同地区信息化管理系统不能互联互通的问题，实现全国联网监管。该系统的应用可有效提高执法部门对农业投入品营销企业和产品的审核、查验及监管效率；促进监管部门、营销企业和消费者之间的信息传递和沟通；健全农业投入品销售台账记录制度，提高营销企业的内部管理效率；提出了农业投入品信息化监管的新思路和新模式。此外，通过农业投入品信息化监管平台的建设，了解各地区农业投入品的购买量及使用量，并结合当地种植农作物的类型，掌握不同种类农产品生产过程中农业投入品的使用特点，为农产品质量和安全的源头监管、预警提供数据支撑，保障消费者利益和身体健康。

3. 在食品安全风险监测与预警方面的应用

近年来，食品安全风险监测、风险评估日益兴起。质检部门、卫生部门、农业部门分别就风险监测体系、污染物及食源性疾病监测体系做了进一步完善。目前，国内许多相关部委乃至同一部委内下属不同级别的机构都形成了食品安全信息预警的理念，体现了各部委对食品安全的高度重视。

(1) 农业部

通过无公害农业与食物安全预警系统向全国发布农产品警情，与国家质检总局共同制定并实施《中华人民共和国动物及动物源食品中残留物质监控计划》及《中华人民共和国动植物源性食品农药残留物质监控计划》，参与在全国范围内对动物及动物源性食品进行农兽药残留监测，并发布农产品警情。

(2) 卫生与计划生育委员会

在全国建立了污染物监测网和食源性疾病监测网，定期发布污染物总体水平可能出现的卫生问题警情报告；通过对指示性食品和危害人体健康的有害物质进行主动监测，了解污染水平，及时发现潜在的和正在发生的食品中生物性污染问题，建立食品污染状况数据库和数据分析系统，利用网络技术平台和相应微机软件，系统分析全国食品污染物的污染水平和动态变化，进行风险评价。重点开展监测的化学污染物包括：有害重金属、农药和兽药残留、环境污染物以及食品加工过程形成的有害物质，如氯丙醇、丙烯酰胺、亚硝胺、多环芳烃、氨基甲酸乙酯等。

（3）国家工商总局

充分利用12315消费者申诉网络，建立了一个食品安全快速反应体系，主要针对辖区内流通环节发生的违反食品安全管理规定的问题，如市场内出售"三无商品"、不合格商品以及禁止上市的商品、市场内经营的未达到商品包装和标签规范要求、未落实117号令中有关规定的、假冒伪劣商品等，下发食品安全预警警示通知书。

（4）国家质检总局

国家质检总局进出口食品安全局率先建立了口岸预警制度，发布了《出口食品、化妆品检验检疫风险预警及快速反应管理实施细则》，对进口食品（包括饮料、酒类、糖类）、食品添加剂、食品容器、包装材料、食品用工具及设备进行检验检疫和监督管理；建立出入境食品检验检疫风险预警和快速反应系统，对进出口食品中可能存在的风险或潜在危害采取预防性安全保障和处理措施。2006年国家质检总局食品生产监管司为有效应对食品安全问题建立了包括信息处理系统、预警分析系统和快速反应系统在内的预警体系。该体系主要工作内容是确定某种产品的某个指标为风险指标，然后对其进行监控；其次是要求各地省局将本地区监督抽查数据定期上报并进行分析汇总。

4. 在食品安全风险交流方面的应用

国家级政府网站由政府主导创办和维护，功能主要是信息发布，部分政府网站还有监管、预警、数据库功能。主要用户比较广泛。一级目录包括信息多样化、复杂化，其中与食品安全相关的信息通常会显示在二级目录中，食品安全信息多显示在网站的新闻、法律法规、公告通知等二级目录中，对食品安全法律法规及其他信息起宣传作用。所发布的信息具有权威性。

各省地方上政府网站由地方政府主导创办和维护，主要功能是信息发布，如政务公开等。其中与食品安全相关的信息通常会显示在二级目录中或首页专栏中。对食品安全法律法规及其他信息起宣传作用。

科研机构网站由科研单位创立和维护，主要为科研宣传和交流而建立的网站，主要用户为食品安全等相关专业者。一级目录大多数专业性很强，信息集中，其中一级目录多包含：科学研究、合作交流、信息数据库、新闻发布等信息。科学研究大多介绍本单位目前从事的研究方向、工作内容及目前在研究上取得的成果。合作交流大多介绍国内外交流情况，国际动态，合作伙伴等内容。信息数据大多是本单位研究取的相关研究数据或收集的相应数据，并建立数据库供需求人进行查询，或使用者可以向数据提交数据，进行存档，各种数据库方便大家使用。新闻发布大多是发布本机构或转载其他相关网重要信息，供浏览者进行查阅。

社会团体网站创办者和创办形式多样。社团体大多部网站是盈利性网站，如食品伙伴网。根据他们的功能形式可分为信息宣传网站、期刊网站、协会网站、博客网站、论坛网站、食品招聘网站。主要包括食品安全资讯、冷冻肉品商超、调料保健、糖业乳品、餐饮粮油、饮品机械、烟酒生鲜等[153]。信息宣传网站一级目录多为网站首页、新闻报道、产品介绍、单位介绍、联系方式等；期刊网站主要用于投稿、宣传、查询；协会网站一级目录多首页、协会介绍、政策法规、市场分析及交流、协会新闻、联系方式等。论坛网站大多是以注册会员，以发帖的形式进行相关问题的交流，用户可以在论坛上交流各种问题和对一个问题发表自己的观点。

八、物联网在食品安全管理应用的案例分析

（一）国际案例解析

1. 英国农产品电商Ocado独特的运营模式解析

奥凯多（Ocado）是英国最大的B2C零售商，世界上最大的网上食品零售商，于2002年1月正式商业运营，除了售卖生鲜外，也卖其他食品、玩具和医药产品等。总部在英国赫特福德郡的哈特菲尔德，2010年7月21日在伦敦证券交易上市。2010年，Ocado公司在线销售额实现8.9亿美元，为欧美食品、药物类在线销售额的第二名，2013年在线销售达到7.32亿英镑（即12.3亿美元）。

Ocado公司在过去10年都未能实现盈利，但其市值高达11.8亿英镑，目前公司有超过5000名员工。

（1）Ocado电商的运营模式：B2C+O2O

Ocado是独一无二的完全独立的网络食品杂货店，专注于将高端食品、饮料和家庭用品配送至顾客家中（图2-5-22和图2-5-23）。

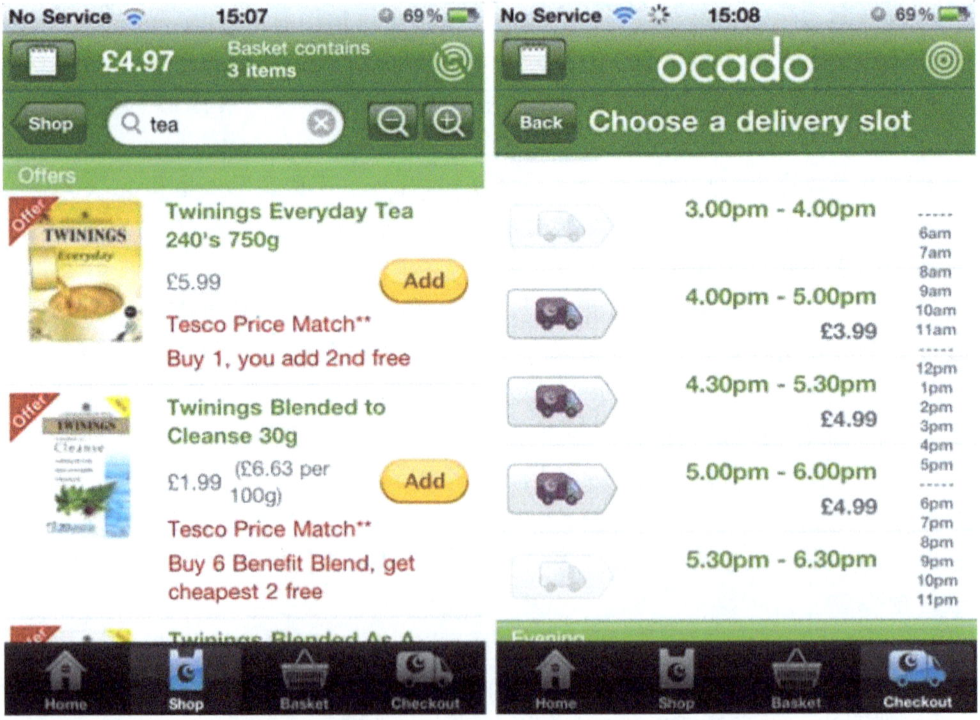

图2-5-22 B2C模式：线上平台（Ocado.com）+移动端购物

图 2-5-23　O2O 模式

"虚拟橱窗"购物,通过智能手机二维码扫码完成下单。

与线下超市合作。与占据了英国中高端超市市场的 Waitrose 超市合作,Ocado 为其提供在线服务,实现 Waitrose 的网上杂货销售。

(2) Ocado 的品类

Ocado 打造独一无二的完全独立的网络食品杂货店,专注于将高端食品、生鲜、饮料和家庭用品。

1) 生鲜等自有品牌食品;

2) 鲜花、玩具、食品杂货、杂志能其他品牌的产品;

3) 第三方平台商品,如家乐福的产品也通过 Ocado 平台销售。

目前 Ocado 仓库能支持 21500 个品项存储,其中超过 250 个品项是 Ocado 的自有品牌。

(3) Ocado 营销模式

1) 街道人流集中地方设置虚拟橱窗;

2) 安装 42 寸的触摸屏带动顾客购物体验;

3) 线下社区试吃体验活动。

(4) Ocado 供应链模式

扁平化供应链,供应商直接供应到运营中心 CFC(Central Fulfilment Centre)占 85%,然后直接根据订单配送到客户家里。在英国哈特菲尔德拥有 295000 平方英尺的运营中心(CFC),85%的入库商品直接由供应商配送至该 CFC,15%的入库商品是由维特罗斯超市的 RDC 配送。Ocado 的供应链模式和传统模式的对比如图 2-5-24:

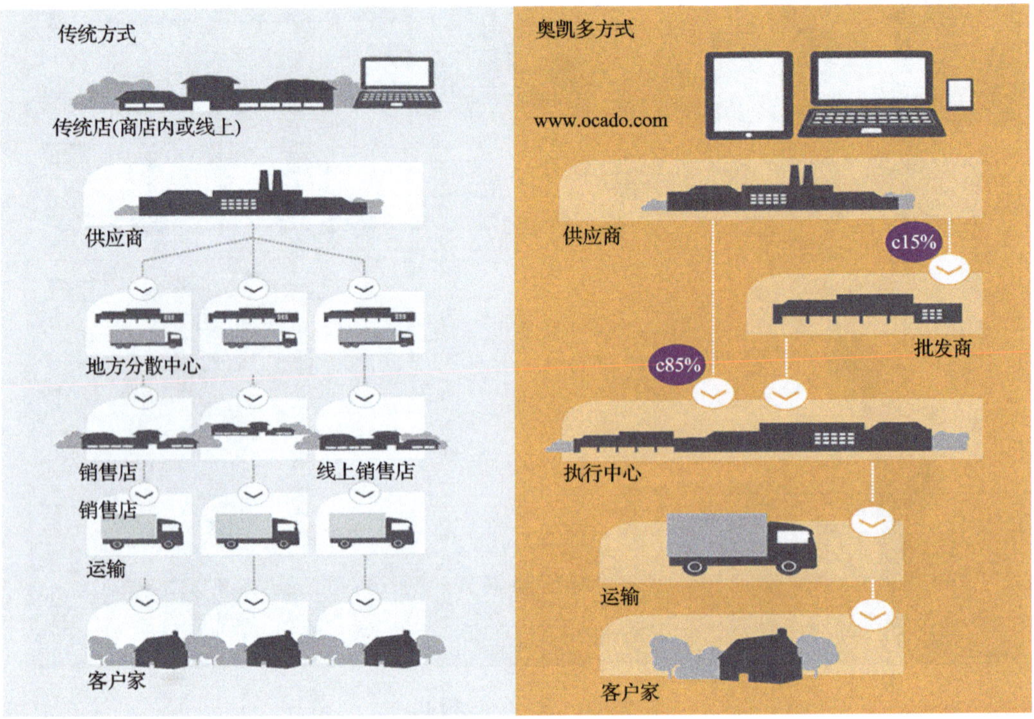

图 2-5-24　Ocado 的供应链模式和传统模式对比图

（5）Ocado 物流服务和技术

1）物流中心方面：2010 年，Ocado 在英国哈特菲尔德建立了 295000 平方英尺的运营中心，Ocado 物流中心选建在高速公路便捷的中转站，选择在 Prologis 的物流园区。所有的客户订单都在 CFC 中处理后出库。Ocado2011 年提升仓库能力，满足 112000 单/周的峰值，同时对 CFC2 进行选址（图 2-5-25）。

图 2-5-25　Ocado 物流中心

2）配送方面：通过先进的物流技术，Ocado的订单正确率达到99%，配送使用的是其自有定制的冷藏型奔驰卡车，能在次日送达客户的订单占95%，其中95%的订单能准时甚至提前完成，到2011年时Ocado的配送服务覆盖到70%的英国家庭。

3）物流技术方面：物流中心作业选择标准化的盛具，流水线作业。部分物流中心还应用了机器人，来处理非食品类商品作业，如图2-5-26。

图2-5-26　Ocado物流中心的机器人

（6）Ocado的创新

1）前瞻性的思维，推出Future未来冰箱设计

Ocado具有前瞻性的创新思维，认为未来的冰箱是可能演变成真正智能冰箱，能够提供预测、全自动购物信息，并能够打通与Ocado网站的大数据信息。也就是未来的冰箱将能够扫描冰箱货架储存的食物信息，并能够让Ocado实现精准的营销。从大趋势来看，大数据驱动下的生鲜电商，将管到每一家的冰箱需求。

2）Ocado能够实现单元化装载、精准温控的物流服务

这是Ocado非常自豪的物流服务，他的车辆按照单独的箱体存，能够根据不同生鲜食品的要求，放在不同的箱体，根据客户要求会以某个特定的温度送达顾客。

3）Ocado物流中心的AutoStore“机器人”服务（图2-5-27）

图2-5-27　AutoStore“机器人”服务

实现高效的自动化作业，Ocado 启动自动存储解决方案，由 AutoStore 提供将包括 31 个机器人，这是一个空间优化高效的数据仓库解决方案。

4）Ocado 的配送，全部选择奔驰车

不管是干线运输还是末端配送，Ocado 都是选择奔驰车进行，末端配送的车辆内部设置货架，有效的利用配载空间。

Ocado 得到了国家领导人的关注，英国首相卡梅伦亲自考察 Ocado，并体验物流体系。

（7）点评

Ocado 作为生鲜电商的全球标杆，到 2014 年发展 12 年的上市企业，不管是前端用户的营销、B2C 的运营、物流技术的创新，还是整个供应链的结构，整个体系对于中国的农产品生鲜电商有着重要的启示：

1）品类定义很清晰：自有品牌和开放平台结合，实现了家庭端食品杂货店的全品类服务。在英国竞争激烈的在线杂货市场，Ocado 实现 70%以上家庭渗透率，这家平台拥有绝对的市场价值。

2）供应链模式创新：扁平化的供应链结构，打造快速的冷链、恒温物流配送，运营中心 CFC 成为实现快速物流配送服务重要的关键。

3）客户体验创新：移动端的购物体验、线下的 O2O 体验，以及推出 Future 未来冰箱设计，都是值得中国农产品电商借鉴的。

4）与线下零售的 O2O 整合：Ocado 与 Waitrose 超市合作可以看出生鲜电商平台必须走向 O2O 模式，电商平台发挥线上优势，线下末端整合是一个必然趋势。

5）技术创新：物流配载上的单元化恒温创新、物流中心 AutoStore 机器人的应用，以及高效的 CFC 作业体系。

6）资本对生鲜电商的认可：Ocado 公司在过去 10 年都未能实现盈利，但其市值高达 11.8 亿英镑，2013 年在线销售达到 7.32 亿英镑（即 12.3 亿美元），可以看出资本对农产品电商的认可。当然也可以看出农产品电商，要真正实现盈利，还有很长的路走。

2014 年，通过汉森供应链行业研究中心对中国 10 大农产品电商平台和欧美 6 大成熟农产品电商平台的深度分析和梳理结果来。全球农业都处于快速互联网化的今天，商机无限。欧美的线上、线下相对成熟，推进的是合作协同模式，而国内还处于线上线下博弈时期。中国拥有 14 亿的人口，当前的农产品电商处于草莽式发展阶段，问题很多，有问题也是有商机。

Ocado 的成功得到资本市场的认可，不仅仅是电商的价值，更重要的是后台专业的物流与供应链体系，特别是冷链物流方面[154]。这将是其未来成功的砝码，中国农产品电商要做成功，核心同样在物流与供应链体系。

2. 澳大利亚新鲜食品生产公司 Moraitis Fresh 利用 RFID 追溯西红柿

澳大利亚的新鲜食品生产公司 Moraitis Fresh 一直是行业中率先采用新技术作为推动力来提高产品质量的典范。公司使用计算机网络控制新鲜食品的生产、处理、包装和零售过程，这套网络延伸到了澳大利亚所有的主要生产地和零售市场。Moraitis Fresh 公司利用射频识别技术追踪西红柿是 RFID 在澳大利亚新鲜食品行业的第一例应用[155, 156]。2005 年，Moraitis Fresh 公司与 IBM 合作使用了 RFID 技术追踪系统，实现了每年处理和分发的 1800 万个西红柿的追踪和溯源。Moraitis Fresh 公司在西红柿托盘上安装 RFID 标签，在西红柿操作和包装的传送带上安装通道读取器，当西红柿到达配送中心，员工将使用手持 RFID 读取器读取 RFID 信息，并给他们编制不同的代码用于零售。RFID 系统每天提供运出西红柿的产地、包装日期、质量、大小等相关信息，通过对标签的读取，Moraitis 可以了解每一批货物运输的轨迹，实现西红柿的追踪溯源[157, 158]。

3. 物联网对食品物流环境监控和追溯中的应用

在食品生产加工和储藏中，温度、湿度、时间等因素对食品品质影响非常大，记录和分析这些因素显得尤为重要。为了预防食品安全事故的发生，需要对食品供应链的环境进行有效监控。

根据不同食品对环境的特殊要求，借助传感器、RFID 等技术可以实现食品物流的环境监控，借助互联网将食品物流过程中的环境数据及时反映至相关用户，以方便用户及时了解食品所处环境，并针对不符合标准的环境，做出应对措施[159]。

物联网对食品物流过程进行监控主要体现在仓库、配送等物流环节中，借助物联网技术，许多国家已经实现了食品生产运作的管理和监测。2005 年，北美最大的食品营销和配送组织 SYSCO 公司完成了低温储运系统的 RFID 和传感系统测试，表明 RFID 在食品运输过程中能够对低温储运系统的温度和环境条件进行监控，为物联网在食品物流环境监控的应用埋下了伏笔。IBM 在 2006 年提出了基于 EPC-IS 和 Discovery Services 结构的追溯系统，并建立了对北美蔬菜供应链监控的追溯系统。挪威的 CodTrawl 公司在 2012 年也开发出了一整套对海鱼的追溯系统[160]。作为美国零售业的领跑者，Kroger 公司从 2004 年起便开始使用电子报警设备以降低肉制品的变质问题。为了保障行业竞争力，Kroger 公司将战略眼光投向了高质量的新鲜食品。OAT 向 Kroger 提供的 RFID 中间件及系统整合服务能够记录肉制品流转中的温度，对其进行跟踪，实现产品的追踪溯源[134]。同时，该系统能够通过识别新鲜蔬果的温度保证货物质量，为商家提供产品质量信息。

4. 物联网在食品防伪中的应用案例

假冒伪劣产品也是威胁食品安全的重要因素。在实现食品物流追溯的基础上，物联网能够用于食品防伪。

葡萄酒的销售有一级市场和二级之分，由于不能当场打开包装检查，这就为葡萄酒伪造者提供了机会。为了保证产品的可靠性，各大葡萄酒的制造商积极采用各种防伪手段。2006 年，美国 EJ Gallo 葡萄酒制造公司率先应用了 RFID 标签进行大范围仓储盘点及货物运输，随着市场的发展，RFID 技术逐渐被用于酒类的溯源防伪，截止 2010 年初，RFID 技术已经推广至欧洲 9 个国家以及美国等国家进行酒类溯源，Wolf Blass Yellow Cabernet Sauvignon 等知名酒商都率先采用了该技术[160, 161]。在日本，伊利丹百货售酒专区内的瓶装酒都带有透明的 RFID 标签，一旦酒品被拿下货架，最近的显示屏上便会显示该酒的产地、年份、价格等信息[162]。

（二）国内案例解析

1. 全国农业投入品信息化监管平台建设及应用

（1）应用情况简介

农药、兽药、化肥、生长调节剂等农业投入品造成的源头污染是食品生产链污染的重要环节，农资溯源监管是从源头保障农产品质量安全的重要措施。《中华人民共和国农产品质量安全法》规定要记录农业投入品的名称、来源、用法、用量和使用、停用的日期，并禁止在农产品生产过程中使用国家明令禁止使用的农业投入品。

近年来，我国加大了对农业投入品的监管力度，采取的主要措施包括：对农资经营主体进行审核，不断提高农资经营门槛；对农资产品进行审核，并要求建立进销台账；进行宣传、教育和培训。但目前我国农资监管中还存在一些困难和问题，如农资经营门槛低，经营人员文化素质相对较低；农资销售链条和渠道复杂多样；农资生产、销售档案记录不全，信息不对称，违法证据难以得到，难以找到直接责任人。因此，建立健全农业投入品的经营档案，实现对农资经营主体和农资经营产品的跟踪、溯源是农资监管的重要的任务。

中国农业科学院农产品加工研究所在农业部农产品质量安全监管（农业投入品）项目资助下，在调研了我国农资监管、农资销售等现状的基础上，开发了农资溯源管理系统（软件登记号：2011SR065373）、农资溯源管理系统—销售端软件（软件登记号：2013SR003020）和农资溯源管理系统—监管端软件（软著登记号 No. 2013SR111072），搭建了集政府监管部门、营销企业和消费者共同参与的农业投入品信息化管理平台。目前已在全国 10 个省的示范点进行应用。农业投入品信息化监管平台建设及应用有效提高了示范地区执法部门对农资经营主体和农资产品的审核、查验及监管效率，促进了执法部门和农资经营公司、销售门店之间的信息传递和沟通，建立健全了农资销售台账记录制度，提高了农资经营公司的内部管理效率，摸索出了农资信息化监管的新思路和新模式，实现农资产品的可追溯、可召回、可查询、可监测和可存储的目的，净化了农产品的源头污染。

云计算、物联网的快速发展，以及农业、农村信息化建设为农业投入品信息化监管平台建设及应用提供了前所未有的机遇；一维条码、二维条码、电子标签等广泛使用，为农业投入品的动态监管提供了技术保障[163]。

（2）存在的制约因素

农业投入品信息化监管平台建设及推广应用的主要制约因素有以下几方面：

1）缺乏农业投入品经销公司和产品备案、审核等信息化监管的法律法规及相关规章制度；

2）农业投入品无统一编码规范，农业投入品出厂未加贴条码；

3）缺乏农药、兽药等投入品产品基本信息数据库，农资经销公司人员对产品的基本信息备案工作量大；

4）农业和农村信息化建设的基础设施薄弱或不健全；

5）农业投入品经销公司人员文化程度和计算机应用水平相对较低。

2. 物联网在食品追溯中的应用

熊本海等以天津市的猪肉供应链为例，开发了生猪及其产品从农场到餐桌的质量溯源方案[164]。该追溯系统通过采用农业部制定的、特殊码制的猪只标签与胴体识读进行关联来对猪肉进行识别，采用计算机模拟预测和预警饲料添加剂和兽药的含量。该系统采用PDA嵌入式系统，借助GPRS技术，进行散养户移动数据采集、编辑与远程传输和交换。该系统为全面监控猪肉质量安全以及满足消费者的需求提供了技术支持。2005年，上海开始建设食品安全信息追溯系统，2012年，该系统的覆盖面由猪肉、蔬菜扩展到了水产、粮食等品种，截至2013年5月13日，17万头母猪率先拥有了“二代身份证”[152]。

内蒙古恒丰食品工业有限股份公司在2012年利用二维条码和RFID技术建立了雪花粉追溯系统。借助追溯系统，恒丰公司极大地提高了产品的质量。该系统的投入使用，实现了雪花粉的追溯，公司营业销售收入也相应增长了32.5%。就公司长期效益而言，该追溯系统有非常好的应用前景[164]。

东南大学和中国农业科学院农产品加工研究所在“十二五”国家科技支撑计划课题—农产品物流过程质量安全管理系统研究(2013BAD19B05-02)资助下，研发的肉制品剩余货架期预警系统已经在苏果超市有限公司投入运行，并受理国家发明专利一种基于微生物预测模型的货架期预警系统及方法(受理编号：201410200370.X)，届时消费者可以在门店通过二维码扫描查询购买的肉制品的剩余货架期，形成了一种线上线下(on-line to off-line)相结合的创新模式。

3. 物联网对食品物流环境监控及追溯中的应用

物联网在农产品生产环境的监控方面有诸多应用。例如，巢湖市水产局在两家良种基地采用了安徽省首套“物联网”水质在线监测管理系统及微孔增氧自动调控水质系统。操作人员能够在办公室通过电脑实时监控鱼塘水温、pH、溶氧量等水质指标，下达各种指令。该系统对鱼塘进行了量化管理，方便了养殖户随时对鱼塘进行监控，提高了水产品的品质，保障了食品安全[165, 166]。

2008年北京奥运会期间，物联网技术的应用保障了奥运蔬菜的质量安全。送往“奥运村”的每棵蔬菜都贴有条形码标签，标签记录蔬菜的出产地及加工环节等信息，在运输过程中，GPS、GIS、RFID、温度传感器、湿度传感器等技术对蔬菜的运输情况进行了自动记录控制，以方便系统对蔬菜的监控及追溯。并且，该系统能够实现自动报警功能[167]。

上海海洋大学在上海崇明岛设有水产养殖基地，并与2012年初开始与台湾苗栗县开展大闸蟹养殖技术培训与蟹苗育种合作，并启动了蟹苗养殖物联网智慧服务系统项目。上海海洋大学原党委书记虞丽娟教授为该项目负责人，物联网工程研究团队由海洋大学与同济大学共同组成。该项目综合应用最新的物联网、云计算等技术，研发了全程实时监控可动态追溯的中华绒螯蟹蟹苗精细养殖物联网智慧服务系统，实现了从基地生态育苗、蟹种生产、扣蟹选苗、检验检疫到两岸蟹苗运输、台湾养殖户投放蟹苗等全过程的两岸远程监控、实时跟踪定位、质量静态溯源和动态追溯等智慧服务，确保供台蟹苗的全程质量可控可追溯，并为后续台湾河蟹养殖提供智慧服务。在该系统的支持下，2013年1月9日新年第一批蟹苗送台工作顺利完成两岸对接智慧服务，实现了崇明养殖基地装箱、两岸机场送接、台湾苗栗蟹苗分发点的快速物流与定位跟踪，通过采用二维码技术唯一标识扣蟹网袋实现了蟹农智慧溯源，通过两岸3G网络进行全程视频实时监控和GPS物流定位，实现了从崇明基地到台湾苗栗蟹农养殖池塘的蟹苗运输与投塘全过程的实时跟踪监控和动态过程追溯。

4. 物联网在食品防伪中的应用案例

我国酒类制品造假由来已久，作为中国第一白酒企业，享誉中外的顶级酒类品牌之一，五粮液每年在产品打假方面的投入十分高昂。为了实现商品的防伪，五粮液建立了包括从芯片设计制造、标签封装、生产加工、销售、投诉与打假等环节的一整套防伪技术和手段[168]。目前，五粮液采用超高频防伪电子标签[169, 170]，该标签具有不可改写的全球唯一码，为了方便消费者查询，同期在专卖店推出了上千套RFID查询设备及手持式验证器，真正实现了"先验真假，再买酒"的功能[126, 171, 172]。2013年5月，茅台酒开始在500ML普通酒上使用RFID技术，通过启动茅台酒RFID溯源系统，公司构建了包括溯源、防伪、物流、市场管控在内的四大管理体系，有效保护了企业知识产权，加强了食品安全管理[162]。

在水产品防伪方面，2003年，浙江省水产局、杭州市技术监督局和国家环保总局有机食品发展中心联合国内水产业，首次推出了鱼类产品智能防伪卡——千岛湖"淳牌"有机鱼身份证，以保证消费者能够辨别产品真伪，遗憾的是，该"身份证"在推出不久后便出现仿冒，企业不得不停止使用[164, 173]。

5. 无锡超市追溯体系应用情况分析

无锡是我国开展食品追溯系统较早的城市。为了解物联网技术在食品追溯系统中的应用情况，项目组成员于2013年3～4月实地调查了江苏省无锡市易初爱莲、家乐福、华润万家、麦德龙等大型超市及部分小型连锁超市。结果表明，虽然物联网技术已在研究领域广泛应用于食品安全追溯系统，但在实践应用过程中尚存在一些问题。主要表现在：消费者对物联网食品追溯认知度低，追溯系统使用繁琐，追溯标准较为混乱，生产集约化程度低，从业人员素质不高，追溯信息单一等等。

（1）物联网食品追溯实际应用范围较小，覆盖食品种类较少。调研期间只有部分猪肉和蔬菜产品应用物联网技术建立了食品追溯体系。物联网在食品追溯体系中的应用还处于初期试点阶段。

（2）消费者对物联网食品追溯认知度不够。多数超市没有相应的对内普及教育，对外缺乏宣传推广，许多追溯设备机器处于闲置状态。消费者对这方面的关注也不多。

（3）物联网食品追溯技术标准不统一。在不同超市门店，食品追溯的方式各不相同。有的是明确的追溯码，有的只是一串数字，有11位的，有20位的。也有的依靠扫描二维码，上网查询。这反映出物联网在食品追溯体系中技术标准不统一，无法彻底实现信息系统管理。

（4）供消费者查询的追溯模块功能不完善。依靠输入繁琐的数字查询，在数字印刻不清楚的情况下，追溯也变得更为困难。每次追溯甚至要花费半分钟以上的时间。追溯系统未设置清除键，每次查询需要把前次的查询记录逐个删除。而扫描二维码与上网查询给老年人带来不便。各种原因都使得鲜少有消费者真正关心并实施食品追溯。

（5）数据信息不够完整。主要追溯信息只包含产地、批次数据。缺少养殖、屠宰、加工、运输等具体信息。仅凭产地和批次信息，并不能证明产品安全，让消费者真正放心。

这说明物联网的信息采集系统不够完善，数据库信息不够完整，对信息的管理更新不够到位。

总之，从实际的调研结果来看，目前，物联网在食品追溯体系中还没有真正运行起来。物联网技术在食品产业链终端的应用还停留在起步阶段。究其原因，仅凭政府的力量，多数企业还未真正参与其中，只能让追溯停留在形式。而企业的参与不仅需要政府政策的支持，又需要消费者的关注与重视[174]。因此只有通过企业、政府、消费者三方共同努力，物联网才能在食品追溯体系中真正发挥作用。同时，食品追溯系统的建立需要整合所有供应商，统一管理，建立相应的数据库，定期维护更新。这是一项长期而艰巨的系统工程。

九、物联网在食品安全管理应用存在问题及国际经验借鉴

（一）物联网在农产品现代物流应用存在的问题及国际经验借鉴

1. 我国农产品物流发展亟待解决的问题

（1）冷链物流发展问题

当前我国的农产品冷链物流配送远远跟不上需求。农产品在运输过程中将损耗20%～30%，其中果蔬产品在运输过程中的损耗就主要来自于缺乏冷链物流运输车辆。我国每年有3.7万吨蔬菜、水果在运送路上腐烂，这些农产品足可以供养2亿人的生活。造成此问题的主要原因是由于从事商品流通环节的企业及人员对冷链保鲜物流的重要性认识不足，导致技术手段落后[175]。在冷链物流基础设施方面，应做好农村道路建设，农村公路是农产品物流的主要载体，也是农产品流向全国、流向世界的路径。在冷链物流设备方面，应加大对冷链运输车辆的投入[120, 171]。

（2）农产品物流信息化平台的构建问题

农产品物流信息化平台包括三个方面：一是建立物流信息管理系统，做好物流信息整合，可以利用信息化带动物流的现代化。二是建立农产品供需交流平台。三是大力培养农产品经纪人。

（3）农产品物流技术的开发与研究

技术创新是农产品物流业发展的重要支撑和动力。农产品流通环节的保鲜、运输、储存等技术研发的效益不亚于生产环节的技术研发。积极采用新型保鲜技术，延长农产品储藏时间，扩大农产品销售半径。良好的包装可以确保农产品的使用价值，并在零售时提高工作效率。

（4）发展农产品物流的一体化工程

一体化是现代物流发展要解决的主要问题，以系统的观念进行整个物流体系中各个物流功能整合，即将运输、仓储、包装、装卸、搬运、流通加工、配送和物流信息等功能环节集成整合，进行一体化运作，可以从整体上有效降低物流成本，提高流通的效率和效益，增强企业和农产品的竞争力。

2. 国外先进经验对我国农产品物流发展提供的借鉴

国外先进经验对我国农产品物流发展提供了以下借鉴：

(1) 积极发挥政府的宏观调控作用

美、日两国政府纷纷制定相关政策、法律法规和制度规范促进农产品物流发展。中国政府发挥农产品物流宏观调控作用的领域包括:加快农产品物流基础设施的建设;推进农业企业改革和农产品市场体系的发展,为物流和配送的发展创造更加良好的外部环境;规范农产品物流市场行为,制定法律法规;加快对外开放的步伐,加强与国际农业物流领域在物流与配送技术、教育、管理咨询等领域的联系和合作。

(2) 引进先进的农产品物流技术和管理方法

美国发展了以信息技术为核心,以农业信息技术、储运技术、包装技术等专业技术为支撑的现代化农业物流技术体系,而荷兰已建成了电子虚拟的农产品物流供应链管理模式。中国应引进先进农业物流技术,逐步实现农产品物流作业的机械化、自动化和计算机化。

(3) 培育和完善农产品物流主体

中国应鼓励农民、农业系统企业、商业系统企业、国内外物流企业介入农产品物流市场,促进农产品物流领域的竞争,完善物流服务。

(4) 建立高水平的农产品物流中心

中国农产品集散市场目前还处于初级阶段,管理水平低、综合服务能力差,拥有储藏、加工和信息开发利用能力的市场为数不多,可借鉴荷兰、日本建立综合型、专业型物流中心的经验,根据各地实际情况推动农产品物流中心的建立。

(5) 加强农业物流的教育和培训

美国物流管理者中约92%的被调查者有学士学位,41%的人有硕士学位,22%的人有正式的仓储工程师、配送工程师等资格证书。荷兰的物流操作人员都必须具备经过考核的就业资格证书。中国一是要在高等教育学科设置上给予物流教育一定的地位;二是鼓励多层次、多方面的物流教育和培训,实行物流人员职业资格认证制度。

(二) 物联网在食品追溯体系建设应用存在的问题及国际经验借鉴

1. 存在的主要问题

现阶段我国对食品安全追溯体系研究单位很多,建设了一批农产品质量安全追溯系统。可查到的政府和科研单位的溯源网站有119个,全国企业的溯源网站有88个。

山东省标准化研究院开发了禽肉追溯系统、销售终端查询系统、水果追溯信息管理系统、蔬菜质量安全追溯系统、水产品安全追溯系统等[176]。北京市农业局开发了食用农产品(蔬菜)质量安全追溯系统(www.atrace.org)。此系统通过条形码对农产品生产、包装、储运和销售全过程的信息记录跟踪。消费者通过产品包装上的追溯标签,通过网站、超市触摸屏系统、手机短信、电话等方式查询生产履历信息。中国农业大学开发了中国肉牛全程质量安全追溯管理系统(www.safebeef.cn),该系统是由"中国肉牛全程质量安全追溯系统(CBTS)"、"中国肉牛身份标识系统(CBCIS)"和"中国牛肉质量安全报告查询系统(CBRCS)"三个系统构成。其中应用的是全国统一管理分配的15位耳标编号。中国肉牛身份标识系统(CBCIS)的建立和运行是基于全国肉牛基本信息数据库之上,各省、地(市)、县级分别有自己的分数据库,并与中央数据库保持同步。将肉牛的出生、品种、饲养、交易、防疫、检疫、病史等信息录入数据库并逐级上报。中国牛肉质量安全报告查询系统（CBRCS）的建立和运行是基于中国牛肉质量安全报告查询数据库之上，销售者可以通过互联网、手机短信、超市终端对肉牛屠宰信息进行查询。对于养殖过程中没有硬件条件的，可以先通过建立纸质档案，再由当地畜牧部门上报到数据库。

国家部委、北京、山东、上海、江苏、浙江、福建建立的溯源平台占全国50%以上。根据区域分析，溯源平台多分布在我国东南部经济发达地区。这些地区人们的食品安全意识高并有经济条件支持平台建设。政府类溯源系统主要功能是发布一些政策、新闻信息和建立一种产品、几种产品或一类产品的信息库，并让特定人群通过网页进行查询，达到对某种产品或数据信息的管理。企业自主开发的追溯系统多以简单和实用为主，使用率比较高，但提供的信息比较少；科研单位开发的系统包括产业链各环节，信息记录比较全面，但信息记录繁琐，推广应用难度大。

具体问题如下：

（1）缺乏统一的追溯标准和规范指南，各部门建立的追溯体系架构不同，追溯信息不能互联互通共享

在新修订的《食品安全法》中提出，国家建立食品安全全程追溯制度，规定食品生产者应当依照本法的规定，建立食品安全追溯体系，保证食品可追溯。国家鼓励食品生产经营者采用信息化手段采集、留存生产经营信息，建立食品安全追溯体系。目前，还缺乏建立食品安全追溯体系的指南和规范，缺乏统一的负责开发和管理食品追溯体系的国家权威机构，没有统一的平台管理食品追溯体系；由于缺乏统一的技术标准和规范，造成目前的追溯方式混乱等问题，导致目前建设庞大的追溯系统沦为普通的食品标签。

（2）缺乏产品编码和基础信息数据库，食品追溯信息采集困难

与发达国家相比，中国农产品生产的规模化、集约化、标准化及组织化水平很低。中国有2亿小规模农户采用各自的农药、兽药和肥料使用方案，按照自己的意愿生产农产品，他们生产出来的农产品又需要通过约3000多万小商贩，经过产地的中介与批发市场、消费地的批发市场及农贸市场，最后到达消费者的餐桌。要在农产品种植、养殖等环节实现追溯，应全面记录化肥、农药、兽药及生产管理等信息，而大多数农民学历不高，从业素质较低，这必然导致很高的信息记录成本，降低了农民参与食品安全追溯的意愿。而且，种子、农药、兽药、肥料等农业投入品编码体系和产品基本信息数据库缺乏，大多产品出厂时未喷印追溯码，也造了源头追溯信息采集困难。

（3）追溯体系与GAP、HACCP关联不很紧密，追溯体系对企业的质量安全管理指导性不强，而且建立追溯体系成本较高，企业缺乏建设和应用追溯体系的动力，追溯系统使用率低

目前大多食品追溯指标体系不是在GAP、HACCP的指导下筛选确定的，致使一些关键的溯源信息常被遗漏，导致出现食品安全问题时，追溯体系不能起到应有的作用。而且，食品安全追溯体系建设成本比较高，企业不但要投资软、硬件条件，还要要派专业人员帮助他们记录信息，使用系统，对员工进行定期培训，改变管理观念，培养完整记录生产过程的信息记录习惯。对于企业来说，不仅要花费财力，更需要花费大量人力，此过程的实现将是一个漫长的过程。对于食品这样利润率较低的行业而言，如此高的成本投入，对于

很多规模不大的小企业而言，可谓不堪重负。如果政府没有优惠政策，市场又没有大量的需求，企业没有动力花费代价建立食品追溯体系。

（4）消费者认知度不高

消费者是可追溯食品的最终购买者，其对可追溯性食品的支付意愿决定着食品企业实施食品追溯体系的积极性。尽管食品追溯系统会给企业增加一定的成本，但是如果消费者支付意愿较高，企业受到消费者的需求拉动，规模生产具有可追溯性食品，从而提高系统使用率，降低具有可追溯性产品的边际成本，为企业创造较大收益。反之，如果消费者对可追溯性食品和普通食品的支付意愿相同，而政府又没有给予企业经济上的优惠与支持，那么企业缺乏直接动力。从实际调查中发现，消费者对食品追溯的认知度非常低。有调查表明，在北京这样对食品追溯认知度相对较高的城市中，也仅有3%的人非常熟悉食品追溯体系，就连追溯试点内部工作人员对食品追溯也不十分了解。

（5）信息安全与防伪问题

信息化手段为食品追溯体系建立提供了技术支撑，但其与所有网络信息一样，都会面临病毒、木马等的侵蚀，造成信息的流失、盗窃、被任意篡改等问题，也存在商业机密信息泄露隐患。而就条码和二维码而言，存在错码、被复制、盗版的危险，目前就经常出现二维码扫描不出来，食品追溯信息不存在等问题。目前，消费者最关心的是信息来源是否真实可靠，不得任意修改或人为篡改，不含隐瞒信息和虚假信息，以及信息覆盖面是否完整等。这些都需要进一步完善，加强信息的加密及防伪等。

2. 国际经验借鉴

（1）建立健全食品安全追溯法规和标准体系

政府在食品安全追溯体系建设中的主要职责是制定法律法规、标准和相关管理制度，做好监督管理工作，并指导农产品生产、加工、流通企业落实各项措施。目前，我国关于食品追溯的执行层面的法规还不具体，缺乏追溯系统中记录信息的相关指南、规范和标准，特别是缺少农业投入品和食品的编码规范、产品基本信息数据库等基础性或前提性工作，需要进一步加强和完善。

（2）加强顶层设计，搭建统一信息平台

食品安全追溯体系建设需要信息的互联互通，需要从国家层面统一规划和设计，需要统一的信息记录体系、统一的模块设计、统一的数据格式、统一的编码体系等，真正实现食品全产业链追溯信息的沟通与交流。

（3）促进农产品和食品产业的规范化和集约化

农业生产小规模经营，农户分散种植，销售渠道多样化是制约食品追溯体系建设的主要因素。需要充分发挥协会商会、农业生产合作社、农产品生产流通龙头企业的作用，带动食品追溯体系建设及应用。

（4）建立科学的监督管理手段，促进企业诚信体系建设，保障追溯信息的真实性

食品追溯体系建设的关键是保障追溯链的连续性和追溯信息的真实性。需要不断研究和开发对关键溯源指标信息如原产地、品种、种类等鉴别与确证技术，加强对溯源信息的监督与管理，并不断改进和完善食品企业的诚信制度建设，防止追溯信息虚假和篡改现象，提高追溯信息的可信度。

(5) 提升农业信息化的基础设施建设水平

食品追溯体系建设的成本相对比较高，但农产品和食品的利润比较低，致使农产品生产和加工企业对追溯体系建设的动力不足。政府需要提供专项建设资金支持食品追溯体系示范基地建设，同时为食品企业或其他产业化组织提供硬件设备和技术培训等支持。

(6) 加强物联网技术与食品安全追溯体系建设的衔接

充分利用物联网的传感器、大数据、云计算、电子标签等先进技术，挖掘其在农产品现代物流、食品追溯体系建设中的结合点和存在问题，解决食品追溯中信息适时采集、传输和交流等技术难题，最终以应用的形式与食品安全各相关方等进行交互。

(7) 加大宣传力度，提高消费者的认知度

政府应该通过媒体发布客观的信息，以加强对消费者关注的食品安全信息的发布，及时通报和宣传食品追溯体系建设及应用现状，提高消费者对可追溯食品的认知水平和关注程度，扩大可追溯食品的市场需求，以此降低企业的成本压力，促进更多的企业积极建立食品追溯体系。

(三) 物联网在食品安全风险监测与预警应用存在的问题及国际经验借鉴

1. 存在的主要问题

近年来，全国的食品安全风险监测体系和实验室逐步建成，国家、地方、高校、科研机构、企业和第三方检验机构频繁地进行与食品安全相关的检验、检测工作，拥有大量的检测数据。但机构之间相互独立，数据不能共享，形成一个个“信息孤岛”，造成资源的巨大浪费，而且对数据信息的深度分析和挖掘工作比较薄弱，致使对食品安全风险监测和预警工作支撑不够。

2. 国际经验借鉴

(1) 建立各部门协调工作机制，推进信息共享与交流

美国、日本、欧洲等国家和地区制定了针对食品安全管理的新策略：通过政府跨部门的分工与合作(主要是卫生部门、农业部门和环境保护部门之间的分工协作)，以预防为核心，全面采用现代信息技术，建立起食品安全信息预警和快速反应网络，对食品安全进行综合管理。通过这种严密监控可以及时发现和迅速应对食品安全问题，并迅速制定相应的应对策略。

(2) 物联网与实验室检测数据结合，建立大数据平台

国外食品安全预警一般与食品安全监测以及风险评估相互结合，通过强大的计算机网络与实验室信息化管理技术，采集、上报、汇总分布于全国各地检测系统和食品实验室日常监管工作中产生的海量食品安全检测数据，建立数据库，并利用数理统计、数据挖掘、预测分析等各种现代统计分析手段对海量信息进行分析处理和深度挖掘，从而实时掌握食品安全宏观状态，发现和聚焦存在的安全问题，确定其性质、范围和程度，提出控制方案，为政府部门实施控制措施提供决策依据和技术支持。

(四) 物联网在食品安全风险交流应用存在的问题及国际经验借鉴

风险交流是食品安全风险分析框架中的一个重要的组成部分，国际组织和一些发达

国家强调，要有策略地开展风险交流。其中，传播手段和时效性直接影响风险交流的效果。随着网络时代的到来，物联网在信息传播中逐渐占据优势地位。通过物联网、个人与机构能够与社会大众建立更加直接、便捷和互动的交流渠道。我国在食品安全风险交流工作很薄弱，存在很多问题。

1. 存在的问题

(1) 政府缺位 、协调机制不完善、时效性和透明度差

从我国法律规范和运行情况来看，食品安全共享协调机制不完善，缺乏统一权威的风险交流机构。同时，政府和其他机构的风险交流意识淡薄，缺乏交流技巧。食品安全风险交流基本上还处于“告知”阶段，而且经常在突发事件之后，但公众对食品安全信息的需求则是长期的和持续的。政府缺位，协调机制不完善，科学信息不能在相关机构、团体、个人之间及时准确地沟通，在消费者中无法避免地产生恐慌情绪，给整个市场经济秩序造成混乱，使生产者和经营者承受巨大压力。因此，急需政府细化法律法规的实施，从被动应对向主动发布、结果公布向过程公开、临时互动向持续交流转变。

(2) 权威专家不愿意面对媒体，造成专家和公众之间的真空状态

风险交流是风险分析过程中最新的一个主要组成部分，因此即使是专业的风险分析人员，风险交流对其来说也是最不熟悉的领域。食品安全管理本身就是一个涉及各个学科的领域，再加上随着分析技术的进步会不断发现新的食品污染物，以及科学研究水平的不断提高、物联网的高度普及，即使是最优秀的科研团队，有些时候对某些问题也经常会束手无策，在短时间内会找不到准确的答案。因此，一个专家、一个学者回答或包揽食品安全全部热点问题，几乎是不可能的。而有些媒体有时会对专家或学者说过的话断章取义，进行不实报道，这不仅会给管理者、行业、团体或公众造成新的负担或问题，同时，会造成权威专家不愿意面对媒体的现象。这样，在危机发生时，会在专家的风险评估和大众的风险感知之间存在风险交流的缺口。

(3) 某些食品安全问题，少数媒体抓住新闻不经核实就发布，而消费者宁可信其有，也不信其无

在食品风险交流过程中，媒体起着极其重要的舆论监督作用。但舆论监督同时也是一把双刃剑。近年来，各种不实报道已经给广大消费者、企业形象带来严重的负面影响，究其原因是少数媒体从业人员缺乏职业道德和专业知识，盲目地追求“眼球利益”，在食品安全问题的报道上不够谨慎，经常会绕过政府权威信息源，先于相关政府部门对事件进行曝光，使信息的准确性、科学性和权威性大打折扣。

2. 国际经验借鉴

我国的风险交流工作起步较晚，因此，需先借鉴国际上其他国家的风险交流的做法及经验。

(1) 政府层面

1) 建立风险交流模式，加强风险交流制度建设

要认真落实《食品安全法》、《食品安全监管信息发布暂行管理办法》等法律法规和规范性文件的要求，通过立法确立我国食品安全监管部门在食品风险交流中的核心地位，规定风险交流的原则、机制和程序，保证大众能获得可信的、客观的、可理解的风险信息，提

高评估和管理过程的开放度和透明度。要督促政府工作人员按照政务公开的原则依法行政，尤其是加快完善地方政府的食品安全信息披露工作；要重视大众的知情权，强调政务公开的责任和义务，加大政府工作的透明度，进一步细化政府机构的信息披露办法，增强政府对食品安全信息披露的及时性和充分性，使各利益相关方能够公平、方便地采集和使用政府的信息资源；要把有效的信息披露作为食品安全管理的重要手段，定时定期发布食品生产、流通全过程的市场监管信息，为消费者和生产者服务，使消费者了解食品安全的真实状况，增强自我保护意识和能力。

2）风险评估、风险管理和风险交流三方面密切协作，建立多方协作机制

一方面，要努力使风险交流工作与风险评估、风险管理、应急管理等工作形成有机结合的整体，使风险分析框架真正在食品安全体系中发挥作用；另一方面要充分发挥媒体、食品生产经营单位、行业协会和学会、消费者组织等利益相关方的作用，鼓励和引导他们参与风险交流活动，尤其要重视媒体在食品安全知识传播和在食品安全隐患挖掘中的重要作用，与媒体建立富有成效的工作关系。

3）创新风险沟通方式，加强风险交流能力建设

单一的风险交流形式不能满足众多消费者的要求。要通过采用不同的交流形式和内容与不同的利益相关团体和组织再与普通消费者进行交流来完成食品风险交流，以满足不同受众对风险信息的需求。建立电子通信系统和快速预警系统，交换风险信息，使得各个团体可以迅速采取措施，应对因食品而引起的健康威胁事件。另外，要对各级官员及有关专家开展风险交流技能和媒体应对技巧的培训，使他们能说、会说、善说。要对风险交流者所犯的错误保持一定的宽容态度，鼓励他们勇敢地走出去，说出去。风险交流工作刚刚起步，技能技巧上的不足是难以避免的，如果我们不能容忍他们犯错，就会形成无人发声的窘境。

4）建立健全舆情监测与反应机制

当前食品安全事件和舆论风波处于多发、频发态势，政府的应对常常不够及时。应当建立灵敏、高效的舆情监测反应体系，争取做到早期发现，分级响应，及时为管理决策部门提供对策建议，使政府部门在危急关头不慌乱，能有条不紊地按照预案开展相应风险交流工作。

5）大力培育以科学家为主体的“意见领袖”群体，发挥学界在食品安全舆论中的导向性

主张科学家走出实验室参与沟通，要充分利用传统媒体和新媒体等各种传播渠道，树立在消费者心目中有权威性、有信誉的意见领袖。当危机出现时，有关方面的专家要向公众给出合理解释，消除专家和社会公众之间的信息真空，避免消费者的个人恐慌、部分媒体的炒作以及各种以讹传讹等等，使我们拥有与不实或不准确信息对抗的能力。

6）加强实验室能力建设和科研经费、工作经费的保障

提高食品安全监测水平，尽快制定涉及食品安全信息采集、处理、加工的技术标准，提高食品安全信息采集和使用效率，为食品安全信息披露提供必要的技术支持。要强化政府部门对风险交流重要性和必要性的认识。从科研角度讲，重大科研项目的预算中应当有用于科学传播和风险交流的经费。

（2）社会与公众层面

1）加强科普知识宣传力度，重视进行日常风险沟通和交流

平时没有负面事件时，我们仍然要重视与公众进行营养方面的信息交流，如告诉普通消费者哪些营养素对人体有益，如何进行摄入等进行事前预防。利用每年的“食品安全周”、“315”等重大活动的契机，组织策划一系列食品安全知识科普活动。发动社会力量，开展多种形式的日常科普宣传，包括“食品安全进社区、进农村、进校园”等。加强学校、超市、餐饮服务单位等与食品安全密切相关场所的宣传力度。加强对食品生产加工经营单位的食品安全教育、提高主体责任意识，力争提高全社会的食品安全基本知识知晓率。

2）为公众参与食品安全管理与决策创造条件

要充分利用消费者的自我保护意识，引导社会力量参与食品安全监督。探索适应当前形势的食品安全信息反馈机制，解决公众反映强烈的“投诉无门”问题。要增加食品安全管理与决策的透明度，建立国家监督和社会监督相结合的监督体系，让公众真正了解和参与进来。

3）逐步建立民间交流平台，透明化危机管理和危机信息

目前，我国的一些食品安全科学信息的民间平台的影响力和覆盖面都比较薄弱。要建立以真正懂行的科学家为基础的食品安全风险交流平台，可持续地发布客观、真实和权威的科学信息，来压倒具有误导性的报道舆论。与政府部门的风险交流部门相互沟通并交换信息，起到互补作用，发挥桥梁作用，联合媒体、行业协会、学术和消费权益保护等团体，更灵活地开展风险交流活动；综合利用传统媒体和新媒体工具，使科学信息得到及时广泛的传播。当危机发生时，定期向公众通报危机管理的进程，保持危机管理和危机信息的及时传递；重视危机的研究及各部门的合作，采取一系列危机应对措施。

（3）媒体和风险交流学科发展层面

1）加快学科建设，培育风险交流和科学传播人才队伍

紧跟时代发展步伐，制定人才发展规划，学习和了解物联网发展的趋势和规律，有计划地培养一批具有较高科学素养，掌握风险交流技能的专业工作队伍。建立相应的物联网从业人员培训上岗制度，包括接受较系统的专业知识培训和风险交流的技术培训。这样才能成功策划和组织实施各种形式的食品安全风险交流和物联网传播活动，可以有效地应对各种突发事件，尽快充实我国风险交流这一薄弱环节。

2）加强风险交流基础研究，提高从业人员道德约束能力

风险交流的原则和技巧是风险认知规律的延伸，要鼓励食品安全监管机构联合有实力、有经验的研究院所、高校和社会力量，开展风险认知方面的研究，为我国的食品安全风险交流探索出一整套适合国情、民情的方法和技巧。加强物联网从业人员职业道德方面的教育，杜绝以“吸引眼球”为目的的道听途说、不经核实、断章取义和肆意夸大等不负责任的报道。对有意误导甚至传播谣言的物联网从业者，追究法律责任。在信息传播中，要求做到客观、科学和准确，从正面引导消费者。同时要注意微观真实与宏观真实的把握，避免片面报道，勿使公众对食品安全总体局面产生错误的判断。

3）充分利用经济杠杆，鼓励更多人员从事食品安全风险交流的物联网工作

通过政策扶植、资金补助等措施扩大科学传播在整个物联网渠道中的份额，提高科学

传播者的物质回报，减小科学传播的客观公正性和公益性质所带来的商业价值的限制，引导更多人员从事食品安全风险交流的物联网工作。

十、推进物联网在食品安全管理应用的对策与建议

我国物联网技术在食品行业中的应用尚处于起步阶段，与物联网在发达国家的运用相比尚有较大的差距。具体应用尚处于“零星”的试点实验阶段，技术规范、法律法规以及政策尚未形成一个体系，物联网技术人才的培养也未形成规模。总的来说，国内还没有形成推广物联网技术的良好环境。国家应从法律法规、标准体系、管理制度、管理模式、体制机制、人才培养、经费投入等方面为物联网在食品安全管理中提供良好的应用环境和监管措施，推进物联网在食品安全管理中的健康发展。

（一）强化和完善物联网在食品安全管理应用的法律法规体系和相关的管理制度

1. 严格执行食品的可追溯性管理制度

新《食品安全法》中已明确提出“食品生产经营企业应当依照本法的规定，建立食品安全追溯体系，保证食品可追溯。国家鼓励食品生产经营企业采用信息化手段采集、留存生产经营信息，建立食品安全追溯体系”。可借鉴国际经验，严格执行食品的可追溯性。欧盟为了强制实行食品的可追溯性，欧洲议会第 178/2002 的决议规定了严格的食品追溯规则和制度，要求在食品行业中，产品的每一级的生产和分销都必须可以准确地鉴定出食品的源头(European Commission 2002)。为物联网技术的应用提供法律法规基础。

2. 制定物联网在食品追溯体系应用的技术标准和规范

目前，我国不同地区、部门、企业以及不同食品类别实施的食品追溯体系不尽相同，物联网在食品追溯体系中应用的技术标准不统一，追溯方式混乱，信息不能互联互通等，最终导致一个庞大的追溯系统沦为普通的食品标签。国家应制定和出台食品追溯统一的标准、规范指南、农业投入品和农产品的分类体系、编码体系等。

3. 制定物联网在农产品现代物流管理应用的技术标准和规范

冷链物流是农产品物流的重要特点，农产品包装、运输、仓储等环节的标准化和相关管理制度是物联网在农产品现代物流应用的基础。借鉴国际农产品物流经验需要制定一系列法律法规和标准，如针对包装和运输的标准包括统一托盘标准、车辆承载标准、物品条形码标准等；针对安全和环境的有清洁空气法、综合环境责任法等；支持行业协会对各种物流作业和服务制定相关行业标准，指定物流用语标准、物流从业人员资格标准等。大力促进物流体系的标准化、共享化和通用化。

4. 制定网络销售食品安全监管的法律法规和相关制度

随着网络的普及和现代物流的日益发达，农产品网上销售不仅解决了其销路问题，也实现了利益最大化。农产品电商将农产品从原产地直接发货到消费者所在地，在很大程度上克服了传统流通模式流通环节烦琐、流通效率低、损耗严重的缺点，同时也建立了消费者与生产者互动的平台。新的《食品安全法》已规定“网络食品第三方平台提供者应当对入网食品经营者进行实名登记，明确其食品安全管理责任；依法应当取得许可证的，还应当审查其许可证。网络食品交易第三方平台提供者发现入网食品经营者有违反本法规

定行为的，应当及时制止并立即报告所在地县级人民政府食品药品监督管理部门；发现严重违法行为的，应当立即停止提供网络交易平台服务。”后续需要制定明确的管理制度和实施细则。

（二）做好顶层设计，搭建统一的信息平台，实现信息的互联互通和共享

食品安全涉及从田头到餐桌的每一个环节，需要覆盖全过程的动态监测才能保障食品安全，大数据时代的降临为建立高效的食品安全监管与风险预测机制提供了契机，物联网、云计算为海量数据的分析处理提供了强有力的技术支撑。国家应统一规划，做好顶层设计工作，搭建全国统一标准体系的农产品物流信息化平台、食品追溯信息平台、风险监测与预警信息平台等，或搭建省级、地方级的分平台，相互之间的信息互联互通，形成食品安全监管的大数据平台，为食品安全监管提供数据支撑。

（三）对信息平台数据进行充分挖掘和分析，提高农产品产业链信息透明度，加强食品安全风险交流工作

利用物联网技术对涉及食品安全的相关数据进行全面感知、收集、分析、共享，在动态监测中及时分析、跟踪、监测和评估，对可能存在的食品安全隐患及时发出预警，并对可能存在隐患的产品进行强制抽检，依据国家制定的食品生产相关标准和法律法规提出整改、召回、甚至销毁等建议，并向公众实时发布，将食品安全事故杜绝在萌芽状态。此外，通过食品安全信息平台，及时收集消费者的投诉信息，并找专家评估举报内容，由专家或相关厂家做出回应或反馈，提高消费者参与食品安全监管的意识，达到双向交流的效果。

（四）加强物联网、信息化的软硬件基础设施建设，为食品安全监管提供条件支撑

政府需要提供专项建设资金支援食品现代物流及食品追溯体系示范基地建设，同时为食品企业或其他产业化组织提供硬件设备和技术培训等支持。

（五）加强农产品产业链危害因子检测传感器等核心技术研发

物联网技术在食品安全体系的实施中有着非常重要的地位。我国物联网技术缺乏彻底的创新精神，很大程度上是在原有信息化技术基础上进行深化和发展，通过增加新功能进行适当改变，使之具备物联网特性。目前，芯片研发已经成为我国物联网产业的短板。物联网技术的非原生态创新难以形成核心技术，造成了我国在专利以及信息安全方面的劣势，导致了物联网数据采集环节的传感器、电子标签的高昂成本，制约了我国物联网行业的发展[157]。

（六）建立健全人才培养机制

在发达国家，物联网技术发展比较成熟，完善的人才培养机制造就了大量的物联网人才，这极大地促进了物联网技术的发展。而在国内，物联网作为一个新兴产业，存在着物联网人才不足、人才专业知识结构单一、人才培养机制不完备等问题。目前，国内高校虽然在医疗、交通、物流等学科内开设了物联网的相关课程，但尚无专门的物联网人才培养

专业。现有的专业培养虽然可支持物联网的应用开发，但其拉动力量十分有限。

我国应力争形成“有法律、有制度、有技术、有人才、有管理”的形式，为物联网技术在食品安全管理中应用创造良好的环境。

参考文献

[1] 刘爱成. 美国食品安全法百余年仍在完善[J]. 中国品牌与防伪，2011(06)：27.

[2] 孙超. 浅析20世纪初美国联邦《纯净食品与药品法》出台的历史背景[J]. 西南大学学报(社会科学版)，2008，34(06)：181-187.

[3] 兰教材. 美国1906年纯净食品药品法之由来[J]. 史学月刊，2011(02)：93-104.

[4] 董晓培. 美国纯净食品药物的联邦立法之路(1906-1962)[D]. 厦门：厦门大学，2009.

[5] 综述：美国近年来发生多起食品安全事故 http://news.xinhuanet.com/world/2009-01/19/content_10683196.htm.

[6] 李业鹏. 美国食品安全系统(编译)[J]. 中国食品卫生杂志，2001(04)：44-49.

[7] 吴强. 论19世纪美国的食品立法[J]. 武汉大学学报，2012，65(5)：112-116.

[8] 高胜普，杨艳，宋林. 欧盟食品安全技术法规体系的产生、发展现状及展望[J]. 国际商务(对外经济贸易大学学报)，2007(03)：94-97.

[9] 闻摘. 发达国家如何保障食品安全[J]. 人民政坛，2010，10：33.

[10] 吴黎明. 欧盟食品安全法概况及其最新改革动向[J]. 中国蜂业，2012(24)：48-49.

[11] 王平. 欧盟新食品法对我国农产品出口的影响及对策[J]. 畜牧市场，2006(9)：14.

[12] 李梁钰. 欧盟食品质量安全的法律制度研究[D]. 西安：西北大学，2011.

[13] 董晓剑. 欧盟经济委员运行机制及功能分析[D]. 石家庄：河北师范大学，2007.

[14] 李墩贤. 欧盟食品安全法律体系研究[D]. 青岛：山东科技大学，2010.

[15] 刘波，冒乃和. 德国食品安全方面重要的法律法规[J]. 中国农业科技导报，2003(5)：57-60.

[16] 刘丹. 德国联邦立法程序概论[J]. 山东人大工作，2010(003)：48-49.

[17] 徐兴利. 国外食品安全立法现状[J]. 中国食品，2010(016)：70-71.

[18] 日本食品安全监管体系与制度分析. http://www.foods1.com/content/256136/中国食品产业网.

[19] 董潘舆. 论日本国会的立法程序[J]. 外国问题研究，1982(4)：11-18.

[20] 每周质量报告. www.china.org.cn/chinese/zhuanti/zlbg/512298.htm.

[21] 张理化，徐雅飒. 我国食品安全法律体系之构建[J]. 法制与社会：旬刊，2013(4)：157-158.

[22] 中国食品安全法制网. http://foodlaw.cn/lawhtml/zcfg/.

[23] 李名梁. 我国食品安全问题研究综述及展望[J]. 西北农林科技大学学报，2013，3(13)：46-51.

[24] 教朋章. 浅谈我国食品安全制度[D]. 丹东：中央广播大学，2011.

[25] 国外食品标准与采用国际标准. http://www.doc88.com/p-2724717634878.html.

[26] 美国农业部质量标准. http://www.ams.usda.gov/AMSv1.0/Standards.

[27] 美国新鲜蔬菜等级标准. http://www.ams.usda.gov/AMSv1.0/freshmarketvegetablestandards.

[28] 美国新鲜水果等级标准. http://www.ams.usda.gov/AMSv1.0/freshmarketfruitstandards.

[29] 美国新鲜蔬菜加工等级标准. http://www.ams.usda.gov/AMSv1.0/freshvegforprocessingstandards.

[30] 美国新鲜水果加工等级标准. www.ams.usda.gov/AMSv1.0/ams.fetchTemplateData.do?template=TemplateN&page=FreshFruitforProcessingStandards.

[31] 美国新鲜坚果和特种作物等级标准. http://www.ams.usda.gov/AMSv1.0/freshnutandspeccropstandards.

[32] 美国乳制品标准和规范. http://www.ams.usda.gov/AMSv1.0/ams.fetchTemplateData.do?template=TemplateO&navID=FindaDairyStandardDairyStandardization&rightNav1=FindaDairyStandardDairyStandardization&topNav=&leftNav=GradingCertificationandVerfication&page=DairyStandardsandSpecifications&resultType=&acct=dgeninfo.

[33] 美国农业部 AMS 质量指标-乳制品. http://www.ams.usda.gov/AMSv1.0/ams.fetchTemplateData.do? template=TemplateO&navID=FindaDairySpecificationDairyStandardsandSpecifications&rightNav1=FindaDairySpecificationDairyStandardsandSpecifications&topNav=&leftNav=GradingCertificationandVerfication&page=DairySpecifications&resultType=&acct=dgeninfo.

[34] FDA：食品和药物管理局. http://www.fda.gov/ICECI/ComplianceManuals/CompliancePolicyGuidanceManual/ucm119194.htm#SubChapter500.

[35] EPA 农药残留分析方法. http://www.epa.gov/pesticides/methods/ram12b.htm.

[36] 美国农药残留标准. http://www.epa.gov/pesticides/methods/atmpa2z.htm.

[37] 何崇滨. 食品安全标准管理法律制度研究[D]. 浙江：浙江财经学院，2012.

[38] 李艳. 我国食品安全监管的不足与完善[D]. 重庆：西南政法大学，2012.

[39] 席兴军，刘俊华，刘文. 欧盟食品安全技术法规及标准现状与启示[J]. 食品安全，2005，12(12)：39-42.

[40] 吕杰，李江华，李哲敏等. 欧盟果蔬食品安全标准体系研究[J]. 中国食物与营养，2005(11):9-11.

[41] 毕金峰，魏益民，潘家荣. 欧盟食品安全法规体系及借鉴[J]. 中国食物与营养，2005(3)：11-15.

[42] 欧盟农药残留标. http://www.cait.cn/jyjc_1/rdzt/gsncjc/xgbz/201205/t20120521_106673.shtml.

[43] 王世坤. 国内外有机产品标准的比较研究[D]. 哈尔滨：东北林业大学，2007.

[44] 韩沛新，李显军，郭春敏等. 以意大利为例浅谈欧盟有机农业发展促进机制. 世界农业，2005(4)：12-15.

[45] 德国标准化协会. http://www.din.de/cmd? level=tpl-home&contextid=din.

[46] 李忠东. 有感于德国面包. 中国经济网. http://intl.ce.cn/zgysj/200809/08/t20080908_16733721.shtml.

[47] 肖海峰，李峰，王姣. 德国的食品质量安全体系[J]. 粮油食品科技，2005，13(2)：45-46.

[48] 张国庆，张雅莉等. 国外食品监管模式对我国食品监管的启示[J]. 化工纵横，2012，26(8)：51-54.

[49] 孔英戈. 德国食品安全监管体系的启示[J]. 质量探索，2012(10)：46-48.

[50] 陈松，叶志华，王敏. 欧盟食品质量安全体系建设的特点及对我国的启示[J]. 食品研究与开发，2007，128(10)：185-188.

[51] 胡南乾. 我国食品质量安全认证问题研究[D]. 广州：华南理工大学，2011.

[52] 王益谊，逄征虎，白殿一. DIN 技术组织体系研究[J]. 世界标准化与质量管理，2007(3):55-57.

[53] 孟庆华. 德国标准化工作简况[J]. 中国标准化，2000(10)：27.

[54] 陈卫，钱和，李颖超等. 发达国家食品安全标准体系解读与启示[J]. 食品科学，2011，33(增刊 1)：156-161.

[55] 杨曙明，魏书林. 日本肯定列表制度与饲料添加剂及相关问题探索[J]. 农业质量标准，2006(4)：11-13.

[56] 安洁，杨锐. 日本食品安全技术法规和标准现状研究[J]. 中国标准化，2007，12：23-26.

[57] 锁放. 论中国食品安全监管制度的完善[D]. 合肥：安徽大学，2011.

[58] 杨章华. 肯定列表制度农残规定对我国农产品出口的影响及对策[J]. 农业质量标准，2007(1)：45-48.

[59] 施用海. 日趋严格的日本食品安全管理[J]. 对外经贸实务，2010：45-47.

[60] 谢淑娟，杨锐. 日本食品安全技术法规和标准现状研究[C]. 中国标准 2006-2007 年度标准化学术研究论文集，2008：29-33.

[61] 熊立文，李江华. 日本食品安全标准体系及其监管体制初探[J]. 中国标准导报，2010，3：11-15.

[62] 边红彪. 日本进口食品检验检疫制度再分析[J]. 食品安全质量检测学报，2011，2(4)：209-212.

[63] 史永丽，姚金菊，任瑞平等. 食品安全标准法律体系研究[J]. 食品科学，2007，6(28)：372-376.

[64] 中国食品安全法治网. http://www.foodlaw.cn/.

[65] 赵荣，乔娟. 发达国家食品质量安全追溯体系监管机制及经验借鉴[C]. 中国行政管理学会 2010 年会暨"政府管理创新"研讨会论文集. 北京：中国农业大学出版社，2010.

[66] 食品安全与卫生监督局. www.moh.gov.cn/.

[67]《GB 2760—2011 食品安全标准 食品添加剂使用标准》，4. 附录 F. 我国食品分类系统.

[68] 吴林海，钱和等. 中国食品安全发展报告[M]. 北京大学出版社，2012,12：229.

[69] GB 2762—2012，食品安全国家标准 食品中污染物限量[S]. 北京：中国标准出版社，2012.

[70] GB 2763—2012，食品中农药最大残留限量[S]. 北京：中国标准出版社，2013.

[71] GB 2761—2011，食品安全国家标准 食品中真菌毒素限量[S]. 北京：中国标准出版社，2011.
[72] GB 14882—1994，食品中放射性物质限制浓度标准[S]. 北京：中国标准出版社，1994.
[73] GB 12651—2003，与食品接触的陶瓷制品铅、镉溶出量允许极限[S]. 北京：中国标准出版社，2003.
[74] GB 2760—2011，食品安全国家标准食品添加剂使用标准[S]. 北京：中国标准出版社，2011.
[75] GB 26687—2011，食品安全国家标准复配食品添加剂通则[S]. 北京：中国标准出版社，2011.
[76] GB 4789—2010，食品安全国家标准 食品微生物学检验[S]. 北京：中国标准出版社，2010.
[77] 孙长华，李妍，李东刚等. 我国食品理化检验标准体系的发展趋势分析[J]. 化学工程师，2007，4：42-45.
[78] 王竹天. 食品卫生检验方法(理化部分)注解(上)[M]. 中国标准出版社，2009.
[79] GB/T 23887—2009，食品包装容器及材料生产企业通用良好操作规范[S]. 北京：中国标准出版社，2009.
[80] 周应恒. 现代食品安全与管理[M]. 北京：经济管理出版社，2008：124-126.
[81] 法治网：食品安全标准制修订. http://china.findlaw.cn/jingjifa/shpaq/spaqbzh/10845.html.
[82] 颜丽. 浅析我国食品标准现状及几点建议[J]. 大众标准化，2011(02)：45-48.
[83] 中华人民共和国国家卫生和计划生育委员会. http://www.moh.gov.cn/.
[84] 中华人民共和国农业部. http://www.moa.gov.cn/zwllm/zxfb/200405/t20040505_200991.htm.
[85] 吴良志. 中美食品安全监管机构之比较[J]. 食品与发酵工业，2005 (11)：78-84.
[86] 李向安. 论美国食品安全监管体系及对我国的经验借鉴[J]. 商品与质量，2007，7：23-24.
[87] 钱和，汪何雅等. 美国食品安全管理机构及其 HACCP 工程[J]. 江苏食品与发酵，2004，2：4-11.
[88] 何易. WTO 视域下的美国《食品安全现代化法》[J]. 世界贸易组织形态与研究，2013，20(4)：62-72.
[89] FDA：食品和药物管理局. http://www.fda.gov/AboutFDA/CentersOffices/ORA/ORAElectronicReadingRoom/default.htm.
[90] 伍轩. 美国的食品安全监管制度. 中国质量新闻网. http://www.cqn.com.cn/news/zggmsb/disi/210867.html.
[91] 赵平，吴彬. 美国食品安全监管体系解析[J]. 郑州航空空也管理学院学报，2009，27(5)：101-104.
[92] 杨鹭花. 美国食品安全监管体系对我国的启示[J]. 中国食物与营养，2007，9：13-15.
[93] 康莉莹. 美国食品安全监管法律制度的创新及借鉴[J]. 企业经机，2013(3)：189-192.
[94] 杜仪方，俞锋. 美国食品安全监管体系研究[J]. 法律法规，2011：114-115.
[95] 陈蓉芳，李洁. 欧盟食品安全监管体系研究及启示[J]. 上海食品药品监管情报研究，2010：1-4.
[96] 唐华. 论欧盟食品安全法规体系及其对中国的启示[D]. 北京：对外经济贸易大学，2006.
[97] 李静. 欧盟食品安全监管体系的启示[J]. 中国农业信息，2012(11)：34-37.
[98] 孙娟娟. 欧盟食品安全法律监管的协调统一[D]. 汕头：汕头大学，2009.
[99] 谭小吉. 欧美食品安全法律制度对我国的启示[D]. 上海：华东政法大学，2012.
[100] 国家质量监督检验检疫总局进口食品安全局. http://jckspaq.aqsiq.gov.cn/zcfg/gwflfgbz/200701/t20070105_24343.htm.
[101] 李涛. 德国食品安全监管现状[J]. 中国质量技术监督，2008，8：78-79.
[102] 罗斌. 德国农产品质量安全监管体系概览[J]. 农产品质量与安全，2012(3)：70-76.
[103] 陈光亮. 德国食品安全监管给我们的启示[J]. 中国食品药品监管，2007，1：62-63.
[104] 孔英戈. 德国食品安全监管体系的启示[J]. 中国质量技术监督，2012，5：50-52.
[105] 沈忠浩，张文娟. 安全预警防微杜渐，临危应对扭转败局—德国“毒饲料事件”处理经验谈[J]. 中国合作经济，2011：47.
[106] 任智华. 日本食品安全监督管理体系现状分析[J]. 农业经济，2010，6：93-94.
[107] 王婉琼. 我国食品安全监管体制研究[J]. 西南农业大学学报(社会科学版)，2011，9(2)：14-18.
[108] 中华人民共和国中央人民政府：国务院办公厅关于实施《国务院机构改革和职能转变方案》任务分工的通知. http://www.gov.cn/zwgk/2013-03/28/content_2364821.html.
[109] 周应恒，王二朋. 中国食品安全监管：一个总体框架[J]. 宏观经济，2013，4：19-28.
[110] 肖艳辉，刘亮. 我国食品安全监管体制研究—兼评我国《食品安全法》[J]. 太平洋学报，2009：1-13.

[111] 黄永飞. 我国食品安全监管问题研究[D]. 武汉：华中师范大学，2012.
[112] 陆斌. 我国食品安全管理问题研究[D]. 西安：西北农林科技大学，2006.
[113] 中华人民共和国卫生部食品安全国家标准. http：//www. moh. gov. cn/xxgk/pages/wsbzsearch. jsp.
[114] 2000—2012 我国食品安全事件盘点. http://www. 360doc. com/content/13/0718/17/7152469_300879794. shtml，2013-7-18.
[115] 郭波莉，魏益民，潘家荣. 牛肉产地溯源技术研究[M]. 北京：科学出版社，2009.
[116] 文向阳. 全球统一标识系统在牛肉产品跟踪与追溯的应用. http://www. docin. com/p-7002919. html.
[117] 刘哲. 基于物联网的可追溯食品供应链研究[J]. 经济导刊. 2012，3：41.
[118] 卢红科，赵林度. 基于虹膜识别与编码技术的肉类食品可追溯系统研究[J]. 物流技术，2009(10)：103-106.
[119] 林刚，武小年. 物联网技术的研究与应用[J]. 中国新通信，2013，15(1)：56-57.
[120] CNET 科技咨询网. 奥运 世博 亚运 博科资讯助力冷链物流一路领先[N]. http://www. cnetnews. com. cn/2010/1011/1908828. shtml，2010-10-11.
[121] 孙其博，刘 杰，黎 葬，等. 物联网概念，架构与关键技术研究综述 [J]. 北京邮电大学学报，2010，33(3)：1-9.
[122] 王姗姗，杨洪盛. 物联网技术及应用简述[J]. 知识经济，2013(21)：114.
[123] 王保云. 物联网技术研究综述[J]. 电子测量与仪器学报，2009，23(12)，1-7.
[124] 边吉荣，曾建华. 基于 RFID 与二维码技术的畜产品可追溯系统设计[J]. 电脑知识与技术：学术交流，2010，6(7)：5342-5345.
[125] Qian JP，Yang XT，Wu XM，et al. A traceability system incorporating 2D barcode and RFID technology for wheat flour mills [J]. Computers and Electronics in Agriculture，2012，89：76-85.
[126] 张姝楠，郭波莉，潘家荣. RFID 技术在食品全程跟踪与追溯中的应用[J]. 食品研究与开发，2007，28(9)：148-151.
[127] 朝晖. RFID 技术在食品行业应用前景广阔（上）[J]. 中外食品，2006，13(1)：32-35.
[128] 朝晖. RFID 技术在食品行业应用前景广阔（下）[J]. 中外食品，2006，13(2)：39-40.
[129] 李姗. RFID 成本分析[J]. 知识经济，2012(8)：130.
[130] 李广明，黄立平，詹锦川，等. RFID 在食品安全追溯中的应用[J]. 物流技术与应用，2007，12(3)：85-87.
[131] Thakur M，Hurburgh CR. Framework for implementing traceability system in the bulk grain supply chain [J]. Journal of Food Engineering，2009，95(4)：617-626.
[132] 物联网在线. 国外食品质量安全追溯系统情况分析[N]. http://www. iot-online. com/chanyeyanjiu/2010/1114/5454. html. 2010-11-14.
[133] 国伟，储晓刚. RFID 技术及其在食品安全领域中的应用[J]. 食品科技，2007，32(9)：5-7.
[134] 刘东红，周建伟，莫凌飞. 物联网技术在食品及农产品中应用的研究进展[J]. 农业机械学报，2012，43(1)：146-152.
[135] Zhang XS，Zhang J，Liu F，et al. Strengths and limitations on the operating mechanisms of traceability system in agro food，China [J]. Food Control，2010，21(6)：825-829.
[136] 熊卫东. 基于物联网的冷链食品安全监控系统的设计与实施[J]. 郑州轻工业学院学报：自然科学版，2011，26(3)：96-99.
[137] 王春萌，张大鹏. 物联网在农业生产与食品安全中的应用[J]. 农业网络信息，2011(12)：8-9.
[138] 刘晓毅，石维妮，刘小力，等. 浅谈构建我国食品安全风险监测与预警体系的认识[J]. 食品工程，2009(2)：3-5. .
[139] 王中亮. 食品安全监管体制的国际比较及其启示[J]. 上海经济研究，2008(12)：19-25.
[140] 杨军，刘艳. 关于二维码的研究和应用[J]. 应用科技，2002，29(11)：11-13.
[141] 史喜菊，马资平，刘全国，等. 欧盟的食品追溯体系[J]. 中国畜牧兽医文摘，2007，4：10-11.
[142] 柳建龙. 肉类食品安全信息追溯的技术架构[J]. 肉类研究，2006(9)：4-8.
[143] 熊本海，傅润亭，林兆辉，等. 生猪及其产品从农场到餐桌质量溯源解决方案——以天津市为例[J]. 中国农业

科学，2009，42(1)：230-237.
[144] 赵荣，乔娟. 中国农产食品追溯体系实施现状与展望[J]. 农业展望，2010，6(5)：44-48.
[145] 梁正平，纪震，林佳利，等. 基于三维编码的全流程食品追溯系统[J]. 深圳大学报(理工版)，2010，27(3)：312-316.
[146] 廖东方. 二维码电子标签的安全技术研究[D]. 北京：北京邮电大学，2008.
[147] 黄桢. 基于物联网技术的乳业食品安全追溯平台分析与设计[D]. 北京：北京邮电大学，2012.
[148] 莫锦辉，徐吉祥. 食品追溯体系现状及其发展趋势[J]. 中国食物与营养，2011，17(1)：14-16.
[149] Lu J，Tao Z，Woo C. Sanlu's melamine-tainted milk crisis in China [J]. Harvard Business Review，2009，439(C)：1-24.
[150] 莫灵江，黄坚，李辉，等. 基于 RFID 的供港活猪全程溯源系统的应用研究[J]. 现代计算机，2013(23)：59-63.
[151] 穆若金，冯志杰. 物联网技术及其在食品安全中的应用[J]. 科协论坛，2012(9)：81-82.
[152] 陈里予. 沪猪肉追溯系统升级 17 万母猪戴电子耳标[N]. http://sh. eastday. com/m/node 733774/u1a7388269. html，2013-05-14.
[153] 任守纲，徐焕良，黎 安，等. 基于 RFID/GIS 物联网的肉品跟踪及追溯系统设计与实现 [J]. 农业工程学报，2010，26(10)：229-235.
[154] Kevan T. Control of the cold chain [J]. Frontline Solutions，2005，6(2)：30-32.
[155] 卢菲菲. 食品零售商克罗格公司利用 RFID 技术来保持食品的新鲜[N]. http://news. rfidworld. com. cn/200512261112212829. htm，2005-12-26.
[156] Donnelly KAM，Olsen P. Catch to landing traceability and the effects of implementation—A case study from the Norwegian white fish sector [J]. Food Control，2012，27(1)：228-233.
[157] 中国百科网. 澳大利亚使用射频识别技术追踪西红柿[N]. http://www. chinabaike. com/z/keji/dz/rfid/602089. html，2011-03-24.
[158] Bosona T，Gebresenbet G. Food traceability as an integral part of logistics management in food and agricultural supply chain[J]. Food Control，2013，33(1)：32-48.
[159] 魏笑笑. 基于 RFID 的物联网技术在农产品安全领域中的应用研究[J]. 安徽农业科学，2011，39(24)：15150-15152.
[160] Beier S，Grandison T，Kailing K，et al. Discovery Services-Enabling RFID Traceability in EPCglobal Networks [C]. 2006.
[161] 陈文斌，谭春林，曹鹏. RFID 技术在酒类防伪中的应用[J]. 硅谷，2011(17)：190.
[162] 高山. 商务部酒类流通首试点 茅台 RFID 溯源体系上线[N]. http://news. hexun. com/2013-05-22/154409917. html. 2013-05-22.
[163] 原鹏. 物联网、云计算在食品安全领域应用初探[J]. 投资北京，2011(6)：43-44.
[164] 陈一天，余爱民. 无线射频识别技术及其在畜牧业动物管理中的应用[J]. 南方农村，2006(4)：52-54.
[165] 陈文波. 淳牌千岛湖有机鱼 直面假冒挑战 游上奥运餐桌[N]. 市场报，2006-08-25.
[166] 中安在线. 巢湖养鱼用上"物联网"[N]. http://ah. anhuinews. com/system/2012/10/16 /005259306. shtml. 2012-10-16.
[167] 谷晓君. 安全奥运 食品先行——专家详解奥运会食品安全[J]. 上海标准化，2008(8)：19-20.
[168] 中国物联网智慧谷. 芯片研发成中国物联网产业发展短板[N]. http://www. yyzhil. com/news/html. 2013-4-26.
[169] 张琦. 电子标签 RFID 七大优势[J]. 金卡工程，2005，9(1)：31.
[170] 赵小平，李嵋桢. 五粮液 RFID 技术引领酒行业"溯源防伪"[J]. 中国品牌与防伪，2012(1)：58-61.
[171] 中国百科网. RFID 助力"食品保鲜运动"[N]. http://www. chinabaike. com/z/keji/ys/youmo/2012/0210/1057197. html. 2012-02-08.
[172] 中国百科网. 五粮液酒防伪中 RFID 技术的应用[N]. http://www. chinabaike. com/z/keji/dz/rfid/647260.

html. 2011-01-28.

[173] 何希斌. "物联网"养鱼巢湖试水 [N]. http://www. chnews. cn/chaohu/2012/10/2012-10-15131569. html, 2013-10-15.

[174] Bechini A, Cimino MG, Marcelloni F, et al. Patterns and technologies for enabling supply chain traceability through collaborative e-business[J]. Information and Software Technology. 2008, 50(4): 342-359.

[175] 周蓉. 物联网技术在食品冷链物流中的应用参考模型[D]. 北京: 北京交通大学, 2012.

[176] 周洪波. 物联网: 技术, 应用, 标准和商业模式[M]. 北京: 电子工业出版社, 2010.

第六章　食品安全与经济发展战略研究

摘　要

食品安全是动态的、发展的概念，具有历史性特征。食品安全问题有其复杂性和多样性，每个社会发展阶段食品安全主要特征表现各不相同。本报告通过分析英美和我国食品安全史，明确了发达国家和地区的食品安全问题演进的历史特征：第一阶段，掺杂使假是西方世界早期面临的最主要食品安全问题。第二阶段，技术性食品风险是经济发展到一定阶段不得不面对的难题。第三阶段，进入 21 世纪后，突发性致病菌污染、畜禽疫病流行和生物恐怖主义的威胁等构成当前发达国家食品安全领域面临的最大挑战。我国同样经历了从关注不洁食物的食品卫生，到关注掺杂使假食品安全问题，再到关注种植养殖农药、兽药残留超标等食品安全问题的阶段。

在梳理食品安全史的基础上，本报告研究了我国食品安全现状，分析了当前经济环境和产业发育条件下食品安全事件的类别及诱因。本报告研究了一国食品安全形势与经济发展水平的相关性。从中美两国食品安全形势的相似性看，当人均 GDP 在 1000 美元至 4000 美元(以 1990 年盖-凯美元计)之间时，由于经济发展水平低，掺杂使假是危及食品安全的主要问题；当人均 GDP 由 4000 美元升至 10000 美元之间时，食品生产的产业化程度日益提高，科学技术对食品产业的影响迅速增大，农药、兽药残留超标等技术性因素所带来的安全风险是食品安全领域面临的主要问题。我国工业化和城镇化进程仍在推进，所面临的食品安全问题更为复杂，一方面呈现出资本主义 20 世纪五六十年代的阶段性特征；另一方面不得不面对当今全球食品安全面临的主要挑战。本报告还研究了恩格尔系数的大小对消费者食品消费的关注点的影响，以及声誉机制对食品安全的影响，公众参与食品安全监管的方式和影响因素，以及食品安全与国际贸易规则等内容。

基于食品安全与经济发展规律关系的研究，本报告对我国食品安全未来特征进行了研判(2014～2020 年)：未来阶段，我国食品产业规模化企业和中小型特色食品加工企业将长期并存。主导食品种类将继续向规模化、集约化方向发展；特色食品种类将向卫生、标准化方向发展。违法经营而产生的食品安全问题将得到有效治理。根据中美发展对比以及国际经验，以及全球化发展的背景，来自环境污染、农兽药残留的化学性污染和食源性疾病将成为未来阶段我国食品安全的主要问题。

最后，提出提升食品安全水平的四点对策建议：加快食品产业升级，提高产业运行的规范水平；重视经济伦理教育，提高食品从业者的职业操守水平；提振消费信心，促进国内食品产业发展；构建完整的技术性贸易措施体系。

“国以民为本，民以食为天”。数量充足、价格适宜、质量可靠的食物是人类维持生存的基本条件。人类的发展历史和食品生产、消费的规律都显示，一个国家食品安全问题的主要诱因和突出表现均与其经济发展水平密切相关。本报告将系统梳理食品安全问题产生、演变的历史逻辑，分析归纳主要国家食品安全形势的发展过程，把脉我国当前和未来的主要食品安全问题，为有效解决我国的食品不安全问题提出具有前瞻性和战略性的应对之策。

一、食品安全与经济发展规律研究的意义

（一）基本概念

1. 食品与食用农产品

国际食品法典委员会(CAC)对“一般食品”的定义是：“指供人类食用的，不论是加工的、半加工的或未加工的任何物质，包括饮料、胶姆糖，以及在食品制造、调制或处理过程中使用的任何物质；但不包括化妆品、烟草或只作药物用的物质”。这一广义的概念更应视为“食物”定义[1]。

学术界对“食品”范围的描述都强调了经过加工和制作的过程，也即包含有经过理化性质所改变的过程。我国《食品安全法》将食品定义为，各种供人食用或者饮用的成品和原料以及按照传统既是食品又是药品的物品，但是不包括以治疗为目的的物品。同时又规定供食用的源于农业的初级产品（以下称食用农产品）的质量安全管理，遵守农产品质量安全法的规定。因此从法律和监管角度划分，广义的食品概念可以划分为加工食品和食用农产品两大类。

加工食品与食用农产品的概念相互交叉，相互涵盖。本报告除在第五节我国食品安全现状中按照加工食品和食用农产品进行划分外，其他章节如无特别说明，对食用农产品、食品不做非常严格的区别。

2. 广义食品安全的概念

从国际社会对食品安全的认知历程来看，食品安全是一个动态发展的概念。

第一阶段，强调食品数量安全(food security)，即食物安全或食物获取安全。1972～1974年，由于连续自然灾害造成粮食减产、出现了第二次世界大战以来最严重的世界性粮食危机，联合国粮农组织(FAO)在1974年提出食品安全即“保证任何人在任何时候都能够得到为了生存和健康所需要的足够食品”[2]。

第二阶段，强调食品质量安全(food safety)。2003年，联合国粮农组织/世界卫生组织(FAO/WHO)在《保障食品的安全和质量：强化国家食品控制体系指南》[3]将食品安全定义为：“食品安全是指控制所有那些危害，无论是慢性的还是急性的，这些危害会使食物有害物消费者健康”。2005年ISO22000中对食品安全的定义：食品在按照预期用途进行制备和(或)食用时，不会对消费者造成伤害的概念[4]。注释中强调：食品安全与食品安全危害的发生有关，但不包括与人类健康相关的其他方面，如营养不良。

可见，食品安全的概念至少应涵盖食品数量安全(food security)和食品质量安全(food safety)两个层次的含义。

1996年第2次世界粮食首脑会议对食品安全的阐述，“只有当所有人在任何时候都

能够在物质和经济上获得足够、安全和富有营养的食物来满足其积极和健康生活的膳食需要及食物喜好时,才实现了食品安全"[5]。因此从广义角度来看,食品安全还应包括食品的营养与可持续性获取安全。鉴于西方发达国家食品安全发展现状,我们尝试将未来食品安全发展趋势划分为食品营养安全和食品可持续安全。

第三阶段,食品营养安全,即食品中营养素安全、均衡,对人体不造成任何慢性危害。随着科学发展和技术进步,当我们的认识又提高一个层次或台阶时,我们对安全性提出了新的质疑,我们需要重新界定那些看似安全但是却值得研究的问题。例如油炸食品对健康的影响,补充维生素对人体作用的争议,反式脂肪酸对人体的危害等,这就涉及食品营养安全。从长远看,食品中过量营养素摄入导致的高血压、高血脂等"富裕病",将是未来食品营养安全关注的焦点问题。

这一发展趋势在美国得到印证与体现。经过一百多年的时间,美国食品安全的问题表面上得到较好解决。但不能忽略的是美国三分之一的成人超重和三分之一的儿童肥胖。在今天的美国,食品安全问题逐步演化为突出的公共健康问题,转基因食品、荷尔蒙和其他各种添加剂开始出现,诱人、漂亮的外形下面,食品安全仍然存在很大风险。

2001 年美国作家艾瑞克·世洛舍的《快餐王国》出版,他在书中指出厄普顿·辛克莱的《屠场》发表近一个世纪后,随着垄断程度的加深,食品的工业化达到了无以复加的程度[6]。如果说辛克莱的书促使人们关注禽肉动物如何被屠宰和加工的环节,到了《快餐王国》的当代,人们对食品的大工业化生产的关注迈向了新的高度。现在,快餐文化成为美国文化的代表,美国人平均将 90%以上的食品开支花在购买加工过的食品上。在美国,看似简单的"吃什么"问题背后,隐藏着巨额的利益博弈。

快餐食品的低价完全不反映真实成本,它将对健康、环境和廉价劳工的成本都外在化,转由整个社会来承担,由此带来的肥胖和各种心血管疾病给公共健康带来了很大危害,使美国公共医疗和保险体系不堪重负。但食品生产巨头们为维护利益,不惜花费巨资砸在各种广告和公关活动上,甚至日益将目光投向消费力渐涨的未成年人身上,诱发其冲动型购买。美国政府对玉米、大豆等少数经济作物的高额补贴,使得少数食品加工公司控制美国的整个农业。美国对转基因食品的标注和限制,也因为这些大公司的阻挠,从未像欧洲和日本那样进入立法程序。

《快餐王国》的出版,引发了美国公众对食品安全和快餐文化的深刻反思。近年来日益普及的有机食品风潮,正在引导着美国公众向更健康的饮食结构转化,推动美国的食品安全迈上更高台阶。

第四阶段,食品可持续安全,即食品数量安全、质量安全和营养安全的可持续获取安全。环境和资源的承载力是考量食品可持续安全的重要指标。首先,世界范围内发展中国家工业化进程的加速,水土流失、耕地质量下降、生态环境恶化及自然灾害加重等导致农业生产的后续资源严重不足,农业的再生产能力下降,农业生产过程环境污染严重。其次,由于工农业生产的迅速发展和城市人口集中化的急剧增加,工业三废、城市废弃物的大量排放,以及农业生产中化肥、农药用量激增,许多有毒有害物质被释放,大量进入环境,导致土壤、大气、水域受到的污染日益严重。与此同时,大量有机废弃物,不仅侵占大量农田,也导致病毒传播和疾病蔓延等问题。这直接影响了发展中国家粮食作物、经济作物、饲料作物、畜产品和水产品的质量，对人们的身体造成危害，食物发展的可持续性也日益成为食品安全的首要问题[7]。

食品的可持续安全从宏观上直接影响粮食安全，同时也对微观的食品质量安全和营养安全构成极大威胁。我国土壤污染出现了有毒化工和重金属污染由工业向农业转移、由城区向农村转移、由地表向地下转移、由上游向下游转移、由水土污染向食品链转移的趋势，逐步积累的污染正在演变成污染事故的频繁爆发。国土资源部统计表明，目前全国耕种土地面积的10%以上已受重金属污染。在食品质量和营养安全方面，化肥、农药、兽药、生产调节剂等农用化学品的大量使用对土壤、水体和大气的污染部分已不具修复性。单纯氮肥年使用量2500多万吨，农药超过130万吨。目前我国每天排出的工业污水达9000万吨，每年约300亿吨；集约化大中型奶牛、猪、鸡养殖场6000多家，日排粪尿及冲污水80多万吨，年排量近3亿吨，加之人类的粪尿及生活废水每年也不下10亿吨，这其中85%以上未经过任何处理就直接流入江河和海洋，造成我国1200条河流中，850条河流受到不同程度的污染，130多个湖泊和近海区域都不同程度地存在富营养化问题。遭受严重环境污染的生物大量死亡，而重金属、农药、药残等有毒的物质则通过食物链进入人体，导致人体中毒，严重危及人民的身体健康。

当前阶段，我国处于食品质量安全问题集中爆发的时期，因此本报告中的“食品安全”系指狭义的食品安全，即食品质量安全。在涉及食品数量安全、营养安全和可持续安全的时候，将明确标示。

（二）主要特征

1. 内涵特征

食品安全的内涵具有层次性和动态性的特征。

层次性是指从数量的角度，要求食物的供需平衡，即满足食物可获得安全；从质量的角度，要求食物的营养结构合理、优质卫生健康（无污染），满足人民健康生活的需要，即满足食品质量安全；从发展的角度，要求食物的获取要注重生态环境的良好保护和资源利用的可持续性，即确保食物来源的可持续性。

动态性是指不同经济发展阶段，所表现的食品安全问题具有不同的特点。同一时期的不同国家或同一国家的不同历史发展阶段，由于自然条件、经济条件以及农业发展所面临的主要矛盾的差异，造成食品安全系统的风险因素和风险程度的不同，最终导致食品安全的内容和目标的差异。当一国的食物短缺和营养不良达到了一定的水平，食品数量安全就成为该国的首要问题；当一国的食品污染或者营养失衡到了一定的程度，食品质量安全就成了突出问题。

2. 属性特征

一是绝对性与相对性。在某一区域的特定历史发展阶段，食物安全具有明确的科学内涵，安全与不安全之间有明确的界限，因而食品安全具有绝对性。同时，食品安全的内涵是不断发展的，食品安全只是相对于一定文化背景和具体经济发展阶段而言的。因而，从这个意义上讲，食品安全又具有相对性。

二是社会性与个体性。食物安全性的高低关乎人类生命健康与繁衍生息，是公共安全的重要内容。从这个意义上看，食品安全的供给具有全社会性，食物是社会共同享用的物品。但在食物供应相对充裕的条件下，人类对食物的选择和消费又纯粹是个人行为。从这个意义上讲，食品安全又具有明显的个体性。

三是现实性与潜在性。食品安全危害社会公共安全与人类生命健康的直接性，决定了食品安全具有很强的现实性。从另一个角度看，食品安全又具有潜在性。长期食物不足或食物消费结构不合理的人群，很容易造成营养不良，对个体的生命健康和智力发育造成潜在威胁。从质量角度看，食品安全也具有潜在性。

四是系统性与区域性。食品安全是一个涉及经济、社会与政治等多因素、多环节的复杂系统。从全球范围来看，世界食品安全是一个大系统，各个国家和地区是子系统。从单个区域的食品安全来看，食品安全是供给系统和需求系统相互作用的结果。同时，食品安全具有区域性，可将其划分为不同经济区域、不同行政范围的食物安全。

3. 影响特征

从食品安全影响所产生的方式或结果来看，食品安全的影响特征主要表现为以下几个方面：

一是危害的隐蔽性。受物理性、化学性和生物性污染的食物，其安全的真实水平或程度往往得以掩饰，很难凭感官或一般检测设备进行识别。并且，一些参数或指标的检测难度进一步加大，检测时间进一步延长，质量安全状况难以及时准确判断，危害具有较强的隐蔽性。

二是危害的多发性。化肥、饲料、农药、兽药是食物生产的重要投入品。当前，中国农药、兽药农业生产资料市场相当混乱，一些农业投入品连专业技术人员都难以识别，对科学文化素质不太高的农民来说，更是难以准确判断，加上农业投入品使用的不规范和工业“三废”排放的面源污染，使得食品质量安全事故呈多发态势。

三是危害的积累性。在食物从农田到餐桌的过程中，影响食品安全的影响因素较多。既受农业生产过程中因素的影响（称为“第一次污染”），也受加工生产环节和加工原材料不安全要素的影响（称为“第二次污染”），还受到包装材料、运输贮存设施条件等的不安全要素的影响（称为“第三次污染”）等。可见，有毒有害物质将不断积累在终端食品中，对人体危害逐步增强，具有危害的累积性。

四是危害的广泛性。与初级农产品质量不安全的危害程度相比，加工食品质量不安全的危害程度更大，危害面更广，具有危害的广泛性。加工食品的生产周期一般比较短，而且是大批量的连续生产，销售流通半径一般又很长。若食品原料的全部或部分有质量安全问题，都会对本批次、甚至以后连续几个批次生产的加工食品造成严重污染；若是场地环境、加工设备、加工工艺、包装材料等造成的污染，其影响则更大。而且，随着加工食品销售流通半径的扩大，其质量安全危害的地域性将更为广泛。

（三）战略意义

1. 有利于掌握食品安全发展规律，把握治理重点和节奏

从西方发达国家发展规律和历程来看，食品安全与社会经济发展水平紧密相关，产业发展水平和经济环境决定食品安全水平。食品安全在不同经济发展阶段表现出不同的特

征，主要危害的类型也各不相同。目前，我国社会各界对食品安全问题总体特征未形成统一认识，对当前物理性、化学性和生物性等食品安全危害中占据主导的危害类型的判断存在争论。本报告通过研究不同经济发展阶段食品安全现状与特征，正确认识当前食品安全形势和系统性问题，准确判断食品安全走势，明确其主要问题和工作重点，从而把握好整治的方向、力度和节奏。通过对食品安全发展走势的研判，推动我国食品安全的长效治理。

2. 有利于明确发展方向，推动食品产业结构优化升级

食品安全水平的提升依赖于产业自身的发展。我国食品产业发展仍然处于初级阶段，绝大多数企业存在规模小、设施简陋、工艺落后、卫生条件差、自身管理水平低、人员素质不高等问题。同时，食品产业快速扩张过程中，存在企业盲目扩张，只求数量、忽视质量的倾向。巨大的消费需求导致加工原材料供给不足，企业盲目扩张造成产能局部过剩或阶段过剩。原材料的不足和盲目扩张造成的无序竞争，导致了产业诸多乱象，原材料价格（食品价格与原料价格成本倒挂）和人力成本的飞涨，成为食品掺杂使假的经济诱因。上述问题的解决，一方面依赖政府监管，另一方面依赖于食品产业的发展和进步。本报告通过研究生产环境、消费环境等相关要素现状与趋势，明确食品产业布局调整、结构调整的重点，优化食品安全生产和消费环境，为解决市场和政府监管失灵产生的食品安全问题提供理论支持。

3. 有利于提振消费者信心，促进食品安全社会共治

2008年“三聚氰胺”奶粉事件发生以后，食品安全舆论环境日益恶化，食品安全问题已经成为阻碍我国食品产业健康发展的重要障碍。如果食品安全问题得不到有效控制与解决，那么国内食品消费市场会发生深层次的变化。当前，由于国内消费者对婴幼儿奶粉国产品牌不信任，外资品牌逐渐控制国内消费市场，就是一个典型的案例。本报告通过对食品安全与经济发展规律的研究，有助于消费者正确认识食品安全发展规律，从而树立正确、科学、不盲从的食品安全意识，提升公众参与食品安全监督的热情，提高公众食品安全意识，形成政府监管、媒体监督、公众监督的多方位监督体系，促进食品安全社会共治。

二、食品安全问题产生、演变的历史逻辑

尽管影响消费者健康的食源性疾病古而有之，但从人类历史发展的进程看，因微生物性、化学性、物理性有害因素导致的食品不安全真正成为一个社会问题，是在工业化时代和市场经济中才开始出现的。当前社会关注的因滥用食品添加剂而引起的食品安全问题，以及转基因食品是否安全的争论是一些新技术在食品产业运用才产生的现代社会问题，这从另一侧面印证了食品安全问题的历史性特征。

（一）粮食安全先于食品安全

从人类历史发展的角度看，食品安全问题古而有之。例如，由于消费者缺乏科学知识，食用腐坏食物或不洁食物而导致的食物中毒；因食物加工、储存等不当所导致的微生物超标；部分不法商人掺杂使假攫取利益。但是，如何“吃得饱”远比如何“吃得安全”重要。根据世界粮农组织的估计，目前全球没有解决饥饿问题的人口仍然高达8.68亿

（表 2-6-1）。

表 2-6-1　全球饥饿人口数量变动情况：1990～2012 年

时期	全球总人数/亿	占人口比例/%
1990～1992 年	10	18.6
1999～2001 年	9.19	15
2004～2006 年	8.98	13.8
2007～2009 年	8.67	12.9
2010～2012 年	8.68	12.5

资料来源：FAO 世界粮食安全报告，2012[8]

作为一个社会问题，粮食安全先于食品安全。理由如下：首先，在生产力极度落后的时代，“吃得饱”远比能不能“吃得好”更有实际意义。第二，在自给自足的产品经济时代，食物的生产和消费往往在同一经济单位（如家族）内部完成，生产者与消费者高度重合。因此，在生产食物的过程中不会以增加质量风险为代价，来解决粮食的供给问题。第三，在市场经济体系发展的初期，生产者和消费者之间的食品买卖一般发生于本地市场，相对固定的对象之间的重复交易不仅可以充分揭示有关食品质量的信息，也会让作弊者难逃惩罚。市场机制和道德机制的双重约束，使生产者尽其所能，确保食品的质量安全。最后，在落后经济中，由于没有农药、兽药、食品添加剂等相关技术，不会出现农兽药残留超标、滥用食品添加剂或违规添加非食用物质等问题。

（二）食品安全问题是一个“现代病”

食品安全在自给自足的封建经济社会和市场化初期都不是一个社会性问题。从某种程度上讲，引发当前主要食品安全问题的诱因大多是一些现代因素。

第一，种植、养殖环节的风险多源自现代化学工业。例如，化学杀虫剂杀死了庄稼地里的害虫，帮助生产者提高了粮食产量，但土壤、河流和地下水也被农药所污染，粮食的品质随之也会受到威胁。不仅如此，饮用水的安全问题也随之恶化。同样，虽然兽药对养殖业的快速发展起到了巨大作用，但兽药的滥用也给肉类安全埋下了严重隐患。

第二，加工环节的风险部分源自非法添加和食品添加剂的超量超范围使用。没有食品添加剂，就没有食品工业。然而，由于从业人员缺乏相关科学知识，或缺乏基本的职业操守，食品添加剂的滥用反而成为当下食品安全的一个重要风险源[9]。媒体曝光的上海“染色馒头”事件就是一个很好的例证。

第三，现代食品市场的发展态势容易催生质量风险。随着食品产业链的延长和食品消费的多元化，食品的生产者和消费者的空间距离日益拉远，一些食品生产经营者为在长距离运输，长时间储存后仍能品相好，错误使用现代的食品保鲜和防腐技术，从而给消费者的健康和生命带来了风险[10]。

第四，市场经济发展初期的过度功利化也可能诱发食品风险。在市场经济发展初期，相关质量标准可能尚未建立，法律法规还没有到位的背景下，缺乏自律意识和自控能力的生产经营者可能不择手段，提高产量、降低成本。食品生产经营者可能把食品仅仅视为是赚钱的工具，而漠视了对消费者应有的社会责任，以致他们可能以增加产品的质量风险为代价来获得更高收益，出现食品安全中不该有的“人祸”[11]。例如，选用质量相对较差但价格便宜的原材料，减少消毒环节，不进行质量检验，使用劣质包装材料，甚至非法使用非食用物质等。前几年曝光的光明回炉奶事件、苏丹红事件，以及瘦肉精、三聚氰胺事件等，都是生产者过于追求经济利益，漠视社会责任的一种极端表现[12]。

三、国际视角下食品安全问题的演变规律

食品安全既是全球性问题，也是历史性问题。除了因营养卫生知识缺乏，误用不洁食物引起的食源性疾病外，各个国家在不同的历史阶段都会遇到人为性食品安全问题。通过对相关国家的史料梳理，从中可以发展某些规律性的东西。

（一）掺杂使假是西方世界早期面临的最主要食品安全问题

1. 古罗马

在500年至1200年的罗马民法时代，食品交易中出现了制伪、掺假、掺毒、欺诈现象，在古罗马帝国时代已蔓延为社会公害。这一时期，食品安全的目标是确保不欺诈。在510年制定的罗马民法对防止食品的假冒、污染等问题作过广泛的规定，违法者可判处流放或劳役。

2. 英国

由于大多数食品是按重量出售，所以掺假一直是食品商牟利的重要手段。

十二世纪，英国为解决石膏掺入面粉、出售变质肉类等事件，颁布了一些管理条例，食品安全中最重要的任务是不许食品掺假。1266年，英国国王亨利三世批准颁布《面包法》，这是世界第一个有关食品卫生安全的法规。

1800年以后，英国的食品掺假问题依然没有得到解决。1848年，分析家约翰·米歇尔经过12年暗访，写出《论假冒伪劣食品及其检测方法》一书，他所检测的面包样品无一不是掺假食品。

19世纪中期，英国的食品掺假达到了顶峰。著名的医学杂志《柳叶刀》于1850年组建“卫生分析委员会”，专门调查和报告当时英国食品的质量，在1855年出版《食品及其掺假：1851～1854年〈柳叶刀〉“卫生分析委员会”的食品检测报告》[13]。该报告在英国历史上第一次运用显微镜分析食品，发现了食品中含有许多毫无营养价值甚至是有毒的物质。

在严酷的现实面前，英国民间开始要求政府制定食品安全法令、强化食品安全的食品改革运动，并直接推动英国食品安全的三部里程碑式法律的诞生。这三部法律分别是1860年的《食品与饮料掺假法》、1872年的《食品与药品掺假法》和1875年的《食品与药品销售法》。这些法律均剑指食品领域中最严重的掺杂使假问题[14]。例如，《食品与药品销售法》第3条明确规定，“任何人不得使用，也不得命令或允许他人使用对健康有害的物质，对任何种类的即将出售的食品掺杂、染色、污染或掺入粉末”。

除了食品掺假，原料污染也是19世纪英国食品安全中的主要问题（见表2-6-2）。

表 2-6-2　1857～1900 年间英国的食品污染事件

时间	地点	食品安全事件描述
1857 年	伦敦	面包明矾掺假，致人软骨病
1858 年	布拉德福德(Bradford)	糖果被砷污染，中毒
1900 年	英格兰北部	啤酒中的糖被砷污染，6000 人中毒事件，其中 71 人死亡

3. 美国

1812 年英美战争后，对外贸易和航海业陷入困境的美国却走上了制造业快速发展的时代。在自由放任的保守主义的影响下，处于市场经济初期的美国反对政府对商业活动的干预。然而，食品公司为了利润，开始在食物中造假，使用化学物质进行保鲜、掩盖食物中腐烂的痕迹、伪造食物的颜色和纹理等。

1820 年，联邦政府制定了美国第一部涉及食品卫生安全的标准法典——《美国药典》，该法成为主导全球食品安全治理的标杆。1848 年 6 月，针对欧洲盛行的食品掺假问题，美国出台了第一部反对食品和药品掺假的法律，以抵制劣质食品和药品的进口。在该法律实施之初，曾取得良好的效果，但很快因为政治影响和贿赂而遭遇失败。

19 世纪 60 年代，以工业化社会姿态崛起的美国，化学性危害构成了食品安全问题的核心。经济利益至上让食品成为商人攫取金钱的工具，食品生产商为降低成本，在食品中加入化学成分、色素和防腐剂，以改变劣质食品的外观、气味和味道，例如，使用硫酸铜把发蔫的蔬菜变绿，使用苯甲酸钠可以让西红柿停止腐烂，用三硬脂酸甘油酯延长猪油的储存时间，用硼砂去除火腿装罐时的变质异味。

这一时期，美国的食品掺假行为变本加厉。食品商借助化学手段，疯狂制假贩假。这些劣质食品严重威胁着人们的健康和生命安全。例如，在牛奶中掺水；在巧克力中掺入碾碎的肥皂、蚕豆和豌豆；面粉中加入铅笔灰、黏土或石膏；面包中加入可以快速吸收和保存水分的硫酸铜，以增加重量；印第安纳州的商人在食糖中添加成本低廉的葡萄糖。

由于食品质量缺乏最基本的标准，导致美国劣质食品泛滥。更为极端的例子是，斯威夫特和阿莫等公司供应美西战场和古巴战场士兵的食品都是劣质的，甚至导致士兵食用后患病，丧失战斗力。有学者把 19 世纪后半期诚信丧失、欺诈盛行的美国市场经济称为“历史上最无耻的时代”[15]。

美国各州自 1870 年后就开始陆续出台各类专项食品法，如对人造黄油、添料加工或仿制的干酪和混合面粉征收鉴别税，至 19 世纪末已有超过 200 个州立食品法，对食品市场进行管理。伊利诺伊州在 1874 年和 1879 年通过了治理伪劣食品的法律；1881 年，纽约州、密歇根州和新泽西州通过了类似的法律；1889 年和 1895 年，分别有 10 个州和 9 个州通过了相关法律。

1879 年，美国农业化学家彼得 · 科利尔试图为食品掺假问题而呼吁制定一个全国性的食品与药品法案，却未能通过。此后的 20 多年中，相关人士向议会提交了 100 多项制定加强食品监管的提案。多方政治力量的角逐是阻碍全国统一的食品法出台的重要原因。从 1897 年到 1906 年没有一次国会不考虑一个广泛的食品法案。

在像科利尔、韦利和辛克莱等一批关注食品安全的专家学者的推动下，《纯净食品及药物管理法》(又称《韦利法案》)和新的《肉类检查法》终于在1906年得以通过。其中,《纯净食品及药物管理法》即旨在确保企业提供干净、不掺假的食品和有效、安全的药品,禁止洲际贸易中在食品、饮料和药品上的贴假标签和掺假。与此同时,建立了以化学家威利博士(Dr. Wiley)为首,共11名专家学者组成的班子,形成美国食品药品监督管理局(Federal Drug and Food Administration, FDA)的雏形,并按《农业拨款法》将食品、药品和杀虫剂管理局简称为食品和药品管理局,这标志着美国食品安全监管开始走上法制化道路,极大的遏制了食品生产经营领域的违法行为[16]。

通过以上分析可知,在资本主义市场经济发展早期,一方面自由放任的经济理念排斥政府干预,没有给食品安全监管留下空间,导致食品市场出现的乱象缺乏必要的约束机制和矫正机制;另一方面,由于经济发展水平低,消费者购买力有限,食品加工业利欲熏心,导致掺杂使假成为英美等国不得不面对的一个主要食品安全问题。

(二) 技术性食品风险是经济发展到一定阶段不得不面对的难题

1. 德国

1909年,德国化学家弗里茨·哈伯(Fritz Haber)发明合成氨的方法,化肥工业开始发展。随着化肥生产技术的不断进步,氮肥、磷肥、钾肥等品种成为化肥工业的主力军。19世纪70年代至20世纪40年代中期,人类先后制造出一批含有氟、砷、硫、铜、锌等元素的无机化合农药,这一阶段农药滥用现象严重。20世纪40年代中期,以DDT为代表,以有机氯化合物为主的杀虫剂、杀菌剂、除草剂等第一代农药趋于成熟,成为农业增产的重要助手。而在第二次世界大战后的前三十年,以有机磷和氨基甲酸酯类化合物为代表的有机合成农药开始主导农药产业,对农业的高产、稳产、优质起到重要的作用。

在化学工业应用于食物生产过程的过程中,新的食品安全问题也随之产生。例如,种植、养殖中出现了滥用农兽药、除草剂、化肥等投入品的现象,直接威胁到食用农产品的质量安全,果蔬中的农药残留超标,肉类中兽药残留超标都构成了食品安全的挑战。

另一个值得注意的现象是,食品添加剂在食品工业中开始应用。这些为改善食品色、香、味等品质,以及为防腐和加工工艺的需要而加入食品中的化合物质或天然物质,其本身并没有营养,但对食品工业的发展起到了不可或缺的作用。与此同时,食品添加剂的超量使用和超范围使用也成为一个新的食品安全问题[17]。

2. 美国

为应对以上技术性诱因所导致的食品安全问题,欧美各国在20世纪出台了一系列的法律法规,并建立了相应的监管部门。例如,1927年,美国成立专司食品安全监管的食品药品监督管理局(FDA),并先后颁布了《联邦进口牛奶法》(1927年)、《联邦食品、药品和化妆品法》(1938年)、《公共健康服务法》(1944年)。1959年,美国皮尔斯贝里食品公司为航天局提供饮食时,发明了控制食品微生物危害的HACCP体系,该体系确定了每一个可能发生微生物污染的"关键控制点",设计了一套方案杜绝各种微生物污染可能性的发生,还能有效减少食源性疾病的发生。

1962年,美国生物学家蕾切尔·卡森出版《寂静的春天》。该书向世人预测了农药DDT对人类环境的危害,揭示了食物中来自农药的潜在威胁[18]。这本书的观点惊世骇俗，引发了全社会对生存环境的急切关注。然而，她也遭到来自农药企业等利益集团的压力，发现DDT杀虫剂的瑞士人保罗·穆勒还获得了诺贝尔奖。从1962年，国会就号召确立杀虫剂的检验。美国1970年成立的环境保护署可以看作是对该书的直接反应，是为终结DDT那样的广谱杀虫剂而做的一种制度准备。

美国为了应对日益复杂的食品安全形势，出台了一系列的法律法规。例如，1994年的《膳食补充剂健康与教育法》。为提高肉禽制品的安全程度，1996年美国颁布了《美国肉禽屠宰加工厂食品安全管理新法规》，强调预防为主，实行生产过程的监控。为降低食品中的农药残留，克林顿政府推行了“标准更严，用量更低，广泛推行可替代性生物制剂”的政策，旨在让低农药残留食品成为经济社会的一种道德规范。

表2-6-3是影响20世纪西方国家食品安全的部分相关事件。

表2-6-3　20世纪西方国家食品安全部分大事记

时间	地点	内容
1919年末至1920年初	美国	25人死于爆发性肉毒菌污染的食物中毒，毒源来自加利福尼亚的橄榄包装厂
1923年	美国	四乙铅被加进汽油中。在接下来的几十年间，空气中的铅将毒害土壤、水和食物。铅会遗留在人骨中，并对儿童大脑造成先天性损坏
1929年	美国	聚氯联二苯(PCB)开始用于电子变压器、液压机液体、增塑剂和黏合剂。1977年，研究人员发现PCB会作为毒素在人体中积累。全国取样的鱼中，有94%含有聚氯联二苯残余物；大部分受试妇女在乳汁中都检测到了聚氯联二苯残余物
1947年	美国	养殖业开始使用性激素如二乙基固醇(DES)，用以增加牲畜的脂肪和体重。后证明，二乙基固醇能使肉类消费者致癌
20世纪50年代	日本	工业污水导致鱼汞中毒，居民罹患水俣病
1950年	英国	80%的面粉含有漂白粉MSO，该物质对人体神经元有毒性
1955年	日本	奶粉被砷污染，即“森永奶粉中毒案”。截至2002年，估计引发13400例中毒和100例死亡
1957年	美国	因饲料被二噁英污染，导致30万只鸡不能食用
1959年	全球	壳牌(Shell)和陶氏(Dow)化学公司生产出用作土壤熏剂的二溴氯丙烷(DBCP)，以保护水果种植。后发现，二溴氯丙烷能致人不育
1959年	美国	用于控制检测微生物污染的HACCP体系出现
1968年	日本	米糠油事件，中毒人数多达1283名，28名死亡1996年5月下旬，日本几十所中学和幼儿园相继发生6起集体大肠杆菌中毒事件，中毒超过万人，死亡11人，波及44个都府县
1972年	美国	环保署取缔了农药DDT，因为它能致癌
1973年	美国密歇根	伴随着牛饲料被阻燃剂污染，导致大批群众因食用被污染的牛肉发生中毒
1973年	美国	FDA禁止使用人造色素制剂“紫罗兰1号”，因为它能致癌。这种致癌染剂在过去20年一直被美国农业部用来给全美销售的猪肉盖章
1974年	美国	FDA禁止使用农药狄氏剂，这种危险的致癌农药已使用50年。调查发现，美国销售的96%的鱼肉和家禽、85%的乳制品都含有狄氏剂

续表

时间	地点	内容
1978 年	英国南伯明翰	2 位老人因使用被污染的 John West 鲑鱼罐头而中毒身亡
1981 年	西班牙	毒油综合征
1982 年	美国	细菌大肠杆菌(E. coli)0157:H7 首次被确认能在人类中致病和致死;因为该细菌在大饲养场、屠宰场和碎肉场密集繁殖,它对家禽构成了污染
1985 年	奥地利	葡萄酒掺入二甘醇
1986 年	意大利	葡萄酒掺入乙二醇,导致超过 18 人死亡
1986 年	英国	因饲料污染,出现疯牛病
1987 年	美国	山毛榉坚果营养公司用人造糖水假冒苹果汁,遭 220 万美元罚款
1989 年	比利时	牛奶被二噁英污染
1989 年	美国	37 名美国人由于服用基因工程研制的常用膳食补充剂 l-tryptophan 而丧命。另有 5000 多人永久致残或患上嗜酸性粒细胞增多-肌痛综合征(EMS)
1992 年	美国	爆发 500 例大肠杆菌 O157:H7 中毒事件,其中在杰克盒子(Jack in the box)快餐店用过餐的 4 名儿童死亡。原因是该公司使用了被污染的牛肉
1994 年	美国	沙门氏菌通过封装的冰淇淋爆发传染,致使 41 个州的 22 万多人患病
1994 年	匈牙利	Ground 辣椒中含有铅氧化物,导致数十人生病,数人死亡
1994 年	美国	FDA 批准了转基因食品的市场准入
1996 年	美国	奥德瓦拉(Odwalla)公司作为果汁原料的苹果可能接触过含大肠杆菌的动物粪便,导致大肠杆菌 O157:H7 再次爆发
1996 年	全球	英国爆发疯牛病,之后世界多国均发现疯牛病,使养牛业遭受重创
1997 年	美国	美国爆发环孢霉感染,调查员发现原因在于他们食用了危地马拉山莓
1998 年	德国 荷兰	在肉类和牛奶中发现高浓度二噁英,后发现二噁英源自巴西的柑橘果肉,结果导致 9.2 万吨柑橘果肉被丢弃
1999 年	比利时	动物饲料被二噁英和多氯联苯污染,影响了超过 2500 家养殖场,经济损失惨重

(三)突发性事件是当今世界食品安全面临的主要挑战

进入 21 世纪后,突发性致病菌污染、畜禽疫病流行和生物恐怖主义的威胁等构成当前发达国家食品安全领域面临的最大挑战。

1. 突发性致病菌污染

食品中的病原微生物一直是人类食品安全所面临的一个难题。在现代食品业生产、流通、消费规模日益增大,原材料日益多元化,产销距离远、时差长等背景下,沙门菌、单增李斯特菌、EHEC O157:H7、金黄色葡萄球菌和副溶血性弧菌等致病菌对食品的突发污染,会给食品安全带来巨大的冲击。

2000 年,法国发生李氏杆菌污染食品事件,有 9 名食用受污染肉制品的消费者发病,其中有 2 人死亡。经调查,法国卫生部门发现该国古德雷食品公司生产的熟肉酱和猪舌是引发这次食品污染事件的罪魁祸首。法国的食品污染事件发生后,欧盟和美国等国家和地区的卫生部门迅速做出反应，采取了严格的市场复查和进口检疫措施。

2011 年 5 月，德国发生 EHEC O104：H4 感染爆发疫情。最早疫情从德国北部起始，尔后席卷整个德国和欧盟其他国家，并蔓延至美国和加拿大。德国共报告了 4000 多例 EHEC 感染和溶血性尿毒综合征（HUS）病例，是迄今为止德国首次报道的最大规模的 HUS/EHEC 爆发，而 HUS 报告病例数表明，这也是世界范围内同类爆发事件中规模最大的。该病菌被认为来源于西班牙产黄瓜，后经严密调查最终锁定传染源为下萨克森一家工厂生产的豆芽。

2008 年至 2010 年间，欧盟共报告 8 例感染肠出血性大肠杆菌 104 的病例（其中 3 例为输入性病例），分别为 2008 年比利时 2 例、丹麦 1 例，2009 年挪威 3 例，2010 年奥地利和瑞典各 1 例。

2. 畜禽疫病流行

近些年来，大规模的畜禽疫病流行对发达国家的肉类食品消费安全带来了极大的挑战。

德国疯牛病：2000 年 11 月，由于饲料被污染，德国爆发疯牛病。疯牛病可能通过牛肉和牛肉制品，尤其是内脏和骨髓传染给人类[19]。16 个州中先后有 14 个州出现被确认的疯牛病疫情，共 65 起。其中，2000 年 7 起，2001 年 58 起。疯牛病的高发区是巴伐利亚州（31 起，占 48%）和下萨克森州（10 起，占 15%）。疯牛病的爆发给德国人的饮食习惯带来很大的变化。据 2001 年的一份民意调查，为了防止疯牛病，48%的德国人称不再吃牛肉，30%的人称吃牛肉数量减少了，46%的人称要多吃猪肉和其他肉食。

英国口蹄疫：2001 年，英国爆发口蹄疫，并肆虐其他欧洲国家，最终导致 400 万牲畜被宰杀，所有社区被隔离，英国旅游业受到重创。口蹄疫病毒可以通过空气和水远距离传播，并能经呼吸和接触传染，一旦爆发就不易控制。口蹄疫疫苗可以使动物不发病，但会增加传染的危险，因此英国政府采取的紧急措施是宰杀体弱动物、宰杀可能接触体弱动物的动物，隔离出现疫情地区的人群[20]。

加拿大禽流感：2004 年 2 月，加拿大不列颠哥伦比亚省福瑞泽河谷的一个蛋鸡养殖场首先发现了疫情，之后的相关处理漏洞百出，防疫人员用一氧化碳和电击棒对家畜实施安乐死，由于措施不当，反而增加了病毒扩散的危险。当地居民、运输车和媒体不断进入隔离区，又增加了交叉感染的危险。三周内，共有 42 个养鸡场被感染，1900 万只家畜需要被屠宰。3 月 16 日，一名卫生工作人员被感染，4 月 4 日已有 15 人感染。

3. 生物恐怖主义

“9 • 11”以后，美国颁布《生物恐怖主义防备与应对法案》，该法案指出，生物恐怖主义对食品安全具有非常大的威胁。

美国政府认同食品加工专家的一种共识，即恐怖分子可能将利用食物产品向民众施放有害制剂。恐怖分子可从中选择的制剂种类很多，世界动物健康组织列出了可能被利用的 15 种，其中包括禽流感、猪霍乱、口蹄疫、羊痘和非洲猪瘟。大部分病毒可在动物体外存活很长时间，例如，染病的禽类会在 1～15 天里通过粪便和唾液排出禽流感病毒，这些病毒在摄氏 33 度的气温中可存活大约 4 天，在冰点以下则可无限期存活。这些病毒中的很多种都比较容易从环境中分离。

应该说,因生物恐怖主义而产生的有毒有害食品,并不是传统食品安全领域关注的议题,针对此类情形的预防、应对已经不是食品安全监管部门力所能及的事情,国家安全部门、卫生部门才是真正的主力。

四、我国食品安全形势演变历程

从世界范围来看,全球食品安全问题经历了上述三个阶段,且突发性致病菌污染、畜禽疫病流行和生物恐怖主义构成当今食品安全的三大主题。但从我国目前发展阶段看,由于我国尚处于发展阶段,工业化和城市化进程仍在继续推进,因此面临的食品安全问题更为复杂,一方面呈现出资本主义 20 世纪五六十年代的阶段性特征,另一方面不得不面对当今全球食品安全面临的主要挑战。

(一)中国古代的主要食品安全问题

古代中国所面对的食物问题主要是主粮的生产能否满足百姓的消费需求,即当代所谓的"粮食安全"问题。除了少数处于犯罪动机的投毒事件外,在小范围和小规模的食品交易中较少出现食品安全问题。

《礼记》中记载,周代对食品交易的规定是"五谷不时,果实未孰(古同'熟'),不粥(古同'鬻')于市……禽兽鱼鳖不中沙,不粥于市"。可见,防止未成熟果实和动物进入市场是周代确保食品安全的主要切入点。

汉代和唐代商品经济已较为发达。为保障食物安全,政府严惩销售变质食品的商人,杜绝有毒有害食物的流通。汉代《二年律令》中规定,凡肉类腐败应尽快销毁,均不得销售,否则将雷同盗窃罪追究其刑罚。唐代《唐律疏议》对销售变质食品者进行了严厉的惩罚。例如,对未销毁变质食物者,杖九十;故意售出致人病者,徒一年,致人死者,判处绞刑;他人不知情误食变质有毒食物而致死的,对食品所有者要追究过失杀人罪;即使他人盗食变质食品致死的,食品所有者也要杖九十。

南宋时期,除了继承《唐律疏议》的严厉规定外,严格管理食品市场上"米麦之增湿润,肉食之灌以水"以及"鸡塞沙,鹅羊吹气,卖盐杂以灰"的以次充好、掺杂使假行为,并要求食品从业者须加入行会,由行会对从业人员进行约束。

进入 20 世纪后,随着人口的增加和相关技术的发展,我国的食物生产和消费的规模越来越大,跨区域食物交易也逐渐开始兴起。然而,受科学知识和生产、消费条件的限制,不洁饮食是当时造成食物中毒乃至人员死亡的主要原因。为治理因食品卫生引起的食物中毒和疾病传播,近代政府都建立专门的监管机构。例如,在清光绪三十二年(1900 年),清政府就在民政部设置卫生司,掌管全国卫生事务。

北洋政府时期,现代食品卫生监管思想开始萌芽,出现了一批有关饮食卫生和疾病关系的文献。北洋政府内部也设置了卫生行政机关,负责管理饮料食品取缔、屠宰取缔、饮食检查和着色品检查等事项,甚至出台了《京师警察厅饮食物营业规则》等法规。1917 年,山西、绥远爆发鼠疫,北洋政府在成立中央防疫处后还建立了卫生实验所。

民国十六年(1927 年)四月,国民政府在内政部设置卫生司。民国十七年(1928 年)公布实施了《屠宰场规则》。1929 年,国民政府定都南京后正式成立卫生部,并设立专司食品卫生研究、检验以及高级人才培养的中央卫生所。民国三十四年（1945 年）抗战胜利后，国民政府开始筹建类似美国 FDA 的药品食物管理局，但由于内战等因素，最终被搁浅[21]。

通过以上分析可以看到，古代对危及食品安全的行为都施以重典，其做法可以成为当今食品安全监管借鉴的一个样板。近代北洋政府和国民政府为减少食物中毒，保障食品卫生，专门设置负责食品卫生的监管机构，标志着我国以食品卫生为重点的食品安全监管体制的正式形成。

（二）新中国食品安全问题的演进

1. 改革开放前：粮食短缺是绝对主题

在改革开放之前，我国食品领域所面临的主要问题是粮食短缺，食品卫生次之，食品领域鲜有恶意的违法犯罪事件。建国后最严重的粮食短缺问题出现在 1959 年至 1961 年的三年自然灾害。由于大跃进运动以及牺牲农业发展工业的政策所导致的全国性的粮食短缺和饥荒（表 2-6-4）。

表 2-6-4　新中国成立初期平均旱灾灾情统计指标比较

期间/年	受旱面积/公顷	成灾面积/公顷	成灾率/%	受灾人口/万	粮食减产/万吨
1949～1958	848.32	271.87	32	1824.94	339.7
1959～1961	3659.30	1533.46	41.9	5748.13	1177.1

需要指出的是，这一时期并非不存在食品安全问题。从生产销售环节看，由于我国食品工业和包装技术、冷藏技术还很落后，食品生产环境，大多数是散装、常温出售，无防腐措施，导致微生物污染时常危及食品安全，是当时我国食品安全问题的主要表现。

在消费环节，由于没有冰箱，经常有因食用变质食物而引起食物中毒的现象，甚至在机关、学校、工厂的食堂也曾因销售剩菜剩饭造成群体食物中毒事件。此外，因人们缺乏食品安全常识，误食有毒植物，企业误将工业盐当食盐使用等造成集体中毒事件也偶有发生。

根据相关资料，20 世纪六七十年代消费环节出现的食物中毒现象较多。以上海徐汇区为例，60 年代该区发生食物中毒事件 107 起，中毒人数 4237 人，到了 70 年代这两个数字分别下降到 71 起和 2058 人，其中 60 年代食物中毒的主要原因是交叉污染（占 48.60%）、放置时间过长（占 23.36%）、食物变质（占 14.95%）、其他（13.08%）。

食物中毒的最典型案例是 1960 年 2 月发生在山西平陆县 61 位民工集体食物中毒事件。这次食物中毒事件的原因是食堂工作人员误食工业盐，从而造成民工集体亚硝酸盐急性中毒。经过党中央调集空军直升机及时将药品投放到事发地点，才挽救了 61 名工人的生命。

1965 年，当时的卫生部、商业部、第一轻工业部、中央工商行政管理局、全国供销合作总社联合制定了《食品卫生管理试行条例》，这是新中国成立以来我国第一部中央层面的综合食品卫生管理法规。

《食品卫生管理试行条例》颁布以后，食物中毒事件发生的频率有所下降。例如，江苏省 1974 年发生 177 起，中毒人数 5978 人，1975 年发生 133 起，中毒人数达 9989 人，1976

年爆发 96 起，中毒人数为 5871 人；三年中食物中毒致死率为 0.17%，农民占到 89%，病死的原因主要为误食有毒动植物。广州市的调查数据也显示，从 20 世纪 70 年代到 90 年代，该市发生在家庭的食物中毒事故数量为 610 起，其中 70 年代发生的就占到了 61.48%[22]。

2. 改革开放初期（1978～1992 年）：食品卫生问题逐渐成为重点

改革开放后，随着家庭联产承包制的推行和化肥、农业等化学投入品在农业领域的使用，我国的粮食产量迅速提高，粮食短缺问题得到根本缓解（见图 2-6-1）。

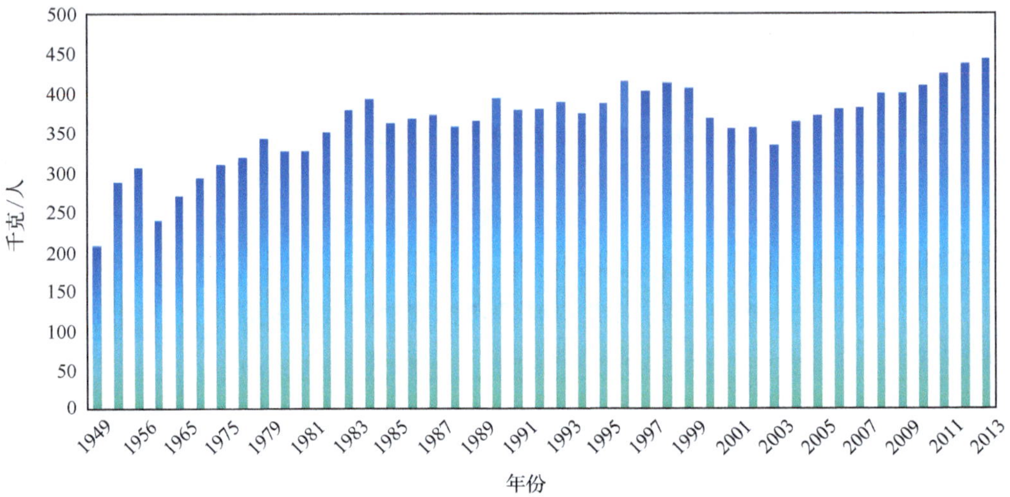

图 2-6-1　1949 年以来我国人均粮食产量的变化
数据来源：国家统计局

随着改革的推进，食品工业和餐饮行业以国有企业和集体企业为主的格局，以及政企不分的行业发展模式也发生了根本改变，快速发展的食品产业开始出现泥沙俱下，良莠不分的混乱局面，食品污染事件逐渐增多，成为一个较为严重的食品安全问题。

为了应对急性中毒事件增多的严峻形势，卫生部在 1979 年正式颁发《中华人民共和国食品卫生管理条例》，国务院于 1981 年开始着手起草《中华人民共和国食品卫生法（试行）》，并于 1983 年 7 月 1 日开始试行。

来自卫生部门的统计资料显示，1982 年，我国食品卫生合格率仅有 61.5%。一些地方的食物中毒事件在改革开放初期呈现上升趋势。以广州市为例，1979～1982 年，食物中毒事故由 46 起上升到 52 起，中毒人数由 302 人暴涨至 1097 人，三年增加了两倍多[23]。

另外，由于食品产业格局的急剧变化和各类经营主体的进入，一些企业为牟取私利，开始掺杂使假，出现严重的食物中毒事件。例如，1989 年 9 月至 11 月间，广东省肇庆、陆丰、潮阳等地相继发生假酒致人中毒的恶性事件，死亡 52 人，致失明 9 人，多人住院。

总结我国从建国直到改革开放初期经历的两个阶段可以发现，我国虽然也存在一些食品质量问题和食物中毒事故，但是其主要是受到生产、经营和技术条件等客观条件限制，以及家庭或个人缺乏必要的饮食卫生知识等原因所引发的，由于 1992 年以前国内还不是市场经济,食品企业之间不存在竞争关系,因此,以公有制为主体的食品企业较少为了降低成本而进行偷工减料、违规掺假,单纯因为企业谋取商业利益而人为造假,或给竞争对手企业食品投毒致使消费者食物中毒。此外,这一阶段我国的化学工业水平较低,农作物化肥、农药施用量有限,所以由环境污染导致的食物重金属超标、过量的农药残留等情况也远没有今天严重。

3. 1993～2001 年:食品安全问题初见端倪

1993 年 3 月,负责食品加工的轻工部被撤销,肉制品、酒类、植物油、乳制品等食品饮料制造业脱离行政体制,走上重经济效益的市场化之路。这一时期,国有商业和餐饮业也通过改制步入"去国有化"轨道。随着国有企业的退出,一大批私有企业进入食品产业,极大推动了食品产业的发展。

为建立健全法律法规,1995 年 10 月,全国人大正式通过《中华人民共和国食品卫生法》,有力推动了食品卫生水平的提升,食源性疾病、食物中毒等问题得到有效遏制。根据卫生部对全国 21 个省市 9 大类 239 种市售食品监测数据显示,1994 年,我国食品卫生平均合格率为 82.3%,2001 年上升至 88.6%。在《食品卫生法》实施后的几年里,全国食品中毒事故和中毒人数也出现了双双下降的喜人趋势。

然而,与食品卫生水平逐步提高相伴的是,我国食品领域开始出现一些新风险源,直接威胁到消费者的健康和生命安全。某些地方发生了在食品中人为掺杂使假,甚至生产、销售有毒食品的恶性案件。1998 年 1 月 26 日,山西朔州发生用工业酒精勾兑白酒的恶性案件。这次事故导致 27 人中毒死亡,700 多人中毒住院治疗,一度让山西白酒发展坠入低谷。

在食用农产品的种植环节,在农业科技推动作物产量提高和品种增加的同时,农户不科学使用农药,甚至使用违禁农药,土壤、地下水重金属超标等问题也日益严重,成为危及食用农产品的最大"杀手"。2000 年以后,我国农产品出口由于农残超标受阻日益严重,由此引起监管部门对国内市场上农产品农药残留状况的重视。根据农业部对北京市、天津市、上海市、深圳市和山东寿光蔬菜生产基地、批发市场和农贸市场的监测结果,2001 年,蔬菜农残超标率为 37.5%。从监测结果看,虽然蔬菜农残超标率明显下降,但其绝对值之高确实令人担忧。

在养殖环节,养殖户为防控疾病或提高畜禽的瘦肉率,违规使用兽药,导致畜禽肉、鱼肉等药残超标。更严重的是部分养殖户使用已经禁止使用的兽药或非法添加有毒物质,严重威胁到我国的肉品安全。以"瘦肉精"为例,尽管 1999 年初农业部发布 1 号文件,明确禁止生产和使用"瘦肉精"饲料,当年"瘦肉精"的检出率仍高达 19.8%。之后两年,又有多项禁止性政策出台,但"瘦肉精"仍屡禁不止。表 2-6-5 是当时发生的部分案例。

我国出现的这些问题表明,传统的"食品卫生"概念已无法涵盖影响我国食品风险的主要特点,取而代之的应是含义更广的"食品安全"概念。

4. 加入 WTO 以后(2002 年至今):食品安全问题密集爆发

2001 年加入 WTO 后,对我国食品安全整体水平提升起到了显著的促进作用。2003 年我国食品卫生平均合格率由 2001 年的 88.6%上升至 97.1%,其中蔬菜农残超标率由 2001 年的 37.5%降至 16.4%[24]。

表 2-6-5　我国发生的部分“瘦肉精”案例：1998～2002 年

时间	地点	“瘦肉精”事件描述
1998 年 5 月	香港	17 人因食用含有“瘦肉精”的猪内脏而出现食物中毒
1998 年	广东广州	王女士一家六口进食含“瘦肉精”的猪肝后中毒
1999 年 4 月	上海	两名运动员食用含有“瘦肉精”的肉品，尿检呈阳性遭禁赛
2000 年 1 月	浙江杭州	数十人食用“瘦肉精”猪肉中毒
2001 年 1 月	广东河源	2000 多人到医院求诊，400 多人住院
2001 年 3 月	广东鹤山	630 多名村民因食用含有“瘦肉精”猪内脏后中毒
2001 年 8 月	广东信宜	530 多人在食用被“瘦肉精”污染的猪肉和内脏后发生中毒
2001 年 8 月	浙江桐庐	200 多人中毒
2001 年 11 月	北京	11 人因食用含“瘦肉精”猪肉中毒
2002 年 3 月	江苏苏州	近 30 人因食用含“瘦肉精”猪肝和猪肺而中毒
2002 年 4 月	广东遂溪	35 人因食用含“瘦肉精”猪肉中毒

但与此同时，进入 2003 年后，我国食品安全事件密集爆发。其中最为严重的有两起，一个是 2003 年 12 月，云南玉溪出现工业酒精兑制假酒案件，导致 30 多人中毒，4 人死亡。另一起是著名的阜阳“大头娃娃”事件。即 2003 年 5 月至 12 月，安徽阜阳婴儿因食用“劣质奶粉”导致 189 名婴儿出现轻中度营养不良、12 名婴儿因重度营养不良而死亡的恶性食品安全事故[25][26]。

这些恶性食品安全事件让中央政府重新审视我国的监管体制。2004 年，国务院出台《国务院关于进一步加强食品安全工作的决定》，确立了“分段监管为主、品种监管为辅”的食品安全监管体制，形成了卫生行政、农业行政、质量检验检疫、工商行政管理、食品药品监督管理部门分段监管的体制。

分段监管体制的运行，对确保我国的食品安全水平起到了积极的作用。2004 年，根据农业部的监测结果，我国蔬菜农残超标率为 9.0%，较上年下降 7.4 个百分点。2006 年到 2011 年，农业部继续对全国 31 个省区大中城市中甲胺磷和乐果等毒性较大的农药监测显示：蔬菜中农残抽检合格率 2006 年的 93.0%上升至 2011 年的 97.4%。同期，畜产品和水产品有关质量指标抽检合格率也呈上升态势。根据农业部的相关数据显示：我国畜禽产品质量总体合格率从 2006 年的 98.5%提升至 2011 年 99.6%，其中畜禽产品的兽药残留抽检合格率从 2006 年的 75.0%提升至 2011 年的 99.6%，水产品以孔雀石绿为重要质量指标的检测合格率从 2006 年的 91%提升到 2011 年有 96.8%[27]。

同期，国家质量监督部门对全国加工食品质量抽查合格率也呈现上升趋势。如国家质检总局从生产加工环节对全国范围内 28 类加工食品、食品添加剂和一些食品相关产品抽检的结果显示：我国食品质量的总体合格率从 2005 年 80.1%上升到 2011 年的 96.4%，6 年提高了 16.3 个百分点[28]。

2008 年 11 月，奶粉产销量连续 11 年名列全国第一的三鹿奶粉被爆出含化工原料三聚氰胺，易导致婴儿患肾结石。根据国家质检总局的检查结果，除了三鹿外，还包括：雅士利、伊利、蒙牛、圣元、上海熊猫、山西古城、江西光明乳业、宝鸡惠民、多加多乳业、湖南南山等22个厂家69批次产品中检出三聚氰胺。根据官方公布的数字，截至2008年9月21日，因使用婴幼儿奶粉而接受门诊治疗咨询且已康复的婴幼儿累计39965人，正在住院的有12892人，此前已治愈出院1579人，死亡4人。这场食品污染事件不仅给消费者的健康带来了巨大危害，也严重挫伤了消费者对中国乳品质量安全的信心。

这场波及我国奶粉全行业的质量安全危机加快了《食品安全法》的修订步伐。2009年2月28日，全国人大通过《食品安全法》，并于6月1日正式实施。《食品安全法》是在我国食品安全形势日益严峻的形势下出台的，是我国食品安全法律建设的标志性成果。该法将食品生产经营者确定为食品安全的第一责任人，明确国务院设立食品安全委员会，减少分段监管中的监管盲区。

2010年，国家食品安全委员会成立，开创了我国分段监管格局下的综合协调时代。

2011年3月，央视"3·15晚会"曝光河南孟州等地养殖户使用含"瘦肉精"饲料养出"健美猪"，而我国最大的肉制品加工企业河南双汇收购"瘦肉精"生猪，从而引发了我国猪肉产业的一场大地震。

不容乐观的食品安全形势也让我国的食品安全监管体制开始发生改变。2011年10月，国家食品安全风险评估中心在北京成立，标志着以风险评估、监测为基础，更加科学的食品安全监管体制的逐步形成。2013年初，随着国务院机构调整步伐的开始，国家食品药品监督管理总局诞生。

2002年至今，我国食品安全形势整体向好，但其中的问题也仍然严峻。表2-6-6是这一时期中央电视台报道的我国重大食品安全事件。

表2-6-6　2002～2013年央视报道的我国重大食品安全事件

问题食品	爆发时间	问题物质
死猪肉	2002年1月	病死及死因不明
死狗	2002年4月	不明死因
熏鸭	2002年8月	金黄粉(磺酸苯基-7偶氮萘酚)、亚硝酸盐
劣质奶粉	2003年以来	没有营养的劣质奶粉
猪头肉	2003年9月	变形杆菌
金华火腿	2003年11月	敌敌畏
乡吧佬卤制品	2003年12月	工业橙
龙井茶	2003年12月	铅
酿造酱油	2004年	毛发
重庆火锅	2004年2月	石蜡
黄花菜	2004年3月	二氧化硫
槟榔	2004年3月	麻黄、生石灰
阜阳劣质奶粉	2004年4月	劣质
泡菜	2004年5月	工业盐、敌敌畏
龙口粉丝	2004年5月	粟米淀粉、碳酸氢铵化肥、氨水

续表

问题食品	爆发时间	问题物质
陈化粮	2004 年 7 月	黄曲霉素
雀巢奶粉	2005 年 5 月	碘超标
奶粉袋	2005 年 6 月	苯
可比克薯片	2005 年 11 月	铝超标
东方牌劣质奶粉	2006 年	砷
美赞臣婴幼儿奶粉	2006 年 2 月	金属颗粒
奶瓶	2006 年 5 月	酚
福寿螺	2006 年 8 月	管圆线虫病
猪肉	2006 年 9 月	瘦肉精
红心鸭蛋	2006 年 11 月	苏丹红
多宝鱼	2006 年 11 月	孔雀石绿
卤鸭	2008 年	酸性橙 II
面包	2008 年	溴酸钾
婴幼儿奶粉	2008 年 9 月	三聚氰胺
柑橘	2008 年 10 月	蛆虫
鸡蛋	2008 年 12 月	三聚氰胺
猪肉(广州)	2009 年 3 月	瘦肉精
牛奶	2009 年 3 月	皮革水解蛋白
禽肉、猪肉	2009 年年末	禽流感、口蹄疫
餐盒	2010 年 3 月	废塑料加工、碳酸钙、荧光增白剂、石蜡
烤鸭油	2010 年 7 月	废弃油脂
一滴香	2010 年 9 月	丙二醇、2-乙酰基噻唑、2.5-二甲基吡嗪、肉类提取精油和进口香料等
蜂胶	2010 年 11 月	树胶冒充
洋快餐	2010 年 11 月	反式脂肪酸
葡萄酒	2010 年 12 月	酒精、香精、色素
猪肉(双汇)	2011 年 3 月	瘦肉精
米粉	2011 年 3 月	焦亚硫酸钠
蒙牛牛奶	2011 年 4 月	有毒
馒头	2011 年 4 月	染色、过期
台湾乳化剂类食品添加剂	2011 年 4 月	塑化剂
依云矿泉水	2011 年 4 月	亚硝酸盐
西瓜	2011 年 5 月	膨大剂

续表

问题食品	爆发时间	问题物质
黑心北京烤鸭	2011 年 5 月	劣质鸭
饮料	2011 年 5 月	塑化剂
血燕	2011 年 8 月	亚硝酸盐
地沟油	2011 年 9 月	潲水油
毒腊肉	2011 年 10 月	病死猪肉
沙琪玛	2011 年 11 月	硼砂
麦当劳	2012 年 3 月	修改产品保质期
家乐福	2012 年 3 月	篡改保质期
立顿茶	2012 年 4 月	农药残留：灭多威、三氯杀螨醇、硫丹等
杭州蜜饯	2012 年 4 月	苯甲酸钠、甜蜜素、香兰素、柠檬酸等食品添加剂
明胶门	2012 年 4 月	工业明胶被用于制作食用和药用明胶
可口可乐含氯门	2012 年 4 月 16 日	消毒用的含氯处理水混入产品
张裕葡萄酒农残超标	2012 年 8 月	葡萄酒均检出多菌灵或甲霜灵农药残留
白酒塑化剂超标门	2012 年 11 月 19 日	酒鬼酒塑化剂超标
速成鸡事件	2012 年 12 月	肯德基使用未经检验、被喂食了多种抗生素甚至是激素的白羽鸡做原料
注水牛肉	2013 年 1 月 27 日	河北石家庄注水牛肉事件
假羊肉事件	2013 年 2 月 17 号	辽阳县以鸭肉、劣质原料、食品添加剂和非食用物质制作羊肉

五、我国食品安全现状

（一）官方视角的我国食品安全状况——基于国家监督抽查结果分析

1. 主要食用农产品安全现状：基于农业部例行监测结果的分析

（1）蔬菜

从图 2-6-2 可以看出，2009～2013 年度我国蔬菜质量安全例行监测合格率一直维持在 95%以上，蔬菜质量安全总体保持较高水平。2009 年至 2012 年蔬菜合格率逐年升高，2012 年合格率达到最高，为 97.9%。2013 年合格率较 2012 年下降 1.3 个百分点，为 96.6%。

（2）水果

自 2009 年起，农业部首次将果品纳入例行监测。从图 2-6-3 可以看出，2009～2013 年度我国水果质量安全例行监测合格率维持在 95%以上，质量安全总体保持较高水平。2009 年合格率最高，为 98%。由于水果检测参数的变动和产品本身状况，2010 年和 2013 年合格率出现波动。

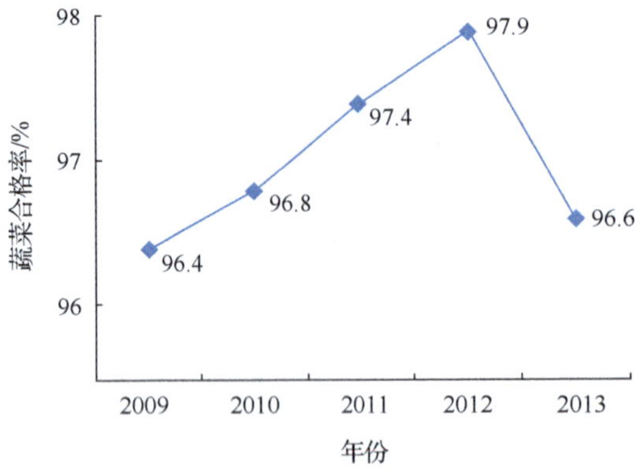

图 2-6-2　2009～2013 年我国蔬菜例行监测合格率变化情况

数据来源：农业部

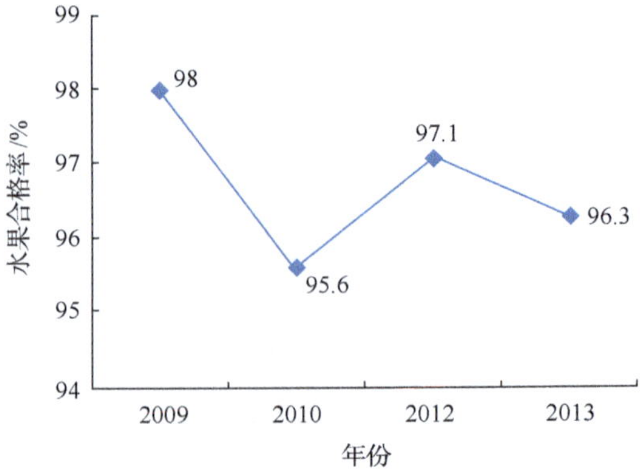

图 2-6-3　2009～2013 年度我国水果例行监测合格率变化情况

数据来源：农业部，2011 年水果相关数据未公布

(3) 畜禽产品

从图 2-6-4 可以看到，2009～2013 年度我国畜禽产品合格率一直维持在 99%以上，由 2009 年的 99.5%升至 2013 年的 99.7%，呈稳定略升趋势，说明我国畜禽产品质量安全处于较高水平。

(4) 水产品

从图 2-6-5 可以看出，2009～2013 年我国水产品质量安全例行监测合格率维持在 90%以上。2009～2012 年间略有起伏，但基本呈稳定趋势。2013 年则出现大幅下降，合格率降至 94.4%。

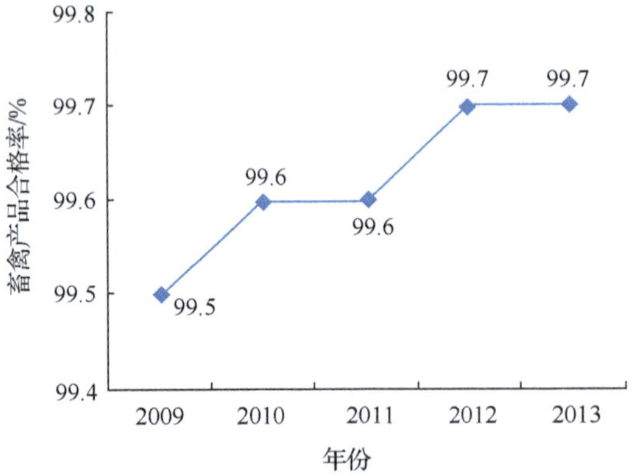

图 2-6-4　2009～2013 年度我国畜禽产品例行监测合格率变化情况

数据来源：农业部

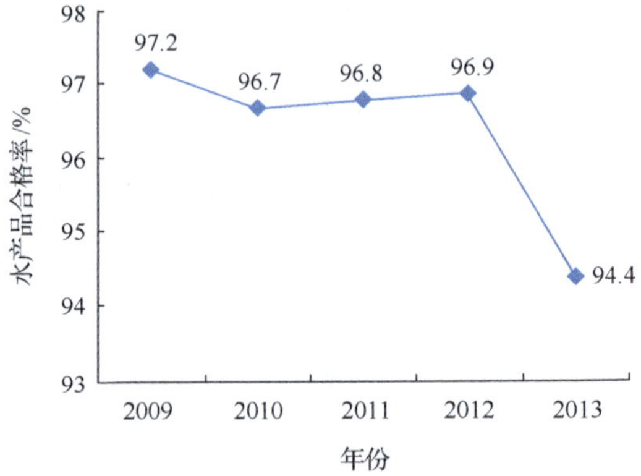

图 2-6-5　2009～2013 年度我国水产品例行监测合格率变化情况

数据来源：农业部

(5) 小结

食用农产品处于食品产业链上游，更能反映食品安全源头污染现状。通过农业部质量安全例行监测结果可以看出，我国食用农产品质量安全水平趋势总体较好。但应清醒

的认识到，检测参数和抽样数量对合格率有很大影响。目前，部分属于食品安全事件高发的项目和指标，尚未纳入农产品质量安全监测体系。以畜禽产品为例，根据国家肉类食品质量监督检验中心相关数据，生鲜肉掺杂使假有着较高的比例，在 2013 年 23 个送检样品中，有 2 例存在掺杂使假。因此，完善农产品质量安全监测体系，强化抽样的范围和科学性，将有助于农产品质量安全的监管[29][30]。

2. 加工食品安全现状：基于国家质检总局监督抽查结果的分析

(1) 国家食品质量监督抽查覆盖情况分析

自 2003 年我国实行食品生产许可制度（QS）以来，国家质检总局负责我国食品质量监督检查制度的实施，抽查样品涉及不同类别的上千种食品[31]。根据公布的数据，2009～2012 年抽查的加工食品覆盖了 28 大类食品中的 22 类，没有覆盖的食品类别包括饼干、速冻食品、蛋制品、可可及焙烤咖啡制品、蜂产品、其他产品等 6 大类。4 年间抽查次数最多的加工食品类别依次是酒类（16 次）、饮料类（15 次）、调味品（12 次）、乳制品（7 次）（见图 2-6-6）。

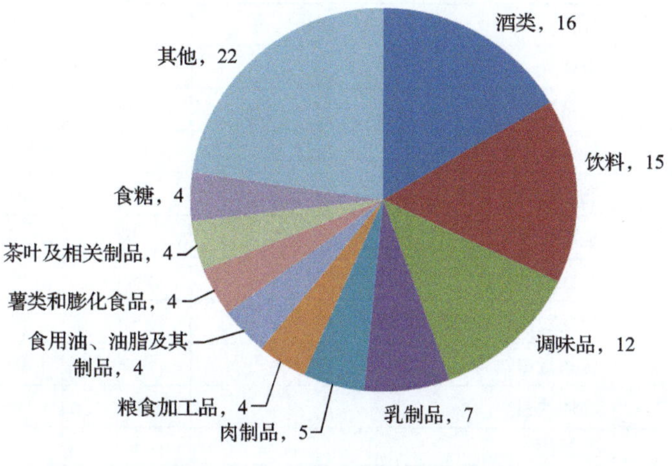

图 2-6-6 2009～2012 年国家质检总局监督抽查覆盖情况

数据来源：国家质量监督检验检疫总局

(2) 国家食品质量监督抽查结果分析

表 2-6-7 统计了 2009～2012 年国家食品质量监督抽查合格率的情况。从表 2-6-7 中可以看出，2009 年抽查的加工食品类别中，有 11 类产品的合格率低于 90%，而 2010 年为 2 类、2011 年 3 类和 2012 为 1 类。经统计 2009 年加工食品的合格率为 91.1%，而 2012 年上升至 95.6%这说明 4 年间我国加工食品质量合格率明显提升，加工食品的安全水平逐步提高。

根据发布公告进行统计，在造成加工食品不合格的因素从高到低排列分别是：理化指标、微生物指标、超量超范围使用食品添加剂、化学污染物、重金属、真菌毒素、稀土、标签标识、包装、非法添加物[32]。理化指标、微生物指标和超量超范围使用食品添加剂，三大主要不合格原因共占不合格原因的 89.22%（见图 2-6-7）。本统计中的理化指标大多为质量问题，由此可见，目前加工食品存在的主要食品安全问题是微生物指标不合格和超量超范围使用食品添加剂。

表 2-6-7 2009～2012 年国家食品监督抽查合格率

类别	品种	2009 年(%)	2010 年(%)	2011 年(%)	2012 年(%)
粮食加工品	小麦粉	95.33	97.5	99.17	98.33
食用油、油脂及其制品	食用植物油	92.67	92.5	89.77	93.89
调味品	酱油	90.88	—	95.39	93.49
	食醋	96	—	96.38	96.59
	酱类	—	84	92.41	96
	酱腌菜	91.33	—	—	—
	花生酱芝麻酱	89.58	—	—	—
肉制品	肉制品	92.98	94.74	96.4	97.5
乳制品	婴幼儿配方乳粉	—	—	94.44	100
	乳粉	—	—	98.33	—
	液体乳	—	—	99	—
	灭菌乳	—	100	98.63	—
	特殊配方乳粉产品	—	96.55	—	—
饮料	瓶(桶)装饮用水	82.06	92	91.82	—
	碳酸饮料	91.67	93	100	95.71
	茶饮料	—	96.67	98.75	—
	果(蔬)汁及果(蔬)汁饮料	95.33	—	98.13	97.78
	植物蛋白饮料	—	—	95.92	92
	固体饮料	—	—	—	95.56
方便食品	方便面	—	—	99.17	97
	麦片	87	—	—	—
罐头	水果罐头	88.5	—	—	—
	婴幼儿辅助食品(罐头)	100	—	—	—
冷冻饮品	冷饮食品	83.65	—	—	—
薯类和膨化食品	膨化食品	94	86.25	93.33	87.78
糖果制品	果冻	83.75	92.5	—	—
茶叶及相关制品	绿茶	98	95.76	—	—
	红茶	—	—	97.78	—
	乌龙茶	—	—	67.24	—
酒类	白酒	95.33	95.67	95	95.5
	葡萄酒	95	96.67	93.75	98
	啤酒	96.5	99	—	98.75
	黄酒	—	88.33	98.75	96.25
	果露酒	88.33	—	94.44	—

续表

类别	品种	2009 年(%)	2010 年(%)	2011 年(%)	2012 年(%)
蔬菜制品	酱腌菜	—	—	94	92.22
水果制品	蜜饯	—	—	90.63	92.7
炒货食品及坚果制品	炒货食品及坚果制品	84.92	—	—	98.89
食糖	食糖	91.33	97.71	92.73	91.76
水产制品	干制水产品	88	—	—	—
淀粉及其制品	淀粉及淀粉制品	—	—	—	94.67
糕点	月饼	—	98.49	97.99	99.06
豆制品	豆制品	91	—	88.75	94.32
特殊膳食食品	婴幼儿配方米粉	89.36	—	—	—

数据来源：国家质量监督检验检疫总局

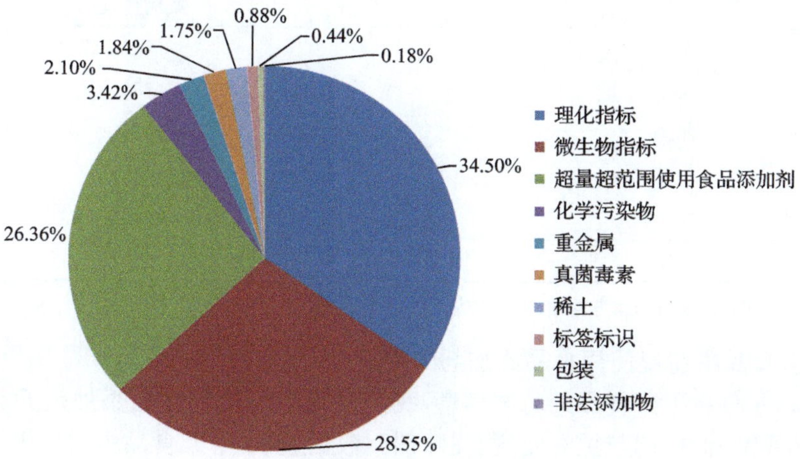

图 2-6-7　2009～2012 年加工食品不合格原因统计

资料来源：国家质量监督检验检疫总局

（3）小结

加工食品处于食品产业链中下游，反映了食品加工和流通环节食品安全现状。从国家质检总局监督抽查结果可以看出，我国加工食品质量合格率逐年提升，加工食品的安全水平逐步提高。产品监督抽查可以反映某段时间内、某些产品的质量安全状况，但终端检验的方式有其局限性。尽管市场监测数据良好，但是监督抽查结果只能代表产品在“合法”范围内的产品状况，并不能体现食品安全的整体态势。在终端检测体系中，尤其是在产品标准中并不包括“非法”添加、掺杂使假、超范围使用食品添加剂等检测指标。完全依赖于终端检验的食品安全监督并不能一劳永逸，真正提高食品安全水平，需要全方位、多环节的严格把关与监督。

3. 非法添加行为和食品添加剂使用现状调查——首都食品添加剂滥用状况分析

(1) 食品添加剂滥用的发展态势

2008～2012 年，首都市场流通的加工类食品中因滥用食品添加剂而被工商部门下架的案例数为 1723 例，年均 345 例(详细情况见表 2-6-8)。

考虑到 2008 年下半年和 2009 年前两个月监管部门没有公开食品安全信息，按照当年其他月份的数据，可以得到一个结论，2008 年至 2011 年，北京市场因滥用食品添加剂的案例数大体稳定。在此期间，北京已经形成了以流通领域主管部门为主导的监管模式，切中了特大消费型城市食品安全监管的关键环节，该部分内容研究的食品安全添加剂滥用问题，正是依托监管部门公开的食品下架信息。这些信息同时也在北京市人民政府的官方网站“首都之窗”上公布，北京市的相关报纸、网站也转载了这些信息，食品安全监管信息的公开披露有助于引导居民消费和食品生产。首都市场因食品添加剂滥用被下架的案例在 2012 年下架的数量出现明显下降，显示首都食品市场正日益净化。

表 2-6-8　首都市场因食品添加剂滥用而被下架的案例数:2008～2012 年

年份	案例数/起
2008	260
2009	282
2010	396
2011	479
2012	306
合计	1723

数据来源:北京市人民政府的官方网站(首都之窗)

(2) 下架食品中违规使用食品添加剂的类别

通过进一步分析下架食品的基本信息，我们发现违规使用食品添加剂的类别非常集中，主要是防腐剂、漂白剂与抗氧化剂、甜味剂。数据显示，下架食品中因违规使用防腐剂而被下架的食品数量最多，占总下架食品的 45.89%；其次是漂白剂、抗氧化剂占 25.27%;排在第三位的是甜味剂，占总量的 19.84%。换言之，滥用防腐剂、漂白剂、抗氧化剂、甜味剂的案例占下架总量的 90%(见图 2-6-8)。在其他的下架食品中，与着色剂相关的案例占 7.9%，与护色剂相关的占 0.75%。

虽然防腐剂能防止食品腐败变质、延长食品储存期，但食品防腐剂如苯甲酸钠本身有一定毒性，超量摄入对身体有较大的伤害。虽然我国对食品防腐剂的使用量和使用范围有明确的规定，但从北京市工商行政管理局抽查的结果看，实际生产过程中防腐剂超限量、超范围添加的情况比较常见[33]。漂白剂能产生二氧化硫(SO_2)，遇水则形成亚硫酸(H_2SO_3)，具有漂白作用，改善食品卖相，同时还具有防腐作用。抗氧化剂可以阻止氧化，保护食品。食品生产中，防腐剂、漂白剂、抗氧化剂常常超量、超范围使用。其中的原因，既有企业自身受利益驱动，违规使用外，食品生产环节因为监管能力低、地方保护主义等原因所导致的监管不力难逃其责。另外，消费者对食品卖相的过度追求和科学素养的缺乏也是诱因之一。

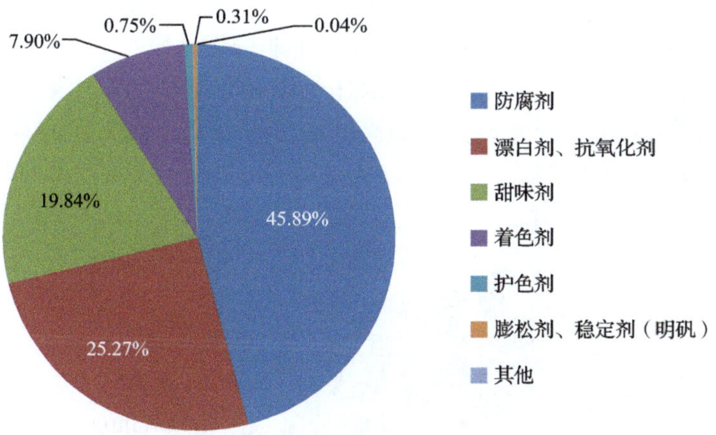

图 2-6-8　2008～2012 年首都市场下架食品中违规使用食品添加剂情况

(3) 滥用食品添加剂案例的比例

通过对 2011 年 6 月 29 日至 2012 年 12 月 19 日北京市工商行政管理局网站公布的不合格的下架食品案例进行了梳理，在 602 例不合格食品中，由于超剂量添加食品添加剂所导致下架案例数占总被下架案例的 67%，所占比例最大；超范围添加食品添加剂占总被下架案例的 31%。此外，还有 2%的不合格食品是由于标签不规范而被下架。结果如图 2-6-9 所示。

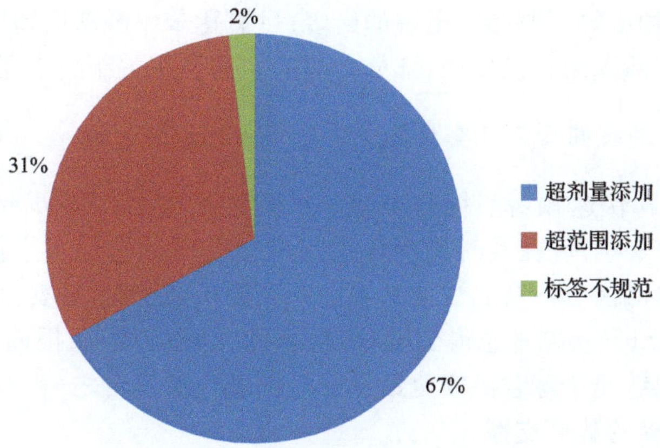

图 2-6-9　北京地区因食品添加剂违规使用下架的食品违规原因

(4) 首都市场食品非法添加物情况

近年来，我国部分食品生产经营者，为降低生产成本，改善品相，牟取私利，将国家 GB 2760 规定以外的非食用物质添加到食品中，给消费者的健康带来了严重危害[34]。

与食品添加剂相比，生产经营者使用非法添加物所带来的食品安全风险会大大增加。因为所有的食品添加剂都经过了严格的科学实验，其食品安全风险都在允许范围内，而非法添加物要么被证明不能达到允许的风险水平，要么根本就没有经过科学实验。因为使用非法添加物而出现食品安全问题，不属于食品添加剂的监管问题，而应是公安、司法需要打击的食品犯罪问题。纵观近年来我国出现的所谓"食品添加剂"引起的食品安全事件问题,其实有相当一部分是生产经营者非法添加了非食用物质[35]。

通过统计首都市场2008年至2012年因违规添加非法添加物而被下架的食品数据,以从中找出加工类食品中经常出现频率最高的非法添加物。数据显示,首都市场流通的加工类食品中,添加相对频繁的非法添加物主要有:甲醛(49%),吊白块(24%),硼砂(24%),过氧化苯甲酰(2%),溴酸钾(1%)(见图2-6-10)。

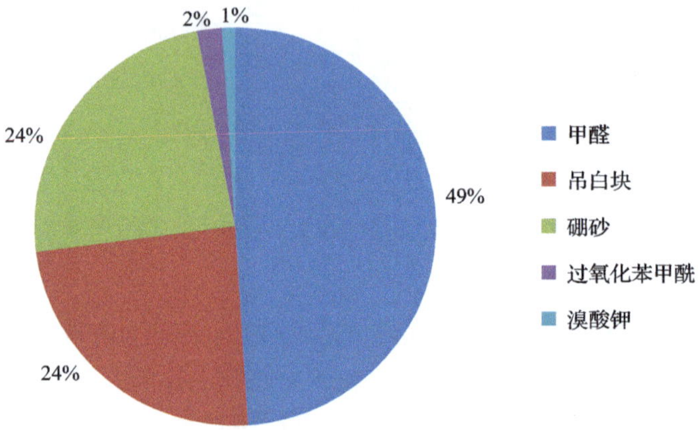

图2-6-10　首都市场下架食品中的非法添加物

从涉及非法添加物的食品看,手撕鱿鱼、烤鱼片、鱿鱼丝等海产品中易出现甲醛;吊白块、硼砂在腐竹、豆油皮等豆制品中出现的最多;过氧化苯甲酰即面粉增白剂,以前曾是合法的食品添加剂,但我国现在已禁用,部分企业的面粉及相关制品中还偶有出现。

(二) 国际视角的我国食品安全状况——基于RASFF分析

欧盟食品和饲料快速预警系统(Rapid Alert System for Food and Feed,以下简称RASFF)成立于1979年,旨在及时通报任何与有损健康的食品安全问题信息[36]。2002年1月,欧洲一般食品法(即《食品法的基本原则和要求、欧洲食品安全局及有关食品安全程序》)颁布[37],RASFF法律地位得到确认,数据库在成员国、通报内容等方面得以进一步完善。目前,该系统是全球食品安全最重要的信息交流平台之一,为分析欧洲市场食品安全形势提供了完整的数据支撑。

我国是欧盟产品进口的一个重要来源地。根据欧洲统计局公布的数据,2012年,欧盟与中国的进出口总额4336亿欧元,在欧盟进出口总额中占12.5%,中国继续保持欧盟第二大贸易伙伴地位。其中,欧盟自中国进口2897亿欧元,在欧盟总进口中占16.2%,是欧盟第一大进口来源地。作为欧盟食品的重要供给国,十年来,中国出口欧盟的食品类总额以每年11.12%的幅度增加。2012年,中国出口欧盟的食品类产品总额达43.24亿欧元,为欧盟第四大食品类进口来源地[38](表2-6-9)。

RASFF通报的涉及中国食品的信息可以为研究我国食品出口的风险因素类别、变化趋势等提供依据。

表 2-6-9 中国食品对欧盟出口统计

年份	金额/百万欧元
2003	1674
2004	1820
2005	2267
2006	2807
2007	3362
2008	3552
2009	3312
2010	4015
2011	4450
2012	4324

数据来源：欧盟统计局[39]

1. 欧盟 RASFF 的数据概述

欧盟 RASFF 数据库的信息通报分为预警通报、拒绝入境通报、关注信息通报、后续信息通报和新闻通报等五类[40-43]。在这五类中，预警通报涉及已经投入市场的食品安全信息，需要监管部门立即采取下架、召回、销毁等措施；拒绝入境通报主要针对即将进入市场的风险食品，需要采取退回处理；其他三类的作用在于食品风险信息的通知与共享，无需监管部门采取行动。数据显示，2008～2012 年间，每年拒绝入境通报类比例最大，约占 50%（见表 2-6-10）。

表 2-6-10 RASFF 系统通报的项目（前 18 类）

食品种类	2008 年	2009 年	2010 年	2011 年	2012 年	合计	比例/%
坚果及种子类	773	675	537	522	329	2836	17.1
水果蔬菜	437	404	495	671	716	2723	16.4
鱼及其制品	256	445	452	482	373	2008	12.1
食物接触材料	197	192	232	308	289	1218	7.3
谷类和烘焙食品	153	165	172	180	172	842	5.1
肉及肉制品	126	137	195	172	184	814	4.9
调味香料	103	129	221	201	151	805	4.8
饲料原料	0	122	112	260	234	728	4.4
疗效食品	77	119	141	138	183	658	4.0
甲壳类动物	126	176	78	75	60	515	3.1
家禽肉及其制品	118	94	75	72	117	476	2.9
甜食	95	60	50	66	71	342	2.1
贝类及其制品	45	52	78	68	53	296	1.8
牛奶及其制品	62	38	76	50	52	278	1.7
可可、咖啡和茶	48	74	33	43	78	276	1.7
宠物食品	51	49	56	63	38	257	1.5
汤、肉汤和调味汁	27	39	54	51	26	197	1.2
非酒精饮料	38	28	36	31	43	176	1.1

数据来源：欧盟 RASFF 系统网络数据库

根据表 2-6-10 信息，2008～2012 年间欧盟食品安全的主要特点是：

第一，从被通报的食品种类看，排在前四位的依次是坚果及种子类、水果蔬菜、鱼及其制品、食物接触材料，通报数量均在 1000 起以上。坚果及种子类被通报数量最多，达 2836 起，2008～2010 年连续三年名列第一。近两年，被通报坚果及种子类数量开始下降，2012 年仅为水果蔬菜数量的 46%，较排在第二位的鱼及其制品少 44 起。总数居第二位的水果蔬菜类在 2011 年、2012 年的被通报数量快速上升，成为绝对领先的食品类别。

第二，从食品安全风险源看，欧盟 RASFF 通报了 26 种食品安全风险因素。表 2-6-11 列举了其中最重要的 14 种风险因素。从表 2-6-11 可以看出，在这些食品安全风险因素中，霉菌毒素位居第一，总数超过 3000 起，但基本变化呈下降趋势。在霉菌毒素中，黄曲霉毒素比例最高。排在第二大风险源的是致病微生物，其中沙门氏菌在致病微生物中比例最高，达到 68.88%。2012 年，致病微生物的被通报数量超过霉菌毒素的通报数量，成为年度第一。农药、兽药残留在欧盟 RASFF 通报数量中排名第三，但绝对比例并不高，每年大致在 8.6%左右。其中，灭多威残留、三唑磷残留、氧化乐果残留被通报的数量最多。由重金属污染引发的通报数量占每年所有通报比例稳定在 7.8%左右。其中，汞、镉、铬、铅、镍五类重金属被通报的比例最高。

表 2-6-11　RASFF 系统通报的风险因素

风险因素	2008 年	2009 年	2010 年	2011 年	2012 年	合计
霉菌毒素	924	665	679	630	525	3423
致病微生物	458	466	548	595	592	2659
农药兽药残留	274	291	353	451	507	1886
重金属污染	211	255	251	282	263	1262
异物	146	154	137	222	158	817
食品添加剂	192	160	161	147	138	798
食品成分	93	130	145	213	207	788
有害物质迁移	124	118	110	195	167	714
质控失效	75	145	158	187	138	703
感官性状	63	87	123	133	80	486
转基因食品	43	174	106	55	90	468
非致病微生物	52	76	107	115	111	461
掺假/欺诈	55	71	75	116	85	402

从表 2-6-11 中还可以看出，欧盟 RASFF 系统通报的食品中出现异物和滥用食品添加剂的现象也时有发生，但并不常见，而掺杂、欺诈等恶意行为所引起的通报则更是少之又少。另外，因转基因成分所引发的食品安全通报数量在 2009 年达到 174 起的峰值，之后虽明显下降，但 2012 年依然有 90 起。

2. 中国出口欧盟食品安全状况

从欧盟 RASFF 通报的中国食品来看，2003～2012 年的 10 年间，通报数量呈不断增加的趋势。其中，2003～2007 年中国食品被通报的数量在总量中的平均比例为 8.28%，而2008～2012年，中国食品被通报数量的占比迅速攀升至14.47%，每年在500起左右（见图2-6-11）。中国食品被欧盟RASFF通报数量的增加与中欧食品贸易的不断扩大有关，而比例的攀升则与我国出口食品的质量安全水平以及欧盟食品标准的变化密切相关[44]。

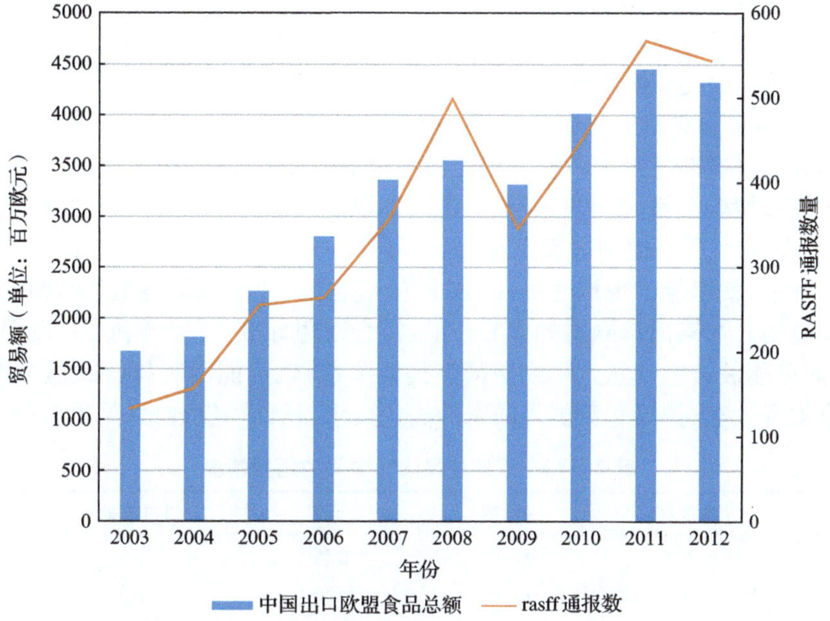

图2-6-11　中国出口欧盟食品类贸易额与RASFF通报中国产品数量统计

从近五年的通报数据来看，涉及中国的食品通报中，拒绝入境排在第一位，五年之和达1413起，占总通报数的58.66%，并且以每年20%左右的幅度增加。其他通报如预警通报和信息通报数目则呈现出逐年下降趋势（见图2-6-12）。

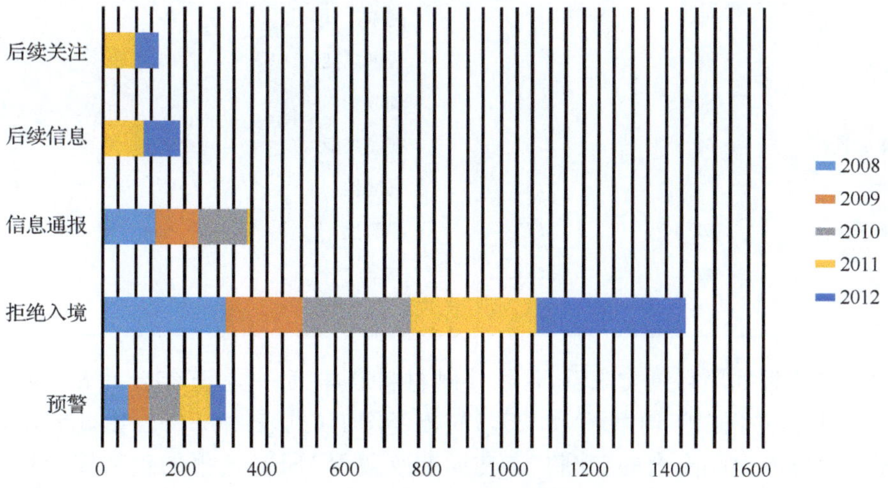

图2-6-12　RASFF涉中国的通报分类

从欧盟成员国对中国的通报情况来看，意大利、德国和英国的通报数位列前三名。意大利每年的通报数目在 80～120 起之间，共计 456 起，占比 18.93%，几乎占通报中国食品数量的五分之一。出现这一问题的主要原因在于欧盟各个成员国有关食品和食品接触材料的法规存在较大差异，意大利、德国和英国等国对食品接触材料的法规要求严于欧盟。食品出口企业应该了解和熟悉掌握这三个国家有关食品和食品接触材料法规的差异，建立相应的企业质检体系。根据欧盟 RASFF 系统 2012 年的通报，意大利针对中国产品的通报数为 114 起，其中 85 起与食品接触材料有关，占 74.56%。意大利政府在 2012 年 2 月颁布金属餐具的法令 N. 258，该法令在原有铬(Cr)和镍(Ni)的特定迁移限量要求上的基础上，增加对锰(Mn)的特定迁移限量的要求[45]。而在当年 10 月来自中国的一批次微波炉被检验出铬、锰和镍等重金属迁移限量超标，其中锰元素迁移限量超过标准 100 倍以上。该批次产品遭到边境拒绝，最后不得不返回国内。如果企业不了解出口目的地国家的标准，就可能出现被通报，而被拒绝入境。另一个原因是输入欧盟的产品在各成员国之间转销。如某出口欧盟的食品产品，符合欧盟标准，可以顺利出口到第一目的地丹麦，但其间可能被转销到意大利或德国等其他国家，就可能出现符合欧盟标准，却不符合其他国家如意大利、德国和英国等国家的法规要求，从而引发通报(见表 2-6-12)。

表 2-6-12　欧盟成员国对中国的通报情况

国家	通报数量	占比/%	国家	通报数量	占比/%
意大利	456	18.93	奥地利	37	1.54
德国	296	12.29	斯洛伐克	33	1.37
英国	233	9.67	瑞典	31	1.29
波兰	189	7.85	保加利亚	28	1.16
荷兰	178	7.39	罗马尼亚	27	1.12
西班牙	132	5.48	立陶宛	26	1.08
捷克	102	4.23	葡萄牙	26	1.08
希腊	95	3.94	挪威	19	0.79
芬兰	94	3.90	爱沙尼亚	16	0.66
法国	83	3.45	匈牙利	12	0.50
斯洛文尼亚	62	2.57	拉脱维亚	12	0.50
比利时	59	2.45	马耳他	12	0.50
赛普勒斯	51	2.12	卢森堡	6	0.25
丹麦	48	1.99	冰岛	1	0.04
爱尔兰	42	1.74			

从中国被通报的项目种类来看，食物接触材料高居第一位，五年合计 814 起，占总通报数的 33.79%，并且以年均增长 18.25%的幅度增加(见表 2-6-13)。由此看出，食品接触材料是中国输欧食品安全的“软肋”。在同期欧盟 RASFF 通报的食物接触材料中，来自中国的案例占 66.8%，是名副其实的第一大户。从表 2-6-13 可以看出，除去食品接触材料外，排在第一位的食品是坚果及种子类，五年合计 525 起，占比 21.79%。而同期欧

盟 RASFF 通报的食品类别中，由坚果及种子类引发的通报数量最多，共 2836 起。也就是说，源自中国的坚果及种子类被通报数量占同期由同类引发的通报数量的 18.5%。谷类、烘焙食品位居第三位，五年合计 253 起，占比 10.50%。与此同时，欧盟同期通报的谷类、烘焙食品共 842 起，即源自中国的食品占三成。

表 2-6-13　中国被通报的项目种类

食品种类	2008 年	2009 年	2010 年	2011 年	2012 年	合计
食物接触材料	111	118	153	215	217	814
坚果及种子类	180	75	94	103	73	525
谷类、烘焙食品	43	33	56	66	55	253
水果蔬菜	38	31	33	43	40	185
疗效食品	10	12	28	31	33	114
鱼类及其制品	19	15	22	20	21	97
可可、咖啡和茶	13	8	9	4	39	73
甜食	24	6	4	11	3	48
调味香料	4	6	8	15	9	42
其他食品	9	9	4	7	13	42
预制食品和快餐	2	11	3	8	7	31
蜂蜜及蜂王浆	14	2	4	5	2	27
肉及肉制品	5	5	2	5	9	26
甲壳类动物	7	4	4	4	3	22
汤、肉汤和调味汁	2	1	9	3	3	18
头足纲动物	3	1	6	5	1	16
饲料原料	6		1	4	4	15
家禽肉及其制品	1		2	4	6	13
奶及其制品	5	2	2			9
饲料添加剂		2		3	3	8
食品添加剂	3	2		2	1	8
非酒精饮料			2	4	2	8
饲料混合物			1	3	1	5
蛋及其制品	1	1	1	1		4
动植物油			1	2	1	4
双壳类动物		1	1			2

综上可知，源自中国的食物接触材料、坚果及种子类和谷类、烘焙类食品三项合计 1592 起，约占涉中国通报数目的三分之二。由此可以得到这样一个结论，以上三个种类是中国食品出口企业在提升食品安全水平时应该下大力气去聚焦的重点。

从 RASFF 涉中国的食品接触材料风险统计来看，有害物质迁移和重金属染的通报数分别位居前两位，其涉及的主要产品为塑料制品、密胺餐具（又称仿瓷餐具）和不锈钢制品餐厨具(见图 2-6-13)。

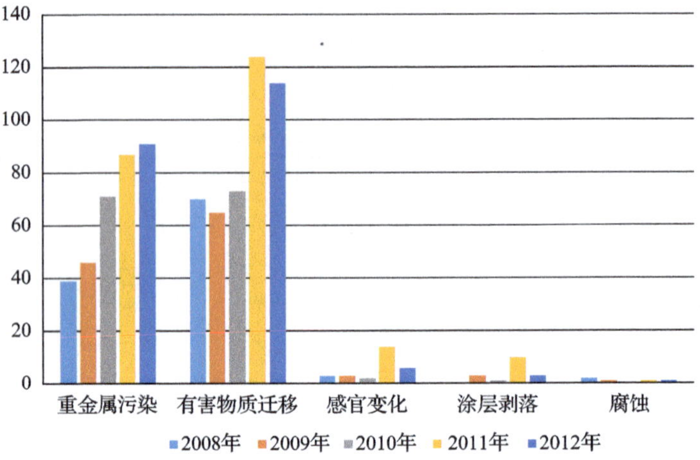

图 2-6-13　RASFF 涉中国的食品接触材料风险统计

通过对 RASFF 系统数据进行更详细的分析,可以看到密胺餐具、塑料制品和不锈钢制品餐厨具是中国输欧食品接触材料产品中的高风险产品。具体而言,密胺餐具中的甲醛和三聚氰胺的迁移量、塑料制品中的初级芳香胺和不锈钢制品厨具中的铬镍重金属迁移量成为中国输欧食品接触材料检测的高风险检测项目,并且所涉及的通报也呈逐年增加趋势。值得注意的是,来自中国的仿陶瓷餐具甲醛迁移量和密胺餐厨具初级芳香胺的通报频次过高,使得欧洲委员会 2011 年 3 月颁布法规(EU)No. 284/2011,规定每批原产自中国的这两类产品都要分别出具甲醛和初级芳香胺的检测合格证明。

出现以上问题,主要是因为欧盟相关的食品接触材料法规和技术标准繁多,且更新较快,与中国食品接触材料标准存在较大的差异。例如,目前我国针对密胺餐具制定了《QB 1999—1994 密胺塑料餐具》[46]产品标准和《GB 9690—2009 食品容器、包装材料用三聚氰胺-甲醛成型品卫生标准》[47],以及强制性《GB 9685—2008 食品容器、包装材料用添加剂使用卫生标准》[48],规定了食品容器、包装材料用添加剂使用的原则、使用范围、允许使用的品种、最大使用量、特定迁移量等限制性要求,但与欧盟(EU)No 284/2011 法规相比较,还是存在一定的差异[49]。尽管从检验的总迁移限量、三聚氰胺单体迁移量和甲醛单体迁移量等指标上看,中国的标准指标还优于欧盟的相关标准,然而,两者的检验条件存在着差异。

中国国家标准对总迁移限量的检验条件是:水,60 ℃/2 h;对三聚氰胺单体迁移量和甲醛单体迁移量的检验条件都是 4%(v/v)乙酸,60 ℃/2 h。而欧洲标准对上述三项的检验条件则是:模拟物为水、3%(v/v)乙酸、15%(v/v)乙醇时,100 ℃/4 h;模拟物为精炼橄榄油时,175 ℃/2h。在实际的实验室条件下,欧盟实验室检测使用的条件都是 100 ℃/0.5 h 加上 70 ℃/24 h 的最严格条件,而密胺餐具对检验的温度和时间具体敏感的特性,特别是温度对甲醛和三聚氰胺的迁移量在高温时起到了主导性的作用。另外,欧盟为了应对中国“三聚氰胺毒奶粉”事件,特别颁布了针对产自或发运自中国大陆的 EC No. 1135/2009 特别法规[50],2011 年 11 月欧盟发布法规 EU No. 1282/2011,将 EU No. 10/2011 中规定的三聚氰胺迁移限量（SML）由 30 mg/kg 降低到 2.5 mg/kg，限量要求增加了 11 倍。同时，将在食品接触材料中原来没有任何限量要求的 *N*-甲基吡咯烷酮的迁移限量设定为 60 mg/kg，这也是导致 RASFF 系统通报中，食品接触材料被通报次数的快速增加的重要原因。这不仅给食品生产企业造成重大经济损失，而且也影响了“中国制造”的声誉[51]。因此，因为检测方法不同或者有关迁移限量要求的改变而造成同一产品可能符合中国国标要求但不符合欧盟的要求[52]。

从 RASFF 系统涉中国食品通报的风险因素看出（表 2-6-14），有害物质迁移、霉菌毒素、重金属等位于前三位，分别占比 18.56%、18.26%和 16.31%。这三者占所通报的风险因素的 53.13%，超过了二分之一。

表 2-6-14　RASFF 系统涉中国食品通报的风险因素

风险因素	2008 年	2009 年	2010 年	2011 年	2012 年	合计
有害物质迁移	70	65	73	125	114	447
霉菌毒素	170	59	81	68	62	440
重金属	58	59	81	98	97	393
食品成分	11	11	35	74	51	182
转基因食品	20	15	47	31	48	161
掺假/欺诈	17	14	26	33	25	115
工业污染物	54	16	4	13	6	93
农药残留	5	1	5	14	58	83
食品添加剂	15	11	14	20	6	66
感官	9	9	11	11	18	58
兽药残留	24	5	6	12	10	57
非致病微生物	17	12	7	13	7	56
置控失效	11	10	16	6	11	54
致病微生物	7	15	10	9	7	48
异物	8	15	7	9	9	40
生物毒素	1	0	1	31	5	38

用于盛放食品的纸质包装材料在印刷过程中常常使用的油墨辅料和溶剂等原料，如果含有卤代烃、苯、正己烷等有害物质，会造成有害物质迁移污染食品[53]。

从通报所检出的霉菌毒素来看，主要有黄曲霉毒素、赭曲霉毒素、呕吐毒素、T-2 毒素、桔霉素、烟曲霉毒素等[54]。

涉中国食品通报的风险因素中重金属污染占第三位，五年合计 393 起，从 2008 年的 58 起增加到 2012 年的 97 起，年均增长率达到 13.72%。主要涉及铅、镍、汞、砷、铬、铜、镉、锌和锰等重金属。

3. 结论与启示

通过前文对欧盟 RASFF 数据库的研究，可以得到四点结论：①作为欧盟食品的重要供给国，中国食品被 RASFF 通报的比例非常高，2008 年至 2012 年，中国食品占全部被通报数量的比例达到 14.47%。②从通报中国食品的进口国看，意大利、德国和英国三个国家排名居前。③从被通报的食品类别看，食物接触材料、坚果及种子类和谷类、烘焙食品类位居前列。④从食品风险因素看，有害物质迁移、霉菌毒素、重金属污染等是中国出口欧盟食品安全的主要风险源。

（三）消费者视角的我国食品安全状况——基于消费者调查分析

消费者对食品安全的认知、评价与态度，会对食品品牌的信誉、食品企业的竞争力乃至国家食品产业的生存与发展产生重大影响[55,56]。消费者如何感觉当前国内食品安全状况变化，即对目前国内食品安全状况的评价与认知状况，消费者对国内食品安全的信心是否有所恢复，哪些食品领域消费者仍然普遍担心存在安全问题等，我们进行了深入的调查研究[57]。其中调查有效问卷758份，其中消费者属地涉及除西藏以外的全国各省市自治区，但北京地区样本数所占比例较高，为61.2%。样本中的消费者具有以下主要特征：消费者以女性为主，男女性比例为1∶1.2；婚姻状况已婚略少于未婚，已婚与未婚比例为1∶1.23；年龄主要集中在19～49岁之间；家庭月收入主要集中在3000～20000元之间；文化程度以高中、大专和本科为主。

1. 消费者对食品安全状况的关注与评价

（1）消费者高度关注食品安全但总体满意度不高

调查统计结果显示：对食品安全问题非常关注与比较关注的占被调查者的84%，表示很少关注的占14.2%，表示从不关注的只占1.5%。在影响消费者对食品安全关注程度的因素中，我们发现消费者的收入水平与受教育程度与之具有一定的相关性。

按照一般规律，随着收入水平的提高，消费者对食品质量的要求也会随之提高。因此，高收入和中高收入人群对食品安全问题应该更加敏感，关注度也更高[58]。我们的调查数据基本验证了这一规律（图2-6-14）。

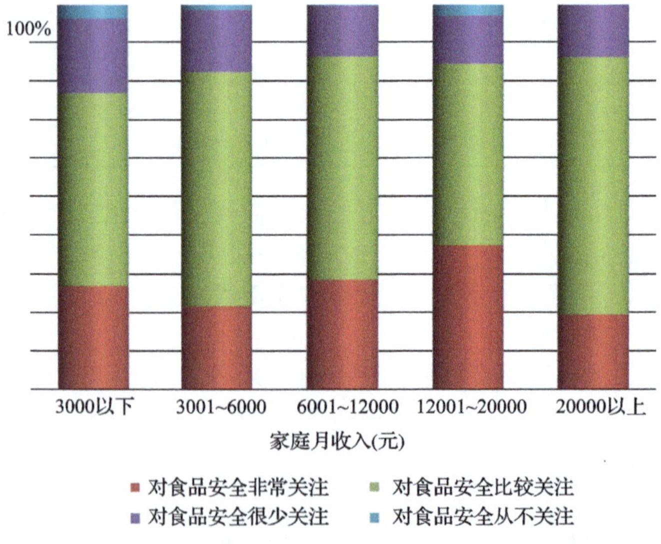

图2-6-14　不同家庭收入的消费者对食品安全状况关注程度的比较

从调查问卷的统计分析结果可以看出：第一，在各家庭收入群组中，从不关注食品安全状况的人极少只占总样本的 1.5%。第二，除月收入低于 3000 元的低收入群组对食品安全非常关注与比较关注的比例低于 80%（为 76%）以外，其他各收入群组这两项之和的比例均在 82%～86%之间，说明低收入群组对食品安全的关注度稍低。第三，月收入超过 20000 元的高收入群组对食品安全非常关注的比例低于中等收入群组，可以解释为大多数高收入人群一定是到政府能够监管的大超市、卖场购买食品，而且愿为相对安全的食品支付更高的价格，他们会更多地选择无公害食品、绿色食品、有机类食品和进口食品，并以此获得心理上的安全感。第四，月收入为 12001～20000 元的中高收入群组的消费者对食品安全状况非常关注的人群比例最高。随着收入的增加消费者对食品安全的关注程度会上升，但是这一人群的购买力还不足以像高收入群组的消费者能够通过购买小众类的高档食品而让自己心理上获得相对的安全感，故更加关注食品安全状况的相关信息[59]。

消费者受教育程度与对食品安全的关注度也存在明显的相关性。即文化水平越低的消费者对食品安全状况关注度越低，文化水平超高的消费者更加关注食品安全状况。详见图 2-6-15。

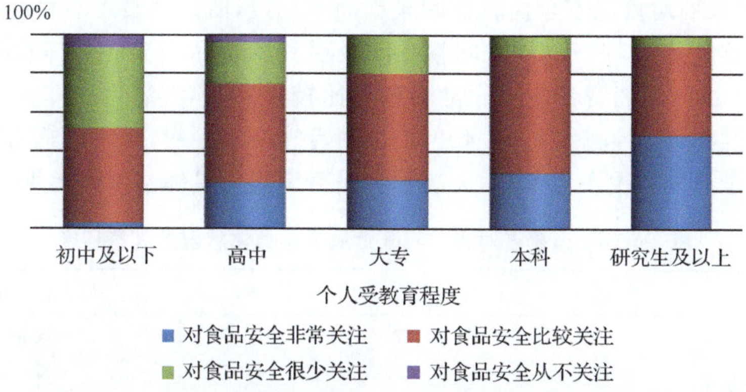

图 2-6-15　不同受教育水平的消费者对食品安全问题的关注程度

图 2-6-15 中显示：对食品安全状况表示极为关注的人数占比从初中及以下学历的 3%升至研究生学历的 49%；对食品安全状况表示极为关注和比较关注的人数占比从初中及以下学历的 52%上升至研究生及以上学历的 94%；而对食品安全状况很少关注与从不关注的人数占比则从初中及以下学历的 51%降至研究生及以上学历的 6%。可见，受教育程度比收入对食品安全关注程度的影响更大，相关性更加明显。

从消费者对于近年来国内发生的食品安全事件的知晓率，也能看出消费者对于食品安全状况的关注状况。如在调查时问及像双汇“瘦肉精”、三鹿奶粉的“三聚氰胺”事件、“染色馒头”、皮鞋胶囊、白酒“塑化剂”风波、“地沟油”、圣元奶粉“早熟”门、“苏丹红”事件、阜阳“大头娃娃”事件等近年来发生的食品安全事件时，其知晓率均超过 50%，最高的双汇瘦肉精事件，消费者知晓率高达 89.2%，详细情况可参见表 2-6-15。

表 2-6-15 消费者对近年来国内发生的食品安全事件的关注情况

食品安全事件	表示“知道”者占比/%
双汇瘦肉精	89.22
三鹿奶粉三聚氰胺事件	87.28
苏丹红事件	82.54
阜阳“大头娃娃”事件	63.79
地沟油	63.19
皮鞋胶囊	60.78
圣元奶粉“早熟”门	55.39
染色馒头	54.53
白酒“塑化剂”风波	52.8

由于 2008 年以来我国食品安全问题进入了高发期，媒体对食品安全事件的关注度也逐年上升，加之政府对食品安全监管体制改革尚不到位，所以消费者对目前国内食品安全总体状况的满意度并不高[60]。调查问卷在问及对我国食品安全的总体状况是否满意的问题时，只有约 13%的消费者表示非常满意和比较满意，不太满意和非常不满意的消费者占被调查者的约 50%，而另有 37.40%的消费者选择了一般，可以理解为这部分消费者对国内食品安全总体状况不太了解，无法回答是否满意。具体情况可参见表 2-6-16。

表 2-6-16 消费者对当前我国食品安全总体状况的满意程度

	人数/人	所占百分比/%
非常满意	7	0.95
比较满意	88	11.92
一般	276	37.4
不太满意	229	31.03
非常不满意	138	18.7

(2) 消费者对各类主要食品安全状况的评价不乐观

从总体上看，消费者对其消费的所有各类的食品的安全状况的评价不乐观。统计显示，消费者认为乳制品、肉类、保健品、熟食较不安全和很不安全的比例均超过了 60%，分别达到 76.7%、70.9%、67.4%、65.3%。为了比较消费者对各类食品安全程度的判断，我们分别给各选项进行赋值。其中，设选项很不安全为 4 分，较不安全为 3 分，比较安全为 2 分，非常安全为 1 分，将每一选项的人数乘以赋值加总后再除以总样本数，得到每一类食品的平均分，分值越高者表明消费者对其安全性的评价越低。统计结果显示，消费者认为安全状况最差的 4 类食品依次是乳制品、肉类、保健品和熟食，其平均得分均在 2.8 分以上；评价中等的 5～9 位依次为禽蛋、饮料和酒类、水产品、冷冻食品(含冷饮)、粮油制品；排在第 10～11 位的即消费者认为相对比较安全的两类食品是蔬菜水果、糕点糖果。消费者对各类主要食品安全状况的评价详见表 2-6-17。

表 2-6-17　消费者对各类主要食品安全状况的评价

	很不安全(人)	较不安全(人)	比较安全(人)	非常安全(人)	平均得分	排序
乳制品	243	323	170	12	3.065508	1
肉类	168	362	212	6	2.925134	2
保健品	186	318	222	22	2.893048	3
熟食	169	320	240	19	2.854278	4
禽蛋	136	323	276	13	2.778075	5
饮料、酒类	131	326	266	25	2.752674	6
水产品	125	289	317	26	2.709893	7
冷冻食品(含冷饮)	101	306	303	38	2.628342	8
粮油及其制品	97	241	380	30	2.541444	9
蔬菜、水果	78	254	395	21	2.520053	10
糖果、糕点	72	215	412	49	2.414439	11

从以上分析可以看出,消费者对食品安全状况的评价与行业食品安全的真实状况并不完全一致。例如,由于存在信息不对称,消费者对那些未被媒体曝光的有着潜在不安全因素的食品因不知情也会给予较高的评价。相反,由于媒体对有些食品安全事件的过分渲染,会造成消费者对整个行业的产品信心全无从而给予过低的评价[61]。

(3) 媒体是食品安全信息传播的主渠道

调查表明,消费者了解国内食品安全状况主要依靠各种媒体的报道,从广播和电视中了解的占 47.84%,从网络上了解的占 30.17%。但是消费者对媒体所报食品安全事件的信赖程度却仅有 33.9%,相信政府公告的比例更低只有 24.8%。值得注意的是,有 30.7%的人在问题答案中选择"谁也不信",这反映出消费者对当前食品安全状况不满,并对来自各方的食品安全信息均表置疑的无奈情绪。具体调查统计结果可参见表 2-6-18。

表 2-6-18　食品安全事故发生后消费者最相信哪方面的声音统计

	人数/个	所占百分比/%
媒体报道	253	33.9
政府公告	185	24.8
企业申诉	79	10.6
谁都不信	229	30.7
总计	746	100

消费者对媒体有关食品安全问题报道评价不高,具体体现在 88%消费者认为媒体报道存在不准确、有夸大渲染的成分、有时与事实不符等问题。具体调查统计数字可参见表 2-6-19。

表 2-6-19 消费者对媒体有关食品安全问题报道的评价

	人数/个	所占百分比/%
是客观的	89	12
客观但不准确	245	33
有夸大渲染成分	229	30.8
有时与事实不符	180	24.2
总计	743	100

应该肯定，媒体在食品安全的舆论监督中发挥着十分重要的作用。一些重大的食品安全事件，多数都是记者通过暗访调查出来，并通过媒体曝光公之于众的。50%以上的消费者认为，媒体对食品安全事件的曝光，对食品安全监管有明显和较大的推动作用。但是，媒体在报道有关食品安全问题时，有时为引起更大的轰动效应，有时因记者本身食品科学知识的不足，有时是发生的食品安全问题还尚未查清等，会出现报道不实、不准确、有夸大渲染的成分等情况。然而，食品安全是一个极为敏感的话题，消费者本来就对国内目前食品安全状况缺乏信心，而每一次食品安全事件的曝光都会触动消费者敏感的神经。如果媒体对食品安全事件的报道有失实，进而对消费者产生误导，其对消费者信心的打击与对食品产业的破坏力有时也非常巨大。表 2-6-18 和表 2-6-19 中消费者对媒体有关食品安全事件上报道的总体评价，反映出媒体在广大消费者心目中的公信力有待提升。

(4) 消费者对食品安全监管状况了解较少

政府近年来在整治食品消费环境，加强监管和提升食品安全水平方面做了大量的工作，如从出台食品安全法、改革食品监管体制、制定各类食品生产标准与经营规范、到严厉查处违法企业和打击食品产业违法犯罪行为等。但是，我国食品安全状况实际改善程度或者更准确地说在消费者感觉中的改善程度并不明显。调查统计显示，在问及政府对食品安全监管的总体评价、政府对食品安全的监管效率、政府对食品安全工作的宣传力度、政府打击食品违法行为的力度等问题时，有 40%～45%的被调查者选择了“一般”这一答案，即对政府管效率高低和力度的大小等未做评价。表明消费者不了解政府监管到底做了什么，效果如何。或者说政府在食品安全监管方面所做的努力，近一半的消费者并不知晓。另有 40%～50%的被调查者对政府在食品安全工作方面的努力给予了较差和差评。具体统计结果可参见表 2-6-20 至表 2-6-22。

表 2-6-20 消费者对当地政府及有关部门食品安全监管工作的评价

	人数/个	占百分比/%
满意	12	1.6
比较满意	103	13.8
一般	315	42.4
不太满意	174	23.4
不满意	140	18.8
总计	744	100

表 2-6-21　消费者对政府监管效率的评价

	人数/个	占百分比/%
非常无效率	85	11.4
效率较低	267	35.8
一般	342	45.9
效率较高	45	6.1
很有效率	6	0.8
总计	745	100

表 2-6-22　消费者对当地政府及有关部门打击食品违法行为的力度的评价

	人数/个	占百分比/%
很大	6	0.8
比较大	97	13
一般	298	40.0
不太大	227	30.4
不大	118	15.8
总计	746	100

消费者对政府在食品安全方面的工作的认可程度低，是消费者对食品安全环境的改善信心不足的重要原因。新的食品安全法的颁布，本应有效的提振消费者对食品安全状况改善的信心，但是我们的调查统计结果显示，表示新食品安全法的颁布对自己信心没有影响的人占到了被调查者的 40%，而认为对自己信心只有很少提升的人占了 42%。可见消费者并不相信仅仅依靠颁布法律可以改善目前严重恶化的食品安全状况。而政府监管不到位、执法不严、对违法者处罚过轻等，均使食品安全违法行为普遍存在。消费者更希望政府在加强监管、严格执法、加重处罚违法者等方面有所作为，以真正实现食品安全状况的好转。

2. 消费者对食品安全问题的认知与态度

（1）消费者对日常消费的食品安全隐患表示担心

虽然消费者对自己消费的食品是否安全有着种种担心，但是为了生存却不得不从市场购买自己需要的食品。据我们的调查，消费者基于自己的了解的信息与判断，对日常消费食品中存在的各种安全隐患担忧的程度各不相同。为了比较，给很担心赋值 4、比较担心赋值 3、较放心赋值 2、放心赋值 1，然后计算各项平均得分，最后得到消费者对各类食品安全隐患担忧程度的排序，详细情况可参见表 2-6-23。

上表中的数据显示，除去转基因食品外，其他 8 项食品安全风险消费者表示较担心和很担心的人数比例均超过了 75%，担心程度最高的非食用油该比例超过了 90%。其实相比较而言，“地沟油”这种非食用油在全国范围内生产销售并不普遍，从正规渠道购买有品牌的食用油买到地沟油的概率很小，并且打击与整治也相对容易。消费者对其过度敏感，或许与中央电视台曝光的地沟油，令人作呕的原料与肮脏不堪的加工环境等视觉刺激有

表 2-6-23　消费者对各种食品安全隐患的担心程度

	放心(%)	较放心(%)	较担心(%)	很担心(%)	担心程度排序
非食用油("地沟油")	0.43	8.84	34.05	56.68	1
食品中重金属超标	1.51	15.52	30.39	52.59	2
食品过期变质	1.94	13.58	36.64	47.84	3
食品中含有非法添加物	1.08	17.67	37.28	43.97	4
肉、禽水产抗生素超标	2.37	19.83	34.7	43.1	5
虚假或错误的标签标注	1.51	21.34	39.44	37.72	6
农药、兽药等化学残留	3.45	19.83	39.01	37.72	7
食品微生物超标	3.66	28.23	37.93	30.17	8
转基因食品	10.13	30.6	26.29	32.97	9

关。事实上，食物中的重金属超标、农药残留超标、抗生素超标、加入非法添加物等问题，才是真正存在较为普遍、消费者难以察觉、监管难度大、比较难控制的风险，这些风险才更加令人担心，也是监管部门更应该关注的。

(2) 消费者认为存在于食品加工环节的食品安全隐患最大

从消费者对食品安全问题的认知情况看，绝大多数的消费者认为问题食品都是被生产加工部门生产出来的。调查统计显示，在让消费者确定食品安全的风险主要来自于哪个环节时，有 72.84%的消费者首先选择了生产加工环节，而首选种植养殖环节的占被调查者的 13.36%，首选批发零售环节和餐饮消费环节的仅各占 6.90%。这表明消费者对食品生产者的信任感最差，与监管部门近年曝光出来的食品安全事件多出在食品加工环节有关。另外一项关于造成目前食品安全问题频发的原因的调查，其结果也表明了消费者对食品生产加工企业的不信任。详见表 2-6-24。

表 2-6-24　消费者对目前食品安全问题频发原因的认知

	每一个选项中的选择者占比/%
食品生产加工企业和个人利欲熏心	81.03
主管部门监管不力	60.99
执法部门惩罚力度不够	64.87
食品安全法律体系不完善	45.26
消费者缺乏安全消费常识	22.41
经济发展到一定阶段的产物	14.22

注：本题目限消费者最多选三项

表 2-6-24 中，前三项是多数消费者认为当前食品安全问题频发的主要原因，其中食品生产加工企业和个人利欲熏心选择的消费者比例最高达 81.03%，而对于食品安全问题高发与经济发展阶段存在必然联系，消费者认同比例较低，只有 14.22%。消费者对国内食品生产企业缺乏信心，对食品产业的发展与竞争力的提升十分不利。应该看到，当国

内市场进一步开放，国内消费者对生活质量的要求不断提升，进口食品将越来越多的进入中国并占据国内高端和中高端食品市场。因此，国内食品企业特别是大型品牌企业，在加强自律和努力提高产品质量确保食品安全的同时，也应重视通过各种方式进行企业宣传，以增强消费者对国内食品企业的信任感。

(3) 消费者认为政府监管部门同是食品安全的主要责任人

关于食品安全问题频发的原因调查数据还可以发现（见表 2-6-24），消费者认为政府监管部门与执法部门没有尽到责任，即约 61%的消费者认为监管部门监管不力、还有约 64%的人认为执法部门对违法者惩处过轻也是造成食品安全问题严重的重要原因。进而消费者普遍认为政府监管部门也是保证食品安全的重要责任人。消费者在农产品生产者、政府监管者、食品加工者、餐饮企业、消费者自身等几个食品安全主要责任人的选项中，选择将政府监管者作为食品安全第一责任人的占到被调查人数的 32.54%，仅低于选择食品生产企业为第一责任人 35.13%约 3 个百分点。选择将政府监管者作为食品安全第二、第三责任人的分别占到被调查人数的 20.69%和 23.28%。消费者认为政府是食品安全的第一责任人有一定的道理。因为，尽管安全的食品是生产出来的，食品生产者无疑是食品安全的第一责任人，但是，经济学常识告诉我们，在市场经济中企业都是逐利，如果没有政府监管（或者仅仅是放松监管），企业为了在竞争中获取更大的利益，任何损害消费者利益的事情都有可能发生。离开了监管，企业自律就是一句空话。所以，从这个角度上说食品安全是监管出来的也不为过。

(4) 消费者将食品安全状况改善的主要希望寄托于加强监管

在问到提高食品安全水平最有效的办法时，55.4%的被调查者选择政府部门应加强监管，加大对违法企业的惩罚力度；29.6%的人选择应教给消费者鉴别不安全食品的方法，提高群众食品安全意识；10.8%的人选择应加强行业自律；还有 6.6%的被调查者选择曝光典型违法企业。可见一半以上的消费者将改善食品安全的希望主要放在政府加强监管方面，同时也有近 1/3 的消费者希望自己学习与掌握食品安全常识，增强食品安全意识。

(5) 消费者对 2009 年国家颁布的新《食品安全法》了解甚少

大多数消费者对国家在 2009 年 6 月 1 日颁布的新《食品安全法》了解甚少，甚至有 31.7%的被调查者表示不知道有此事；还有 58.9%的被调查者仅仅了解一点。特别是对于食品安全法中涉及消费者利益的有关内容，如民事赔偿优先制度、十倍赔偿制度等了解的人极少，分别只占被调查者的 14.0%和 11.4%。这说明媒体对《食品安全法》向消费者宣传得不够，这也在一定程度上影响了消费者在遇到食品安全问题时维权的主动性。近日政府又在修订《食品安全法》，并在网上公开向广大公众征求意义，应该利用此机会向公众宣传、并讨论此法，提高公众对《食品安全法》的了解程度。这是提高消费者维权意识与参与食品安全监管积极性的关键。

(6) 消费者普遍用选择较为安全的食品购买场所来尽量规避食品安全风险

在上述食品安全的风险普遍存在、消费者又难以察觉的情况下，选择到政府能够监管得到相对安全的食品购买场所购物，是理性消费者的正确选择。根据我们调查，消费者对食品购买场所的安全性排序为超市、农贸市场、批发市场、流动摊点、网购。即在被调查者中，67.5%的人认为超市购买食品最安全，还有23.7%的被调查者认为农贸市场购买食品最安全，将批发市场和流动摊点安全作为首选的消费者占比分别只有5.0%和2.6%，可能因为被调查者中选择网购食品的人数相对较少，所以网购食品安全性消费者信赖的程度最低，只有1.3%的被调查者将其作为安全的食品购物场所的首选。

六、我国现阶段食品安全事件的类别及诱因

比较中外食品安全事件的演变历程，梳理引发这些事件的诱因，从中可以寻找出一些共性的东西。本部分内容按照不安全食品的产生主体和行为性质以及主管部门的不同，将食品安全事件分为食品安全违法犯罪事件和非人为食品安全事件，前者又可细分为食品安全犯罪事件和食品安全违法事件。

（一）因犯罪行为引发的食品安全事件

1. 生产、销售不符合食品安全标准的犯罪行为

按照最高法院、最高检察院对执行《刑法》确定罪名的补充规定（五）的定义，生产、销售不符合安全标准的食品罪所导致的事件都是食品安全犯罪事件。这类事件足以造成严重食物中毒事故或者其他严重食源性疾患，危害人体健康。

具体讲，食品罪是指生产、销售：①腐败变质、油脂酸败、霉变、生虫、污秽不洁、混有异物或者其他感官性状异常，可能对人体健康有害的食品；②含有毒、有害物质或者被有毒、有害物质污染，可能对人体健康有害的食品；③含有致病性寄生虫、微生物，或者微生物毒素含量超过国家限定标准的食品；④未经兽医卫生检验或者检验不合格的肉类及其制品；⑤病死、毒死或者死因不明的禽、畜、兽、水产动物等及其制品；⑥容器包装污秽不洁、严重破损或者运输工具不洁造成污染的食品；⑦掺杂、掺假、伪造，影响营养、卫生的食品；⑧用非食用原料加工的，加入非食品用化学物质或者将非食品当作食品；⑨超过保质期的食品；⑩为防病等特殊需要，国务院卫生行政部门或者省、自治区、直辖市人民政府专门规定禁止出售的食品；⑪含有未经国务院卫生行政部门批准使用的添加剂或者农药残留超过国家规定容许量的食品；⑫其他不符合食品卫生标准和卫生要求的食品。

2. 生产、销售有毒有害食品的犯罪行为

还有一类性质更加恶劣的食品犯罪事件，即生产、销售有毒有害食品的犯罪行为。按照最高法院、最高检察院关于办理危害食品安全刑事案件适用法律若干问题的解释，此类案件是指在生产、销售的食品中掺入有毒、有害的非食品原料的，或者销售明知掺有有毒、有害的非食品原料的食品。

根据最近十年来我国曝光的食品安全犯罪事件，这类案件比较常见（见表2-6-25）。

这类事件虽以正常的食品交易为载体，以追求商业利益而非毒死消费者为目标，但极可能对消费者的健康和生命安全带来极大的伤害，严重危害人民群众身体健康和生命安全，严重扰乱社会主义市场经济秩序，严重影响社会和谐稳定，严重损害党和政府的形象，给我国食品市场的健康发展带来了极为严重的负面影响。

表 2-6-25　近年来我国食品中出现的部分非法添加物及案例

名称	可能添加的食品	案例
吊白块	腐竹、粉丝、面粉、竹笋	2012 年 12 月 19 日，富源、双祥两款腐竹被检出含有“吊白块”
苏丹红	辣椒粉、含辣椒类的食品	2005 年 3 月，亨氏辣椒酱、肯德基等多家餐饮、食品公司的产品中被检出含有“苏丹红一号”
三聚氰胺	乳及乳制品	2008 年三聚氰胺奶粉事件
工业用甲醛	海参、鱿鱼等干水产品、血豆腐	2012 年 5 月，山东有媒体曝光，有菜农使用甲醛对大白菜保鲜。另外，山药、蘑菇等蔬菜也被曝出使用甲醛溶液喷洒和浸泡
工业硫黄	白砂糖、辣椒、蜜饯、银耳、姜等	2012 年，四川苍溪 6 人因用工业硫黄熏制药材被判刑并处罚金
罂粟壳	火锅底料及小吃类	2012 年 1 月，南京“食在有趣”火锅店查出罂粟壳
工业用乙酸	勾兑食醋	2011 年 11 月，深圳市市场监管局查封了一家名为海发酱料厂的地下食品加工窝点及其经销点，该窝点使用乙酸勾兑食醋
瘦肉精	猪肉、牛羊肉	2011 年双汇瘦肉精事件
敌百虫	腌制食品	2011 年 5 月，广州查获制毒腊肉窝点，使用敌百虫腌制腐烂猪肉
塑化剂	饮料、乳品等	2011 年 5 月，台湾地区发现“昱伸香料有限公司”制售的食品添加剂“起云剂”含有化学成分邻苯二甲酸二(2-乙基己基)酯(DEHP)，即塑化剂
地沟油	食用油	2011 年 4 月，重庆公安查获利用餐厨垃圾生产、销售“地沟油”的黑窝点，抓获犯罪嫌疑人 20 余名，摧毁地沟油炼油厂 3 家、地下黑作坊 2 个，查扣“地沟油”炼制的毛油、精油 203 吨

3. 食物投毒案

在食物投毒事件中，有毒、有害食品致人死亡或严重损害并非因为食品生产者或者销售者在生产或销售食品过程中存在违法行为，而是第三方在食品中添加有毒、有害物质侵害他人人身权益的犯罪行为。由于食品成为侵害人身健康和安全的媒介，从而与食品安全监管发生一定联系。如果受害人众多，也有可能发展成为食品安全事件，引起社会恐慌和公众的关注。只不过与前述两种类型的食品安全事件有所区别而已。

在此类事件中，犯罪分子不以食品交易为获利的直接载体，而是出于个人、组织、种族之间的仇恨或利益纷争，以夺人性命为主要目标，经过事前周密设计，故意向进入消费环节的食物中投放有毒物质（包括有毒化学物质、致病微生物等），最终致人病残或夺人性命。

食物投毒案多为个人纠纷所引起的刑事犯罪活动，而非食品交易中出现的食品安全问题（见表 2-6-26）。如果涉及种族之间的大规模食物投毒事件，则演变为生物恐怖主义，是国家安全部门关注的重点。

表 2-6-26 中，有 7 起犯罪活动涉及经济因素，其中 2 起与劳资关系有关，5 起与恶性竞争有关。这表明，当前我国社会中因劳资关系、市场竞争所引起的利益冲突可能诱发食物投毒事件。

表 2-6-26　21 世纪以来我国发生的部分食物投毒案

序号	时间	地点	案件概况
1	2001 年 5 月	湖北钟祥	一中学 136 师生在早餐后出现中毒现象，经查早餐中含有老鼠药(案件未侦破)
2	2001 年 6 月	新疆阿克苏阿瓦提县	一冷饮制品厂被辞员工赵某因不满向雪糕配料中投入毒鼠强，导致 74 人中毒
3	2001 年 12 月	广东从化	双喜饭店工作人员陈在华被辞退后，遂起报复老板的歹心，将毒鼠强投入已煮好的盛满猪肉的盆内，致 32 人中毒
4	2002 年 9 月	江苏南京	江宁区汤山镇一面食店业主与另一面食店业主发生矛盾，遂怀恨在心，意图报复，用毒鼠强害死客人共造成 42 人死亡，400 人中毒
5	2002 年 10 月	甘肃平凉	平凉二中两食堂竞争中，一号食堂承包者古氏夫妇因嫉妒向二号食堂铁锅中投入毒鼠强，致 14 名师生中毒
6	2005 年 7 月	安徽阜阳	王某因生意与赵某发生纠纷，将毒药放入事先买好的饺子馅内，并托人将带毒的饺子馅连同饺子皮送至赵某等人住处，供其食用，造成 12 人中毒 4 人死亡的恶性惨案
7	2007 年 7 月	江苏徐州	中国矿业大学学生因对同学有意见，在他们的矿泉水瓶硝酸铊，致 3 人中毒
8	2011 年 4 月	甘肃平凉	吴姓夫妇因承包养牛场与公共承包人马文选产生矛盾，在牛奶中加入“火硝”，致 39 人亚硝酸盐中毒，其中 3 名婴幼儿死亡
9	2013 年 4 月	上海	复旦大学研究生林某因琐事与室友黄洋不和，在饮水机内投入剧毒物质 N-二甲基亚硝胺，致黄洋身亡
10	2013 年 4 月	河北平山	因两幼儿园竞争，一幼儿园史姓园长将毒鼠强注射到酸奶中，派人将其放到另一幼儿园学生的上学路上，致两女童误食死亡

从某种程度上讲，食品安全犯罪事件不属于食品安全监管的范畴，而属于公安、司法部门打击的刑事犯罪行为。

(二) 因一般违法行为引发的食品安全事件

犯罪行为属于严重的违法行为，需要由公安机关和司法机关介入，按照《刑法》定罪量刑。对于社会危害性尚未达到犯罪程度的一般违法行为引起的食品安全事件，则可以由行政主管机关按照《食品安全法》、《农产品质量安全法》等给予行政处罚。此处所讲的引起食品安全事件的一般违法行为，其社会危害性低于食品安全犯罪行为，但发生频率更高，其危害亦不容低估。

引发食品安全事件的一般违法行为与犯罪行为并非可以截然分开，而是存在一定的联系。如果引起食品安全事件的一般违法行为产生了严重的危害后果，达到了犯罪行为的程度，则应归入犯罪行为处理。此时，食品安全行政主管机关应将案件移交给公安机关和司法机关，按照《刑法》的有关规定处理。简言之，二者之间是量变与质变的关系。

在这类事件中，食品的生产经营者为追求商业利益，为降低成本，提高价格，促进销售，故意减低原材料质量标准，以次充好；简化操作流程；忽视人员、环境、包装材料卫生；增加食物重量；超范围超量使用食品添加剂以改善食物外观、味道，延长保质期等，从而造成风险提升，影响食品安全。

（三）非人为食品安全事件

此类事件的风险源来自食物链生产经营主体和消费者以外，由于自然界的某种变化，导致食物无法满足安全标准，危及食用者健康和生命安全。由于不是“人祸”，没有明确的行为主体，所以监管部门对这一类食品安全事件更多的是做好风险的评估、预警。

初级食用农产品的安全风险一部分来自自然界的土壤、水源、空气、其他自然因素的污染。例如，2005 年四川省发生的猪球链菌疫情，是由于养殖过程中生猪感染猪球链菌所致。

近些年来，气候参数的改变如温度的变化，降水量的变化，空气质量等直接对我国的工农业生产产生影响波及食品安全，此外气候参数的改变又会影响土壤质量，水质环境，微生物和致病菌的生长传播，昆虫的生长繁殖从而对食品安全产生间接影响。例如，气候变化增加了有害赤潮藻类毒素通过食物链传递给贝类的可能。1986 年 12 月，我国福建省发生了一起由赤潮引起贝毒而造成的食物中毒事件，造成 136 人中毒，其中 1 人死亡。科学研究表明，冬季海水表面温度的升高导致沟鞭藻的生长期提前和大量繁殖，而沟鞭藻是近年来有毒海藻污染区域扩大的首要元凶。

进入新世纪后，我国和其他国家出现的非典、禽流感等疫情疫病，直接危及肉类食品安全，是全球各国不得不面对的一个食品安全难题。

七、食品安全与经济发展规律

通过分析英美食品安全演变的历史，对照我国的食品安全史，我们可以发现一个规律，即一国的食品安全形势与其经济发展水平密切相关。这一结论的得出主要源自那些与人类行为高度相关的食品安全风险。人类对食物需求的数量、偏好随着经济发展水平的变化为变化，这种变化影响食物的生产方式和生产经营者的行为模式。例如，在生产力发展水平低的粮食短缺时代，消费者更重视如何“吃得饱”的问题，没有化学工业支撑的食物生产只是通过扩大耕种面积和祈祷风调雨顺来增加产量。而在粮食充足供给问题逐步解决的过程中，消费者对食物的关注点转移到如何“吃得好”上。食物的颜色、香气、口感、新鲜度等都成为消费者的兴趣点。与此同时，食物的生产也呈现出商品化、规模化特征，市场上销售的食品的加工程度日益提高，产地和销地的距离也越来越远。随着食品产业链的延长，食用农产品的种植者和养殖者，以及对这些产品进行初级加工的生产者，都可能把食品仅仅视为是赚钱的工具，而漠视了对消费者应有的社会责任，以致他们可能以增加产品的质量风险为代价来获得更高的产量和更好的产品卖相。

因此，从经济发展水平的角度去分析食品安全的形势变化，研究不同发展阶段上食品风险的主要来源，有助于把握演变规律，未雨绸缪，从制度安排上应对食品安全危机。

(一) 人均 GDP 与食品安全形势

研究中发现,在一国经济发展水平较低的阶段,以掺杂使假来牟取经济利益是不法食品商的惯用伎俩,也是不安全食品的罪魁祸首。以美国为例,19 世纪后半叶,食品界的掺杂使假行为猖獗,是美国食品业极为黑暗的一段时期。这一时期,用 1990 年盖-凯美元计算,美国这一时期的人均 GDP 大致在 1800 美元至 4000 美元(见图 2-6-16)。

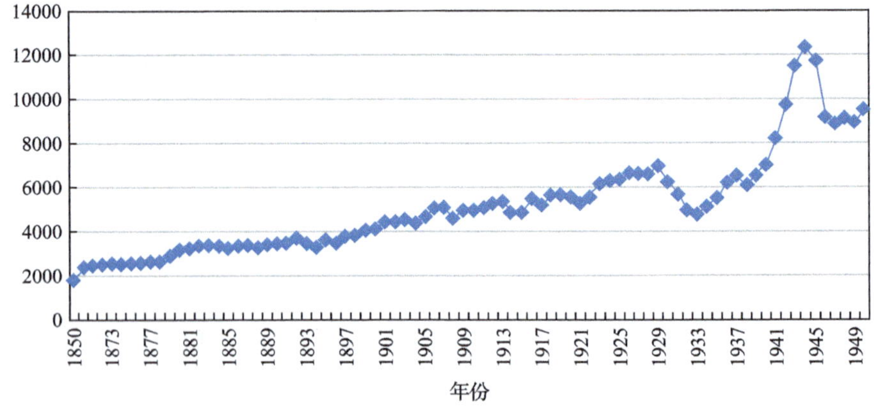

图 2-6-16 美国 1850 年至 1950 年人均 GDP 变化图(单位:1990 年盖-凯美元)

注:本部分中美人均 GDP 数据均来自 Maddison Project(即麦迪森数据库)[62]。麦迪森数据库由著名的世界经济史专家安格斯·麦迪森(Angus Maddison, 1926—2010)所开创,是当今世界最权威的国际经济数据库之一。该数据库采用购买力平价(PPP)标准来比较各国的经济发展水平,本文所用数据的计价标准为 1990 年盖-凯美元

而 20 世纪前半叶,随着化学工业的快速发展,美国食品产业的风险来源迅速演变为农药、兽药等有害物质残留超标。这一时期,美国的人均 GDP 大致在 4000 美元至 10000 美元(1990 年盖-凯美元)。

从改革开放到 20 世纪末,我国食品产业开始进入迅速发展时期。这一时期,我国经历了从关注不洁食物的食品卫生阶段,到关注掺杂使假的食品安全阶段的转变。用 1990 年盖-凯美元计算,这一时期我国的人均 GDP 从 1000 多美元上升到 4000 多美元,与美国 19 世纪后半叶的情况较为类似。

进入新世纪后,我国经济发展水平快速提升,人均 GDP 从 4000 多美元上升到近 6000 美元。这一时期,来自种植养殖环节的风险成为我国食品安全领域的一个大问题,主要表现为瓜果蔬菜甚至主粮中的农药残留超标,畜禽肉中的兽药残留超标。这一特征与美国 20 世纪前半叶的情形有着惊人的相似之处。

(二) 食品工业发展水平与食品安全

改革开放 30 多年来,我国食品工业产值以年均递增 10%以上的速度持续快速发展,已经成为国民经济中十分重要的独立产业体系,成为集农业、制造业、现代物流服务业于一体的增长最快、最具活力的国民经济支柱产业,成为我国国民经济发展极具潜力的新的

经济增长点。2010 年，我国食品工业总产值更是突破 63100 亿元（表 2-6-2）。目前我国食品产业既能基本满足国内市场需求，又具有一定出口竞争能力。随着社会经济的发展和人民群中生活水平的提高，食品产业在保持持续上扬势头的同时，仍将有很大的发展潜力。

表 2-6-27　“十一五”期间中国食品工业产值

年份	产值/亿元	占 GDP 总量/%
2005	20473.6	11.2
2006	24808.4	11.8
2007	31912.2	12.9
2008	42000.0	14.0
2009	49678.0	14.8
2010	63100.0	15.9
2011	78078.32	16.6

注：包括粮食加工业、食用油加工业、液体乳及乳制品制造业、酿酒工业、屠宰及肉类加工业、制糖业、方便食品制造业等食品工业各行业

数据来源：国家统计局

但必须清醒认识到，我国食品产业发展仍然处于初级阶段。目前，我国大约有 44.8 万家企业从事食品生产加工，其中大约有 78.7%以上的食品加工企业是 10 人以下的小企业，或者是家庭作坊。它们规模小、设施简陋、工艺落后、卫生条件差、自身管理水平低、人员素质不高。大多数加工企业的出厂产品缺少完备的检验，检验设备多由于人员素质或运行成本而成为摆设。近年来，食品小企业和小作坊成为食品安全多发地带。这些企业的食品又大部分流入城乡结合部、农村等政府监管薄弱的地带，造成了极大的食品安全的隐患[63]（表 2-6-28 和表 2-6-29）。

表 2-6-28　2010 年 8 月我国食品企业规模分布情况

企业规模	企业数量/个	资产总计/亿元	销售收入/亿元	利润总额/亿元
大型	189	5459.93	4772.51	435.26
中型	2844	9728.67	9885.81	559.13
小型	37334	12716.71	19295.51	944.71
合计	40367	27905.31	33953.83	1939.10

数据来源：国家统计局

在我国食品产业快速发展的过程中，存在企业盲目扩张，只求数量、忽视质量的倾向。巨大的消费需求导致加工原材料供给不足，企业盲目扩张造成产能局部过剩或阶段过剩。原材料的不足和盲目扩张造成的无序竞争，导致了产业诸多乱象，如恶意争抢原材料资源、极度压缩生产成本、贴牌生产、管理不善等，这些乱象成为食品安全事件爆发的经济诱因。近几年我国乳品行业“阜阳奶粉”和“三聚氰胺”等食品安全事件的相继爆发，与乳制品企业的盲目发展有着直接的关系。由于乳制品生产企业盲目发展，产能过剩，造成阶段性原材料奶源的紧缺或品质难以保证，于是出现了大面积掺杂使假，甚至违法添加非食用

物质的现象[64]。

表 2-6-29　我国食品工业企业规模情况

指标	2011 年	2010 年	2009 年	2008 年	2007 年	2006 年	2005 年	2004 年	2003 年
农副食品加工业规模以上工业企业单位数/个	20895	25612	24550	22800	18140	16356	14575	14097	11192
食品制造业规模以上工业企业单位数/个	6870	9152	8735	8108	6644	6056	5553	5528	4636
饮料制造业规模以上工业企业单位数/个	4874	6371	5904	5411	4422	3914	3519	3469	3194
烟草制品业规模以上工业企业单位数/个	148	151	158	156	150	179	190	210	255
农副食品加工业大中型工业企业单位数/个	2509	1842	1610	1477	1243	1091	996	905	788
食品制造业大中型工业企业单位数/个	1402	1068	955	869	793	700	633	575	495
饮料制造业大中型工业企业单位数/个	956	790	745	678	645	578	555	542	527
烟草制品业大中型工业企业单位数/个	98	98	97	89	87	101	108	124	146

数据来源：国家统计局

（三）食品消费水平与食品安全

国际经验表明，恩格尔系数的大小还会影响到消费者食品消费的关注点。当恩格尔系数在 0.5 以上时，消费者主要关注食品数量的多少；当恩格尔系数在 0.4～0.5 之间，消费者会逐步关注食品质量的高低；而当恩格尔系数在 0.4 以下时，消费者对食品营养、安全卫生水平的要求更迫切。

以美国为例，从有恩格尔系数数据的 1959 年开始，一直到 2011 年，美国的恩格尔系数整体呈现出下降趋势。1959 年为 0.25，2011 年为 0.13。进入新世纪以来，美国的恩格尔系数相对稳定，大致在 0.125～0.13 间徘徊（见图 2-6-17）。

由于我国的经济发展水平远低于美国，所以即使是目前我国的恩格尔系数也高于美国 1959 年的水平。数据显示，2011 年，我国城镇居民的恩格尔系数为 0.36，其中，收入最高组恩格尔系数为 0.275，接近美国 1959 年的水平。以上数据表明，我国城镇居民已经走出关注食品数量多少时期，进入对食品营养、安全卫生的时期。我国城镇居民的食品消费和恩格尔系数见图 2-6-18 和图 2-6-19。

由于我国城乡差距较大，因此，我国农村居民的食品消费水平明显低于城镇居民（见图 2-6-18 和图 2-6-19）。2011 年，我国农村居民的人均食品消费水平为 2107.34 元，而城镇居民的人均食品消费水平为 5506.33 元，前者不足后者的一半。从恩格尔系数看，1978

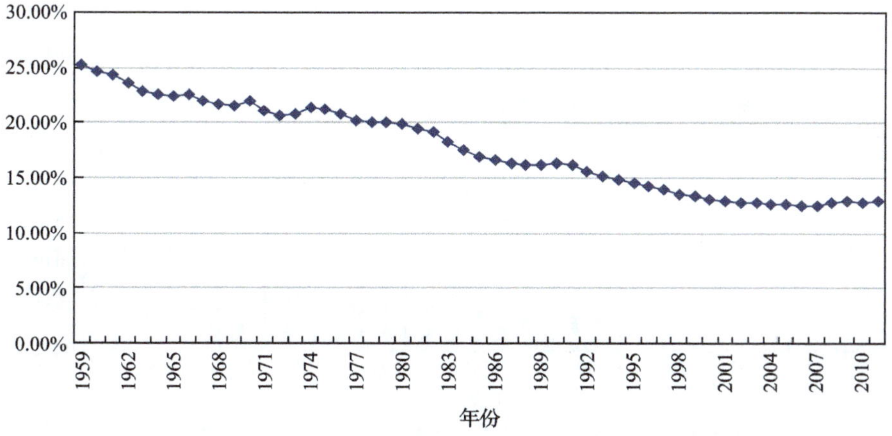

图 2-6-17　美国恩格尔系数变化趋势图(1959～2010 年)

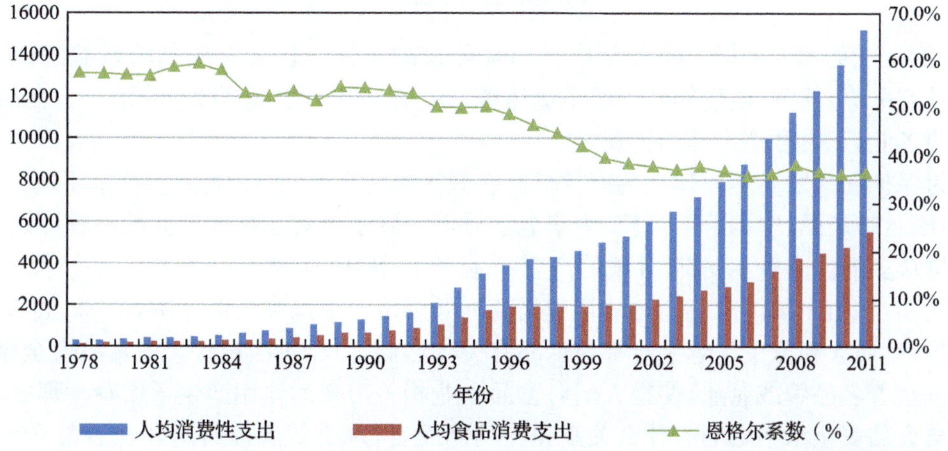

图 2-6-18　我国城镇居民的食品消费支出及恩格尔系数(1978～2011 年)(单位:元)

数据来源:国家统计局[65]

年和 2011 年,我国农村居民的恩格尔系数分别为 0.677 和 0.404,较同期城镇居民分别高出 0.102 和 0.041。以上数据表明,我国农村居民的食品消费正处于从关注食品质量安全到关注食品营养、安全卫生的过渡时期。

从消费者的购买力和关注点出发可以为我国的食品安全形势找到一点注解。根据国际著名咨询公司麦肯锡的研究,当消费者整体支付能力较低,不能为食品支出较高价格,消费者对食品价格较为敏感,为品牌支付溢价的意愿并不强烈。由于我国居民的支付能力相对较低,使高价格、高质量的食品难以畅销。在广大的农村地区和一些相对落后的小城镇,食品商只能选择低价格、低质量的营销策略,从而使食品市场携带过多的质量风险。

(四) 经济伦理、企业行为与食品安全

经济伦理是社会经济活动中产生并用以调节约束人们经济行为及其相互关系的价值

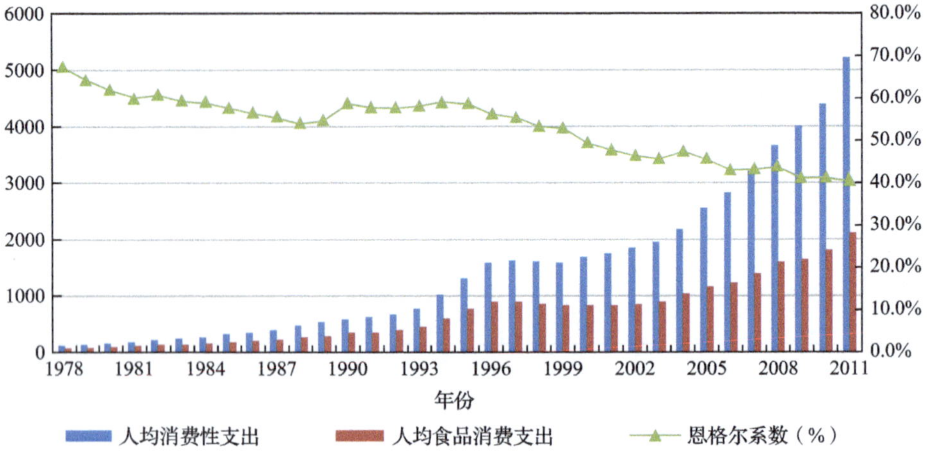

图 2-6-19　我国农村居民的食品消费支出及恩格尔系数(1978～2011 年)(单位:元)

数据来源:国家统计局

观念、伦理规范和道德精神的总合[66]。市场经济的主体不仅要有明确的效益意识,而且需要具有平等、互利、诚信等基本的市场道德,是“经济人”与“道德人”的统一。食品工业是道德工业,正是经济伦理的体现[67]。

为保护和激励企业而建立的声誉机制在我国早已存在,如中国驰名商标、国家免检产品、中国名牌产品、中国著名品牌、中华老字号等。除了针对品牌或产品的声誉评定外,还有数量众多的以企业为评定对象的声誉机制[68]。其中,大部分声誉机制都涉及食品产业。例如,在由中国国家工商行政管理局商标局评定的中国驰名商标中,第 29 至 33 类为食品品牌,而大部分中华老字号都与食品有关。然而,由于每次被曝光的食品安全事件都涉及一些著名品牌或企业,使得人们对食品企业相关声誉的作用产生了质疑。那么,声誉效应与食品安全水平之间有什么关系呢?具体而言,声誉效应能否对违法食品企业施加惩戒?声誉机制的存在能否给食品企业提供有效激励?政府部门与社会组织能否通过建立相应的声誉机制以保障并不断提高食品安全水平?

事实上,当食品安全事件发生时,声誉在减少依法经营企业所受市场风险这一方面的作用,与所考察的事件窗口有关——当事件窗口的时间跨度较小或较长时,声誉并未表现出明显的风险规避作用;当时间跨度增加至半个月左右时,声誉具有显著的风险规避作用[69][70]。

考虑到我国政府机构在食品安全事件认定方面的滞后性,以及食品安全事件与股票市场相对较弱的关联性,本研究认为,在食品安全事件发生后,因为事前拥有声誉,依法经营的食品产业企业将遭受相对较小的市场风险。

声誉效应与食品企业的行为具有以下关系:第一,当食品安全事件发生后,声誉效应将对相关食品企业施以严厉惩罚[71]。第二,已有的声誉机制能够给食品企业提供有效激励[72]。具体而言,一方面,拥有声誉有助于提高企业的经营业绩;另一方面,在食品安全事件发生后,已有声誉能够降低依法经营的食品企业所遭受的市场风险,即建立并保持声誉可以作为食品企业规避风险的有效战略[73]。因此,可以说声誉效应是政府部门可用于保障我国食品安全水平的一种重要手段。

同时，实证结果表明，在国内，如果与资本市场上的其他事件相比，食品市场上的声誉的惩罚与激励作用相对有限，其表现为持续时间相对较短，惩戒与激励力度相对较小[74]。也就是说，声誉对非法经营食品企业的惩戒与激励作用并没有得到有效发挥，其原因可能在于：第一，在食品安全事件发生后，市场主体（主要是消费者）无法迅速获取真实有效的相关信息；第二，已有的声誉机制过多，且缺乏严格的声誉评定与管理制度，使得各种声誉无法形成合力发挥其传递关于食品安全、食品质量等信息的作用[75]。

（五）消费者监督与食品安全

我国食品安全问题即具有经济发展阶段性特征，同时也是当前国内社会经济系统中各种问题的集中反映。仅仅依靠政府监管与企业自律来遏制食品安全事故、使食品消费环境全面好转难度很大[76]。而充分调动公众参与食品安全监管的积极性，让广大消费者都成为食品安全的监督者，使食品安全保卫战成为一场全民参与的持久战，可以预见我国的食品消费环境会更快和更彻底地好转。

1. 公众对参与食品安全监管意愿的调查分析

(1) 较强的参与食品安全监管的意愿

公众，特别是消费者，是食品安全的利益相关者。食品安全环境的好坏直接关乎消费者的身心健康与生命安全。从理论上讲，公众关注食品安全问题并愿意参与食品安全监管工作，应该是不容置疑的。这也是我们进一步设计公众参与食品安全监管方案的预期。调查结果表明，公众对作为志愿者参与宣传、参与立法讨论、参与监管食品企业和监督政府监管职能落实四种方式参与食品安全的监管，都表示出较为强烈的参与意愿。即有56%～63%的被调查者表示愿意以某一种或多种方式参与食品安全监管工作，还有近30%的被调查者在“愿意”与“不愿意”之间选择“随大流”，可视为潜在的参与者。详见表2-6-30。

表2-6-30　公众参与食品安全监管的意愿

问卷设计的问题	愿意		不愿意		随大流	
	样本数/个	比例/%	样本数/个	比例/%	样本数/个	比例/%
你愿意成为志愿者参与到食品安全相关的社会活动中吗？	416	56.5	109	14.8	211	28.7
你愿意形式民主决策权参与立法讨论和相关标准制定吗？	429	58.3	91	12.4	216	29.3
你愿意积极参与监督食品生产企业，遇到问题及时举报吗？	441	59.9	78	10.6	217	29.5
您会行使监督权，通过合法渠道监督政府落实食品安全措施吗？	465	63.2	74	10.1	197	26.8

(2) 愿意以宣传食品安全知识与举报违法者的方式参与监管

考虑到个人参与食品安全监管的成本与有效性，公众参与食品安全的监管更多的人选择以宣传食品安全知识(73.5%)和参与监督食品生产和流通企业并及时举报违法企业(63.7%)的方式参与监管。从这一调查结果可以看出,更多的消费者希望通过宣传和掌握食品安全知识使更多的人(也包括宣传者自己)学会自保,学会在一定限度内防范食品安全风险。从社会正风正气占主导地位上讲,公众对食品领域的制假售假、非法添加等违法行为深恶痛绝,为此绝大多数的人在遇到上述违法事件时,愿意为了大家共同的利益站出来举报。此外,还有相当一部分人愿意给相关部门制定政策和立法等提出建议(40.1%)和参与有关的志愿者活动(32.7%),详见表 2-6-31。

表 2-6-31　公众参与食品安全监管方式的意愿

你会以何种方式参与食品安全监管	频数	百分比/%	排序
宣传食品安全知识	540	73.5	1
参与监督食品生产、流通企业,及时举报违法企业	468	63.7	2
给相关部门政策、立法等建议	295	40.1	3
去街头参加相关志愿者活动	240	32.7	4
其他	54	7.3	5

(3) 第三方机构投诉渠道的缺乏不利于消费者投诉

多数消费者在买到问题食品时,主要选择自认倒霉即放弃索赔权(41.7%)或与生产者经营者协商退换货(38.9%)两种解决方式。这样的选择结果一方面是因为相对于食品消费金额索赔的成本可能过高;另一方面也反映出消费者投诉渠道不畅,解决问题困难重重。事实上,公众对问题食品的投诉是政府监管部门发现企业存在食品安全问题的最有效的渠道。如果能够设法方便消费者投诉,并安排相关的机构与人员迅速地为消费者解决问题,消费者遇到食品安全问题时的投诉就会增加。此方法将有利于政府监管部门及时发现已经暴露出来的食品安全问题及其存在的食品安全隐患,从而阻止恶性食品安全事件的发生。公众遇到食品安全问题时采取的各种解决方式的情况,详见表 2-6-32。

表 2-6-32　公众遇到食品安全问题时采取的解决方式

遇到食品安全问题时的解决方式	频次	百分比/%	累计百分比%
与生产者或者经营者协商	288	38.9	38.9
请求消费者协会调解	78	10.5	49.4
向有关行政部门申诉	39	5.3	54.7
提请仲裁机构仲裁	12	1.6	56.3

(4) 给予公众举报食品违法行为适当奖励对之有激励作用

对举报食品违法违规企业,公众的态度多为"关乎自身利益,不需要奖励"(占被调查者的 46.3%)。但考虑到举报人要承担一定的风险与压力,给予适当的物质报酬会起到激励的作用。从调查结果中可以看到,分别有 35.2%和 14%的被调查者认为应该给予适当的物质报酬和精神奖励。从目前我国食品生产销售领域违法行为普遍,百姓多持有多一事不如少一事的处事观点,适当的物质奖励会使公众参与监管食品违法违规企业与行为更加积极主动,从客观上讲奖励举报制度会大大提高监管的效率。

2. 公众参与食品安全监管的主要方式

(1) 消费者投诉

消费者在购买到不合格的食品时，不论其是否已经食用，也无论其是否给自己的身体与健康造成了损害的事实，都应该主动向工商管理部门或消费者维权的有关组织投诉。这是消费者参与食品安全监管最有效的方式。因为，不论是生产企业唯利是图主观故意、还是因企业管理疏忽生产出的质量不合格的食品，最终总会流向市场。与监管机构的随机检查相比，因消费者人数之众，且时时处处都在购买和消费食品，其更容易发现那些人们感官能够直接察觉到的问题食品。如果广大的消费者都能将参与者食品安全监管的意愿转变为自觉行动，当购买到或者在市场上发现诸如过期食品、腐败变质食品、不卫生的食品、三无食品、标签标注不合格、假冒他人商标的食品时，及时投诉或举报，就会使这种不合格食品逐渐减少，从而降低此类食品的安全隐患。

(2) 公众举报食品企业的违法行为

违法生产假冒伪劣食品的企业，虽然其生产地点相对隐蔽，像地沟油、假酒、假羊肉等的加工窝点，但只要其生产经营，总会有蛛丝马迹被人们发现。发现者应主动向公安机关进行举报。这是帮助政府打击食品领域违法犯罪行为，从而保证大家有一个安全放心的食品消费环境的有效手段。当然，政府应有相关的奖励举报人制度和有效保护举报人的具体措施。

(3) 媒体监督

媒体曝光食品企业的违法行为，是第三方参与食品安全监管的方式之一。媒体的社会监督作用很大，并有其新闻视角独有的优势。媒体的监督只需要建立在事实的基础上，对于已经发生的事件，只要有事实依据，媒体就可以对它进行报道与评论，不论这一事件是否涉及违反法律和法规。而监管部门的监管除了要有事实依据外，监管对象还必须涉及违法或违规。所以，媒体的社会监督不仅限于法规层面，而且还可以扩展到道德层面，可以在一般道德层面上进行监督与讨论。这同样可以形成舆论压力，从而约束食品生产者与经营者的行为，同时也可监督监管者的不当行为，进而改善监管的效果。鉴于媒体(特别是借助互联网、移动互联网的网上媒体)对社会的巨大的影响，其对食品安全事件的报道应客观地还原事实本身，不应过分渲染与夸大，以尽量避免引起公众不必要的恐慌。

(4) 消费者协会等民间维权组织保护消费者利益

无组织的消费者个体，在市场中是一弱势群体。在发现食品安全问题时如果消费者只身直接与生产经营企业协商解决，最好的结果往往只是得到一个退换货的解决方案。而如果问题食品引起的后果很严重，赔偿金额较大时，则消费者通常难以得到满意的解决。而且，即使消费者个人得到了损失赔偿，问题食品生产经营者也不会受到惩处，无益于食品安全环境的改善。而消费者协会等民间维权组织作为第三方机构，可以接受消费者的投诉，代表消费者向食品生产经营企业调查核实情况，并有权利要求食品生产经营企业给予配合。当发现食品安全问题时，一方面可以帮助消费者起诉生产经营者，同时可将问题食品企业通过媒体进行曝光，并上报政府相关机构对违法企业进行查处。因此，消费者协会等民间维权组织不仅可以保护消费者的利益，而且可以直接起到对食品安全监管的作用。

(5) 质量检验机构直接参与监管

包括各类食品研究所、大学实验室、进出口食品专门的检验检疫机构等半官方和非官方的检验机构，都可以作为社会力量直接参与食品安全监管。一方面上述机构中的专家学者都可以在制订食品标准和行业规范，以及促进检验技术与方法的进步等方面发挥重要作用；另一方面，所有食品检验机构都是食品质量日常监测、发现问题食品和为政府监管部门惩治食品违法企业提供证据的关键力量。

(6) 食品安全义务监督员协助监管

将消费者组织起来，进行必要的培训，然后以志愿者的身份义务参与食品安全监管，这种方式目前在国内用的还很少，主要是没有监管机构出面进行组织。其实，像从包装上识别假冒伪劣食品、发现过期食品、发现重量不足食品，包括食品制作和销售环境不卫生、餐厅后厨和就餐环境不卫生等，都是可以由义务监督员发现并向有关部门报告。利用义务监督员参与食品安全监管，即可以及时发现问题，同时也能大大降低监管成本。此外，还有社会上的专业打假人与打假公司，他们以一种特别的方式参与食品安全监管，也是一股政府监管可以借助的民间监管力量。

八、食品安全与国际贸易

(一) 国际食品贸易概况

改革开放以来，我国食品出口额呈现不断上升的趋势，1984 年我国食品出口额为 37.98 亿美元，2013 年上升到 599.83 亿美元，增长 14.79 倍。在国际食品贸易中的比重也不断上升，从 1984 年占世界食品贸易 1.79%到 2013 年的 4.12%。1986 年我国食品出口额在我国商品出口中的比重高达 17.08%，是我国十分重要的出口创汇产品[77]。此后，我国食品出口额在我国商品出口中的比重持续下降(图 2-6-20 和图 2-6-21)，到 2013 年仅占所有商品出口的 2.72%，这说明我国从依靠农产品和原料产品的出口创汇转变为非农产品占绝对优势的国家，但是食品出口对中国经济的发展、和谐社会的建设仍起着不可替代的作用[78]。

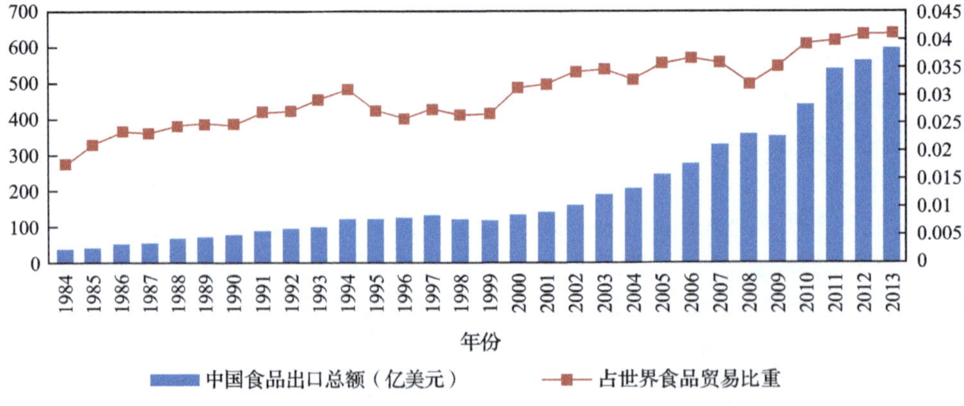

图 2-6-20　中国食品出口额及占世界食品贸易的比重

数据来源：WTO 统计数据库

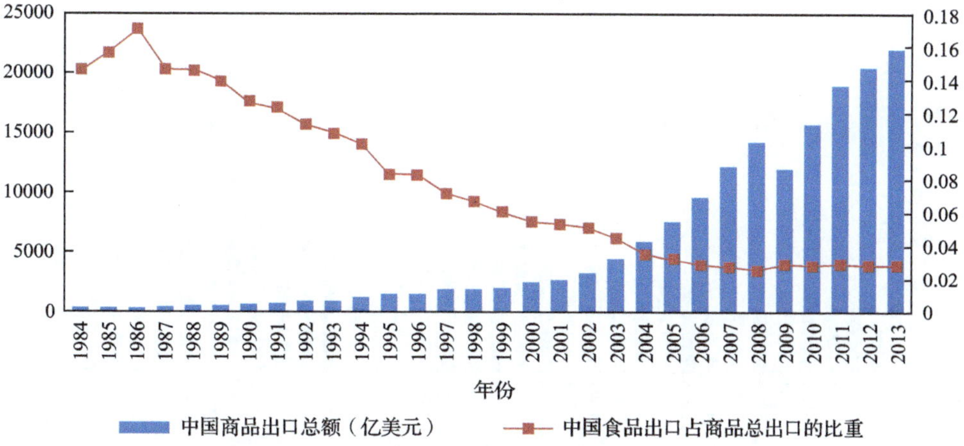

图 2-6-21　中国商品出口额及食品出口额所占比重

数据来源：WTO 统计数据库

发达国家在世界食品贸易中占主导地位，占据世界 10 大出口国的大多数席位，欧盟 27 个成员国占世界食品出口的 40%左右(图 2-6-22)，美国一直占世界食品出口的 9%以上(图 2-6-23)[79]。但是中国、巴西等发展中国家占世界贸易的比重也在不断增加，中国从 2011 年的 3.98%上升到 2013 年的 4.12%[80]。

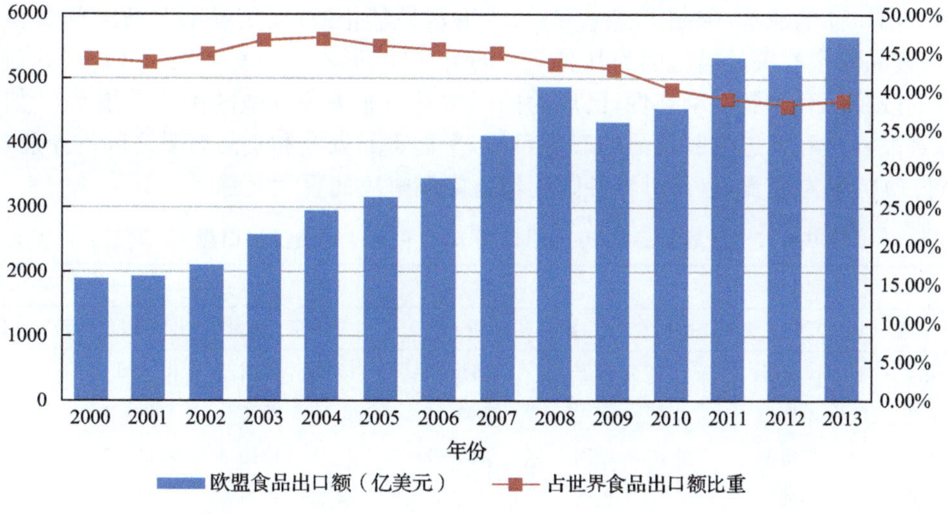

图 2-6-22　欧盟(27 国)食品出口额及占世界食品贸易的比重

（二）全球食品安全对国际食品贸易的影响

中国是世界上主要的食品出口国之一，中国食品出口占世界食品出口总额的比重逐年提高，从 2000 年的 3.05%上升到 2013 年的 4.12%(表 2-6-33)。根据 WTO 网站的数据，2011 年中国已经成为世界第六大食品出口国，在世界食品贸易格局中发挥着越来越重要的作用[81]。全球食品安全领域的新的现象正在对国际食品贸易产生着重大影响，一

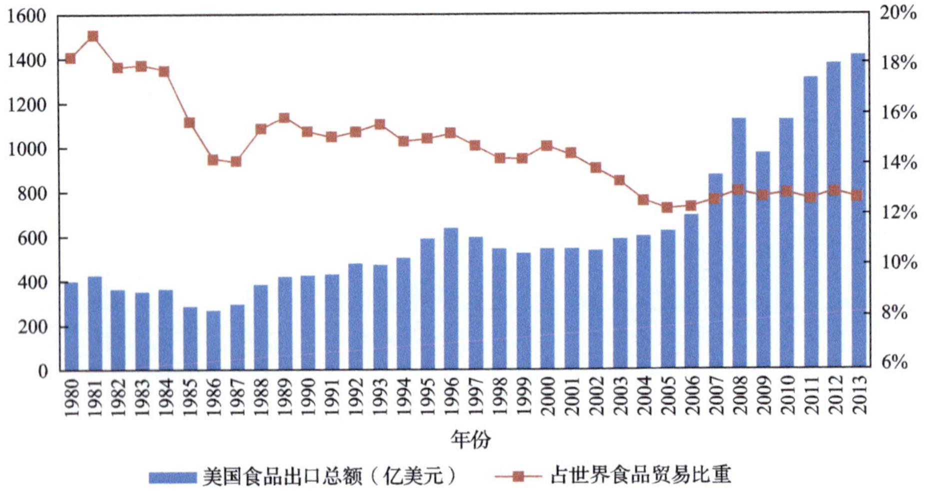

图 2-6-23　美国食品出口额及其占世界食品贸易的比重

方面，食品安全标准是国际食品贸易的技术基础，食品安全的法律法规和标准的颁布实施有助于建立良好的质量信号传递机制，使国际食品市场上的商品质量不断提高，因此食品生产商将提高食品安全作为提高其在国内和国际市场竞争力的策略；另一方面，日趋严格甚至苛刻的食品安全标准及相关措施正在阻碍国际食品贸易的发展，严格的食品安全法规增加了出口商的成本，限制了国际贸易，产生贸易禁止效应、贸易限制效应和贸易扭转效应，与食品安全有关的措施因为其名义上的合理性、形式上的复杂性，手段上的隐蔽性、内涵上的歧视性和发展的动态性，已成为国际贸易中非关税壁垒的主要手段[82]。如何实现保障食品安全和促进食品贸易的双重目标，平衡食品安全和食品贸易之间的矛盾，不仅成为 WTO 的基本职责，也是世界各国正努力协调解决的重大问题。

表 2-6-33　世界食品前 10 大出口国 2009～2011 年食品出口额　（单位：亿美元）

排名	2011 年			2012 年			2013 年		
	国家	出口额/亿美元	占比/%	国家	出口额/亿美元	占比/%	国家	出口额/亿美元	占比/%
1	美国	1313.60	9.66	美国	1380.94	10.06	美国	1418.11	9.74
2	荷兰	866.38	6.37	荷兰	841.12	6.13	荷兰	926.10	6.36
3	德国	798.99	5.87	德国	784.02	5.71	德国	854.94	5.87
4	巴西	773.73	5.69	巴西	772.12	5.63	巴西	820.81	5.63
5	法国	760.58	5.59	法国	714.78	5.21	法国	759.48	5.21
6	中国	541.68	3.98	中国	563.18	4.10	中国	599.83	4.12
7	西班牙	448.39	3.30	加拿大	463.29	3.38	西班牙	487.69	3.35
8	阿根廷	442.25	3.25	西班牙	454.09	3.31	加拿大	471.40	3.24
9	加拿大	436.31	3.21	阿根廷	424.07	3.09	比利时	430.68	2.96
10	比利时	416.22	3.06	比利时	407.15	2.97	意大利	423.32	2.91

（三）我国主要贸易地技术性贸易措施的特征

我国主要食品贸易地美国、日本、欧盟等国家和地区技术性贸易措施三要素的比较分析，见表 2-6-34[83-85]。

表 2-6-34　美国、日本、欧盟食品安全技术性贸易措施三要素的比较研究

	技术法规要素	标准要素	合格评定程序要素
日本	核心法律法规： 1.《食品卫生法》(1947 年制定) 2.《食品安全基本法》(2003 年制定)	1. 农药残留最高限量标准(1968 年开始制定) 2. 肯定列表制度(2006 年开始实施) 3. JAS 农产品规格制度	1. 严格的检验检疫制度 2. 项目庞杂的检验要求 3. 复杂的合格评定程序和质量认证制度 4. 苛刻的标签标志制度与包装要求 5. 食品企业注册
美国	核心法律法规： 1.《食品、药品和化妆品法》(1938 年制定) 2.《FDA 食品安全现代化法案》(2011 年 1 月 4 日签署) 3.《食品标签法》(1994 年 5 月实行)	美国的标准体系是自愿标准体系，即各有关部和机构自愿编写、自愿采用。 美国标准体系的优势在于它是基于动态结构的以机构(Sector)为中心的分散体系，这些机构包括政府机构、公众利益机构、私人机构和公司，他们最清楚本部门需要何种标准	合格评定程序被广泛用作有效的技术性贸易壁垒措施。美国普遍采用"第三方评定"，再提供有关产品是否符合标准的正式评定结果。现在，最广泛使用的合格评定程序是 HACCP 体系的注册、认证和核查
欧盟	核心法律法规： 1.《欧盟食品安全卫生制度》(1980 年颁布和实施) 2.《食品安全白皮书》(2000 年颁布)，将各类相关法律法规及标准加以系统化。 近年来，欧盟又陆续制定了《食品卫生法》、《通用食品法》等 20 余部法律法规，形成了较为全面、系统的法律法规体系	欧盟的很多食品技术标准是以技术协调指令的形式公布的，因而具有强制性，实际上已经转化为"技术法规"。欧盟对食品安全卫生指标十分敏感，尤其对农药残留、放射性残留、重金属含量的要求日趋严格	欧盟的食品安全合格评定体系是典型的多子元并行的树形结构，其内容涉及检验、检测、认证、注册等方方面面

通过研究发现，美国、日本、欧盟等国家和地区技术性贸易措施有以下特点：

1. 技术性的法律法规及标准种类多

美国各级政府制定的包括政府采购细则和技术法规等在内的各种标准多达 5 万多个，行业协会、专业学会、私营标准机构等制定的标准也在 4 万个以上。日本农产品及食品质量安全标准主要有两大类：一类是质量标准，另一类是卫生安全标准。由日本厚生劳动省颁布的仅仅农药、兽药限量标准一个方面的标准就有 1000 多个，涉及 2000 多个品种。农林水产省颁布的农产品品质规格标准有七大类、351 种，其中很多标准都是远远高于国际标准的。欧盟在食品方面不仅有统一的、系统全面的法规、技术标准，各国还可以在统一标准的基础上再制定各自的标准，标准体系、种类更是繁多。

2. 技术标准苛刻，检验程序复杂

美国由于没有一个私营或公共机构主导食品技术标准的制定和执行，所以美国的食品技术标准非常严格甚至苛刻。2006 年 5 月 29 日，日本政府也开始对进入日本市场的食品实施“肯定列表制度”，其技术标准十分苛刻。欧盟针对进口农产品制定的具体技术标准达 10 万多个，而且标准严格，从不同层面限制和阻止外国食品对欧盟市场的渗透。

3. 系统全面的农产品认证制度

美国为了保证食品的卫生安全和质量，其认证机构制定了每年定期检查和修正的有机农产品标准体系。在日本，食品身份证是一项非常重要而又特殊的质量认证制度，早在 2002 年，日本就开始实施牛肉身份证认证制度，2003 年又相继在全国推行大米身份证认证制度，即只有标明了认证号码、生产者姓名、产地和品种等各种身份信息的大米才能进入日本市场，否则将不能进入日本市场。欧盟规定，所有其他各个国家的食品都必须符合欧盟食品卫生安全和质量标准体系才允许进入欧盟市场。

4. 严格的卫生安全检验标准

早在 1973 年，美国食品和药品管理局就将食品“危害分析及关键点控制”（HACCP）标准应用于罐头食品加工过程中，1997 年，又在食品加工中引入 HACCP 标准体系，禁止未实施 HACCP 标准体系认证的肉类产品和水产品进入美国市场，2001 年，美国食品和药品管理局再次颁布农产品卫生安全法规，要求对各种蔬菜类产品实施 HACCP 标准体系认证。截至目前，日本政府在农产品卫生安全方面已经对 230 种具体农产品和 329 种农药制定了近 1 万种标准。欧盟在农产品卫生安全方面主要是从农药残留限量入手，对 22 种主要农药残留限量制定了新的更高的标准，严格控制农药在各种食品中的残留限量[86]。

5. 完整的技术性贸易措施体系

在一个有效的技术性贸易措施体系中，技术法规、标准与合格评定程序三要素相互关联，相互支撑，协同作用，缺一不可，共同构成一个综合的、立体的技术性贸易措施体系。但是，WTO 各成员由于经济技术发展水平的不平衡，政治、历史、文化传承方面的差异，很多成员尚未形成完整的技术性贸易措施体系，或是在构建的过程中没有达到各要素的相互配合、协调发展。美国、欧盟和日本的技术法规体系以其结构上的完整性、发展上的成熟性、各要素间的协调性等特征，为 WTO 各成员构建自己的技术性贸易措施体系，起到了良好的示范作用[87]。

（四）2010～2014 年中国进口食品质量安全状况

随着贸易全球化发展，我国经济发展水平和人民生活质量的不断提升，进口食品已经成为我国消费者重要的食品来源，消费者对进口食品安全的要求也越来越高。多年来，质检总局按照党中央和国务院的要求，高度重视进口食品安全工作，不断完善进口食品安全监管体系，严格进口食品检验检疫监管，大力落实进口食品生产经营者责任，积极加强食品安全国际合作，保障了进口食品安全，没有发生重大进口食品问题，为保障我国消费者健康安全做出了积极贡献。

1. 2010～2014 年我国进口食品贸易情况

1）进口数量快速增长。据 WTO 数据统计，2011 年我国进口食品农产品贸易额排名世界第一，已经成为全球第一大进口市场。据国家质检总局数据统计，2010～2014 年，全国出入境检验检疫机构共检验检疫进口食品① 432.4 万批（货物批，下同）、1.4 亿吨、2003.7 亿美元。2010～2014 年的 5 年间，进口食品贸易额翻了近一番，年均增长率达 17.4%（图 2-6-24）。

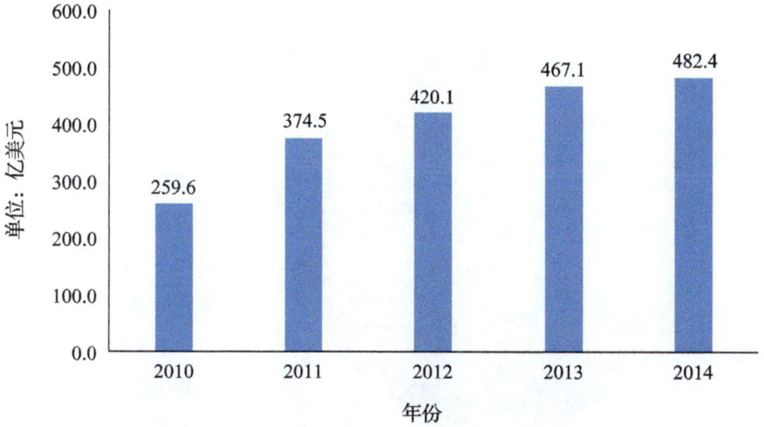

图 2-6-24 2010～2014 年我国进口食品贸易额

2）进口来源范围广泛。近年来，我国进口食品来源地更加国际化。2010～2014 年，我国从 213 个国家（地区）进口食品，其中进口食品贸易额列前 10 位的分别为：东盟、欧盟、美国、新西兰、巴西、加拿大、俄罗斯、澳大利亚、阿根廷和韩国，占我国进口食品贸易总额的 84.3%（图 2-6-25）。

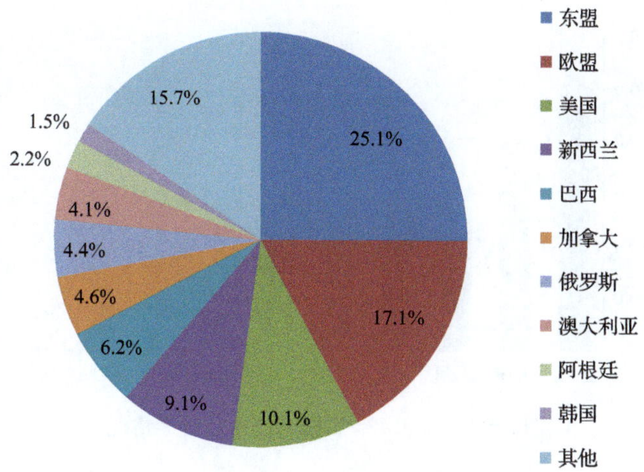

图 2-6-25 2010～2014 年我国进口食品来源地情况

① 食品包括：肉类及制品（含脏器）、水生动植物产品、乳及乳制品、蛋类及产品、蜂产品、肠衣、食用油、大米、花生、蔬菜及产品、中药材、罐头、食用蛋白及制品、面粉及粮食制品、杂粮、油籽油料类、干坚果、籽仁类、茶叶、咖啡可可原料、饮料、酒类、糖类、蜜饯类、调味品、糕点、特殊膳食用食品、保健食品、转基因食品等，但不包括作为食品原料的大豆、小麦等和作为饲料原料的玉米等农产品。

3）进口种类十分齐全。近年来，我国进口食品的品种几乎涵盖了全球各类质优价廉的食品。2010～2014 年，我国进口食品贸易额列前 10 位的食品种类分别为：油脂及油料类、水产及制品类、乳制品类、肉类、糖类、粮谷及制品类、饮料类、干坚果类和罐头类，占我国进口食品贸易总额的 93.8%（图 2-6-26）。

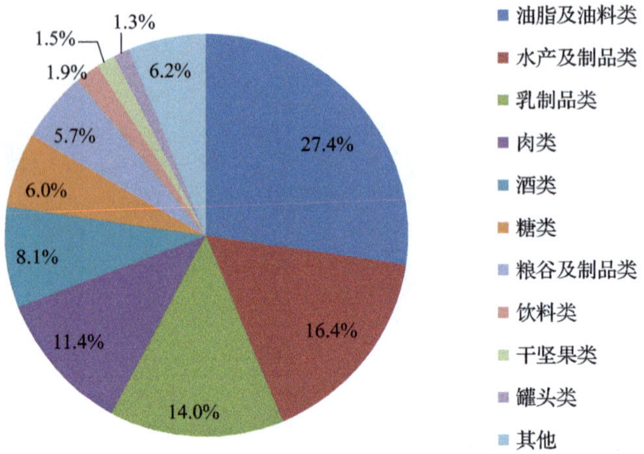

图 2-6-26　2010～2014 年我国进口食品种类情况

4）进口口岸相对集中。近年来，我国进口食品的口岸越来越多，但主要集中在沿海地区。2010～2014 年，我国有 405 个口岸进口食品。其中，2014 年进口食品贸易额列前 10 位的口岸分别是：上海、天津、广州、青岛、大连、深圳、苏州、北京、厦门、泰州，共 375.7 亿美元，占 2014 年我国进口食品贸易总额的 77.9%（图 2-6-27）。

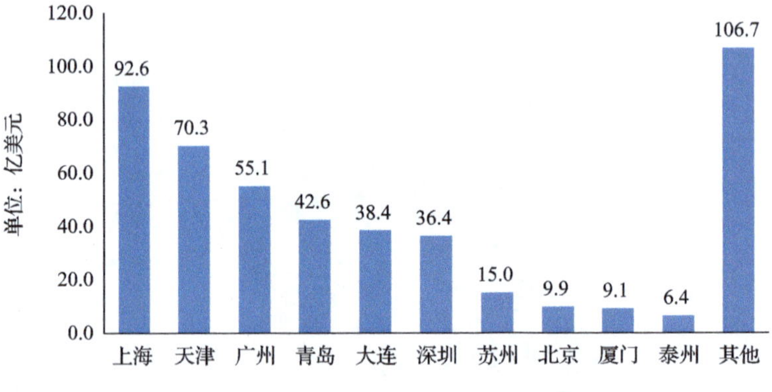

图 2-6-27　2014 年我国进口食品口岸情况

5）大宗进口产品贸易情况。

① 乳制品

近年来，我国进口乳制品贸易持续快速增长，进口乳制品占国内乳制品供应量的比重不断增加。2010～2014 年，乳粉（含乳清粉）进口量分别达 54.8 万吨、87.0 万吨、104.4 万吨、147.2 万吨和 149.9 万吨，分别约占当年国内乳制品供应量的 10.9%、16.0%、18.2%、25.0%和 24.4%（图 2-6-28）。进口乳制品来自 54 个国家（地区），其中贸易额列前 3 位的分别为新西兰、欧盟、美国。进口乳制品的口岸共 139 个。其中，2014 年进口乳制品贸易额列前 3 位的口岸分别是：天津、上海、广州。

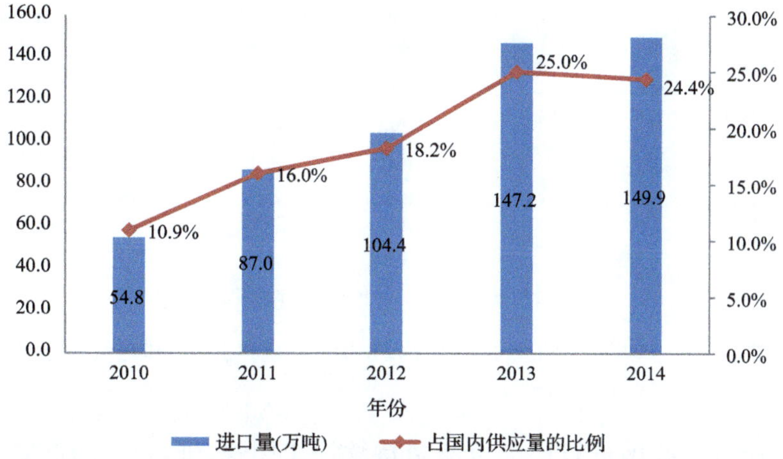

图 2-6-28　2010～2014 年我国乳粉进口量和占国内供应量的比例

2010～2014 年婴幼儿配方乳粉进口量分别为 7.0 万吨、5.7 万吨、8.1 万吨、11.6 万吨、15.7 万吨(图 2-6-29)。进口婴幼儿配方乳粉来自 16 个国家(地区)。其中贸易额列前 3 位的分别是欧盟、东盟、新西兰。

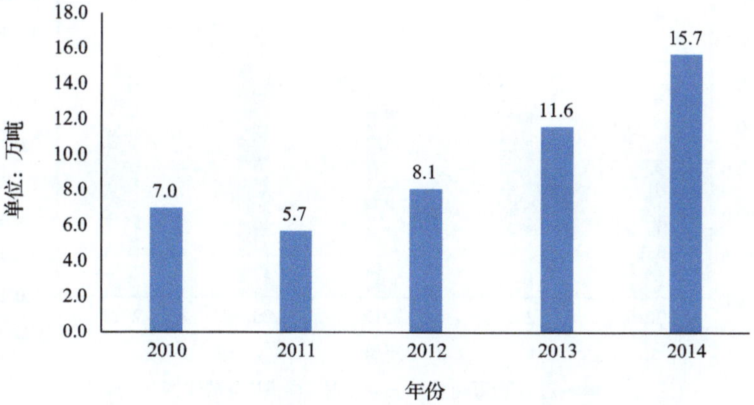

图 2-6-29　2010～2014 年我国婴幼儿配方乳粉进口量情况

② 食用植物油

近年来，我国进口食用植物油贸易持续快速增长，进口食用植物油已经占国内食用植物油供应量的相当比重。2010～2014 年，我国进口食用植物油或以进口原料制成的食用植物油分别达 1884 万吨、1979 万吨、2174 万吨、2436 万吨和 2248 万吨，分别约占当年国内食用植物油供应量的 48.6%、45.7%、42.0%、39.2%、31.3%(图 2-6-30)。进口食用植物油来自 95 个国家(地区)，其中贸易额列前 3 位的分别为东盟、加拿大、巴西。进口食用植物油的口岸共 226 个。其中，2014 年进口食用植物油贸易额列前 3 位的口岸分别是：天津、上海、苏州。

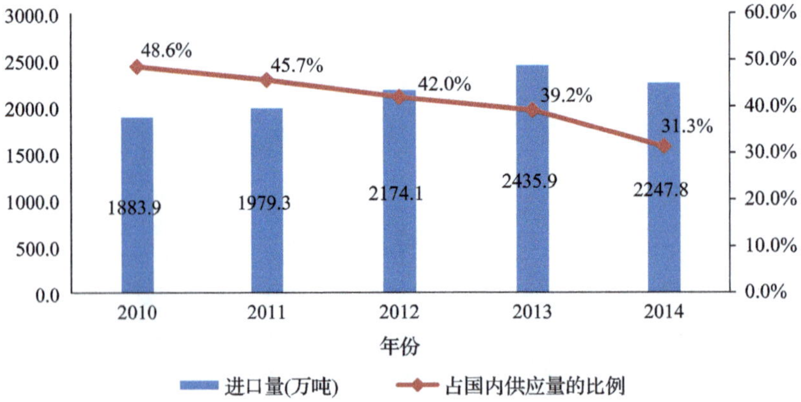

图 2-6-30　2010～2014 年我国食用植物油进口量和占国内供应量的比例

③ 肉类

2010～2014 年，我国进口肉类贸易量持续快速增长，进口量分别达 161.0 万吨、214.7 万吨、216.2 万吨、304.6 万吨、279.2 万吨，分别约占当年国内肉类供应量的 2.0%、2.6%、2.5%、3.4%、3.1%（图 2-6-31）。进口肉类来自 47 个国家（地区），其中贸易额列前 3 位的分别为美国、欧盟、澳大利亚。进口肉类的口岸共 129 个。其中，2014 年进口肉类贸易额列前 3 位的口岸分别是：天津、上海、大连。

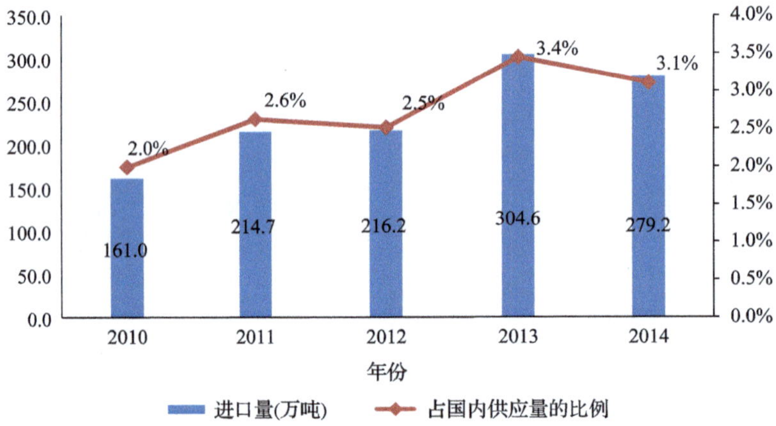

图 2-6-31　2010～2014 年我国肉类进口量和占国内供应量的比例

2014 年，猪肉及制品进口量达 152.1 万吨，约占国内供应量的 2.6%；牛肉及制品进口量达 34.5 万吨，约占国内供应量的 4.8%；羊肉及制品进口量达 30.9 万吨，约占国内供应量的 6.7%；禽肉及制品进口量达 47.8 万吨，约占国内供应量的 2.4%。

④ 水产品

2010～2014 年，我国进口水产品贸易平稳增长，进口量分别达 348.1 万吨、361.1 万吨、364.1 万吨、451.5 万吨、408.0 万吨，分别约占当年国内水产品供应量的 6.1%、6.1%、5.8%、6.8%、5.9%（图 2-6-32）。进口水产品来自 145 个国家（地区），其中贸易额列前 3 位的分别为俄罗斯、美国、挪威。进口水产品的口岸共 249 个。其中，2014 年进口水产品贸易额列前 3 位的口岸分别是：大连、青岛、舟山。

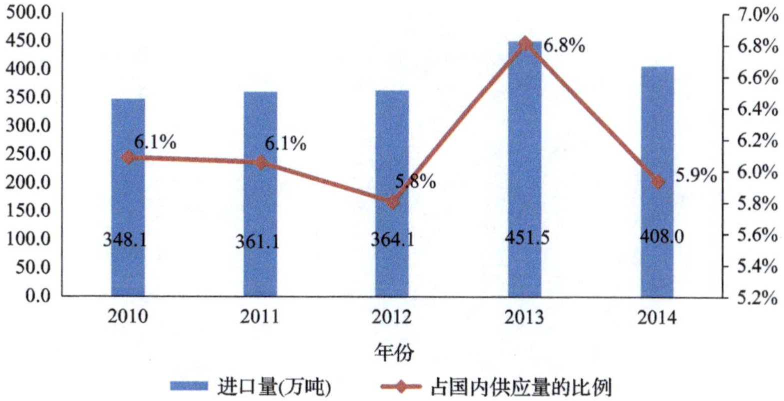

图 2-6-32　2010～2014 年我国水产品进口量和占国内供应量的比例

2. 2010～2014 年我国进口食品质量安全状况

1）进口食品安全状况稳定。2010～2014 年，我国进口食品质量安全总体情况一直保持稳定，没有发生过重大进口食品质量安全问题。国家质检总局进一步加大对进口食品的检验检疫力度，各地出入境检验检疫机构从 112 个国家（地区）的进口食品中检出不符合我国食品安全国家标准和法律法规要求的进口食品，各年度分别为 1692 批、1857 批、2499 批、2164 批和 3505 批，总计 7.0 万吨、1.5 亿美元（图 2-6-33）。进口食品贸易量迅速增长和检验检疫机构进一步加大监管力度是不合格进口食品批次和数量增长的主要原因。

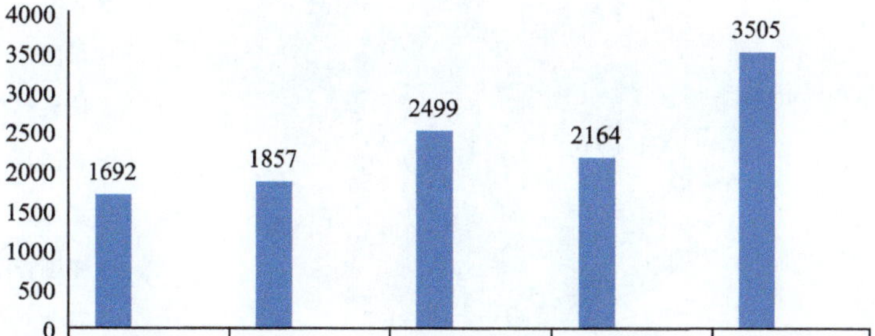

	2010	2011	2012	2013	2014
批次	1692	1857	2499	2164	3505
重量（吨）	10699	8739	18994	7800	24110
货值（万美元）	2935	2949	3765	2370	3268

图 2-6-33　2010～2014 年我国检出不合格进口食品批次情况

2）不合格进口食品的主要种类。2010～2014 年，几乎所有种类的进口食品均有检出不符合我国食品安全国家标准和法律法规要求的情况，其中不合格进口食品批次列前 10 位的种类分别为：糕点饼干类、饮料类、粮谷及制品类、乳制品类、酒类、糖类、调味品类、水产及制品类、干坚果类和特殊食品类，占检出不合格进口食品总批次的 85.1%（图 2-6-34）。

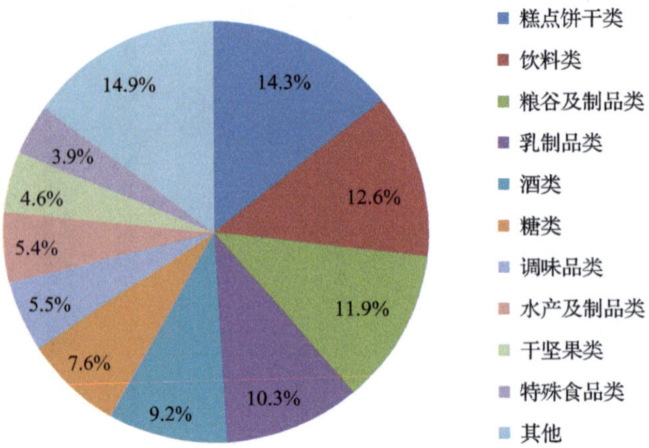

图 2-6-34　2010～2014 年我国检出不合格进口食品种类情况

3) 不合格进口食品的主要来源地。2010～2014 年，各地出入境检验检疫机构从 112 个国家(地区)的进口食品中检出不符合我国食品安全国家标准和法律法规要求的进口食品，其中不合格进口食品批次列前 10 位的来源地见图 2-6-35，占检出不合格进口食品总批次的 90.9%。

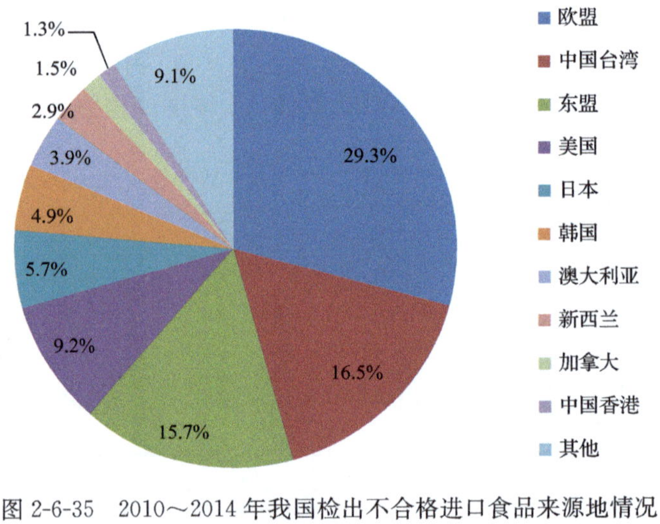

图 2-6-35　2010～2014 年我国检出不合格进口食品来源地情况

4) 不合格进口食品的主要原因。2010～2014 年，不合格进口食品涉及 18 类不合格原因，列前 10 位的不合格原因分别为：微生物污染、品质不合格、食品添加剂不合格、标签不合格、证书不合格、污染物超标、包装不合格、货证不符、非食用添加物和产品未获检疫准入等，占检出不合格进口食品总批次的 95.7%(图 2-6-36)。安全卫生问题中，微生物污染、食品添加剂超标、污染物超标较为突出，占检出不合格进口食品总批次的 45.2%；非安全卫生问题中，品质不合格、标签不合格、证书不合格较为突出，占检出不合格进口食品总批次的 41.8%。

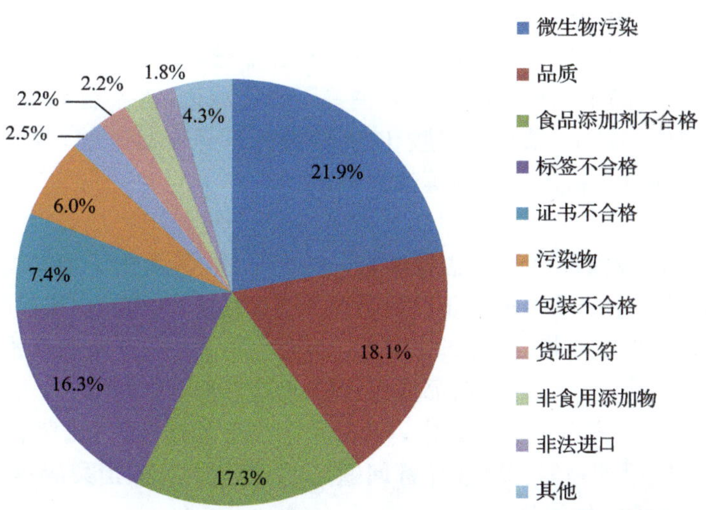

图 2-6-36 2010～2014 年我国检出不合格进口食品不合格原因情况

5) 大宗进口产品质量安全情况。

① 乳制品

2010～2014 年,我国进口乳制品质量安全状况平稳,各地出入境检验检疫机构从 32 个国家(地区)的进口乳制品中检出不符合我国要求的进口乳制品,各年度分别为 176 批、193 批、318 批、287 批、231 批,共计 4551 吨、2312 万美元。不合格进口乳制品涉及 14 类不合格原因,品质不合格、微生物污染、标签不合格等为主要不合格原因,占不合格进口乳制品总批次的 79.22%。安全卫生问题中,大肠菌群、霉菌、酵母菌等微生物污染问题,山梨酸、柠檬黄、亚硝酸盐等食品添加剂超标或超范围使用问题,铁、铬、锌等污染物超标问题等较为突出。

2010～2014 年各地出入境检验检疫机构从 8 个国家(地区)的进口婴幼儿配方乳粉中检出不符合我国要求的共 57 批,其中 2010～2012 年没有检出不合格的进口婴幼儿配方乳粉,2013 年和 2014 年分别检出不符合我国要求的进口婴幼儿配方乳粉 28 批和 29 批婴幼儿配方乳粉。不合格进口婴幼儿配方乳粉涉及 8 类不合格原因,品质不合格、标签不合格、食品添加剂超标或超范围使用等为主要不合格原因,占不合格进口婴幼儿配方乳粉总批次的 80.7%。

② 食用植物油

2010～2014 年,我国进口食用植物油质量安全状况平稳,各地出入境检验检疫机构从 28 个国家(地区)的进口食用植物油中检出不符合我国要求的进口食用植物油,各年度分别为 16 批、28 批、38 批、30 批、49 批,共计 3.3 万吨、3770 万美元。不合格进口食用植物油涉及 14 类不合格原因,品质不合格、标签不合格、证书不合格等为主要不合格原因,占不合格进口食用植物油总批次的 73.75%。安全卫生问题中,苯并芘、甲苯、砷等污染物超标问题,黄曲霉毒素等生物毒素超标问题等较为突出。

③ 肉类

2010～2014 年,我国进口肉类质量安全状况平稳,各地出入境检验检疫机构从 23 个国家(地区)的进口肉类中检出不符合我国要求的进口肉类,各年度分别为 27 批、74 批、68 批、85 批、78 批,共计 4554 吨、929 万美元。不合格进口肉类涉及 15 类不合格原因,品质不合格、农兽残、产品未获检疫准入等为主要不合格原因,占不合格进口肉类总批次的 65.77%。安全卫生问题中,莱克多巴胺、呋喃西林等兽药残留问题,沙门氏菌、金黄色葡萄球菌、大肠杆菌等微生物污染问题等较为突出。

④ 水产品

2010～2014 年,我国进口水产品质量安全状况平稳,各地出入境检验检疫机构从 50 个国家(地区)的进口水产品中检出不符合我国要求的进口水产品,各年度分别为 81 批、129 批、114 批、155 批、150 批,共计 5833 吨、1846 万美元。不合格进口水产品涉及 16 类不合格原因,微生物污染、货证不符、品质不合格等为主要不合格原因,占不合格进口水产品总批次的 58.28%。安全卫生问题中,单增李斯特菌、副溶血性弧菌、大肠菌群等微生物污染问题,镉、砷、甲基汞等污染物超标问题,二氧化硫、硼酸、山梨醇等食品添加剂超标或超范围使用问题等较为突出。

3. 我国进口食品安全管理主要制度

中国政府高度重视食品安全,将保障食品安全作为一项重大的民生问题来抓。经过多年努力,质检总局按照“预防在先、风险管理、全程管控、国际共治”的原则,建立了符合国际惯例、覆盖“进口前、进口时、进口后”各个环节的进口食品安全“全过程”管理体系,有力地保障了进口食品安全。

1) 进口前严格准入。按照国际通行做法,一是对输华食品国家(地区)食品安全管理体系进行评估和审查,符合我国规定要求的,其产品准许进口。2010～2014 年,共对 56 个国家(地区)的 57 种食品进行了管理体系评估,对其中符合我国要求的 22 个国家(地区)的 13 种食品予以准入。二是对境外输华食品生产加工企业质量控制体系进行评估和审查,符合我国规定要求的,准予注册。截至 2014 年,共累计对肉类产品、乳制品、水产品、燕窝等产品的 14465 家境外食品生产企业进行了注册。三是对输华食品境外出口商和境内进口商实施备案,落实进口食品进出口商主体责任。截至 2014 年,共备案境外出口商 76782 家,境内进口商 19108 家。此外,还建立了对输华食品出具官方证书制度和进境动植物源性食品检疫审批制度;并将建立输华食品进口商对境外食品生产企业审核制度。

2) 进口时严格检验检疫。一是对进口食品严格实施口岸检验检疫,符合国家标准和法律法规要求的,准予进口;不符合要求的,依法采取整改、退运或销毁等措施。2010～2014 年,共对 11717 批次不合格食品实施了退运或销毁措施。二是对进口食品严格实施风险监控,每年制定并实施进口食品安全风险监控计划。三是对进口食品严格实施风险预警,对口岸检验检疫和风险监测中发现的问题,及时发布风险警示通报,采取控制措施。此外,还建立了进口商随附合格证明材料制度、输华食品检验检疫申报制度和输华食品入境检疫指定口岸制度;并将建立输华食品预先检验检疫制度。

3) 进口后严格后续监管。一是建立输华食品国家(地区)及生产企业食品安全管理体系回顾性检查制度,对已获准入的输华食品国家(地区)的食品安全管理体系进行回顾性检查,2010～2014 年,对 16 个国家的 9 种食品进行了回顾性检查。二是要求进口商建立进口食品的进口与销售记录，完善进口食品追溯体系，对不合格进口食品及时召回。三是实施进口食品生产经营者不良记录制度，加大对违规企业处罚力度。2014年，共31家境内外企业被列入进口食品企业不良记录名单。四是实施进口商约谈制度，敦促进口商履行好进口食品的主体责任，保障进口食品安全。

4. 我国进口食品安全国际合作情况

食品安全是全球共同面临的问题，保障全球食品安全不是一个国家（地区）的“独角戏”，只有加强各国（地区）之间的合作，构建食品安全国际共治格局，才能共同解决好这个问题。一是加强与国际组织的合作。目前我国是CAC农药残留和食品添加剂两个委员会的主席国，在WTO、CAC、OIE、IPPC等国际组织中发挥着重要积极作用。质检总局将继续推动食品安全多边合作，共同遵守好国际规则。二是加强政府之间的合作。截至2014年，质检总局与全球主要贸易伙伴共签署了189个食品安全合作协议，要加强双边合作，共同履行好合作协议，各负其责，保障全球食品安全。三是加强政企之间的合作。2014年，质检总局成功地举办了APEC食品安全政企高层对话。今后，将继续推动政企合作，加强与企业的沟通，做好食品企业的服务者，让更多优质安全的食品走出去、输进来，促进全球食品贸易发展。

九、提升我国食品安全水平的经济政策建议

（一）加快食品产业升级，提高产业运行的规范水平

1. 推进种植业和养殖业规模化发展

规模化种植和养殖有利于食品安全的监管和可追溯，有利于食品安全的源头监管。在当前惠农强农政策的基础上，继续加大对农业和食品产业的投入水平，改善农业和食品生产的基础设施和科技条件。同时，对于转变生产方式所需增加的投入，也应进行科学的测算，并在此基础上有计划、有步骤地实施。鼓励政府、银行推进农村金融信贷体系的发展，帮助农民解决好资金问题；龙头企业则负责帮助农民做好规模种植、养殖与产业链的结合，并提供技术支持。

2. 进一步提高食品加工行业集中度

从食品安全的阶段性特征来看，食品安全的最终解决需要依赖食品产业自身的发展。进一步提高食品产业的集中度，加大对龙头企业的培育，使这些企业有能力创建自己的品牌和食品安全可追溯体系，为解决食品安全问题提供技术手段。引导和推动食品工业优势企业实施强强联合、跨地区兼并重组，提高产业集中度。继续推动食品工业成为资源优势明显的中西部地区的重点支柱产业，促进食品工业集群集聚发展和新型工业化示范基地建设；加快实施创新驱动发展战略，鼓励企业加强研发和创新投入，实行产品差异化，避免恶性低价竞争。提高部分高风险食品产业准入门槛，继续淘汰落后和过剩产能以及落后技术装备等。

3. 优化产销环境

根据我国食品产业发展现状和发展阶段，充分发挥市场杠杆作用，通过增加大宗原料的种植、养殖与进口，确保“质”与“量”的安全；培育对行业具有市场主导作用和话语权的

龙头企业，增强其在特定时期对市场进行有效补给的能力，在“质”的安全影响到“量”的安全时，确保市场“质”与“量”的平衡转换；加强宏观调控，通过国家食品原料储备的投放，有效调节食品原料价格，改变调控终端食品价格的“堵”的做法；建立科学合理的符合市场经济规律的食品价格机制；调节初次劳动分配，扩大低收入人群在食品消费中的投入比例；严厉打击扰乱市场秩序的“黑作坊”。

（二）重视经济伦理教育，提高食品从业者的职业操守水平

1. 建立健全食品产业声誉机制

建立食品产业专门的声誉管理机构，整合现有企业各种声誉（品牌）机制，形成食品产业的分级制专有声誉机制。目前，国内存在由不同政府部门和有关机构评审产生的中国驰名商标、国家免检产品、中华老字号、中国著名品牌等多种全国性的声誉机制，相互间的交叉重叠与管理不善，大大降低了声誉机制的作用。为此，一是建立食品产业专门的声誉管理机构，专门负责食品产业的声誉机制构建和管理，完善声誉的评审、管理与退出制度；二是整合与构建食品产业新的声誉机制，重点是声誉分级制（可考虑分为国家 A、B 级，省部 A、B 级）和定期调整制（升级、降级与取缔等）；三是加强上述声誉管理机构的自身建设和声誉机制不断完善，建立监督机制，维护和提高二者自身的声誉。

2. 建立声誉信息采集机构

建立第三方的食品产业专门的声誉信息机构，完善与食品安全有关的信息采集与传递渠道，从而增强声誉机制的惩罚作用。由于信息不对称，食品安全事件发生时容易出现以下情况：一方面，由于食品生产经营链较长，相关部门难以对事件性质、责任及责任主体进行准确认定；另一方面，由于缺乏真实有效的信息，消费者难以迅速甄别非法经营企业以及辨别其相关食品。从而，市场无法及时对相关企业进行声誉惩罚，致使声誉效应没有得到有效发挥。因此，要建立第三方的食品产业专门的声誉信息机构，专门负责食品产业的相关信息及有关声誉信息的收集、存储、整理、定期发布等，为了保证其公正性，相应地建立其监督及进入退出机制[88]。同时要鼓励食品产业加强与消费者之间的信息沟通；调动消费者与舆论媒体的监督积极性等。

3. 强化声誉机制对企业的激励作用

提高市场对声誉机制的认可度，从而增强声誉机制的激励作用。如果给企业评定的声誉不被市场的认可，那么声誉机制将丧失对企业提高努力水平的激励作用。因此，必须提高声誉机制的市场认可度，发挥其对企业的激励作用：一是加大食品企业及品牌声誉的宣传力度，提高企业声誉的附加价值（如减少广告投入、降低融资成本等），从而增加食品企业从声誉中可以得到的经济回报[89]；二是公开食品企业相关数据信息，便于消费者就不同食品企业及食品的安全水平进行对比，更理性、安全地购买食品；三是建立快速的食品安全事件处理机制，及时查处违法企业，以此降低依法经营食品企业遭受的市场风险，提高声誉机制的风险规避作用[90]。

（三）提振消费信心，促进国内食品产业发展

1. 加强食品消费环境治理与改善的宣传工作

为了改善国内食品安全状况，政府近年来做了大量的工作。从《食品安全法》的出台与修订，到改革食品安全的监管体制，再到加强食品市场的监管力度，以及严厉打击与惩治不法食品生产者与经营者等，但是我们的调查表明消费者对此了解甚少，也难以感觉到这些措施产生的效果。因此，政府应加大对改善食品消费环境工作的宣传，例如应及时地向消费者公布关停不合格的食品生产企业、出台的食品新标准、食品检测结果等有关信息。要让消费者感觉到政府在为食品安全环境的改善做努力。而且随着政府对食品企业与市场整治与监管力度的加大，公布出来的食品检测合格率会越来越高，这会有助于消费者信心的恢复。

2. 食品生产企业应增强消费者的信任感

大型食品生产企业，可以通过让消费者参观食品生产、加工和制作过程，从而拉近与消费者的距离。这一方面有利于企业的对外宣传，另一方面也是企业主动接受公众监督的好办法。消费者在参观了解了食品企业具有严格的管理制度、封闭卫生的生产环境、严格的质量检验程序等情况后，会大大提升对食品生产企业的信任感，并通过口口相传提升企业在消费者中的声誉，从而让更多的消费者放心食用该企业的食品。

3. 规范媒体对食品安全事件的报道

新闻媒体对食品生产与经营企业进行舆论监督，无疑是有助于食品安全状况好转的措施。但对食品安全事件的报道一定要客观，不能过分渲染。特别不能以此作为媒体炒作的对象。目前消费者对食品安全问题极为敏感，如果对食品安全事件的报道不实、不准确、凭空捏造、过分夸大或过分渲染，不仅会误导消费者，同时也会让消费者无端地增加不安全感。对一些食品质量标准在业内存在的争议、一些生物技术干预后的农产品（如转基因农作物）对人体的影响尚无定论的情况、一些尚无确定检验标准的食品是否安全等问题，建议只在业内进行争论与研究，不建议在公众媒体中就是否安全、对消费者健康是否有影响等进行争论。因为学术上尚无定论，在媒体上争论不但不会有结果，而且会严重干扰消费者的判断，让消费者不知所措，增加其不安全感。

4. 加强宣传，提高消费者识别安全风险的能力

我们在调查中发现，消费者有着极强的了解食品安全常识的愿望，大家都想靠自己的知识与判断尽量地规避食品安全的风险。因此，食品方面的专家学者应出版一些食品安全常识的普及读物，或利用电视、广播、网络等媒体开办讲座普及食品安全常识。消费者一旦掌握了一些食品安全的知识，会在一定程度上增强识别食品安全风险的能力，从而提升其对食品安全的信心。

5. 组织消费者参与食品安全监管工作

消费者参与食品安全监管的主要方式：一是在遇到问题食品时主张自己的权利，投诉问题食品生产经营者；二是对非法制售不安全食品的生产经营者进行举报；三是作为义务监督员参与食品安全的监管，这在发达国家已有经验可以借鉴。要实现消费者广泛参与

食品安全的监管，需要政府和消费者协会等民间组织的配合，如政府要制定并落实奖励与保护举报人制度，畅通食品安全信息和消费者投诉渠道，并组织和培训消费者作为食品安全义务监督员参与食品安全的监管；消费者协会等民间组织要支持并协助消费者投诉问题产品的制售者等。从消费者的角度看，参与食品安全监管不仅能够更有效的保护消费者自身的权益，同时也可增进消费者对我国《食品安全法》等法律、法规的了解，并通过参与食品安全的监管，亲身体会到国内食品消费环境逐渐向好的方面转化。这一切都将有利于消费者对国内食品安全信心的恢复。

（四）构建完整的技术性贸易措施体系

1. 密切跟踪欧盟 RASFF 食品安全预警的信息和相关法律法规的变化

从中国食品被通报的种类来看，食物接触材料位居第一位，有超过三分之一的通报与食品接触材料有关，并且以年均增长 18.25%的幅度增加。为此，国内食品出口企业应积极了解和掌握国外有关食品、饲料和接触材料法律法规、技术标准等具体要求，加强与进口商、检验检疫、海关、出口企业协会等的联系沟通，及时掌握法律法规、技术标准的最新进展情况。例如，2011 年 3 月欧盟颁布(EU)284/2011 法规，该法规第六条规定，主管部门在货物到达的两个工作日内检查产自或发运自中国大陆和香港地区的每批密胺餐厨具是否具有符合法规 2002/72/EC 的甲醛迁移量的实验室检测报告，同时主管部门会对货物进行身份识别和物理检查，并对 10%的货物进行实验室抽样检测[91]。由于许多企业没有及时了解这一法规，即使合格的产品也因为缺少相关的证明文件，造成众多“边境拒绝”通报。

2. 完善应对国外技术性贸易措施的政策法规、标准规制建设

发达国家的技术性贸易措施制度体系中比较完善的运行机制值得发展中国家借鉴。作为技术性贸易措施，既会对国际经济和各国社会经济发展产生积极的影响，同时也会产生负面影响。首先，尽快建立起以风险评估为依据的决策体系，构建我国进出口产品预警机制。其次，必须完善应对国外技术性贸易措施的法律保障，完善技术性贸易措施的法制建设，继续开展对外贸易壁垒调查制度，关注产品质量规制设计，预防经济领域的道德风险、逆向选择。建立健全经济技术法规立法体制，充分利用国际经济技术规则，在资源节约、环境保护、产品质量、安全生产、标准与认证、工业与信息、水利与建筑、卫生与医疗、科技与知识产权等经济技术性较强的部门及领域，创新立法体制，设计技术立法模式，建立健全技术法规立法、实施及监督工作机制，加快制定一批适应本区域经济发展的技术性地方法规及地方规章，形成以技术性地方法规与规章为补充的市场经济技术性贸易措施支撑新格局。再次，在中国贸易技术标准法律制度的调整中，认真研究国家标准问题，按照国际规范调整法律对策，使中国标准化工作加快与国际接轨，积极参与国际标准的制定，认真履行承诺、推行国际标准化新理念。最后，提升认证认可工作的科学性、有效性、服务性和权威性。

3. 构建统一的官方食品安全预警体系

“预防为主，关口前移”是我国建立高效食品安全监管体制的关键，而建立食品风险信息系统和预警机制是实现这一目标的关键。在我国食品安全监管新体制的构建中，可以

借鉴欧盟 RASFF 的成功做法，以食品药品安全监管体系为核心，下大力气，整合原来分散在卫生、农业、质检、工商等监管部门的食品风险信息，形成我国统一、灵敏、有效的食品安全预警体系。这样做，既是“大数据”时代对食品安全监管的要求，也是为消费者健康构建制度保障的必然选择。

（五）制定我国广义食品安全治理路线图

从广义食品安全问题出发，食品安全遵循：食品数量安全→食品质量安全→食品营养安全→食品可持续安全的发展路径，在不同发展阶段各个特征会出现交叉与反复，但总体走势明显。从狭义的“食品安全”即“食品质量安全”角度来看，食品质量安全也遵循了从掺杂使假→化学性危害→生物性危害的发展路径。针对食品安全特征和发展路径，借鉴发达国家发展经历，广义食品安全的治理是有章可循的。

基于对食品安全阶段性特征认识的基础上，针对我国“到 21 世纪中叶基本实现现代化、达到中等发达国家水平”的国家目标，确定我国食品安全的中长期（至 2030 年）治理目标、分解目标、主线思维、实施路径、重点治理环节等，制定我国广义食品安全治理路线图，促进食品安全应急处理与长效治理工作的开展，把握治理重点和节奏，推动我国食品安全的综合治理。

参考文献

[1] CAC. CODEXSTAN 1-1985，Rev. 1991. General standard for the labeling of prepacked foods（预包装食品标签通用标准）[S]. 1985.

[2] ODI. Global hunger and food security after the World Food Summit[J]. ODI Briefing Paper，1997 (1)：1-4.

[3] FAO & WHO. Assuring Food Safety and Quality：Guidelines for Strengthening National Food Control Systems [M]. Rome：Food and Agriculture Organization of the United Nations World Health Organization，2003.

[4] ISO. ISO 22000：2005，Food safety management systems—Requirements for any organization in the food chain [S]. 2005.

[5] FAO. Rome Declaration on Food Security and World Food Summit Plan of Action[R]. Rome：Food and Agriculture Organization of the United Nations World Health Organization，1996.

[6] Schlosser E. Fast food nation[M]. New York ：Mariner Books，2001.

[7] 胡颖廉. 大国何以食安[M]. 昆明：云南教育出版社，2013.

[8] FAO. The State of Food Insecurity in the World 2012：Economic growth is necessary but not sufficient to accelerate reduction of hunger and malnutrition Rome[R]. 2013.

[9] 孙金沅，孙宝国. 我国食品添加剂与食品安全的思考[J]. 中国农业科技导报，2013，15(4)：1-7.

[10] 张星联，唐晓纯. 我国食品安全问题产生的原因及对策[J]. 食品科技，2005(5)：2-5.

[11] 张伍霖. 构筑加工食品安全的自律平台[J]. 福建质量技术监督，2010(2)：12-13.

[12] 王俊豪，孙少春. 信息不对称与食品安全管制——以“苏丹红”事件为例[J]. 商业经济与管理，2005(9)：9-12，52.

[13] 魏秀春. 英国食品安全立法与监管史研究：1860—2000[M]. 北京：中国社会科学出版社，2013.

[14] 秦富，王秀清，辛贤，等. 欧美食品安全体系研究[M]. 北京：中国农业出版社，2003.

[15] 厄普顿·辛克莱. 屠场[M]. 成都：四川出版集团、四川文艺出版社，2010.

[16] 菲利普·希尔茨. 保护公众健康：美国食品药品百年监管历程[M]. 北京：中国水利水电出版社，2006.

[17] 王静，孙宝国. 食品添加剂与食品安全[J]. 科学通报，2013，58(26)：2619-2655.

[18] 蕾切尔·卡森. 寂静的春天[M]. 上海：上海译文出版社，2008.

[19] Pitardi D，Meloni D，Maurella C. Specified risk material removal practices：Can we reduce the BSE hazard to hu-

man health? [J]. Food Control, 2013, 30(2):668-674.

[20] Lawrence K, Tulley W, Laven R. Observations on the incidence and seasonality of uterine torsion and left displaced abomasums following the 2001 outbreak of foot-and-mouth disease in the UK[J]. The Veterinary Journal, 2013, 196(3): 332-338.

[21] 张炜达. 探秘古代食品安全监管[J]. 醒狮国学,2011,(8):47-48.

[22] 刘鹏. 中国食品安全监管——基于体制变迁和绩效评估的实证研究[J]. 公共管理学报.

[23] 刘鹏. 中国食品安全监管——基于体制变迁和绩效评估的实证研究[J]. 公共管理学报.

[24] 中华人民共和国国家卫生和计划生育委员会网站:http://www. moh. gov. cn/.

[25] 刘克武,张勇侠. 我国食品安全隐患与对策[J]. 食品科学,2003,24(8):171-173.

[26] 厉曙光,陈莉莉,陈波. 我国 2004-2012 年媒体曝光食品安全事件分析[J]. 中国食品学报,2014,14(3):2-8.

[27] 中华人民共和国农业部网站: http://www. moa. gov. cn/.

[28] 中华人民共和国质量监督检验检疫总局网站:http://www. aqsiq. gov. cn/.

[29] 吴林海,王建华,朱淀,等. 中国食品安全发展报告 2013[M]. 北京:北京大学出版社,2013.

[30] 吴林海,钱和. 中国食品安全发展报告 2012[M]. 北京:北京大学出版社,2012.

[31] 王启现. 农产品和加工食品内涵特征与质量安全特性分析[J]. 中国食物与营养,2007(11):11-14.

[32] 丁晓雯,柳春红. 食品安全学 [M]. 中国农业大学出版社,2011.

[33] 周清杰,金奕轩. 食品中非法添加物及其有效监管[J]. 中国工商管理研究,2013(3):33-35.

[34] 金奕轩. 信息不对称下我国食品添加剂安全规制研究[D]. 北京:北京工商大学,2013. 周清杰,金奕轩. 食品中非法添加物及其有效监管[J]. 中国工商管理研究,2013(3):33-35.

[35] 周清杰. 论食品安全监管中的北京模式[J]. 中国工商管理研究,2009(2):7-10.

[36] European Commission. Rapid Alert System for Food and Feed (RASFF): 30 years of keeping consumers safe [R]. Luxembourg: Office for Official Publications of the European Communities, 2009.

[37] Oean Union. Regulation (EC) No. 178/2002 of the European Parliament and of the Council laying down the general principles and requirements of food law, establishing the European Food Safety Authority and laying down procedures in matters of food safety[S]. 2002.

[38] 关兵. 中国对欧盟农产品出口贸易发展影响因素分析及对策[J]. 北京工商大学学报(社会科学版), 2008 (2): 27-35.

[39] EUROSTAT. Extra-EU27 trade of food, drinks and tobacco by main partners[EB/OL]. (2013). 2013-10-18). http://e:eurostat. ec. europa. eu/tgm/refreshTableAction. do? tab=table&plugin=1&pcode=tet00041& language=en.

[40] RASFF. Annual Report 2010[R/OL]. Publications Office of the European Union, Luxembourg. 2011; (2013-06-12). http://ec. europa. eu/food/food/rapidalert/docs/RASFF_annual_report_2010_en. pdf.

[41] RASFF. Annual Report 2011[R/OL]. Publications Office of the European Union, Luxembourg. 2012; (2013-06-12). http://ec. europa. eu/food/food/rapidalert/docs/RASFF_annual_report_2011_en. pdf.

[42] RASFF. Annual Report[R] 2012[R/OL]. Publications Office of the European Union, Luxembourg. 2013; (2013-06-12). http://ec. europa. eu/food/food/rapidalert/docs/RASFF_annual_report_2010_en. pdf.

[43] RASFF. Rapid alert system for food and feed (RASFF)-RASFF Portal. Online searchable database[DB/OL]. 2013; (2013-06-12). http://ec. europa. eu/food/food/rapidalert/index_en. htm.

[44] 柯尔康,何应龙. 机遇欧盟 RASFF 系统的中国食品安全研究[J]. 当代经济,2013(4):6-8.

[45] Italian Ministry of Health. Thedecree 21 December 2010, n. 258 Regulation updating the ministerial decree of 21 March 1973 on the hygiene control of packaging, containers and utensils intended to come into contact with foodstuffs or with substances for personal use, limited to stainless steel [S]. Official Journal No 28 of 04022011. 2011.

[46] 全国塑料制品标准化技术委员会. QB 1999—1994 密胺塑料餐具[S]. 北京:中国标准出版社, 1994.

[47] 中华人民共和国卫生部. GB 9690—2009 食品容器、包装材料用三聚氰胺—甲醛成型品卫生标准[S]. 北京:中

国标准出版社，2009
[48] 中华人民共和国卫生部. GB 9685—2008 食品容器、包装材料用添加剂使用卫生标准.[S]北京：中国标准出版社，2008.
[49] 孙世彧. 浅析国内外对于"仿瓷餐具"技术要求的差异[J]. 塑料工业，2011，S1：7-10.
[50] European Commission. Regulation (EC) No 1135/2009 of 25 November 2009 imposing special conditions governing the import of certain products originating in or consigned from China, and repealing Commission Decision 2008/798/EC[S]. Official Journal L, 2009, (311)：3-5.
[51] 冯中越. 社会性规制评论(第 1 辑)[M]. 北京：中国财政经济出版社，2012.
[52] 商贵芹，寇海娟，刘君峰，等. 输欧食品接触材料风险分析[J]. 食品与机械，2012 (2)：222-235.
[53] 薛山，赵国华. 食品包装材料中有害物质迁移的研究进展[J]. 食品工业科技. 2012 (2)：404-409.
[54] 杨新岗，和玉丹，王根虎，等. 饲料中霉菌、霉菌毒素研究及防控措施[J]. 饲料博览. 2011 (2)：39-41.
[55] 胡卫中，华淑芳. 杭州消费者食品安全风险认知研究[J]. 西北农林科技大学学报(社会科学版)，2008，8(4)：43-47.
[56] 耿莉萍. 当前我国保健品市场存在的问题与监管对策[J]. 食品科学技术学报. 2013(3)：7-12.
[57] 王志刚，毛燕娜. 城市消费者对 HACCP 认证的认知程度、接受程度、支付意愿及其影响因素分析——以北京市海淀区超市购物的消费者为研究对象[J]. 中国农村观察，2006(5)：2-12.
[58] 吴林海，徐玲玲. 食品安全：风险感知和消费者行为——基于江苏省消费者的调查分析[J]. 消费经济，2009(4)：42-44.
[59] 张莉侠，俞美莲. 关于上海市消费者对生鲜食品安全认知及购买行为的调查与思考[J]. 上海农村经济，2008(8)：28-31.
[60] 赵学刚，周游. 论食品安全消费者信任的重构：以食品经营者规制为视角[J]. 食品工业科技，2012，33(4)：458-461.
[61] 刘艳秋，周星. 基于食品安全的消费者信任形成机制研究[J]. 现代管理科学，2009 (7)：55-56.
[62] 麦迪森数据库网站：http://www.ggdc.net/maddison/maddison-project/data.htm
[63] 李新春，陈斌. 企业群体性败德行为与管制失效——对产品质量安全与监管的制度分析[J]. 经济研究，2013(10)：98-112.
[64] 罗丙能，刘茂盛，周德翼. 食品安全中生产者、消费者和政府行为的博弈分析及对我国食品安全管理的启示[J]. 天水师范学院学报，2007，27(2)：122-125.
[65] 中华人民共和国国家统计局网站：http://www.stats.gov.cn/tjsj/ndsj/.
[66] Fombrun C, Riel C V. The Reputational Landscape[J]. Corporate Reputation Review, 1997，1(1)：5-13.
[67] 顾秀英，李辉. 食品行业企业诚信缺失对策探讨[J]. 现代商贸工业，2009 (20)：16-18.
[68] Fudenberg G D, Levine DK. Maintaining a reputation when strategies are imperfectly observed[J]. The Review of Economic Studies, 1992，59(3)：561-579.
[69] Mailath G J, Samuelson L. Your reputation is who you're not, not who you'd like to be[R]. CARESS Working Paper, 1998.
[70] Jarrell G, Peltzman S. The impact of product recalls on the wealth of sellers[J]. Journal of Political Economy, 1985, 93(3)：512-536.
[71] Karroff JM, Lott J R. The Reputational penalty firms bear from committing criminal fraud[J]. Journal of Law and Economics, 1993, 36(2)：757-802.
[72] Klein B, Leffler K B. The role of market forces in assuring contractual performance[J]. Journal of Political Economy, 1981, (89) 4：615-641.
[73] Tadelis S. What's in a name? Reputation as a tradeable asset[J]. American Economic Review, 1999，89：854-882.
[74] 翟立宏，付巍伟. 声誉理论研究最新进展[J]. 经济学动态，2012(1)：113-118.
[75] 余津津. 现代西方声誉理论述评[J]. 当代财经，2003(11)：18-22.

[76] 孙宝国,周应恒. 中国食品安全监管策略研究[M]. 北京:科学出版社,2013.
[77] 黄祖辉,王鑫鑫,宋海英. 中国农产品出口贸易结构和变化趋势 [J]. 农业技术经济,2009(1):11-19.
[78] 付洪良. 中国食品工业出口贸易结构及竞争力分析 [J]. 技术经济与管理研究,2012(11):121-123.
[79] 庞玉良. 美国农产品贸易的发展趋势及特点[J]. 农业展望,2013(2):65-70.
[80] 李丹,王守伟,臧明伍,等. 加入 WTO 后中国食品出口贸易结构分析及展望[J]. 世界农业,2014(4):1-10.
[81] 樊瑛. 国际食品贸易与国际食品安全 [J]. 国际贸易,2010(3):216-244.
[82] 邵桂兰,关丽丽. 我国农产品出口企业面临的技术性贸易壁垒及应对措施[J]. 经济纵横,2007(11):77-79.
[83] 杨辉. 欧盟技术性贸易措施体系初探[J]. 中国质量技术监督,2007(6):52-53.
[84] 林伟,黄冠胜,王力舟,等. 美国食品安全技术性贸易措施体系解析[J]. 中国标准化,2006(8):9-11.
[85] 崔路,杨光,王力舟. 日本食品安全技术性贸易措施体系解析[J]. 中国标准化,2006(8):15-18.
[86] 朱镇斌,高飞. 美国、日本、欧盟农产品技术性贸易措施的比较研究[J]. 世界农业,2013(2):61-63.
[87] 李响,王守伟,臧明伍,等. 基于中国农产品出口受阻分析与研究[J]. 世界农业,2014(5):132-135.
[88] 翟立宏,付巍伟. 声誉理论研究最新进展[J]. 经济学动态,2012(1):113-118.
[89] Ekmekci M, Wilsonil A. Maintaining a permanent reputation with replacements[J]. 2010, (4):1-5.
[90] 宝贡敏,徐碧祥. 国外企业声誉理论研究述评[J]. 科研管理,2007(3):15-16.
[91] European Commission. Regulation (EU) No 284/2011 of 22 March 2011 laying down specific conditions and detailed procedures for the import of polyamide and melamine plastic kitchenware originating in or consigned from the People's Republic of China and Hong Kong Special Administrative Region, China[S]. Official Journal L 77, 2011, 23(3):25-29.

名词解释

食品:供人类食用的,不论是加工的、半加工的或未加工的任何物质,包括饮料、胶姆糖,以及在食品制造、调制或处理过程中使用的任何物质;但不包括化妆品、烟草或只作药物用的物质。

食用农产品:可供食用的各种植物、畜牧、渔业产品及其初级加工产品。

食品安全(food safety):食品无毒、无害,符合应有的营养要求,且对人体健康不造成任何急性、亚急性或者慢性危害。

粮食安全(food security):所有人在任何情况下都能获得维持健康的生存所必需的足够食物。

食物安全:传统"粮食安全"概念的外延,指一个国家所能保障的食物数量安全和质量安全。

食品质量(food quality):设计针对消费者而言的其他性状,即食品的使用价值,有证明的性状,如风味、颜色、质地、营养等,也有负面的性状,如腐败性、变色、变味等。

食品卫生(food hygiene):在食品链的各环节中,为保证食品的安全性和适宜性所必备的一切条件和措施。

食品营养(food nutrition):人体从食品中所能获得的热能和营养素的总称。

食品控制(food control):强化国家或地方当局对消费者利益的保护,确保所有食品在生产、加工、储藏、运输及销售过程中是安全的、健康的、宜于人类消费的一种强制性的规则行为,同时保证食品符合安全及质量的要求,并依照法规所述诚实、准确地对食品的质量与信息予以标注。

食品安全危害(food safety hazards)：食品中所含的对健康有潜在不良影响的生物、化学或物理的因素或食品存在状况。

食品安全风险(food safety risk)：将对人体健康或环境产生不良效果的可能性和严重性，这种不良效果是由食品中的一种危害所引起的。

第三部分　各专题研究报告

第一章　提升我国粮食作物单产水平的科技创新战略研究

摘　要

21世纪以来，随着新型城镇化、工业化的快速推进，受到资源环境约束增强和生产成本持续攀升等因素影响，提高粮食单产水平已经成为新时期确保国家粮食安全的关键。本章首先介绍了我国粮食作物单产水平发展的六大特点：单产水平提高是确保国家粮食安全的核心因素，粮食单产增速陷入下降阶段，资源环境条件对粮食单产水平的制约始终存在，科技创新是提高粮食单产水平的最主要因素，粮食单产水平的品种差异显著，农业经营模式对粮食作物的影响日益显著。同时将我国粮食作物单产水平与国际进行对比，总结出五大特点：与国际先进水平相比仍存在较大差距，玉米单产与国际先进水平差距有扩大趋势，水稻品质差距明显，小麦单产数量差距缩小，大豆单产处于较低水平。接着介绍了国内外推动粮食单产水平提高的主要做法。国内为：新品种的大推广、技术集成的大应用、农业机械化的大发展、农田水利的大改善。国外为：把新品种研发放在国家战略地位，寻找科技突破；积极培育和推广优良作物品种；农业信息化促进粮食生产由粗放向精细转变；注重确保粮食生产的多功能性；注重发挥农业规模经营的优势。最后针对进一步提升我国粮食作物单产的工作提出了改进建议，包括：到2030年中国四大粮食作物的需求量、增长率、单产年均增速以及口粮、粮食、谷物的自给率等发展目标；坚持设施条件改善与集成技术相结合、坚持生产稳定发展与资源高效利用相结合、坚持单项措施与综合施策相结合、坚持技术创新与机制创新相结合的四大原则，以及学习借鉴国外先进经验的六大举措：突破粮食新品种选育和高效种植关键技术，提升粮食作物单产水平；加强原始创新提高粮食作物单产潜力，建立新型粮食安全研究开发体系；完善现有农业政策体系，稳定农户种粮收益；加强标准农田建设，注重保护粮食生产的可持续性；加快发展农业机械化、信息化；探索建立与发展阶段相适应的经营规模，培育新时期粮食经营主体。另外还应做到进一步夯实重农抓粮的政策支持，加强投入与机制保障。

导　言

21世纪以来，我国粮食产量实现“十一连增”(见图3-1-1)[1]，为稳定国民经济发展基础提供重要保障。受资源环境约束增强和生产成本持续攀升等因素影响，稳定粮食作物播种面积、提高粮食单产水平成为新时期确保国家粮食安全的关键。提升国家主要粮食作物单产水平要以农业科技整体水平进步为基础，不仅要着眼于提高粮食单产数量，更要着眼于提升粮食品质，做到数量与品质并重，依靠科技创新推动粮食作物可持续发展。研究表明，2013 年中国四大粮食作物单产水平与国际先进水平相比还存在较大差距，水稻、小麦、玉米和大豆平均单产分别是前十位国家平均水平的 81%、63%、37%和 60%，分列世界第 13、21、39 和 39 位(见图 3-1-2)①。新型城镇化、工业化的快速推进以及资源约束条件的不断增强，提升粮食单产将成为确保今后国家粮食安全的主要途径。确保国家谷物基本自给、口粮绝对安全已成为新时期的国家粮食安全战略目标，挖掘科技潜力，提升粮食生产水平将是实现国家粮食战略目标的根本支撑。发达国家也均把提升粮食单产水平作为综合国力竞争的制高点。

图 3-1-1　2003～2013 年全国粮食总产量

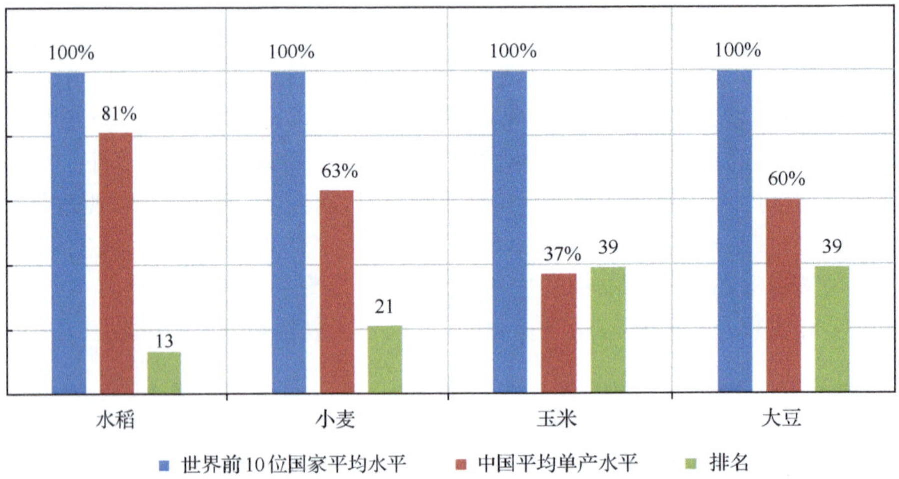

图 3-1-2　2013 年中国四大粮食作物单产水平占世界前 10 位国家平均水平比例图及国际排名

① 根据联合国粮食及农业组织（FAO）2013 年世界各国水稻、小麦、玉米、大豆单产数据计算 http://faostat3.fao.org/browse/Q/QC/E

一、我国粮食作物单产水平与先进国家的对比分析

（一）我国粮食作物单产水平发展的特点分析

1. 单产水平提高是确保国家粮食安全的核心因素

新中国成立以来，我国粮食生产水平大幅度提高。在粮食产量波浪式上升的态势中，粮食播种面积呈下降趋势，粮食产量的增加主要是源于粮食单产的提高。尤其是在改革开放以来，我国粮食增产主要是通过提高单产来实现的。1978～2013 年间，全国共增产粮食 29717.34 万吨①，其中播种面积贡献为负（−15.6%）②，单产提高贡献为 115.6%③。粮食单产与粮食产量的变动基本一致，当粮食单产出现下降时，粮食产量呈现出更为明显的下降。

2. 粮食单产增速陷入下降阶段

历史数据研究发现，在近三轮粮食增产阶段，单产水平提高对粮食增产的贡献有减少趋势，1985～1994 年间单产贡献为 134.0%④，1995～1999 年间单产贡献为 75.3%⑤，2004～2013 年间单产贡献为 64.1%（见图 3-1-3）⑥。结果表明，单产提升正逐步陷入阶段性的技术瓶颈，资源环境对粮食增产的约束越来越强。因此，在资源环境硬约束增强的背景下，如何提升粮食单产将是新时期面临的重要课题。

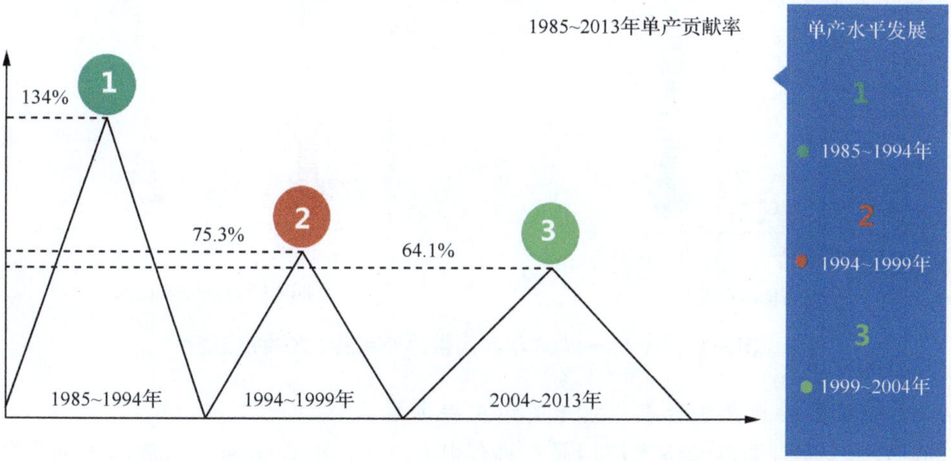

图 3-1-3　1985～2013 年间三轮粮食增产情况

3. 资源环境条件对粮食单产水平的制约始终存在

对自然资源环境的高度依赖是农业生产的基本特征，也是被许多研究把农业作为弱

---

① 根据 1978～2013 年我国粮食产量数据计算 http://data.stats.gov.cn/workspace/index? m=hgnd

② 根据 1978～2013 年我国粮食作物播种面积数据计算 http://data.stats.gov.cn/workspace/index? m=hgnd

③ 根据 1978～2013 年我国粮食单位面积产量数据计算 http://data.stats.gov.cn/workspace/index? m=hgnd

④ 根据 1985～1994 年我国粮食单位面积产量数据计算 http://data.stats.gov.cn/workspace/index? m=hgnd

⑤ 根据 1995～1999 年我国粮食单位面积产量数据计算 http://data.stats.gov.cn/workspace/index? m=hgnd

⑥ 根据 2004～2013 年我国粮食单位面积产量数据计算 http://data.stats.gov.cn/workspace/index? m=hgnd

质产业看待的理论基础。尤其是在资源性约束加剧的当前，气候变化、光温降水等成为粮食生产波动的主要影响因素。当前的科技创新往往是立足克服某种生物限制，使之更好地适应周边环境，最大限度地突破资源环境的约束。同时，加强基础设施建设和完善农田水利条件等措施也有利于稳定粮食生产，避免粮食生产的大幅波动。但是，资源环境等禀赋对粮食生产的制约始终存在。据统计，1996～2008年间，我国耕地面积持续下降，由19.51亿亩[2]减少到18.257亿亩[3]，平均每年减少1040万亩。为避免耕地面积减少过快，我国政府制定了一个具有法律效力的约束性指标，即18亿亩耕地是不可逾越的一道红线。在耕地面积不断减少的同时，中国人均耕地面积不断下降，2008年仅为1.37亩[3]，比1996年下降了13.7%①，不到世界平均水平的40%②（见图3-1-4）。自然灾害周期性波动是形成粮食产量周期性波动的主要因素之一，自然灾害扩大对粮食减产的影响甚至超过播种面积减少的作用。2003年河南、安徽、江苏、黑龙江四省粮食播种面积的减少量占全国的8.6%，但粮食产量减少量却占全国的77.9%，其受灾面积和成灾面积的增加量分别相当于全国的126.6%和130.1%③。其中，安徽粮食播种面积较上年增加1.1%，却减产19.9%，该省的受灾面积和成灾面积分别较上年增加223.3%和286.9%④。

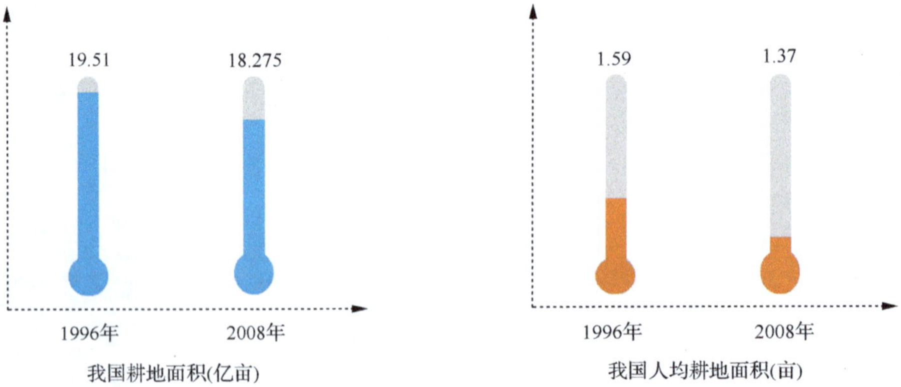

图3-1-4　1996～2008年我国耕地面积及人均耕地面积

4. 科技创新是提高粮食单产水平的最主要因素

国际经验表明，随着经济发展以及产业结构的调整，粮食播种面积基本上呈不断减少趋势，但是总产量却持续增加。这一趋势产生的根本原因即是科技创新在粮食产前、产中和产后的广泛应用，科技创新不仅使粮食单产逐步提升，而且也熨平了单产的年际间波动。自改革开放以来，我国粮食生产所取得的巨大成就主要来源于单产水平的提高，科技创新起到了决定性作用。特别是通过常规技术升级和高新技术的攻克以及现有技术的有机集成等途径，使粮食产量上新台阶有了保障。中国农业科学院的一项研究表明，科技进

① 根据1996年和2008年中国统计年鉴数据计算

② 根据FAO世界人均耕地面积数据计算 http://faostat3.fao.org/browse/Q/QC/E

③ 根据2004年中国统计年鉴数据计算

④ 根据2002年和2003年安徽省统计年鉴计算

步对粮食增长的贡献率越来越突出：1984～2007 年间，早稻、中籼稻、晚稻和粳稻增产科技进步贡献率分别为 70.6%、71.8%、60%和 44%；玉米和小麦增产的科技进步贡献率分别为 60%和 42.1%（见图 3-1-5）[4]。

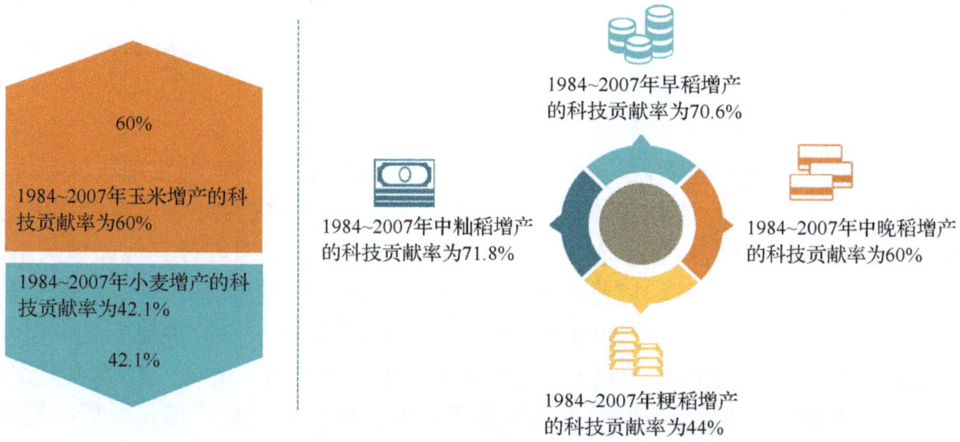

图 3-1-5 1984～2007 年间水稻、玉米、小麦增产的科技贡献率

另一项研究表明，1978～1996 年间在技术进步对单产增长的总贡献中，推广优良品种所占份额达到 33.8%，所起的作用在粮食产量发展的各个台阶中依次增大，在 1985～1993 年和 1994～1996 年的两个台阶中分别为 35%和 38%（见图 3-1-6）[5]。农业科技的创新和进步有力地保障了我国粮食安全和有效供给。

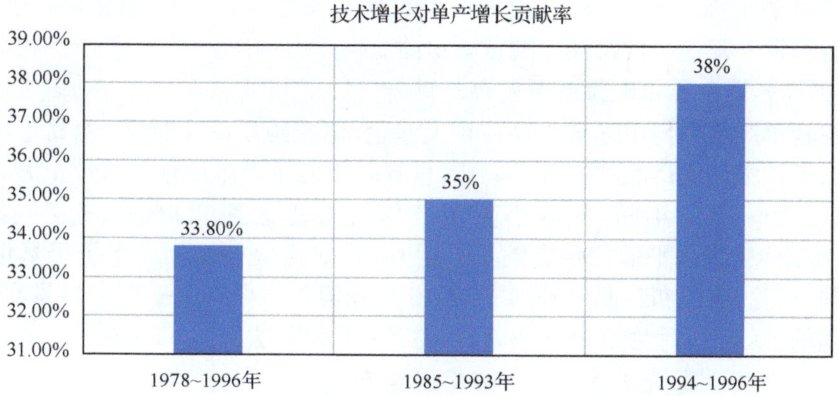

图 3-1-6 1978～1996 年间技术进步对单产增长的贡献率

5. 粮食单产水平的品种差异显著

改革开放至今，我国粮食单产水平在波动中不断阶段性提升，单产增长最快的阶段出现在 1978～1984 年，年均增长 6.3%①，之后迅速下降，最近的 2004～2013 年，年均增长 2.2%②。在各阶段波动中，单产水平波动的品种差异和区域差异非常明显，尤其是在

① 根据 1978～1984 年粮食单产数据计算 http://data.stats.gov.cn/workspace/index? m=hgnd

② 根据 2004～2013 年粮食单产数据计算 http://data.stats.gov.cn/workspace/index? m=hgnd

1978～1984 年期间，小麦年均增长 10.6%，远高于玉米的 6.7%、水稻的 5.8%以及大豆的 3.3%[①]，即便在 2004～2013 年间，小麦年均增长速度仍高达 2.5%，同样高于玉米的 2.4%、水稻的 1.0%和大豆的 0.5%[②]，不同粮食作物单产水平的提升差异明显。在单产水平历经多年提升后，我国粮食单产水平仍然偏低，水稻、小麦和玉米平均单产分别是前十位国家平均水平的 81%、63%和 37%。此外，粮食主产区的单产波动也大于全国其他地区。

6. 农业经营模式对粮食产量的影响日益显著

由于人多地少的基本国情，我国农业的根本特征就是分散经营，并实施了以家庭承包经营为基础、统分结合的双层经营体制。这一制度保证了我国农村体制改革的功能，保证了农业与粮食生产的发展，保证了农民收入的逐步提高，也是我国进行其他领域改革的基础。但是，随着经济发展以及城镇化的迅速推进，分散的小规模经营的弊病也逐步显现，并成为影响农业与粮食进一步发展的重要制约。目前，我国农户户均耕地不足半公顷，只相当于发达国家的 1%，在农业劳动力快速向城镇转移的背景下，现有的经营规模正成为影响粮食比较收益的重要因素，进而影响到农民种粮积极性及粮食产量。今后一段时期，小规模、分散的经营模式不仅影响到农户对农业科技、农业机械化的采用，更会阻碍我国农业现代化发展，进而影响到农村劳动力的转移和城市化进程。

（二）粮食作物单产水平的国际对比特点

国际上，粮食产量增加也是主要依靠单产提升。据联合国粮食及农业组织（Food and Agriculture Organization，FAO）的数据显示，20 世纪 60 年代以来，粮食单产提升对世界粮食产量增加的贡献率为 67.9%，播种面积贡献率仅为 35.5%[③]，依靠科技进步提高单产水平是解决世界粮食与食物安全的重要出路。

1. 与国际先进水平相比仍存在较大差距

我国粮食单产水平与国际水平存在较大差距，但差距呈缩小趋势，尤其是小麦品种。由于小麦改良技术与优良品种的普及应用，世界范围内小麦单产水平持续上升，尤其是发展中国家，1978～2013 年间，我国小麦单产年均增速达到 2.9%[④]，高于同期法国的 0.01%[⑤]，与国际先进水平的差距在缩小。但是，目前我国谷物单产水平仍然偏低，尤其是低于美国、荷兰、法国和新西兰等国家，2013 年我国谷物单产水平在世界排在第 23 位，相当于美国的 80.8%，荷兰的 68.6%，新西兰的 73.0%，法国的 84.0%[⑥]。

2. 玉米单产与国际先进水平差距有扩大趋势

我国玉米单产与以色列、荷兰、西班牙、法国及美国都有较大差距。2013 年我国玉米

---

① 根据 1978～1984 年小麦、玉米、水稻、大豆产量数据计 http://data.stats.gov.cn/workspace/index? m=hgnd

② 根据 2004～2013 年小麦、玉米、水稻、大豆产量数据计 http://data.stats.gov.cn/workspace/index? m=hgnd

③ 根据 1961～2013 年 FAO 粮食单产、世界粮食产量和播种面积数据计算 http://faostat3.fao.org/browse/Q/QC/E

④ 根据 1978～2013 年中国小麦单产数据计算 http://data.stats.gov.cn/workspace/index? m=hgnd

⑤ 根据 FAO 法国 1978～2013 年法国小麦单产数据计算 http://faostat3.fao.org/browse/Q/QC/E

⑥ 根据 FAO 中国、美国、荷兰、新西兰、法国 2013 年谷物单产数据计算 http://faostat3.fao.org/browse/Q/QC/E

单产为6175千克/公顷[6]，排在世界第39位，相当于以色列的27.4%，荷兰的53.6%，西班牙的56.1%，美国的61.9%（见图3-1-7）①。与美国的转基因玉米不同，我国玉米主要是非转基因玉米，具有明显的消费者信任优势。但在玉米主要品质指标上，如在直链淀粉含量方面比国外平均低3个百分点。

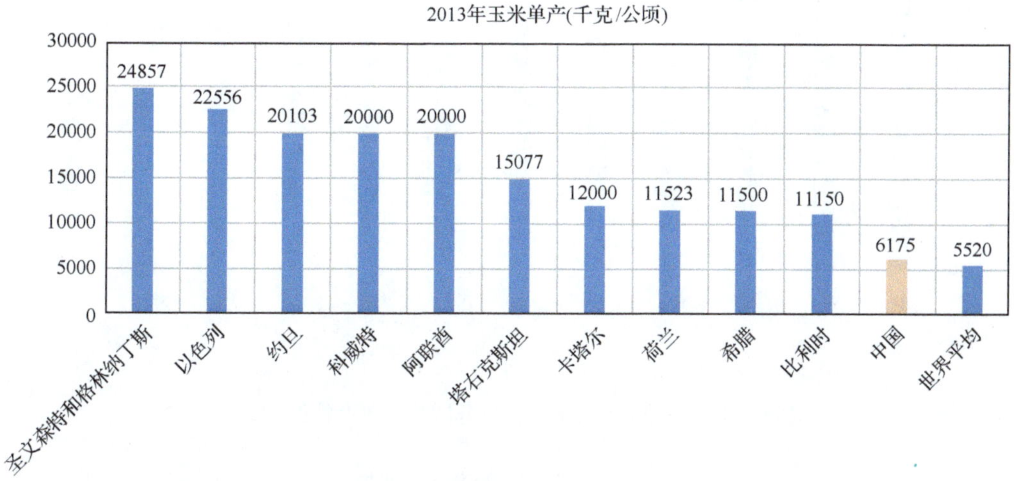

图3-1-7　2013年我国与世界各国玉米单产情况对比

3. 水稻品质差距明显

我国水稻单产一直高于世界平均水平，但落后于澳大利亚、埃及、美国等国家水平，20世纪80年代中期以来，这一差距有扩大趋势。2013年水稻单产达到6726千克/公顷，排在世界第13位，相当于澳大利亚的65.8%，埃及的69.8%，美国的78.0%，西班牙的89.4%（见图3-1-8）②。我国水稻生产一直将高产作为第一目标，对稻米品质重视不够，因此，稻米品质与日本、泰国差距明显。

4. 小麦单产数量差距缩小

我国小麦单产高于世界平均水平，但低于新西兰、荷兰与法国等国家，目前这一差距呈不断缩小趋势。2013年我国小麦单产为5051千克/公顷，排在世界第21位，相当于新西兰的55.5%，荷兰的57.9%，法国的69.6%（见图3-1-9）③。1978～2013年间，我国小麦单产年均增长2.9%④，显著高于其他国家水平，小麦与国际先进水平的差距正在缩小。然而，就品质来讲，我国小麦品质在蛋白质、赖氨酸含量上较国外品种平均低1个百分点，在特质粉、专用粉的专用品种上差距更大。同时，由于生产规模较小，小麦整体质量波动较大。

① 根据FAO中国、以色列、荷兰、西班牙、美国2013年玉米单产数据计算 http://faostat3.fao.org/browse/Q/QC/E

② 根据FAO中国、澳大利亚、埃及、美国、西班牙2013年水稻单产数据计算 http://faostat3.fao.org/browse/Q/QC/E

③ 根据FAO中国、新西兰、荷兰、法国2013年小麦单产数据计算 http://faostat3.fao.org/browse/Q/QC/E

④ 根据1978～2013年我国小麦单产数据计算 http://data.stats.gov.cn/workspace/index?m=hgnd

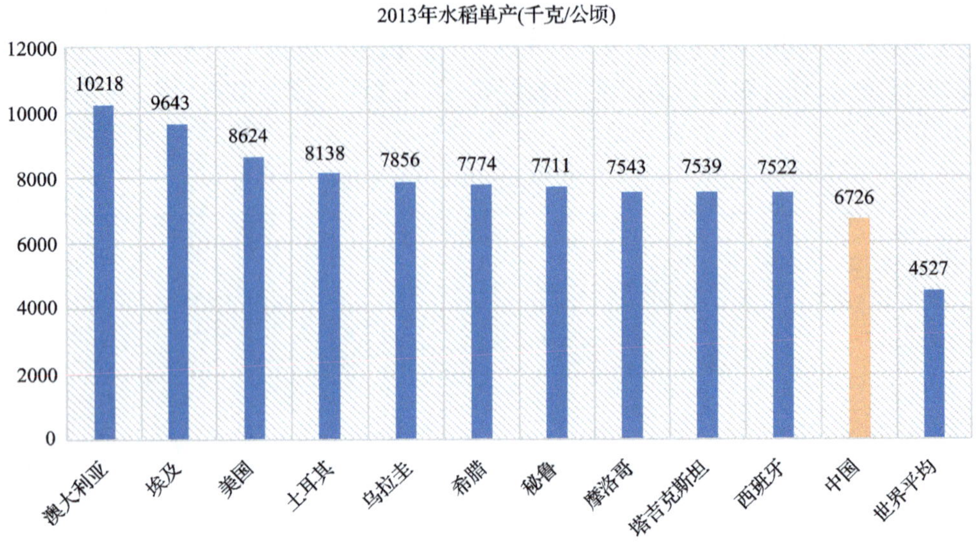

图 3-1-8　2013 年我国与世界各国水稻单产情况对比

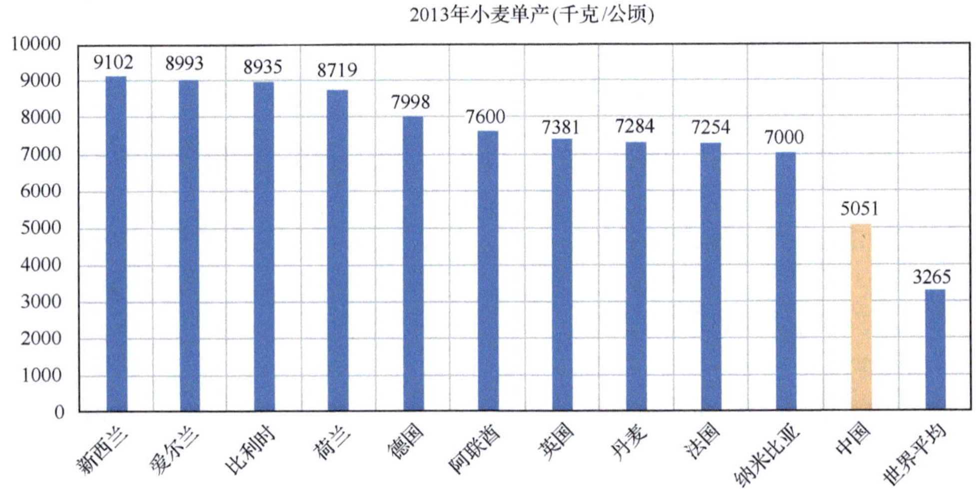

图 3-1-9　2013 年我国与世界各国小麦单产情况对比

5. 大豆单产处于较低水平

我国大豆单产不仅低于巴西、美国和意大利等先进国家水平，更低于世界平均水平。2012 年我国大豆单产为 1894 千克/公顷，排在世界第 39 位，相当于世界平均水平的 76.2%，加拿大的 66.3%，美国的 65.0%，巴西的 64.6%，意大利的 54.0%（见图 3-1-10）①。1978～2013 年间，我国大豆单产年均增长率达到 1.7%②，高于世界平均水平，也

① 根据 FAO 中国、加拿大、美国、巴西、意大利 2012 年大豆单产数据计算 http://faostat3.fao.org/browse/Q/QC/E

② 根据 1978～2013 年我国大豆单产数据计算 http://data.stats.gov.cn/workspace/index? m=hgnd

高于加拿大、美国、意大利等国，我国大豆单产与世界先进水平的差距正在缩小。在统计口径上，国际社会把大豆定义为一种油籽作物，而我国把它定义为粮食作物。国内大豆蛋白质含量普遍高于国外2个百分点，含油量则低2～3个百分点[7]。

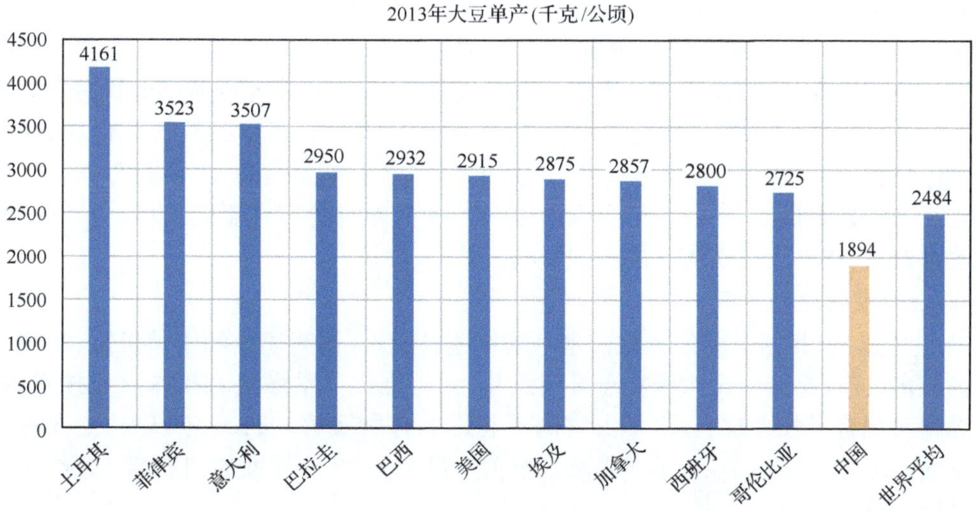

图 3-1-10 2013年我国与世界各国大豆单产情况对比

二、中外粮食单产水平提升经验借鉴

粮食是一种特殊商品，既具有关系国计民生的战略物资的特性，也具有一般商品的共性。要想确保我国粮食安全，稳定粮食生产，既要借鉴国外成功经验，又要立足基本国情，充分考虑粮食的两种特性。

（一）国内推动粮食单产水平提高的主要做法

1. 新品种的大推广

我国粮食生产每上一个台阶，都与突破性品种紧密相关，20世纪80年代推广杂交水稻、90年代推广紧凑型玉米，使水稻、玉米亩产分别提高近100公斤。目前我国三大主粮国审品种的推广面积已占种植面积的60%以上，特别是两优系列超级稻品种以及郑单958、浚单20等高产玉米品种的推广，有力支撑了粮食单产水平的快速提高。例如，“渤海粮仓”科技示范工程通过培育耐盐小麦新品种，配套盐碱地综合治理技术，使昔日荒芜的环渤海盐碱地现在也能种出高产小麦，2014年小麦平均亩产突破400公斤[8]。

2. 技术集成的大应用

通过土壤深松、播后镇压、越冬浇水、一喷三防等常规技术的集成推广，我国小麦亩产水平近十年提高了近70公斤[8]。水稻集中育秧，一方面解决了阴雨寡照导致秧苗不齐、不壮，甚至育不成秧问题；另一方面，与机插秧技术相配套，减缓了青壮年劳动力转移后农民因费工费时不愿种早稻问题，有效遏制了南方双季稻面积急剧下滑的势头。全膜双垄栽培技术通过“覆膜抑蒸、膜面集雨、垄沟种植”，解决了有效降水不足、降水期与作物需水期错位等难题，使原先不能种植玉米等高产作物的干旱半干旱地区也能种植。得益于这项旱作农业技术的推广，甘肃省玉米种植面积和产量十年间翻了一番，带动粮食总产量突破1100万吨并保持稳定，彻底摆脱粮食不足问题[8]。

3. 农业机械化的大发展

在农机购置补贴等优惠政策刺激下，我国农机装备水平有了较大提升，农机大户和农机合作社快速增加，农机跨区作业等新型服务模式不断创新，十年间全国农机总动力提高了72.1%。小麦生产基本实现全程机械化，水稻机插机收和玉米收获机械化快速推进，全国农作物耕、种、收综合机械化水平已达59.5%，比十年前提高27个百分点[9]。农业机械化水平的显著提高，不仅缓解了农业劳动力大量外流的不利影响，也缩短了播种、收获等关键农时，减小了雨涝灾害的不利影响。

4. 农田水利的大改善

21世纪以来，我国不断加大农田水利基本建设投入，创新建设和管护机制，实施大中型灌区节水改造、小型农田水利重点县建设等，大力推广节水灌溉和旱作农业技术，农田水利设施面貌有了较大改观，水旱灾害的不利影响有所缓解。2000年以来，全国农田有效灌溉面积增加1.3亿多亩，单方灌溉水粮食产量由1.33公斤增加到1.75公斤，对粮食增产发挥了重要作用[8]。

整体来看，21世纪以来，为增加粮食产量，提高粮食单产，国家先后采取农业补贴、资源保护、市场调控等多项政策措施，并加大力度进行中低产田改造和节水灌溉，实施测土配方，建设高标准良田，重点建设田间灌排工程、小型灌区、非灌区抗旱水源工程，扩大灌溉面积；促进良种良法的配套推广，开展高产创建和标准园创建，构建水稻、小麦、玉米、大豆、棉花、油菜等大宗农产品现代农业产业技术体系，启动基层农技推广服务体系改革与建设试点，强化种植业科技支撑，加快新品种新技术推广。在这些措施综合共同作用下，我国粮食单产稳步提高，2013年增加到每亩358.44公斤，比1978年增长1.1倍①。

（二）国外提高粮食作物单产水平的普遍做法以及经验借鉴

1. 把新品种研发放在国家战略地位，寻找科技突破

发达国家和农业强国都非常重视粮食优良品种的培育和推广工作。以色列农业资源环境并不优越，但通过品种选育、创新高效节水灌溉、机械化和智能化等科技手段实现了现代农业的大发展，玉米单产水平持续处于世界领先水平[9]。埃及建立抗旱优良品种的研究推广中心，长期推动旱作农业，加强对节水技术的推广应用，使一个缺水国家水稻单产处于世界领先地位。即使是在资源环境禀赋优越的国家，如美国、法国等，也均将品种选育和推广列为国家农业发展计划的重点支持项目，美国玉米杂交品种的培育推广是单产大幅提高的重要原因之一；法国通过引进推广矮秆基因、提高单位面积穗粒数、改善密植栽培等技术提高小麦单产水平[9]。

2. 积极培育和推广优良作物品种

世界主要发达国家和农业大国都非常重视粮食优良作物品种的培育和推广工作。在

---

① 根据2013年和1978年粮食单产数据计算 http://data.stats.gov.cn/workspace/index? m=hgnd

资源环境禀赋优越的国家，如美国、法国等，均将品种选育和推广列为国家农业发展计划的重点支持项目，美国玉米杂交品种的培育推广是玉米单产大幅提高的重要原因之一，法国则通过引进推广矮秆基因、提高单位面积穗粒数、改善密植栽培技术等大为提高了小麦单产水平。即使在资源禀赋并不优越的以色列、埃及等国家，优质高产品种的采用也成为粮食作物单产提高的主要因素[9]。

3. 农业信息化促进粮食生产由粗放向精细转变

以美国为代表的发达国家将地理信息系统（GIS）、全球卫星定位系统（GPS）及遥感系统（RS）与决策支持系统、传感技术进行集成，定量获取土壤肥力、墒情、苗情、病虫草害等实际存在的空间和时间差异性信息，按需实施定位调控的“处方农作”，真正做到了深耕细作，带来了粮食生产的高质量、高效率和高效益。

4. 注重确保粮食生产的多功能性

农业多功能性是指农业具有提供农副产品、促进社会发展、保持政治稳定、传承历史文化、调节自然生态等功能。联合国环境与发展大会 1992 年通过的《21 世纪议程》正式采用农业多功能性提法。在该理论支持下，欧盟、韩日等国家积极开展了相关工程建设，包括增加农业投入，加强土地改良、兴修水利和完善农田基础设施等，以充分发挥农业保证食物安全、形成自然景观、净化环境空气、保护历史文化等多种社会生态功能[10]。

5. 注重发挥农业规模经营的优势

目前，国际上农业规模经营大致分为两类：一类是以美、加、英等国为代表的企业性大中型农场为主导的规模经营，实现农业的机械化、集约化、信息化生产，提高农产品竞争力；另一类是以日本、西欧各国为代表的中小型家庭农场为主的规模经营，以品种改良、土地改造、精耕细作为特点，提高农业经营效率，打造高端农业品牌[11]。

三、进一步提升我国粮食作物单产水平的主要举措

从全国范围内来看，无论与生物产量相比，还是区试产量相比，我国四大粮食作物单产均存在提升潜力。研究发现，我国四大作物的单产仅为先进国家的 60%～80%，实际单产只达到品种区试产量的 50%～80%[12]，无论与先进国家相比，还是与区试产量相比，我国四大粮食作物单产均存在较大提升潜力。为确保国家粮食安全，提升主要粮食作物单产水平将是今后一段时期重要且唯一的出路。

（一）发展目标

在人口持续增长、耕地日趋减少、资源日益紧缺、环境不断恶化和世界气候变化等多重压力下，持续提高粮食单产是确保中国长期粮食安全的战略主攻方向。

到 2030 年，由于人口增长、消费结构升级等需求拉动，预计中国四大粮食作物的需求量将达到 7.24 亿吨，与 2014 年相比要增长 23%。其中水稻需求量 2.04 亿吨，小麦需求量 1.31 亿吨，玉米需求量 2.98 亿吨，大豆需求量 9066 万吨，与 2014 年相比，分别要增长 4%、12%、57%和 8%（见图 3-1-11）。

按照“谷物基本自给、口粮绝对安全”的新型国家粮食安全战略目标，口粮（水稻和小麦）自给率在 100%以上；谷物自给率为 95%～100%；粮食（谷物＋大豆）自给率达到

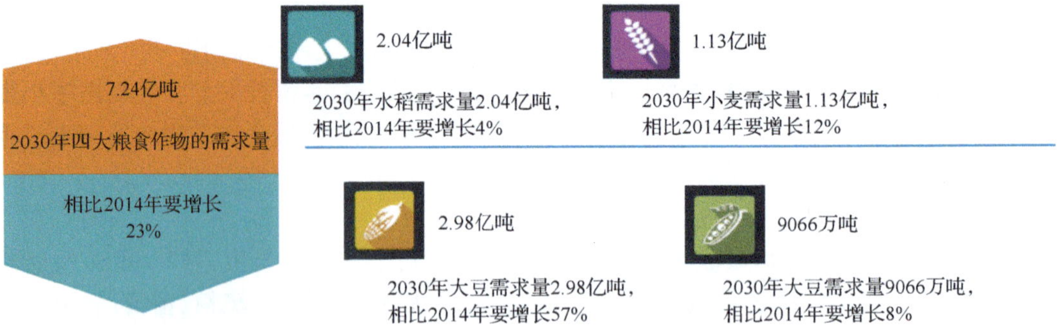

图 3-1-11　2030 年中国四大粮食作物的发展目标

85%以上。四大作物单产年均增速需达到：水稻 0.4%、小麦 0.5%、玉米 0.6%、大豆 1.1%。

具体情况如下：

1. 水稻单产年均增速 0.4%，确保国家口粮绝对安全

至 2030 年，中国水稻单产水平必须年均提高 0.4%，才能从根本上满足不断增长的人口对水稻产量的需求。

2. 小麦单产年均增速 0.5%，确保国家口粮安全

至 2030 年，中国小麦单产水平必须年均提高 0.5%，才能从根本上满足不断增长的人口对小麦产量的需求。总体来看，制粉依旧是小麦主要消费出路，饲料替代或因玉米行情而变化。至 2030 年，若保持小麦 95%的自给率水平，必须使小麦单产年均增长 0.5%以上。

3. 玉米单产年均增速 0.6%，确保国家谷物基本自给

至 2030 年，中国水稻单产水平必须年均提高 0.6%，才能从根本上满足不断增长的人口对玉米产量的需求。中国玉米消费以饲用为主，占总消费量的 65%左右。受耕地和水资源制约，在单产难有大幅增加的情况下，玉米继续增产压力日益增大，预计未来中国玉米供求形势仍将进一步趋紧，进口可能继续增加并成为常态。至 2030 年，若按玉米自给率 95%测算，必须使玉米单产年均增长 0.6%以上。

4. 大豆单产年均增速 1.1%，确保国家粮食安全

考虑到产业安全和中国居民饮食习惯等因素，必须保持大豆一定的自给率。至 2030 年，若按大豆自给率 15%测算，必须使大豆单产年均增长 1.1%以上，才能从根本上满足不断增长的人口对大豆产量的需求。

（二）基本原则

1. 坚持设施条件改善与集成技术相结合

加大农业基础设施建设投入力度，改造中低产田，完善配套田间基础设施，建设旱涝保收高标准农田。围绕优质、高产、生态、安全的目标，选育推广优良品种，集成推广先进实用技术，强化农业科技支撑，着力提高单位面积粮食产量。

2. 坚持生产稳定发展与资源高效利用相结合

统筹考虑粮食生产、种植效益与环境治理的关系,实现生产发展与生态安全协同推进。优化种植结构布局,转变发展方式,在保障粮食有效供给的基础上,更加注重质量提升、注重效益提高、生态保护,实现可持续发展。稳定粮食播种面积,着力提高单产。节约集约利用资源,推广控肥、控水、控药等节本增效技术,提高化肥、农药利用率。

3. 坚持单项措施与综合施策相结合

强化问题导向,采取有针对性的技术措施,集中攻关、重点突破、逐项解决。多措并举,推动工程措施和农艺措施相协调,传统精耕细作与现代物质装备相衔接,政府支持保护与社会资本投入相配套,因地制宜,解决粮食生产中的突出问题。

4. 坚持技术创新与机制创新相结合

贯彻落实创新驱动战略,组织科研、教学、推广单位,在品种选育、农机装备、资源利用、环境治理等领域实现重大突破,充分发挥技术的支撑作用。健全农业新型经营体系,培育新型经营主体,发展社会化服务组织,创新服务方式,提高农业生产的社会化、组织化水平。坚持分区推进和整体提升相结合。按照梯次推进、均衡发展的要求,实施优势农产品区域布局规划,调整种植结构,优化生产布局,分类指导,分区施策,推进低产变中产、中产变高产、高产更高产,实现大面积均衡增产,全面提升粮食综合生产能力。

(三)积极学习借鉴国外先进经验,提升我国粮食单产水平的主要举措

针对目前我国粮食生产存在的主要制约因素,围绕以提升主要粮食作物单产为核心的粮食安全战略目标,借鉴国外粮食生产先进经验,以国家农业科技创新体系为基础,采取加强标准农田建设、提高粮食作物遗传潜力、完善推广服务体系等综合举措来确保粮食稳定发展。

1. 突破粮食新品种选育和高效种植关键技术,提升粮食作物单产水平

“一粒种子可以拯救一个产业”,从先进国家经验看,要实现我国粮食单产增长目标,新品种选育是突破增长瓶颈的前提,系统集成新技术发展精耕细作是解决资源禀赋不足的保障。要大力发展优质专用小麦品种、高产粳稻、耐密高产专用玉米的繁育。小麦育种主攻穗粒重;玉米育种主攻密度。推广轻简化栽培,农机农艺融合,按照节肥、节药、节水、节种的理念,集成高产高效节本增效栽培技术,提高农业生产效率;创建农业病虫害监、防、控技术体系,组建以农田生态调控为主体、以生态区为单元的多作物重要病虫害综合防控体系。

2. 加强原始创新提高粮食作物单产潜力,建立新型粮食安全研究开发体系

基因专利是当前农业知识产权的核心。美国、日本、澳大利亚等国拥有全球 70%以上的水稻基因专利,80%以上的小麦基因专利,90%以上的玉米基因专利,中国获得的基因专利总数约 7000 件,不足美国的 10%。发展农业生物技术,获得自主知识产权的粮食作物基因专利,抢占农业科技制高点,形成以种质资源为基础、以基因为核心、以品种为载体的新型粮食安全研究开发体系,是实现粮食增产源头创新的必然选择[13]。

3. 完善现有农业政策体系,稳定农户种粮收益

健全农业补贴制度,增加粮食“四补贴”规模,扩大补贴范围,提高补贴标准。加快研

究实施防灾增产关键技术推广补助。健全农产品价格保护制度，完善农产品市场调控体系，加快建立粮食主产区利益补偿机制，完善增量补贴与粮食产量特别是商品量挂钩的机制，优先安排主产区农业基础设施建设投资和农业综合开发等资金，不断提升主产区综合生产能力。

4. 加强标准农田建设，注重保护粮食生产的可持续性

加强地力培肥和农田水利基础设施等工程建设，通过工程与技术的综合措施，大幅度改造中低产田，建设旱涝保收的高产稳产粮田，在注重保护农业生产生态环境的同时，依托技术进步进一步提高耕地产出能力。

5. 加快发展农业机械化、信息化，实现粮食生产现代化

大力推进种子生产加工与植保、养殖业和农产品初加工等领域机械化，突破水稻栽植和玉米收获等机械化技术瓶颈，加速实现粮食生产全程机械化。借助农业高校和科研单位的技术优势，构建粮食生产服务大数据服务信息网络，开发相关的手机终端 APP，为种植者提供灾害天气、病虫害预警与防控的科学指导。

6. 探索建立与发展阶段相适应的经营规模，培育新时期粮食经营主体

由于粮食是土地密集型产业，促进粮食产业发展必须走规模化、集约化和社会化服务的路子，实现粮食产业的现代化，是稳定发展我国粮食生产的必由之路。因地制宜、因势利导，鼓励农民开展多种形式的股份合作和合营，引导和支持兴办多元化、多类型的合作组织。种粮大户、家庭农场、粮农合作社等新型粮食生产主体正逐步成为稳定粮食生产的重要力量。要加大对新型粮食生产经营主体的政策倾斜和财政支持，充分调动农民规模化种粮的积极性，加快推进新型工业化和新型城镇化，做好农业劳动力转移和农民工市民化工作，为农业和粮食的适度规模经营创造经济社会条件，并积极引导土地流转向种粮大户和粮农合作社集中，鼓励粮食生产主体走产加销一体化的路子。

（四）进一步夯实重农抓粮的政策支持，加强投入与机制保障

长期以来，我国在提升粮食单产方面积累了丰富的经验，应继续坚持和进一步夯实。

1. 政策支持

政策支持是确保我国粮食产量稳定发展的重要基础。通过体制改革，制定和实施一系列惠农、惠粮政策，大幅减免农业税收，实行粮食直补、良种补贴等政策，保护和调动农民生产积极性，促进了我国粮食生产的“十一连增”，因此应进一步保障并坚持政策支持，夯实政策支持的基础。

2. 科技创新

科技进步在我国粮食增产中起到决定性作用。多年来，我国不断加大农业科研和技术推广力度，使粮食作物品种更新了 4～6 次。20 世纪 70 年代后期推广杂交水稻、杂交玉米等优良品种，80 年代又推广地膜覆盖、配方施肥、模式化栽培、再生稻技术、中低产田改造、病虫害防治等适用技术，90 年代至 21 世纪初，推广的节水农业、生物技术、新机具改进等均对粮食单产提升起到重要作用。未来科技创新也将发挥核心作用，粮食单产提升应纳入国家重大科技专项持续支持。

3. 加大投入

2004年以来，国家持续加大"三农"投入力度，先后启动实施优质粮食产业工程、沃土工程、种子工程、植保工程、节水农业、中低产田改造、大型商品粮基地建设和现代农业基金等一批重大工程项目，加强农业基础设施建设，提升农业抗灾和生产能力。同时，不断加大农机具购置补贴政策实施力度，农机作业面积和机械化水平快速提高，为粮食单产持续提升提供了良好的投入保障。巩固"三农"投入的同时，投入的重点要进一步向资源环境修复和保护方向倾斜。

在2014年12月21～23日召开的中央农村工作会议中指出："随着国内外环境条件变化和长期粗放式经营积累的深层次矛盾逐步显现，农业持续稳定发展面临的挑战前所未有。"破解农业生产特别是粮食生产高成本、高补贴"天花板"和资源环境约束"紧箍咒"的难题，需要多措并举，从根本上还是要将提升粮食单产水平纳入国家粮食发展战略的首要发展目标，率先实现创新驱动、持续发展，才能实现"谷物基本自给、口粮绝对安全"的国家粮食安全总体战略目标和农业产业的涅槃式升级和永续发展。

参考文献

[1] 2003—2013年我国粮食产量[EB/OL].[2015.5.20].http://data.stats.gov.cn/workspace/index? m=hgnd

[2] 1996年中国统计年鉴[EB/OL].[2015.5.20].http://www.stats.gov.cn/tjsj/ndsj/information/zh1/a041a

[3] 国家统计局.中国统计年鉴[J].北京：中国统计出版社，2008.

[4] 翟虎渠.科技进步是粮食增产的重要支撑[N].农民日报，2010-3-10(3).

[5] 翟虎渠，等.中国粮食安全国家战略研究[M].中国农业科技出版社，2011.10.

[6] 国家统计局.中国统计年鉴[J].北京：中国统计出版社，2013.

[7] 廖泽芳.我国大豆出口贸易的现状与对策[J].经济纵横，2007(12).

[8] 方华.粮食产量何以"十一连增"[N].农民日报，2014-12-10(1).

[9] 许世卫，信乃诠.当代世界农业[M].中国农业出版社，2010.

[10] 谢小蓉.国内外农业多功能性研究文献综述[J].广东农业科学，2011(21)：209-213.

[11] 魏蓓.我国耕地小规模经营与发达国家规模经营的对比分析[J].华中农业大学学报(社会科学版)，2010(1)：82-85.

[12] 王瑜、张凤云.农业部举行"切实抓好粮食生产保障国家粮食安全"新闻发布会增产有潜力底线不动摇[N].农民日报，2014-1-26.

[13] 国家科技计划支撑我国分子育种强力推进[N].科技日报，2009-1-5.

第二章　构建海洋蓝色粮仓，发展蓝色食品产业战略研究

摘　要

“蓝色粮仓”相对于陆地上的“绿色粮仓”而言，是以海洋生态系统为基础，具有食物生产能力的海洋空间区域，在不占有耕地资源的情况下，能持续高效提供可供人类食用海产品的系统，是建设海洋强国的重要内容之一；而渔业是“蓝色粮仓”的主体，逐步实现我国渔业可持续发展是加速推进“蓝色粮仓”建设的重要任务。构建海洋蓝色粮仓是保障国家粮食安全的重要基础，是国家生态安全的重要保障，是建设“一路一带国家战略”的重要内容，是维护国家海洋权益的重要手段，是我国农业主动适应经济发展新常态的重要措施，构建“蓝色粮仓”具有重要的战略意义。

改革开放三十多年来以渔业为代表的“蓝色粮仓”取得了巨大成绩，但相对美国、日本、韩国、挪威和印度等渔业大国和强国来说，在“蓝色粮仓”建设中还存在生产、消费、管理理念亟须转变、近海捕捞能力严重过剩、近海渔业生态环境承载能力已达上限、水产品质量安全保障任重道远、产业结构仍需优化等问题和挑战。为构建海洋蓝色粮仓，建设海洋强国，建议：①将构建海洋蓝色粮仓、发展蓝色食品产业列入国家十三五规划优先发展领域，整合在国家“一路一带”重大战略中。②优化产业结构，合理安排布局，重视三产联动，科学发展海水养殖，积极发展外海和远洋渔业，大力发展海（水）产品加工和流通。③提升装备设施水平，强化渔业科技支撑保障蓝色粮仓安全，提升渔业标准化和信息化水平。④加大渔业资源环境保护力度、维护生态安全，全面开展渔业资源调查，大力加强渔业资源保护切实保护海洋生态环境。⑤加大人才培养、强化科技支撑，提升渔业经营主体自身管理信息化水平，发展远洋渔业捕捞新技术，开发现代化海洋产品深加工及储运新技术。⑥调整支渔财政资金使用方向，提高资金使用效率，实施水产养殖污染收费及地下海水资源开采使用费制度以及征收水生动植物资源使用费。⑦着力发展水产养殖保险，尽快完善渔业金融制度建设。⑧强化相关立法，完善法律体系。⑨加强政府往来，推动国际合作。

进入 21 世纪，开发海洋生物资源已成为解决人类蛋白资源的重要途径，引起全世界的高度重视，根据联合国粮食及农业组织 2013 年年底公布的一份统计报告显示，地球上每个人所吸收的蛋白质中有 17％来自海洋动植物，世界上 12％人口的生计依赖渔业和水产养殖，且主要集中于发展中国家[1,2]。作为人口大国，由于耕地短缺与粮食需求压力在加大，我国经济发展与人口、资源和生态环境保护之间的矛盾更加凸显。

2007 年，中国工程院唐启升院士初步提出了“蓝色粮仓”概念，倡导“中国蓝色海洋食物计划”[3]。本研究调查认为“蓝色粮仓”是相对于陆地上的“绿色粮仓”而言，是以海洋生

态系统为基础，具有食物生产能力的海洋空间区域，是在不占有耕地资源的情况下，能持续高效提供可供人类食用的海产品的系统。“蓝色粮仓”应是建设海洋强国的重要部分之一，近年来我国沿海各地把“蓝色粮仓”的建设作为重要的海洋发展战略，取得了很大进展。

渔业是“蓝色粮仓”的主体，逐步实现我国渔业可持续发展是加速推进“蓝色粮仓”建设的重要任务，体现了新形势下国家对海洋提出的更高要求。

一、构建海洋蓝色粮仓的战略意义

构建海洋蓝色粮仓、发展蓝色食品产业，是新形势下实施“一带一路”战略的重要抓手，保障国家粮食供给的重要内容，保护国家生态安全的重要途径和维护国家海洋权益的重要手段。

海洋蕴含巨大的蓝色资源，可以有效地缓解土地资源匮乏的压力，补充人类对优质蛋白的需求，对国家粮食储备而言是量的补充、质的提升。在我国陆域生态系统的承载力难以满足国民日益增长的食品需求形势下，从陆海统筹视角拓展粮食生产空间，充分挖掘海洋在食物供给方面的巨大潜力，是“构建新形势下国家粮食安全战略”的一个重要命题。“蓝色粮仓”建设有助于树立陆海统筹的粮食安全保障理念，突破传统粮食安全依赖陆地资源空间的局限，是全面构建陆海一体化的粮食安全保障体系的重要支撑。

海洋生物由于具有独特的营养价值，含有丰富的生物活性物质，一直是人类可开发利用的重要资源，是为人类提供食品、药品、保健品和生物材料的巨大宝库。随着科学技术的发展，从海洋生物中获取生物活性物质、生物信息物质及生物功能材料，已成为全球开发海洋生物资源的重要方向，迅速发展成为海洋经济的一个重要部分。

（一）构建蓝色粮仓是保障国家粮食安全的重要基础

根据海关数据，从 2000 年到 2013 年我国主要粮食进口从 1357 万吨增加到 8645 万吨[4]；另据测算，2020 年前后我国人口将达峰值。这一系列数据无不表明，我国粮食需求将持续增加，守卫 18 亿亩耕地红线，保障粮食安全的任务日趋艰巨。

地球 80%优质蛋白质在海洋，是人类最优质的动物蛋白来源。大洋中可利用的经济水产种类数千种，资源量达百亿吨，每年开采量约在 1 亿吨（鱼类占 80%），可满足世界上 10 亿人口的基本需求，超过地球上任何一类动物的产量，为世界提供了 15%以上的动物蛋白[1]。以 100 万吨的远洋渔业产量来计算，如以养殖同样数量水产品所需饲料粮为标准折算，就相当 400 万吨粮食；如以蛋白质含量折算，则相当于 125 万吨猪肉。因此构建海洋蓝色粮仓、发展蓝色食品产业，有助于解决目前世界范围内普遍存在的粮食供应问题，强化国家保障粮食安全的资源支撑，增强我国粮食安全保障能力。

（二）构建蓝色粮仓是国家生态安全的重要保障

自工业革命以来，人类向大气中排入的 CO_2 温室气体逐年增加，大气的温室效应也随之增强，已引起全球气候变暖等一系列极其严重问题。目前中国是世界上少数几个以煤炭为主要能源的国家，由于煤炭消费比重较大，造成中国 CO_2 排放强度也相对较高。

蓝色碳汇，也叫海洋碳汇，是利用海洋生物吸收大气中的 CO_2，并将其固定在海洋中的过程、活动和机制。世界上捕获的生物碳中超过一半是由海洋生物捕获，而不是由陆地生物完成的。地球上约 93%的 CO_2 储存在海洋中，并在海洋中循环。据统计，海洋生物每年可以捕获和储存 870 万～1650 万吨 CO_2，几乎抵消了全球运输部门的碳排放量。1999～2008 年海洋中贝类和藻类每年平均移出 86 万吨和 34 万吨 CO_2，10 年总移出碳量 4400 多万吨，相当于 500 多万公顷森林，可以节省造林价值 400 多亿元[5]。

在构建海洋蓝色粮仓、发展蓝色食品产业的过程中，通过改良海洋生态环境、适度发展海洋生物养殖等手段，可以有效地促进海洋对大气中 CO_2 的捕获、转化成为有机碳，实现"碳转移"，不仅有助于改善温室环境问题，更可以利用海洋生物的"生物泵"特性使无机碳转化为有机碳而供人类利用。

我国是世界上唯一渔业养殖产量超过捕捞产量的国家，即中国是通过人类活动干预水域自然生态系统提升食物供给功能获得极大成功的一个国家。推动水产养殖业绿色、可持续发展，有助于发挥中国水产养殖特有的生态服务功能，是绿色、低碳新兴产业的示范，是对保障国家生态安全做出的重要贡献。

（三）构建蓝色粮仓是"一路一带"国家战略的重要内容

建设"一路一带"是我国在新时期促进对外开放，拓展发展空间的重大战略，"一路一带"所涉及的很多国家和地区是我国选择渔业活动的重要范围，而渔业又是一个开放度较高，全球化程度较深的基础性产业，我国远洋渔业已经与"一路一带"沿线很多国家建立了密切的合作关系。因此，作为世界主要渔业大国，我国渔业已具备推动"一路一带"建设的良好基础，为"一路一带"建设作出独特的贡献，而"一路一带"建设也为我国渔业发展提供了新机遇。

在新的背景下，加强国际渔业合作，着眼于推动"一路一带"建设，在全球范围内配置资源，按照"明确定位、规划先行、优化布点、企业跟进、加强管理、完善预警"的总体思路，从更高层面进行战略布局，更好地推动国际渔业合作和渔业产业的发展。

（四）构建蓝色粮仓是维护国家海洋权益的重要手段

《联合国海洋法公约》实施以来，世界进入蓝色圈地时代。在"存在即权益"的背景下，发达国家主导相继成立 10 多个区域性国际渔业组织，对三大洋公海和南极海域的经济种类进行严格管理，严格控制新进入者，保护既得利益者。我国已是 12 个区域性国际渔业组织的成员，要不断提升我国在国际渔业资源开发利用上的话语权，进一步扩大我国开发利用海洋生物资源的份额，争取更多的海洋权益。同时，发展远洋渔业也有利于进一步巩固和发展我国与西非、南太岛国等的友好外交关系，特别是在一些非建交国家和地区中发挥重要不可或缺的作用。

（五）构建蓝色粮仓是我国农业主动适应经济发展新常态的重要措施

我国的渔业产业历史悠久，我国劳动人民在长期的渔业生产实践过程中，积累了丰富的经验。总书记的"新常态"思想完全符合我国当前渔业经济的现状，对我国渔业产业"十三五”规划有重要的指导意义。构建蓝色粮仓有助于解决渔业经济发展与生态环境保护之间的矛盾难以调和、捕捞强度过度增长致使传统经济鱼类资源衰退、水产品质量安全等问题，有助于推动我国渔业从传统渔业向现代渔业的转变、从数量型发展向质量效益型发展的转变，是新时期我国农业主动适应经济发展新常态的重要措施。

二、我国蓝色粮仓建设的现状与挑战

（一）现状分析

1. 经济基础

改革开放三十多年来，我国经济高速增长，2014 年 GDP 已达到 63.6 万亿元，居民人均可支配收入水平达到了 20167 元[6]，强大的经济实力及其增长速度不仅为加强蓝色粮仓的建设、提升其食物供给保障能力奠定了基础，而且有力地促进着居民消费结构的转型升级，拉动了海水产品等优质蛋白的需求，为蓝色粮仓提供了巨大的市场引力。

2. 产业基础

水产品为城乡居民膳食营养提供了三分之一的优质动物蛋白，大大减轻粮食危机的压力，对平抑物价起到重要作用，奠定了开发蓝色海洋资源的基础，体现了发展的潜力。改革开放以来，我国水产养殖业得到快速发展，水产养殖面积、产量稳步增长。我国对海洋资源开发投入力度也逐年增加，为海洋经济的持续稳定快速发展提供了重要保障。

20 世纪 90 年代以来，我国一直是世界上第一渔业大国。2013 年全国水产品总产量达到 6172 万吨（图 3-2-1），连续 24 年位居世界首位，占世界水产品总量的 39.5%；养殖水产品总量达 4542 万吨，占世界养殖水产品总量的 65.3%；水产品出口额首次突破 200 亿美元，达到 202.6 亿美元，占世界水产品出口总额的 15.6%，水产品出口连续 12 年世界第一；水产品进出口贸易总额达到 289 亿美元，居世界第一[7]。

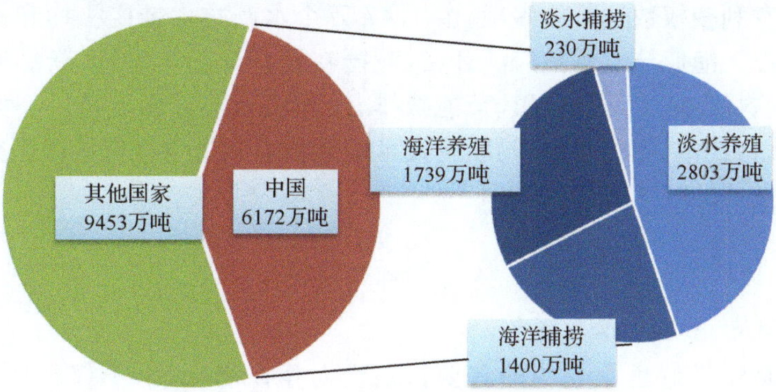

图 3-2-1　世界及我国水产品产量图

我国海水养殖面积 3.47 亿亩（图 3-2-2），海洋渔业机动渔船 28.33 万艘，其中远洋渔船 2159 艘，海外基地 100 多个，作业渔场遍及三大洋公海和 38 个国家。海水产品产量 3139 万吨，占我国水产品总量的一半，占世界水产品总量的近 20%，居世界第一。海洋捕捞产量 1400 万吨，远洋捕捞总产量 135 万吨，公海捕捞产量占了世界公海总捕捞产量的

6%。海水养殖产量 1739 万吨[7]。

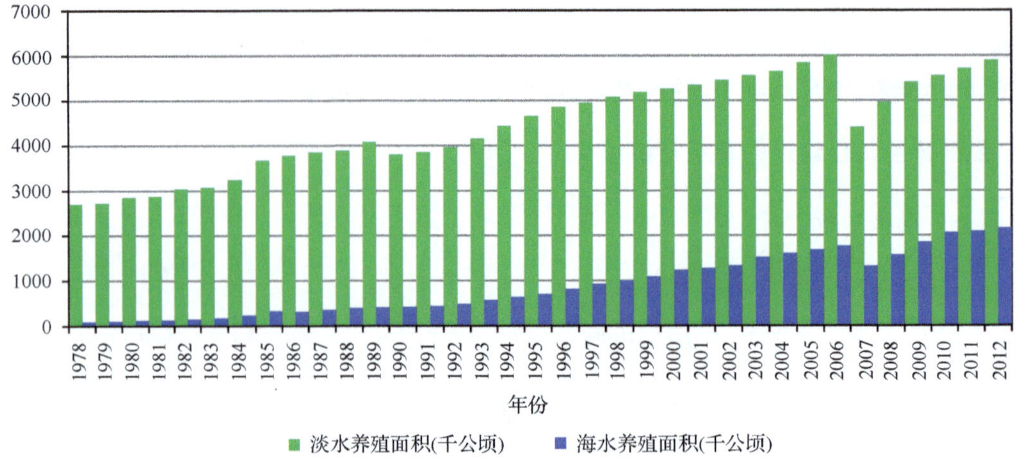

图 3-2-2　我国淡水养殖和海水养殖面积

3. 资源基础

蓝色粮仓建设具有较好的资源基础。我国有约 18000 公里长的漫长海岸线，按照《联合国海洋法公约》，包括港口、内海、领海、毗连区、专属经济区、大陆架等在内，我国海洋国土面积约 300 万平方公里，其中有 7600 多个岛屿，42 万亩的海洋渔场，近 2 亿亩 30 米深以内的海水养殖宜养水面，生物种类极丰富，仅海洋鱼类就有 3000 多种[8]。

4. 科技基础

我国十分注重渔业科技的发展，近年来科技支撑力明显增强，渔业科技不断进步，渔业科技贡献率从 2010 年的 55%上升至 2014 年的 58%，我国渔业知识资本积累已形成较好基础[9]。全国有 113 个渔业科研机构，其中的从业人员达 0.74 万人，年均发表科技论文 2000 多篇、专利授权数达 200 多项；由 1.47 万个水产技术推广机构和 4.34 万名水产技术推广人员[7]。渔业技术示范广泛开展，我国在资源评估与管理、新品种选育、生态养殖技术、新型饲料研制、工厂化养殖、节能减排、设施装备等方面取得了一大批科技成果，在生物技术、信息技术、遥感技术、物联网技术等新技术领域中也有了很多突破，为现代渔业发展提供了重要的技术支撑。

（二）问题与挑战

1. 生产、消费、管理理念亟须转变

理念落后是建设蓝色粮仓中的首要挑战。对生产者来说，不仅亟须实现从投入资源→生产产品→污染水域环境的线性经济理念向低碳、环保的循环经济理念转变，而且需要改变重生产轻营销、重技术轻管理、重增加供给轻引导需求的经营理念。从消费者来讲，需要转变“过物质化”的餐桌上的浪费，牢固树立“节约消费”意识，切实推进绿色消费，从而确保蓝色粮仓提供食品的有效消费。对管理部门来讲，在推进蓝色粮仓建设过程中需要切实从国家安全的战略高度，认真审视蓝色粮仓的重要作用，牢固树立系统观、大局观，防止本位意识的蔓延，需要跳出行业看行业，通过条块协作，推动海陆联动、三产融合。

2. 近海捕捞能力严重过剩

虽然我国采取了伏季休渔、增殖放流、对近海捕捞机动渔船数量及功力的“双控”等一系列旨在保护近海渔业资源的一系列制度，但捕捞机动渔船数量和功率总量仍然居高不下（2013 年仍然高达 19.68 万艘和 1361.40 万 kW），对资源破坏强度大的作业方式和违规网具仍占有较高比重，近海捕捞量远远超过可捕捞量，渔业资源严重衰退。

3. 近海渔业生态环境承载能力已达上限

根据国家海洋局数据，受环境污染、人为破坏、资源的不合理开发等影响，2014 年处于亚健康和不健康状态的海洋生态系统分别占 71%和 10%[10]。一些河口、海湾生态系统退化，近海海域富营养化加剧、赤潮频发；近海海洋生物多样性严重受损，渔业资源减少，资源结构趋向简单化；近岸渔业海域面积有缩减趋势，对海洋食物生产能力持续增长带来了较大压力。总体看，近海渔业生态环境承载能力已达上限，蓝色粮仓建设生态基础薄弱。

4. 水产品质量安全保障任重道远

随着居民收入水平的增加，对包括水产品在内的食品质量安全要求也在提高。受水体环境污染严重、生产者质量观念不强、水产品生产与储运过程中的质量安全标准和监督体系不完善等诸多因素的影响，水产品质量安全隐患增多，蓝色粮仓产品质量安全保障任务仍然艰巨。

5. 产业结构仍需优化

蓝色粮仓建设不仅需要水产品生产、加工、服务等一、二、三产的融合发展，而且要求每个产业内部保持协调。目前我国海洋渔业过度依赖一产，过度依赖近海，捕捞能力严重过剩，部分养殖品种的生产能力也接近饱和，水产品的供求关系正在发生重大变化，与此同时水产品加工（尤其是精深加工）比重小，低温物流、冷链物流不发达，水产品储运成本高且浪费严重，渔业金融及保险等产业发展相对滞后，严重制约着蓝色粮仓的建设。

6. 产业组织尚需培育

目前部分地区虽然已建立起了一些渔民专业合作社，但在产品质量管理、生产管理、供应管理、销售管理、研究开发管理、财务管理、人事管理和风险管理等方面都亟待进行科学化改造；虽然已经涌现出一些龙头企业，但规模仍然偏小，带动能力亟待提升；虽然已经出现了一些家庭农场（主要是海水养殖场），但距离装备集约化、技术精准化、生产标准化、管理科学化的现代渔业的要求相差甚远。总体来看产业的组织化程度还不高，构建蓝色粮仓的微观产业组织基础还不够牢固。

7. 科技支撑水平仍待提升

我国渔业在苗种、饲料、养殖、加工等应用技术研究领域进步明显，但在基础研究领域与发达国家还有较大的差距，在渔业资源调查与评估、鱼群预测预报、病害防控及疫苗生产、渔业装备、水产品质量安全管理、水产品精深加工与储运（尤其是超低温保存和南极磷虾捕捞加工一体化）、渔业水域环境控制、渔业信息技术、电子商务、科技成果转化等领域，还有较大的差距。

三、部分国家现代渔业发展状况及经验借鉴

20世纪后期，特别是《联合国海洋法公约》制定以后，世界渔业发生了显著变化。200海里海域的划定，使各国公海行动受到大幅度限制，沿岸国主权得到进一步扩大；同时沿岸各国不仅大力发展水产业，在开发利用海洋资源和空间，海洋环境探测、海洋资源调查开发等领域的研究开发工作也有了较大发展，同时，国际渔业合作关系也在不断增强。

（一）国际主要渔业强国发展状况

美国：美国的渔业经营水平较高。在美国商业渔业中，海洋捕捞占97%～98%，而淡水渔业仅占2%～3%。美国拥有历史悠久的增殖放流政策，并且美国在工厂化循环水养殖研究方面一直处于较高水平，不足的是远洋渔业在美国海洋渔业中所占比重不大，只占美国海洋捕捞总产量的3%，尚有较大的发展空间。

日本：日本拥有健全的增殖放流研究实践体系，而且日本是率先开展海洋牧场建设的国家，并建成了世界上第一个海洋牧场——日本黑潮牧场。日本注重发展远洋渔业，通过开展远洋渔业资源调查和研究以及国际渔业合作，日本先后与世界50多个国家的160多个地区缔结了政府与民间的渔业合作协定和条约。

韩国：韩国政府十分重视现代渔业发展，在政策方面重视海洋生态保护，大力发展“环境友好农渔业”。科研方面推进创新高科技养殖模式，发展“尖端养殖业”。在远洋渔业方面，韩国通过采取积极有效的扶持政策，鼓励远洋渔业企业参与开辟新渔场，使远洋渔业取得显著发展。

挪威：长期以来，挪威充分利用本国沿海富饶的渔业资源，开发高效率的渔业自动化设备，发展完整的渔业资源评估，实施严格的渔业资源保护措施和管理制度，使该国的渔业资源能稳定而持续利用。

印度：印度的海水养殖业发展迅速，目前印度沿海地区共有3800多个渔村，从事海洋养殖的渔民团体数量非常庞大，并且印度在国际上积极寻求合作和投资，给渔业发展带来了发展良机。印度重视发展蓝色经济，率先提出了“蓝色革命”的口号。

（二）主要经验借鉴

2000年，韩国制定了《海洋开发基本计划：海洋韩国21》决定开展深海资源研究、生物多样性保存研究、沿海地区灾害防范研究和利用海洋生物开发新物质等一系列科学考察和研究[11]。从2003年10月起，韩国政府在相关范围内开展了促进制定“海洋科学技术开发计划”的活动，主旨是扩大政府的投资促进系统性的海洋科学技术开发等。2007年，美国公布了《美国海洋科学未来十年之路——海洋优先研究领域计划和实施战略》，提出了海洋研究的六大研究主题[12]。2008年，日本制定了《海洋基本计划草案》提出要加强海洋科技研究并推进海洋调查[13]。2010年，英国发布了《2010—2025年海洋科学战略》明确了英国海洋科学的三大优先领域，同时启动了“海洋2025”重大海洋研究计划，将在未来15年里向该计划提供大约1.2亿英镑的科研经费，建立英国海洋数据中心、平均海平面永久服务中心以及海藻与原生动物样品收集中心[14]。俄罗斯总统普京签署了《2030

年前俄罗斯联邦海洋工作发展战略》，并对之前的相关法律进行了修改，这些法律文件为俄罗斯海洋活动及国家海洋利益的拓展提供了可靠的法律资金和机制保障[15]。

四、构建海洋蓝色粮仓、发展蓝色食品产业的措施建议

（一）加强引导，转变理念

建议将构建海洋蓝色粮仓、发展蓝色食品产业列入国家十三五规划优先发展领域，作为建设海洋强国的重要内容。整合在国家“一路一带”重大战略中，提升在国家粮食重要战略、国家环境生态保护战略中的地位和作用。同时在沿海各省市的海洋发展战略中也要作为优先重点发展的领域。

构建蓝色粮仓需要转变生产、消费及管理理念。转变理念需宣传入手。建议宏观层面增加资源节约、环境保护、生态文明、海洋文化建设方面公益性宣传，加强全社会的生产与消费理念的转型；建议产业管理层面在蓝色粮仓建设过程中加强横向的沟通和纵向的协调，主动将局部工作纳入到全局框架下予以推动，通过政策与宣传引导生产者更新观念，由重数量向重质量、重效益转变，引导其走标准化、集约化、优质高效、环境友好的发展路子；建议生产者层面加强产品的绿色设计、绿色生产、绿色营销，引导消费者绿色消费，走提供产品、提供环境服务与创造生态文明并重之路。

（二）优化产业结构，合理安排布局

（1）优化产业结构，重视三产联动：整体布局坚持内海、外海和远洋渔业统筹发展，即按照控制近海、拓展外海、发展远洋的原则，合理科学布局，保障海洋渔业资源持续健康发展。以海洋渔业作为第一产业重点，提升一产壮基础，扩大二产强支撑，促进三产优服务，实现接二连三，打造渔业全新产业链。

（2）科学发展海水养殖：推广生态健康养殖模式，鼓励离岸养殖和集约化养殖，加强水产原种保护、良种培育和水产饲料研发，巩固水生动物疫病防控和水产品质量安全管理，推进资源利用和环境保护相和谐的健康养殖模式。

（3）积极发展外海和远洋渔业：有序开发外海渔业资源，巩固提高过洋性渔业，推动产业转型升级，加强远洋渔业科技研发，提高远洋渔业资源调查、探捕能力，增强话语权。

（4）大力发展海水产品加工和流通：积极发展海水产品精深加工，全面提升水产品加工工艺、装备现代化和质量安全水平，加强海水产品冷链物流体系和批发市场建设。

（三）夯实基础

（1）提升装备设施水平：加快渔船更新改造、加强渔业装备研发、加强渔港建设和管理。

（2）强化渔业科技支撑：加强渔业科技研发与攻关，支持科研机构建立试验基地、与企业合作，支持龙头企业建立科技研发中心，推动渔业科技创新与成果转化，促进蓝色粮仓转型升级。

（3）保障蓝色粮仓安全：健全渔业安全生产责任和管理制度，认真落实监管责任。

(4) 提升渔业标准化和信息化水平:加快“网上渔市”的构建,以大力构建渔业电子商务平台为核心,提供网络经济下渔业产业化经营载体,推进现代渔业经营模式的转变。

(四) 加大渔业资源环境保护力度,维护生态安全

(1) 全面开展渔业资源调查:健全渔业资源调查评估制度,科学确定可捕捞量,研究制定渔业资源利用规划。

(2) 大力加强渔业资源保护:严格执行海洋伏季休渔制度,积极完善捕捞业准入制度,完善海洋渔船管理制度,发展海洋牧场,加强人工鱼礁投放。

(3) 切实保护海洋生态环境:加强海洋生态环境监测体系建设,控制陆源污染物向水体排放,加强渔业水域生态环境损害评估和生物多样性影响评价。

(五) 加大人才培养,强化科技支撑

(1) 鼓励渔民专业合作社、渔业产业化龙头企业利用现代先进的数字技术、信息技术装备传统的渔业生产,提高渔业生产的科技水平。提升渔业经营主体自身管理信息化水平,特别是信息技术在生产、加工、储运等环节。

(2) 发展远洋渔业捕捞新技术。针对远洋渔业向深水区发展的需要,研制远洋围网高效捕捞装备,实现远洋渔业作业结构调整。

(3) 开发现代化海洋产品加工和储藏新技术。建立起专业门类齐全的现代化水产品加工和储藏体系,开发并规模生产多品种、优质水产加工品。

(4) 开发海洋食品深加工技术。针对不同消费者群体特征进行产品研发,深入开发功能性海洋食品,深化海洋生物资源开发利用的层次。

(5) 开发海洋生物代谢产物新药制剂与精细化工产品的开发。对于有重大药用前景的海洋生物次生代谢产物,调整加工方式,改进生产工艺技术,提高资源利用效率,实现高值化利用。

(六) 调优支农政策,保障开发资金

(1) 调整支渔财政资金使用方向,提高资金使用效率。建议进一步加大渔业基础设施、良种体系、病害防控防疫体系、渔业生态环境保护体系、渔业科技研发与推广、渔民转产转业、渔业政策性保险、渔业小额信贷、环境友好型陆基工业化养殖设施设备、深水网箱养殖设施设备、工业化养殖渔船、远洋渔业等方面的财政支持力度,取消渔船柴油补贴。

(2) 实施水产养殖污染收费及地下海水资源开采使用费制度。建议以工厂化养殖为始点,逐步推进水产养殖排污收费制度,以保护养殖水域环境,并促进工业化循环水养殖等环境友好型的养殖方式的发展和产业的转型提升。同时,建议对地下海水资源的开采和使用实行收费,并对相关区域进行生态补偿,以纠正扭曲的资源配置,发展生态友好型的水产养殖业。

(3) 征收水生动植物资源使用费。建议对近海渔业资源开发使用征收资源使用费,以专款专用于近海渔业资源的恢复和保护。

（七）发展渔业保险，改进金融服务

（1）在继续完善船东互保制度的同时，着力发展水产养殖保险。海洋捕捞中的船东互保制度已经推进多年，一些地方取得了较好的绩效，建议在总结经验的基础上进一步予以完善。相比较而言，海水养殖业保险比较滞后，为此建议：

① 以工厂化的海水鱼类为试点，逐步推进我国海水养殖业保险。工厂化海水鱼类养殖业是我国海水养殖的典型代表，具有技术相对较为成熟、模式相对较为齐全、投资规模相对较大、风险相对较低、标的物相对较容易识别等特点，在该产业中推进试点工作会相对比较成熟。

② 多管齐下，加强对蓝色粮仓生产者的渔业保险知识培训。渔业微观生产者保险知识的缺乏是导致水产养殖保险难以推进的重要原因。建议渔业主管部门、水产技术推广站、产业技术体系、保险供给者等多方合作，加强对生产者的保险知识培训。

③ 加大政府对水产养殖保险的力度。研究结果表明，保险财政补贴对养殖生产者参与水产养殖保险具有明显的激励作用。建议在国家支农资金中抽出一块，专门用于水产养殖保险补贴。在补贴机制上，既要考虑保险供给者维持盈亏平衡的需要，同时也需要考虑对养殖生产者予以适当激励。

④ 优先开发水产养殖病害保险、水产养殖污染保险、台风和洪涝灾害保险等险种。

（2）以渔业信用担保为重点，尽快完善渔业金融制度建设。

① 加快建立和完善渔业信用担保体系，解决金融机构惜贷问题。建议借鉴日本和我国台湾地区的做法，成立专门服务于渔业的金融部门，如成立渔业信用联会或渔业信用担保协会。在这方面，我国海南已经有所实践，在三亚等地建立了渔业信用担保协会。在烟台，担保公司也已经向信用良好的少数海水养殖企业进行担保。建议尽快总结这些地区的经验，由政府相关机构进行协调，尝试成立由渔业生产者（渔民专业合作社、渔业企业）、渔民协会及渔业互保协会以及承当国家政策性支农业务的农业发展银行、国家开发银行等相关金融机构等利益共同体共同出资组成的渔业信用担保协会，对海水养殖生产者提供贷款担保。

② 继续推进微型金融的发展，通过小额信贷加强对蓝色粮仓生产者的融资支持。建议政府一方面继续强化微型金融经济组织的培育工作，并从风险与收益对等的角度考虑，加强对微型金融组织的引导和规范，另一方面通过推动财政贴息贷款等形式，鼓励农村信用合作社等金融机构加强对水产养殖生产者的小额信贷工作。

③ 因地制宜完善主产区金融体制，引导商业金融机构加大支渔力度。目前农业金融组织中，农业发展银行主要业务被定位在粮食等种植业的政策性支农方面。对于大农业中以渔业为主的区域来说，农发行的这种定位显然不能满足“支持农业”的要求。建议在对渔业主产区农业发展银行进行重新定位的同时，改革渔业金融体制中存在的二元结构，并完善中国农业银行、农村信用合作社和邮政储蓄银行等商业金融机构的支渔支农政策。

（八）强化相关立法，完善法律体系

（1）完善以渔业权制度为基础的渔业法律体系，尽快修订《渔业法》，将渔业权明确写进渔业基本法中，强调渔业在国家粮食安全战略中的重要位置。加强立法规划的基础调研，特别是渔业一线调研，以保证制定的法律法规能适应渔业关系，并促进发展。

(2) 有针对性地向其他渔业强国或周边其他邻海国家借鉴和学习，完善涉及海洋资源开发、海洋综合管理、国家领海主权和海洋权益等方面的海洋法律体系，增加政策性法规内容的适用性、可操作性。

(3) 通过完善内部制度、加强外部监督、转变执法理念、提高执法队伍素质、明确执法部门职能分工等手段加强海洋与渔业执法力度，保证既定法律法规得以良好执行。

(九) 加强政府往来，推动国际合作

(1) 加强政府往来，不断巩固政治和战略互信，以海洋经济为突破口，共同建立海洋养殖合作基地，探索产业园区双向投资，健全常态化的合作交流机制。

(2) 构筑双方海上互联互通网络，开拓港口、海运物流和临港产业等领域合作，积极发展好海洋合作伙伴关系。

(3) 以海上丝路建设为契机，通过技术创新，提高相关产业的技术含量，促进产业结构调整升级，提升在国际产业分工的地位，实现共赢。

总之，构建海洋蓝色粮仓，发展蓝色食品产业可以为保障国家粮食安全提供新的视角，为建设新形势下的国家粮食安全战略拓展新的思路，无论从解决地球资源的可持续利用、缓解环境问题和人口压力还是维护国家海洋权益的角度，都具有重要的战略意义。我们应抓住“一带一路”战略契机，顺应当前国际发展的新潮流，主动对接国家要求，大力推进蓝色食品产业发展，全面建设海洋强国。

参考文献

[1] 联合国粮食及农业组织. 2014 世界渔业和水产养殖状况——机遇与挑战[M]. 罗马，2014.

[2] 海易国际资讯. FAO 积极倡导国际海洋资源管理改革[EB/OL]. http://www.haiyi360.com/news/bencandy-htm-fid-85-id-21429.html.

[3] 卢昆，周娟枝，刘晓宁. 蓝色粮仓的概念特征及其演化趋势[J]. 中国海洋大学学报，2012，(2):35-39.

[4] 中华人民共和国海关总署. 海关统计年鉴[M].

[5] 唐启升. 碳汇渔业与又快又好发展现代渔业[J]. 江西水产科技，2011，(2)：5-7.

[6] 中华人民共和国国家统计局. 2014 年国民经济和社会发展统计公报[EB/OL]. http://www.stats.gov.cn/tjsj/zxfb/201502/t20150226_685799.html.

[7] 农业部渔业局. 2014 中国渔业统计年鉴[M]. 北京：中国农业出版社.

[8] 韩立民，王金环. “蓝色粮仓”空间拓展策略选择及其保障措施[J]. 中国渔业经济，2013，31(1):53-58.

[9] 牛盾. 在高起点上谋划推动现代渔业发展[N]. 中国渔业报，2015-1-19(01).

[10] 国家海洋局. 2014 年中国海洋环境状况公报. http://www.coi.gov.cn/gongbao/huanjing/201503/t20150316_32222.html.

[11] 阎铁毅. 中国海洋执法体制改革建议[J]. 行政管理改革，2012，07:35-38.

[12] 程如烟. 美国海洋科学未来 10 年之路[J]. 全球科技经济瞭望，2008，02:64.

[13] 金永明. 日本《海洋基本计划草案》述评[A]. 中国海洋法学评论 2014:19.

[14] 乔俊果. 21 世纪美英海洋科学战略比较研究[J]. 海洋信息，2011，02:25-28.

[15] 高云. 俄罗斯海洋战略研究[D]. 武汉大学，2013.

第三章 支撑种业发展，加快建立国家种质资源保障体系战略研究

摘 要

国以农为本，民以食为天。2014 年中央一号文件明确指出，必须实施“以我为主、立足国内、确保产能、适度进口、科技支撑”的国家粮食安全战略。要集中国内资源保重点，做到谷物基本自给、口粮绝对安全。但近年来我国“丰年缺粮”的情况愈发严重，2014 年净进口粮食达 10273 万吨，占中国粮食总产量的 17%，中国成为世界粮食进口大国，中国粮食安全问题成为世界关注焦点。中国主要粮食作物单产世界排名在 12～45 名之间，说明我国粮食单产具有很大提升空间，种业是我国粮食安全中的重大薄弱环节，要构建国际一流种子产业，前提条件就是要构建保证粮食安全相适应的国家种质资源保障体系。一粒种子，可以改变一个产业，品种资源是种业创新的原动力。种质资源的获取和开发利用程度已成为衡量一个国家综合国力和可持续发展能力的重要指标，是国家最重要的公益事业之一。美国是世界上种质资源体系最完整的国家，保存了来自 100 多个国家的 2376 属、14736 种、92 万份资源，为美国各育种公司提供了安全、广泛、多样、充足的基因来源，使得美国种子公司一直保留着强大的资源竞争优势。挪威政府和世界粮农组织等共同启动了“诺亚方舟世界种子计划”，建设了“世界末日种子库”，计划贮存超过 450 万种、上亿粒种子保存 1000 年，动植物种质资源为欧洲高产优质农业和畜牧业的飞速发展提供了优越运载工具。我国也建立了比较完善的种质资源保存应用机构，国家种质库贮存的种质资源数量达到 42 万余份，但在种质资源的收集引进、检验检疫、性状评价、资源保藏与优良性状基因挖掘等方面与发达国家差距较大，尚未形成一个完整的种质资源支撑体系，特别是种子苗木是外来有害生物传入最重要途径，一些由种苗传入的检疫性有害生物已给我国农林生产带来重大损失。国家应有更大专项资金投入，全面提升种质资源保障水平，加强科技创新，确保国家粮食安全。

种质资源是选育新品种的基础材料，包括各种植物栽培种、野生种的繁殖材料及人工创造的各种植物遗传材料。它是种业发展的核心、保障粮食安全的前提，是国民经济可持续发展的战略性资源。因此，种质资源的获取、拥有和开发利用程度已成为衡量一个国家综合国力和可持续发展能力的重要指标。

抓紧构建新形势下的国家粮食安全战略是 2014 年中央一号文件的明确要求，是治国理政必须长期坚持的基本方针。目前我国在种质资源的收集引进、检验检疫、性状评价、资源保藏与优良性状基因挖掘等方面与发达国家相比差距巨大，未能建立一个完整保障有效的种质资源支撑体系，给国家粮食安全带来了隐患。国家应有更大专项资金投入，加强科技创新和技术保障，全面提升种质资源保障水平，确保国家粮食安全。

一、形势分析:重要性和紧迫性

(一) 中央高度重视粮食安全

2013 年中央经济工作会议和中央农村工作会议及 2014 年中央一号文件都强调必须保障国家粮食安全,国家实施"以我为主、立足国内、确保产能、适度进口、科技支撑"的国家粮食安全战略。要依靠自己保口粮,集中国内资源保重点,做到谷物基本自给、口粮绝对安全。"民以食为天,无粮不稳",这是万年古训。中国人的饭碗任何时候都要牢牢端在自己手上,并且饭碗里装的应该主要是中国粮。一个国家只有立足粮食基本自给,才能掌握粮食安全主动权,确保社会稳定,进而才能掌控经济社会发展大局。

(二) 粮食安全前景堪忧

2013 年我国粮食总产量首次突破 6 亿吨大关,同比增长 2.1%。从 2004 年起我国粮食产量"十连增",但是"丰年缺粮"的情况也摆在国人面前。2014 年净进口粮食达 10273 万吨[1],进口粮食已占中国粮食总产量的 17%。近年来我国大豆进口量不断攀升(图 3-3-1),2014 年进口量超过 7140 万吨[1],是国产大豆总产量的 4.4 倍,世界 70%的大豆出口到了中国。2011 年开始我国玉米和小麦已大量进口。鉴于中国庞大的人口和巨量粮食需求,急剧增加的粮食进口贸易,将影响世界粮食供求关系,很难想象世界哪些/个国家会给中国提供粮食安全保障。

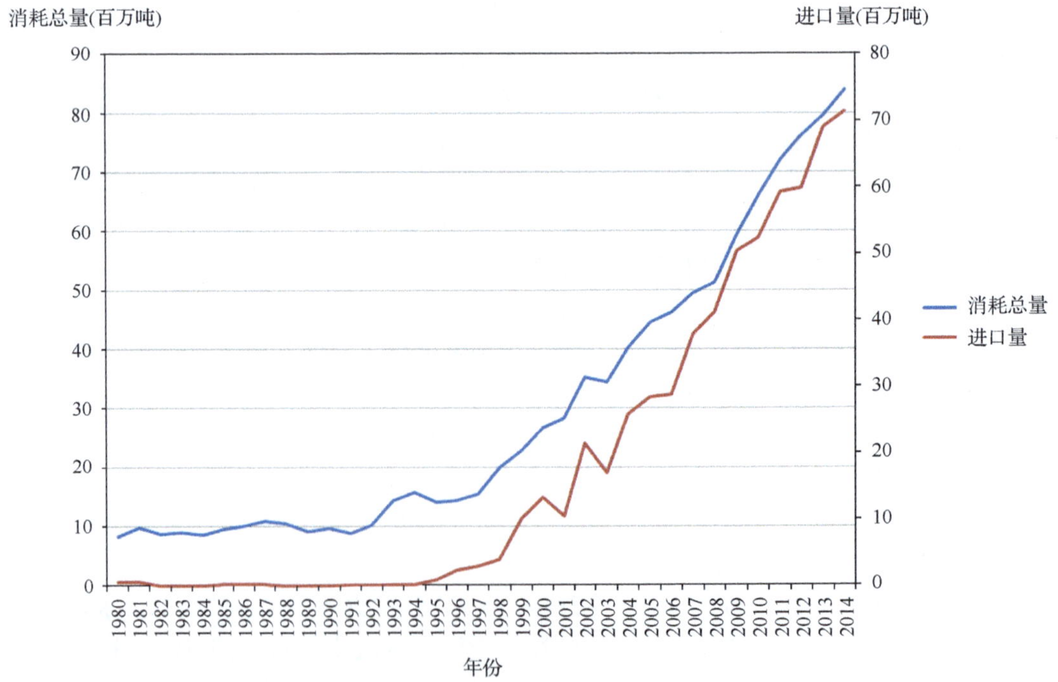

图 3-3-1　中国进口大豆与总需求关系

(三) 种业是我国粮食安全保障中的重大薄弱环节

国以农为本,农以种为先,种业是现代农业发展的“生命线”。我国是农业大国和用种大国,农作物种业是国家优先支持的战略性和基础性核心产业,是保障国家粮食安全的根本。几十年来,我国培育了一大批优良农作物品种,完成了多次大范围的品种更新换代,对粮食增产发挥了不可替代的重要作用,我国用世界 9%土地养活了世界 21%人口,也出现了袁隆平这样举世闻名的育种学家,杂交水稻种子出口到世界几十个国家和地区,为世界粮食安全做出了贡献。

但中国粮食产量主要靠大面积播种和超量使用化肥、农药而维持的,如中国化肥使用量是世界平均使用量 3 倍多[2]。据 FAO 统计,2001～2012 年中国水稻、小麦种植面积世界第一、玉米种植面积世界第二、大豆种植面积世界第四,但粮食单产排名为水稻世界第十二、小麦第二十三、玉米第四十、大豆第三十六,与世界单产前五名之和的平均值相比,我国单产水稻相差 27%、大豆相差 80%、小麦相差 70%、玉米相差 280%[3](见图 3-3-2 至图 3-3-5)。除水稻单产还处于世界先进水平外,其他三种粮食作物产量与国际产粮国差距十分明显,说明我国粮食产量具有很大的提升空间。

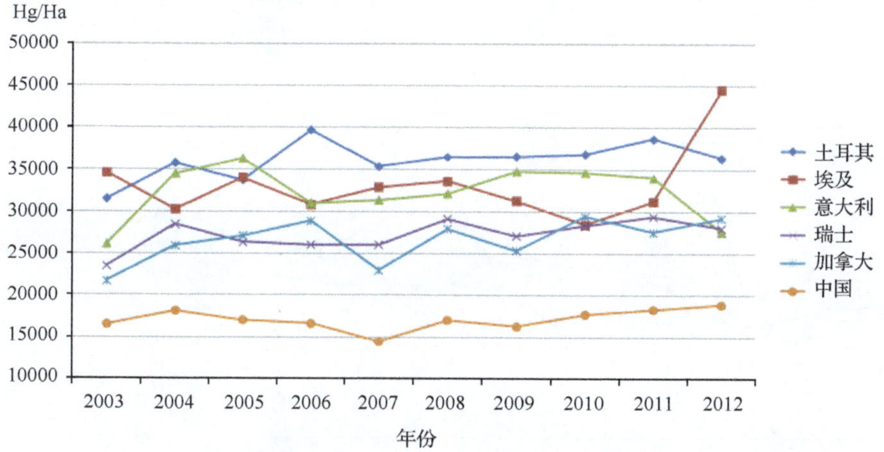

图 3-3-2　十年间(2003～2012 年)最高单产国家及中国大豆单产变化情况

数据来源:联合国粮食及农业组织统计数据 http://faostat.fao.org/site/567/default.aspx#ancor

事实上我国种业还处于发展初始阶段,存在科技创新能力低、资源不足、企业规模小、数量多、生产力水平不高、竞争力低下等一系列问题,给我国粮食安全保障带来了重大隐患。据国际种子协会 2012 年统计,中国种子市场(99.5 亿美元)是仅次于美国(120 亿美元)的第二大市场(表 3-3-1),但中国种子商品化率低,中国 7600 多家种子公司总产值只相当于美国一家种子公司(孟山都)[4],中国种子公司基本上没有国际竞争力,2012 年中国种子出口为 2.51 亿美元,仅占国际市场份额 2.6%,而且其中约 70%为国外种子公司在中国繁种再外口(表 3-3-2);而中国蔬菜、花卉种子大部分依赖进口,玉米等主粮作物如果没有国家政策控制种子进口和国外种子公司在中国制种,中国种业在国内市场也有全面失控的危险。在国际农业种业中,中国只是一个提供市场与劳力的打工者,这与我国农

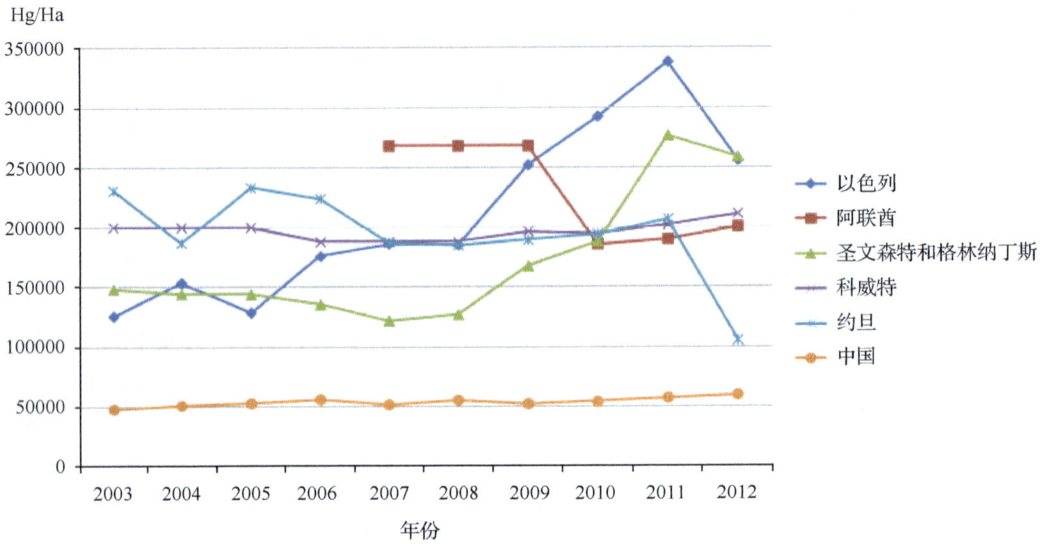

图 3-3-3　十年间(2003～2012 年)最高单产国家及中国玉米单产变化情况

数据来源：联合国粮食及农业组织统计数据 http://faostat.fao.org/site/567/default.aspx#ancor

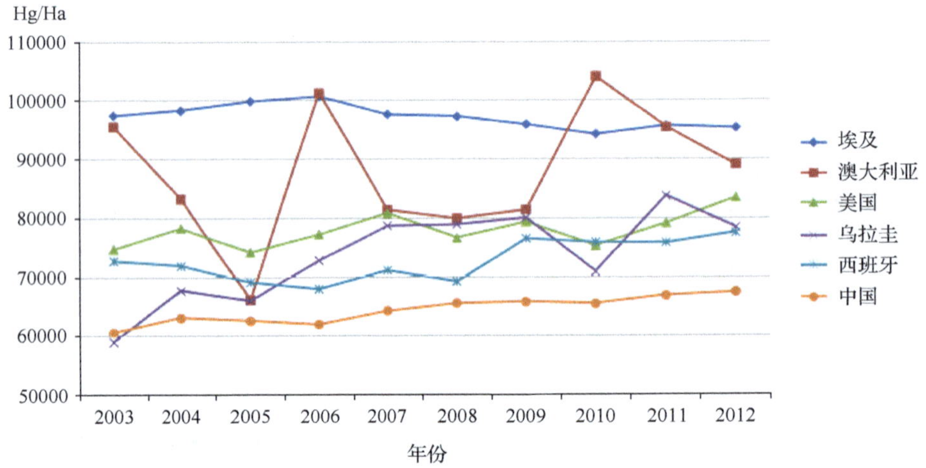

图 3-3-4　十年间(2003～2012 年)最高单产国家及中国水稻单产变化情况

数据来源：联合国粮食及农业组织统计数据 http://faostat.fao.org/site/567/default.aspx#ancor

业大国地位极不相称。

（四）要重塑种质资源国家战略地位刻不容缓

一粒种子可以改变一个产业，品种资源是支撑产业和经济可持续发展的基础，是种业创新的原动力。种质资源是国家战略资源，也是粮食安全的核心。种质资源的多样性、丰富度和全面性是评价一个国家种业发展水平和潜力的三个标准。据 FAO 公布资料[3]，世界约有 32 万种高等植物，其中约 3000 种用作人类食物，其中重要的 103 种作物提供全世界 90%的食物。1993 年 FAO 及 CBD 联合成立“作物种质资源多样性委员会”，强制各

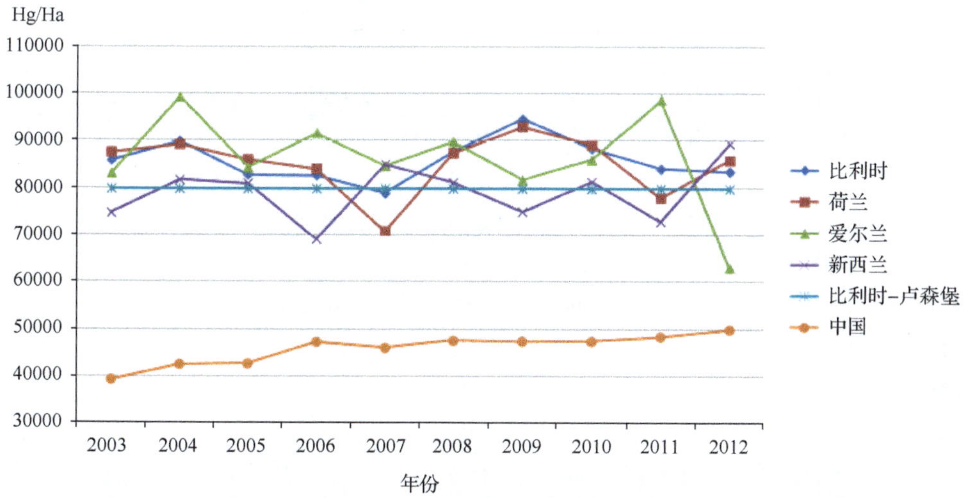

图 3-3-5　十年间(2003～2012 年)最高单产国家及中国小麦单产变化情况

数据来源：联合国粮食及农业组织统计数据 http://faostat.fao.org/site/567/default.aspx#ancor

会员国加大种质资源保护力度[3]。

欧美是目前种质资源收集保存做得最好的国家。例如中国是大豆的原产地，美国陆续从中国引进了上万份大豆资源，经过大力的科技改造，培育成抗病抗除草剂等良种，现在美国成为世界大豆主产区，单产高出中国 1 倍以上，中国成为世界最大的大豆进口国；玉米在美洲种植了至少 5000 年，但直到 20 世纪 50 年代美国玉米单产都在 1500 千克/公顷，但通过广泛收集大穗玉米、杂交玉米和抗病虫等优质品种资源进行科学育种，近 60 年来美国玉米单产直线上升，已达到 12500 千克/公顷[5]（图 3-3-6），单产提高了约 8 倍，美国平均单产高出中国近 1 倍，由于生物工程育种技术的出现，美国育种界预测，到 2030 年

表 3-3-1　2012 年部分国家国内种子市场货值估计

国家	货值(百万美元)	国家	货值(百万美元)
美国	12000	摩洛哥	140
中国	9950	瑞士	140
法国	2800	保加利亚	120
巴西	2625	智利	120
加拿大	2120	尼日利亚	120
印度	2000	塞尔维亚	120
日本	1350	斯洛伐克	110
德国	1170	新西兰	100
阿根廷	990	乌拉圭	96
意大利	767	爱尔兰	80

数据来源：国际种子联盟(International Seed Federation)

表 3-3-2　2012 年部分国家出口种子概况

国家	数量(吨)				货值(百万美元)			
	大田作物种子	蔬菜种子	花种	总计	大田作物种子	蔬菜种子	花种	总计
法国	586289	8084	287	594660	1437	349	18	1804
荷兰	119862	11596	1931	133389	256	1255	72	1583
美国	364117	17626	726	382469	930	529	72	1531
德国	100752	1271	1271	103294	638	58	31	727
智利	50125	1809	1809	53743	218	150	20	388
匈牙利	128168	1600	—	129768	374	11	—	385
加拿大	193559	221	—	193780	317	6	—	323
意大利	94722	10153	76	104951	198	116	1	315
丹麦	121140	7855	117	129112	221	42	2	265
中国	31977	6130	625	38732	79	158	14	251

数据来源：国际种子联盟(International Seed Federation)

美国玉米产量还会增长一倍，达到 19000 千克/公顷。新西兰对中国进行了一个多世纪的猕猴桃种质资源收集，在此基础上培育创新，发展成为世界上最先进的猕猴桃产业。我国袁隆平院士因发现一株野生败育水稻资源而成功育成三系配套杂交水稻，水稻产量成倍增长，引发世界水稻产业革命的故事已家喻户晓。目前我国制约种业发展和粮食产量提高最大的瓶颈之一，就是缺乏具有国际竞争力的丰富、优质、高产品种资源。重塑种质资源国家战略地位刻不容缓。

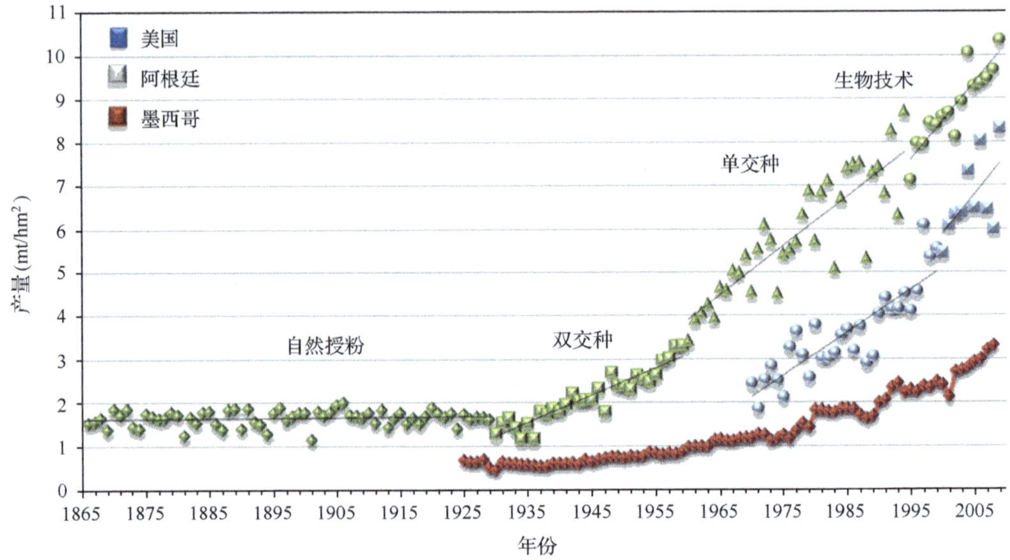

图 3-3-6　育种科技发展对美国等玉米种植大国产量重大影响

二、与发达国家比较

据FAO统计[3]，全世界约有1300个国家级或地区级种质资源保存站，保存着约200万种独特的种质资源，但只有35个保存站具有种质长期保存能力，其中美、俄、英、日、法、德、中、比（利时）、加、乌（克兰）、印、韩等12个国家约保存着其中45%资源，其中重点收集保护的食用农作物100余种属[6]。

（一）美国种质资源监管利用现状

美国曾是一个植物种质资源极度贫乏的国家，但美国对植物种质资源高度重视，从19世纪早期美国就要求各驻外使节引进当地优良的植物材料，经过多年的收集、考察、引进和交换，现已成为世界上植物种质资源保存量和保存种类最大的国家，保存了来自100多个国家的2376属、14736种、92万份资源（其中长远保存的36万份，谷粮类资源226属、1339种、37万份）[7]。这些资源80%来源世界其他国家，收集的大部分品种系统地进行抗病、抗虫、抗逆、抗干旱、高产、优质、携带病虫与否等优良基因评价，对水稻、小麦、玉米、大豆等重要作物已进行了全基因组测序；对重要优质资源即使带有检疫性有害生物（或来源疫区），作脱毒等检疫处理后长期保存，为美国各育种公司提供了安全、广泛、多样、充足的基因来源，使得美国育种公司一直保留着强大的资源竞争优势。美国种质资源竞争优势主要得益于以下五方面的工作。

1. 完善的法律法规体系

相关法规包括《国家遗传资源保护法》、《国外遗传资源搜集指导依据》、《科学技术转让法》、《植物专利法》、《植物品种保护法》；《植物检疫法》、《种子进口法》、《濒危物种法》、《植物品种保护法》等及其他针对特定作物的法律；对于人工培育资源的惠益分配制度有明确规定，主要以支付专利费或使用费等货币方式；未经过人工培育加工的自然遗传资源主要通过合同方式解决惠益分享问题。

2. 庞大的组织运转机构

在组织运转中，美国国家植物种质系统（NPGS）由政府机构（联邦和州）和私立机构共同构成，由32个机构组成，42个作物种质委员会支持运行。国家种质资源实验室有十多个机构上百人负责从全球收集动植物及微生物资源、进行检疫、编目、登记、分发和利用。地区植物引种站（RPIS）一般配有协调员，农学、园艺学、植物病理学和昆虫学专业的科学家各1名，这些科学家配备有部分技术人员和工人协助工作。

3. 明确的任务分工

（1）国家种质资源实验室负责作物种质资源的考察和引进，及全美植物种质资源信息系统的建设和管理；

（2）国家植物检疫办公室负责引进植物种质资源的隔离检疫，种子检疫、健康检测、脱毒和分发，确保种质资源的健康；

（3）国家植物种质资源贮藏库和地方引种站负责种质资源的收集、引进、评价、保存和分发；

（4）各类作物的种子收集站或遗传材料收集站负责特定作物或遗传材料的收集、评价、保存、分发。

4. 高效的运转体系

美国建立了目前世界上最完善的种质资源信息网络——国家种质资源信息网(GRIN，http://www.ars-grin.gov)，将分散在全美国各地的 NPGS 重要成员联系在一起，实现了种质资源采集、检测、检疫、入库、编目、分类、评价、鉴定、订购、分发和交换的网络化，从信息化方面保证了美国国家植物种质体系的建设和高效运转。

5. 持续足额的资金保障

美国每年有近 10 亿美元专项资金保障 30 多个资源检疫机构的运行[7]。

（二）欧盟种质资源监管利用现状

与美国相比，欧盟更注重国际间的相互合作与遗传资源的获取与惠益分享，欧盟各成员国各自有自己专项资金支持种质资源收集、评价和保存，如荷兰本来是一个农业国家，自然资源贫乏，自 50 年代起从全世界各地收集保存花卉种质数十万份，再进行各种名贵花卉培育，通过 60 年的努力，形成了年产值 120 多亿美元的支柱产业，引领世界花卉产业发展，是种质资源促进产业发展最著名的例子。欧盟层面制定了欧洲植物遗传资源合作计划(European Cooperative Programme for Plant Genetic Resources，ECPGR)[8,9]，致力于将欧洲 40 多个国家收集保存的生物资源，进行编目、登记、信息共享与资源交换合作，该项目共享的种质资源，分为 20 个植物类群，近 100 万份，如核果类欧盟 20 个国家共收集 1136 种、22779 个品种。另外值得一提的是：2008 年挪威政府和联合国粮食及农业组织等共同启动了“诺亚方舟世界种子计划”，即在距离北极点约 1000 公里的挪威斯瓦尔巴群岛的一处山洞中，有一座“世界末日种子库”：将约 450 万种、1 亿粒世界各地的农作物种子存放在−18℃的地窖中长期保存(现在保存了 75 万种)，在如此温度环境下，小麦、大麦和豌豆等重要农作物种子可持续保存长达 1000 年，储存最久的是高粱，大约能存放 1.95 万年。

（三）我国种质资源现状

中国政府虽已制订种业发展规划[10]，并制订了相关政策[11]，建立了很多植物种质资源保藏中心，包括农业、林业及热带作物种质库等，国家种质库是全国作物种质资源长期保存与研究中心，初步建立了比较完善的种质资源保存应用机构，至 2013 年年底国家种质库贮存的种质资源数量已达到 42 万余份，但存在如下问题：

(1) 种质资源结构上，80％以上为国内种质，对国外资源的收集极其有限；

(2) 在保存与应用能力上，我国还处于对国内资源的收集、整理与保存阶段，性状评价与应用十分有限；

(3) 在作物的丰富度方面，主要集中在主要农作物上，只保存了数百个种属，资源的多样性和丰富度不足美国十分之一。

我国在种质资源的保藏与应用方面与美国等发达国家差距很大，分析其原因，主要表现在以下方面：

（1）相关政策法规不完善

种质资源支撑体系未得应有的重视，执法能力建设不够。在法律法规方面，发达国家对种质资源的搜集、保存和利用进行了明确的规范，并在实践中建立了一套惠益分享制度等。中国的种质资源保护相关法律法规主要有《种子法》、《植物新品种保护条例》、《进出口农作物种子（苗）管理暂行办法》、《濒危野生动植物进出口管理条例》、《进出境动植物检疫法》、《野生植物保护条例》。上述法律法规主要涉及商品化种子苗木，在种质资源保护和利用方面只有笼统的规范，不够细化和明确，也没有种质资源共享惠益规定。我国公共安全领域最大一个问题是，事权与财权相分离（美国出台一项新的法规，执法所需要的能力建设人力和费用和每年经费在法规中都有明确的规定，如近年美国 2002 年发布了《加强外来有害生物防控总统令》，就规定国家投入 30 亿美元进行先期执法能力建设、以后每年拨款 10 美元用于执法；而中国执法能力建设和成本，人大立法时从来就没有进行测算或者规定，执法能力建设靠部门间协商，很多情况下没有充分保障），财政上无法保证种质资源收集、评价、安全保障、分享与交流等基本公共事业需求。要支撑种业发展，首先要加强种业发展的立法。

（2）缺乏足够持续专项资金支持

中国支持从国外引进植物种质资源，虽然设立了“948 项目”等一批专项，但中国平均每年用于植物种质资源工作的总经费不到 1000 万美元，不到美国经费支持强度的 1%，尤其是在引种检疫、健康检测投入不足，导致我国目前能正常运行国家级隔离检疫苗圃不到 3 个，还不到美国十分之一，已有隔离苗圃由于缺乏明确任务来源和授权，作用无法发挥，无法从根本上满足国家引种检疫需求。植物种质资源方面的低投入，严重限制了优质种质资源的引进、风险控制、品质评价、资源的共享及高产优质品种的选育，也直接影响到我国粮食单产的提高。

（3）种质评价工作不够全面细致

种质资源优良性状的评价与发现是其后续应用的前提与关键，美国等发达国家非常注重对种质资源进行细致品质评价，委托地方资源收集站对资源的抗病、抗虫、抗逆、抗干旱、优质等优良性状进行评价，为美国各育种公司提供了安全、广泛、多样、充足的基因来源，这也使得美国育种公司一直保留着强大的资源竞争优势，我国在种质资源品质评价方面缺乏统一协调与系统评价，表现为零散、重复及信息不畅，未能为育种公司提供足够资源支撑。

（4）种质资源引进风险控制不够

由于法律法规中没有明确国外种质来源标识要求和种子健康强制要求，资源引进中缺乏有效检疫与处理，而且由于我国种质资源引进渠道呈现多、散、乱的特点，渠道的多样化与不规范更导致风险控制难度大，有害生物随资源引进传入风险极大。一种外来灾害生物就能毁掉一个产业（如从欧洲传入梨火疫病菌，将美国梨树全部毁掉），许多病害低至万分之一带菌率即可导致病害大规模发生，给农业生产带来严重的直接危害和潜在威胁。我国口岸从种苗上截获的有害生物在不断增加，最近几年每年截获的有害生物已达到上千种、上万次（图 3-3-7），一些非法入境种子带来的检疫性病害如黄瓜退绿斑驳病毒、西瓜果腐病、玉米退绿斑驳病毒等已给我国农业生产带来重大灾害。

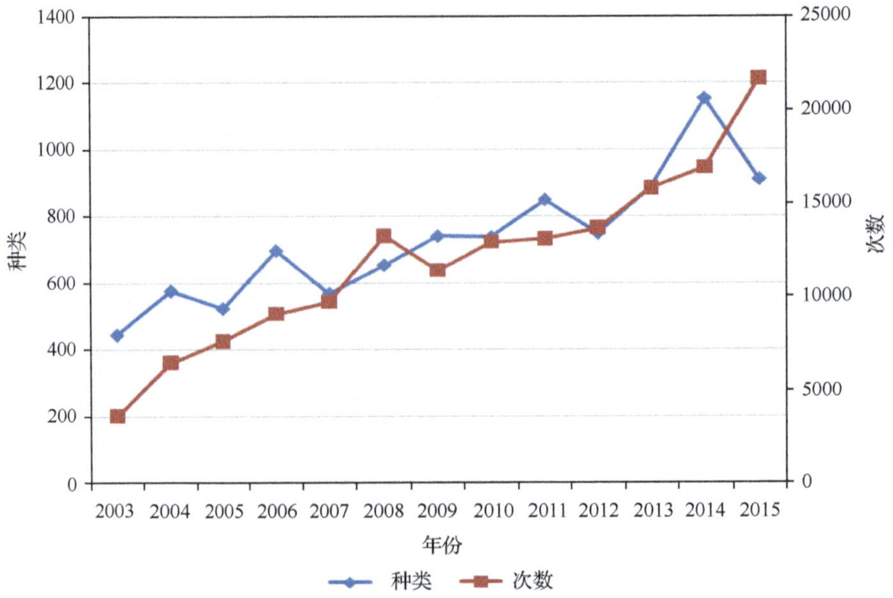

图 3-3-7　我国口岸从进口种子苗木上截获外来有害生物种类和次数

总的来说我国还没有建立种质资源全面、系统、足量引进及种质评价、安全控制体系，种质资源稀缺现状未得到有效缓解，现有的种质资源引进、保存体系，与我国农业大国地位极不相称，无法提供与我国幅员辽阔、气候多样相适应的抗病虫、抗逆、高产优质种质资源。

三、战略建议

（一）加强种质资源相关法律法规制修订及执法能力建设

建议制定《种质资源保护法》，规范种质资源的引进、保护、利用与惠益分享；修订《中华人民共和国种子法》和《中华人民共和国出入境动植物检疫法》，增加种质资源检验检疫要求和健康检测相关规定，确保有法可依，并且可大幅提高我国种子健康水平，从立法上保障农民利益、促进种子产业升级和提升农产品质量。从法律层面应明确输出种质资源应该遵循的原则，建议制定和颁布专门的《物种保护法》。特别需要加大品种知识产权保护力度。制订种质资源保护国家战略，将种质资源的安全引进、检疫、检测、评估、保藏和利用列为农、林、质检、外交等部门工作职责和绩效考核目标。

（二）加强“高产优质”新品种培育重大基础科研项目的研发力度

农作物育种，周期长、投入大、风险高，国外都要花几十年时间才能培育一个具有国际竞争能力的产业。我国农业产业国际竞争力与我国农业大国和人口大国地位不相称，急需依靠科技引领产业升级，规划国家农业产业升级路线图是非常必要的。国家已启动了“转基因农作物新品种培育重大专项”，重点支持生物技术针对五大作物和三大动物进行新品种培育。要加大支持生物技术育种与常规育种技术相结合。国家支持资源引进、保存、深度挖掘与关键功能基因评价和资源分享，如提供抗病、抗虫、抗倒抗旱优质和优良基因，为育种公司提供安全广泛多样充足的基因来源，提升种业公司在水稻、小麦、玉米及大豆主要粮食作物育种效率与能力，重点培育水稻、小麦、玉米和大豆“高产优质”农作物新品种。国家支持建立新品种市场化监管所需要质量安全保障技术方法和标准，国家重点抓两头，理顺国家与育种企业的关系，为实现“谷物基本自给、口粮绝对安全、全面提升食物质量，优化品种结构，稳步增强食物供给能力”的国家目标，提供技术保障。

（三）建设与农业与人口大国地位相称的国家种质资源体系

种质资源是国家核心战略资源，是保障粮食安全和国民营养与健康的基础。对中国这样一个人口和农业大国来说，建立一个具有国际竞争能力、国家主导的种质资源保障供系，应是国家战略重点工作和优先发展方向。

国家应将种质资源体系建设纳入国家战略规划，并有国家专项资金保障，做到法规到位、组织合理、部门协作、目标明确、重点突出、动转高效、保障有力。

重点建设包括我国主要作物的物种资源原生态保护站点，保护设施，国家种质资源库，国家数据及网站；加大对国外物种资源引进、保护和利用；加强对农业发展所急需的重点资源系统评价、长期保存和分享；加大对进出境种质资源携带有害生物风险控制，确保检疫措施、人员、设施和经费到位；建立出口物种资源检验和登记制度，保护我国物种知识产权。形成一盘棋的收集、评价、保存和应用等联动机构和机制，开创种质资源的研发新局面。

最终建立确保国家粮食安全和种业发展需要的国家种质资源技术和保障体系，力争通过 30 年左右的努力，使我国种质资源保有量达到欧美等发达国家水平，促进我国农业产业升级和国际竞争能力大幅提升，为实现保障食物有效供给、促进营养均衡发展、着力提升人民健康水平、全面建成小康社会的国家目标提供重要种质资源保障。

参考文献

[1] 2013 年我国粮食进出口贸易检测报告.

[2] 周正剑，等. 国内外种业发展现状剖析. 中国种业，2012.

[3] 联合国粮食及农业组织统计数据库：http://faostat. fao. org.

[4] ISF Secretariat 2013，Chemin du Reposoir 7，1260 Nyon，Switzerland，+41223654420，isf@worldseed. org.

[5] Plumer B. A brief history of U. S. corn，in one chart，the Washington post，August 16，2012.

[6] Shand H. Human Nature：Agricultural Biodiversity and Farm-based Food Security，1997.

[7] 方嘉禾. 世界生物资源概况. 植物遗传资源学报，2010，11(2)：121-126.

[8] USDA，ARS，National Genetic Resources Program. Germplasm Resources Information Network-(GRIN). [Online Database] National Germplasm Resources Laboratory，Beltsville，Maryland. Available：http://www. ars-grin. gov/cgi-bin/npgs/html/site_crops. pl? PARL (28 April 2014).

[9] 司海平. 农作物种质资源调查信息系统研究：博士学位论文. 中国农业科学院，2011.

[10] 全国农作物种业发展规划(2012—2020 年).

[11] 国家发展改革委关于修改〈产业结构调整指导目录(2011 年本)〉有关条款的决定.

第四章 提高我国食品营养与民众健康水平战略研究

摘 要

营养是人类生存与健康的基本保障。2014年由联合国粮食及农业组织(FAO)和世界卫生组织(WHO)共同主办的第二届国际营养大会发布了《营养问题罗马宣言》,倡导人人享有获得安全、充足和营养食品的权利,并呼吁各国政府作出承诺,为防止包括饥饿、微量营养素缺乏和肥胖等在内的各种形式的营养不良做出努力,并将2016～2025年定义为“营养行动十年”,营养问题已经列入全球发展战略。

我国近年来食物与营养事业取得了巨大成就,全国食物生产能力不断加强,食物消费快速增长。同时,我国正处于营养转型期,面临着营养缺乏和营养过剩的双重压力,特别是以高能量、高脂肪和高动物性食物为特征的膳食结构的改变,加上体力活动的缺乏,导致相关慢性代谢性疾病的发病率呈井喷式增长,已经成为影响国民经济健康发展与社会进步的重大问题,也事关能否实现构建和谐社会的长远战略问题。全民的现代科学营养意识匮乏、营养改善工作重视程度不够、国家层面上的系统性规划和相关保障体系不完整、营养人才的教育培养体系与营养科学研究缺乏、财政投入不足等是造成营养问题的主要原因。

要想破解这一难题,就必须在国家层面上予以高度重视,在学习借鉴其他国家相关政策实践和经验的基础上,探索适合我国国情的国民营养改善之路。建议以《营养问题罗马宣言》“营养行动十年2016～2025”为契机,建立国家营养安全工作委员会,将营养政策纳入到国家长期发展战略和“十三五”发展规划,并编制“2016～2025年国民营养行动计划”;建立完善营养领域法律保障体系,积极推动营养专业教育和专业人才培养体系建设;加大在营养领域的财政投入,持续加强对营养科学研究的支持及保障体系建设,建立我国居民营养与疾病状况数据库;加强国际交流与合作,坚持粮食安全、食品安全和营养安全协同发展,打造我国的健康产业,走有中国特色的营养改善道路,形成一个全民积极参与的国家营养健康重大民生工程。可以预见,它的实际作用将会等同于航天工程和探月工程,在强壮中华民族,实现中华民族伟大复兴的历史进程中发挥重大作用。

一、营养问题已经被列入全球发展战略

联合国公约指出获取均衡的营养是人类生存与健康的基本保障。经验表明:提供充足的食物,使国民达到均衡营养,能够获得极大的收益,是促进国家可持续发展、提高人民健康水平、消除贫困的最有效干预行动之一。近年来,全球营养改善工作取得了长足进步,然而形势依旧不容乐观,营养不良对人身体、发育造成重要影响,而长期营养有问题会降低整个社会生产能力,给全球带来极为沉重的社会与经济负担,影响社会的进步与发展。

由联合国粮食及农业组织(FAO)和世界卫生组织(WHO)共同主办的第二届国际营养大会于2014年11月19～21日在罗马召开(图3-4-1)。

图3-4-1　第二届国际营养大会在罗马召开

会议的重要文件之一——《营养问题罗马宣言》(以下简称《宣言》)中特别指出，受贫穷和饥饿困扰的人口数目依然庞大，虽然食物不足发生率略有下降，但绝对数字仍居高不下，2012～2014年遭受长期饥饿的人数估计达8.05亿；慢性营养不良人数(依照发育迟缓衡量)有所减少，但是2013年仍有1.61亿5岁以下儿童受到影响，遭受急性营养不良(消瘦)影响的5岁以下儿童为5100万；营养不良是造成5岁以下儿童死亡的主要原因，占2013年全球儿童死亡总数的45%[1]。

与此同时，《宣言》明确指出：营养不良不仅包括饥饿、营养不足、因营养摄入不均衡所导致的微量营养素缺乏，还应当包括因能量代谢失衡所导致的超重与肥胖。《宣言》中提到，超过20亿人患有微营养素缺乏症，尤其是维生素A、碘、铁和锌等；儿童和成年人超重和肥胖率在所有区域均快速增长，2013年有4200万5岁以下儿童超重，2010年有5亿多成年人患有肥胖症；膳食风险因素，加上运动量不足，其影响约占全球疾病和残疾总负担的10%。

上述一系列营养问题会对人的体格和智力发育造成永久性影响，而且损害免疫系统，增加对各类疾病的易感性，降低社会生产能力，限制人类发挥潜能，给个人、家庭和全社会均带来极为沉重的负担，以至严重影响社会的发展和进步。联合国粮农组织报告显示，营养不良对全球经济的损失可高达全球GDP的5%，相当于人均500美元。营养不足和微量元素缺乏所造成的损失约为每年1.4～2.1万亿美元；超重和肥胖作为慢性非传染性疾病的重要风险因素所造成的损失约为每年1.4万亿美元。而妇幼营养不良在全球层面所造成的营养相关健康问题则更为严重，是成人超重和肥胖所致代价的近两倍。因此，消除一切形式的营养不良已得到了国际社会的广泛共识，联合国高级会议将其纳入全球未来发展战略。

正是在这样的大背景下，《宣言》重申了世界卫生组织的“2025年全球营养目标”和“全球预防控制非传染性疾病目标”，包括：5岁以下儿童矮小人数减少40%；育龄妇女贫血率减少50%；新生儿低体重比例减少30%；儿童超重率不增加；婴儿6个月纯母乳喂养率提高50%；儿童消瘦率减至5%，并维持或持续降低；非传染性疾病总死亡率相对降低25%；遏制糖尿病和肥胖患病率的上升等。同时，《宣言》倡导人人享有获得安全、充足和营养食品的权利，并呼吁各国政府作出承诺，为防止包括饥饿、微量营养素缺乏和肥胖等在内的各种形式的营养不良做出努力，并将2016～2025年定义为“营养行动十年”。

第二届国际营养大会发表《宣言》的同时还审议并通过了一份具体实施建议的《行动框架》。该《行动框架》围绕以下12个方面提出行动建议：为有效行动创造有利环境；促进建立健康膳食的可持续粮食体系；通过贸易和投资政策实现全球粮食和营养目标；针对弱势群体的社会保护计划；建立强有力且具抵御能力的卫生保健体系；促进、保护和支持母乳喂养；解决消瘦、发育迟缓、儿童超重和肥胖、育龄妇女贫血等公共营养问题；利用保健服务机构实现营养改善；水资源、环境卫生和个人卫生；食品安全；抗菌药抗药性；营养治理和问责等方面。总共60项具体建议旨在帮助各国在2025年前达到《宣言》提出的相应目标。这两份纲领性文件为我国营养政策的制定及相关营养改善工作的开展提供了重要的参考依据(图3-4-2)。

二、现阶段我国居民面临营养健康的严峻挑战

国民营养与健康状况是反映一个国家或地区经济与社会发展、卫生水平和人口素质的重要指标。近10多年来，在国务院《中国食物与营养发展纲要(2001～2010年)》的指导下，我国食物与营养事业取得了巨大成就，全国食物生产能力不断加强，食物消费快速增长，公众营养意识逐步提高[2]，我国人口平均寿命不断增长，到2014年已达到76岁。但与此同时，随着我国经济的高速发展，食物消费迅速增加，加之社会压力增大，环境污染等因素，导致我国食物与营养发展呈现新特点，面临新的问题与严峻挑战。

(一) 面临的主要问题

1. 人均食物消费支出增长迅速，但与营养需求不协调的问题日益突出

改革开放以来，我国经济快速发展，城乡居民收入明显提高，人均食物消费支出大幅增长，城乡居民优质蛋白质食物的消费快速增加。与1978年相比，2009年我国人均食物消费支出增长了30倍，恩格尔系数下降了26.22个百分点，居民食物消费水平显著提高。居民外出就餐次数明显增多，消费额占食品消费支出的比重越来越大。2010年，城镇居民在外就餐占食品消费支出的比重达21.2%，比1990年提高了13.3个百分点；农村居民在外就餐占食品消费支出的比重达13.3%，比1978年提高了11.3个百分点。从食物消费结构来看，肉、蛋、奶等优质蛋白质食物消费显著增加，农村居民和城镇居民人均肉类消费量分别由1978年的6.0kg和16.8kg增加到2009年的21.5kg和34.7kg，禽蛋由0.8kg和2.0kg增加到5.4kg和10.6kg。

图 3-4-2　罗马宣言及行动框架

然而我国贫富差距较为明显，改革开放前我国一直属于一个社会财富分配平均的社会，社会基尼系数长期在0.2左右。此后各种财富分配指标长期攀升，到2006年基尼系数已达到0.497，超过0.4的国际警戒线。全国还有3597万人的生活处于贫困线以下，严重影响国民整体营养与健康状况[3-5]。

与此同时，虽然近年来我国居民食物消费结构变化明显，人均谷物消费量下降，蔬菜、水果以及肉、蛋、奶等优质蛋白质食物消费显著增加。但是，居民实际食物消费量与营养目标推荐量仍存在着相当的差距，两者不协调问题日益突出。其中，豆类及豆制品、奶类及奶制品、鱼虾、水果等消费与膳食指南的中等能量食物参考摄入量目标相比仍有着较大差距(表3-4-1)。因此，我国仍存在钙、铁、锌和维生素A等普遍摄入不足。营养不足与营养过剩的矛盾同时存在，营养改善任务依然艰巨。2009年我国居民蛋白质摄入量仅为推荐量的85.5%，优质蛋白质的摄入量更比推荐量要低27个百分点，脂肪摄入量过多，比推荐量要高出13.0%。全国居民钙摄入量为391mg，仅相当于膳食指南参考摄入量的41%。实际消费与营养目标不协调问题日益突出[6-9]。

表3-4-1 我国人均食物消费量与膳食推荐量差距比较

食物种类	人均摄入量	膳食推荐摄入量	膳食平衡差距
粮谷	172.10	135.00	37.10
大豆及其制品	5.84	13.00	−7.16
食用油	15.33	12.00	3.33
蔬菜	104.21	140.00	−35.79
水果	25.55	60.00	−34.45
畜、禽肉	29.05	29.00	0.05
禽蛋	8.61	16.00	−7.39
奶类	9.60	45.00	−35.40
鱼虾类	10.99	18.00	−7.01

单位：kg/(人·年)

2. 营养不足与过剩同时存在，营养相关疾病的发病率呈井喷式增长，已严重影响国民的健康寿命和生活质量

关注公众营养成为经济社会发展中的新内容。当前，我国总体上已经进入小康生活阶段，不断提高人民生活水平、改善人民生活质量，是我国经济社会发展的重要目标。长期以来，我国政府采取了一系列政策措施确保人民群众的基本营养需要。随着居民收入水平的不断增加，人们更加关注营养与健康问题。改善民生，从营养角度去提高人们的生活品质，提高人民的健康水平，已经成为广大政府、部门及街道、生活小区的重要工作内容。国务院先后颁布2个专门的食物与营养发展纲要，有关部委和部门相继开展了“国家大豆行动计划”、“学生饮用奶计划”、“中、小学生营养午餐计划”等，食物与营养工作受到政府部门与广大居民的高度关注。

然而，尽管我国公众营养工作取得了很大成绩，但是当前居民与营养相关的健康问题仍然突出。营养改善与健康需求不匹配的矛盾加剧。我国居民整体营养改善明显，但营

养结构失衡型的营养不良大量存在，与营养有关的慢性非传染性疾病已经构成了对我国居民健康和生命威胁的重要风险因素，营养改善与健康需求的矛盾突出。一方面，我国许多贫困人口和低收入人群，因食物摄入量不足，热量、蛋白质等营养素难以满足健康生活需要，引发多种营养不良疾病；2010 年全国儿童营养与健康监测数据显示，在贫困地区尚有 20%的 5 岁以下儿童生长迟缓，6～12 月龄儿童贫血患病率高达 28.2%。

另一方面，部分中高收入人群因营养过剩或膳食结构不合理，肉类及油脂消费量过多，居民营养过剩，引发超重、肥胖、高血压、糖尿病、血脂异常等慢性疾病。有关研究表明，脂肪供能比过高是目前我国心血管疾病、脑血管疾病、肥胖病、直肠癌等发病率高的一个重要原因。2010 年慢性病监测结果表明，成年居民超重率和肥胖率分别为 30.6%和 12.0%，其中男性超重率和肥胖率 15 年间分别增加 16.8%和 5.8%，女性分别增加 13.8%和 6.2%。高胆固醇血症患病率和高甘油三酯血症患病率分别为 9.1%和 19.4%，7 年增长倍数分别为 3.14 倍和 1.63 倍。2004～2010 年间，成年居民的高血压患病率已由 18.1%攀升至 33.5%。糖尿病患病率上升速度惊人：20 世纪 80 年代为 0.67%，1994 年为 2.5%，2001 年为 5.5%，而 2010 年则达到了 11.6%（图 3-4-3）。流行病学研究表明，我国目前约有 1.1 亿糖尿病患者和 4.9 亿糖尿病前期的高危个体，绝对数量居全球第一[10]。

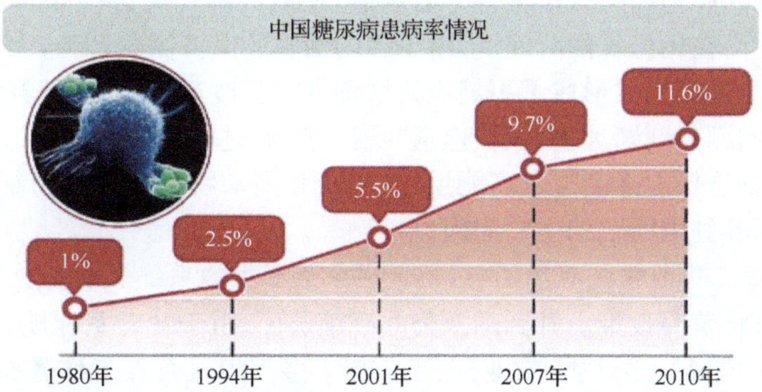

图 3-4-3　我国糖尿病患病率增长情况（1980～2010 年）

3. 营养相关疾病治疗支出巨大，已成为影响国民经济健康发展与社会进步的重大问题，也事关能否实现构建和谐社会的长远战略问题

2012 年世界银行发布的报告——《创建健康和谐生活：遏制中国慢性病流行》显示，慢性病已成为中国的主要死亡杀手，占疾病医疗负担的 70%。每年全国死亡总人数约 1030 万，其中超过 80%由慢性病所致。报告还指出：“2010 年中国至少有 5.8 亿人具有至少一种与慢性病有关的危险因素（食盐摄入过高、高血压、吸烟、缺乏运动、超重/肥胖、高血脂），其中 70%～85%发生在 65 岁以下的人群。如果不加以控制，到 2030 年生活方式和营养危险因素将使中国的慢性病负担增长 50%”。该报告分析认为：“如果在 2010～2040 年间心血管疾病死亡率每年下降 1%，其产生的经济价值相当于 2010 年国内经济生产总值的 68%，或多达 10.7 万亿美金（按购买力平价计）”。事实上，目前我国用于心血管和糖尿病治疗相关费用已占 GDP 的约 4%，而这一数字预计将在 2025 年达到 8%左

右。可以预见，随着今后工业化、城镇化和人口老龄化形势的加剧，我国将面临更为严峻的营养健康挑战。

通过提倡健康的膳食和生活方式来预防和控制与营养相关的慢性疾病是目前国际上公认的最为经济有效的方法。世界卫生组织指出：至少 80％的早发心脏病、中风、2 型糖尿病以及 40％的癌症可以通过健康饮食、常规锻炼和避免烟草制品来预防[11]。研究表明，在我国居民各项慢性疾病风险因素之中，膳食因素已位居首位，其中 2010 年 16.3％的健康寿命损失（以伤残调整生命年作为衡量指标）和 30.6％的总死亡可归因于不健康的饮食方式。因此亟须建立起营养工作领导和组织体系，通过科学的方法和手段，及时有效地进行营养干预，以及早预防或消除很多慢性疾病，达到“治未病”的作用，同时提高国民的生活质量，满足人们的营养健康诉求，改善我国人民的健康水平。提高食品营养，推行均衡膳食已不再是单纯的健康负担问题，而是能否实现构建和谐社会的长远战略问题，是一个强壮中华民族的问题。

（二）导致我国营养健康问题的主要原因

1. 传统不健康的饮食习惯根深蒂固，国民现代营养意识严重匮乏

我国饮食文化源远流长，是各族人民在 100 多万年的生产和生活实践中，在食源开发、食具研制、食品调理和饮食审美等方面创造、积累并影响周边国家和世界的物质财富及精神财富。然而在相当长的时间里，由于我国面临的经济困难形势，大部分国民面临着“吃不饱”的问题，长期积累形成了不健康的饮食方式。改革开放后，随着我国经济的快速发展，“吃不饱”问题已渐渐远去，但在追求“吃得好”的过程中，由于国民缺乏现代科学的营养意识，在食物选择上逐渐追求高能量、高脂肪和高动物性食物为特征的饮食结构，是导致目前我国营养健康问题的主要原因。

2. 营养改善工作的重视程度不够，缺乏国家层面上的系统性规划和相关保障体系

我国还没有将营养政策上升到国家公共政策层面，由于缺乏系统规划，国家食品药品监督管理总局（CFDA）、卫计委、农业部、工信部等多部门对营养工作齐抓共管，这其中既有重叠，更存在法律、政策和监管的真空地带，本就有限的资源没有得到有效整合，相关的营养政策和行动计划缺乏长效机制和可持续性。

3. 财政投入不足，缺乏对营养科学研究的大力支持，国民营养与疾病数据不完善。

目前我国将粮食安全定为国家战略，将食品安全定为影响民生的重大政治问题，均给予高度关注与投入。然而对于上述两大安全的终极目标——营养安全，却较少关注。营养领域的各项工作以公益性项目为主，社会资源投入较少，营养健康产业尚处于不成熟的初级阶段，需要政府在人、财、物上的大力支持，加强针对我国国民营养与疾病相关数据的采集及追踪管理工作。对于营养方面的投入不足，不仅是一种战略的缺失，更是会严重危及全体国民健康的重大隐患，必须尽快予以纠正改进，实现粮食安全、食品安全和营养安全三者相互促进，共同发展。

4. 缺乏营养人才的教育培养体系，专业人才严重不足。

目前我国营养健康教育资源缺乏，教育严重缺失。中小学健康教育课没有保证；健康教育课的师资配备不足，缺乏培训；没有国家统一营养健康教育课；全国招收营养相关专

业高等院校仅有37家，在校生少，培养目标及培养模式差异大，造成营养专业人才极度缺乏，营养专业学生就业困难。建议教育部根据当前国民营养健康面临的挑战，研究制定营养健康学科发展和人才培养规划，开设国家统一营养健康教育课。同时加强营养科普教育、食育教育、重视科普人才培养，壮大营养师队伍。狠抓广播电视宣传，带动全民营养意识的普及，提升全民健康水平。

三、部分国家或地区在营养政策制定和引导方面的经验借鉴

世界上每个国家都存在营养问题。基于不同的政治和文化背景以及不同的经济水平，一些国家在实践中建立了适合本国发展的管理体系和实践方法，有很多经验值得借鉴。

（一）美国

美国的营养政策是在第二次世界大战中以《学校午餐法》的出台为标志。1988年，美国成立了全国营养监测咨询委员会（IBNMRR）来协调监测项目的执行[12]。委员会主席由农业部（USDA）和人类健康服务部（HHS）人员联合担任，成员包括国防部、商务部、环境保护部等22个部门机构。委员会定时召开季度会议，并向国会提交进展报告和年度预算报告。国家营养监测计划现由疾病预防控制中心（CDC）制定统一规划[13]，主要表现为多部门以不同侧重点协同管理，项目的主要执行部门如表3-4-2所示。

疾病预防与控制中心（CDC）负责执行开展国民的营养状况监测，自1999年起每年都进行一次，相关数据结果面向公众开放；食品药品管理局（FDA）、环境保护局（EPA）、农业部（USDA）负责各类食品的营养与质量监测，相关数据定期更新，对外公布；美国农业部（USDA）牵头开展各类营养干预项目；学校、社区、非政府组织（NGO）及研究机构组织发起营养教育项目。目前美国的营养工作已经从特定人群的营养改善发展到惠及全民的营养改善，由聚焦产品的检测延伸到产品生产源头的检测，形成了营养政策与产业政策、营养目标与国民健康目标和医疗保健目标协调一致的政策框架。

表3-4-2　美国营养监测计划的主要执行部门

一级部门	二级部门	三级部门
农业部	食物与营养局	
	农业研究中心	
	经济研究中心	
	人类营养信息服务局	
人类健康服务部	疾病预防控制中心	全国卫生统计中心 慢性疾病预防和健康促进中心
	食品药品管理局	食品安全和营养应用中心
	国家健康研究中心	

美国营养监测计划的特点主要体现在以下三个方面：

1. 监测项目覆盖全面，时效性强。

营养监测计划不仅包括每年1次的居民健康水平、膳食和营养摄入状况、营养相关知识与行为、食物消费能力等数据，还监控食品链的供应情况，并建立了相关营养数据库，覆盖营养安全的方方面面。同时，监测项目并不是孤立的个体，而是互为补充、相互依存的有机整体。

2. 细分人群，样本量大

营养监测计划抽样力度大、范围广，各项目的重点调查人群不同、区域不同，能够分层次有计划的调查，有的放矢。营养监测重视国家内部的不平衡，重点对婴儿、青少年、孕妇及老年人等特殊人群展开健康调查，关注青少年营养、体质、生长发育及老年人的医疗保健等。

3. 财政支援力度大

监测计划的资金来源于联邦政府与社会机构，联邦政府在1998年就已经公布每年投入1.55亿美元用于营养监测与相关调查，每年拨出近200万美元的资金用于开展总膳食研究。疾病预防控制中心2013年预算中拨付了600万美元用于青少年健康调查；同时，为了鼓励和推动计划的进行，政府还给予监测项目参与者一定的补贴与补助[14-16]。

（二）日本

作为亚洲经济发展水平及国民健康素质居于领先地位的发达国家，日本已形成了一套成熟的营养政策体系，主要表现在：①有关营养方面的立法非常详细和全面，涉及十多部法规，其中以1952年的《营养改善法》和2003年的《健康增进法》最为重要。②始自20世纪40年代，即开始了非常系统、持续的国民营养状况监测系统，为相关政策的制定提供基础、可靠的数据支持。③建立起庞大的基层营养工作者队伍。1947年出台的《营养师法》规定了营养师的基本技能要求和资质认证条件、社会地位及工作性质。在日本，每300人就拥有一名营养师，营养师的数量相当于临床医师的2.4倍，他们肩负着全民营养教育和指导的职责。④开展一系列针对学生的营养干预项目。日本营养政策最突出的特点是通过职业教育和社会普及教育达到全民注重营养、养成健康生活习惯的目标。根据世界卫生组织公布的数据，日本人均健康寿命常年居于全球前列。

（三）欧洲

自20世纪六七十年代开始，随着营养相关慢性疾病负担的逐渐加剧，欧洲各国普遍意识到营养问题需要引起高度重视，应尽快由政府牵头采取统一行动。其中，挪威、芬兰、丹麦等北欧国家起到了表率作用。三国政府采用的主要行动包括：①颁布一系列旨在改善食品营养环境的政策，推动营养立法，内容涉及强化国民营养教育，利用宏观经济杠杆调整食品供给结构，制定营养安全法规标准，支持科学研究等诸多方面。②建立完备的营养工作组织体系。在政府中常设专职机构，负责制定年度及长期性营养政策规划，开展国民营养调查，制定膳食指南，组织协调各相关部门，确保营养政策的贯彻实施。2002年欧洲食品安全局（EFSA）的成立标志着欧盟国家的食品安全法规管理体系进入到崭新的阶段。EFSA 通过其庞大的专家网络,针对食品安全、营养健康评估等方面的各类问题,形成客观、公正的科学意见,成为各国政府制定相关政策及法规的重要参考依据。EFSA 自成立以来,已有超过 2500 件科学建议被欧盟执委会、议会和会员国采纳,推动了欧盟食品法律体系的建立,确保了欧盟公民享有安全、高营养品质的食物。

四、相关政策建议

使每一位公民都能获得安全、充足、合理的营养保障是一个政府应尽的基本责任,也是维系社会和谐发展,国家长治久安的重要基础,毋庸置疑应根植于治国核心理念之中。各国在营养政策制定与实施过程中的经验充分表明,营养问题不是孤立的,而是一项系统性的重大民生工程,关系到全体国民的切身利益,涉及粮食和农业系统、资源开发与环境保护、生产加工、市场调控、国际贸易、公共卫生政策等各方面问题。因此,任何一个单一部门的职能都无法完全满足国家层面的营养政策制定和执行的基本要求。建立一套由最高行政机关发起,多部门共同参与的营养工作组织协调机制是十分必要的。为此,我们提出以下建议:

(一) 建立完善的国家营养安全管理体系

建议在国务院设立国家营养安全工作委员会,将营养问题上升到国家战略的高度,委员会联合发改委、卫计委、农业部、工信部、科技部、财政部、民政部等有关部门协同开展工作,统一领导我国营养安全工作。同时,在省、市、县建立各级工作委员会,实现自上而下的组织保障。协调卫生、农业、科教、财政、民政等相关政府部门的职责分工,确保政策畅通和执行。除了完善的分级体制,国家营养安全工作委员会还应当加强横向联络,特别是与相关国际组织及专家顾问委员会的沟通协作。

(二) 将国家营养安全政策纳入国家“十三五”规划

要将营养政策上升到国家战略的高度,建议由营养安全工作委员会协调各部门资源,针对我国目前严峻的国民营养现状,开展大规模科学调研,获取我国国民基础营养数据。同时梳理评估国家原有政策,着重围绕《中国食物与营养发展纲要(2014—2020 年)》(国务院办公厅),《中国慢性病防治工作规划(2012—2015)》(卫疾控发[2012]34 号)和《中国居民慢性病与营养监测工作方案(试行)》(国卫办疾控函[2014]814 号国家卫生计生委办公厅)等相关文件。在我国国民基础营养数据和原有政策基础上,结合国内外经验,将国民营养健康纳入国家“十三五”规划,责成农业、卫生等相关部门牵头组织编制 2016～2025 年国民营养行动计划,

(三) 推动《中华人民共和国营养法》早日立法

随着依法治国工作的深入推进,过去在我国营养改善工作中出现的短期行政干预行为应逐步被完善的法律法规体系所取代。从其他国家的成功经验来看,推行营养立法将使各项营养理念及行动计划得以付诸实施,并通过问责机制确保各项工作持续顺畅的开展。建议通过多种渠道的沟通努力,推动《中华人民共和国营养法》进入人大立法程序,并

逐步建立营养师法、学生营养法、营养教育法等配套法律法规，完善营养法规体系，同时加强食品生产、加工、流通各环节的标准体系建设，制定不同类别食品的营养标准，修订“膳食指南”，科学指导生产与消费。

（四）积极推动营养专业教育和专业人才培养体系建设

目前我国营养专业教育严重缺失，现在涉及食品与营养的高等学校全国 476 家，招收营养相关专业普通高校仅有 37 家，不同院校人才培养目标及培养模式差异较大，缺乏系统性和完整性，造成营养专业人才极度缺乏，且营养专业学生就业困难。建议教育部根据当前国民营养健康面临的挑战，研究制定营养健康学科发展和人才培养规划，完善营养专业人才培养体系。同时，现代科学营养知识的相关普及宣传工作不足，全民缺乏基本的营养知识。应加强营养科普教育、食育教育、重视科普人才培养，壮大营养师队伍。狠抓广播电视宣传，带动全民营养意识的普及，提升全民健康水平。

（五）加强营养科学基础研究，将我国建成世界营养科学研究高地

营养科学基础研究、技术创新关系到我国营养安全进步与发展，关系到国家营养安全战略目标的实现。建议科技部和相关部委，围绕营养缺乏病防控适宜技术、肥胖防治系统、营养与脑科学、营养基因组学、营养敏感型农业、营养增强性食品等营养学前沿热点研究领域，制定基础研究及相关技术创新和产业化的发展规划，加大对食品与营养、营养与健康重点领域和关键环节研究的经费支持力度，加快国家级营养重点实验室的建设工作，以适用于加强营养，提高健康水平，战胜慢性非传染性疾病的全球性挑战，发挥世界农业大国优势，逐步将我国建成食品营养科学研究高地。

目前我国的食品产业还停留在维持生命、提供能量、提供感官享受的初级概念上，面临着向健康饮食和营养干预的过渡阶段。因此，建议工信部、发改委出台改革相关政策，整合全国研究、开发与产业化资源，研发具有核心竞争力的健康食品，打造我国新型健康产业。

（六）加强营养经济学研究，将营养发展列入国家长期财政计划

2012 年世界银行发布的报告《创建健康和谐生活：遏制中国慢性病流行》，该报告分析认为：如果在 2010 年至 2040 年间，心血管疾病死亡率每年下降 1%，其产生的经济价值相当于 2010 年国内经济生产总值的 68%，或多达 10.7 万亿美元（按购买力平价计）。世界卫生组织的资料表明，达到同样健康标准所需的保健投入与治疗费、抢救费比例为 1∶8.5∶100，很多欧美国家已经将工作重心从疾病治疗转移到了营养干预。建议财政部门加大营养经济学研究，预算时，每年对公民营养工作采取固定财政投入，切实推进以上各项营养政策的执行，实现“上医治未病”的目的和效果。

（七）建立我国居民营养与疾病状况数据库

随着营养科学的快速发展，其与各学科间的交叉、联合日益紧密，由此产生了海量的数据信息，这是一种非常有价值的资源，这些数据所隐藏的规律信息，包含有营养安全现

状及我国营养安全发展未来，关系国家营养安全战略。如何管理好，使用好这些数据，可以预测营养健康的发展趋势，为相关政策的制定，企业商业决策，科学信息发布，个体健康指导中发挥重要的理论支持作用，就成为了一个需要引起国家高度重视的问题。建议营养安全工作委员会牵头将现有的全国范围及各地方的营养健康监测系统、慢性病监测系统、食物营养成分数据库、健康投资及收益指标等信息资源进行系统整合。制定全国统一的体检标准与规程、食物营养与不同人群的健康指标，规范数据收集流程，利用最前沿的云计算和大数据技术，构建现代化营养监测、评价体系，建立国家营养信息技术服务平台，并针对政府、企业、媒体及个人用户开放不同的数据采集和分析输出端口，从而为宏观公共营养政策法规的制定及完善，商业投资行为，舆情监管与引导，个性化精准营养解决方案等多方面提供科学的决策支持（见图 3-4-4）。

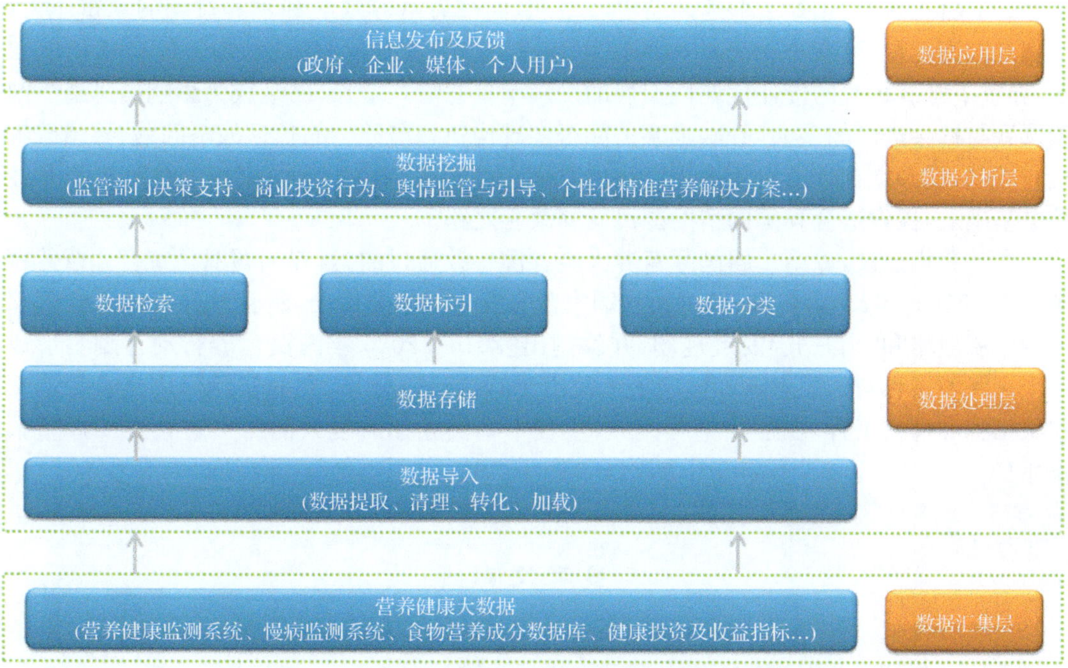

图 3-4-4　大数据在国民营养健康改善中的引领作用

（八）坚持粮食安全、食品安全和营养安全协同发展

“粮食安全、食品安全、营养安全”三大安全是保证国家安全、社会稳定、国民健康的基础和支柱。其中，粮食安全是基础，食品安全是保证，营养安全是目标。三者呈链条式连接，互为因果，故应予以同样关注。营养改善不能完全走西方之路，解决中国的营养问题还要走中国自己的道路。实践证明，以动物蛋白为主的西方式的营养道路在中国是失败的。走中国传统的，以植物蛋白为主的东方食品营养之路，是适合中国国情的。离开了中国传统饮食文化的根基，走西方的营养之路，既行不通，又劳民伤财。应该强调以中国饮食文化为根，以具有不同区域特征的农业资源为本，构建东西方饮食融合交汇的双蛋白或者以植物资源为主的东方式传统膳食结构，探索具有中国特色，且经济有效的营养改善

策略。

（九）加强国际交流与合作，在全球“营养行动十年”中起到表率示范作用

在全球化趋势日益加强的大背景下，任何一个国家的营养问题都不是孤立存在的，也不是仅仅依靠本国自身的努力就能够解决的。特别是对于中国这样一个最大的发展中国家，其国民营养健康问题的改善不仅关系到我们自身的生存发展，更是会深刻地影响到周边国家乃至全世界范围内的和谐进步。因此必须要加强同世界卫生组织（WHO）、各国、各地区的广泛交流，学习和借鉴其他国家国民营养改善的经验，引入先进的政策、理念、研究成果及适宜技术，并转化为适合我国国情的系统性解决方案，进而形成示范效应。在提高我国居民健康水平的同时，带动其他国家食品和营养体系的可持续发展。

综上所述，我国正处于快速的营养转型期，面临着营养缺乏和营养过剩的双重压力，特别是以高能量、高脂肪和高动物性食物为特征的膳食结构的改变，加上体力活动的缺乏，导致了肥胖相关的慢性代谢性疾病的发病率呈井喷式增长，已经成为影响国民经济健康发展与社会进步的重大问题，也事关能否实现构建和谐社会的长远战略问题，要想破解这一难题，就必须在国家层面上予以高度重视。在学习借鉴其他国家相关政策实践和经验的基础上，探索适合我国国情的国民营养改善之路。

在此我们建议，以第二届国际营养大会各国一致通过的《营养问题罗马宣言》“营养行动十年 2016～2025”为契机，通过建立国家营养安全工作委员会，将营养政策纳入到国家长期发展战略和“十三五”发展规划，并编制出“2016～2025 年国民营养行动计划”，形成一个全民积极参与的国家营养健康重大民生工程。可以预见，它的实际作用将会等同于航天工程和探月工程，在强壮中华民族，实现中华民族伟大复兴的历史进程中发挥重大作用！

参考文献

[1] 营养问题罗马宣言. 第二届国际营养大会，2014.

[2] 国务院办公厅. 中国食物与营养发展纲要(2001—2010 年)，2001.

[3] 许世卫，李哲敏. 以营养健康为重点目标的农业生产结构调整战略. 农业经济问题，2006，12：30-33.

[4] 国务院发展研究中心课题组. 我国粮食生产能力与供求平衡的整体性战略框架. 改革，2009，6：5-35.

[5] 马晓河，蓝海涛. 中国粮食综合生产能力与粮食安全. 北京：经济科学出版社，2009.

[6] 葛可佑，杨晓光，程义勇. 平衡膳食、合理营养、促进健康——解读《中国居民膳食指南(2007)》. 中国食物与营养，2008，5：58-61.

[7] 王陇德主编. 2002 中国居民营养与健康状况调查报告之一——综合报告. 北京：人民卫生出版社，2005.

[8] 翟凤英，杨晓光. 中国居民营养与健康状况调查报告之二——膳食与营养素摄入状况(2002). 北京：人民卫生出版社，2006.

[9] 杨晓光. 中国居民营养与健康状况调查报告之三——居民体质与营养状况(2002). 北京：人民卫生出版社，2006.

[10] 金水高主编. 中国居民营养与健康状况调查报告之十——营养与健康状况数据集(2002). 北京：人民卫生出版社，2008.

[11] WHO. The world health report 2002：Reducing risks，promoting healthy life. World Health Organization，Geneva.

[12] Federation of American Societies for Experimental Biology. Executive Summary from the Third Report on Nutrition Monitoring in the United States. Journal of Nutrition，1996，126(7)：1907S-1936S.

[13] 陈海峰，王玉英. 美国国家公共营养监测状况. 国外医学：卫生学分册，2004，31(5)：314-317.

[14] Foreign Agricultural Service. To facilitate preparation of a U. S. Action Plan on Food Security [EB/OL]，2005-2-12.

[15] Pennington JA. Revision of the total diet study food list and diets. J Am Diet Assoc，1983，82(2)：166-173.

[16] Centers for Disease Control and Prevention. Department of health and human services. Fiscal Year 2013 [EB/OL].

第五章　奶牛生产性能测定(DHI)大数据引领我国奶业创新驱动转型发展战略研究

摘　要

我国奶业是关系国计民生的重要产业，是畜牧业中最具活力和潜力的朝阳产业，是涉及多学科交叉的新兴产业，也是强壮中华民族营养健康的产业，发展空间巨大，意义深远，前景无限美好。我国奶业经过连续30多年高速增长后，正处于传统奶业向现代奶业转型的关键阶段。在我国养殖资源匮乏、环保压力巨大，国际贸易挑战以及定价机制不合理等诸多原因博弈的国情下，我国奶业发展的资源与环境已套上了“紧箍咒”，价格也顶上了“天花板”，为了满足我国日益增长的刚性消费需求，完成乳业大国向乳业强国转变，必须扭转我国奶业现在的发展模式，实现从粗放数量扩涨型向精准质量效益型的升级发展。而实现这一转变的突破口就是一丝不苟地推行奶牛生产性能测定(DHI)这项奶业发展的基础工作，以DHI大数据统领我国奶业健康发展。

奶牛生产性能测定(DHI)是目前世界上最科学、最有效的奶牛生产管理工具。奶牛生产性能测定不仅是推进奶牛遗传改良的妙法，更是实现牧场高水平管理，提高效益的关键手段。纵观20世纪后半叶全球奶业发展实践经验证明，奶牛群体改良和牧场生产效益提高，60%归功于奶牛生产性能测定的推广应用。国际动物记录委员会(ICAR)统计显示，全球奶牛单产高于7吨/年的国家，其DHI参测率均高于50%。欧美国家凭借推行DHI实现了奶牛养殖业从数量型向质量型的战略转型，而日本、韩国等亚洲国家则凭借推行DHI实现了奶业从毫无基础到世界先进水平的迅猛跨越。

自1992年DHI引进我国进行示范以来，取得了一定的进展和成效，建立了22个生产性能测定中心，参测奶牛达到了54万头，为奶牛场提供DHI报告累计100余万份。然而，由于我国奶业发展起步晚、地区发展不均衡、牧场规模差异大等原因，在DHI项目推进过程中存在政府支持力度薄弱、全行业对DHI的认识不足、体系建设不完备、专业人才缺乏、科技支撑不够等问题，奶牛DHI参测率远低于欧美发达国家，也远远落后于亚洲韩国、日本，他们的DHI参测率已达到61.7%、59.8%，而我国现在参测率还不足4%。

针对我国在推行DHI工作中的困境，大数据时代，如何养健康牛，产优质奶，DHI大数据引领我国奶业创新驱动转型发展是根本出路，为此，提出如下六项政策与规划建议：①将DHI统领奶业发展重大民生工程确定为国家级中长期发展战略，并写入“十三五”规划；②出台国家级政策法规标准，保障DHI统领奶业发展各项工作落地生根、开花结果；③在系统工程控制论理论和思想指导下进行顶层设计，绘制实现奶业强国路线图；④建立DHI测定第三方实验室体系，改革现行原料乳定价机制；⑤加强DHI奶业经济学研究，促进乳业专业化社会服务体系建设；⑥利用DHI现代信息技术统领乳业由第一产业涅槃成第六新型产业(1+2+3)。

力争通过形成切实可行的行动计划，到2035年全国DHI参测率达到50%，奶牛育种取得显著成效，奶牛单产达到7吨，总产量达到近1亿吨，比现在提高1.83倍，同时奶牛存栏总数开始下降的拐点；力争到2049年新中国成立百年时奶牛单产达到10吨，实现由奶业大国建成世界奶业强国的宏伟目标，在强壮中华民族的进程中发挥重大作用。

一、我国奶业现状与挑战

（一）发展现状

1. 奶类总产量居世界第三位

改革开放30多年来，我国奶业发展取得了长足的进步。奶牛存栏从1978年的47.5万头增加到2013年的1440万头，增长了30倍；产奶总量由1978年的88万吨增加到2013年的3531万吨，增长了40倍；单产从1978年的2860公斤/(头·年)增加到2012年的5500公斤/(头·年)，增长了1.9倍[1]。2014年，全国100头以上奶牛规模养殖比重达到45%，机械化挤奶率达到90%，分别比2008年提高25个和39个百分点，年产9吨以上的高产奶牛超过130万头，占奶牛存栏的9%，养殖"小散低"的局面得到扭转。种养一体化经营加快推进，全国已有1.3万个奶农专业合作社，乳品企业自建和参股奶源基地比重超过20%，乳品企业国际竞争力大幅提升。据世界奶业联合会统计，世界奶业20强企业，内蒙古伊利实业集团和蒙牛乳业(集团)榜上有名，分别排名12和15[2]，见表3-5-1。目前，我国已成为世界第三大产奶国，占世界牛奶产量的5.5%[2]。然而，需要注意的是我国奶类总量增长的主要原因是奶牛存栏量的增加，属于典型粗放数量扩涨型发展方式。

表3-5-1　2012年全球乳品企业前20强的营业额(亿美元)[2]

排名	企业名称	国家	2010年	2011年	2012年	年增长率(2012/2011)
1	拉克塔利斯/Lactalis	法国	125	175	202	15%
2	雀巢/Nestlé	瑞士	196	186	198	7%
3	恒天然/fonterra	新西兰	119	153	158	4%
4	达能/Danone	法国	129	156	150	−4%
5	皇家菲仕兰坎皮纳/friesland campina	荷兰	119	134	132	−1%
6	美国奶农合作社/DFA	美国	98	130	121	−7%
7	迪恩食品/Dean Food	美国	121	131	115	−12%
8	爱氏晨曦/Arla foods	丹麦	87	103	109	6%
9	明治乳业/Meiji dairy	日本	70	74	75	1%
10	森永乳业/Morinaga Milk Industry	日本	68	74	72	−3%
11	Saputo	加拿大	58	68	72	4%
12	伊利乳业/Yili	中国	44	58	67	15%
13	Muller	德国	—	—	60	—
14	Lala	墨西哥	—	—	60	—

续表

排名	企业名称	国家	2010 年	2011 年	2012 年	年增长率(2012/2011)
15	蒙牛乳业/Mengniu	中国	45	58	57	−1%
16	DMK Deutsches Milchkontor	德国	53	64	57	−11%
17	索地雅/Sidiaal	法国	53	61	56	−9%
18	百吉福/Bongrain	法国	47	55	52	−5%
19	蓝多湖/Land O'Lakes	美国	35	43	42	−4%
20	哥兰比亚/Glanbia	爱尔兰	34	44	39	−12%

2. 奶牛单产仅相当于发达国家三分之一

我国是世界产奶大国，却不是产奶强国。《中国奶业年鉴》资料显示，2013 年我国泌乳奶牛平均单产(总产量/泌乳牛总存栏数)为 5500 公斤/(头·年)，见图 3-5-1。FAO 统计数据显示，2013 年我国奶牛全群平均单产(总产量/奶牛总存栏数)为 2918 公斤/(头·年)，仅比世界平均水平 2347 公斤/(头·年)略高，只相当于世界先进国家的三分之一：以色列奶牛全群平均单产是我国的 3.78 倍[11038 公斤/(头·年)]，美国是我国的 3.39 倍[9902 公斤/(头·年)]，韩国是我国的 3.48 倍[10160 公斤/(头·年)]，日本是我国的 2.59 倍[7568 公斤/(头·年)]，台湾地区是大陆单产的 2.08 倍[6087 公斤/(头·年)][3]。2011 年我国奶牛平均单产位列世界第 63 位，与我国奶量位列世界第三位不相匹配，这也说明，我国奶牛单产有巨大的提升空间。

3. 人均乳制品消费量仅为世界平均水平三分之一

尽管我国人均乳制品消费量从 1978 年的 2.2 公斤增加到 2012 年的 37 公斤，增长了 15.8 倍，是全球乳制品人均消费量增长最快的国家。然而，《世界奶业联合会 2013 全球奶业报告》显示(图 3-5-2)，目前我国人均乳制品消费量仅为世界平均水平的三分之一(108.7 公斤)，亚洲国家的二分之一(73.1 公斤)，不足发达国家的七分之一(288.6 公斤)[2]。预计未来我国乳品消费年均增长 8%，强劲需求将为奶业注入不竭的发展动力。

(二) 发展面临的挑战

我国乳制品消费量增长迅速，然而我国乳制品自给率仅为 69.77%[1,2]，远低于亚洲平均水平(93%)[2]。联合国 2015 人口报告预测 2050 年我国人口将达到 13.5 亿[5]，以人年均奶类消费量 76 公斤计算，2050 年我国奶类总需求量为 10260 万吨。在国民强劲的乳制品消费需求之下，我国奶业发展面临诸多严峻挑战：

1. 农业资源匮乏环保压力巨大

按照 2050 年我国奶类消费总量将达到 10260 万吨计算，若我国奶牛单产仍保持现在的缓慢前行，则需要新增奶牛 2076 万头，总存栏数相当于现在的 2.44 倍，这将导致土地资源、水资源、饲草、饲料和种质资源面临巨大挑战，同时生态环境也面临巨大压力。

(1) 奶牛养殖挤占耕地威胁粮食安全与用水保障

按每 50 头奶牛占用 5 公顷饲料生产用地计算，若新增 2076 万头奶牛需占用土地量为 207.6 万公顷，占总耕地面积的 1.58%，按每公顷耕地可产粮食 7.2 吨计算，则养殖新

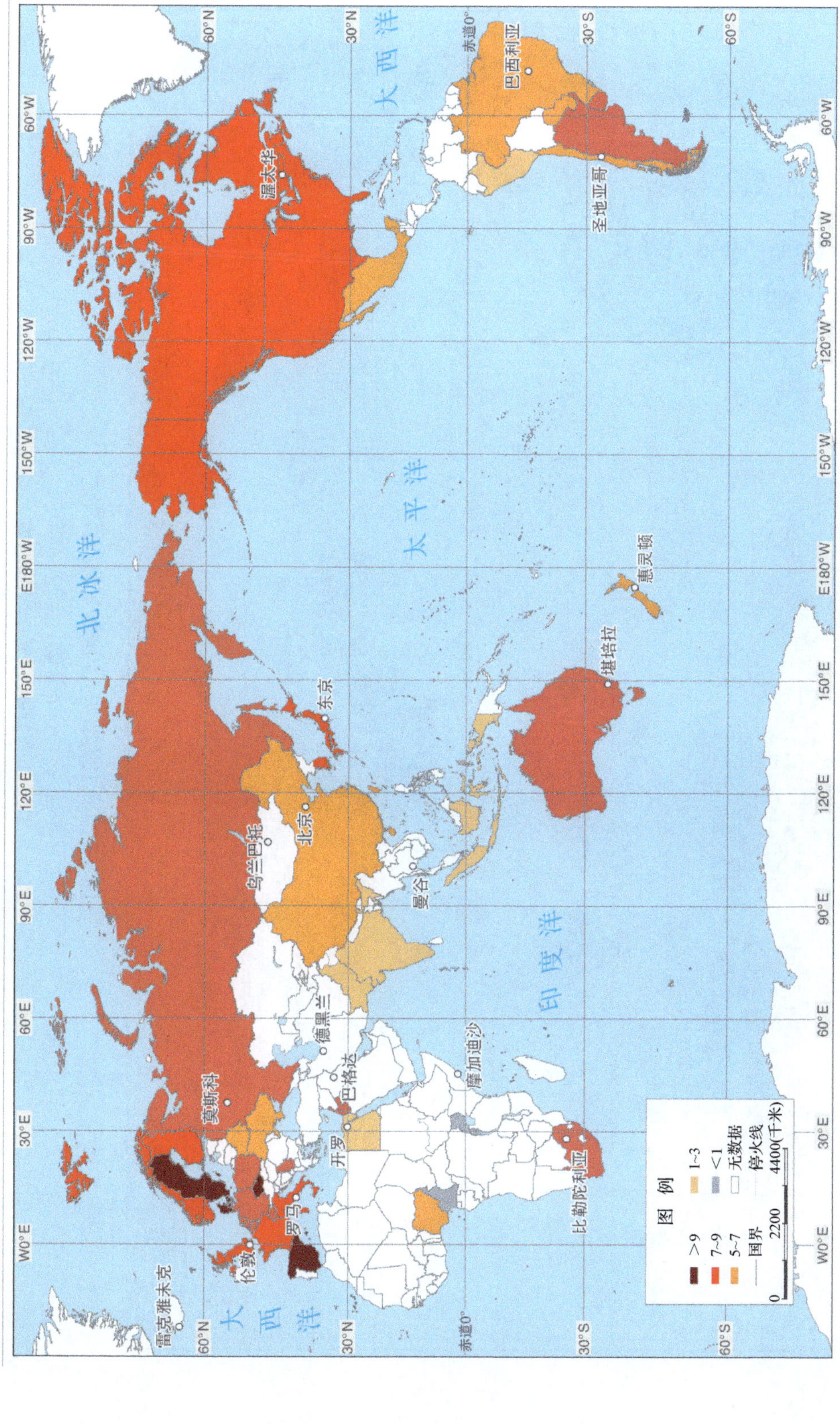

图 3-5-1　2012 年世界各国奶牛单产(吨/年)[4]

参考 2013 年国际奶农联盟年报测绘

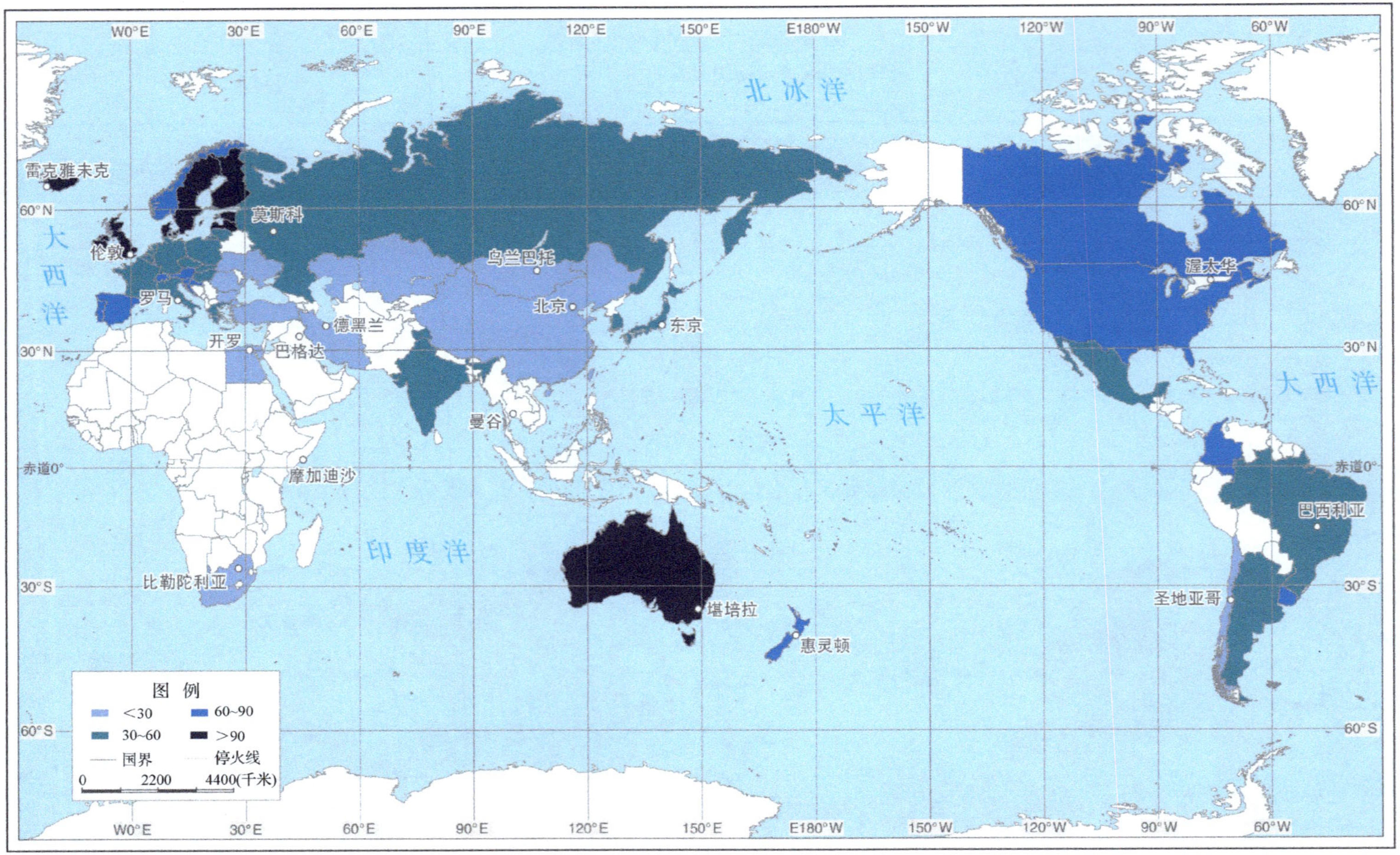

图 3-5-2　2012 年世界人均液态乳制品消费量[2]

数据单位:公斤,包括液态乳、发酵乳、乳饮料

参考 2013 年国际乳品联合会年报测绘

增的奶牛相当于少生产1495万吨粮食。同时，每头奶牛日耗水量为126升，2076万头奶牛每年共需要用水9.55亿立方米，相当于55万城市人口一年的生活用水量。因此，奶牛存栏数量的增加所占用的耕地和水资源无疑会对粮食安全和用水保障造成威胁。

(2) 粪污排放量大环境污染严重

奶牛粪污中含有高浓度的氮和磷，会造成土壤富营养化，使作物出现减产甚至导致作物死亡，同时粪污排放还会导致水体的严重污染。此外，奶牛还是甲烷、二氧化碳等温室效应气体的重要释放者，一头牛排出的温室气体已超一辆汽车的排放量。2014年我国奶牛存栏1440万头，按照每头奶牛日排污量60公斤计算[6]，粪污排放总量为3.15亿吨；按照每头奶牛年排放温室气体为4.9吨(CO_2当量)计算[7]，排放的温室气体总量为7056万吨(CO_2当量)，占我国CO_2排放总量的1.17%。然而，我国大多数规模化牛场并没有配套相应的饲料用地，使得奶牛养殖业脱离了农业生产大系统，产生的大量废弃物在农业产业链中得不到充分有效的利用。2010年第一次全国污染源普查显示，农业面源污染物已超过工业7.5倍，给环境造成了极大危害。若我国奶牛单产由目前的2918提高到5000公斤/(头·年)，则可以少养奶牛734万头，每年可减少粪污排放1.6亿吨，减少温室气体排放3597万吨(CO_2当量)，相当于1028万辆汽车绕赤道行驶一周的排放量(按照汽车排放95克/公里计算)。

2. 生产成本居高不下牧场效益不佳

(1) 良种繁育体系不健全，奶牛种质资源短缺，进口依存度超80%

由于我国奶牛良种登记、生产性能测定和后裔测定等启动晚、测定率低，奶牛良种繁育体系不健全，使得育种无据可依，奶牛良种化程度低，良种奶牛扩繁速度慢，单产低。因此，一直以来，我国良种奶牛主要依靠从国外引进。2013年我国种牛进口近10.2万头，冻精8677公斤，分别比2000年增加了176倍和136倍，见图3-5-3。近年来国内规模化牧场建设速度大幅提升，每年进口奶牛需求超过25万头。然而，受到疫情防控和进口渠道的限制，2013年我国进口奶牛缺口超过50%[1]。牛源短缺造成了很多牧场和农户无牛可养，奶牛无法及时淘汰等问题，严重影响了生产效率。这种“无米之炊”的发展还能持续多久？

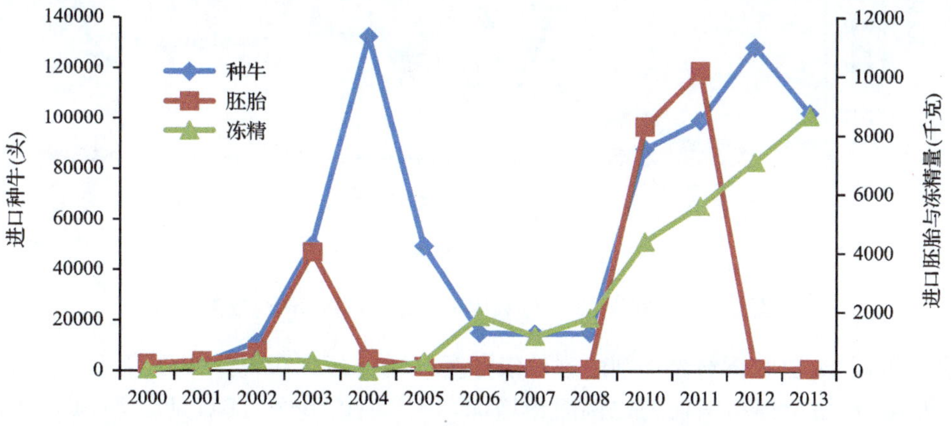

图3-5-3　2000～2013年我国种畜资源进口变化趋势[1]

(2) 优质饲草饲料等供应不足依赖进口

我国奶牛品种与国外差距不大，但优质饲草料缺乏，制约了奶牛单产的提高。2011 年我国苜蓿进口量 29 万吨，进口额 1 亿美元，进口量比 2007 年增加了 138 倍，进口额增加了 274 倍，见图 3-5-4。2013 年国产苜蓿 80 万吨，进口苜蓿 75.56 万吨，但相对于 300 万吨的需求[1]，缺口依然很大。

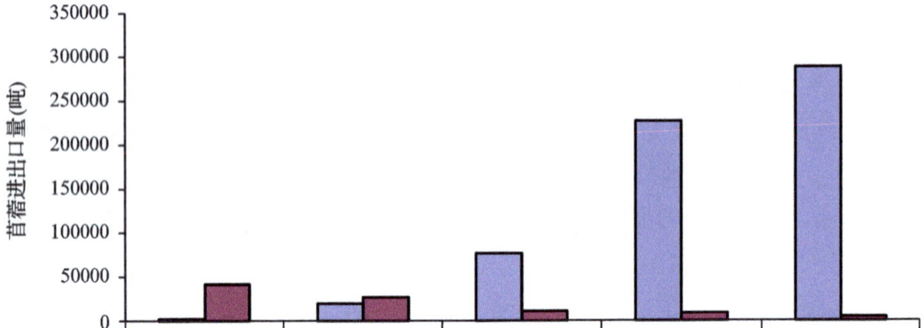

	2007	2008	2009	2010	2011
苜蓿进口	2088.08	19600.11	76616.08	227175.29	288468.56
苜蓿出口	41420.38	26903.82	11106.49	8817.17	4405.79

图 3-5-4　2007～2011 年我国苜蓿进出口量(FAO 数据)

我国青贮玉米种植面积约 2100 万亩，但专用品种比例小，玉米供应缺口 2000 万吨，奶牛消耗占玉米总缺口的 2.39%，面临着玉米精料的匮乏，见图 3-5-5。

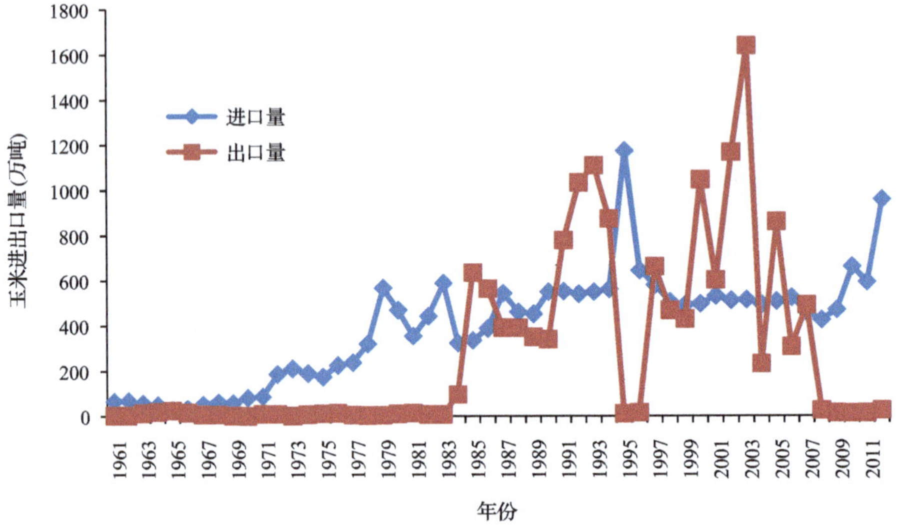

图 3-5-5　1961～2009 年我国玉米进出口量(FAO 数据)

另一方面，大豆和饲料添加剂的进口依存度不断提高。2007～2011 年进口大豆共计 22997 万吨，其用于饲料消耗的比例逐年增加，5 年共计 2687 万吨，见图 3-5-6。2012 年我国复合饲料进口量 7.8 万吨，比 2007 年增加了 2.2 倍(图 3-5-7)。

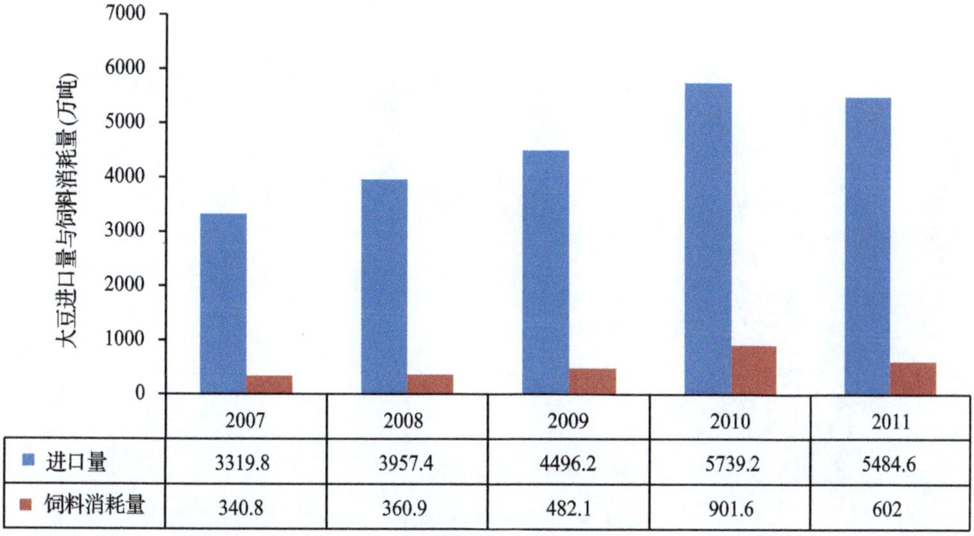

	2007	2008	2009	2010	2011
■ 进口量	3319.8	3957.4	4496.2	5739.2	5484.6
■ 饲料消耗量	340.8	360.9	482.1	901.6	602

图 3-5-6　2007～2011 年我国大豆进口量与饲料消耗量(FAO 数据)

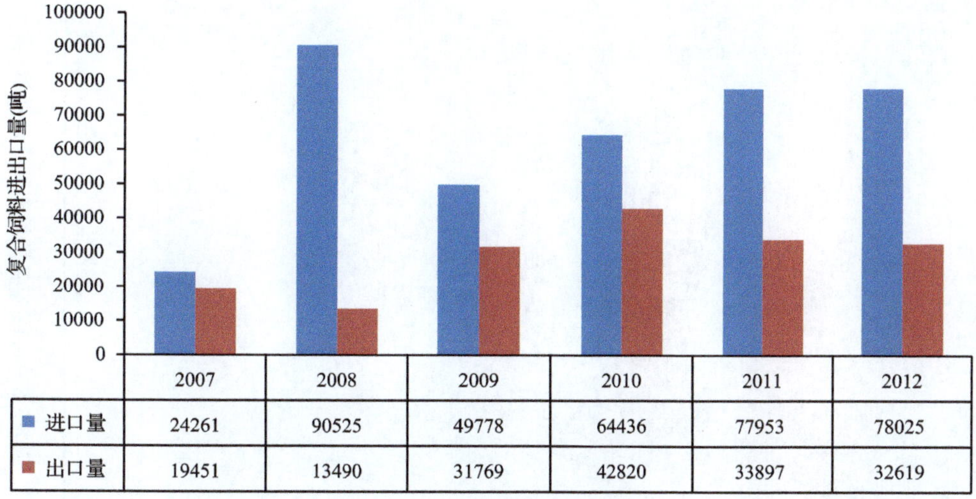

	2007	2008	2009	2010	2011	2012
■ 进口量	24261	90525	49778	64436	77953	78025
■ 出口量	19451	13490	31769	42820	33897	32619

图 3-5-7　2007～2011 年我国复合饲料进出口量(FAO 数据)

此外，目前只有规模化牧场饲喂青贮玉米和苜蓿，而占奶牛总存栏 44％的散养奶牛却很少饲喂，使得我国奶牛饲料转化成牛奶的效率仅为 0.8～1.1，低于发达国家(1.5)的水平；氮利用效率不足 25％，同样低于发达国家(30％)的水平[8]，造成了奶牛的产能没有被充分释放。

(3) 国际竞争力疲软盈利水平仅为发达国家的 50％，持续发展举步维艰

据国际奶农联盟(IFCN)2014 年年报统计数据显示，正是由于种牛、饲料等主要的生产资料大量依赖进口，因此我国原料乳生产成本位居世界前列(50～60 美元/100 公斤奶)，见图 3-5-8。近年来德国与波兰的原料乳生产成本略有下降，而美国逐年升高，但均

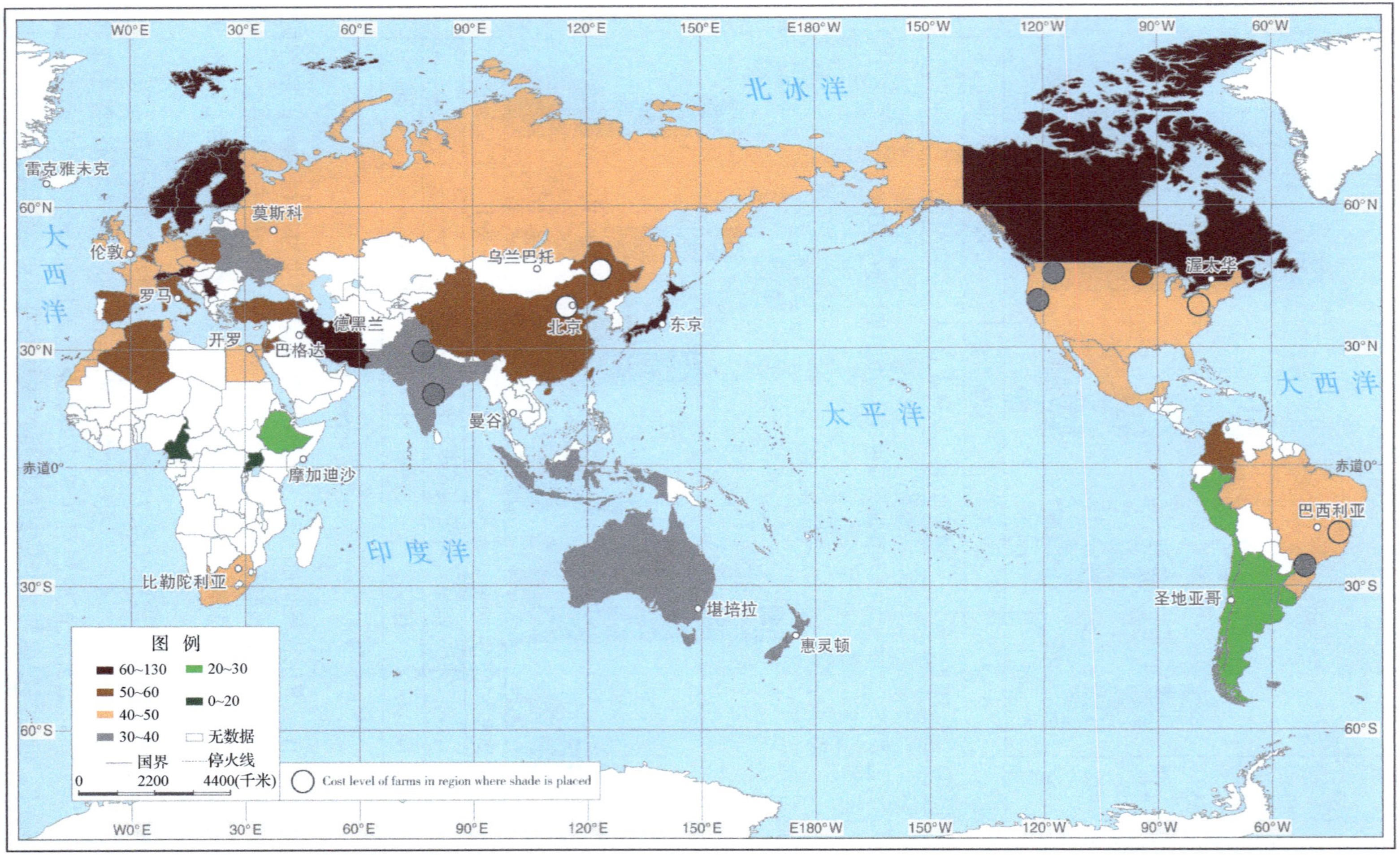

图 3-5-8　2012 年各国原料乳生产成本(美元/100 kg 奶 ECM)[9]

参考 2014 年国际奶农联盟年报测绘

稳定在 45 美元/100 公斤奶左右；阿根廷和新西兰的生产成本为全球最低，约 25～35 美元/100 公斤奶；相比之下，我国原料乳生产成本是欧美国家的 1.3 倍，是南美与澳洲国家的 2 倍，而且自 2009 年到 2012 年短短几年间，由 40 美元上升到 60 美元/100 公斤奶，增幅高达 50%，成为世界奶牛养殖成本较高的国家，见图 3-5-9[9]。在如此居高不下的生产成本下，我国散养奶牛年盈利仅为 2100 元，规模养殖奶牛年盈利约为 5000 元[1]，低于奶业发达国家约 8000 元的盈利水平[9]，这使得我国奶牛养殖效益不佳，市场竞争力疲软，持续发展举步维艰。

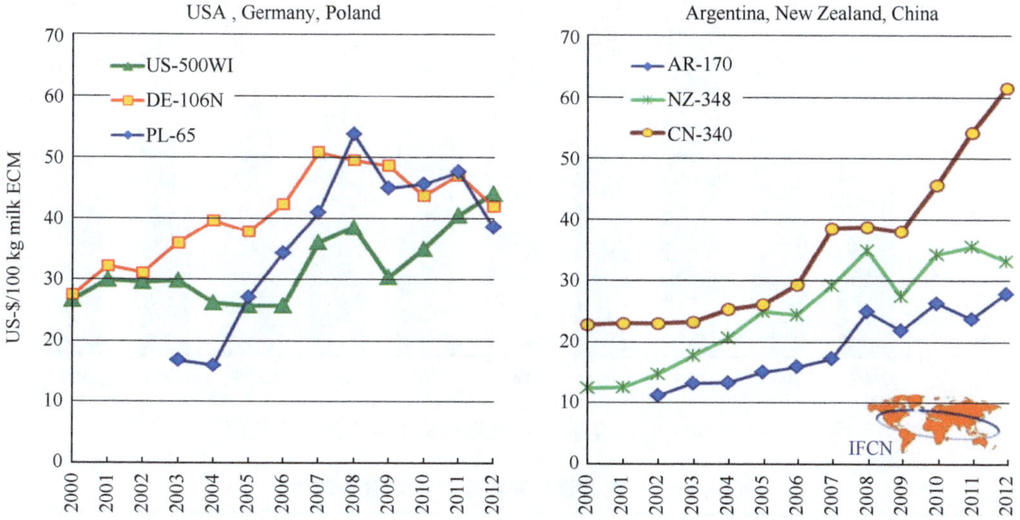

图 3-5-9　2000～2012 年六国典型牧场的原料乳生产成本（美元/100 公斤奶 ECM）[9]

3. 原料乳定价机制不合理严重障碍我国奶业健康发展

纵观奶业发达国家，均制定了原料乳定价政策，例如，美国的价格支持计划，欧盟的生产配额和定价干预制度，日本奶农协会价格交涉制度，特别是澳大利亚的乳制品价格支持计划(DPPSP)、联邦牛奶营销法令(FMMOS)、乳品收入损失补偿计划(MILC)、乳品出口激励计划(DEIP)、乳制品进口关税配额法和全产业链风险管理，等等。从以上各国采用的政策可以看出，原料乳的定价都没有完全由市场去支配，而是构建了政府主导、多方参与的原料乳定价协商体系，依靠原料乳生产成本调查、定价第三方检验等的社会化服务体系所提供的数据，设置最低收购价格保护奶农利益，同时对原料乳进行按质定价。

然而，我国原料乳的质检权和定价权均掌握在乳品加工企业手中，“以质论价”基本形同虚设；奶农主体地位薄弱，缺乏抗衡奶企和奶站垄断地位的实力，在价格协商时没有话语权，形成了企业“一头独大”、政府管制左右摇摆、产业链各环节利益分配失衡的不合理局面，埋下了价格波动时，“倒奶杀牛”的隐患。

此外，按照规模化程度和生产组织管理划分，我国奶牛养殖的主要模式包括散户(<30 头)、养殖小区(合作社 100～200 头)和规模化牧场(>200 头)三种。尽管近年来我国奶牛规模化养殖比例不断提高，见图 3-5-10。但 2014 年存栏 20 头以下的散户养殖奶牛占全国奶牛比例仍然达到了 44%[1]。散户奶农处在乳品产业链条的末端，抗风险能力极低。乳品企业变更收购标准、饲养成本上升和进口乳制品冲击导致奶价下跌、企业拒收等情况一旦发生，奶农们就入不敷出，导致倒奶杀牛事件频现，见表 3-5-2。由此可见，原料乳定价机制的不合理严重损害了我国奶业的健康发展，这也是政府必须要牵头解决的大事。

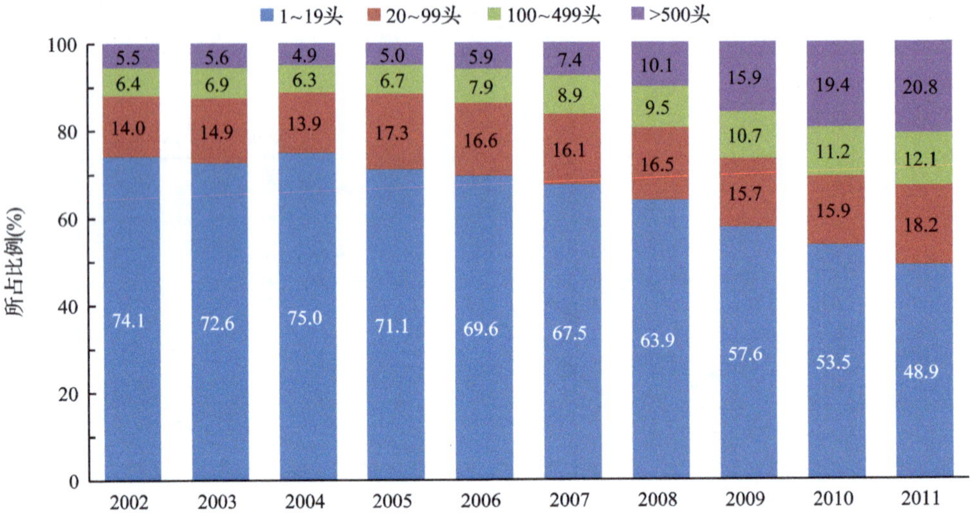

图 3-5-10　2002～2011 年我国不同规模奶牛养殖比例变化(%)[10]

表 3-5-2　我国近年来典型的倒奶杀牛事件

年份	地区	事件	原因
2006	山西省山阴县	淘汰产奶量低的奶牛，6 万多头奶牛的存栏量减少了 10%	粮食、饲料价格迅速上涨，养殖成本陡然增长，但牛奶收购价格未涨
2008	全国	奶农面临“有奶无处卖”的困境，大量奶农倒奶	奶粉三聚氰胺事件爆发，国产乳制品遭遇严重信誉危机，纷纷减产甚至停产，导致大量原料乳无人收购
2009	内蒙古	内蒙古土左旗奶农倒掉牛奶约 2000 吨，每天宰杀的奶牛达 50 头至 60 头	乳品公司提高了原料乳的收购标准，在以前的微生物指标外，增加了抗生素等指标，导致部分原料乳无人收购
2014 年底至 2015 年初	北京、内蒙古、山东、河南、江苏、广东等地	2014 年 12 月两周内，全国生鲜乳主产区的平均价格为 3.81 元/公斤，较年初均价下跌了 9%，全国 200 万奶农倒奶杀牛	由于 2013 年的奶价利好，奶牛养殖规模以及产量均有提升，导致 2014 年原料乳产量过多；同时国际奶价大幅下跌。这两方面原因使得原料乳供大于求而价格下跌，而奶牛饲养成本并未下降。在养牛投入远远超过收益的情况下，散户奶农在成本、价格优势上无法与大型牧场和进口奶源抗衡，只能选择倒奶杀牛以减少损失

4. 国际低价奶源对国内市场健康发展的影响

由于我国农业资源紧缺，成本刚性上涨，牧场效益低下，使得原料乳生产成本是发达国家的两倍，乳制品价格也始终高于国际市场。如图 3-5-11 显示，2014 年 5 月份我国的原料乳价格比国际价格高 42.0%[11]，而且我国原料乳品质较奶业发达国家还有一定的差距，如果采用按质定价，则国内外原料乳的价格差距会更加悬殊。正是由于这种价格差异，导致我国已经成为全球最大的乳制品进口国。

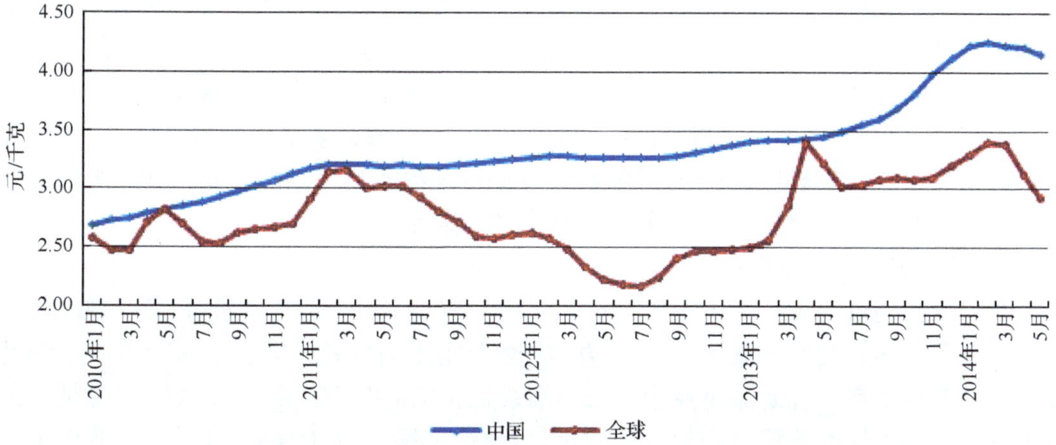

图 3-5-11　2010～2014 年中国与全球原料乳价格走势图[11]

我国进口乳制品主要为奶粉、乳清粉等干乳制品。2013 年，我国奶粉、乳清粉和婴幼儿配方乳粉在进口乳制品中的占比分别为 52.3%，26.6%和 7.5%，合计达到了 86.4%。由图 3-5-12 可知，2008 年以来，我国奶粉的进口量年均增速保持在 50%以上，2009 年增长高达 145%。2013 年我国奶粉进口量达 86.4 万吨，进口量占世界贸易比重从 2008 年的 3%提高到了 23%[1]。乳清粉的进口量稳步增长，由 2010 年的 26.45 万吨增长到 2013 年的 43.41 万吨，进口量占世界贸易比重的 28%[1,2]。此外，近年来我国乳制品进口种类不再仅仅限于干乳制品，出现了液态奶进口量激增的新趋势，由 2010 年的 1.71 万吨增长为 2013 年的 19.48 万吨，增幅高达 10.4 倍，对国产奶源造成了直接威胁。

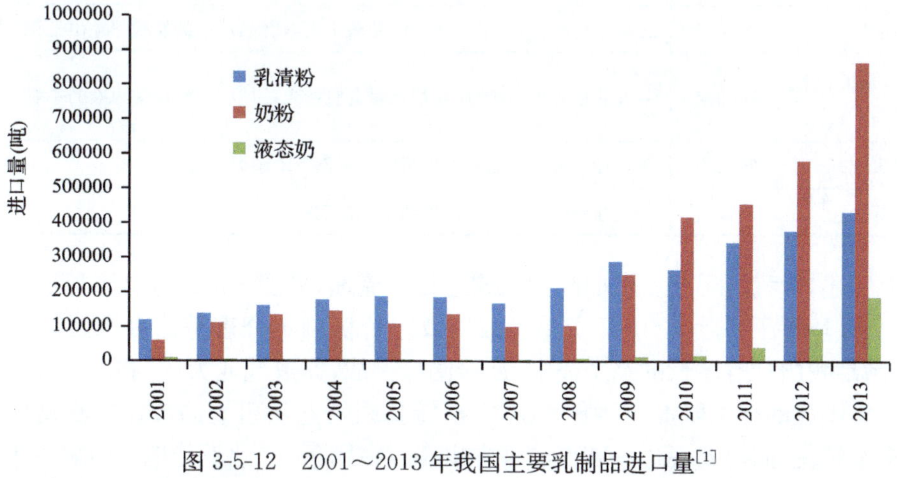

图 3-5-12　2001～2013 年我国主要乳制品进口量[1]

2013 年我国进口乳制品折合 1354.7 万吨原料乳，而我国 2013 年牛奶产量为 3531 万吨，则进口乳制品占我国消费市场的 27.7%[1]。自我国与新西兰实施自贸区协定后，新西兰奶粉已占我国进口奶粉的 80%以上。同时为了抢占中国市场，2015 年澳大利亚也与我国签订了自贸协议，欧盟也取消了已经实施 31 年的牛奶生产配额政策，预计当年牛奶增量约 1100 万吨，奶粉增产 100 万吨，使得进口乳制品对我国奶业的冲击将更为强烈。

我国资源匮乏，适度的进口弥补了一部分消费需求，但从长远来看如此大量的乳制品进口会迫使奶农倒奶杀牛，造成国内奶源基地急剧减少，待我国本土奶业无牛可养、无奶可喝的时候，就只能任由国际乳业巨头宰割，严重威胁我国的乳制品供应安全。面对如此严峻的局面，中国财经领导小组办公室副主任韩俊表示：我国奶业已到生死攸关时刻[12]。在这种形势下，我们提出奶业生产性能测定（DHI）大数据统领我国奶业转型升级的政策建议，应该说是好雨知时节，当春乃发生，其意义是深远的。

5. 国民对国内奶源质量信任危机一时难以消除

近年来我国乳品安全事件频发，见表 3-5-3，特别是 2008 年三鹿奶粉三聚氰胺事件，以及后发的一些食品安全事件，在三个方面严重打击了消费者的信心：消费者质疑乳制品的安全性到底如何？乳制品企业生产安全食品的决心，可否信赖，以及政府监管是否到位？尤其是国内婴幼儿配方奶粉备受质疑，致使许多家长疯狂购买进口奶粉，造成了荷兰、英国、澳大利亚多国对中国人实行奶粉限购。消费者对国内奶源的信任危机使乳品行业受到了重创，同时消费者在乳品安全问题上所体现的态度和消费倾向也会对乳品行业产生长期而深刻影响，这种影响一时难以抚平，重塑消费者对国产乳制品的信心，至关重要，也任重道远。

表 3-5-3　我国近年来典型的乳品安全事件

质量问题	时间	事件
营养素不达标	2004 年	阜阳奶粉事件，大量蛋白质、脂肪含量严重不足的劣质奶粉流入农村市场
抗生素超标	2007 年	哈尔滨市场上的乳制品中纳他霉素残留检出率高达 80%；北京市场上酸奶中纳他霉素检出率为 61.5%
三聚氰胺超标	2008 年	三鹿奶粉事件，包括三鹿在内的多个国内乳品厂家的奶粉都检出三聚氰胺
以皮革水解蛋白代替乳蛋白	2009 年	某乳业被查出 20 公斤皮革水解蛋白粉末，以及 1300 箱受污染的牛奶产品
黄曲霉毒素超标	2011 年	某乳业一批次产品被检出黄曲霉毒素 M1 超标 140%
微生物超标	2012 年	某乳业两批次乳制品检出菌落总数超标

综上所述，对我国奶业发展面临的问题进行了梳理，见图 3-5-13，由此可见，在我国养殖资源匮乏、环保压力巨大，国际贸易挑战以及定价机制不合理等诸多原因博弈的国情下，为了满足我国日益增长的消费需求，迎接国际挑战，完成乳业大国向乳业强国转变，完成强壮中华民族的神圣职责，必须从根本上扭转我国奶业从粗放的数量扩涨型向质量效益型的根本转变，而要实现这一转变的根本出路就在脚下：一丝不苟地实施奶牛生产性能测定（DHI）综合管理方案，同时，这个方案完全符合“产出高效、产品安全、资源节约、环境友好”的要求。

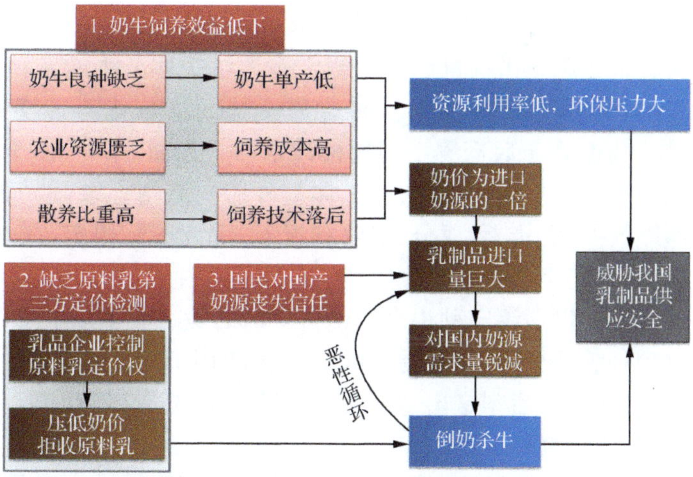

图 3-5-13　我国奶业发展所面临的问题

二、奶牛生产性能测定(DHI)对世界奶业发展的贡献

(一)奶牛生产性能测定(DHI)的定义与作用

奶牛生产性能测定，又称为奶牛群体遗传改良，国际通常用英文 Dairy Herd Improvement 三个单词首字母 DHI 来简称。奶牛生产性能测定于 1895 年首次在丹麦出现，EmilKonradi 组织成立了第一个牛奶记录团体。1905 年在丹麦移民的帮助下，美国建立了母牛测定协会组织，开展 DHI 工作。此后欧洲、亚洲国家纷纷模仿它而建立了牛奶记录组织，DHI 逐渐成为最主流的性能测定手段。到 20 世纪 60～70 年代，DHI 在奶业发达国家被广泛采用，到目前，其已成为世界上最科学、最有效的奶牛牧场综合生产管理工具，它通过监测单头奶牛的遗传性状、健康状况、奶牛单产、牛奶质量与安全等，量化牧场管理短板，定向提高牧场整体管理水平与生产效率，从而实现促进奶牛群体遗传改良和改善牧场综合管理两个方面的功能，见图 3-5-14。

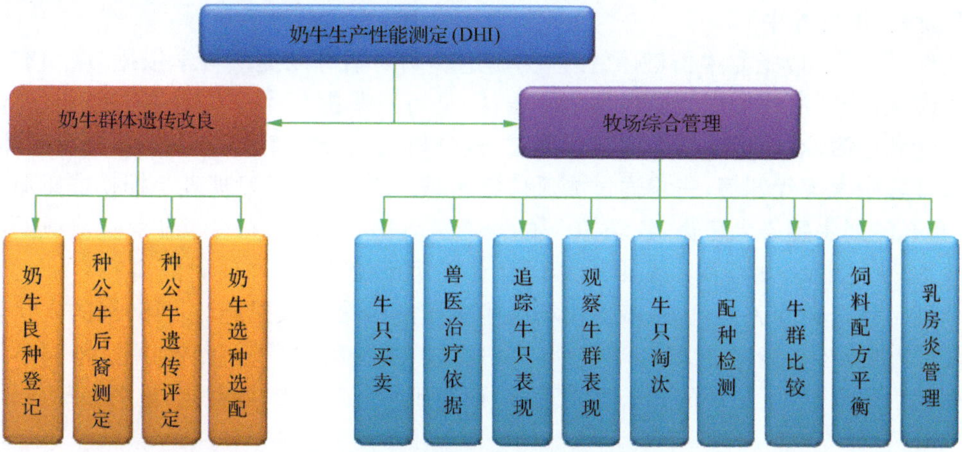

图 3-5-14　奶牛生产性能测定的作用

1. DHI是选育优秀种公牛推进奶牛遗传改良的最有效手段

奶牛育种的核心是使用系谱信息和后裔测定来评估个体公牛的育种值，以此为依据选择出最优秀的种公牛，再通过冷冻精液将优秀个体的遗传优势传递到整个生产群。DHI对于育种工作的贡献在于后裔测定和配种计划两个方面：第一，由于DHI体系可以全面提供奶牛完整的遗传（谱系、出生年月日、体型外貌）、繁殖记录（选配计划）以及精准宏量的奶牛生产性能数据（乳量、乳成分、疾病状况）。因此国际规定，在对优秀种公牛进行后裔测定时，只有来自奶牛生产性能测定系统的女儿牛生产数据才有效。目前，奶牛生产性能测定已经成为当前世界评定种牛个体遗传价值的最有效手段。第二，根据DHI报告可以提供母牛体型外貌评分，找出优秀和缺陷性状，确定改良目标；同时根据改良目标，使用同质选配或异质选配，最后制定出适合高产牛特点的选种选配计划，从而充分挖掘奶牛高产稳产潜能，加快奶牛育种进度。

在推进奶牛遗传改良方面，美国、德国、以色列、荷兰都积累了丰富经验，走在了世界前列，大幅提高了奶牛群体遗传改良的品质、品种。1953年，美国和加拿大两国正式启动了以DHI为基础的牛群遗传改良计划，当时两国奶牛平均单产水平不足5吨/年，经过半个世纪的努力，两国已拥有当今世界最好的奶牛群，单产翻了一番。依靠以DHI为基础的严格科学的遗传评估体系，德国选育出的荷斯坦牛良种资源以遗传素质突出、品质健康为特点，每年都有5万～7万头荷斯坦良种母牛出口到多个国家和地区，冻精更是出口到全世界70多个国家和地区，使德国荷斯坦牛血统成为世界奶业的最重要种质资源之一。

2. DHI是提高牧场效益实现牧场高水平精准化的综合管理方案

能度量，才能管理，能管理，才能提高。这种数字化管理经验，就是源于美国长期执行DHI牧场管理的经验之谈。奶牛生产性能测定的指标主要包括乳脂率、乳蛋白率、乳糖含量、305天产奶量、体细胞、尿素氮等，见表3-5-4。牛场可依据DHI测定的这些数据清楚地了解奶牛营养状况、体膘及饲料组成是否合理等，据此及时调整日粮配方，避免营养不良或过剩，从而降低饲养成本，提高饲料转化效率；依据牛只生产表现及所处生理阶段实现科学分群饲养，计算饲养投入及生产回报，制定科学的牛只淘汰制度；还可根据牛群生产性能情况编制每月产奶计划和相应管理措施，见图3-5-15。通俗讲，奶牛性能测定（DHI）就是“测奶养牛”。

此外，DHI可以指导牛群健康管理，为制定疾病防治计划提供科学依据，从而有效减少牛只淘汰，降低治疗费用。通过测定报告，一是可以掌握奶牛产奶水平的变化，了解奶牛是否受到应激，准确把握奶牛健康状况；二是分析乳成分的变化，判断奶牛是否患酮病、慢性瘤胃酸中毒等代谢病；三是通过测量体细胞数的变化，及早发现乳房损伤或感染。在美国，40%的奶牛感染乳房炎，牧场70%的减产是乳房炎造成的，每年乳房炎造成的经济损失高达200美元/头奶牛[13]。尽早发现患有乳房炎的牛只，并及时隔离和有针对性地用药是控制乳房炎的关键，也是减少牧场抗生素滥用的最有效措施。而80%的乳房炎奶牛为隐性乳房炎，只能通过DHI测定个体牛只的体细胞数才可确诊。利用这些科学准确的数据化管理，代替了传统的经验型管理，从而实现牧场效益的最大化，见图3-5-16。

表 3-5-4　DHI 测定项目及功效

项目内容	产生的功效
测定日产奶量	精确衡量每头牛产奶能力，计算每头牛的产奶量来区分高产牛和低产牛，以便进行分群给予不同的营养，避免饲养成本浪费，提高经济效益
前次产奶量	上次测定日产奶量，通过比较本次与上次的奶量变化，考察牛只的生产性能是否稳定，检验饲养管理是否得到改进，饲料配方是否合理
体细胞(SCC)	判定奶牛乳房炎轻重的有力手段，能预示隐性乳房炎。反映乳房的健康状况，通过阅读测定报告，总结月、季、年度的体细胞数，分析变化趋势和牛场管理措施，指导兽医制定乳房炎防治计划，降低体细胞，提高奶牛产奶量
乳脂率、乳蛋白率	指标偏低或偏高，预示牛场的采样可能不规范或者未实施科学的分群饲养
脂蛋比(F/P)	指标小于或高于正常值则预示着牛场的日粮严重不平衡量
乳糖	限制产奶量发挥的关键因素之一，利用该指标可以衡量日粮，发现乳腺病理和酮病的隐患
尿素氮(MUN)	反映奶牛瘤胃中蛋白代谢的有效性。利用该指标可： —平衡日粮，最大效率地利用饲料蛋白质，降低成本； —保证饲料蛋白的有效利用，发挥产奶潜能； —选择物美价廉的蛋白质饲料

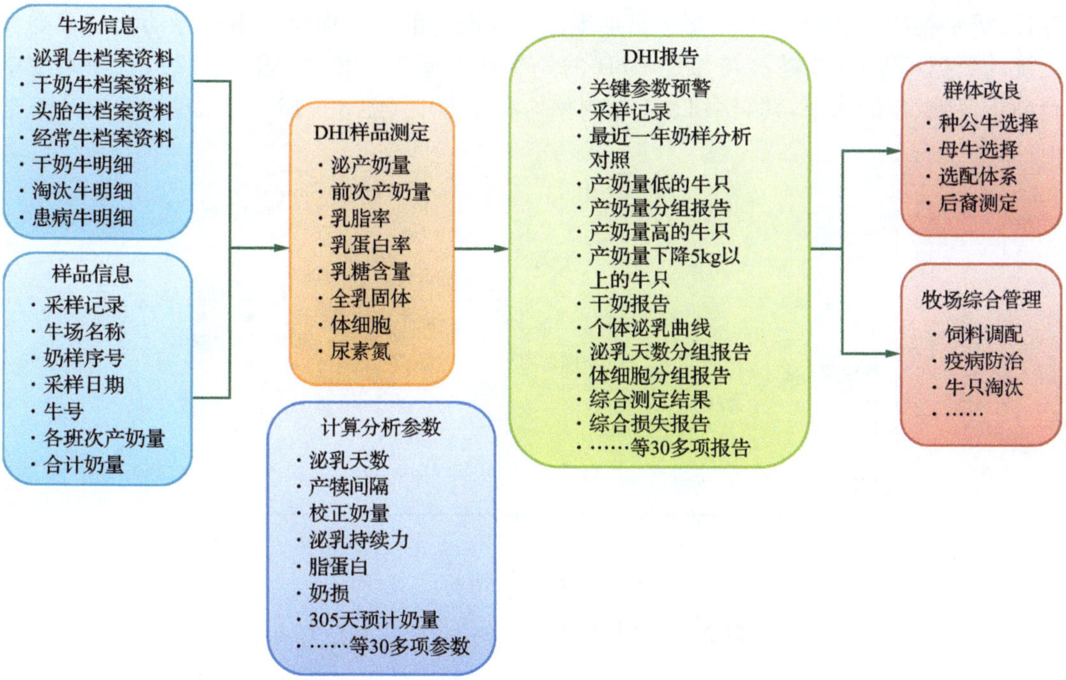

图 3-5-15　DHI 测定信息流

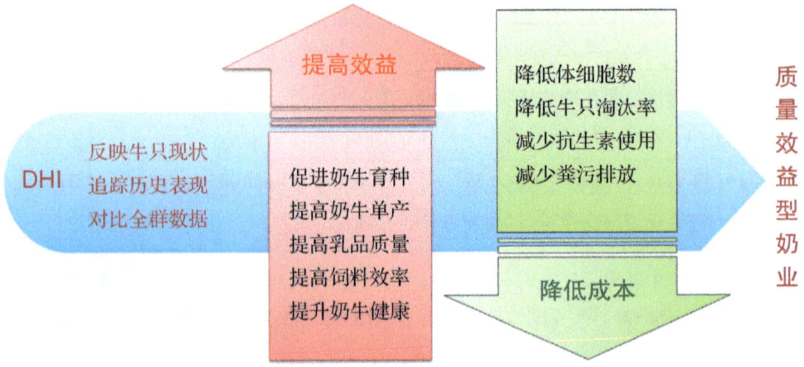

图 3-5-16　奶牛生产性能测定对提高牧场效益的贡献

（二）奶业发达国家推行 DHI 的积极效果与成功经验

奶业发达国家依靠以奶牛生产性能测定大数据为基础的育种改良与牧场综合管理技术，实现了奶牛产能的充分释放、牧场效益的提升以及原料乳质量的提高。

1. 积极效果

现在的 DHI 已经成为奶牛养殖牧场现代化综合管理方案的代名词，作为奶业发达国家主流的生产性能测定手段被广泛应用。国外 DHI 组织与技术的实践经验表明，牛群的改良、奶牛场的发展 60%应归功于奶牛生产性能测定的推广应用。由国际动物记录委员会统计数据可知，奶牛单产与参加 DHI 的奶牛比例呈现正相关（图 3-5-17），全球奶牛单产高于 7 吨/年的国家，其奶牛 DHI 参测率均高于 50%（图 3-5-18）[14-16]。

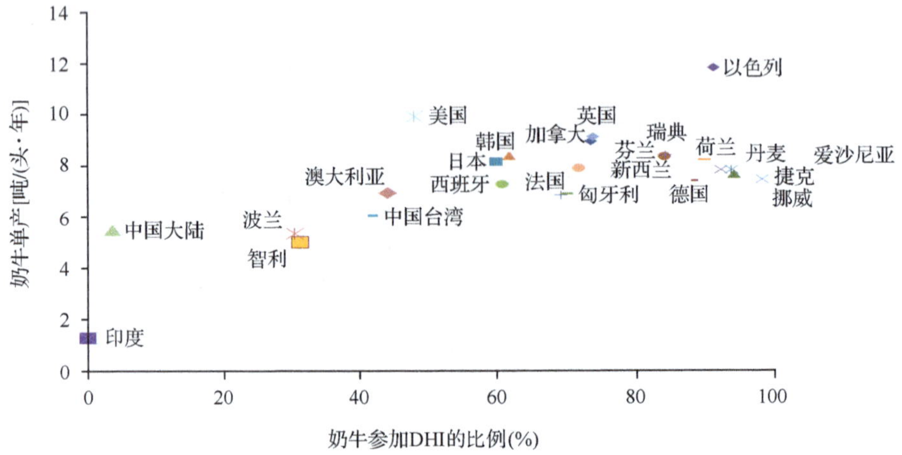

图 3-5-17　主要奶业国家奶牛单产与参测 DHI 奶牛比例呈正相关（2012～2013 年）[14-16]

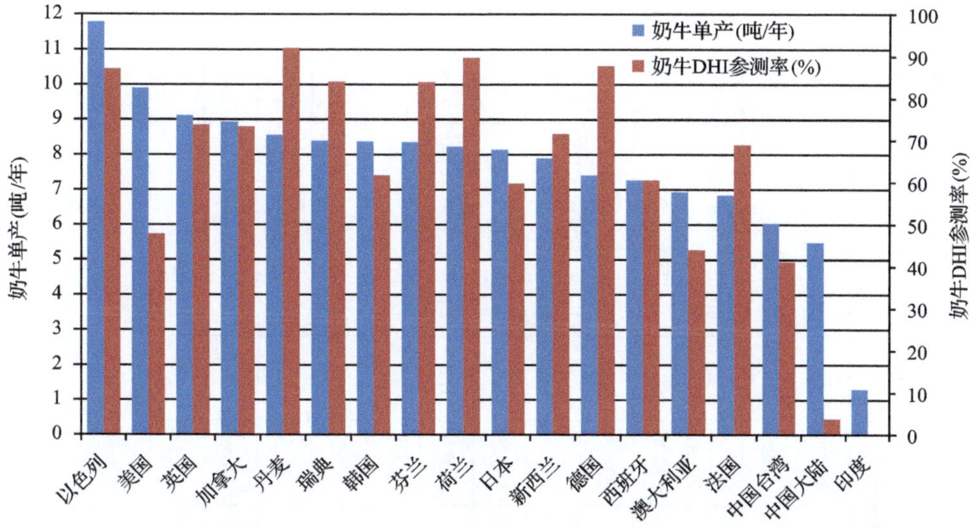

图 3-5-18　奶牛单产高于 7 吨/年的国家 DHI 参测率高于 50%(2012～2013 年)[14-16]

全球主要奶业国家 1961～2011 年奶业发展变化情况分析见表 3-5-5。

由表 3-5-5 及图 3-5-19、图 3-5-20、图 3-5-21 可知，欧美奶业发达国家推行奶牛生产性能测定综合管理方案的时间较早，在 DHI 大数据的引领下，奶业呈现“两增两减”态势，“两增”是指奶牛养殖技术、奶牛单产水平提高；“两减”是指奶牛饲养头数、奶农数量减少，牛奶总产量变化不大(增长幅度均小于 1 倍)。这样的发展使得在奶牛头数减少一半的情况下，单产提高了 2 倍，同时乳脂量也不断提高，既节约了大量饲料，又提高了劳动生产率，产生了巨大的经济效益。

另外，奶业起步较晚的亚洲国家和地区，如日本、韩国和我国台湾省也借助于大力推行 DHI，使奶牛业获得了快速发展。如图 3-5-23、图 3-5-24、图 3-5-25 所示，1961～2013 年间，日本、韩国和中国台湾省的奶牛单产和总产奶量始终保持增长，奶牛存栏数则呈现先大幅增长，至 1990 年前后开始下降的趋势。日本在 1974 年开始实施 DHI，目前普及率达 59.8%；韩国于 1979 年开始 DHI 测试，全国母牛参测率达到 61.7%；我国台湾省于 1977 年开始实施 DHI，目前参测率达 41.2%，见表 3-5-5。这些国家和地区均是在大力推行 DHI 之后，奶牛单产得到了大幅度的提升。凭借着奶牛生产性能测定的现代奶业管理手段，这些亚洲国家和地区实现了奶业从毫无基础到世界先进水平的迅猛跨越，日本与韩国的奶牛单产水平均达到了 8 吨以上，位居世界前列。然而，我国在 20 世纪 70 年代的奶业发展状况与日本、韩国处于同一水平，但是我们并没有像日本、韩国一样及时地抓住奶牛生产性能测定(DHI)这一跨入现代奶业的敲门砖，到 1992 年依靠日本引进才启动了 DHI 体系，而且推进过程缓慢，2012 年奶牛的参测率仅为 3.75%，成效也不明显，这也是导致我国奶牛单产水平远低于日本与韩国的重要原因。以下列举三个典型案例，解读实施 DHI 产生的积极效果。

表 3-5-5　1961～2013 年奶业发达国家和地区奶业发展变化分析[2,3,14,15,17-23]

序号	国家或地区	存栏数(万头)		存栏头数变化	存栏同比年变化率平均值(%)	单产水平(吨/年)		单产变化百分比%	单产同比年增幅平均值%	总产水平(万吨)		总产变化百分比%	总产增幅%	2012 年 DHI 参测率
		1961	2013			1961	2013			1961	2013			
1	美国	1724	922	−46.52%	−1.18%	3.3	9.9	200%	2.14%	5702	9127	60.07%	0.93%	47.81%
2	加拿大	299	96	−67.89%	−2.13%	2.8	8.7	210.7%	2.25%	832.6	839.4	0.82%	0.04%	73.3%
3	澳大利亚	316	169	−46.52%	−1.14%	2	5.7	185%	2.09%	627.7	952.2	51.70%	0.9%	44%
4	德国	798	427	−46.49%	−1.16%	3.1	7.3	135.48%	1.67%	2479.6	3112.2	25.51%	0.46%	87.8%
5	荷兰	165	160	−3.63%	−0.01%	4.2	7.6	80.95%	1.19%	695.3	1220.7	75.56%	1.14%	89.7%
6	法国	714	370	−48.18%	−0.89%	2.7	6.4	137%	2.03%	1906.9	2371.4	24.36%	0.45%	69%
7	英国	421	180	−57.24%	−1.56%	2.8	7.8	178.6%	2.05%	1200.5	1394.1	16.13%	0.32%	73.7%
8	以色列	6.8	12.6	85.29%	1.27%	4.3	11	155.81%	1.90%	29.2	139.1	376.37%	3.13%	87.04%
9	日本	56	99	76.79%	1.18%	3.8	7.6	100%	1.38%	211.5	750.8	254.99%	2.55%	59.8%
10	韩国	0.09	20.6	增加 228 倍	12.36%	1.7	10.2	500%	4.09%	0.2	209.3	1045 倍	16.54%	61.7%
11	中国台湾	0.36	5.9	增加 15 倍	6.55%	1.6	6.1	281.25%	3.75%	0.6	36	59 倍	9.13%	41.2%

表 3-5-6　1961～2013 年奶业发达国家和地区奶业发展变化情况(FAO 数据)[3]

年份	美国			加拿大			德国			以色列		
	奶牛存栏（万头）	单产（吨）	总产量（千万吨）	奶牛存栏（万头）	单产（吨）	总产量（百万吨）	奶牛存栏（万头）	单产（吨）	总产量（千万吨）	奶牛存栏（万头）	单产（吨）	总产量（万吨）
1961	1724.30	3.31	5.70	298.68	2.79	8.33	797.57	3.11	2.48	6.80	4.29	29.20
1962	1684.20	3.40	5.73	295.55	2.82	8.35	802.51	3.10	2.49	7.35	4.43	32.55
1963	1626.00	3.49	5.68	291.45	2.87	8.37	802.52	3.19	2.56	6.67	4.59	30.59
1964	1567.70	3.67	5.76	290.60	2.89	8.40	796.84	3.25	2.59	6.75	4.65	31.39
1965	1495.40	3.77	5.63	288.50	2.89	8.34	798.43	3.35	2.68	6.83	4.87	33.23
1966	1407.10	3.87	5.44	267.64	3.12	8.35	805.01	3.38	2.72	7.36	4.88	35.91
1967	1341.50	4.01	5.39	267.05	3.10	8.27	804.64	3.45	2.78	7.96	4.92	39.16
1968	1283.20	4.14	5.32	261.89	3.18	8.34	803.02	3.54	2.84	8.07	5.03	40.56
1969	1230.70	4.28	5.27	258.65	3.28	8.50	802.90	3.56	2.85	8.35	5.04	42.05
1970	1200.00	4.42	5.31	255.35	3.26	8.31	773.21	3.63	2.81	8.20	5.53	45.37
1971	1183.90	4.54	5.38	225.75	3.51	7.93	763.56	3.59	2.74	8.60	5.41	46.56
1972	1170.00	4.65	5.44	221.33	3.63	8.03	758.88	3.70	2.81	9.30	5.27	49.03
1973	1141.30	4.59	5.24	211.95	3.62	7.67	761.83	3.68	2.80	10.10	5.34	53.92
1974	1123.00	4.67	5.24	206.80	3.69	7.63	760.26	3.76	2.86	10.28	5.46	56.15
1975	1113.90	4.70	5.23	204.20	3.80	7.75	752.33	3.81	2.87	10.19	5.89	59.97
1976	1103.20	4.94	5.45	202.30	3.80	7.69	751.73	3.89	2.92	10.44	6.47	67.54
1977	1094.50	5.08	5.56	197.40	3.93	7.75	755.49	3.90	2.95	10.62	6.51	69.15
1978	1080.30	5.10	5.51	190.70	4.00	7.62	757.78	4.02	3.05	10.37	6.65	69.00
1979	1073.40	5.21	5.60	182.50	3.89	7.10	755.93	4.11	3.11	10.43	6.83	71.21
1980	1079.90	5.39	5.82	177.30	4.18	7.41	756.92	4.24	3.21	10.15	6.80	69.04
1981	1089.80	5.53	6.02	176.40	4.28	7.55	764.86	4.19	3.20	10.30	6.82	70.25

续表

年份	美国			加拿大			德国			以色列		
	奶牛存栏（万头）	单产（吨）	总产量（千万吨）	奶牛存栏（万头）	单产（吨）	总产量（百万吨）	奶牛存栏（万头）	单产（吨）	总产量（千万吨）	奶牛存栏（万头）	单产（吨）	总产量（万吨）
1982	1101.10	5.58	6.15	178.00	4.39	7.82	785.22	4.10	3.22	10.30	7.21	74.25
1983	1105.90	5.73	6.33	173.60	4.27	7.42	782.86	4.35	3.41	10.30	7.53	77.59
1984	1079.30	5.69	6.14	167.90	4.55	7.64	766.72	4.41	3.38	10.20	8.05	82.13
1985	1098.10	5.91	6.49	161.80	4.62	7.48	752.09	4.47	3.36	10.25	7.92	81.17
1986	1077.30	6.03	6.49	154.70	4.86	7.52	744.15	4.64	3.45	10.39	8.38	87.04
1987	1032.70	6.27	6.47	143.29	5.29	7.58	709.63	4.58	3.25	10.50	8.63	90.64
1988	1022.40	6.43	6.58	140.80	5.56	7.83	702.74	4.56	3.20	11.00	8.76	96.41
1989	1004.60	6.50	6.53	139.40	5.72	7.98	691.75	4.71	3.26	11.00	8.56	94.19
1990	999.30	6.71	6.70	137.30	5.81	7.98	635.45	4.93	3.13	11.06	8.61	95.16
1991	982.60	6.82	6.70	132.80	5.87	7.79	563.20	5.16	2.91	10.88	9.18	99.81
1992	968.80	7.06	6.84	128.25	5.95	7.63	536.50	5.22	2.80	11.27	9.02	101.67
1993	958.10	7.13	6.83	122.30	6.13	7.50	530.10	5.30	2.81	11.63	9.07	105.51
1994	949.40	7.34	6.97	122.40	6.33	7.75	529.36	5.26	2.79	12.98	8.52	110.66
1995	946.60	7.44	7.04	124.40	6.37	7.92	527.40	5.42	2.86	13.40	8.74	117.15
1996	937.20	7.45	6.99	123.70	6.38	7.89	523.00	5.50	2.88	13.22	8.77	116.00
1997	925.20	7.65	7.08	123.11	6.58	8.10	519.47	5.53	2.87	12.20	9.50	115.86
1998	915.80	7.80	7.14	118.40	6.93	8.20	496.38	5.72	2.84	12.20	9.81	119.71
1999	915.60	8.06	7.38	115.67	7.06	8.16	479.48	5.91	2.83	12.50	9.55	119.40
2000	921.00	8.25	7.60	110.34	7.40	8.16	462.80	6.12	2.83	12.50	9.48	118.52
2001	911.50	8.23	7.50	109.10	7.43	8.11	453.80	6.21	2.82	12.00	9.93	119.17
2002	914.10	8.44	7.71	108.39	7.35	7.96	444.40	6.27	2.79	11.85	10.23	121.26
2003	908.40	8.51	7.73	106.53	7.26	7.73	436.50	6.54	2.85	12.00	9.52	114.26

续表

年份	美国			加拿大			德国			以色列		
	奶牛存栏（万头）	单产（吨）	总产量（千万吨）	奶牛存栏（万头）	单产（吨）	总产量（百万吨）	奶牛存栏（万头）	单产（吨）	总产量（千万吨）	奶牛存栏（万头）	单产（吨）	总产量（万吨）
2004	901.00	8.61	7.75	105.49	7.49	7.91	428.90	6.59	2.82	12.00	9.73	116.81
2005	904.10	8.88	8.03	104.14	7.50	7.81	420.80	6.76	2.85	12.00	9.82	117.87
2006	911.20	9.05	8.25	101.91	7.89	8.04	408.12	6.86	2.80	12.00	9.58	115.00
2007	913.20	9.22	8.42	99.48	8.19	8.15	407.12	6.98	2.84	12.60	9.71	122.29
2008	920.50	9.36	8.62	98.35	8.28	8.14	421.77	6.79	2.87	12.80	10.43	133.52
2009	919.80	9.34	8.59	97.84	8.39	8.21	418.74	6.96	2.92	12.20	10.46	127.67
2010	912.40	9.59	8.75	96.62	8.53	8.24	418.17	7.08	2.96	12.00	10.77	129.21
2011	919.80	9.68	8.90	96.56	8.70	8.40	419.01	7.24	3.03	11.90	11.39	135.58
2012	923.30	9.84	9.09	95.84	8.94	8.56	419.05	7.28	3.05	11.80	11.58	136.64
2013	921.79	9.90	9.13	96.05	8.74	8.39	426.76	7.29	3.11	12.60	11.04	139.08

年份	日本			韩国			中国台湾			中国大陆		
	奶牛存栏（万头）	单产（吨）	总产量（万吨）	奶牛存栏（万头）	单产（吨）	总产量（万吨）	奶牛存栏（万头）	单产（吨）	总产量（万吨）	奶牛存栏（万头）	单产（吨）	总产量（万吨）
1961	56.38	3.75	211.52	0.09	1.71	0.15	0.36	1.64	0.58	50.00	1.20	60.00
1962	63.73	3.83	243.89	0.13	2.53	0.33	0.37	1.34	0.50	52.00	1.19	62.00
1963	72.92	3.79	276.31	0.24	1.95	0.47	0.46	1.76	0.80	53.00	1.20	63.50
1964	79.53	3.80	302.22	0.30	2.86	0.86	0.51	2.23	1.13	54.00	1.19	64.00
1965	85.94	3.75	322.39	0.34	3.13	1.07	0.57	2.41	1.37	55.00	1.17	64.50
1966	88.48	3.85	340.88	0.55	2.68	1.46	0.60	2.30	1.38	55.00	1.15	63.00
1967	91.36	3.90	356.61	0.65	2.95	1.92	0.63	2.19	1.38	53.00	1.15	61.00
1968	96.75	4.15	401.59	0.83	2.94	2.44	0.65	2.28	1.48	50.00	1.16	58.00
1969	109.77	4.11	450.86	1.10	3.22	3.55	0.70	2.13	1.50	48.00	1.25	60.00

续表

年份	日本			韩国			中国台湾			中国大陆		
	奶牛存栏（万头）	单产（吨）	总产量（万吨）	奶牛存栏（万头）	单产（吨）	总产量（万吨）	奶牛存栏（万头）	单产（吨）	总产量（万吨）	奶牛存栏（万头）	单产（吨）	总产量（万吨）
1970	119.80	3.97	476.15	1.29	4.02	5.19	0.76	2.12	1.61	50.00	1.28	64.00
1971	124.50	3.87	481.98	1.73	3.78	6.53	0.86	2.08	1.79	53.50	1.27	68.00
1972	123.50	4.00	493.88	2.03	3.93	7.99	1.14	2.01	2.29	56.00	1.29	72.50
1973	121.30	4.05	490.84	2.90	3.59	10.41	1.57	2.40	3.76	58.00	1.33	77.00
1974	121.50	4.01	486.82	3.89	3.26	12.69	2.15	1.95	4.19	62.00	1.29	80.00
1975	123.50	4.02	496.10	4.54	3.53	16.03	2.52	1.84	4.62	65.00	1.29	84.00
1976	127.50	4.13	526.24	5.02	3.93	19.73	2.86	1.58	4.51	68.00	1.28	87.00
1977	132.40	4.33	573.50	6.13	4.25	26.06	2.39	1.92	4.57	70.00	1.29	90.00
1978	137.70	4.44	611.66	7.58	4.23	32.09	2.39	1.87	4.46	68.50	1.61	110.00
1979	144.70	4.47	646.28	8.89	4.28	38.07	2.51	1.77	4.44	47.50	1.80	85.50
1980	142.20	4.57	650.45	11.43	3.96	45.23	3.07	1.55	4.77	64.10	1.78	114.10
1981	145.70	4.54	661.02	11.18	4.59	51.29	3.15	1.59	5.02	69.80	1.85	129.10
1982	146.10	4.62	674.74	13.44	4.29	57.62	3.28	1.70	5.59	81.70	1.98	161.80
1983	146.90	4.79	704.23	15.98	4.46	71.22	3.46	1.68	5.80	95.10	1.94	184.50
1984	147.40	4.84	713.75	19.62	4.28	84.05	3.91	1.71	6.69	133.60	1.64	218.60
1985	146.30	5.04	738.04	23.06	4.36	100.61	5.20	1.69	8.79	162.70	1.54	249.90
1986	146.00	5.11	745.69	24.89	4.64	115.45	6.10	1.80	10.97	184.60	1.57	289.90
1987	141.70	5.18	733.49	26.65	5.30	141.31	7.36	1.96	14.44	216.40	1.53	330.10
1988	138.70	5.48	760.68	27.62	5.91	163.19	8.24	2.10	17.34	222.20	1.65	366.00
1989	139.80	5.76	805.89	29.84	5.90	176.18	8.70	2.10	18.24	252.60	1.51	381.30
1990	139.50	5.87	818.93	29.16	6.01	175.18	9.08	2.24	20.38	269.10	1.54	415.70
1991	141.40	5.84	825.91	29.40	5.92	174.10	10.05	2.24	22.57	296.60	1.57	464.70

续表

年份	日本			韩国			中国台湾			中国大陆		
	奶牛存栏（万头）	单产（吨）	总产量（万吨）	奶牛存栏（万头）	单产（吨）	总产量（万吨）	奶牛存栏（万头）	单产（吨）	总产量（万吨）	奶牛存栏（万头）	单产（吨）	总产量（万吨）
1992	141.80	6.05	857.64	30.19	6.02	181.61	11.06	2.23	24.61	325.00	1.55	503.10
1993	141.60	6.09	862.57	32.00	5.81	185.79	11.70	2.38	27.85	330.00	1.51	498.60
1994	138.40	6.06	838.90	31.60	6.07	191.74	11.85	2.44	28.96	345.10	1.53	528.80
1995	134.20	6.25	838.20	31.80	6.28	199.84	5.88	5.40	31.78	384.30	1.50	576.40
1996	133.40	6.49	865.70	31.60	6.44	203.37	6.64	4.76	31.59	417.20	1.51	629.40
1997	131.90	6.55	864.55	28.11	7.06	198.40	6.28	5.26	33.05	447.00	1.34	601.10
1998	130.10	6.59	857.24	28.10	7.21	202.70	6.53	5.18	33.84	459.50	1.44	662.10
1999	127.90	6.61	845.97	30.60	7.33	224.39	6.65	5.08	33.80	467.80	1.53	717.59
2000	125.10	6.79	849.70	25.51	8.83	225.28	6.62	5.41	35.80	480.00	1.72	827.40
2001	122.00	6.80	830.10	25.80	9.06	233.89	6.61	5.23	34.60	488.70	2.10	1025.50
2002	121.90	6.88	838.53	25.23	10.06	253.70	6.51	5.49	35.78	566.20	2.30	1299.80
2003	121.00	6.94	840.01	24.10	9.82	236.60	6.45	5.49	35.44	687.30	2.54	1746.30
2004	117.90	7.06	832.90	23.65	9.53	225.50	5.95	5.43	32.27	893.20	2.53	2260.60
2005	114.50	7.24	828.52	22.71	9.81	222.88	5.46	5.56	30.35	1108.00	2.49	2753.37
2006	113.10	7.20	813.80	22.02	9.92	218.40	5.32	6.08	32.32	1228.00	2.60	3193.40
2007	109.30	7.33	800.74	23.70	9.23	218.80	5.23	6.16	32.22	1259.00	2.80	3525.20
2008	107.50	7.43	798.20	23.20	9.48	220.00	5.31	5.94	31.56	1233.50	2.88	3555.82
2009	105.50	7.50	791.04	22.70	9.79	222.20	5.26	6.12	32.18	1219.00	2.89	3518.80
2010	102.90	7.50	772.05	20.40	10.16	207.30	5.32	6.32	33.60	1235.70	2.89	3575.60
2011	99.96	7.48	747.43	19.10	9.89	188.90	5.53	6.35	35.09	1224.20	2.99	3657.80
2012	101.20	7.54	763.04	20.90	10.10	211.10	5.72	6.09	34.85	1215.00	3.08	3743.60
2013	99.21	7.57	750.83	20.60	10.16	209.30	5.91	6.09	36.00	1210.00	2.92	3531.00

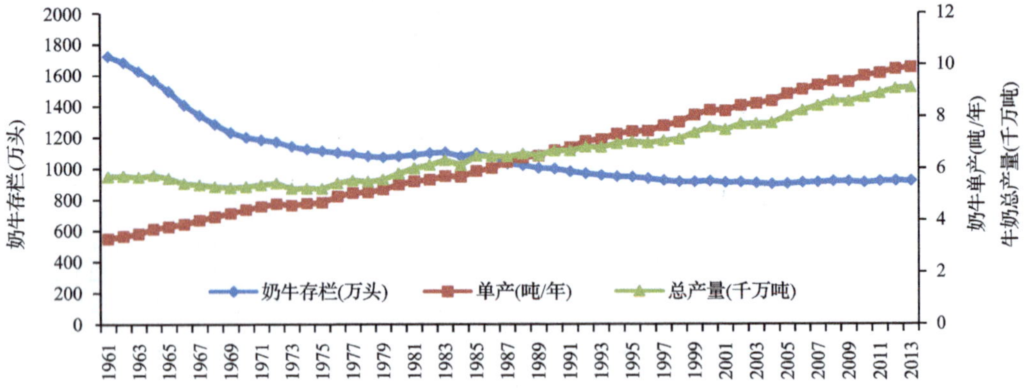

图 3-5-19　美国 1961～2013 年奶牛存栏、单产及总产奶量变化[3]

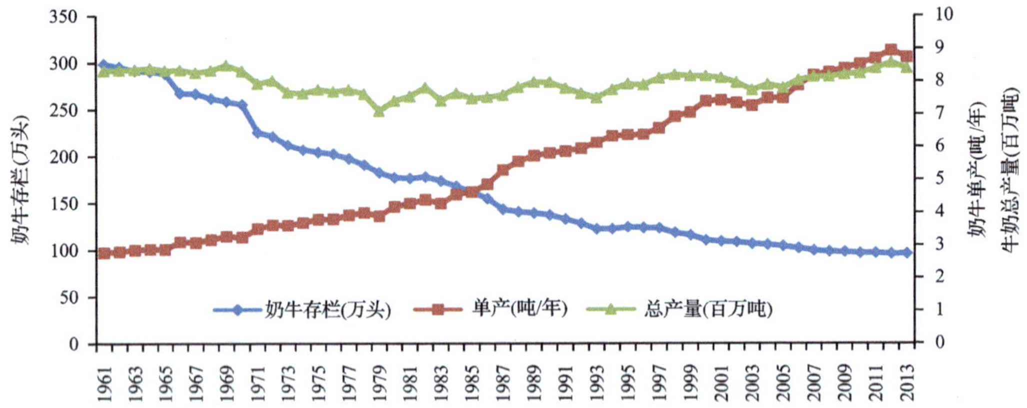

图 3-5-20　加拿大 1961～2013 年奶牛存栏、单产及总产奶量变化[3]

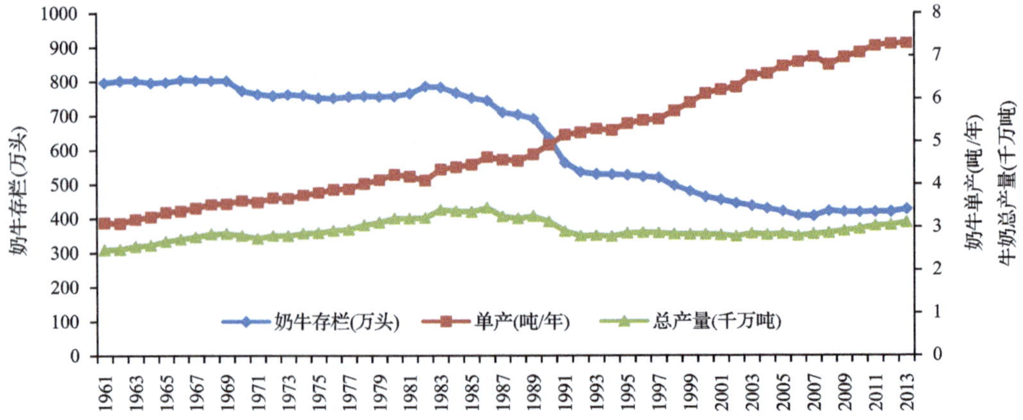

图 3-5-21　德国 1961～2013 年奶牛存栏、单产及总产奶量变化[3]

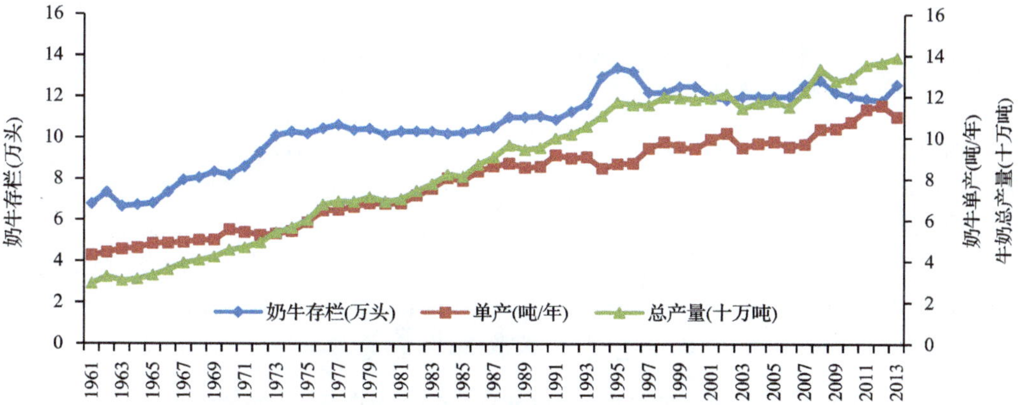

图 3-5-22　以色列 1961～2013 年奶牛存栏、单产及总产奶量变化[3]

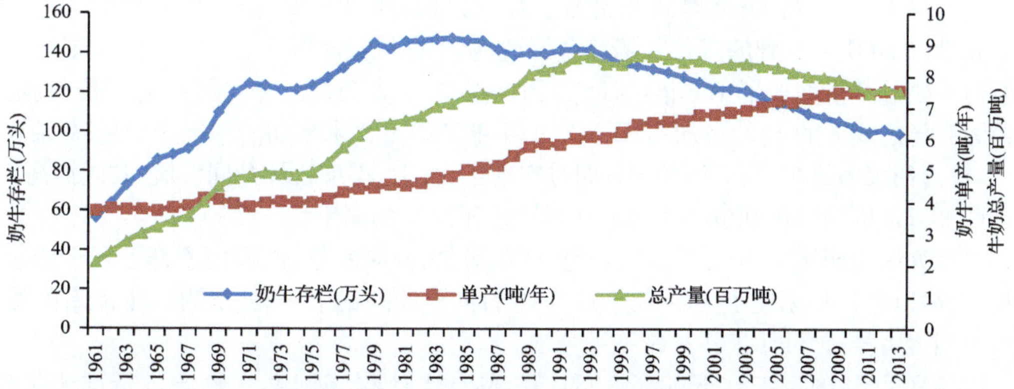

图 3-5-23　日本 1961～2013 年奶牛存栏、单产及总产奶量变化[3]

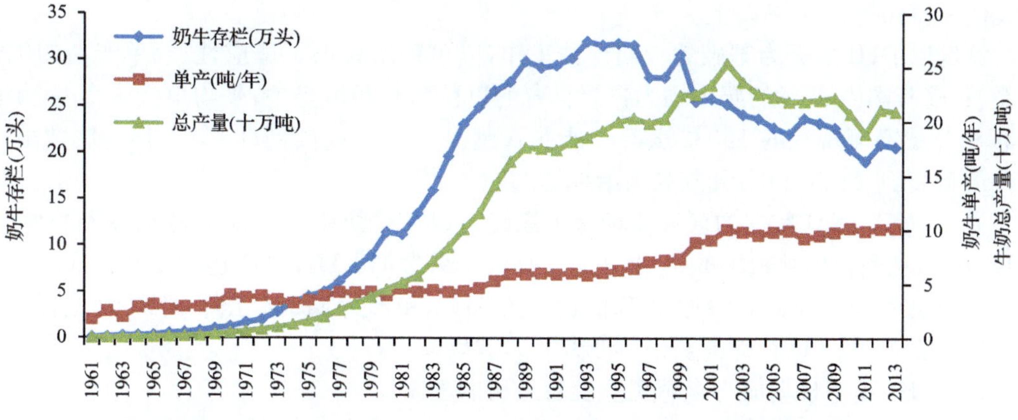

图 3-5-24　韩国 1961～2013 年奶牛存栏、单产及总产奶量变化[3]

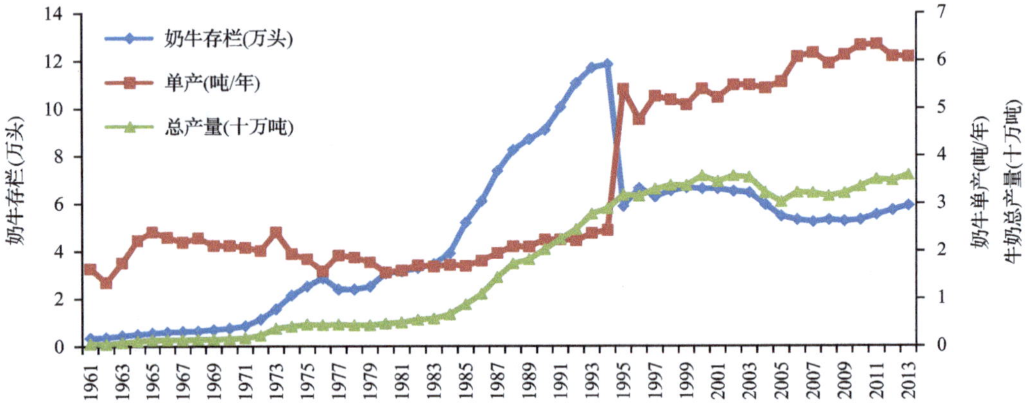

图 3-5-25 中国台湾 1961～2013 年奶牛存栏、单产及总产奶量变化[3]

(1) DHI 引领美国奶业由数量扩涨型向质量效益型转型发展

美国自 1960 年后 DHI 参测率逐渐上升，到 2011 年有 48%的牛群参加生产性能测定。凭借以 DHI 为基础的现代牧场综合管理，奶牛存栏量降低 52%(1933 万头至 923 万头)，但牛奶总产量增加了 1.6 倍(3766.5 万吨至 9841.3 万吨)，单产提高近 3 倍，测定成本约为牛场总成本的 1%；参加 DHI 测定的牛群产奶量比未参加的牛群产奶量高 20%～40%，投入回报率最高可达 50 倍[24]；同时实现了大、中、小型牧场共同发展、共同提高。

(2) DHI 推动以色列成为世界奶牛单产水平最高的国家

以色列国土面积中 70%是沙漠，而且气候炎热、资源匮乏，这些因素都不利于奶业的发展，然而以色列却创造了奶牛单产 11.7 吨的世界最高纪录，如此优秀奶牛品系的培育和以色列大力推行 DHI 工作是密不可分的。

以色列 DHI 测定工作开始于 1934 年，在合作社牧场和家庭牧场进行同步推广。1984 年，随着育种工作的进一步加强，以色列奶牛育种协会(ICBA)建立了全国 DHI 测试中心，从此加入测定计划的牛场数迅速增加。2000 年以后，以色列奶牛参加 DHI 测定的比例一直保持在 85%以上。

凭借以 DHI 数据为基础的长期育种工作，以色列培育出了适应性强、单产高的优良品系，目前其国内 95%的奶牛均为自繁自育的以色列荷斯坦奶牛，平均单产由 1984 年的 8734 公斤提升至现在的 12083 公斤。脂肪含量由 3.29%提高到 3.6%。体细胞数由 44 万/mL 降低到 22 万/mL，乳制品自给率达到 80%[25]。

另外，基于 DHI 数据的现代牧场管理策略可以使得奶牛生产能力得到最大的释放。2014 年，以色列合作社牧场的奶牛(占比 64%)全部参加 DHI，单产达 12376 公斤/年；家庭牧场的奶牛(占比 36%)参加 DHI 的比例为 64%，单产为 11554 公斤/年[26]。这样的数据对比也表明了 DHI 在提高奶牛单产方面的效果。

(3) DHI 提速日本成为全球奶业发展最快的国家

日本于 1974 年开始 DHI 推广应用，最初参测率不足 10%；到 1993 年参测母牛就达到了 44%；2014 年日本全国平均参测率达 58%，北海道地区高达 72%。日本家畜改良事业团统计数据显示(图 3-5-27)，加入奶牛生产性能测定的牛群产奶量比未参加的牛群高

25%(1.78 吨/年)[28]，主要原因是牧场主充分运用 DHI 报表中的信息做出了正确决策。

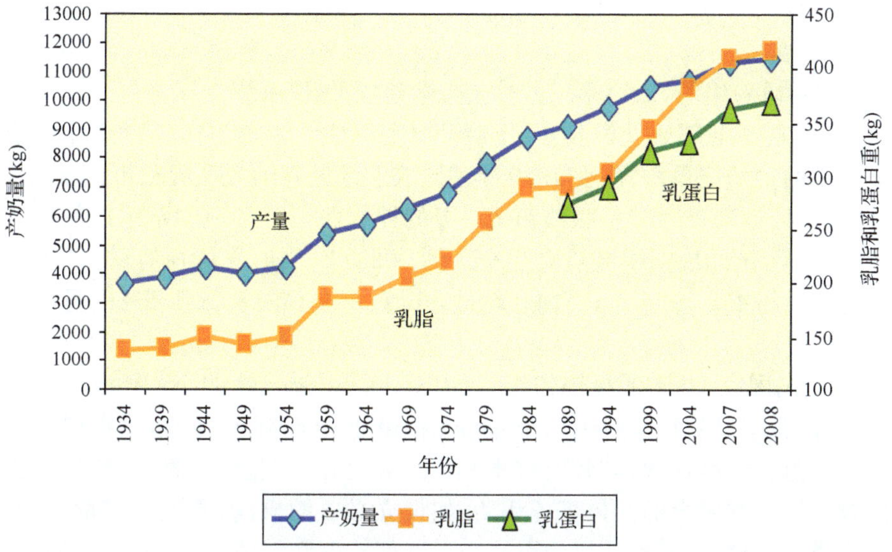

图 3-5-26　1934～2008 年以色列奶牛单产与乳脂、乳蛋白产量[27]

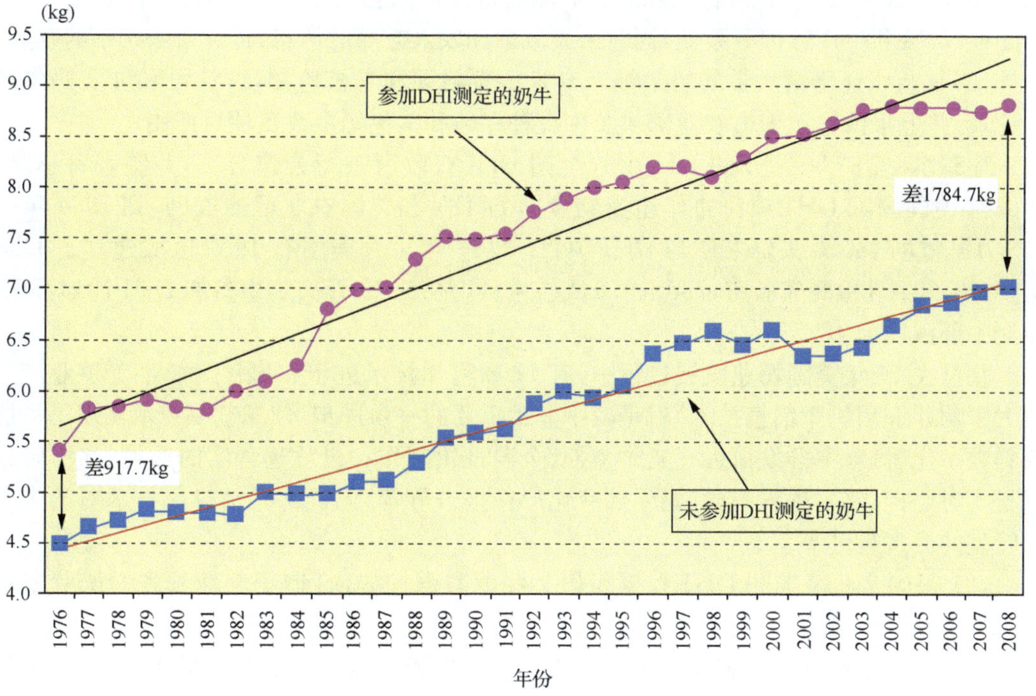

图 3-5-27　1976～2008 年日本参加与未参加 DHI 测定的奶牛单产[28]

在 DHI 推行的 40 年来，日本在奶牛存栏量降低 17%(178 万头至 94.3 万头)的情况下，牛奶总产量增加了 50%(496 万吨至 763 万吨)，单产提高 2 倍多(4 吨至 8.13 吨)[29]。作为亚洲历史上的非乳业传统国家，在土地与饲料资源紧缺的情况下(饲料自给率不足

50%)，凭借着DHI引领的现代牧场管理技术，日本的奶业达到了全球领先水平(综合排名世界第11位，奶牛单产排名世界第9位)[2]。

2. 成功经验

(1) 美国由政府组织，依靠第三方社会力量建立DHI系统

1895年，美国农业部成立奶业处，开始组织生产性能测定工作。1908年美国农业部组织了全国性的牛奶记录系统，在1920年美国农业部把它纳入全国和州一级的推广服务处，由推广服务处运营该组织。联邦和州一级的控制保证了各地测定组织的稳定性和统一性。1925年，测试的规则相继建立起来。到1929年，当时美国所有的48个州都成立了母牛测定协会组织。1935年，美国有超过36万、占全国总头数1.5%的母牛加入牛奶记录系统[30]。

1965年美国国家DHI项目协作组(National Cooperative Dairy Herd Improvement Program)和全国DHIA(Dairy Herd Improvement Association)成立，负责制定美国DHI政策、策略、规范和标准，同时与政府技术推广组织合作，实施区域的DHI推广工作。组织中的奶农会员负责协会的具体事务活动，如设立必要的机构，收集测定费用，雇佣监测员来测定会员的牛群；政府推广机构也改变了以往的角色，主要负责领导和规划协会的活动，同时把教育、培训也融入到该项目中。为了公正地评估不同牛场奶牛的生产水平，DHI组织雇佣了独立的第三方监测员，监测员每月访问会员牛场一次，记录产奶量、牛群的配种、饲喂和生产管理等数据，同时采集成本和收入方面的信息，计算每头奶牛的收益。另外，DHI组织还聘请大学的奶牛推广专家负责培训和考核监测员，认可和证实奶牛产奶记录，并上报数据至美国农业部供公牛育种评估和其他奶牛改良项目使用。

1969年，全美50个州的DHIA与全国DHIA、政府进行合作分工，并签署备忘录。1982年美国国家DHI项目协作组受到全国DHIA和美国农业部的资助，到1984年有6.8万家牧场480万头奶牛参与DHI项目。2013年1月美国有19个区域建立了DHI组织，38个牛乳检测实验室，780位DHI技术员，共有211万头奶牛参加DHI计划，DHI参测牛群占比为48.7%。

在过去20年美国奶业发展过程中，有17项科学技术进步和事件对奶牛养殖业产生较大影响，“应用奶牛信息技术”就是其中非常重要的一项进步，依靠这一技术实现了牛群资料数字化管理、牛群发情远程实时监控、全混日粮制作和投放远程实时监控、牛群健康远程实时监控、奶牛远程医学、奶牛数字化尸检报告等等，无疑都是信息化技术对奶牛生产管理的巨大推进[31]。

(2) 德国全面精准的DHI数据积累和深度数据挖掘，打造了全球领先的奶业发展模式

德国奶牛生产性能测定是完全基于第三方独立机构进行的。德国的DHI体系由产奶性能及奶质检测协会(DLQ)主要负责，DLQ是由德国农业监控协会(LKV)、奶质检测实验室(MQD)以及数据处理中心(VIT)构成。

德国每个州都有一到几个奶质检测实验室，规模大小不一。各州的检测实验室一般由各州的乳业监控协会和大型乳品加工企业出资建立，全国的DHI检测实验室有统一的校准奶样和控制奶样，且每年国家会对各实验室抽查10次，保证各中心的检测结果一致。

奶质检测实验室主要对奶牛进行生产性能测定，测定项目主要有产奶量、乳成分(脂肪和蛋白质)和体细胞；同时也对外提供培训、技术咨询、数据处理及个性化牛群管理服务(如动物健康、乳房健康管理、繁殖力测定、牛群遗传进展、企业经济效益分析及建议)。奶质实验室为非盈利机构，整体达到收支平衡即可，每头牛每个月的检测费用只收取 0.395 欧元，主要目的是为奶业提供服务。由于测定数据可以用于育种值估计，政府会给检测实验室一定的费用补贴。

各测定中心将所有检测个体与对应数据传送至独立的第三方数据处理中心(VIT)。VIT 于 1965 年建立，按照联邦政府的法律规定，政府授权 VIT 对荷斯坦牛进行牛只登记、生产性能测定、奶牛系谱建立、育种值估计四方面的数据处理。现在 VIT 管理着 25000 个奶牛场，记录了 170 万头的产奶记录，对 18600 个奶牛群的 130 万头奶牛进行注册登记，对 35000 个奶牛群的 200 万头奶牛的首次人工授精进行记录，开发了牧场管理软件，全方位服务于农场和企业。

VIT 定期对奶牛的生产性能测定数据出具报告；此外，VIT 还承担着 Interbull 排名的使命，为公牛站育种提供后裔测定的数据分析结果，以便筛选出最优秀的公牛，用于生产。德国的公牛排名是按照欧洲 RZG(综合育种指标)来排序的，这种方式与美国 TPI 的排名是不同的两个体系。德国育种法规定，只有育种很高的公牛才可以在奶牛的育种工作中使用，并且对后裔测定公牛的数据来源有严格的规定：每头公牛最少须有 20 头女儿且必须分布在 10 个牧场中，产奶量指数的重复率在 75%以上，体细胞数的重复率存 50%以上。这样做的目的是为了确保种公牛选育的严肃性、准确性和科学性。

VIT 中心、生产性能测定中心与奶牛育种组织在组织体系上完全独立，见图 3-5-28，在数据流上则保持紧密联系，为测定数据的有效利用与评估结果的即时发布提供保证。

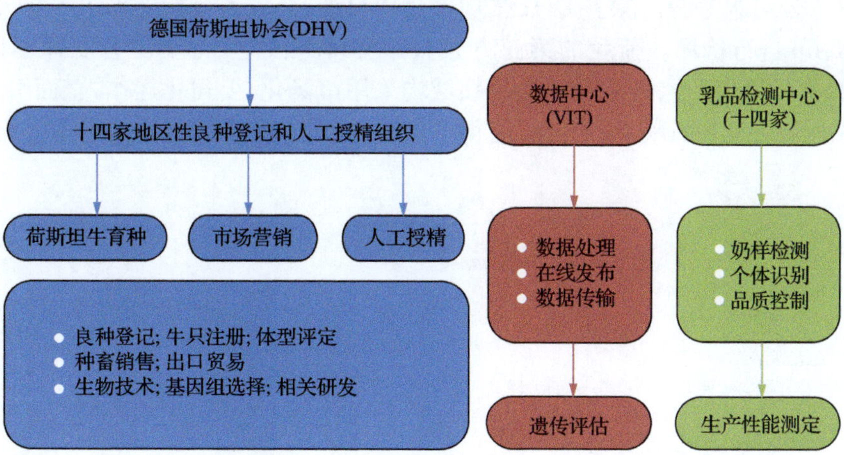

图 3-5-28　德国奶业体系组织架构

依靠健全持久的 DHI 体系，全面精准的数据积累和深度数据挖掘，德国荷斯坦牛育种体系自传统的基于数量遗传理论的遗传评估，发展到基于最新生物学技术的基因组选择策略，使得德国奶业始终保持世界领先水平。

(3) 荷兰乳业采用合作社组织结构，以及高度集约化的 DHI 体系，打造了全产业链自律模式。

荷兰是一个比较典型的人多地少的欧洲小国，其人口密度比我国高出两倍，是欧洲人口密度最大的国家，荷兰人均耕地 0.9 亩，略低于我国人均耕地水平(1.2 亩)。荷兰乳业经过百年的发展，建立了以合作社体制为龙头，以适度规模家庭农场为基础，公司化运作食品加工、产品营销等下游环节的全产业链质量体系，从而既保障了食品安全，又实现生态环境的可持续发展。荷兰乳制品公司构建了一个严格捆绑的共同利益机制和会员奶农、合作社董事会、公司管理层三方互相制约的合作机制。合作社组织管理层由全体会员农场主选举产生，负责管理合作社的日常事务。在这一体制下，经过多年运作与不断改进，形成了独具特色的三方合作自律体系[32]。荷兰乳业的合作社组织结构，为我们提供了一个从公司体制、机制上解决原料乳供求平衡与质量控制的重要启示。

荷兰是较早实施 DHI 的国家之一，此项工作最初由政府发起推动，政府成立测定中心，农场免费参加测定。1950 年，荷兰奶牛参加 DHI 的比例就高达 50%。经过一定阶段后 DHI 转变为收费测定，目前在荷兰有超过 90%的母牛参加 DHI 测定。参加 DHI 测定的奶牛单产由 1950 年的 4.11 吨增加为 9.34 吨，乳脂肪率由 3.66%增加到 4.37%，乳蛋白率由 3.34%增加到 3.53%[33]。现在参加生产性能测定已经是农场主不可或缺的生产手段，这一体系对原料乳品质的提升效果日益突出。

荷兰 DHI 体系的特点是高度集中化，全国的采样和检测任务由 CRV 和 Qlip 两家公司完成。荷兰 DHI 体系运行由育种公司 CRV 主持，CRV 采集样品后，统一送给 Qlip 公司进行检测，检测结果直接返回给 CRV，再由 CRV 反馈给奶农，见图 3-5-29。Qlip 只出具检测结果的报告，而对于检测结果的解读工作则由 CRV 完成，根据检测结果给予奶农饲养、疾病控制及育种方面的指导。检测费用由 CRV 育种公司与 Qlip 统一结算，奶农再付费给 CRV 公司服务费。除去 DHI 常规检测项目外，奶农若有额外需求，也可以选择自己送样到 Qlip 进行检测。荷兰的第三方公共服务体系发达，行业协会发挥了很大的作用，检测、数据处理、育种、人工授精这些领域均采用市场化、公司化运作，全面引入了竞争机制，使得专业化服务的水平非常高，使得 DHI 数据对于牧场的指导作用得以充分发挥。

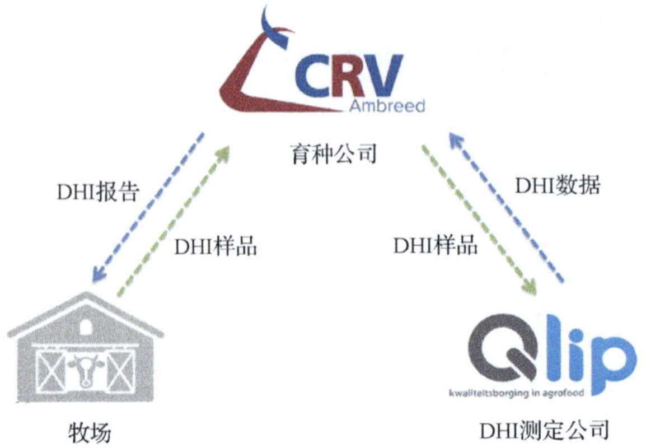

图 3-5-29　荷兰奶牛生产性能测定的组织架构

(4) 日本建立完善细致的DHI数据解读与牧场管理推广体系

1974年，日本开始进行奶牛生产性能测定工作。1977年，建立了专用的电子数据传输设备与终端[28]，进行数据上传与分析，从而为饲料调配和育种提供依据。正是由于DHI体系的有效运作和遗传能力评价的科技推动，才使日本奶牛育种改良和饲养技术均达到了世界先进水平，日本奶牛生产性能测定与育种体系的组织架构，见图3-5-30。

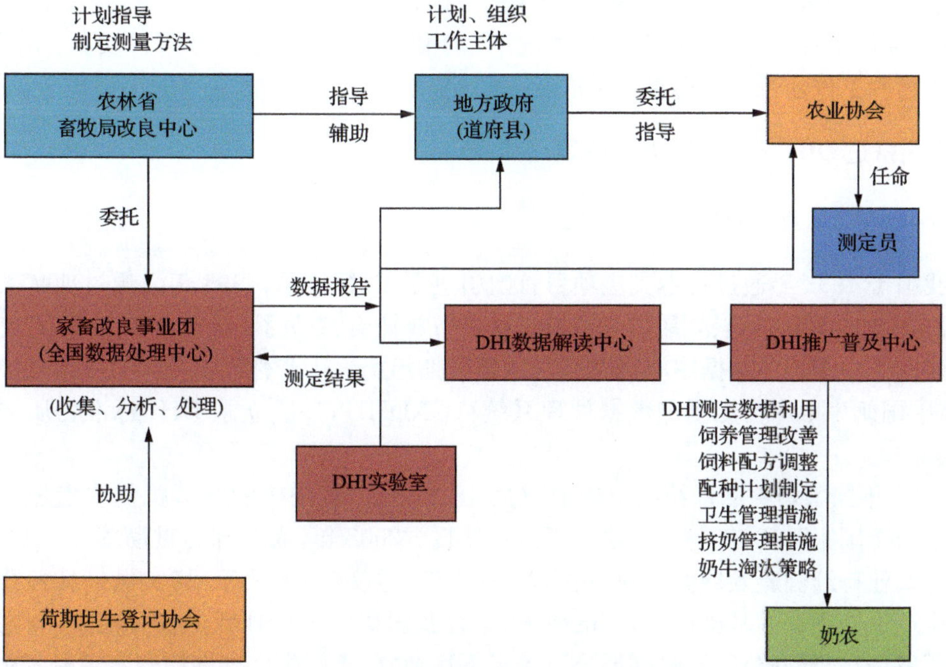

图3-5-30　日本奶牛生产性能测定与育种体系的组织架构

日本DHI测定工作的主体是地方政府(道府县)，主要负责预算，制定具体的实施计划和任命测定员。家畜改良事业团受国家委托，主要担负着测定数据的汇总、计算，测定结果的反馈工作。在最初开展DHI时，全部的测定费用由国家负担，之后逐渐成为由国家和地方政府各负担50%。现在由农协等团体负责筹集经费，国家、奶农以及社会团体各担负经费的一部分[34]。

日本在推行DHI体系的过程中，面临的最大困难是对于测定数据缺乏解读，没有面向奶农的专业指导人员，使得奶农无法理解测定的数据，也不知该如何改善牧场管理。因此，日本政府认为建立自上而下的指导体系，同时培养专业的牧场指导人员是当务之急。针对这一问题，日本各省组建了省DHI数据解读中心和推广普及中心。数据解读中心的工作人员负责依据DHI测定数据分析出奶牛状况和牧场管理问题，之后由推广中心的工作人员对奶农进行具体的指导。推广中心的工作人员首先要与奶农建立相互依赖、相互配合、相互信任的关系，并让奶农养成长期接受指导的观念，之后指导员会定期去牧场对奶农进行饲养管理、饲料配方调整、配种计划制定、卫生管理、挤奶管理、奶牛淘汰策略等多方面的现场指导。其中，挤奶程序指导每年1次，奶牛繁殖指导每月1次，体细胞控制指导每年2次[28]。同时还会借助于科研机构或社会团体的技术力量给予奶农更专业的指导。正是由于日本高度重视对奶农的教育工作，建立了细致完善的 DHI 指导体系，才使得 DHI 在日本的普及率迅速上升。这些经验均对我国有非常实际的指导意义。

在奶业发达国家 DHI 开展已有一百多年的历史，我国目前仅有几个城市进行数量有限的测定，缺乏开展这项工作的独立机构及相关组织。这项工作不单是个技术问题，更重要的是组织管理问题。奶业发达国家奶牛育种的经验告诉我们：中国奶业要想实现与国际接轨，就必须尽早建立相关组织，开展奶牛的生产性能检测工作和实施奶牛品种登记制度，只有在奶牛育种基础工作到位的情况下，奶牛育种的技术手段才可以实施，中国的奶牛遗传育种工作才可能取得更大进展。

三、我国推进 DHI 工作的进展与困境

（一）我国推进 DHI 工作的进展

我国于 1992 年通过日本支援项目首次引进了 DHI 体系，1995 年又通过加拿大支援项目进一步扩大了测定范围。1999 年，中国奶业协会成立了“全国生产性能测定委员会”，建立了中国奶牛数据中心，制定了《中国荷斯坦奶牛生产性能测定》NY 行业标准，开发了《中国奶牛生产性能测定数据处理系统》(CNDHI)，并成立了 DHI 标准物质制备实验室。

2006 年国家奶牛良种补贴工程中，对全国 8 个省、直辖市的 9 万头奶牛参加生产性能测定给予国家财政专项补贴，建立了试点项目。2008 年，农业部为贯彻落实《国务院关于促进奶业持续健康发展的意见》(国发[2007]31 号文件)中关于“切实做好良种登记和奶牛生产性能测定等基础性工作”的要求，结合我国奶业生产现状的实际需要，与财政部联合下发《农业部办公厅财政部办公厅关于下达 2008 年奶牛生产性能测定项目实施方案的通知》(农办财[2008]150 号)文件，在北京、天津、河北、山西、内蒙古、辽宁、黑龙江、上海、江苏、山东、河南、广东、云南、陕西、宁夏和新疆 16 个省(区、市)以及黑龙江农垦总局和新疆生产建设兵团等 18 个项目区率先启动了奶牛生产性能测定项目，为养殖场(户)提供奶牛生产性能免费测定，指导养殖者科学管理牛群，加快奶牛生产性能测定技术在全国的推广应用，提高我国奶牛饲养管理水平，建立我国高产母牛核心群，自主培育种公牛，增加奶牛单产和养殖效益，促进奶业持续健康发展。项目补贴范围从 2008 年底的 18 个地区扩大到了 18 个省(区、市)以及黑龙江农垦总局和新疆生产建设兵团 20 个项目区，建立了 22 个生产性能测定中心。中央财政每年安排专项资金 2000 万元，用于补贴奶牛生产性能测定工作，2012 年起列为农业部部门预算。

如果从 1992 年日本支援项目首次引进 DHI 技术到现在已经 23 年，如果从 2008 年农业部和财政部联合下发《关于下达 2008 年奶牛生产性能测定项目实施方案通知》算起，我国 DHI 项目已经开展了近 8 年，国家累计投资近两亿元，参测牛场由 592 个增加到 1054 个，测定的奶牛头数由 24.5 万头增加到了 54 万头。该项目共为参测奶牛场提供 DHI 报告累计 100 余万份。通过从 2008 年到 2014 年的测定日数据进行分析计算，参加 DHI 测定的奶牛日平均产奶量由 22.14 增加到 25.4 公斤，乳蛋白率由 3.26%增加到 3.3%，体细胞数由 66.1 万减低到 39.1 万个/毫升。每头牛胎次产量平均达到 7331 公

斤，较2008年的6752.7公斤增加了578公斤，按目前市场平均牛奶价格3.41元/公斤计算，每头牛可增加直接经济效益达1970元。另外，数据库中登记奶牛数量达到了93万头，2014年用于种公牛遗传评估的测定日数据量达到了53.1万条，占年度测定日数据量的14%。利用收集的数据，筛选了638头有后裔测定成绩的优秀种公牛参加项目，为顺利开展全国奶牛良种补贴项目工作提供了有力的技术支撑[16]。

然而，截止到2013年，我国奶牛DHI参测率不足4%（还没达到美国1950年时的比例）。在参测比例上，赶不上欧美，远落后于韩国和日本（图3-5-18）。在DHI项目推进过程中仍然存在诸多问题。

（二）我国推进DHI工作的困境

1. 对DHI重视程度不够，支持力度较弱

国外DHI的发展历程表明，DHI体系的建立和大范围推广，政府部门的支持是必不可少的，尤其是在刚起步的阶段。可是由于国情的差异，我国DHI的工作并没有得到相关部门的足够扶持，目前中央财政对DHI每年安排专项资金只有2000万元[16]。同时，只有国家上位政策，没有下位政策保障与监督执行，造成有关部门对于DHI数据资源重要性的认识不到位，没有把这些数据做为一种资源管好、用好，发挥其应有的作用。因此目前我国的DHI测定体系功能不完善，DHI的效果没有明显的显现。

2. 全行业对DHI的必要性认识不足，参测积极性不高

就牛场来说，DHI的测定最主要的投入还是人力，特别是在采样环节。在工作人员有限的情况下需要投入大量时间、精力，必须保证其采样的准确性。采样环节不能出现任何错误，一旦有误，DHI检测数据也就没有任何价值，因此奶牛场对于DHI测定的重视程度及采样的认真程度是至关重要的。但我国的牧场人员，尤其是小规模牧场的奶农对于DHI的真正意义与作用没有理解到位，奶农一直存在着“DHI只是为育种服务”的偏见，因此参与积极性不高、持续性不强、采样的认真程度也不够，直接影响了DHI数据的有效性。

3. 体系建设不完备测定数据准确性有待提高

我国DHI组织的体系架构不完整、制度不健全、专业人才缺乏、管理人手不足、测定中心能力建设不平衡，再加上专业化社会服务体系的缺失，导致我国现在的DHI仅仅是部分引进了国外的做法，而在很多方面仍存在漏洞，例如，奶牛编号混乱，系谱等资料不健全；检测中心设备不完善，技术服务能力弱；采样流程繁琐、不便操作；缺乏第三方采样队伍，产奶量记录和采样不规范，数据记录准确性较差；测定标准样仍不统一，全国各个DHI实验室的检测资质缺乏统一认证，管理水平、技术能力参差不齐，测定数据可比性不强。以上多方面的原因导致垃圾数据所占比例偏大，可靠性差，使得DHI体系运作乏力，造成DHI对全国奶牛整体改良作用十分有限，影响了其实际效果的发挥。

4. 人才缺乏DHI报告与数据解读科学性不够

在针对单个牧场方面，对照国外的DHI发展情况，我国DHI采集的信息较少，表格设计不科学，数据、图表太多而且复杂，对于专业知识有限的牧场人员来说，难度偏大，导致了很多报告应用率低，形同摆设。此外，面向奶农的DHI数据解读一线专业人员缺口

巨大，导致对DHI测定报告解读能力差，无法转换成对牧场的直接效益，使得牧场对DHI报告的利用率较低。

在大数据利用方面，中国奶牛数据中心成立时间不长，人才匮乏，尤其是数据综合分析的高端人才，造成DHI报告设计与数据统计分析能力有限。同时，我国数据累积量少，缺乏国际动物记录委员会（ICAR）国际参考实验室，测定方法和数据分析没有与国际接轨，也没有申请加入ICAR进行国际数据互换，因此使得基于大数据的奶牛育种评估与牧场决策的准确性不高，与国际水平差距很大，导致DHI的效果没有发挥出来。

5. 科技支撑不足，DHI报告落地的实效性大打折扣

鉴于牧场管理是涉及奶牛育种、奶牛养殖、奶牛营养、奶牛健康、动物福利、疫病防控与牛奶生产涉及多学科交叉，因此DHI推广工作能否有突破性进展，主要看是否能够根据DHI报告制定出切实有效的牧场改善措施。然而我国牧场管理专业人才缺乏，流失严重，专业技术支撑不强，依托DHI数据报告的牧场，针对性技术服务体系空缺，导致有了数据也不知道怎么办，使得DHI报告变成一纸空谈。

综上所述，DHI在我国起步时间不长，缺乏国家层面的战略部署和顶层设计，缺少法律法规的强制要求和有力执行。如何在全国建立一个高效的DHI运行体制、运行机制和组织形式，如何提高牛场对DHI的认识，科学有效的应用DHI去发现问题、改进管理，需要国家和地方政府有一个长期战略发展规划，要进行顶层设计，并要制定一系列方针政策，保障DHI统领奶业发展真正在我国东北、西北和华北等奶业产区生根、开花结果。

四、大数据时代如何养健康牛、产优质奶？——关于利用DHI大数据统领我国奶业转型发展的建议

（一）我国奶业发展正处在生死攸关时刻

综上所述，我国现在已成为世界第三奶业大国，而人均消费量仅相当于世界平均水平的三分之一，亚洲国家的二分之一，不足发达国家的七分之一。随着我国居民生活水平的提高，奶类的刚性需求将不断发展。据联合国2015人口报告预测2050年我国人口将达到13.5亿[5]，以人年均奶类消费量76公斤计算，2050年我国奶类总需求量为10260万吨。在国民强劲的乳制品消费需求之下，我国奶业发展面临诸多挑战：①资源匮乏的国情已不允许奶业的继续扩涨。如果还按过去粗放的数量扩涨型方式发展，我们将面临土地、水源、饲草、饲料、奶牛种质、国际贸易等资源，以及生态环境的严峻挑战，资源与环境已套上了“紧箍咒”。②奶牛单产低：我国奶牛单产位列世界第63位（2011年），仅相当于发达国家的三分之一，特别在亚洲邻国的日本、韩国分别是我国的2.59倍、3.48倍。③牛奶生产成本不断攀升：从2009年到2012年短短几年，我国原料乳生产成本由40美元上升到60美元/100公斤，增幅高达50%，成为世界奶牛养殖成本最高的国家，是世界发达国家的1.5倍。④行业深层次矛盾仍未解决：原料乳定价机制不合理，产业链各环节利益分配失衡，倒奶杀牛事件频见。⑤进口乳制品强烈冲击：目前，进口奶粉到岸价只相当于国产奶粉的一半，我国已经成为全球最大的乳制品进口国，奶价也已顶上了“天花板”，严重威胁我国奶牛业的持续发展。⑥消费者信任危机：从2008年三聚氰胺事件后，我国奶业

信誉遭到重创，出现了国人到世界各地抢购奶粉现象，致使荷兰、英国、澳大利亚等对中国制定了奶粉限购政策，对我国乳业发展造成了很大的负面影响。因此，中央财经办公室领导小组办公室副主任韩俊称："我国奶业的发展处在生死攸关时刻"[12]。

（二）我国推广 DHI 工作的前景

奶牛生产性能测定（DHI）是目前世界上最科学、最有效的奶牛生产管理工具，DHI 已经成为奶牛养殖牧场现代综合管理方案代名词，是奶业发展的基础工作。奶业发达国家成功推广 DHI 的实践证明，牛群改良与牧场发展的 60%归功于奶牛生产性能测定的推广应用。欧美国家凭借推行 DHI 实现了奶牛养殖业从数量型向质量型的战略转型，而日本、韩国等亚洲国家则凭借推行 DHI 实现了奶业从毫无基础到世界先进水平的迅猛跨越。DHI 在这些国家的成功推广与对奶业发展所作出的巨大贡献，都为我国的 DHI 推广工作做了成功的示范。我国从 1992 年日本支援 DHI 项目示范开始，1995 年又有加拿大支援 DHI 项目扩大了示范范围。现在经过 20 多年的探索和上海、河南等省市对 DHI 的成功推广，我国已经具备了全面推行 DHI 的基础。2014 年全国 100 头以上奶牛规模养殖比重达到了 45%，机械化挤奶率达到 90%，年产 9 吨以上的高产奶牛超过了 130 万头，占奶牛存栏的 9%，为加快推进 DHI 树立了先锋队。中国奶牛数据中心完成了超过 547 万条数据的收集、整理和分析工作，完善了中国荷斯坦牛系谱、生产性能测定、体型外貌鉴定、奶牛繁殖记录及公牛育种值等多个专业数据库，为参测牧场提供了 100 多万份 DHI 测定报告，这些都为我国下一步 DHI 的全面推广作出了积极的探索，过去的经验与教训必将为我国推进 DHI 进程提供更强大的动力。

（三）实现美好愿景的数据推演

（1）我国奶业发展趋势预测：选择推行 DHI 最为成功的国家和地区，依据表 3-5-6 中 FAO 统计数据进行计算[3]，1961 年至 2013 年 53 年来，美国、加拿大、德国、以色列、日本、韩国及我国台湾地区的奶牛单产同比年增幅平均值为 2.45%（简称"世界七国和地区平均水平"），日本、韩国及我国台湾地区的平均值为 3.07%（简称"亚洲三国和地区平均水平"），韩国和我国的平均值分别为 4.09%（"韩国水平"）和 1.94%（"中国水平"）。按照以上四个同比年增幅对我国 2016～2049 年的单产增长进行预测可得图 3-5-31。由图 3-5-31 可以看出，若我国今后 33 年仍然按照之前未推行 DHI 的年增长率发展，则到 2049 年新中国成立百年时，我国奶牛单产仅仅为 5.77 吨/年。然而，若我们痛下决心，从 2016 年开始大力推行 DHI 基础工作，按照"世界七国和地区平均水平"发展预测，到 2049 年我国奶牛单产可以达到 6.84 吨/年；按照"亚洲三国和地区平均水平"发展预测，可以达到 8.38 吨/年；按照"韩国水平"发展预测，可以高达 11.72 吨/年，而且在 2040 年单产就可以达到 8.17 吨/年。届时，我们将跻身世界奶业强国之列。

2015 年联合国人口预测年报指出，2050 年前后我国人口将达到 13.5 亿[5]，以人年均奶类消费量 76 公斤计算，2049 年我国奶类总需求量为 10260 万吨。按照"世界七国和地区平均水平"发展预测，到 2049 年我国奶牛存栏数需 1550 万头才可满足需求；按照"亚洲三国和地区平均水平"发展预测，到 2049 年我国奶牛存栏数需 1224 万头可满足需求；而

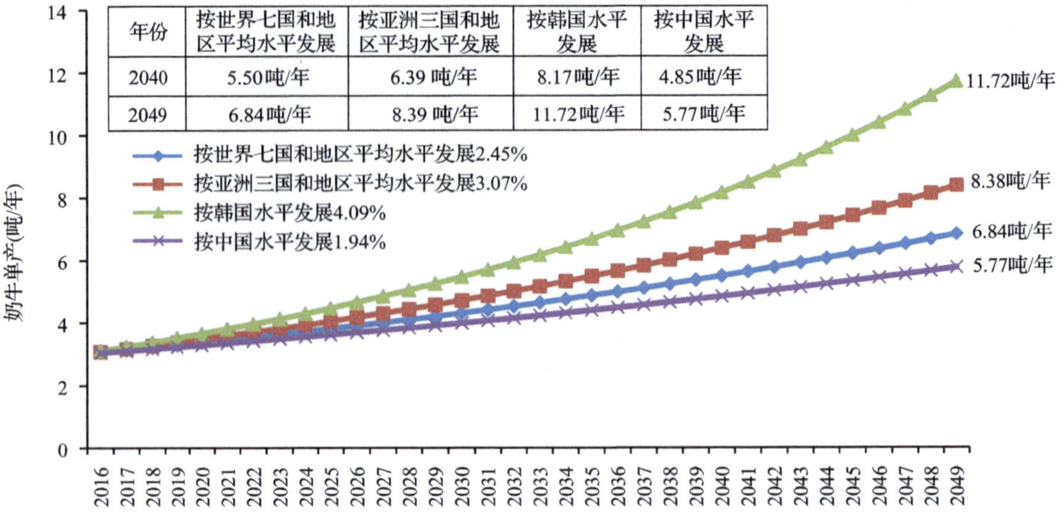

图 3-5-31　2016～2049 年我国奶牛单产增幅预测

若按照“韩国水平”发展预测，到 2049 年我国奶牛存栏数只需 876 万头即可满足需求。

日本 1963 年的人均牛奶消费量为 34.75 公斤/年，与我国目前的消费水平相当，且其饮食结构相比于西方国家与我国最为接近，因此按照日本 1963～2013 年的人均牛奶消费量年变化率对我国 2016～2049 年的人均牛奶消费量进行预测；同时依据《中国至 2050 年农业科技发展路线图》[35]和《联合国 2015 人口报告》[5]对我国 2016～2049 年的人口进行预测，据此两个数据测算出我国 2016～2049 年的牛奶总需求量，如表 3-5-7 所示。以预测得到的牛奶总需求量除以图 3-5-31 中以“韩国水平”所预测的我国奶牛单产，即可测算出我国 2016～2049 年奶牛存栏数。由测算结果可以看出，我国奶牛存栏将在 2020 年前后达到顶峰后（1900 万头）开始逐渐下降，并在 2035 年前后下降到 1440 万头（目前我国奶牛存栏数）以下，此时奶牛的单产为 7 吨/年。依据全球奶牛单产高于 7 吨/年的国家，其奶牛 DHI 参测率均高于 50%的规律，我国到 2035 年的 DHI 参测奶牛比例也应达到 50%，按此比例计算，则我国每年应增加 DHI 测定奶牛头数约为 33 万头。

（2）投资回报率高：美国 DHI 测定成本为牧场总成本的 1%，参加 DHI 牛群产奶量比未参加的牛群产奶量高 20%～40%，投入回报率高达 50 倍。基于我国 2008～2014 年参加 DHI 测定的奶牛数据测算，每头奶牛单产增加带来的收益为 1970 元/年；体细胞数下降带来的奶价上浮为 387 元/年（按照 0.05 元/公斤加价计算）；此外，延长奶牛使用年限所增加的经济效益按照 200 元/年计算，提高饲料利用率节约成本按照 160 元/年计算，则 DHI 贡献给每头奶牛的总收益为 2717 元/年。每头奶牛参加 DHI 测定的成本为 70 元/年，因此初步计算我国推行 DHI 的投入回报率为 38.8 倍。因此，推行 DHI 产生的经济效益是非常巨大的！

（3）社会效益显著：通过奶牛生产性能测定的实施，可以促进我国奶牛养殖业逐步由数量扩涨型到质量效益型转变，在保证产量不变的前提下，减少奶牛饲养头数，降低对环境的压力，有利于奶业的可持续发展。若我国奶牛单产由目前的 2918 公斤/（头·年），到

表 3-5-7　2016～2049 年我国奶业发展预测

年份	人均牛奶消费量(公斤/年)	人口(亿)	牛奶总需求量(万吨)	奶牛单产(吨/年)	奶牛存栏(万头)
2016	38.96	13.73	5349.96	3.12	1713.25
2017	44.30	13.79	6107.44	3.25	1878.97
2018	45.30	13.84	6271.12	3.38	1853.52
2019	48.14	13.90	6690.73	3.52	1899.84
2020	49.30	13.95	6878.84	3.67	1876.50
2021	47.66	14.01	6677.27	3.82	1749.94
2022	49.79	14.07	7004.12	3.97	1763.47
2023	49.65	14.12	7012.26	4.13	1696.15
2024	51.18	14.18	7257.56	4.30	1686.51
2025	48.29	14.24	6874.53	4.48	1534.73
2026	54.18	14.29	7744.34	4.66	1660.98
2027	60.49	14.35	8680.34	4.85	1788.58
2028	65.20	14.41	9393.52	5.05	1859.47
2029	66.29	14.47	9588.85	5.26	1823.56
2030	64.10	14.52	9309.21	5.47	1700.81
2031	62.87	14.47	9095.42	5.70	1596.46
2032	64.66	14.41	9319.29	5.93	1571.48
2033	66.34	14.36	9523.78	6.17	1542.86
2034	66.37	14.30	9492.67	6.43	1477.39
2035	69.17	14.25	9855.33	6.69	1473.57
2036	68.40	14.19	9708.20	6.96	1394.53
2037	68.14	14.14	9633.80	7.25	1329.47
2038	73.59	14.08	10364.64	7.54	1374.12
2039	74.29	14.03	10422.52	7.85	1327.50
2040	73.35	13.98	10251.23	8.17	1254.38
2041	77.10	13.92	10734.07	8.51	1261.85
2042	77.99	13.87	10816.78	8.85	1221.61
2043	76.61	13.82	10584.46	9.22	1148.41
2044	75.93	13.76	10450.77	9.59	1089.35
2045	77.67	13.71	10649.13	9.99	1066.41
2046	78.10	13.66	10667.38	10.39	1026.26
2047	77.97	13.61	10608.61	10.82	980.50
2048	76.75	13.55	10402.37	11.26	923.66
2049	76.00	13.50	10260.00	11.72	875.73

提高到5000公斤/(头·年),则可以少养奶牛734万头,每年可增产粮食528万吨,减少粪污排放1.6亿吨,减少温室气体排放3597万吨。若单产提高到9000公斤/(头·年),则可以少养奶牛1047万头,每年可增产粮食753万吨,减少粪污排放2.3亿吨,减少温室气体排放5131万吨。一言以蔽之,提高奶牛单产,减少了奶牛存栏头数,少占了耕地,多产了粮食,减少了温室气体排放,低碳环保。因此,可以预见,DHI统领我国奶业发展,必将符合“产出高效,产品安全、资源节约,环境友好”的美好发展前景。

(四)六项政策与规划建议

中国奶业是涉及多学科交叉的新兴产业,是畜牧业中最具活力和潜力的朝阳产业,是聚民心壮国威的重大民生产业,也是强壮中华民族的神圣产业,必然会得到举国上下的大力支持。为此提出以下具体建议:

1. 将DHI统领奶业发展重大民生工程确定为国家级中长期发展战略,并写入十三五规划

回顾过去,2007年国务院办公厅国办发[2007(31)号]《国务院关于促进奶业健康发展的意见》中规定,“切实做好良种登记和奶牛生产性能测定等基础性工作”。2008年国办发[2008(122)号]《奶业整顿和振兴规划纲要》结合我国奶业生产现状的实际需要,农业部办公厅、财政部办公厅联合下发《关于下达2008年奶业生产性能测定项目实施方案的通知》(农办财[2008]150号文件)。九年过去了,我们应该很好地回顾和总结一下DHI在我国奶业中发挥的作用,经验是什么,教训是什么,与世界先进国家的差距是什么,特别是亚洲邻国韩国和日本,20世纪六七十年代与我国水平相当,我国“三北”(东北、西北和华北)的资源、环境远远强于韩国和日本,但现在已远远把我们抛在了后边。今后的路我们该怎么走?2015年10月16日在北京人民大会堂举行的“2015减贫与发展高层论坛”上,习主席发表重要讲话提出:扶贫开发“贵在精准,重在精准,成败之举在精准”。我们现在提出的DHI测定四大环节:采样、检测、分析、结果评估和牧场指导,都涉及找到奶牛饲养的“短板”,即“病根”,对症下药,靶向治疗。一句话,都涉及“精准”。学习习主席的这次讲话,并把“精准扶贫”落实到“精准DHI测定”上,以精准DHI统领奶业发展。对此,我们应该有充分的决心、信心和雄心,要以只争朝夕的精神,以DHI大数据统领重振中国奶业跻身世界强国。为此建议,国家出台文件,确定以奶牛生产性能测定(DHI)大数据统领我国奶业战略发展,作为国家级重大民生工程列入国家中长期发展战略,并写入十三五规划。

2. 出台国家级政策法规标准,保障DHI统领奶业发展各项工作落地生根、开花结果

由农业部、工信部等相关部门牵头组织编制2016～2030年或2049年DHI大数据统领的奶业战略发展行动计划,并按奶业产业区分布,生态环境和资源条件出台一揽子政策:建议农业部制定奶牛养殖行业准入法规,对一定规模以上的牧场强制规定参加DHI测定;建议财政部加大资金投入,并制定DHI补贴与税收优惠政策;建议环保部设定奶牛养殖排放红线,加大奖惩力度;建议科技部以DHI大数据为基础,确定全产业链融合的科技专项;建议教育部成为乳业大学,按照种公牛选育、奶牛生产效能、卫生防疫和牧场科学管理等学科方向,为牧场培养DHI涉及的各类专业,如育种、饲养、饲料、疫病防控、乳品

深加工等专业人才，以及富有经验的牧场管理人才；建议广电部加大奶牛生产性能测定的宣传和推广力度，重振DHI统领奶业发展的新面貌。通过以上各项政策措施，形成以生鲜乳按质收购为引导，以政策优惠为激励，以环保指标为红线，以科技教育为保障的系统性重大民生工程，确保DHI分区分步、保质保量快速推进，落地生根，开花结果。

3. 在系统工程控制论思想和理论指导下进行顶层设计，绘制实现奶业强国路线图

目前，奶业发达国家奶牛养殖业均在DHI大数据引领下，呈现“两增两减”态势，“两增”是指奶牛养殖技术和奶牛单产水平两提高，“两减”是指奶牛饲养头数和奶农数量两减少。我国奶业发展也必须顺应世界奶业发展的这种大趋势，急需要从粗放数量扩涨型向精准质量效益型转变，实现这一转变的根本出路就是做好DHI基础工作。

建议采用在“两弹一星”重大工程创造的系统工程控制论思想和理论，指导这项重大民生工程的实施，进行顶层设计，同时制定详细实施细则，从而保障养健康牛、产优质奶。要从种公牛选育和奶牛生产效能提高两个重点层面，明确我国奶牛存栏数、单产、总产量和DHI参测率等重要指标应达到的目标，规划出第一期工程（到2035年）和第二期工程（到2049年）（第二个百年）的奋斗目标。第一期目标争取实现奶牛单产达到7吨，总产量达到1亿吨，比现在提高1.83倍。同时，奶牛存栏数量较目前的1440万头出现下降的拐点，DHI参测奶牛比例达到50%，奶牛育种取得显著成效；第二期目标实现奶牛单产达到10吨，跻身世界奶业强国的行列，在强壮中华民族的过程中发挥重大作用。

4. 建立DHI测定第三方实验室体系，改革现行原料乳定价机制

纵观奶业发达国家，无论是美国的价格支持计划，欧盟的生产配额和定价干预制度，日本的奶农协会交涉价格体系，还是澳大利亚的联邦牛奶营销法令（FMMOS）、乳品收入损失补偿计划（MILC）等等，原料乳的定价都没有完全由市场去支配。因此建议国家对原料乳的定价机制进行顶层设计，构建政府主导、多方参与的原料乳定价协商机制。依靠原料乳生产成本调查、定价第三方检验等社会化服务体系所提供的数据，设置动态变化的最低收购价格，以此保障奶农利益，同时建议将DHI检测实验室作为原料乳定价检测的第三方实验室，按照检测结果对原料乳进行按质定价。从而形成“最低收购价＋质量价格”的原料乳价格体系，协调养殖与加工环节的利益均衡分配，使养健康牛、产优质奶持续健康发展。

5. 加强DHI奶业经济学研究，促进乳业专业化社会服务体系建设

据发达国家的经验，DHI测定成本约为牛场总成本的1%，投入回报率最高可达50倍。目前，我国每头奶牛DHI测定的成本为70元/年，则奶牛全群测定的成本为10亿元/年。按照单产增加、体细胞下降、提高饲料利用率及延长奶牛使用年限所带来的经济效益计算，DHI贡献给我国每头奶牛的总收益为2717元，每年可产生的经济效益高达391亿元。因此，建议加强奶业经济学研究，鼓励社会资本进入奶业的育种、饲养、饲料、疫病防控、乳品深加工、相关设备等产业链各环节的研究与开发，并实施政策优惠，建立健全我国的奶业专业化社会服务体系。

6. 利用DHI现代信息技术统领乳业由第一产业涅槃成第六新型产业（1＋2＋3）

加强与国际DHI实验室间技术合作和交流，引进先进的DHI实验室技术和管理经验，建立国际参考实验室，推动我国DHI测定数据和国际接轨。应用奶牛信息化技术，实

现牛群资料数字化管理、牛群发情与健康远程实时监控，全混日粮制作和投放远程实时监控，奶牛远程医学等等。重视信息化技术，更要重视大数据分析人才，对宏量的DHI奶牛群体改良、公牛优选优育和奶牛生产效益大数据进行深度解读和挖掘；利用物联网、手持终端、实时在线监测等技术，搭建奶业全产业链信息平台，实现牧场、加工厂、政府监管部门、科研人员与专业社会服务体系的共享互动，实现专家对牧场的实时数据解读与指导，促进乳制品加工企业与牧场的数据对接，支持政府决策，并为科研与教育提供基础数据，促进奶牛养殖从传统的第一产业涅槃为名符其实的第六新型产业(1＋2＋3＝6)。

综上所述，DHI大数据引领奶业发展重大民生工程是一项全面提升牛奶产量和质量、惠及三农、固本强基的战略发展系统工程；是一项带动奶牛新品种研发，促进新型饲料工业发展，提高乳品深加工技术，辐射性很强的高科技工程；是一项节省资源、保护环境、调整结构，转变增长方式的系统工程；是一项实现乳品质量安全从牧场到餐桌全过程控制的长效工程；是一项强壮中华民族的伟大工程，通过这项工程的实施，我国将建成世界奶业强国。

参 考 文 献

[1] 中国奶业协会. 中国奶业年鉴，2014

[2] 国际乳品联合会年报. Bulletin of the International Dairy Federation (IDF). The World Dairy Situation, 2013

[3] FAO数据分析中心. http://faostat3. fao. org/download/Q/QL/E

[4] 国际奶农联盟年报. International Farm Comparison Network (IFCN). Dairy Report, 2013

[5] 联合国人口预测年报. World Population Prospects, 2015

[6] 李国林. 规模化奶牛场产排污系数、污水存贮及土地消纳量相关技术参数研究. 山东农业大学硕士学位论文，2014

[7] 孙亚男，刘继军，马宗虎. 规模化奶牛场温室气体排放量评估. 农业工程学报，2010, 6:296-298

[8] 史枢卿. 典型奶牛场饲喂效率及用地的对比研究. 中国乳业，2011, 112:10-12

[9] 国际奶农联盟年报. International Farm Comparison Network (IFCN). World Dairy Map 2014

[10] 中荷奶业发展中心. 中国奶业白皮书，2014

[11] 中国奶业协会信息中心. 2014年6月中国奶业发展形势分析报告，2014

[12] 韩俊. "2015第四届中国国际农商高峰论坛"讲话

[13] 美国奶农联合会. Dairy Farmers of America. The Value & Use of Dairy Herd Improvement Somatic Cell Count

[14] 国际动物记录委员会. Yearly enquiry on the situation of cow milk recording in ICAR member countries (2012—2013)

[15] 韩国统计局. Korea Narional Statistics, 2014

[16] 中国奶业协会. 2013年全国奶牛生产性能测定概述. 中国奶业年鉴，2014

[17] 德国ZMP (Zentrale Markt- und Preisinformationen)公司. ZMP Dairy Review till, 2007

[18] 德国ZMP公司. AMI MarktbilamzMilch, 2011

[19] 美国乳品协会 (USDA). Milk Production Report

[20] 加拿大乳品委员会(CDC). Annual Report

[21] 澳大利亚乳业局(DA). Australian Dairy Industry In Focus

[22] 日本农林水产省. Livestock Statistics, Milk Products Statistics

[23] 台湾农委会. 台湾乳牛群性能改良计划执行成果，2005

[24] 中国奶业协会和全国畜牧总站. 中国荷斯坦奶牛生产性能测定科普读物，2007

[25] 以色列奶牛育种协会(ICBA). The Dairy Industry in Israel 2012

[26] Ralph Ginsberg. How did the Israeli Holstein Cow become a world leader in Milk yields?
[27] 以色列奶牛育种协会(ICBA). Israel Herd book report，2008
[28] 日本家畜改良事业团. 研修会资料，2009
[29] Shin-ichiKume. The Dairy Industry in Asia B. Japan
[30] 高红彬，张沉，张勤. 奶牛生产性能测定发展历程. 中国奶牛，2015，3：25-29
[31] 张震. 河南省奶牛生产性能测定中心. 大数据时代怎么做才能养好奶牛，2014
[32] 苏勇. 食品安全自律模式——荷兰皇家菲仕兰乳品公司的实践与启示
[33] 荷兰 CRV 育种公司 2013 年报. CRV-Jaarstatistieken，2013
[34] 郝建国. 日本奶牛生产性能侧定系统. 中国奶牛，1995，3：52-55
[35] 中国科学院农业领域战略研究组. 中国至 2050 年农业科技发展路线图，2009